Uni-Taschenbücher 1521

FÜR WISSEN SCHAFT

Eine Arbeitsgemeinschaft der Verlage

Wilhelm Fink Verlag München
Gustav Fischer Verlag Jena und Stuttgart
Francke Verlag Tübingen und Basel
Paul Haupt Verlag Bern · Stuttgart · Wien
Hüthig Verlagsgemeinschaft
Decker & Müller GmbH Heidelberg
Leske Verlag + Budrich GmbH Opladen
J. C. B. Mohr (Paul Siebeck) Tübingen
Quelle & Meyer Heidelberg · Wiesbaden
Ernst Reinhardt Verlag München und Basel
Schäffer-Poeschel Verlag · Stuttgart
Ferdinand Schöningh Verlag Paderborn · München · Wien · Zürich
Eugen Ulmer Verlag Stuttgart
Vandenhoeck & Ruprecht in Göttingen und Zürich

Grundriß der Zoologie

Herausgegeben von

Heinz Mehlhorn

Unter Mitarbeit von
Jochen D'Haese, Hendrik Eckert, Hartmut Greven,
Dietrich Kurt Hofmann, Rainer Keller, Peter Köhler,
Georg Kümmel, Konrad Märkel, Dietrich Neumann,
Werner Peters, Gerd Rehkämper, August Ruthmann,
Uwe Schmidt, Hans Schneider, Volker Walldorf und
Norbert Weissenfels

2., durchgesehene und aktualisierte Auflage

Mit 407 zum Teil farbigen Abbildungen
und 12 Tabellen

Gustav Fischer Verlag · Stuttgart

Die Deutsche Bibliothek – CIP-Einheitsaufnahme

Grundriss der Zoologie / hrsg. von Heinz Mehlhorn. Unter
Mitarb. von Jochen D'Haese ... – 2., durchges. und
aktualisierte Aufl. – Stuttgart : G. Fischer, 1995
 (UTB für Wissenschaft : Uni-Taschenbücher ; 1521)
 ISBN 3-437-20431-9 (G. Fischer)
 ISBN 3-8252-1521-0 (UTB)
NE: Mehlhorn, Heinz [Hrsg.]; D'Haese, Jochen; UTB für Wissenschaft
 / Uni-Taschenbücher

© Gustav Fischer Verlag · Stuttgart · Jena · New York · 1995
Das Werk einschließlich aller seiner Teile ist urheberrechtlich geschützt. Jede Verwertung außerhalb der engen Grenzen des Urheberrechtsgesetzes ist ohne Zustimmung des Verlages unzulässig und strafbar. Das gilt insbesondere für Vervielfältigungen, Übersetzungen, Mikroverfilmungen und die Einspeicherung und Verarbeitung in elektronischen Systemen.
Satz: Typobauer Filmsatz, Ostfildern
Druck und Einband: Clausen & Bosse, Leck
Umschlaggestaltung: Alfred Krugmann, Stuttgart
Printed in Germany

ISBN 3-8252-1521-0 (UTB-Bestellnummer)

Liste der Autoren

Prof. Dr. JOCHEN D'HAESE
Institut für Morphologie, Zellbiologie und Parasitologie,
Heinrich Heine Universität Düsseldorf, Universitätsstr. 1,
40225 Düsseldorf
(Bau und Funktion der Muskeln)

Priv. Doz. Dr. HENDRIK ECKERT
Roßdorferstr. 24,
35085 Ebsdorfergrund-Rauisch-Holzhausen
(Augensysteme)

Prof. Dr. HARTMUT GREVEN
Institut für Zoologie, Universität Düsseldorf, Universitätsstr. 1,
40225 Düsseldorf
(Mesozoa, Cnidaria, Ctenophora, Kamptozoa, Tardigrada, Chondrichthyes, Amphibia)

Prof. Dr. DIETRICH KURT HOFMANN
Abtlg. Entwicklungsphysiologie, Ruhr Universität, Postfach 102148,
44780 Bochum
(Entwicklungsprozesse)

Prof. Dr. RAINER KELLER
Institut für Stoffwechselphysiologie, Universität Bonn,
Endenicher Allee 11–13,
53115 Bonn
(Hormonale Regulation)

Prof. Dr. PETER KÖHLER
Institut für Parasitologie, Universität Zürich, Winterthurerstr. 266,
CH-8057 Zürich
(Stoffwechselphysiologie)

Prof. Dr. GEORG KÜMMEL
Institut für Zoologie, Universität Karlsruhe, Kornblumenstr. 10,
76128 Karlsruhe
(Exkretion und Osmoregulation)

Prof. Dr. Konrad Märkel
Lehrstuhl für Spezielle Zoologie, Ruhr Universität, Postfach 102148,
44780 Bochum
(Mollusca, Hemichordata, Echinodermata)

Prof. Dr. Heinz Mehlhorn
Institut für Morphologie, Zellbiologie und Parasitologie,
Heinrich Heine Universität Düsseldorf, Universitätsstr. 1,
40225 Düsseldorf
(Systemübersicht, Protozoa, Mesozoa, Plathelminthes, Gnathostomulida, Nemertini, Nemathelminthes, Acanthocephala, Priapulida, Sipunculida, Echiurida, Pogonophora, Pentastomida, Tentaculata, Chaetognatha, Tunicata, Acrania, Cyclostomata, Reptilia, Aves, Mammalia, Atmungssysteme, Blut-, Lymph- und Immunsysteme)

Prof. Dr. Dietrich Neumann
Zoologisches Institut, Universität Köln, Weyertal 119,
50931 Köln
(Ökologie)

Prof. Dr. Werner Peters
Institut für Morphologie, Zellbiologie und Parasitologie,
Heinrich Heine Universität Düsseldorf, Universitätsstr. 1,
40225 Düsseldorf
(Systematische Grundlagen, Annelida, Onychophora, Arthropoda)

Prof. Dr. Gerd Rehkämper
C. und O. Vogt Institut für Hirnforschung,
Heinrich Heine Universität Düsseldorf, Universitätsstraße 1,
40225 Düsseldorf
(Neurone, Nervensysteme und Cerebralganglien – Gehirne)

Prof. Dr. August Ruthmann
Lehrstuhl für Zellmorphologie, Ruhr Universität, Postfach 102148,
44780 Bochum
(Funktionelle Cytologie, Placozoa)

Prof. Dr. Uwe Schmidt
Zoologisches Institut, Universität Bonn, Poppelsdorfer Schloß,
53115 Bonn
(Chemorezeption)

Prof. Dr. HANS SCHNEIDER
Zoologisches Institut, Universität Bonn, Poppelsdorfer Schloß,
53115 Bonn
(Mechanorezeption)

Dr. VOLKER WALLDORF
Institut für Morphologie, Zellbiologie und Parasitologie,
Heinrich Heine Universität Düsseldorf, Universitätsstr. 1,
40225 Düsseldorf 1
(Originale der Abbildungen in den Kapiteln 2, 3, 4, 5, 6, 7, 12, 13 und 14)

Prof. Dr. NORBERT WEISSENFELS
Zoologisches Institut, Universität Bonn, Poppelsdorfer Schloß,
53115 Bonn
(Porifera)

Vorwort zur 2. Auflage

Wir freuen uns, daß schon 4 Jahre nach Erscheinen unseres Grundriß eine Neuauflage notwendig wurde. Dies beweist, daß unser Konzept einer ausführlicheren Darstellung der Tierstämme (auf 23 Druckseiten) und der Vertiefung einiger Aspekte – ohne alle Sparten der Zoologie abdecken zu wollen – von den Lesern akzeptiert wurde. Natürlich leidet jedes Buch unter menschlicher Unzulänglichkeit – so auch unseres. Wir sind daher Kollegen für ihre konstruktive Kritik an der 1. Auflage dankbar und haben ihre Anregungen hier aufgenommen. Von einer Erweiterung haben wir aus Kostengründen abgesehen – immerhin soll das bereits 759 Druckseiten umfassende Buch für Studenten erschwinglich bleiben.

Dezember 1994 Die Autoren

Vorwort zur 1. Auflage

Das zoologische Spektrum wurde in den letzten Jahren durch den Einsatz neuer Methoden bzw. durch interdisziplinäre Forschung so ausgeweitet, daß der vollständige Überblick immer schwerer fällt. Auf der anderen Seite muß dieses neue Wissen in komprimierter und aufbereiteter Form auch Eingang finden in den zoologischen Grundunterricht, da bestimmte Voraussetzungen eben die Basis für das Verständnis der fachspezifischen Probleme darstellen. Die Fülle der bis heute in den verschiedenen zoologischen Sparten angehäuften Forschungsergebnisse macht es aber für einzeln arbeitende Lehrbuchautoren schwierig, wesentliche Neuerungen kompetent darzustellen.

Daher wurden für dieses Taschenbuch mehrere Spezialisten für ihr jeweiliges Fachgebiet gewonnen. Damit aber die einzelnen Kapitel nicht beziehungslos nebeneinander stehen, wurde ein einheitlicher Aufbau verabredet. Als Grundprinzipien dieser inneren Struktur galten die vergleichende Darstellung sowie die Beschränkung auf einige besonders wichtige Leitsysteme, wobei bewußt auf Vollständigkeit verzichtet wurde.

Die Auswahl der Stoffe und ihre Darstellung erfolgte im wesentlichen im Hinblick auf eine Eignung für den zoologischen Grundunterricht. Dieses Buch soll die Studenten im Grundstudium auf die Vorprüfungen vorbereiten und denen im Hauptstudium den Einstieg in die jeweiligen Fachgebiete ermöglichen. Gleichzeitig ist die Ausgestaltung des Textes und die Auswahl der Abbildungen, die größtenteils neu konzipiert wurden, so gehalten, daß die einzelnen Kapitel Anreize zu vertieften Studien der jeweiligen Fachliteratur schaffen.

Wir hoffen daher, mit diesem Buch eine Ergänzung zu den zahlreichen zoologischen Lehrbüchern zu bieten.

Bochum, August 1989 Die Autoren

Danksagung

Die Abfassung eines zuverlässigen Textes ist bei der heute weit gestreuten Literatur ohne Hilfe nicht möglich. Daher bedanken sich die Autoren bei einigen Fachkollegen und insbesondere bei den engsten Mitarbeitern für die zahlreichen kritischen Kommentare. Einer Reihe weiterer Kollegen sind wir für einzelne Abbildungen dankbar. Bei der Fertigstellung des Manuskripts unterstützten uns Frau S. Ruider und Frau B. Rodust, die weite Teile der Texte erfaßten. Für die Fahnenkorrektur der gesamten Texte danken wir insbesondere Frau StR. B. Mehlhorn, PD. Dr. G. Schmahl, Dr. U. Mackenstedt und Dr. H. Taraschewski.

Unser besonderer Dank gilt der Leitung des Gustav Fischer Verlags, dem Lektor, Dr. U.G. Moltmann, und dem Hersteller, Herrn U. Kiesewetter, für die gute Zusammenarbeit und für die besondere Sorgfalt bei der Herstellung des Buches.

Die Autoren

Inhalt

Vorwort IX
Danksagung XI

1 Funktionelle Cytologie 1

1.1 Allgemeine Kennzeichen des Lebendigen 1
1.2 Zellgröße 3
1.3 Bau und Funktion der tierischen Zelle und ihrer Organelle . . . 4
1.4 Zellvermehrung 33
1.5 Literatur 43

2 Baupläne und Biologie der Tiere 45

2.1 Systematische Grundlagen 46
2.2 Systemübersicht 51
2.3 Unterreich Protozoa 53
2.4 Unterreich Metazoa 78
2.5 Literatur 273

3 Entwicklungsprozesse 279

3.1 Definitionen 280
3.2 Fortpflanzung 280
3.3 Gametogenese 283
3.4 Besamung, Befruchtung, Entwicklungsbeginn 289
3.5 Ontogenese 292
3.6 Postembryonalentwicklung 320
3.7 Determination 329
3.8 Wechselwirkungen von Blastemen in der Morphogenese 332
3.9 Regeneration 342
3.10 Entwicklungsanomalien 346
3.11 Literatur 347

4 Stoffwechselphysiologie 349

4.1 Einleitung 349
4.2 Abbau der Nährstoffe 351
4.3 Besonderheiten in den Strategien des Energiestoffwechsels bei Tieren 368
4.4 Die Biosyntheseleistungen tierischer Zellen 381
4.5 Stoffwechselregulation 391
4.6 Literatur 393

5 Exkretion und Osmoregulation ... 395

- 5.1 Allgemeines ... 395
- 5.2 Exkretorische und osmoregulatorische Systeme ... 396
- 5.3 Exkretstoffe ... 413
- 5.4 Exkretspeicherung ... 414
- 5.5 Osmoregulation ... 415
- 5.6 Literatur ... 423

6 Atmungssysteme ... 425

- 6.1 Phasen der Atmung ... 425
- 6.2 Atmungsorgane ... 426
- 6.3 Literatur ... 435

7 Bau und Funktion der Muskeln ... 437

- 7.1 Aufbau und Kontraktion quergestreifter Muskeln ... 438
- 7.2 Molekularer Aufbau der Myofilamente ... 441
- 7.3 Chemische und mechanische Grundlagen der Krafterzeugung ... 445
- 7.4 Kontrolle der Muskelaktivität ... 452
- 7.5 Organisationsformen der Bewegungssysteme ... 460
- 7.6 Literatur ... 468

8 Neurone, Nervensysteme und Cerebralganglien (Gehirne) ... 469

- 8.1 Das Neuron ... 469
- 8.2 Einfache Nervensysteme (Nervennetze, Markstränge) ... 477
- 8.3 Nervensysteme mit Ganglien ... 479
- 8.4 Cerebralganglien (Gehirne) ... 485
- 8.5 Literatur ... 500

9 Augensysteme ... 503

- 9.1 Einleitung ... 503
- 9.2 Der adäquate Reiz ... 504
- 9.3 Struktur der Lichtrezeptoren ... 505
- 9.4 Bautypen von Augen ... 515
- 9.5 Bau der Retina ... 531
- 9.6 Physiologie von Lichtrezeptoren ... 532
- 9.7 Primärprozesse der Lichtwahrnehmung ... 537
- 9.8 Literatur ... 538

10 Mechanorezeption ... 539

- 10.1 Tastsinn ... 539
- 10.2 Strömungssinn ... 547

10.3 Schweresinn, Drehsinn 550
10.4 Gehörsinn 564
10.5 Propriorezeption 592
10.6 Literatur 595

11 Chemorezeption 597

11.1 Abgrenzung der chemischen Sinne 597
11.2 Geschmack 598
11.3 Olfaktorische Sinne 601
11.4 Literatur 608

12 Hormonale Regulation 609

12.1 Definition eines Hormons 610
12.2 Die chemische Natur der Hormone 612
12.3 Prohormone 614
12.4 Hormonsekretion und ihre Kontrolle 616
12.5 Hormonwirkung 616
12.6 Beispiele zu hormonalen Mechanismen 622
12.7 Literatur 650

13 Blut-, Lymph- und Immunsysteme 653

13.1 Einleitung 653
13.2 Hämolymphe und Blut 654
13.3 Lymphe 668
13.4 Immunsystem des Menschen 671
13.5 Literatur 677

14 Ökologie 679

14.1 Beziehungen zwischen Tieren und ihrer Umwelt 679
14.2 Physiologische Ökologie (Autökologie) 689
14.3 Populationsökologie 708
14.4 Ausgewählte Ökosystemprobleme 719
14.5 Literatur 735

Register 737

1 Funktionelle Cytologie[1] 1

1.1	Allgemeine Kennzeichen des Lebendigen	1
1.2	Zellgröße	3
1.3	Bau und Funktion der tierischen Zelle und ihrer Organelle	4
1.3.1	Zellmembran	6
1.3.2	Zellverbindungen	10
1.3.3	Intrazelluläre Membransysteme und Membranfluß	12
1.3.4	Lysosomen	15
1.3.5	Peroxisomen	17
1.3.6	Mitochondrien	18
1.3.7	Cytoskelett	19
1.3.8	Centriolen, Basalkörper, Cilien	24
1.3.9	Zellkern	26
1.3.9.1	Kernhülle	27
1.3.9.2	Chromatin und Chromosomen	27
1.3.9.3	Chromosomenaktivität	30
1.4	**Zellvermehrung**	33
1.4.1	Zellzyklus	33
1.4.2	Mitose	35
1.4.3	Endomitose	37
1.4.4	Meiose	37
1.5	**Literatur**	43

1.1 Allgemeine Kennzeichen des Lebendigen

Die Biologie ist als Teilgebiet der Naturwissenschaften mit der Erforschung der Lebewesen befaßt. Die erste (und noch keineswegs abgeschlossene) Aufgabe der wissenschaftlichen Biologie war die Beschreibung der Vielfalt lebender Organismen. So sind heute mehr als 1 Million Tierarten bekannt, und ihre Gesamtzahl wird auf etwa 2 Millionen geschätzt. Jährlich kommen, vor allem bei Einzellern (Protozoen), neue Artbeschreibungen hinzu. Die Gliederung dieser Vielfalt aufgrund der unterschiedlichen Baupläne und Verwandtschaftsbeziehungen ist die Aufgabe der Systematik oder Taxono-

---

[1] A. Ruthmann (Bochum)

mie. Verwandtschaft aber bedeutet gemeinschaftliche Abstammung. Die ältesten Lebensspuren auf der Erde stammen von einfachsten Organismen, die vor etwa 3,5 Milliarden Jahren existierten. Aus ihnen oder ähnlichen Formen muß sich durch allmähliche Veränderungen unter Anpassung an die verschiedensten Umweltbedingungen die Vielfalt des heutigen Lebens entwickelt haben (**Evolution**). Die Erforschung der historischen Verwandtschaftsbeziehungen, der **Phylogenese**, ist somit als Teil des Gesamtverständnisses der Naturgeschichte unseres Planeten zu betrachten. Schließlich und letztlich ist es ein wesentliches Anliegen der Biologie wie jeder anderen Naturwissenschaft, Kausalzusammenhänge zu verstehen, d.h. die Gesetzmäßigkeiten, die den Lebensäußerungen zugrunde liegen, zu begreifen. Die Methoden zur Erforschung dieser Gesetzmäßigkeiten sind durch die grundlegenden Eigenschaften des Lebendigen bestimmt, die allen Organismen gemeinsam sind und sie gegen den unbelebten Teil der Natur abgrenzen:
Protoplasma. Materieller Träger aller Lebenserscheinungen ist das Protoplasma. Die chemischen Elemente, aus denen es besteht (C, H, O, N, P, S etc.), sind auch in der unbelebten Natur zu finden. Kennzeichnend für das Protoplasma ist aber, daß diese Elemente in hochmolekularen Verbindungen wie Proteinen und Nucleinsäuren vorkommen, die als die wesentlichsten Funktionsträger der Lebensprozesse anzusehen sind. Ferner spielen Kohlenhydrate, Fette und fettähnliche Stoffe (Lipoide), aber auch Wasser (60–80% des Gesamtgewichtes) eine Rolle im Struktur- und Funktionsgefüge des Protoplasmas.
Stoffwechsel. Das Strukturgefüge ist nicht starr und unveränderlich. Lebende Organismen sind offene Systeme, die sich im ständigen Wechsel ihrer Bauteile und Stoffe erhalten und vermehren (stationärer Zustand). Sie stehen mit ihrer Umgebung im «Fließgleichgewicht». Im Gegensatz zu einem geschlossenen System, in welchem sich ein chemisches Gleichgewicht einstellt, hat ein offenes System «freie Energie» und kann Arbeit leisten.
Formwechsel. Der stationäre Zustand unterliegt im Laufe der Individualentwicklung (Ontogenie) und des Alterns einer stetigen Veränderung, die vom Erbgut gesteuert wird. Auch dieses ist nicht absolut konstant, denn im Verlaufe der Stammesgeschichte (Phylogenie) verändern sich die Arten im Prozeß der Evolution.
Erregbarkeit kann als kurzfristige Störung des stationären Zustandes angesehen werden. Der Organismus beantwortet chemische oder physikalische Reize, die mit geringer Energiezufuhr verknüpft sind, nach dem Auslöserprinzip mit charakteristischen Reaktionen, die erheblichen Energieverbrauch beinhalten können. Ähnliche Reaktionen können spontan, d.h. aus inneren Ursachen, eintreten. Die Wiedereinstellung des stationären Zustandes setzt Regelsysteme voraus.

Die kleinste biologische Einheit, die alle oben aufgezählten Eigenschaften des Lebens zeigt, ist die **Zelle**, entweder im Gewebeverband als Teil eines Organismus oder als Einzeller. Viren stellen in diesem Sinne kein lebendes

System dar, da kein eigener Stoffwechsel vorhanden ist und sie sich nur unter Mithilfe ihrer Wirtszelle vermehren können.

1.2 Zellgröße

Sieht man von dem Sonderfall reservestoffbeladener Eizellen ab, so liegt die Größe der meisten tierischen Körperzellen im Bereich von 20 µm (1 µm = 0,001 mm). Ein offensichtlicher Grund für diese Größenbegrenzung geht aus einer einfachen Überlegung hervor. Jede Zelle ist für den Aufbau von Zellsubstanz auf Stoffaufnahme über ihre Oberfläche angewiesen. Mit steigender Größe nimmt aber bei regelmäßigen Polyedern das Oberflächen/Volumen-Verhältnis stetig ab, so daß bei einer derart gestalteten Zelle eine Grenze erreicht wird, bei welcher der Aufbau von Zellsubstanz mit dem Abbau im gesamten Plasmakörper nicht mehr Schritt halten kann. Daß solche Überlegungen nicht unrichtig sind, zeigen die langen Ausläufer (Axone) von Nervenzellen (s. 8.1), die bei einer Dicke von wenigen µm Meterlänge erreichen können, denn bei Fadengeometrie entspricht jedem Längenzuwachs die gleiche Volumenzunahme, und das Verhältnis Oberfläche/Volumen bleibt konstant.

Tierische wie auch pflanzliche Zellen sind ihrer Organisationsstufe nach **Eukaryonten**, bei denen die Kernhülle das Karyoplasma vom Cytoplasma trennt. Ihnen gegenüber stehen die **Prokaryonten** (Bakterien und Cyanobakterien, früher Blaualgen genannt) ohne Kernhülle und ohne kompartimentiertes Cytoplasma. Zu ihnen gehören die kleinsten Zellen, die Mycoplasmen. Während die meisten Bakterien etwa in der Größenordnung von 1 µm liegen, gibt es unter diesen zellwandlosen Formen Arten, die mit nur 0,2–0,3 µm Durchmesser den größten Viren entsprechen. Aus ihrem Gehalt an Erbsubstanz (DNA = Desoxyribonucleinsäure) läßt sich berechnen, daß sie nur ungefähr 750 verschiedene Proteinmoleküle bilden können. Vielleicht ist dies etwa die Minimalmenge an Funktionsträgern, mit denen selbständiges Leben überhaupt möglich ist.

Die geringe Größe von Zellen macht den Einsatz von optischen Geräten von hohem Auflösungsvermögen erforderlich. Unter **Auflösungsvermögen** versteht man den kleinsten, gerade noch getrennt wahrnehmbaren Abstand zweier Objektdetails. Er beträgt beim unbewaffneten Auge günstigenfalls 70 µm, so daß man große Einzeller wie Paramecien noch erkennen kann. Mit dem Lichtmikroskop, dessen Auflösungsvermögen bei 0;2 µm liegt, lassen sich **Zellorganelle** wie Chromosomen, Mitochondrien und Centriole darstellen. Die wesentlich kürzere Wellenlänge hochbeschleunigter Elektronen erlaubt dagegen ein optimales Auflösungsvermögen von 0,2 nm an Idealobjekten. Im biologischen Bereich ist je nach Präparationsart wegen Beschränkungen des Kontrastes ein Auflösungsvermögen von 1–5 nm (0,001–0,005 µm) erreichbar. Es ermöglicht die Untersuchung der Feinstruktur von Zellorganellen und die Abbildung von Makromolekülen. An kristallinen Objekten läßt sich mit Hilfe der Röntgenkleinwinkelbeugung ein Auflösungsvermögen von < 1 nm erreichen, das

Schlüsse über den räumlichen Aufbau von Makromolekülen ermöglicht. Die Aufklärung der DNA-Struktur als Doppelhelix basierte auf solchen Messungen.

1.3 Bau und Funktionen der tierischen Zelle und ihrer Organelle

Alle Zellen sind von einer **Zellmembran** umgeben, die als Permeabilitätsschranke wirkt und dem Stoffaustausch mit der Umgebung dient. Im Gegensatz zu den Prokaryonten ist aber das Innere der Eukaryontenzelle durch Membranen in Kompartimente gegliedert, die abgeschlossene Räume für Reaktionsabläufe und Flächen für den Einbau membrangebundener Enzyme schaffen (Abb. 1.1).

Abgesehen von den mit einer Doppelmembran umschlossenen **Mitochondrien** (Mi), die als Organelle der Zellatmung eine zentrale Rolle im Energiehaushalt der Zelle spielen (s. 4.2.5), können alle membranumschlossenen Kompartimente durch Abschnürung oder Verschmelzung wenigstens zeitweilig miteinander in Verbindung treten. Da diese Vorgänge gerichtet ablaufen, spricht man auch von einem **Membranfluß**. Zentrales Organell des Membranflusses ist der nach seinem Entdecker benannte **Golgiapparat** (G), dessen abgeflachte Cisternen aus Abschnürungen des **endoplasmatischen Reticulums** (eR) hervorgehen. Am auffälligsten ist das sog. rauhe endoplasmatische Reticulum, das außen mit der Proteinsynthese dienenden **Ribosomen** besetzt ist. Es hat ebenfalls die Form abgeflachter Säckchen (Cisternen), die oft den **Zellkern** (Nucleus) zwiebelschalenartig umgeben. Die außen ebenfalls mit Ribosomen besetzte Kernhülle ist als die innerste Schicht des endoplasmatischen Reticulums zu verstehen. Mit ihm in Zusammenhang steht das glatte endoplasmatische Reticulum (geR), das je nach Zelltyp unterschiedliche Aufgaben (z.B. als Calciumspeicher im Muskel) erfüllt. Am rauhen endoplasmatischen Reticulum synthetisierte Proteine gelangen in das Innere der Cisternen und durch Membranfluß in den Golgiapparat, der unter anderem die Rolle einer Sortierstation erfüllt. Handelt es sich um Enzymprotein, welches intrazellulär ablaufenden Abbauvorgängen dient, so wird dies schon in den ersten Cisternen des Golgiapparates abgeschnürt und verbleibt als **Lysosom** (Ly) im Cytoplasma. Für den Export bestimmte Proteine, z.B. Enzyme für die extrazelluläre Verdauung, werden von distalen Cisternen abgeschnürt. Diese Vesikel verschmelzen im Vorgang der **Exocytose** (Ex) mit der Zellmembran und entleeren ihren Inhalt nach außen. Umgekehrt werden bei der **Endocytose** (En) unter Abschnürung von der Zellmembran Stoffe aufgenommen, wobei die so gebildeten Vesikel nachträglich mit Lysosomen verschmelzen, deren Enzyme den Inhalt abbauen. In den **Peroxisomen** (P) laufen Oxidationsprozesse ab, die z.T. der Entgiftung dienen.

Durch die genannten Membransysteme wird die gesamte Zelle morphologisch in zwei getrennte Räume untergliedert, den Innenraum aller Cisternen und Vesikel, der als nicht-plasmatisches Kompartiment bezeichnet wird, und den plasmatischen Außenraum. Letzterer ist durch die **Kernhülle** in das Grundcytoplasma und das Karyoplasma unterteilt. Beide Bereiche stehen durch Kernporen miteinander in Verbindung. Die **Poren**, die durch ringähnlichen Annuli ausgesteift sind, dienen dem Stoffaustausch zwischen Kern und

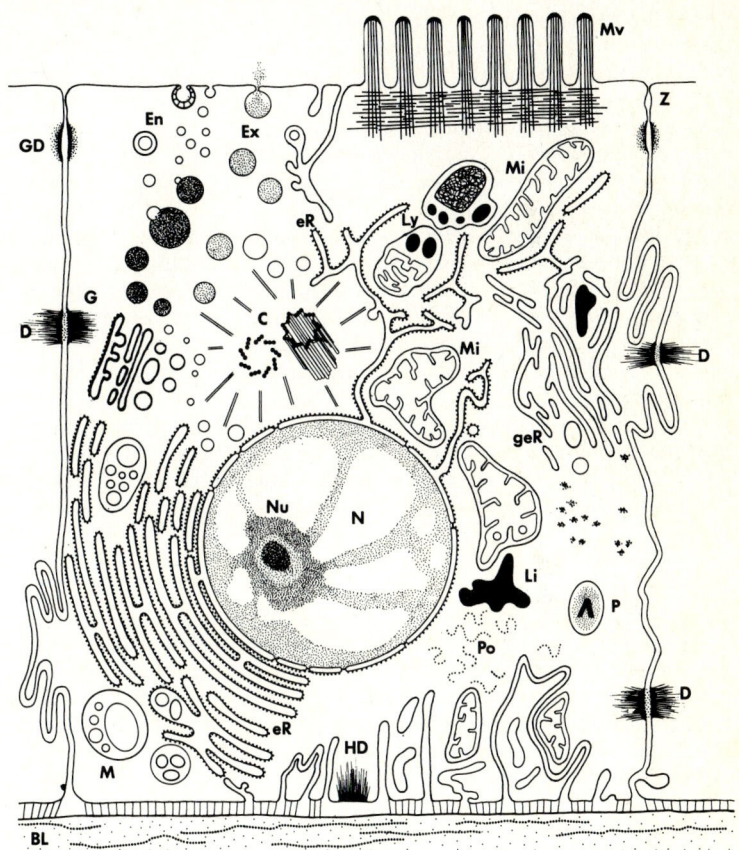

Abb. 1.1: Schema des Aufbaus einer Epithelzelle.
BL: Basallamina, C: Centriole, D: Desmosom, En: Endocytose, Ex: Exocytose, eR: rauhes endoplasmatisches Reticulum, G: Golgiapparat, GD: Gürteldesmosom, geR: glattes endoplasmatisches Reticulum, HD: Hemidesmosom, Li: Lipid, Ly: Lysosom, M: multivesikuläre Körper, Mi: Mitochondrien, Mv: Mikrovilli, N: Zellkern, Nu: Nucleolus, P: Peroxisom, Po: Polysomen, Z: zonula occludens (nach Ruthmann und Hauser 1979).

Cytoplasma. Der Porendichte ist dadurch eine Grenze gesetzt, daß die Annuli einen gewissen Mindestabstand einhalten. Bei hochaktiven Kernen findet man daher oft Ausläufer und Einbuchtungen, die Platz für mehr Poren schaffen und hohe Transporteffizienz sichern.

Alle Kompartimente sind in sich geschlossen. Es gibt keine «freien» Membranenden in der Zelle. Flache Cisternen haben ein konstantes Oberflächen/Volumenverhältnis. Dies kann als Hinweis dafür gelten, daß wesentliche Funktionen in unmittelbarem Zusammenhang mit den Membranen ablaufen. Dies ist im Falle der Ribosomen am rauhen endoplasmatischen Reticulum auch offensichtlich. Bei rundlichen Kompartimenten, deren Oberflächen/Volumenverhältnis mit wachsender Größe abnimmt, spielen sich die Hauptfunktionen im Innern ab, wie bei den Verdauungsprozessen in den Lysosomen, oder sie dienen der Reservestoffspeicherung, wie z.B. die Dotterschollen von Eizellen. Befreit man Bakterien- oder Pflanzenzellen von ihrer Zellwand, so runden sie sich zu sog. Protoplasten ab. Tierische Zellen, die ohne stabilisierende äußere Hüllen sind, erhalten ihre von der Kugelform abweichende Gestalt mit Hilfe ihres **Cytoskeletts** aus Mikrotubuli und Filamenten, die einen wesentlichen Anteil des Grundcytoplasmas darstellen. Durch das Cytoskelett gestützte Ausläufer treten bei Zellen in Gewebekultur auf und vermitteln die Haftung an das Substrat (Mikrofilamente in Fibroblasten). Andere Zellausläufer dienen dem Nahrungserwerb (z.B. durch Mikrotubuli ausgesteifte Axopodien der Heliozoen, s. 2.3.2) oder stehen im Zusammenhang mit sensorischen Funktionen (z.B. die durch Mikrofilamente gestützten Stereocilien im Innenohr). Resorbierende Zellen, wie die des Darmepithels, bilden Ausstülpungen (**Mikrovilli, Mv**), die von Actinfilamenten gestützt sind.

1.3.1 Zellmembran

Während sich die Membransysteme des Zellinnern aufgrund ihrer Ausstattung mit Proteinen in funktioneller Hinsicht stark voneinander und von der Zellmembran – auch Plasmalemma genannt – unterscheiden, haben alle Membranen die gleiche Grundstruktur, eine Doppelschicht aus Lipiden. Der doppelschichtige Aufbau ergibt sich aus einer besonderen Eigenschaft der Lipidmoleküle: Sie sind **amphipathisch**, d.h. sie haben einen wasserabstoßenden (hydrophoben, apolaren) und einen wasserbindenden (hydrophilen, polaren) Molekülteil. Am Beispiel des Lecithins, eines der häufigsten Membranlipide, sei dies erläutert. Es handelt sich um ein Phosphoglycerolipid; zwei der drei OH-Gruppen des Glycerins sind mit langkettigen Fettsäuren verestert. Diese bilden den hydrophoben Anteil. Die dritte OH-Gruppe ist mit Phosphorsäure verestert, die ihrerseits mit Cholin verbunden ist, beides Träger von Ladungen, die den hydrophilen Anteil stellen. Auf einer Wasseroberfläche taucht Lecithin mit dem polaren Ende ein, während die beiden hydrophoben Ketten in die Luft ragen. Die Moleküle nehmen eine

Phosphatidylcholin

$$CH_3-\underset{\underset{CH_3}{|}}{\overset{\overset{CH_3}{|}}{N^{\oplus}}}-(CH_2)_2-O-\underset{\underset{O}{\|}}{\overset{\overset{O^{\ominus}}{|}}{P}}-O-CH_2$$
$$H_2C-O-\underset{}{\overset{\overset{O}{\|}}{C}}-(CH_2)_n-CH_3$$
$$H_2C-O-\underset{\overset{\|}{O}}{C}-(CH_2)_n-CH_3$$

Fettsäuren

Stimmgabelform an und bilden, wenn man sie auf die kleinstmögliche Fläche zusammenschiebt, einen monomolekularen Film. Da die Zellmembran an beiden Seiten von wäßriger Lösung umgeben ist, ordnen sich die amphipathischen Lipide zu einer Doppelschicht an, in der die hydrophilen Enden nach außen, die hydrophoben nach innen weisen (Abb. 1.2). Zusammen mit ein- und angelagerten Proteinen ergibt sich eine Gesamtdicke von etwa 7 nm.

Die Vielfalt der Membranlipide beruht auf Veränderungen in den hydrophoben Anteilen (Kettenlänge und Sättigungsgrad der Fettsäuren) und im hydrophilen Bereich. Bei den Phosphoglycerolipiden kann an die Stelle von Cholin eine ganze Reihe hydrophiler Verbindungen wie Ethanolamin, Serin, Inositol u.a. treten. Bei den verwandten Glycoglycerolipiden ist die 3. OH-Gruppe des Glycerins statt mit Phosphorsäure mit Zuckern wie Glucose, Galactose oder mit Ketten von Zuckermolekülen (Oligosacchariden) verbunden. Statt über Glycerin können Fettsäuren auch über den Aminoalkohol Sphingosin gebunden sein. Die polaren Reste können sowohl von Phosphorsäure in Verbindung mit Cholin u.a. (Phosphosphingolipide) als auch von verschiedenen Zuckern (Glykosphingolipide) gestellt werden (Abb. 1.3). Cholesterol, ein nur schwach polares Molekül, ist das häufigste Membransteroid und stabilisiert vor allem das Plasmalemma tierischer Zellen. In den Membranen des Zellinnern kommt es in wesentlich geringerer Konzentration vor.

Zellen, auch solche völlig verschiedener Tierarten, können durch verschiedene experimentelle Kunstgriffe zur Verschmelzung (Fusion) gebracht werden. Markiert man die Oberfläche einer Zelle mit einem geeigneten Farbstoff, so bleibt dieser nach der Fusion mit einer unmarkierten Zelle nicht in einer Kalotte liegen, sondern breitet sich ziemlich rasch über die gesamte Oberfläche aus. Die Zellmembran ist also nicht starr und fest, sondern verhält sich wie ein Flüssigkeitsfilm (**Membranfluidität**). Aus Messungen der Diffusionsgeschwindigkeit läßt sich ableiten, daß ihre Zähigkeit (Viskosität) etwa der von dünnflüssigem Maschinenöl entspricht. Diese Fluidität beruht auf der freien lateralen Beweglichkeit der Lipidmoleküle, die in Abhängigkeit von der Temperatur lebhaft umeinander wirbeln. Ein Wechsel der Lipide von der Außenschicht zur Innenschicht und umgekehrt («Flip-Flop») kommt hingegen wegen des hohen Energiebedarfs praktisch

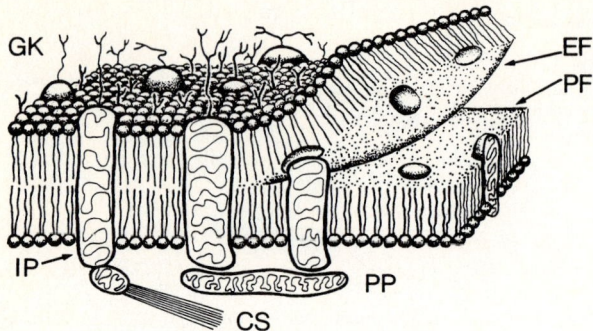

Abb. 1.2: Fluid-Mosaikmodell der Zellmembran mit peripheren (PP) und integralen (IP) Membranproteinen. Glykokalyx (GK) oben, hydrophile Anteile der Lipide als Globuli gezeichnet. CS: Cytoskelett, EF, PF: Aufsichtsflächen im Gefrierbruchverfahren (s. Text).

nicht vor. So kann eine Asymmetrie der Lipidverteilung aufrechterhalten werden. Glykolipide z.B. kommen vorzugsweise in der äußeren Schicht vor, wo ihre Zuckeranteile zur Glykokalyx (s. unten) beitragen.

Bei gegebener Temperatur hängt die Membranfluidität von der Kettenlänge der Fettsäuren und besonders ihrem Sättigungsgrad ab. Die dichte Aneinanderlagerung langkettiger Fettsäuren ermöglicht Interaktionen zwischen den Molekülen, welche die Beweglichkeit herabsetzen. Da umgekehrt an jeder Doppelbindung ungesättigter Fettsäuren ein Knick in der Kette entsteht, wird der Zusammenhalt der Molekülschicht gestört und die Fluidität erhöht. Je nach Art der Lipidmoleküle wird sich daher die Membran bei abnehmender Temperatur so verfestigen, daß sie ihre Fluidität einbüßt. In den Membranen arktischer Fische, die dauernd bei Temperaturen um den Gefrierpunkt leben, müssen kurzkettigere und ungesättigtere Lipide vorherrschen als bei Warmblütern. Bei Einzellern (*Tetrahymena* spp., Ciliata) hat man festgestellt, daß sich die Membranlipide in Abhängigkeit von der Zuchttemperatur ändern.

Träger der spezifischen Funktionen biologischer Membranen sind die **Proteine**, die beim Plasmalemma etwa 50%, bei der hochaktiven inneren Mitochondrienmembran sogar mehr als 70% der Trockenmasse bilden. Sie können der Membran angelagert (periphere Proteine, PP, Abb. 1.2) oder in sie eingelagert sein oder sie ganz durchdringen (integrale Membranproteine, IP). Auf diese Weise ist die fluide Lipiddoppelschicht mit einem Mosaik von Eiweißmolekülen besetzt (**Fluid-Mosaik-Modell**). Wie in Abb. 1.2 dargestellt, können mehrere integrale Proteine durch periphere Membranproteine zu einem funktionellen Komplex zusammengehalten werden, wobei letztere wiederum durch Elemente des Cytoskeletts (CS) verankert sein können. Bei den integralen Membranproteinen handelt es sich meist um Glykoproteine, deren Zuckerketten zusammen mit den Oligosacchariden der Glykolipide auf der Außenfläche der Zelle einen dichten Überzug, die Glykokalyx (GK), bilden.

Beim Gefrierbruchverfahren wird die Probe bei ca. −150° C im Hochvakuum mit einer Rasierklinge gebrochen. Membranen platzen dabei an ihrer natürlichen Schwachstelle zwischen den beiden Lipidschichten auseinander. Ein durch Hochvakuumaufdampfung gewonnener Abdruck zeigt dann im Elektronenmikroskop entweder die cytoplasmatische (PF) oder die äußere Hälfte (EF) der Zellmembran in Aufsicht. Die Mehrzahl der integralen Membranproteine bleibt in PF haften; die äußere Halbschicht EF zeigt entsprechende Vertiefungen.

Unter den integralen Proteinen, welche die gesamte Zellmembran durchdringen, befinden sich **Tunnelproteine** für den Stofftransport in beiden Richtungen. Darunter fallen spezifische Enzyme (Permeasen) für den energieverbrauchenden, sog. aktiven Transport gegen das Konzentrationsgefälle und spezifische Ionenkanäle für den passiven Durchtritt entlang eines Konzentrationsgefälles. Bei der Erregung z.B. von Sinnes- und Nervenzellen öffnen sich die Kanäle, wobei Na^+, das außen in höherer Konzentration vorhanden ist, in die Zelle einströmt und K^+ nach außen tritt. Diese Ionenströme führen zu einem Zusammenbruch des elektrischen Membranpotentials. Der Ausgangszustand und damit das normale Ruhepotential in Höhe von etwa 70 mV wird durch eine aus mehreren Proteinuntereinheiten

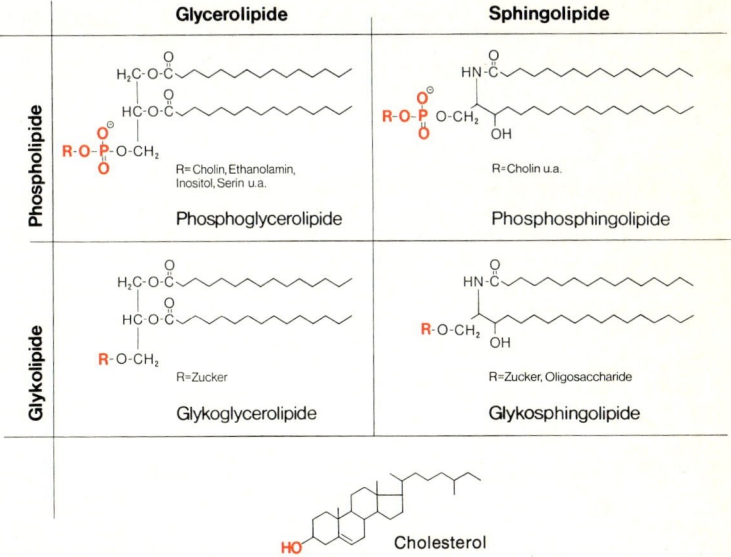

Abb. 1.3: Klassifizierung der Membranlipide. Hydrophile Anteile rot.

aufgebaute Na^+/K^+-Pumpe wiederhergestellt. Neben Na^+ und K^+ tragen auch andere Ionen wie Ca^{++} und verschiedene Anionen zum Membranpotential bei (s. 8.1). Wegen der geringen Dicke der Membran ($\approx$ 7 nm) ergibt ein Membranpotential von 70 mV eine elektrische Feldstärke von 10^7 Volt/m, vergleichbar einem Kondensator, dessen Platten bei einer Spannung von 10^5 Volt in einem Abstand von 1 cm stehen. Um einen elektrischen Durchbruch zu verhindern, wird also ein sehr guter Isolator benötigt. Als solcher wirkt die Lipiddoppelschicht der Zellmembran. Sie ist zwar für Gase, Wasser (und Lipide) durchlässig, setzt aber der Permeation von Ionen einen hohen Widerstand entgegen («**Semipermeabilität**»).

Ihre biochemische Individualität verdankt die Zellmembran der **Glykokalyx**, denn die vielfach verzweigten Oligosaccharidketten der Glykolipide und Glykoproteine ermöglichen eine ungeheure Vielfalt von Kombinationen. Allgemein kann man ihr eine Rolle beim «Erkennen» von Zellen und Molekülen zuschreiben. Die gewebespezifische Reassoziation isolierter Zellen aus Embryonalanlagen setzt ein solches Zellerkennen voraus. Ein anderes Beispiel für eine spezifische Erkennungsfunktion stellen die Blutgruppenantigene an der Oberfläche roter Blutkörperchen dar. Sie sind Rezeptoren für die entsprechenden Antikörper (s. 13.2). Die Bindung eines Moleküls (Ligand) kann Signalwirkung auf das Zellinnere haben. So löst die Bindung des Hormons Glukagon an der Oberfläche der Leberzelle Stoffwechseländerungen aus, die zur Freisetzung von Glucose führen. Der Neurotransmitter Acetylcholin (s. 7.4) führt nach Bindung an seinen Rezeptor an der Außenseite der Muskelzelle zu einer Kette von Ereignissen, die letztlich in einer Kontraktion gipfeln. Die überall in der Gewebeflüssigkeit vorhandenen Liganden können nur in den Zellen zu einer Reaktion führen, die mit den entsprechenden Rezeptoren ausgerüstet sind.

1.3.2 Zellverbindungen

Eine Reihe spezialisierter Zellverbindungen dient der Abdichtung eines Zellverbandes (Gewebe) nach außen, seiner mechanischen Stabilisierung und dem zwischenzelligen Austausch kleiner Moleküle. Dabei werden alle ringförmig die Zelle umziehenden Verbindungen als «zonula», die auf scheibenförmige Bereiche beschränkten als «macula» bezeichnet.

Die **zonula occludens** (Schlußleiste, engl. **tight junction**) umgibt Epithelzellen, die einen Hohlraum (Lumen) umschließen, als geschlossenes Band an der dem Lumen zugewandten Seite (Abb. 1.4). Sie verstärken daher den Zusammenhalt des Epithels und dichten den Interzellularspalt zum Lumen hin dadurch ab, daß die Membranen benachbarter Zellen durch integrale Membranproteine, welche die inneren Lipidschichten beider Zellen durchdringen, wie vernietet sind. In der Aufsicht auf die Fläche bilden Reihen dieser Transmembranproteine ein mehr oder weniger dichtes Netzwerk.

Unmittelbar unterhalb der zonula occludens findet man bei den meisten tierischen Zellen die ebenfalls bandförmige **zonula adhaerens** (Gürteldesmosom, Abb. 1.4). Hier bleiben die aneinander grenzenden Zellen zwar durch einen deutlichen Abstand getrennt, sind aber durch Interzellularmaterial miteinander verbunden. An der Innenfläche liegt ein Band von Actinfilamenten, das über besondere Proteine an der Membran verankert und in Verbindung mit Myosin zur Kontraktion befähigt ist (s. Kap. 7). Die einseitige Verkleinerung der Zelloberfläche bewirkt dann im Zellverband ein Auf- oder Abwölben, das bei morphogenetischen Bewegungen wie der Bildung des Neuralrohrs (s. 3.5) eine Rolle spielt.

Desmosomen (macula adhaerens, Abb. 1.4) sind untereinander durch Bündel von Tonofilamenten verbunden und dienen der mechanischen Stabilisierung des Geweberverbandes. In der Haut, die Zugspannungen ausgesetzt ist, sind sie daher besonders häufig. Der Interzellularspalt ist von Material erfüllt, das in der Mitte eine dichte Schicht bildet (stratum centrale). In gleicher Höhe liegen unmittelbar an den Innenflächen der Zellmembranen die beiden desmosomalen Platten, die besondere Proteine, die Desmoplakine, enthalten. In die Platten treten Tonofilamente seitlich ein und aus. Sie bestehen aus Cytokeratin, das zur Klasse der intermediären Filamente (S. 22) gehört. An der Basis, wo die Epithelzelle an die von ihr abgeschiedene Basallamina grenzt, sind **Halbdesmosomen** (Hemidesmosomen, Abb. 1.1) ausgebildet.

Bei Wirbellosen treten häufig **septierte Desmosomen** an die Stelle von Schlußleisten und Desmosomen. Sie dienen vermutlich sowohl dem Verschluß des Interzellularspaltes als auch der mechanischen Stabilisierung. Hier sind die Außenseiten angrenzender Zellmembranen über große Flächen durch Proteine verbunden, so daß Längsschnitte ein leiterartiges Bild ergeben.

Der **Nexus** (engl. gap junction, weil zwischen den Membranen ein Spalt von 3 nm bleibt) dient der direkten Verbindung benachbarter Zellen über Kanäle von 1,6–2 nm (Säuger) bzw. 2–3 nm Weite (Insekten). Der scheibenförmige Nexus ist aus hexagonal angeordneten Connexonen aufgebaut. Letztere bestehen aus jeweils 6 Proteinen, die zwischen sich einen hydrophi-

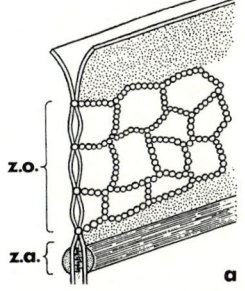 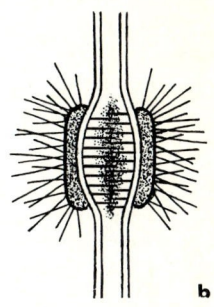

Abb. 1.4: a) Zonula occludens und zonula adhaerens, links im Querschnitt, rechts in Aufsicht. b) Desmosom.

len Kanal offen lassen (Abb. 1.5). Durch Injektion von Fluoreszenzfarbstoffen ließ sich nachweisen, daß Stoffe bis zu einem Molekulargewicht von etwa 1.200 dalton über diese Kanäle frei von einer Zelle in die andere diffundieren können. Große Moleküle wie Ribonucleinsäure (RNA) und Proteine sind vom Austausch ausgeschlossen, nicht aber ihre Bausteine, Nucleotide und Aminosäuren. Auch Zucker und niedermolekulare Stoffwechselprodukte können passieren (metabolische Kooperation). Da Ionen ebenfalls durch die Kanäle treten können, sind derart verbundene Zellen auch elektrisch gekoppelt. Dies spielt z.B. bei der Ausbreitung der Erregung im Herzmuskel eine Rolle. Der Nexus hat in diesem Falle die Funktion einer elektrischen Synapse.

Allgemein gesprochen bieten die gap junctions eine Möglichkeit zur Signalübertragung von Zelle zu Zelle, unabhängig davon, ob es sich um Ionenströme oder kleine Moleküle handelt, die durch Veränderung von Enzymaktivitäten steuernd in den Stoffwechsel eingreifen. Während zu Beginn der Embryonalentwicklung alle Zellen durch gap junctions verbunden sind, kommt es später zu einer fortschreitenden Entkopplung ganzer Zellgruppen, die offenbar Voraussetzung für ihre unterschiedliche Differenzierung ist.

Wird in einem Zellverband eine Zelle geschädigt, so sinkt ihr Energiestoffwechsel, und die Konzentration von Calcium im Grundcytoplasma steigt an, weil die Effektivität der Calciumpumpen nachläßt (s. Kap. 4). Calcium, ebenso wie Ansäuerung (H^+), führt zu einer Konformationsänderung der Proteine in den Connexonen, und der Kanal verschließt sich. Auf diese Weise wird verhindert, daß schädigende Einflüsse auf andere Zellen übergreifen.

1.3.3 Intrazelluläre Membransysteme und Membranfluß

Das **endoplasmatische Reticulum** (ER) ist das umfangreichste Membransystem der Zelle. Während das ribosomenfreie glatte ER der Hauptort für die

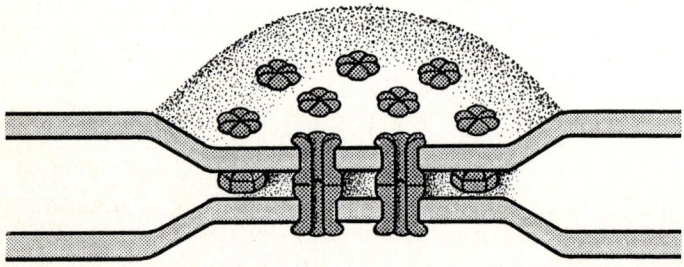

Abb. 1.5: Nexus. Connexonen im Längsschnitt mit hydrophilem Kanal und in Aufsicht (aus Darnell et al. 1986).

Synthese von Fettsäuren und Phospholipiden für Membranen ist, liegt die Hauptaufgabe des **rauhen ER** in der Synthese von Proteinen, die als Sekrete abgegeben, in Membranen eingebaut und in Organellen wie Lysosomen eingeschleust werden. Das **glatte ER** erfüllt neben der Bildung von Membranlipiden noch Sonderaufgaben, so daß es in dafür spezialisierten Zellen entsprechend stark ausgeprägt ist. In bestimmten endokrinen Drüsen (s. Kap. 12) spielt es eine Rolle bei der Synthese von Steroidhormonen, in der Leber bei der Entgiftung aufgenommener Schadstoffe, in der Salzdrüse von Seevögeln beim Ionentransport für die Ausscheidung der Salze und im Muskel ist es als sog. sarkoplasmatisches Reticulum ein Calciumspeicher (s. Kap. 7). Während das rauhe ER aus abgeflachten Cisternen besteht (Abb. 1.6), ist das glatte ER vorwiegend in Form zartwandiger Schläuche ausgebildet. Beide Formen können aber ineinander übergehen.

Proteine für das Grundcytoplasma oder für den Import in Organelle wie Mitochondrien, Peroxisomen oder den Zellkern werden mit Hilfe freier, d.h. nicht an das ER gebundener Ribosomen des Cytoplasmas synthetisiert. Ihr Bestimmungsort kann durch besondere Signalsequenzen festgelegt sein. Letzteres ist auch der Fall bei sekretorischen, lysosomalen und Membranproteinen. Ihre Signalsequenzen aus 16–30 meist hydrophoben Aminosäuren werden im freien Cytoplasma synthetisiert und von besonderen Signalerkennungspartikeln aus 6 Peptiden und einer kurzkettigen RNA gebunden. Die Partikel werden ihrerseits mit den assoziierten Ribosomen über Proteinrezeptoren an der Außenfläche des ER gebunden. Die hydrophobe Signal-

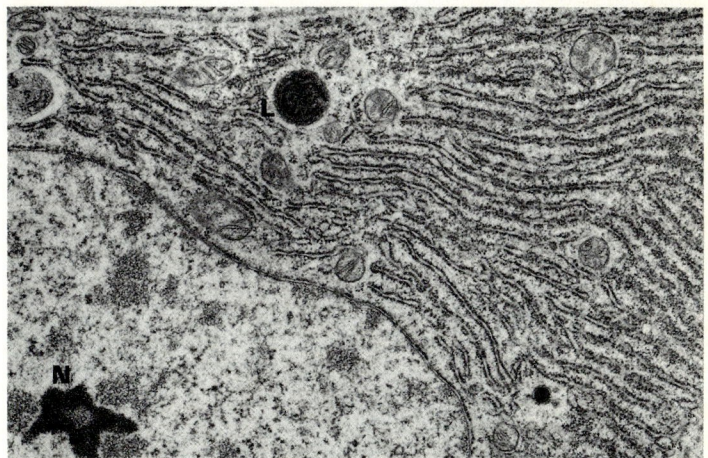

Abb. 1.6: Follikelzelle im Ovar der Schlupfwespe *Pimpla turionellae* bei der Bildung des Chorions, einer proteinreichen Eihülle. N: Teil des Nucleolus, L: Lysosom. Zwischen den Cisternen des rauhen ER liegen sehr kleine Mitochondrien. x 14.000.

sequenz wird durch die Membran geschleust, und die weitere Synthese erfolgt unter gleichzeitigem Transport der wachsenden Polypeptidkette in das Innere der Cisterne, also in den extraplasmatischen Raum (**vektorielle Translation**, Abb. 1.7). Man spricht von Translation, weil die Sequenz der Bausteine (Nucleotide) der RNA, die ihrerseits eine Abschrift (**Transcription**) der Nucleotidabfolge der DNA darstellt, in die Sequenz der Aminosäuren entsprechend dem genetischen Code übersetzt wird. Das Beiwort vektoriell drückt den gerichteten Ablauf von der plasmatischen auf die nichtplasmatische Seite der ER-Cisternen aus. Innerhalb der Cisterne des ER erfährt das Protein noch zwei Veränderungen: Die Signalsequenz wird durch ein Enzym (Signalase) abgespalten, und in der Nähe der Spaltstelle werden Oligosaccharidketten angehängt (**Glykosylierung**), da es sich bei Exportproteinen zumeist um Glykoproteine handelt. Im Golgiapparat entsteht dann das endgültige Glykosylierungsmuster, durch welches u.a. die Proteine für ihren Bestimmungsort (Export oder Lysosomen) markiert werden.

Auch der Weg des Proteins durch die abgeflachten Cisternen des **Golgiapparates** erfolgt gerichtet. An der cis-Seite bilden sich neue Cisternen durch Abschnürung von Vesikeln aus dem ER, während an der trans-Seite sekretbeladene Vesikel abgegeben werden (Abb. 1.7). Ihre Hüllmembran verschmilzt mit der Plasmamembran unter Freisetzung des Sekrets durch **Exocytose**, an der Ca^{2+} beteiligt ist. Zur Fusion mit der Plasmamembran sind aber nur jene Vesikel befähigt, die nahe der trans-Seite abgegeben werden, denn auf dem Wege durch den Golgiapparat verändern sich die Membranen und werden dem Plasmalemma in ihrer Lipidzusammensetzung ähnlicher (z.B. nimmt der Cholesterolgehalt zu). Lysosomale Vesikel, die nahe der cis-Seite abgegeben werden, verbleiben daher in der Zelle.

Es sei an dieser Stelle vermerkt, daß die Exocytose zwar der häufigste, nicht aber der einzige Sekretionsmodus ist. Das Fettsekret der Milchdrüsen wird in Form kleiner Knospen abgeschnürt, wie auch die meisten Viren aus tierischen Zellen durch Knospung freigesetzt werden (Abb. 1.10).

Während bei der Exocytose der Membranfluß zur Zellmembran gerichtet ist, gelangt beim entgegengesetzten Vorgang der **Endocytose** Membranmaterial ins Zellinnere. Man unterscheidet **Pinocytose** («Zelltrinken»), wobei es um die Aufnahme gelöster Stoffe geht, und **Phagocytose** («Zellfressen»), das Einverleiben von größeren Brocken, z.B. von Bakterien durch Makrophagen oder Amöben. Die Übergänge sind jedoch fließend, so daß meist nur von Endocytose gesprochen wird. Von **Cytopempsis** (Transcytose) spricht man, wenn Endocytosevesikel durch die Zelle transportiert und an der entgegengesetzten Seite exocytiert werden. Sie spielt beim Stofftransport zwischen Gewebeflüssigkeit und Blut durch die dünnen Endothelzellen der Kapillargefäße eine Rolle. Die Endocytose ist ein Energie verbrauchender Vorgang, der aus diesem Grunde als eine Art aktiver Transport angesehen werden kann.

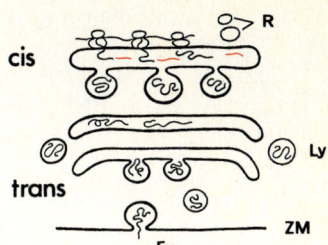

Abb. 1.7: Golgi-Apparat und vektorielle Translation. Erklärung im Text. Signalsequenz rot; Ly: Lysosom, Ex: Exocytose, ZM: Zellmembran.

Die Endocytose erfolgt bei Einzellern häufig unspezifisch. Bei Süßwasseramöben induzieren verdünnte Salzlösungen eine lebhafte Pinocytose an der gesamten Zelloberfläche, wobei die Kationen an die negativ geladene Glykokalyx gebunden werden, und *Paramecium* spp. (Ciliata) bilden auch um Tuschepartikel Nahrungsvakuolen.

In den Geweben der Metazoen bewirken spezifische Rezeptoren der Zelloberfläche eine selektive Stoffaufnahme. Die Bindung von Liganden führt über lokale Einsenkungen der Zellmembran («coated pits») zur Abschnürung von Vesikeln, die von einem Clathringerüst umhüllt sind («coated vesicles», Abb. 1.8). Das Clathrin besteht aus 3 Proteinuntereinheiten, die von einem Zentralpunkt ausstrahlen. Die drei Arme legen sich seitlich so aneinander, daß eine Hülle aus Hexagonen und Pentagonen entsteht (Abb. 1.9). Nach der Endocytose wird die Clathrinhülle abgelöst, und in dem nun als Endosom bezeichneten Vesikel erfolgt durch Protonenpumpen eine Ansäuerung, die zur Trennung der Liganden von den noch immer an die Membran gebundenen Rezeptoren führt. Diese sammeln sich an einer Stelle an, werden vom Endosom abgeschnürt und gelangen wieder an die Zelloberfläche («recycling»). Der Rest des Endosoms verschmilzt mit einem Lysosom. Die verschiedenen Cytoseprozesse sind in Abb. 1.10 schematisch dargestellt.

1.3.4 Lysosomen

Die etwa 0,5 µm großen membranumschlossenen Lysosomen enthalten eine je nach Zelltyp unterschiedliche Enzymausstattung. Stets handelt es sich um **saure Hydrolasen**, d.h. die Enzyme haben im sauren pH-Bereich (< 7) ihr Wirkungsoptimum und spalten unter Wasseraufnahme (Hydrolyse) nach dem Schema

$$RR' + HOH \xrightarrow{\text{Hydrolase}} RH + R'OH$$

Sie werden vom Golgisystem abgeschnürt (Abb. 1.7) und können mit Endocytosevesikeln zu **Phagolysosomen** verschmelzen und deren Inhalt enzymatisch abbauen. Die Ansäuerung auf ein pH etwas unter 5,0 wird durch membranständige Protonenpumpen gewährleistet. Die zahlreichen

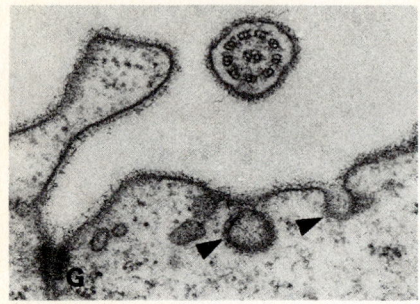

Abb. 1.8: Endocytose am Ventralepithel von *Trichoplax adhaerens* (Placozoa). Pfeilspitzen: «coated pit» bzw. «coated vesicle». Die gesamte Zelloberfläche ist von Glykokalyx überzogen. G: Gürteldesmosom; oben Geißelquerschnitt. x 30.000.

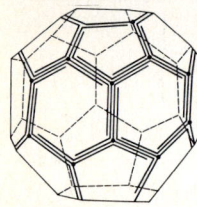

Abb. 1.9: Clathringerüst, Erklärung im Text.

Hydrolasen (Nucleasen, Phosphatasen, Proteasen etc.) ermöglichen einen fast vollständigen Abbau innerhalb des Lysosoms, sind aber, wenn sie ins freie Cytoplasma gelangen, bei dem dort herrschenden pH von 7,0–7,3 unwirksam.

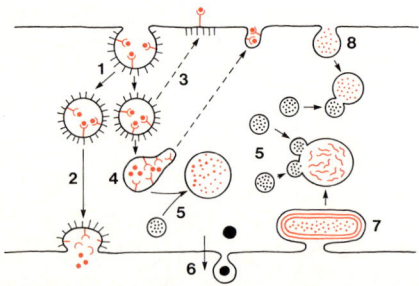

Abb. 1.10: Cytosevorgänge. **1:** Rezeptorvermittelte Endocytose über «coated pits» und «coated vesicles» (Rezeptor und gebundener Ligand rot); **2:** Transcytose der Liganden; **3:** Rezyklisierung von Clathrin und Rezeptoren; **4:** Endosom; **5:** Verschmelzung mit primären Lysosomen zu sekundären Lysosomen; **6:** Knospung; **7:** Phagocytose; **8:** Pinocytose und Verschmelzung mit Lysosomen (nach Kleinig und Sitte 1986).

Unverdauliche Restprodukte werden bei Einzellern durch Exocytose ausgeschieden, bei Ciliaten an einer bestimmten Stelle, dem Zellafter (Cytopyge). In Gewebezellen werden die Residualkörper oft gespeichert und können in langlebigen Zellen sog. Alterungspigmente (Lipofuscine) bilden.

Eine besondere Rolle spielen Phagolysosomen bei der Mobilisierung des Sekrets der Schilddrüse, die als endokrine Drüse keinen Ausführgang hat (s. Kap. 12). Das Hormon (Thyroxin) wird zunächst an ein Protein als Thyreoglobulin gebunden und außerhalb der Zellen in geschlossenen Drüsenfollikeln gespeichert. Thyreoglobulin gelangt durch Endocytose in die Zelle zurück, und das Thyroxin wird nach Abbau des Globulins in den Phagolysosomen zurückgewonnen.

Dem Abbau defekter Zellbestandteile dienen die **Autolysosomen**. Man kann in ihnen häufig Reste von ER oder Mitochondrien erkennen. Diese Vorgänge sind Teil eines ständigen Zyklus von Abbau und Erneuerung, dem alle Teile der Zelle außer der DNA unterliegen (Defekte in der DNA werden durch ein eigenes enzymatisches Reparatursystem korrigiert). Auch die Zellen der meisten Gewebe haben nur eine kurze Lebensdauer. Selbst im Knochen erfolgt ein stetiger Umbau. Die Osteoklasten, deren Lysosomen besonders reich an saurer Phosphatase sind, sorgen für den Abbau und andere Zellen, die Osteoblasten, für die Neubildung von Knochensubstanz. Besonders augenfällig sind die Umbauvorgänge bei Tieren mit Metamorphose, z.B. Froschlurchen und höheren (holometabolen) Insekten (s. 3.6.2.2). Auch hier spielen Lysosomen eine besondere Rolle.

1.3.5 Peroxisomen

Peroxisomen («microbodies») sind membranumschlossene Organelle (Abb. 1.1) von der Größe der Lysosomen, enthalten aber im Gegensatz zu diesen oxidierende Enzyme. Je nach Zelltyp enthalten sie verschiedene **Oxidasen**. Durch eine Oxidase wird Wasserstoff in einer im Vergleich zu den Mitochondrien verkürzten Atmungskette vom Substrat auf Sauerstoff unter Bildung von H_2O_2 (Wasserstoffperoxid) übertragen. Im Gegensatz zu den Mitochondrien wird die bei der Oxidation gewonnene Energie aber nicht zur Synthese einer energiereichen Phosphatverbindung genutzt, sondern wird als Wärme, bei Leuchtkäfern («Glühwürmchen») teilweise als Lichtenergie freigesetzt. Schematisch kann man die Oxidasereaktion folgendermaßen charakterisieren:

$$RH_2 + O_2 \xrightarrow{\text{Oxydase}} R + H_2O_2$$

Das Wasserstoffperoxid, das in hohen Konzentrationen ein Zellgift darstellt, kann durch Vermittlung der **Katalase** zur Oxidation eines weiteren Substrats genutzt werden:

$$R'H_2 + H_2O_2 \xrightarrow{\text{Katalase}} R' + 2H_2O$$

Überschüssiges H_2O_2 wird ebenfalls durch Katalase in Wasser und Sauerstoff gespalten:

$$2 H_2O_2 \xrightarrow{\text{Katalase}} 2 H_2O + O_2$$

Katalase ist daher in Peroxisomen stets vorhanden und gilt als Leitenzym dieser Organelle. Peroxisomen greifen je nach Gewebe in zahlreiche biochemische Umsetzungen ein. In der Leber enthalten sie u. a. Enzyme für die Fettsäureoxidation, sind an der Bildung von Gallensäure aus Cholesterol beteiligt und entgiften dort auch etwa die Hälfte des aufgenommenen Alkohols durch Oxidation.

1.3.6 Mitochondrien

Mitochondrien kommen als Organelle der Zellatmung in allen Zellen aerober (Sauerstoff verbrauchender) Eukaryonten vor. Sie fehlen Darmparasiten, die ihren Energiebedarf in ihrer sauerstoffreien Umgebung durch Gärung decken. Eine Leberzelle enthält etwa 2.500 Mitochondrien, die eine Dicke von 0.5 μm erreichen. Durch den Besitz von zwei Membranen entsteht eine Unterteilung in den **äußeren Raum** zwischen den Membranen und dem Innenraum des Mitochondrion, auch **Matrix** genannt. Die innere Membran, die dicht mit Enzymkomplexen besetzt ist, ragt unter Bildung plattenartiger Falten (**Cristae**) in die Matrix (Abb. 1.11). Bei vielen Protozoen (z. B. Ciliaten, viele Sporozoa, s. 2.3) ist das Prinzip der Oberflächenvergrößerung durch die Ausbildung langer, schlauchförmiger Tubuli realisiert.

In den Mitochondrien als Organellen der Zellatmung wird Sauerstoff verbraucht und Kohlendioxid (CO_2) gebildet. Die bei den Oxidationsprozessen gewonnene Energie wird unmittelbar zur Synthese einer energiereichen Verbindung, des **Adenosintriphosphats** (ATP) aus Adenosindiphosphat (ADP) genutzt, das für Syntheseleistungen, den aktiven Transport sowie für zelluläre Bewegungsvorgänge gebraucht wird. Da die Phosphorylierung von ADP und die Oxidation gekoppelt sind, spricht man von **oxidativer Phosphorylierung** (s. 4.2.5).

Mitochondrien sind teilungsfähige, relativ eigenständige Zellorganelle mit meist **ringförmiger DNA**, die im Gegensatz zur chromosomalen DNA nicht an basische Proteine (Histone) gebunden ist. In einigen Fällen ist die komplette Sequenz der Basen (beim Menschen 16.569 Basenpaare) und die Genkarte bekannt. Das mitochondriale Genom kodiert für wenige Proteine, ribosomale RNA und tRNA zur Proteinsynthese. Die überwiegende Mehrzahl der mitochondrialen Proteine ist kernkodiert und wird über das Cytoplasma in die Mitochondrien importiert.

Die DNA-Menge im Genom beträgt nur etwa $1/500$ der DNA von Bakterien ähnlicher Größe. Die vergleichsweise kurzen DNA-Moleküle sind aber oft in Vielzahl vorhanden. Bei den Trypanosomen (s. 2.3.1), deren einziges großes Mitochondrion den ganzen Zellkörper durchzieht, liegen so viele Kopien vor, daß in der Nähe der Geißelbasis ein färbbarer DNA-Körper, der Kinetoplast, erkennbar wird.

Mitochondrien haben eine Reihe von Eigenschaften mit Bakterien gemeinsam. Dazu gehören u.a. die ringförmige, histonfreie DNA, die im Vergleich zum Cytoplasma kleineren, bakterienähnlichen Ribosomen und ein besonderes Lipid der inneren Membran (Cardiolipin), das sonst nur von bakteriellen Zellmembranen bekannt ist. In der **Symbiontentheorie** wird daher angenommen, daß die Mitochondrien ursprünglich als Prokaryonten in die Ur-Eukaryontenzelle einwanderten. Sie müßten dann einen Großteil ihrer genetischen Information an den Zellkern abgegeben haben.

1.3.7 Cytoskelett

Bewegungen von Zellen über das Substrat, Transportvorgänge im Cytoplasma sowie die Aufrechterhaltung und Veränderung der Zellgestalt beruhen auf einer Reihe von Proteinfilamenten, die man insgesamt als Cytoskelett bezeichnet. Man unterscheidet drei Hauptkomponenten, die 7 nm dikken Mikrofilamente aus Actin, die intermediären Filamente (10 nm) und die Mikrotubuli (24 nm). Mikrotubuli und Mikrofilamente sind einem raschen Umbau durch Polymerisation und Depolymerisation unterworfen, so daß das Cytoskelett kein starres Gebilde darstellt, sondern sich bei Bewegungs- und Differenzierungsvorgängen und besonders bei der Zellteilung stets in einem von der Zelle selbst regulierten Maße ändert.

Zahlreiche zelluläre Bewegungsvorgänge wie Muskelkontraktion (s. 7.1), Plasmaströmung und amöboide Bewegung beruhen auf der Interaktion von **Actin**, einem der häufigsten Proteine tierischer Zellen, mit **Myosin**. Actinfilamente (F-Actin), bestehen aus helikal angeordneten, annähernd hantelförmigen 7 × 4 nm großen Untereinheiten (Abb. 1.12) mit einem Molekulargewicht von 42000 d, dem G-Aktin. G- und F-Aktin stehen in der Zelle im Gleichgewicht. Die Polymerisation zu F-Aktin wird durch K^+, Mg^{2+} sowie durch ATP gefördert. Das Myosin besteht aus zwei umeinander gewundenen 140 nm langen Ketten, 2 Paar leichten Ketten und zwei beweglichen

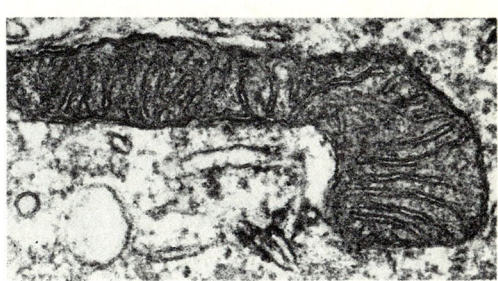

Abb. 1.11: Mitochondrion, Sammelrohrtubulus der Rattenniere x 60.000 (Aufnahme: I. Pavenstädt)

Köpfchen, die enzymatisch abgespalten werden können (S_1-Fragmente). Die langen Ketten vereinigen sich zu bipolaren Aggregaten, den sog. dicken Filamenten (Abb. 1.13). Im quergestreiften Muskel bilden die Actin- und Myosinfilamente hochgeordnete Muster, im Cytoplasma anderer Zellen dagegen lockere Aggregate. Die Kontraktion beruht auf einem Gleitfilamentmechanismus (s. 7.1). Die beweglichen Myosinköpfchen fassen dabei an den Untereinheiten des F-Actins an. Ihr Abknicken führt zu einer Zugwirkung auf die Actinfilamente, die im quergestreiften Muskel an regelmäßig angeordneten Querscheiben (Z-Scheiben), in Nichtmuskelzellen über Verankerungsproteine (z.B. Vinculin) mit der Zellmembran verbunden sind. Die Energie für die Gleitbewegung liefert die Spaltung von ATP.

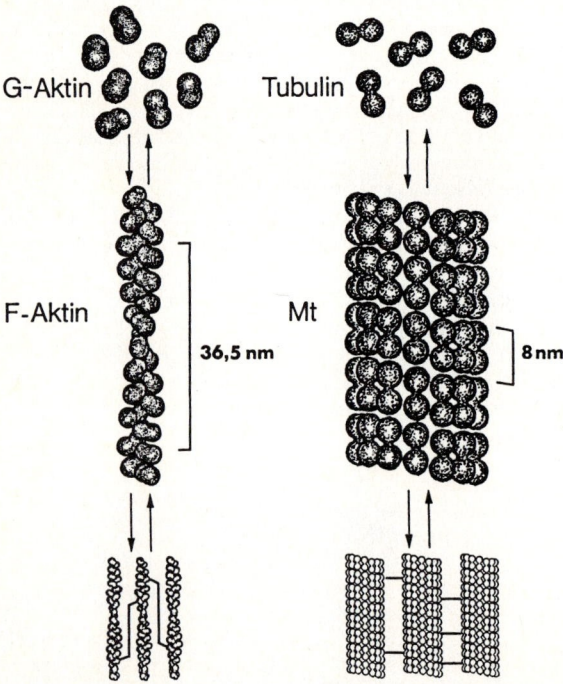

Abb. 1.12: Bildung und Depolymerisation von Mikrofilamenten und Mikrotubuli und Musterbildung durch quervernetzende Proteine.

Auch in Nichtmuskelzellen bilden die Actinfilamente charakteristische Muster. Fibroblasten, die im Bindegewebe extrazelluläre Fasern bilden, nehmen in Gewebekultur über distinkte Haftpunkte Kontakt mit der Unterlage auf. Zu diesen Punkten ziehen Bündel von Mikrofilamenten, die sog. Streßfasern, die offenbar unter Zugspannung stehen. Ihre Anordnung ändert sich im Verlauf der Zellbewegung und sie verschwinden temporär, wenn sich die Zelle vor der Zellteilung abrundet. Bei der Zellteilung (Cytokinese) durchschnürt ein ringförmiges Bündel aus Actin- und Myosinfilamenten die Zelle in Höhe der Äquatorialebene («Furchung»). Diese unterschiedlichen Muster und Verteilungen in Zellen beruhen einerseits auf verschiedenen Actin bindenden Proteinen, welche die Mikrofilamente bündeln, ihre Länge begrenzen oder ihren Zerfall einleiten können, andererseits auf der raschen Polymerisation und Depolymerisation des Actins. Die Polymerisation wird durch K^+ und Mg^{2+}-Ionen sowie ATP gefördert. Dabei findet an beiden Enden eines Mikrofilaments sowohl Einbau als auch

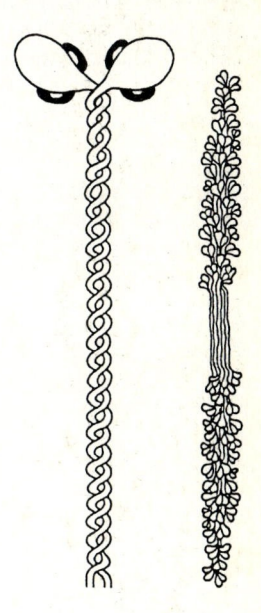

Abb. 1.13: Myosin II (leichte Ketten schwarz) und die Bildung von Myosinfibrillen als bipolare Aggregate einzelner Moleküle.

Ausbau von G-Actin statt, aber in unterschiedlichem Maße. Bei einer mittleren Konzentration von Monomeren ist daher am ⊕-Ende der Nettoeinbau gleich dem Nettoverlust am ⊖-Ende, und die Länge der Filamente bleibt konstant. Wird diese Konzentration unterschritten, so verkürzen sich die F-Actinstränge, und bei höherer Konzentration verlängern sie sich. Die durch unterschiedliche Einbauraten von G-Actin gekennzeichnete Polarität kann durch Bindung von isolierten Myosinköpfchen an F-Actin sichtbar gemacht werden. Durch die räumliche Überlagerung der gebundenen S_1-Fragmente entstehen die in Abb. 1.14 schematisierten pfeilkopfähnlichen Strukturen, die vom Verankerungsprotein am ⊕-Ende hinweg weisen.

Im Gegensatz zu den Mikrofilamenten sind die gewebespezifischen ca. 10 nm dicken **intermediären Filamente** stabilere Cytoskelettelemente, die nicht einem derart raschen Umbau unterworfen sind, da sie nicht aus globulären Untereinheiten, sondern aus seilartig umeinander gewundenen Faserproteinen bestehen. Neurofilamente sind in den Ausläufern (Axonen) vieler Nervenzellen zu finden, Desmin in den Z-Scheiben des Muskels. Vimentin bildet vor allem in Bindegewebszellen ein korbartiges Geflecht um den Zellkern. Die Cytokeratine, eine speziell für Epithelzellen charakteristische Familie von Proteinen, umhüllen den Kern und durchziehen in Bündeln das gesamte Cytoplasma. Als Tonofilamente sind sie mit den Desmosomen verbunden. Durch chemische Veränderung entsteht in der Säugetierhaut aus Cytokeratin das Keratin. Die Zellen «verhornen» und sterben schließlich ab. Keratin bildet ebenfalls die Grundsubstanz von Haaren, Federn, Krallen und Hufen.

Mikrotubuli haben mit F-Actin den Aufbau aus 4 nm großen Protomeren gemeinsam. Bei den Mikrotubuli kommen jedoch zwei verschiedene Protomere abwechselnd vor. Die chemisch sehr ähnlichen Proteine werden α- und β-**Tubulin** genannt. Die polymerisationsfähigen Untereinheiten sind hantelförmige α/β-Heterodimere mit einem Molekulargewicht von 110,000 d. In Längsrichtung bilden sie Protofilamente, von denen meist 13 zu einem Röhrchen von 24 nm Dicke und 4 nm Wandstärke zusammengeschlossen sind (Abb. 1.12, 1.15). Man unterscheidet labile Mikrotubuli, die einem ständigen Umbau unterliegen und stabile Mikrotubuli, die Bestandteile von Organellen wie Cilien, Basalkörpern und Centriolen sind. Die Mikrotubuli der Teilungsspindel und des Cytoplasmas gehören zur labilen Klasse. Die Stabilität beruht nicht auf unterschiedlichen Tubulinen, sondern vermutlich auf den sog. MAPs («**microtubule associated proteins**»). Labile Mikrotubuli stehen mit freien α/β-Heterodimeren des Cytoplasmas in einem Gleichge-

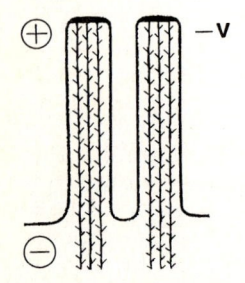

Abb. 1.14: Schema der mit S_1-Fragmenten «dekorierten» Actinfilamente in Mikrovilli (V Verankerungsprotein).

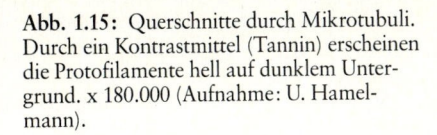

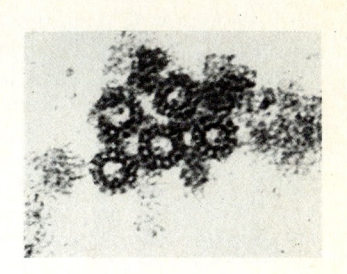

Abb. 1.15: Querschnitte durch Mikrotubuli. Durch ein Kontrastmittel (Tannin) erscheinen die Protofilamente hell auf dunklem Untergrund. x 180.000 (Aufnahme: U. Hamelmann).

wicht, dessen Lage experimentell beeinflußt werden kann. Schweres Wasser (D_2O) fördert die Polymerisation, hoher Druck und Kälte wirken depolymerisierend. Bei Organismen, die in Gebieten mit niedriger Temperatur leben (z.B. arktische Fische), sind die Mikrotubuli durch ein Protein, den Kältestabilitätsfactor, geschützt. Colchicin, ein Alkaloid der Herbstzeitlose, bindet an freie Heterodimere, die dadurch ihre Fähigkeit zur Polymerisation verlieren. Cytoplasmatische Mikrotubuli werden daher durch Colchicin abgebaut, während die Cilienmikrotubuli (s. 1.3.8) unverändert bleiben. Andererseits ist die Cilienregeneration in Gegenwart von Colchicin blockiert. Dies läßt den Schluß zu, daß das Alkaloid auch in diesem Falle an die Heterodimere gebunden wird und daß fertig aufgebaute stabile Mikrotubuli nicht im Gleichgewicht mit freien Untereinheiten stehen.

In der Zelle greifen verschiedene Faktoren steuernd in Aufbau und Abbau der Mikrotubuli ein. Zu ihnen gehören die schon erwähnten MAPs, von denen einige der Neubildung (Initiation), andere der Veränderung (Elongation) dienen. Ein weiterer Steuerungsfactor ist Ca^{2+}, das aus intrazellulären Speichern wie dem glatten endoplasmatischen Reticulum freigesetzt werden kann und in mikromolaren Konzentrationen zum Abbau von Mikrotubuli führt. Die Aktivität membranständiger Calciumpumpen hält die intrazelluläre Konzentration bei 10^{-7} M Ca^{2+} und ermöglicht so den Bestand labiler Mikrotubuli.

Mikrotubuli haben eine inherente Polarität, die auf dem gerichteten Einbau der α/β-Heterodimere beruht und zu unterschiedlichen Wachstumsraten an beiden Enden führt. An den ⊕-Enden, wo die β-Untereinheit exponiert ist, können die Mikrotubuli etwa 3 mal so schnell wie an den ⊖-Enden wachsen. Diese sind in der Zelle meist an das Centrosom als wichtigstes Organisationszentrum für Mikrotubuli angeheftet, von wo sie in alle Richtungen als sog. Aster abstrahlen.

Im Unterschied zum F-Aktin wird die Polymerisation von Mikrotubuli nicht durch ATP, sondern durch GTP (Guanosintriphosphat) gefördert, das von den freien Untereinheiten gebunden wird.

Am ⊕-Ende kann sich nach Abb. 1.16 eine sog. GTP-Kappe halten, solange der konzentrationsabhängige Einbau von GTP-Tubulin schneller als die hydrolytische Spaltung zu GDP erfolgt. Verschwindet die GTP-Kappe, so zerfallen die Mikrotubuli sehr schnell (dynamische Instabilität).

Als Teile des Cytoskeletts haben die Mikrotubuli eine Stützfunktion, spielen aber auch bei zellulären Bewegungs- und Transportvorgängen eine wesentliche Rolle. Das bekannteste Beispiel ist die Chromosomenbewegung bei der Mitose, ein weiteres der Vesikeltransport. Kleine Vesikel können mit Hilfe des ATP verbrauchenden Transportproteins Kinesin entlang den Mikrotubuli in Richtung zum ⊕-Ende, mit Hilfe des cytoplasmatischen Dyneins zum ⊖-Ende bewegt werden.

1.3.8 Centriolen, Basalkörper, Cilien

Centriolen und die Basalkörper von Cilien und Geißeln bestehen aus 9 Mikrotubulitripletten in der in Abb. 1.17 gezeigten Anordnung. Bei ihrer Neubildung entsteht das Tochterorganell stets senkrecht zum Mutterorganell. Zunächst wird ein A-Tubulus aus 13 Protofilamenten gebildet, dem erst ein B-, dann ein C-Tubulus aus 11 Protofilamenten angefügt wird. Die A- und C-Tubuli benachbarter Tripletten sind durch Brücken miteinander verbunden. Auf diese Weise entsteht ein zylindrisches Gebilde von etwa 0.2 µm Durchmesser. Infolge ihrer Entstehungsweise kommen Centriolen meist paarweise vor. Sie sind von einem diffusen Material, dem **Centrosom**, umgeben.

Basalkörper am Ursprung von Cilien und Geißeln sind nach dem gleichen Schema aufgebaut, doch fehlt das umgebende Centrosom mit radial abstrahlenden Mikrotubuli. Im proximalen Bereich findet man regelmäßig radiale Speichen, die sich in der Mitte zu einem Röhrchen vereinigen, das nicht aus Tubulin besteht. Ebenfalls am proximalen Ende sind oft quergestreifte Cilienwurzeln befestigt, die insbesondere bei starker mechanischer Beanspruchung der Cilien der Verankerung dienen (Abb. 1.17). Da sich die Abstände im Streifenmuster nach Zugabe von Ca^{2+} verkleinern, geht man davon aus, daß die Cilienwurzeln kontraktionsfähig sind. Vermutlich erzeugen sie eine Zugspannung als festes Widerlager beim Cilienschlag. Die

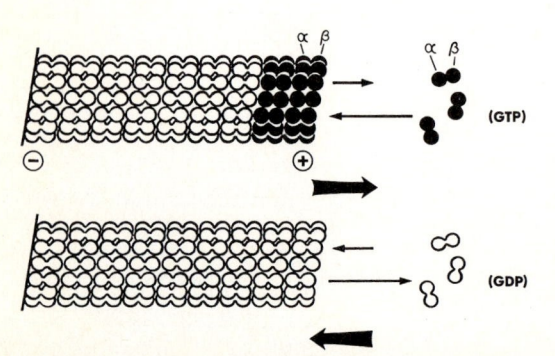

Abb. 1.16: Dynamische Instabilität von Mikrotubuli. Das ⊖-Ende ist am Organisationszentrum angeheftet. Heterodimere mit GTP schwarz.

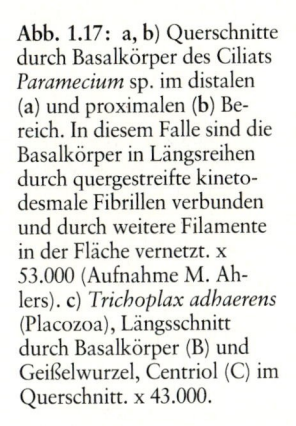

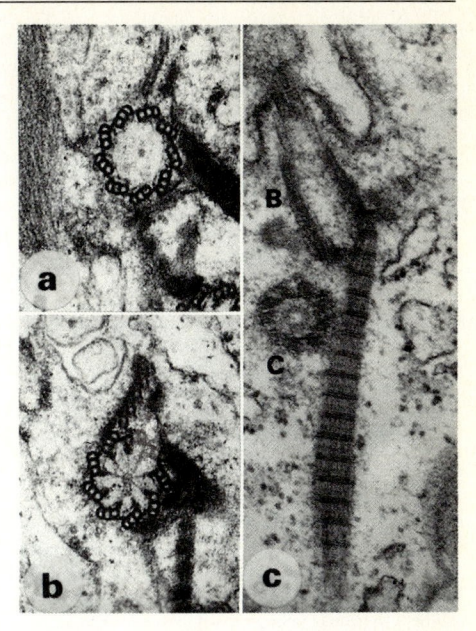

Abb. 1.17: a, b) Querschnitte durch Basalkörper des Ciliats *Paramecium* sp. im distalen (a) und proximalen (b) Bereich. In diesem Falle sind die Basalkörper in Längsreihen durch quergestreifte kinetodesmale Fibrillen verbunden und durch weitere Filamente in der Fläche vernetzt. x 53.000 (Aufnahme M. Ahlers). c) *Trichoplax adhaerens* (Placozoa), Längsschnitt durch Basalkörper (B) und Geißelwurzel, Centriol (C) im Querschnitt. x 43.000.

A- und B-Tubuli des Basalkörpers gehen in die A- und B-Tubuli der Cilie bzw. Geißel über (Abb. 1.18). Sie enthält daher einen äußeren Kranz von 9 Doppeltubuli. Zusätzlich entspringen an der Cilienbasis über einer Basalplatte noch zwei Zentraltubuli, die von einer Zentralscheide umgeben sind. Im Querschnitt (Abb. 1.18) entsteht so das bekannte 9 × 2 + 2-Muster. Entlang den A-Tubuli sitzen im Abstand von 24 nm bewegliche Dyneinärmchen. In ihren verdickten Köpfchen (3 an den äußeren, 2 an den inneren Ärmchen) ist die ATPase lokalisiert. Die Dupletten sind untereinander durch Proteinbrücken (Nexin) verbunden, die als elastische Bänder wirken. Die Dynein-ATPase wird durch Magnesiumionen aktiviert. Setzt man isolierten Cilien, deren Membran mit einem Detergens entfernt wurde, 6 mM Mg^{2+} zu, so verbinden sich die Dyneinärmchen mit dem jeweils benachbarten B-Tubulus. Zusatz von ATP führt dann zum Auseinandergleiten der Dupletten. In der Cilie schlagen die Dyneinbrücken zum $\oplus$-Ende an der Cilienspitze hin. Sie müssen sequentiell aktiviert werden, damit Bewegung zustande kommt. Dabei sind noch zusätzliche Strukturen beteiligt, die 9 radialen Speichen, die bis zur Zentralscheide reichen und die Zentraltubuli, denn die Cilien von Mutanten ohne einen dieser Bestandteile sind bewegungsunfähig. Die Abstände der Speichen in Längsrichtung (24, 32 und 40 nm) sind ebenso wie die der Dyneinärmchen ein Vielfaches des 8 nm Abstandes der Heterodimere in den Protofilamenten der Mikrotubuli.

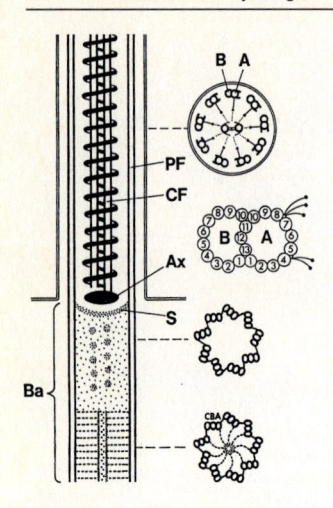

Abb. 1.18: Cilie und Basalkörper (Ba) im schematisierten Längs- und Querschnitt. A, B, C: die Mikrotubuli in Dupletten und Tripletten. S: Septum, Ax: Axosom. CF, PF: zentrale bzw. periphere Mikrotubuli. Mitte rechts: Dyneinärmchen am A-Tubulus einer Duplette, Protofilamente numeriert.

Eine scharfe Unterscheidung zwischen **Geißel** (Flagellum) und **Cilien**, die ja den gleichen Aufbau haben, gibt es nicht. Man spricht meist von Geißeln, wenn sie in Einzahl oder geringer Zahl vorkommen und von Cilien oder Wimpern, wenn sie, wie in Flimmerepithelien, in Vielzahl vorliegen. Cilien schlagen meist peitschenförmig. Beim effektiven Schlag werden sie in gestreckter Form auf die Zelloberfläche hin bewegt, in der langsameren Rückholphase strecken sie sich von der Basis her aus. Während des Bewegungszyklus rotieren die Zentraltubuli um ihre Achse. Man nimmt an, daß nur einer der miteinander verbundenen Tubuli am Axosom inseriert (Abb. 1.18). In Reihen angeordnete Cilien schlagen meist nicht synchron (wie beim Rudern), sondern zeitlich versetzt. Diese metachronen Wellen erinnern an ein Kornfeld, über das der Wind streicht. Die meist längeren Geißeln zeigen komplexere Bewegungsformen. Bei Spermien herrscht eine sinusförmige Wellenbewegung vor. Cilien können, z.B. in Chemo- und Mechanorezeptoren, wesentlicher Bestandteil von Sinneszellen werden und büßen dabei oft ihre Beweglichkeit ein. Im Wirbeltierauge leitet sich das Außenglied der Stäbchen und Zäpfchen der Retina von einer 9+0-Cilie ab (s. 9.3).

1.3.9 Zellkern

Der Zellkern (**Nucleus**) enthält als genetisches Zentrum der Zelle Desoxyribonucleinsäure (**DNA**), die mit Proteinen, insbesondere den basischen Histonen, die Substanz der Chromosomen, das **Chromatin**, bildet. Die Chromosomen liegen größtenteils als lichtmikroskopisch nicht erkennbare feine Fibrillen vor, die man insgesamt als **Euchromatin** bezeichnet. Am Euchromatin wird die in der DNA verschlüsselte (kodierte) genetische Information bei der Synthese der Ribonucleinsäure (**RNA**) auf diese übertragen (Transcription). Sie wirkt als «Bote» (engl. messenger, daher **mRNA**), weil ihre Information im Cytoplasma an den Ribosomen, die ihrerseits etwa zur

Hälfte aus RNA (**rRNA**) und Proteinen bestehen, bei der Proteinsynthese in die lineare Abfolge der Aminosäuren übersetzt wird (Translation). Chromosomenabschnitte, die zeitweilig oder ständig inaktiv sind, d. h. nicht transcribiert werden, liegen als kondensierte Bereiche vor und werden als fakultatives bzw. konstitutives **Heterochromatin** bezeichnet. Größere Brocken des letzteren liegen der Kernhülle innen an und entsprechen den Centromerbereichen der Chromosomen, an denen bei der Kernteilung die Spindelfasern ansetzen und den ebenfalls heterochromatischen Chromosomenenden, den Telomeren. Außer diesem Heterochromatin ist lichtmikroskopisch der **Nucleolus** erkennbar, in dem Vorstufen der rRNA gebildet werden. Außen ist der Kern von der **Kernhülle** umgrenzt. Nach vollständiger Extraktion aller Nucleinsäuren bleibt ein aus Proteinen bestehendes Kerngerüst übrig, die im einzelnen noch wenig bekannte **Kernmatrix**.

1.3.9.1 Kernhülle

Die Kernhülle ist als die innerste Cisterne des endoplasmatischen Reticulums anzusehen. Sie ist auf ihrer Außenseite häufig mit Ribosomen besetzt und steht mit benachbarten cytoplasmatischen Cisternen in Verbindung. Sie unterscheidet sich aber durch zwei Besonderheiten vom übrigen endoplasmatischen Reticulum. An ihrer Innenfläche befindet sich als mehr oder weniger deutlich ausgeprägte Schicht die **Kernlamina** (Abb. 1.19c), an der das telomerische bzw. centromerische Heterochromatin verankert ist. Die Strukturproteine der Lamina, die Lamina A, B und C, sind unlösliche Faserproteine vom Typ der Intermediärfilamente, die die Kernhülle von innen stabilisieren. In der Prophase der Mitose werden sie enzymatisch phosphoryliert und dabei immer löslicher, so daß die Kernhülle schließlich zerfällt.

Die zweite Besonderheit betrifft die **Kernporen**, die dem Stoffaustausch zwischen Kern und Cytoplasma dienen. Sie sind durch eine Art Ringwulst (**Annulus**) ausgesteift, der im wesentlichen aus 8 Partikeln besteht. Während der gesamte Annulus einen Durchmesser von etwa 80 nm hat, bleibt für den Transport nur ein Zentralkanal von 15–20 nm offen. Elektronendichtes Transportgut erscheint daher in Aufsicht als Zentralgranulum, das von einem hellen Hof umgeben ist (Abb. 1.19b). Die Porendichte hängt von der Kernaktivität ab. Bei Kernen mit besonders intensiver RNA-Synthese wie in wachsenden Oocyten liegen sie in höchster Packungsdichte vor, wobei ihre Annuli aber nie einen bestimmten Mindestabstand unterschreiten. In solchen Zellen kann die massenweise austretende RNA Organelle wie Mitochondrien auf breiter Front zurückschieben (Abb. 1.19a).

1.3.9.2 Chromatin und Chromosomen

Wenn Chromatin bei niedriger Ionenstärke extrahiert und auf einer Wasseroberfläche gespreitet wird, hat es das Aussehen einer Perlenschnur

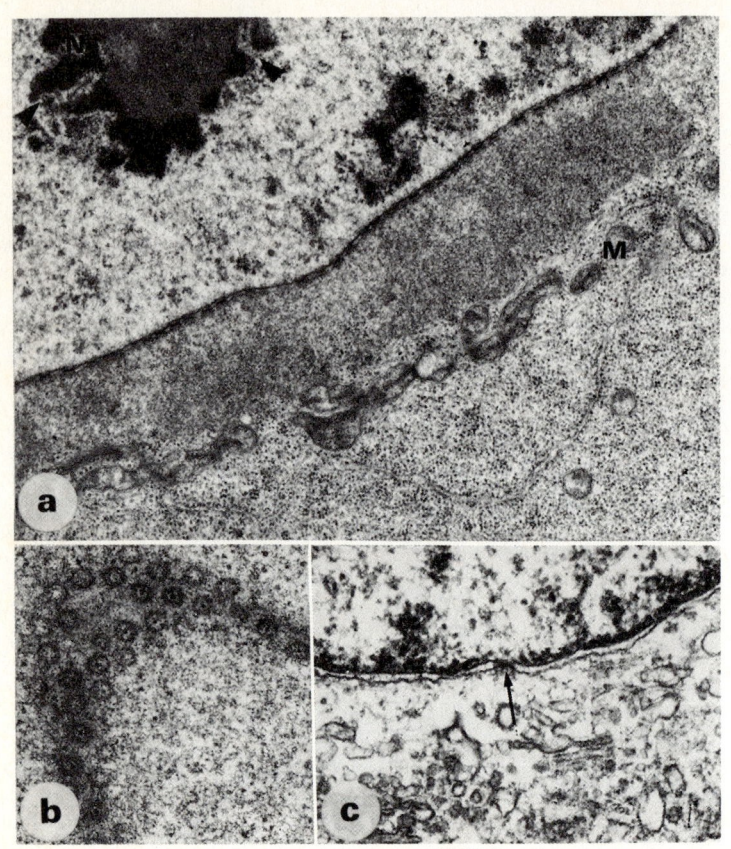

Abb. 1.19: a) Junge wachsende Oocyte von *Pimpla turionellae* (Schlupfwespe): Hohe Porendichte der Kernhülle, RNA tritt in breiter Front aus dem Kern aus und hat die Mitochondrien (M) zurückgeschoben. Im Eiplasma freie Ribosomen, wenig eR. Im Nucleolus (N) außen die dunkle pars granulosa, innen die hellere pars fibrosa. DNA des Nucleolus in Lacunen (Pfeilspitze). x 18.000.
b) Annuli, z.T. mit Zentralgranulum, in Aufsicht. x 32.000.
c) Sammelrohrzelle der Niere mit wenig Kernporen (Pfeil) und dichter Lamina an der inneren Kernmembran. x 60.000 (Aufnahme c: I. Pavenstädt).

(Abb. 1.20). Die regelmäßig wiederholten Baueinheiten werden als **Nucleosomen**, die knötchenartigen Verdickungen als Nucleosomenpartikel (engl. *core*) bezeichnet. Sie bestehen aus basischen Proteinen (Histonen) und haben die Form eines abgeflachten Ellipsoids, um dessen Außenseite die DNA-

Doppelhelix fast zweimal gewunden ist. Je zwei Moleküle H2A, H2B, H3 und H4 bilden durch Selbstorganisation einen Oktomer-Komplex von etwa 10 nm Durchmesser. Das Verbindungsstück aus nackter DNA enthält bis zu 60 Basenpaare, das um den Histonkomplex gewickelte Stück 140 Basenpaare. Im Zellkern und in Extrakten bei höherer Ionenkonzentration ist ein weiteres Histon (H1) an die Nucleosomen gebunden, die näher aneinanderrücken und eine helikale Superstruktur (Solenoid) von etwa 30 nm Dicke bilden, die **Chromatinfibrille**. Durch Auffaltung unter Schleifenbildung entsteht daraus ein schon lichtmikroskopisch erkennbarer dünner Faden, das **Chromonema** mit lokal dichter gepackten Bereichen, den **Chromomeren**. Die Chromomeren werden besonders in frühen Stadien der meiotischen Prophase deutlich. In den polytänen Riesenchromosomen (Abb. 1.22) entsteht durch ihre dichte seitliche Anlagerung das charakteristische Querscheibenmuster. Die voll kondensierten Chromosomen der Metaphase der Zellteilung entstehen durch Aufschraubung des Chromonemas, wobei sich die Windungen der Schraube dicht aneinander legen, so daß ein kompaktes Gebilde entsteht. Da die Größe der Chromosomen im µm-Bereich, die Länge ihrer DNA aber im cm-Bereich liegt, wird die Packungsdichte der DNA bei der Kondensation zu Chromosomen um einen Factor von 10^4 erhöht.

Die artspezifische Anzahl (n) und Größe der Chromosomen im einfachen (haploiden) Chromosomensatz variiert enorm. Bei Taufliegen (*Drosophila* spp.) ist meistens n = 4, beim Menschen 23, bei Flußkrebsen über 100. Je nach der Anzahl der Chromosomensätze spricht man von Haploidie (n), Diploidie (2n), Triploidie (3n), Tetraploidie (4n) bzw. von Polyploidie, wenn mehrere oder viele ganze Chromosomensätze vorliegen. Haploide Chromosomensätze findet man in Geschlechtszellen (Gameten), diploide in der befruchteten Eizelle (Zygote) und in allen Zellen, die von ihr durch Mitosen (s. 1.4.2) abstammen. In diesen Zellen ist jedes Chromosom zweimal vorhanden. Ausnahmen bilden die **Geschlechtschromosomen** bei Organismen mit genotypischer Geschlechtsbestimmung. Beim Menschen enthält der haploide Satz 22 «**Autosomen**» und 1 Geschlechtschromosom, entweder **X** oder **Y**; das weibliche Geschlecht ist durch **XX**, das männliche durch **XY** determiniert. Bei vielen

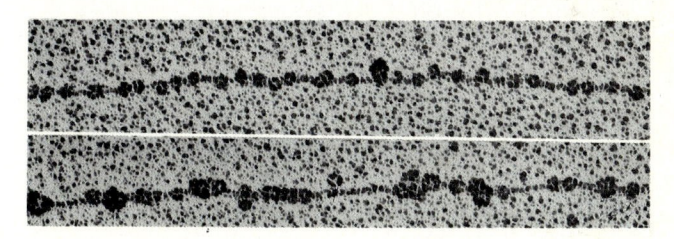

Abb. 1.20: Nucleosomen. Chromatin aus dem Makronucleus des Ciliats *Tetrahymena* sp. Oben voll ausgestreckt, unten liegen die Partikel teilweise als Superstruktur zusammen. x 86.000 (Aufnahmen M. Hauser).

Organismen fehlt das Y-Chromosom ganz, so daß ungerade Chromosomenzahlen in diploiden Zellen vorkommen. Bei der Wanderheuschrecke findet man bei Männchen 2n = 23 Chromosomen (**XO**), bei Weibchen 2n = 24 (**XX**). Tetraploidie bzw. Polyploidie kommt in bestimmten Geweben von Insekten vor und entsteht durch Endomitosen, d. h. Chromosomenverdoppelung ohne nachfolgende Kernteilung. Triploidie ist im Tierreich selten. Bei Blütenpflanzen wird ein Nährgewebe der Samen, das Endosperm, triploid.

Neben der Anzahl der Chromosomen sind ihre Strukturmerkmale artkonstant. Die **Centromere**, an denen in der Mitose die Spindelfasern ansetzen, sind als primäre Einschnürung erkennbar und unterteilen das Chromosom in zwei Arme. Je nach Lage des Centromers unterscheidet man metacentrische Chromosomen mit etwa gleich langen Armen, submetacentrische mit ungleich langen Armen und telocentrische mit terminalem Centromer. Ausnahmen bilden die holocentrischen Chromosomen (z.B. bei Wanzen und Schmetterlingen), die keine primäre Einschnürung haben und bei denen Spindelfasern an mehr oder weniger ausgedehnten Bereichen des Chromosoms ansetzen.

Eine Unterscheidung zwischen morphologisch gleichen, aber genetisch verschiedenen Chromosomen ist oft durch Darstellung einer Querbänderung mit speziellem Färbeverfahren möglich. So konnte festgestellt werden, daß das **Down-Syndrom**, eine schwere Erbkrankheit des Menschen, darauf beruht, daß Chromosom 21 dreimal statt zweimal vorhanden ist (Trisomie 21). Überschüssige oder fehlende Chromosomen (Aneuploidie), die auf Fehlverteilungen in der Meiose (s. 1.4.4) beruhen, haben beim Menschen und vermutlich bei höheren Tieren generell stets gravierende Folgen. Als weiteres Strukturmerkmal dient die Lage der sekundären Einschnürung, an der in der Telophase der Mitose der Nucleolus gebildet wird.

1.3.9.3 Chromosomenaktivität

In der Kernteilung sehen wir die Chromosomen in ihrer kondensierten Transportform. In diesem Zustand sind sie inaktiv. In der Interphase sind sie in ihrer Funktionsform aber im allgemeinen nicht individuell erkennbar. Eine Ausnahme bilden die polytänen (vielsträngigen) Riesenchromosomen von Fliegen (Dipteren). Auch eine völlig andere Gruppe von großen Chromosomen, die sog. **Lampenbürstenchromosomen** in den Oocyten einiger Wirbeltiere, bieten Möglichkeiten zur Untersuchung der Chromosomenfunktion. Sie treten im Diplotänstadium der Meiose auf, wenn während des Eiwachstums erhebliche Mengen an RNA produziert werden und zahlreiche Gene aktiv sind.

Die Lampenbürstenchromosomen erhielten diesen Namen, weil sie ihren Entdecker Rückert an die Bürsten erinnerten, die man damals (um 1890) zum Putzen verrußter Zylinder von Petroleumlampen benutzte. Aus den dichten Chromomeren ragen seitlich Schleifen aus DNA, die mit RNA und sog. Matrixproteinen besetzt sind (Abb. 1.21). Durch Autoradiographie nach Inkubation mit einer radioaktiv markierten Vorstufe der RNA (^{3}H-Uridin) ließ sich nachweisen, daß die RNA an der Schleife

1.3 Bau der tierischen Zelle

selbst synthetisiert wird. Für die Strukturaufklärung der Lampenbürstenchromosomen spielten zwei Beobachtungen eine Rolle: Die Schleifen sind polarisiert, d.h. an einem Insertionsende dick, am anderen dünn, und es passiert gelegentlich bei mechanischer Zugwirkung auf das Chromosom, daß sich der Chromomer/Schleifen-Komplex in 2 Halbchromomere trennt, die durch eine doppelte Schleifenbrücke miteinander verbunden bleiben (Abb. 1.21a). Diese Beobachtung läßt sich zwanglos so deuten, daß ein kontinuierlicher DNA-Faden (entsprechend einer Chromatide) in den Halbchromomeren dicht aufgeknäuelt und in dem dazwischen liegenden Schleifenbereich zur Transcription (RNA-Synthese) entwunden ist. Der die Chromomeren verbindende Abschnitt muß natürlich doppelt sein, weil jedes homologe Chromosom in der Meiose aus zwei Chromatiden besteht. Für die Polarität der Schleifen bieten elektronenmikroskopische Untersuchungen an gespreitetem Material eine einleuchtende Erklärung. Danach wandert das Enzym RNA-Polymerase II mit einem immer länger werdenden Stück mRNA vom Anfang bis zum Ende des zu transcribierenden DNA-Abschnittes. Da dieser Abschnitt aber gleichzeitig mit mehr als 100 wandernden Polymerasemolekülen besetzt sein kann, geben die mRNA-Stücke von wachsender Länge einem solchen Bereich das Aussehen eines Tannenbäumchens. Gleichzeitig erfolgt die Beladung mit Proteinen, die andernorts gebildet werden (Abb. 1.21b). Man schätzt, daß die 12 Chromosomenpaare des Molchs *Triturus* ca. 5.000 Schleifen von 20–30 µm Länge, bei einzelnen Arten sogar bis 50 µm Länge, tragen. Das ist ein Mehrfaches dessen, was man aufgrund des bekannten durchschnittlichen Molekulargewichtes von Proteinen für die Länge eines Gens erwarten kann. Man nimmt daher an, daß oft die gleiche genetische Information mehrfach hintereinander vorliegt (Abb. 1.21c). Dies könnte auch verständlich machen, daß Schwanzlurche etwa 10mal soviel DNA im Genom enthalten wie der Mensch.

Für die Untersuchung einzelner aktiver Genorte sind die Lampenbürstenchromosomen wegen ihrer verwirrenden Topographie schlecht geeignet. **Polytäne Riesenchromosomen**, wie sie z.B. in verschiedenen larvalen Geweben der genetisch gut untersuchten *Drosophila*-Arten vorliegen, zeigen ein typisches Querscheibenmuster, das die Zeichnung einer genauen Chromosomenkarte ermöglicht. Vielsträngige Chromosomen entstehen durch Replikation ohne nachfolgende Chromatidentrennung. Sie sind demnach gebaut wie ein vieladriges Kabel. Die Chromomeren der Einzelstränge überlagern sich zu mehr oder weniger dicken Querscheiben, deren Abfolge Ausdruck der genetischen Längsdifferenzierung der Chromosomen ist. Der Polytäniegrad ist art- und gewebespezifisch und kann mehr als 10.000 betragen. Die Anzahl der polytänen Riesenchromosomen entspricht der haploiden Chromosomenzahl (somatische Paarung).

Wie bei den Lampenbürstenchromosomen werden bei der Transcription die Chromomeren entknäuelt. Die Querscheiben werden daher zu sog. «**puffs**» aufgelockert (Abb. 1.22), in denen man mit ^{3}H-Uridin autoradiographisch RNA-Synthese nachweisen kann. Das gesamte «puff»-Muster ist gewebe- und stadienspezifisch, d.h. Gene können an- und abgeschaltet werden. Daß dies durch Außenfactoren bewirkt wird und nicht nach einem den Chromosomen immanenten Zeitplan abläuft, zeigt folgender Versuch: Bei der Verpuppung läßt sich eine bestimmte Sequenz von «puffs» feststellen. Implantiert man solche bereits «gepufften» Speicheldrüsen in Junglarven,

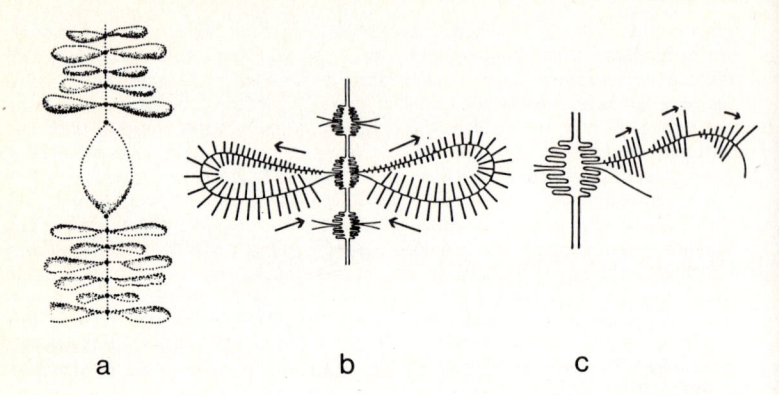

Abb. 1.21: a) Ausschnitt aus einem Lampenbürstenchromosom mit Schleifenpaaren an den Chromomeren und doppelter Schleifenbrücke (s. Text).
b) Schleifenpaar mit Primärtranscripten. Die Pfeile deuten die Wanderungsrichtung der RNA-Polymerase II an.
c) Schleife mit mehreren Transcriptionseinheiten, Pfeile wie in b (a und b aus Ruthmann und Hauser 1979).

so macht das Implantat zur Verpuppung das gleiche Puffmuster noch einmal durch. Man kann diese Vorgänge auch experimentell durch Injektion eines Metamorphosehormons, des **Ecdysons**, auslösen. Hier wird also ein Gen durch ein Hormon «eingeschaltet». Wie alle Steroidhormone, die aus Cholesterol synthetisiert werden, kann das lipophile Ecdyson die hydrophobe Schicht der Plasmamembran leicht durchdringen. Es wird im Cytoplasma an ein Rezeptorprotein gebunden, gelangt in den Kern und löst nach Bindung an eine bestimmte DNA-Sequenz die Transcription des Gens aus. Für andere Hormone wiederum ist nachgewiesen, daß sie schon an der Zellmembran als Signale wirken, welche steuernd in die Genaktivität eingreifen. Ob eine Zelle auf ein Signal überhaupt ansprechen kann, hängt davon ab, ob sie in ihrer Zellmem-

Abb. 1.22: Das 4. (kleinste) Chromosom aus der Speicheldrüse einer Chironomidenlarve. Während inaktive Bereiche eine dichte Querscheibenstruktur aufweisen (Pfeile), sind links 2 zu großen «puffs» (sog. Balbiani-Ringe) aufgelockerte Zonen erkennbar, in denen zwei der in großer Menge produzierten Speichelproteine codiert sind. Auch der Nucleolusorganisator (N) ist aktiv und aufgelockert. x 1.200 (aus Ruthmann und Hauser 1979).

bran entsprechende **Rezeptoren** für das Hormon hat. Die Spezifität liegt demnach an der Zelloberfläche. Im Cytoplasma laufen dann weitere Vorgänge ab, die zur Anschaltung der Aktivität von Genen führen. Die Auslösung der Transcription durch Factoren außerhalb der Chromosomen selbst ist nicht auf polytäne Chromosomen beschränkt. So konnten menschliche Krebszellen, die eine hohe RNA-Synthese aufweisen, mit Erythrocyten (roten Blutkörperchen) von Hühnern, die keine RNA mehr bilden, experimentell zur Verschmelzung gebracht werden. In dem zweikernigen Fusionsprodukt ließ sich nun RNA-Bildung autoradiographisch auch in dem sonst inaktiven Erythrocytenkern nachweisen. Die erneute Auslösung von RNA-Synthese kann nur durch die hinzugekommene Krebszelle erfolgt sein, die demnach über das Cytoplasma die Kernaktivität steuert.

Im **Nucleolus** liegen die Gene für ribosomale RNA im Bereich des Nucleolusorganisators repetitiv hintereinander. In wachsenden Eizellen von Amphibien und verschiedenen Insekten kann sich die DNA dieses Bereiches sogar selektiv, d.h. unabhängig vom Rest des Chromosoms replizieren (**Gen-Amplifikation**). Sie trennt sich nach der Replikation vom Chromosom, schließt sich zum Ring und beginnt mit der Synthese von rRNA unter Mitwirkung von RNA-Polymerase I. Auch hier entstehen die «Tannenbäumchen»-Konfigurationen, wobei transcribierte mit nicht transcribierten Abschnitten abwechseln (Abb. 1.23). Im Normalfall, d.h. bei fehlender Amplifikation, spielen sich diese Vorgänge am Chromosom selbst ab. Das Primärtranskript ist eine Vorstufe der rRNA, die noch im Nucleolus zu den fertigen RNA-Anteilen der kleinen und großen Untereinheit der Ribosomen «zugeschnitten» wird. Im Elektronenmikroskop lassen sich zwei Regionen unterscheiden, die innere fibrilläre Masse (pars fibrosa) und granuläre Außenbezirke (pars granulosa) mit präribosomalen Granula (Abb. 1.19a). Das Chromatin des Nucleolusorganisators liegt in heller erscheinenden Lakunen, welche die pars fibrosa durchsetzen.

1.4 Zellvermehrung

1.4.1 Zellzyklus

Die gesamte Periode von einer Zellteilung zur nächsten bezeichnet man als Zellzyklus. Er umfaßt die **Interphase**, die Zeitspanne zwischen zwei Teilun-

Abb. 1.23: Transkribierte und nicht transkribierte Abschnitte einer ringförmigen rDNA aus Amphibieneiern. Die Pfeile geben die Wanderungsrichtung der RNA-Polymerase I an (aus Ruthmann und Hauser 1979).

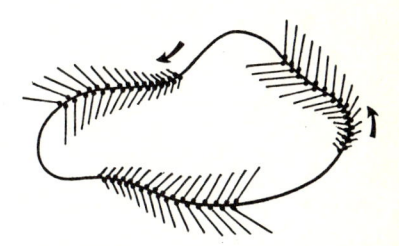

1 Funktionelle Cytologie

gen, die Kernteilung (**Mitose**) und die Zellteilung (**Cytokinese**). Obwohl die Spaltung jedes Chromosoms in zwei Chromatiden erst in der Prophase der Mitose erkennbar wird, hat die Replikation der DNA schon in der Interphase stattgefunden. Hierauf stützt sich die Einteilung des Zellzyklus in eine G_1-Phase (G für engl. gap = Lücke), die Synthesephase (S), die G_2-Phase, in der teilungsnotwendige Stoffe bereitgestellt werden, und die Mitose und Cytokinese (M). In G_1 ist der DNA-Gehalt diploider Kerne 2c, wobei c die DNA-Menge haploider Gameten bezeichnet. In der S-Phase steigt er durch Überlagerung der nicht in allen Chromosomenabschnitten gleichzeitig erfolgenden DNA-Synthese ungefähr linear auf 4c in G_2 an (Abb. 1.24).

Die Zeitdauer der G_1-**Phase** ist sehr unterschiedlich. In der Epidermis und im blutbildenden Gewebe, wo ständig Zellerneuerung stattfindet, ist sie relativ kurz und konstant. Hochdifferenzierte Gewebe wie Nerven und Muskeln, die teilungsunfähig geworden sind, verharren in einer Art permanenter G_1-Phase, die auch als G_0 bezeichnet wird. Andere treten nur dann wieder in einen Teilungszyklus ein, wenn nach Verletzung eine Regeneration erfolgt. Diese geht bei niederen Tieren oft von undifferenzierten Stammzellen aus, deren Teilung wiederum eine Stammzelle und eine für die Differenzierung bestimmte Zelle liefert. Im vielzelligen Organismus unterliegen die Zellen der Kontrolle gewebespezifischer, teilungshemmender und teilungsfördernder Stoffe, die im Blut kreisen. Nur so ist ein ausgewogenes Verhältnis der Organe und Gewebe möglich.

Die Dauer der **S-Phase** ist von Art zu Art verschieden und hängt nicht von der Menge der zu replizierenden DNA ab. Sie kann sogar in verschiedenen Geweben sehr unterschiedlich sein. Bei *Drosophila* spp. dauert sie in den Speicheldrüsen der Larve 8–14 Stunden, in den frühen Furchungsteilungen des Eies weniger als 10 Minuten. Da die Replikationsgeschwindigkeit bei allen Eukaryonten in der gleichen Größenordnung von 0,5–2,5 µm DNA pro Minute liegt, können unterschiedlich lange S-Phasen nur darauf beruhen, daß die Synthese an mehr oder weniger zahlreichen Stellen gleichzeitig beginnt. Die Anzahl dieser Initiationsstellen (Replicons) ist also im *Drosophila*-Ei etwa 60mal so groß wie in der Speicheldrüse.

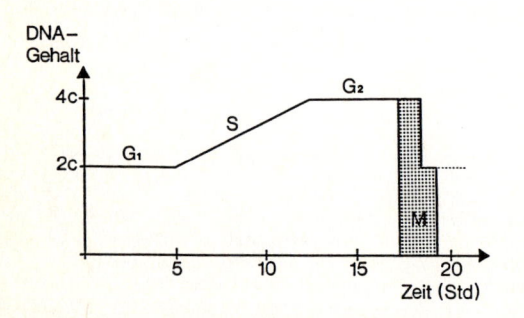

Abb. 1.24: Zellzyklus im Wurzelspitzenmeristem der Pferdebohne *Vicia faba* (aus Ruthmann und Hauser 1979).

Die biochemischen Abläufe im Zellzyklus sind noch weitgehend unbekannt. Die Entscheidung, ob eine Zelle überhaupt in eine S-Phase eintritt, erfolgt schon in der späten G$_1$-Phase («**Restriktionspunkt**»). In der S-Phase wird nicht nur DNA, sondern auch Histon gebildet. Viele Proteine wie z.B. Tubuline werden in der gesamten Interphase synthetisiert.

1.4.2 Mitose

Die in der vorhergegangenen S-Phase bereits verdoppelten Chromosomen machen in der **Prophase** der Mitose einen Kondensationsprozeß durch, der auf Auffaltung und schraubenartiger Aufwindung der Chromatiden beruht (Abb. 1.25 a–c). Dadurch gehen die Chromosomen von ihrer feinfädigen Funktionsform in eine kompakte Transportform über. Gleichzeitig wird dabei der Spalt zwischen den Chromatiden immer deutlicher erkennbar. Lediglich der Centromerbereich, im kompakten Chromosom als primäre Einschnürung sichtbar, bleibt ungeteilt. An ihm bilden sich an entgegengesetzten Flächen meist scheibenförmige **Kinetochore** von 0,3–0,5 μm Durchmesser aus, an denen später Mikrotubuli inserieren. Da die Synthese von Nucleolarmaterial aufhört, sein Abtransport durch die Kernhülle aber anhält, verschwindet der Nucleolus allmählich. Das Ende der Prophase ist erreicht, wenn die Kernhülle in kleine Vesikel zerfällt.

Noch während der Prophase beginnt außerhalb der Kernhülle der Aufbau der **Teilungsspindel** aus Mikrotubuli, die von den Centrosomen ausgehen, denen sie mit ihrem ⊖-Ende ansitzen. **Centrosome** sind kugelige Gebilde, die im Innern zwei senkrecht zueinander stehende Centriole enthalten. Sie sind meist von einem mehr oder weniger prominenten Strahlenkranz aus Mikrotubuli umgeben, dem sog. Aster. Da sich die Mikrotubuli eindeutig vom Rand des Centrosoms ausgehend bilden, wird es als Mikrotubuli organisierendes Centrum (MTOC) bezeichnet. Nach dem Zerfall der Kernhülle wird das cytoplasmatische Tubulin für einen zweiten Typ MTOC verfügbar, die meist dreischichtigen Kinetochore. Die Mikrotubuli inserieren mit ihrem ⊕-Ende in der äußeren elektronendichten Scheibe. In der fertig ausgebildeten Spindel sind demnach zwei Komponenten zu unterscheiden, die Kinetochormikrotubuli, die als Bündel Kinetochor und Polbereich verbinden, und die Polmikrotubuli, die zwei überlappende Halbspindeln bilden. In jeder Spindelhälfte ist die Polarität aller Mikrotubuli die gleiche (Abb. 1.26).

Offenbar üben die von entgegengesetzten Flanken der Centromerbereiche ausgehenden Kinetochormikrotubuli eine Zugwirkung aus, so daß die Chromosomen zu einer in der Mitte zwischen den Polen gelegenen Ebene, der Äquatorialebene, hinwandern (Metakinese). Dieses Stadium der Einordnung der Chromosomen in die Spindel wird als **Prometaphase** bezeichnet.

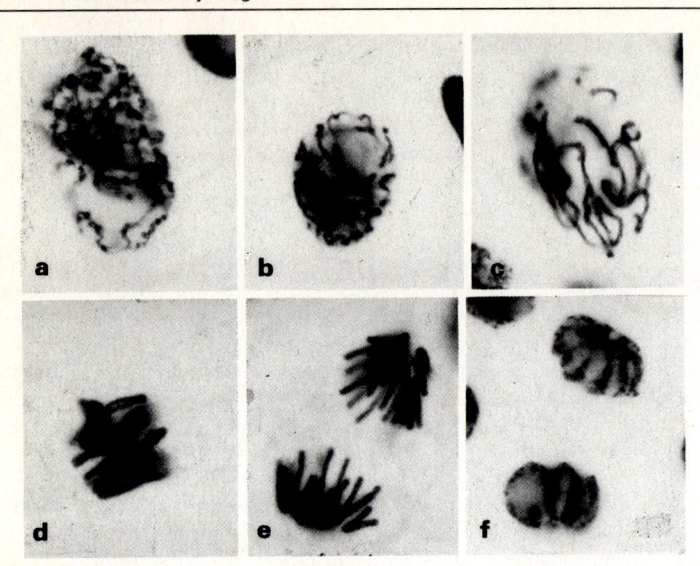

Abb. 1.25: Mitose, Wurzelspitze der Küchenzwiebel.
a – c) frühe, mittlere und späte Prophase; d) Metaphase; e) Anaphase; f) Telophase.
x 1.180 (aus Ruthmann und Hauser 1979).

In der **Metaphase** ist der Aufbau der Spindel abgeschlossen, und es scheint ein Gleichgewicht der auf die Centromere wirkenden Kräfte zu herrschen. Alle Centromerbereiche liegen in einer Ebene, der Äquatorialplatte, während die freien Chromosomenarme sich beliebig anordnen können, bei schmalen Zellen in Längsrichtung der Spindel (Abb. 1.25 d). Eine Ausnahme bilden die holocentrischen Chromosomen der Schmetterlinge, Wanzen und einiger Pflanzenfamilien, die sich auf ganzer Länge in die Äquatorialplatte einordnen und auch in der Anaphase parallel auseinander weichen.

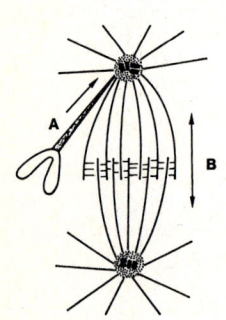

Abb. 1.26: Schema des Spindelbaus und der Anaphasebewegungen. Erläuterung im Text.

In der **Anaphase** teilen sich die Centromere, und die beiden Chromatiden jedes Chromosoms gelangen zu entgegengesetzten Polen, so daß erbgleiche Tochterzellen entstehen (Abb. 1.25e). Hierbei sind zwei Vorgänge beteiligt, die Verkürzung der Kinetochormikrotubuli (Anaphase A) und die Streckung der Spindel (Anaphase B, Abb. 1.26). Über die Ursachen dieser Bewegungen sind noch keine bindenden Aussagen zu machen. Da die Anaphase A nur mit einer Geschwindigkeit von wenigen μm pro Minute, d.h. mindestens 10mal langsamer als die Plasmaströmung abläuft, scheiden einfache Kontraktionsmodelle aus. Mikrotubuli sind selbst nicht kontraktil. Ihre Verkürzung beruht auf partieller Depolymerisation und könnte durch lokale Freisetzung von Ca^{++} aus Vesikeln, die sich zumeist in Polnähe befinden, gesteuert sein. Für die Spindelstreckung verdichten sich die Hinweise auf aktives Auseinandergleiten antiparalleler Polmikrotubuli im Überlappungsbereich. Im Prinzip entspräche dies dem Gleitmechanismus der Cilienmikrotubuli. Nach ATP-Zusatz zu permeabilisierten Anaphasezellen erfolgt eine Spindelstreckung unter gleichzeitiger Verkleinerung der Überlappungszone.

In der abschließenden **Telophase** dekondensieren sich die Chromosomen wieder (Abb. 1.25f). Sie werden breiter, lockerer und immer diffuser. Von den Chromosomenenden her wird wieder eine neue Kernhülle aufgebaut, und Nucleolarsubstanz wird wieder gebildet. Allmählich wird unter Abrundung des Kerns wieder der Interphasezustand erreicht, ohne daß man eine scharfe Grenze für das Ende der Telophase angeben könnte. Noch in die Telophase fällt die Zellteilung oder **Cytokinese**. Es bildet sich in Höhe der vormaligen Äquatorialplatte ein kontraktiler Ring aus Actin und Myosin, der das Cytoplasma einschnürt («Furchung») und schließlich teilt.

1.4.3 Endomitose

Polyploidie in bestimmten Geweben ist im Tierreich weit verbreitet. Bei vielen Insektenlarven findet das Wachstum nach anfänglicher Vermehrung Zellvergrößerung bei konstanter Zellzahl statt. Gleichzeitig läuft im Kern eine gewebespezifische Anzahl von Endomitosen ab, so daß eine bestimmte Kern/Plasma-Relation gewahrt bleibt.

Bei der Endomitose bleibt die Kernhülle intakt, und es wird keine Spindel als Verteilungsapparat ausgebildet. Ein Kondensationszyklus der Chromosomen kann aber mehr oder minder deutlich ausgeprägt und die Chromatidentrennung erkennbar sein (Abb. 1.27). Unterbleibt der Kondensationszyklus und die Chromatidentrennung, so bilden sich **polytäne Chromosomen** (Abb. 1.22).

1.4.4 Meiose

Meiose und Befruchtung sind komplementäre Vorgänge im Lebenszyklus

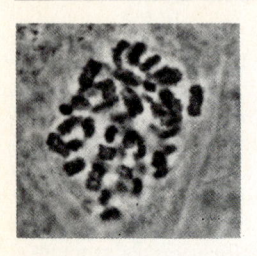

Abb. 1.27: Endomitose in den Hodenseptenkernen der Baumwollwanze *Dysdercus intermedius*.
Endometaphase: Die Chromosomen sind kondensiert und der Chromatidenspalt ist deutlich. x 1.300 (aus Ruthmann und Hauser 1979).

von Organismen mit geschlechtlicher Fortpflanzung. Bei der Verschmelzung der Geschlechtszellen, der **Gameten**, wird die Zahl der Chromosomen zum diploiden Satz (**2n**) verdoppelt, und in der Meiose wird sie wieder auf die haploide Anzahl (n) reduziert. Das diploide Verschmelzungsprodukt der Gameten heißt **Zygote**.

Bei vielen Einzellern, Algen und niederen Pilzen erfolgt die Reduktion der Chromosomenzahl durch die Meiose unmittelbar nach Bildung der Zygote. Solche Organismen mit **zygotischer Reduktion** werden **Haplonten** genannt, weil sie während des größten Teils ihres Lebenszyklusses haploid sind. Alle Metazoen sind **Diplonten** (2n) mit **gametischer Reduktion**. Bei ihnen findet die Meiose erst unmittelbar vor der Bildung der Gameten statt. Bei der **intermediären Reduktion** wechselt eine Haplophase, an deren Ende die Gametenbildung steht, regelmäßig mit einer Diplophase mit anschließender Meiose ab: **heterophasischer Generationswechsel**. Im Tierreich ist dies nur bei einer Protozoengruppe, den Foraminiferen, der Fall. Bei den höheren Pflanzen ist es die Regel. Die Haplophase heißt hier Gametophyt, die Diplophase Sporophyt.

Mit Ausnahme einiger Flagellaten und Sporozoen wird die Meiose in 2 Schritten, der 1. und 2. Reifeteilung, durchgeführt. In der prämeiotischen Interphase haben sich die Chromosomen repliziert, so daß jedes von ihnen in 2 Chromatiden gespalten in die meiotische Prophase eintritt. Die beiden homologen (d.h. väterliche und mütterliche) Chromosomen paaren sich dann, so daß nun Gebilde aus vier Chromatiden, die **Tetraden**, vorliegen. Die vier Chromatiden jeder Tetrade werden in den beiden unmittelbar aufeinander folgenden Reifeteilungen auf vier Zellen (Gonen) verteilt, die dadurch haploid werden. Aus ihnen bilden sich ohne weitere Teilungen im Verlauf der Spermatogenese bzw. Oogenese die reifen Gameten.

Die genetischen Konsequenzen der Meiose liegen sowohl in der Neukombination verschiedenelterlicher Chromosomen (**inter**chromosomale Rekombination) als auch in der **intra**chromosomalen Rekombination («**crossing over**»), dem **Stückaustausch** zwischen verschiedenelterlicher Chromosomen. Die Meiose führt also auf zwei Wegen zu einer Neukombination von väterlichen und mütterlichen Erbanlagen in den Gonen und damit zu genetischer Vielfalt in der Nachkommenschaft.

1.4 Zellvermehrung

Eine erste Quelle **genetischer Vielfalt** ist die unabhängige Einordnung der Tetraden in die Spindel der 1. Reifeteilung. Sie ist die cytologische Grundlage für das 3. Mendelsche Gesetz der Vererbungslehre, das Gesetz über die unabhängige Neukombination der Gene. Bei n = 2 Chromosomen (Abb. 1.28) sind 2 verschiedene Einordnungen möglich, d.h. die beiden gleichelterlichen Chromosomen gelangen nach Ablauf beider Teilungen zusammen in je eine der Gonen (Fall a), oder verschiedenelterliche Chromosomen werden miteinander kombiniert (Fall b). Daher werden vier genetisch verschiedene Gameten gebildet, von denen 2 Neukombinationen darstellen. Kommt ein drittes Chromosom hinzu (n = 3), so kann es sich sowohl mit der in Fall a als auch mit der in Fall b gezeigten Anordnung unabhängig kombinieren, d.h. die Anzahl möglicher Einordnungen der Tetraden in die Spindel verdoppelt sich von 2 auf 4 und die verschiedener Gonen von 4 auf 8. Bei n Chromosomen gibt es 2^{n-1} Möglichkeiten der Tetradenanordnung und 2^n verschiedene Gameten. Bei Menschen (n = 23) sind daher 2^{23} verschiedene Gameten und $2^{23} \cdot 2^{23} = 2^{46}$ verschiedene Zygoten möglich. Abgesehen von eineiigen Zwillingen wäre demnach die Chance, daß zwei Kinder eines Elternpaares genetisch identisch sind, 1 : 2^{46}, d.h. etwa 1 : 70 Billionen.

Die genetische Vielfalt erhöht sich noch durch **crossing over** in den Tetraden. In Abb. 1.29 ist angenommen, von einem Elter stammten zwei Chromatiden mit mutierten Genen (a, b), vom anderen zwei vom Normaltyp (a^+, b^+). Durch Bruch und Stückaustausch zwischen zwei verschiedenelterlichen Chromatiden entstehen zwei «cross-over»-Chromatiden (a^+b und ab^+). Aus einer einzigen Tetrade entstehen also nach Ablauf der Meiose vier verschiedene Gonen (ab; a^+b^+; a^+b; ab^+). Geht man davon aus, daß ein solcher Stückaustausch zufallsgemäß überall erfolgen kann, so wächst die

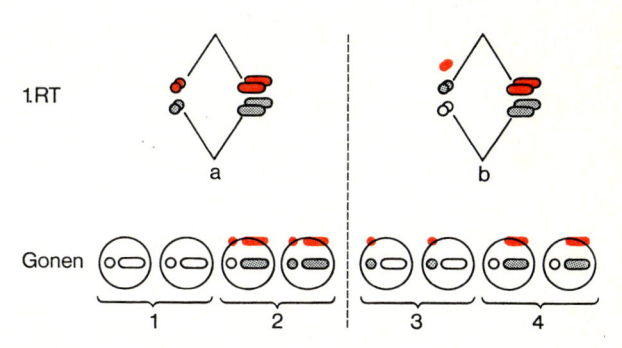

Abb. 1.28: Möglichkeiten der verschiedenen Einordnung der Tetraden in die Spindel der 1. Reifeteilung bei n = 2 Chromosomen. Verschiedenelterliche Chromosomen in verschiedener Farbe (aus Ruthmann und Hauser 1979).

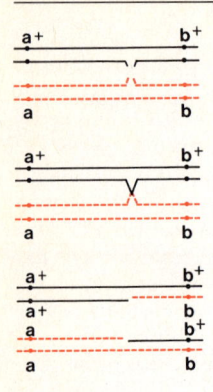

Abb. 1.29: Intrachromosomale Rekombination durch Stückaustausch («crossing over») (aus Ruthmann und Hauser 1979).

Wahrscheinlichkeit für ein crossing over mit der Distanz zweier Gene. Die Häufigkeit des crossing over (in Prozent) ist also ein Maß für den relativen Abstand der Gene und die Basis für lineare «Genkarten». Allerdings kann die Häufigkeit 50% nicht überschreiten, da nur 2 von 4 Chromatiden beteiligt sind. Auf molekularer Ebene geht das Bruch-Fusions-Modell davon aus, daß Enzyme (Endonucleasen) Strangbrüche hervorrufen und verschiedenerlei Stränge gleicher Richtung durch Ligasen verknüpft werden können. Die Bruchstellen beider Stränge der Doppelhelix müssen nicht genau gegenüber liegen. Fehlendes wird durch Reparaturenzyme ergänzt, wobei ein antiparalleler verschiedenelterlicher Strang als Matrize dient. Überstehendes wird abgebaut.

Wie die Mitose ist die Meiose in Phasen unterteilt (Abb. 1.30). Chromosomen werden zuerst als dünne, noch ungepaarte Fäden im **Leptotän** erkennbar. Sie weisen als Längsdifferenzierung knötchenartige Chromomeren auf, die man als lokalisierte Aufknäuelungen des dünnen Chromatinfadens versteht. Obwohl cytologisch nicht erkennbar, besteht jedes Chromosom bereits aus 2 Chromatiden, denn es ist eine prämeiotische S-Phase vorausgegangen. Im **Zygotän** findet die Paarung der homologen Chromosomen unter Beteiligung einer besonderen Paarungsstruktur des Synaptinemkomplexes, statt (Abb. 1.31). Er führt dazu, daß entsprechende Abschnitte der homologen Chromosomen genau «aufeinander passen», wie an dem Chromomerenmuster der im **Pachytän** auf ganzer Länge gepaarten Chromosomen erkennbar ist. Der Synaptinemkomplex ist aus drei Strukturen aufgebaut, den lateralen Längselementen, die schon vor der Paarung ausgebildet sind und dem leiterartigen zentralen Längselement, das aus dem Nucleolus stammt. Im Pachytän findet auch das crossing over unter Mitwirkung der sog. Rekombinationsknötchen statt, die dem zentralen Längselement aufliegen. Cytologisch wird das crossing over erst im **Diplotän** als

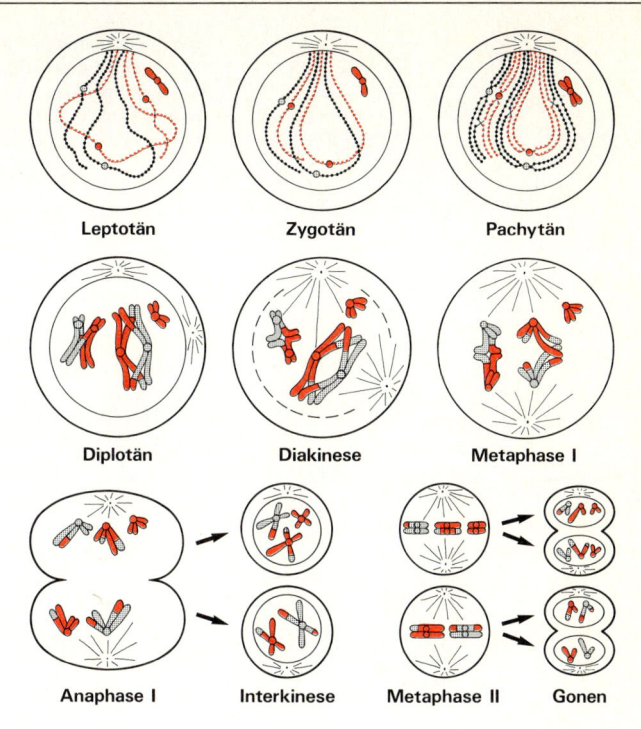

Abb. 1.30: Die Phasen der Meiose. Bei dem ungepaarten Chromosom handelt es sich um das X-Chromosom (XO-Typ).

Chiasma erkennbar. In diesem Stadium wird der Synaptinemkomplex wieder aufgelöst und die Tetraden halten durch Reste der Rekombinationsknötchen nur noch an den Stellen zusammen, wo vorher ein crossing over stattgefunden hatte. Es entstehen Kreuztetraden mit 1 Chiasma oder Ringtetraden mit mindestens 2 Chiasmen (Abb. 1.32), wobei die Beteiligung der Chromatiden zufallsgemäß erfolgt. So können die gleichen Chromatiden an beiden (2-Strang-Doppel, Abb. 1.32b, oben) oder an verschiedenen Cross over (4-Strang-Doppel, Mitte) beteiligt sein. Genau so häufig sind 3-Strang-Doppel (unten), bei denen ein Strang zweimal und 2 Stränge je einmal an beiden crossing over beteiligt sind. Chiasmen halten die Tetraden bis zum Beginn der Anaphase zusammen und ermöglichen so eine geordnete Verteilung der Chromosomen. In der **Diakinese** kondensieren sich die Chromosomen weiter, der Spindelaufbau beginnt und die Kernhülle bricht zusammen. In der **Metaphase I** liegen die Chiasmen der Tetraden in der Äquatorialplatte. Die Schwesterchromatiden sind mit einem gemeinsamen Kinetochor

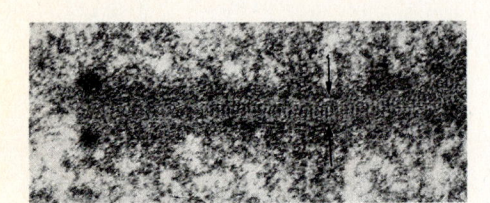

Abb. 1.31: Synaptinemkomplex, Pachytän, Oocyte der Schlupfwespe *Pimpla turionellae*. Die Pfeile bezeichnen die lateralen Längselemente der gepaarten Homologen, dazwischen das leiterartige zentrale Längselement. Die Verdickungen links im Bild sind die heterochromatischen Telomeren am Chromosomenende. x 58.000.

(syntel) zu einem Pol hin orientiert. In der **Anaphase I** wandern sie daher gemeinsam zu einem Pol. Die Phase zwischen beiden meiotischen Teilungen nennt man **Interkinese**. Es wird zwar wieder eine Kernhülle aufgebaut, aber die Chromosomen werden oft nicht dekondensiert. Die beiden Chromatiden jedes Chromosoms werden in der 2. Reifeteilung auf die Tochterzellen verteilt. In der **Metaphase II** liegen die Centromere wie in einer Mitose in der Äquatorialplatte und die Kinetochore der Schwesterchromatiden sind zu verschiedenen Polen gerichtet (amphitele Orientierung). Nach Ablauf beider Reifeteilungen liegen 4 haploide Gonen vor.

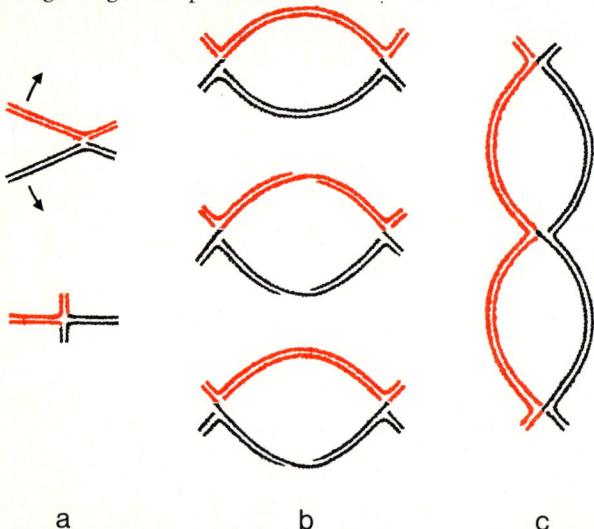

a b c

Abb. 1.32: Tetradenformen. **a:** Bei 1 Chiasma entsteht durch Aufklappen in Pfeilrichtung eine offene Kreuztetrade. **b:** Ringtetraden mit 2 Chiasmen unter Beteiligung verschiedener Stränge. **c:** Tetrade mit 3 Chiasmen. (aus Ruthmann und Hauser 1979).

1.5 Literatur

Alberts, B., Bray, D., Lewis, J., Raff, M., Roberts, K., Watson, J.D.: Molecular Biology of the Cell. 2. Auflage. Garland Publ., New York, London, 1989.
Berkaloff, A., Bourguet, J., Favard, P., Favard, N., Lacroix, J.-C.: Die Zelle. Biologie und Physiologie. Vieweg, Braunschweig, 1990.
Bershadsky, A.D., Vasiliev, J.M.: Cytoskeleton. Plenum Press, New York, London, 1988.
Darnell, J., Lodish, H., Baltimore, D.: Molecular Cell Biology, 2. Aufl., Scientific American Books, W.H. Freeman and Co., New York, 1990.
Fujita, T., Tamaka, K., Tokunaga, J.: Zellen und Gewebe. Ein REM-Atlas für Mediziner und Biologen. G. Fischer, Stuttgart, 1986.
Kleinig, H., Sitte, P.: Zellbiologie. 3. Auflage. Gustav Fischer Verlag, Stuttgart, 1992.
Plattner, H., Zingsheim, H.P.: Elektronenmikroskopische Methodik in der Zell- und Molekularbiologie. G. Fischer, Stuttgart, 1987.
Ruthmann, A., Hauser, M.: Praktikum der Cytologie. B.G. Teubner, Stuttgart, 1979.

2 Baupläne und Biologie der Tiere 45

2.1	Systematische Grundlagen[4]	46
2.2	Systemübersichtsicht[3]	51
2.3	Unterreich Protozoa[3]	53
2.3.1	Stamm Sarcomastigophora	55
2.3.2	Stamm Labyrinthomorpha	66
2.3.3	Stamm Sporozoa	66
2.3.4	Stamm Microspora	71
2.3.5	Stamm Ascetospora	72
2.3.6	Stamm Myxozoa	72
2.3.7	Stamm Ciliophora	74
2.4	Unterreich Metazoa	78
2.4.1	Stamm Mesozoa[1,3]	78
2.4.2	Stamm Placozoa[5]	79
2.4.3	Stamm Porifera[6]	81
2.4.4	Stamm Cnidaria[1]	88
2.4.5	Stamm Ctenophora[1]	95
2.4.6	Stamm Plathelminthes[3]	97
2.4.7	Stamm Gnathostomulida[3]	108
2.4.8	Stamm Nemertini[3]	108
2.4.9	Stamm Nemathelminthes[3]	111
2.4.10	Stamm Acanthocephala[3]	123
2.4.11	Stamm Priapulida[3]	126
2.4.12	Stamm Kamptozoa (Entoprocta)[1]	127
2.4.13	Stamm Mollusca[2]	128
2.4.14	Stamm Sipunculida[3]	143
2.4.15	Stamm Echiurida[3]	144
2.4.16	Stamm Annelida[4]	147
2.4.17	Stamm Pogonophora[3]	157
2.4.18	Stamm Onychophora[4]	161
2.4.19	Stamm Tardigrada[1]	164
2.4.20	Stamm Pentastomida[3]	165
2.4.21	Stamm Arthropoda[4]	168
2.4.22	Stamm Tentaculata[3]	208
2.4.23	Stamm Chaetognatha[3]	212
2.4.24	Stamm Hemichordata (Branchiotremata)[2]	215
2.4.25	Stamm Echinodermata[2]	217
2.4.26	Stamm Chordata	230
2.4.26.1	Unterstamm Tunicata[3]	230
2.4.26.2	Unterstamm Acrania[3]	234

---

[1] H. Greven (Düsseldorf), [2] K. Märkel (Bochum), [3] H. Mehlhorn (Düsseldorf), [4] W. Peters (Düsseldorf), [5] A. Ruthmann (Bochum), [6] N. Weissenfels (Bonn).

2.4.26.3 Unterstamm Vertebrata 236
        1. Klasse Cyclostomata[3] 237
        2. Klasse Chondrichthyes[1] 240
        3. Klasse Osteichthyes[1] 243
        4. Klasse Amphibia[1] 251
        5. Klasse Reptilia[3] 258
        6. Klasse Aves[3] 263
        7. Klasse Mammalia[3] 267

2.5 Literatur 273

2.1 Grundlagen der Systematik

Der Systematiker benennt und ordnet die Formenmannigfaltigkeit der Lebewesen. Mit dem Benennen und Ordnen beginnt man schon als Kind. Bereits Bekanntes dient als Gerüst, in das man Neues einfügt. Um uns über das Gesehene miteinander verständigen zu können, benötigen wir korrekte Benennungen. Das gilt auch für die wissenschaftliche Systematik. Sie hat sich aus diesem ganz natürlichen Bedürfnis des Benennens und Ordnens entwickelt und ist im Laufe der Zeit zu einem sehr umfangreichen Gebiet geworden.

Aristoteles kannte 400 v. Chr. 520 Arten, darunter zwei Fabelwesen. Linné erfaßte 1758 4.236 Tierarten, Arndt (1941) stellte 1.033.000 rezente Arten fest. Seither hat es eine Fülle von Neubeschreibungen gegeben, so daß man heute mit annähernd 1,5 Millionen Tierarten rechnet. Die Methoden, nach denen diese Formenfülle geordnet werden kann, haben sich im Laufe der Zeit gewandelt.

2.1.1 Typologie = Essentialismus und «Natürliches System»

Aristoteles und nach ihm viele andere glaubten, daß sich der Artenbestand nicht verändert und es lediglich darauf ankommt, ihn möglichst gründlich zu beschreiben. Nach den von Plato inspirierten Vorstellungen ging man davon aus, daß sich hinter der verwirrenden Formenvielfalt und Variabilität der Lebewesen als Wesentliches ein **Bauplan**, ein **Typus**, verbirgt. Die Ausführung erschien gar nicht so wichtig. Es käme nur darauf an, die zugrundeliegenden Baupläne zu ergründen, um so das Wesentliche, das Essentielle herauszufinden. Man bezeichnet diese Lehre daher als **Typologie, Typenlehre** oder **Essentialismus**.

Sie wurde zur Grundlage der sog. idealistischen Morphologie, einer Methode, die vor allem in der ersten Hälfte des 19. Jahrhunderts die der Mannigfaltigkeit der Organismen zugrundeliegende Ordnung zu erfassen suchte und ist bis auf den heutigen Tag in der Systematik und Morphologie mehr oder weniger erhalten geblieben.

Die Typologie ist vor dem Aufkommen der Evolutionstheorie entstanden und betont, ausgehend von der Unveränderlichkeit der Arten, zu sehr die Konstanz der systematischen Einheiten und die sie trennenden Lücken. Sie kann nicht erklären, warum Formen vorkommen, denen als essentiell angesehene Merkmale der betreffenden Gruppe fehlen: Suktorien (s. 2.3.7) gehören zu den Ciliaten, haben aber lediglich als Entwicklungsstadien Cilien; Parasiten können so stark verändert sein, daß manche Arten im ausgewachsenen Stadium kein charakteristisches Merkmal der Gruppe aufweisen, zu der sie aufgrund ihrer Entwicklungsgeschichte fraglos gehören (u.a. Krebse, wie *Lernaea branchialis* – Copepoda – und *Sacculina carcini*-Cirripedia-, s. 2.4.21).

Linné versuchte bereits 1758, ein «Natürliches System» aufzustellen. Dieses Ziel verfolgte man weiter, nachdem in zunehmendem Maße die Vorstellung von der Unveränderlichkeit der Arten durch die Evolutionslehre ersetzt wurde. Damit erhielt der Begriff des «natürlichen Systems» einen ganz anderen Inhalt. Man sollte ihn daher nur nach eindeutiger Definition verwenden. Die **typologisch orientierte Systematik**, wie sie vor allem von Remane vertreten wurde, versucht ein phylogenetisches System auf der Grundlage klassischer Homologieforschung und typologischer Vorstellungen aufzustellen.

2.1.2 Numerische Taxonomie

Die heutige Wissenschaft bemüht sich, alles möglichst quantitativ zu erfassen und qualitative Unterschiede zu übergehen. Umfangreiches und unübersichtliches Datenmaterial kann man heute mit Hilfe von Computerprogrammen analysieren. Folgerichtig hat man daher versucht, diese Verfahren auch im Bereich der Formenvielfalt der Lebewesen anzuwenden (Sokal und Sneath 1963, Sneath und Sokal 1973).

Man sammelt hierfür möglichst umfangreiche Meßreihen von beliebigen Merkmalen, d.h. man wählt im Gegensatz zu den herkömmlichen systematischen Methoden keine Merkmale aus, sondern betrachtet zunächst alle als gleichwertig. Das so gesammelte umfangreiche Datenmaterial bearbeitet man dann mit geeigneten Computerprogrammen. Für dieses Verfahren benötigt man Objekte mit möglichst vielen Merkmalen. Es versagt daher in merkmalsarmen Gruppen. Da es mit äußeren Merkmalen arbeitet, nennt man es auch **numerische Phänetik**. Aus den wahllos gesammelten Daten eliminiert das Programm den für eine Gruppierung unbrauchbaren Ballast. Man erhält als Ergebnis zwar Gruppierungen aufgrund von Ähnlichkeiten, aber keineswegs ein phylogenetisches System!

2.1.3 Phylogenetische Systeme

Derartige Systeme erscheinen uns heute ganz selbstverständlich, obwohl es sie noch gar nicht lange gibt. Darwin erkannte zwar, daß seine Gedankengänge auch für die Systematik von Bedeutung sein dürften, versuchte aber noch keine derartige Anwendung.

Aber bereits sieben Jahre nach dem Erscheinen von Darwins «*Entstehung der Arten*» (1859) veröffentlichte Ernst Haeckel die «*Generelle Morphologie*» (1866), in der er die verwandtschaftlichen Beziehungen der großen Tiergruppen entsprechend dem damaligen Kenntnisstand darstellte.

Seither geht man davon aus, daß die ungeheure Formenvielfalt der Lebewesen nicht seit jeher und kontinuierlich bestanden hat, sondern daß es sich um eine diskontinuierliche, historisch gewordene Mannigfaltigkeit handelt. Wir haben es mit einem hierarchischen System zu tun, in dem die Verwandtschaftsbeziehungen der einzelnen Gruppen nach bestimmten Methoden ermittelt werden müssen. Hierfür geeignete Verfahren entwickelte Hennig seit 1950. Er versuchte, dem systematischen Arbeiten ein sicheres methodisches Fundament zu geben, um vom Vorwurf des Subjektiven loszukommen. Ausgangspunkt seines Verfahrens sind Ähnlichkeiten, bei denen zunächst geprüft werden muß, ob es sich um **Homologien** oder **Analogien** handelt (s.u.). Als Merkmale kommen nicht nur Strukturen oder entwicklungsgeschichtliche Merkmale in Frage, sondern auch Stoffwechselabläufe und -produkte (**Chemotaxonomie**), Verhaltensweisen usw. Für die Ermittlung von Homologien hat Remane (1952) Kriterien erarbeitet, von denen die drei wichtigsten erwähnt werden sollen:

1. Kriterium der **Lage**: Merkmale, die in vergleichbaren Gefügesystemen an gleicher Stelle liegen, sind homolog.
2. Kriterium der **speziellen Qualität** der Struktur: Homolog können auch Merkmale sein, die nicht gleichartig angeordnet sind, aber in Sondermerkmalen übereinstimmen.
3. Kriterium der **Verknüpfung durch Zwischenformen** (Stetigkeitskriterium): Stimmen Merkmale weder in ihrer Lage noch in ihrer Struktur überein, so können sie dennoch homolog sein, wenn es zwischen ihren unterschiedlichen Ausprägungsformen Übergangsformen gibt.

Analog bzw. konvergent sind Merkmale, die einander ähnlich sind, aber nicht auf gemeinsamer Abstammung beruhen, sondern verschiedenen Ursprungs sind (z.B. Flügel der Insekten und Flügel der Vögel). Bisher gibt es leider keine befriedigende Methode zur Feststellung analoger Merkmale.

Für eine Verwandtschaftsermittlung kommen nur Homologien in Frage. Der wichtigste Grundsatz in der von Hennig entworfenen Methode des Systematisierens besagt, daß unter den homologen Merkmalen nur Übereinstimmungen in abgeleiteten, sog. apomorphen homologen Merkmalen (**Synapomorphien**) brauchbar sind, nicht aber Übereinstimmungen in althergebrachten, primitiven, ursprünglichen, sog. plesiomorphen homologen Merkmalen (**Symplesiomorphien**). Die Begriffe plesiomorph und apomorph machen dem Anfänger erfahrungsgemäß gewisse Schwierigkeiten.

Ein Merkmal, das in einer Gruppe als apomorph gilt, kann in einer verwandten Gruppe als plesiomorph aufgefaßt werden (s. Onychophora, 2.4.18). Innerhalb der Wirbeltiere haben die Säugetiere eine Reihe von abgeleiteten = apomorphen Merkmalen, die man insgesamt als Synapomorphien bezeichnet, und die die Eigenständigkeit dieser Gruppe begründen. Es sind dies: das sekundäre Kiefergelenk, ein Mittelohr mit 3 Gehörknöchelchen, Haare, kernlose Erythrocyten, Schweiß-, Talg- und Milchdrüsen, und weitere Merkmale (Ax 1988). Plesiomorphe Merkmale, die auch bei anderen Wirbeltieren vorkommen, sind für die Begründung der Gruppe Säugetiere nicht brauchbar: Der Besitz von Wirbelsäule, Zähnen, mehrschichtiger Haut, 4 Extremitäten usw.

Die Methode von Hennig fördert die gezielte Suche nach Vorkommen von Merkmalen, die für eine Verwandtschaftsbestimmung geeignet sind. Im Vordergrund steht die Ermittlung von Schwestergruppen und die Aufstellung von **Cladogrammen**: Das

Ergebnis ist eine außerordentlich starke Aufspaltung im System, die auch vor althergebrachten Gruppierungen nicht haltmachen kann. Die bestehende logische Konsequenz dieser Methode führt zu Systemen, die vor allem für den Anfänger schwerer überschaubar sind als die herkömmlichen Systeme. Daher findet man in wissenschaftlichen Arbeiten in zunehmendem Maße Cladogramme, während in Lehrbüchern die einfacheren, vertrauten, typologisch orientierten Systeme noch vorherrschen, die bei vielen Tiergruppen auf Symplesiomorphien basieren. Wahrscheinlich wird diese Situation noch einige Zeit beibehalten werden, nicht zuletzt auch deshalb, weil noch keineswegs alle Tiergruppen nach der Hennigschen Methode untersucht sind.

Ein gutes, einfaches Beispiel für die Diskrepanz zwischen herkömmlicher und phylogenetischer Systematik liefern die landlebenden Wirbeltiere. Folgende Änderungen im phylogenetischen System nach Hennig sind besonders beachtenswert: 1. Der Begriff Reptilia ist verschwunden, weil er auf Symplesiomorphien basiert. 2. Die Vögel sind nicht mehr als Klasse aufgeführt, auch wenn dies als «Degradierung» aufgefaßt werden mag und nicht die außerordentliche Artenvielfalt innerhalb dieser Gruppe berücksichtigen kann. 3. Die engen verwandtschaftlichen Beziehungen zwischen den Krokodilen und Vögeln, sowie den Sauropsida und Mammalia werden in der Notierung als Schwestergruppen deutlicher als in herkömmlichen Systemen (s. 2.4.26.3). So unbequem und ungewohnt diese Schreibweise erscheinen mag, sie gibt die verwandtschaftlichen Verhältnisse zwischen den Gruppen eindeutig wieder:

Herkömmliches System (s. S. 260)	Phylogenetisches System
Reptilia	**Sauropsida**
Chelonia (Schildkröten)	Lepidosauria
Rhynchocephalia (Brückenechsen)	Rhynchocephalia
Squamata (Eidechsen)	Squamata
Crocodylia (Krokodile)	Archosauromorpha
	Chelonia
	Archosauria
	Crocodylia
Aves	Aves
Mammalia	**Mammalia**

Bei systematischen Arbeiten bereitet die Feststellung der **Lesrichtung** einer Merkmalsentwicklung immer wieder große Schwierigkeiten. Wesentlich ist in diesem Zusammenhang auch das Problem der **Mosaikevolution**. Es werden keineswegs alle Merkmale gleichzeitig und mit gleicher Geschwindigkeit verändert. Vielmehr können manche Organisationsbestandteile sehr konservativ bleiben, während andere, unter hohem Selektionsdruck stehende, raschen Veränderungen unterworfen sein können.

Unsere Kenntnisse reichen bis auf den heutigen Tag nicht aus, um die gesamten verwandtschaftlichen Beziehungen im Tierreich zu klären. Ein phylogenetisches System muß nicht nur all unsere morphologischen und paläontologischen Kenntnisse berücksichtigen, sondern auch biochemische, physiologische, ökologische, tiergeographische und verhaltensbiologische Merkmale verwenden. Man verwertet heute den Polyploidiegrad ebenso wie die Aminosäuresequenzen bestimmter Proteine. Die Entschlüsselung der **molekularen Evolution** schien in einer euphorischen Frühphase das sicherste, nämlich ein quantitatives Fundament für die Systematik zu liefern. Inzwischen hat sich gezeigt, daß auch diese, mit aufwendigen Methoden gefundenen

Merkmale nur in Abstimmung mit den vielen übrigen Merkmalen gewertet werden können.

Da unsere Kenntnisse notgedrungen immer wieder Lücken aufweisen, die Fakten unterschiedlich gedeutet werden können, die Kenntnislücken durch Hypothesen aufgefüllt werden müssen und die Ausgangspunkte der einzelnen systematischen Auffassungen sehr unterschiedlich sind, kann es nicht ein einziges System der Tiere, sondern nur eine Vielzahl von Systemen geben. Beim Vergleich verschiedener Systeme stellt man fest, daß diese sich oftmals nur in der Ranghöhe einer Gruppe oder ihrer Einordnung im System unterscheiden.

Für den Anfänger ist dies zunächst belanglos, da er in erster Linie ein System nur als Ordnungsprinzip zum Lernen benötigt und nach «geistigen Schubfächern» sucht, in die er sein zunehmendes Wissen einordnen kann. Es genügt daher, zunächst ein möglichst weitverbreitetes System zu verwenden; eine Wertung und Verbesserung kann später erfolgen.

Ausgangspunkt der Systematik ist die **Art**, denn sie ist das erste faßbare Produkt der Evolution. Gattungen, Familien, Ordnungen usw. sind Konstrukte menschlichen Geistes (Ax 1984). Eine Art wird anhand eines erstmals gefundenen Individuums, des nomenklatorischen **Typus** oder **Holotypus**, so sorgfältig wie möglich beschrieben. Die am gleichen Ort gefundenen und der gleichen Population angehörenden Individuen nennt man **Paratypen**. Holotypus und Paratypen werden in Museen sorgfältig verwahrt, um eine Artbeschreibung überprüfbar zu machen. Seit Linné erhält jede Art zwei Namen; man nennt dies eine **binominale Artkennzeichnung**: z.B. *Musca domestica*, die Stubenfliege. Der Gattungsname ist ein Substantiv, dem im allgemeinen ein Adjektiv angefügt wird; beide zusammen bilden den Artnamen. Innerhalb der Gattung *Musca* gibt es noch weitere Arten, *M. autumnalis*, *M. sorbens* u.a. Alle Namen, die vor dem Erscheinen der 10. Auflage von Linnés «*Systema Naturae*» im Jahre 1758 erteilt wurden, dürfen nicht mehr verwendet werden. Bei allen späteren Benennungen ist stets der in der Erstbeschreibung gegebene Name maßgebend (**Prioritätsregel**). Zu einer korrekten Artbezeichnung gehört daher der Namen des Autors und die Jahreszahl der Erstbeschreibung (z.B. *Pulex irritans* Linné 1758). Häufig vorkommende und bekannte Autorennamen können abgekürzt werden: L. statt Linné, Fabr. statt Fabricius.

Vielfach werden Arten mehrfach beschrieben. Von Zeit zu Zeit muß daher in mühseligen Revisionen geklärt werden, welcher Artname aufgrund der Prioritätsregel gültig ist. Die nicht mehr gültigen Namen werden als **Synonyme** geführt. Die sture Anwendung der Prioritätsregel führte dazu, daß fleißige Leser immer wieder einen älteren Autor ermittelten und damit eine Änderung des Artnamens erzwangen. Damit nicht altbekannte Artnamen geändert werden müssen, hat die Nomenklaturkommission eine Liste von **Nomina conservanda** aufgestellt. Eine Namensänderung kann aber auch notwendig sein, wenn sich herausstellt, daß die in einer Gattung vereinigten Arten nicht zusammengehören. Eine Gattungsaufspaltung entspricht dem wissenschaftlichen Fortschritt. Ein Beispiel mag dies verständlich machen: Linné vereinigte eine Reihe von Fadenwürmern zu einer Gattung *Oxyuris*. Mit der Zeit stellte sich aber heraus, daß die in der Gattung *Oxyuris* vereinigten Arten nicht alle miteinander verwandt sind, d.h. zu verschiedenen Gattungen gehören. Die ursprüngliche Gattung *Oxyuris* mußte daher aufgespalten werden in die Gattungen *Oxyuris*, *Enterobius*, *Leidynema*, *Hammerschmidtiella* usw. Der bekannte Kindermadenwurm des Menschen hieß ursprünglich *Oxyuris vermicularis* L. 1758. Nach der Gattungsaufspaltung kam er in die Gattung *Enterobius*. In diesem Falle muß bei korrekter Schreibweise der

Autorenname in Klammern geschrieben werden. Der korrekte Artname des Kindermadenwurms lautet: *Enterobius vermicularis* (L. 1758). Altbekannte Namen kann man als Synonym in Klammern hinzufügen: *Enterobius (Oxyuris) vermicularis* (L. 1758).

Im zoologischen System verwendet man eine Vielzahl von **Taxa** (Singular: Taxon). Hier sollen nur die wichtigsten Taxa und ihre Rangfolge genannt werden:

                    Tierreich (Regnum)
                    Stamm (Phylum) etwa 33
                    Klasse (Classis) etwa 70
              Ordnung (Ordo) etwa 300
         Familie (Familia)
      Gattung (Genus)
Art (Species)

Diese Taxa können noch stark untergliedert werden (Unter- und Überordnungen, Sektionen, Kohorten usw).

Leider sind die Taxa nicht quantitativ faßbar. Hennig versuchte, diesen Mißstand zu beheben, und schlug vor, als Maßstab für die einzelnen Taxa das geologische Alter zu verwenden, weil sich die Vielfalt im Laufe der Zeit entwickelte. Im Kambrium und Devon abgespaltene Taxa hätten den Rang von Klassen, diejenigen die im Carbon und Perm abgespalten wurden, sollten Ordnungen sein, und solche, die zwischen Trias und Unterkreide entstanden, sollten den Rang von Familien erhalten. Dieses Verfahren würde bei den Gruppen auf Schwierigkeiten stoßen, bei denen bisher keinerlei Fossilien nachgewiesen werden konnten. Außerdem ist zu bedenken, daß alle großen Tierstämme bereits seit dem Beginn der Fossilgeschichte vorhanden sind. Die noch verhältnismäßig jungen Gruppen der Wirbeltiere (Vögel, Säugetiere) wären bisher viel zu hoch eingestuft. Daher wurde dieser Versuch, den Taxa eine quantitative Grundlage zu geben, bald wieder aufgegeben. Die Begriffe **Systematik** und **Taxonomie** werden entweder als Synonyme gebraucht, oder man versteht unter Taxonomie die Beschäftigung mit den niederen Taxa Unterarten, Arten, Gattungen und Familien.

2.2 Systemübersicht

Tierreich
1. **Unterreich: Protozoa**
   1. Stamm: Sarcomastigophora
   2. Stamm: Labyrinthomorpha
   3. Stamm: Sporozoa
   4. Stamm: Microspora
   5. Stamm: Ascetospora
   6. Stamm: Myxozoa
   7. Stamm: Ciliophora
2. **Unterreich: Metazoa**
   1. Abteilung: Mesozoa
      1. Stamm: Mesozoa[1]
      2. Stamm: Placozoa

---

[1] Unterscheiden sich von den Placozoa deutlich in der rRNA!

2. Abteilung: Parazoa
    3. Stamm: Porifera
3. Abteilung: Eumetazoa
    1. Unterabteilung: Coelenterata
        4. Stamm: Cnidaria
        5. Stamm: Acnidaria = Ctenophora
    2. Unterabteilung: Bilateria
        6. Stamm: Plathelminthes
        7. Stamm: Gnathostomulida
        8. Stamm: Nemertini
        9. Stamm: Nemathelminthes
        10. Stamm: Acanthocephala
        11. Stamm: Priapulida
        12. Stamm: Kamptozoa (Entoprocta)
        13. Stamm: Mollusca
        14. Stamm: Sipunculida   } Protostomia
        15. Stamm: Echiurida
        16. Stamm: Annelida
        17. Stamm: Pogonophora
        18. Stamm: Onychophora
        19. Stamm: Tardigrada
        20. Stamm: Pentastomida
        21. Stamm: Arthropoda
        22. Stamm: Tentaculata
        23. Stamm: Chaetognatha
        24. Stamm: Branchiotremata   } Deuterostomia
        25. Stamm: Echinodermata
        26. Stamm: Chordata

Die Stämme 6–22 werden in diesem System als **Protostomia** (Urmünder) bzw. **Gastroneuralia** zusammengefaßt. Ihnen ist gemeinsam: **1.** Die Nervenstränge liegen ventral. **2.** Der Urmund (Blastoporus) entwickelt sich zum Mund, ein evtl. ausgebildeter After bricht sekundär durch. **3.** Der Blutfluß im Blutgefäßsystem verläuft dorsal von hinten nach vorn und ventral von vorn nach hinten. Diesen Stämmen werden die **Deuterostomia** (Zweitmünder) = **Notoneuralia** gegenübergestellt, die die Stämme 23–26 umfassen. Manche Autoren ordnen allerdings auch noch die Pogonophora (Stamm 17) hier ein. Bei den Deuterostomia wird der Urmund zum After, und der Mund entsteht als Durchbruch neu (evtl. erst im zweiten Anlauf). Das Nervensystem liegt dorsal. Der Blutfluß erfolgt ventral von hinten nach vorn und dorsal von vorn nach hinten. Die meist vorhandene sekundäre Leibeshöhle (**Coelom**) entsteht durch Abschnürung vom Urdarmdach, und das Skelett geht ausnahmslos aus mesodermalen Elementen hervor.

Die Stämme 11, 13–26 werden zudem als **Coelomata** den **Acoelomata** (Stämme 6–12) gegenübergestellt. Für die Vertreter der Stämme Annelida und Arthropoda findet man häufig auch den von Cuvier geprägten Begriff **Articulata**. Man unterscheidet zudem noch **Spiralia** (Stämme Plathelminthes, Kamptozoa, Nemertini, Mollusca, Sipunculida, Echiurida, Pogonophora, Annelida, Arthropoda) und die **Archicoelomata** (Stämme Tentaculata, Branchiotremata, Echinodermata, Chaetognatha). Generell gibt es viele Versuche, die fossilen und rezenten Arten einem **Stammbaum** zuzuordnen. Dies hat naturgemäß zu vielen Varianten geführt. In dieser

Einführung wurde bewußt die Darstellung der einzelnen Stämme in den Vordergrund gestellt und auf ihre phylogenetischen Relationen weitgehend verzichtet, so daß somit der gegenwärtige «Istbestand» widergespiegelt wird.

2.3 Unterreich PROTOZOA

Nach einem System (Levine et al. 1980) erhielt der frühere Stamm Protozoa (= Vortiere, Urtiere) den Rang eines Unterreichs mit 7 Stämmen; nach Corliss (1994) kommen weitere hinzu:

1. **Stamm:** Sarcomastigophora (25.000 rezente Arten)
    1. **Unterstamm:** Mastigophora
        1. Klasse: Phytomastigophorea
        2. Klasse: Zoomastigophorea
    2. **Unterstamm:** Opalinata
        1. Klasse: Opalinatea
    3. **Unterstamm:** Sarcodina
        1. Überklasse: Rhizopoda
            1. Klasse: Lobosea
            2. Klasse: Acarpomyxea
            3. Klasse: Acrasea
            4. Klasse: Eumycetozoea
            5. Klasse: Plasmodiophorea
            6. Klasse: Filosea
            7. Klasse: Granuloreticulosea
            8. Klasse: Xenophyophorea
        2. Überklasse: Actinopoda
            1. Klasse: Acantharea
            2. Klasse: Polycystinea
            3. Klasse: Phaeodarea
            4. Klasse: Heliozoea
2. **Stamm:** Labyrinthomorpha (40 Arten)
    1. Klasse: Labyrinthulea
3. **Stamm:** Sporozoa (Apicomplexa; 5.000 Arten)
    1. Klasse: Perkinsea
    2. Klasse: Sporozoea
4. **Stamm:** Microspora (850 Arten)
    1. Klasse: Rudimicrosporea
    2. Klasse: Microsporea
5. **Stamm:** Ascetospora (30 Arten)
    1. Klasse: Stellatosporea
    2. Klasse: Paramyxea
6. **Stamm:** Myxozoa (900 Arten)
    1. Klasse: Myxosporea
    2. Klasse: Actinosporea
7. **Stamm:** Ciliophora (7.500 Arten)
    1. Klasse: Kinetofragminophorea
    2. Klasse: Oligohymenophorea
    3. Klasse: Polyhymenophorea

Diese neue Untergliederung berücksichtigt die in den letzten Jahren durch verfeinerte Methoden (Elektronenmikroskopie, Kulturmethoden, Biochemie, Molekularbiologie etc.) erhobenen neuen Ergebnisse. So ist nicht einmal mehr die prinzipielle **Einzelligkeit** allen diesen Stämmen gemeinsam und es finden sich zahlreiche Versuche (z.B. Myxozoa, Schleimpilze), diese zu überwinden. Auch bei den wesentlichen Lebensfunktionen (Nahrungsaufnahme, Stoffwechsel, Exkretion, Reizbarkeit, Motilität etc.) treten derartig deutliche Unterschiede auf, die so einschneidende Umstellungen im System erforderten, daß es häufig schwer ist, die bekannten Gruppen wiederzufinden. Gleichzeitig wurde es nahezu unmöglich, die Grenze zwischen Tier- und Pflanzenreich exakt zu ziehen.

Allen hier dargestellten Protozoa, deren Größe von 0,5 µm (*Theileria*-Merozoiten) bis 20 mm (einige Gregarinen, Radiolarien) variieren kann und die somit z.T. deutlich kleiner sind als viele Bakterien (z.B. Spirochaeten 30–500 µm) oder größer werden als eine Reihe Mehrzeller (z.B. Rotatorien = 0,2–0,5 mm), ist gemeinsam, daß sie **Eukaryonten** sind, die artspezifisch einen oder mehrere, evtl. polyploide Kerne besitzen.

Als äußere **Begrenzung** des Cytoplasmas fungiert stets eine **Zellmembran** (s. 1.3.1), der allerdings andere Membranen oder Mikrotubuli als Hilfsstrukturen zu einer Pellikula unterlegt sein können. Zahlreiche Protozoen sind zudem durch äußere oder innere **Stützelemente** (Skelette, Nadeln, Axopodien, Platten, Cystenwände) charakterisiert. Aufgrund dieser Strukturen wurden mehr als 30.000 fossile Arten beschrieben, die z.T. den Rang von **Leitfossilien** erreicht haben. Diese Hüll- bzw. Wandstrukturen und zahlreiche Zellorganellen können bei den einzelnen Protozoengruppen in unterschiedlicher Weise ausgebildet sein und werden daher häufig zur Art- bzw. Genusdiagnose herangezogen.

Die **Vermehrungsprozesse** können ungeschlechtlich oder geschlechtlich verlaufen; bei vielen Gruppen ist die Reihenfolge streng determiniert (obligat), bei anderen fakultativ, bei wieder anderen noch unbekannt bzw. gerade entdeckt (z.B. *Trypanosoma* spp.). Die Zellteilung erfolgt als Zweiteilung (Abb. 2.1A–F) oder als synchrone bzw. sukzedane Vielteilung (Abb. 2.2A–F). Derartige Teilungen können in unterschiedlicher Reihenfolge in den Entwicklungszyklen der Protozoa auftreten und zu **Generationswechseln** angeordnet sein.

Die **Ortsbewegungen** der Protozoen bzw. ihrer Entwicklungsstadien erfolgen bei den jeweiligen Arten mit Hilfe von Flagellen (Abb. 2.3), Pseudopodien (Abb. 2.1A), Cilien (Abb. 2.15A), Cirren (Abb. 2.15D) oder durch minimale Zellkontraktion (bodyflexing) bzw. Gleiteffekte.

Die **Nahrungsaufnahme** der Protozoen wird durch Membranpermeation, durch Pino- oder Phagocytose entlang der gesamten Zelloberfläche bzw. an besonders ausgestatteten Mundfeldern oder Cytostomen vorgenommen (Abb. 2.15). Die **Exkretion** verläuft als Exocytose entlang der Zellmembran, wobei ebenfalls bestimmte Bereiche zu einem Zellafter (**Cytopyge**) umgebildet sein können (Abb. 2.15 B). Auch Einlagerungen unverdaulicher Substanzen sind bekannt.

Die Protozoen sind für zahlreiche äußere **Reize** empfänglich und sind in der Lage, diese in z. T. hochkomplexe und koordinierte **Erregungen** und Reaktionen umzusetzen. So sind zahlreiche Photo-, Chemo-, Thermo- und Thigmotaxien bekannt.

2.3.1 Stamm Sarcomastigophora

Unterstamm Mastigophora (Flagellata)

Als wesentliche Fortbewegungsorganellen dienen Flagellen (Abb. 2.3 A–J), die ebenfalls beim Nahrungserwerb Verwendung finden. Die Vertreter der Phytomastigophorea, die im Meer oder im Süßwasser leben und sich auto- bzw. mixotroph ernähren, enthalten Plastiden und können daher dem Pflanzenreich zugeordnet werden (s. Botaniklehrbücher). Die Klasse der **Zoomastigophorea** umfaßt ausschließlich heterotrophe Arten, die zudem häufig noch Parasiten sind (Mehlhorn und Piekarski 1994). Die **Vermehrung** erfolgt in beiden Klassen meist durch Längsteilung (Abb. 2.1).

Gelegentlich treten auch multiple Teilungen auf. **Geschlechtliche Prozesse** wurden neben den Hypermastigiden auch bei *Trypanosoma brucei* nachgewiesen, wo es zur Verschmelzung gleichaussehender (Iso-) Gameten kommt; bei den Opalinata sind Anisogameten bekannt. Die Zoomastigophorea enthalten 8 Ordnungen (Choanoflagellata, Proteromonadida, Retortamonadida, Oxymonadida, Hypermastigida, Kinetoplastida, Trichomonadida, Diplomonadida), von denen die drei letzten am bedeutendsten sind.

Ordnung Kinetoplastida

Namengebend ist der Besitz eines **Kinetoplasten**, der einen DNS-haltigen Abschnitt des Mitochondriums darstellt und der stets in unmittelbarer Nähe des Basalapparates der Geißel liegt (Abb. 2.3 F, G). Charakteristisch ist neben dem Auftreten einer sog. undulierenden Membran bei den ein- (Trypanosomatina) bzw. zweigeißligen (Bodonina) Formen (Abb. 2.3) fernerhin ein **Polymorphismus**, wobei verschieden gestaltete Stadien (a-, pro-, epi- und trypomastigote Formen) in obligater Reihenfolge zu einem Entwicklungszyklus vereint sind (Abb. 2.4). Besonders wichtig sind die Gattungen *Trypanosoma* und *Leishmania*, die bedeutende Parasiten des Menschen und der Haustiere enthalten.

Trypanosoma brucei gambiense bzw. *T. b. rhodesiense* (20–40 µm) sind die im Blut lebenden Erreger der Schlafkrankheit des Menschen; sie werden in Afrika durch den Stich (Speichel) von Tsetsefliegen (*Glossina*-Arten, s. 2.4.21) übertragen. *T. cruzi* ist der Erreger der Chagas-Krankheit, die in Südamerika durch den Kot von infizierten Raubwanzen (u.a. *Triatoma*-Arten) verbreitet wird. *Leishmania*-Arten (2–4 µm) werden durch den Stich von Sandmücken (*Phlebotomus* spp., *Lutzomyia* spp.) übertragen und führen beim Menschen in warmen Gebieten zu **Hautleishmaniosen**

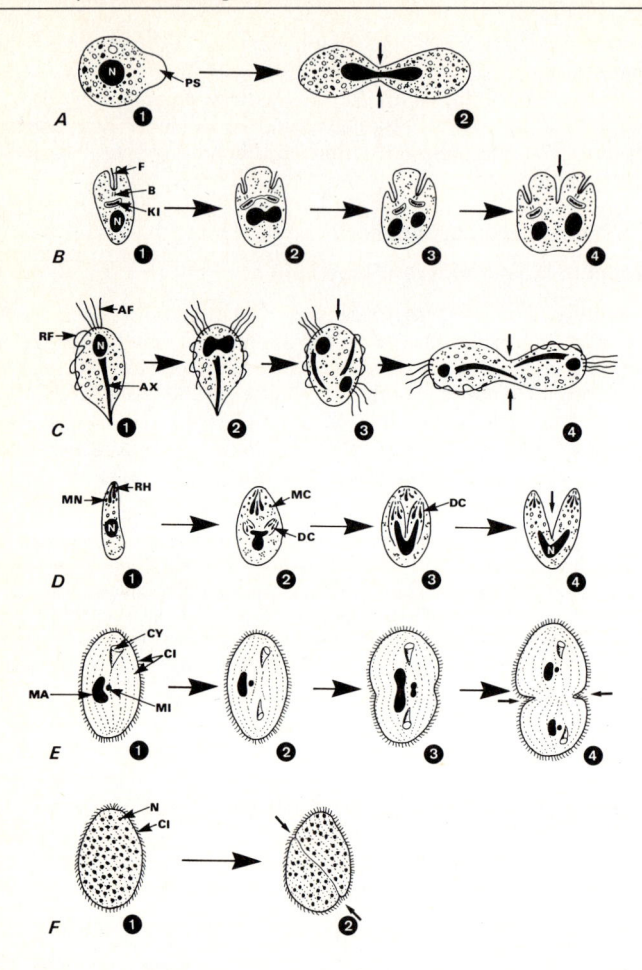

Abb. 2.1: Schem. Darstellung der Zweiteilungen bei Protozoen, Pfeile in Teilungsrichtung (nach Mehlhorn 1988).
A. Amoeben, ohne feste Achse. **B.** *Trypanosoma*-Typ (hier *Leishmania* sp.): Längsteilung. **C.** *Trichomonas*-Typ: Längsteilung nur am Beginn. **D.** Endodyogenie bei einigen Sporozoen (z.B. *Toxoplasma gondii*), innere Zweiteilung. **E.** Ciliaten-Typ: Querteilung. **F.** *Opalina*-Typ: Schrägteilung. AF: Vordere freie Geißel, AX: Axostyl, B: Basalapparat, CI: Cilium, CY: Cytopharynx, DC: Tochterzelle, F: Kurzes Flagellum in einer Tasche, KI: Kinetoplast, MA: Makronucleus, MC: Mutterzelle, MI: Mikronucleus, MN: Mikronemen, N: Nucleus, PS: Pseudopodium, RF: Schleppgeißel, RH: Rhoptrien.

2.3 Baupläne, Protozoa

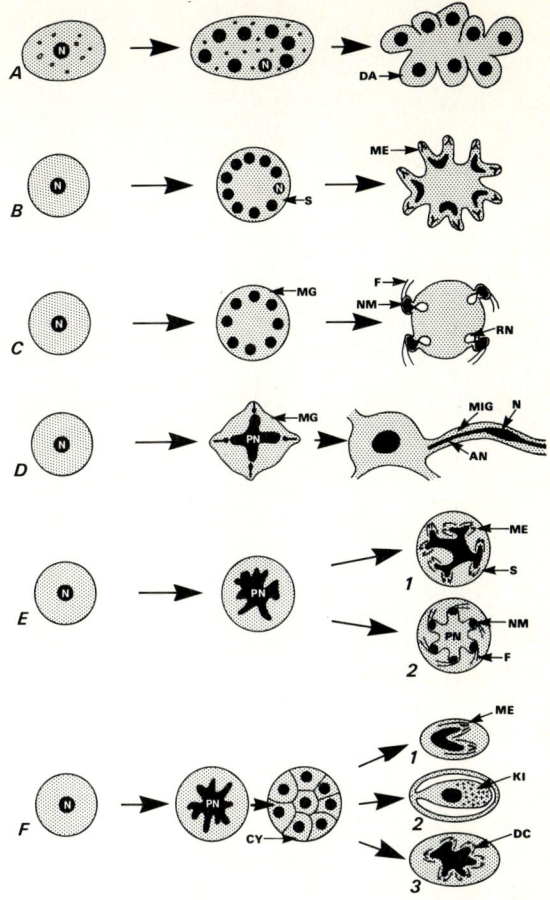

Abb. 2.2: Schem. Vielfachteilungen bei Protozoen (nach Mehlhorn 1988). **A.** Amoeben: Bildung von Trophozoiten (z.B. Gattung *Entamoeba*). **B.** Coccidien: Bildung von Merozoiten (z.B. Gattung *Eimeria*). **C, D.** Coccidien: Bildung von Mikrogameten bei *Eimeria*-Arten (C) und bei Malariaerregern (Gattung *Plasmodium*). **E.** Coccidien: Bildung von Merozoiten (1) und Mikrogameten (2) bei Sarkosporidien. **F.** Coccidien: Bildung von Cytomeren. 1. Merozoitenbildung (z.B. einige *Eimeria*- Arten); 2. Kinetendifferenzierung (z.B. *Babesia*-Arten); 3. Zerfallsteilungen teilweise bei Schizogonien und Sporogonien von *Globidium* sp., *Plasmodium* sp., *Theileria* sp., *Babesia* sp.. AN: Axonemen, CY: Cytomeren, DA: Tochteramoeben, DC: Tochterzelle, F: Flagellum, KI: Kinet, ME: Merozoitenanlage, MG: Mikrogamont, MIG: Mikrogamet, N: Nucleus, NM: Nucleus des Mikrogameten (= dunkler Teil), PN: Polymorpher Kern, RN: Restkern (= heller Teil), S: Schizont.

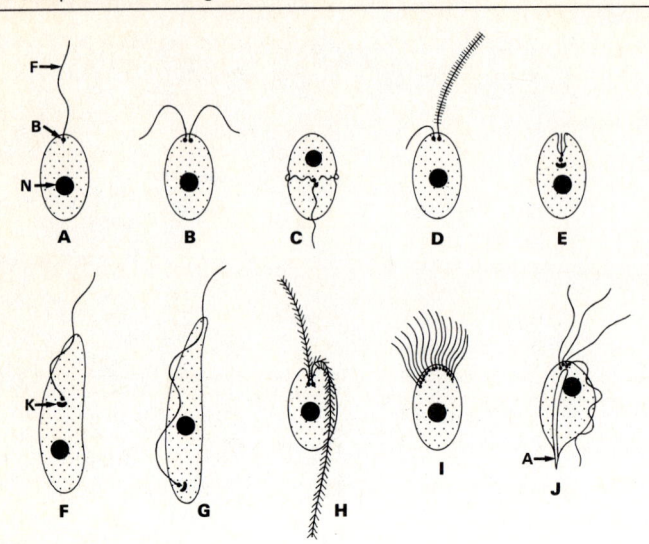

Abb. 2.3: Schem. Darstellung der Begeißelungstypen bei Flagellaten. **A.** uniflagellat; **B.** isokont; **C.** biflagellat (in verschiedene Richtungen); **D.** heterokont (mit einer Flimmergeißel); **E.** mikromastigot; **F.** epimastigot; **G.** trypomastigot; **H.** biflagellat (mit Schleppgeißel); **I.** polyflagellat; **J.** quadriflagellat (mit Schleppgeißel). A: Axostyl bei *Trichomonas*, B: Basalapparat, F: Flagellum, K: Kinetoplast, N: Nucleus.

(*L. tropica*-Gruppe) oder zu einer häufig tödlich verlaufenden **Eingeweideleishmaniose** (*L. donovani*-Gruppe). Details zu den Lebenszyklen s. Mehlhorn und Piekarski (1994) sowie Mehlhorn (1988).

Ordnung Trichomonadida

Die meisten Vertreter dieser Gruppe weisen 3, 4 oder 5 freie Geißeln und stets eine Schleppgeißel auf (Abb. 2.1C). Als weiteres Merkmal besitzen sie ein **Axostyl** = ein Bündel von durch Dynein verbundenen Mikrotubuli. Mitochondrien fehlen ihnen; an deren Stelle besitzen sie **Hydrogenosomen**. Die Trichomonadida leben als Endosymbionten oder Parasiten im Darm- bzw. im Urogenitalsystem ihrer Wirte (Vertebraten unter Einschluß des Menschen). Besonders bedeutend ist *Trichomonas vaginalis*

Abb. 2.4: Trypanosomatidae; licht- (b, c), raster- (a) und transmissionselektronenmikroskopische (d) Aufnahmen. **a)** *Trypanosoma* spp.. Trypo- (T) und epimastigote (E) Formen, deren Geißel von einer eigenen Membran umschlossen ist (Pfeil). Originale: Dr. Frevert, Berlin, und Dr. Yabu, Japan. x 5.000. **b)** *T. brucei gambiense*. Trypomastigote Stadien im Blutausstrich. x 600. **c)** *Leishmania donovani*. Promastigote Stadien im Überträger bzw. in der Kultur. x 800. **d)** Trypomastigotes Stadium quer; die Geißel (F = AR + AX) ist nicht fest mit dem Zellkörper verbunden bzw.

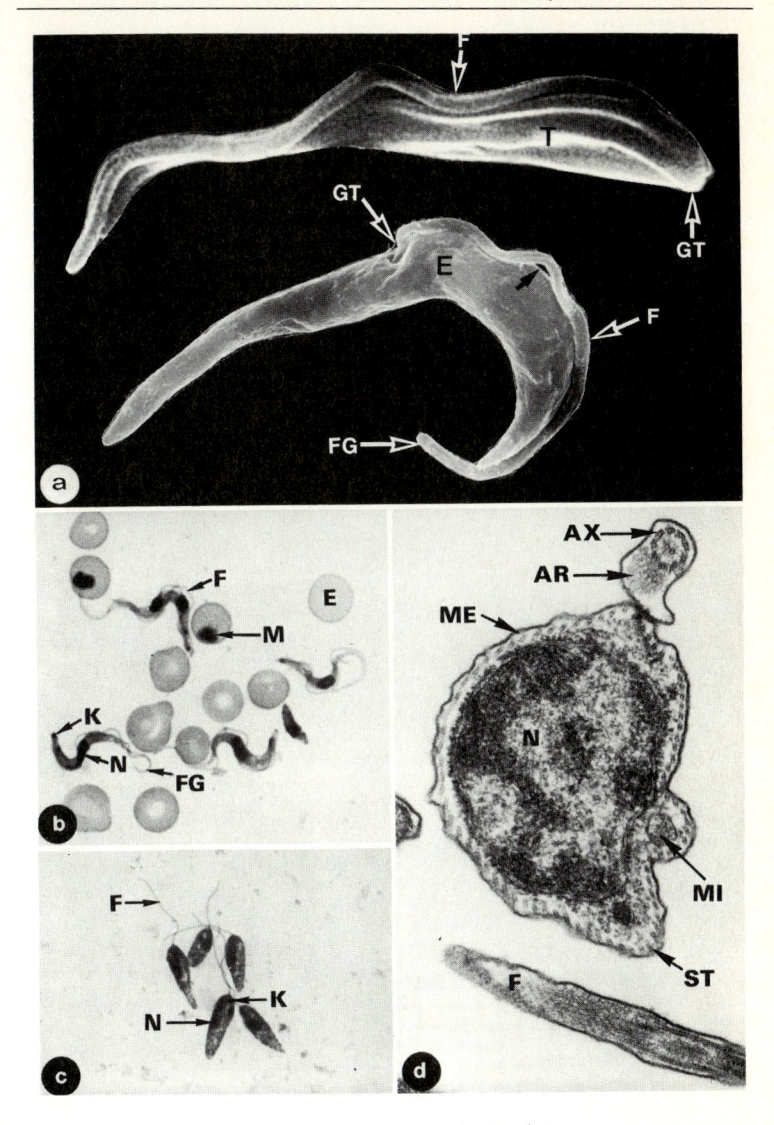

integriert. x 28.000. AX: Axonem, AR: paraxial rod, Achsenstab, E in Abb. b: Erythrocyt, F: Flagellum, Geißel, FG: Freies Geißelende, GT: Geißeltasche, K: Kinetoplast, M: Malaria-Erreger, ME: Membran, MI: Mitochondrion, N: Nucleus, Kern, ST: Subpellikuläre Mikrotubuli.

(4 freie Geißeln; 10–25 µm) beim Menschen (Abb. 2.1C); die **Übertragung** erfolgt ausschließlich durch den Geschlechtsverkehr, da Dauerstadien (Cysten) fehlen. *Tritrichomonas foetus* (drei freie Geißeln; 10–20 µm) führt bei tragenden Rindern häufig zum Tode des Foetus.

Ordnung Diplomonadida

Diese als «Doppeltierchen» bezeichneten Formen weisen zwei Kerne und 8 symmetrisch (in zwei Sets zu viert) angeordnete Geißeln auf. Die Arten der Diplomonadida sind vorwiegend Parasiten des Menschen und vieler Tiere. Besondere Bedeutung hat *Giardia lamblia* (10–20 µm) beim Menschen erlangt. Diese Art ist mit Hilfe eines «Bauchsaugnapfes» an den Darmmikrovilli festgeheftet (Abb. 2.5) und stört so die Resorption. Starker Befall führt – insbesondere bei immungeschwächten Personen – zu heftigen Durchfällen. Die **Übertragung** der *Giardia*-Arten erfolgt durch die orale Aufnahme von **Cysten**, deren Cytoplasma vier Kerne enthält.

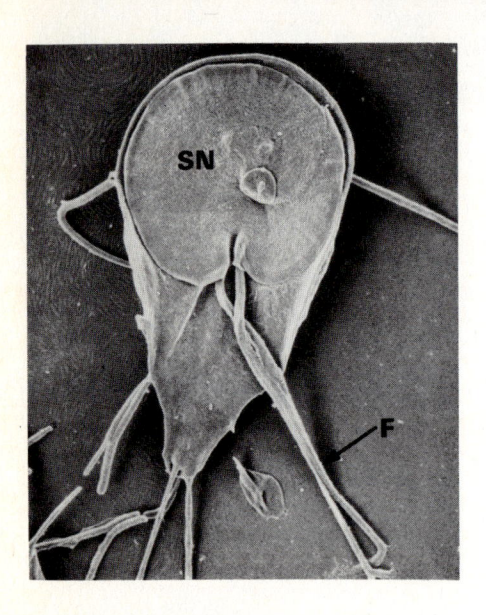

Abb. 2.5: Diplomonadida; rasterelektronenmikroskopische Aufnahme der Ventralseite von *Giardia lamblia*, die vier Paar Geißeln (F) und einen Saugnapf (SN) erkennen läßt. Original: Prof. Dr. Bemrick, USA. x 5.000.

Unterstamm Opalinata

Bei den relativ wenigen Arten der einzigen Klasse (Opalinatea) handelt es sich um Endokommensalen, die meist im Darm- bzw. Nierensystem von Amphibien auftreten, sich durch Pinocytose ernähren, und maximal etwa 1,5 mm groß werden können. Sie besitzen zahlreiche kurze, wie Cilien erscheinende Flagellen, die entlang der gesamten Oberfläche angeordnet sind. Es werden mindestens zwei – (jedoch kein Kerndualismus wie bei Ciliaten!) – meist aber viele Kerne ausgebildet.

Die vegetative Zellvermehrung erfolgt durch eine schräge **Querteilung** (Abb. 2.1F). In der geschlechtlichen Phase kommt es zur Verschmelzung von Iso- bzw. Anisogameten zu einer Zygote, die sich encystiert, mit den Fäzes ausgeschieden wird und bei oraler Aufnahme die Übertragung auf neue Wirte ermöglicht. Die bekannteste Art ist *Opalina ranarum* (0,5 mm) aus dem Kloakenbereich von Fröschen.

Unterstamm: Sarcodina

Die hier in verschiedenen Klassen zusammengefaßten Arten sind durch den Besitz von **Pseudopodien** (Scheinfüßchen) ausgezeichnet und werden wegen der so bedingten Veränderlichkeit ihrer Gestalt als amöboid bezeichnet. Diese Pseudopodien (s. u.) sind mannigfaltig, aber artspezifisch ausgestaltet und dienen insbesondere der Fortbewegung und der Nahrungsaufnahme durch Phagocytose. Die ungeschlechtliche Vermehrung der Sarcodina erfolgt meist durch eine **Zweiteilung**, aus der durchaus unterschiedlich große Tochterindividuen hervorgehen können (Abb. 2.1A).

Bei geschlechtlichen Vorgängen, die in den meisten Klassen nachgewiesen sind, werden auf unterschiedliche Weise im Generationswechsel Gameten ausgebildet, die dann artspezifisch als amöboide Iso- bzw. Anisogameten miteinander verschmelzen. Die Sarcodina werden im wesentlichen in zwei Überklassen untergliedert: Rhizopoda und Actinopoda.

Überklasse Rhizopoda

Die Rhizopoda (Amöben, Schleimpilze, Foraminifera) umfassen Formen ohne Innenskelett, ihre **Pseudopodien** sind nicht durch Mikrotubuli versteift (Abb. 2.17). Wenn überhaupt, so existieren lediglich äußere Schalen, die bei den Schalenamöben (**Testacealobosia**; Abb. 2.6a) eine und bei den Foraminifera (**Granuloreticulosea**; Abb. 2.7) scheinbar viele Öffnungen zum Austritt der Pseudopodien (**Lobo-** bzw. – bei letzteren – **Reticulopodien** mit Anastomosen) ausbilden. Die meisten Formen sind freilebend im Süß-, Salzwasser oder im Boden anzutreffen, einige Arten der Amöben (z.B. *Entamoeba* spp.; Abb. 2.6c) wurden zu bedeutsamen Parasiten.

1. Amöben (Lobosea) besitzen Schalen (**Testacealobosia**; Abb. 2.6a) oder nicht (**Gymnamoebia**; Abb. 2.6b). Beide Gruppen sind meist einkernig, können aber mehrkernige **Dauerstadien** (Cysten bei Gymnamoebia) bei schlechten Umweltbedingungen ausbilden. Aus diesen Schutzhüllen schlüpfen bei Besserung der Bedingungen evtl. umstrukturierte Amöben, die sich danach durch ungeschlechtliche Teilungen vermehren (Abb. 2.1A). Die **Ernährung** erfolgt über Phagocytose bei freilebenden als auch parasitischen Arten. Ein Übergang von freilebender zu parasitischer Lebensweise ist bei vielen Arten möglich (z.B. bei *Naegleria*-Arten, die eine tödliche Gehirnhautentzündung bei Menschen bewirken können).

2. Schleimpilze bilden Aggregate aus einkernigen Zellen (Klasse Acrasae) oder durch Verschmelzung große, vielkernige **Plasmodien** (Klasse Eumycetozoea). Für beide Gruppen ist die Ausformung von sporenhaltigen Fruchtkörpern charakteristisch; daher erinnert die äußere Organisation eher an Pilze.

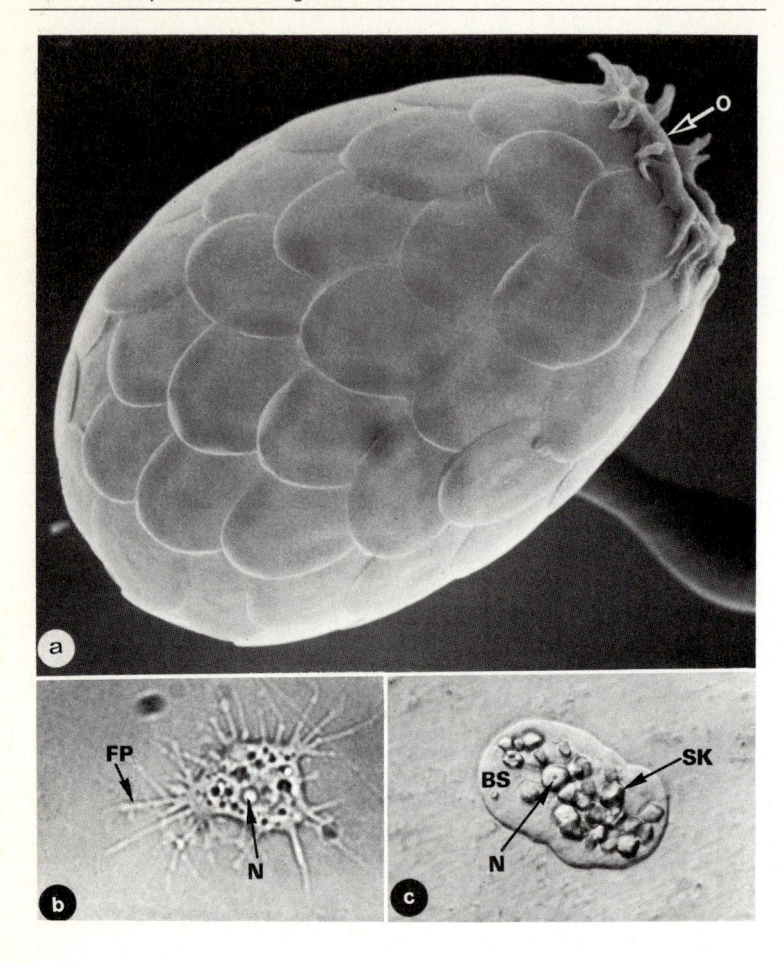

Abb. 2.6: Amoeben; raster- (a) und lichtmikroskopische Aufnahmen (b, c). **a)** Gehäuse der bodenlebenden Schalenamoebe *Tracheleuglypha dentata*. Original: Dr. Ogden, London. x 3.000. **b)** *Acanthamoeba castellanii*, Frischwasseramoebe mit Filopodien (FP), kann zu parasitischer Lebensweise beim Menschen im ZNS übergehen. x 1.000. **c)** *Entamoeba invadens*; parasitische Form bei Reptilien; hier Kulturform, die Stärkekörner (SK) gefressen hat. x 1.000. BS: Bruchsackpseudopodium, FP: Filopodium, N: Nucleus, Kern, O: Öffnung der Schale (Pseudopodienaustritt), SK: Stärkekorn.

2.3 Baupläne, Protozoa

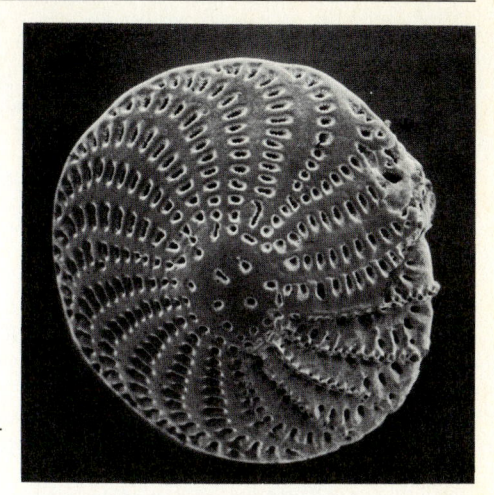

Abb. 2.7: Foraminifera; rasterelektronenmikroskopische Aufnahme der Schale von *Polystomella* sp. aus marinem Sediment. Original: Prof. Dr. Peters, Düsseldorf. x 500.

3. Foraminifera (Kammerlinge) sind der Klasse Granuloreticulosea eingeordnet. Sie sind durch den Besitz von ein- (Monothalamia) bis vielkammerigen (Polythalamia) **Gehäusen** ausgezeichnet, deren Wände aus eingebauten Mineralien oder vom Cytoplasma ausgeschiedenen Kalk bestehen und bei den meisten Arten von vielen feinen (1 µm) und einigen größeren Poren (15 µm) durchbohrt sind (Abb. 2.7). In beiden Fällen dient als Matrix der Wand ein sekretiertes Glykoprotein. Vielkammerige Foraminifera beginnen mit einer Ausgangskammer (Prolokulum). Während des Wachstums tritt dann das Cytoplasma aus der Schalenöffnung (Foramen) aus, überflutet die erste Schale und scheidet an der Oberfläche die Wand der 2. Kammer ab (usw.). Diese Neubildungen erfolgen in 5–6 Stunden nach artspezifischen Mustern; stets bleiben aber alle Kammern mit Cytoplasma gefüllt. Die charakteristischen verzweigten (anastomosierenden) **Reticulopodien** werden durch die Hauptöffnungen der jüngsten Kammer vorgestülpt. Da diese Reticulopodien vom Cytoplasma ausgehen, die als feiner Film auch die Schalenoberfläche überziehen kann, hat es oft fälschlicherweise den Anschein, als würden sie den Poren entspringen. De facto sind aber bei lebenden Foraminifera die äußeren kleinen Poren mit einer organischen Substanz versiegelt, die anderen dienen dem Wasseraustausch. Die Foraminifera leben ausschließlich marin; ihre sehr schönen Schalen, deren Größe artspezifisch zwischen 20 µm und einigen cm (die fossile *Lepidocyclina elephantina* erreichte sogar 14 cm) variiert und die Bestandteile der marinen Sedimente sind, dienen häufig als **Leitfossilien**. Nur wenige Arten (z.B. Gattung *Globigerina* im Mittelmeer) leben planktonisch, ihre Schalen tragen lange Schwebefortsätze, so daß sie wie Radiolaria erscheinen.

Die **Fortpflanzung** umfaßt sexuelle und asexuelle Generationen, die in obligatem Wechsel im Lebenszyklus auftreten. Gameten sind meist begeißelt, selten amöboid und entstehen (verschmelzen) nach einer **Autogamie** (Gamontenpaarung bei *Patellina*). Manche Arten sind durch einen ausgesprochenen Kerndimorphismus ausgezeichnet.

Überklasse Actinopoda

Die Actinopoda (Acantharien, Radiolarien, Heliozoen) besitzen zentral durch artspezifische Mikrotubulibündel versteifte Pseudopodien (**Axopodien**), die als Schwebefortsätze und zur Nahrungsaufnahme dienen.

1. Die Vertreter der Klasse **Acantharea** leben planktonisch marin, sind außer den Axopodien durch (artspezifisch) 10 bis 20 starre **Stacheln** aus Strontiumsulfat und eine extrazelluläre, perforierte Zentralkapsel gekennzeichnet, die äußeres vom zentralen (**Calymma**) Cytoplasma trennt (Abb. 2.8). Im zentralen Bereich liegen die meist in Mehrzahl auftretenden Kerne sowie die Organellen, während der äußere stark vakuolisiert ist. Die **Vermehrung** erfolgt asexuell über Cysten und zudem durch geschlechtliche Stadien. Wegen der Löslichkeit des Strontiumsulfats im Meerwasser finden sich keine fossilen Formen.

2. Die **Radiolarien** in engerem Sinne (Klassen **Polycystinea, Phaeodarea**) bilden in den meisten Fällen äußerst ästhetische Skelette (häufig Silikat), die artspezifisch eine, drei oder viele Öffnungen haben (Abb. 2.9). Die Radiolarien leben marin-planktonisch, und ihre Schalen können bei einzelnen Arten bis zu 2 cm groß werden *(Thallassicolla nucleata)*. Der Lebenszyklus umfaßt sexuelle und asexuelle Fortpflanzungsphasen (**Schwärmer**bildung!). Auch kommt bei einigen Arten **Kolonie**bildung vor, die bei *Collozoum* bis 20 cm Größe erreichen.

3. Die kugeligen bis zu 1 mm großen **Heliozoea** (Sonnentierchen) leben – von wenigen marinen Ausnahmen abgesehen – im Süßwasser, besitzen kein Innenskelett, verfügen wohl aber gelegentlich über äußere Silikatplättchen oder -stacheln. Die **Axopodien** beginnen am Centroplast (**Centrohelida**, Abb. 2.10), wobei der Kern exzentrisch liegt, an der Oberfläche des Kerns (Nucleotheca) bei ein- oder mehrkernigen Formen oder an der Grenze zwischen der dichteren Zentralschicht (**Medulla**) und der äußeren vakuolisierten Rindenschicht (**Cortex**) bei der mehrkernigen Art *Actinosphaerium eichhorni*. Auch sind einige Variationen dieses Grundmusters bekannt.

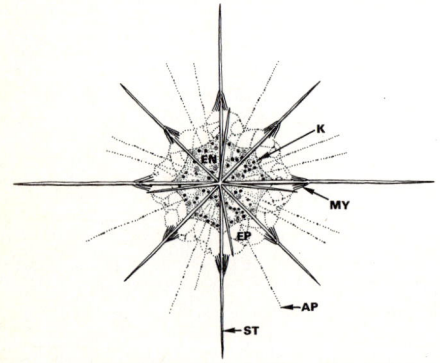

Abb. 2.8: Schematische Darstellung eines Vertreters der Acantharea. AP: Axopodien, EN: Endoplasma (mit Kern), EP: Ektoplasma, K: Kapsel (perforiert), MY: Myonemen (Myophrisken), ST: Stacheln aus Strontiumsulfat.

2.3 Baupläne, Protozoa 65

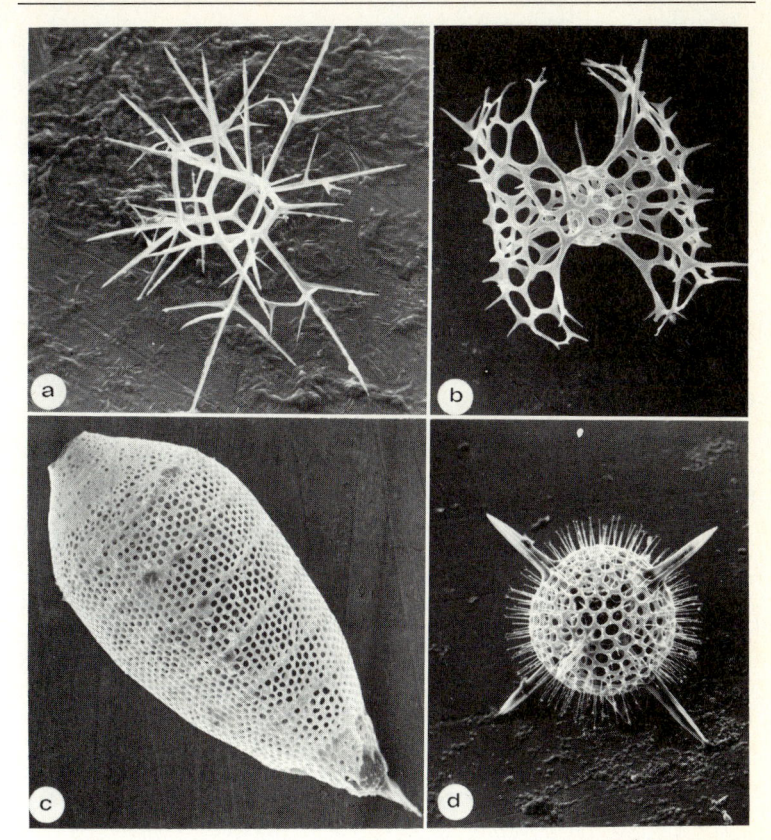

Abb. 2.9: Radiolarienskelette; rasterelektronenmikroskopische Aufnahmen aus marinen Sedimenten (z.B. *Hexacontium* sp. – d). Originale: Prof. Dr. Cachon, Nizza. x 200.

Abb. 2.10: Schem. Darstellung des centroheliden Heliozoons von *Acanthocystis aculeata* (nach Grell 1973). A: Axopodien (beginnen am Centroplast), N: Nucleus (exzentrisch gelegen), S: Stacheln, V: Vakuolen.

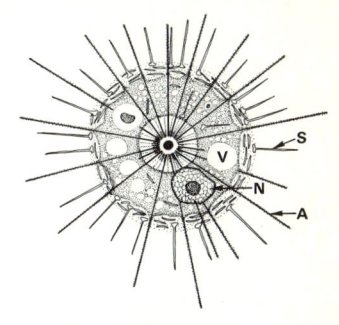

Zudem treten gestielte festsitzende Formen im Süßwasser auf. Süßwasserformen besitzen oft zwei **pulsierende Vakuolen** zur Osmoregulation. Die **Vermehrung** erfolgt asexuell durch Zweiteilung nach vorausgegangenen Kernteilungen. Geschlechtliche Vorgänge sind bei einigen Arten beschrieben und verlaufen als **Autogamie** bzw. **Pädogamie** (d.h. Verschmelzung von Kernen bzw. Gameten, die aus einer gemeinsamen Mutterzelle (Gamont) hervorgegangen sind).

2.3.2 Stamm Labyrinthomorpha

Die wenigen Arten dieses Stammes leben vorwiegend saprozoisch auf Algen oder parasitisch in marinen Biotopen. Charakteristisch sind Bildungen von Kolonien, großen Aggregaten und eines verzweigten Schlauchwerksystems, innerhalb dessen sich zahlreiche spindelförmige Zellen gleitend bewegen. Die geographische Ausbreitung erfolgt über Cystenstadien und heterokonte Zoosporen.

2.3.3 Stamm Sporozoa (Apicomplexa)

Dieser Stamm enthält ausschließlich Endoparasiten, deren Pathogenität allerdings unterschiedlich ist. Die wirtschaftlich und medizinisch wichtigsten sowie die meisten Arten überhaupt gehören zur Klasse Sporozoea. Sie alle weisen mindestens ein freibewegliches, ungeschlechtliches Stadium (Merozoit und/oder Sporozoit; Abb. 2.12b) auf, das durch charakteristische namengebende Ultrastrukturen am apikalen Pol gekennzeichnet ist (Abb. 2.1D). Diese Strukturen (Polringe, Pellikula, evtl. Conoid, subpellikuläre Mikrotubuli, Rhoptrien, Mikronemen) ermöglichen durch komplexes Zusammenwirken die Bewegungen und (bei intrazellulären Formen) die Penetration von Zellen.

Der **Entwicklungszyklus** umfaßt stets mehrere Generationen. In diesem **primären Generationswechsel** folgen jeweils ungeschlechtliche auf geschlechtliche Formen (Abb. 2.12d). Bei einigen Gregarinen und den meisten Coccidien (s.u.) treten zwei ungeschlechtliche (**Schizo-, Sporogonie**) und eine geschlechtliche (**Gamogamie**) Generationen auf. Charakteristisch ist die Bildung von Dauerstadien (Oocysten, Sporocysten; Abb. 2.12), die die infektiösen Sporozoiten in gattungsspezifischer Anzahl enthalten und die bei oral übertragenen Arten (z.B. *Eimeria*-Arten; Abb. 2.12a) wegen derber Wände lange Zeit (Überwinterung!) im Freien überleben können. Diese artspezifisch 5–60 μm großen **Dauerstadien** gehen aus je einer Zygote hervor, die durch Verschmelzung der Gameten entsteht. Bei Coccidien kommt es stets zur **Oogamie**, d.h. nur der männliche Gamont = Vorstadium teilt sich bei der Bildung der begeißelten, kleinen Gameten, die daher auch Mikrogameten genannt werden, während der weibliche Gamont zum großen Makrogamet heranwächst. Dagegen verschmelzen bei den Gregarinen mehr oder minder gleichaussehende Gameten (Iso-, Anisogamie) nach vorausgegangener Teilung in beiden Geschlechtern.

System: Sporozoa (Apicomplexa)

Klasse: Perkinsea (Einordnung hier sehr zweifelhaft)
Klasse: Sporozoea (Auszug)
   Unterklasse: Gregarinia
      Ord.: Archigregarinida (ohne Schizogonie)
      Ord.: Eugregarinida (ohne Schizogonie)
         Gatt.: *Monocystis, Gregarina*
      Ord.: Neogregarinida (mit Schizogonie)
         Gatt.: *Mattesia, Lipocystis*
   Unterklasse: Coccidia
      Ord.: Agamococcidiida (ohne Schizogonie)
         Gatt.: *Eucoccidium*
      Ord.: Eucoccidiida (mit Schizogonie)
         Unterord.: Eimeriina (Darm- und Gewebeparasiten)
            Gatt.: *Eimeria*
            Gatt.: *Isospora*
            Gatt.: *Cystoisospora*
            Gatt.: *Toxoplasma*
            Gatt.: *Sarcocystis*
            Gatt.: *Cryptosporidium*, u.a.
         Unterord.: Haemosporina (Blutparasiten)
          A. Haemosporidea
             Gatt.: *Plasmodium*
             Gatt.: *Leucocytozoon*
          B. Piroplasmea
             Gatt.: *Babesia*
             Gatt.: *Theileria*
         Unterord.: Adeleina (sensu strictu = Darm- und Gewebeparasiten)
            Gatt.: *Klossina*
            Gatt.: *Adelina*

Unterklasse Gregarinia (Gregarinen)

Bei den meisten Gregarinen handelt es sich um extrazelluläre (kommensalische?) Körperhöhlenbewohner von Evertebraten und niederen Chordaten (Tunikaten), die zum Teil eine beträchtliche Länge (1 cm) erreichen können. Wegen dieser Größe und ihrer weiten Verbreitung bei leicht erreichbaren Tieren (z.B. Regenwurm, Käfer) eignen sich die Gregarinen gut für Unterrichtszwecke (Abb. 2.11). Der **Entwicklungszyklus** umfaßt bei den meisten Arten nur Sporo- und Gamogonie, die zudem stets in nur einem Wirt (**monoxen**) ablaufen. Charakteristisch ist weiterhin das Aneinanderlegen von zwei Gamonten, die sich dann als **Syzygie** vereinigt gemeinsam eine Zeitlang fortbewegen, bevor sich beide (von einer gemeinsamen Hülle = Cystenwand umschlossen) in unterschiedliche Gameten aufteilen. Nach Verschmelzung dieser Iso- bzw. Anisogameten entstehen noch in der Gamontencyste aus jeder Zygote eine Sporocyste, die die artspezifische Anzahl von Sporozoiten ausbildet. Die Schadwirkung von Gregarinen ist im allgemeinen sehr niedrig.

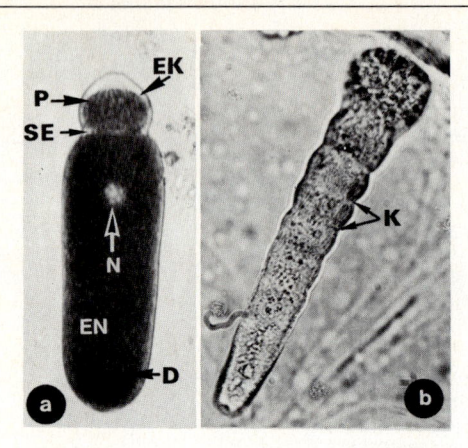

Abb. 2.11: Lichtmikroskopische Aufnahmen von septierten (a) und nicht-septierten Gregarinen. a) *Gregarina* sp. aus dem Käferdarm. x 40. b) *Gonospora beloneides* aus dem Darm eines marinen Polychaeten. Original: Dr. Desportes, Paris. x 50. D: Deutomerit, EK: Ektoplasma, EN: Endoplasma, K: Konstriktion, Einschnürung, N: Nucleus, Kern, P: Protomerit, SE: Septum.

Unterklasse Coccidia (Coccidien)

Mit Ausnahme weniger Arten der ersten beiden Ordnungen handelt es sich bei den Coccidien um intrazelluläre Parasiten, die stets spezifische Zellen befallen und sich dort in sog. parasitophoren Vakuolen (z.B. *Eimeria* spp., *Toxoplasma gondii*, *Plasmodium* spp.) oder direkt im Cytoplasma (z.B. *Theileria* spp., *Babesia* spp.) entwickeln (Abb. 2.12).

Die meisten Coccidien sind Parasiten von Vertebraten, wo sie zu extremen Schäden (evtl. mit Todesfolge) führen können. Der **Entwicklungszyklus**

Abb. 2.12: Sporozoa; licht- (a – c) und elektronenmikroskopische Aufnahmen. a) *Eimeria tenella* vom Hühnchen; sporulierte Oocyste mit 4 Sporocysten mit je 2 Sporozoiten. x 1.200. b) *Cystoisospora felis*; sporulierte Oocyste mit 2 Sporocysten mit je 4 Sporozoiten; dieses Aussehen haben auch die sporulierten Oocysten von *Sarcocystis*-Arten, *Toxoplasma gondii* und echte *Isospora*-Arten. x 1.000. c) *Eimeria brunetti* vom Hühnchen; unsporulierte Oocyste; so sehen im Prinzip alle unsporulierten Oocysten der Coccidien aus. x 1.000. d) *Eimeria maxima*. Schnitt durch einen unbefruchteten Makrogameten. Durch Verschmelzung der Hüllbildungskörper (H_1, H_2) entsteht nach der Befruchtung die Oocystenwand. x 5.000. A: Amylopectin, H_1: Hüllbildungskörper 1, H_2: Hüllbildungskörper 2, N: Nucleus, Kern, NU: Nucleolus, OW: Oocystenwand, PV: Parasitophore Vakuole, RB: residual body (= Restkörper), S: Sporozoit, SP: Sporocyste, ST: Stieda Körper, Z: Zygotencytoplasma (= Sporoblast).

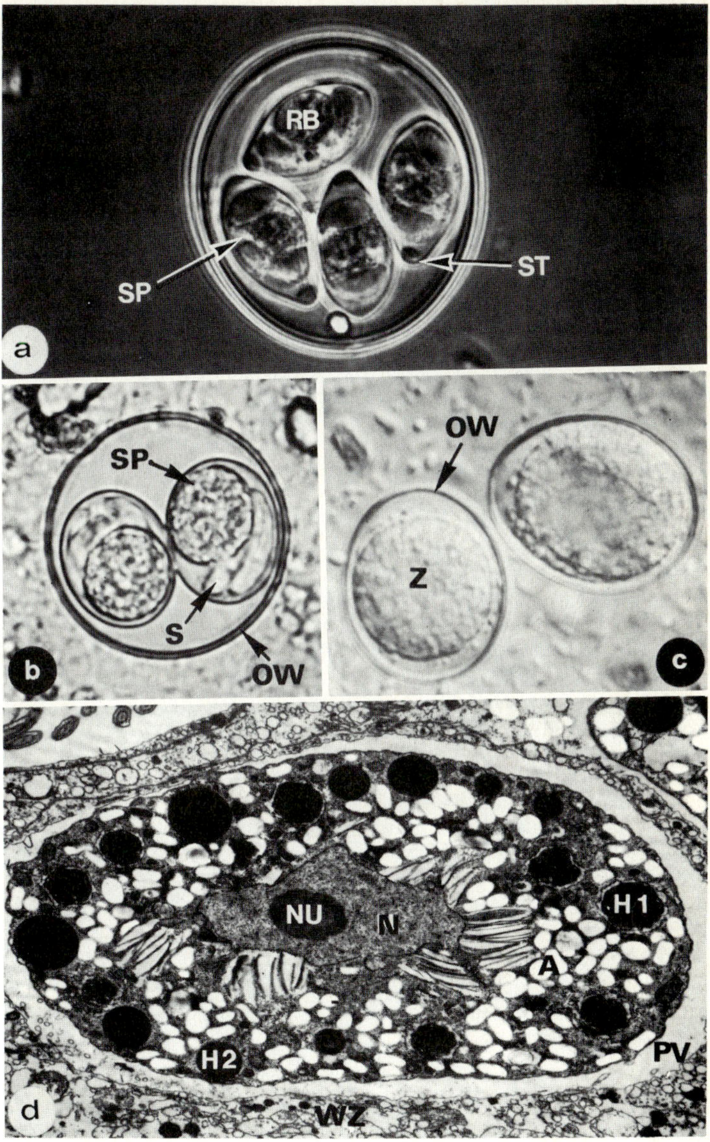
RB
SP
ST
a
SP
S
OW
b
OW
Z
c
NU
N
H1
A
H2
PV
WZ
d

umfaßt stets einen primären Generationswechsel mit den Phasen Schizo-, Gamo- und Sporogonie, wobei die ungeschlechtlichen Generationen zur Überschwemmung des Wirts (Schizogonie) bzw. zur Verbreitung (Sporogonie) dienen (Abb. 2.12). Der Entwicklungszyklus der Eucoccidia verläuft artspezifisch determiniert ein-, zwei, oder mehrwirtig (monoxen, di- bzw. heteroxen), wobei bei den mehrwirtigen Formen der Ablauf obligat oder fakultativ erfolgen kann.

Der **monoxene Entwicklungsgang** findet sich neben einigen Adeleiden (*Klossia*-Arten der Schnecken) besonders ausgeprägt bei den *Eimeria*-Arten, wo zudem eine starke Wirtsspezifität ausgebildet ist (Abb. 2.12a).

So sind die Oocysten der *Eimeria*-Arten des Huhns nur für Hühner und nicht etwa für andere Vögel infektiös. Das gleiche gilt für die zahlreichen *Eimeria*-Arten der pflanzenfressenden Haustiere (z.B. *E. bovis* – Rind, *E. faurei* – Schaf, *E. suis* – Schwein, *E. stiedai* – Kaninchen), wo große Schäden (blutige Diarrhöen, Tod) insbesondere bei Jungtieren durch die als **Coccidiose** bezeichnete Erkrankung entstehen können. Weit weniger wirtsspezifisch sind die Arten der Gattung *Cryptosporidium*, die sich gleichzeitig sowohl bei Tieren (z.B. Mäusen, Rindern) als auch bei immunschwachen Menschen (z.B. **AIDS**-Patienten) entwickeln können.

Dixene Entwicklungsgänge finden sich u.a. bei Arten folgender Gattungen:

1. *Cystoisospora*. Bei *C. felis* z.B. laufen die Schizo-, Gamo- und Sporogonie im Darmepithel der Katze ab. Zusätzlich können Sporozoiten in Zellen verschiedener besonderer Zwischenwirte (Transport-/**paratänische Wirte**: hier Mäuse und Rinder) länger als ein Jahr – ohne sich zu vermehren – auf die Übertragung auf Katzen warten, um dann dort die Schizogonie einzuleiten.

2. *Sarcocystis*-Arten. Hier findet ein **obligater Wirtswechsel** zwischen zwei Wirbeltieren statt, die im Verhältnis Beute–Räuber stehen müssen. Es verläuft die Schizogonie stets im Pflanzen-/Allesfresser (Zwischenwirt) und endet mit der Bildung von Gewebecysten im Muskel. Der Endwirt ist ein Fleisch-/Allesfresser; in seinen Darmzellen (Lamina propria) finden dann die Gamogonie und Sporogonie des Entwicklungszyklus statt. Tier- und humanmedizinisch bedeutsame Arten sind: *Sarcocystis suihominis* (Schwein–Mensch) *S. suicanis* (Schwein–Hund), *S. bovihominis* (Rind–Mensch), *S. bovicanis* (Rind–Hund), *S. bovifelis* (Rind–Katze), *S. ovicanis* (Schaf–Hund) etc., wobei Mensch, Hund bzw. Katze stets als Endwirt dienen und die infektiösen Oocysten bzw. Sporocysten ausscheiden (Abb. 2.12b).

3. *Plasmodium*-Arten. Bei den Erregern der **Malaria** des Menschen erfolgt ein obligater Wirtswechsel zwischen einem Insekt (Mückenweibchen der Gattung *Anopheles*) und dem Menschen (Abb. 2.90E). Da im Menschen, der durch Infektion mit 4 Arten (*P. falciparum* – Malaria tropica, *P. vivax*, *P. ovale* – Malaria tertiana, *P. malariae* – Malaria quartana) schwer erkranken kann, nur ungeschlechtliche Prozesse ablaufen, ist er als Zwischenwirt, die Mücke als Endwirt anzusehen.

4. *Babesia*- und *Theileria*-Arten. Diese bedeutsamen Erreger der häufig tödlichen **Babesiosen** und **Theileriosen** der Wiederkäuer haben einen ähnlichen, obligaten Entwicklungsgang wie die Malaria-Erreger. Die Infektion erfolgt jedoch durch den

Speichel beim Saugen von Schildzecken (Abb. 2.78). Im Falle der *Babesia*-Arten wird die Infektion zusätzlich über die Eier auf die nächste Zeckengeneration übertragen (transovarieller Weg).

Als typisches Beispiel für **heteroxene Entwicklungszyklen** darf *Toxoplasma gondii* gelten, wobei dieser erst seit 1969 bekannt ist, obwohl er weltweit auftritt und die ersten Stadien bereits 1909 beobachtet wurden.

Bei diesem Erreger verlaufen die Schizo-, Gamo- und Sporogonie ausschließlich im Darmepithel des Endwirtes Katze (u. a. Feliden) ab, Oocysten sind aber für faktisch alle Wirbeltiere dieser Erde infektiös. In diesen Zwischenwirten kommt es über wiederholte ungeschlechtliche Teilungen (**Endodyogenien** = innere Zweiteilung) zur Bildung von Gewebecysten im ZNS und in Muskelfasern. Die Wartestadien in diesen Gewebecysten sind wiederum für alle Fleischfresser infektiös. In der Katze wird allerdings wieder der dreiphasische Zyklus initiiert, während es in anderen Fleischfressern (u. a. der Mensch) zur Bildung von Gewebecysten kommt. Somit verläuft der Zyklus extrem fakultativ. Da bei erstinfizierten Schwangeren auch der Foetus befallen und stark geschädigt wird, hat *T. gondii* große medizinische Bedeutung. Als **opportunistischer Parasit** vermehrt sich *T. gondii* bei immunschwachen Personen extrem und führt in Europa und USA bei jedem sechsten AIDS-Patienten zum Tode (3.häufigste Todesursache); Details s. Mehlhorn, Piekarski (1994).

2.3.4 Stamm Microspora

Die stets nur wenige µm (2–12 µm) großen Arten der Mikrosporidien parasitieren meist obligat intrazellulär bei Vertretern nahezu aller Tierstämme, wobei die **Übertragung** durch orale Aufnahme von einzelligen Sporen erfolgt. Die porenlose, mehrschichtige, derbe Sporenwand umschließt das meist einkernige (selten zwei-) Cytoplasma, in dem Mitochondrien fehlen. Besonderes Charakteristikum der Sporen ist ein ausschleuderbarer (hohler = **tubulärer**) **Faden**, der im Sporeninnern aufgewickelt ist (Abb. 2.13) und der artspezifisch bis zu 400 µm lang werden kann. Nach Ausgestaltung dieses Extrusionsapparates wird in die (primitiven) Rudimicrosporea (nur bei Gregarinen und Anneliden) und in die Microsporea im engeren Sinne (komplexes, vom Golgi-Apparat abgeleitetes Ausschleudersystem) unterschieden.

Hat ein geeigneter Wirt eine derartige Spore oral aufgenommen, so wird im Darm – offenbar durch Druckerhöhung im Sporeninnern – der hohle Polfaden ausgeschleudert und perforiert so die Zellmembran des Darmepithels. Durch den hohlen Faden dringt das Sporoplasma amöboid in das Wirtszellencytoplasma ein. Dort kommt es über wiederholte ungeschlechtliche **Vermehrungen** (Merogonie), bei der 2–8kernige Plasmodien entstehen, schließlich wieder zur asexuellen Bildung (Sporogonie) von übertragungsfähigen Sporen. Diese gelangen – je nach Lage im Wirt – via Fäzes oder erst nach dessen Tod ins Freie. Als wichtige Parasiten sind besonders *Glugea* spp. (2 × 6 µm; bei Fischen), *Nosema apis* (5 × 9 µm; bei Bienen), *Nosema* ssp. (5 × 9 µm), *Encephalitozoon* spp. (3,5 × 1,5 µm, *Enterocytozoon* sp. und *Septata* sp. (bei AIDS bzw. immunschwachen Menschen) zu erwähnen.

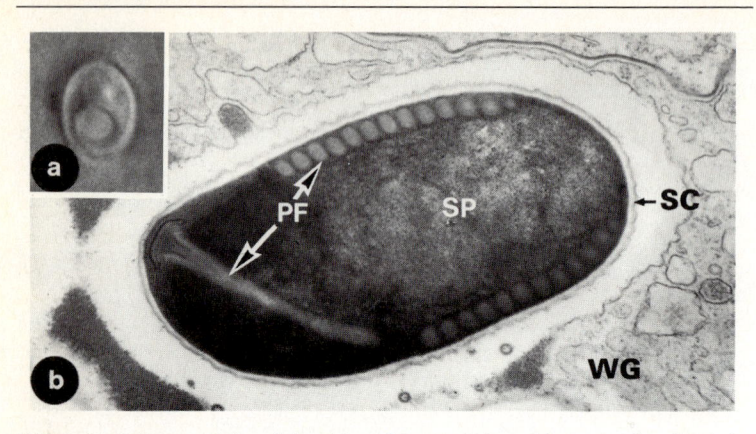

Abb. 2.13: Mikrosporidien; licht- (a) und transmissionselektronenmikroskopische Aufnahmen (b) dieser vorwiegend intrazellulären Parasiten. a) *Nosema apis* der Biene. x 1.500. b) *Glugea anomala* aus dem Stichling. x 14.000. PF: Tubulärer Polfaden, SC: Schale, SP: Sporoplasma, WG: Wirtsgewebe.

2.3.5 Stamm Ascetospora

Diese sporenbildenden Arten dieses Stammes sind ein- bis mehrzellig, weisen aber keinerlei Polkapseln (wie Myxozoa) oder hohle Polfadenstrukturen (wie Microspora) auf.

Da bei den hier zugeordneten Arten der Gattungen *Haplosporidium* und *Paramyxa* nur einige sich ungeschlechtlich vermehrende Stadien bekannt sind, bleibt die endgültige systematische Einordnung unklar. Denkbar ist auch, daß diese Stadien zu noch unbekannten Lebenszyklen gehören.

2.3.6 Stamm Myxozoa

Die Arten dieses Stammes bilden **mehrzellige Sporen** (10–20 μm) aus, die artspezifisch in 1–6 Polkapseln je einen soliden, aufgerollten Polfaden enthalten (Abb. 2.14). Die Wände der Sporen weisen artspezifisch meist 2 (1–6) Klappen auf und werden mit Hilfe der ausgestülpten Polfäden an der Oberfläche des Darmepithels bzw. anderer Gewebe während des Infektionsvorgangs verankert. Dabei können Zellen (z.B. Arten der Gattungen *Kudoa, Unicapsula, Chloromyxum, Myxobolus*) oder interzelluläre Räume (übrige Arten) befallen werden. Nach Verankerung und Aufklappen der Schalen kriecht das amöboide, zweikernige **Sporoplasma** aus. In einem primitiven sexuellen Prozeß (**Autogamie**) fusionieren die beiden Kerne zu einem Synkaryon; sofern jedoch zwei einkernige Sporoplasmen vorhanden sind (z.B. *Sphaerospora* spp.), verschmelzen diese. Diese Zygote ist das einzige einkernige Stadium im Lebenszyklus der Myxosporidien; es wandert auf noch unbekannten Wegen zu den Geweben bzw. Zellen, in denen die weitere Entwicklung stattfindet. Über Kernteilungen entsteht dort ein vielkerniges Plasmodium mit generativen und vegetativen Nuclei.

Während eines Prozeß innerer Aufgliederung (Membranbildung, Plasmatomie) entstehen generative Zellen, während die vegetativen Kerne im Plasmodium verbleiben. Bei *Myxobolus* spp. legen sich zwei generative Zellen (mit offenbar genetisch unterschiedlichen Nuclei) aneinander. Die äußere (Pericyte) umwächst die innere, die zur Sporenbildungszelle wird. Das so entstandene Gebilde wird auch als **Pansporoblast** bezeichnet. Während die Pericyte als reine Hülle fungiert, teilt sich die innere Zelle weiter und bildet die schalenbildenden Zellen, die Kapselzellen und schließlich das Sporoplasma, die zusammen die infektiöse Spore darstellen. (Abb. 2.14). Während der ersten Teilung der inneren Zelle, was zur Bildung der sog. Sporoblasten führt, soll eine einschrittige Meiose eingeschaltet sein und so das haploide Stadium erreicht werden. In einigen Plasmodien (z.B. *Kudoa* spp., *Sphaerospora* spp.) entstehen keine Pansporoblasten, sondern die generativen Zellen teilen sich direkt.

Zu dieser Sporenbildung kommt noch bei vielen Arten eine ungeschlechtliche proliferative (extrasporogonische) Vermehrungsphase, die zur Ausbreitung im Wirt bzw. zur **Überschwemmung** der diversen Gewebe dient. Ausgangspunkt ist stets ein Komplex aus zwei Zellen, von denen die eine die andere umhüllt. Die innere teilt sich vielfach; in den Tochterzellen kommt es dann wiederum zur Aufteilung in eine innere und eine äußere Zelle. Diese Teile können dann mit dem Blutstrom verdriftet werden und am neuen Ansiedlungspunkt den Prozeß wiederholen bzw. dort die **Sporenbildung** einleiten.

Nach mehrfach bestätigten Untersuchungen führen einige Myxozoa einen **Wirtswechsel** durch. So wandeln sich *Myxobolus* (= *Myxosoma*) *cerebralis* Sporen im Zwischenwirt *Tubifex tubifex* (Oligochaeta) in *Triactinomyxon* sp. um und vermehren sich in dieser Gestalt. Nur derartige Sporen sind für den Endwirt Fisch infektiös.

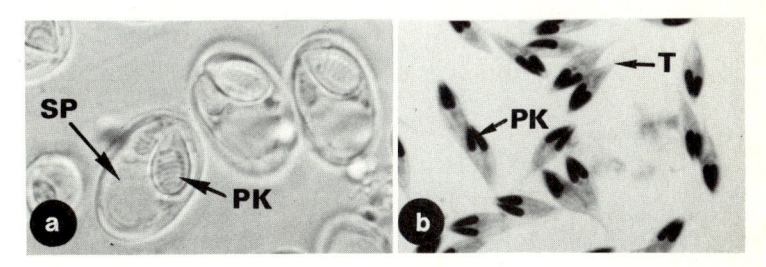

Abb. 2.14: Myxozoa; lichtmikroskopische Aufnahmen von Sporen (Cysten) mit je zwei Polkapseln. a) *Myxobolus* sp. vom Karpfen; Frischpräparat. x 1.800. b) *Henneguya* sp. von der Forelle. x 900. PK: Polkapsel, SP: Sporoplasma, T: Terminaler Schalenfortsatz.

Die Gattung *Triactinomyxon* gehört zur zweiten Klasse (Actinosporea) der Myxozoa, die Parasiten von Evertebraten und wechselwarmen Wirbeltieren enthält. Somit weist diese Art zwei übertragungsfähige Typen von Sporen auf.

Insbesondere bei Fischen führen Myxozoen zu großen wirtschaftlichen Schäden (z.B. *M. cerebralis* zur Dreh- bzw. Beulenkrankheit von Fischen). Die systematische Gliederung der Myxozoa, die häufig noch 50–70 µm lange Schalenfortsätze besitzen, erfolgt aufgrund des Schalenbaus bzw. der Anordnung der Polkapseln.

System: Myxozoa (Auszug)

Klasse Myxosporea
   Ord.: Bivalvulida (2 Schalen)
     Unterord.: Bipolarina (2 Polkapseln, an gegenüberliegenden Polen)
       Gatt.: *Myxidium, Sphaeromyxa*
     Unterord.: Eurysporina (2–4 Polkapseln an einem Pol)
       Gatt.: *Ceratomyxa, Sphaerospora*
     Unterord.: Platysporina (2 Polkapseln an einem Pol)
       Gatt.: *Henneguya, Myxobolus, Thelohanellus*
   Ord.: Multivalvulida (3 oder mehr Schalen)
       Gatt.: *Kudoa, Trilospora*
Klasse: Actinosporea
       Gatt.: *Triactinomyxon*

2.3.7 Stamm Ciliophora

Die meisten der bisher beschriebenen 7500 Arten sind relativ groß (50–300 µm; einige erreichen sogar etwa 1 mm) und besiedeln als freilebende Formen marine und Süßwasserbiotope; allerdings haben unter den Parasiten auch einige Arten wirtschaftliche und medizinische Bedeutung erlangt.

Die Körpergestalt der zugeordneten Gruppen ist überaus heterogen (Abb. 2.15). Die **Fortbewegung** der freibeweglichen Stadien erfolgt durch koordinierten Schlag von in Reihen angeordneten Einzelcilien bzw. davon abgeleiteten Strukturen (z.B. Cirren, Membranellen Abb. 2.15; 2.16). Festsitzende Arten (Abb. 2.16d) bilden bewimperte, freibewegliche Schwärmer aus und sind mit Hilfe von evtl. kontraktilen Stielen zu geringen Ortsveränderungen befähigt. Fehlen Cilien völlig, so sind dennoch die typische Pellikula und die subpellikulär liegenden Strukturen des Cortex nachzuweisen.

Charakteristisch für die Ciliaten ist der **Kerndualismus** (Abb. 2.17). So steuert der Makronucleus den Zellmetabolismus, enthält deutlich mehr DNS (als der Mikronucleus), und ein Teil des Genoms ist mehrfach amplifiziert. Der Mikronucleus, der oft klein, kugelig und diploid ist, kann wie der Makronucleus mehrfach auftreten und hat lediglich generative Aufgaben, da er keine RNS produziert. Bei der **ungeschlechtl. Vermehrung** (Querteilung; Abb. 2.1E) macht der MaN eine Amitose, der MiN eine intranukl. Mitose durch. **Sexuelle Prozesse** laufen in Form der sog. Konjugation ab

(Abb. 2.17), die aber keine Vermehrung bewirkt, da sich die beiden Konjuganten nach Austausch des genetischen Materials wieder trennen.

Die **Ernährung** (Pino-, Phagocytose) erfolgt meist über definierte Mundfelder. Bei Süßwasserformen sind pulsierende Vakuolen ausgebildet, die dem osmotischen Ausgleich und der Exkretion gleichermaßen dienen (Abb. 2.15). **Extrusome** der verschiedensten Gestalt können aus dem Cortexbereich ausgeschleudert werden und dienen der Abwehr von Feinden oder zum Beutefang.

Die **systematische Gliederung** der Ciliaten ist überaus kompliziert und vielfach umstritten. Im wesentlichen werden nach Levine et al. (1980) drei Klassen (Kinetofragminophorea, Oligohymenophorea, Polymenophorea) aufgrund der Ausgestaltung des Mundfeldes unterschieden. Die einzelnen Ordnungen werden dann nach der jeweiligen Ciliatur (holotrich, peritrich etc.) beschrieben. Die meist cilienlosen, festsitzenden adulten Suctoria (Gattung *Ephelota, Dendrocometes, Acineta*), die in früheren Systemen als völlig selbständige Gruppe geführt wurden, sind heute Unterklasse der Kinetofragminophorea. Lediglich ihre durch Knospung entstandenen Schwärmer

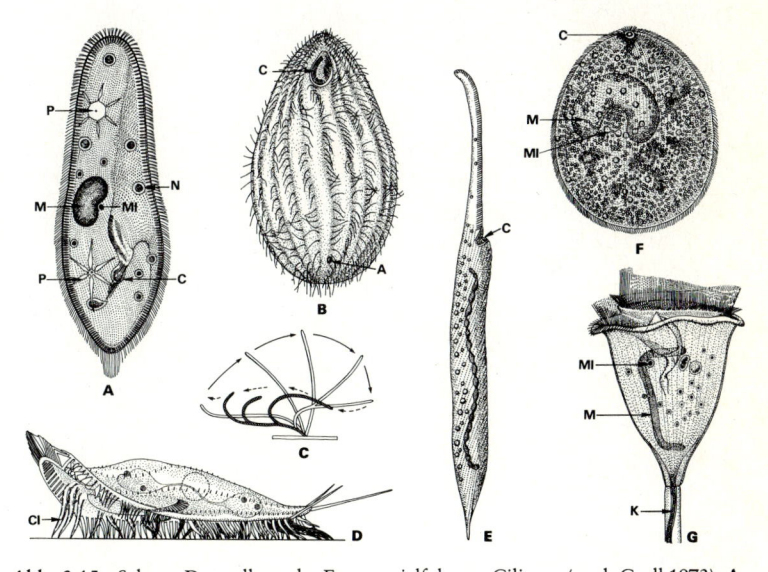

Abb. 2.15: Schem. Darstellung der Formenvielfalt von Ciliaten (nach Grell 1973). **A.** *Paramecium caudatum* (Pantoffeltierchen). **B.** *Tetrahymena pyriformis*. **C.** Schlagweise von Cilien. **D.** *Stylonychia mytilus*. **E.** *Dileptus anser*. **F.** *Ichthyophthirius multifiliis*, Trophozoit (Parasit von Fischen). **G.** *Vorticella nebulifera*. Festsitzende Form (auf kontraktilem Stiel). A: Zellanus, C: Cytostom, Zellmund, CI: Cirren, K: Kontraktiler Stiel, M: Makronucleus, MI: Mikronucleus, N: Nahrungsvakuole, P: Pulsierende Vakuole.

76   2 Baupläne und Biologie der Tiere

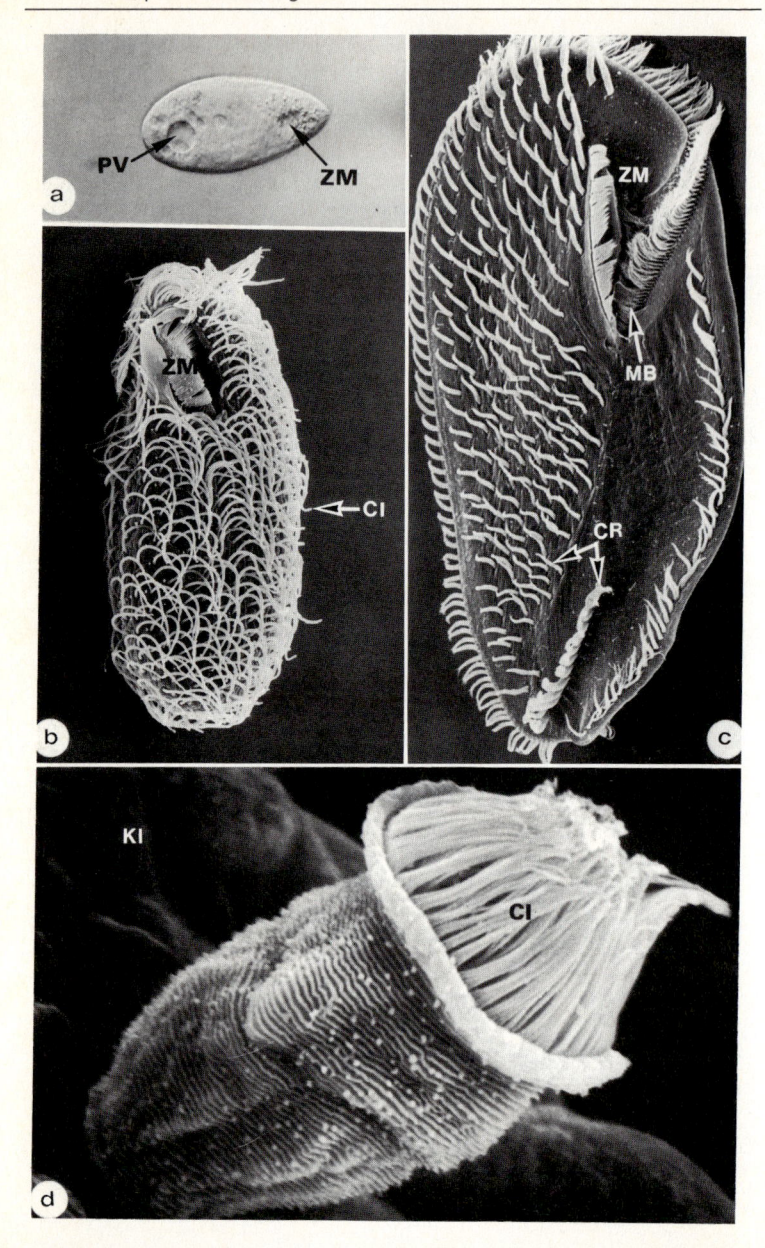

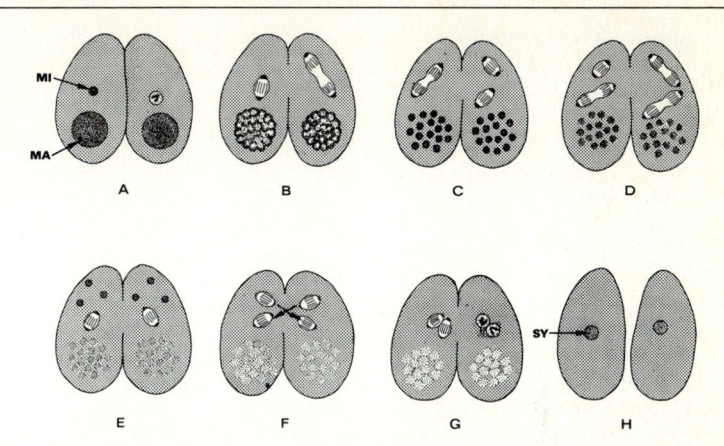

Abb. 2.17: Konjugation bei Ciliaten am Beispiel von *Paramecium caudatum* (nach Grell). Nach Aneinanderlegen und Brückenbildung zwischen zwei Individuen (A) macht der generative Mikronucleus (MI) verschiedene Teilungen durch, die zu je 4 haploiden (kleinen) Kernen führen (A – D). Gleichzeitig degeneriert der somatische Makronucleus (MA). Drei von den haploiden Kernen jedes Partners lösen sich auf (E), der vierte teilt sich noch einmal. Je einer der Kerne wandert in den Konjugationspartner (F), verschmilzt dort mit dem stationären Kern (G) und bildet so das Synkaryon (H; SY). Aus diesem Synkaryon und nach Trennung der Konjuganten entstehen schließlich nach mehreren metagamen Kern- und Zellteilungen wieder Ausgangsformen (A). (Die Ciliatur wurde aus zeichentechnischen Gründen weggelassen.)

weisen Cilien auf und schwimmen mit Hilfe derer in neue Biotope. Bekannte Arten der Ciliaten sind holotriche Formen wie *Paramecium caudatum* (Pantoffeltierchen), *Tetrahymena*-Arten (viele genetische Untersuchungen), *Balantidium coli* (Endoparasit bei Mensch und Tier) und *Ichthyophthirius multifiliis* (Hautendoparasit von Fischen), die peritrichen *Trichodina*-Arten (Parasiten auf der Haut von Fischen), sowie die hypotrichen *Stylonychia*-Arten (sie laufen mit Hilfe von Cirren). Auch Gehäuse werden von einigen Formen ausgebildet. So befinden sich die Tintinnida (Spirotrichia) in einer Hülle (Lorica) aus organischem Material und sind daher z.T. auch als Fossilien erhalten.

Abb. 2.16: Ciliaten. Licht- (a) und rasterelektronenmikroskop. Aufnahmen. **a)** *Tetrahymena* sp. (Hymenostomatida); Differentialinterferenzkontrast. x 1.400. **b)** *Glaucoma scintillans* (Hymenostomatida). Original: Prof. Dr. Bardele, Tübingen. x 500. **c)** *Onychodromus quadricornutis* (Hypotrichida). Hier werden relativ steife Cirren (CR) in Bändern neben oralen Membranellen (MB) ausgebildet. Original: Prof. Dr. Foissner, Salzburg. x 550. **d)** *Apiosoma amoebea* (Peritrichida). Ungestielte, auf der Haut (Kiemen) von Fischen sitzende, parasitische Art. x 150. CI: Cilien, CR: Cirren, KI: Kiemen, MB: Membranellen (Cilienreihe), PV: Pulsierende Vakuole, ZM: Zellmund.

2.4 Unterreich METAZOA

Die verschiedenen Gruppen der Metazoa sind gemeinsam als **Gewebe-** bzw. **Organtiere** zu beschreiben. Der alleinige Verweis auf die Vielzelligkeit reicht dagegen nicht zur Unterscheidung von den Protozoa, da dort ebenfalls vielzellige Gebilde im Lebenszyklus einzelner Arten auftreten können. Gemeinsam ist den Metazoa auch, daß die Geschlechtszellen in der **Ontogenese** eine Keimbahn durchlaufen. Die Trennung der potentiell unsterblichen Ur-Keimzellen von den Körper- = Somazellen erfolgt hierbei bereits in einem frühen Stadium der Ontogenese; die Körperzellen bilden somit eine sterbliche Hülle für die Gameten und schützen diese während der Lebensphase. Für die phylogenetische Entstehung der Metazoa (aus Einzellern) wurden verschiedene Theorien entwickelt. Einige der weitestgehend akzeptierten Hypothesen bietet die **Flagellaten-Theorie**, da die Flagellaten noch heute häufig Kolonien bilden und zudem die Epithelien niederer Stämme und die Spermien vieler Gruppen mit Flagellen versehen sind. Zur Bildung der Gewebe bzw. Keimblätter in der Phylogenie liegen wiederum verschiedene Interpretationen vor (**Blastea-, Gastraea-, Placula-, Parenchymula-Theorien**, die letztlich wiederum die verschiedenen Systeme beeinflußt haben.

2.4.1 Stamm Mesozoa

Etwa 50 rezente Arten; marine 0,1 bis 7 mm lange, einfach gebaute Endoparasiten mit kompliziertem, z.T. noch unvollständig bekannten Lebenszyklus. Der wurmförmige, aus relativ wenigen Zellen bestehende Körper hat keine echten Organe. Ein äußeres, häufig bewimpertes einschichtiges **Somatoderm** umschließt eine (Ord. Dicyemida) oder mehrere (Ord. Orthonectida) **Axialzellen**.

Die geringelten **Orthonectida** parasitieren in marinen Wirbellosen (z.B. Turbellarien, Nemertini, Polychaeten, Muscheln, Seesternen). Männchen und Weibchen – es sind auch Zwitter bekannt – verlassen den Wirt; nach der Befruchtung entwickeln sich die Eier im Weibchen. Die bewimperten Larven verlassen das Muttertier und besiedeln unter Verlust ihrer Cilien einen neuen Wirt. Aus larvalen Keimzellen werden im Wirt Plasmodien, aus denen die zur sexuellen Fortpflanzung befähigten, freischwimmenden Männchen und Weibchen entstehen.

Die wurmförmigen **Dicyemida** parasitieren in den Nieren von Cephalopoden. Neben einer polyploiden Axialzelle kommen noch kleine Keimzellen (Axoblasten) vor. Aus diesen entstehen entweder vegetativ wurmförmige Stadien, die das Muttertier verlassen, aber im Wirt bleiben, oder über mehrere Zwischenstufen – bei einigen Arten auch nach Bildung von Eizellen und Spermien – bewimperte Wanderformen, die mit dem Urin des Wirts ins Wasser gelangen, wo sie, vielleicht unter Einschaltung eines Zwischenwirtes, weitere Cephalopoden infizieren können.

Die verwandtschaftlichen Beziehungen der Tiere sind unklar. Hinsichtlich ihrer Organisation sollen sie zwischen den Protozoa und Metazoa stehen (Name!). Parasitische Lebensweise, damit einhergehende Reduktionen sowie Larvenformen lassen an Beziehungen zu parasitischen Plathelminthen denken. Es ist auch nicht auszuschließen, daß die beiden bisher bekannten Ordnungen nicht näher miteinander verwandt sind.

2.4.2 Stamm Placozoa

Zu diesem erst 1971 abgegliederten Tierstamm zählt nur eine gut bekannte Art, *Trichoplax adhaerens* F.E. Schulze 1883. Eine zweite Art ist seit ihrer Erstbeschreibung nie wieder gefunden worden. Der allseits begeißelte 2–3 mm große abgeflachte Organismus lebt in den Uferzonen warmer Meere und zeigt einen stets wechselnden Umriß (Abb. 2.18), Organe und Symmetrieachsen fehlen.

Der einfache histologische Aufbau aus drei Schichten macht die isolierte Stellung im System besonders deutlich (Abb. 2.19). Dorsal- und Ventralepithel umschließen eine Zwischenschicht mit verzweigten Faserzellen, die eine Art Mesenchym bilden. Die **Epithelien** sind ohne Basallamina und ohne Schlußleisten. Distal sind die Zellen durch Gürteldesmosomen verbunden. In jeder Zelle entspringt aus einer Geißelgrube eine Geißel, deren Basalkörper mit einer langen quergestreiften Geißelwurzel verbunden ist (Abb. 1.17c). Da die Ventralepithelzellen schmal und hochzylindrisch, die Dorsalepithelzellen abgeflacht sind, ist die Begeißelung an der Unterseite sehr viel dichter als an der Oberseite. Insgesamt ist das **Dorsalepithel** ein nur wenige µm dickes Häutchen, dessen Zellen sich am Rand überlappen. Zellkern, Golgi-Apparat und Mitochondrien befinden sich in einer zentralen Verdickung, die in die Zwischenschicht ragt. Zahlreiche Vesikel an der Oberseite enthalten wahrscheinlich Vorstufen des dorsal reichlich abgesonderten Schleims. Refraktile «Glanzkugeln» enthalten Lipid und entstammen degenerierten Zellen der Mittelschicht. Im **Ventralepithel** sind die begeißelten Zylinderzellen und die unbegeißelten sekretbeladenen Drüsenzellen zu unterscheiden. Erstere enthalten neben den üblichen Organellen oft eine dichte «**Konkrementvakuole**», nach allen Anzeichen ein lysosomales Kompartiment. Ausfaltungen der Ventralseite bilden eine schwammartige Schicht, die der festen Haftung an der Unterlage dient. Das Ventralepithel spielt eine Rolle bei der **Ernährung**, denn die

Abb. 2.18: *Trichoplax adhaerens* auf einem Rasen einzelliger Algen (*Pyrenomonas* spp.). In einem schmalen Saum um den Organismus sind die Algen abgeweidet. Zahlreiche Algen haben sich in der Schleimschicht auf der Dorsalseite angesammelt. x 30.

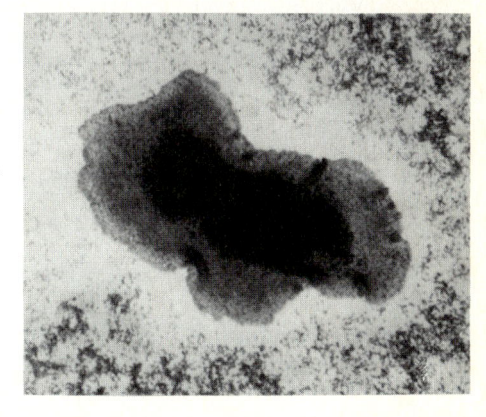

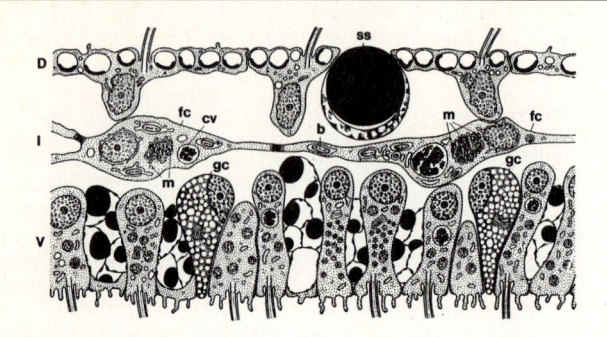

Abb. 2.19: Schema der histologischen Organisation. D: Dorsal-; V: Ventralepithel; I: Zwischenschicht mit Faserzellen (fc); b: Bakterien; cv: Konkrementvakuole; m: Mitochondrienkomplex; ss: «Glanzkugeln»; gc: Drüsenzellen zwischen begeißelten Zylinderzellen und degenerierten Zellen (nach Grell und Benwitz 1971).

Zellen eines Algenrasens, auf denen *T. adhaerens* kriecht, werden bis auf Reste wie Stärkekörner abgebaut. Man nimmt an, daß die Drüsenzellen Enzyme abscheiden und daß die Verdauungsprodukte durch Pinocytose in die Zylinderzellen gelangen. Endocytose wurde mit elektronendichten Markierungssubstanzen nachgewiesen, und die «coated vesicles» der Zylinderzellen (Abb. 1.8) sind ein Indiz für selektive Stoffaufnahme über Rezeptoren.

Die tetraploiden Faserzellen der **Zwischenschicht** bilden ein reich verzwegtes Netzwerk und stehen untereinander und mit den Epithelien über Ausläufer in Verbindung. Diese sind durch Mikrotubuli gestützt und von langen Aktinbündeln durchzogen. Sie sind kontraktil und für die raschen Formveränderungen von Trichoplax verantwortlich. Die Faserzellen mögen darüber hinaus auch eine Rolle bei der Bewegungskoordination spielen und so die Nervenzellen vertreten. Weitere Besonderheiten sind vermutlich endosymbiontische Bakterien in den Cisternen des rauhen ER sowie der Zusammenschluß aller Mitochondrien mit Vesikeln unbekannter Art zu einem Komplex. Die großen Konkrementvakuolen enthalten Reste phagocytierter Algen, oft sogar ganze Zellen in allen Stadien der Verdauung. Man nimmt an, daß die Faserzellen durch das Dorsalepithel hindurchreichen, um die in dem reichlich abgesonderten Schleim angesammelten Partikel aufzunehmen.

Mit nur 4 Zelltypen in den 3 Schichten steht *T. adhaerens* unter allen Metazoen auf der untersten Stufe der somatischen Differenzierung. Die Kerne der diploiden Epithelzellen sind klein mit dem niedrigsten bisher bei Vielzellern gefundenen DNA-Gehalt und 2 n = 12 Chromosomen. Die begeißelten Epithelzellen und die Faserzellen gehen durch Mitosen aus ihresgleichen hervor.

Die **ungeschlechtliche Fortpflanzung** erfolgt durch Zweiteilung unter Ausziehen eines dünner und länger werdenden Verbindungsstranges, der schließlich durchreißt und eingezogen wird. Der Verbreitung dienen im

Wasser schwebefähige Schwärmer, die als Hohlkugeln aus allen drei Gewebeschichten von der Dorsalseite abgeschnürt werden. Diese öffnen sich am Ende der Schwebephase, wobei das innen gelegene Ventralepithel über tassenförmige Zwischenstufen unter Abflachung in Kontakt mit dem Substrat kommt. Außerdem kann Trichoplax vom Rand her kleine Knospen abschnüren, die alle Zelltypen enthalten. Bei der **geschlechtlichen Fortpflanzung** kommen unbegeißelte Spermien und Eizellen im gleichen Individuum vor. Die Oocyten stammen aus begeißelten Ventralepithelzellen, die sich aus dem Gewebeverband lösen und in der Zwischenschicht heranwachsen. Die Faserzellen übernehmen die Rolle von Nährzellen, wobei Teile ihrer Ausläufer durch Phagocytose in die Eizelle aufgenommen werden. Nach Bildung einer Befruchtungsmembran setzen totale, äquale Furchungen ein. Die Embryonalentwicklung konnte bis jetzt noch nicht verfolgt werden.

Der Name **Placozoa** wurde in Anlehnung an die Placula-Hypothese von Bütschli gewählt, der durch die Erstbeschreibung von *T. adhaerens* zu dieser Vorstellung über den Ursprung der Metazoa kam. Danach könnte sich bei einer am Boden kriechenden, zunächst einschichtigen, dann zweischichtigen Zellkolonie die untere Schicht zum ernährenden Entoderm, die obere zum schützenden Ektoderm differenziert haben. Durch Hochwölben vom Substrat entstünde eine auf der Stufe einer Gastrula stehende weitere Stammform.

2.4.3 Stamm Porifera (Schwämme)

Bis zum Beginn des vorigen Jahrhunderts wußte man nicht so recht, ob die Porifera Tiere oder Pflanzen sind, denn manche von ihnen leben in Symbiose mit Grün- oder Blaualgen und sehen auf den ersten Blick wie Pflanzen aus. Andere Färbungen sind nicht selten.

Die Porifera (Porentiere), Schwämme, lassen sich im Tierreich eindeutig den **Metazoa** zuordnen, denn sie besitzen echte Epithelien und sogar sehr einfache Organe, sog. **Kragengeißelkammern**. Die Schwämme sind wahrscheinlich die ältesten Metazoen auf unserer Erde. Fossil seit dem Unterkambrium bekannt, werden sie in phylogenetischer Hinsicht als Bindeglied zwischen den Protisten (Protozoen) und den übrigen Metazoen angesehen.

Die Porifera sind darm- und magenlose **Filtrierer**. Sie besitzen kein Nerven-, Muskel- und Blutgefäßsystem und keine Gonaden. Ein mit Dermalporen beginnendes Wasserleitungssystem führt zu einer bis zahlreichen Kragengeißelkammern, dann in einen Sammelraum und mündet über eine Egestionsöffnung wieder nach außen. Den Durchtrieb des Wassers, das u.a. Atmung, Ernährung (über Filtration) und Defäkation gewährleistet, besorgen die **Choanocyten** der Kragengeißelkammern. Letztere sind für die Porifera in morphologischer und physiologischer Hinsicht von übergeordneter Bedeutung und werden deshalb noch eingehend behandelt. Wo Schwämme in großer Anzahl auftreten, tragen sie zur Klärung der Gewässer bei.

Die Porifera weisen sehr unterschiedliche Baupläne auf, die sich als Ascon, Sycon und Leucon typisieren lassen (Abb. 2.20). Diese morphologischen Typen werden oft als phylogenetische Organisationsstufen verstanden, wobei der **Ascon**-Typ (Abb. 2.20 a), mit einer großen, zentralen Kragengeißelkammer, gleichsam als Grundform der Porifera angesehen wird. Er kommt aber, ebenso wie der differenziertere **Sycon**-Typ mit den radiär um einen zentralen Sammelraum angeordneten Kragengeißelkammern (Abb. 2.20b), nur bei manchen Calcarea vor. Alle übrigen Porifera sind nach dem **Leucon**-Typ angelegt, wenn auch in unterschiedlicher Ausprägung (Abb. 2.20c). Mithin besteht der Verdacht, daß Ascon- und Sycon-Typ sekundär vereinfachte Formen darstellen.

Der relativ kleine Stamm der sessil lebenden Porifera enthält etwa 5.500 bekannte und wahrscheinlich noch sehr viele unbekannte Arten. Die auf das Wasser angewiesenen Porifera sind fast ausschließlich Meeresbewohner, die Hexactinellida leben bis auf wenige Ausnahmen in der Tiefsee. Einigen Familien der Demospongiae gelang die Anpassung an das Süßwasser.

Erstaunlich ist die Vielfalt der Wuchsformen, die bei der bescheidenen Zellenausstattung in der Phylogenese der Porifera zustande kam. Manche weisen einen regelmäßigen, konstanten Bau auf, andere sind formvariabel. In der Größe schwanken sie von knapp 1 mm dicken, mehr oder weniger großflächigen Krusten (auf den verschie-

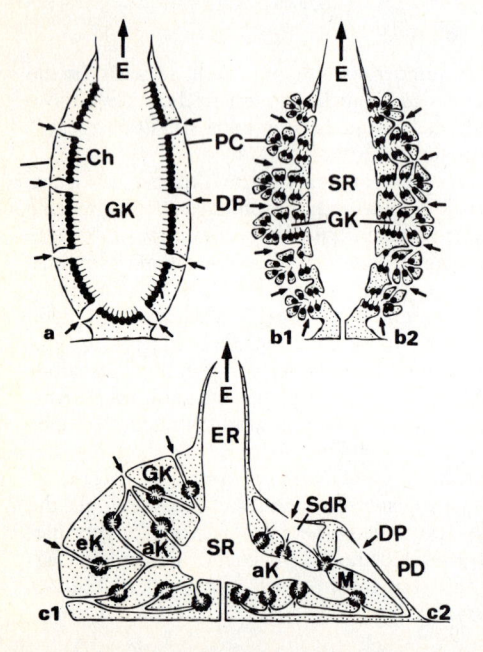

Abb. 2.20: Drei Bautypen der Porifera: a) Ascon, b) Sycon in den Varianten b1 und b2, c) Leucon in zwei Varianten (c1 nur bei marinen, c2 u.a. bei Süßwasserschwämmen. DP: Dermalpore, E: Egestionsöffnung, eK: einführender Kanal, ER: Egestionsrohr, M: mesenchymatischer Raum, →Fließrichtung des Wassers, PC: Pinacocyten, PD: Pinacoderm, SdR: Subdermalraum, SR: Sammelraum. a und b x 28, c x 4.

densten Substraten) bis zu fladen-, kugel-, becher-, röhren- und baumförmigen Gebilden von maximal 2 m Größe.

Ein phylogenetisches System der Schwämme läßt sich z. Z. nur mit Vorbehalt erstellen. Auf eine Reihung der Klassen wird hier bewußt verzichtet.

System: Porifera

Klasse: Calcarea
Klasse: Sklerospongiae
Klasse: Demospongiae
Klasse: Hexactinellida

Die **Calcarea** (Kalkschwämme), bei denen nur Kalknadeln als Skelettelemente auftreten, werden als ursprünglich angesehen. Eine besondere Stellung nehmen die **Sklerospongiae** ein, denn sie besitzen ein basales Kalkskelett und Kieselnadeln. In der Klasse **Demospongiae** werden diejenigen Vertreter zusammengefaßt, die ein Skelett aus Kieselnadeln, aus Kieselnadeln und Spongin, aus Sponginfasern oder gar keine Skelettelemente besitzen. Erwähnenswert sind die marinen Bohrschwämme, die ihren Lebensraum durch Lösen von Kalksubstraten (Steine, Molluskenschalen, Korallen) schaffen, ferner die sog. Hornschwämme, deren Skelett aus einem Sponginfasernetz besteht, das bei den Badeschwämmen (Spongia) wegen seiner Wasseraufnahmefähigkeit geschätzt wird. Die **Hexactinellida** (Glasschwämme) schließlich besitzen Kieselnadeln und unterscheiden sich von allen übrigen Poriferen durch ihre syncytialen Gewebe.

Die Porifera können sich geschlechtlich und ungeschlechtlich vermehren. Bei der **geschlechtlichen Fortpflanzung** treten von Fall zu Fall freischwimmende Amphiblastula- (Abb. 2.21a), Coeloblastula- (Abb. 2.21b) oder auch Parenchymula-Larven (Abb. .2.21c) auf. Diese drei Larven-Typen stimmen in ihrer Entstehungsgeschichte nicht überein, und auch ihre Entwicklung zum jeweiligen Adultus ist sehr unterschiedlich. Es fehlen bei den Porifera die Voraussetzungen, das Pinacocyten-Epithel einerseits und das Choanocyten-Epithel andererseits allgemein mit dem Ekto- bzw. Entoderm höherer Metazoen zu homologisieren.

Bei den Süßwasser- und einigen Meeresschwämmen entstehen gegen Ende der Wachstumsperiode im mesenchymatischen Raum des Schwammes Überlebensformen (**Gemmulae**), die ungünstige Lebensphasen überdauern. Aus ihnen entwickeln sich bei günstigen Umweltbedingungen neue, genetisch identische Individuen, die sich für Experimente vorzüglich eignen. Wenige marine Porifera bilden äußere Knospen, die sich ablösen und wieder heranwachsen.

Alle Porifera sind von einem einschichtigen Epithel umhüllt, das aus sehr flachen Zellen, den **Exopinacocyten** besteht (Abb. 2.22, 2.26a). Diese eignen sich besonders gut für cytologische Untersuchungen. **Endopinacocyten** bilden die Wandung des den Schwamm durchziehenden wasserführenden Kanalsystems mit seinen ein- und ausführenden Anteilen. Die Pinacocyten-

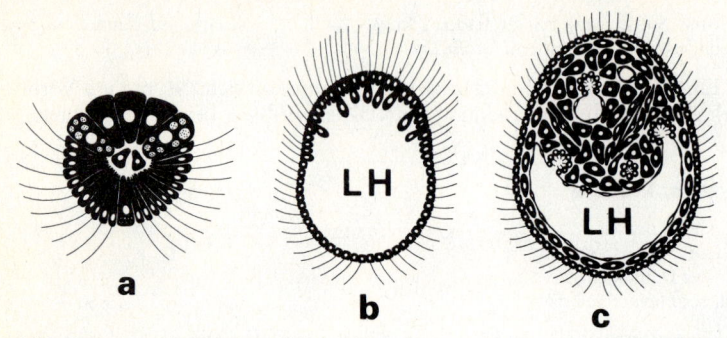

Abb. 2.21: Drei verschiedene Larven-Formen bei Porifera: a) Amphiblastula; b) Coeloblastula; c) Parenchymula. a x 470, b und c x 95.

und auch die Choanocyten-Epithelien liegen bei den Hexactinellida als Syncytien vor. Hierbei handelt es sich um Großzellen, die durch Fusion entstanden sind.

Den Übergang zwischen den ein- und ausführenden Kanälen bilden die **Kragengeißelkammern** (Abb. 2.23). Sie dienen als Antriebsaggregate für den Wasserfluß durch den Schwamm und als Nahrungsreusen. Die Kragengeißelkammern bestehen im wesentlichen aus Kragengeißelzellen (Choanocyten). Sie besitzen in Verbindung mit zwei weiteren Zellarten, nämlich wenigen Conuszellen und einer Poruszelle der Kanalwand, Organcharakter (Abb. 2.24). Das Wasser tritt durch Lücken (Prosopylen) zwischen Choanocyten in die Kragengeißelkammern ein und verläßt diese durch die von Conuszellen und Poruszelle gebildete Apopyle.

Der von Exo- und Endopinacocyten allseits umgebene mesenchymatische Raum der Porifera enthält in einer Matrix u.a. Zellen mit speziellen cytoplasmatischen Differenzierungen zur Erzeugung der Grundsubstanz (Kollagen), des Spongins und der Nadeln. Von besonderer Bedeutung sind die amöboid beweglichen, totipotenten **Archäocyten** (Abb. 2.26b), und zwar für den Nahrungstransport und die Defäkation sowie für das Schwammwachstum, die Regeneration und Oogenese. Die von Archäocyten abstammenden **Skleroblasten** sind ebenfalls amöboid beweglich. Sie produzieren klassenspezifisch entweder in Gemeinschaftsarbeit extrazellulär Kalknadeln oder einzeln und intrazellulär Kieselnadeln (Abb. 2.26c) jeweils von verschiedener Gestalt und Größe. **Begleitzellen** treten bei Fertigstellung der Kieselnadeln mit den Skleroblasten in engen Kontakt und geleiten sie zu den Bestimmungsorten im Schwammkörper, wo die Nadeln in ihrer Funktionsstellung freigesetzt werden. **Spongioblasten**, sofern vorhanden, bilden die Kittsubstanz Spongin, die den Zusammenhalt der Nadeln im Skelett gewährleistet (Abb. 2.25). Die **Collencyten** unterscheiden sich von den anderen Zellarten durch ihre dendritische Form. Sie können einzeln und in

Abb. 2.22: Schnittzeichnnung der Randzone eines Süßwasserschwamms. A: Archäocyte, aK: ausführender Kanal, DP: Dermalpore, eK: einführender Kanal, EnP: Endopinacocyte, Exp: Exopinacocyte, GK: Kragengeißelkammer, M: mesenchymatischer Raum, N: Kieselnadel, PD: Pinacoderm, PZ: Poruszelle, S: Substrat. x 360, SdR: Subdermalraum, SkB: Skleroblast in Nadelbildung, Sp: Spongin.

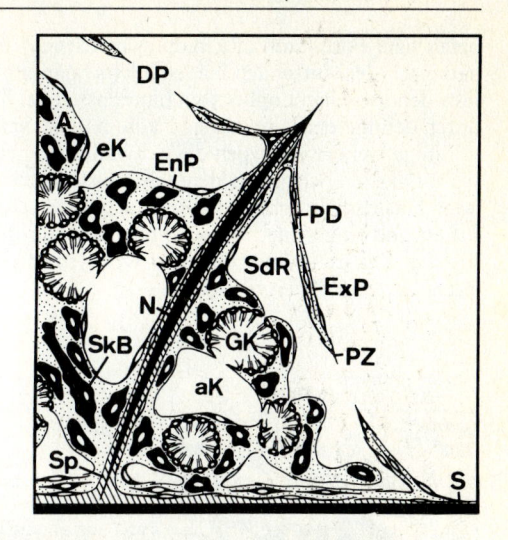

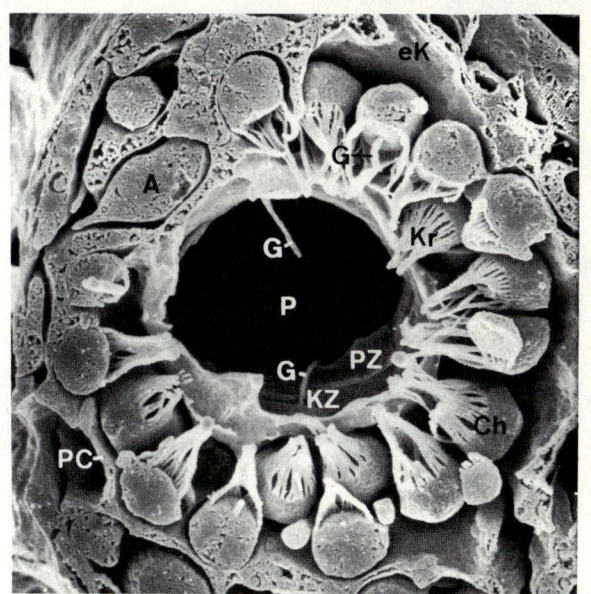

Abb. 2.23: REM-Aufnahme einer halben Kragengeißelkammer von *Haliclona rosea*. A: Archäocyte, Ch: Choanocyte, eK: einführender Kanal. x 3000, G: Geißel, Kr: Kragen, KZ: Conuszelle, P: Porus, PC: Pinacocyte, PZ: Poruszelle.

netzartiger Formation innerhalb des mesenchymatischen Raumes als Antagonisten des stützenden Nadelskeletts Spannfunktion ausüben. Die ebenfalls dendritischen **Lophocyten** hinterlassen bei ihrer gerichteten Bewegung durch den mesenchymatischen Raum parallel verlaufende Kollagenfasern.

Einige weitere Zelltypen des Schwamm-Mesenchyms müssen hier unerwähnt bleiben, weil sie zahlenmäßig zurücktreten, nur periodisch auftreten oder hinsichtlich ihrer Funktion kaum erforscht sind. Bei der geschlechtlichen und ungeschlechtlichen Fortpflanzung der Porifera lassen sich die meisten Zellarten direkt und nur wenige andere in zweiter Linie von den Archäocyten ableiten.

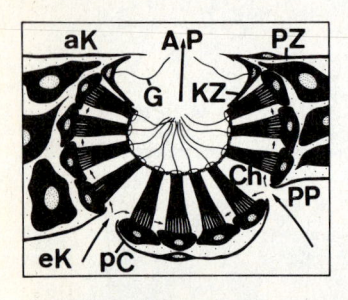

Abb. 2.24: Schnittzeichnung einer Kragengeißelkammer eines Süßwasserschwamms. aK: ausführender Kanal, AP: Apopyle, → Fließrichtung des Wassers. x 1.100, Ch: Choanocyte; eK: einführender Kanal, G: Geißel, KZ: Conuszelle, PC: Pinacocyte, PP: Prosopyle, PZ: Poruszelle.

Abb. 2.25: Randzone eines Nadelskeletts von *Ephydatia fluviatilis* nach Rückbildung der weichen Schwammanteile. N: Nadel, Sp: Spongin. REM, x 300.

Abb. 2.26: Beispiele für wichtige Zelltypen bei Süßwasserschwämmen. Phasenkontrastmikroskop, x 1.450. a) Lebendaufnahme einer Pinacocyte im basalen peripheren Epithelverband *(Ephydatia fluviatilis)*. K: Zellkern, L: Lakune, Mi: Mitochondrium, R: Radialkanäle, V: Vakuole des Exkretionssystems, VV: Verdauungsvakuole, Ü: Überlappungszone der Pinacocyten. b) Archäocyten (A) von *Eunapius fragilis*. D:

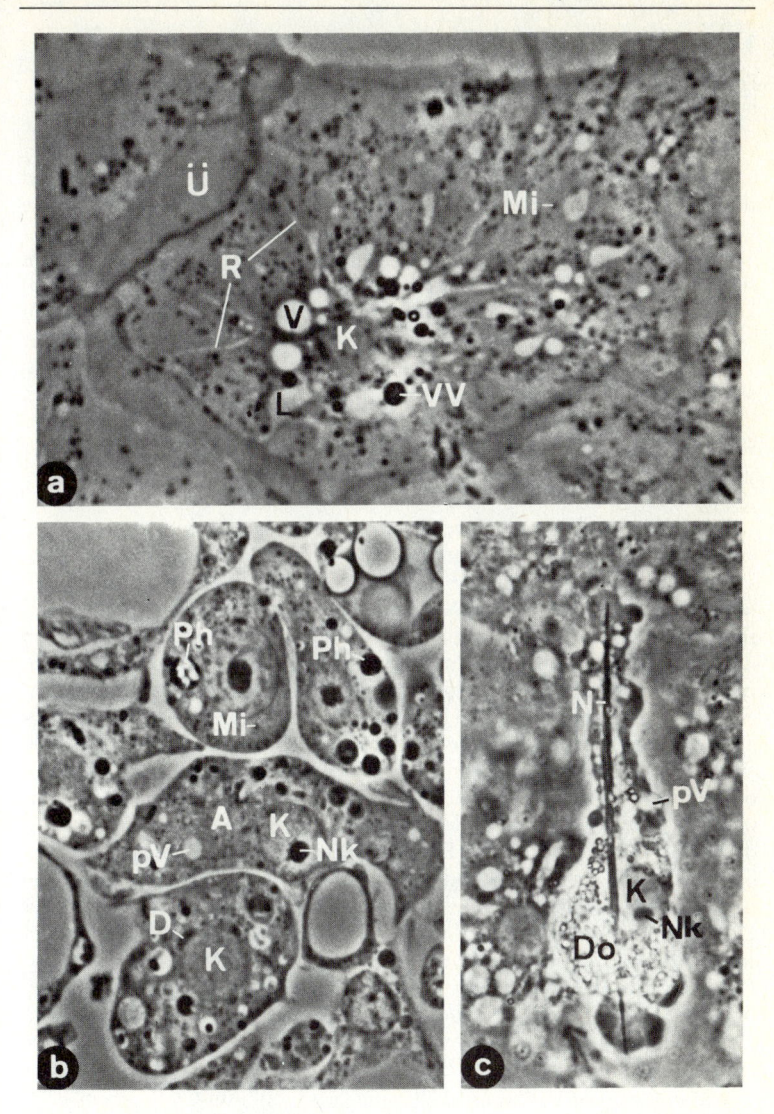

Dictyosom, K: Zellkern, Mi: Mitochondrium, Nk: Nucleolus, Ph: Phagosomen, pV: pulsierende Vakuole. c) Lebendaufnahme eines Skleroblasten in Nadelbildung *(Ephydatia fluviatilis)*. Do: Dotterähnliche Stoffe, K: Zellkern, N: junge Nadel, Nk: Nucleolus, pV: pulsierende Vakuole,

2.4.4 Stamm Cnidaria (Nesseltiere)

Etwa 10000 solitäre oder Kolonien bildende Arten, die überwiegend im Meer, seltener im Brack- oder Süßwasser leben, und meist in zwei Formen auftreten.

Ein festsitzender (sessiler) Polyp erzeugt ungeschlechtlich die im Wasser schwimmende (pelagische) Meduse, die auf geschlechtlichem Weg wieder den Polypen hervorbringt. Dieser **Generationswechsel** wird Metagenese genannt.

Der radiärsymmetrische Körper wird außen von einer Epidermis (**Ektoderm**) bedeckt; den Körperhohlraum (Gastralraum, Gastrovaskularsystem) kleidet die Gastrodermis (**Entoderm**) aus; ein Mesoderm fehlt. Zwischen beiden Epithelien liegt eine, vor allem bei Medusen sehr dicke Stütz- oder Zwischenschicht aus Mucopolysacchariden und Proteinen, die **Mesogloea**; sie ist primär zellfrei, enthält aber bei einigen Taxa aus den Epithelien eingewanderte Zellen und Kollagenfibrillen. Die in der Hauptachse des Körpers befindliche Öffnung des Gastralraumes dient als Mund und After und ist von hohlen oder soliden Fangarmen (Tentakeln) umgeben (Abb. 2.27).

Der **Polyp** gliedert sich in drei Abschnitte, das Mundfeld (Peristom), den sackförmigen Körper (= Mauerblatt, Scapus) und die meist auf dem Substrat haftenden Fußscheibe. Je nach Klasse ist der Gastralraum ungeteilt oder durch eine unterschiedliche Anzahl von Längsfalten (Septen, Mesenterien) in Gastraltaschen unterteilt (Abb. 2.29a–c). Der Gastralraum reicht in die hohlen Tentakeln und setzt sich bei Kolonien in die die einzelnen Polypen miteinander verbindenden Strukturen (schlauchartige Stolone und Coenenchym) fort. Die von innen auf die Körperwand drückende Gastralflüssigkeit wirkt als Hydroskelett. Druckveränderungen (Ein- und Ausstrom von Wasser) bewirken eine Änderung der Körpergestalt. Polypen besitzen Innen- oder Außenskelette. Vom Ektoderm können chitinige Hüllen (**Periderm**) und z.T. komplizierte Exoskelette aus Kalk abgeschieden werden, oder in die Mesogloea einwandernde Ektodermzellen (Skleroblasten) produzieren Sklerite, die verschmelzen und auf diese Weise kompakte Innenskelette bilden. Trotz weitgehend sessiler Lebensweise sind einige Polypen in der Lage, auf der Fußscheibe zu kriechen, sich spannerartig fortzubewegen oder sogar mit Hilfe von Gasblasen im Wasser zu flotieren.

Die schirm- oder glockenförmige in der animal-vegetativen Achse abgeplattete **Meduse** (Qualle) ist vom Polypen abzuleiten (Abb. 2.27), doch im Zuge der pelagischen Lebensweise komplizierter organisiert. Fußscheibe und Mauerblatt werden zur Oberseite (Exumbrella) des Medusenschirms (Umbrella), das Mundfeld wird zur Unterseite (Subumbrella). Die Schirmöffnung des Subumbrellarraumes kann irisblendenartig durch einen nach innen vorspringenden Ringsaum (Velum) verengt sein. In der Mitte der Subumbrella liegt der Mund auf einem oft lang ausgezogenen Mundrohr (Manubrium). Vom zentralen Magenraum ziehen Radiärkanäle zu einem

2.4.4 Baupläne, Cnidaria

Ringkanal. Der freie Rand des Schirms trägt Sinnesorgane und oft mehrere Meter lange Fangarme (Abb. 2.27b). Medusen schwimmen durch Rückstoß mit Hilfe quergestreifter Ringmuskulatur an der Schirmunterseite, die sich rhythmisch zusammenzieht. Als Antagonist dient die elastische Mesogloea, die zu über 95% aus Wasser besteht (Verringerung des spezifischen Gewichtes).

Die den Körper aufbauenden Epithelien enthalten zahlreiche, häufig begeißelte Zelltypen (Abb. 2.28).

Fast alle Zellen des Ekto- und Entoderms besitzen basale Ausläufer mit Myofibrillen (**Epithelmuskelzellen**). Oft sind sie im Ektoderm als Längsmuskelschicht und im Entoderm als Ringmuskelschicht angeordnet. Die Epithelmuskelzellen sind glatt, am Rande der Medusenschirme jedoch quergestreift.

Charakteristisch sind die vorwiegend in Nesselzellen (**Cnido**- oder **Nematocyten**) der Epidermis liegenden Nesselkapseln (Nematocysten, Cniden), komplexe Sekretionsprodukte der Nematoblasten (Cnidoblasten) mit einem oft mehrere Millimeter langen, spiralig aufgewundenen Schlauch. Sie stehen entweder einzeln oder, besonders an den Tentakeln, gehäuft (Nesselbatterien) und dienen dem Beutefang sowie der Verteidigung.

Wird das **Cnidocil**, ein sensorischer Komplex der Nesselzelle, der aus einer Cilie und Mikrovilli besteht, gereizt, stülpt sich der Schlauch innerhalb weniger tausendstel Sekunden, bei dem Süßwasserpolypen *Hydra* sp. in weniger als 3 Millisekunden, wie ein Handschuhfinger nach außen. Koordiniertes «Feuern» vieler Nesselzellen wird durch neuronale Verbindungen möglich. Man kennt acht verschiedene Haupttypen von **Cniden**, von denen sich zahlreiche weitere Typen ableiten lassen, die von systematischer Bedeutung sind. Nach funktionellen Gesichtspunkten lassen sich z.B. bei *Hydra*

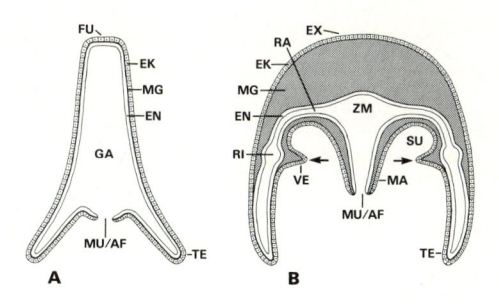

Abb. 2.27: Organisation (**A**) des Polypen und (**B**) der Meduse. AF: After, EK: Ektoderm, EN: Entoderm, EX: Exumbrella, FU: Fuß, GA: Gastralraum, MA: Manubrium, MG: Mesogloea, MU: Mund, RA: Radialkanal, RI: Ringkanal, SU: Subumbrella, TE: Fangarme, Tentakel, VE: Velum, ZM: Zentralmagen.

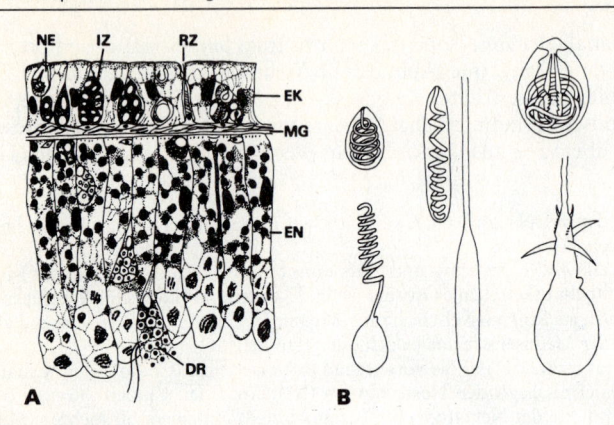

Abb. 2.28: **A.** Schnitt durch das Mauerblatt von *Hydra*, **B.** verschiedene Nesselkapseln (links: «Volvente», Mitte: «Glutinante», rechts: «Penetrante». DR: Drüsenzelle, EK: Ektoderm, EN: Entoderm, IZ: interstitielle Zellen, MG: Mesogloea, NE: Nesselkapsel, RZ: Rezeptorzelle.

sp. Durchschlagskapseln (Penetranten) – sie durchdringen mit Stiletten am Schaft des Schlauches die Körperwand eines Beutetieres und lähmen es mit einem giftigen Sekret –, Klebekapseln (Glutinanten) mit klebrigen Fäden und Wickelkapseln (Volventen), deren langer Schlauch die Beute einwickelt, unterscheiden (Abb. 2.28B). Nesselzellen und Nesselkapseln werden nur einmal benutzt; neue entstehen aus pluripotenten Bildungszellen (interstitielle Zellen) (Abb. 2.28A), die zu mehreren an der Basis von Epithelmuskelzellen liegen. Auf diese sowie auf die insgesamt große Plastizität aller Zellen läßt sich die hohe Regenerationsfähigkeit, vor allem der Polypen, zurückführen.

Die mit den Tentakeln ergriffene Beute – die Tiere fressen praktisch alles, was sie bewältigen können, bei entsprechender Größe auch Fische – gelangt durch die stark erweiterungsfähige Mundöffnung in den Gastralraum, in den Drüsenzellen eiweißspaltende Enzyme absondern. Die Resorption des Nahrungsbreies erfolgt durch spezielle Nährmuskelzellen. Größere Partikel werden phagocytiert und intrazellulär verdaut. Unverwertbares wird durch den Mund ausgeschieden. Glukose und Aminosäuren können aus dem umgebenden Wasser über die Epidermis aufgenommen werden. Manche Polypen enthalten kleine symbiontische Algen (Zoochlorellen oder Zooxanthellen), die den Wirt mit Assimilationsprodukten (überwiegend Maltose) versorgen, während dieser CO_2 und stickstoffhaltige Exkrete bereitstellt.

Zwischen Ekto- und Entoderm liegen die bi- oder multipolaren Ganglienzellen des **Nervensystems**; sie bilden mit ihren Ausläufern ein weitmaschiges, diffuses Nervennetz und leiten die Erregung in alle Richtungen. Die

Ausläufer enden an Fortsätzen anderer Neurone, an Rezeptorzellen oder an Epithelmuskelzellen. Das Nervensystem der Medusen ist komplexer, besteht z. T. aus mehreren Nervennetzen mit unterschiedlichen Aufgaben und Nervenringen im Schirmrand. Am Schirmrand liegen auch Sinnesorgane mit sekundären Sinneszellen (Ocellen, Statocysten), bei Scyphozoen auch die komplexen Rhopalien, die Photorezeptoren, in einigen Fällen auch Stato- und Chemorezeptoren enthalten.

Atmung und **Exkretion** geschehen mit Hilfe der gesamten Oberfläche. Wasser wird durch die Bewegung des gesamten Körpers, durch bewimperte Epithelien, oder in Polypenstöcken auch mit Hilfe spezialisierter Polypen (Siphonozoide) ausgetauscht.

Alle Medusen sowie Polypen von Arten, die keine Medusen bilden, pflanzen sich **geschlechtlich** fort.

Die meisten sind getrenntgeschlechtlich. Die Keimzellen entstehen primär im Entoderm und werden aus dem Mund oder durch Platzen der Epidermis direkt ins Wasser entlassen; Befruchtung und weitere Entwicklung können jedoch bereits im Gastralraum, im Inneren von Gonophoren oder in Bruttaschen stattfinden. Nach einer total-äqualen Furchung entsteht eine bewimperte, freischwimmende, der Gastrula entsprechende Larve, die **Planula**. Diese heftet sich nach etwa acht bis 14 Tagen mit dem aboralen (animalen) Pol fest. Die Metamorphose zum Polyp vollzieht sich allmählich. Bei einigen Formen gibt es bereits polypenähnliche Larven (**Actinula**) mit aboralen und oralen Tentakeln.

Vegetative Vermehrung ist verbreitet. Durch Knospung, Längs- und Querteilung sowie Abschnürung von Teilen der Fußscheibe entstehen aus Polypen neue Polypen, durch Querteilung aus Polypen Medusen und durch Sprossung und Längsteilung bei einigen Formen auch Medusen aus Medusen (klonale Vermehrung einzelner Individuen). Trennen sich bei Polypen die Tochterorganismen nicht vollständig, entstehen Kolonien oder Stöcke, eine Voraussetzung für die häufig auffällige Vielgestaltigkeit (Polymorphismus) und damit Arbeitsteilung zwischen den Individuen eines Stockes.

Cnidaria ähneln im Grundbauplan einer Gastrula mit Haftscheibe und Tentakeln. Die gemeinsame Stammform der rezenten Formen war wahrscheinlich ein sessiler, sich sexuell fortpflanzender Polyp. Rezente Klassen sind die Anthozoa, Cubozoa, Scyphozoa und Hydrozoa.

Klasse Anthozoa

Etwa 6.000 Arten; ausschließlich im Meer lebend **ohne Medusen**generation. Die Polypen sind äußerlich radiärsymmetrisch, innen jedoch bilateralsymmetrisch gebaut (Abb. 2.29A). Die stark entwickelte Mesogloea enthält Zellen und Fibrillen. Das in den Gastralraum eingesenkte, ektodermale, schlitzförmige Schlundrohr (Stomodaeum) besitzt eine oder zwei jeweils in den Ecken liegende Wimperrinnen (Siphonoglyphe). Es ist distal mit den acht, sechs oder sehr zahlreichen (ein Vielfaches von sechs) Längsmuskulatur enthaltenden Septen, die den Körper in eine entsprechende Anzahl von Gastraltaschen gliedern, verwachsen. Die freien Ränder der Septen bilden Gastralfilamente mit sezernierenden und resorbierenden Zellen, bisweilen auch Akontien, Wehrfäden mit Nematocysten und Drüsenzellen, die bei Reizung durch besondere Öffnungen aus dem Körper geschleudert werden (Actinaria).

Octocorallia (acht Septen, acht Gastraltaschen, acht gefiederte Tentakel) bilden stets Kolonien, deren Polypen durch Stolonen oder Coenenchym verbunden sind. Ihr Endoskelett besteht aus Kalkskleriten oder Hornsubstanz. Einige Arten werden zu Schmuck verarbeitet. Zu den **Hexacorallia** zählen u. a. die solitär lebenden skelettlosen Seeanemonen (Actinaria), von denen einige in Symbiose mit Zooxanthellen, dekapoden Krebsen oder Fischen leben, sowie die Kolonien bildenden, geologisch bedeutsamen Riff- oder Steinkorallen (Madreporaria), deren Polypen mit der Fußscheibe Exoskelette aus Calciumcarbonat abscheiden. Symbiontische Zooxanthellen fördern diese Kalkbildung.

Steinkorallen leben in tropischen und subtropischen Meeren mit Durchschnittstemperaturen nicht unter 20°C (warmstenotherme Tiere), wo sie umfangreiche Riffe bilden. Nach der Form der Bauten und der Lage zum Festland unterscheidet man 1) **Korallenbänke**, breite bewachsene Untiefen, 2) **Saumriffe**, die parallel und in Nähe der Küste verlaufen und von dieser durch flache Lagunen getrennt sind, 3) **Barriereriffe**, die weiter als Saumriffe von der Küste entfernt liegen, und 4) **Atolle**, die durch Absinken von Vulkaninseln entstanden sind, so daß Saumriffe mehr oder weniger ringförmig eine zentrale Lagune umschließen.

Fehlen der Medusengeneration und innere Bilateralsymmetrie gelten als ursprüngliche Merkmale, so daß auch Anthozoen als Basisgruppe der Cnidaria in Betracht kommen. Allerdings sind die Anthozoen wegen ihrer komplexen morphologischen Differenzierung und physiologischen Leistungen vergleichsweise hochentwickelte Polypen.

Klasse Cubozoa

Etwa 20 Arten in warmen Meeren lebend. Der solitär lebende Cubopolyp hat einen ungegliederten Gastralraum (Abb. 2.29B). Kleine durch Knospung entstehende Sekundär**polypen** wandeln sich während der Metamorphose vollständig in eine **Meduse** mit mehr oder weniger würfelförmigem Schirm (Würfelqualle) und einer dem Velum ähnlichen Ringfalte um. Einige Cubomedusen gehören zu den **giftigsten** Nesseltieren, die auch Menschen innerhalb weniger Minuten töten können.

Klasse Scyphozoa

Etwa 200 Arten; überwiegend solitär lebende Cnidaria mit Metagenese. Der nur wenige Millimeter große Scyphopolyp besitzt vier Septen mit ektodermalen Einsenkungen (Septaltrichter) und ektodermaler Muskulatur (Abb.

2.29 C); er vermehrt sich ungeschlechtlich durch Knospung. Querteilung (**Strobilation**) führt über eine scheibenförmige, medusenähnliche Larve (**Ephyra**) zur Meduse.

Im Gegensatz zu den Cubozoa bleibt jedoch ein Restkörper, der wieder zum vollständigen Polypen heranwächst. Scyphomedusen haben kein Velum. Die Mesogloea ist stark ausgeprägt und enthält Zellen. Der Schirmrand besitzt Randlappen und Rhopalien, der Magenrand Gastralfilamente (Abb. 2.30a). Der Generationswechsel kann durch den Verlust der Polypen- oder Medusengeneration abgewandelt sein. Sehr ursprünglich sind die Tiefseequallen (**Coronata**) deren Polypen in einer Peridermröhre leben. Die halbsessilen Becher- oder Stielquallen (Stauromedusida) sitzen meist an Algen. Zu den häufigen Fahnenquallen (Semaeostomeae) gehören die größten bekannten Medusen (bis 2 m Schirmdurchmesser) mit zu langen Fahnen ausgezogenen Zipfeln der Mundröhre (Manubrialtentakeln). Die tentakellosen Wurzelmundquallen (Rhizostomeae) besitzen keine zentrale Mundöffnung mehr; feinste Nahrungspartikel gelangen über Poren in ein feines Röhrensystem des Manubriums und werden dann durch Kontraktionen im Gastrovaskularsystem verteilt.

Aufgrund vieler als ursprünglich gedeuteter Merkmale (kein typisches Nervennetz, echte Muskelzellen bei den Polypen, geringe Vielfalt von Nesselzellen) und der Ähnlichkeit des Polypen mit den fossilen Conulata (Cnidaria), werden die Scyphozoa von einigen Autoren als Basisgruppe, zumindest der metagenetischen Cnidaria angesehen.

Klasse Hydrozoa

Etwa 3.000 solitär oder kolonienbildende marine Arten; einige (Gatt. *Hydra, Craspedacusta*) leben im Süßwasser. Die Mesogloea ist zellfrei und z. T. sehr dünn; Keimzellen entwickeln sich im Gegensatz zu anderen Cnidaria aus Aggregaten interstitieller Zellen im Ektoderm. Der kleine, radiärsymmetrische **Polyp** besitzt keine Gastralsepten (Abb. 2.29D). Die ebenfalls nicht sehr großen **Medusen** zeichnen sich durch ein Velum aus (Abb. 2.30B).

Abb. 2.29: Polypenquerschnitte.
A. Anthozoa, **B.** Cubozoa, **C.** Scyphozoa, **D.** Hydrozoa. EK: Ektoderm, EN: Entoderm, GA: Gastralraum, MG: Mesogloea, RE: Rektraktormuskel, SCH: Schlund, ST: Septaltrichter.

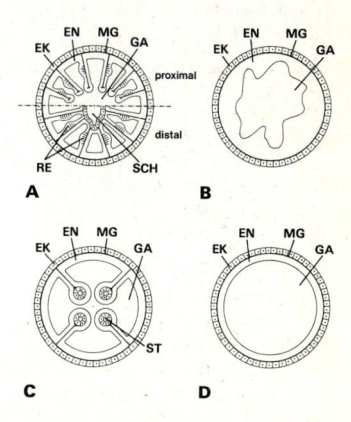

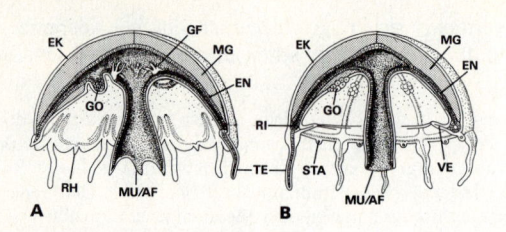

Abb. 2.30: Organisation einer (**A**) Scyphomeduse und (**B**) Hydromeduse. AF: After, EK: Ektoderm, EN: Entoderm, GF: Gastralfilamente, GO: Gonade, MG: Mesogloea, MU: Mund, RI: Ringkanal, RH: Rhopalium, STA: Statocyste, VE: Velum.

Einige Arten erzeugen auf ungeschlechtlichem Wege Tochtermedusen durch Knospung oder Teilung. Etwa zwei Drittel der Hydrozoa bilden jedoch keine freischwimmenden Medusen mehr. **Koloniale Formen** zeichnen sich durch einen ausgeprägten Polymorphismus und Arbeitsteilung aus. Bei den Hydroidea sind je nach Art die Medusenanlagen am Polypen unterschiedlich weit rückgebildet und oft zu sessilen Gonophoren reduziert (Verkürzung der gefährdeten freischwimmenden Jugendphase). Im Extremfall ist die Medusengeneration wie bei *Hydra* vollständig unterdrückt. Koloniale Formen haben häufig einen distal erweiterten Scapus (Hydranth), einen Stiel (Hydrocaulus) und ganz unterschiedlich verzweigte Stolone (Hydrorhiza). Stabilität verleiht ein Periderm, dessen Ausdehnung von systematischer Bedeutung ist.

Bei den **Trachylina** dominiert die Medusengeneration; ihre Polypen sind sehr klein oder fehlen völlig. Die Medusen entwickeln sich meist direkt aus einer Actinula-ähnlichen Larve. Die Staatsquallen (**Siphonophora**) bilden pelagisch lebende außerordentlich polymorphe Kolonien aus polypenartigen (polypoiden) und medusenartigen (medusoiden) Individuen. Polypoide Individuen können beispielsweise in **Nährpolypen** (Gastrozoide), **Wehrpolypen** (Dactylozoide) und Blastozoide (die Medusen durch Knospung erzeugen), medusoide Individuen in Geschlechtsmedusoide (Gonozoide), Gasbehälter (Pneumatophoren) oder Schwimmglocken (Nektophoren) differenziert sein.

Das Fehlen von Gastralsepten ist eine sekundäre Vereinfachung. Zahlreiche verschiedenen Entwicklungszyklen, hochdifferenzierte Nesselkapseln und Sinnesorgane zeichnen die Hydrozoa als hochentwickelte Cnidaria aus.

System: Cnidaria

Klasse: Anthozoa
Unterklasse: Octocorallia
    (Gatt: *Alcyonium, Corallium, Gorgonia, Heliopora, Pennatula*)
Unterklasse: Hexacorallia
    (Gatt: *Actinia, Anemonia, Antipathes, Cerianthus, Metridium*)
Klasse: Cubozoa (Gatt. *Charybdea, Chironex*)

Klasse: Scyphozoa
    Ord.: Semaeostomeae (Gatt. *Aurelia, Pelagia*)
    Ord.: Coronata (Gatt. *Nausithoe, Stephanoscyphus*)
    Ord.: Rhizostomeae (Gatt. *Cassiopea, Rhizostoma*)
    Ord.: Stauromedusida (Gatt. *Lucernaria*)
Klasse: Hydrozoa
    Ord.: Hydroida
        Unterord.: Thecata (Gatt. *Laomedusa-Obelia, Sertularia*)
        Unterord.: Athecata (Gatt. *Hydra, Hydractinia, Tubularia*)
    Ord.: Trachylina (Gatt. *Aglantha, Craspedacusta*)
    Ord.: Siphonophora (Gatt. *Physalia, Physophora*)

2.4.5 Stamm Ctenophora (Rippenquallen)

Etwa 80 rezente ausschließlich im Meer lebende Arten. Die freischwimmenden Rippenquallen ähneln den Medusen der Cnidaria (Abb. 2.31A), dennoch bestehen fundamentale Unterschiede, z.B. fehlen ein Generationswechsel, Nesselzellen sowie Epithelmuskelzellen. Die Ähnlichkeit ist als Konvergenz aufgrund vergleichbarer Lebensweise zu deuten.

Der Körper kann stets durch zwei durch die vertikale Hauptachse (oraler-aboraler Pol) gelegte Symmetrieebenen (Transversal- und Sagittalebene) in spiegelbildlich gleiche Hälften zerlegt werden (**Biradial-** oder **Disymmetrie**). Zwischen beiden Polen verlaufen meridional acht Bänder (Rippen) aus kurzen, quergestellten Plättchen, die aus verschmolzenen Cilien bestehen. Sie schlagen metachron und treiben die Tiere mit dem Mund voran durchs Wasser. Die meisten Ctenophoren (Tentaculata) besitzen zwei lange, verzweigte, extrem dehn- und kontrahierbare **Tentakeln**, die in Tentakeltaschen entspringen. Der Körper wird von einer einschichtigen Epidermis (**Ektoderm**) bedeckt, die Sinnes-, Drüsen- und vor allem in den Tentakeln Klebzellen (**Colloblasten**) enthält; diese halten die Beute (u.a. planktonische Organismen) fest. Sie sind mit einem Spiralfaden an der Basallamelle verankert und können mehrfach verwendet werden.

Das **Gastrovaskularsystem** besitzt keinen After. Die Mundöffnung führt in einen ektodermalen Schlund und dieser in einen kurzen Zentralmagen (Infundibulum), von dem sich verzweigende Kanäle ausgehen. Zentralmagen und Kanäle sind von einer einschichtigen bewimperten Gastrodermis (Ektoderm) ausgekleidet. Hier findet die endgültige Verdauung und Resorption der Nahrung statt. Unverdauliche Reste werden durch den Mund oder Analporen am aboralen Pol abgegeben.

Zwischen Ektoderm und Entoderm liegt eine dicke **Mesogloea** bestehend aus einer gallertigen Grundsubstanz, extrazellulären Fasern, Amöbocyten sowie glatten Muskelzellen.

Das subepidermal gelegene **Nerven**netz bildet kein Gehirn aus, ist jedoch unterhalb der Rippen besonders entwickelt. Einziges Sinnesorgan ist die am aboralen Pol gelegene **Statocyste**, die die Lage der Tiere reguliert. Viele Rippenquallen können intensiv leuchten. Alle Ctenophoren sind Zwitter. Die **Gonaden** liegen in der Wand der Kanäle des Gastrovaskularsystems, die unter den Rippen liegen. Eier und Spermien gelangen bei den meisten Arten durch den Mund ins Freie; bis auf wenige Ausnahmen findet die Befruchtung und weitere **Entwicklung** im freien Wasser statt. Die Entwicklung ist direkt; eine Planula-Larve fehlt.

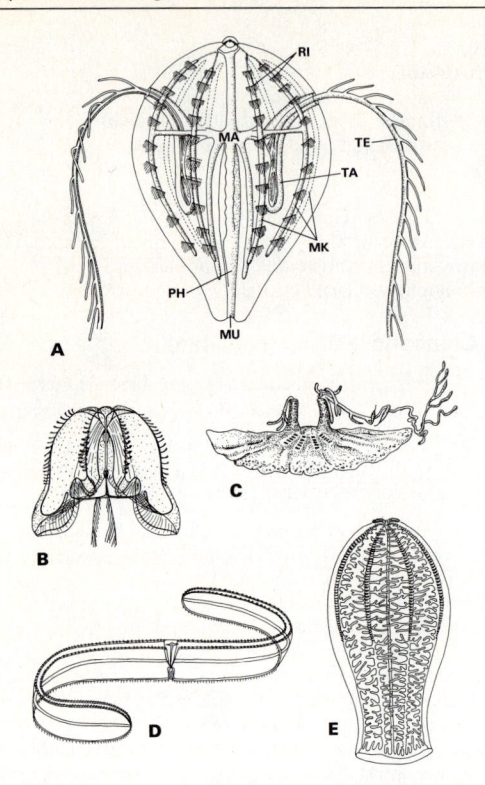

Abb. 2.31: Organisation (A) und Habitus (B-E) von Ctenophoren. **A.** *Pleurobrachia*, **B.** *Bolinopsis*, **C.** *Ctenoplana*, **D.** *Cestus*, **E.** *Beroe*. MA: Magen, MK: Meridionalkanal, MU: Mund, PH: Pharynx, RI: «Rippen», TA: Tentakeltasche, TE: Tentakel.

Jugendformen (**Cydippe**-Larven), auch von Taxa mit stark veränderter Organisation, ähneln stets den ursprünglichen runden Formen (Ord.: Cydippidea, Abb. 2.31 A). Andere Arten besitzen Lappen (Ord.: Lobata, Abb. 2.31 B), sind abgeplattet und kriechen auf der Mundseite (Ord.: Platyctenidea, Abb. 2.31 C), ähneln flachen, transparenten Gürteln (Ord.: Cestidea, Abb. 2.31 D), oder haben keine Tentakeln mehr (Ord.: Beroidea, Abb. 2.31 E).

System: Ctenophora

Klasse Tentaculata
   Ord.: Cydippea (Gatt. *Pleurobrachia*)
   Ord.: Lobatea (Gatt. *Bolinopsis*)

Ord.: Cestidea (Gatt. *Cestus*)
Ord.: Plactyctenidea (Gatt. *Ctenoplana*)
Klasse: Atentaculata (Nuda)
Ord.: Beroidea (Gatt. *Beroe*).

2.4.6 Stamm Plathelminthes (Plattwürmer)

Von den etwa 16000 rezenten Arten ist nur ein Drittel freilebend (Turbellaria), während sich die übrigen (Trematodes, Cestodes) als Ekto- oder Endoparasiten in/auf Vertretern nahezu aller Tierstämme ernähren. Die Plathelminthes sind unsegmentiert, obwohl einige Gruppen (z.B. Bandwürmer) wegen äußerlicher Gliederung den Anschein erwecken können. Alle Arten sind deutlich bilateralsymmetrisch und stark dorso-ventral abgeflacht, was die Diffusionswege sehr verkürzt. Als **Körperbedeckung** dient ein Hautmuskelschlauch mit einer Epidermis als äußere Begrenzung. Die Epidermis zeigt die Tendenz zur syncytialen Ausgestaltung als kern- und cilienloses Tegument (Trematodes, Cestodes), während bei den meisten Turbellarien noch eine einzellige, bewimperte Epidermis auftritt. Unter der Epidermis erstrecken sich die Schichten der Ring- und Längsmuskulatur (Abb. 2.35). Dorso-ventral ziehende Muskelstränge sorgen zudem für die charakteristischen wellenförmigen Gestaltveränderungen. Das Innere der adulten Plathelminthes ist durch mehr oder minder dichtliegende **Parenchymzellen** angefüllt, wobei die Spalträume von Flüssigkeit erfüllt sind (= **hydrostatisches Skelett**). Eine von Endothel ausgekleidete Leibeshöhle (= Coelom) fehlt somit. Daher haben einige Autoren die Plathelminthes den acoelomaten Würmern zugeordnet, während wieder andere das Coelom als sekundär reduziert betrachten (bzw. es auf kaum sichtbare Bereiche reduziert sehen) und daher die Plathelminthes dennoch den Coelomaten zuordnen. Mit dem Coelom fehlt auch ein Blutgefäßsystem. Die Aufgaben der Stoffverteilung übernimmt das blindgeschlossene = afterlose **Gastrovaskularsystem** (= Darmsystem); sofern es fehlt (Cestodes), erfolgt der Stofftransport über die kurzen Diffusionswege im Parenchym von Zelle zu Zelle. Spezielle Atmungsorgane werden nicht ausgebildet (= **Hautatmung**).

Der **Exkretion** und Osmoregulation dient ein Protonephridialsystem, dessen Einzelelemente (= Cyrtocyten, s. Abb. 5.6) in artspezifischen Mustern angeordnet sind. Das **Nervensystem** besteht im wesentlichen aus mehreren Längssträngen, die subepithelial liegen und durch Kommissuren verbunden sind. Im vorderen Körperbereich kommt es durch Konzentration von mehreren Ganglien und einem besonders dichten Netz von Verästelungen zu einer Art «Cephalisation», wobei dieser Bereich auch äußerlich als Kopf abgesetzt sein kann (z.B. Turbellarien, Cestodes). An diesem vorderen Pol treten auch Sinnesrezeptoren häufiger auf (z.B. Augen der Turbellarien, s. Abb. 9.10; monociliäre Sinneszellen bei Trematodes).

Die Plathelminthes sind bis auf wenige Arten **Zwitter** (Abb. 2.36, 2.37). Während die meist paarig auftretenden Hoden (Testes) noch relativ einfach gebaut sind und sich über Vasa efferentia in einen gemeinsamen Ausleitungsgang (Vas deferens) entleeren, ist das weibliche System komplex und verschiedenartigen gruppen- bzw. gattungsspezifischen Abwandlungen unterlegen. Generell zeigen die **weiblichen Systeme** eine Tendenz zur prinzipiellen Aufgliederung in Ovar (Germarium), Dotterstöcke (Vitellarien), Ootyp mit Anhangsdrüsen (Mehlisscher Komplex) und ausleitenden Uterus (Abb. 2.36). Stets findet innere Besamung statt, wobei häufig der vordere Kanal des männlichen Systems als penisartiger Cirrus vorstülpbar ist und in die weibliche Geschlechtsöffnung eingeführt wird (bei einigen Turbellarien auch perkutan). Daher kann es zu Fremd- und Selbstbefruchtung kommen. Die **Furchung** verläuft bei allen Gruppen spiralig, wobei das Mesoderm in charakteristischer Weise von der 4d-Zelle ausgeht (s. Abb. 2.62). Die **Entwicklung** ist direkt (bei den meisten Turbellarien) oder kann verschiedene Larvenstadien einbeziehen (marine Turbellarien, Aspidobothrea, Monogenea, die meisten Cestoden). Darüber hinaus können verschiedene, sich unterschiedlich reproduzierende Generationen in einem Entwicklungszyklus folgen und so zu obligaten **Generationswechseln** führen (Digenea, einige Arten der Cestodes).

System: Plathelminthes (Auszug, klassisches System)

Klasse: Turbellaria (Strudelwürmer, freilebend)
Klasse: Trematodes (Saugwürmer, parasitisch)
    Unterklasse: Aspidogastrea (Aspidobothrea)
    Unterklasse: Monogenea
    Unterklasse: Digenea
Klasse: Cestodes (Bandwürmer, parasitisch)
    Unterklasse: Cestodaria
    Unterklasse: Eucestoda

Klasse Turbellaria (Strudelwürmer)

Die meisten der etwa 3.000 Arten dieser Klasse gehören mit einer durchschnittlichen Größe von nur 0,5–2,0 mm zur **Mikrofauna** des Meeres, des Süßwassers und terrestrischer Feuchtbiotope. Allerdings werden einige Vertreter auch deutlich größer (*Rhynchodemus terrestris* – 12 mm, *Mesostoma* spp. – 19 × 4 mm, *Dugesia gonocephala* – bis 25 mm, *Bipalium javanum* – bis 60 cm!).

Turbellarien erscheinen äußerlich ungegliedert bis auf den «Kopfbereich», in dem auch die Augen in Form von **Pigmentbecherocellen** liegen (s. Abb. 9.9). Die zelluläre **Epidermis** ist meist auf der gesamten Oberfläche (bei einigen Gattungen nur auf der Unterseite) mit typischen Cilien versehen, die kleinen Arten auch der Fortbewegung dienen. Kleine Turbellarien ernähren sich von organischem Substrat (auch Diatomeen, Protozoen) ihres Biotops, die übrigen erwerben aber als Räuber bzw. Kannibalen ihre notwendige

2.4.6 Baupläne, Plathelminthes

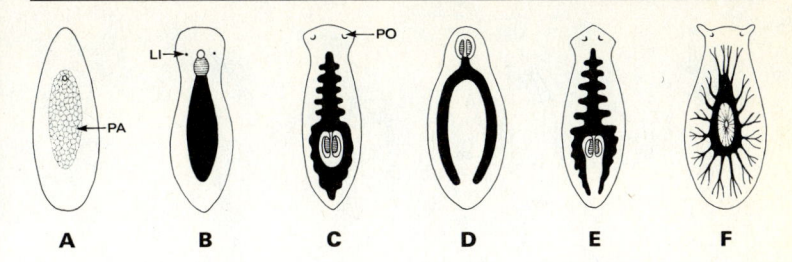

A B C D E F

Abb. 2.32: Schem. Darstellung der Darmformen bei den Turbellaria (Pharynx = gestreift, Darm = schwarz). **A.** Acoeler Typ mit solidem Darm-Parenchym (PA). **B.** Stabförmiger Darm (bei Rhabdo- und Alloeocoela). **C.** Stabförmig und gelappt (bei Alloeocoela und Bothrioplana). **D.** Zweischenklig (Desmote-Typ). **E.** Dreischenklig (bei Tricladida wie *Planaria* sp.) **F.** Zentrale Verzweigung (mit zentralem Pharynx), bei Polycladida. LI: Lichtsinnesorgan, PA: Darmparenchym, PO: Pigmentbecherocellus.

Nahrung, wobei ihre Beute von Vertretern der Cnidaria bis zu Arthropoden und Tunikaten reicht. Der **Verdauungstrakt** besteht aus dem stets ventral gelegenen Mund, der häufig zur Körpermitte oder gar zum Hinterende verschoben ist, dem bei einigen Arten vorstülpbaren, z.T. rüsselartigen Pharynx und dem afterlosen Darm. Letzerer hat bei einigen Gruppen kein Lumen (z.B. Ordnung Acoela), ist aber sonst in so charakteristischer Weise gestaltet bzw. verzweigt, daß er zur Ordnungsdefinition herangezogen wird (u.a. dreiästig bei Tricladida, vielästig bei Polycladida etc., Abb. 2.32, 5.6).

Der Bau der zwittrigen **Geschlechtsorgane** (Ausnahmen: *Krohnborgia*-Arten) wird zur Gliederung der Turbellaria in die beiden Klassen Archoophora (u.a. Ord. Acoela, Polycladida) und Neoophora (u.a. Ord. Neorhabdocoela, Proseriata, Tricladida) herangezogen. Die einfacheren Archoophora haben das weibliche Geschlechtssystem noch nicht wie die Neoophora in Ovar und Dotterstöcke aufgetrennt, während die Hoden gattungsspezifisch als größere einzelne bzw. paarige Schläuche oder in Form vieler kleiner Bläschen ausgebildet werden. Die **Begattung** erfolgt wechselseitig mit Hilfe eines Cirrus bzw. Penis, der zur inneren Besamung in die Vagina bzw. gelegentlich auch hypodermal eingeführt wird.

Die **Entwicklung** der in Kokons abgelegten befruchteten Eier erfolgt in den meisten Fällen direkt, nur bei einigen Arten mariner Polycladen werden freischwimmende trochophora-ähnliche Larven (s. Abb. 2.64) gebildet. Neben dieser geschlechtlichen Reproduktion treten ungeschlechtliche Vermehrungen in Form der Durchschnürung (**Architomie** = die Tochterindividuen enthalten zunächst nur die Organe des jeweiligen Muttertieres) bzw. Zerfallsteilung (Paratomie). Im letzteren Fall erfolgt vor der Trennung das Einziehen von Querwänden und die Neubildung aller Organe. Hierbei

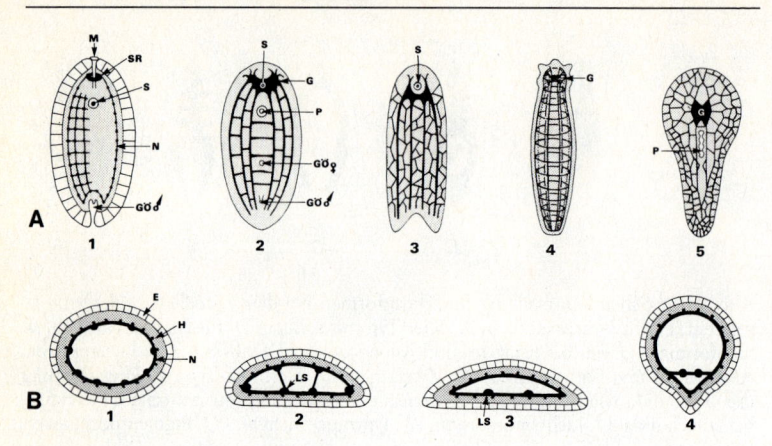

Abb. 2.33: Schematische Darstellung des Nervensystems bei Turbellarien in der Aufsicht (**A**) und im Querschnitt (**B**). **A. 1.** Epidermales Netz bei *Nematoderma* (Acoela); **2.** Radiärsymmetrische Anordnung der Stränge bei anderen Acoela; **3.** Plane Anordnung der Nervenstränge bei *(Amphiscolopsis)*; **4.** Gitterförmiger Nervenplexus bei Alloeocoela; **5.** Ventraler Nervenplexus (bei Polycladida). **B. 1.** Alloeocoela (vergl. **A** 4); **2.** Marine Tricladida; **3.** Limnische Tricladida; **4.** Landplanarien. E: Epidermis (Tegument), G: Gehirn; GÖ: Geschlechtsöffnungen, H: Hautmuskelschlauch, LS: Längsnervenstrang, M: Mund, N: Nervenstrang, P: Pharynx, S: Statocyste, SR: Schlundring des Nervensystems.

kann eine **Kettenbildung** (bis 16 Einzeltiere) auftreten. Bei natürlicher bzw. artifizieller Fragmentation entstehen aus den Einzelteilen aufgrund des extremen Regenerationsvermögens der Turbellaria wieder neue Tiere, was auf RNS-reiche Neoblasten des Parenchyms zurückzuführen ist.

Klasse Trematodes (Saugwürmer)

Die systematische Zuordnung der drei Unterklassen Aspidobothrea, Monogenea und Digenea ist noch umstritten. Sie sollen daher wertneutral nebeneinander dargestellt werden.

Unterklasse Aspidobothrea

Die wenigen, meist 2–5 mm, aber maximal 115 mm großen Arten parasitieren äußerlich auf Muscheln und Schnecken oder im Darm von Fischen und Schildkröten, sie sind durch einen extrem großen, die Ventralseite fast völlig bedeckenden Halteapparat (**Opisthaptor**, Baers Disc) ausgezeichnet. Die **Entwicklung** der zwittrigen Aspidobothrea verläuft nach Paarung und wechselseitiger Befruchtung meist über bewimperte, freischwimmende Larven (Ausnahme: *Aspidogaster conchicola*, wo sie sich kriechend bewegen). Ein Generationswechsel ist nicht bekannt, wohl kann aber das Heranwachsen der Larven zum geschlechtsreifen Tier auf (in) verschiedenen Wirten erfolgen.

Unterklasse Monogenea

Die meisten der mit 0,3–20 mm relativ kleinen Arten sind **Ektoparasiten** der Haut bzw. Kiemen von wechselwarmen Wasservertrebraten (Fische, Amphibien, Reptilien). Einige wenige Arten parasitieren als **Endoparasiten** in der Harnblase oder Speiseröhre des gleichen Wirtsspektrums. Zur Verankerung haben sie 1–3 vordere kleine Saugnäpfe (Prohaptor) und einen großen, oft mit Saugnäpfen oder Haken bewehrten Opisthaptor entwickelt (Abb. 2.34). Die **Ontogenese** der zwittrigen Monogenea verläuft nach Kopulation, Fremdbefruchtung und inäqualer Furchung) über bewimperte und mit Augenflecken versehene Larvenstadien (**Oncomiracidium**), die für die räumliche Ausbreitung im Biotop sorgen. Ein Generationswechsel findet nicht statt (Name: Monogenea). Ebenso fehlen ungeschlechtliche Vermehrungsprozesse. Bei einigen Arten (*Gyrodactylus* spp.) ist allerdings **Polyembryogonie** (s. Kap. 3) beschrieben.

Wichtige und häufige Arten sind *Polystomum intergerrimum* (Harnblase des Frosches), *Pseudodactylogyrus anguillae* (Kiemen vom Aal), *Diplozoon paradoxum* (zwei Tiere sind verwachsen; Kiemen vom Karpfen), *Dactylogyrus vastator* (Kiemen vom Karpfen) und *Gyrodactylus*-Arten (Haut, Kiemen von Weißfischen). Die Monogenea, die sich vom Blut oder Epithelien ihrer Wirte ernähren, können – insbesondere bei Massenbefall – zu großen Verlusten in Fischzuchten führen.

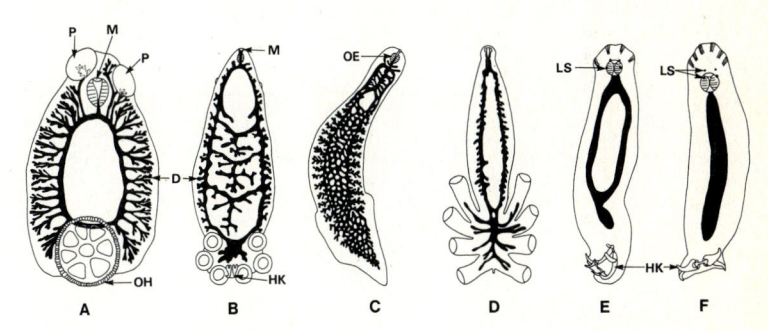

Abb. 2.34: Schem. Darstellung des blindgeschlossenen Darms und seiner Verzweigungen (schwarz) bei einigen Monogeneen (nach Ehlers, 1985). **A:** *Tristomum* sp. (auf Kiemen des Schwertfischs); **B:** *Polystomum integerrimum* (Harnblase des Fisches); **C:** *Microcotyle reticulata* (ohne echten Opisthaptor, auf Kiemen vieler Meeresfische); **D:** *Cyclocotyla* sp.; **E:** *Ancylodiscoides* sp.; **F:** *Tetraonchus momenteron*. D: Darm, HK: Haken des OH, LS: Lichtsinnesorgane, M: Mundöffnung, OE: Oesophagus, OH: Opisthaptor, P: Prohaptor.

Unterklasse Digenea

Die adulten Digenea sind **Endoparasiten** einer Vielzahl von Wirbeltieren und weisen neben einer beträchtlichen Formenvielfalt auch deutliche artspezifische Größenunterschiede auf (z.B. *Metagonimus* spp. = 1–2 mm, *Fasciolopsis buski* bis 7,5 cm). Äußerlich sind die «Egel», die als juvenile und adulte Formen in nahezu allen Organen ihrer Wirte auftreten können, durch meist zwei **Saugnäpfe** charakterisiert, von den der vordere im Regelfall den Mund umgibt (Abb. 2.36). Die Lage des Bauchnapfes ist variabel, aber stets artspezifisch determiniert.

Die meisten Vertreter der Digenea sind **protandrische Zwitter** (Ausnahme: z.B. Pärchenegel, Gattungen *Schistosoma*, *Tricho-*, *Ornithobilharzia*) mit einem komplex angeordneten Geschlechtssystem, das wiederum artspezifischen Variationen unterliegt (Abb. 2.36). Die getrenntgeschlechtlichen Schistosomen werden dabei von Geschlechtschromosomen in allen Phasen ihres Entwicklungszyklus determiniert.

Die Bezeichnung Digenea (= zwei Generationen) erfolgte wegen des hier auftretenden **Generationswechsels**, der zudem noch einen obligaten **Wirtswechsel** einbezieht (s.u.). Die nach Selbst- oder Fremdbefruchtung in den Fäzes, Urin oder Sputum ihrer Endwirte abgesetzten derbwandigen (sklerotisierten) Eier der Digenea enthalten außer der Zygote stets mehrere Dotter- (Schalen-)bildungszellen.

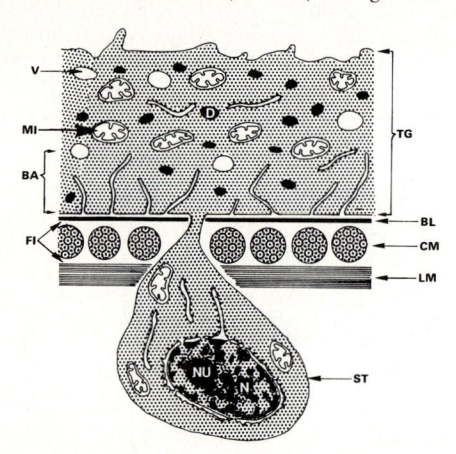

Abb. 2.35: Schematische Darstellung der Grundstruktur des Plathelminthen-Teguments. Bei Turbellarien können apikal Cilien ausgebildet werden, bei den Monogenea und Digenea treten Einfaltungen bzw. evtl. zusätzliche Haken (Dorne) auf, während Cestoden stets Mikrotrichen aufweisen. BA: Basales Labyrinth, BL: Basallamina, CM: Ringmuskulatur, D: Dichte Einschlüsse (Discs, Glykogen etc.), FI: Filamentöse Grundsubstanz, LM: Längsmuskulatur, MI: Mitochondrion, N: Nucleus, Kern, NU: Nucleolus, ST: Subtegumentaler Zellbereich, TG: Tegument, V: Vacuole.

2.4.6 Baupläne, Plathelminthes

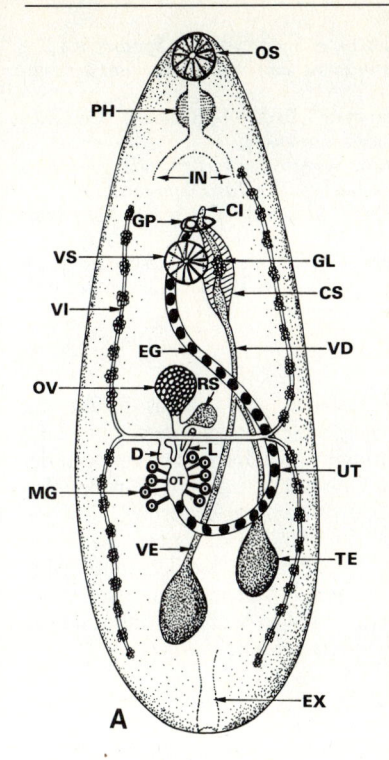

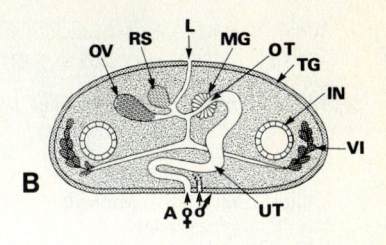

Abb. 2.36: Schem. Darstellung eines digenen Trematoden in der Aufsicht (**A**) und im Querschnitt (**B**), wobei im letzteren vom männlichen System nur der Ausführkanal angedeutet wurde. A: Ausführgang des männlichen und weiblichen Systems, CI: Cirrus, CS: Cirrussack, D: Dottergang, EG: Eier, EX: Exkretionssystem (Ausführungskanal), GL: Cirrusdrüsen, GP: Genitalporus, IN: Darm (blindgeschlossene Schenkel wurden in Abb. A abgeschnitten), L: Laurerscher Kanal, MG: Mehlissche Drüsen, OS: Oraler Saugnapf, OT: Ootyp, OV: Ovar, PH: Pharynx, RS: Receptaculum seminis, TE: Testes (Hoden), TG: Tegument, UT: Uterus, VD: Vas deferens, VE: Vas efferens, VI: Vitellarium (= Dotterstock), VS: Ventraler Saugnapf.

Im Freien schlüpft (Ausnahme z.B. *Dicrocoelium dendriticum*) eine Wimperlarve (Miracidium), die im Regelfall in den ersten Zwischenwirt (meist Schnecken) eindringt und sich dort zur Sporocyste umwandelt. In diesem Zwischenwirt erfolgt dann in der Mitteldarmdrüse die weitere Entwicklung, wobei weitere Generationen (Sporocysten, Redien) und schließlich Infektionslarven (Cercarien) gebildet werden. Diese Stadien verlassen die Zwischenwirte und schwimmen im Regelfall (Ausnahme z.B. *D. dendriticum*) mit Hilfe ihres Ruderschwanzes im Wasser umher und dringen dann in den Endwirt (z.B. *Schistosoma* spp.) oder in den zweiten Zwischenwirt (z.B. *Clonorchis sinensis*, *Paragonimus* spp.) ein bzw. encystieren sich an Wasserpflanzen (z.B. *Fasciola hepatica*). Die im 2. Zwischenwirt bzw. an Wasserpflanzen encystierten, als Metacercarien bezeichneten Stadien erreichen nach einer Reifungszeit die Infektionsfähigkeit für Endwirte.

Der gesamte **Entwicklungszyklus** verläuft bei den verschiedenen Gruppen der Digenea mit einer breiten Variabilität ab, wobei u.a. folgende Kombinationen von Stadien in Erscheinung treten:

1. Adulte Würmer – Eier – Miracidium – Sporocyste I, – Sporocysten II – Cercarien (*Schistosoma*-Arten),

2. Adulte Würmer – Ei – Miracidium (im Ei) – Sporocyste I – Sporocysten II – Cercarien (im Schleim) – Metacercarien im Zwischenwirt (*Dicrocoelium dendriticum*),
3. Adulte Würmer – Ei – Miracidium – Sporocyste I, Redien I – Redien II – Cercarien – Metacercarien im Zwischenwirt *(Clonorchis sinensis)*,
4. Adulte Würmer – Ei – Miracidium – Sporocyste – Redien I – Redien II – Cercarien – Metacercarien an Wasserpflanzen *(Fasciola hepatica, Fasciolopis buski)*,
5. Adulte Würmer – Ei – Miracidium – Redie I – Redien II – Cercarien – Metacercarien (*Nanophyetus* spp.).

Zahlreiche der etwa 6000 Arten der Digenea sind bedeutende Parasiten des Menschen und der Haustiere und führen ohne Behandlung zu großen Schäden (s. Mehlhorn und Piekarski 1994, Mehlhorn 1988).

Klasse Cestodes (Bandwürmer)

Die Bandwürmer sind ausnahmslos Parasiten, die sich als Adulte mit artspezifischen Haftorganen (Haken, Saugnäpfen, Sauggruben, Abb. 2.37) im Darm ihrer Wirte verankern und durch eigene Körperbewegungen der Darmperistaltik entgegenwirken. Ihre Organisation gleicht dem Bauplan der Trematoden, lediglich der Darm fehlt, so daß die Nahrung (Glukose, Galaktose, Amino-, Fettsäuren, Lipide, Vitamine) über das mit Mikrotrichen versehene syncytiale Tegument aufgenommen werden muß (Abb. 2.35). Die Entwicklung der Cestoden verläuft als **Metamorphose**, selten mit Generationswechsel, aber nahezu immer mit **Wirtswechsel**. Aufgrund des Körperbaus werden zwei Unterklassen unterschieden:

Unterklasse Cestodaria

Hierbei handelt es sich um 2–25 cm lange, monozoische, zwittrige Formen, die nur je einen Satz von männlichen und weiblichen Geschlechtsorganen besitzen und als Adulte im Darm, in der Lunge bzw. in der Leibeshöhle von Chimären, Stören bzw. Schildkröten leben. Aus freigesetzten Eiern schlüpft die **Lycophoralarve**, die 10 Haken aufweist (decanth) und mit Hilfe von Cilien im Wasser umherschwimmt. Bei Vertretern der Ordnung Amphilinoidea suchen die Larven Copepoden als Zwischenwirte auf, während die Lycophora der Ordnung Gyrocotyloidea den Darm der Chimären direkt befallen kann.

Unterklasse Eucestoda

Die Adulten erreichen eine artspezifische Länge von 1 mm bis 30 m und leben meist im Darm von Wirbeltieren. Die Eucestoda sind mit Ausnahme der Vertreter der Ordnungen Caryophyllidea und Spathebothria polyzoisch, d.h. sie besitzen mehrere, hintereinander liegende Systeme von meist zwittrigen Geschlechtsorganen (Ausnahme: *Dioecocestus acotylus*).

Die Eucestoda zeigen – abgesehen von den Caryophyllidea, die als geschlechtsreife Larven (= **Neotenie, Progenesis**, s. Kap. 3) von Vertretern der Ordnung Pseudophyllidea interpretiert werden – eine Gliederung des Körpers in **Skolex** (Kopf), **Proliferationszone** (Hals) und **Strobila** (Gliederkette) (Abb. 2.37). Die Strobila besteht aus **Proglottiden** in artspezifischer Form und Anzahl (*Echinococcus*-Arten: 3–6, *Diphyllobothrium latum:* bis 4.000). Diese Gliederung in Proglottiden tritt durch Faltung der Oberfläche bei Aufsicht optisch hervor. So werden zwischen den als Proglottiden erscheinenden Abschnitten, die stets mindestens einen Satz männlicher und weiblicher Geschlechtsorgane enthalten (Gattungen *Moniezia, Dipylidium* je 2), keine segmentalen Trennwände eingezogen. Die **weiblichen Geschlechtsorgane** bestehen – wie die der Trematoden – aus folgenden Komponenten: Ovar (Germarium), Dotterstock (Vitellarium), Ootyp, Mehlisscher Drüsenkomplex, Uterus (mit oder ohne Ausgang). Hinzu kommt eine Vagina, die auf einer meist lateral gelegenen Geschlechtspapille beginnt (neben der Öffnung des männlichen Cirrus) und mit einer als Samenspeicher (Receptaculum seminis) fungierenden Aussackung zum Ootyp zieht (Abb. 2.38). Das **männliche System** besteht aus einer artspezifischen Anzahl von Hoden (3 bei *Hymenolepis* spp., bis 800 bei *Taenia* spp.), von denen die fadenartigen, oft 200 µm langen Spermien gebildet und über je ein Vas efferens und ein gemeinsames Vas deferens ausgeleitet werden. Der Ausgang des Vas deferens ist vorstülpbar (Cirrus) und kann in das weibliche System eingeführt werden, wobei Selbst- und Fremdbefruchtung möglich ist.

Neben diesen proglottidenspezifischen Systemen treten bei Eucestoda proglottidenübergreifende auf, die zur Ernährung, Exkretion und Erregungsleitung notwendig sind:

1. Das syncytiale Tegument (Abb. 2.35) dient den darmlosen Würmern der Nahrungsaufnahme und deren Verteilung auf die Körperabschnitte. Der dem Tegument aufliegende surface coat schützt den Wurm vor Verdauung seitens des Wirts.

2. Das Exkretionssystem besteht (bei Taeniidae) aus einem **Protonephridialsystem** mit Cyrtocyten (S. 404) und je zwei Paar lateralen Längskanälen, die im Skolexbereich durch Anastomosen verbunden sind. Zusätzlich existiert in jeder Proglottide eine Querverbindung des ventralen Paars. Die Cyrtocyten (s. Abb. 5.6) leiten über Kanäle ihr Ultrafiltrat in die Seitenkanäle, von denen das ventrale Paar über je eine Pore an der jeweilig letzten Proglottide ausmündet.

3. Das Nervensystem besteht aus einer Ganglien- und Kommissurenanhäufung im Skolex und meist aus sechs Längssträngen, von denen die beiden lateralen so stark sind, daß sie bereits lichtmikroskopisch sichtbar werden.

Die **Entwicklung** der Eucestoda vom Ei zum geschlechtsreifen Tier erfolgt meist als **Metamorphose** ohne Generationwechsel (Ausnahmen: *Echinococcus* spp., *Multiceps* spp.). Allerdings erscheint die Larve in diesem Entwicklungsgang in mindestens zwei Formen, die sich meist obligat in einem oder mehreren Zwischenwirten entwickeln, und von denen die letzte vom Endwirt stets oral aufgenommen werden muß. Bei dieser Entwicklung treten drei Möglichkeiten auf:

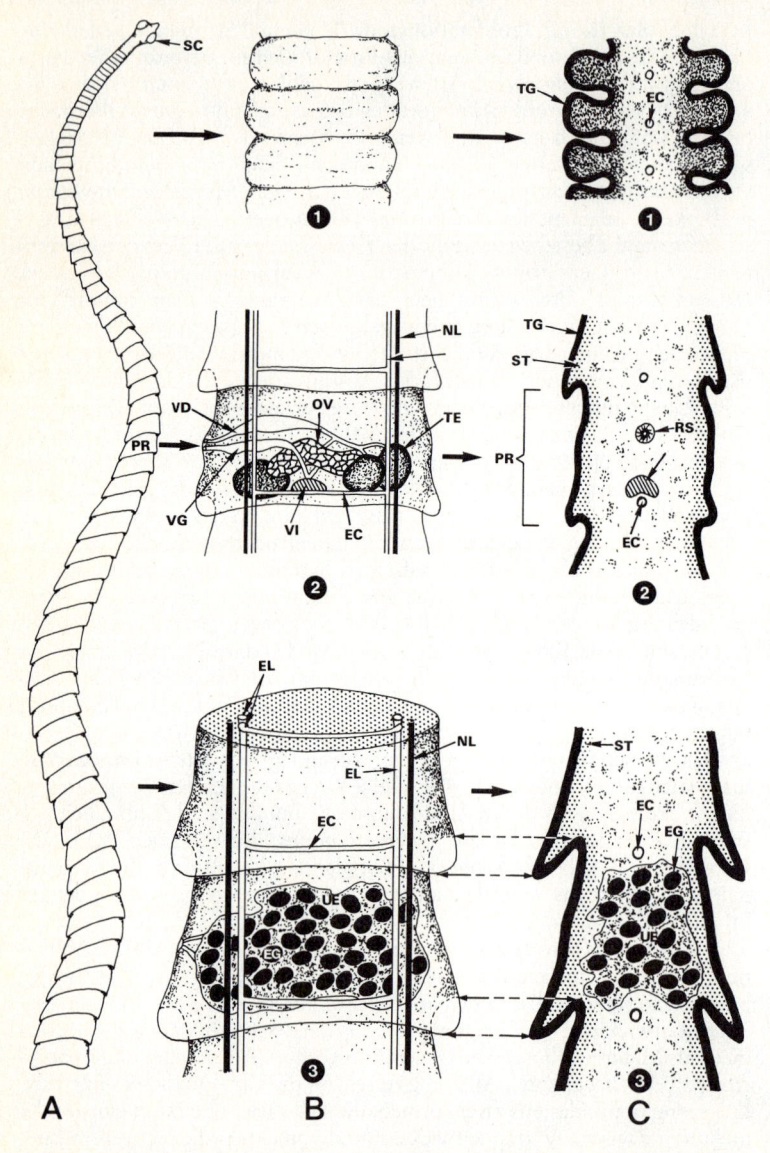

Abb. 2.37: Schematische Darstellung der Organisation von cyclophylliden Bandwürmern (Beispiel: *Vampirolepis = Hymenolepis* spp.) in drei Schnittebenen (1–3).

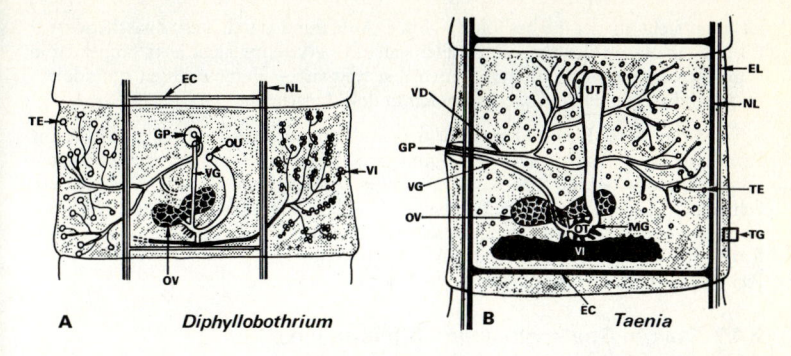

Abb. 2.38: Schematische Darstellung der Organisationsform mittlerer Proglottiden von Bandwürmern der Gattung *Diphyllobothrium* (**A**) und *Taenia* (**B**) in der Aufsicht. EC: Exkretionskanal (querverlaufend), EL: Exkretionskanal (längsverlaufend), GP: Genitalporus, MG: Mehlissche Drüse (syn. Schalendrüse), NL: Nervenstrang (längsverlaufend), OT: Ootyp, OU: Öffnung des Uterus (ohne Eier), OV: Ovar, Germarium, TE: Testis, Hodenbläschen, TG: Tegument, UT: Uterus (ohne Eier), VD: Vas deferens, VG: Vagina, VI: Vitellarium, Dotterstock.

1. Adulter Wurm im Endwirt – Ei mit Oncosphaera (= Sechshakenlarve, hexacanth) in Fäzes – orale Aufnahme durch Vertebraten als Zwischenwirte – Umwandlung der Oncosphaera in artspezifischen Geweben in eine weitere Larve (Cysticercus bei *Taenia* spp., Strobilocercus bei *Taenia taeniaeformis*) oder in eine sich ungeschlechtlich vermehrende Generation (Hydatide bei *Echinococccus granulosus*, Coenurus bei *Multiceps* spp.) – orale Aufnahme durch den Endwirt. In den Fällen von *Echinococcus*- und *Multiceps*-Arten handelt es sich um einen als **Metagenese** bezeichneten Generationswechsel.

2. Adulter Wurm im Endwirt – Ei mit Oncosphaera in Fäzes – orale Aufnahme durch Insekten als Zwischenwirte – Umwandlung der Oncosphaera in eine Cysticercoid-Larve – orale Aufnahme durch den Endwirt. Bei einigen Arten (z. B *Vampirolepis nana* des Menschen) kann die Cysticercoid-Bildung unter Auslassung des Zwischenwirts gleich im Endwirt stattfinden (= **Autoinfektion und fakultativer Wirtswechsel**).

3. Adulter Wurm im Endwirt – unembryoniertes Ei in Fäzes – im Wasser entwickelt sich im Ei die bewimperte Coracidium - Larve, die die Oncosphaera umschließt – orale Aufnahme durch den Zwischenwirt I (Copepode, s. Abb. 2.80) – Procercoid-

---

A. Totalansicht. B. Oberflächenansicht. C. Längsschnitt. EC: Exkretionskanal (querverlaufend), EG: Eier, EL: Exkretionskanal (längsverlaufend), NL: Nervenstrang (längsverlaufend), OV: Ovar, Germarium, PR: Proglottiden (zur Strobila vereint), RS: Receptaculum seminis (Vaginaschwellung), SC: Skolex, ST: Subtegumentale Zellen, TE: Testis, Hoden, TG: Tegument, UE: Uterus (mit Eiern gefüllt), VD: Vas deferens, VG: Vagina, VI: Vitellarium (Dotterstock).

larve entsteht in der Leibeshöhle – orale Aufnahme durch den Zwischenwirt II (Fische), in dessen Gewebe sich die Plerocercoid-Larve entwickelt (evtl. Stapelung in Raubfischen) – orale Aufnahme durch den Endwirt – Heranwachsen des adulten Fischbandwurms (*Diphyllobothrium latum* des Menschen).

Die Unterklasse Eucestoda enthält tier- und humanmedizinisch sehr bedeutsame Parasiten: *Echinococcus*-Arten (1–6 mm in den Endwirten: Hund, Fuchs Katze – Cysten in Maus, Schaf, Mensch), *Taenia solium* (ca. 6 m beim Mensch, Zwischenwirt Schwein), *Taenia saginata* (ca. 8 m beim Menschen, Zwischenwirt Rind), *Diphyllobothrium latum* (bis 30 m beim Menschen, Zyklus s. o.), *Moniezia*-Arten (4–7 m bei Rindern, Zwischenwirt Hornmilben). Weitere Arten und Details s. Mehlhorn und Piekarski (1994), Mehlhorn (1988) oder Boch und Supperer, 1992.

2.4.7 Stamm Gnathostomulida (Kiefermündchen)

Die etwa 80 bisher beschriebenen Arten dieses erst 1956 entdeckten Stammes erreichen als Bewohner des marinen Mesopsammons eine Größe von etwa 0,5–1 mm (selten bis 3 mm).

Ihr transparenter Körper ist äußerlich oft nur undeutlich in eine Kopf- und Schwanzregion untergliedert. Die Körperwand besteht aus einer zellulären, bewimperten (1 pro Zelle) Epidermis und je einer Schicht Ring- und Längsmuskulatur (sowie zusätzliche dorso-ventrale Züge). Der Darm dieser Algen- und Detritusfresser beginnt mit einem ventral gelegenen und mit artspezifischen Kiefern versehenen Mund, besitzt allerdings keinen After. Als **Exkretionsorgane** sind 5 Paar Protonephridien ausgebildet, die die dicht mit Organen erfüllte, lumenlose «Leibeshöhle» entwässern. Spezifische **Blutgefäß-** und **Atmungsorgane** fehlen ihnen völlig. Das **Nervensystem** besteht aus einem Ganglienbereich in Nähe der Mundhöhle und 3–4 davon abgehenden Paaren von Längssträngen; komplexe Sinnesorgane sind nicht bekannt.
Fortpflanzung. Die Arten der Gnathostomulida sind überwiegend **Zwitter**. Die Hoden (1 oder 2) sowie das unpaare Ovar (jeweils nur ein großes Ei) besitzen eigene Ausführgänge bzw. Kopulationshilfsorgane (♂ hinten, ♀ Mitte). Zwar wurde die Kopulation noch nicht beobachtet, es kommt aber zu einer inneren Befruchtung. Die Furchung beginnt spiralig, die weitere Individualentwicklung verläuft vermutlich direkt. Namensgebende Art: *Gnathostomula paradoxa* Ax (etwa 1 mm, weltweit).

2.4.8 Stamm Nemertini (Schnurwürmer)

Die schnur- bzw. bandförmigen Vertreter der etwa 900 Arten dieses Stammes leben **marin** als Räuber bzw. Detritusfresser vorwiegend im flachen Wasser (unter Steinen, Pflanzen etc.). Nur bei wenigen Arten finden sich eine limnische, terrestrische oder gar parasitische Lebensweise. Die Nemertini, deren Länge von wenigen Millimetern bis 30 m *(Lineus longissimus)* variieren kann, wirken wegen ihres meist extrem kleinen Durchmessers fadenartig, wobei lediglich das Vorderende (Kopf) leicht abgesetzt sein kann. Die oft farbige **Körperwand** besteht aus einer einschichtigen Epidermis (mit Cilien) und einer ordnungsspezifischen Schichtung der Muskeln: Ring-, Diagonal-, Längsmuskel bzw. Längs-, Ring-, Längsmuskel. Charakteristikum der Nemertini ist ein oft körperlanger **Rüssel** (Proboscis), der allerdings nur selten mit dem Darmsystem in Verbindung steht (Abb. 2.40), aber Funktionen beim Beuteerwerb bzw. bei der Zerteilung erfüllt, da er mit Giftdrüsen bzw. einem Stilett versehen sein kann. Der Mund liegt ventral von diesem Rüssel: der **Darm**, der Seitenvertikel aufweist, zieht gerade nach hinten und mündet in einem terminalen After. Als **Exkretionssystem** dienen ursprünglich paarige Protonephridien, die bei einigen Arten zu **Metanephridien** umgewandelt sein können. Während die **Protonephridien** stets in engem Kontakt zum geschlossenen Blutgefäßsystem stehen (Abb. 2.39), ragen die abgewandelten Strukturen in die mit Mesenchymzellen gefüllte Leibeshöhle (acoelomat). Das **Blut** der Nemertini ist farblos (aber evtl. bei einigen Arten mit intrazellulärem Hämoglobin) und wird von den kontraktilen Gefäßen hin und her gepumpt (Richtung liegt nicht völlig fest). Ein Atmungssystem fehlt, was aber in Anbetracht des geringen Körperdurchmessers und des verzweigten, geschlossenen **Blutgefäßsystem** auch nicht notwendig erscheint. Das **Nervensystem** entspricht im Grundbauplan den Plathelminthes (s. 2.4.6) und besteht aus einem Schlundring (4 Ganglien), von dem 2 bis 4 untereinander verbundene Markstränge nach hinten ziehen.

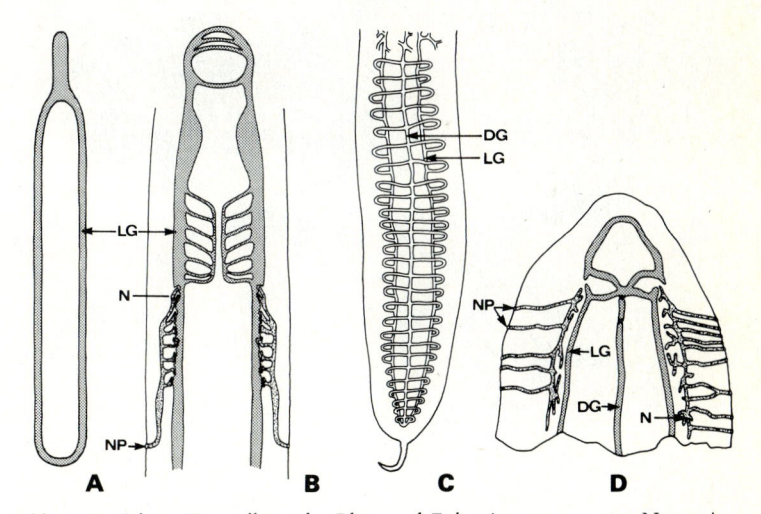

Abb. 2.39: Schem. Darstellung des Blut- und Exkretionssystems von Nemertinen (nach Oudemanns). **A.** Einfacher Blutgefäßtyp bei *Cephalothrix* sp.. **B.** Vorderende von *Tubulanus* sp.: die Nephridien umschließen die Lateralgefäße und münden in einem Porus aus. **C.** Hinterende von *Cerebratulus* sp. **D.** Vorderende von *Amphiporus* sp., wo mehrere Nephroporen auftreten. DG: Dorsalgefäß, LG: Lateralgefäß, N: Nephridium, NP: Nephroporus.

110   2 Baupläne und Biologie der Tiere

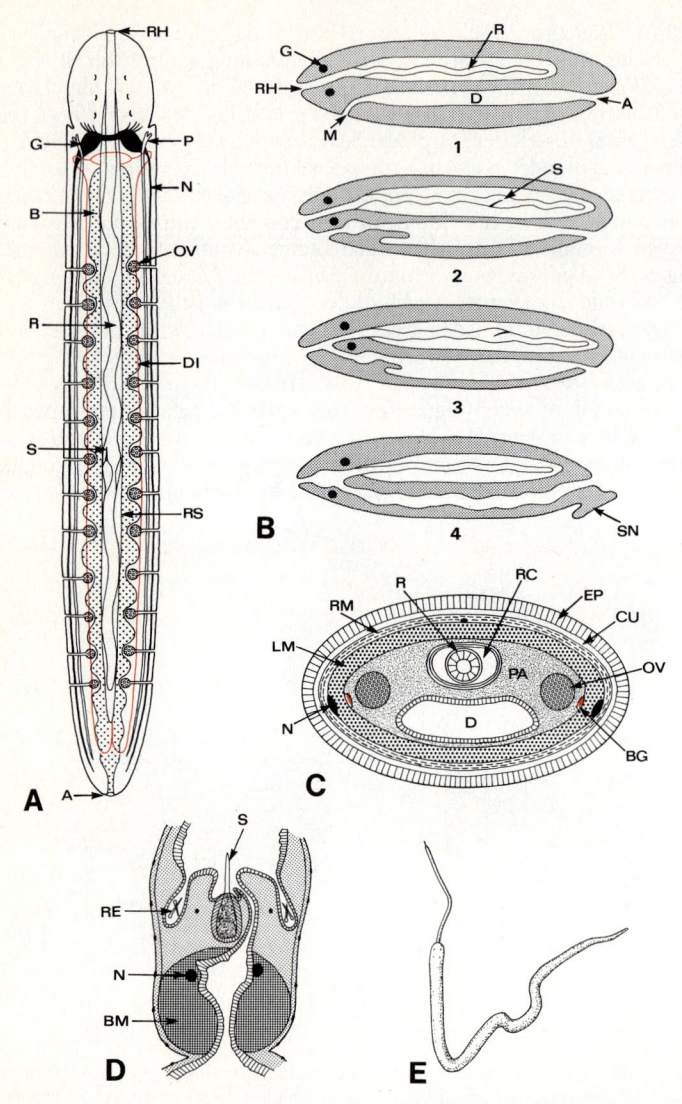

Abb. 2.40: Schem. Darstellung der Organisation von Nemertinen. **A.** Aufsicht eines Hoplonemertinen (Blutgefäße rot, Dorsalgefäß teilweise verdeckt, unter dem Rüssel). **B.** Verbindung von Rüsselsystem und Darm bei Nemertinen. **1.** Rüssel ohne Stilett, getrennt vom Darm (Anopla). **2.** Mit Stilett, getrennt vom Darm (einige Enopla). **3.**

Als **Sinnesorgane** treten 1 bis 3 Paar Pigmentbecherocellen, Statocysten und Sinnesgruben auf (s. Kap. 9). Die Nemertini sind meist **getrenntgeschlechtlich** (Ausnahmen: Süßwasser- bzw. Landformen). Die Gonaden sind in Reihen angeordnete Säckchen aus umgestalteten Parenchymzellen (Abb. 2.40). Die Befruchtung erfolgt im Regelfall im Freien, wobei die Geschlechtszellen über neuangelegte Kanäle freigesetzt werden. Die **Furchung** verläuft spiralig (s. Abb. 2.62) und leitet in den meisten Fällen in eine direkte Entwicklung über. Die Vertreter der Ordnung Heteronemertini allerdings bilden eine bewimperte **Pilidium**-Larve.

Wichtige Arten sind: *Lineus ruber* (bis 20 cm x 3 mm groß in europ. Meeren), *Amphiporus lactifloreus* (bis 8 cm, Nordsee), *Malacobdella* spp. (3–9 cm, Kommensalen bei Muscheln).

2.4.9 Stamm Nemathelminthes (Aschelminthes, Rundwürmer)

Die systematische Verwandtschaft der in diesem Stamm (12.500 Arten) eingeordneten äußerlich sehr unterschiedlichen Taxa (Klassen) ist umstritten:

System: Nemathelminthes

Klasse: Rotatoria
Klasse: Gastrotricha
Klasse: Nematoda
Klasse: Nematomorpha
Klasse: Kinorhyncha

Manche Autoren zählen auch noch Priapulida (s. 2.4.11) und die Acanthocephala (s. 2.4.10) hinzu. Einige wenige Merkmale sind dennoch den 5 hier aufgelisteten Gruppen gemeinsam:
1. Das **Regenerationsvermögen** ist im allgemeinen sehr gering.
2. Eine Tendenz zur **Eutelie** (Zellkonstanz) besteht, wenn auch diese – insbesondere bei großen Arten – nur teilweise durchgehalten wird.
3. Primär ist ein **Darmkanal** mit After angelegt, der bei einigen (parasitischen) Arten allerdings mehr oder weniger stark rückgebildet sein kann.

Mit Stilett, Rüssel– und Darmsystem in Verbindung (andere Enopla). **4.** Ohne Stilett, Darm- und Rüsselsystem mit gemeinsamem Atrium (bei Bdellomorpha). **C.** Palaeonemertine (quer); **D.** Stilettbereich des Rüssels (mit Ersatzstiletten in Taschen). **E.** Nemertine mit ausgestülptem, stilettbewehrtem Rüssel (in toto). A: Anus, B: Blindsack des Darms, BG: Blutgefäß, BM: Bulbus aus Muskeln, CU: Cutis, DI: Darmdivertikel, EP: Epidermis, G: Ganglion, LM: Längsmuskulatur, M: Mund, N: Nervenstrang, OV: Ovar, P: Protonephridium, PA: Parenchym, R: Rüssel, RC: Rhynchocoel, RE: Reservestilette, RH: Rhynchostom, RM: Ringmuskulatur, RS: Rüsselscheide, S: Stilett, SN: Saugnapf.

4. Die **Leibeshöhle** enthält in den meisten Fällen kein auskleidendes Coelothel und auch kein Mesenchym (Deutung als Pseudocoelom und Einordnung daher in die acoelomaten Würmer). Da bei einigen Arten angebliche Reste eines Coeloms auftreten sollen, führen einige Autoren die Nemathelminthes allerdings unter den Coelomata.
5. In allen hier aufgelisteten Klassen kommt es zu einer **inneren Besamung** der getrenntgeschlechtlichen Adulten.
6. **Parthenogenetische Eiablage** tritt zusätzlich in einigen Gruppen (Rotatoria, Nematoda) auf (Generationswechsel: Heterogonie).
7. **Blutgefäßsysteme** fehlen stets ebenso wie spezielle Atmungssysteme.
8. Die **Ontogenese** zeigt in vielen Gruppen eine starke Variation, wobei als Grundtypus eine bilateralsymmetrische Furchung (s. Kap. 3) mit relativ strenger Determination vorherrscht.

Klasse Rotatoria (Rädertiere)

Die meisten Weibchen der vorwiegend im **Süßwasser** lebenden Rotatorien (etwa 1.800 Arten) besitzen nur etwa 1.000 Zellen und sind kleiner als 0,5 mm. Einige Arten erreichen maximal etwa eine Länge von 3 mm, während die Zwergmännchen 40 µm als Untergrenze aufweisen. Der Körper der Rotatoria (Abb. 2.41) gliedert sich in das bewimperte Vorderende (**Räderorgan**), den **Rumpf** und den **Fuß**. Mit Hilfe der 1–2 Räderorgane und des freibeweglichen, zurückziehbaren, aber auch mit Klebedrüsen festheftbaren Fußes kommt es zu Ortsbewegungen. Die **Cuticula** des Rumpfs ist häufig verstärkt und bildet dann ein schachtelartiges Behältnis (sog. **Lorica**).

Die **Ernährung** erfolgt durch Einstrudeln von Schwebepartikeln (kleine Beutetiere) mit Hilfe des bewimperten Vorderdarms und des Kaumagens = Mastax. Als **Exkretionsorgane** sind paarige Protonephridien ausgebildet, die sich in eine (in die Kloake einmündende) Harnblase entleeren. Das **Nervensystem** zeigt eine Konzentration in ein Cerebralganglion, von dem Ausläufer zum Fuß, Mastax wie auch zu Sinnesorganen (Pigmentbecherocellen, Taster) ziehen. Die **Gonaden** der getrenntgeschlechtlichen Rotatorien liegen paarig (Unterklasse Seisonidea, Bdelloidea) oder unpaar (Unterklasse Monogononta) vor, wobei allerdings bei den Bdelloidea Männchen (noch) völlig unbekannt sind. In dieser Gruppe erfolgt somit die **Vermehrung** regelmäßig als **Parthenogenese**. Dieser Prozeß läuft bei den Monogononta nur im Sommer ab (diploide amiktische Generation mit diploiden Subitaneiern), bevor im Herbst miktische Weibchen (äußerlich nicht von amiktischen zu unterscheiden!) haploide Eier legen. Aus unbefruchteten Eizellen entstehen die Zwergmännchen, die sich mit miktischen Weibchen paaren. Die dabei befruchteten Eizellen werden zu derbschaligen Eiern (Dauereier), aus denen dann bei günstigen Lebensbedingungen (Frühjahr) wieder die diploiden, amiktischen Weibchen schlüpfen. Somit verläuft hier der Genera-

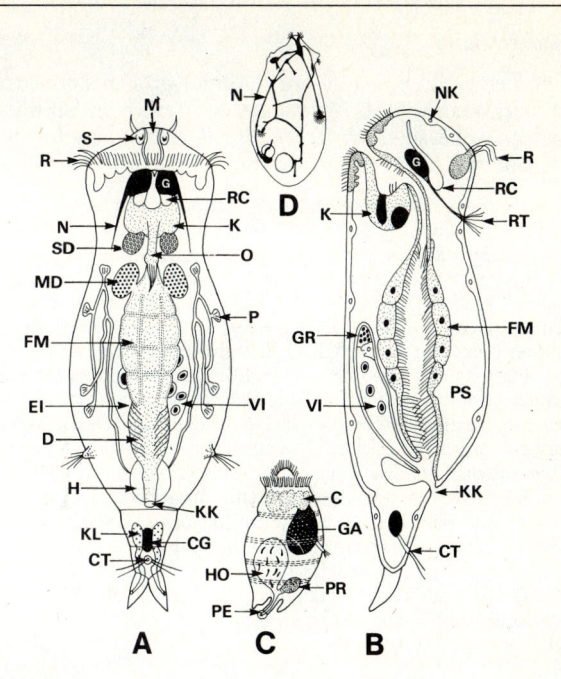

Abb. 2.41: Schem. Darstellung von Rotatorien. Weiblicher Ploimide in der Dorsalansicht (A) und im Sagittalschnitt (B). C. Zwergmännchen (*Trichocerca* sp.). D. Nervensystem von *Asplancha* sp. C: Corona Matrix, CG: Caudalganglion, CT: Caudaltaster, D: Darm, EI: Reifes Ei, FM: Funktioneller Drüsenmagen, G: Gehirn, GA: Gehirn mit Auge, GR: Germarium, Ovar, H: Harnblase, HO: Hoden, K: Kaumagen (Mastax), KK: Kloake, KL: Klebdrüsen, M: Mund, MD: Magendrüsen, N: Nervenstränge, NK: Nucleus, O: Ösophagus, P: Protonephridium, PE: Penis, PR: Prostata, PS: Pseudocoel, R: Räderorgan, RC: Retrocerebralorgan, RT: Rückentaster, S: Apikales Sinnesorgan, SD: Speicheldrüse, VI: Vitellarium (Dotterstock).

tionswechsel in Form der **Heterogonie** (= Wechsel von ein- und zweigeschlechtlichen Generationen).

Ord. Digononta (mit zwei Gonaden)
  Uord. Seisonidea (marin)
  Uord. Bdelloidea (ohne Männchen, freischwimmend/kriechend)
Ord. Monogononta (mit einer Gonade)
  u.a. sessile Formen, meistens (Uord. Ploima) freischwimmend.

Klasse Gastrotricha

Die maximal etwa 1,5 mm (oft nur 0,4 mm) großen Formen der etwa 400 Arten leben **marin** (Ord. Macrodasyoidea) oder im **Süßwasser** (Ord. Chaetonoidea), wobei sie sich kriechend (schlängelnd) bis schwimmend auf im/auf dem Substrat fortbewegen können.

Sie ernähren sich durch Einstrudelung von organischen Partikeln; auch sind einige räuberische Arten bekannt. Der **Darm** zieht durch den langgestreckt-wurmförmigen bzw. flaschenförmigen Körper (Abb. 2.42) und endet in einem präterminalen After. Als **Exoskelett** treten artspezifische Bildungen von cuticulären Schuppen (ohne Chitin!), am Rumpf inserierende Haftröhrchen, füßchenartige Fortsätze und eine Cuticula auf, die zusammen als Widerlager gegen den Turgor der Leibeshöhle und gegen die Kontraktionen des Hautmuskelschlauches wirken. Letzterer ist bei vielen Arten auf wenige längsparallele Muskelbündel reduziert. Als **Exkretionsorgane** dienen Protonephridien (1 bis mehrere Paare). Das **Nervensystem** besteht aus einem Markstrangsystem mit paarigen Cerebralganglien in Schlundnähe. Die Leibeshöhle ist bei einigen marinen Formen als Coelom (?) ausgebildet, bei anderen im Ausmaß reduziert. Die Gastrotricha liegen als Zwitter (z.B. *Macrodasys* spp.), parthenogenetische Weibchen (z.B. *Chaetonotus* spp.), und nur selten als getrenntgeschlechtliche Individuen vor, deren stets einfach gebaute paarige **Gonaden** sich jeweils in die lateralen Leibeshöhlen erstrecken. Zwitter vollziehen meist Fremdbefruchtung und legen diploide Eier ab, während aus unbefruchteten Eiern parthenogenetische Weibchen hervorgehen. Die folgende Embryonalentwicklung verläuft direkt in determinativer Form als totaläquale und bilaterale Furchung (s. Kap. 3).

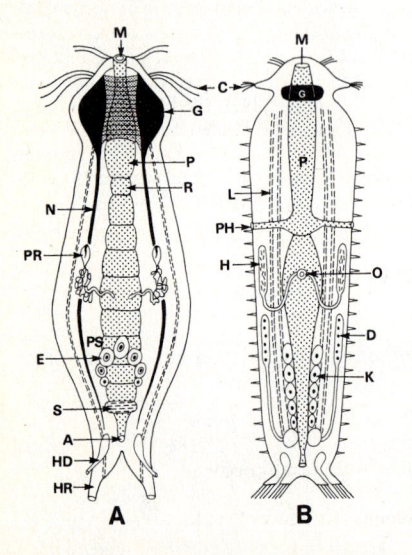

Abb. 2.42: Schem. Darstellung von Gastrotrichen. **A.** Parthenogenet. Weibchen eines Süßwassergastrotrichen (*Chaetonotus* sp.). **B.** Zwittriger Meerwassergastrotriche (*Turbanella* sp.). A: After, C: Cilien, D: Dotterstock, E: Ei, G: Gehirn, H: Hoden, HD: Haftdrüse, HR: Haftröhre, K: Keimstock, L: Längsmuskel, M: Mund, N: Längsnervenstränge, O: Öffnung des männlichen Systems, P: Pharynx, PH: Pharyngealporen, PR: Protonephridium, PS: Pseudocoel, R: Reuse, S: Sphinkter.

Klasse Nematoda (Fadenwürmer)

Die etwa 10.000 Arten der Nematoda besiedeln Biotope im Salz- und Süßwasser sowie Böden des Landes oder ernähren sich als Parasiten von Pflanzen oder Tieren (unter Einschluß des Menschen). Als Bodenbewohner, die in großer Anzahl auftreten (8 Millionen/m^2) und einen bedeutenden Beitrag zur Remineralisierung organischer Substanzen leisten, erreichen die langen, schlanken und im Querschnitt drehrunden Würmer (Name: **Fadenwürmer**) in den meisten Fällen nur eine Länge von wenigen Millimetern (0,2−50 mm). Die im Vergleich zu den Männchen oft deutlich größeren Weibchen einiger parasitischer Arten können jedoch bis zu 70 cm (*Onchocerca volvulus, Dracunculus medinensis:* beide beim Menschen) oder gar 8 m bei 2,5 cm Durchmesser (*Placentonema gigantissimum:* in der Placenta von Pottwalen) lang werden. Die Nematoden, deren Körper äußerlich keine Zonierung zeigt, werden von einer oft dreischichtigen **Cuticula** aus kollagenhaltigen, sklerotisierten Proteinen umschlossen. Chitin tritt hier niemals auf, sondern lediglich in den Eischalen. Diese Cuticula ist bei parasitischen Formen noch durch einen «**surface coat**» aus Mucopolysacchariden überzogen, um so den Abwehrsystemen des Wirtes zu entgehen. Unter der Cuticula, die während der Larvalzeit viermal gehäutet werden muß und die auch später durch Umbau/Abbau mitwächst, liegen die wenigzellige **Hypodermis** und eine Schicht von Längsmuskelzellen, die zusammen die **Körperwand** bilden (Abb. 2.45). Die typischen schlängelnden Körperbewegungen der Nematoden ergeben sich aus dem Gegenspiel der starren Oberfläche und des Turgordrucks der Flüssigkeiten in der Leibeshöhle (**Pseudocoelom**) auf der einen Seite und den Kontraktionen der schräggestreiften Längsmuskelzellen (die im übrigen über eigene Fortsätze zu den Nerven verfügen, Abb. 2.45) auf der anderen. Die Nematoden besitzen einen apikal beginnenden Darm, der in einem häufig präterminal liegenden After (Abb. 2.43) ausmündet: sie ernähren sich je nach Art als Detritusfresser, Räuber oder als Parasiten von den Geweben ihrer Wirte. Die **Exkretion** erfolgt in Abwesenheit jeglicher Nephridien über ein spezifisches Renette-(Drüsen-)system bzw. bei anderen Arten über ein H-förmiges Kanalsystem (Abb. 2.43), das im apikalen Bereich des Körpers in einem unpaaren Kanal ausgeleitet wird. Die beiden Längskanäle des H-Systems verlaufen dabei jeweils in den von der Hypodermis gebildeten Seitenleisten (Abb. 2.43).

Das **Nervensystem** besteht aus einem apikalen Schlundring, von dem nach vorn und hinten dorsale Stränge ziehen. Insbesondere der dorsale und ventrale Strang sind so groß, daß sie als «Leisten» bereits lichtmikroskopisch deutlich hervortreten. Die wesentlichen **Sinnesorgane** der Nematoden sind Papillen, Seten und Amphiden. Bei den Papillae handelt es sich um Cuticulavorwölbungen mit je einer Nervenendigung. Setae sind borstenförmige **Mechanorezeptoren** s. Kap. 10) und enthalten ein modifiziertes Cilium. Die Amphiden liegen paarig auf dem «Wurmkopf» und stellen Einsenkungen dar. Diese z.T. sehr variablen Cuticulataschen enthalten mehrere unterschiedlich lange Cilien, deren Mikrotubulistruktur stets modifiziert ist und die in ihrer

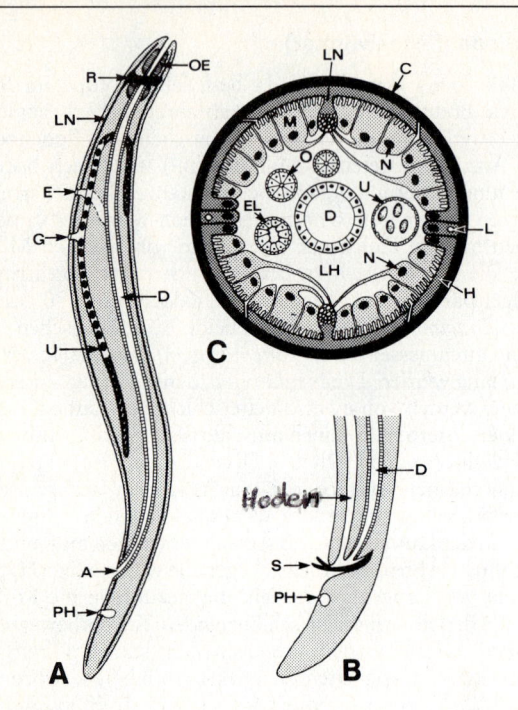

Abb. 2.43: Schem. Darstellung von phasmiden Nematoden im Längs- (A, B) und Querschnitt (C). **A, C:** Weibchen; **B:** Hinterende des Männchens. A: Anus, C: Cuticula, D: Darm, E: Exkretionsporus, EL: Eileiterbereich, G: Genitalöffnung, H: Hypodermis, L: Lateralleiste mit Exkretionskanal, LH: Leibeshöhle, LN: Längsnerv, (in dorsaler und ventraler Leiste), M: Muskelzelle (längsverlaufend), N: Nucleus, Kern, O: Ovarbereich, OE: Ösophagus, PH: Phasmide, R: Nervenring, S: Spiculum, U: Uterusbereich (mit Eiern).

Gesamtheit als Chemorezeptoren dienen sollen (s. Kap. 11). Inwieweit die bei der Phasmidea-Gruppe paarig im Schwanzbereich auftretenden Phasmiden (Drüsen) neben sekretorischen auch rezeptorische Funktionen haben, ist noch nicht völlig geklärt. **Lichtsinnesorgane** in Form von einfachen Ocellen können nur bei freilebenden Arten beobachtet werden.

Die **Leibeshöhle,** ob sie nun als primäre interpretiert wird (Pseudocoel) oder als abgeleitetes Coelom (Siewing 1985) aufgefaßt wird, ist nur bei großen Arten (z.B. *Ascaris* spp.) deutlich sichtbar und mit Flüssigkeit gefüllt, während sie bei kleinen Arten die Organe und Zellverbände in dichter Anordnung enthält.

Fortpflanzung. Die meisten Fadenwürmer sind **getrenntgeschlechtlich** (dioec), wobei die Weibchen häufig deutlich größer werden. Lediglich bei einigen Arten gibt es Zwittertum (z.B. *Rhabdias* spp. bei Fröschen) oder **Parthenogenese** (z.B. *Strongyloides stercoralis* bei Menschen). Die **Gonaden** beider Geschlechter waren ursprünglich offenbar paarig angelegt und stellen stets lange, oft aufgewundene Schläuche dar.

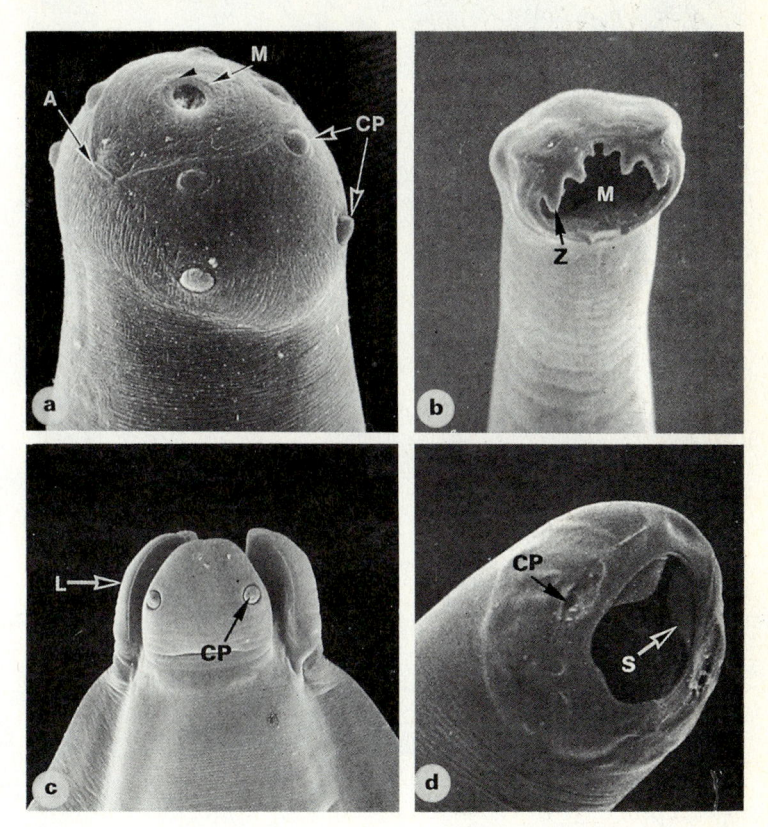

Abb. 2.44: Rasterelektronenmikroskopische Aufnahmen von Nematodenvorderenden.
a) *Brugia malayi*, Filarie des Menschen. × 290. b) *Ancylostoma caninum*, Hakenwurm des Hundes. × 100.
c) *Ascaris lumbricoides*, Spulwurm des Menschen. × 50. d) *Necator americanus*, Neuwelt-Hakenwurm des Menschen. × 150.
A: Amphiden (Sinneszellgruben), CP: Cervicalpapillen (= Sinnespapillen), L: Lippen, M: Mundöffnung, S: Schneideplatte, Z: Zahn mit drei Zacken.

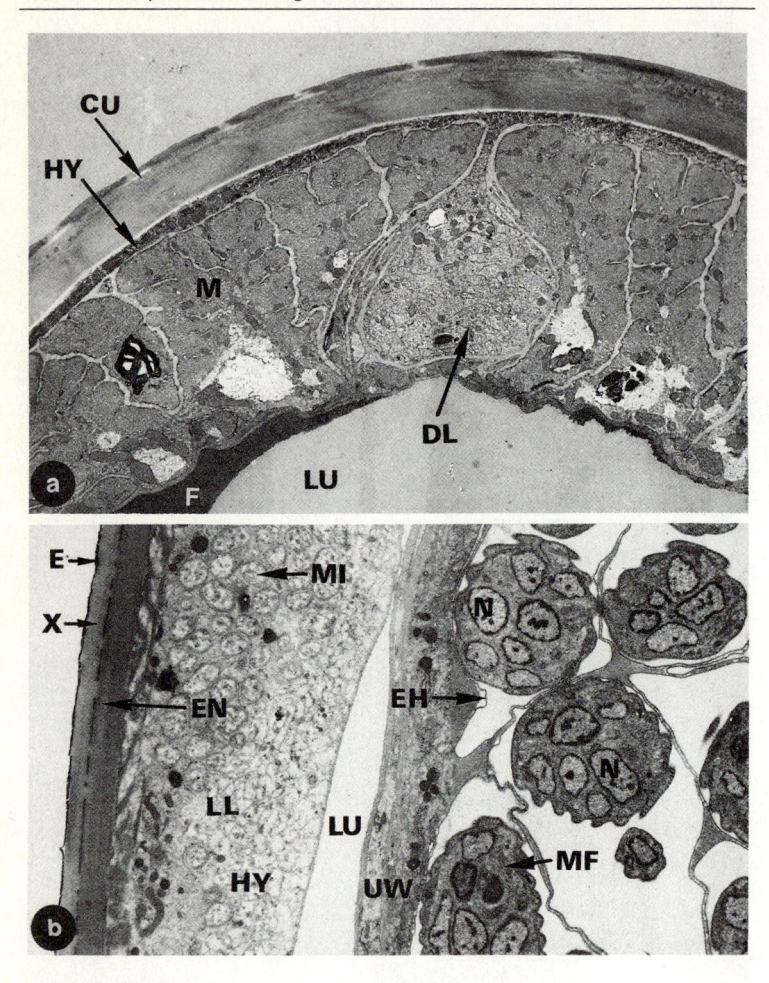

Abb. 2.45: Transmissionselektronenmikroskopische Aufnahmen der Körperwand von *Litomosoides carinii* (Filarie, Nematode) von Nagern. **a)** Bereich der Dosalleiste (dosaler Nervenstrang). × 3800. **b)** Bereich der großen Lateralleiste der Hypodermis. × 9000. CU: Cuticula, DL: Dosalleiste, E: Epicuticula, EH: Eihülle, EN: Endocuticula, F: Filamentöse Basallamina, HY: Hypodermis, LL: Lateralleiste der HY, LU: Lumen, Pseudocoelom, M: Muskelzelle vom Circomyaria-Typ, MF: Mikrofilarie in der Entwicklung, MI: Mitochondrion, N: Nucleus, Kern, UW: Uteruswand, X: Exocuticula.

2.4.9 Baupläne, Nemathelminthes

Im weiblichen Geschlecht sind die beiden Gonadenschläuche meist erhalten, nur bei wenigen Arten kommt es zur Reduktion eines der beiden Systeme, die sich zu einer ventral gelegenen, gemeinsamen Vagina mit ausleitender Vulva vereinigen (Abb. 2.43). Männchen weisen bei sehr vielen Arten (u. a. Parasiten) nur einen Hodenschlauch auf, der zusammen mit dem Darm in einer subterminalen Kloake ausmündet. Als Kopulationshilfen werden in Taschen der Kloakenwand 1–2 vorstülpbare Spicula von artspezifischem Aussehen gebildet und bei der Kopulation in die Vagina des Weibchens eingeführt. Zur Anlockung der Männchen, die ausnahmslos geißellose, amöboid bewegliche Spermien bilden, scheiden die Weibchen **Pheromone** aus.

Die befruchteten **Eizellen** umgeben sich mit einer sklerotisierenden, oft chitinhaltigen, derben Schale, die der jungen Zygote ein Überleben im Freien ermöglicht. Die Größe dieser Eier ist mit 50–100 µm recht einheitlich und hängt nicht von der Länge des Weibchens ab. Bei einigen Parasiten (z.B. Filarien, Trichinen) werden vivipar oder ovo-vivipar (d.h. die Eihülle zerreißt beim Geburtsvorgang) bereits Larven von den Weibchen abgesetzt. Die **Furchung** der Embryonen verläuft nicht spiralig, sondern folgt einem asymmetrischen Muster (s. Kap. 3). Aus dem Ei schlüpft im Regelfall eine Larve, die über vier festgelegte Häutungen (L_1–L_4), deren Ablauf sich über Jahre erstrecken kann, heranwächst und nach Abschluß der vierten Häutung die Geschlechtsreife erreicht.

Der **individuelle Lebenszyklus** der verschiedenen Nematodenarten kann im wesentlichen einem der folgenden Grundtypen zugeordnet werden:
1. Alle Stadien sind **freilebend**.
2. Alle Stadien sind **Ektoparasiten** bei Pflanzen (saugen Pflanzensäfte nach Injektion evtl. von Mundstiletten, übertragen evtl. Viren z.B. *Trichodorus* spp., *Xiphinema* spp.). Im Grenzbereich dieser Gruppe stehen u.a. die stationären Kartoffelcystenälchen (*Heterodera* spp., *Meloidogyne* spp.), die in/an der Oberfläche von riesenhaft angeschwollenen Wurzelzellen ihrer Wirte stationär parasitieren.
3. Alle Stadien sind **Endoparasiten** von Pflanzen, wobei die sexuelle Vermehrung noch in der ersten Wirtspflanze stattfindet und die Nachkommenschaft (evtl. nach dem Tode des Wirts) eine neue Pflanze befällt.
4. Adulte und juvenile Stadien sind im wesentlichen **freilebend**, während Präadulte in Insekten eindringen, ihnen zwar nicht schaden, aber diese nach deren Tode als Saprophagen verzehren (z.B. *Rhabditis* spp.).
5. Nur juvenile Stadien leben **zooparasitisch** (meist bei Insekten), während die Adulten freilebend sind und nicht mehr fressen (z.B. Fam. Mermithidae) und den Darm und After reduzieren.
6. Juvenile Stadien leben **phytoparasitisch**, die Adulten ausschließlich **zooparasitisch** (z.B. *Heterotylenchus aberrans* in der Zwiebel und in der Zwiebelfliege).
7. Die Larven sind Tierparasiten, während die Adulten Pflanzen befallen.
8. Nur die adulten Weibchen sind Parasiten von Wirbellosen, während alle anderen Stadien freilebend sind.

9. Der Lebenszyklus verläuft obligat einwirtig. Die Adulten leben in ihren Wirten, deren **Infektion** durch im Freien gereifte Eier erfolgt (z.B. *Ascaris* spp., *Trichuris* spp.).
10. Der Lebenszyklus verläuft einwirtig. Die **Infektion** erfolgt aber durch freie Larven (L_3), die oral aufgenommen werden (z.B. Fam. Trichostrongylidae) oder aktiv eindringen können (z.B. Hakenwürmer = Fam. Ancyclostomatidae).
11. Der Lebenszyklus verläuft obligat zweiwirtig mit aktivem Überträger. (Arthropode als Zwischenwirt). Dieser Typ tritt z.B. bei Filarien (Gatt. *Onchocerca, Wuchereria, Brugia, Loa, Dipetalonema* etc.) auf, wo blutsaugende Dipteren (Mücken, Bremsen) bzw. Acari als Vektoren fungieren.
12. Der Lebenszyklus verläuft obligat zweiwirtig mit passiven Überträger (Arthropoden). So muß der die L_3 enthaltende Zwischenwirt (*Cyclops* spp.) im Entwicklungszyklus des Medinawurms *(Dracunculus medinensis)* vom Endwirt Mensch verschluckt werden.
13. Der Lebenszyklus verläuft in einem Fleischfresser, der gleichzeitig End- und Zwischenwirt ist. So leben die Adulten von *Trichinella spiralis* im Darm z.B. von Schweinen, Mäusen und Menschen, die Larven in den Muskelzellen des gleichen Wirts, wobei die Übertragung von Wirt zu Wirt durch orale Aufnahme infizierter Muskulatur erfolgt.
14. Der Lebenszyklus beinhaltet zwei Zwischenwirte. So entwickelt sich z.B der rote Nierenwurm des Hundes *(Dioctophyma renale)* zunächst in Oligochaeten, dann in Fischen oder Krebsen als Hilfs-(Zwischenwirte).
15. Der Lebenszyklus beinhaltet einen **Generationswechsel** (**Heterogonie**) zwischen einer freilebenden, zweigeschlechtlichen Generation und einem parthenogenetischen Weibchen (z.B. *Strongyloides stercoralis* beim Menschen).
16. Der Lebenszyklus beinhaltet einen **Generationswechsel** zwischen einer zwittrigen parasitischen Generation (Spermien werden allerdings zuerst produziert) und einer getrenntgeschlechtlichen freilebenden Generation (z.B. *Rhabdias bufonis* in der Lunge von Fröschen).

Die systematische Stellung der einzelnen Nematodentaxa ist noch immer nicht ganz geklärt. Im wesentlichen unterscheidet man nach dem Auftreten der oben erwähnten Phasmiden zwei Unterklassen mit je mehreren Ordnungen: **Adenophorea** (= Aphasmidea) und **Secernentea** (= Phasmidea). Ausführliche Angaben zu den Lebenszyklen der human- und tierpathogenen Formen wurden von Mehlhorn und Piekarski (1994) und Mehlhorn (1988) zusammengestellt.

Klasse Nematomorpha

Die Vertreter der nur 230 Arten umfassenden Klasse werden wegen ihres dünnen, langgestreckten, drehrunden Körpers auch als Saiten- bzw. Roßschweifwürmer bezeichnet. Die Adulten, die oft 30–50 cm (in einer Art bis

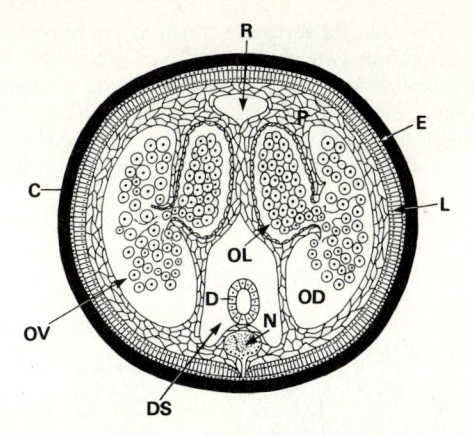

Abb. 2.46: Schem. Darstellung eines Querschnitts durch den Hinterkörper eines weiblichen Vertreters der Nematomorpha *(Parachordodes tolosanus)*, nach Rauther, 1905. C: Cuticula, D: Darm, DS: Darmsinus, E: Epidermis (syncytial?), L: Längsmuskelschicht, N: Nervenstrang, OD: Ovarialdivertikel, OL: Ovariallängsgang, OV: Ovarialsinus, P: Parenchym, R: Rückengefäß (= dorsale Leibeshöhle).

1,5 m) bei einem Durchmesser von nur 1–3 mm) lang werden, leben frei im Süß- (Gatt. *Gordius*) bzw. Salzwasser (Gatt. *Nectonema*), während die Larvalstadien bei Arthropoden des Wassers und des Landes parasitieren.

Der äußerlich ungegliederte Körper der Nematomorpha wird von einer nematodenähnlichen **Körperwand** aus Cuticula, Hypodermis (allerdings mit verteilten Kernen und ohne Leistenbildung) und Längsmuskulatur umschlossen. Die **Leibeshöhle** (Abb. 2.46) kann mit Bindegewebe gefüllt sein. Der **Darmkanal** ist bei allen Stadien des Lebenszyklus rudimentär und dient nicht mehr der Aufnahme von Nährstoffen. Die juvenilen parasitischen Stadien ernähren sich über die Körperoberfläche, während die Adulten keine Nahrung mehr zu sich nehmen. Spezifische **Exkretionsorgane** sowie **Blutgefäße** fehlen völlig. Das **Nervensystem** besteht aus einem apikalen Zentrum, einem ventralen Strang sowie Sinneszellen, die am Vorderende gehäuft auftreten. **Fortpflanzung.** Die Nematomorpha sind getrenntgeschlechtlich, wobei die **Gonaden** jeweils paarig ausgebildet werden. Kopulationsorgane fehlen dagegen. Aus den ins Wasser abgelegten befruchteten Eiern schlüpfen die 50–150 μm langen Larven 1, die durch einen vorstülpbaren Mundkegel (Vorderende) ausgezeichnet sind, mit dessen Hilfe sie sich in ihre Wirte (Insekten, Spinnen etc.) einbohren können. Der Lebenszyklus gleicht somit sehr den Mermithiden innerhalb der Nematodes; jedoch erfordern deutliche morphologische Unterschiede eine systematische Abtrennung.

Klasse Kinorhyncha

Die Vertreter dieser etwa 100 Arten umfassenden Gruppe sind mikroskopisch klein (0,15–1 mm lang) und leben in schlammig sandigen Biotopen der küstennahen Gewässer. Ihr Körper, der deutlich in **Kopf** und **Abdomen** untergliedert ist, in Gänze vom **Pseudocoelom** (= primäre Leibeshöhle) durchzogen wird, erscheint rechteckig und weist eine typische Ringelung (Segmentierung) auf (Abb. 2.47). Von den so entstandenen 13 Zoniten ist das erste vorstülpbar und mit Stacheln (Skaliden) versehen, die zur Fortbewegung dienen. Die **Körperwand**, die im Gegensatz zu den Rotatoria und

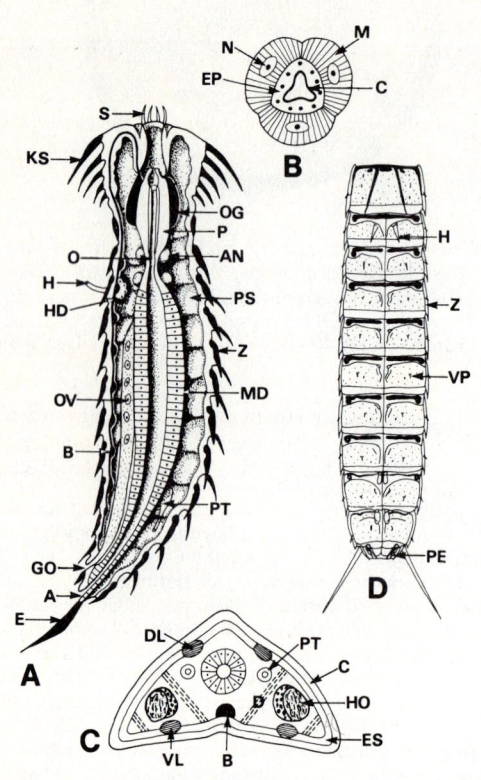

Abb. 2.47: Schem. Darstellung von Vertretern der Kinorhyncha. **A.** *Echinoderes* sp., Weibchen im Längsschnitt. **B–D** *Pycnophyes* sp. Männchen. **B:** Pharynx quer; **C:** Körper quer. **D:** Ventralansicht. A: Anus, AN: Anhangsdrüse, B: Bauchnervenstrang, C: Cuticula, D: Diagonalmuskel, DL: Dorsaler Längsmuskel, E: Endstachel, EP: Epithel, ES: Epidermis, GO: Geschlechtsöffnung, H: Haftrohr, HD: Haftdrüse, HO: Hoden, KS: Kopfstacheln, M: Muskelschicht, MD: Mitteldarm, N: Nucleus, O: Ösophagus, OG: Oberschlundganglion, OV: Ovar, P: Pharynx, PE: Penisstacheln, PS: Pseudocoel, PT: Protonephridium, S: Mundstilett, VL: Ventraler Längsmuskelstrang, VP: Ventrale Platte, Z: Zonit.

Gastrotricha niemals Cilien ausbildet, besteht aus der dicken **Cuticula**, der Epidermis (8 Längssträge mit Verdickungsringen) und einzelnen Muskelzügen (dorsale, ventrale, dorso-ventrale). Der **Darm** beginnt apikal im ersten Zonit und endet mit einem After am Ende des 13. Zonit.

Die Hauptnahrung besteht aus Diatomeen und Detritus. Zur **Exkretion** sind zwei Protonephridien ausgebildet, deren Kanäle dorso-lateral im Bereich des 11. Zonits getrennt ausmünden. Ein **Blutgefäßsystem** fehlt wie bei den Nemathelminthes völlig; dessen Aufgaben werden von der Leibeshöhlenflüssigkeit übernommen. Das **Nervensystem** besteht aus einem Schlundring (Cerebralganglion), einem ventralen Strang und Anhäufungen von Ganglien unterhalb der Epidermis, die zu einem diffusen Netz verbunden sind. Als **Sinnesorgane** wurden Pigmentbecherocellen (s. Kap. 9) am Vorderende einiger Arten und Sinneszellen entlang des gesamten Körpers beobachtet. Die Kinorhyncha sind getrenntgeschlechtlich, wobei jeweils ein paar schlauchartige **Gonaden** ausgebildet werden, die getrennt am letzten (= 13. Zonit) ausmünden. Nach der Kopulation (evtl. mit Hilfe von Kopulationsstacheln) werden die befruchteten Eier ins Wasser abgelegt. Aus ihnen schlüpfen Jungtiere (= **direkte Entwicklung**), die bereits 11 Zoniten aufweisen. Über 6 Häutungen wird die Geschlechtsreife erlangt. Weitverbreitete Gattungen sind *Echinoderes, Centroderes, Kinorhynchus*.

2.4.10 Stamm Acanthocephala (Kratzer)

Die etwa 1.200 Arten dieses Stammes, der früher als Klasse den Nemathelminthes eingeordnet wurde, werden wegen ihres vorstülpbaren, hakenbewehrten Vorderendes (**Proboscis**) als Kratzer bezeichnet (Abb. 2.48). Die Kratzer leben als Adulte ausschließlich parasitisch im Darm (verankert in der Darmwand) von Wirbeltieren, vollziehen aber einen Wirtswechsel, wobei Wasser- oder Landarthropoden als obligate Zwischenwirte dienen. Adulte sind selten größer als 35 mm, allerdings können einzelne Arten (z.B. *Macracanthorhynchus hirudinaceus* beim Schwein und Menschen) durchaus 70 cm Länge erreichen. Der äußerlich meist drehrunde Körper der Acanthocephala besteht aus zwei Großabschnitten (Abb. 2.48): **Prä-** und **Metasoma**. Das Präsoma seinerseits gliedert sich in die hakenbewehrte Proboscis (= Rüssel), den Hals, das Proboscis-Receptaculum (= Rüsselscheide) und zwei Lemnisken, die Anhänge des präsomalen Teguments darstellen (Abb. 2.48) und für die hydraulische Vorstülpung der Proboscis sorgen. Das zylindrische Metasoma ist äußerlich ungegliedert und enthält in einer Leibeshöhle (= Pseudocoel) die Körperorgane. Die **Körperwand** besteht aus einem meist vierschichtigen, bis zu 2 mm dicken, syncytialen, vielkernigen Tegument (ohne subtegumentale Zellen), einer bindegewebigen Schicht, einer Schicht Ringmuskulatur, einer weiteren bindegewebigen Schicht sowie einer inneren Zone von Längsmuskulatur. Ein **Darmsystem** fehlt völlig, so daß die Nahrung über das Tegument aufgenommen werden muß, was ausschließlich im Bereich der Proboscis geschieht (Taraschewski 1988). Auch treten keine **Blutgefäße** und **Atmungssysteme** auf. Als **Exkretionssystem** finden sich nur bei einigen Gruppen Protonephridien, die beim

Männchen ins Vas deferens, beim Weibchen in die Uterusglocke ausmünden; bei den anderen Arten fehlen derartige Systeme völlig. Die **Leibeshöhle** ist in zwei Bereiche untergliedert: Räume inner- und außerhalb der Ligamentsäcke (Abb. 2.48), die allerdings bei einigen Arten miteinander verschmelzen können. Das **Nervensystem** besteht aus einem Cerebralganglion, das in der Rüsselscheide liegt, einem Paar davon ausgehender lateraler

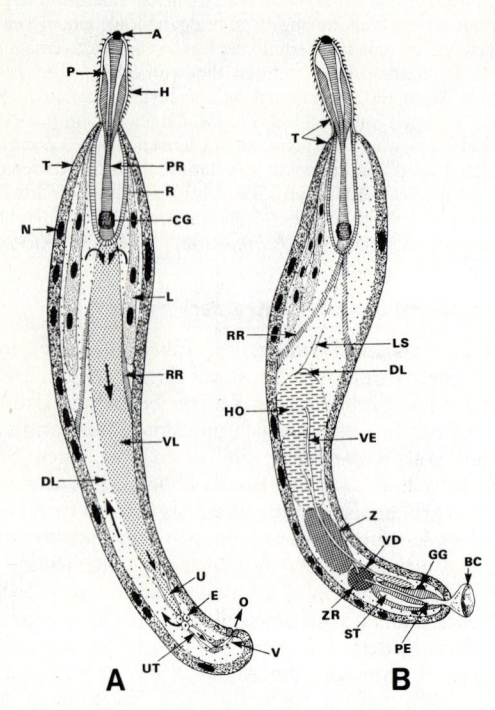

Abb. 2.48: Schem. Darstellung je eines weiblichen (**A**) und männlichen (**B**) Exemplars des Kratzers *Paratenuisentis ambiguus* (Eoacanthocephala) (nach Taraschewski 1988). Die Proboscis (P) ist aus zeichentechnischen Gründen vorgestülpt dargestellt. Unter in vivo-Bedingungen bildet sie eine Tasche, über die die Nahrungsaufnahme erfolgt. A: Apikales Sinnesorgan, BC: Bursa copulatrix, CG: Cerebralganglion, DL: Dorsaler Ligamentsack, E: Eiersortiersystem, GG: Genitalganglion, H: Haken, HO: Hoden, L: Lemnisk, LS: Ligamentstrang, N: Riesennuclei, O: Öffnung des jeweiligen Geschlechtssystems, P: Proboscis, PE: Penis, PR: Proboscis-Retractor-Muskel, R: Receptaculum, RR: Receptaculum Retractor, ST: Saefftigens' Tasche, T: Tegument, U: Uterusglocke, UT: Uterus, V: Vagina, VD: Vas deferens, VE: Vas efferens, VL: Ventraler Ligamentsack, Z: Zementdrüse (vielkernig), ZR: Zementreservoir.

Hauptnervenstränge sowie einer Reihe von Sinnespapillen an der Rüsselspitze, am Hals und im Genitalbereich.
Fortpflanzung. Die Kratzer sind getrenntgeschlechtlich, wobei die Männchen oft deutlich kleiner sind als die Weibchen (Abb. 2.48a). Männchen besitzen in den meisten Fällen zwei **Hoden**, deren Ausführgänge gemeinsam mit der Zementdrüse über die Penispapille und die vorstülpbare Bursa copulatrix ausmünden (Abb. 2.48b). Die weiblichen **Gonaden** bestehen aus zwei Tubensystemen (Abb. 2.48a):
1. Zwei Ligamentsäcke bzw. ihr Verschmelzungsprodukt.
2. Ein Ausleitungssystem, das vom ventralen Ligamentsack ausgeht und eine Uterusglocke (Ei-Sortiersystem) einschließt.

Die von den Weibchen gebildeten paarigen oder unpaaren Keimlager lösen sich frühzeitig in **Ovarballen** auf, die frei im ventralen Ligamentsack (Archi- und Eoacanthocephala) bzw. im Verschmelzungsprodukt beider Ligamentsäcke (Palaeacanthocephala) umherschwimmen. Im letzteren Fall kommt es zusätzlich noch zur Auflösung der Ligamentsackwand, so daß dann die **Eier** in der Leibeshöhle liegen. Bei der stets erfolgenden Kopulation werden die 20–80 µm langen, fadenartigen und mit einer Geißel versehenen **Spermien** in den Uterus (mit Hilfe der Bursa copulatrix) injiziert. Dann erfolgt der Verschluß des weiblichen Systems durch Sekrete der männlichen Zementdrüsen. Vom Uterus aus dringen die Spermien zu den in den Ligamentsäcken flottierenden Ovarialballen vor und befruchten die einzelnen Eizellen; die Zygoten lösen sich aus dem Verband und furchen sich (mit früher Syncytiumbildung und spiraligem Beginn). Über die **Uterusglocke**, die reife (= hartschalige, embryonierte, larvenhaltige) von unreifen Eiern sortiert, und danach via Uterus gelangen die Eier ins Freie. In diesen mit den Fäzes des Wirtes abgesetzten Eiern befindet sich die **Acanthor**-Larve. Werden solche Eier von Zwischenwirten (Arthropoden) aufgenommen, so entsteht die sog. **Acanthella**-Larve, die zum infektiösen **Cystacanth** heranreift.

Der Stamm Ancanthocephala wird in drei Klassen untergliedert.

Klasse Archiacanthocephala

Die Arten haben terrestrische Wirte, wobei Säuger und Vögel Endwirte und Insekten Zwischenwirte sind; die Männchen besitzen meist 8 einkernige Zementdrüsen; die Ligamentsäcke liegen im Pseudocoel. Wichtige Arten sind: *Moniliformis moniliformis* (♀ bis 25 cm bei der Ratte, selten beim Menschen und Affen), *Macracanthorhynchus hirudinaceus* (♀ bis 70 cm beim Schwein und Mensch).

Klasse Palaeacanthocephala

Die Arten haben aquatische Wirte (Fische, Wasservögel als End- und Krebse als Zwischenwirte); die Männchen besitzen 2 bis 8 vielkernige Zementdrüsen; die Ligamentsäcke sind in Adulten aufgerissen.
Wichtige Arten: *Polymorphus minutus* (♀ 1 cm bei Wasservögeln), *Echinorhynchus truttae* (♀ 2 cm bei Forellen).

Klasse Eoacanthocephala

Die Arten haben aquatische Wirte (Fische, Reptilien, Amphibien als End- und Kleinkrebse als Zwischenwirte); die Männchen weisen nur eine Zementdrüse (mit Riesenkern) auf, die Ligamentsäcke sind auch in Adulten vorhanden. Wichtige Art: *Neoechinorhynchus rutili* (♀ 1 cm bei Forellen).

2.4.11 Stamm Priapulida

Die nur 9 bekannten, wurmförmigen Arten dieses Stammes leben räuberisch als Adulte und Larven im Schlick (Sand) des Meeres, werden 2 mm bis maximal 20 cm lang und besitzen (wie die Sipunculiden, s. 2.4.14) ein zurückziehbares Vorderende (Introvert). Die Priapuliden werden von einigen Autoren auch den Nemathelminthes (s. 2.4.8) eingeordnet. Die **Körperwand** besteht aus einer dünnen Chitin-Cuticula (Häutungen!), einem einschichtigen Epithel, glatten Schichten von Ring- und Längsmuskulatur, sowie quergestreiften Retraktormuskeln: Die flüssigkeitsgefüllte Körperhöhle (**Coelom**) ist von einem dünnen Peritonealepithel ausgekleidet (Coelomata incertae sedis). Das **Darm**system wird sehr lang, ist verknäult und weist den Mund und After an den entgegengesetzten Körperpolen auf (Abb. 2.49). Als **Exkretionsorgane** dienen sackartige Protonephridien in Vielzahl sowie paarige Hilfsorgane (Analsäckchen). Ein **Blutgefäßsystem** fehlt ebenso wie spezifische Atmungsorgane, allerdings enthält die Coelomflüssigkeit Coelomocyten mit dem Farbstoff Hämerythrin (s. Kap. 13). Das **Nervensystem** besteht aus einem Schlundring und einem medioventralen, unpaaren Markstrang; komplexe Sinnesorgane fehlen.

Fortpflanzung. Die Priapuliden sind getrenntgeschlechtlich, wobei die **Gonaden** mit einem Mesenterium an der Peritonealwand befestigt sind. Die Geschlechtsprodukte werden über getrennte Ausführgänge in Nähe des Afters ins freie Wasser abgegeben, wo die Befruchtung stattfindet. Nach der

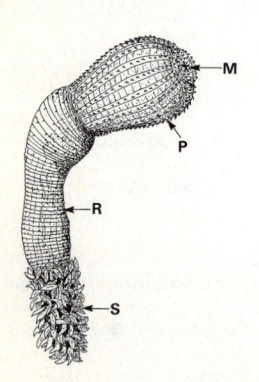

Abb. 2.49: Schem. Darstellung eines Vertreters der Priapulida *(Priapulus caudatus)*. M: Mund, P: Präsoma, R: Rumpf, S. Schwanzanhänge.

(bei einigen Arten noch unbekannt) radiären Furchung entsteht eine typische bodenlebende Larve, die über verschiedene **Häutungen** (evtl. in Jahren!) zum adulten Tier heranwächst. Wichtig sind z.B. *Halicryptus spinulosus* und *Priapulus*-Arten, die als Indikatoren für eine Verarmung des Meersbodens an Sauerstoff dienen.

2.4.12 Stamm Kamptozoa (= Entoprocta)

Etwa 300 rezente Arten. Kleine meist nur wenige mm (< 5 mm) lange Meeresbewohner, die solitär (Ordnung: Solitaria, Gatt. *Loxosoma*) oder in Kolonien (Ordnung: Coloniales, Gatt. *Pedicellina*) auf festem Substrat (Steine, Muschelschalen etc.) oder anderen Wirbellosen (u.a. Schwämme, Polychaeten, Crustaceen) leben (Abb. 2.50). Eine koloniebildende Art *(Urnatella gracilis)* lebt im Süßwasser.

Der von einem einschichtigen Epithel und einer dünnen **Cuticula** bedeckte Körper besteht aus einem Kelch (Calyx), dessen vorgewölbte Oberseite, das Atrium, mit einem Kranz von 8 bis 40 Tentakeln umgeben ist, und einem mit kräftigen Längsmuskeln versehenen Stiel, der die typischen Nickbewegungen erlaubt und, oft mit Hilfe von Klebdrüsen, der Anheftung dient.

Die Tentakeln befördern mit Hilfe von Cilien kleine **Nahrungs**partikel (Algen, Einzeller, Bakterien) zum Atrium. Von dort gelangt die Nahrung über Cilienrinnen am Atriumrand zur Mundöffnung, die wie auch der After innerhalb des Atriums liegt. Der Atrialraum kann durch eine Hautfalte an der Basis der Tentakeln, die durch Kontraktion ihrer Ringmuskulatur über den eingerollten Tentakeln zugezogen wird, nach außen abgeschlossen werden.

Der **Kelch** enthält alle inneren Organe: den U-förmigen bewimperten Verdauungstrakt mit Ösophagus, Magen und kurzem Mittel- und Enddarm, ein zentrales Ganglion in der Krümmung des **Darm**rohrs und Nerven, die zu den Tentakeln, dem Stiel und den auf der Kelchoberfläche und den Tentakeln liegenden Chemo- und Mechanorezeptoren (s. Kap. 10) ziehen, paarige **Protonephridien**, die hinter dem Mund nach außen münden, und sackförmige mit einem Ausführgang ins Atrium sich öffnende **Gonaden**.

Die **primäre Leibeshöhle** erstreckt sich bis in die Tentakeln und ist mit zellarmem Mesenchym angefüllt. Die schräggestreifte Muskulatur im Kelch und den Tentakeln ist schwach ausgebildet. Ein Gefäßsystem fehlt.

Fortpflanzung. Kamptozoen sind überwiegend getrenntgeschlechtlich; Zwitter sind selten. Die Eier werden im Ovar befruchtet und entwickeln sich in einem «Brutraum» nahe der Geschlechtsöffnung. Über **Spiralfurchung** (s. Abb. 2.64) entsteht eine nur kurze Zeit freischwimmende Larve vom **Trochophora**-Typ.

Nach dem Festsetzen erfolgt die **Metamorphose**, bei der die ursprüngliche Ventralseite nach oben verlagert und zum Atrium mit Tentakelkranz wird. Die Tiere vermehren sich auch ungeschlechtlich, solitär lebende Arten durch Knospung seitlich an der Kelchwand – die Knospen lösen sich später ab –, kolonienbildende Arten

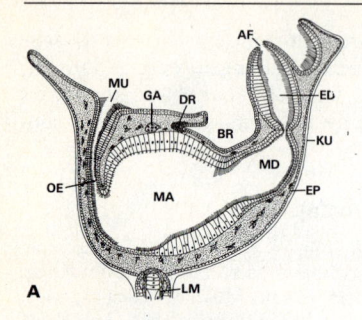

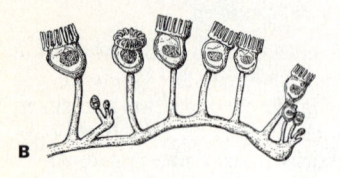

Abb. 2.50: Organisation (**A**) und Kolonie (**B**) von *Pedicellina*. AF: After, BR: Brutraum, DR: Drüsenzellen, ED: Enddarm, EP: Epidermis, GA: Ganglion, KU: Cuticula, LM: Längsmuskel, MA: Magen, MD: Mitteldarm, MU: Mund, OE: Ösophagus.

durch Stolone, die von den Stielbasen ausgehen und die Individuen einer Kolonie untereinander verbinden.

Sessile Lebensweise und geringe Körpergröße haben offenbar zu einer sekundären Vereinfachung der Kamptozoen-Organisation geführt. Daher sind die Verwandtschaftsbeziehungen zu anderen Spiraliern unklar.

2.4.13 Stamm Mollusca (Weichtiere)

Mit 127.300 Arten (davon 105.000 Schnecken) folgt dieser Stamm nach Artenzahl auf die Arthropoden. Das Mollusken-Ei furcht sich **spiralig**, und die typische Entwicklung verläuft über eine **trochophora**-ähnliche **Veliger**-Larve, die schon eine Embryonalschale besitzt (vergl. Tab. 3.1).

Es werden 2 Unterstämme und 7 rezente Klassen unterschieden; 1. **Amphineura**: Aplacophora, Polyplacophora; 2. **Conchifera**: Gastropoda (Schnecken), Cephalopoda (Tintenfische), Bivalvia (Muscheln), Scaphopoda und die eigenartigen Monoplacophora.

Bereits im Präkambrium spaltet sich der Stamm in mehrere Entwicklungslinien, und das phylogenetische Urmollusk ist unbekannt. Nach Gestalt und Lebensweise sind die Mollusken-Klassen sehr verschieden, aber sie lassen sich von einem vergleichend-anatomisch konstruierten «**Urmollusk**» ableiten (Abb. 2.51).

Der Mollusken-**Körper** (Abb. 2.51 A, B) ist in Kopf, Fuß, Eingeweidesack und Mantel gegliedert. Der Kopf trägt die Hauptsinnesorgane (Augen, Fühler) und die Mundöffnung. Der ektodermale Vorderdarm bildet einen muskulösen Schlundkopf, dessen chitinige Radula (Abb. 2.52 A, 2.53 a, b) die Nahrung aufnimmt. Der Eingeweidesack enthält zwei große Mitteldarmdrüsen, die vom Magen entspringen und in denen durch Phagocytose

2.4.13 Baupläne, Mollusca

die Endverdauung intrazellulär stattfindet. Diese Organe liegen in Blutlakunen der primären Leibeshöhle. Die Leibeshöhlenflüssigkeit wird oft in Zusammenarbeit mit der muskulösen Körperwand als Hydroskelett eingesetzt, z.B. beim Ausstrecken der Fühler oder beim Eingraben des Muschelfußes. Das **Coelom** ist meist auf **Perikard** und Gonocoel beschränkt; ein Körpercoelom ist nur bei Cephalopoda vorhanden. Gonocoel und Perikard gehen aus einer gemeinsamen Anlage hervor und sind ursprünglich durch Gänge verbunden. Vom Perikard entspringen paarige **Metanephridien**.

Die **Geschlechtsprodukte** gelangen bei den Aplacophora über Perikard und Nephridien nach außen (Abb. 2.51C). Bei Monoplacophora, Gastropoda und primitiven Bilvalviern wird das Perikard umgangen, indem die Gonaden in die Nieren münden (Abb. 2.51D). Bei Polyplacophora und höheren Bivalviern haben sich die

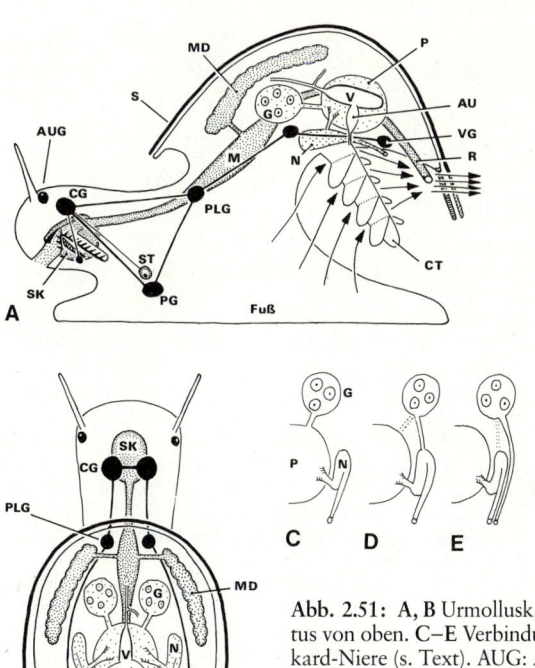

Abb. 2.51: A, B Urmollusk, Längsschnitt und Situs von oben. C–E Verbindungen Gonade-Perikard-Niere (s. Text). AUG: Auge, AU: Aurikel, CT: Ctenidium, CG: Cerebralganglion, G: Gonade, M: Magen, MD: Mitteldarmdrüse, N: Nephridium, OS: Osphradium, P: Perikard, PAG: Parietalganglion, PG: Pedalganglion, PLG: Pleuralganglion, R: Rektum, S: Schale, SK: Schlundkopf, ST: Statocyste, V: Ventrikel, VG: Visceralganglion, Pfeile: Atemwasserstrom.

Geschlechtswege von den Nieren getrennt, münden aber unmittelbar neben diesen (Abb. 2.51E); ähnlich liegen die Verhältnisse bei den Cephalopoda.

Der **Mantel** sezerniert die **Schale** (Abb. 2.52B). Er bedeckt den Eingeweidesack und bildet ringsum eine Mantelfalte. Diese überdacht eine Mantelrinne, die hinten zur Mantelhöhle vertieft ist. In der Mantelhöhle liegen zwei **Ctenidien** (Doppelkammkiemen); diese bestehen aus einer Achse, von der beiderseits Kiemenblättchen abstehen, deren Bewimperung einen Atemwasserstrom erzeugt (Abb. 2.51A, B; Pfeile). Der Wasserstrom hat zugleich Sanitärfunktion: nachdem das Wasser die **Osphradien** (chemische Sinnesor-

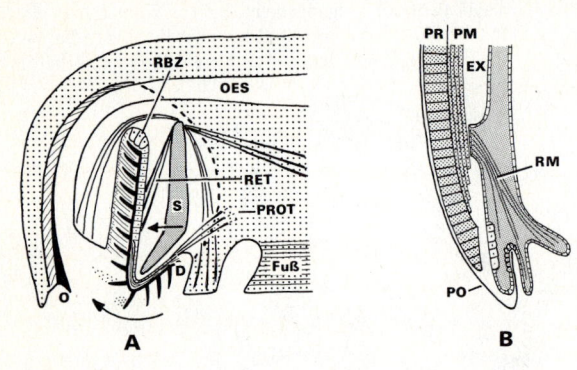

Abb. 2.52: A. Die Radula. Die Radula wird am Grunde einer Tasche des Vorderdarmes von Bildungszellen (RBZ) ständig sezerniert und von den Taschenephithelien gehärtet. Nur der in der Mundhöhle gelegene Abschnitt ist funktionsfähig. Am Vorderrand (D) degeneriert die Radula. Sie besteht aus einer biegsamen Membran und aufsitzenden Zähnen und arbeitet etwa wie ein Schaufelradbagger. Sie ist über ein Stützpolster (S) gespannt, das beim Fressen aufgerichtet und in Pfeilrichtung geschwenkt wird. Gleichzeitig zieht der Retractor (RET) die Radula einwärts. Die Zähne passieren nacheinander die Kante des Stützpolsters (gebogener Pfeil) und greifen dabei in die Weidefläche ein. Seitliche Protractoren (PROT) bringen die Radula wieder in die Ausgangsstellung. O: Oberkiefer, OES: Ösophagus. **B.** Schalenbildung der Muschel (Querschnitt durch den Mantelrand). Die Schale besteht aus dem organischen Periostracum (PO), sowie Ostracum und Hypostracum, d.h. Paketen von $CaCO_3$, verpackt in organischem Conchiolin. Das Periostracum wird als kontinuierliche Folie in einer Längsrinne des Mantelrandes sezerniert. Die zeichnerisch herausgehobene Randzone bildet das Ostracum, das oft als Prismenschicht (PR) erscheint. Das Hypostracum wird von der ganzen Mantelfläche sezerniert und kann als Perlmuttschicht (PM) Interferenzfarben zeigen. Die meisten Schalen sind aber porzellanartig weiß. Der Weichkörper ist durch Ansätze der Fußmuskulatur und (nur bei Muscheln) durch Mantelrandmuskeln (RM) mit der Schale verbunden; sonst sind Mantel (Pallium) und Schale durch einen extrapallialen Raum (EX) getrennt. Fremdkörper, die in diesen Raum gelangen, werden von Hypostracum umhüllt und liefern Perlen (nach Wilbur und Saleuddin 1983, verändert).

gane, s. Kap. 11) und die Kiemen passiert hat, spült es Geschlechtsprodukte, Harn und Kot aus der Mantelhöhle, d. h. Nieren- und Geschlechtsöffnungen münden stets in den Abwasser-(Egestions-)Strom, und der After liegt unmittelbar an der Austrittstelle des Wassers. Der Ansaug-(Ingestions-)Bereich ist viel weiter als der Egestionsbereich; der Egestionsstrom ist folglich kräftiger und spült die Exkremente aus dem Ingestionsbezirk. Weil beide Kiemen Wasser einstrudeln, treffen median zwei Wasserströme aufeinander; diese werden durch einen Schalenschlitz entlassen. (Dieser Schlitz wird bei den Cephalopoda funktionell durch den Trichter ersetzt).

Der **Blutkreislauf** ist offen. Der Ventrikel pumpt Blut über eine vordere Aorta zum Kopf, über eine hintere zu den Eingeweiden. Lakunäre Hohlvenen sammeln das Blut und leiten es zu den Nieren. Von diesen gelangt es über afferente (zuführende) Kiemengefäße in die Kiemen, in denen der Gasaustausch stattfindet. Über efferente Kiemengefäße wird es von den Aurikeln angesaugt und zum Ventrikel geleitet. Das Molluskenherz führt also arterielles Blut. Die Aufgliederung des Blutstromes in den Kiemen führt zu hohem Strömungswiderstand, deshalb liegen Herz und Kiemen möglichst dicht beieinander. Im **Blutplasma** von Gastropoden und besonders von Cephalopoden ist Hämocyanin als respiratorischer Farbstoff gelöst; bei einigen Süßwasserschnecken kommt Hämoglobin vor (s. Kap. 13). Herz und Rektum stehen in Raumkonkurrenz. Aus funktionellen Gründen liegt das Herz zwischen beiden Kiemen, das Rektum im Abwasserstrom. Bei Muscheln und ursprünglichen, zweikiemigen Schnecken entstehen Herz und Perikard aus paarigen Anlagen, die median verschmelzen und das Rektum einschließen; das Rektum zieht dann mitten durch die Herzkammer (Abb. 2.57).

Das **Nervensystem** der Amphineura (Polyplacophora und Aplacophora) besteht aus einem Schlundring und zwei paarigen Marksträngen mit gleichmäßig verteilten Nervenzellen. Die Pedalstränge innervieren den Fuß, die Pleuroviszeralstränge die Eingeweide. Die Stränge sind durch unregelmäßige Kommissuren verbunden. – Bei den Conchifera sind die Nervenzellen in Ganglien konzentriert (Abb. 2.51 A, B), wobei die Pleuroviszeralstränge mehrere Ganglien bilden, von denen Nerven zu den Organen ausstrahlen. Neben den Hauptganglien können Spezialganglien vorhanden sein (s. Cephalopoda). Die Conchifera besitzen **Statocysten** (Schweresinnesorgane, s. Kap. 10), die bei den Pedalganglien liegen, aber von den Cerebralganglien innerviert werden.

Klasse Gastropoda (Schnecken)

Die Gastropoda sind die bei weitem artenreichste Molluskenklasse und die einzige, die auch Landbewohner stellt. Oberflächlich ähnelt das **Urmollusk** (Abb. 2.51) einer Schnecke, aber die Gastropoden machen in der frühen

Ontogenese eine **Torsion** durch, bei der der Eingeweidesack um 180° gedreht wird (Abb. 2.54B).

Dadurch gelangt die Mantelhöhle mit Kiemen, After usw. nach vorn, die ursprünglich rechten Organe nach links, die linken nach rechts (Abb. 2.55A). Im folgenden werden rechts bzw. links auf die Lage nach der Torsion bezogen. Der Darm bildet infolge der Torsion eine U-förmige Schlinge, und dies führt zu einer Raumkonkurrenz im Eingeweidesack, so daß rechte Mitteldarmdrüse und linke Gonade reduziert werden, um Platz für Herz und Nieren zu schaffen. Bei allen (!) Schnecken ist nur die rechte Gonade erhalten, und diese mündet in die rechte Niere. Die Torsion führt außerdem zur Überkreuzung der Pleuro-Visceral-Konnektive (**Streptoneurie, Chiastoneurie**; Abb. 2.55B). Dabei gelangt das ursprüngliche rechte Parietalganglion nach links und über den Darm, das linke nach rechts und unter den Darm (Abb. 8.6).

Wie sich die Torsion phylogenetisch entwickelte, ist unklar. In der **Ontogenese** wird sie durch Verkürzung des rechten Schalenmuskels, des Spindelmuskels, bewirkt, der linke wird reduziert. Ein fossiles Mollusk mit planspiral gewundener Schale und Schalenschlitz, also tiefer Mantelhöhle, ist *Bellerophon* sp. Mehrere symmetrische Muskeleindrücke weisen darauf hin, daß bei der Gatt. *Bellerophon* keine Torsion stattfand, es sich also nicht um Schnecken handelt. Details des Körperbaues sind unbekannt, aber er dürfte etwa der Abb. 2.54A entsprochen haben. Der Vergleich mit Abb. 2.54B zeigt, daß der Eingeweidesack durch die Torsion in eine Lage gerät, die für kriechende Tiere günstiger ist. Dies hat offensichtlich zum Erfolg dieser Klasse entscheidend beigetragen. Meist ist die Schale schraubig gewunden und liegt dann schräg zur Längsachse des Tieres, so daß der Schwerpunkt in der Medianen liegt.

Die Gastropoda umfassen die Unterklassen Prosobranchia (Streptoneura) und Euthyneura (Opisthobranchia und Pulmonata), bei denen die Streptoneurie sekundär aufgehoben ist.

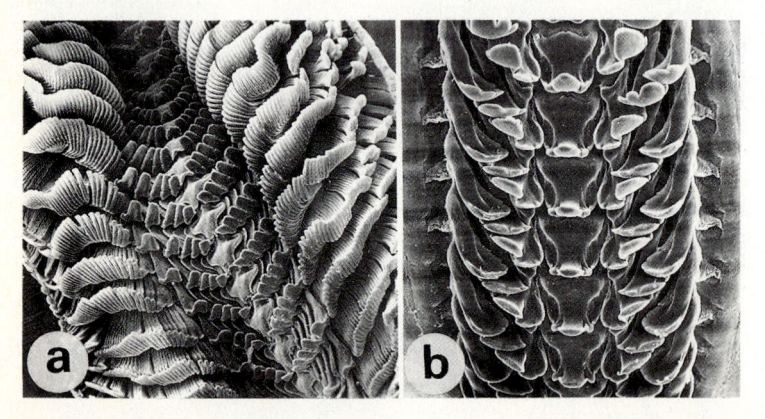

Abb. 2.53: Rasterelektronenmikroskopische Aufnahmen der Radulae zweier Prosobranchier (jeweils nur kurze Abschnitte). **a** *Gibbula* sp. (Fächerzüngler), **b** *Littorina littorea* (Bandzüngler). Mischor phot.

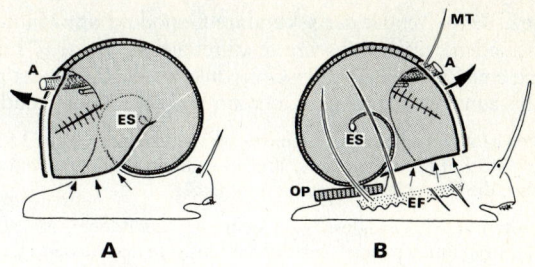

Abb. 2.54: Seitenansichten von **A.** hypothetischem, bellerophontem Monoplacophor, **B.** zweikiemigem Prosobranchier. A: After, EF: Epipodialfalte mit Tentakeln, ES: Embryonalschale, OP: Operculum, MT: Mantelrandtentakeln. Bei spiral gewundener Schale (**A**) liegt die Embryonalschale innen, bei schraubiger Schale (**B**) außen (in freier Anlehnung an Vorstellungen von Naef 1911 und Runnegar u. Pojeta 1974).

Unterklasse Prosobranchia

Die Prosobranchia besitzen ein **Operculum** (Deckel) aus Conchiolin. Es liegt auf dem Fuß und kann die Schalenmündung schließen (Abb. 2.54B). Es fehlt Arten mit breitem Kriechfuß und flacher Schale. Ursprüngliche Prosobranchier haben Epipodialfalten und Epipodial- und Mantelrandtentakel. Die Vertreter der Ord. **Diotocardia** haben die zwei Aurikel des Grundbauplanes erhalten, aber nur die Jochkiemer (**Zygobranchia**) haben noch zwei Ctenidien und den Schalenschlitz. Der Schlitz ist bei der Gatt. *Haliotis* durch eine Lochreihe, bei der Gatt. *Diodora* durch ein apikales Loch ersetzt. After und Perikard liegen median, und das Rektum zieht durch das Perikard (Abb. 2.55A). Bei den **Azygobranchia** (z.B. Gatt. *Gibbula, Monodonta*) verschwindet die rechte Kieme, während die Reduktion des rechten Aurikels nachhinkt. Das Herz rückt an die Basis des verbleibenden Ctenidiums. Dieses treibt das Atemwasser quer durch die Mantelhöhle, und der Schalenschlitz entfällt. Der After rückt nach rechts in den austretenden Abwasserstrom.

Die o.a. Gattungen sind Fächerzüngler (Rhipidoglossa, Abb. 2.53a). Zu den Diotocardia gehören auch die Docoglossa (Hauptgatt. *Patella*), die eisenhaltige Zähne haben.

Bei den Mitgliedern der Ord. **Monotocardia** ist das rechte Aurikel völlig verschwunden (Abb. 2.55C). Die Kiemenachse ist flächig mit dem Dach der Mantelhöhle verwachsen, und es bleiben nur die rechten Kiemenblättchen erhalten. Die linke Niere ist nach rechts vom Perikard gewandert, so daß der Harn in den Abwasserstrom gerät. Die rechte Niere hat ihre exkretorische Funktion verloren und bildet nur noch einen Teil des Gonoduktes. Die Monotocardia haben innere Befruchtung und die Gonodukte sind durch Gänge verlängert, die aus der Wand der Mantelhöhle durch Einsenkung hervorgehen. Beim ♀ endet der sekundäre Gonodukt am Mantelrand und ist in verschiedene Drüsenabschnitte differenziert. Beim ♂ bildet dieser Drüsengang eine Prostata, und der Gonodukt ist als Rinne oder geschlossener Gang bis zum Penis verlängert, der am Fuß oder Kopf gebildet wird.

Die meisten Monotocardier sind Taenioglossa (Bandzüngler, Abb. 2.53b). Hierher gehören die Gatt. *Littorina* (Nordsee), *Viviparus* (Süßwasser) und *Pomatias* (Land). Pelagisch leben die Gatt. *Carinaria* und *Pterotrachea*.

Die hochentwickelten **Stenoglossa** sind Aasfresser oder Räuber. Sie orten ihre Beute durch das Osphradium. Um einen gerichteten Einstrom des Wassers zu erreichen, ist

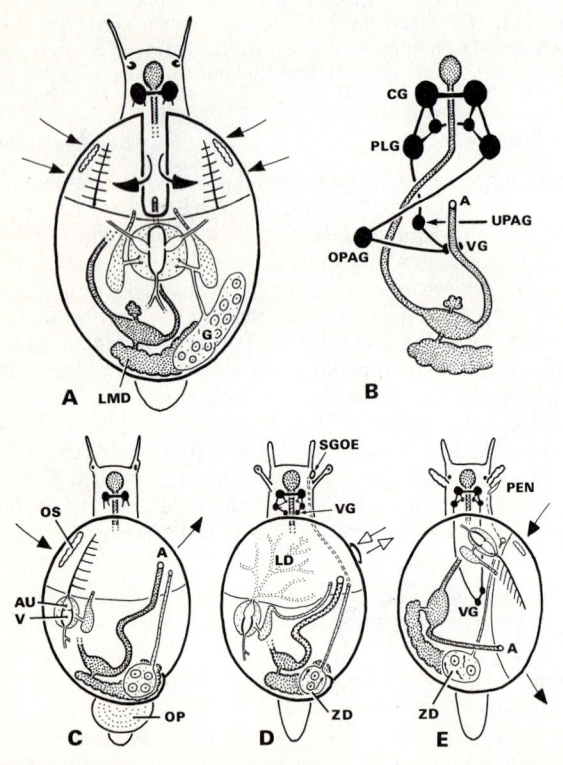

Abb. 2.55: Gastropoda **A.** zweikiemige Diotocardier. **B.** Nervensystem nach Torsion. **C.** Monotocardier. **D.** Pulmonate. **E.** primitiver Opisthobranchier. A: After, LD: Lungendach, LMD: Linke Mitteldarmdrüse, OPAG: Oberes Parietalganglion, OP: Operculum, PEN: Penis, SGOE: Sekundäre Geschlechtsöffnung, UPAG: Unteres Parietalganglion, ZD: zwittrige Gonade. Sonst wie Abb. 1. Darmverlauf vereinfacht.

der Mantelrand vor dem Osphradium zu einem muskulösen Halbrohr (Sipho) ausgezogen. Die Schale ist an dieser Stelle eingebuchtet oder bildet ein Dach über dem Sipho.

Die meisten Stenoglossa haben nur drei Zähne pro Querreihe (rhachiglosse Radula). Die Gatt. *Buccinum* ist mit 11 cm Schalenhöhe die größte Schnecke der Nordsee. Die Purpurschnecken (Gatt. *Murex*) lieferten den Purpurfarbstoff der Antike, bei dem es sich um das Sekret der Hypobranchialdrüse (Schleimdrüse der Mantelhöhle) handelt. Die **Toxoglossa** (Gatt. *Conus*) haben pfeilförmige Hohlzähne, mit denen giftiges Sekret der Speicheldrüse in die Beute injiziert wird. Diese wird im ganzen verschlungen. Das Gift einiger Arten ist für Menschen sehr gefährlich (evtl. tödlich).

Unterklasse Euthyneura

Die Euthyneura haben nur 1 Aurikel und 1 Niere, d.h. sie stammen von monotokarden Formen ab. In ihrer Gonade (Zwitterdrüse) werden sowohl Spermien als auch Eier gebildet, und die Geschlechtswege sind entsprechend kompliziert.

Die Vertreter der Überord. **Pulmonata** (Lungenschnecken) sind Süßwasser- (Ord. Basommatophora mit Gatt. *Lymnaea*) oder Landbewohner (Ord. Stylommatophora mit Gatt. *Helix*). Ihre Konnektive sind so verkürzt, daß die Visceralganglien aus dem Torsionsbereich gelangen (Abb. 2.55D). Die Kieme ist durch Blutlakunen im Dach der Mantelhöhle ersetzt («**Lunge**»). Zur Verminderung des Wasserverlustes findet der Gasaustausch nur über ein enges Atemloch statt, durch das auch Kot und Harn abgegeben werden. Endprodukt des Stickstoff-Stoffwechsels ist nicht mehr giftiges Ammoniak, sondern schwer lösliche Harnsäure (s. Kap. 5). Diese hat breiige Konsistenz und der Harnleiter ist deshalb sekundär bis zum After verlängert. Es gibt übrigens auch luftatmende Prosobranchier, z.B. Gatt. *Pomatias*; diese unterscheiden sich aber durch Streponeurie u.a. deutlich von den Pulmonaten. Bei vielen Pulmonatengatt. *(Limax, Arion)* wird die Schale vom Mantel überwachsen und reduziert («**Nacktschnecken**»).

Die Angehörigen der Überord. **Opisthobranchia** (Hinterkiemer) sind rein marin. Die Streptoneurie wird durch Detorsion um 90° aufgehoben (Abb. 2.55E). Die Mantelhöhle kommt dabei nach rechts und die Kieme hinter das Herz zu liegen (Name). Nur wenige Opisthobranchier besitzen noch eine **Schale**; die meisten werfen bereits die Embryonalschale ab. Der Eingeweidesack ist nicht mehr abgesetzt, statt dessen entwickeln sich die verschiedensten Rückenanhänge. Es handelt sich um eine vielgestaltige Gruppe mit oft sehr bunt gefärbten Arten.

Klasse Cephalopoda (Tintenfische)

Die Cephalopoda sind reaktionsschnelle Räuber und ausgesprochene Augentiere (s. Kap. 9). Das Nervensystem mit den typischen Ganglien ist zentralisiert und wird durch Spezialganglien ergänzt (Abb. 8.11). Die Eier sind extrem dotterreich und furchen sich daher discoidal. Die Organe werden auf der Keimscheibe angelegt, und erst die embryonale Gestaltbil-

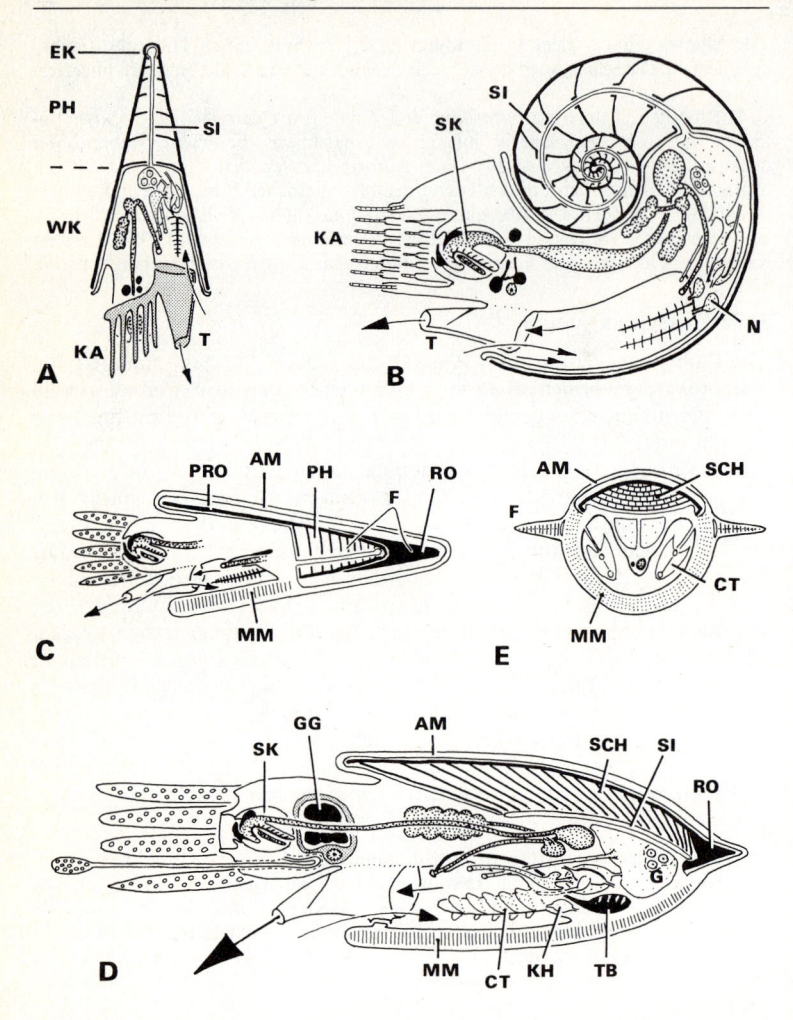

Abb. 2.56: Cephalopoda, A–D stark schematisierte Längsschnitte. **A.** primitiver Außenschaler. **B.** *Nautilus*. **C.** Belemnit. **D.** *Sepia*. **E.** *Sepia* quer. AM: Außenmantel, CT: Kiemen, EK: Embryonalkammer, F: Flosse, GG: Ganglien im Kopfknorpel, KA: Kopfarme, KH: Kiemenherz, MM: Muskelmantel, N: Niere, PH: Phragmoconus, PRO: Proostracum, RO: Rostrum, SCH: Schulp, SI: Sipho, SK: Schlund und Kiefer, T: Trichter, TB: Tintenbeutel, WK: Wohnkammer. Sonst wie **Abb. 2.51**. Weichteile sind in A und C in Details fraglich. Körpercoelom ausgedehnter als dargestellt (in Anlehnung an Naef 1922, Morton und Yonge 1964, Steiner 1977, u.a.).

dung führt zur typischen Molluskenorganisation (s.o.). Neben der Radula sind kräftige, schnabelartige **Kiefer** vorhanden, die große Stücke abbeißen. Giftiger Speichel lähmt die Beute.

Alle Cephalopoden haben eine tiefe **Mantelhöhle**. Ihr hoher Eingeweidesack zieht sich schrittweise, unter Bildung von Zwischenwänden (Septen), aus dem apikalen Schalenteil zurück. Der Körper ist auf die «Wohnkammer» beschränkt, bleibt aber durch einen Schlauch (Sipho) mit der Embryonalkammer verbunden. Der Sipho scheidet Gas (N_2) in die Schwebekammern ab und regelt aktiv durch Ein- und Auspumpen von Flüssigkeit die Tauchtiefe. Die erreichbare Tiefe ist durch die Druckfestigkeit der Schwebekammern begrenzt. Der **Fuß** (Abb. 2.56A, gerastert) bildet hinten zwei Seitenfalten, die sich zum Trichter einrollen; der vordere Abschnitt umgreift den Kopf und bildet Fangarme. Die **Schale** der meisten Arten wird kopfwärts eingerollt (Abb. 2.56B). Dadurch gelangen Kopf und Trichter in horizontale Lage, und die Tiere werden beweglicher. Kontraktionen des Körpers pressen Wasser aus der Mantelhöhle und bewegen das Tier durch Rückstoß fort.

Frischwasser strömt bei erschlafftem Trichter seitwärts ein; eine Ventilklappe verhindert, daß es den Trichter passiert. Das ruhende Tier erneuert das Atemwasser durch sanfte Kontraktionen des Trichters. Im Gegensatz zu anderen Mollusken sind die **Kiemen** unbewimpert. After, Nieren und Geschlechtsöffnungen münden nahe dem Trichter, der damit auch die Sanitärfunktion übernimmt.

Unterklasse Ektocochleata (Tetrabranchiata)

Die ursprünglichen «Ektocochleata» haben eine Außenschale; ihre morphologische Ableitung zeigt Abb. 2.56A.

Hierher gehören die Nautiloidea und Ammonoidea. Sie sind fossil reich überliefert, aber nur die Gattung *Nautilus* ist rezent. Die Weichkörper der fossilen Außenschaler sind kaum bekannt. *Nautilus* sp. (Abb. 2.56B) hat linsenlose Lochkamera-Augen (s. Kap. 9) und ca. 90 Tentakel, die in zwei Ringen um den Mund stehen und die Beute durch Klebsekrete festhalten. Es sind 4 Kiemen und 4 Nieren vorhanden; dabei handelt es sich vermutlich um sekundäre Organvermehrung.

Unterklasse Coleoidea (Dibranchiata)

Die Coleoidea (= Dibranchiata) haben die zwei Kiemen, Nieren usw. des Grundbauplanes. Ihre Schale ist von einer Mantelduplikatur umscheidet und wird zunehmend reduziert. Die fossilen Belemniten (Abb. 2.56C) haben gestreckte Schalen, die aus Phragmoconus (Schwebekammern) und Proostracum bestehen. Der **Außenmantel** lagert auf der Schalenspitze massiven Kalk, das **Rostrum**, ab, der den Körper in die Horizontale zieht. Das Proostracum entspricht der Vorderwand der Wohnkammer, deren übrige Wand von einem kräftigen Muskelmantel gebildet wird. Dessen Kontraktion bewirkt einen kräftigen Rückstoß; der Trichter dient nur als Düse und Steuerorgan. Muskulöse Mantelflossen fungieren als Höhenruder, führen aber auch Schwimmbewegungen aus. Die Organe folgen zwar dem Grundplan, sind aber höher entwickelt. Die primären Ganglien sind im Kopf konzentriert und vom Kopfknorpel geschützt. Die schnellen Bewegungen werden durch **Riesenneurone** (s. Kap. 8) und sekundäre «Stellarganglien» des Muskelmantels koordinert. Sekundärganglien liegen auch an den Armbasen; die Arme erhalten dadurch eine gewisse Autonomie. Die Begattung erfolgt nach einem Paarungsvorspiel. Das kleinere ♂ bildet **Spermatophoren**, die es mit einem spezialisierten Arm in die Mantelhöhle des ♀ überträgt.

Die schnellen Reaktionen erfordern eine gute O_2-Versorgung. So ist der **Blutkreislauf** geschlossen und das Blut besonders reich an Hämocyanin (s. Kap. 13). Die Kiemen sind groß, stark gefaltet und kapillarisiert. Der erhöhte Strömungswiderstand wird durch akzessorische Kiemenherzen überwunden, die in die afferenten Gefäße eingeschaltet sind. Die Haut enthält verschiedene Chromatophoren, die muskulär betätigt werden und schlagartigen **Farbwechsel** ermöglichen. Das tintenartige Sekret einer Analdrüse sichert die Flucht. Die Augen sind hochdifferenzierte Linsenaugen (s. Kap. 9); das gilt auch für die zahlreichen Arten der lichtlosen Tiefsee, die komplizierte Leuchtorgane haben.

Es werden die Ord. Decapoda und Octopoda unterschieden. Die zehn Arme der Decapoda tragen gestielte Saugnäpfe, die mit einem Chitinring versehen sind, der zu einem Greifhaken werden kann.

Die rezenten **Decapoda** haben ein Armpaar zu Fangtentakeln umgestaltet, die bis zur mehrfachen Körperlänge vorgeschnellt werden. Bei *Sepia*-Arten (Abb. 2.56D, E) liegt der Phragmoconus (**Schulp**) als hydrostatisches Organ an der physiologischen Oberseite. Der Schulp hat dünne Septen, die durch Pfeiler gestützt werden (Abb. 2.56E), unterseits liegt der Sipho. Das Proostracum fehlt, und das Rostrum ist reduziert, denn die Ausdehnung des Schulpes macht es überflüssig. Der Muskelmantel erstreckt sich über die ganze Unterseite. Die Teuthoidea = Kalmare (z.B. *Loligo* spp.) haben den schwerfälligen hydrostatischen Apparat reduziert, dafür ist das Proostracum als kalk-freier «Gladius» erhalten, aber so schmal, daß der Muskelmantel ein geschlossenes Rohr bildet. Die Teuthoidea sind schnelle Dauerschwimmer mit torpedoförmigem Körper. Die Eier der Hochseearten sind pelagisch. *Architeuthis princeps* ist mit 20 m Gesamtlänge (Körper 6 m) der größte Wirbellose.

Die **Octopoda** (= Kraken) sind schalenlose Bodenbewohner mit sackförmigem Körper. Ihre acht Arme sind gleich lang und tragen ungestielte Saugnäpfe ohne Chitinring. *Octopus*-Arten leben in Höhlen, die sie sich u. U. selbst aus Steinen bauen. Bei anderen Arten sind die Arme durch Häute verbunden, so daß sie medusenartig schwimmen können. Das ♀ von *Argonauta* (Papierboot) legt die oberen Arme auf den Eingeweidesack, und diese sezernieren ein dünnes Kalkgehäuse, das verblüffend einer **Ammoniten**schale gleicht, aber natürlich keine Septen hat und mit dem Tier nicht verwachsen ist. Das gasgefüllte Gehäuse mit dem ♀ treibt an der Oberfläche. Das ♂ ist klein und bildet kein Gehäuse. Die Begattung erfolgt durch einen Arm («Hektocotylus»), der sich ablöst und **Spermatophoren** in die Mantelhöhle des ♀ transportiert.

Klasse Bivalvia (Muscheln)

Die Bivalvia sind höher als breit. Ihr **Eingeweidesack** ist kaum abgesetzt, seine Organe sind weitgehend in den **Fuß** oder den **Mantel** verlagert. Das ganze Tier ist von einer zweiklappigen Schale umhüllt, aus der nur der Fuß vorgestreckt werden kann (Abb. 2.57, 2.58 A, B). Die Schalenhälften sind dorsal durch ein **Schloß** aus Zähnchen und einem Ligament gelenkig ver-

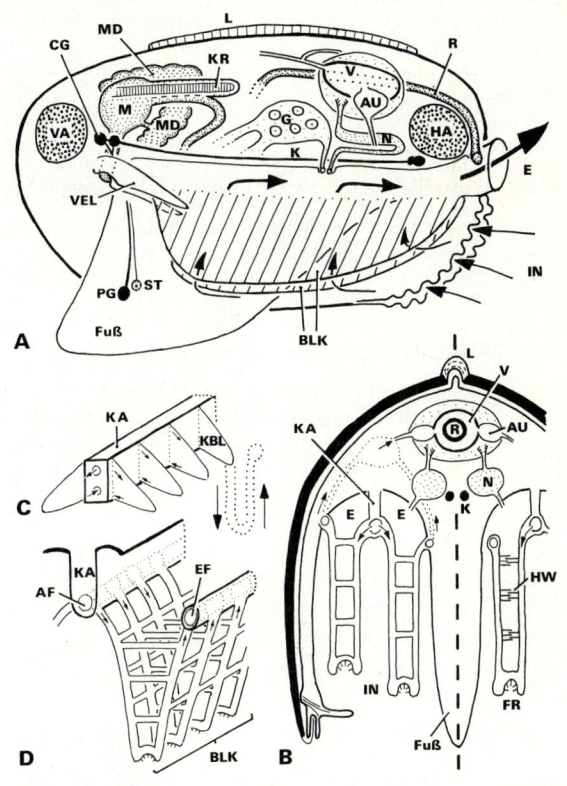

Abb. 2.57: Bilvalvia. **A.** Längsschnitt. **B.** Quer (links eulamelli-, rechts filibranch). **C., D.** Ableitung der Blattkieme vom Ctenidium. AF: Afferentes Kiemengefäß, BLK: Blattkieme, E: Egestionsraum, EF: efferentes Kiemengefäß, FR: Futterrinne, HA: Hinterer Adduktor, HW: Haftwimpern, IN: Ingestionsraum, K: Pleurovisceralkonnektiv, KA: Kiemenachse, KBL: Kiemenblättchen, KR: Kristallstiel, L: Ligament, R: Rektum, VA: Vorderer Adduktor, VEL: Velum, Kräftige Pfeile: Wasserstrom, dünne Pfeile: Blutstrom. Sonst wie **Abb. 2.51** (Abb. D in Anlehnung an Fretter und Graham 1976, Kaestner 1982).

bunden. Das **Ligament** ist elastisch und läßt die Schale klaffen. Der Mantel bildet große Seitenlappen, die durch Mantelrandmuskeln an der Schale ansetzen (Abb. 2.52B).

Diese Muskeln sind an beiden Enden zu **Adduktoren** differenziert, die beide Klappen verbinden und als Antagonisten des Ligamentes die Schale aktiv schließen. Sie enthalten schnell kontrahierende, gestreifte Fasern und glatte Tonusfasern, die die Schale ohne Energieaufwand lange geschlossen halten können. Der vordere Adduktor liegt über dem Mund, der hintere unter dem After. Der «Kopf» trägt weder Augen noch Fühler; er besteht nur aus großen Ober- und Unterlippen (**Velum** = Mundsegel). Alle Muscheln sind **mikrophag**, d.h. sie fressen Detritus und Einzeller. Die Radula fehlt stets. Die **Gonaden** sind stark verzweigt und dringen in den Fuß oder die Mantellappen ein.

Ordnung Protobranchia

Die primitivsten Muscheln gehören zur Ord. **Protobranchia** (Urkiemer).

Sie haben normale Ctenidien in der hinteren Mantelhöhle, die das Atemwasser von vorn nach hinten treiben (Abb. 2.58A). Die Mundsegel sind groß und jederseits mit einem langen, bewimperten Labialtentakel versehen, der Nahrungspartikel aufstupft und zur Mundöffnung befördert.

Ordnungen Filibranchia und Eulamellibranchia

Die höheren Muscheln (Ordn. **Fili-** und **Eulamellibranchia**) filtern Nahrung aus dem Atemwasser, ihre **Kiemen** sind zum leistungsstarken Filterapparat geworden. Die Kiemenachsen verwachsen mit dem Dach der Mantelhöhle und sind weit nach vorn verlängert (Abb. 2.57A). Jedes Kiemenblättchen wird zu einem Faden (Filament), der absteigt, umknickt und wieder aufsteigt

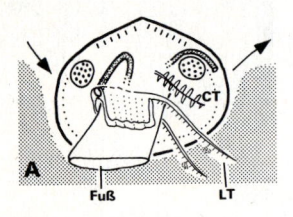

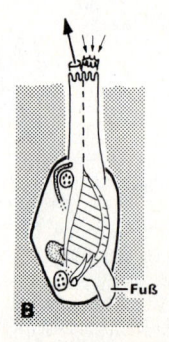

Abb. 2.58: Bilvalvia. **A.** *Nucula* (Protobranchia) im Substrat (gerastert). **B.** *Mya* (Eulamellibranchia) mit langem Sipho im Substrat. Lt: Labialtentakel. Sonst wie **Abb. 2.51.** Pfeile: Wasserstrom.

(Abb. 2.57 C, punktiert). Ab- und aufsteigende Äste sowie die aufeinanderfolgenden Filamente werden miteinander verbunden, so daß jedes Ctenidium zwei Blattkiemen bildet. Bei den Filibranchia (Fadenkiemern) besteht die Verbindung aus ineinandergreifenden Cilienbüscheln (Abb. 2.57 B, rechts), bei den Eulamellibranchia aus festen Gewebebrücken (Abb. 2.57 B, links; Abb. 2.57 D). Das Wasser (Abb. 2.57 A, Pfeile) wird im unteren Ingestionsraum angesaugt und durch die Kiemenblätter in den oberen Egestionsraum und nach außen getrieben. Geschlechts-, Nieren- und Afteröffnungen münden in den Egestionsstrom. Die meisten Muscheln stecken mit dem Vorderende im Boden, und auch die Ingestionsöffnung liegt hinten (z.B. Gatt. *Anodonta*). Bei tief grabenden Muscheln (z.B Gatt. *Mya*, Abb. 2.58 B) sind die Mantelränder verwachsen und hinten zu Röhren (**Siphonen**) ausgezogen; nur diese reichen zur Oberfläche.

Das Wasser wird durch schnell schlagende Cilien befördert; starre **Filtercilien** fangen die Partikel ab, und langsam schlagende Wimperbahnen transportieren die eingeschleimten Partikel zur Futterrinne (Abb. 2.57 b) und den Mundsegeln. Diese geben grobe Partikel in den Egestionsstrom ab (Pseudofaezes), die übrigen gelangen in den Magen. In einem abgegliederten Teil des Mitteldarmes bilden die meisten Muscheln ein gallertiges Sekret, das Amylase enthält, den **Kristallstiel**. Dieser Kristallstiel wird in den Magen vorgeschoben und bei der Vorverdauung wirksam. Im Magen sortieren Wimperfelder die unverdaulichen Partikel aus und leiten sie in den Darm. Die anderen werden zur intrazellulären Endverdauung in die Mitteldarmdrüsen transportiert.

Freisitzende Muscheln gibt es besonders unter den Filibranchiern. Bei diesen strömt das Wasser über den ganzen Mantelspalt ein. Zu den Filibranchiern gehört die Miesmuschel (*Mytilus edulis*), die sich mit Fäden einer Fußdrüse (Byssus) an der Unterlage verankert, und deren hinterer Schließmuskel viel größer als der vordere ist. Die Austern (*Ostrea* spp.) sind mit der linken Schale festgewachsen und haben nur noch den hinteren Schließmuskel. Die Pilgermuscheln (*Pecten* spp.) haben eine trogförmige linke und eine flache rechte Schale. Das Ligament und der einzige (hintere) Adduktor sind so kräftig, daß das Tier durch wiederholtes Zusammenschlagen der Schale schwimmen kann. Viele und sehr kompliziert gebaute Augen mit zelliger Linse, doppelter Retina und Tapetum lucidum liegen im Mantelrand von *Pecten*-Arten.

Klasse Scaphopoda (Grabfüßer)

Die Scaphopda leben auf Sandböden. Mantel und Schale bilden ein **Rohr**, durch dessen erweiterte Vorderöffnung der Fuß ragt und im Substrat verankert ist. Der Kopf enthält eine **Radula**. Zwei Büschel feiner Kopftentakel, tupfen Foraminiferen, Algen usw. auf. Ctenidien fehlen, das **Herz** ist schwach entwickelt.

Klasse Monoplacophora

Die Monoplacophora galten als seit dem Devon ausgestorben. 1952 entdeckte Lemche im Tiefseematerial die Gattung *Neopilina*. Deren napfförmige Schale bedeckt den augenlosen Kopf, und 8 Muskelpaare verbinden Schale und Fuß. Eine Mantelrinne umgibt das ganze Tier, in ihr liegen 5–6 Kiemenpaare; 6 Nephridien- und 2 Gonadenpaare münden in die Mantelrinne.

Manche Autoren sehen darin Hinweise auf frühere, annelidenartige Segmentierung. Andererseits ist das Körpercoelom unsegmentiert, und die endständige Lage des Herzens weist nicht auf Annelidenverwandtschaft hin. Dagegen ist die Embryonalschale kopfwärts eingerollt, und das Herz liegt dort, wo bei *Bellerophon*-Arten vermutlich Mantelhöhle und Ctenidien lagen. Daraus kann man folgern, daß bei *Neopilina*-Arten keine Segmentierung, sondern sekundäre Organvermehrung vorliegt. Das Nervensystem besteht aus Schlundring und (abweichend von anderen Mollusken) aus je einem ringförmigen Pedal- und Lateralnerv. Es sind keine Ganglien, wohl aber **Statocysten** vorhanden.

Klasse Polyplacophora

Die Polyplacophora haben 8 Schalenplatten; von jeder zieht ein Muskelpaar zum Fuß (vgl. die Zahl der Muskeln von *Neopilina* spp.). Eine flache Mantelrinne, in der viele Ctenidien liegen, umgibt das ganze Tier. Die Ctenidien sind auf die Herzregion beschränkt (Abb. 2.59A links) oder reichen bis zum Kopf (eindeutig sekundäre Organvermehrung). Das Atemwasser tritt in die äußere Mantelrinne ein, wird durch die Kiemen getrieben und im inneren Teil der Mantelrinne, in den auch Nieren- und Geschlechtsöffnungen münden, weggeführt (Abb. 2.59A, B; Pfeile). Im Gegensatz zu

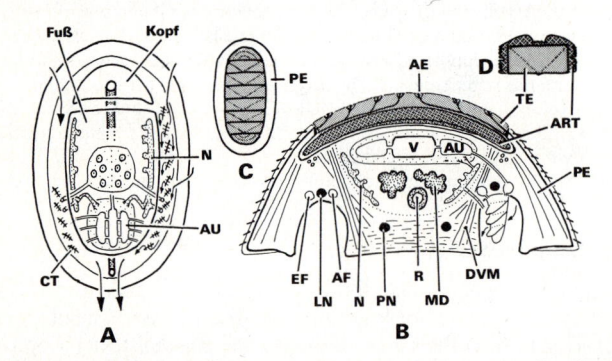

Abb. 2.59: Polyplacophora. A. Unterseite. In die Konturen von Kopf und Fuß wurden einige Organe eingetragen. Die Pfeile geben den Wasserstrom in der Mantelrinne an (links: Form mit wenigen Ctenidien). B. Querschnitt in Herzregion. C. ganzes Tier von oben. D. einzelne Platte. AE: Astheten, ART: Articulamentum, DVM: Dorsoventral-Muskeln, LN: Lateraler Nervenstrang, PE: Perinotum, PN: pedaler Nervenstrang, TE: Tegmentum. Sonst wie Abb. 2.51 (stark vereinfacht, teilweise in Anlehnung an Morton und Yonge 1964, Hyman 1967).

Neopilina spp. sind je 1 Paar Nieren und Gonaden in mollusken-spezifischer Anordnung vorhanden (Abb. 2.59 A). Die Polyplacophora leben auf Hartböden und haben einen breiten **Kriechfuß**. Die Schalenplatten bestehen aus äußerem **Tegmentum** und innerem **Articulamentum** (Abb. 2.59 B, C).

Das **Articulamentum** greift mit Apophysen unter die vorangehende Platte, und losgerissene Tiere rollen sich asselartig ein. Die Platten sind von einem Perinotum umgeben, das in einer Cuticula kalkige Stacheln oder Schuppen trägt. Der Mantel überragt den Kopf, und die larvalen Augen werden völlig reduziert. In das Tegmentum reichen aber vom Rande her Sinneszellen (**Aestheten**), die bei einigen Arten zu Augen differenziert sind. Die **Radula** ist lang und mit harten Zähnen besetzt. Das Nervensystem besteht aus Schlundring und paarigen Pedal- und Visceralsträngen (keine Ganglien, keine Statocysten). Bek. Gatt. sind *Chiton*, *Acanthochiton*.

Klasse Aplacophora

Die schalenlosen Aplacophora sind klein und wurmförmig. Die Radula sowie die Anatomie der Eingeweide weisen sie als Mollusken aus; insbes. liegen Herz und Mantelhöhle ganz hinten. Der Körper ist von einer Cuticula bedeckt, in der Kalkstacheln liegen wie im Perinotum der Polyplacophora, mit denen sie als **Amphineura** zusammengefaßt werden.

2.4.14 Stamm Sipunculida (Sternwürmer)

Die etwa 300 Arten dieses Stammes leben **marin** in weichen Böden (selten Felsspalten), werden meist etwa 10 cm lang (2 mm – 75 cm) und ernähren sich von Detritus. Der Körper erscheint wurmförmig und äußerlich ungegliedert, besitzt allerdings ein vorstülpbares und völlig zurückziehbares Vorderende (**Introvert**) mit Tentakeln (Abb. 2.60). Die Körperwand besteht aus einer äußeren Cuticula, einer drüsenreichen Epidermis, einer Bindegewebeschicht sowie Ring- und Längsmuskelschichten. Die Leibeshöhle (**Coelom**) ist flüssigkeitsgefüllt und dient als hydrostatisches Skelett und Widerlager zu den Muskelbewegungen. Der **Darm** ist haarnadelförmig, oft verdrillt und endet mit einem After am Vorderende (dorsal in Höhe der Rüsselbasis). Als **Exkretionsorgane** dienen paarige sackartige Metanephridien, deren Poren ventral und dorsal vom Anus ausmünden. Daneben findet noch Exkretspeicherung im Peritoneum statt. Ein **Blutgefäßsystem** fehlt, aber die Coelomflüssigkeit enthält «Blutzellen» mit einem Farbstoff (Hämerythrin s. Kap. 13). Der Gasaustausch erfolgt offenbar über die dünnwandigen Tentakel. Das **Nervensystem** besteht aus einem Schlundring und einem unpaaren Bauchmarkstrang (mit segmentalen Ganglien). Als **Sinnesorgane** treten neben Chemo- und Mechanorezeptoren paarige Pigmentbecherocellen wie auch ein Nuchalorgan (Chemorezeption?) auf.

Fortpflanzung. Die Sipunculiden sind meist getrenntgeschlechtlich (ohne Sexualdimorphismus); die **Gonaden** liegen im Coelom, wo auch die Geschlechtszellen heranreifen, die über die Nephroporen ins freie Wasser gelangen. Die Befruchtung erfolgt im Freien. Über eine **Spiralfurchung** (s.

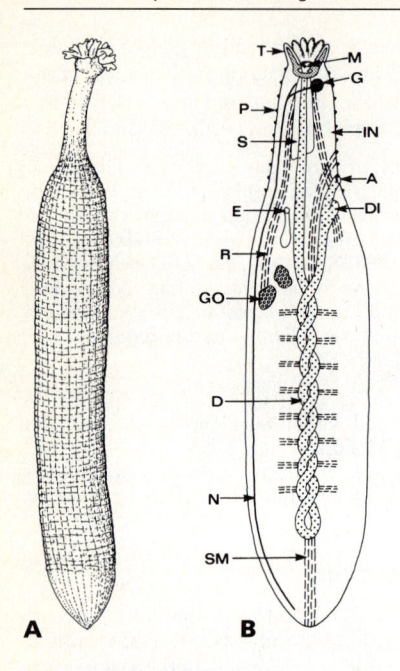

Abb. 2.60: Schem. Darstellung eines Sipunculiden (*Sipunculus nudus*) in der Totalen (**A**) und im Längsschnitt (**B**). A: Anus, D: Darm, DI: Darmdivertikel, E: Exkretionsporus (Mündung des Nephridiums), G: Gehirn, GO: Gonade, IN: Introvert (Rüssel mit Papillen), M: Mund, N: Bauchnervenstrang, P: Papille, R: Retraktormuskel, S: Polische Schläuche, SM: Spindelmuskel, T: Tentakelkrone.

Kap. 3) wird meist ein trochophora-artige Larve (Abb. 2.64), die nach einer Phase planktonischen Lebens zu Boden sinkt, sich umgestaltet (**Metamorphose**) und zum Adultus heranwächst. Neben der geschlechtlichen Entwicklung tritt bei einigen Arten auch eine ungeschlechtliche Durchschnürung (**Paratomie**) auf.

Wichtige Arten: *Sipunculus nudus* (bis 25 cm, im Schlamm, weltweit), *Aspidosiphon* spp. (bis 8 cm, in leeren Molluskengehäusen, weltweit).

2.4.15 Stamm Echiurida (Igelwürmer, Igelschwänze)

Die Vertreter der etwa 150 Arten der bis zu 2 m langen Würmer leben weltweit **marin** als Detritusfresser, meist im Sand (obwohl sie z.T. schwimmfähig sind) oder in Felsspalten (vorwiegend in flachen Gewässern, selten bis 100 m Tiefe).

Ihr Körper ist äußerlich in einen sehr dehnungsfähigen, aber nicht einziehbaren, abgeflachten, eine bewimperte Rinne bildenden Rüssel (**Proboscis**) und ein drehrundes unsegmentiertes **Abdomen** untergliedert (Abb. 2.61). Die Proboscis ist oft kürzer als das Abdomen (Ausnahme z.B. *Bonellia* spp. mit 2 m Proboscislänge bei einem Abdomen von 15 cm). Die Körperwand besteht (wie bei Anneliden und Sipunculiden) aus einem Hautmuskel-

2.4.15 Baupläne, Echiurida

schlauch, in dem von außen nach innen eine dünne, chitinhaltige Cuticula, eine mit Borsten und/oder Papillen versehene Epidermis sowie Ring- und Längsmuskelschichten aufeinander folgen. Mit Hilfe der abdominalen Borsten bzw. Papillen, die zum Namen Igelschwänze geführt haben, sind die Würmer in der Lage, sich Höhlungen im Substrat zu graben. Die Leibeshöhle ist bis auf Proboscisteile als **Coelom** ausgebildet. Das **Darm**system beginnt mit dem an der Basis der Proboscis gelegenen Mund. Die Proboscis selbst ist lateral einrollbar, bildet so ein Rohr und führt durch Schlagen von Oberfächencilien und drüsige Elemente Detritus als Nahrung dem Mund

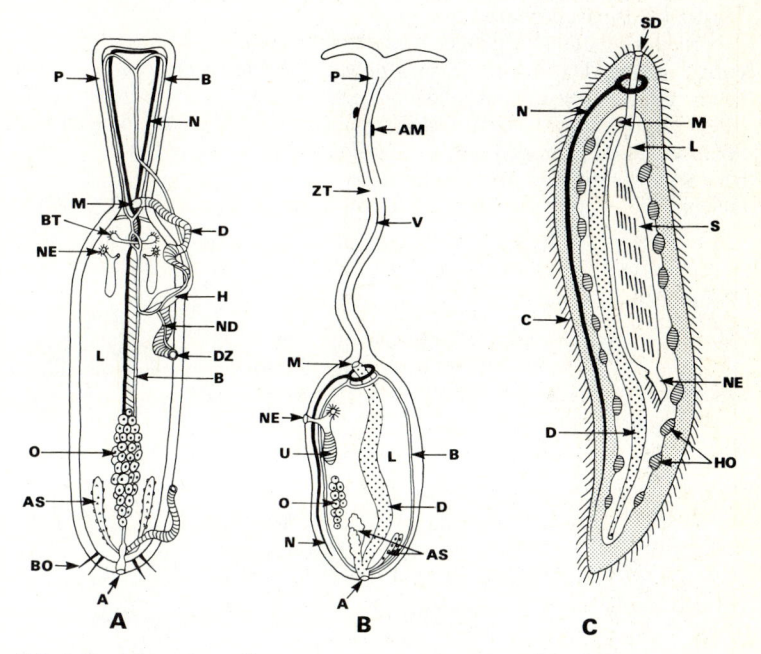

Abb. 2.61: Schem. Darstellung von Vertretern der Echiurida. **A.** *Echiurus echiurus* (Weibchen, von dorsal), ca. 15 cm lang. **B., C.** *Bonellia viridis*. Das Weibchen (**B**; in Seitenansicht) ist sehr groß (bis 2 m), während die Männchen (**C**) sich als Parasiten am Prostomium verankern und winzig bleiben (AM). A: After, AM: Angedeutetes, festgeheftetes Männchen, AS: Analschlauch, Rektalsäcke, B: Blutgefäßsystem, BO: Borsten, BT: Borstentaschen, C: Cilien, D: Darm, DZ: Darm aus zeichentechn. Gründen unterbrochen, H: Herz (= kontraktiler Bereich des Blutgefäßsystems), HO: Hoden, L: Leibeshöhle, M: Mund, N: Nervensystem, ND: Nebendarm, NE: Nephridium (= Gonodukt), O: Ovar, P: Prostomium (in Kopflappen geteilt oder nicht), S: Samenschlauch, SD: Spermadukt, U: Uterus, V: Ventralrinne, ZT: Aus zeichentechn. Gründen wurde das lange Prostomium unterbrochen.

zu. Der Darm zieht meist stark gewunden nach hinten (ist bei einigen Arten von einem **Nebendarm** begleitet) und mündet mit einem After terminal aus (Abb. 2.61). Als **Exkretionsorgane** dienen Metanephridien, die über die Rektalsäckchen (= Analschläuche) in den Enddarm münden. Daneben treten artspezifisch 1, 2 oder sackförmige Metanephridien im vorderen Teil des Abdomens auf, die sich über eigene Poren nach außen öffnen. Das **Blutgefäßsystem** ist geschlossen (Ausnahme: *Urechis* spp.), entspricht dem der Annelida und enthält meist farbloses **Blut** (gelegentlich aber mit Hämoglobin s. Kap. 13). Spezielle Organe des Gasaustausches fehlen dagegen völlig. Das **Nervensystem** besteht aus einem in die Proboscis hineinreichenden Schlundring und einem ventralen, ungegliederten Nervenstrang, von dem ringförmige Abzweigungen nach dorsal ziehen.

Fortpflanzung. Die Echiurida sind getrenntgeschlechtlich, wobei oft ein deutlicher Geschlechtsdimorphismus (z.B. parasitisch am eigenen ♀ lebende Zwergmännchen bei *Bonellia* spp.) anzutreffen ist. Als **Gonaden** sind Peritonealbereiche ausgebildet, die die Keimzellen in die Leibeshöhle abgeben, von wo sie über die Nephroporen ins Freie gelangen. Nach einer äußeren Befruchtung und **Spiralfurchung** (Abb. 2.62) entwickelt sich eine

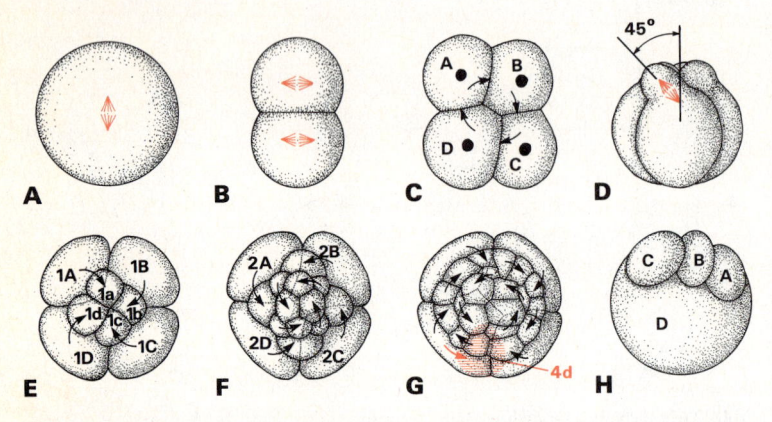

Abb. 2.62: A–G. Spiralfurchung. Die regelmäßige Form kommt nur bei dotterarmen Eiern vor. **A, B.** Bei den ersten beiden Teilungen der befruchteten Eizelle ändert sich die Lage der Teilungsspindel um jeweils 90°. **E–G.** Anschließend wechselt sie ihre Lage bei jedem Teilungsschritt (Pfeil) und hält dabei einen Winkel von 45° ein (**D**). Dadurch gelangen die Mikromeren auf die Nähte zwischen den Makromeren. **G.** Die rot hervorgehobene Zelle 4d fällt unter den übrigen Blastomeren durch ihre Größe auf. **H.** Die meisten Anneliden haben dotterreiche Eier und wegen der Schwierigkeiten bei der Teilung dotterreicher Blastomeren eine unregelmäßige Form der Spiralfurchung. Bei *Tubifex rivulorum* sind bereits die Makromeren ungleich groß. Die Makromere D enthält besonders viel Dotter (nach Penners).

freischwimmende **Trochophora**-Larve (Abb. 2.64), die zunächst eine innere Segmentierung zeigt, die aber später wieder verschwindet. Nach dieser **Metamorphose** entstehen relativ schnell wiederum die Adulten (durch Wachstum).

Weitverbreitete Arten sind: *Bonellia viridis* (gegabelte Proboscis, grüne Färbung, Männchen 2 mm, Weibchen bis 2 m, weltweit), *Echiurus echiurus* (bis 15 cm, ungegabelte Proboscis, schwimmunfähig, zirkumarktisch).

2.4.16 Stamm Annelida (Ringelwürmer)

Etwa 17.000 Arten von Anneliden sind bisher beschrieben. Sie sind wurmförmig und weisen als Charakteristikum eine meist äußerlich sichtbare metamere Gliederung auf.

Es gibt im Tierreich zwei Formen der Metamerie. Die **Pseudometamerie** ist als ein gleichmäßiges Hintereinander von Bauelementen definiert; als Beispiele seien die Geschlechtsorgane der Cestoda (Abb. 2.38) und Nemertini (Abb. 2.39) bzw. die Dorsoventralmuskeln und Kiemen von *Neopilina galatheae* (Mollusca, s. S. 141) genannt. Die eigentliche oder **coelomatische Metamerie** weist ebenfalls ein gleichmäßiges Hintereinander von Organisationsbestandteilen auf, die in Segmenten angeordnet sind. Aber diese Form der Metamerie entsteht unter dem außerordentlich starken Einfluß des Mesoderms und des von ihm gebildeten Coeloms.

Als epithelartig angeordnetes, organbildendes Material hat das Mesoderm nicht nur Einfluß auf die Gliederung des Coeloms (s. Kap. 3), sondern vermag seine Gliederung auch noch auf dessen Abkömmlinge sowie auf Derivate des Ektoderms, vor allem Epidermis und Nervensystem, auszudehnen. Daher ist die Kenntnis der Entwicklung für das Verständnis der Metamerie und ihrer eminenten Bedeutung für die Homologieforschung und für phylogenetische Überlegungen wesentlich.

Als urtümlich werden diejenigen Arten angesehen, die dotterarme Eier produzieren. Die daraus entstehenden Entwicklungsstadien sind darauf angewiesen, frühzeitig selbst Nahrung aufzunehmen. Entwicklungsstadien mit größerem Dottervorrat können von diesem längere Zeit zehren, mehr oder weniger viele Larvenstadien überspringen und vielfache Varianten einer verkürzten oder gar direkten Entwicklung aufweisen. Dieses Prinzip begegnet uns nicht nur bei den Annelida, sondern auch in anderen Tierstämmen.

Bei den dotterarmen Eiern der Annelida kommt es zu einer sehr regelmäßigen **Spiralfurchung** mit typischer Zellgenealogie (Abb. 2.62, 2.63).

Im Verlauf der weiteren Entwicklung entsteht eine **Blastula** und durch Invagination eine **Gastrula**. Der Urmund wird durch die zunehmende Ausdehnung der somatischen Platte in den künftigen Mund bzw. After geteilt. Unterhalb der Nahtregion entsteht das Bauchmark. Die so entstandene Larvenform, die **Trochophora** (Abb. 2.64), besitzt einen oder zwei Wimperringe (Trochus) in Mundnähe für die Bewegung und zum Einstrudeln von Nahrung.

Das **Mesoderm** der Anneliden entsteht aus der Zelle 4d, der Urmesodermzelle, die bereits früh in der Entwicklung durch ihre Größe auffällt. Sie teilt sich, und die beiden Tochterzellen liegen in der Trochophora neben dem Enddarm. Weitere Teilungen

148 2 Baupläne und Biologie der Tiere

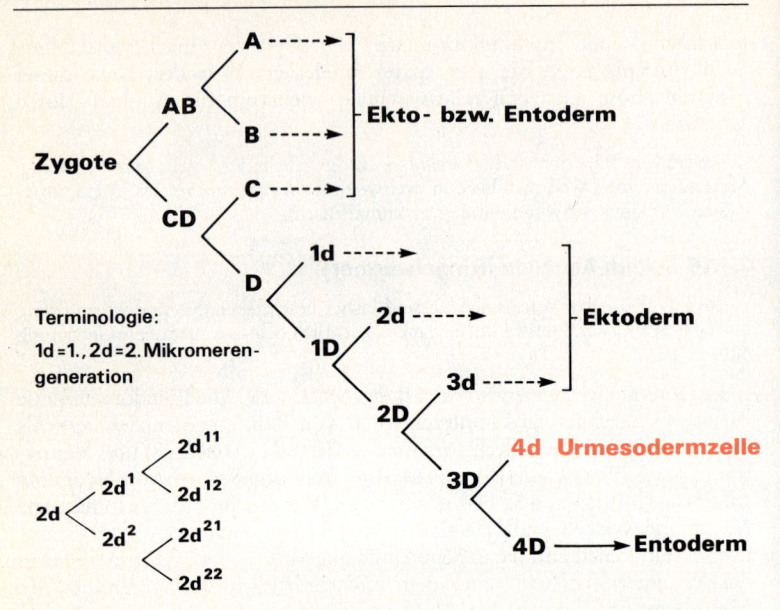

Abb. 2.63: Terminologie der Zellgenealogie. Makromeren werden durch Großbuchstaben, Mikromeren durch kleine Buchstaben gekennzeichnet. Die vor den Buchstaben stehende Zahl gibt die Zellgeneration an. Bei den weiteren Teilungen der Mikromeren ist die Zugehörigkeit aus den Exponenten erkennbar. Die Urmesodermzelle 4d ist rot hervorgehoben. Die aus den einzelnen Blastomeren entstehenden Keimblätter sind rechts angegeben.

ergeben zunächst zwei massive Zellstränge, in denen synchron Hohlräume gebildet werden. Auf diese Weise können 3–13 Paare von Coelombläschen entstehen, die man als **Deutomeren** bezeichnet. Alle nachfolgenden, stets paarig nach vorn abgegebenen Coelombläschen werden **Tritomeren** genannt. Neben den hierfür verantwortlichen Mesoteloblasten sorgen Ektoteloblasten für die Bildung des ektodermalen Materials. Dieses Prinzip der **teloblastischen Segmentbildung** kommt nicht nur bei den Anneliden, sondern auch bei den Arthropoden vor (s. 2.4.21).

Abb. 2.64: Schematische Darstellung der Entwicklung eines Polychaeten. A, B, C, E, F, G Ventralansichten, D Seitenansicht, H, I, K–M Querschnitte. **A.** Gastrulastadium mit endständigem Blastoporus (BP), primärer Leibeshöhle (BC), Wimperring (WR) und Scheitelsinnesorgan (S). **B, C.** Durch zunehmende Ausdehnung der somatischen Platte (SP) wird der Blastoporus eingeschnürt und auf die Ventralseite gedrängt. Es entstehen schließlich Mund (M) und After (A). Im Einengungsbereich werden Zellen nach innen abgegeben, die das künftige Bauchmark (BM) ergeben. **D.** Es entsteht ein durchgehender Darmkanal (D). Die Urmesodermzelle 4d (UM) ist rot hervorgehoben. **E, F.** Bildung der Deutomeren (DM). **G.** Bildung der Tritomeren (TM) aus der vor dem Hinterende liegenden Sprossungszone (SZ). **H, I.** Querschnitte, die das Ausdehnen der paarigen Coelomanlagen und die Anordnung der charakteristischen Längsorgane eines Anneliden zeigen. RG: Rückengefäß, BG: Bauchgefäß, BM: Bauchmark, C: Coelom. **K.** Coelombildung durch Abfaltung vom Urdarm (Enterocoelbildung). **L.** Bei Nemathelminthen ist die primäre Leibeshöhle mit Flüssigkeit erfüllt (Hydroskelett). **M.** Bei Plathelminthen ist der Raum zwischen Hautmuskelschlauch und Darm von Parenchym erfüllt (PR).

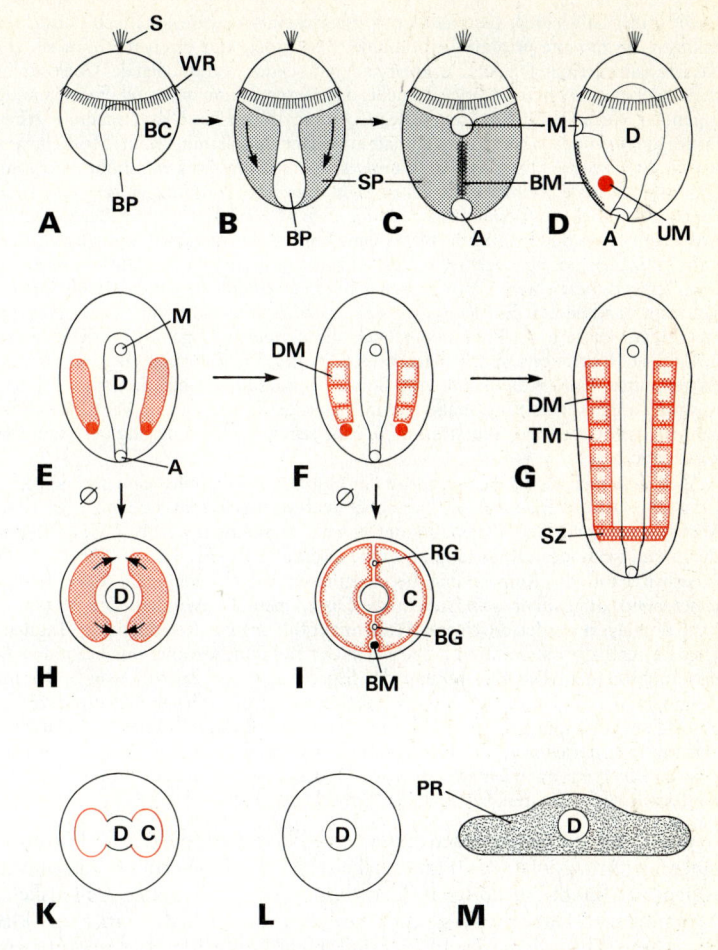

Die zunächst kleinen, paarigen Coelombläschen wachsen allmählich heran, verdrängen die gesamte **primäre Leibeshöhle** (Blastocoel) und ergeben schließlich eine paarige Kammerung. Die median aneinanderstoßenden Wandungen der Coelombläschen ergeben eine zweischichtige Lamelle, das Mesenterium, während die aneinander liegenden Vorder- und Rückseiten der Coelombläschen die Dissepimente ergeben. Dissepimente und Mesenterien enthalten je eine Basallamina und Muskelfasern. Insgesamt bezeichnet man das Hohlraumsystem als **sekundäre Leibeshöhle** (Coelom). Das mesodermale Zellmaterial liefert nicht nur ihre Wandungen (Coelom- oder Peritonealepithel), sondern darüber hinaus auch Muskulatur, Blutgefäße, Blutzellen, Metanephridien und Gonaden. Unter dem Einfluß des metamer gegliederten Coeloms entstehen paarig angeordnete Bauelemente, die man insgesamt als **Metamer** oder Segment bezeichnet. Ursprünglich gehören zu einem Segment folgende Organisationsbestandteile: **1.** Ein Paar Coelome, deren Epithel nicht nur die Leibeshöhle auskleidet, sondern als Peritoneum auch die einzelnen Organe überziehen kann. **2.** Ein Paar Exkretionsorgane (Metanephridien). **3.** Ein Paar Ganglien. **4.** Ein Paar Extremitäten (Parapodien), die mit Borsten ausgestattet sind. **5.** Segmental oder metamer angeordnete Ringgefäße und im Dorsalgefäß vorhandene Ventileinrichtungen zur Ausrichtung des Blutstromes. **6.** Eine segmentale Gliederung des Hautmuskelschlauchs.

Weil diese metamere Gliederung auf das Ektoderm übergreift, kann die Segmentierung äußerlich sichtbar sein. Sie kann aber auch verwischt sein, was äußerlich durch Verschmelzung von Segmenten, besonders bei Arthropoden (s. Abb. 2.65, 2.74), oder durch eine sekundäre Ringelung zustande kommt (z.B. Hirudinea, s. Abb. 2.65D). Innerlich kann die Kammerung bei sedentären Polychaeten mehr oder weniger weitgehend aufgehoben sein, indem die Dissepimente schwinden. Die Metamerie kann überlagert werden durch eine Tendenz zur Bildung von Regionen oder **Tagmata**. Dies ist bereits bei sedentären Polychaeten der Fall und begegnet uns besonders bei den Arthropoden. Die Entdeckung des Segments, seiner Entwicklung und seiner Bestandteile ist bis auf den heutigen Tag von außerordentlicher Bedeutung für die Erforschung homologer Strukturen und damit für phylogenetische Spekulationen. Wichtigste Kriterien sind hierbei die Anordnung und der Zusammenhang von Muskeln und Nerven, daneben aber auch von Extremitäten, Blutgefäßen u.a. metamer angeordneten Strukturen, sowie deren Entwicklung.

Das **Coelom** der Anneliden enthält eine Flüssigkeit, die bei der Fortbewegung als Antagonist des Hautmuskelschlauchs fungiert; sie übernimmt Aufgaben, für die in anderen Tiergruppen ein Innen- oder Außenskelett vorhanden ist. Daher wird sie als **Hydroskelett** oder hydrostatisches Sklett bezeichnet. Flüssigkeiten sind praktisch nicht komprimierbar und übertragen Druck in alle Richtungen, d.h. Hautmuskelschlauch und Coelomflüssigkeit fungieren bei Anneliden nach dem Prinzip des Druckzylinders.

Die Kontraktion der Ringmuskulatur führt bei erschlaffter Längsmuskulatur zu einer Streckung des Körpers. Werden anschließend die Borsten in den Boden gestemmt und die Längsmuskulatur bei erschlaffter Ringmuskulatur kontrahiert, so kommt es zur Vorwärtsbewegung. Die Cuticula und das subepidermale Bindegewebe wirken zusätzlich zur Coelomflüssigkeit als Antagonisten der Ringmuskeln. Da die alternierenden Kontraktionen wellenförmig von vorn nach hinten über den Wurmkörper laufen, kommt es zu einer kontinuierlichen Vorwärtsbewegung. Messungen des rhythmisch in den einzelnen Coelomräumen wechselnden Drucks ergaben beim Regenwurm, *Lumbricus terrestris*, folgende Werte: Im Ruhezustand betrug der Druck $2{,}6 \times 10^1$ Pa = 0,0003 bar (1 bar = 10^5 Pa), bei der Kontraktion der Längsmuskulatur durchschnittlich $6{,}87 \times 10^2$ Pa, bei der Kontraktion der Ringmuskulatur durchschnittlich $1{,}2 \times 10^3$ Pa. Der hohe Druck, der bei der Kontraktion der Ringmuskulatur entsteht, ist besonders für das Einbohren in den Boden von Bedeutung. Die segmentale Gliederung des Coeloms scheint für die Fortbewegung freilebender Anneliden Vorteile zu bieten, bei sedentären Formen aber nicht so wichtig zu sein. *Arenicola marina*, der Sandpier, hat durch den Wegfall der meisten Dissepimente einen einheitlichen Coelomraum und muß daher einen relativ hohen Binnendruck von etwa $4{,}9 \times 10^2$ Pa aufrechterhalten.

Die einschichtige **Epidermis** der Annelida scheidet nach außen eine **Cuticula** ab, die in einer proteinhaltigen Grundsubstanz Kollagenfibrillen ent-

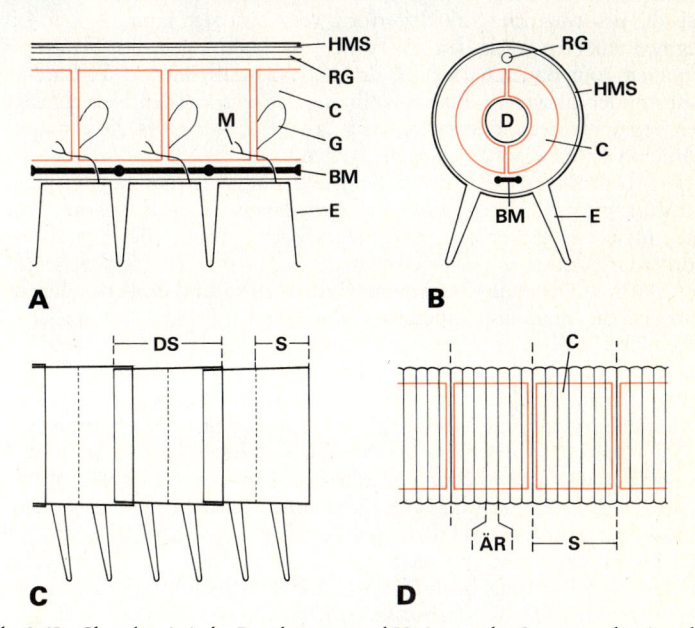

Abb. 2.65: Charakteristische Bauelemente und Varianten des Segments der Anneliden und Arthropoden. **A.** Längsschnitt. Der durchgehende Darm ist weggelassen. **B.** Querschnitt. BM: Bauchmark, C: das mit Flüssigkeit gefüllte Coelom fungiert als Hydroskelett, D: Darm, E: Extremitäten, G: Gonaden, HMS: Hautmuskelschlauch, M: Metanephridium, RG: Rückengefäß. **C.** Beim Diplosegment (DS) der Diplopoden wird dadurch, daß jeweils zwei Segmente (S) miteinander verschmolzen sind, scheinbar die Regel durchbrochen, nach der pro Segment nur ein Beinpaar ausgebildet wird. **D.** Bei den Hirudinea ist die innere Segmentierung durch eine äußere Ringelung (ÄR) verwischt. Coelom rot hervorgehoben.

hält. Chitin ist lediglich in den gruppenweise angeordneten Borsten vorhanden. Eine Borste wird von einer einzigen Zelle gebildet. Unter der Epidermis folgt eine Ring- und eine sehr starke Längsmuskelschicht, die beide dem schräggestreiften Typ angehören (s. Kap. 7). Vielfach ist auch Diagonalmuskulatur vorhanden. Cuticula, Epidermis und Muskelschichten bezeichnet man als **Hautmuskelschlauch**.

Das Nervensystem besteht aus dem Oberschlundganglion (Gehirn) und dem Bauchmark, das als **Strickleiternervensystem** ausgebildet ist. In jedem Segment befindet sich ein Paar Ganglien, d.h. eine Ansammlung von Nervenzellkörpern; ihre Zahl schwankt beim Regenwurm, *L. terrestris*, bei den einzelnen Ganglien zwischen 800–1.600. Die Ganglien sind durch Axone verbunden, die längs verlaufende Konnektive und quer verlaufende Kommissuren bilden. Beide können mehr oder weniger stark reduziert sein, so daß die ursprüngliche Strickleiterform verwischt sein kann. 3 oder 4 Paar **Segmentalnerven** verlaufen in Form von Halbringen im Hautmuskelschlauch vom Bauchmark nach dorsal, ohne daß sie dort Verbindungen miteinander aufweisen. Eine Auszählung der sensorischen Nervenfasern in den Segmentalnerven eines Segments hat bei *L. terrestris* die erstaunliche Zahl von etwa 20.000 Eingängen ergeben.

Der **Darmkanal** besteht aus dem ektodermalen, mit kollagenhaltiger Cuticula ausgekleideten **Vorder-** (**Stomodaeum**) und **Enddarm** (**Proctodaeum**) sowie dem entodermalen **Mitteldarm** (Abb. 2.67). Vor allem der Vorderdarm kann im einzelnen sehr unterschiedlich ausgestaltet sein. Das den Darm umgebende Coelomepithel ist zu auffallend großen Zellen differenziert, die man insgesamt als **Chloragog** bezeichnet. Sie spielen eine erhebliche Rolle im Stoffwechsel (s. Kap. 4), vor allem im Fett- und Eisenhaushalt. Besonders an der Innenseite der Längsmuskulatur bildet das übrige Coelomepithel einen unscheinbaren, dünnen Belag, der auch die einzelnen Organe (u.a. Metanephridien, Geschlechtsorgane) überzieht.

Die Anneliden haben ein **geschlossenes Blutgefäßsystem** (s. Kap. 13), dessen Lumen aus der primären Leibeshöhle entsteht und dessen Wandungen aus dem Coelomepithel hervorgehen und Muskelfibrillen aufweisen. Im stark kontraktilen, mit Ventilklappen versehenen Dorsalgefäß fließt das Blut von hinten nach vorn, im nicht oder kaum kontraktilen Ventralgefäß in umgekehrter Richtung; beide Hauptgefäße sind durch Ringgefäße miteinander verbunden. Die Blutfarbstoffe (s. Kap. 13) sind überaus vielfältig und ermöglichen den Anneliden, in Biotopen mit sehr unterschiedlichen Sauerstoffpartialdrucken zu leben. Hämoglobine können in gelöster Form als Molekülaggregate mit hohem Molekulargewicht (M $2.4–3.8 \times 10^6$ = 2.400.000–3.800.000) (Erythrocruorine) oder als niedermolekulare Form (M = 16.000–65.000) in Coelomzellen vorhanden sein. Ferner kommen auch Chlorocruorine und Hämerythrine vor. Der Gasaustausch erfolgt entweder über die gesamte Körperoberfläche oder über besonders entwickelte Kiemen (s. Abb. 6.1).

Als **Exkretionsorgane** dienen in erster Linie die **Metanephridien** (s. Kap. 5), die paarweise in jedem Segment vorhanden sein können. Ein Metanephridium entsteht aus einem vom Mesoderm stammenden Nephroblasten, der ventral im Dissepiment liegt. Im fertigen Zustand ragt ein mit Cilien versehener, offener Trichter (Nephrostom) in das Coelom und geht in einen langen, gewundenen Exkretionskanal über, der im folgenden Segment über einen Nephroporus nach außen mündet.

Die **Geschlechtsorgane** sind ursprünglich paarweise in jedem Segment vorhanden. Bei den Clitellata sind sie auf wenige Segmente beschränkt. Geschlechtliche Fortpflanzung in vielerlei Varianten, teilweise mit **Brutpflege**, herrscht bei den Anneliden vor; bei manchen Polychaeten und vor allem bei süßwasserbewohnenden Oligochaeten gibt es aber auch vegetative Fortpflanzung (u. a. Gatt. *Ctenodrilus, Aeolosoma, Nais*).

Klasse Polychaeta

Etwa 13.000 Arten. Die lange Zeit übliche und für den Anfänger sehr übersichtliche Gliederung in freibewegliche (Errantia) und festsitzende Arten (Sedentaria) ist aufgrund neuerer Untersuchungen nicht mehr berechtigt. Die neuere Systematik unterscheidet 17 Ordnungen. Fast alle Polychaeten kommen im Meer vor und leben als Räuber, Pflanzen- oder Substratfresser, Strudler, Filtrierer oder Netzfänger. *Nereis diversicolor*: 15 cm lang, Wattbewohner. *Eunice viridis*: 50 cm lang, Pazifischer Palolowurm. *Arenicola marina*: Watt-, Pierwurm, ~40 cm. *Spirographis spallanzani* mit spiralförmiger Tentakelkrone, ~30 cm lang (Abb. 2.66).

Klasse Myzostomida

Etwa 150 Arten. Seit dem Silur bekannt; die Myzostomida leben als Kommensalen auf Haarsternen (Crinoidea). *Myzostomum cirriferum*, Mittelmeer, 4 mm.

Klasse Clitellata

Etwa 3.800 Arten. Die beiden Unterklassen Oligochaeta und Hirudinea sind durch Übergangsformen eng miteinander verbunden. Die Clitellata sind Zwitter, die ihre Eier in einen Kokon ablegen. Dieser wird von einem Drüsenkomplex (**Clitellum**) gebildet.

Zu den Oligochaeta gehören neben so bekannten Formen wie den im Süßwasser lebenden *Tubifex*-Arten (2–8 cm), den zahlreichen im Boden lebenden *Enchytraeus*- (1–4 cm) und Regenwurm-Arten (2–30 cm) auch viele, teilweise nur wenige mm lange *(Aeolosoma hemprichi, Stylaria lacustris, Nais communis)*, in einigen Fällen bis zu 30 cm lange süßwasserbewohnende Formen *(Criodrilus lacuum, Lumbriculus variegatus)*. Die kleinen Süßwasserformen vermehren sich vielfach durch ungeschlechtliche Fortpflanzung in Form der Paratomie. Die Hirudinea haben 33 Segmente (Ausnahme: *Acanthobdella*). Sie bilden im Gegensatz zu den Oligochaeta keine Borsten. Am Vorderende besitzen sie einen Mundsaugnapf, der aus dem Prostomium und den beiden ersten Segmenten entsteht, und am Hinterende einen großen Saugnapf, der aus den 7 letzten Segmenten hervorgeht, aber nicht mit dem Darm verbunden ist. Durch abwechselndes Festheften mit diesen Saugnäpfen kommt ihre charakte-

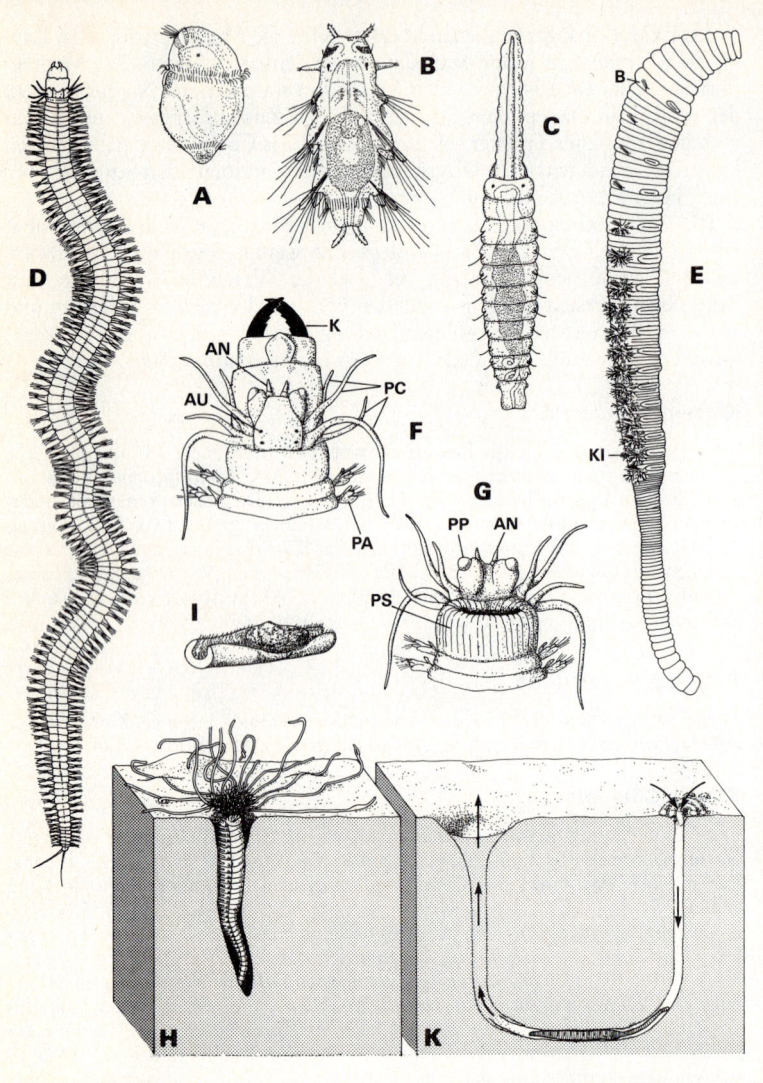

Abb. 2.66: Polychaeta. Formenübersicht. A–C. Pelagische Larvenformen (nach Riedl): **A.** Trochophora von *Phyllodoce* mit zwei Wimperringen. **B.** Nectochaeta von *Nereis* mit Augen, Kiefern, Parapodien usw., **C.** Nectochaeta einer Terebellide. **D.** *Nereis diversicolor* mit weitgehend homonomer Gliederung (nach Riedl). **E.** *Arenicola marina* mit heteronomer Gliederung. **F, G.** *Nereis virens*. AN: Antenne, AU:

bewegung zustande. Beim Schwimmen schlängeln die Egel über die Bauchseite. Die Saugnäpfe dienen nicht nur zur Fortbewegung, sondern auch zum Festhalten der Beute. Egel kommen als Räuber oder Blutsauger im Meer, im Süßwasser und in feuchten tropischen Urwäldern auch als gefürchtete Landblutegel vor. Der stark muskulöse Vorderdarm ermöglicht Räubern das Einsaugen der Beute und vielen Blutsaugern die Blutaufnahme aus Fischen, Vögeln oder Säugern. Der medizinische Blutegel, *Hirudo medicinalis*, ist in der Lage, mit drei Kiefern, die wie Wiegemesser von Muskeln bewegt werden, die Haut des Opfers zu ritzen. In die Gefäße des Opfers wird Speichel injiziert, in dem u. a. ein gerinnungshemmender Stoff (**Hirudin**) enthalten ist. Das eingesogene Blut wird in den mit umfangreichen Blindsäcken versehenen Mitteldarm gepumpt.

Tendenzen innerhalb der Annelida:

1. Bei den ursprünglicheren Formen ist die **Zahl** der **Segmente** nicht festgelegt: Polychaeta, Oligochaeta → Hirudinea = 33 Segmente.
2. Veränderungen der **homonomen Segmentierung** und Tendenz zur Bildung von Regionen (Tagmata): Die ursprünglich gleichartige (homonome) Ausgestaltung der Segmente wird bereits innerhalb der Annelida in zunehmendem Maße aufgegeben. Es kommt zur Verschmelzung von Segmenten, besonders am vorderen und hinteren Teil des Körpers. Die ursprünglich äußerlich erkennbare Segmentierung ist bei Hirudineen durch eine gleichmäßige Ringelung verdeckt.
3. Die **Zahl der Tagmata** und die Zahl der in einem Tagma vereinigten Segmente ist noch nicht festgelegt: Bei den Anneliden sind ursprünglich wohl in jedem Segment Gonaden vorhanden, sie werden aber bei den Clitellata drastisch reduziert. Zahl und Lage der Gonaden variieren bei den Oligochaeta und sind bei den Hirudinea einheitlich festgelegt.
4. Differenzierung des **Nervensystems:** Das ursprüngliche strickleiterförmige Nervensystem (Bauchmark) kann durch die Verkürzung von Kommissuren und Konnektiven erheblich verändert werden. Am Vorderende von räuberisch lebenden Polychaeten vorhandene, reich mit Sinnesorganen ausgestattete Anhänge (Palpen, Cirren) sind bei Bodenbewohnern wie dem Regenwurm vollkommen reduziert. Eine Verlagerung des Gehirns in rückwärtige Segmente erfolgt vermutlich im Zusammenhang mit funktionellen Erfordernissen des Lebens im Boden.

Auge, BO: Borsten, KI: Kiemen, PA: Parapodien, PC: Peristomialcirren, PP: Palpus, PS: Peristomium. **F.** Dorsalansicht dieser räuberisch lebenden Art mit vorgestülpten Kiefern zum Ergreifen der Beute. **G.** Ventralansicht. **H.** *Terebella lapidaria*, eine festsitzende Art mit kurzen, verzweigten Kiemen und langen, an der Innenseite bewimperten Tentakeln, die Nahrung aus der Umgebung zum Mund transportieren (nach Dales). **I.** Tentakelanschnitt. **K.** *Arenicola marina* baut im ufernahen Sandboden U-förmige Röhren, erzeugt einen Wasserstrom (Pfeile) und frißt nährstoffreichen Sand. Von Zeit zu Zeit werden Kotwürste am Ausgang der Röhre abgegeben.

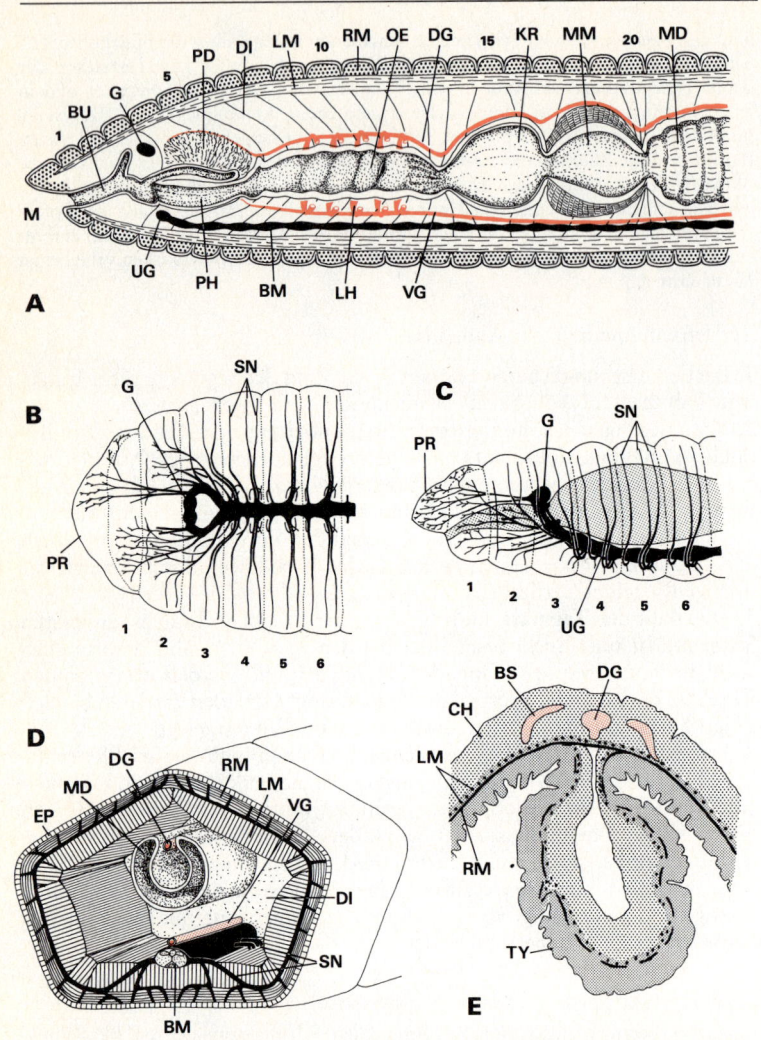

Abb. 2.67: **A.** Ein Medianschnitt durch das Vorderende des Regenwurms *(Lumbricus terrestris)* zeigt die Differenzierungen des Darmes, das Fehlen von Dissepimenten im vordersten Körperbereich und die Rückverlagerung des Gehirns (nach Peters und Walldorf). **B, C.** Das Nervensystem des Vorderendes von *Lumbricus terrestris* in Aufsicht und Seitenansicht (nach Hess, vereinfacht). Die Zahlen geben die Segmentzahl an. **D.** Die 3 Segmentalnerven bilden ausgehend vom Bauchmark Halbringe, die dorsal nicht miteinander verbunden sind (nach Peters und Walldorf). **E.** Querschnitt

Riesenfasern und Rieseninterneurone von unterschiedlichem Durchmesser und von unterschiedlicher Ausdehnung schaffen schnelle Bahnen für die Erregungsleitung für Fluchtreflexe bei Anneliden und Arthropoden. Bei sedentären Polychaeten fehlen Riesenfasern. Beim geschlechtsreifen Regenwurm ist ein großer Teil der elektrischen Synapsen in den Riesenfasern reduziert.

5. Reduktion des **Coeloms**: Das ursprünglich segmental gekammerte Coelom der Anneliden ist innerhalb dieser Gruppe sehr verschieden ausgebildet. Dissepimente können bei sedentären Polychaeten fehlen. Bei den Hirudineen besteht eine Tendenz zur Einengung des Coeloms durch Wucherung von Bindegewebe und Muskulatur; dies führt dazu, daß die Reste des Coeloms zu einem sekundären Blutgefäßsystem werden, das sogar Hämoglobin enthält.

2.4.17 Stamm Pogonophora

Die etwa 120 Arten dieser erst ab der Mitte des 19. Jahrhunderts entdeckten Gruppe leben sessil in größerer Tiefe (mehr als 100 m) aller Meere. Sie werden in der Regel 10–85 cm (*Riftia* spp. bis 2 m!) lang und erscheinen extrem fadenförmig, da sie oft nur etwa 1 mm Durchmesser erreichen. Der äußerlich deutlich in **Pro-, Meso-, Meta-** und **Opisthosoma** gegliederte Körper (Abb. 2.69) steckt stets in einer von ihrer Oberfläche sezernierten chitinhaltigen Röhre. Diese Röhre ist bei den meisten Arten (Ord. **Perviata**) senkrecht in Weichböden verankert, kann aber bei den jüngst entdeckten **Obturata** (bis 2 m × 4 cm) auch auf hartem Grund (Riff) haften und zudem einen Deckel besitzen. Aus diesen Röhren ragen die Tentakel (artspezifisch 1 bis 270) des Prosoma heraus, deren Anordnung sicher zum Stammnamen «Bartträger» verleitet hat. Ein Mund und nachfolgender Darmkanal fehlen aber, so daß die Tentakeloberfläche eine wesentliche Rolle bei der Resorption von Nährstoffen spielen dürfte. Bei einigen Arten wird die Ernährung durch Symbionten unterstützt.

Die Pogonophora werden von einem **Hautmuskelschlauch** umschlossen, der die folgende Schichtung aufweist:

1. Äußere einzellige Epidermis, die in bestimmten Bereichen mit einer unterschiedlich

---

durch den Typhlosolisbereich des Mitteldarms (nach Schneider, verändert). BM: Bauchmark, BS: Blutsinus, BU: Buccalhöhle, CH: Chloragog, DG: Dorsalgefäß, DI: Dissepiment, EP: Epidermis, G: Gehirn (Oberschlundganglien), KR: Kropf, LH: Lateralherz, LM: Längsmuskulatur, M: Mund, MD: Mitteldarm, MM: Muskelmagen, OE: Ösophagus, PD: Pharynxdrüsen, PH: Pharynx, PR: Prostomium, RM: Ringmuskulatur, SN: Segmentalnerven, TY: Typhlosolis, UG: Unterschlundganglion, VG: Ventralgefäß.

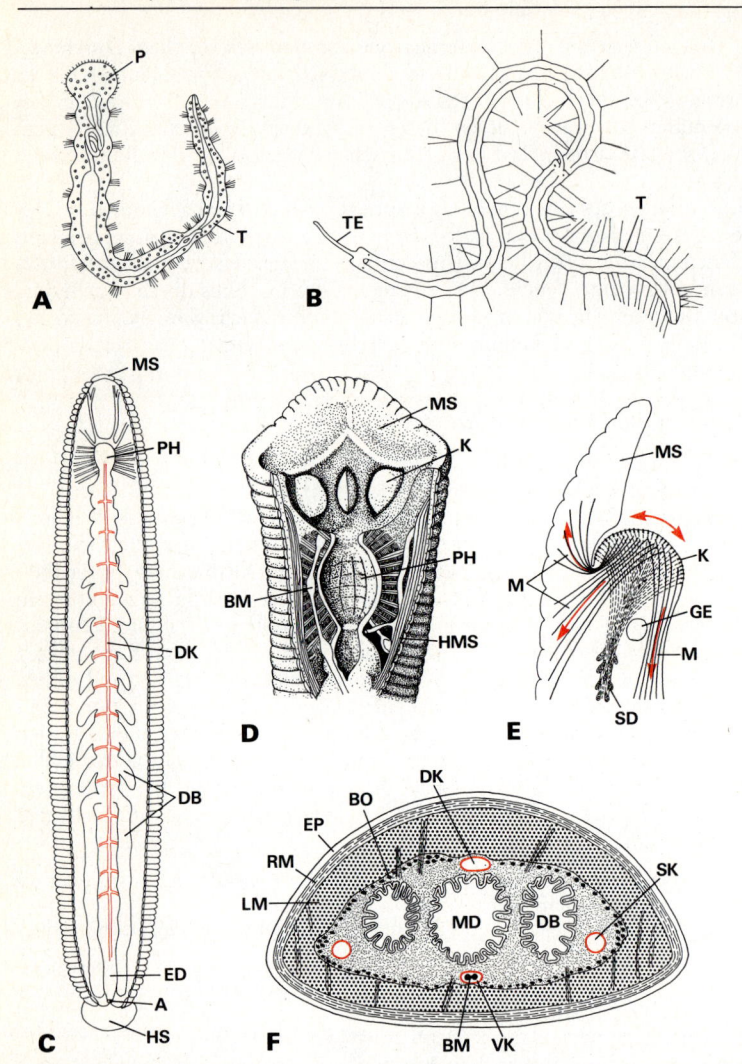

Abb. 2.68: Kleine im Süßwasser lebende Oligochaeten sind Bodenbewohner und vermehren sich vorwiegend ungeschlechtlich durch Paratomie (nach Wesenberg-Lund). **A.** *Aeolosoma hemprichi* bewegt sich fast ausschließlich mit Hilfe des ventral bewimperten, großen Prostomiums (P). **B.** *Stylaria lacustris* hat am Vorderende einen charakteristischen Tentakel (TE). T: Tochtertier. **C–F.** *Hirudo medicinalis*. **C.** Der Mitteldarm dieses Blutsaugers ist mit sehr aufnahmefähigen Blindsäcken (DB) verse-

dicken Cuticula versehen ist, in anderen Cilien trägt (zur Durchströmung der Röhren), in wieder anderen mit tief eingesenkten Borsten (im Opisthosoma) versehen ist.
2. Basallamina
3. Ringmuskulatur
4. Längsmuskelschicht
5. Züge von dorso-ventral-verlaufenden Muskeln

Das Innere der vier Körperabschnitte, von denen der letzte zusätzlich segmentiert ist, enthält unterschiedliche **Coelomräume**, in denen die Organe liegen. Das relativ große **Blutgefäßsystem** ist geschlossen und reicht auch mit Kapillaren in die Tentakel hinein, was auf eine mögliche Atmungsfunktion hindeutet, da kein derartiges spezifisches System ausgebildet (?) wird. Das **Blut** enthält gelöstes Hämoglobin (s. Kap. 13) sowie kernlose Zellen. Als **Exkretionssystem** dienen im Protosoma befindliche Protonephridien (bei der Ordnung Perviata) bzw. vermutlich die hier ebenfalls ausmündenden Coelomodukte (Ord. Obturata). Das **Nervensystem** besteht aus einem subepithelial angelegten Netz mit einer ventro-medianen Verdickungsleiste.
Fortpflanzung. Die getrenntgeschlechtlichen Pogonophora besitzen paarige **Gonaden**, die in den Coelomräumen des Metasoma liegen und über ebenfalls paarige Gonodukte am Vorderrand des Metasoma ausmünden. Im männlichen Geschlecht werden die Spermien in Spermatophoren eingeschlossen. Die Befruchtung der Eier erfolgt im Röhrensystem. Die Furchung beginnt – soweit bekannt – als **Spiralfurchung** (s. Abb. 2.62), wird dann abgewandelt in eine bilaterale Form und endet mit der Bildung einer besonders zur Ortsveränderung befähigten Wimperlarve, in der dann beim Längenwachstum die innere Segmentierung einsetzt. Da ein beträchtliches Regenerationsvermögen vorliegt, kann nach **Tomie**-Prozessen auch eine Art «ungeschlechtliche Vermehrung» stattfinden. Einige Besonderheiten der **Ontogenese**, obwohl diese nur unzureichend untersucht ist, haben einige Autoren veranlaßt, die Pogonophora als Deuterostomier zu führen, während sie in diesem Buch in Anlehnung an Wurmbach und Siewing (1985) in die Protostomier (= Urmünder) eingeordnet wurden. Die Probleme bei der system. Einordnung rühren daher, daß man nur die Entwicklung dotterrei-

---

hen (nach Mann). D, E. Vorderende teilweise aufgeschnitten und Längsschnitt durch das Vorderende (nach Herter). F. Querschnitt durch die mittlere Körperregion (nach Kükenthal, verändert). A: After, BM: Bauchmark, BO: Botryoidzellen = Chloragogzellen, DB: Darmblindsack, DK: Dorsalkanal (Coelomrest), E: Enddarm, EP: Epidermis, G: Gehirn, HMS: Hautmuskelschlauch, HS: der hintere Saugnapf enthält die Segmente 27–33; LM: Längsmuskulatur, M: Muskeln zur Bewegung des mit feinen Zähnchen versehenen Kiefers (K), MD: Mitteldarm, MS: Mundsaugnapf, PH: Pharynx mit komplizierter Saugmuskulatur, RM: Ringmuskulatur, SD: Speicheldrüsen, SK: Seitenkanal (Coelomrest), VK: Ventralkanal (Coelomrest) mit darin enthaltenem Bauchmark (BM).

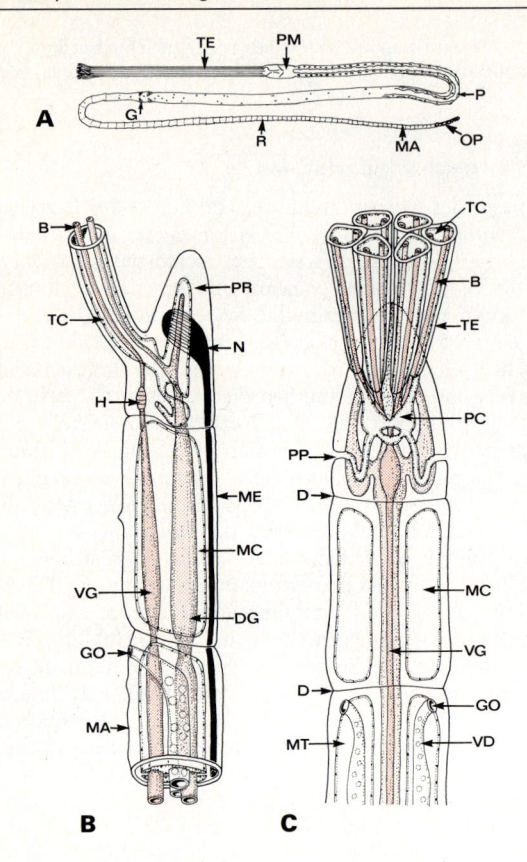

Abb. 2.69: Schem. Darstellung der Organisation der Pogonophora (Blutgefäße rot). **A.** Ganzer Wurm; der metasomale Bereich (MA) ist der größte Abschnitt. **B,C.** Vorderende. **B.** Seitenansicht des Männchens von *Siboglinum* sp. (mit einer Tentakel). **C.** Ventralansicht eines Männchens der Oligobrachia (mit vielen Tentakeln). B: Blutgefäß, D: Diaphragma, Dissepiment, DG: Dorsales Gefäß, G: Gürtel, GO: Gonoporus des männlichen Systems, H: Herz, MA: Metasoma, MC: Mesocoel, ME: Mesosoma, MT: Metacoel, N: Nervensystem, OP: Opisthosoma, P: Papillen, PC: Protocoel, PM: Proto– und Mesosoma, PP: Porus des Protocoel, PR: Protosoma, R: Ringelung, TC: Tentakelcoelom, TE: Tentakel, VD: Vas deferens, VG: Ventrales Gefäß.

cher Eier kennt, währen dotterarme – so es sie gibt – eine Andeutung von Mund, Darm etc. zeigen könnten.

2.4.18 Stamm Onychophora

Dieser Tierstamm weist nur etwa 100 Arten von Landbewohnern auf, die einen drehrunden, langgestreckten 1,5–15 cm langen Körper besitzen, als Kleintierfresser in feuchten Biotopen unter Laub, Steinen usw. fast ausschließlich in den Tropen und Subtropen der Südhalbkugel leben und wegen ihrer eigenartigen Merkmalskombination schon seit langem aufgefallen sind. Daher sollen sie an dieser Stelle zur Demonstration eines Argumentationsschemas der **phylogenetischen Systematik** nach der Hennigschen Methode dienen (s. Kap. 21).

Die Onychophoren haben eine Reihe von apomorphen Merkmalen (**Autapomorphien**; s. Abb. 2.71), die sie als eigenständige Tiergruppe ausweisen: Die 2. Extremität wurde zu Mundhaken umgebildet, die im Gegensatz zu Mandibeln der Krebse und Insekten in Körperlängsrichtung bewegt werden. Die 3. Extremität wurde zu Oralpapillen umgewandelt; auf diesen münden Wehrdrüsen, deren klebriges Sekret zur Verteidigung und zum Beutefang 10–50 cm weit ausgespritzt werden kann. Die Speicheldrüsen können als umgebildete Nephridien des Oralpapillen-Segments aufgefaßt werden. Das **Nervensystem** besteht aus weit voneinander getrennten Marksträngen, die 9–10 Kommissuren pro Segment aufweisen. Anneliden und Arthropoden besitzen hingegen segmentale Ganglien, in denen sich die Perikaryen der Nervenzellen befinden, und nur eine Kommissur pro Segment. Zahlreiche Büscheltracheen mit unregelmäßig am Körper verteilten Stigmen sind analog zu den Tracheen mancher Arthropoda entwickelt.

Die Verwandtschaft der Onychophoren mit anderen Tiergruppen wird durch eine Reihe von Apomorphien begründet. Sie haben diese mit den eigentlichen Arthropoden (Euarthropoda = Chelicerata und Mandibulata, s.u.) gemeinsam (Abb. 2.70): Eine **Cuticula**, die in einer proteinhaltigen Matrix chitinhaltige Mikrofibrillen enthält und die gehäutet wird. Die Leibeshöhle ist ein **Mixocoel** (s.u.). Das **Blutgefäßsystem** ist «offen», ein Pericardialseptum ist vorhanden. Das schlauchförmige Herz besitzt segmental angeordnete Ostien. Das **Gehirn** entsteht aus den Ganglien des Acrons und der folgenden drei Metamere. Die segmental in den Basen der Extremitäten vorhandenen **Metanephridien** besitzen Sacculi, deren Podocyten die Ultrafiltration übernehmen (s. Kap. 5). Aufgrund dieser Merkmale werden die Onychophora als die Schwestergruppe der Euarthropoda und mit diesen gemeinsam als Arthropoda aufgefaßt (Ax, 1984). Es wäre aus didaktischen Gründen und zur Vermeidung von Verwechslungen besser gewesen, den seit langem gebrauchten Namen Arthropoda in seiner bisherigen Bedeutung zu belassen und die übergeordnete Gruppe mit einem neutralen Namen zu versehen. Im folgenden wird der Name Arthropoda im bisher üblichen Umfang verwendet.

Innerhalb der Taxa Onychophora + Arthropoda erscheinen die Onychophora als recht ursprünglich, denn sie haben als einzige Gruppe eine Reihe von Plesiomorphien erhalten (Abb. 2.71), die dieses Taxon mit den Annelida gemeinsam hat: Weitgehend homonome Körpergliederung, Hautmuskelschlauch, Blasenaugen und segmental angeordnete Metanephridien.

Auf den ersten Blick ähneln die Onychophora Tausendfüßern, haben aber relativ dicke, geringelte Fühler am Vorderende, sowie viel plumpere, stummelartige Beine, die distal mit Krallen versehen und pro Segment paarweise vorhanden sind (Oncopodien). Die Cuticula der Onychophoren erscheint weicher als die der Arthropoden; sie weist keine Segmentierung, sondern nur eine Ringelung auf.

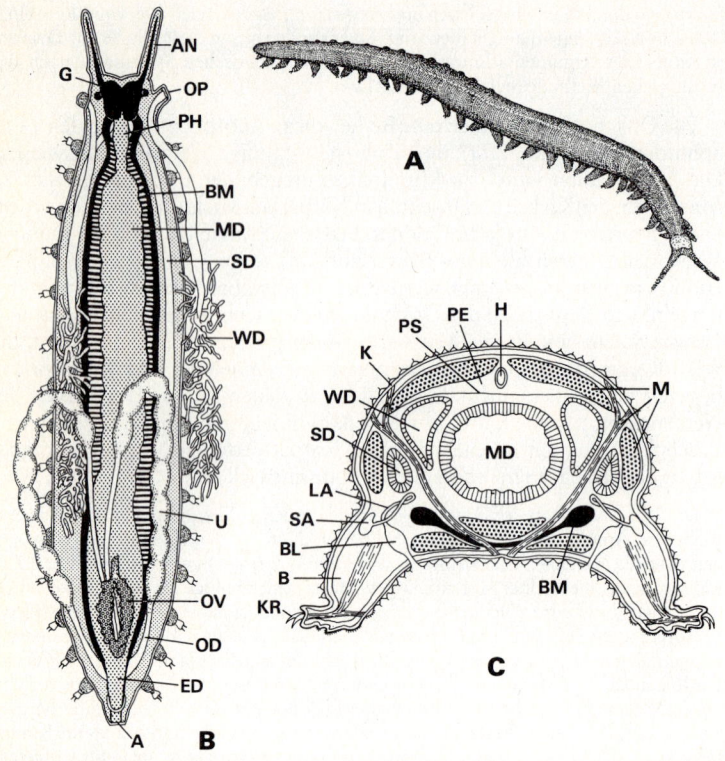

Abb. 2.70: Onychophora. **A.** Habitus. Man beachte den Bewegungsrhythmus der Laufbeine. **B.** Von dorsal aufpräpariertes Weibchen (nach versch. Autoren). **C.** Querschnitt in der vorderen Körperregion. A: After, AN: Antenne, B: Laufbein (Oncopodium), BM: Bauchmark mit zahlreichen Kommissuren, ED: Enddarm, G: Gehirn, H: Herz, K: Cuticula, KR: Kralle, M: Muskeln, MD: Mitteldarm, Nephridium mit SA: Sacculus, LA: Labyrinth und BL: Harnblase, OD: Ovidukt mit erweitertem Teil, der als Uterus (U) fungiert, OP: Oralpapille mit der Mündung der Wehrdrüsen, OV: Ovar, PE: Pericardialsinus, PS: Pericardialseptum, SD: Speicheldrüse, WD: Wehrdrüse.

Annelida **Onychophora** **Arthropoda**

<u>Autapomorphien</u>

Mundhaken (2. Extr. Paar)　　gegliederte Extr.
Oralpapillen (3. Extr. Paar)　　Stirnaugen
+ Klebdrüsen　　　　　　　　Komplexaugen
(Speicheldrüsen aus Nephri-　Nephridien in den
dien)　　　　　　　　　　　　letzten 4 Kopf- und
Büscheltracheen　　　　　　　ersten beiden folg.
Markstränge mit 9 - 10 Kom-　Segmenten
missuren pro Segment

Kollagen-Kutikula　　　　　Chitin-Protein-Kutikula
Hautmuskelschlauch　　　　Exoskelett und stark ge-
+ Hydroskelett　　　　　　　gliederte Muskulatur
Coelom　　　　　　　　　　Mixocoel
schlauchförm. Dorsalgefäß　desgl. mit Ostien
−　　　　　　　　　　　　　Pericard + Pericardialseptum
Metanephridien　　　　　　Nephridien mit Sacculi

plesiomorph　□ ▶ ■　apomorph

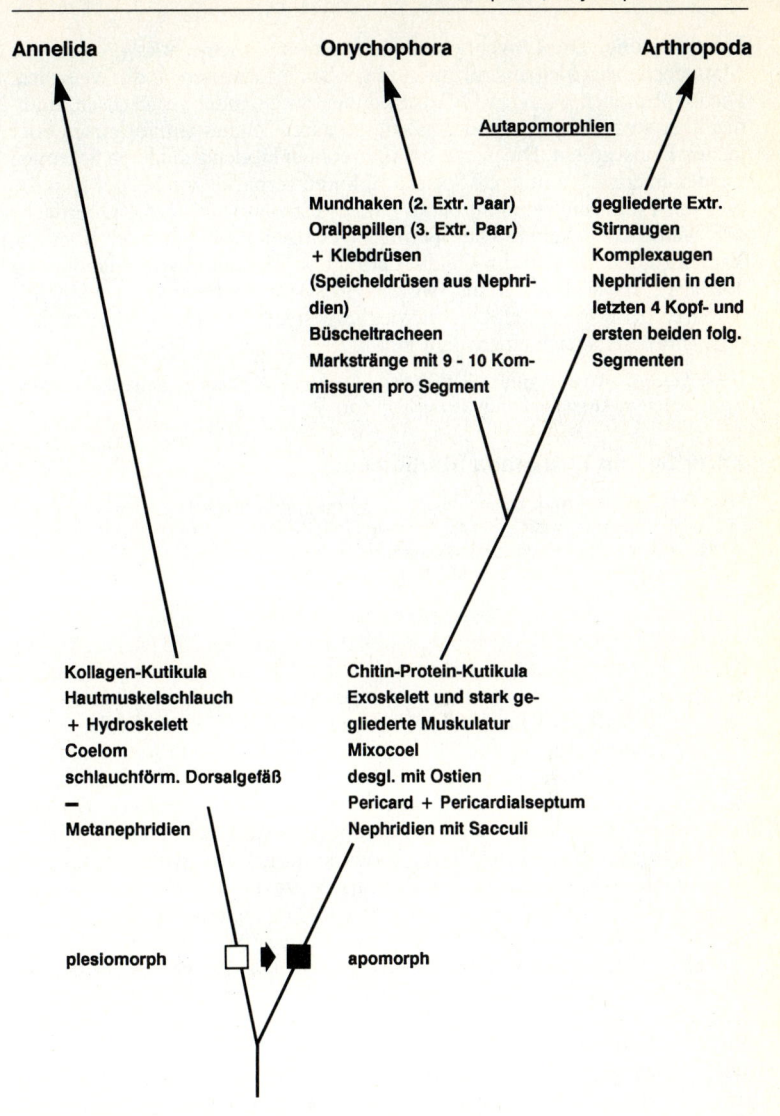

Abb. 2.71: Argumentationsschema zur Phylogenie der Onychophora und Arthropoda (in Anlehnung an Ax).

Fortpflanzung. Die Onychophora sind getrenntgeschlechtlich, wobei die Männchen meist kleiner sind und weniger Beine aufweisen als die Weibchen. Die ursprünglich paarigen Ovarien können miteinander verwachsen, münden aber stets in einer ektodermalen, unpaaren Vagina am vorletzten oder letzten Beinsegment. Die in den stets getrennten Hoden gebildeten Spermien werden in etwa 1 mm lange Spermatophoren verpackt und bei der Kopulation mit Hilfe eines vorstülpbaren Ductus ejaculatorius an die Oberfläche der Weibchen geheftet. Die Spermien gelangen perkutan oder über die Vagina zu den Eizellen. Im Oviduct erfolgt bei viviparen Arten die Bildung von etwa 10–60 Embryonen, wofür 7–13 Monate benötigt werden (bei oviparen bis 17 Monate). Die Entwicklung ist stets direkt, die Geschlechtsreife tritt bereits nach einem Jahr ein.

Peripatopsis-Arten kommen in Südafrika, *Peripatus*-Arten in Südamerika, *Ooperipatus*-Arten in Australien und Neuseeland vor.

2.4.19 Stamm Tardigrada (Bärtierchen)

Etwa 600 rezente Arten. Kleine, meist nicht über 1 mm messende Metazoen, die in Lückensystemen im Meer (Tiefsee, Strände), im Süßwasser, auf Algen oder anderen Wirbellosen und in temporären Wasseransammlungen (in Moosen, Flechten, Laub- und Nadelstreu, lockerem Boden) leben.

Die Tiere haben einen walzenförmigen, ventral abgeflachten Körper, der aus einem Kopf mit vier Rumpfsegmenten besteht (Abb. 2.72A). Der Körper ist von einer oft auffallend skulpturierten, bei einigen Formen mit fadenförmigen Anhängen versehenen chitinhaltigen **Cuticula** bedeckt (Abb. 2.72B). Die vier Paar Laufbeine besitzen an ihren Enden Zehen, Krallen oder Haftplättchen. In die Mundröhre münden große paarige Drüsen und kalkhaltige Stilette, mit deren Hilfe Pflanzenzellen (Algen, Moosblättchen) und Beutetiere (Nematoden, Rotatorien, Enchytraeen, Artgenossen) angestochen werden. Ein muskulöser Schlundkopf (**Pharynx**) dient als Saugpumpe. Am Übergang von Mittel- zum Enddarm liegen bei zwei (Meso- und Eutardigrada) der insgesamt drei Ordnungen drei Drüsen, die als **Malpighische Gefäße** (s. Kap. 5) bezeichnet werden. Die langgestreckten, schräggestreiften Muskelzellen sind metamer angeordnet. Quergestreifte Muskulatur (z.B. Stilettmuskeln) kommt ebenfalls vor. Das **Nervensystem** besteht aus Ober- und Unterschlundganglion sowie einer strickleiterförmigen Bauchkette mit vier Ganglienpaaren. Frei in der **Leibeshöhle** flottierende Zellen dienen u.a. der Reservestoffspeicherung.

Fortpflanzung. Die Tiere sind überwiegend getrenntgeschlechtlich; es kommen jedoch auch Zwitter vor. Die **Gonaden** münden entweder vor dem After nach außen (Heterotardigrada) oder in den Enddarm (Eutardigrada). Die Tiere legen Eier; **Parthenogenese** ist häufig. Während der **ontogenet. Entwicklung** sollen sich von der Darmanlage fünf paar Taschen (sekundäre Leibeshöhle?) ablösen, die sich jedoch bis auf das hintere Paar, das zur

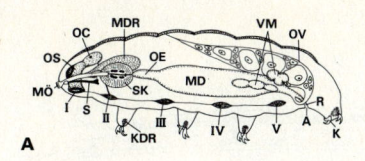

Abb. 2.72: A. Organisation eines Eutardigraden, **B.** Habitus von *Echiniscus quadrispinosus*, **C.** Tönnchen von *E. testudo*.
I: Unterschlundganglion, II–V: Bauchganglien, A: After, K: Kralle, KDR: Krallendrüse, MD: Mitteldarm, MDR: Munddrüse, MÖ: Mundöffnung, OC: Ocellus, OE: Ösophagus, OS: Oberschlundganglion, OV: Ovar, R: Rektum, S: Stilett, SK: Schlundkopf, I–V: Bauchganglien, VM: Vasa Malpighii.

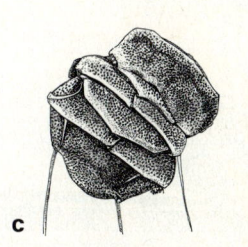

Gonadenanlage verschmilzt, wieder auflösen. Eine Austrocknung ihrer Lebensräume überstehen viele Tardigraden im Zustand der **Anhydrobiose**; sie kontrahieren sich und bilden ein **Tönnchen** (Abb. 2.72C), das extreme Umwelteinflüsse ertragen kann, z.B. 30 min Aufenthalt bei +96 °C, 21 Monate in flüssiger Luft (−190 bis 200 °C), sieben Monate bei −272 °C. Im Meer oder obligatorisch im Süßwasser lebende Arten sind dazu nicht in der Lage. Süßwasserbewohner sowie manche Landformen bilden bei ungünstigen Lebensbedingungen sehr viel weniger widerstandsfähige Cysten.

Tardigraden sind offenbar sekundär vereinfacht. Viele Merkmale (z.B. **Segmentierung, Strickleiternervensystem** etc.) sprechen für eine Verwandtschaft mit den «**Articulata**», und hier vielleicht mit den Arthropoden. Weitverbreitete Arten gehören zu den Gattungen *Macrobiotus*, *Hypsibius* und *Echiniscus*.

2.4.20 Stamm Pentastomida (Linguatulida)

Die 1–16 cm langen, getrenntgeschlechtlichen, wurmförmigen, extremitätenlosen Adulten der etwa 100 Arten dieses Stammes, der in die Nähe der Arthropoda (incertae sedis) gestellt wird, treten vor allem in tropischen Gebieten als weitverbreitete Parasiten der Atmungsorgane von räuberischen Amnioten auf (besonders Schlangen), seltener bei einigen Säugern (z.B. *Linguatula serrata* in der Nasenhöhle des Hundes und des Menschen), aber auch bei Vögeln (*Reighardia* spp.).

Der Körper erscheint äußerlich kaum gegliedert: Ein nicht geringeltes Vorderende (**Cephalothorax**) ist allerdings bei einigen Arten durch eine Einschnürung vom geringelten (16–230 **Annuli**), innerlich aber unvollkommen segmentierten Rumpf (**Abdomen**) deutlich abgesetzt (Abb. 2.73). Das Vorderende ist mit zwei Paar chitinhaltigen **Cuticula**-Haken (4 + Mund =

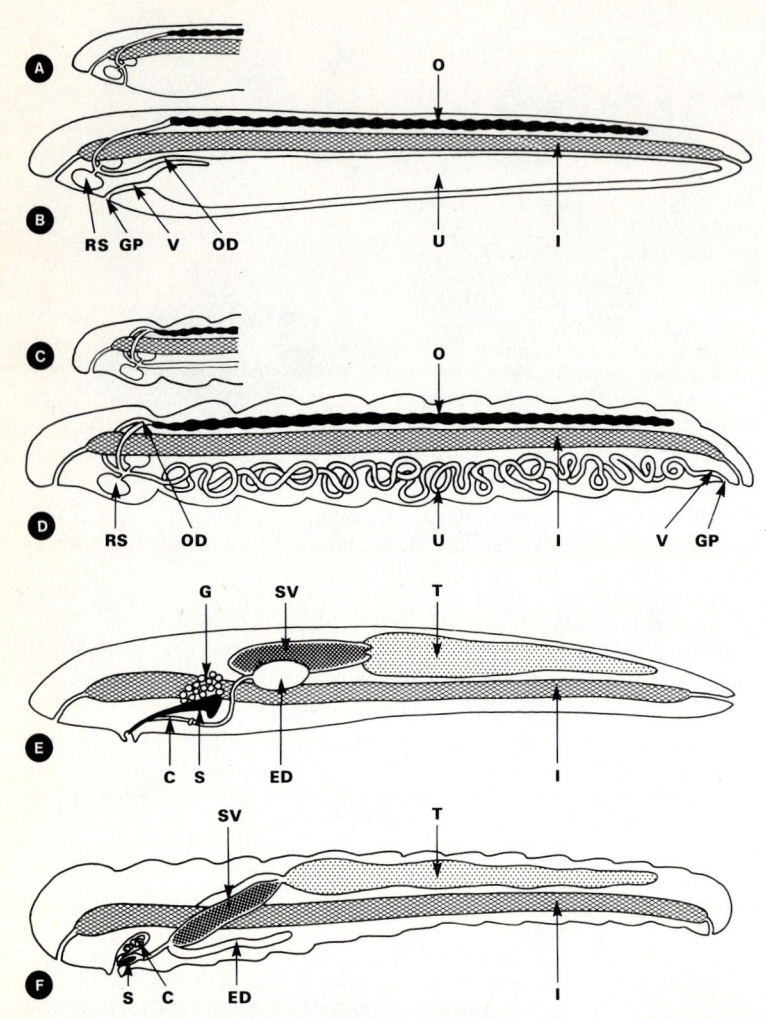

Abb. 2.73: Schematische Darstellung der Geschlechtssysteme von cephalobaeniden und porocephaliden Pentastomiden. **A., B.** Cephalobaenides Weibchen zur Zeit der Befruchtung (A) und Eiablage (B). **C., D.** Porocephalides Weibchen zur Zeit der Befruchtung (C) und der Eiablage (D). **E., F.** Männchen der Cephalobaeniden (E) und der Porocephaliden (F). C: Cirrus, ED: Ductus ejaculatorius (Samengang), D: Drüse, G: Ganglion, GP: Genitalporus, I: Darm, O: Ovar, OD: Ovidukt, RS: Receptaculum seminis, S: Spiculum, SV: Samenblase, T: Testis, Hoden, U: Uterus, V: Vagina.

Name: 5-Münder) versehen und daher zur Verankerung in den Atmungsorganen der Wirte, aber auch zur Fortbewegung befähigt. Durch Verletzung der Wirtsgewebe sind die Pentastomiden in der Lage, Epithelien, Lymphe und vorwiegend Blut ihrer Wirte mit dem ventral gelegenen Mund als Nahrung aufzunehmen. Die **Körperwand** besteht aus einer äußeren chitinhaltigen **Cuticula**, einer zellulären **Hypodermis** und Zügen von quergestreiften äußeren Ring – und inneren Längsmuskelschichten, zu denen noch segmental angeordnete dorsoventrale Bündel kommen. Das **Darm**system läßt sich in drei Großabschnitte untergliedern: Vorder- (Pharynx, Ösophagus), Mittel- und Enddarm, von denen Vorder- und Enddarm jeweils ektodermaler Herkunft (= von Cuticula ausgekleidet) sind. In den meisten Fällen ist ein sub- oder terminal gelegener After vorhanden. Lediglich bei einigen Arten (z.B. *Reighardia*-Arten bei Möwen) ist der Enddarm zu einem soliden Gewebestrang reduziert und daher fehlt ein After. Abgesehen von Chloridzellen der Körperoberfläche sind keine speziellen **Exkretionsorgane** bekannt. Ebenso fehlen **Atmungsorgane** und ein **Kreislaufsystem**. Das **Nervensystem** besteht nur bei ursprünglichen Arten (Cephalobaenida) aus einem Oberschlundganglion und einem Bauchmark, ist sonst aber reduziert zu wenigen Ganglienpaaren im Vorderkörper, die in Verbindung mit den Sinnesorganen (Chemo-, Mechanorezeptoren: Apikal-, Frontal-, Lateralpapillen) stehen. Die **Leibeshöhle** stellt zumindest im vorderen Körperabschnitt ein **Mixocoel** dar und entsteht aus larvalen, metameren Coelomsäckchen. Durch Mesenterien ist die **Leibeshöhle** in einen dorsalen und einen ventralen Sinus aufgegliedert.

Die **Gonaden** der getrenntgeschlechtlichen Pentastomiden sind ursprünglich paarig angelegt. Ihr Bau variiert bei den niederen (Cephalobaenida) und höheren Pentastomiden (Porocephalida, Abb. 2.73). Die ektodermalen Gonodukte münden ursprünglich ventral am 2. oder 3. Segment aus (alle Männchen, weibliche Cephalobaenida), werden aber bei den Weibchen der abgeleiteten Porocephalida nach hinten verlagert und können mit dem Darm eine Kloake bilden. Die Kopulation kann aus anatomischen Gründen (Abb. 2.73) nur von den meist kleineren Männchen mit jungen Weibchen vollzogen werden, die danach die fadenförmigen, axonemhaltigen Spermien speichern müssen. Die Furchung der relativ dotterarmen Eier erfolgt total und nur selten (*Reighardia* spp.) superfiziell.

Die **Ontogenese** verläuft als **Metamorphose** über verschiedene Larvenstadien, von denen mindestens die erste Larve 4 Extremitäten (Klammerbeine) aufweist. Im allgemeinen findet ein fakultativer oder obligater Wirtswechsel statt, wobei 8–10 sich häutende Larven im Gewebe verschiedener Zwischenwirte (nahezu alle Wirbeltiere möglich, aber auch obligat Insekten) auf den oralen Verzehr durch die Endwirte warten; weitere Details zu den Entwicklungszyklen siehe Mehlhorn und Piekarski (1994) und Walldorf (1988).

2.4.21 Stamm Arthropoda (Gliedertiere)

Die Arthropoda, die mit mehr als einer Million Arten den arten- und individuenreichsten Stamm des Tierreichs darstellen, zeigen eine Reihe interessanter Tendenzen:

1. **Festlegung der Segmentzahl:** Bei den urtümlichen Gruppen ist die Zahl der Segmente variabel, während die der höher differenzierten konstant ist. Die Vielfalt der Gliederungsmöglichkeiten und die Zahl der in einem Tagma vereinigten Segmente ist bei den Spinnentieren und Krebsen verwirrend, bei den Insekten aber in Form der Dreigliederung in Kopf, Brust und Hinterleib (Caput, Thorax, Abdomen) jeweils mit konstanter Segmentzahl festgelegt.
2. **Verschmelzung von Segmenten und zunehmende Konzentration des Nervensystems und Dorsalgefäßes im vorderen Körperbereich:** Beispiele bieten die Diplosegmente der Diplopoden und die Reduktion von Segmenten im hinteren Körperabschnitt vieler anderer Arthropoden. Im Kopfbereich kommt es, wohl in Verbindung mit der Ausbildung eines immer umfangreicheren Gehirns, ebenso wie im Rumpfbereich, bei der Vergrößerung des Unterschlundganglions zu Verschmelzungen von Segmenten und Ganglien. Im hinteren Körperabschnitt verschmelzen die Ganglien des Bauchmarks zu einer Ganglienmasse und werden nach vorn in den Bereich der Laufbeine verlagert. Das Dorsalgefäß wird zunehmend verkürzt und die Zahl der Ostien reduziert.
3. **Reduktion der äußerlich erkennbaren Segmentierung:** Diese Tendenz findet man u.a. bei den meisten einheimischen Spinnen mit Ausnahme der Jungspinnen sowie bei den Milben und bei parasitisch lebenden Krebsen.
4. **Reduktion bzw. Umwandlung von Extremitäten im hinteren Körperbereich:** Beispiele hierfür bieten die Spinnen mit der Umwandlung von Extremitätenanlagen zu Fächerlungen und Spinnwarzen. Bei Krebsen, und zwar Decapoda wie zum Beispiel Flußkrebsen und Krabben, werden die reduzierten Pleopoden bei der Brutpflege eingesetzt.
5. **Reduktion und Funktionswandel bei Metanephridien:** Die ursprünglich bei den Anneliden der Exkretion und Osmoregulation sowie der Ausleitung von Keimzellen dienenden Metanephridien werden bei den Arthropoden zahlenmäßig erheblich reduziert und teilweise zu filtrierenden Exkretionsorganen (Arachnida, Crustacea, Myriapoda, Collembola, Zygentoma), Speicheldrüsen oder Spinndrüsen umgewandelt.
6. **Verlagerung von Organisationsbestandteilen während der Entwicklung:** Der Mund wird vermutlich aus funktionellen Gründen nach hinten verlagert, weil die Nahrung nicht mehr durch Cilien eingestrudelt oder einfach gefressen, sondern durch Extremitäten von hinten her dem Mund zugeführt wird. Hieran ist eine unterschiedliche Zahl von Extremitäten bzw. Extremitätenbasen (Laden) beteiligt.
Bei den Spinnen werden die Pedipalpen als erstes Extremitätenpaar angelegt, aber anschließend hinter die Cheliceren verlagert.

7. Der mit einer dünnen kollagenhaltigen Cuticula versehene **Hautmuskelschlauch** der Anneliden wird bei den Arthropoden umgewandelt zu einem **Außenskelett** aus Proteinen mit eingelagerten Chitinmikrofibrillen und einer segmental angeordneten, stark gegliederten Muskulatur, bei der Längs- und Dorsoventralmuskeln außerordentlich verschieden angeordnet sein können (Abb. 2.74). Die Fähigkeit zur Synthese und Einlagerung von **Chitin** ist keine Erfindung der Arthropoden, sondern im Tierreich weitverbreitet; sie ist nur in einigen Tiergruppen verlorengegangen (u. a. bei Echinodermen und Wirbeltieren).

Die unter 1–7 genannten Elemente wurden innerhalb der Arthropoden vielfach abgewandelt. Die im folgenden genannten Strukturen und Prozesse sind ihnen jedoch in den Grundzügen gemeinsam.

Die **Cuticula** wird von der Epidermis abgeschieden und bedeckt lückenlos den Körper; außerdem wird sie vom Epithel des Vorder- und Enddarms und der Tracheen sezerniert, das ebenso wie die Epidermis aus dem Ektoderm hervorgegangen ist. Es ist aber falsch anzunehmen, daß nur Zellen ektodermaler Herkunft Chitin bilden können, denn das Mitteldarmepithel kann chitinhaltige peritrophische Membranen in beträchtlicher Menge abscheiden.

Die außen liegende dünne **Epicuticula** enthält kein Chitin, besteht aus mehreren, chemisch unterschiedlichen Schichten, die teilweise Lipide enthalten und u. a. als Verdunstungsschutz bei Landbewohnern von außerordentlicher Bedeutung sind. Die nach innen folgende, chitinhaltige **Procuticula** ist dagegen wasserdurchlässig. Sie besteht aus einer Grundsubstanz, die vorwiegend Proteine und Chitin enthält. Ihr äußerer Bereich, die **Exocuticula**, kann chemisch außerordentlich widerstandsfähig gemacht werden, indem die Proteinketten durch Derivate des Tyrosins zunehmend vernetzt werden (Sklerotisierung). Der innere Anteil der Procuticula, die **Endocuticula** wird vor der Häutung enzymatisch abgebaut, so daß ihre Bestandteile nach Resorption durch die Epidermis für den Neuaufbau der Cuticula wiederverwendet werden können (Recycling). Epi- und Exocuticula können nicht abgebaut und erneut genutzt werden; sie werden als **Exuvie** bei der Häutung abgestoßen. In die Procuticula können Farbstoffe und vor allem bei Krebsen und Diplopoden Kalk (Calciumcarbonat oder -phosphat) eingelagert sein. Mechanisch stark belastete Partien, wie die Schneidekante der Mandibeln von Heuschrecken, können durch Einlagerung von Mangan und Zink besonders widerstandsfähig gemacht werden. An Flügel- und Sprunggelenken sowie in Sehnen usw. kann ein gummiartiges Protein, Resilin, abgeschieden werden. In die proteinhaltige Grundsubstanz der Cuticula werden schichtweise **Chitinmikrofibrillen** eingelagert, die innerhalb einer Schicht parallel zueinander orientiert sind. Von Schicht zu Schicht kann die Orientierung der Mikrofibrillen wechseln. Diese Textur ergibt eine mechanisch außerordentlich belastbare, sperrholzartige Konstruktion. Die Cuticula wird von Ausläufern der Epidermis, den **Porenkanälen**, durchzogen, die

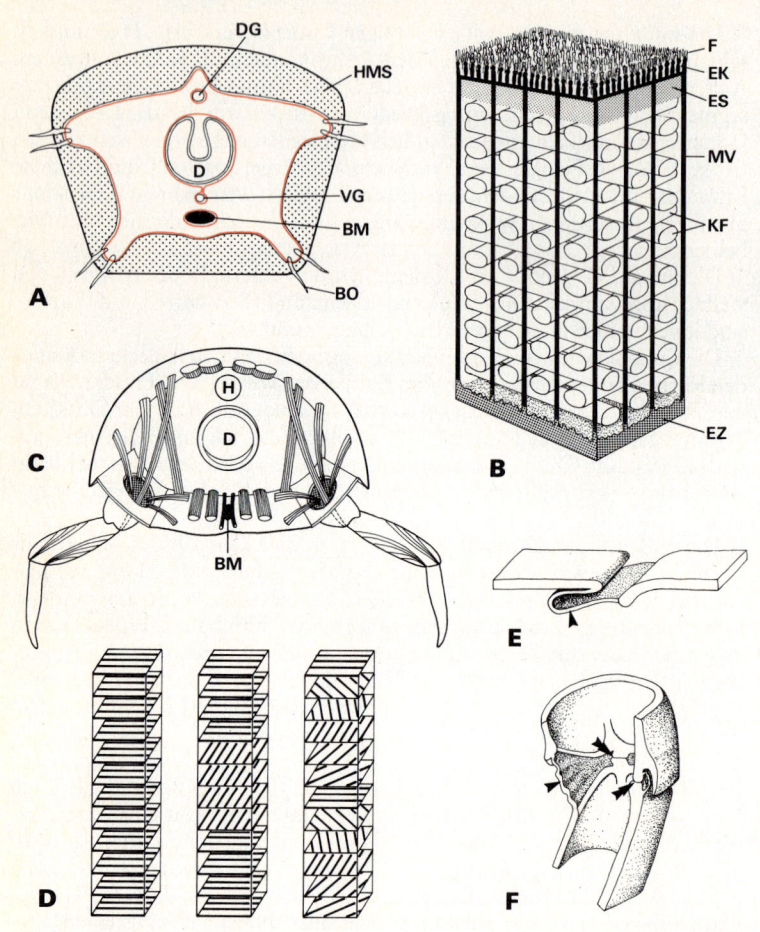

Abb. 2.74: Vergleich des Querschnitts eines Anneliden und eines Arthropoden sowie der Besonderheiten ihrer Cuticula. **A.** Querschnitt durch *Lumbricus*. Als Antagonist des Hautmuskelschlauchs fungiert das Hydroskelett in Form der Coelomflüssigkeit. Coelomepithel rot gezeichnet (nach Peters und Walldorf). **B.** Die Cuticula des Regenwurms besteht aus den Grundelementen der Annelidencuticula, distal verzweigten und mit Filamenten versehenen Mikrovilli, die in eine Grundsubstanz eingebettet sind. Diese Anteile sind verstärkt durch senkrecht zueinander angeordnete Lagen von parallel liegenden kollagenhaltigen Mikrofibrillen (nach Peters und Walldorf). **C.** Räumliches Schema des Rumpfsegments eines Arthropoden (nach Snodgrass). Die als Exoskelett fungierende Cuticula ermöglicht die Aufgliederung des Hautmuskelschlauchs und die Anheftung kompliziert angeordneter Muskeln. Diese können den

wegen der Chitinmikrofibrillen einen gewundenen Verlauf zeigen und u. a. den Transport von Wachs an die Oberfläche der Cuticula ermöglichen.

Die **Cuticula** wird nicht als gleichmäßig dicker starrer Panzer ausgebildet. Ursprünglich ist sie segmental gegliedert, indem in jedem Segment dorsal und ventral eine stärkere Platte abgeschieden wird, die man **Tergit** bzw. **Sternit** nennt. Platten in den Seitenpartien nennt man **Pleurite**. Die Beweglichkeit kommt dadurch zustande, daß an Segmentgrenzen und Gliedgrenzen der Extremitäten nicht sklerotisierte Partien abgeschieden werden, die als Gelenkhäute fungieren. Es können von der Cuticula regelrechte **Gelenke** mit unterschiedlichen Freiheitsgraden ausgebildet werden. Die Intersegmentalhäute sind vor allem im hinteren Körperbereich bisweilen sehr dehnbar. Dies ist im Zusammenhang mit der Atmung wichtig; bei Blutsaugern wird dadurch die Aufnahme großer Nahrungsmengen, bzw. bei den Weibchen die Ausbildung beträchtlicher Mengen von Eiern möglich. Das Integument kann Falten oder massive Fortsätze ins Körperinnere ausbilden (Apodeme, Entapophysen, die auch Leisten, Phragmen oder Endosternite genannt werden), an denen Muskeln inserieren. In Extremitäten können **Sehnen** die Verbindung zwischen Muskel und Cuticula teilweise über beträchtliche Strecken ermöglichen. Sehnen können miteinander verschmelzen (**Endochondriten**) und die Ansatzstelle mehrerer Muskeln ergeben. Die Häutung der Cuticula wird hormonal gesteuert (s. Kap. 3).

Spezialisierte Zellen, die durch differentielle Teilungen aus Epidermiszellen entstehen, können **Haare und Schuppen** bilden. Sind diese mit einer oder mehreren Sinneszellen versehen, die ebenfalls durch differentielle Teilungen aus Epidermiszellen entstehen, so dienen sie als **Sinneshaare**, die in unterschiedlicher Dichte an den verschiedensten Teilen des Körpers vorhanden sind. Als modalitätsspezifische Struktur besitzen die **mechanosensorischen Haare** einen Tubularkörper, die **chemosensorischen Haare** Poren (s. Kap. 11). Die mechanosensorischen Haare können als Stellungshaare die Stellung der Körperteile zueinander ermitteln oder als Tastorgane fungieren. Sie können außerdem Luft- oder Wasserströmung bzw. -schwingungen feststellen und damit für die Orientierung beim Laufen, Schwimmen oder Fliegen bzw. für das Hörvermögen von größter Bedeutung sein. Bei Krebsen, Insekten und teilweise auch bei manchen Myriapoden kommen Skolopidien vor, bei Arachnida gibt es **lyriforme Organe**, bei Insekten Sensilla campaniformia, die man als versenkte mechanosensorische Gebilde auffassen kann. Sie können Spannungen in der Cuticula

---

Rumpf und die gegliederten Extremitäten sehr differenziert bewegen. Die hierfür erforderliche komplexe nervöse Steuerung kann hier nicht berücksichtigt werden. D. Varianten in der Textur der chitinhaltigen Mikrofibrillen einer Arthropodencuticula (nach Barth). Einheitliche Orientierung der Mikrofibrillen und Wechsel der Orientierung um 90° ergibt eine wenig reißfeste Cuticula. Ändert sich dagegen die Orientierung der Mikrofibrillen von Lage zu Lage um wenige Grade, so entsteht eine sehr reißfeste Konstruktion (Sperrholzprinzip). E, F. Zwei Beispiele für die vielfältigen Möglichkeiten der Verbindung von Skleriten. Einfache Membranverbindung (Pfeil, nach Weber). F. Dikondyles d.h. mit zwei Angelpunkten (Gelenkkopf und Pfanne, Doppelpfeile) versehenes Beingelenk (s.a. Abb. 2.85 G). BM: Bauchmark, BO: Borsten, D: Darm, DG: Dorsalgefäß, EK: distal verzweigte Mikrovilli («Epicuticula»), ES: elektronendichte Schicht, EZ: Epidermiszelle, F: Filamente, H: Herz, HMS: Hautmuskelschlauch, KF: ungewöhnlich dicke Kollagenfibrillen, MV: Mikrovilli, VG: Ventralgefäß.

wahrnehmen und damit als **propriozeptive Organe** oder als **Hörorgane** (s. Kap. 10) eine Rolle spielen. Ferner sind Sinneshaare für die Wahrnehmung von Feuchtigkeit bzw. Temperatur bei Arthropoden vorhanden.

Cuticulabildungen können auch für die Schallerzeugung (s. Kap. 10) genutzt werden. Es gibt **Stridulationsorgane** in Form von Riefen oder Zähnchen, gegen die eine scharfe Kante gerieben wird, bei Skorpionen, manchen Weberknechten und Spinnen, decapoden Krebsen, einigen Asseln, Diplopoden und vielen Insekten. Zikaden und einige Schmetterlinge (Bärenspinner) erzeugen Töne, indem sie sehr rasch jederseits am Thorax ein Pleurit in Schwingungen versetzen. Die erzeugten Laute können im Hörbereich des Menschen oder im Ultraschallbereich liegen.

In der Epidermis können **Drüsenzellen** vorhanden sein, die Wachs, Antibiotika, Abwehrstoffe, Sexualduftstoffe u.a. sezernieren.

Die **Lichtsinnesorgane** (s. Kap. 9) können als Einzelaugen oder Gruppen von Einzelaugen ausgebildet sein (z.B. Medianaugen der Nauplien und primitiven Krebse, Augen bei Spinnen und Myriapoden, Ocellen der Insekten, das Frontalorgan bei Krebsen) oder sie sind Komplex- bzw. Facettenaugen, die aus einzelnen Ommatidien aufgebaut sind (*Limulus polyphemus*, Mehrzahl der Krebse, Chilopoda und Insekten). Näheres s. Kap. 9.

Die einzelnen Segmente entstehen ursprünglich während der embryonalen bzw. postembryonalen Phase ebenso wie bei den Anneliden innerhalb einer Sprossungszone durch **teloblastische Segmentbildung**. Bei den epimorphen Chilopoda und den meisten Insekten gibt es keine Teloblastie; ein Differenzierungszentrum liegt bei den letzteren in einer Region, in der später Kopf und Thorax aneinander grenzen.

Am Vorder- bzw. Hinterende ist jeweils ein Abschnitt vorhanden, der nicht als Segment aufgefaßt wird, weil er kein Coelom aufweist. Bei den Anneliden nennt man diesen Abschnitt am Vorderende **Prostomium**, den am Hinterende **Pygidium**, bei den Arthropoden heißen die entsprechenden Abschnitte **Acron** bzw. **Telson**.

Die **Extremitäten** sind bei den Arthropoden in der Konstruktion wie in den Möglichkeiten der Funktionen überaus vielseitig. Sie können zum Laufen, Schwimmen, Rudern, Springen, Greifen, Klammern, Filtern, Graben oder Putzen, zur Spermaübertragung wie zur Brutpflege eingesetzt werden. Die einzelnen Glieder sind zylinderförmige Sklerite, die durch Gelenkhäute miteinander verbunden sind und Gelenke aufweisen können. In manchen Gruppen sind sie sekundär stärker gegliedert (z.B. langbeinige Weberknechte), oder sie sind in der Gliederung reduziert (z.B. parasitische Krebse). Ursprünglich besitzt jedes Segment bei den Arthropoden ein Paar Extremitäten. Da die Homologie der Beinabschnitte bei den einzelnen Gruppen nicht ausreichend gesichert ist, müssen vorerst die unterschiedlichen historisch entstandenen Bezeichnungen bestehen bleiben (Abb. 2.75). Das **Spaltbein** ist typisch für Krebse. Chelicerata und Crustacea haben **Scheren** an bestimmten Extremitäten entwickelt. Diese kommen dadurch zustande, daß ein Auswuchs am vorletzten Beinglied zum starren und das distale Glied zum beweglichen Anteil der Schere wird.

Arthropoden haben einen charakteristischen **Körperquerschnitt**. Die Lei-

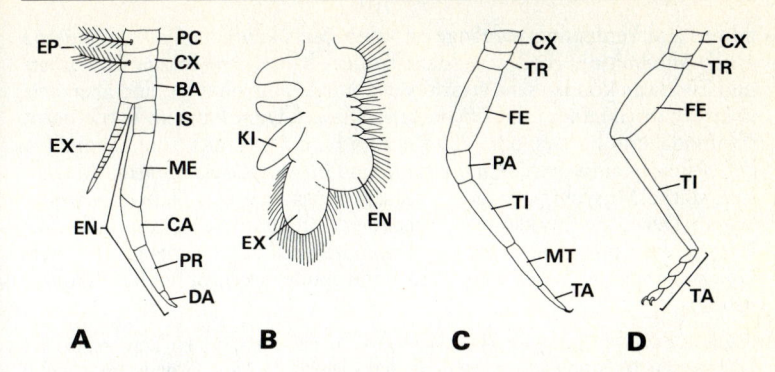

Abb. 2.75: Schematische Darstellung der Beingliederung von Arthropoden. **A.** Crustacea, Spaltbein. BA: Basis, CA: Carpus, CX: Coxa, DA: Dactylus, EN: Endopodit (Schreitast), EP: Epipoditen = Kiemen, EX: Exopodit (Schwimmast), IS: Ischium, ME: Merus, PC: Praecoxa, PR: Propodus. **B:** Crustacea. Blattbeine werden durch Hämolymphdruck in Form gehalten (Turgorextremitäten). KI: Kieme. **C.** Chelicerata. **D.** Insecta. CX: Coxa, FE: Femur, MT: Metatarsus, PA: Patella, TA: Tarsus, TI: Tibia, TR: Trochanter.

beshöhle, das **Mixocoel**, ist von Hämolymphe («Blut», s. Kap. 13) erfüllt und wird folgendermaßen aufgegliedert: Das Dorsalgefäß befindet sich in einem Raum, der vom **Pericardialseptum** (dorsales Diaphragma) begrenzt wird (Abb. 2.88). Bei vielen Copepoden, Ostracoden und Milben ist kein Herz vorhanden; in diesen Fällen fehlt auch das Pericardialseptum. Das Bauchmark liegt in einem Raum, dem Perineuralsinus, der vom **ventralen Septum** (v. Diaphragma) abgeteilt wird; dieses Septum fehlt oft.

Das Dorsalgefäß, das **Herz**, ist ein mehr oder weniger langer Schlauch, der ursprünglich segmental, und zwar meistens seitlich, paarige Einströmöffnungen (Ostien) besitzt. Die Länge des Dorsalgefäßes wie auch die Zahl der Ostien kann im Laufe der Phylogenese erheblich reduziert werden. Das **Blutgefäßsystem** (s. Kap. 13) der Arthropoden ist nicht geschlossen, kann aber mehr oder weniger weitreichende Gefäße haben. Die obengenannten muskulösen Diaphragmen und weitere in den Extremitäten sind an der Ausrichtung des Hämolymphstroms mitbeteiligt. In der Hämolymphe sind verschiedenartige Zellen mit unterschiedlichen Funktionen vorhanden; sie dienen u.a. der zellulären Abwehr durch Phagocytose eingedrungener Fremdsubstanzen oder übernehmen deren Abkapselung. Als respiratorische Farbstoffe dienen in erster Linie Hämocyanin, seltener Hämoglobin (s. Kap. 13). Sie sind nicht in Zellen vorhanden, sondern in der Hämolymphe in Form von meist hochmolekularen Aggregaten gelöst.

Der **Darm**, der etwa in der Körpermitte verläuft, ist sehr verschieden gestaltet, da die Vielfalt der Nahrung sehr unterschiedliche Aufschlußverfahren und Verdauungsvorgänge erfordert. Stets kann der Darm in die drei große Abschnitte gegliedert werden: Vorder-, Mittel- und Enddarm. Vorder- und Enddarm können sehr verschiedene Ausdehnung haben, sind aber stets in ihrer ganzen Länge mit Cuticula ausgekleidet. Diese kann im **Vorderdarm** (Stomodaeum) Borsten oder Höcker zum Filtern wie auch zum Zermahlen der Nahrung aufweisen. Am Pharynx, und bisweilen auch am sog. Magen, sind starke Muskeln vorhanden, die das Einsaugen von Nahrung ermöglichen. Der vom Entoderm stammende Mitteldarm sezerniert nicht nur Enzyme und resorbiert Nahrungsbestandteile, sondern scheidet fast stets kontinuierlich und nahezu bei allen Arthropoden **peritrophische Membranen** ab.

Diese bestehen aus einer Grundsubstanz, in der Proteine, Glykoproteine und Glucosaminoglukane nachgewiesen werden können. In diese Grundsubstanz sind chitinhaltige Mikrofibrillen in Form einer unregelmäßigen Streuungstextur oder in regelmäßigen hexa- oder orthogonalen Texturen eingelagert; als Matrix hierfür dient die Anordnung der Mikrovilli, zwischen denen die Polymerisation der Mikrofibrillen erfolgt, bevor die peritrophischen Membranen in das Lumen abgegeben werden. Im allgemeinen umgeben zahlreiche peritrophische Membranen als peritrophe Hülle die Nahrung im Mittel- und Enddarm. Nach der Kotabgabe können diese widerstandsfähigen Hüllen erhalten bleiben. Die Kotballen sinken bei den im Wasser lebenden Filtrierern rasch ab und gelangen nicht ständig wieder in den Nahrungsstrom. Im Süßwasser wie im Meer spielen sie eine besondere Rolle im Phosphat- und Siliciumhaushalt, weil diese mit den Kotballen in die Tiefe gelangenden knappen Substanzen erst allmählich wieder in das Oberflächenwasser und zu den dort lebenden Planktonorganismen gelangen. Die peritrophischen Membranen können vielerlei weitere Funktionen haben: Sie schaffen u. a. eine Kompartimentierung des Darminhalts und eine Permeabilitätsbarriere, sie können das Darmepithel vor scharfkantigen oder spitzen Nahrungsresten schützen, kommen aber auch bei Tieren mit flüssiger Nahrung vor, und sie können die Invasion von Parasiten hemmen, sofern diese nicht Mechanismen entwickelt haben, die ein Durchdringen dieser Barriere ermöglichen.

Der **Mitteldarm** besitzt eine unterschiedliche Zahl von verschieden langen, oft recht ausgedehnten oder verzweigten Blindsäcken, die Mitteldarmdrüsen, auch Hepatopankreas genannt. In diesen Anhängen findet der Aufschluß und die Resorption von Nahrung statt. Bei manchen Krebsen (Isopoda, Tanaidacea, Cumacea) ist der Mitteldarm extrem reduziert, der Enddarm aber erheblich länger als bei verwandten Gruppen. Bei kleinen Formen unter den Spinnentieren und Krebsen und bei allen Antennata sind die Mitteldarmdrüsen zu Blindschläuchen, den Caeca, reduziert. Der **Enddarm** (Proctodaeum) ist ebenso wie der Vorderdarm mit Cuticula ausgekleidet. Vielfach stellt er nur ein kurzes Rohr dar, kann aber auch beträchtliche Länge erreichen. Bei Landbewohnern hat er besondere Einrichtungen für die Wasserrückgewinnung aus den Nahrungsresten.

Die **Exkretionsorgane** sind sehr unterschiedlich gebaut (s. Kap. 5). Die wohl ursprünglichsten sind wie bei den Onychophora von Metanephridien (s. Kap. 5) abzuleiten. Auch bei ihnen ist ein Sacculus vorhanden, dessen

Podocyten die Ultrafiltration übernehmen; in dem anschließenden Kanalabschnitt erfolgt die Bildung des Sekundärharns; Beispiele liefern die Maxillardrüse der niederen Krebse und die Antennendrüse der Malacostraca, die Coxaldrüsen der Chelicerata, die Maxillarnephridien der Chilopoda und Diplopoda sowie die Labialniere bei Collembola, Archaeognatha und Zygentoma. Die Podocyten haben anscheinend während der Evolution der Landbewohner die Verbindung mit Ausscheidungskanälen aufgegeben, aber die Fähigkeit zu Endocytose und Sekretion beibehalten. Die so entstandenen elektronenmikroskopisch und funktionell gut charakterisierbaren **Nephrocyten** liegen gruppenweise in bestimmten Körperbereichen. Sie sind von einer Basallamina umgeben und mit einem auffallenden Labyrinth versehen. Ihre historisch bedingten verschiedenen Namen können nach und nach aufgegeben werden.

Schlauchförmige **Malpighische Gefäße** münden bei den Arachnida in den hinteren Mitteldarm, bei den Antennata an der Grenze von Mittel- und Enddarm. Sie fungieren als Exkretionsorgane. Die von den Exkretionsorganen gebildeten Ausscheidungsprodukte ändern sich im Zusammenhang mit dem Übergang vom Wasser- zum Landleben. Die Landbewohner müssen mit Wasser sparen und scheiden vor allem die wasserunlösliche Harnsäure in kristalliner Form ab (Antennata) oder lagern Guanin in der Epidermis ab (Spinnen; s. Kap. 5).

Die **Atmungsorgane** sind ebenfalls recht verschieden gebaut. Bei den wasserbewohnenden Formen sind **Kiemen** als bäumchen- oder säckchenförmige Anhänge an Extremitäten oder in deren Nähe vorhanden. Die Kiemen können nicht nur beim Gasaustausch, sondern auch bei der Osmoregulation eine Rolle spielen. Die landbewohnenden Cheliceraten haben aus den Bauchkiemen ihrer wasserbewohnenden Vorfahren nach innen verlagerte **Fächerlungen** entwickelt. Beide entstehen an Extremitätenanlagen. **Tracheen** sind bei Landbewohnern offensichtlich mehrfach und unabhängig voneinander entwickelt worden: Büscheltracheen der Onychophora, Röhrentracheen der Spinnen, Tracheen der Myriapoden und Insekten. Bei den letzteren sind sie mit Cuticula ausgekleidet und zum Schutz gegen ein Kollabieren mit einem Spiralfaden aus Exocuticula versteift; bei jeder Häutung werden ihre weitlumigen Abschnitte mitgehäutet.

Das **Bauchmark** ist ursprünglich mit je einem Paar Ganglien pro Segment versehen, die zu Verschmelzungen tendieren (s. Abb. 8.5).

Die **Fortpflanzung**sprozesse sind sehr verschieden und teilweise nur im Zusammenhang mit dem Übergang vom Wasser- zum Landleben zu verstehen. Das gilt in besonderem Maße für die sehr unterschiedlichen Spermaübertragungsmechanismen; besonders bei Bodenbewohnern, die in einem feuchten Substrat leben, sind noch urtümliche Verhältnisse erhalten geblieben.

Insekten, die eine an B-Vitaminen arme Nahrung aufnehmen, benötigen Mikroorganismen als lebenswichtige **Symbionten**. Diese müssen durch recht verschiedene Mechanismen auf die Nachkommenschaft übertragen werden.

Die **Entwicklungsvorgänge** können je nach dem Dottergehalt der Eier überaus verschieden verlaufen (s. Kap. 3). Bei dotterarmen Eiern entstehen in erster Linie bei Wasserbewohnern Primärlarven mit wenigen Segmenten, die sich früh selbst ernähren müssen und nach und nach über mehr oder weniger viele Larvenstadien die endgültige Segmentzahl erreichen (**Anamorphose**). In dotterreichen Eiern kommen bereits weiterentwickelte Larven zustande, oder es entstehen Entwicklungsstadien, die bereits die vollständige Segmentzahl aufweisen (**Epimorphose**).

System: Arthropoda (nach Kaestner 1965, verändert)

Die Ranghöhe der Taxa (Klasse usw.) ist umstritten und daher nicht erwähnt
Stamm Arthropoda
A. Amandibulata
A_1 Trilobitomorpha
    Trilobita †

A_2 Chelicerata
    Merostomata
    Arachnida
    Pantopoda

B. Mandibulata
B_1 **Crustacea** (Diantennata, Krebse)
u.a. Cephalocarida
    Anostraca
    Phyllopoda
    Ostracoda
    Copepoda
    Branchiura
    Cirripedia
    Malacostraca

B_2 **Tracheata** (Antennata)
    Chilopoda
        Chilopoda
    Dignatha
        Diplopoda
        Pauropoda
    Trignatha
        Symphyla
        Insecta = Hexapoda

Chilopoda, Diplopoda, Pauropoda und Symphyla werden meist als Myriapoda zusammengefaßt.

Amandibulata: Chelicerata (Spinnentiere)

Im Gegensatz zu den Krebsen haben die Spinnentiere ihre Phylogenese zwar im Meere begonnen, aber fast alle heutigen Formen leben auf dem Lande; nur wenige sind sekundär wieder zu Wasserbewohnern geworden, u.a. die Wasserspinne im Süßwasser sowie im Meer und im Süßwasser lebende Milben.

Von den urtümlichsten Chelicerata (**Merostomata**) sind nur noch 5 Arten vorhanden, die im Meer einerseits an der amerikanischen Ostküste und andererseits in indonesischen Gewässern vorkommen (disjunkte Verbrei-

---

Abb. 2.76: Chelicerata, Formenübersicht. **A, B.** *Limulus polyphemus* von dorsal und ventral. L: Laden (Endite) an der Coxa aller Beine des Prosoma umgeben die Mundöffnung (M) und helfen bei der Verarbeitung der Nahrung. C. Skorpion mit

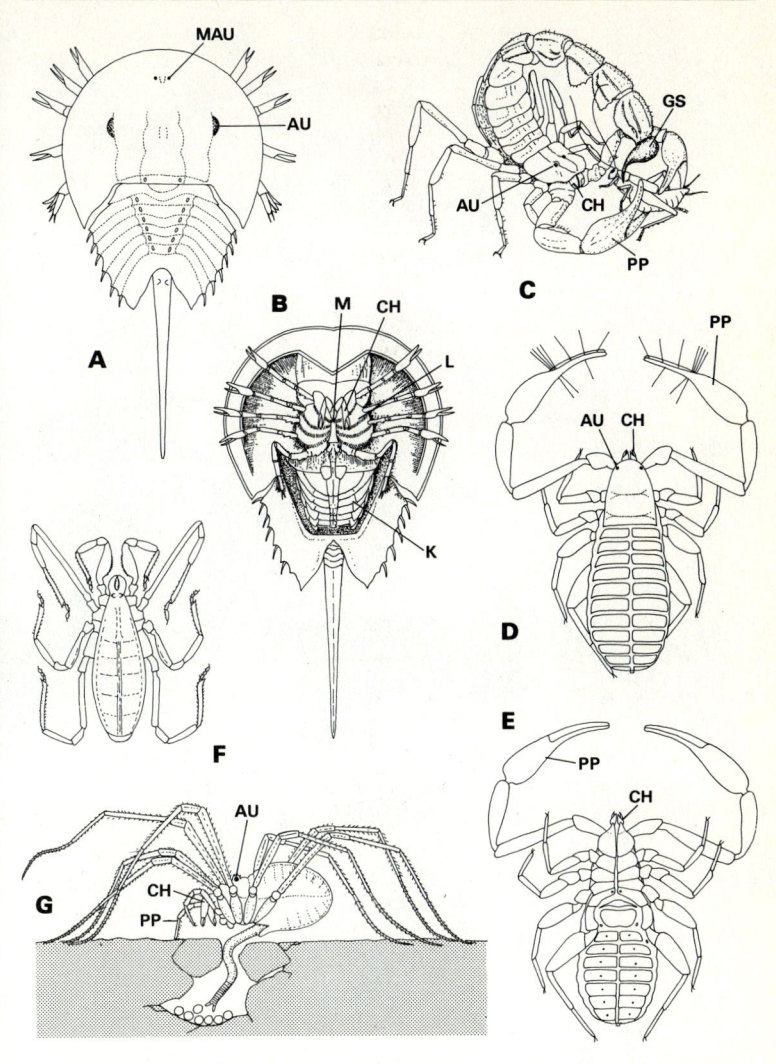

Beute (nach Vachon) PP: Pedipalpus mit großen Scheren. Die unscheinbaren Cheliceren zerzupfen die Beute. **D, E.** Pseudoskorpion von dorsal und ventral (nach Beier). **F.** Kurzbeiniger einheimischer Weberknecht der Gattung *Trogulus* aus Laubstreu (nach Kästner). **G.** Langbeiniger Weberknecht. Weibchen bei der Eiablage (nach Silhavy). PP: Pedipalpen ohne Scheren. AU: Augen, CH: Chelicere, GS: Giftstachel, K: Blattbeine mit Buchkiemen, MAU: Medianaugen.

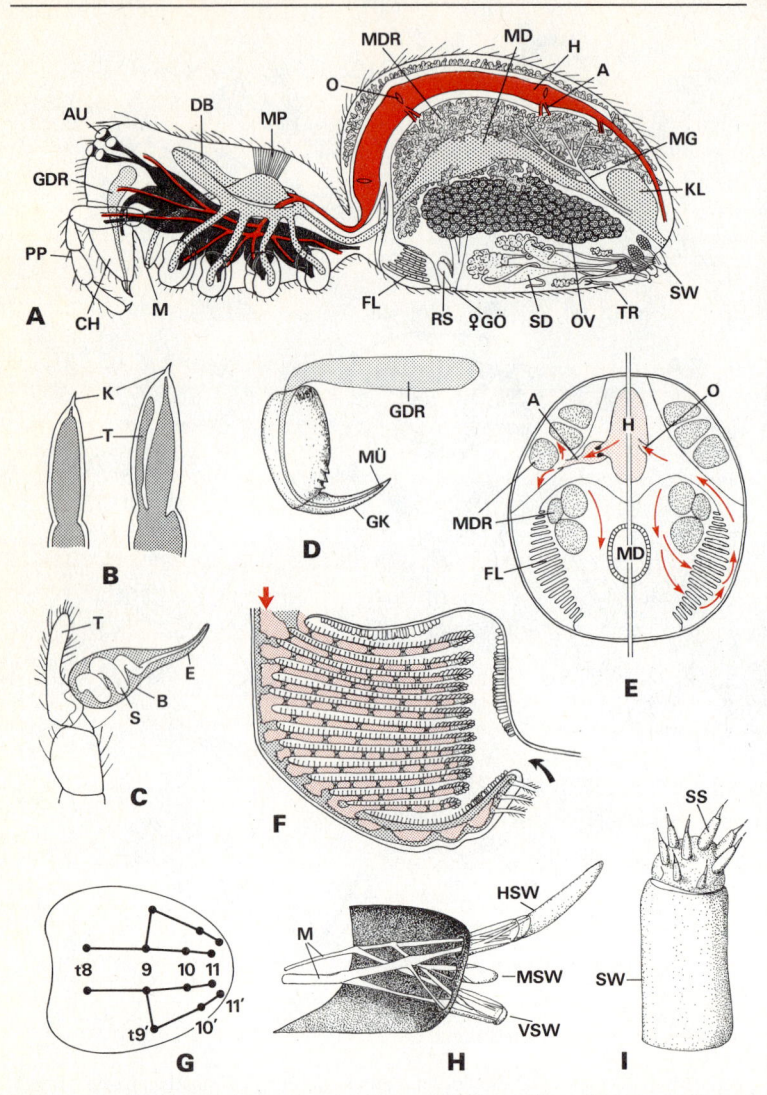

Abb. 2.77: Araneae, Webespinnen. **A.** Schematische Darstellung der inneren Organe einer Spinne (nach Leuckart). **B.** Entwicklung des Spermaübertragungsapparats eines männlichen Pedipalpus aus der Krallenanlage (nach Harm). **C.** Primitiver männlicher Pedipalpus (Segestria). **D.** Chelicere mit Giftdrüse und deren Mündung (MÜ). **E.** Querschnitt durch eine Spinne in Höhe der Fächerlungen. Pfeile geben den Blutstrom

tung). 200 ausgestorbene Arten kennt man bereits aus dem Silur bis zum Oligozän; die größte Art erreichte fast 2 m Länge. *Limulus polyphemus* lebt noch heute an der nordamerikanischen Atlantikküste und kann etwa 60 cm lang werden. Die im Schlamm nach Kleintieren wühlenden Tiere sehen aus wie Bratpfannen. Besonders bemerkenswert sind an den Segmenten 9–13 beiderseits pro Segment 150 flache, als Kiemen fungierende säckchenförmige Ausstülpungen (Abb. 2.76).

Die Körperregionen sind bei den Chelicerata recht unterschiedlich ausgebildet. In vielen Fällen, besonders deutlich bei den Spinnen, kann man zwei Tagmata unterscheiden, die man als Pro- und Opisthosoma bezeichnet. Das **Prosoma** enthält 6 Segmente mit zwei Paaren von Mundwerkzeugen und vier Laufbeinpaaren. Das **Opisthosoma** weist ursprünglich 12 Segmente auf, die nur bei urtümlichen Formen noch deutlich erhalten und erkennbar sind. Bei abgeleiteten Formen ist die Zahl der Segmente reduziert und die äußere Segmentierung bisweilen nur noch bei Jugendstadien oder während der Embryonalentwicklung erkennbar. So besitzen beispielsweise die Weberknechte einen nicht in Tagmata untergliederten Körper mit reduzierter Segmentzahl. Bei ursprünglichen Milben ist die Segmentierung äußerlich noch zu erkennen, bei den meisten Arten aber nicht mehr. Die Gliederung des Körpers in Tagmata kann recht verschieden sein; keineswegs sind alle Milben von sackförmiger Gestalt (Abb. 2.78).

Die Cheliceraten besitzen keine Antennen, sondern mit Sinnesorganen versehene **Pedipalpen**. Bei urtümlicheren Formen sind diese mit einer Schere ausgestattet und dadurch zum Ergreifen von Beute geeignet. Bei den übrigen fungieren sie als Taster, und bei männlichen Spinnen sind sie so umgestaltet, daß sie zur Übertragung von Spermien dienen können. Die **Cheliceren** sind die eigentlichen Mundwerkzeuge. Sie können scherenartig ausgebildet und somit zum Zerrupfen der Beute geeignet oder bei den Spinnen als Giftklaue gestaltet sein (Abb. 2.77).

An den folgenden Segmenten befinden sich **4 Laufbeinpaare**, die basal

---

an. Rechts Einstrom über die Ostien, links Ausstrom über die Arterien in die Gewebslücken. **F.** Fächerlunge längs geschnitten (nach Bütschli). **G.** Schema der Muskelanordnung im Opisthosoma (Aufsicht) (nach R. Peters). **H.** Spinnwarzen sind umgebildete Extremitäten. Dies zeigt ihre Muskelversorgung und Entwicklungsgeschichte (nach R. Peters). **I.** Spinnwarze mit Spinnspulen (nach Foelix). A: Arterien, AU: Augen, B: Bulbus mit Samenkanal (S), CH: Chelicere, DB: Darmblindsack, E: Embolus, FL: Fächerlunge, GDR: Giftdrüse, GK: Giftklaue, GÖ: weibliche Geschlechtsöffnung, H: Herz, HSW: hintere Spinnwarzen, K: Kralle, KL: Kloake, M: Mundöffnung, MD: Mitteldarm, MDR: Mitteldarmdrüse, MG: Malpighische Gefäße, MP: «Magen»pumpe (Pharynxpumpe nicht eingezeichnet), MSW: mittlere Spinnwarze, MÜ: Mündung, O: Ostium, OV: Ovar, PP: Pedipalpus, RS: Receptaculum seminis, SD: Spinndrüsen, SW: Spinnwarze, SS: Spinnspule, t: segmentale Endochondriten, T: Tarsus, TR: Tracheenstigma, VSW: vordere Spinnwarzen.

180 2 Baupläne und Biologie der Tiere

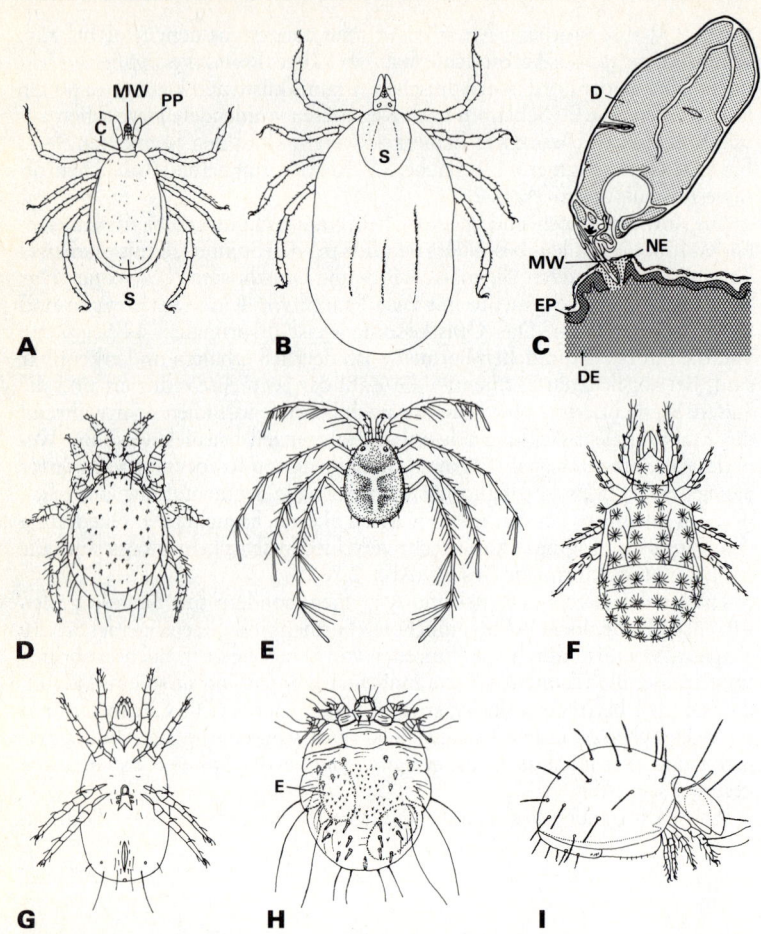

Abb. 2.78: Zecken und Milben, Formenübersicht. **A, B.** *Ixodes ricinus* (Holzbock). **A.** Männchen von dorsal. **B.** Weibchen mit kleinem Scutum und vorwiegend sehr dehnbarer, lederartiger Cuticula. **C.** Zecke beim Blutsaugen (nach Pawlowski). **D.** *Laelaps pachypus*, Dorsalansicht (nach v. Vitzthum). **E.** Wassermilbe (nach Viets). **F.** Nur wenige Milben zeigen noch eine segmentale Gliederung wie *Arthrosebaia*. Dorsalansicht (nach Beklemischew). **G.** Mehlmilbe, Ventralansicht (nach Türk). **H.** Weibchen der Krätzmilbe (mit großen Eiern E). Dorsalansicht (nach v. Vitzthum). **I.** Moosmilbe. Seitenansicht (nach Märkel). C: Capitulum mit Mundwerkzeugen und Pedipalpen, D: Darm, DE: Dermis, EP: Epidermis, MW: Komplex der eingedrungenen Mundwerkzeuge bestehend aus den beweglichen Cheliceren sowie der Chelicerenscheide und dem Hypostom, NE: Nekrotisches Gewebe, S: Scutum.

mit Borsten versehene Auswüchse, die Laden, haben können. Diese sind in verschiedenem Maße an der Ausgestaltung des Mundraumes und der Aufarbeitung der sehr unterschiedlichen Nahrung von Bedeutung (Abb. 2.76).

Die Zahl der auf diese Weise an der Nahrungsaufnahme beteiligten Extremitäten nahm im Verlauf der Evolution ab. Bei den Spinnen sind nur noch die dicht mit Borsten bestandenen Laden der Pedipalpen als Abseihvorrichtung für die außerhalb des Darmes durch erbrochenen Verdauungssaft verflüssigte Beute vorhanden. Die meisten Beinglieder werden von mehreren als Beuger oder Strecker fungierenden Muskeln durchzogen. Zwei Gelenke besitzen aber nur Beuger, nämlich das Femur-Patella- und das Tibia-Metatarsus-Gelenk. Die Streckung erfolgt in diesen Fällen hydraulisch, durch Erhöhung des Hämolymphdrucks mit Hilfe der in den Seiten des Körpers vorhandenen Muskulatur. Am Opisthosoma sind keine Laufbeine vorhanden, wohl aber erfolgen während der Entwicklung funktionell sehr wichtige Umgestaltungen der Beinanlagen.

Bei den landbewohnenden Skorpionen werden am 9. Segment mit Sinnesorganen besetzte sog. **Kämme** und an den Segmenten 10–13 an den Beinanlagen des Opisthosoma Fächerlungen entwickelt. Bei Geißelskorpionen und Spinnen entstehen an der Hinterseite der Beinanlagen des 8. und 9. Segments oder bei der Mehrzahl der Spinnen nur im 8. Segment **Fächerlungen** (Abb. 2.77 A, E, F). Diese zum Schutz gegen Austrocknung nach innen versenkten Atemorgane bestehen aus zahlreichen dünnwandigen Säckchen, die von Hämolymphe durchströmt werden. An ihrer Oberfläche erfolgt der Austausch der Atemgase. Außerdem gibt es bei den Arachnida **Röhrentracheen**, die aus Entapophysen entstehen.

Die **Spinnwarzen** entstehen während der Entwicklung aus Extremitätenanlagen des 10. und 11. Körpersegments, die sich bereits früh teilen. Auf diese Weise entstehen pro Segment zwei mittlere und zwei äußere Spinnwarzen. Die vorderen mittleren Spinnwarzen können entweder zu einer einklappbaren Spinnplatte, dem **Cribellum**, oder zu einem kleinen Hügelchen, dem **Colulus**, umgewandelt werden, oder sie können vollständig reduziert sein. Die Muskel- und Nervenversorgung der Spinnwarzen läßt nicht nur ihre Herkunft von Extremitäten, sondern auch ihre Segmentzugehörigkeit erkennen (Abb. 2.77 G, H). Auf jeder Spinnwarze münden in zahlreichen Spinnspulen die Ausführgänge der verschiedenen Spinndrüsen. Bei allen Spinnen, auch den Laufspinnen, die kein Fangnetz bauen, wird stets ein Sicherheitsfaden abgegeben. Spinnseide wird außerdem nicht nur für den Bau der sehr unterschiedlichen Fangnetze benötigt, sondern auch für das Fesseln und Einwickeln der Beute, für das Spermagespinst (s.u.) sowie für den Bau eines Eikokons.

Die Muskeln setzen nicht nur am Außenskelett und an Apodemen an, sondern außerdem noch an einem flach im Prosoma liegenden **Endosternit**, das von speziellen Bindegewebszellen gebildet wird und Kollagen, nicht aber Chitin enthält.

Das 7. Segment (= 1. Abdominalsegment) ist bei den Webespinnen stielartig ausgebildet. Auf diese Weise kann das Opisthosoma beim Spinnen bewegt werden.

Die **Geschlechtsöffnung** befindet sich bei beiden Geschlechtern im 8. Segment, d.h. fast in der Körpermitte und nicht an dessen Ende. Die Art der Spermaübertragung ist für Landbewohner noch recht urtümlich. Eine Kopulation ist bei den Spinnentieren nicht die Regel, sondern eine Ausnahme. Nur die Weberknechte und einige Milben haben echte Kopulationsorgane. Die Männchen der Skorpione und Pseudoskorpione setzen, wenn sie ein begattungsbereites Weibchen gefunden haben, eine kompliziert gebaute Spermatophore ab und führen anschließend mit ihren scherenförmigen Pedipalpen das Weibchen so, daß es den Spermabehälter der Spermatophore mit der Geschlechtsöffnung aufnehmen kann. Die Männchen der Spinnen setzen auf einem eigens hergestellten kleinen Gespinst einen Spermatropfen ab, nehmen ihn mit den besonders gestalteten Pedipalpen (Abb. 2.77 C) auf und übertragen das Sperma anschließend in die weibliche Geschlechtsöffnung.

Die **Milben** sind in wirtschaftlicher wie in medizinischer Hinsicht bedeutende Chelicerata. Sie leben als Räuber, Kommensalen oder Parasiten, spielen als Bodenbewohner eine nur wenig bekannte, wichtige Rolle, können als Wassermilben im Meer wie im Süßwasser vorkommen, saugen an Pflanzen oder Tieren oder können Krankheitsüberträger wie auch Krankheitserreger sein. Am bekanntesten sind wohl die relativ großen Zecken (Details s. Mehlhorn und Piekarski 1989).

System: Chelicerata (nach Kästner 1965).

Der Übersicht halber sind nicht alle Gruppen erwähnt. Die Milben mit insgesamt 20.000–30.000 Arten scheinen keine phylogenetisch einheitliche Gruppe zu sein. Wir folgen hier Zachvatkin (1952), der zwei Gruppen (Acariformes und Parasitiformes) unterschied. M Meer, Sw Süßwasser, L Land, P Parasiten.

Merostomata
    Xiphosura (5 rezente Arten, u.a. *Limulus polyphemus*, M)
    Eurypterida (200 ausgestorbene Arten)
Arachnida (> 36.000 Arten)
    Scorpiones (Skorpione, > 600 Arten, L)
    Pseudoscorpiones (Bücherskorpione, 1300 Arten, L)
    Acariformes (Trombidio-Sarcoptiformes) (Milben, L, Sw, M, P)
    Araneae (Webespinnen, ~ 20.000 Arten, L, Sw)
    Parasitiformes (Zecken und Milben, L, P)
    Opiliones (Weberknechte, ~ 3.200 Arten, L)
Pantopoda (Asselspinnen, 500 Arten, M)

Abb. 2.79: Wasserflöhe. **A.** Generationswechsel in Form der Heterogonie bei *Daphnia*. Unter günstigen Lebensbedingungen entstehen parthenogenetisch rasch zahlreiche Nachkommen. Bei Verschlechterung der Lebensbedingungen kommt es unter Hormoneinfluß zur Bildung von Zwergmännchen, Kopula (1) und Bildung von Dauereiern (2), die, von einer widerstandsfähigen Cuticula umgeben, als Ephippien

2.4.21 Baupläne, Arthropoda 183

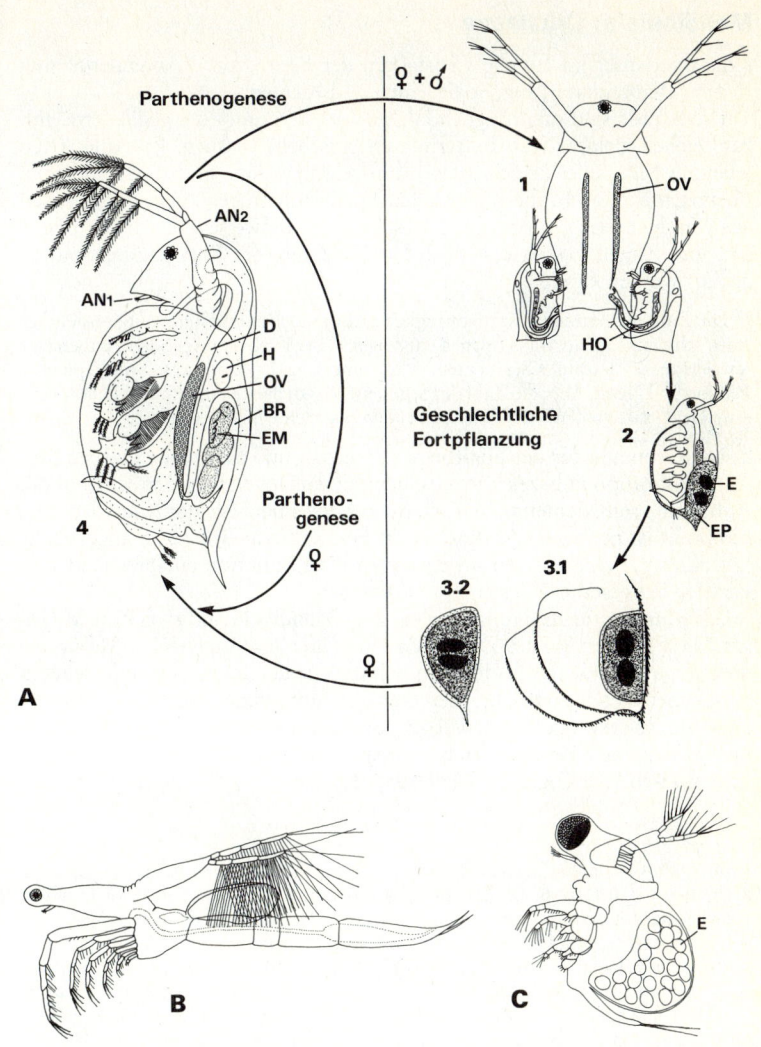

(3.1, *D.magna*, 3.2 *D.pulex*) verbreitet werden. Aus diesen entwickeln sich unter günstigen Lebensbedingungen parthenogenetisch sich fortpflanzende Generationen (4) (unter Verwendung von Abbildungen aus Wesenberg-Lund). AN 1: 1. Antenne, AN2: die 2. Antenne sorgt für die Fortbewegung, BR: Brutkammer, D: Darm, E: Ei, EP: Ephippium, EM: Embryo, H: Herz, OV: Ovar. **B, C.** Räuberisch lebende Wasserflöhe der Gattungen *Leptodora* (B) (nach Vollmer) und *Polyphemus* (C).

Mandibulata: Crustacea

Charakteristisch ist für die Crustaceen der Besitz von **2 Antennenpaaren** (Name Diantennata), sog. **Spaltbeinen** und **Kiemen**.

Die Krebse sind ursprünglich langgestreckt, homonom gegliederte, mit zahlreichen gleichartigen Extremitäten versehene Formen. Fast alle Arten leben im Meer oder im Süßwasser, nur relativ wenige sind zum Landleben übergegangen, sind dabei aber auf feuchte Biotope angewiesen; etliche Arten aus verschiedenen Gruppen sind Parasiten und teilweise so stark verändert, daß ihre Zugehörigkeit erst nach Untersuchung der Entwicklungsstadien geklärt werden kann.

Die Zahl der Segmente ist ursprünglich nicht festgelegt und kann außerordentlich stark schwanken. Die Malacostraca, zu denen 2/3 der Krebsarten gehören, haben eine festgelegte Zahl von 19 Segmenten. Man unterscheidet drei Tagmata: **Cephalon**, **Pereion** und **Pleon**. Aber die Zahl der Segmente, die zu diesen Abschnitten gehören, ist – im Gegensatz zu den Verhältnissen bei den Insekten – nicht festgelegt.

Die Grundglieder der **Spaltbeine**, Praecoxa und Coxa, die man zusammen als **Protopodit** bezeichnet, können mit Anhängen versehen sein, auf der Außenseite mit Kiemen oder Tastern, auf der Innenseite mit Kauladen. Der **Exopodit** ist geringelt, der **Endopodit** besitzt die in Abb. 2.75 angegebene Gliederung. Beide können im einzelnen ihrer Funktion entsprechend sehr verschieden gestaltet oder auch reduziert sein.

Als **Mundwerkzeuge** fungieren ein Paar **Mandibeln** und zwei Paar **Maxillen**. Diese können bei den Decapoda durch drei Paar Kieferfüße (**Maxillipedien**) ergänzt und durch die Sammeltätigkeit der folgenden, mit Scheren versehenen Pereiopoden bei der Nahrungsaufnahme unterstützt werden. Die Mundwerkzeuge können sogar, ähnlich wie bei bestimmten Insekten und Milben, zu Stechapparaten umgewandelt sein und damit das Blutsaugen an Fischen ermöglichen (Isopoda, «Fischasseln»). Bei der Karpfenlaus,

---

Abb. 2.80: Crustacea, Formenübersicht. **A.** Anostraca: *Artemia salina*, das Salinenkrebschen (nach Green). **B.** Copepoda: *Cyclops* rudert im Gegensatz zu *Daphnia* vorwiegend mit den 1. Antennen. **C.** Copepoda: Die stark modifizierten Weibchen von *Lernaeocera branchialis* sind permanent mit den Anhängen ihres Vorderendes an Kiemen des Kabeljaus verankert (nach Baer). **D, E.** Cirripedia: Seepocken der Gattung *Balanus* können geschützt durch ihr Gehäuse aus Kalkplatten in der Brandungszone des Meeres angeheftet an Muscheln, Felsen und Wasserbauten leben. **D.** Organisationsschema (nach Barnes). **E.** Aufsicht (nach Hennig). Die Rankenfüße werden zum Abfiltrieren von Nahrung bei geöffnetem Deckel rhythmisch vorgestreckt. **F.** Decapoda: Garnele (nach Holthuis). **G.** Decapoda: *Portunus*, Schwimmkrabbe, linke Hälfte Dorsalansicht, rechte Hälfte Ventralansicht. Das Pleon ist zu einem nach vorn geklappten Dreieck reduziert, das nur noch kleine Extremitäten aufweist. **H.** Decapoda: *Eupagurus bernhardus*. Einsiedlerkrebse verbergen ihren weichen Hinterleib in leeren Schneckenschalen und halten sich mit den umgebildeten Uropoden an deren

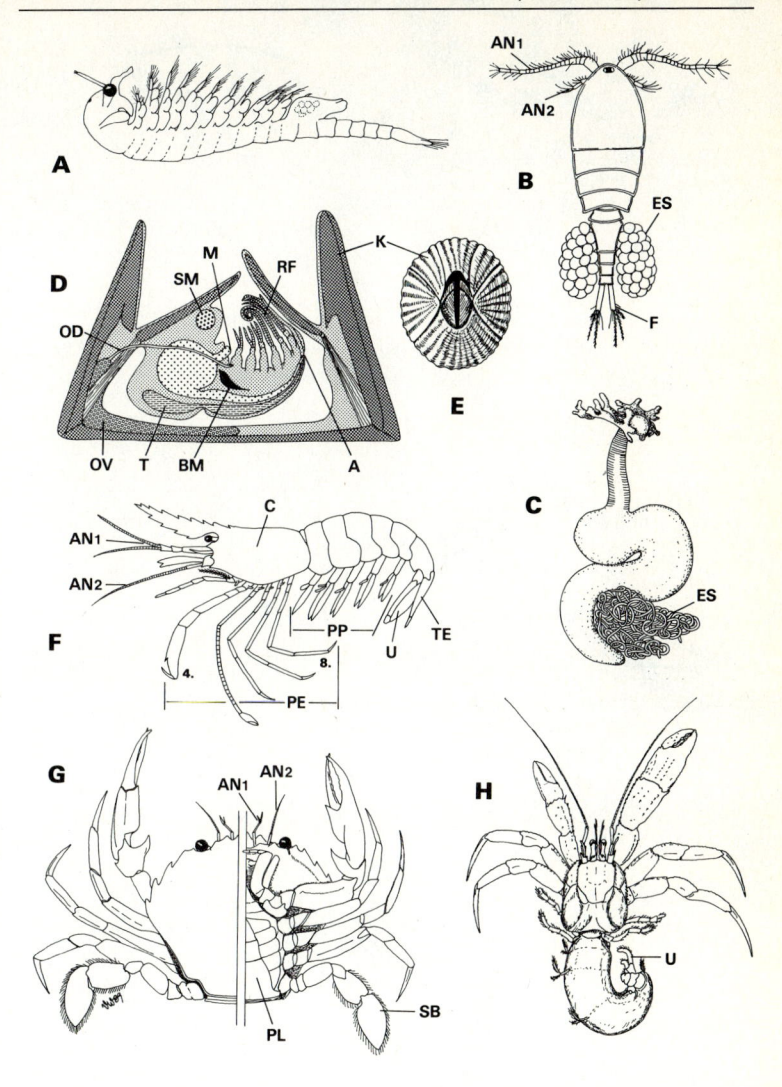

Columella fest. Die großen Scheren sind asymmetrisch ausgebildet. A: After, AN1 und AN2: 1. und 2. Antenne, BM: Bauchmark, C: Carapax, D: Darm, ES: Eisäckchen, F: Furca, T: Hoden, K: Kalkplatten, M: Mund, OD: Ovidukt, OV: Ovar, PE: Pereiopoden, PL: Pleon, PP: Pleopoden, RF: Rankenfüße, SB: Schwimmbein = abgeplattete 8. Pereiopoden, SM: Schließmuskel, TE: Telson, U: Uropoden.

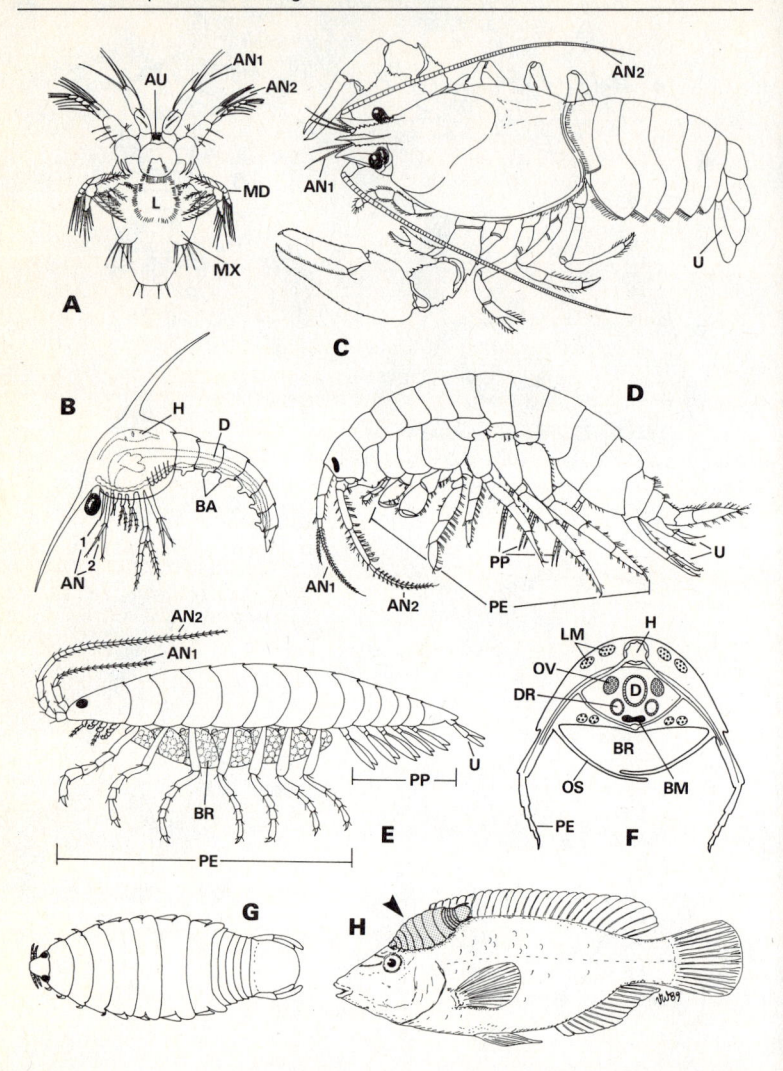

Abb. 2.81: Crustacea, Formenübersicht. Die wichtigsten Larvenformen sind **A.** Nauplius (Metanauplius) (nach Storch) und Zoea (**B**) (nach Siewing). **C.** Decapoda: Flußkrebs (nach Pfurtscheller). **D.** Amphipoda: *Gammarus*, Bachflohkrebs (nach Bousfield) **E.** Isopoda: Assel (nach Siewing) mit BR Brutraum (Marsupium). **F.** Querschnitt durch eine Assel (nach Siewing). **G, H.** Isopoda: Blutsaugende Assel der Gattung *Anilocra* (G) an einem Fisch saugend (H). AN1, AN2: 1. und 2. Antenne, AU:

Argulus, ist ein Stachel als Sonderbildung und die 1. Maxille als Saugnapf vorhanden.

Die Extremitäten des Pereions (**Pereiopoden**) (Abb. 2.75) können als **Blattbeine** (Turgorextremitäten) vorliegen, die gleichzeitig mit der Schwimmbewegung Nahrung aus dem Wasser abfiltrieren. Sie können auch als **Stabbeine** ausgebildet sein, bei denen der Exopodit reduziert ist und bei denen Scheren vorhanden sein können. Sie dienen vorwiegend zum Laufen. Am hinteren Körperabschnitt kommen nur bei Malacostraca Extremitäten vor, die **Pleopoden**. Sie sind ähnlich wie die Pereiopoden ausgebildet oder mehr oder weniger stark reduziert. Bei den Decapoden besteht die Tendenz, das gesamte Pleon zunehmend zu reduzieren; bei den Krabben (u.a. der Strandkrabbe, *Carcinus maenas*) ist das Pleon nur noch ein unscheinbares, dreieckiges, nach vorn unter das Pereion geklapptes Gebilde.

Vom Segment der 2. Maxille geht bei vielen Krebsen eine Hautduplikatur aus, der **Carapax**. Er kann unterschiedlich weit ausgedehnt sein und schützt u.a. die Kiemen; bei Wasserflöhen und vor allem Ostracoden umschließt er praktisch den ganzen Körper wie ein Mantel. Der Endabschnitt des Körpers, das Telson, besitzt bei ursprünglichen Formen einen gegabelten Anhang, die **Furca** (Abb. 2.80B).

Als Lichtsinnesorgan dient das unpaare Medianauge, das sog. **Naupliusauge** (s. Kap. 9), das bei primitiven Larven wie dem Nauplius sowie seltener bei Adulten (z.B. Copepoden) vorkommt. **Komplexaugen**, die aus zahlreichen Ommatidien aufgebaut sind, gibt es bei weiter entwickelten Larven und den meisten adulten Malacostraca.

Der **Darm** hat fast stets einen geraden Verlauf. Der Vorderdarm wird bei den Malacostraca entweder zu einem komplizierten Filter- oder Kauapparat entwickelt. Bei den Isopoda ist der Mitteldarm fast vollständig reduziert. Von großer Bedeutung für den Aufschluß der Nahrung ist die umfangreiche, aus Blindschläuchen bestehende **Mitteldarmdrüse**. Das Dorsalgefäß fungiert als **Herz**; in ihm wird das Blut von hinten nach vorn gepumpt. Es kann zu einem kleinen rundlichen Gebilde reduziert sein, u.a. bei Wasserflöhen (Abb. 2.79 A 4). Als Exkretionsorgane dienen die **Antennendrüse**, die an der Basis der 2. Antenne mündet, und die **Maxillar-** oder **Schalendrüse**. Die **Geschlechtsorgane** münden etwa in der Körpermitte, im 6. bzw. 8. Körpersegment.

Die **Entwicklung** beginnt entweder mit Larven, die bei weitem noch nicht die vollständige Segmentzahl besitzen (**Nauplius**), oder mit Larven, die schon eine größere Zahl von Segmenten haben (**Zoea**), oder verläuft bei hohem Dottergehalt der Eier direkt (Wasserfloh, Flußkrebs). Die Wasser-

---

Naupliusauge, BA: Beinanlagen, BM: Bauchmark, D: Darm, DR: Mitteldarmdrüsen, H: Herz, L auffallend großes Labium, LM: Längsmuskel, MD: Mandibel, MX: Anlage der 1. Maxille, OS: Oostegite, OV: Ovar, PE: Pereiopoden, PP: Pleopoden, U: Uropoden (Schwanzfächer).

flöhe der Gattung *Daphnia* können sich unter günstigen Lebensbedingungen über viele Generationen rasch durch **Parthenogenese** vermehren; sobald aber ungünstige Bedingungen eintreten, entstehen Zwergmännchen, es kommt zu geschlechtlicher Fortpflanzung und zur Bildung von **Dauereiern**. Aus diesen schlüpfen wieder Weibchen, die sich durch Parthenogenese vermehren. Dieser Generationswechsel wird als **Heterogonie** bezeichnet (Abb. 2.79 A).

System: Crustacea (nach Kästner 1959)

Cephalocarida	(9 Arten, M)
Anostraca	(145 Arten, Sw: *Branchipus*, Salzwasser: *Artemia*)
Phyllopoda	(1.000 Arten, Sw: *Daphnia*, M: *Podon, Evadne*)
Ostracoda	(1.500 Arten, M, Sw, L)
Mystacocarida	(3 Arten, M)
Copepoda	(1.800 Arten, M: *Calanus*, Sw: *Cyclops*, P: *Lernaea*)
Branchiura	(70 Arten, P, M, Sw: *Argulus*)
Ascothoracida	(25 Arten, M)
Cirripedia	(760 Arten, M: *Balanus, Lepas*)
Malacostraca	(14. Ordnungen, $\frac{2}{3}$ aller Krebsarten)
u.a.O. Stomatopoda	(170 Arten, M)
Mysidacea	(450 Arten, M, einige im Sw)
Euphausiacea	(81 Arten, M: «Krill»)
Decapoda	(8.300 Arten, M: Garnelen, Hummer, Krabben, Sw: Flußkrebs, L)
Isopoda	(1.300 Arten, M *Mesidotea*, Sw: *Asellus*; L *Oniscus, Armadillidium*, P (M) Portunion)
Amphipoda	(2.700 Arten, M, Sw: *Gammarus*, P (M))

Mandibulata: Tracheata: Myriapoda

Die Myriapoda sind, abgesehen vom Kopfbereich, recht homonom gegliedert. Allgemein bekannt sind zwei Gruppen mit größeren Formen (Chilopoda = Hundertfüßer, Diplopoda = Tausendfüßer), weniger bekannt sind die beiden übrigen Gruppen (Pauropoda, Symphyla) mit kleinen bis winzigen Formen, die versteckt in der Bodenstreu oder in rottendem Holz leben. Insgesamt gehören hierher etwa 11.000 Arten.

Die **Chilopoda** haben das erste Beinpaar zu mächtigen Giftklauen umgewandelt, mit denen Kleintiere als Beute gepackt werden können, um dann von den Mandibeln zerkleinert zu werden. Die Geschlechtsorgane münden am Hinterende des Körpers (**Opisthogoneata**). Epi- und Anamorphose kommen vor. *Lithobius* lebt unter Steinen, *Geophilus*, eine schlanke, gelb gefärbte Form, im Boden; *Scutigera* kommt im Mittelmeergebiet unter Steinen sowie in Häusern vor und fängt Insekten (Abb. 2.82).

Die **Diplopoda** erreichen nicht immer hohe Beinzahlen. Hierher gehören

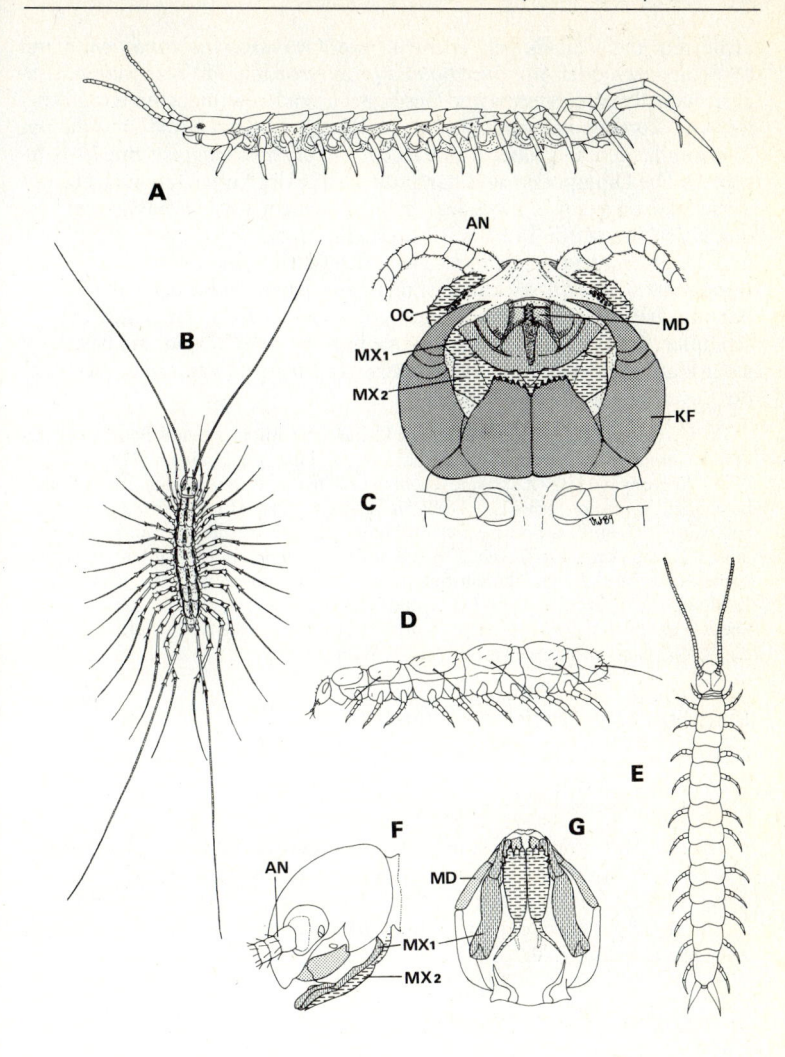

Abb. 2.82: A–C Chilopoda. **A.** *Lithobius* in Seitenansicht (nach Snodgrass). **B.** *Scutigera* von dorsal (nach Snodgrass). **C.** Mundwerkzeuge von *Lithobius* von ventral. **D.** Pauropoda: *Pauropus* (nach Snodgrass). E–G Symphyla. **E.** *Scutigerella immaculata* (nach Snodgrass) mit Spinngriffeln am Hinterende. **F, G.** Kopf von der Seite und ventral (nach Kästner). AN: Antenne, KF: Kieferfuß mit Giftdrüse, MD: Mandibel, MX1, MX2: 1. und 2. Maxille, OC: Ocellen.

nicht nur die vielbeinigen Formen, wie *Cylindroiulus londinensis* mit 89 Beinpaaren oder *Siphonophorella progressor* mit 340 Beinpaaren, sondern auch die unter Steinen und Gerümpel lebenden wenigbeinigen Saftkugler, wie *Glomeris marginata* (Abb. 2.83 F) mit 17 Beinpaaren, und die nur 2–4 mm langen, in grober Rinde lebenden *Polyxenus lagurus* mit 13 Beinpaaren. Die Diplopoden sind durch die früh in der Entwicklung erfolgende Verschmelzung von je zwei Segmenten zu einem sog. **Diplosegment** und durch den Besitz von nur zwei Paaren von Mundwerkzeugen, Mandibeln und Maxillen, gekennzeichnet. Die Geschlechtsorgane münden weit vorn (**Progoneata**). Die Entwicklung ist meist eine Anamorphose, bei der Larven mit nur 7 Rumpfringen und 3 voll entwickelten Beinpaaren aus dem Ei schlüpfen (2.83 E). Die Sprossungszone liegt vor dem Telson und liefert vor jeder Häutung neue Diplosegmente. Bei vielen Arten kann dies auch nach der Geschlechtsreife noch erfolgen.

Zu den **Pauropoda** gehören 380 winzig kleine Arten mit meistens 9 Beinpaaren, die in feuchtem Boden leben und, soweit bekannt, an Pilzhyphen saugen (Abb. 2.82).

Die **Symphyla** (Abb. 2.82) sind ebenfalls kleine, höchstens 8 mm lange Bodenbewohner. Man kennt etwa 120 Arten. Sie besitzen 3 Paar Mundwerkzeuge, 12 Laufbeinpaare und ein Paar Spinngriffel am Hinterende, der aus der Extremitätenanlage des 13. Rumpfsegments entsteht. Diese Gruppe ist von besonderem Interesse, weil sie in mehreren Merkmalen Übereinstimmungen mit primitiven Insekten aufweist: Die 1. Maxille ist in Cardo, Stipes, Galea und Lacinia gegliedert, hat aber keinen Taster. Die 2. Maxille ist zu einer unpaaren Unterlippe verwachsen. An den Hüften sind Styli und Coxalbläschen vorhanden.

Mandibulata: Tracheata: Insecta

Die Insekten sind mit über 70% der bisher beschriebenen Tierarten die größte Klasse des Tierreichs. Sie haben eine ungeheure Formenfülle zustande gebracht und fast alle Lebensräume besiedelt.

Der Körper ist immer in drei Tagmata Kopf, Brust und Hinterleib (**Caput, Thorax** und **Abdomen**) gegliedert. Ebenso wird die Zahl der Segmente, die diese Tagmata bilden, beibehalten: Der Kopf enthält im ausgebildeten Zustand 4 Segmente, der Brustabschnitt 3 und der Hinterleib embryonal angelegt 11 (Abb. 2.84).

Abb. 2.83: Diplopoda. **A.** Schematisierte Darstellung der äußeren Merkmale eines Vertreters der Juliformia (nach Seifert). **B, C.** Kopf in Seiten- und Ventralansicht (nach Kästner, verändert). **D.** Querschnitt (nach Seifert). **E.** Jugendstadium (nach vom Rath) mit 3 funktionsfähigen Laufbeinpaaren **F.** *Glomeris*. AK: Analkegel, AN: Antenne, BA: Beinanlagen, BM: Bauchmark, BS: beinlose Segmente, C: Collum = 1. Rumpfring, D: Darm, DG: Dorsalgefäß, GN: Gnathochilarium, GT: Gonopodentaschen

schützen die zu Gonopoden umgebildeten Extremitäten des 7. Segments, die zur Übertragung des Spermas aus den hinter dem 2. Beinpaar liegenden paarigen männlichen in die ebenfalls paarigen weiblichen Geschlechtsöffnungen dienen; LA: Labrum, LM: Längsmuskel, MC: Mixocoel, MD: Mandibel, MG: Malpighische Gefäße, MZ: Metazonit und PZ: Prozonit bilden ein Diplosegment (DS), OC: Ocellen, OV: Ovar, PAS: das beinlose Präanalsegment enthält die Segmentbildungszone, PNS: Perineuralsinus, RG: Ringgefäß, TM: Transversalmuskel, WÖ: Wehrdrüsenöffnungen.

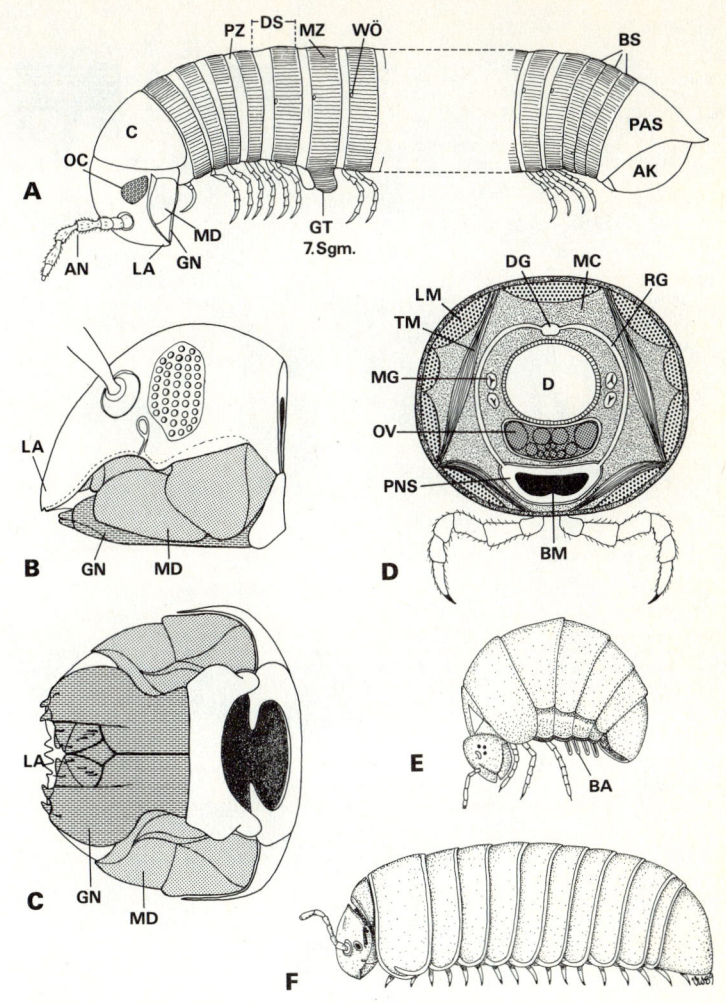

192 2 Baupläne und Biologie der Tiere

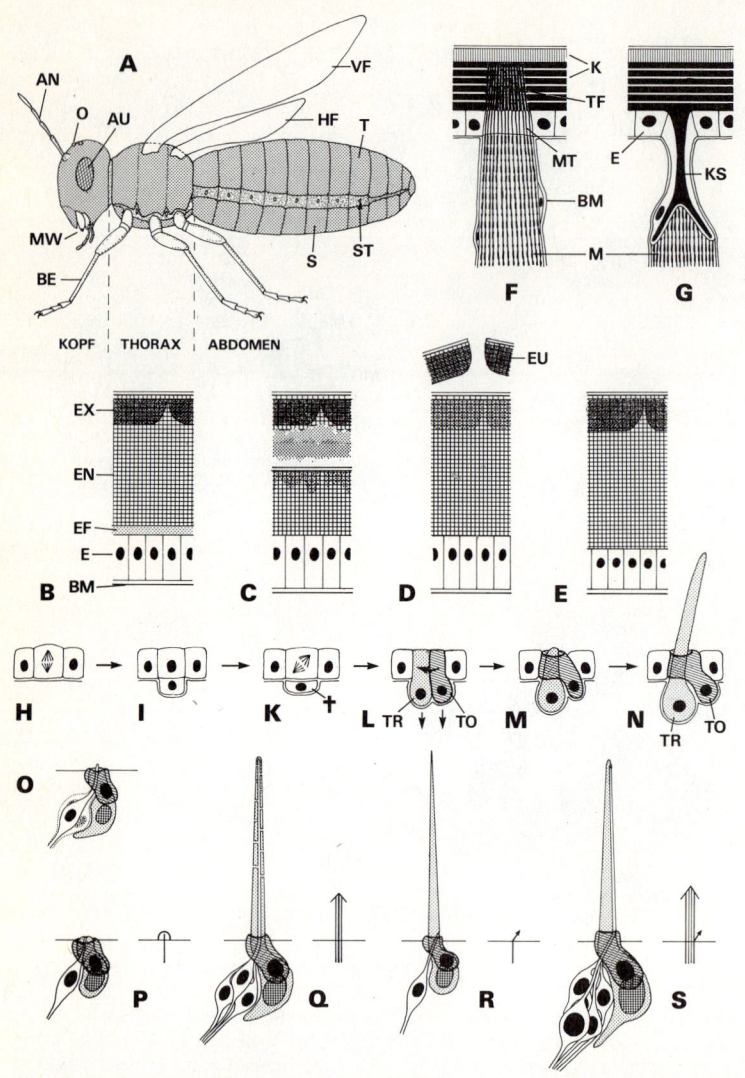

Abb. 2.84: A. Schematische Darstellung der Körpergliederung eines Insekts. AN: Antenne, AU: Komplexauge, BE: Bein (Gliederung s. 2.75 D), HF: Hinterflügel, MW: Mundwerkzeuge, O: Ocellus, S: Sternit, ST: Stigma im Bereich der Pleuren T: Tergit, VF: Vorderflügel. **B–E.** Häutung einer Larvencuticula (in Anlehnung an Weber). **F, G.** Zwei Möglichkeiten zur Verbindung von Muskel und Cuticula (nach Weber). **F.** Mit

Die segmentale Gliederung des **Kopfes** ist nur aus entwicklungsgeschichtlichen Untersuchungen (embryonal werden 6 Segmente angelegt), der Zahl der an ihm vorhandenen Extremitätenderivate und am Aufbau des Gehirns zu erkennen. Die beteiligten Segmente sind miteinander zu einer nur ventral und am Hinterhaupt mit Öffnungen versehenen Kopfkapsel verschmolzen und außerordentlich stark modifiziert. Die **Antennen** können im einzelnen sehr verschieden gebaut und mit Sinneshaaren ausgestattet sein.

Sie sind bei den ursprünglichen Formen (Entognatha: Collembola, Protura und Diplura) noch ebenso wie bei den Myriapoden als **Gliederantennen** ausgebildet. In diesem Falle hat jedes fast gleichartig gebildete Glied der Antenne seine eigene Muskulatur. Alle übrigen Insekten haben dagegen eine **Geißelantenne**, bei der die beiden basalen Glieder von der Geißel unterschieden sind. Das erste Glied, der **Scapus**, ist mit Muskeln versehen. Das zweite Glied, der **Pedicellus**, ebenfalls. Außerdem enthält er ein charakteristisches Sinnesorgan, das **Johnstonsche Organ**, das aus sehr vielen **Skolopidien** (s. Kap. 10) besteht. Es ist in der Lage, Bewegungen der Antennengeißel wahrzunehmen und kann daher vor allem für die Flugsteuerung und teilweise als Hörorgan, vor allem bei Mücken, eingesetzt werden. Die ursprünglich aus recht gleichartigen Gliedern zusammengesetzte, bei vielen Formen stark verkürzte **Geißel** vergrößert den Tastraum und kann sehr leistungsfähige Sinneshaare in großer Zahl aufweisen (Abb. 2.85).

An einem Insektenkopf fallen sofort die mehr oder weniger großen **Komplexaugen** = Facettenaugen auf (s. Kap. 9), die aus einer unterschiedlichen Zahl von **Ommatidien** zusammengesetzt sind (s. Abb. 9.15, 9.16). Bei Larven, beispielsweise Schmetterlingsraupen, sind nur Einzelaugen vorhanden, die man als **Stemmata** bezeichnet. Auf der Dorsalpartie des Kopfes befinden sich bei geflügelten Insekten drei wenig auffällige **Ocellen**.

Außer Antennen weist der Kopf noch drei weitere, stark modifizierte Extremitätenderivate in Form von Mundwerkzeugen auf: Ein Paar **Mandi-**

---

sog. Faserkegel. **G.** Mit cuticularer Sehne (KS). **H–N.** Bildung eines echten Haares oder einer Schuppe (nach Peters). **H–K.** Eine Stammzelle der Sinneszellen wird zwar gebildet, geht aber zugrunde. **K.** Die folgende differentielle Teilung weist eine schrägstehende Spindel auf. Sie ergibt die Haarbildungs- oder trichogene Zelle (TR) und die Balgbildungs- oder tormogene Zelle (TO), deren kernhaltige Teile absinken. Der apikale Teil der tormogenen Zelle umgreift den der trichogenen Zelle. **M, N.** Auswachsen des Haarschafts und anschließend Cuticulaabscheidung. **O–S.** Formale Herleitung einiger Typen von Sinneshaaren aus der Grundkonfiguration O entsprechend M. Die rechts von den Sinneshaaren befindliche Skizze deutet die Ausdehnung des distalen Sinneszellfortsatzes an (nach Peters). **P.** Sensillum campaniforme zur Messung von Cuticulaspannungen. **Q.** Chemosensorisches Haar. **R.** Mechanosensorisches Haar. **S.** Mechano- und chemosensorisches Haar. BM: Basalmembran, E: Epidermis, EF: Exuvialflüssigkeit, EN: Endocuticula, EU: Exuvie, EX: Exocuticula, Cuticula, M: Muskel, MT: Mikrotubuli im Bereich der Epidermis, TF: Tonofibrillen im Bereich der Cuticula.

beln und zwei Paar **Maxillen**, von denen das zweite Paar zu einem unpaaren **Labium** verschmolzen ist. Im Mundvorraum ist ursprünglich ein unpaarer **Hypopharynx** vorhanden, der wahrscheinlich nicht von Gliedmaßen abgeleitet werden kann.

Bei urtümlichen Formen hatten die Mandibeln nur einen Gelenkpunkt (**Monokondylia**) und dadurch eine begrenzte Beweglichkeit. Dieser Zustand begegnet uns noch bei den Machilidae, die deshalb Arachaeognatha genannt werden, und bei den Myriapoda. Die Mehrzahl der Insekten hat aber zwei Gelenkpunkte an den Mandibeln (**Dikondylia**), so daß kompliziertere Bewegungen wie das Abspreizen möglich sind. Die zugehörigen Muskeln und Sehnen sind sehr unterschiedlich entwickelt (Abb. 2.85), so daß durch den besonders starken Adduktor kräftige Beißbewegungen möglich sind. Der Basalteil der Maxille ist in **Cardo** und **Stipes** unterteilt. Am Stipes befinden sich distal zwei Anhänge, **Lacinia** und **Galea**, sowie ein mit zahlreichen Sinneshaaren versehener, viergliedriger Taster, der **Palpus maxillaris**. Beim Labium ist der unpaar gewordene Basalteil in ein basales **Postmentum** und ein distales **Praementum** geteilt. Das letztere trägt, entsprechend der paarigen Herkunft des Labiums, paarige Anhänge, die man **Glossa** und **Paraglossa** nennt. Außerdem ist ein paariger, mehrgliedriger, mit Sinneshaaren ausgestatteter **Palpus maxillaris** jederseits vorhanden. Mit den Sinneshaaren an den Palpen kann die Nahrung überprüft werden (Abb. 2.85).

Bei den Collembola, Protura und Diplura sind die Mundwerkzeuge in Taschen des seitlichen Mundvorraums untergebracht und von außen nicht ohne weiteres zu sehen; man bezeichnet diese Formen daher als **Entognatha**. Bei allen übrigen Insekten inserieren die Mundwerkzeuge außen am Kopf; man nennt diese daher **Ektognatha** (Abb. 2.85).

Der als urtümlich angesehene Typ mit kauenden Mundwerkzeugen kommt bei einer ganzen Reihe von Insektengruppen vor, bei Libellen, Heuschrecken, Schaben, Käfern u.a.. Er kann in mannigfacher Weise umgestaltet sein und so die Verwertung sehr verschiedener Nahrungsquellen ermöglichen, einschließlich der Aufnahme von Pflanzensäften und Blut. In manchen Fällen können bestimmte Entwicklungsstadien oder auch Imagines keine Nahrung aufnehmen; ihre Mundwerkzeuge sind reduziert. Der Schmetterlingsrüssel wird von den rinnenförmigen, eng miteinander gekoppelten Galeae der Maxillen gebildet; das Labium ist stark reduziert. Beim Stechrüssel der Wanzen dient das nach vorn offene Labium als Führung für die zu dünnen, aber sehr elastischen Stechborsten umgebildeten Mandibeln und Maxillen. Das Labium dringt nicht in die Beute ein. Jede Maxille bildet zwei Rinnen aus; dadurch, daß die beiden Maxillen miteinander gekoppelt sind, ergeben diese Rinnen ein Rohr, durch das Speichel gepumpt, und eins, durch das die Nahrung (Pflanzensäfte, Blut, Inhalt von Beutetieren u.a.) eingesaugt werden kann. Der Stechapparat der Läuse ist äußerlich nicht sichtbar, weil er vollständig in die Kopfkapsel verlagert ist. Bei den Stechmücken dient das Labium ebenfalls als Führung für die Stechborsten und erlaubt eine Nahorientierung durch die an seiner Spitze vorhandenen Sinnesorgane; als Stechborsten fungieren in diesem Falle Mandibeln und die Lacinien der Maxillen sowie die unpaaren Anteile, Hypopharynx und Labrum; der Hypopharynx enthält das Speichelrohr. Die miteinander verzahnten Seitenränder des Labrums bilden das Nah-

2.4.21 Baupläne, Arthropoda 195

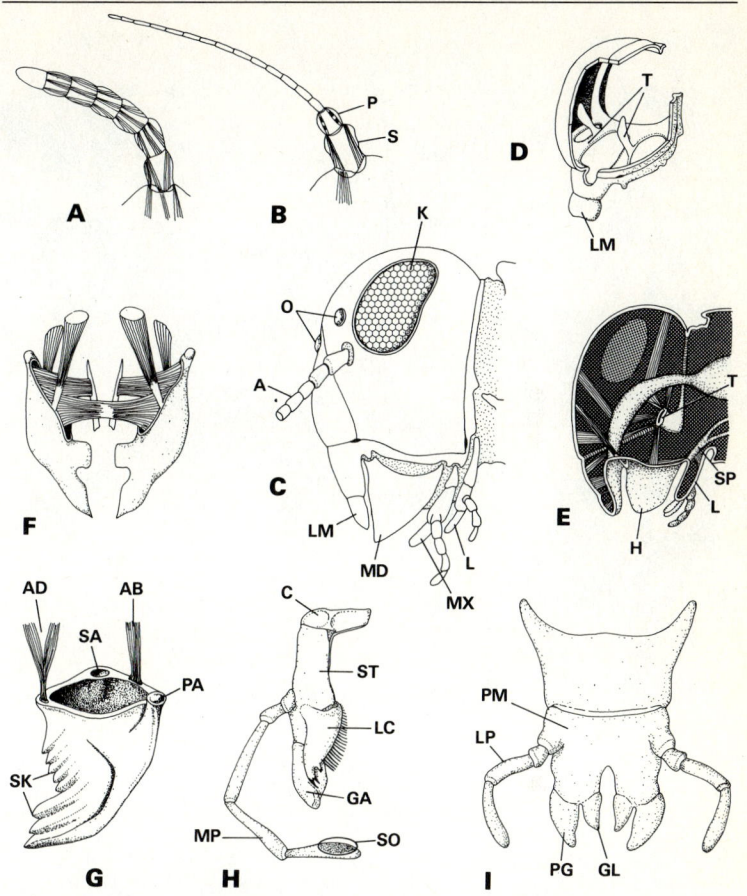

Abb. 2.85: Kopf und Mundwerkzeuge von Insekten. **A.** Gliederantenne (nach Weber). **B.** Geißelantenne (nach Weber). **C.** Seitenansicht des Kopfes eines Vertreters der Pterygota mit kauenden Mundwerkzeugen (nach Weber). **D.** Kopfkapsel zur Demonstration des Innenskeletts = Tentorium geöffnet; Muskeln weggelassen (nach Weber). **E.** Längsschnitt durch den Kopf (n. Weber). **F.** Monocondyle Mandibel (n. Snodgrass). **G.** Dicondyle Mandibel (n. Weber). **H.** Maxille einer Schabe (nach Snodgrass). **I.** Labium (nach Eidmann). A: Antenne, AB: Abduktor, AD: Adduktor, C: Cardo, GA: Galea, GL: Glossa (Lacinia), H: Hypopharynx, K: Komplexauge, L: Labium, LC: Lacinia, LM: Labrum, LP: Labialpalpus, MD: Mandibel, MP: Maxillarpalpus, MX: Maxille, O: Ocellen, P: Pedicellus, PA: primärer Angelpunkt (Gelenkkopf), PG: Paraglossa (Galea), PM: Praementum (Stipes), S: Scapus, SA: sekundärer Angelpunkt (Gelenkpfanne), SK: Schneidekante, SO: Hunderte von Sinnesorganen, SP: Speichelgang, T: Tentorium.

196 2 Baupläne und Biologie der Tiere

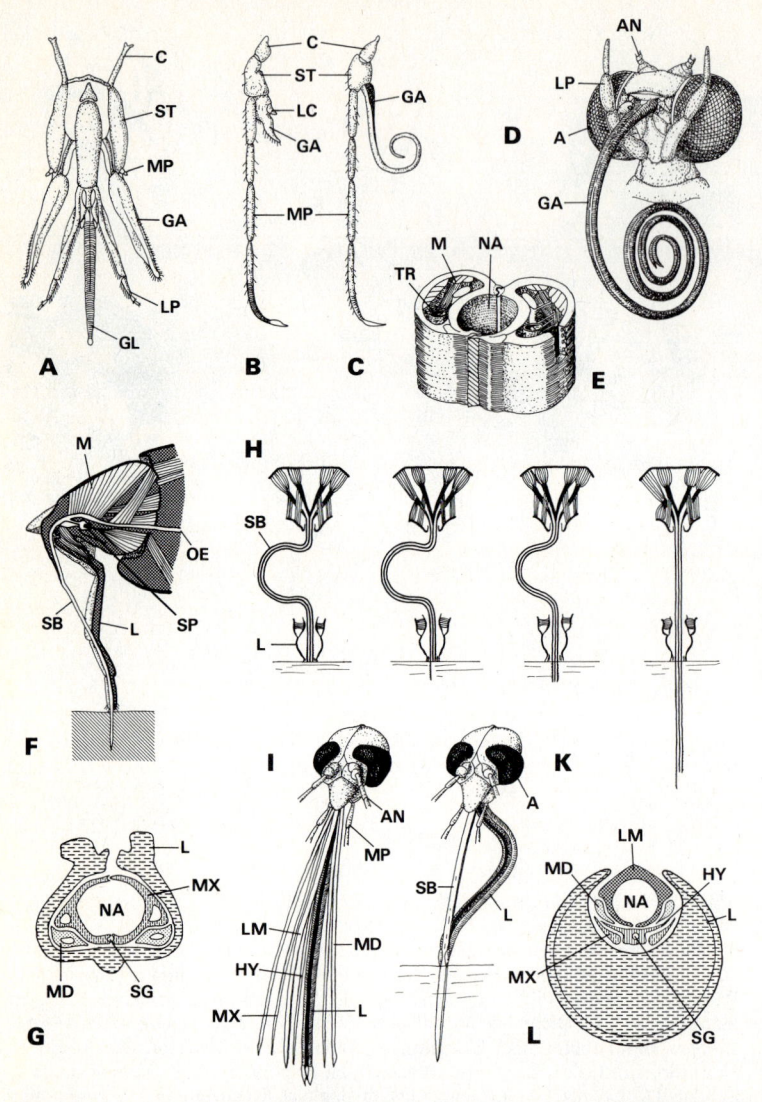

Abb. 2.86: Leckend- und stechend-saugende Mundwerkzeuge von Insekten. **A.** Mundwerkzeuge der Honigbiene (nach Weber). **B, C.** Mundwerkzeuge primitiver Schmetterlinge (nach Philpott). *Micropteryx calthella* (B) frißt Pollen. **D.** Mundwerkzeuge eines typischen Schmetterlings (nach Weber). **E.** Blockdiagramm zur Darstel-

rungsrohr, durch das Blut oder Nektar mit Hilfe der Pumpmuskulatur des Mundvorraums (Cibarium) in den Darm gesaugt werden können (Abb. 2.86).

Nach vorn wird der Mundvorraum durch das **Labrum** und nach hinten durch das Labium abgeriegelt. Im Inneren des Kopfes befindet sich neben Gehirn, Fettkörper und Drüsen eine umfangreiche Muskulatur, die für die Bewegung der Mundwerkzeuge notwendig ist; außerdem setzen Muskeln am Darm an, die für das Einpumpen von Nahrung zuständig sind. Ein kompliziertes System von Cuticulaleisten bildet das Innenskelett des Kopfes, das **Tentorium**, und ergibt zusätzlich zu den Innenflächen des Kopfes Ansatzpunkte für diese Muskulatur.

Im Kopf sind **Drüsen** vorhanden, die sehr unterschiedliche Aufgaben erfüllen. Die wichtigsten sind die **Labialdrüsen**, die als Speicheldrüsen die Nahrung anfeuchten, Carbohydrasen für den Abbau der Nahrung abgeben, oder bei Blutsaugern Antikoagulantien und anaesthetisch wirkende Substanzen, bei Räubern die Beute lähmende Gifte und bei manchen Insekten Spinnfäden liefern.

Das **Gehirn (Cerebralganglion)** der Insekten ist durch das Verschmelzen der Ganglien der vorderen drei Kopfsegmente und des Acron entstanden. Es ist über **Schlundkonnektive**, die den Darm umgreifen, mit dem **Unterschlundganglion** verbunden, das durch Verschmelzen der Ganglien des Mandibel-, Maxillen- und Labialsegments entstanden ist. Das anschließende **Bauchmark** ist ursprünglich ein Strickleiternervensystem mit einem Ganglienpaar pro Segment. Die Ganglien sind durch sehr kurze **Kommissuren** und **Konnektive** miteinander verbunden. Jederseits entsendet ein Ganglion zwei **Stammnerven**; in den drei Thorakalsegmenten kommt jederseits noch ein Beinnerv hinzu. Diese regelmäßige Gliederung der Bauchganglienkette tendiert zum Verschmelzen von Ganglien, vor allem im hinteren Abdomen bis hin zur Bildung einer großen Bauchganglienmasse im vorderen Körperbereich.

---

lung des Aufbaus eines Schmetterlingsrüssels (nach Weber). **F.** Wanze beim Saugen. Der schematische Längsschnitt zeigt u.a. die starke Saugmuskulatur und die Speichelpumpe (nach Weber). Das Labium dient nur als Führung für die Stechborsten, dringt aber nicht ein. **G.** Querschnitt durch den Stechrüssel der Bettwanze (nach Weber). **H.** Wanzen und Blattläuse treiben die paarigen Stechborsten durch alternierend arbeitende Muskeln in das Gewebe von Pflanzen und Tieren (nach Weber). Das angedeutete Labium dient dabei als Führung für die sehr dünnen Stechborsten. **I, K.** Köpfe von Stechmückenweibchen (Culicidae) (nach Weber). **I.** Stechborsten auseinandergelegt. **K.** Beim Stich dringt das Labium nicht ein, sondern dient als Führung für das Stechborstenbündel. **L.** Querschnitt durch den Stechrüssel der Hausmücke, *Culex pipiens* (nach Eidmann). A: Auge, AN: Antenne, C: Cardo, GA: Galea, GL: Glossa, HY: Hypopharynx (unpaar), L: Labium, LM: Labrum (unpaar), LP: Labialpalpen, M: Muskel, MD: Mandibel, MP: Maxillarpalpen, MX: Maxille (Galea), NA: Nahrungsrohr, OE: Ösophagus, SB: Stechborsten, SG: Speichelgang, SP: Speichelpumpe, ST: Stipes, TR: Trachee.

Das **endokrine System** besteht aus **neurosekretorischen Zellen** im Zentralnervensystem und **endokrinen Zellen**, die zu Drüsen kombiniert sein können. Die neurosekretorischen Zellen sind aus Nervenzellen hervorgegangen; sie bilden Sekrete, die **Peptidhormone** enthalten, speichern sie und geben sie über ihre Axone in Speicher oder direkt an die Hämolymphe ab (s. Kap. 12). Als Speicher fungieren z.B. die unmittelbar ventral vom Gehirn dem Darm als kleine paarige Gebilde aufliegenden **Corpora cardiaca**. Sie sind aus den Axonendigungen neurosekretorischer Zellen hervorgegangen (s. Kap. 12), beherbergen aber auch inkretorische Zellen. Die hinter ihnen liegenden und mit ihnen über durchlaufende Axone verbundenen, meistens ebenfalls paarigen **Corpora allata** produzieren selbst Hormone, die **Juvenilhormone** (s. Kap. 12), die Farnesolderivate sind. Sie spielen bei der Steuerung der Häutung ebenso eine wichtige Rolle wie bei der Dottereinlagerung während der Eibildung und bei anderen Stoffwechselfunktionen. Die im vorderen Thorax liegenden, paarigen, meist stark gelappten **Prothoraxdrüsen** bilden ebenso wie u.a. die **Oenocyten** verschiedene Hormone (**Ecdysteroide**), die die Häutung auslösen und für die Metamorphose zuständig sind.

Die drei Abschnitte des Thorax bezeichnet man als **Pro-, Meso-** und **Metathorax**. Jedes dieser Segmente besitzt ursprünglich ein Beinpaar. Die Reduktion der Beinzahl auf drei Paare und das dadurch mögliche weite Ausschwenken der Beine hat in Verbindung mit dem sehr leistungsfähigen Nervensystem zu einer teilweise außerordentlich schnellen und vielseitigen Beweglichkeit geführt. Wenn alle Beine zum Laufen verwendet werden, bewegen sich Vorder- und Hinterbein einer Seite und das Mittelbein der anderen Seite annähernd synchron, so daß der Körper an drei Punkten Bodenkontakt und Standfestigkeit hat. Die Gliederung der Beine ist in Abb. 2.75 dargestellt. Die Beine können sehr verschieden ausgestaltet sein und als Lauf-, Grab-, Sprung-, Schwimm-, Klammer-, Fang-, oder Putzbein fungieren (Abb. 2.87).

Der Prätarsus ist ursprünglich mit paarigen **Krallen** und anderen Hafteinrichtungen in Form des zwischen den Krallen befindlichen dorsalen **Arolium** bzw. ventralen **Empodium** und/oder paarigen **Pulvilli** ausgestattet. Bei Schaben, Heuschrecken u.a. Insekten sind an den einzelnen Tarsengliedern **Haftballen** vorhanden. Die Pulvillen der Fliegen weisen einen dichten Besatz mit feinsten Haaren auf, die mit einem in einer Drüse produzierten Haftsekret versehen werden; dadurch kann eine Fliege ebenso wie manche anderen Insekten auf sehr glatter Unterlage laufen (Abb. 2.87F).

Von besonderer Bedeutung für die Evolution der so überaus erfolgreichen Insekten war die Ausbildung von **Flügeln**. Diese werden im allgemeinen von Hautausstülpungen, den **Paranota**, abgeleitet. Flügel werden nur am Meso- und Metathorax ausgebildet. Während der Entwicklung legen sich die Epithelien der taschenförmigen Ausstülpungen eng aneinander, wobei **Lakunen** ausgespart bleiben. In diesen Lakunen verlaufen Nerven, Tracheen und Hämolymphkanäle. Sie sind mit stark sklerotisierter Cuticula versehen und ergeben die **Flügeladern**. Die Flügel sind daher keine toten Gebilde. Die Adern können auch eine Rolle bei der Temperaturregulation übernehmen.

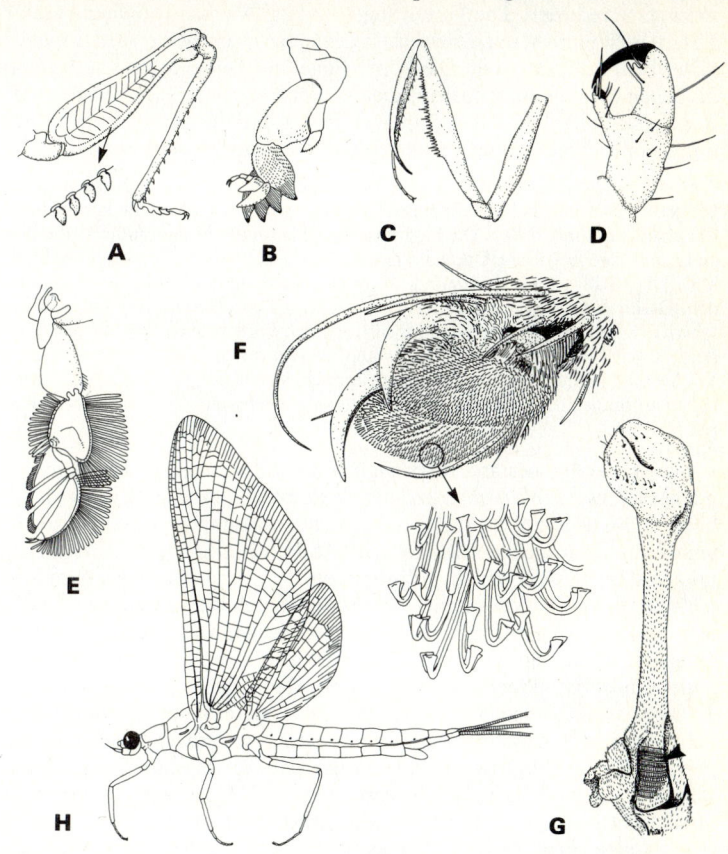

Abb. 2.87: Insekten. **A.** Sprungbein einer Feldheuschrecke mit Schrillzapfen an der Innenseite des Femur (nach Snodgrass). **B.** Grabbein der Maulwurfsgrille (nach Berlese). **C.** Raubbein einer Fangheuschrecke (nach Handlirsch). **D.** Klammerbein der Kleiderlaus (Nach Keilin und Nuttal). **E.** Schwimmbein des Taumelkäfers, *Gyrinus natator* (nach Bott, verändert). **F.** Tarsus einer Fliege mit Krallen sowie mit den beiden Pulvillen, die mit zahlreichen aufgebogenen und distal verbreiterten Hafthärchen versehen sind. **G.** Haltere einer Schmeißfliege. Von den basalen Sinnesfeldern ist nur eines mit zahlreichen Sensilla campaniformia (Pfeilspitze) sichtbar. **H.** Eintagsfliege (Ephemeroptera) mit ursprünglichem, stark differnziertem Flügelgeäder (nach Weber). Vergleiche u.a. mit Abb. 2.90 B, D, E, G.

Für den Systematiker ist ihre überaus vielfältige Ausgestaltung während der Evolution der einzelnen Gruppen von Bedeutung. Ursprünglich weist das Flügelgeäder zahlreiche Längs- und Queradern auf, bei abgeleiteten Formen ist es stark reduziert. Die Vorderflügel sind bei Wanzen vor allem basal, bei Käfern vollkommen mit einer dicken Cuticula versehen; die Vorderflügel der Käfer nennt man **Elytren**. Die Hinterflügel der Dipteren sind zu **Schwingkölbchen (Halteren)** reduziert, die bei der Flugsteuerung eine besondere Rolle spielen (Abb. 2.87G). Primär flügellos sind die «Apterygota». Sekundär kommt Flügellosigkeit in verschiedenen Gruppen der Insekten vor.

Die Flügel besitzen an ihrer Basis ein kompliziertes System von Skleriten, an dem Muskeln ansetzen, die ein Verstellen der Flügelflächen und damit kompliziertere Flugmanöver ermöglichen. Die Flugmuskulatur kann direkt oder indirekt die Bewegung der Flügel bewirken. Durch besondere Mechanismen kann eine außerordentlich hohe Flügelschlagfrequenz zustande kommen, wobei 800–1.000 Hertz erreicht werden. Dadurch wird es beispielsweise Schwebfliegen möglich, in der Luft stehend zu schwirren. Bei den gut fliegenden Libellen werden Vorder- und Hinterflügel alternierend bewegt. Bei den meisten Ordnungen werden durch Verhakungseinrichtungen Vorder- und Hinterflügel miteinander gekoppelt, so daß eine **funktionelle Zweiflügeligkeit** zustande kommt; am bekanntesten ist dies bei Hymenopteren und Lepidopteren.

Das **Abdomen** bestand ursprünglich aus 11 Segmenten. Dies kann entwicklungsgeschichtlich aufgrund der Coelomanlagen festgestellt werden. Im hinteren Bereich können mehrere Segmente miteinander verschmelzen und unvollständig ausgebildet werden. Am Abdomen sind allenfalls noch Extremitätenderivate oder Anhänge vorhanden. Bei den primär flügellosen Insekten sind dies die Coxalbläschen und Styli, bei den Pterygoten die ursprünglich vielgliedrigen, mit Sinneshaaren versehenen **Cerci** am 11. Segment. **Afterfüße** können in unterschiedlicher Zahl bei den Larven von Schmetterlingen und Blattwespen ausgebildet sein. Der **After** befindet sich auf dem Telson, das nur noch als schmaler Membranring erhalten ist. Im Abdomen befinden sich der größte Teil des Darmes, des Kreislaufsystems, der Fettkörper und die Geschlechtsorgane. Die weibliche Geschlechtsöffnung befindet sich im 8., die männliche Geschlechtsöffnung im 9. Segment. Im weiblichen Geschlecht können am 8. und 9. Segment besondere Anhänge entwickelt sein, die einen Legeapparat (**Ovipositor**) ergeben, mit dessen Hilfe die Eier in den Boden, in Pflanzen oder in Wirtstiere abgelegt werden können. Dieser Legeapparat kann bei Bienen und Wespen zu einem Giftstachel umgebildet werden.

Bei vielen Insekten wird kein derart komplizierter Legeapparat entwickelt, sondern der mit sehr dehnbaren Intersegmentalhäuten versehene, teleskopartig ein- und ausfahrbare hintere Teil des Abdomens als Legeapparat verwendet; die mit Sinnesorganen versehenen Cerci können den Ablageort für die Eier prüfen. Im männlichen Geschlecht können sehr unterschiedlich gebaute Anhänge am 9. und selten 10. Segment als **Kopulationsapparate** dienen (s. Kap. 3).

Der **Darm** besitzt ein einschichtiges Epithel, ist außen mit Ring- und Längsmuskeln versehen und kann stets in drei Abschnitte unterteilt werden. Vorder- und Enddarm sind, entsprechend ihrer ektodermalen Herkunft, mit einer chitinhaltigen Cuticula ausgekleidet und damit leicht in ihrer Ausdehnung zu bestimmen. Am Vorderdarm kann ein umfangreicher **Kropf** bzw. ein durch Cuticulastrukturen zum Kauen oder Filtrieren geeigneter **Proventriculus** ausgebildet sein. Der **Mitteldarm** sezerniert neben Enzymen **peritrophische Membranen** (s. Abb. 2.88). Diese enthalten ähnlich wie die Cuticula in einer Grundsubstanz aus Proteinen chitinhaltige Mikrofibrillen, durch die sie mechanisch widerstandsfähiger werden.

Im allgemeinen umgeben zahlreiche Membranen die Nahrung und Nahrungsreste im Darm als peritrophe Hülle und bleiben auch nach der Kotabgabe als Kotballenhülle erhalten. Die Fähigkeit zur Bildung dieser Membranen kann auf bestimmte Darmabschnitte beschränkt sein. Bei den Imagines der Fliegen werden 1–3 morphologisch wie biochemisch verschiedenartige, schlauchförmige peritrophische Membranen in der aus Anteilen des Vorder- und Mitteldarms entstandenen **Cardia** gebildet. Die peritrophischen Membranen schaffen eine Kompartimentierung im Darm und können sicher mehrere Funktionen haben. Sie können eine Permeabilitätsbarriere für größere Moleküle sein, das Darmepithel vor scharfkantiger Nahrung schützen, das Eindringen von Parasiten ins Darmepithel begrenzen u.a..

Am Beginn des Mitteldarms sind **Caeca** entwickelt. Das Mitteldarmepithel kann aus **Regenerationszellen** ergänzt bzw. erweitert werden. Am Beginn des Enddarms münden die mehr oder weniger zahlreichen, schlauchförmigen als Exkretionsorgane fungierenden **Malpighischen Gefäße** (s. Kap. 5). Am Enddarm sind in Form der **Rektalpolster** besondere Einrichtungen zu der für Landbewohner außerordentlich wichtigen Rückgewinnung von Wasser aus den Nahrungsresten vorhanden.

Das **Tracheensystem** ist ektodermaler Herkunft und besteht aus Atemöffnungen oder **Stigmen** und röhrenförmigen, mit Cuticula ausgekleideten **Tracheen**. Diese sind durch eine spiralig angeordnete Leiste aus Exocuticula, das **Taenidium**, vor dem Kollabieren geschützt. Die Cuticula wird bei jeder Häutung mitgehäutet und vom einschichtigen Epithel der Tracheen neu gebildet. Dies gilt nicht für die feinsten, die einzelnen Gewebe versorgenden Verzweigungen, die **Tracheolen**. Tracheensystem und Kreislauf sind funktionell miteinander gekoppelt (s. Kap. 6; Abb. 2.88F, G).

Bei ursprünglicheren Formen sind Stigmen an Meso- und Metathorax sowie an den ersten 8 Segmenten des Abdomens vorhanden. Die Stigmen besitzen Verschlußeinrichtungen und Staubfilter in Form von Haaren. Durch Querverbindungen (**Anastomosen**) zwischen den weitlumigen Tracheenstämmen wird eine Reduktion der Stigmenzahl möglich, die so weit gehen kann, daß nur noch im Thoraxbereich und am Abdomenende je ein Paar Stigmen oder nur noch vorn oder hinten ein Paar Stigmen vorhanden sind. Bei Wasserbewohnern kann Luft durch Haarbildungen an der Cuticula festgehalten und Sauerstoff aus dem umgebenden Wasser per Diffusion über diese Lufthülle der Atmung nach dem Prinzip der physikalischen Kieme nutzbar

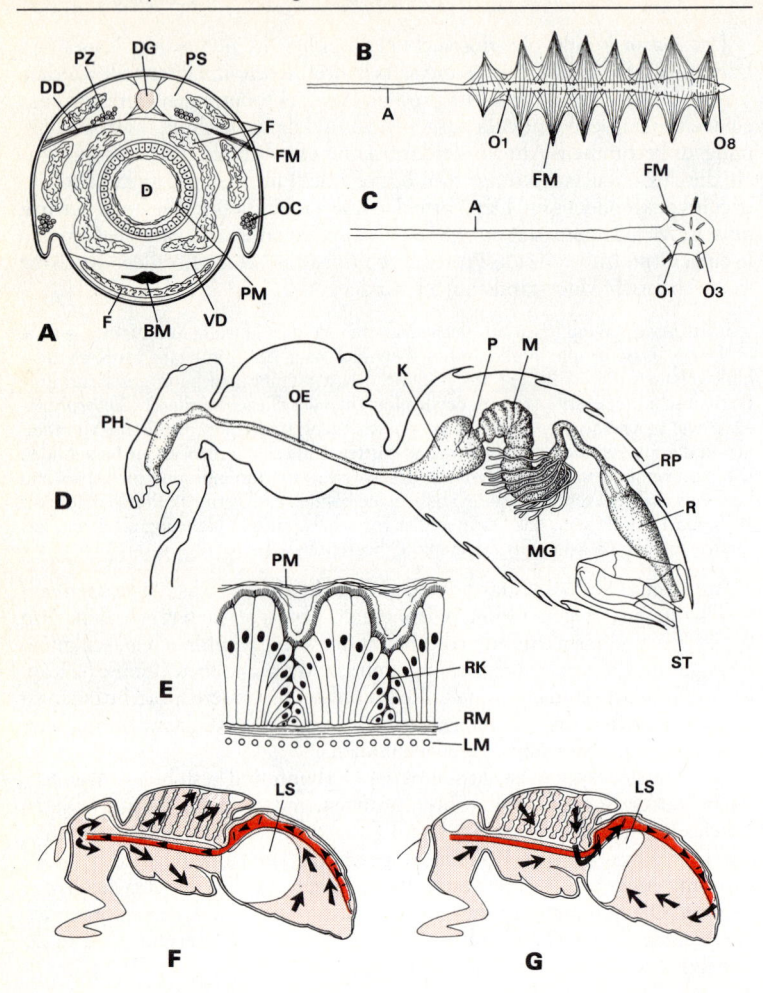

Abb. 2.88: Innere Organe von Insekten. **A.** Schematischer Querschnitt durch das Abdomen (nach Eidmann). **B.** Aufsicht auf das Rückengefäß des Gelbrandkäfers (nach Kuhl). 8 Ostienpaare sind noch vorhanden, gegenüber einer Höchstzahl von 13 bei Schaben. **C.** Stark verkürztes Herz der Schweinelaus mit nur 3 Ostienpaaren (nach Prowazek). **D.** Darmkanal der Honigbiene (Arbeiterin) (nach Weber, verändert). **E.** Mitteldarmepithel mit Regenerationskrypten (RK) und zahlreichen peritrophischen Membranen (PM), die insgesamt eine peritrophe Hülle zur Umhüllung der Nahrungsreste ergeben. **F, G.** Atmung und Kreislauf sind bei den Insekten eng miteinander gekoppelt. Schematische Darstellung der periodischen Umkehr des Herzschlags und

gemacht werden. Larven von Süßwasserbewohnern können aber auch gänzlich die Stigmen schließen und durch Hautatmung sowie über unterschiedlich ausgebildete Tracheenkiemen die Atemgase austauschen.

Das **Gefäßsystem** besteht im wesentlichen aus dem kontraktilen **Rückengefäß**, das mit ursprünglich segmentalen Einströmöffnungen mit Ventilfunktion, den **Ostien**, versehen ist (s. Abb. 2.88). Die Hämolymphe wird im Rückengefäß von hinten nach vorn gepumpt und fließt dann, durch Diaphragmen gerichtet, durch den Körper. In den Körperanhängen wird der Blutumlauf durch **akzessorische pulsierende Organe** (Ampullen) gewährleistet. Die **Hämolymphe**, die etwa 5–40 % der Körpermasse ausmachen kann, enthält verschiedene Typen von Blutzellen (**Hämocyten**) mit unterschiedlichen Funktionen (s. Kap. 13).

Der **Fettkörper** besteht aus großkernigen Zellen, die in allen Körperregionen vorkommen können. Er entsteht aus mesodermalem Material, und zwar aus den nur transitorisch vorhandenen Coelomanlagen. Der Fettkörper ist nicht nur Fettspeicher, sondern ein zentrales Stoffwechselorgan, in dem bei den Weibchen auch das Dotterprotein, das **Vitellogenin**, synthetisiert wird. Dieses gelangt über die Hämolymphe zu den Ovariolen.

Fortpflanzung. Die Insekten sind **getrenntgeschlechtlich**. Im männlichen Geschlecht sind paarige Hoden vorhanden, die sich aus **Hodenfollikeln** zusammensetzen. Im weiblichen Geschlecht bestehen die paarigen Ovarien aus zahlreichen Eiröhren, den **Ovariolen** (s. Abb. 3.4); an den Ausführgängen sind **Receptacula seminis** vorhanden.

In beiden Geschlechtern gibt es Anhangsdrüsen und ektodermale Ausführgänge. Die ursprünglich erscheinenden **panoistischen Ovariolen** sind langgestreckt und schlauchförmig. Follikelzellen umgeben die im Innern liegenden, heranwachsenden Eizellen. Bei den **meroistischen Ovariolen**, entstehen durch differentielle, unvollständige Teilungen der Oogonien und nachfolgende Differenzierung die Oocyte (Eizelle) und eine unterschiedliche Zahl (7, 15, seltener 31) Nährzellen. Alle Zellen einer solchen Gruppe sind wegen der unvollständigen Plasmateilung durch Zellbrücken (**Fusome**) in Verbindung. Die Leistungsfähigkeit dieses Systems beruht darauf, daß die hochpolyploiden Nährzellen RNS in die Eizelle exportieren und so eine außerordentliche Erhöhung der Transkriptionskapazität ermöglichen. Die Folge ist, im Vergleich zu den Eiern aus panoistischen Ovariolen, eine Verkürzung der Entwicklungsdauer

---

der Strömungsrichtung des Blutes sowie die damit korrelierte periodische Änderung des Tracheenvolumens im Vorder- und Hinterkörper einer Schmeißfliege (nach Wasserthal). **F)** Vorpuls-, **G)** Rückpulsperiode. BM: Bauchmark, DD: dorsales Diaphragma, DG: Dorsalgefäß, F: Fettkörper, FM: Flügelmuskeln, K: Kropf (Honigblase), LM: Längsmuskel, LS: Luftsack, M: Mitteldarm, MG: Malpighische Gefäße, O1, O8: 1. bzw 8. Ostium, OC: Oenocyten, OE: Ösophagus, P: Proventriculus (Ventiltrichter), PH: Pharynx, PM: peritrophische Membranen, PS: Pericardialsinus, PZ: Pericardialzellen, R: Rektum, RM: Ringmuskel, RP: Rektalpapillen, VD: ventrales Diaphragma.

des befruchteten Eies nach der Eiablage. Die besonders artenreichen Gruppen der Holometabolen besitzen diesen Ovariolentyp (s. Abb. 3.4).

Das wichtigste Dotterprotein, das **Vitellogenin**, wird im Fettkörper gebildet und über die Hämolymphe transportiert. Es gelangt auf dem Wege einer rezeptorvermittelten Endocytose über die Follikelzellen in die heranwachsenden Eizellen. Das Follikelepithel bildet das mehrschichtige **Chorion**. Weitere Eihüllen können hinzukommen. Eine oder mehrere **Mikropylen** werden ausgespart, um das Eindringen eines Spermiums in die Eizelle zu ermöglichen. Bei den Eiern von Landbewohnern kommt es darauf an, die Wasserverdunstung herabzusetzen und gleichzeitig den Austausch der Atemgase zu gewährleisten. Dieses Problem wird mit Hilfe verschieden ausgedehnter, feinster Cuticulastrukturen erreicht, die man **Plastron** nennt.

Fortpflanzung. Im allgemeinen werden Eier abgelegt (**Oviparie**); es gibt aber auch Fälle von **Viviparie**, in denen Larven (**Larviparie**) oder nach besonderer Brutpflege sogar verpuppungsreife Larven abgegeben werden (**Pupiparie**). In mehreren Gruppen kommt **Parthenogenese** vor. Bei manchen Käfern tritt beispielsweise in skandinavischen Populationen Parthenogenese, in mediterranen dagegen geschlechtliche Fortpflanzung auf. Bei Blattläusen u.a. wird unter günstigen Lebensbedingungen eine Reihe von parthenogenetischen Fortpflanzungszyklen durchlaufen; treten ungünstigere Bedingungen ein, so kommt es zu geschlechtlicher Fortpflanzung. Einen derartigen Generationswechsel nennt man **Heterogonie**.

Die ontogenetische **Entwicklung** der Insekten wird geprägt durch den enorm hohen Dottergehalt der Eier und das Vorhandensein einer dünnen peripheren Plasmaschicht (s. Kap. 3). Die großen Dottermengen können nicht aufgeteilt werden. Es kommt zu einer stark modifizierten Entwicklung, in der weder eine Blastula noch eine Gastrula zu erkennen ist. Zunächst finden zahlreiche Kernteilungen im Dotterbereich statt. Dann wandern viele Kerne in den peripheren Dottersaum und bilden dort eine Epithellage, das Blastoderm. Man bezeichnet diesen Entwicklungsschritt als nur oberflächlich ablaufende **superfizielle Furchung** (s. Kap. 3).

Die ursprünglichen **Coelom**räume und der Spaltraum zwischen Dotter und Mittelteil des unteren Blatts vereinigen sich zur künftigen Leibeshöhle, dem **Mixocoel**. Ventral bildet das Ektoderm das Bauchmark und in der Peripherie durch segmentale Einstülpungen das spätere Tracheensystem.

Plasmaärmere Eier bringen zunächst nur einen den Kopfbereich und einige weitere Segmente enthaltenden **Kurzkeim** zustande, der anschließend teloblastisch neue Segmente bilden muß, bis deren definitive Zahl erreicht ist. Plasmareichere Eier liefern dagegen einen **Langkeim**, bei dem bereits die

---

Abb. 2.89: Insekten. Formenübersicht. **A.** *Entomobrya*, Springschwanz (Collembola) (nach Handschin). Mundwerkzeuge entognath. **B.** *Machilis*, Felsenspringer (Archaeognatha) (nach Börner). Mundwerkzeuge ektognath. **C.** Libelle (Odonata) (nach Weber). **D.** *Pediculus humanus*, Kleiderlaus (Phthiraptera). Stechborsten im Kopf. **E.** *Dolycoris baccarum*, Beerenwanze (Heteroptera). **F.** *Myzus persicae*, Blattlaus (Homoptera). **G.** Große Singzikade (Homoptera). **H.** *Mantis religiosa*, Gottesanbeterin (Mantodea) (nach Tümpel). **I.** Soldat von *Hiritermes hirtiventris*, Termite (Isoptera) (nach Eidmann). AE: Reste abdominaler Extremitäten in Form von Styli und Coxalbläschen, AN: Antenne, KB: Klammerbein, RB: Raubbein, SP: Sprungapparat (Furca), VT: Ventraltubus.

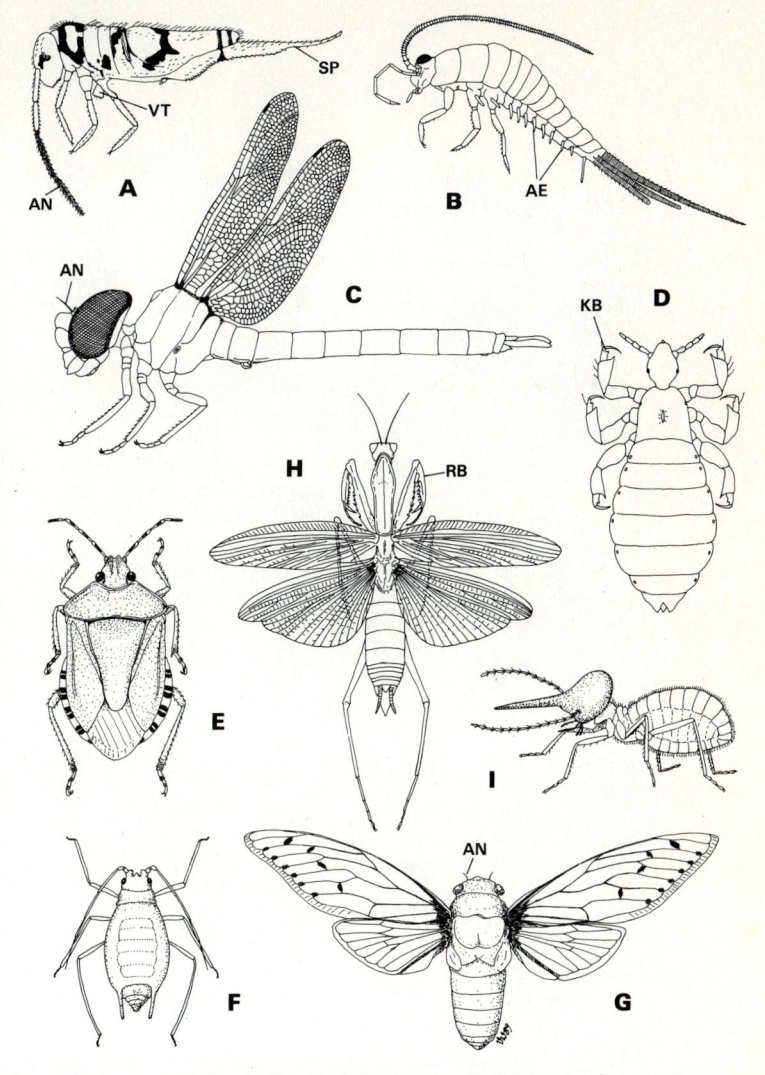

206   2 Baupläne und Biologie der Tiere

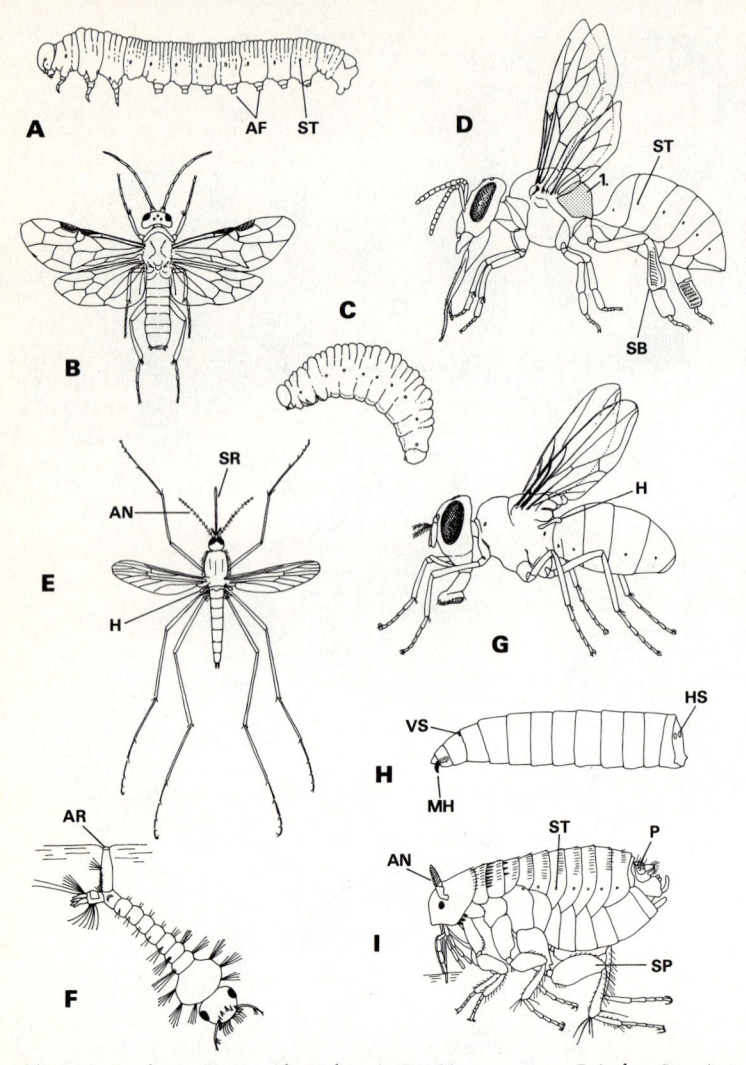

Abb. 2.90: Insekten. Formenübersicht. **A–D.** Hymenoptera. Bei den Imagines kommt es zu «physiologischer Zweiflügeligkeit» indem die mit einer Reihe von Häkchen versehenen kleineren Hinterflügel mit den größeren, mit einem Falz am Hinterrande versehenen Vorderflügeln gekoppelt werden. **A.** Larve und **B.** Imago einer Blattwespe. Keine Wespentaille. **C.** Beinlose Larve = «Made» und **D.** Imago der Honigbiene. Bei den Apocrita ist eine Wespentaille zwischen dem 1. und 2. Abdomi-

Körperabschnitte festgelegt sind. Zwischen diesen beiden Extremen gibt es viele Übergänge. Die Entwicklung im Ei bezeichnet man als **Embryonalentwicklung**, die Entwicklung bis zur Geschlechtsreife als **postembryonale Entwicklung** und die Veränderungen, die zur Ausbildung des geschlechtsreifen Stadiums, der **Imago**, führen, nennt man **Metamorphose**. Diese wird durch Hormone gesteuert. Die Merkmale der Imago, vor allem Flügel und Geschlechtsorgane, können dabei allmählich ausgebildet werden (**Hemimetabolie**) (s. Kap. 3) oder es kann eine Verzögerung ihrer Ausbildung und schließlich eine rasche Umbildung während eines im allgemeinen nicht mehr Nahrung aufnehmenden **Puppenstadiums** stattfinden (**Holometabolie**) (s. Kap. 3). Dabei gibt es innerhalb der Insekten viele Varianten. Die Holometabolie ist offensichtlich ein außerordentlich erfolgreiches Prinzip, denn die **Larvenformen** nutzen oft einen ganz anderen Lebensraum und ganz andere Nahrung als die geschlechtsreifen **Imagines**. Die Zahl der Häutungen kann bei den Insekten zwischen 1–40, meist bei 3–5 liegen. Die Lebensdauer beträgt meistens weniger als ein Jahr, kann aber bei bestimmten amerikanischen Cicaden 17 Jahre erreichen.

Insekten spielen als **Nützlinge** (Biene, Seidenspinner) ebenso wie als **Schädlinge** (Abb. 2.89, 2.90), die bisweilen zu gewaltiger Massenvermehrung kommen, als **Krankheitserreger** (Gifttiere oder Parasiten) und als Vektoren bei Virosen, Bakteriosen bzw. Parasitosen eine bedeutende Rolle (s. Mehlhorn und Piekarski 1989).

System: Insekten (nach Hennig 1969, vereinfacht)

Von den 33 Ordnungen sollen nur die bekanntesten erwähnt werden, um den Anfänger nicht zu verwirren. Die ungefähre Zahl der bisher beschriebenen Arten einer Ordnung ist in Klammern angegeben.

Entognatha
 Diplura (500)
 Collembola (Springschwänze, 2.000)
Ektognatha
 Archaeognatha (Felsenspringer, 220)

---

nalsegment vorhanden. 1. = Tergum des 1. Abdominalsegments. E–H. Diptera. Das hintere Flügelpaar ist zu Halteren (Schwingkölbchen) umgewandelt, ohne die kein geordnetes Fliegen möglich ist. Stechmücke (Culicidae). E. Imago (nach Peus). F. Larve im Wasser lebend. G. Schmeißfliege und H. deren beinlose Larve = «Made» (nach Weber). In diesem Falle ist die Kopfkapsel reduziert. I. Floh. AF: Afterfüße fehlen im Gegensatz zu den Verhältnissen bei den Schmetterlingslarven nur am 1. Abdominalsegment und besitzen keinen Kranz von Klammerhaken, AN: Antenne, AR: Atemrohr, H: Haltere, HS: Hinterstigma, MH: Mundhaken, P: Pygidialplatte mit außerordentlich empfindlichen langen, dünnen Sinneshaaren (Trichobothrien), SB: Sammmelbein zum Pollensammeln, SP: Sprungbein, SR: Stechrüssel, ST: Stigma, VS: Vorderstigma.

Dikondylia
    Zygentoma (Silberfischchen, 330)
Pterygota
    Ephemeroptera (Eintagsfliegen, 2.000)
    Odonata (Libellen, 3.700)
    Dermaptera (Ohrwürmer, 1.500)
    Mantodea (Fangheuschrecken, 1.800)
    Blattodea (Schaben, 3.500)
    Isoptera (Termiten, 2.000)
    Phasmatodea (Stab- oder Gespenstheuschrecken, 2.500)
    Ensifera (Laubheuschrecken und Grillen, 8.100)
    Caelifera (Feldheuschrecken, 7.000)
    Phthiraptera (Tierläuse, 3.000)
    Thysanoptera (Fransenflügler, Blasenfüße, 4.000)
    Hemiptera (Wanzen, Zikaden, Blattläuse, Mottenläuse, Blattflöhe, 73.000)
    Coleoptera (Käfer, 300.000)
    Hymenoptera (Hautflügler: Bienen, Wespen, Hummeln, Schlupfwespen u.a., 110.000)
    Trichoptera (Köcherfliegen, 5.350)
    Lepidoptera (Schmetterlinge, 120.000)
    Diptera (Zweiflügler: Mücken und Fliegen, > > 80.000)
    Siphonaptera (Flöhe, 1.550)

2.4.22 Stamm Tentaculata

Die etwa 4.300 Arten dieses etwas artifiziellen Stammes sind in drei Klassen untergliedert, die generell zwar als **Archicoelomaten** aufgefaßt werden, aber von einigen Autoren für selbständige Stämme gehalten werden. Ihnen ist gemeinsam, daß die Adulten festsitzend im **Süß-** bzw. **Meerwasser** leben und sich als **Filtrierer** mit einem beweglichen (einstülpbaren) Tentakelkranz des Vorderkörpers ernähren (Abb. 2.91). Dieser auch als **Lophohor** bezeichnete Tentakelkranz umgibt den Mund.

Klasse Phoronida

Die wenigen (ca. 20), maximal 20 cm langen Arten der Phoronida leben **marin** in einer von ihrer Epidermis abgeschiedenen chitinhaltigen Hülle, die entweder im Sand steckt, an Felsen festgeheftet wird oder in Molluskenschalen eingebohrt ist.

Der Körper ist trimer gegliedert in drei innere, flüssigkeitsgefüllte **Coelom**abschnitte: Pro-, Meso- (Tentakel) und Metasoma (Abb. 2.92). Die **Körperwand** besteht aus dem bereits erwähnten Epithel, einer dünnen Ring- und einer inneren dicken Längsmuskelschicht. Der **Darm** ist U-förmig und endet mit einem After vorn am Metasoma. Als **Exkretionsorgane** dienen ein Paar U-förmige Metanephridien, die am vorderen Metasoma beginnen. Ein geschlossenes **Blutgefäßsystem** (großer Körperkreislauf, kleiner Tentakelkreislauf) dient dem Stofftransport und dem Gasaustausch (via haemoglobinhaltige Blutkörperchen). Das **Nervensystem** besteht aus einem Ring im Bereich des Lophophors und einem diffusen Körpernetz, das die wenigen Rezeptoren der Körperoberfläche innerviert (echte Sinnesorgane fehlen!). Bis auf die bei *Phoronis ovalis* beschriebene ungeschlechtliche Querteilung (Architomie) erfolgt die **Vermehrung** geschlechtlich. Die meisten Phoroniden sind Zwitter, wobei die **Gonaden** an der Peritonealwand sitzen und Spermien bzw. Eizellen zeitversetzt ins Coelom entlassen, von wo sie via Nephridien ins Freie gelangen. Dort erfolgt im Regelfall die Befruchtung. Die **Furchung** verläuft radiär (s. Kap. 3) und führt zur Bildung einer bewimperten **Actinotrocha**-Larve, die sich nach einer planktischen Phase am Boden festsetzt.

Wichtige Arten gehören zur weltweit verbreiteten Gattung *Phoronis* (*P. hippocrepia*: 1 cm, Mittelmeer; *P. ovalis*: 1 mm, Nord-, Ostsee; *P. australis*: 20 cm, Pazifik).

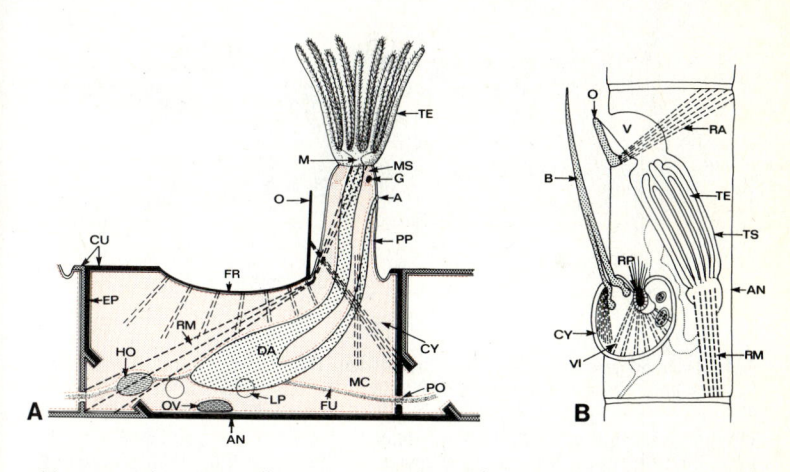

Abb. 2.91: Schem. Darstellung (im Längsschnitt) der Ectoprocta (Bryozoa) (nach Kaestner). **A.** Typisches vollständiges Individuum (Autozoid) in einer Kolonie (aus Cystid und Polypid bestehend); hier Typ eines Vertreters der Gymnolaemata (Meerwasser-Bryozoa). **B.** Heterozoid: Typ eines als Tastsystem fungierenden Vibracularium (VI), das zwischen Autozoide eingeschoben ist (hier: *Bugula turbinata*). A: Anus, AN: Ansatzbereich auf dem Boden (Substrat), B: Borste (entspricht Deckel der übrigen), CU: Cuticula (verkalkt); bei benachbarten Individuen hier optisch verschieden dargestellt, CY: Cystid, DA: Darm, EP: Epidermis und unterlagertes Peritoneum (rot), FR: Frontalmembran, FU: Funiculus, G: Gehirn, HO: Hoden, LP: Laterale Pole, M: Mund, MC: Metacoel (rot), MS: Mesocoel (rot), O: Operculum, Deckel des Cystids, OV: Ovar, PO: Pore, PP: Polypid, RA: Retraktor des Autozoids, RM: Retraktormuskel, RP: Reste des Polypids, TE: Tentakel, TS: Tentakelscheide, V: Vorhof, VI: Vibracularium.

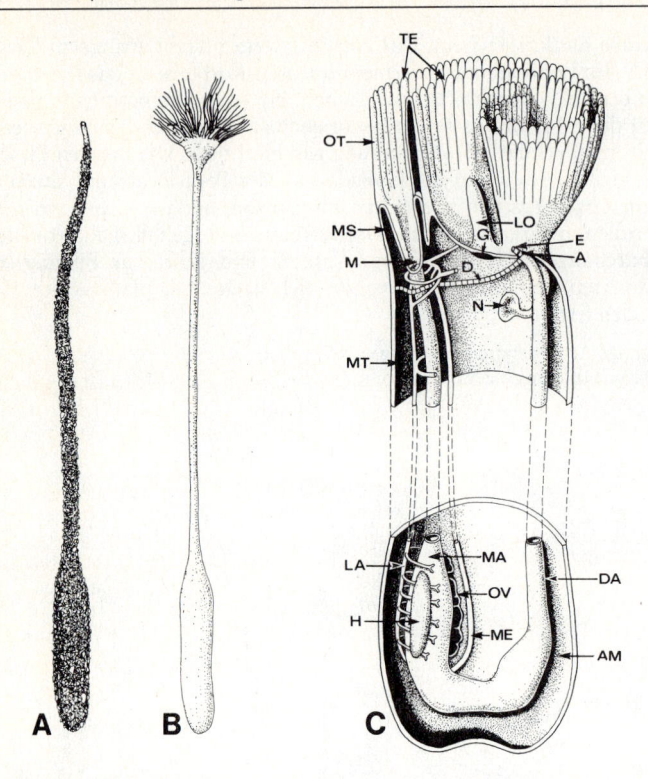

Abb. 2.92: Schem. Darstellung von Phoroniden (Tentaculata) in der Totalen und im Sagitalschnitt. **A,B** *Phoronis mülleri*. **A.** Röhre, die mit Sandkörnchen besetzt ist. **B.** Tier (etwa 5 cm lang). **C.** *Phoronis australis*. A: Anus, AM: Ampulle, D: Divertikel, DA: Darm, E: Exkretionsporus, G: Ganglion, H: Hoden, LA: Laterale Arterie, LO: Lophophororgan, M: Mund, MA: Magen, ME: Medianarterie, MS: Mesocoel, MT: Metacoel, N: Nephridium, OT: Oraler Tentakelkranz, OV: Ovar, TE: Tentakelkränze.

Klasse Bryozoa

Die 4.000 rezenten (15.000 fossile!) Arten der Bryozoa, die auch als **Moostierchen** und in der älteren Literatur als Polyzoa (= Vieltiere) oder Ectoprocta (= Außenafter) bezeichnet werden, leben stockbildend (Zoarium) in Süß- bzw. Salzwasser, wobei die Einzeltiere (**Zooide**) allerdings maximal 0,5 mm Durchmesser erreichen (Abb. 2.91).

Diese Einzeltiere sind eingeschlossen in chitinhaltige und meist kastenförmige Hüllen (Schalen), die eine Öffnung zum Austritt des Lophophors besitzen. Während das Prosoma meist zurückgebildet bzw. mit dem Mesosoma zum **Polypid** verschmolzen ist, ist das Metasoma (= Cystid) für die Schalenbildung verantwortlich (Abb. 2.91). Der **Darm** ist U-förmig und endet mit einem After, der außerhalb des Lophophors liegt (Abb. 2.91).

Systeme zum **Blut**transport, **Gasaustausch** bzw. zur **Exkretion** sind – wenn überhaupt vorhanden – miniaturisiert. Ein Mechanismus der Exkretion ist der gelegentliche Ausstoß des exkretspeichernden Darms (mit nachfolgender Neubildung des Polypids durch das Cystid). Das **Nervensystem** besteht aus einem Schlundring und einem diffusen Plexus; komplexe Sinnesorgane treten nicht auf.

Fortpflanzung. Die Bryozoa sind bis auf wenige Ausnahmen **Zwitter**, wobei häufig Protandrie, aber auch gleichzeitige Produktion männlicher und weiblicher Geschlechtszellen zu beobachten ist: Die Hoden (1 bis viele) und Ovarien (1 oder zwei) liegen an der Peritonealwand und entlassen ihre Produkte ins Coelom, von wo sie über definitive Poren bzw. Aufrißstellen im Tentakelbereich ins freie Wasser gelangen. Manche Bryozoa betreiben allerdings **Brutpflege**. Nach im Freien erfolgter Befruchtung und Radiärfurchung wird eine Wimperlarve gebildet (**Cyphonautes**), die sich festsetzt und umgestaltet (**Metamorphose**).

Außer der geschlechtlichen Vermehrung treten die asexuelle **Knospung** und (im Herbst bei Süßwasserformen) Bildung von Statoblasten auf, die eingekapselt zur Überwinterung dienen.

Wichtige Arten sind: (Unterklasse Phylactolaemata, im Süßwasser: *Plumatella repens*: geweihartige Kolonie bis 20 cm; Unterklasse Stenolaemata: marin, *Crisia eburnea*: Kolonie strauchartig bis 3 cm; Unterklasse Gymnolaemata: vorwiegend marin: *Alcyonidium gelatinosum*: braungelbe Kolonie, bis 90 cm, umgibt andere festsitzende Tiere; *Membranipora* spp.; flächige Kolonie bis 20 cm^2).

Klasse Brachiopoda (Armfüßer)

Die etwa 280 rezenten Arten (10.000 fossil!) sind durch eine zweiklappige, muskelähnliche **Schale** (mit Schloß: Ukl. Articulata = Testa casolines) gekennzeichnet; sie leben solitär festsitzend (meist auf kurzem Stiel) im Meer und erreichen Größen von 1–6 cm (Abb. 2.93).

Der Lophophor-Apparat besteht aus zwei spiraligen eingerollten Tentakelarmen (evtl. mit Skelett), die den Mund umgeben. Ein After ist nur bei wenigen Arten ausgebildet, der **Darm** endet sonst (Unterklasse Articulata) blind. Die **Körperwand** besteht aus dem an die Schalen angehefteten Epithel, einer Bindegewebsschicht und Zügen von Längsmuskulatur, die vom Peritoneum überzogen wird. Das **Coelom** ist archimer wie das der Phoroniden (s. Kap. 13) untergliedert. Das Blutgefäßsystem (farbloses **Blut**) ist offen und steht in Verbindung mit einem Herz, das über dem Magen liegt. Als **Exkretionssystem** dienen paarige Metanephridien (1–2), die in die Leibeshöhle ragen und über Poren in Mundhöhe ausmünden. Spezielle **Atmungs-**

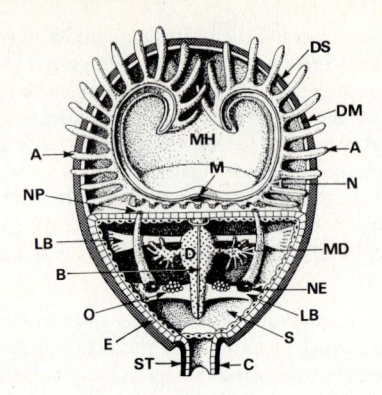

Abb. 2.93: Schem. Darstellung der Organisation eines weiblichen Brachiopoden (Ukl. Testicardines). Es ist die Innenseite der Rückenhälfte dargestellt (die Schließmuskeln wurden weggelassen). A: Arm des Lophophors mit Tentakeln, B: Blutgefäßsystem (mit kontraktilem Zentralbereich), C: Cuticula (= Deckschicht des Stiels), D: Darm (hier blindgeschlossen), DM: Dorsale Mantelschicht, DS: Dorsale Schalenklappe, E: Epidermis, M: Mund, MD: Mitteldarmdrüse, MH: Mantelhöhle, N: Nahrungsrinne, NE: Nephridium, NP: Nephroporus, O: Ovar, S: Somatocoel (= Metasomacoelom), ST: Stiel.

organe werden nicht ausgebildet; die Lophophoren mit ihrer guten Durchblutung haben hier sicher Bedeutung. Das **Nervensystem** besteht aus einem Schlundring und einem diffusen Körperplexus; komplexe **Sinnesorgane** (außer Statocysten bei der Gatt. *Lingula*) fehlen bei Adulten; allerdings sind zahlreiche Mechano- und Chemorezeptoren an der Oberfläche bekannt (s. Kap. 10 und 11). Zudem besitzen Larven Augen und/oder Statocysten.
Fortpflanzung. Die Brachiopoda sind im Regelfall getrenntgeschlechtlich; die meist vier Gonaden liegen an der Coelomwand und geben ihre Produkte via Coelom und über die Nephridienkanäle ins freie Wasser ab, wo die Befruchtung stattfindet. Nach einer **Radiärfurchung** (s. Kap. 3) entsteht eine planktonisch lebende (fressende) **Wimperlarve**, die sich nach artspezifischer Zeit festsetzt und umwandelt.

Wichtige Arten: *Lingula unguis* (3–5 cm lang, im Sand, Indo-Pazifik), *Discinisca* spp. (2 cm, auf Substrat, weltweit), *Terebratula* spp. (bis 3,5 cm, Nord Atlantik).

2.4.23 Stamm Chaetognatha

Die etwa 80 Arten der Chaetognatha (Borstenkiefer) leben vorwiegend planktonisch (in großer Individuendichte) im **Meer** (Ausnahme: *Spadella* spp., benthonisch) und werden wegen ihrer torpedoartigen Körperform und ihrer vorwärtsschießenden Bewegungen auch als «Pfeilwürmer» bezeichnet.

Der durchsichtige, glashelle Körper der Chaetognatha, deren Länge selten

1–4 cm übersteigt (einige Arten erreichen allerdings 10 cm!), ist äußerlich und innerlich durch Septen in Kopf (mit 4–18 namengebenden, artspezifischen Greifhaken), Rumpf und Schwanz untergliedert (Abb. 2.94). Rumpf und Schwanz tragen artspezifisch ausgebildete, mit Strahlen verstärkte Lateralflossen (Abb. 2.94), die das Schweben im Wasser bzw. das nach Körperkontraktionen erfolgende Vorwärtsschießen begünstigen. Die Chaetognatha leben **räuberisch**, fassen ihre Beute mit den Greifhaken und verschlingen sie. Der vom ventral gelegenen Mund und muskulösen Pharynx ausgehende **Darm** stellt ein langes Rohr dar, das mit einem After am Ende des Rumpfes (= subterminal) ausmündet (Abb. 2.94).

Exkretionsorgane fehlen ebenso wie ein **Blutgefäßsystem**. Die **Körperwand** besteht aus einer chitinlosen **Cuticula**, einer mehrschichtigen, zellulären Epidermis, einer verdickten Basallamina, die auch die Flossen verstärkt, und einer in vier Quadranten aufgelösten, quergestreiften Längsmuskelschicht (Abb. 2.94), die zur Leibeshöhle (= **Coelom**) hin durch ein neuerdings nachgewiesenes, allerdings lückenhaftes Epithel abgedeckt wird. Diese Schicht weist Cilien auf, die die zellfreie Coelomflüssigkeit in Bewegung hält (Stoffaustausch!). Die Coelomräume der Körperabschnitte sind durch Septen voneinander getrennt. Auch in der Längsachse erfolgt durch Scheidewände eine Untergliederung (Abb. 2.94F).

Das **Nervensystem** besteht aus einem apikalen Schlundring (Cerebralganglion mit Lateralganglien), von dem ein komplexes Strangsystem nach hinten zieht. Vom Schlundring aus werden zwei **Augen** (je 5 verschmolzene Pigmentbecherocellen) innerviert (Abb. 2.94). Als **Strömungssinnesorgane** (Abb. 2.94) fungieren eine Vielzahl von ciliären Sinneshaarbüscheln, die fächerartig vorwiegend die Oberfläche des Kopfes und des Rumpfes bedecken und offenbar wie das Seitenliniensystem der Fische funktionieren.

Fortpflanzung. Die Chaetognatha sind **Zwitter**, wobei die paarigen Ovarien im Rumpf und die beiden Hoden im Schwanzbereich liegen (Abb. 2.94A). Die Ovarien münden über getrennte Öffnungen (via Receptacula) nach außen. Im männlichen Geschlecht allerdings erfolgt die Reifung der Spermien flottierend in den Schwanzcoelomen; diese werden dann in den nach außen führenden Samenblasen in Spermatophoren verpackt und anderen Tieren während der Kopulation auf die Oberfläche geklebt.

Erst nach dieser Begattung reifen die Eizellen (= **Protandrie**) und verschmelzen mit den einwandernden Spermien. Die abgelegten Zygoten schweben (außer bei bentonischen Formen) in Massen im Wasser, wo auch die direkt verlaufende Ontogenese (via **Radiärfurchung** s. Kap. 3) stattfindet. Da der Urmund zum definitiven After wird, liegt die Einordnung zu den **Deuterostomia** nahe. Die weitere Systematik ist aber umstritten (= Archicoelomata incertae sedis). Weitverbreitet sind *Sagitta*-Arten (bis 4,5 cm) in allen Meeren (Abb. 2.94).

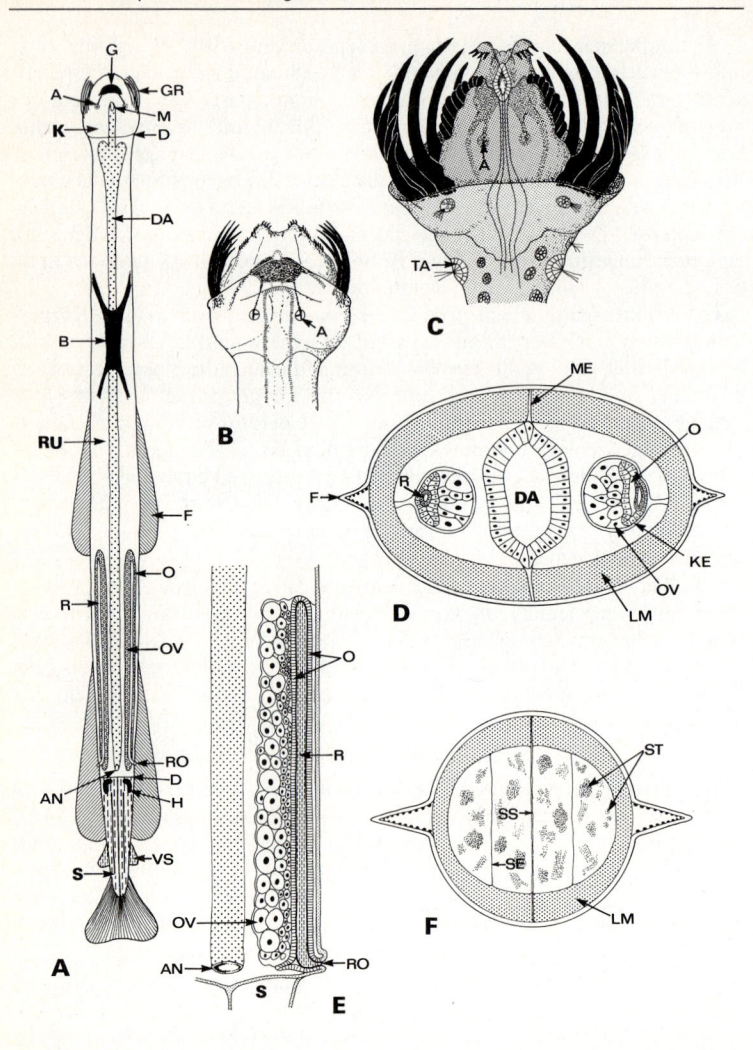

Abb. 2.94: Schem. Darstellung der Organisation von Chaetognathen (*Sagitta* sp.). **A.** Ventralansicht in toto. **B.** *S. elegans*, Kopf dorsal. **C.** *S. bipunctata*, Kopf ventral. Arttypische Greifhaken umgeben die Mundöffnung. **D.** Querschnitt durch den Rumpf. **E.** *S. bipunctata*. Rechtes weibliches System von dorsal. **F.** Querschnitt durch den Schwanzbereich. A: Auge, AN: Anus, B: Bauganglion, D: Dissepiment (Trennwand), DA: Darm, F: Flosse, G: Gehirn, GR: Greifarm, H: Hoden, K: Kopf, KE: Keimepithel, LM: Längsmuskulatur, M: Mund, ME: Mesenterium, O: Ovidukt, OV:

2.4.24 Stamm Branchiotremata (ehemalige Hemichordata)

Die Branchiotremata sind ein artenarmer **mariner** Stamm. Ihr Körper besteht aus drei Abschnitten, jeder mit eigenem Coelom. Hierher gehören die Enteropneusta (Eichelwürmer, Abb. 2.95A) und die Pterobranchia (Flügelkiemer, Abb. 2.95C). Beide Klassen sehen sehr verschieden aus, stimmen aber anatomisch gut überein. Die Enteropneusta sind etwa 10–15 cm lang (maximal 150 cm), die Pterobranchier messen nur 0,3–4 mm.

Klasse Enteropneusta

Die Enteropneusta (Abb. 2.95A, B) mit der Hauptgattung *Balanoglossus* sind deutlich in **Prosoma** (Eichel), **Mesosoma** (Kragen) und **Metasoma** (Rumpf) gegliedert. Eichel und Kragen sind durch einen Stiel verbunden. Der Rumpf ist der bei weitem längste Abschnitt und deutlich in Regionen untergliedert. Das Prosoma enthält ein unpaares Coelom (Protocoel), das durch einen Coelomoporus (CP1) nach außen mündet. Das Mesocoel ist paarig und hat zwei Coelomoporen (CP2). Das Metacoel ist ebenfalls paarig, besitzt aber keine Coelomoporen. Die **Muskeln** der Enteropneusten entstehen unmittelbar aus den Zellen der Coelomepithelien und sind deshalb nicht gegen die Coelomräume abgegrenzt.

Der Mund liegt am Vorderrand des Kragens. Vom Kragendarm zieht ein stielförmiger **Eicheldarm** (ED) nach vorn. Im vorderen Metasoma bildet der Darm **Kiemenspalten** (KS), die über Kiementaschen (KT) nach außen münden. Durch eine von oben einwachsende Zunge (Z) werden die Kiemenspalten U-förmig. Vom Kiemendarm ist ein ventraler Teil (DF) abgefaltet. Der verdauende Darmabschnitt bildet Darmventrikel (DD), die auch als «Lebersäckchen» bezeichnet werden. Der After (A) ist endständig. Das **Blutgefäßsystem** ist geschlossen. Es besteht aus einem dorsalen (DB) und einem ventralen (VB) Stamm, die in den Mesenterien liegen und durch Anastomosen verbunden sind. Das **Blut** fließt dorsal nach vorn. Über dem Eicheldarm liegen **Herz** (H) und Pericard, und ein stark durchblutetes Glomerulum (GL) ragt in das Prosocoel und hat vermutlich exkretorische Funktion. Nephridien fehlen. In der Genitalregion des Rumpfes liegt jederseits eine Reihe von Gonaden (G), jede mit eigenem Porus.

Das **Nervensystem** besteht aus einem Nervennetz zwischen den Basen der Epithelzellen (E). Dieser basiepitheliale Nervenplexus ist zu einem schwächeren dorsalen (DN) und einem stärkeren ventralen (VN) Längsstamm verdichtet. Im Kragen ist der dorsale Nervenstamm zum röhrenförmigen Kragenmark (KM) eingesenkt, das dem Nervenrohr der Chordata ähnelt,

---

Ovar, R: Receptaculum seminis (mit Spermien), RO: Öffnung des R, RU: Rumpf, S: Schwanz, SE: Sekundäres Septum, SS: Schwanzseptum (median), ST: Entwicklungsstadien der Spermiogenese, TA: Tastorgane, VS: Vesicula seminalis.

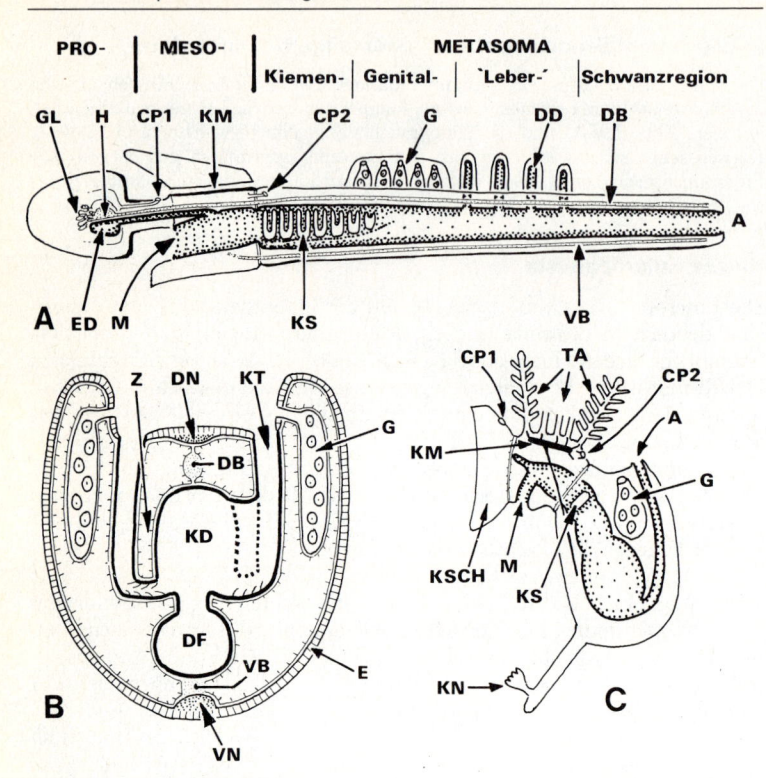

Abb. 2.95: Branchiotremata. **A.** Eichelwurm im Längsschnitt. **B.** Querschnitt durch die Überlappungszone von Kiemen- und Genitalregion. **C.** *Cephalodiscus* im vereinfachten Längsschnitt (Herz und Glomerulum sowie mehrere Tentakelarme weggelassen). Erklärung im Text.

aber keine zentrale Funktion hat. Am stärksten ist der Nervenplexus am Hinterrand der Eichel entwickelt.

Die meisten Eichelwürmer graben sich mit der muskulösen Eichel U-förmige Wohnröhren und sind **Substratfresser**. Einige Arten haben eine längere schleimige Eichel, an der suspendierte Partikel kleben bleiben, die durch Wimpernströme zum Mund geführt werden.

Klasse Pterobranchia

Die winzigen Pterobranchier (Abb. 2.95 C) leben kolonienweise in Sekretröhren. Ihr Prosoma ist ein großer **Kopfschild** (KSCH), der die **Wohnröhre** abscheidet und zum Kriechen dient. Das Mesosoma hat dorsal zwei (Gatt. *Rhabdopleura*) oder mehrere

(Gatt. *Cephalodiscus*) tentakeltragende Arme (TA), die vom Kragenmark (KM) innerviert werden. Das Mesocoel entsendet Blindsäcke in die Arme. Diese Tentakelkrone ist stark bewimpert und fängt Partikel aus dem Wasser, die dann über Wimpernfurchen zum Mund gelangen. Nur die Gatt. *Cephalodiscus* hat ein Paar Kiemenspalten (KS), denn der Gasaustausch erfolgt über die Tentakel. Der **Darm** ist U-förmig, wie bei vielen Röhrenbewohnern. Das Metasoma hat ventral einen muskulösen Stiel, an dem sich Knospen (KN) entwickeln. Die Individuen der Gatt. **Rhabdopleura** bleiben zeitlebens durch die Stiele verbunden und bilden **Stöcke**.

Beziehungen der **Branchiotremata** zu den **Echinodermata** und **Chordata**: Die Branchiotremata stehen an der Basis der **Deuterostomier**. Branchiotremata und Echinodermata haben beide ein dreiteiliges Coelom mit Coelomoporen, das in planktischen Larven durch Enterocoelbildung entsteht. Beide Tierstämme haben basiepitheliale Nervensysteme und keine Nephridien. Der **Exkretion** dienen Glomerulus bzw. Axialorgan, die mit Podocyten versehen sind.

Der **Kiemendarm** findet sich bei den Chordata (s. Abb. 6.2 A) wieder, und das Kragenmark ähnelt dem **Neuralrohr**. Der Eicheldarm wurde früher als «Notochord» mit der **Chorda** homologisiert, und die Branchiotremata wurden als «Hemichordata» bezeichnet. Diese Auffassung wird kaum noch vertreten.

2.4.25 Stamm Echinodermata (Stachelhäuter)

Die Echinodermata haben wie die Branchiotremata ein dreiteiliges **Coelom** mit Coelomoporen, Nephridien fehlen.

Die Coelomgliederung spiegelt sich nicht in der Körperform wider, sondern die rezenten Echinodermen sind **radiärsymmetrisch**. Sie haben weder Kopf noch Gehirn und nur einfache Rezeptoren. **Augenflecke** gibt es nur bei Seesternen, und einige Seegurken haben **Statocysten**. Die namengebenden Stacheln sind nur für Seeigel typisch, aber alle Klassen haben ein mesodermales **Kalkskelett** von eigenartigem Gitterbau (Abb. 2.98). Die Echinodermen sind mit dem umgebenden Seewasser isotonisch. In salzarmen Randmeeren, z.B. der Ostsee, leben nur Kümmerformen euryhaliner Arten. Die **Exkretion** erfolgt teils durch Diffusion über die Epidermis, teils durch auswandernde, exkretbeladene Zellen.

In der Echinodermen-Anatomie sind spezielle Bezeichnungen üblich, die am Seestern (Abb. 2.100) erläutert werden: Man unterscheidet zwischen oraler (Mund-) und apikaler (= aboraler) Seite. Die Symmetrieachse geht durch Mund und After. Von ihr strahlen fünf (selten mehr) **Radien** (= Ambulakren) aus. Die Radien sind durch Ambulakraltentakel (bzw. Füßchen) markiert, die Teile des «Wassergefäßsystems» (Hydrocoels) sind. Dieses besteht aus einem **Ringgefäß**, das den Ösophagus umgibt, und fünf **Radiärgefäßen**. Über den **Steinkanal** ist es mit dem Coelomoporus (Madreporit) verbunden, deshalb glaubten ältere Autoren, daß es Seewasser enthält. Es wird aber kaum Flüssigkeit durch den Madreporit ausgetauscht. Von den Radiärgefäßen gehen beiderseits Zweige zu den Ambulakralfüßchen ab. Beim Seestern sind die Interradien kurz, und so entsteht der sternförmige Umriß.

Die etwa 6.000 rezenten Arten der Echinodermen sind auf fünf Klassen verteilt, die sich in zwei Unterstämme gliedern.

Unterstamm Pelmatozoa

Klasse Crinoidea

Die Pelmatozoa sind rezent nur mit einer Klasse, den Crinoidea (Seelilien und Haarsterne) vertreten. Die Seelilien sind mit einem apikalen Stiel (bis 2 m, fossil sogar 20 m) festgewachsen. Ihre Oralseite ist frei und enthält nicht nur die zentrale Mundöffnung, sondern auch den interradialen After. Die planktische Doliolaria-Larve hat fünf Wimperringe (faßähnlich). Sie enthält bereits die ersten Skelettstücke und setzt sich mit dem apikalen (animalen) Pol fest.

Die Radien sind in verzweigte Arme ausgezogen, die eine Krone bilden. Zahlreiche Ambulakraltentakel filtern Partikel aus dem durchströmenden Wasser, schleimen sie ein und transportieren sie zum Mund. Die Seelilien sind auf tiefere Wasserzonen mit schwacher Strömung beschränkt. Die Haarsterne (z.B. Gatt. *Antedon*) durchlaufen ein gestieltes Stadium. Sie lösen sich aber vom Stiel, werden frei beweglich und sogar schwimmfähig, indem ihre Arme alternierend schlagen. Sie können deshalb starkem Wellengang ausweichen und in den oberen Wasserzonen leben.

Unterstamm Eleutherozoa

Die Vertreter der vier Klassen der Eleutherozoa sind frei beweglich und kriechen meist auf der oralen Seite; dies geschieht fast immer mit den zu Füßchen umgewandelten Ambulakraltentakeln. Die sternförmigen **Asteroidea** (Seesterne) und **Ophiuroidea** (Schlangensterne) haben verkürzte Interradien, und ihr Ambulakralsystem ist flächig ausgebreitet (Abb. 2.100A, 2.101A). Bei den etwa kugelförmigen **Echinoidea** (Seeigel) und walzenförmigen **Holothuroidea** (Seegurken) sind Radien und Interradien gleich groß, und die Radiärkanäle sind apikalwärts gebogen (Abb. 2.102A, 2.104A). Die Holothurien und einige Seeigel, die Irregularia, sind sekundär bilateralsymmetrisch, aber die radiäre Ausgangsform ist klar erkennbar.

Die **Anatomie** der Echinodermen ist durch das verwirrend gegliederte Coelom bestimmt und läßt sich nur von der **Ontogenie** her verstehen. Diese verläuft bei den fünf Klassen sehr verschieden, führt aber zu übereinstimmenden Coelomverhältnissen. Sie wird hier in Anlehnung an die Seeigel-Entwicklung stark vereinfacht dargestellt (s. auch Kap. 3).

Eier und **Spermien** werden ins Meerwasser entlassen. Die Zygoten furchen sich total (s. Kap. 3), und über **Coeloblastula** und Invaginations**gastrula** entsteht eine planktische, bilateralsymmetrische **Larve** (Abb. 2.96A). Der Mund ist eine Neubildung (Deuterostomier), und der Urmund wird zum After. Das Mesoderm wird vom Urdarm abgeschnürt (**Enterocoelie**) und formt jederseits drei Abschnitte: Proto-, Meso- und Metacoel. Diese werden bei Echinodermen auch **Axo-, Hydro-** und **Somatocoel** genannt (Abb. 2.96B).

Rechtes Axo- und Hydrocoel werden frühzeitig reduziert. Das linke Axocoel bildet einen Coelomoporus und bleibt mit dem Hydrocoel durch den Steinkanal verbunden. Bei der tiefgreifenden **Metamorphose** senkt sich auf der linken Seite der Larve, im Bereich des Hydrocoels, eine Imaginalanlage ein (Abb. 2.96B). Larvaler Mund und After werden geschlossen; der definitive Mund bricht später in der Mitte der Imaginalanlage durch, während der neue After auf der aboralen Seite entsteht.

Das **Hydrocoel** formt um den späteren Ösophagus ein Ringgefäß, von dem die fünf Radiärgefäße auswachsen, die in einem Terminaltentakel blind enden und beiderseits Äste in die Ambulakraltentakel abgeben (Abb. 2.96C). Das **Axocoel** umhüllt den Steinkanal mit einem Axialsinus. Es wird auf die spätere apikale Seite verlagert und

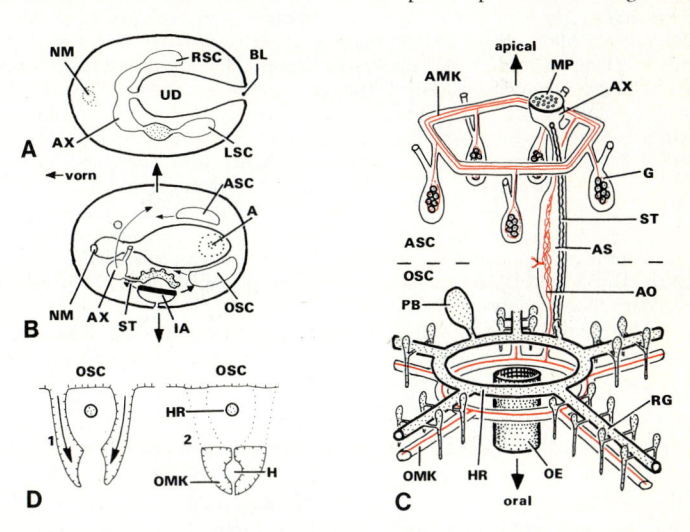

Abb. 2.96: Coelom-Entwicklung und Coelom-Kanäle der Echinodermen (extrem schematisiert!). A und B bilaterale Larve von oben. **A.** Abfaltung des Coeloms vom Urdarm-Dach und beginnende Gliederung. **B.** Beginn der Metamorphose; die dünnen Pfeile deuten die Coelom-Verlagerungen an, die starken die Hauptachse des radiären Adultus (s. 2.95c). **C.** Coelomkanäle des Adultus; die eigentlichen Somatocoele nur angedeutet (in Anlehnung an Renner 1978, und Siewing 1985). **D.** Morphologische Ableitung des oralen Metacoel- und Hämalsystems. A: After, AMK: apikaler Metacoelkanal, AO: Axialorgan, AS: Axialsinus, ASC: apikales Somatocoel, AX: Axocoel, BL: Blastoporus, G: Gonade, H: Hämallakune, HR: Hydrocoelring, IA: Imaginalanlage, LSC: linkes Somatocoel, MP: Madreporit, NM: Neumund, OE: Ösophagus, OMK: oraler Metacoelkanal, OSC: orales Somatocoel, PB: Polische Blase (Reservoir), RG: Radiärgefäß des Hydrocoels, RSC: rechtes Somatocoel, ST: Steinkanal, UD: Urdarm, punktiert: Hydrocoel; rot: Hämalsystem.

gerät fast in die Hauptachse des Adultus (daher Axocoel). Steinkanal und Axocoel liegen jedoch exzentrisch in einem Interradius; das gilt auch für den Coelomoporus, der sich siebartig aufteilt und in der Madreporenplatte (= Madreporit) nach außen mündet (s. u.).

Die beiden **Somatocoele** schieben sich zwischen den oralen Hydrocoelring und das apikale Axocoel; dabei wird das linke zum oralen, das rechte zum apikalen Somatocoel (Abb. 2.96B). Sie stellen die eigentliche Leibeshöhle dar (Name) und liefern die Mesenterien. Viele Zellen der Coelomepithelien haben eine Geißel, die von einem Kragen aus Mikrovilli umgeben ist. Sie ähneln auffallend den Choanocyten der Schwämme (s. 2.4.3). Choanocyten galten bis zur Einführung der Elektronenmikroskopie als spezifisch für Schwämme. Die großen Somatocoele gliedern einen apikalen und einen oralen Metacoelkanal ab. Das ist ontogenetisch ein komplizierter Vorgang; Abb. 2.96D soll wenigstens eine grobe Vorstellung von der Ableitung dieser Kanäle vermitteln. Das orale System (OMK) besteht aus einem Ring- und fünf Radiärkanälen (Abb. 2.96C), die parallel zum Hydrocoel verlaufen, aber doch in einigem Abstand. Der aborale Metacoelring (AMK) bildet fünf interradiale Gonaden, die getrennt münden. Innerhalb dieser Metacoelkanäle liegt ein **Hämalsystem**. Dessen Zentrum ist das im Axialsinus gelegene **Axialorgan**, das netzförmig von Hämallakunen durchzogen ist und die oralen und aboralen Hämalsysteme und die Hämallakunen des Darmes verbindet. Das Lumen des Axialorganes wird von Podocyten begrenzt. Das Axialorgan ist wahrscheinlich dem Glomerulus der Branchiotremata (s. 2.4.24) homolog. Die Funktion des Hämalsystems ist wenig bekannt. Es transportiert wahrscheinlich Stoffe vom Darm zu den Gonaden, ist aber nur bei den Holothurien stark entwickelt. Dort dient es auch der O_2-Aufnahme von den **Wasserlungen**.

Das **Somatocoel** hat begeißelte Epithelien und übernimmt ebenfalls Transportaufgaben. Die Metacoelkanäle sind stets vorhanden, sie werden in den folgenden Schemata aber nur teilweise dargestellt.

Die **Imaginalanlage** dehnt sich schließlich apikalwärts aus, und ihre Innenseite wird zur Epidermis des adulten Tieres. Die larvalen Gewebe samt Mund und After werden resorbiert, nur der Mitteldarm wird vom Adultus übernommen.

Die Körperwand der Adulten besteht aus **Epidermis** und einer dicken **Dermis**. Die einschichtige Epidermis ist von einer zarten **Cuticula** bedeckt und enthält einen gut entwickelten basalen **Nervenplexus**. Dieser ist über den oralen Metacoelkanälen zu Nervensträngen verdickt (Abb. 2.97), die durch einen **Nervenring** um den Ösophagus miteinander verbunden sind. Dieses ektoneurale Nervensystem hat vorwiegend sensorische Funktion. Es steht mit dem rein motorischen hyponeuralen Nervensystem in Verbindung, das im Epithel des oralen Metacoelkanales liegt.

Die Nervensysteme der Asteroidea liegen frei in der Ambulakralfurche (Abb. 2.97A); bei den anderen Eleutherozoa werden sie ins Innere verlagert (Abb. 2.97C), und zu den radiären Coelomkanälen tritt der ektodermale Epineuralkanal. Die Crinoidea haben ein drittes, das apikale Nervensystem. Dieses liegt im Inneren der Skelettstücke und ist das wichtigste Nervensystem dieser Klasse.

Die kräftige **Dermis** enthält relativ wenige Zellen, aber viele extrazelluläre Fibrillen, u. a. Kollagen. Vor allem liegen in der Dermis aber **kalkige Skelettstücke** von spezifischem Bau. Jeder Sklerit ist ein dreidimensionales $CaCO_3$-

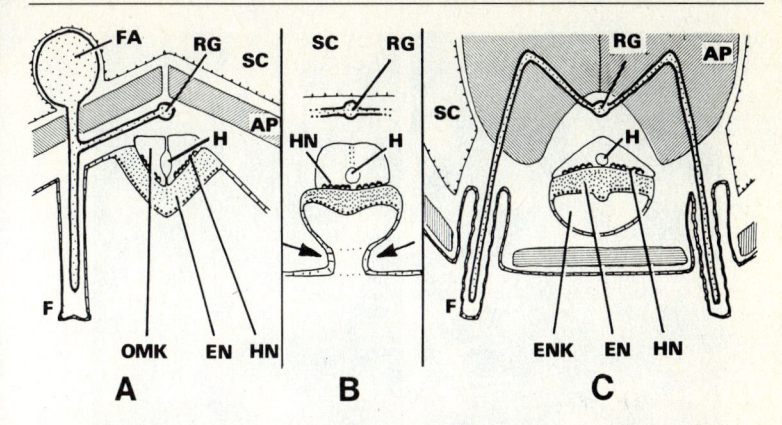

Abb. 2.97: Orale Nervensysteme und Entwicklung des Epineuralkanals. **A.** Offenes Nervensystem des Seesternes. **B.** Morphologische Ableitung des Epineuralkanals. **C.** Versenktes Nervensystem eines Schlangensternes. AP: Ambulakralplatte, EN: ektoneuraler Nerv, ENK: Epineuralkanal, F: Ambulakralfüßchen, FA: Füßchenampulle, H: Hämallakune, HN: hyponeuraler Nerv, OMK: oraler Metacoelkanal, RG: Radiärgefäß des Hydrocoels, SC: Somatocoel, schraffiert: Skelett.

Gerüst mit etwa 50% Porenraum (Abb. 2.98). Die Skelettstücke entstehen in syncytialen Bildungszellen: Näheres siehe Abb. 2.99.

Die **Regenerationsfähigkeit** der Echinodermen ist hoch. Einige See- und Schlangensterne pflanzen sich sogar regelmäßig durch Teilung fort, und die Individuen der betreffenden Arten haben die verschiedensten Armzahlen. Seegurken können die Eingeweide ausstoßen und regenerieren.

Klasse Asteroidea (Seesterne)

Der **Darm** der Seesterne (Abb. 2.100A, C) ist in kardialen Magen, Pylorusmagen und exkretorische Rektaldivertikel gegliedert. Der Pylorusmagen entsendet in jeden Arm zwei Divertikel, die der Resorption und der Speicherung von Nährstoffen dienen. Seesterne sind **Räuber**. In der Nordsee ist *Asterias rubens* häufig, ein Muschelfresser. Mit den kräftigen Füßchen wird die Muschel leicht geöffnet, der kardiale Magen über den Spalt gestülpt und die Beute extraintestinal vorverdaut.

Die fünf **Gonaden** liegen in den kurzen Interradien. Aus Raumgründen dehnen sie sich in die benachbarten Arme aus und jeder Arm enthält Gonaden, die zu verschiedenen Interradien gehören. Sie können sich vollständig teilen, so daß zehn Gonaden vorliegen. Zwischen Gonaden und Pylorusdivertikeln besteht eine Wechselbeziehung (Abb. 2.100C): im Früh-

222 2 Baupläne und Biologie der Tiere

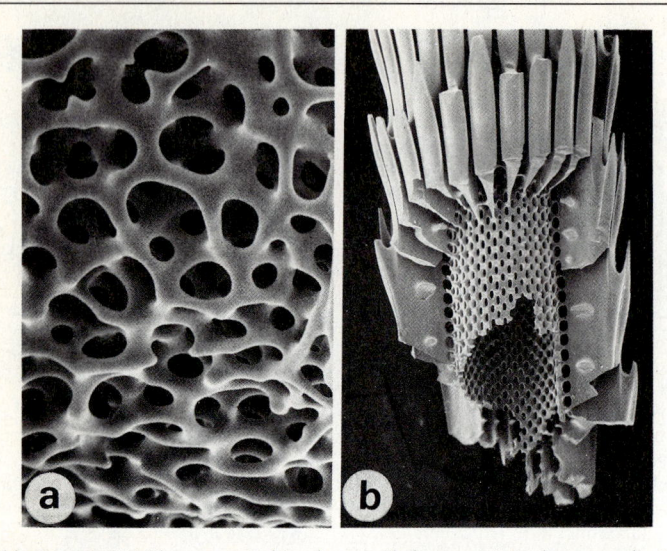

Abb. 2.98: REM-Photos von Echinodermen-Skeletten. **a)** Ausschnitt von der Wachstumsfront eines Skleriten. Die einander zugewandten Spitzen vereinigen sich später zu einem Bälkchen. **b)** Bruchstück vom Hohlstachel eines Diadem-Seeigels. Das Skelett besteht aus einem zentralen Siebzylinder und keilförmigen Rippen. Dadurch wird hohe Biegefestigkeit bei geringem Materialaufwand erreicht. Burkhardt und Märkel phot.

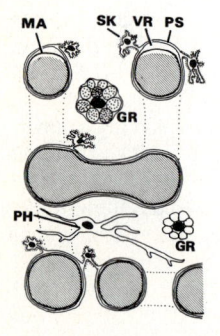

Abb. 2.99: Skelettbildung bei Echinodermen (Schema nach elektronenmikroskopischem Schnitt). Jedes Skelettstück (**Abb. 2.98a, b**) ist nichts anderes als das verkalkte Vakuolensystem eines einzigen, stark verzweigten Syncytiums! Im abgebildeten Schnitt sind mehrere Kalkbälkchen getroffen (gerastert; die Punktlinien weisen auf deren Verbindungen außerhalb der Schnittebene hin). Die Bälkchen liegen in einer äußerst dünnen syncytialen Plasmascheide (PS), von der einkernige Zellkörper von Skelettbildnern (SK) in den Porenraum ragen. Die Kalkablagerung findet innerhalb einer organischen Matrix (MA) statt, und zwar ist an der Wachstumsfront (oben) zwischen Plasmascheide und Matrix ein flüssigkeitsgefüllter vakuolärer Raum (VR) vorhanden, der die Rolle spielt, die bei den Mollusken (**Abb. 2.52B**) der extrapalliale Raum erfüllt. Der Porenraum enthält extrazelluläre Fibrillen und flottierende Granulocyten (GR), Phagocyten (PH) u.a. mesenchymale Zellen, die nicht an der Skelettbildung beteiligt sind.

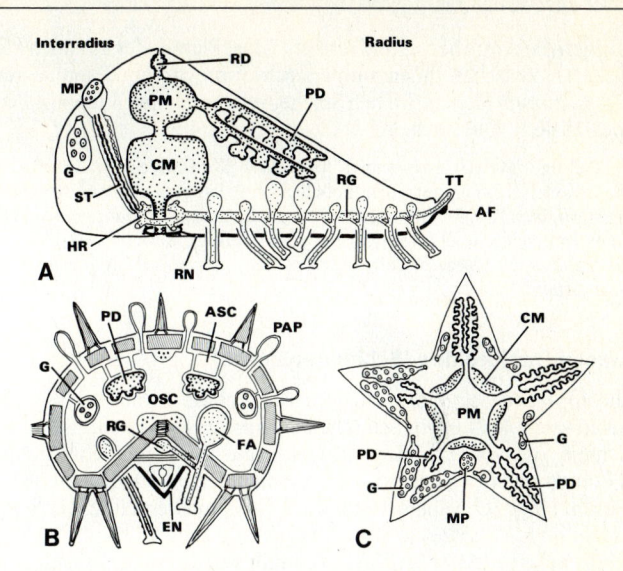

Abb. 2.100: Seestern. **A.** Schnitt durch Radius und Interradius (Skelett weggelassen). **B.** Querschnitt durch einen Arm (Skelett schraffiert), vgl. Abb. 2.96a! **C.** Aufsicht bei abgehobener Körperdecke (links vor, rechts nach Fortpflanzungsperiode). AF: Augenfleck, ASC: apikales Somatocoel, CM: cardialer Magen, EN: ektoneuraler Nerv, F: Füßchenampulle, G: Gonade, HR: Hydrocoelring, MP: Madreporit, OSC: orales Somatocoel, PD: Pylorusdivertikel, PM: Pylorusmagen, RD: Rektaldivertikel, RG: Radiärgefäß des Hydrocoels, RN: radiärer Nerv, TT: Terminaltentakel.

jahr werden die Geschlechtsprodukte abgegeben und die Gonaden schrumpfen. Im Sommer mästet sich das Tier, und die Pylorusdivertikel füllen den ganzen Arm aus (Abb. 2.100C, rechts). Im Winter reifen die Gonaden, wobei die Speicherstoffe der Divertikel verbraucht werden (Abb. 2.100C, links). Die planktische Bipinnaria-Larve besitzt zwei in sich geschlossene Wimperbänder, ihre Metamorphose erfolgt über eine Brachiolaria, die ein Anheftungsorgan besitzt, aber kein Larvalskelett (s. Kap. 3).

Das **Skelett** (Abb. 2.100B, schraffiert) besteht aus vielen Teilen. Auf der Oralseite liegen zwei Reihen von **Ambulakralplatten**, die dachförmig zusammenstoßen und unter denen Radiärgefäß, oraler Metacoelkanal und Radiärnerven liegen (Abb. 2.97A). Zwischen den Ambulakralplatten verlaufen die vom Füßchen zur Füßchenampulle führenden Verbindungen. Der Muskelschlauch des Füßchens setzt an der Ambulakralplatte an. Die Ambulakralfurche kann durch Quermuskeln, die zwischen Radiärgefäß und Metacoelkanal verlaufen, verengt werden. Längsverlaufende Muskelstränge können die Arme heben und senken. – Die Platten der apikalen Fläche liegen lockerer; zwischen ihnen stülpen sich dünnwandige **Papulae** vor, die dem **Gasaustausch** dienen. An den Stacheln sitzen oft zweiklappige **Pedicellarien**, spezialisierte Putzstacheln.

Wichtige Arten: *Astropecten irregularis* (Kammseestern, Nordsee, 10 cm) in Weichboden flach eingegraben, Füßchen ohne Saugscheibe. *Solaster papposus* (Sonnenstern, Nordsee, 34 cm) mit 11–13 Armen. *Coscinasterias tenuispina* (Mittelmeer, 9 cm) ungeschlechtliche Vermehrung durch Teilung, deshalb variable Armzahl. *Asterias rubens* (Nordsee, 26 cm), *Marthasterias glacialis* (Mittelmeer, 35 cm) vorwiegend Muschelfresser.

Klasse Ophiuroidea (Schlangensterne)

Die Ophiuren sind die artenreichste Echinodermen-Klasse. Die meisten Arten sind klein. Sie haben scheibenförmige Körper mit scharf abgesetzten Armen, die von Schildern bedeckt sind und sich schlängelnd bewegen (Name); sie entwickeln sich über bilateralsym. **Ophiopluteus**-Larven, die extrem lange Schwebefortsätze aufweisen und den Plutei der Seeigel ähneln, indem ihre Fortsätze ein Larvalskelett enthalten.

Die Scheibe (Abb. 2.101 A, E) enthält den afterlosen, sackförmigen **Darm** (Magen). Axocoel, Steinkanal und Gonaden sind oralwärts verlagert, und als **Madreporit** dient ein interradiales Mundschild. Die **Gonaden** münden in Bursae, dünnhäutigen Taschen, die beiderseits jeder Armbasis schlitzförmig münden. Sie sind stark begeißelt und dienen auch der Atmung. Die Mundöffnung liegt am Grunde eines tiefen Mundvorraumes, der zähnchenartige Stacheln und Mundfüßchen enthält. Die Arme reichen auf der oralen Seite bis zum Mund.

Die **Arme** sind gleichmäßig gegliedert (Abb. 2.101 B, C). Jedes Glied hat ein Paar Ambulakraltentakel (Füßchen), einen zentralen Wirbel und vier äußere Schilder. Die lateralen Schilder tragen an ihrer freien Kante eine senkrechte Stachelreihe. Der Wirbel entspricht zwei median verwachsenen Ambulakralplatten und ist von Füßchenkanälen durchbohrt. Die Wirbelreihe hat mediane Scharniergelenke (Abb. 2.101 A, D), die vorwiegend seitliche Bewegungen ermöglichen. Sie sind durch kräftige Intervertebralmuskeln, einem apikalen und einem oralen Paar, verbunden. Die Wirbel füllen den Armquerschnitt aus (Abb. 2.101 C), und stellenweise liegen die Außenschilde direkt auf den Wirbeln. Eine orale Bucht läßt Raum für Radiärgefäß, oralen Metacoelkanal, Radiärnerven und Epineuralkanal (vgl. Abb. 2.97 C). Das **Nervensystem** ist ganglionär gegliedert.

Jedes Armglied enthält ein Ganglion, von dem in Höhe der Stachelreihe kräftige Lateralnerven entspringen. Jeder Stachel enthält einen Nervenast. (Bei Seeigeln und Seesternen sind die Stacheln mit außen liegenden Nerven versehen). Vom hyponeuralen Ganglion laufen Nerven durch den Wirbel zu den Muskelansätzen. Die Arme enthalten keine Darmäste, und die Intervertebralmuskeln werden durch das Somatocoel versorgt: ein durchgehender Somatocoel-Strang verläuft in apikalen Buchten der Wirbel und gibt über den Intervertebralmuskeln seitliche Taschen ab (Abb. 2.101B, D).

Schlangensterne sind vorwiegend mikrophag. Ihre Ambulakraltentakel fungieren nicht als Füßchen, sondern tupfen Partikel auf oder filtern aus dem

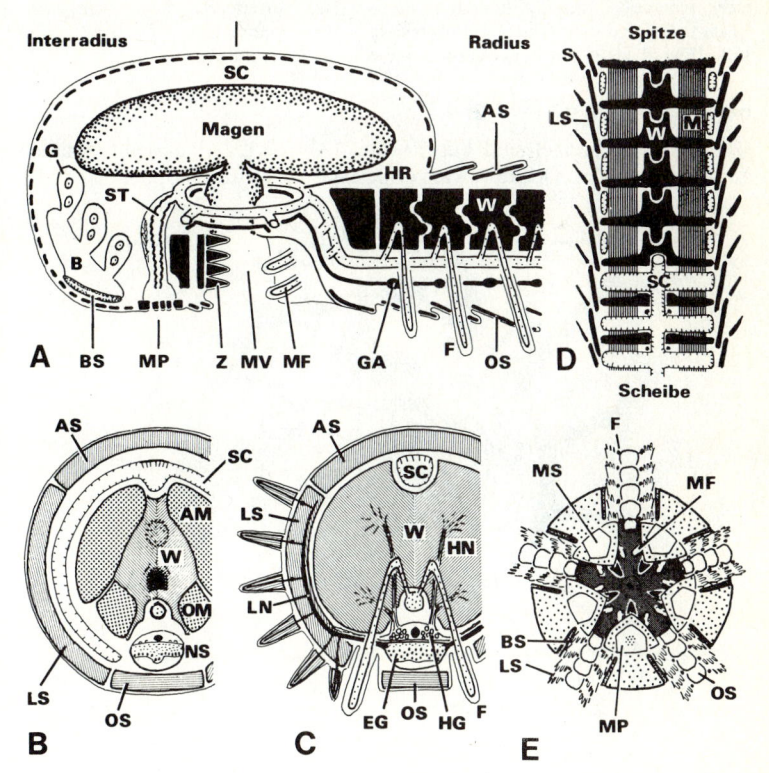

Abb. 2.101: Schlangenstern. **A.** Schnitt durch Radius und Interradius. **B.** Arm, quer im Bereich der Intervertebralmuskeln. **C.** Querschnitt durch Wirbel und Ganglion. **D.** Horizontalschnitt durch einen Arm; Apikalschilder abgehoben: unten mit dem gegliederten Somatocoel, oben mit den Intervertebralmuskeln. **E.** Körperscheibe von oral. AS: Apikalschild, AM: apikales Muskelpaket, B: Bursa, BS: Bursalschlitz, EG: ektoneurales Ganglion, F: Füßchen, G: Gonade, GA: Ganglion, HG: hyponeurales Ganglion, HN: hyponeuraler Nerv, HR: Hydrocölring, LN: Lateralnerv, LS: Lateralschild, M: Muskel, MF: Mundfüßchen, MP: Madreporit, MS: Mundschild, MV: Mundvorraum, NS: Nervenstrang, OM: orales Muskelpaket, OS: Oralschild, S: Stachel, SC: Somatocöl, ST: Steinkanal im Axialsinus, W: Wirbel, Z: Zähnchen.

Wasser Partikel, die eingeschleimt und über die Tentakelkette mundwärts transportiert werden.

Stellenweise liegen die Tiere mit der Oralseite nach oben auf dem Meeresgrund und fangen absinkende Partikel auf. Sie liegen oft so dicht, daß sich ihre Arme überlappen. **Häufige Arten** sind: *Ophiothrix fragilis* (Zerbrechlicher Schlangenstern; Nordsee, Mittelmeer, Scheibe 1,5 cm, Arme 6 cm). *Amphipholis squamata* (Nordsee, Mittelmeer, Scheibe 0,3 cm). *Ophiura texturata* (Nordsee, Mittelmeer, Scheibe 3 cm, Arme 10 cm). *Gorgonocephalus caputmedusae* (Gorgonenhaupt, Nordeuropa in 150–1200 m Tiefe) mit stark verzweigten, einrollbaren Armen.

Klasse Echinoidea (Seeigel)

Die regulären Seeigel sind kugelförmig (Abb. 2.102 A) und ihre Radien aufwärts gebogen. Der feste **Panzer** besteht aus je fünf Doppelreihen von

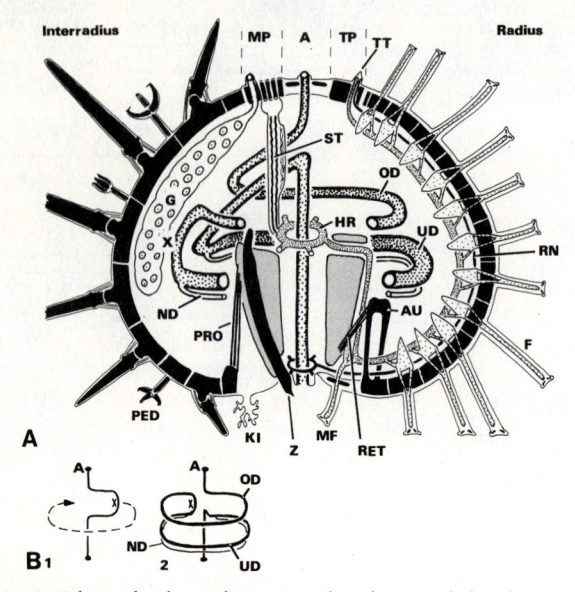

Abb. 2.102: A. Schnitt durch regulären Seeigel. (schwarz: Skelettplatten, Stacheln; schraffiert: Laternen-Skelett). **B.** Hilfsabbildungen zum Verständnis des Darmverlaufes. X-Verbindungsstück zwischen unterer und oberer Darmschlinge. In der Hauptabb. sind die vorderen Darmteile abgeschnitten. A: After, AU: Aurikel (mit Retractormuskel zur Laterne), F: Füßchen, G: Gonade, HR: Hydrocoelring, KI: «Kieme», MF: Mundfüßchen, MP: Madreporit, ND: Nebendarm, OD: obere Darmschlinge, PED: Pedizellar, PRO: Protractor der Laterne, RET: Retractor der Laterne, RN: radiärer Nerv, ST: Steinkanal, TP: Terminalplatte, TT: Terminaltentakel, UD: untere Darmschlinge, Z: Zahn.

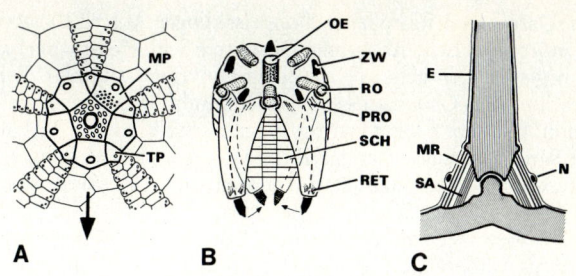

Abb. 2.103: Seeigel (Fortsetzung). **A)** Der apikale Teil des Panzers; stark umrandet das Apikalskelett, das Afterfeld und After umgibt. Bei irregulären Seeigeln wandert der After mit dem Afterfeld in Pfeilrichtung aus; die betreffende Gonade geht verloren. **B)** Laterne (stark vereinfacht) offen und geschlossen. **C)** Stachel auf Gelenkhöcker einer Platte. Das Skelett (schraffiert) ist von Epithel bedeckt. Ein Muskelring verbindet Stachel und Platte, und ein kollagener Sperrapparat (SA) kann den Stachel feststellen. MP: Madreporit, TP: Terminalplatte, OE: Ösophagus, Pro: Protractor (zieht Laterne nach außen), RO: Rollstück zwischen den Kiefern, RET: Retractor (setzt an Aurikeln an, öffnet die Laterne und zieht sie auch zurück), SCH: Schließmuskel, ZW: Wachstumszone des Zahnes, E: Epithel, MR: Muskelring, N: Nerv für Muskeln und Sperrapparat, SA: Sperrapparat.

Ambulakral- und Interambulakralplatten (Abb. 2.103 A). Jede Ambulakralplatte hat zwei Poren, die zu einem Füßchen gehören (bei den meisten Arten vereinigen sich mehrere Platten zu zusammengesetzten Ambulakralplatten). Beim Wachstum werden laufend neue Platten an der Grenze zum Apikalskelett gebildet. Das Apikalskelett umgibt das Afterfeld. Es besteht aus fünf Terminal- und fünf interradialen Genitalplatten, deren eine zugleich der Madreporit ist. Die Gonaden mancher Arten sind eßbar (z.B. *Echinus esculentus*).

Der **Mund** liegt im weichhäutigen Mundfeld und ist von zehn Mundfüßchen umgeben. Außerdem sind «Kiemen» vorhanden, der Gasaustausch erfolgt aber vorwiegend über die Füßchen. Seeigel fressen vorwiegend Algen, auch harte Kalkalgen. Sie haben einen kräftigen **Kauapparat**, die «Laterne des Aristoteles».

Die **Laterne** ist bei vielen Arten so groß, daß sie, zurückgezogen, fast an das Apikalfeld stößt. Sie arbeitet als fünfzähniger Greifer (Abb. 2.103 B), wie er ähnlich auch in der Technik verwendet wird. Die ständig nachwachsenden Nagezähne stecken in **Kiefern**, zwischen deren Basen fünf Rollstücke zehn Gelenke bilden. Kräftige Schließmuskeln schließen die Laterne. Retractoren, die von den Kieferspitzen zu den Aurikeln des Panzerrandes ziehen (Abb. 2.102 A), spreizen die Kiefer. Protractoren können die Laterne weit aus dem Mundfeld vorschieben. Die Laterne liegt im erweiterten oralen Metacoelring; deshalb liegt der Hydrocoelring über der Laterne.

Der **Darmkanal** formt eine Doppelschlinge; Abb. 2.102B verdeutlicht deren morphologische Ableitung. Die untere Schlinge ist von einem Nebendarm begleitet, der stets leer ist. Seine Funktion ist unklar. Die Nahrung wird schon im Ösophagus zu schleimumhüllten Pellets geformt. Die Schleimhülle bleibt bei der Darmpassage bis zur Kotabgabe erhalten; das ist für die Sauberhaltung wichtig. Die Reinigung des Körpers besorgen zahlreiche dreiklappige **Pedicellarien**, die gestielt sind. Mit **Giftdrüsen** versehene Pedicellarien wehren Feinde ab. Im übrigen schützen die Stacheln (Abb. 2.103C). Diese sitzen auf Höckern des Panzers und können in alle Richtungen bewegt werden. Ein Sperrapparat aus kollagenen Tonusfasern kann die **Stacheln** feststellen und gespreizt halten.

Die regulären Seeigel sind Hartboden-Bewohner. Hierher gehören u.a. *Cidaris cidaris* (Lanzenseeigel; Mittelmeer, Panzer 4,5 cm) Stacheln mit Kalkrinde überzogen, auf der sich Röhrenwürmer usw. ansiedeln können. *Calveriosoma hystrix* (Lederseeigel; in Tiefsee, bis 25 cm) mit losen Panzerplatten, die gegeneinander beweglich sind. *Diadema setosum* (tropisch, oft in Schauaquarien) mit dünnen hohlen Stacheln bis 30 cm Länge. *Paracentrotus lividus* (Steinseeigel, Mittelmeer, Atlantik) lebt an Atlantikküste in Löchern, die er selbst mit den Zähnen in Felsen bohrt.

Auf Weichböden leben **irreguläre Seeigel**, z.B. der 5 cm große Herzseeigel *Echinocardium cordatum*. Die Radiärsymmetrie ist zwar noch erkennbar, es ist ihr aber eine sekundäre **Bilateralsymmetrie** aufgeprägt, und es ist ein physiologisches Vorderende vorhanden. Die Stacheln sind nach hinten gerichtet und stark differenziert: seitliche Stacheln besorgen das Eingraben, mit paddelförmigen Stacheln der Oralseite schiebt sich das Tier vorwärts, bewimperte Stacheln sorgen für Wasserzufuhr usw. Die Füßchen sind in Atem-, Tast- und Mundfüßchen spezialisiert. Der Mund ist nach vorn verschoben, und die Laterne fehlt. Statt dessen werden feine Partikel mit den Mundfüßchen aufgenommen. Irreguläre Seeigel können wegen der Stachelstellung nur vorwärts kriechen. **After** und Afterfeld werden aus dem Apikalfeld ans Hinterende verschoben (Abb. 2.103A, Pfeilrichtung), dabei verschwindet eine Gonade. Irreguläre Seeigel mit zentral gelegenem Mund und Laterne sind die Sanddollars, z.B. *Echinarachnius parma* (Atlantikküste von Nordamerika, 7 cm) ganz flach, mit vielen winzigen Stacheln, die das Tier vorwärtsschieben. In Europa nur *Echinocyamus pusillus* (Zwergseeigel, Nordsee, 0,6–1 cm) kleinste Seeigelart.

Die planktische Larve der Seeigel ist der Echinopluteus. Er schwimmt mit Wimperbändern, die in lange Fortsätze ausgezogen sind, die vom Larvalskelett gestützt werden (Abb. 3.28).

Klasse Holothuroidea (Seegurken)

Die Holothurien haben eine lange Hauptachse und sind «umgekippt», so daß der Mund vorn, der After hinten liegt (Abb. 2.104A). Drei Radien, das **Trivium**, berühren den Boden und haben Füßchen mit Saugscheiben; die Füßchen der zwei oberen Radien, des **Biviums**, sind warzenförmig. Die dicke **Dermis** enthält nur mikroskopische Sklerite und besteht vorwiegend aus Kollagen. Die Seegurken haben als einzige Echinodermen einen Hautmuskelschlauch. Die äußere Ringmuskulatur ist kontinuierlich, die Längsmus-

2.4.25 Baupläne, Echinodermata 229

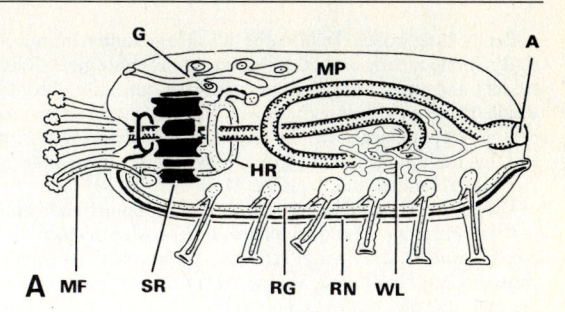

Abb. 2.104: Seegurke. A) Schnitt durch Radius (unten) und Interradius (oben). B) Querschnitt. D: Darmanschnitt, DE: Dermis mit eingelagerten Skleriten (schwarz), ENK: Epineuralkanal, LM: Längsmuskelband, RG: Radiärgefäß, RM: Ringmuskelschicht, SR: Skelettring um Ösophagus, WL: Wasserlunge. Sonst wie Abb. 2.95.

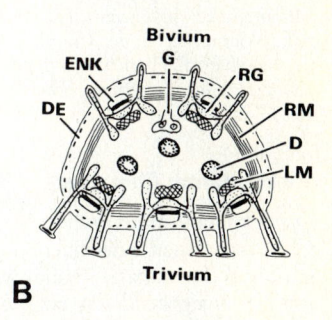

keln bilden dagegen radiale Bänder (Abb. 2.104B). Der Muskelschlauch ermöglicht peristaltische Fortbewegungen.

Die **Nahrung** wird entweder von Mundfüßchen mit schildförmigen Endplatten aufgetupft und in den Mund gesteckt (Gatt. *Holothuria*), oder die «Füßchen» sind große, baumförmige Tentakel, an deren schleimiger Oberfläche Partikel hängenbleiben (Gatt. *Cucumaria*). Die Tentakel werden dann in den Schlund gesteckt, abgelutscht und neu eingeschleimt. Einige Arten mit baumförmigen Tentakeln sind sessil. Die Mundfüßchen setzen an einem Sklerit-Ring an, der den Schlund umgibt (Abb. 2.104a). Die Lage des Hydrocoelringes läßt vermuten, daß dieser Skleritring der Laterne homolog ist. Das Axocoel ist schwach. Es sind oft mehrere Steinkanäle und Madreporite vorhanden, und diese münden bei vielen Arten in die Leibeshöhle. Der **Darm** ist von einem gut ausgebildeten **Hämalsystem** umgeben. Er endet in einer **Kloake**, in die **Wasserlungen** münden. Es sind dünnwandige Gebilde mit rhythmischem Wasserwechsel, die dem Gasaustausch dienen. Die Holothurien haben nur eine **Gonade**. Diese liegt im oberen Interradius und mündet oral; in einigen Fällen ist sie zwittrig. Die aus der Zygote hervorgehende **Auricularia**-Larve entwickelt sich über ein Doliolaria- und Pentactula-Stadium zum Adultus. Das Pentactula-Stadium hat bereits fünf Mundfüße.

Bei Reizung stoßen die Holothurien ihre gesamten Eingeweide blitzartig aus. Diese sind zäh und klebrig und bilden einen guten Schutz gegen Räuber. Der Fisch *Fierasfer* sp. lebt allerdings parasitisch in den Wasserlungen und frißt als Jungtier die Eingeweide. Diese werden innerhalb von Wochen wieder regeneriert. – Holothurien werden als Trepang gegessen: Sie werden in kochendes Wasser geworfen, das die Ausstoßung des sandgefüllten Darmes bewirkt und zugleich giftige Saponine, die in der Dermis vorhanden sind, zerstört.

Die Holothurien sind vielgestaltig: Die Ordnung Dendrochirota (Gatt. *Cucumaria*) hat baumförmige Mundtentakel (s.o.); bei den sessilen Gatt. *Sphaerothuria* und *Rhopalodina* ist das Bivium verkürzt, Mund und After genähert. Die Ordn. Aspidochirota (Gatt. *Holothuria, Stichopus*) sind große (bis 30 cm) Bodenformen mit dicker Dermis, die die Nahrung auftupfen. Tiefseearten der Ordn. Elasipoda können schwimmen, die Gatt. *Pelagothuria* lebt planktisch. Die Ordn. Apoda ist (bis auf die Mundtentakel) füßchenlos. Die Haut ist dünn und enthält mikroskopische, ankerförmige Sklerite, die an der Unterlage festhaken. Die Fortbewegung besorgt der Hautmuskelschlauch. Hierher *Synapta maculata* (tropisch, bis 2 m lang) auf Seegraswiesen zwischen Korallenriffen, sowie *Leptosynapta inhaerens* (Nordsee, Atlantik, 10–15 cm) in Schlick grabend und *Leptosynapta minuta* (bis 1 cm).

2.4.26 Stamm Chordata

Die bilateralsymmetrischen Vertreter der etwa 49.000 rezenten Arten der Chordata zeigen eine innere **Segmentierung,** die allerdings teilweise oder ganz (z.B. Tunicata) sekundär wieder reduziert sein kann. Charakteristikum (und namengebend) ist ein inneres **Achsenskelett,** das ursprünglich aus einem dorsalen ungegliederten, aus Zellen aufgebauten Stab (Chorda) besteht. Dieser wurde vom Urdarmdach gebildet und ist bei den Wirbeltieren durch die Wirbelsäule (fast völlig) ersetzt. Das vom dorsalen Ektoderm nach innen abgeschnürte **Nervensystem** (Rückenmark) erweitert sich apikal und bildet so einen Kopf mit einem zentralen Gehirn, das vielfältige Sinnesorgane (s. Kap. 8) steuert. Der Vorderdarm wandelt sich zum ursprünglichen **Atmungssystem** (Kiemendarm) um (s. Kap. 6). Bis auf wenige Gruppen (Tunicata) ist das **Blutkreislaufsystem** geschlossen, wobei das Herz stets ventral liegt und das Blut nach vorn pumpt. Als **Exkretionsorgane** – wenn vorhanden – dienen Nephridien, die mannigfach umgewandelt sind (s. Kap. 5). Die Chordata werden in die drei Unterstämme Tunicata (Manteltiere), Acrania (Schädellose) und Vertebrata (Wirbeltiere) untergliedert.

2.4.26.1 Unterstamm Tunicata

Die etwa 2.100 bekannten Arten der Tunicata leben ausschließlich **marin**. Namengebend ist eine von der einschichtigen Epidermis sezernierte Hülle aus dem zelluloseartigen Tunicin. Charakteristisch ist weiterhin, daß alle Larven (und bei der Klasse der Appendicularien auch die Adulten) einen Schwanz mit der Chorda aufweisen, was der gesamten Gruppe auch den Namen **Urochordata** eingetragen hat. Das stets mit einem After versehene **Darmsystem** dient im vorderen Bereich neben der Ernährung auch der **Atmung**: Dies geschieht durch Ausbildung des **Kiemendarms,** der das filtrierte

Wasser in den Peribranchialraum entläßt, in den auch der After mündet (Abb. 2.105 C). Spezielle **Exkretionsorgane** – sieht man von der Exkretspeicherung im Darm ab – fehlen, sind aber in Anbetracht des ständigen Wasserdurchflusses auch nicht notwendig (kurze Diffusionswege!). Das **Blutgefäßsystem** ist offen, wobei allerdings eine gewisse Bahnung durch Lakunen besteht. Das Herz, das von je einem vor und hinter dem Herzen gelegenen Nervenzentrum gesteuert wird, ist in der Lage, durch Schlagumkehr das durch Vanadium gefärbte Blut in beide Richtungen zu pumpen. Das **Nervensystem** ist bei adulten Tieren meist nur auf ein Ganglion konzentriert. Die **Gonaden** der Tunicaten, die vorwiegend Zwitter sind, liegen unpaar und meist getrennt voneinander im Hinterkörper. Die Geschlechtsprodukte werden meist ins Wasser abgegeben (= **äußere Befruchtung**). Neben dieser geschlechtlichen Entwicklung treten auch noch ungeschlechtliche Vermehrung durch Sprossung (evtl. an Stolonen) auf, die in regelmäßigem Wechsel in einem Generationswechsel (**Metagenese**) aufeinander folgen können. Die Tunicaten werden in drei Klassen (Appendicularia, Thaliacea, Ascidiacea) untergliedert.

Klasse Appendicularia (Copelata, Larvacea)

Bei den Vertretern der rezenten 70 Arten, die etwa 1–8 mm Länge erreichen, handelt es sich um freischwimmende Formen, die zeitlebens ihren chordahaltigen Schwanz bewahren (Abb. 2.105 A) und z.T. als geschlechtsreife Larven (**Neotenie**) angesehen werden (= anderer Name Larvacea). Ihre Oberfläche sezerniert (evtl. sehr große) Fanggehäuse, in denen durch Schwanzschlag ein Wasserstrom erzeugt wird. Die darin enthaltenen Partikel werden mit Hilfe des **Kiemendarms**, der neben einem Endostyl und Wimpernbögen nur ein Paar Kiemenspalten besitzt, zur Ernährung herausgefiltert. Das **Nervensystem** besteht aus einem dorsalen Längsstrang, der vorn in Verbindung zu einem Cerebralganglion steht; hier befinden sich auch die Sinnesorgane (1 **Statocyste**, Flimmergrube = Chemorezeptor?). Die Appendicularia sind mit Ausnahme von *Oikopleura dioica* Zwitter, wobei die Geschlechtsprodukte durch Aufreißen (= Tod des Tieres) der Körperwand freigesetzt werden. Die Ontogenese beginnt als **totale Furchung** (s. Kap. 3) und verläuft direkt über Jungtiere (= Schwanz gerade) zu geschlechtsreifen Adulten (= Schwanz abgeknickt; Abb. 2.105). Wichtige Arten gehören zur Gattung *Oikopleura*. Diese weltweit verbreiteten Arten werden selbst bis etwa 3 mm groß, ihre Gehäuse können allerdings eine Länge von 2 cm erreichen.

Klasse Thaliacea (Salpen)

Die durchsichtigen, schwebend im Wasser (pelagisch) lebenden, faß- bzw. tonnenförmigen, zum Teil bis 15 cm großen Vertreter der etwa 40 Arten der Thaliacea haben **In-** und **Egestionsöffnungen** an den jeweiligen Polen, so daß der Wasserstrom auch zur Fortbewegung dient, wobei Kontraktionen der arttypischen **Muskelringe** (Abb. 2.105 F) zu rückstoßartigen Bewegungen führen. Es werden drei Ordnungen unterschieden:

232 2 Baupläne und Biologie der Tiere

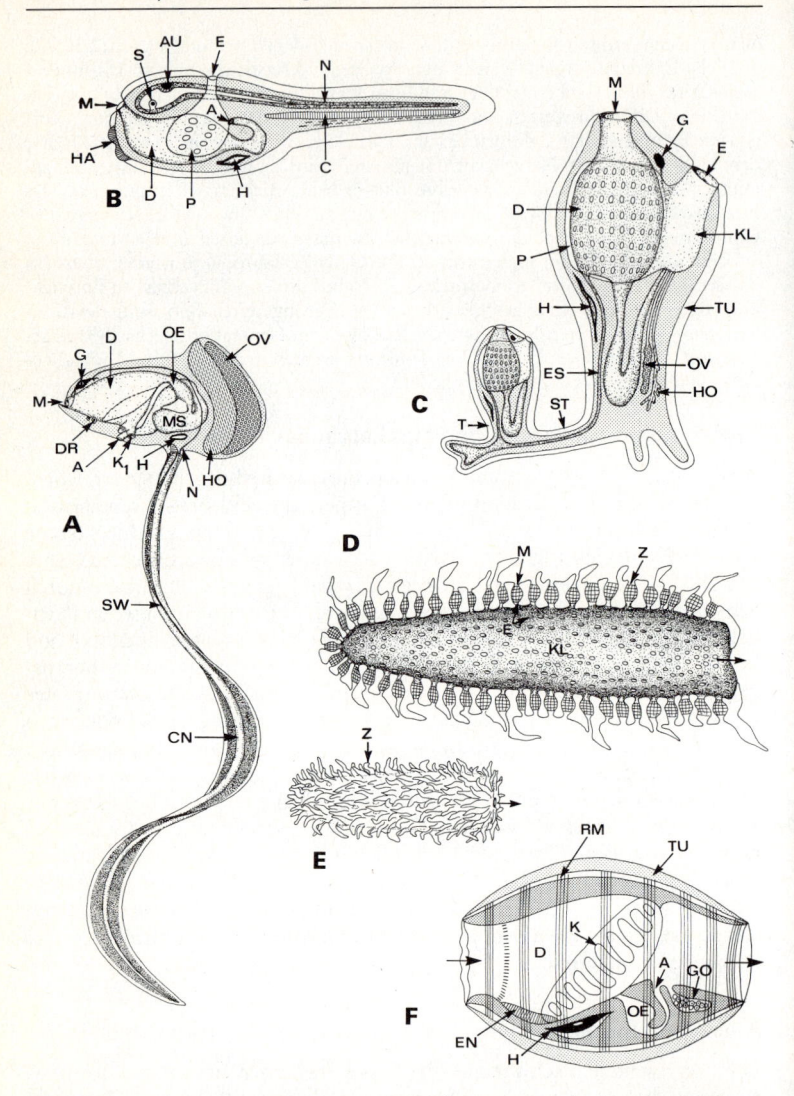

Abb. 2.105: Schem. Darstellung von verschiedenen Formen der Tunicata (nach verschiedenen Autoren). **A.** *Oikopleura* sp. (ohne Gehäuse), Typ eines Copelaten (= Larvacea, Appendicularia). **B.** Larvale Ascidie; mit Schwanz, freibeweglich. **C.** Adulte, festsitzende Ascidie (bildet u.a. Tochterindividuen durch Ausläufer). **D,E** Kolonie von freibeweglichen Feuerwalzen (Pyrosomida) im Schnitt und in der Aufsicht. Die

Ordnung Pyrosomida (Feuerwalzen)

Hierbei handelt es sich um bis zu 3 m lange **Kolonien**, bei denen die Einzeltiere um einen Hohlzylinder angeordnet sind (Abb. 2.105 D, E). Ausgang der Entwicklung ist ein **Oozoid** (Ammentier), das larval bleibt und durch Knospung die 4 **Blastozoide** (Primärtiere) bildet, aus denen durch weitere **Knospung** die Kolonie hervorgeht. Charakteristikum ist eine **Lumineszenz**, die durch Leuchtbakterien entsteht, welche mit dem Ei auf die nächste Generation übergehen.

Ordnung Cyclomyaria

Die **Oozoide** (Ammentiere) sind relativ groß; ihre 8–9 Muskelringe bilden deutliche, geschlossene Bänder (Abb. 2.105 F); der larval noch vorhandene Schwanz fehlt; ihr **Kiemendarm** hat 8–200 Öffnungen. Der metagene **Generationswechsel** schließt **Blastozoide** (protogyne Zwitter) und **Oozoide** ein. Das vom Blastozoid gebildete reife Ei wird ausgestoßen und sinkt nach der Befruchtung zu Boden. Die entstehende Larve besitzt einen Schwanz; nach dessen Resorption entsteht das Oozoid. Dieses Ammentier bildet ventral einen **Stolo prolifer** aus, in den Fortsätze von Kiemendarm ragen. Die Knospen werden durch **Phorocyten** auf einen Rückenfortsatz gebracht und dort in 3 Längsreihen angeordnet. Die lateral stehenden Knospen entwickeln sich zu sterilen Nährtieren (**Gasterozoide**) für das Ammentier (**Oozoid**), da dieses den Darm reduziert hat. Aus den median angeordneten Knospen werden **Phorozoide** (= Tragtiere), an deren Stiel neuerdings 20–30 Knospen entstehen. Wenn sich derartige Knospen vom Stiel lösen, wachsen sie zu Geschlechtstieren (Blastozoiden) heran, die wiederum mit der Ausbildung von Gameten beginnen. Die Gattung *Doliolum*, deren Individuen etwa 10 mm Länge erreichen, sind häufiger Bestandteil des Planktons im Mittelmeer.

Ordnung Desmomyaria

Hierbei handelt es sich um solitär lebende Tiere, deren Muskelbänder nicht geschlossen sind und die im Gegensatz zu den Cyclomyaria (Abb. 2.105 F) nur 1 Paar Kiemenspalten besitzen. Die Befruchtung erfolgt im Ovar von Geschlechtstieren (**Blastozoide**). Aus der Egestionsöffnung werden nach dieser Brutpflege die Ammentiere (**Oozoide**) abgesetzt, die an ihrem Stolo dann wiederum die Blastozoide abschnüren. Die bekanntesten Arten gehören zu der Gattung *Salpa* (*S. maxima*: Oozoid bis 15 cm).

Ingestionsöffnungen (M) der Einzeltiere liegen außen, die Egestionsöffnungen (E) münden in einen gemeinsamen Kloakalraum (K). F. Geschlechtstier der Cyclomyaria (Tönnchensalpe); die Gonade (GO) ist protogyn. Pfeile deuten die Richtung des Wasserstroms an. A: Anus, AU: Auge, C: Chorda, CN: Chorda und Neuralrohr (parallel), D: Kiemendarm, DR: Drüsen, E: Egestionsöffnung, EN: Endostyl, ES: Entodermschlauch, G: Ganglion, GO: Gonade, H: Herz (mit Perikard), HA: Haftlappen, HO: Hoden, K: Spalte im Kiemendarm, KL: Kloakalraum, M: Mund- bzw. Ingestionsöffnung, MS: Magenblindsack, N: Neuralrohr, OE: Ösophagus, OV: Ovarium, P: Peribranchialraum, RM: Ringmuskel, S: Schweresinnesorgan im Gehirn, ST: Stolo (Stiel), SW: Schwanz, T: Asexuell entstandenes Tochterindividuum, TU: Tunicinmantel, Z: Zoid (Einzeltier).

Klasse Ascidiacea (Seescheiden)

Die Vertreter der mit über 2.000 Arten größte Gruppe der Tunicaten können bis zu 30 cm lang werden und besitzen meist sessile Adulte (mit derbem Mantel) sowie freischwimmende **Larven** mit Ruderschwanz (mit Chorda, Neuralrohr, Muskeln). Wegen der sessilen Lebensweise ist der **Darm** charakteristisch U-förmig und im vorderen Bereich mit meist zahlreichen Kiemenspalten versehen (Abb. 2.105 C). Die Arten leben solitär oder in Kolonien (Synascidien), wobei letztere ungeschlechtlich durch Knospen entstehen. Die Geschlechtsprodukte reifen in den paarigen bzw. unpaaren Gonaden und werden ins freie Wasser abgegeben. Die Larve ist Ergebnis einer totalen bilateralen Furchung (s. Kap. 3), setzt sich mit dem Vorderende fest und reduziert den Schwanz. Häufig auftretende Arten sind *Ciona intestinalis* (8 cm, solitär), und *Botryllus schlosseri* (1–2 mm in sternförmig um die gemeinsame Egestionsöffnung angeordneten Kolonien).

2.4.26.2 Unterstamm Acrania (Schädellose)

Die nur etwa 30 Arten dieses Unterstammes leben als **hemisessile Strudler** marin (weltweit) im Substrat. Ihr fischförmiger Körper, der dorsal in voller Länge von der **Chorda** durchzogen wird, erreicht eine maximale Ausdehnung von etwa 6–8 cm (Abb. 2.106). Die Körperwand besteht aus einer einschichtigen Epidermis und der darunterliegenden somatischen Muskulatur, die in V-förmigen Muskelsegmente (**Myomere**) untergliedert ist. Der respiratorische **Kiemendarm** ist von einem Peribranchialraum umschlossen, der in einem ventralen Porus ausmündet (Abb. 2.106). Der gerade verlaufende, verdauende Darm, der einen Blindsack (Leber) aufweist, endet in einem subterminalen After. Als **Exkretionsorgane** dienen Cyrtopodocyten (s. Kap. 5). Das **Blutgefäßsystem** ist geschlossen, ein Herz fehlt, allerdings haben Arterien und Venen kontraktile Elemente zum Blutfluß entwickelt; das Blut selbst enthält aber keine Atmungspigmente. Das **Nervensystem** besteht aus einem dorsalen, vorn zu einem «Gehirnbläschen» erweiterten Neuralrohr und einem davon ausgehenden, verzweigten, peripheren Nervensystem (via segmentale Spinalnerven). Als **Sinnesorgane** treten Pigmentbecherocellen (s. Abb. 9.2) entlang des Rückenmarks auf; echte Augen wie auch Schweresinnesorgane fehlen dagegen.

Fortpflanzung. Die Acrania sind getrenntgeschlechtlich, wobei die **Gonaden** segmental an der Coelomwand liegen. Da sie keine Ausführgänge ausbilden, platzen sie zum Peribranchialraum hin und entlassen via dessen Porus die Geschlechtsprodukte ins freie Wasser, wo die Befruchtung stattfindet. Aus der Zygote entsteht über eine bilaterale Furchung eine asymmetrische **Larve**, aus der durch Metamorphose schließlich die Adulten hervorgehen. Die

---

Abb. 2.106: Schem. Darstellungen des Lanzettfischchens (*Branchiostoma lanceolatum*). **A.** Muskelschichtung. **B.** Nerven- und Darmsystem. **C.** Blutgefäßsystem; der Blutfluß ist durch Pfeile angedeutet. **D.** Räumliche Darstellung im Quer- und Längsschnitt (nach Kühn und verschiedenen amerikan. Lehrbüchern). A: Anus, AO: Aorta,

2.4.26 Baupläne, Chordata

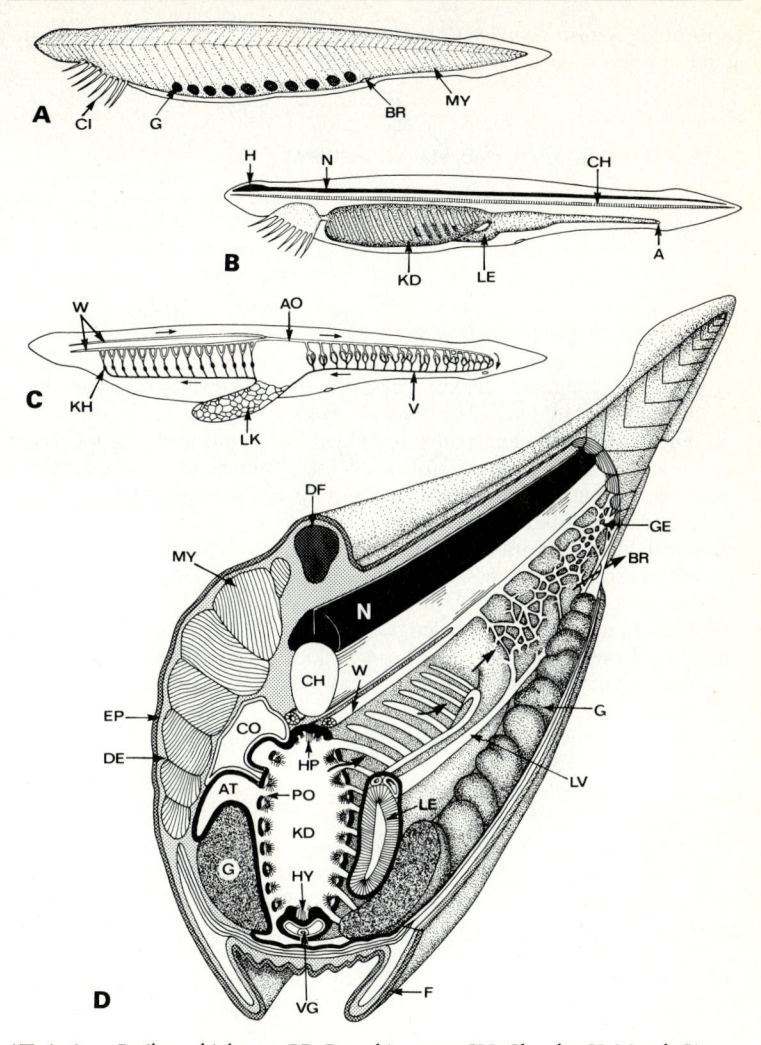

AT: Atrium, Peribranchialraum, BR: Branchioporus, CH: Chorda, CI: Mund, Cirren, CO: Coelom, DE: Dermis, DF: Dorsaler Flossensaum, EP: Epidermis, F: Bauchfalten, G: Gonade, GE: Blutgefäßgeflecht, H: Hirnbläschen, HP: Epibranchialrinne, HY: Hypobranchialrinne, KD: Kiemendarm, KH: Kiemenherzen (Bulbili), LE: Hepatopankreas, liegt vorn auf der rechten Körperseite, s. Abb. B, LK: Leberkapillaren, LV: Lebervene, MY: Myomere (Muskelzüge), N: Neuralrohr (mit Zentralfalte), PO: Kiemendarmporus (-spalte), V: Darmvene, VG: Ventrales Blutgefäß, W: Aortenwurzel (paarig).

bekannteste Art ist *Branchiostoma* (= *Amphioxus*) *lanceolatum* (ca. 6 cm) in den europäischen Meeren.

2.4.26.3 Unterstamm Vertebrata (Wirbeltiere)

Die Vertebrata, die wegen der Bildung eines mehr oder minder klar abgetrennten Schädels auch als **Craniota** bezeichnet werden, sind durch folgende Merkmale von den übrigen Chordata (Tunicata, Acrania) zu unterscheiden:

1. **Körpergliederung** in Kopf, Rumpf, (z.T.) Schwanz und 2 Paar Extremitäten (Ausnahme: Cyclostomata), wobei letztere allerdings sekundär teilweise rückgebildet werden können. Die sek. Leibeshöhle (Coelom) ist auf den Rumpf beschränkt.
2. **Endoskelett** besteht aus knorpeligen und/oder knöchernen Elementen, die sich auch in den Extremitäten fortsetzen.
3. Die **ektodermale Epidermis** ist mehrschichtig und wird von mehreren mesodermalen Schichten (Cutis, Subcutis) unterlagert. Beide zusammen (bzw. einzeln) bilden Strukturen wie Haare, Federn, Zähne, Schuppen etc. (Abb. 2.110, 2.118).
4. Der **Peribranchialraum** ist nicht mehr vorhanden. An der Wand der Kiemenspalten bilden sich Kiemen, die von den Amphibien aufwärts durch die ebenfalls vom Vorderdarm entstehenden inneren Atmungsorgane (**Lungen**) ersetzt werden (s. Abb. 6.2, 6.4, 6.5).
5. Das **Nervensystem** besteht aus einem dorsal gelegenen Strang (Rückenmark), von dem segmentale Spinalnerven ausgehen, und einem im Schädel besonders geschützten Gehirn (ZNS), von dem bei Anamniern 10, bei den Amniota 12 Paar Gehirnnerven abzweigen. Es zeigt sich generell die Tendenz zur deutlichen Gliederung des Gehirns in 5 Abschnitte, von denen das apikale Großhirn (s. Kap. 8) als übergeordnetes Zentrum fungiert.
6. Hochdifferenzierte **Sinnesorgane** werden entwickelt (s. Kap. 9–11).
7. Die ursprünglich paarig-segmental angelegten **Exkretionsorgane** zeigen Entwicklungstendenzen zur Zentralisierung auf ein Paar **Nieren**, die mit dem Geschlechtssystem in Kontakt treten, so daß schließlich ein **Urogenitalsystem** entsteht (s. Kap. 5).
8. Das **Blutgefäßsystem** ist stets geschlossen. Der Blutstrom wird vom ventral gelegenen (mehrkammerigen) **Herz** in Bewegung gehalten (ventral nach vorn). 4–7 Arterienbögen und häufig ein Pfortaderkreislauf werden ausgebildet. Es treten Blutkörperchen (mit bzw. ohne Kern) auf, die stets Hämoglobin als (roten) Farbstoff enthalten (Erythrocyten), daneben finden sich unterschiedliche «Leukocyten» (s. Kap. 13).
9. Die **Gonaden** werden stets paarig in der dorsalen Coelomwand angelegt (Tendenz zum Urogenitalsystem; Abwandlungen bzw. Reduktionen s. Cyclostomata und Fische).

10. Ausbildung eines differenzierten **Hormonsystems** aus verschiedenen zusammenwirkenden endokrinen Drüsen (s. Kap. 12).

System: Vertebrata

Die Vertreter werden in folgende **Klassen**/Gruppen untergliedert (vergl. aber S. 49):
1. Cyclostomata (Rundmäuler) — Agnatha (Kieferlose)
2. Chondrichthyes (Knorpelfische)
3. Osteichthyes (Knochenfische) — A: **Anamnia**
4. Amphibia (Lurche)
5. Reptilia (Kriechtiere)
6. Aves (Vögel) — Tetrapoda (Vierfüßer) — B: **Amniota** (mit Amnion) — Gnathostomata (Kiefermäuler)
7. Mammalia (Säugetiere)

Klasse Cyclostomata (Agnatha)

Diese artenarme (44) Klasse enthält zwei Gruppen von aalartigen, stets chordahaltigen Tieren: Ord. Petromyzonoidea = **Neunaugen** (sie erhielten ihren Namen wegen der in Seitenansicht erscheinenden 9 «Augen» = Nasengrube, Auge, 7 Kiemenspalten) und Ord. Myxinoidea (= **Schleimaale**).

Beide Gruppen, die weder einen Kiefer (**agnath**) noch paarige Flossen besitzen, leben vorwiegend **marin**, allerdings treten bei den Neunaugen auch einige reine Süßwasserformen *(Lampetra planeri)* auf. Mit einer durchschnittlichen maximalen Länge von etwa 40–50 cm *(Petromyzon marinus* = Meerneunauge bis 1 m, Bachneunauge = *L. planeri* bis 17 cm) werden die teilweise ektoparasitisch lebenden Formen (Neunaugen) relativ groß und stellen auch für große Fische eine echte Bedrohung dar, sofern sie diese befallen. Mit Hilfe von Hornzähnen (1–viele, artspezifisch) wird dann Blut und Hautgewebe aufgenommen. In den meisten Fällen jedoch ernähren sie sich (wie stets die schlammbewohnenden Schleimaale) als Aasfresser oder echte Räuber, die ihre kleine Beute verschlingen. Das Bachneunauge nimmt als Adultus keine Nahrung mehr zu sich, da kein funktionsfähiger Darm vorhanden ist. Der vordere Darm der Cyclostomata ist als typischer **Kiemendarm** (bei Neunaugen als ventrale Aussackung) ausgebildet (Abb. 2.107), der (bei Neunaugen) über 7 paarige Kiementaschen mit der Außenwelt in Verbindung steht. Bei Schleimaalen ist bei einigen Arten eine gemeinsame Kiemenöffnung ausgebildet. Als **Exkretionssystem** dienen Nieren (Holonephros, s. Kap. 5). Das **Blutgefäßsystem** ist geschlossen, das ventrale **Herz** (Atrium, Ventrikel) pumpt das sauerstoffarme Blut zu den Kiemen. Als wichtiges Sinnesorgan dient beiden Gruppen die unpaare Nasengrube, die bei den Schleimaalen eine offene Verbreitung zum Vorderdarm hat. Schleimaale haben ihre **Augen** reduziert, während die adulten Neunaugen primitive Linsenaugen besitzen (Larven: Blasenaugen, s. Kap. 9). Das **Nervensystem** ist in ein 5-gliedriges Gehirn, 10 Hirnnervenpaare, ein Rückenmark und davon ausgehende Stränge unterteilt. Als **Sinnesorgane** finden sich Augen, ein statoakustisches Organ (Labyrinth), ein Geruchsorgan sowie Geschmackskörperchen im Schlundbereich. Die stets unpaare **Gonade** durchzieht den ganzen Körper. Die Geschlechtsprodukte werden über Coelom und Kloake bzw. Urogenitalporus frei. Bei Neunaugen findet die **Fortpflanzung** stets nach Einwanderung ins Süßwasser statt (anadrom). Die Männchen legen Laichgruben an, in denen die Eier besamt werden. Während bei den Schleimaalen eine direkte Entwicklung stattfindet, kommt es bei den Neunaugen zu einer **Metamorphose** (s. Kap. 3).

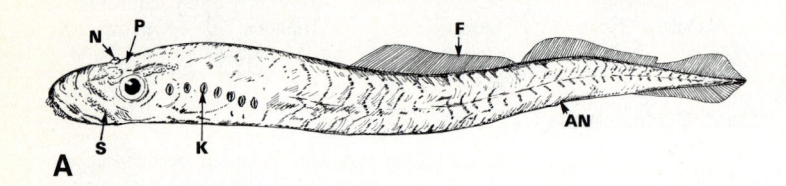

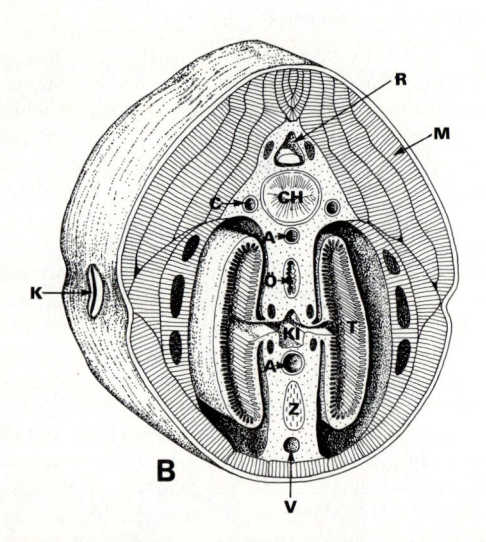

Abb. 2.107: Schem. Darstellung eines Neunauges (*Petromyzon* sp.) in der Außenansicht (**A**) und im Querschnitt durch den Kiemenbereich (**B**). A: Dorsale Aorta, AN: Analöffnung (Kloake), C: Vordere Cardinalvene, CH: Chorda dorsalis, F: Flossensaum, K: Kiemenöffnung, KI: Kiemendarm, M: Muskel, N: Nase, Ö: Ösophagus, P: Parietalorgan, R: Rückenmark, S: Seitenliniensystem, T: Kiementaschen, V: Ventrale Aorta, Z: Lingualmuskel.

Aus den Eiern schlüpft eine sog. **Ammocoetes**-Larve (**Querder**), die im Bau an *Branchiostoma* spp. (s. Abb. 2.106) erinnert und im Schlamm des Süßwassers als hemisessiler Strudler lebt. Nach etwa 4 Jahren beginnt die Umwandlung zu Adulten. Diese wandern evtl. zum Meer (z.B. Flußneunaugen, *Lampetra fluviatilis*), leben als Räuber (s.o.), bilden nach etwa 1 Jahr ihren Darm zugunsten der Gonade zurück und wandern zum Laichen wieder in das Süßwasser ein. Während die Neunaugen nach dem Ablaichen der relativ kleinen Eier sterben, geben die stets marinen Schleimaale über lange Zeit ihre großen (bis 2 cm) Eier ab (haben aber trotz dieser Größe des Geschlechtssystems ihren Darm nicht zurückgebildet).

A) Anamnia

Die in dieser Gruppe zusammengefaßten 3 Klassen (Chondrichthyes, Osteichthyes, Amphibia) weisen neben den allgemeinen Vertebratenmerkmalen (s.o.) folgende Übereinstimmungen in ihrer Morphologie auf.

1. Die ontogenetische **Entwicklung** findet bei den meisten Arten im Wasser statt (Ausnahmen z.B. Feuer- und Alpensalamander), s. Abb. 2.115.
2. Wegen des vorwiegenden Aufenthalts im Wasser erfolgt bei den meisten Arten die **Atmung** über paarige Kiemensysteme (Ausnahmen: Dipnoi, adulte Amphibien = Lungenbildung).
3. In den meisten Fällen erfolgt eine äußere **Befruchtung**, d.h. die abgelegten Eier werden im Wasser inseminiert. Brutpflege tritt jedoch dennoch bei einigen Arten auf (z.B. Maulbrüter, Geburtshelferkröte).
4. Der **Keim** wird im Ei lediglich von Eiweiß- und/oder Gallerthüllen umgeben. Ein Amnion (s. Kap. 3) fehlt stets.
5. Die **Haut** ist im allgemeinen weich und schlüpfrig (da drüsenreich). Durch Hautzähne (z.B. Haie), Knochenplatten bzw. derbe Schuppen kann allerdings sekundär eine Verstärkung erfolgen.
6. Die Kiemen- und Körperkreisläufe des **Blutes** sind nicht völlig getrennt, d.h. die Hauptkammern haben keine vollständigen Längswände. Eine Temperaturregulation erfolgt nicht (= vorwiegend wechselwarme = poikilotherme Tiere).
7. Die **Nierenorgane** entwickeln sich über das embryonale Pronephros (Vorniere) zum bleibenden Mesonephros (Urniere) bei Adulten. Beide Systeme bestehen aus paarigen, segmental angeordneten Mesodermkanälen, die ursprünglich mit einem Wimperntrichter (s. Kap. 5) in der Leibeshöhle beginnen und in die paarigen primären Harnleiter (Vornieren-, Urnierengang bzw. Wolffscher Gang) einmünden. Blutgefäße nehmen mit den Kanälen Kontakt auf; das Ganze kann so Glomeruli bilden und in ein kompaktes Nierengewebe eingeschlossen werden. Die Urnierengänge sind dann zudem noch oft ohne direkten Kontakt zur Leibeshöhle und werden von der Bowmanschen Kapsel umhüllt. Im männ-

lichen Geschlecht kommt noch eine Verbindung zum Hoden hinzu: der Samen wird über Vasa efferentia in den vorderen Teil der Urniere eingebracht und über den Urnierengang ausgeleitet, der somit zum Harn-Samengang wird.
8. Die Knochen des Mundraums können bei den Vertretern aller drei Klassen mit **Zähnen** versehen sein.
9. Der **Darm** mündet (außer bei den Teleostei, s. Abb. 2.112) zusammen mit den Nieren und Geschlechtsorganen in eine Kloake.
10. Die Anamnia weisen nur 10 Paare von **Gehirnnerven** auf (bis einschließlich N. vagus, s. Kap. 8).

Klasse Chondrichthyes (Knorpelfische)

Etwa 630 rezente, nahezu ausschließlich im **Meer** lebende Arten, die sich auf zwei Unterklassen, die Elasmobranchii (Haie und Rochen) und Holocephali (Chimären) verteilen.

Die Tiere besitzen ein knorpeliges Skelett aus einem gegliederten Hirnschädel (**Neurocranium**), dem darunterliegenden Gesichts- oder Eingeweideschädel (**Viscerocranium**) mit z.T. differenzierten Kiemenbögen (1. Kieferbogen, 2. Zungenbeinbogen, 3. bis 7. Kiemenbögen), einer Wirbelsäule, die z.T. verkalken kann und Reste der Chorda dorsalis enthält, sowie dem meist mit der Wirbelsäule verbundenen Schultergürtel und einem Beckengürtel.

Der **Kopf** ist oft verlängert (Nasenfortsatz, Rostrum), der Mund daher unterständig. Erstmals bei rezenten Wirbeltieren treten differenzierte **Flos-**

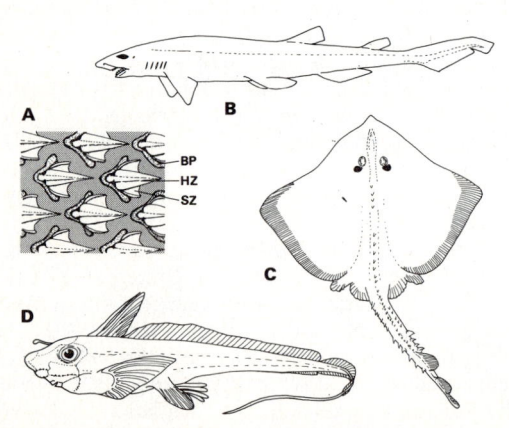

Abb. 2.108: Placoidschuppen (A) vom Katzenhai; verschiedene Chondrichthyes (B-D). **B.** Katzenhai *(Scyliorhinus canicula)*, **C.** Keulenrochen *(Raja clavata)*, **D.** Seekatze *(Chimaera monstrosa)*. BP: Basalplatte, HZ: Hauptzahn, SZ: Seitenzahn.

sen auf. Paarig sind die Bauchflossen und die horizontal abstehenden Brustflossen, unpaar die Rücken-, After- und Schwanzflosse. Die Schwanzflosse steht im Dienste der Fortbewegung; sie ist meist heterozerk, d. h. der obere vergrößerte Abschnitt enthält das Ende der Wirbelsäule (Abb. 2.109 A).

Die stark entwickelte Rumpfmuskulatur ist segmentiert, die einzelnen **Myomere** sind durch bindegewebige Scheidewände (Myocommata) getrennt. Zwischen ventralen und dorsalen Muskelpaketen liegen dorsale Rippen. Bei Zitterrochen sind seitliche Muskelplatten zu elektrischen Organen umgewandelt, die beim Beutefang, zur Verteidigung und zur Ortung von Gegenständen innerhalb eines vom Rochen aufgebauten elektrischen Feldes eingesetzt werden. Makrelenhaie erreichen mit Hilfe stark durchbluteter Muskelpakete relativ konstante über der Umgebungstemperatur liegende Körpertemperaturen (teilweise Homoiothermie).

Das **Integument** besteht aus einem mehrschichtigen, unverhornten Epithel (Epidermis) mit Schleimzellen, Giftdrüsen (Rochen, Chimären) und Leuchtorganen (Tiefseehaie) und der bindegewebigen Dermis mit Farbzellen (Chromatophoren) und Resten von Deckknochen in Form von Hautzähnen (Placoidschuppen), die die Epidermis durchstoßen (Abb. 2.108 A). Im Aufbau entsprechen sie den Zähnen des Ober- und Unterkiefers sowie den Zähnen der höheren Wirbeltiere.

Der **Verdauungstrakt** beginnt mit der je nach Ernährungsweise mit ein- bis mehrspitzigen, nicht auf den Kiefern befestigten Zähnen, Zahnplatten oder einem Reusenapparat (planktonfressende Haie) ausgestatteten Mundhöhle. Ihr folgen der Kiemendarm (Pharynx) mit einem Reusenapparat zum Schutz der Kiemen, der Ösophagus, der Magen (von manchen Haien durch Luftaufnahme als «Schwimmblase» genutzt) und der Darm, dessen Oberfläche durch eine in ihrer Ausbildung stark variierende Spiralfalte vergrößert ist. Die große Leber dient auch als Fettspeicher. Der Enddarm mündet in eine Kloake; eine Rektaldrüse dient der Salzausscheidung. Knorpelfische haben keine Schwimmblase; sie sind Dauerschwimmer; manche legen sich auf den Boden, um auszuruhen.

Aussackungen des Kiemendarms, die bei den Elasmobranchii meist über fünf **Kiemen**spalten getrennt nach außen münden, dienen der Atmung. Die vorderste Kiemenöffnung zwischen Zungenbeinbogen und Kieferbogen ist rudimentär und bildet das Spritzloch (Spiraculum). Das **Herz** gliedert sich von hinten nach vorn in einen Sinus venosus, eine Vorkammer (Atrium), eine Hauptkammer (Ventrikel) und den Conus arteriosus (s. Abb. 13.3 E) und pumpt das venöse Blut in die Kiemen. Leber- und Nierenpfortadersystem sind vorhanden. Ein **Lymph**gefäßsystem fehlt.

Das **Blut** enthält neben relativ wenigen Leukocyten und hämoglobin- und kernhaltigen Erythrocyten bei manchen Haien beträchtliche Mengen Harnstoff. In Verbindung mit der Tätigkeit von Rektaldrüsen, die überflüssiges Salz ausscheiden, wird dadurch Isotonie mit dem umgebenden Salzwasser erreicht.

Das langgestreckte **Gehirn** mit großen Riechkolben (Bulbi olfactorii) des Vorderhirns (Telencephalon) und voluminösem Cerebellum ist wie bei allen Wirbeltieren insgesamt in fünf Abschnitte zu gliedern (s. Kap. 8). Es sind stets 10 Hirnnerven vorhanden.

Ein **Seitenliniensystem** aus Gruppen von Druck- und Strömungsrezeptoren (Neuromasten) ist ausgeprägt; am Kopf der Elasmobranchii finden sich darüber hinaus noch **Lorenzinische Ampullen**, die der Wahrnehmung elektrischer Reize dienen (s. Kap. 10). Das häutige **Labyrinth** (mit drei Bogengängen) enthält Schweresinnesorgane (Sinnesepithelien, auf denen Statolithen liegen) und fungiert als Hörorgan; es mündet auf der Oberfläche des Kopfes mit dem Ductus endolymphaticus nach außen. Geschmacksknospen sind auf die Mund- und Pharynxregion beschränkt. Die paarigen **Nasen**höhlen münden auf der Unterseite des Rostrums nach außen; es besteht keine Verbindung zum Schlund (reines Riechorgan).

Die kugeligen Linsen der **Augen** sind nicht verformbar. Eine Akkomodation durch Bewegen der Linse ist nicht zweifelsfrei nachgewiesen. Da die Tiere häufig nachtaktiv sind und in größeren Tiefen leben, findet sich zur besseren Lichtausnutzung in der gefäßreichen Aderhaut (Chorioidea) hinter der Retina ein Tapetum lucidum mit Guaninkristallen.

Die **Niere** ist eine Urniere (Opisthonephros). Der Harn wird bei ursprünglichen Formen über den primären Harnleiter (Wolffscher Gang) – er nimmt auch die Spermien auf (Harnsamenleiter) – oder über einen sekundären Harnleiter – der Wolffsche Gang wird dann zum reinen Samenleiter – ausgeleitet (s. Kap. 5).

Fortpflanzung. Die Eier gelangen aus den Ovarien (meist ist nur eins aktiv) in die Leibeshöhle, von dort in die Müllerschen Gänge (Ovidukte), wo eine Eiweißdrüse (Nidamentaldrüse) das Eiklar und eine Schalendrüse die hornige Eikapsel bilden. Der letzte Teil des Oviduktes, die Vagina, mündet in eine Kloake. Die dotterrreichen (polylecithalen) Eier furchen sich meroblastisch.

Alle Knorpelfische haben eine innere Befruchtung. Als Kopulationsorgane dienen die umgebildeten Bauchflossen (Mixopterygien, Pterygopodien). Bei den meist lebendgebärenden Elasmobranchii gibt es verschiedene Formen der **Viviparie**. In diesen Fällen ernähren sich die mit äußeren Kiemen und einem Dottersack ausgestatteten Embryonen von Sekreten der Eiweißdrüse oder des zu einem Uterus erweiterten Oviduktes, über Nährstränge (Trophonemata), die vom Uterus gebildet werden, von unbefruchteten Eiern oder über eine Dottersackplacenta.

Über die Vorfahren der Knorpelfische und ihre Ableitung von fossilen Kiefermäulern (Gnathostomata) herrscht noch Unklarheit.

Zu den **Elasmobranchii** zählen die Selachii (Haie) (Abb. 2.108B) mit etwa 250 Arten (bis 18 m) und die dorsoventral abgeflachten, überwiegend bodenlebenden Batoidei (Rochen) (Abb. 2.108C) mit etwa 350 Arten (bis 6 m lang). Rochen schwimmen mit Hilfe von undulierenden Bewegungen der Flanken und Brustflossen oder durch Auf- und Abschlagen (freischwimmende Formen) ihrer flügelartig vergrößerten Brustflossen.

Die **Holocephali** mit der einzigen etwa 30 Arten (bis 1,5 m lang) umfassenden Ordnung Chimaeriformes (Seedrachen) (Abb. 2.108D) unterscheiden sich in wesentlichen Merkmalen von den Elasmobranchii, so daß ihre Einordnung bei den Knorpelfischen z. T. angezweifelt wird. Chimären bewohnen den Meeresgrund und schwimmen mit Hilfe synchroner Bewegungen der Brustflossen. Rippen, Spiraculum und Spiralfalte des Darms fehlen. Harn-, Geschlechtswege und Darm münden getrennt (keine Kloake). Vier Kiemenspalten werden von einer Hautfalte (nicht homolog dem Operculum der Knochenfische) bedeckt. Die Tiere sind ovipar; ihre Eier furchen sich holoblastisch (total).

System: rezente Chondrichthyes (Knorpelfische)

Unterklasse: Elasmobranchii (Plattenkiemer)
    Ord.: Selachii (Haie) (Gatt. *Carcharias, Scyliorhinus, Mustelus, Squalus*)
    Ord.: Batoidei (Rochen) (Gatt. *Rhinobatos, Raja, Manta*)
Unterklasse: Holocephali (Chimären, Seekatzen)
    Ord.: Chimaeriformes (Seedrachen) (Gatt. *Chimaera*)

Klasse Osteichthyes (Knochenfische)

Mit etwa 30.000 rezenten Arten, von denen die meisten im **Meer** leben, sind die Knochenfische die formenreichste Gruppe der Wirbeltiere. Den größten Teil stellen die Actinopterygii (Strahlenflosser), während die Dipnoi (Lungenfische) und Crossopterygii (Quastenflosser) nur noch mit sehr wenigen rezenten Arten vertreten sind.

Knochenfische besitzen ein teilweise oder vollständig verknöchertes Skelett. Die gelenkigen Kiefer sind gut entwickelt. Vor allem das während der Entwicklung noch knorpelige Neurocranium verknöchert bald und wird von zahlreichen **Ersatz-** und **Deckknochen** (Hautknochen) gebildet, die nur bei ursprünglichen Gruppen (z.B. Crossopterygii) so übersichtlich angeordnet sind, daß sie mit denen des Tetrapodenschädels verglichen und homologisiert werden können. Die **Wirbelsäule** ist starr mit dem Schädel verbunden. An Querfortsätzen der auch innerhalb einer Art unterschiedlich zahlreichen bikonkaven Wirbelkörper setzen Rippen an. Eine Chorda dorsalis ist entweder zeitlebens oder nur noch in Resten vorhanden.

Für die echten Knochenfische (Teleostei) sind zudem **Gräten** – Verknöcherungen des Bindegewebes zwischen den Muskeln – charakteristisch; sie sind nicht mit der Wirbelsäule verknüpft. Mit dem Kopfskelett sind die Knochen des Schultergürtels verbunden; Beckenknochen sind nur gering entwickelt und bleiben ohne Verbindung mit der Wirbelsäule. Brust- und Bauchflossen sind paarige **Gliedmaßen**; die übrigen Flossen (die auch in Mehrzahl vorhandene Rückenflosse sowie After- und Schwanzflosse) sind dagegen unpaar. Die Schwanzflosse ist entweder heterozerk, diphyzerk (oberer und unterer Abschnitt der Flosse gleichgroß, Wirbelsäule gerade), meist aber homozerk (oberer und unterer Abschnitt ist gleichgroß, kleiner Endabschnitt der Wirbelsäule aus verschmolzenen Wirbeln (Urostyl) nach oben gebogen) (Abb. 2.109B, C).

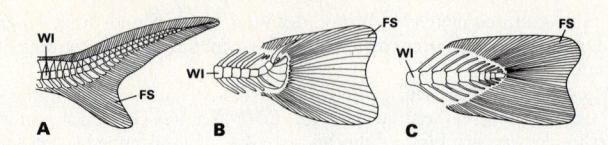

Abb. 2.109: Schwanzflossen. **A.** heterocerker Typ, **B.** homocerker Typ, **C.** diphycerker Typ. FS: Flossenstrahlen, WI: Wirbelsäule.

Stützelemente der Flossen sind knöcherne Strahlen (Lepidotrichia). Flossen dienen dem Vortrieb (Schwanzflosse), als Stabilisatoren (unpaare Flossen), als Steuerorgane (paarige Flossen), können aber auch zu Stützorganen, Flügeln, Haftorganen und Kopulationsorganen umgewandelt sein.

Abgesehen von einer speziellen Kiemenbogenmuskulatur bei den Teleostei ist die **Muskulatur** ähnlich wie bei den Knorpelfischen angeordnet. Reich durchblutete (rote) seitliche Muskelstränge befähigen z.B. schnellschwimmende Thunfischarten zur Homoiothermie (vgl. die konvergente Erscheinung beim Makrelenhai). Bei manchen Formen sind Muskeln zu elektrischen Organen geworden, die z.B. beim Zitteraal (*Electrophorus*, Cypriniformes) Spannungen von 500 V und Stromstärken von 2 A erreichen. Ihre Funktion ist die gleiche wie bei den Zitterrochen. Schwach elektrische Fische wie die Nilhechte (Mormyriformes) nutzen diese Organe jedoch vornehmlich zur elektrischen Ortung.

Das **Integument** besteht aus einem mehrschichtigen, unverhornten Epithel (Epidermis) und der Dermis. Die Epidermis enthält u.a. verschiedene Drüsenzellen (z.B. schleimsezernierende Becherzellen, Schreckstoff produzierende Kolbenzellen), bei einigen Formen auch Giftdrüsen an der Basis von Giftstacheln. Manche Leuchtorgane von Tiefseefischen sind umgewandelte Drüsen, die z.T. mit Linsen und Reflektoren ausgestattet sind und der Anlockung der Beute, des Geschlechtspartners sowie der Tarnung und Abschreckung von Feinden dienen können. In der Dermis liegen u.a. Blutgefäße, Muskeln und verschiedene Farbzellen (Chromatophoren), die einen hormonell und nervös gesteuerten Farbwechsel ermöglichen, sowie bei den meisten Knochenfischen unterschiedliche, jedoch stets auch Knochenmaterial enthaltende Schuppen (Ganoidschuppen mit immer mehr reduziertem

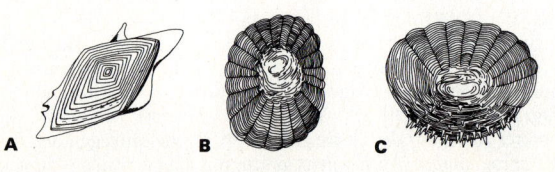

Abb. 2.110: Schuppentypen. **A.** Ganoid-, **B.** Cycloid-, **C.** Ctenoidschuppe.

schmelzähnlichem Ganoin, Elasmoidschuppen, z.B. runde Cycloid- oder caudal gezähnte Ctenoidschuppen, die nur noch aus Knochen bestehen, Abb. 2.110A–C). Schuppen können zu Knochenpanzern verschmelzen. Auch die Flossenstrahlen sind von Schuppen abzuleiten.

Die unterschiedliche **Ernährung**sweise (Fische sind u.a. Plankton-, Schlamm- und Pflanzenfresser, Filtrierer oder Räuber) spiegelt sich im Verdauungstrakt wider. Dieser gliedert sich in den je nach Lebensweise end-, unter- oder oberständigen Mund, die Mundhöhle, den Ösophagus, den Kiemendarm (bei Planktonfressern mit Reusenfilterapparat), den Magen (er kann bei Karpfenartigen fehlen), den Dünndarm, z.T. mit großen zusätzlichen Verdauungsräumen (Pylorusanhänge), Leber, Galle, Pankreas und Enddarm. Zähne finden sich auf den Kieferknochen, anderen den Mund auskleidenden Knochen sowie häufig auch auf der noch sehr einfachen Zunge. Der Enddarm mündet meist vor der Harn- und Geschlechtsöffnung nach außen.

Atmung. Knochenfische besaßen ursprünglich Lungen, d.h. Ausstülpungen des vorderen Darmabschnittes, wie sie auch heute noch bei Lungenfischen und einigen ursprünglichen Strahlenflossern vorhanden sind. Von diesen ursprünglichen Lungen ist die unpaare oder paarige **Schwimmblase** mit nunmehr überwiegend hydrostatischer Funktion abzuleiten (s. Abb. 6.5).

Bei einigen wohl ursprünglicheren Strahlenflossern (**Physostomi**) wird sie über einen offenen Gang (Ductus pneumaticus) zum Vorderdarm mit Luft gefüllt. Bei der Mehrzahl der Fische, wo dieser Gang während der Entwicklung verschlossen wird (**Physoclisti**), regulieren eine Gasdrüse und gasresorbierende Gewebe den Druck in der Schwimmblase. Bei manchen Fischen ist die Schwimmblase auch an der Erzeugung von Tönen beteiligt oder wirkt als Resonator zur Tonverstärkung. Darüber hinaus steht sie auch im Dienste des Hörens. Entweder überträgt sie direkt, evtl. mit Ausläufern, oder wie bei den Ostariophysi mit Hilfe kleiner Knochen (Weberscher Apparat) Änderungen des Druckes auf das häutige Labyrinth (Abb. 10.27).

Kiemen, bei schuppenlosen Fischen auch die Haut, dienen der Aufnahme von im Wasser gelöstem Sauerstoff (s. Abb. 6.2B).

Die fünf Paar Kiemenspalten der Knochenfische werden von einem knöchernen Kiemendeckel (Operculum) bedeckt. Vier Paar Kiemenbögen tragen reich durchblutete Kiemenblätter und diese wiederum seitliche Fortsätze, die Kiemenblättchen. Chloridzellen (Ionocyten) im Kiemenepithel dienen der Osmoregulation und Ionenbalance. Beim Atmen nimmt der Fisch bei geschlossenen Kiemendeckeln und erweitertem Kiemendarm mit dem geöffneten Mund Wasser auf, das bei geschlossenem Mund und Verengung des Kiemenraums an den Kiemenblättchen vorbeigepreßt wird. Atmosphärische Luft kann über Lungen oder zusätzliche (akzessorische) Atemorgane, meist reich durchblutete Epithelien z.B. der Mundhöhle, des Ösophagus, der Kiementaschen oder des Enddarms, aufgenommen werden.

Das **Kreislaufsystem** ähnelt dem der Knorpelfische. Das Herz besteht aus einer Hauptkammer (Ventrikel) und einer Vorkammer (Atrium) (s. Abb. 13.3E, F) und erhält rein venöses Blut. Ein Nieren-Pfortadersystem und ein

Leber-Pfortadersystem sind vorhanden. Das Lymphsystem ist gut entwickelt. Die **Blut**körperchen der Fische entsprechen denen anderer Wirbeltiere. Die kleinen Erythrocyten und Thrombocyten sind in der Regel kernhaltig.

Hämoglobin fehlt den Eisfischen (Channichthyidae, Perciformes), die in sauerstoffreichen antarktischen Gewässern leben. Erythrocyten und Thrombocyten werden in der Kopfniere (Pronephros), Erythrocyten z.T. auch in den Gefäßwänden und der Milz gebildet. Leukocyten (Granulocyten, Lymphocyten, Monocyten) entstehen in den Gonaden, in der Leber, der Darmwand und der Milz.

Das kleine, langgestreckte **Gehirn** hat den typischen fünfteiligen Aufbau des Wirbeltierhirns (s. Kap. 8). Das Telencephalon ist überwiegend Riechhirn, das Metencephalon erreicht vor allem bei schnellen Schwimmern bemerkenswerte Ausmaße.

Sinnesorgane. Ein **Seitenliniensystem** mit Neuromasten, die je nach Lebensweise in Kanälen versenkt (Bewohner strömender Gewässer, Dauerschwimmer) oder an der Oberfläche angeordnet sind (Fischlarven, Bewohner stehender Gewässer), dient der Druck- und Strömungswahrnehmung. Die verbreiteten **Elektrorezeptoren** leiten sich vom Seitenliniensystem ab. Das häutige **Labyrinth** (stato-akustisches Organ) ähnelt dem der Knorpelfische. Das schallempfindliche Sinnesepithel liegt meist im Sacculus. Wachstumsringe der flachen Kalkkonkremente (Statolithen) auf den Sinnesepithelien (Maculae) des Utriculus, Sacculus und der Lagena geben Auskunft über das Alter der Fische. **Geschmacksknospen** finden sich im Lippen-, Mund- und Zungenbereich, häufig aber auch auf dem Kopf und Rumpf. Die mundständigen Barteln vieler Fische tragen darüber hinaus noch Thermo- und Mechanorezeptoren (s. Kap. 10).

Die **Augen** sind bei den meisten Fischen gut entwickelt. Zur Fernakkomodation wird die kugelige, nicht verformbare Linse zurückgezogen. Reflektierende Schichten, z.B. in der Aderhaut (Chorioidea) hinter der Retina, häufiger jedoch im Pigmentepithel der Retina, sind namentlich bei dämmerungsaktiven Fischen verbreitet.

Die an der Rückseite des Leibeshöhlenwand liegende **Niere** ist z.T. ein Pronephros, namentlich die in Kopfnähe gelegene Kopfniere, ansonsten ein Opisthonephros. Der Harn wird stets über den Wolffschen Gang abgeleitet; sein kaudaler Teil bildet oft eine Harnblase. Im männlichen Geschlecht fungiert er entweder ganz oder teilweise als Harnsamenleiter; bei den Teleostei existiert jedoch ein sekundärer Samenleiter (Ductus deferens).

Fortpflanzung. Die **Gonaden** (Hoden, Ovarien) liegen seitlich der Schwimmblase zwischen Nierengewebe und Verdauungsorganen. Knochenfische sind in der Regel getrenntgeschlechtlich.

Zwitter (Hermaphroditen) sind vor allem bei marinen Actinopterygii verbreitet. Lungenfische und Quastenflosser besitzen lange, Flösselhechtverwandte und Kahlhechte reduzierte und die übrigen Knochenfische keine echten Ovidukte (Müllersche Gänge) mehr. Bei Lungenfischen und Quastenflossern münden sie in eine Kloake. Eier und Spermien werden oft in ungeheurer Zahl (bis zu mehreren Millionen) ins Wasser abgegeben (äußere Befruchtung). Die Eier sind dotterreich (polylecithal) oder mäßig dotterreich (mesolecithal); dementsprechend ist die Furchung entweder meroblastisch discoidal oder holoblastisch (total) und inäqual (s. Kap. 3). Marine Teleostei haben häufig schwebende Eier, die wie auch die kleinen Larven und Jungfische verdriftet werden und der Verbreitung der Art dienen. Im Zuge einer allmählichen **Metamorphose** werden larvale Organe (z.B. Dottersack, Haftorgane etc.) abgebaut, umgebaut (z.B. Mundpartie, Flossen) oder gänzlich neue Adultorgane gebildet (s. Kap. 3). Bei einigen Familien, vor allem der Teleostei (z.B. lebendgebärende Zahnkarpfen, Poeciliidae; Hochlandkärpflinge, Goodeidae; Halbschnäbler, Hemiramphidae u.a.), haben sich verschiedene Formen der **Viviparie** entwickelt. Die Jungen wachsen innerhalb des Ovars entweder in der Ovarialhöhle (intraovarielle Entwicklung) oder im Follikel (intrafollikuläre Entwicklung) heran. Die Ernährung der Embryonen wird durch eine Vielzahl verschiedenartiger Mechanismen sichergestellt, u.a. sezernieren Follikel- oder Ovarwand nährstoffreiche Flüssigkeiten oder bilden Zotten der Follikelwand und des embryonalen Dottersacks eine Placenta. Embryonen nehmen Nahrung über die Haut, das Pericard oder Ausstülpungen des Darms (Trophotaenien) auf. Viviparie setzt eine innere Befruchtung voraus. Spermien werden häufig als Samenpakete (Spermatophoren, Spermatozeugmen) mit Hilfe von Kopulationsorganen (z.B. zu Gonopodien umgewandelte Afterflossen) auf das Weibchen übertragen.

Die Fortpflanzung erfolgt meist periodisch, häufig erst nach komplizierten Werbe- und Paarungshandlungen. Brutfürsorge und Brutpflege sind verbreitet. Die Eier werden an geschützte Plätze, in Nester aus Pflanzenteilen oder aus Schaum sowie Gruben oder Höhlen abgelegt und bewacht. Bitterlingweibchen (*Rhodeus sericeus amarus*, Cypriniformes) legen ihre Eier mit Hilfe der verlängerten Urogenitalpapille zwischen die Schalenhälften von Teichmuscheln *(Anodonta)*, wo sie sich im Kiemenraum entwickeln. Viele Fische tragen ihre Eier oder Jungfische auch am oder im Körper. Buntbarschmännchen (Cichlidae, Perciformes) nehmen die Eier, oft auch die ausgeschlüpfte Brut ins Maul. Weibliche Seenadeln und Seepferdchen (Syngnathiformes) legen ihre Eier in ventrale Falten oder Taschen des Männchens, wo sie bis zum Ausschlüpfen verbleiben, usw. Manche Fische unternehmen weite Wanderungen, um geeignete Laichplätze aufzufinden. Lachse und Störe ziehen z.B. vom Meer ins Süßwasser (**anadrome** Fische), Aale z.B. vom Süßwasser ins Meer (**katadrome** Fische).

Über die Vorfahren der Osteichthyes gibt es nur Vermutungen. Die ersten Knochenfische sind bereits aus dem mittleren Devon, also früher nachweisbar als die ersten Knorpelfische. Man muß davon ausgehen, daß die gemeinsamen Vorfahren der fossilen Placodermi, der Knorpelfische und der Knochenfische wahrscheinlich vor dieser Zeit lebten.

Strahlenflosser (**Actinopterygii**) haben fast alle aquatischen Lebensräume erobert. Durch die Schwimmblase verloren die Flossen als Stütz- und Bewegungsorgane an Bedeutung; ihr Skelett konnte reduziert werden. Die ursprünglichsten Vertreter sind mit nur acht Arten die süßwasserbewohnenden afrikanischen Flösselhechte (**Polypteri**) (Abb. 2.111A). Sie zeichnen sich u.a. durch besondere, gestielte paarige Flossen (Brachiopterygium) aus, eine diphyzerke Schwanzflosse, paarige Lungen, ein Spiraculum, einen Spiraldarm, eine Chorda, einen knorpeligen Schädel mit vielen Deckknochen und große Ganoidschuppen aus. Zu den Knorpelganoiden (**Chondrostei**) gehören etwa 17 Stör- und zwei Löffelstörarten (Acipenseriformes) (Abb. 2.111B) mit heterozerker Schwanzflosse, einfacher Schwimmblase, Spiraculum, Spiralfalte im Darm, sekundär knorpeligem Skelett, Chorda, reduzierten Ganoidschuppen und Knochenplatten. Knorpelganoide waren vor allem gegen Ende des Paläozoikums (Devon bis Unterkreide) vertreten. Die Blütezeit der Knochenganoide (**Holostei**) (Abb. 2.111C) war im Mesozoikum. Die 11 Arten der beiden rezenten Ordnungen (Knochenhechte, Lepisosteiformes, und Kahlhechte, Amiiformes) zeichnen sich durch eine heterozerke Schwanzflosse, eine paarige Schwimmblase, die auch der Atmung dient, ein weitgehend verknöchertes Skelett sowie Ganoidschuppen aus.

Die echten Knochenfische (**Teleostei**) sind seit dem Tertiär die am weitesten verbreitete und artenreichste Gruppe, die auch extreme Biotope (Stromschnellen, periodisch austrocknende Tümpel, Tiefsee, unterirdische Gewässer, Natronseen) besiedelt hat. Sie zeigen gegenüber den Holostei (von denen sie wahrscheinlich abstammen) viele Reduktionen, z.B. Verminderung der Radien im distalen Flossenskelett, stark verknöchertes Innenskelett, Gräten als zusätzliche Verknöcherungen, die Fähigkeit, den Gasdruck in der Schwimmblase zu regulieren, u.a. Die Schwimmblase ist bei manchen bodenbewohnenden Fischen wieder verschwunden. Teleostei haben dünne nur noch aus Knochen bestehende Elasmoidschuppen (runde Cycloid- oder gezähnte Ctenoidschuppen), die stets von der Epidermis bedeckt sind und deren konzentrische Zuwachsstreifen zur Altersbestimmung herangezogen werden können. Die Schwanzflosse ist überwiegend homozerk. In Anpassung an die verschiedensten Lebensbedingungen wurde vielfach die ursprüngliche Fischform aufgegeben. Das System der Teleostei ist verwirrend und noch nicht befriedigend. Es gibt zahlreiche Ordnungen und Familien, zu denen auch die wirtschaftlich wichtigen Speisefische des Süß- und Seewassers zählen (Abb. 2.112A–J).

Dipnoi: Lungenfische haben paarige oder unpaare Lungen, jedoch keine echten inneren Nasenöffnungen (Choanen); vielmehr sind die vorderen äußeren Nasenöffnungen nach innen verlagert (Pseudochoanen). Ihre Schwanzflosse ist diphyzerk, die

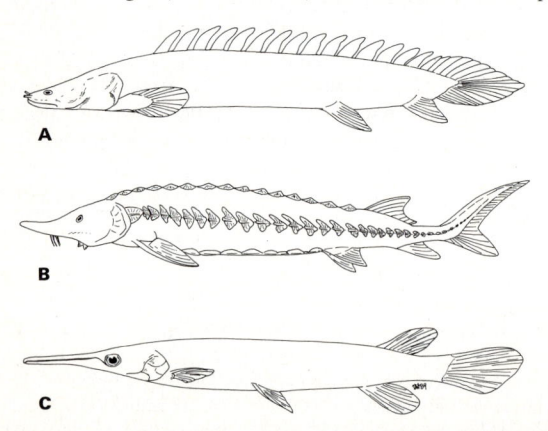

Abb. 2.111: **A.** Flösselhecht (*Polypterus bichir*, Polypteri), **B.** Stör (*Acipenser sturio*, Chondrostei), **C.** Knochenhecht (*Lepisosteus platostomus*, Holostei).

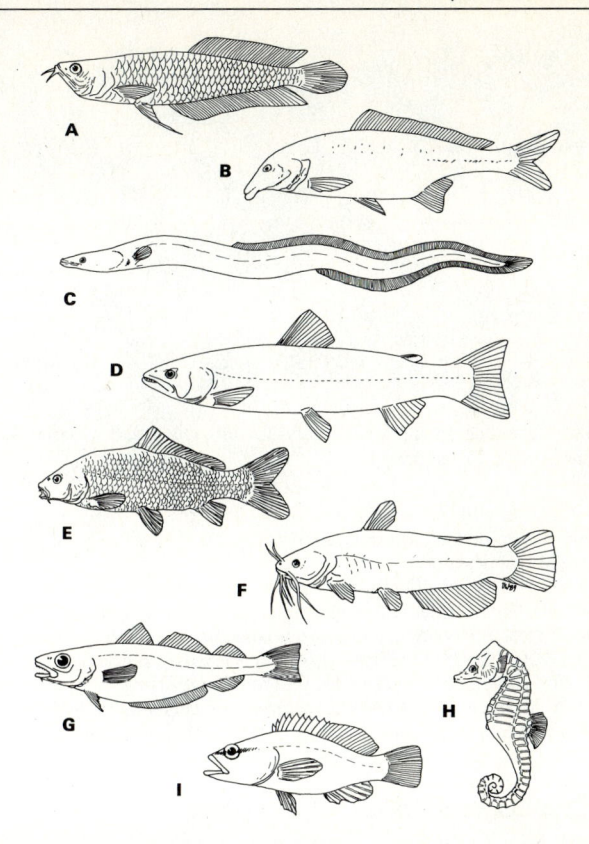

Abb. 2.112: Verschiedene Teleostei. **A.** Gabelbart *(Osteoglossum bicirrhosum)*, **B.** Tapirrüsselfisch *(Mormyrus kannume)*, **C.** Aal *(Anguilla anguilla)*, **D.** Lachs *(Salmo salar)*, **E.** Karpfen *(Cyprinus carpio)*, **F.** Katzenwels *(Ictalurus nebulosus)*, **G.** Wittling *(Gadus merlangus)*, **H.** Seepferdchen *(Hippocampus antiquorum)*, **I.** Schriftbarsch *(Serranellus scriba)*.

Zähne sind zu Zahnplatten verschmolzen und der Darm ist mit einer Spiralfalte versehen; der Körper ist mit Cosmoidschuppen bedeckt. Das Skelett der rezenten Arten ist weitgehend knorpelig, die Chorda zeitlebens vorhanden. Ein unvollständiges Septum im Herzen erlaubt eine teilweise Trennung des Lungen- und Körperkreislaufs. Die einzige rezente Ordnung (Ceratodi) umfaßt drei Gattungen mit sechs Arten (Abb. 2.113A): *Neoceratodus* sp. aus Australien mit breiten, muskulösen und gestielten paarigen Flossen (Archipterygium) und fischähnlichen Larven, *Protopterus* sp. aus Afrika und *Lepidosiren* sp. aus Südamerika, beide mit dünnen, lang ausgezogenen Extremitäten und Larven, die denen der Amphibien ähneln (äußere Kiemen, Haftor-

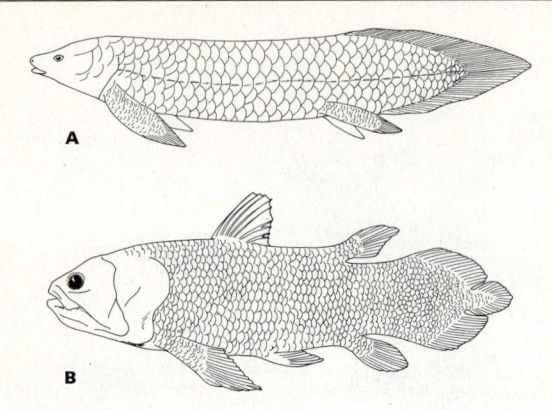

Abb. 2.113: **A.** Lungenfisch *(Neoceratodus forsteri*, Dipnoi), **B.** Quastenflosser *(Latimeria chalumnae*, Crossopterygii).

gane). *Protopterus-* und *Lepidosiren-*Arten überstehen die Austrocknung ihrer Wohngewässer in Schleimkokons.

Crossopterygii: Quastenflosser hatten ihre Blütezeit im Devon bis Carbon. Der einzige rezente Vertreter der Coelacanthini ist *Latimeria chalumnae* (Abb. 2.113B), ein viviparer Tiefseebewohner, der keine Choanen besitzt und mit Cosmoidschuppen bedeckt ist. Das Neurocranium ist stark verknöchert; die Chorda bleibt erhalten. Die Lunge ist zur Schwimmblase geworden und mit Fettgewebe gefüllt. Ein Archipterygium ist vorhanden. Die fossilen süßwasserbewohnenden Rhipidistia hatten echte Choanen und wahrscheinlich auch Lungen. Aus ihren paarigen Extremitäten sind die Gliedmaßen der Tetrapoden abzuleiten.

System: rezente Osteichthyes (Knochenfische)

Unterklasse: Actinopterygii (Strahlenflosser)
Überord.: Polypteri (Flösselhechtverwandte)
    Ord.: Polypteriformes (Flösselhechte) (Gatt. *Calamoichthys, Polypterus*)
Überord.: Chondrostei (Knorpelganoide)
    Ord.: Acipenseriformes (Störartige) (Gatt. *Acipenser, Polyodon*)
Überord.: Holostei (Knochenganoide)
    Ord.: Lepisosteiformes (Knochenhechte) Gatt. *Lepisosteus*)
    Ord.: Amiiformes (Kahlhechte) (Gatt. *Amia*)
Überord.: Teleostei (echte Knochenfische)
    Mit zahlreichen Ordnungen, z.B. Osteoglossiformes (Knochenzüngler), Mormyriformes (Nilhechte), Anguilliformes (Aalartige), Salmoniformes (Lachsartige), Cypriniformes (Karpfenfische), Siluriformes (Welse), Gadiformes (Dorschartige), Syngnathiformes (Röhrenmünder), Perciformes (Barschartige) u.a.
Unterklasse: Dipnoi (Lungenfische)
    Ord.: Ceratodi (Gatt. *Lepidosiren, Neoceratodus, Protopterus*)

Unterklasse: Crossopterygii (Quastenflosser)
　　Ord.: Coelacanthini (Gatt. *Latimeria*)

Klasse Amphibia (Lurche)

Etwa 3.900 rezente Arten, die sich auf die drei Ordnungen Urodela (Molche, Salamander), Anura (Frösche, Kröten, Unken) sowie die wurmförmigen Gymnophionen (Blindwühlen) verteilen.

Amphibien sind vierfüßige, wechselwarme (ektotherme, poikilotherme) Wirbeltiere mit einem flachen (platybasischen) **Schädel**, der über zwei Gelenkhöcker (Condyli occipitales) gelenkig mit dem ersten (Hals)wirbel der Wirbelsäule verbunden ist. Im Vergleich zu den Fischen ist der Schädel einfacher; vor allem ist die Anzahl der Deckknochen reduziert. Der Unterkiefer ist direkt am Schädel befestigt. Die **Wirbelsäule** besteht aus einer unterschiedlichen Anzahl röhrenförmiger, verknöcherter Wirbel (ein Halswirbel, Rumpfwirbel, ein Sacralwirbel und Schwanzwirbel); die z.T. an den Rumpfwirbeln ansetzenden Rippen haben keine Verbindung mit dem hier erstmals vorhandenen Brustbein (Sternum). Der **Schultergürtel** ist nicht mehr mit dem Schädel, sondern durch Bänder mit der Wirbelsäule verbunden. Das **Becken** wird von Ersatzknochen gebildet und ist fest mit der Wirbelsäule verbunden. Die Rumpfmuskulatur ist in Myomeren angeordnet. Die **Gliedmaßen** beginnen bei der Fortbewegung die dominierende Rolle zu spielen; sie sind von den paarigen Archipterygien der Crossopterygii abzuleiten und besitzen meist je vier Finger und fünf Zehen.

Das **Integument** (Abb. 2.114) besteht aus einer mehrschichtigen Epidermis und der reich durchbluteten Dermis. Die oberste verhornte Zellage (Stratum corneum) der Epidermis wird regelmäßig als Ganzes oder stückweise gehäutet. In der Dermis versenkt liegen mindestens zwei Typen epidermaler Drüsen: Schleimdrüsen halten die Körperoberfläche feucht, Körnchen- oder Giftdrüsen, die je nach Art biogene Amine, Alkaloide, Steroide und/oder verschiedene Peptide produzieren, schützen vor pathogenen Pilzen und Bakterien und dienen, oft in Verbindung mit einer Warnfarbe (aposematische Färbung), dem Schutz vor Freßfeinden. Mit Hilfe verschiedener in der Dermis gelegener Farbzellen (Chromatophoren) sind einige Arten in der Lage, ihre Farbe zu wechseln. Dermale Kalk- und Knochenablagerungen bei Anuren und Schuppen der Gymnophionen sind als Reste ehemaliger Hautknochen zu deuten.

Das **Verdauungs**system der nahezu ausschließlich carnivoren Tiere gliedert sich in Mundhöhle (meist mit Zähnen und einer muskulösen Zunge), kurzen, z.T. Pepsinogen produzierenden Ösophagus, sackartigen Magen (Nahrungsspeicher), Dünndarm, in den Gallenblase und Pankreas münden, und Enddarm, der sich in eine Kloake öffnet. Zähne stehen auf Oberkiefer, Unterkiefer (nicht bei Anuren) und dem Gaumen; sie dienen lediglich dem Festhalten der Beute, sind meist zweigeteilt, einander sehr ähnlich (homo-

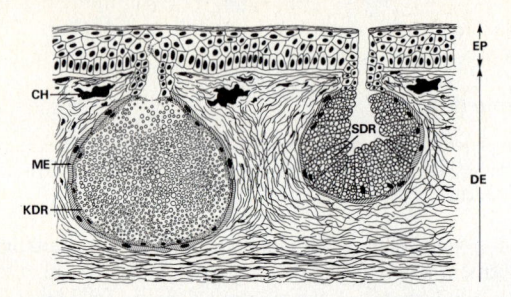

Abb. 2.114: Histologie der Amphibienhaut. CH: Chromatophore, DE: Dermis, EP: Epidermis, KDR: Körnchendrüse, ME: Myoepithel, SDR: Schleimdrüsenzelle.

dont) und werden zeitlebens gewechselt. Manche Anuren (z.B. Kröten, Bufonidae) sind sekundär zahnlos. Eine muskulöse, klebrige, drüsenreiche Zunge erleichtert den Beutefang auf dem Lande; sie besitzt lediglich freie Ränder oder ist so lang, daß sie sehr weit herausgeschleudert werden kann (Schleuderzungensalamander, Plethodontidae). Bei Anuren ist sie meist vorn am Mundboden befestigt und wird sehr schnell herausgeklappt. Aquatische Amphibien fangen ihre Beute meist durch Saugschnappen. Die bewegliche Beute wird visuell, taktil, in einzelnen Fällen auch olfactorisch wahrgenommen.

Zur **Atmung** werden je nach Entwicklungsstadium und Lebensweise bis zu drei Paar zunächst äußere Kiemen, Lungen, die reich durchblutete Haut sowie der ebenfalls reich durchblutete Mundboden verwendet. Lungen können reduziert sein (*Salamandrina*, Salamandroidea), vollständig fehlen wie bei den Plethodontidae (Salamandroidea) und bei aquatischen Formen vorwiegend als hydrostatisches Organ fungieren. Luft gelangt durch zwei äußere Nasenöffnungen in das Geruchsorgan und von dort durch zwei innere Nasenöffnungen (Choanen) in Mundhöhle und Lungen. Am vorderen Ende der Luftröhre (Trachea) ist vor allem bei den stimmbegabten Anuren ein Kehlkopf (Larynx) mit Stimmritze und Stimmbändern ausgebildet.

In Verbindung mit der Lunge hat sich ein doppelter **Blutkreislauf** entwickelt. Das Herz hat zwei vollständig (Anuren, einige Urodelen) oder unvollständig getrennte Vorhöfe und eine Hauptkammer (Ventrikel, s. Abb. 13.3G). Die linke Vorkammer erhält arterielles Blut von der Lunge, die rechte über den Sinus venosus venöses Blut vom Körper und oxidiertes aus den Hautvenen. Die Hauptkammer enthält Mischblut. Vom Arterienstamm (Truncus arteriosus) zweigen ursprünglich sechs Arterienbögen (Kiemenbögen) ab; allerdings werden die beiden ersten Paare schon während der Embryonalentwicklung reduziert. Nierenpfortadersystem und Leberpfortadersystem sind vorhanden. Das vor allem bei Anuren unter der Haut weiträumige **Lymph**gefäßsystem (s. Kap. 13) – es kann bei Gymnophionen bis zu 200 kontraktile Abschnitte (Lymphherzen) aufweisen – dient auch als Wasserspeicher.

Die Blutzellen (Erythrocyten, Leukocyten und Thrombocyten) werden in der Milz, Leber und Niere, z. T. auch im Knochenmark gebildet. Die Erythrocyten besitzen Zellkerne (kernlose finden sich nur bei Plethodontiden), sind elliptisch und häufig sehr groß (bei *Amphiuma*, Urodela, fast 80 µm lang). Thrombocyten sind spindelförmig und ebenfalls kernhaltig.

Das relativ kleine **Gehirn** ist langgestreckt. Die einzelnen Hirnabschnitte liegen hintereinander (s. Kap. 8). Wie bei Fischen sind 10 Gehirnnerven vorhanden.

Sinnesorgane: Aquatische Amphibien besitzen ein **Seitenliniensystem** (s. Kap. 10) aus Druck- und Strömungsrezeptoren (Neuromasten), larvale Gymnophionen und aquatische Urodelen auch **Elektrorezeptoren** (Ampullarorgane).

Der **Gehörsinn** (s. Kap. 10) ist vor allem bei Anuren entwickelt, die ein Trommelfell (Tympanum) und eine Mittelohrhöhle besitzen; diese enthält die Columella (dem Hyomandibulare der Fische homolog), die den Schall zum ovalen Fenster des Innenohrs (häutiges Labyrinth) leitet.

Die eustachische Röhre (Spiraculum der Knorpelfische) verbindet den Mittelohrraum mit der Mundhöhle. Ein weiterer Knochen am ovalen Fenster, das Operculum, ist Teil eines Systems, das niederfrequente Schwingungen auf das Innenohr überträgt. Bei Urodelen werden Schwingungen (z. B. Bodenerschütterungen) von den Vorderarmen über Schulterblatt, Opercularmuskel und Operculum zum ovalen Fenster geleitet. Das häutige Labyrinth ähnelt mit seinen Bogengängen dem der Fische und Reptilien. In einer Ausbuchtung des Sacculus findet sich nur bei Amphibien ein zusätzliches Sinnesepithel, die Papilla amphibiorum.

Geschmacksknospen sind im wesentlichen auf Mund-, Zungen- und Schlundregion beschränkt. Das **Geruchsorgan** hat äußere und innere Nasenöffnungen (Choanen). Eine blinde Aussackung jeder Nasenhöhle beherbergt das Vomeronasalorgan (Jacobsonsches Organ), das zum erstenmal auftritt und ebenfalls der Geruchswahrnehmung dient.

Das **Auge** ist in Ruhe fernakkomodiert (s. Kap. 8). Bei Naheinstellung wird die Linse durch Kontraktionen des Ciliarmuskels nach vorn gezogen. Die Augäpfel können mit Hilfe von Retractormuskeln weit in die Mundhöhle zurückgezogen werden und unterstützen auf diese Weise die Schluckbewegungen bei der Nahrungsaufnahme. Bei terrestrischen Formen kommen Augenlider, eine Nickhaut und Augendrüsen vor.

Die paarigen **Nieren** sind bei Gymnophionenlarven noch ein Holonephros, bei Anuren- und Urodelenlarven ein Pronephros, bei metamorphosierten Amphibien ein Opisthonephros, der sich in den Wolffschen Gang (primärer Harnleiter) und schließlich in die Kloake entleert. Bei Anuren und Urodelen können auch sekundäre Harnleiter ausgebildet sein. Die Harnblase, eine Ausbuchtung der Kloake, kann sehr groß sein und bei einigen Arten beträchtliche Mengen Wasser speichern. Stickstoffhaltige Exkretprodukte sind Ammoniak (aquatische Formen), Harnstoff (amphibisch und terrestrisch lebende Formen), vereinzelt sogar Harnsäure (manche Baumfrösche).

Fortpflanzung. Die **Gonaden** (Hoden, Ovarien) liegen neben der Niere. Spermien werden stets über den Wolffschen Gang, der entweder Harnsamenleiter oder bei Arten mit sekundärem Harnleiter reiner Samenleiter ist, ausgeleitet. Die aus den Ovarien in die Leibeshöhle fallenden Eier gelangen durch einen bewimperten Trichter (Ostium tubae) in die Ovidukte (Müllersche Gänge), wo sie mit gallertigen Hüllen (keine Schale) versehen werden. Auf den Gonaden liegen die bei Anuren fingerförmigen, bei Urodelen und Gymnophionen bandförmigen **Fettkörper**. Sie liefern die Energie für die Gametenentwicklung und z.T. auch für eine Überwinterung. Als typisch für Amphibien gilt folgender Lebenszyklus: Ablage von Eiern ins Wasser, aquatische Larven, Metamorphose, aquatische und/oder terrestrische Lebensräume. In allen drei Ordnungen besteht jedoch die Tendenz, sich unabhängig vom Wasser zu machen. So werden z.B. sich direkt entwikkelnde Eier aufs Land abgelegt oder verschiedene Formen der **Viviparie** entwickelt. Brutpflege, wie Bewachen und Befeuchten des Geleges, Entfernen verpilzter oder abgestorbener Eier, ist besonders bei solchen Amphibien verbreitet, die sich auf dem Lande fortpflanzen.

Als klassische Objekte der experimentellen Entwicklungsbiologie sind Embryonal- und Larvalentwicklung, allerdings nur einiger weniger Anuren- und Urodelenarten, sehr gut untersucht (s. Kap. 3). Die Furchung der mäßig dotterreichen (mesolecithalen) Eier ist holoblastisch und inäqual (s. Kap. 3), die der dotterreichen (polylecithalen) Eier der Gymnophionen jedoch meroblastisch; sie bilden eine Keimscheibe. Eine zusätzliche Embryonalhülle in Form eines Amnions wird nicht gebildet.

Die mit äußeren Kiemen versehenen Urodelen- und Gymnophionen**larven** sind langgestreckt und wie die Erwachsenen aktive Räuber mit Kiefern, echten Zähnen und einem dem der Adulten ähnlichen Verdauungssystem. Die geschwänzten Larven (Kaulquappen) der Anuren fressen häufiger Pflanzenteile, Algen, Planktonorganismen und andere im Wasser schwebende Partikel und sind dazu mit Hornschnäbeln, Hornzähnchen und/oder Filterkammern ausgestattet. Ihr Verdauungssystem (z.B. langer Darm) unterscheidet sich daher beträchtlich von dem des Adultus. Die anfangs äußeren Kiemen werden später von einer Hautfalte überwachsen. Die auf diese Weise entstehende Kiemenkammer steht mit der Außenwelt über eine oder zwei Öffnungen (nicht ganz korrekt Spiraculum genannt) in Verbindung. Während der Umwandlung (**Metamorphose**) der wasserbewohnenden, kiementragenden Larve zum kiemenlosen Adultus werden zahlreiche morphologische, physiologische und biochemische Merkmale den Bedingungen auf dem Lande angepaßt. Eine zentrale Rolle spielen dabei die Hormone der

Schilddrüse (Thyreoidea), deren Aktivität durch die Hypophyse gesteuert wird (s. Abb. 12.12).

Die rezenten Amphibien und damit alle Tetrapoden stammen von den Rhipidistia ab, süßwasserbewohnenden Quastenflossern (Crossopterygii) des Devons. Diese konnten mit Hilfe ihrer Archipterygien trockengefallene Wohngewässer verlassen und mit Hilfe von echten Choanen und Lungen atmosphärische Luft atmen. Die ältesten Tetrapoden (*Ichthyostega* aus dem Übergang Devon/Carbon) ähneln noch in vielen Merkmalen (Deckknochenmuster des Schädels, Kiemendeckel, Schwanzflossensaum, Seitenliniensysteme, kurze Gliedmaßen) den «Altfischen». Die Untergliederung der fossilen paläozoischen Amphibien, die ihre Blütezeit im Carbon und Perm hatten, in Labyrinthodontia und Lepospondyli erfolgt überwiegend nach der Struktur der Wirbel. Die rezenten Amphibien treten erst ausgangs der Kreide auf und sind im Vergleich zu den fossilen Formen stark abgeändert. Deswegen und wegen großer Fundlücken ist ihre Ableitung aus paläozoischen Formen unsicher. Wegen des gemein-

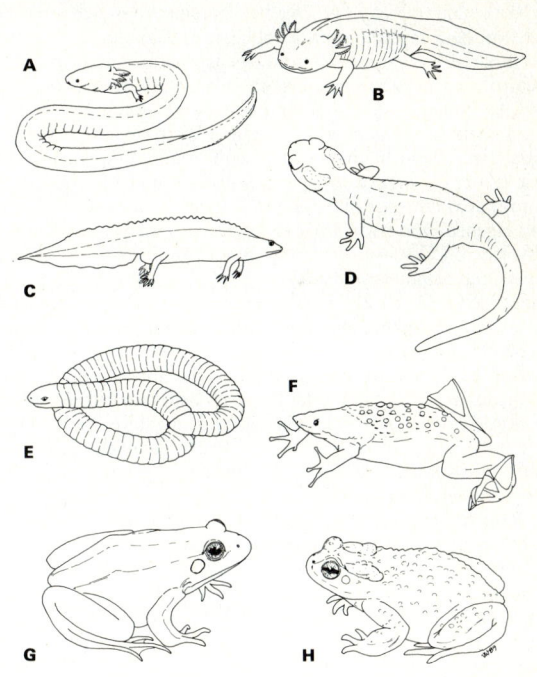

Abb. 2.115: Verschiedene Amphibien. Urodela: **A.** Armmolch *(Siren lacertina)*, **B.** Axolotl *(Ambystoma mexicanum)*, **C.** Teichmolch *(Triturus vulgaris)*, **D.** Feuersalamander *(Salamandra salamandra)*. Gymnophiona: **E.** Ringelwühle *(Siphonops annulatus)*. Anura: **F.** Kleine Wabenkröte *(Pipa carvalhoi)*, **G.** Wasserfrosch *(Rana esculenta)*, **H.** Erdkröte *(Bufo bufo)*.

samen Besitzes einiger «Exklusivmerkmale» (z.B. zweigeteilte Zähne, Columella-Operculum-Komplex, Papilla amphibiorum im Innenohr u.a.) werden die drei rezenten Ordnungen meist als «**Lissamphibia**» zusammengefaßt.

Urodela (Abb. 2.115A–D): Etwa 350 kleine bis mittelgroße (15 mm bis 1,5 m = *Andrias japonicus*, jap. Riesensalamander), langgestreckte, geschwänzte Arten der gemäßigten, subtropischen und z.T. tropischen Gebiete der nördlichen Halbkugel. Die zwei Paar Gliedmaßen (bei den Sirenidae fehlen die Hinterbeine) sind nur wenig abgewandelt. Viele Skelettelemente bleiben knorpelig. Die Cryptobranchioidea mit den Hynobiidae und Cryptobranchidae, vielleicht auch die Sirenoidea (z.B. *Siren lacertina*, Armmolch – 1 m) haben als ursprüngliche Urodelen eine äußere **Befruchtung**, die übrigen Urodelen (über 90% der Arten) jedoch eine innere mit Hilfe von Spermatophoren, die nach häufig sehr komplexem Werbe- und Paarungsverhalten vom Weibchen mit den Kloakenlippen aufgenommen werden. Die Spermien gelangen in ein Receptaculum seminis (Spermatheka) im Dach der Kloake, wo sie längere Zeit aufbewahrt werden können. Viele Urodelen weisen einen **Geschlechtsdimorphismus** auf, z.B. haben die Männchen während der Paarungszeit eine intensivere Färbung, höhere Rückenkämme etc. Die Eier werden einzeln, in Schnüren oder in Klumpen abgelegt. Nur bei Urodelen ist bisher obligate und fakultative **Neotenie** nachgewiesen worden, d.h. die Tiere werden unter Beibehaltung larvaler Merkmale geschlechtsreif (unterschiedlicher Neoteniegrad bei Sirenidae, Cryptobranchidae, bei vielen Plethodontidae, Ambystomatidae – z.B. *Ambystoma mexicanum*, Axolotl). Meist ist jedoch die Metamorphose vollständig. Die meisten Vertreter der artenreichen Plethodontidae legen Eier, die sich direkt entwickeln, aufs Land. Verschiedene Formen der **Viviparie** treten bei den Gattungen *Salamandra* und *Mertensiella* (Salamandridae, Salamandroidea) auf. Die im Oviduct (Uterus) heranwachsenden Jungen ernähren sich vom eigenen Dottervorrat (*S. salamandra*), von sich nicht entwickelnden Eiern und schwächeren Geschwistern (Unterarten von *S. salamandra*) oder Sekreten und Zellen des Uterusepithels (*S. atra*).

Gymnophiona (Abb. 2.115E): Etwa 160 auf die Tropen beschränkte (30 bis 150 cm) Arten (Blindwühlen) ohne Gliedmaßen. Der Körper ist geringelt; ein Schwanz fehlt oder ist sehr kurz. Die Tiere besitzen am Kopf aufstellbare Tentakel zum Aufspüren der Beute. Anpassungen an die unterirdisch grabende Lebensweise sind u.a. reduzierte, mit Haut oder Knochen bedeckte Augen und ein ungewöhnlich stark verknöcherter kompakter Schädel, in dem zahlreiche Elemente verschmolzen sind. Die linke Lunge ist reduziert. Die Kloake männlicher Gymnophionen ist zum vorstülpbaren Kopulationsorgan (Phallodeum) geworden (innere Befruchtung). Manche Arten legen ihre Eier aufs Land, haben jedoch aquatische Larven (Ichthyophidae, Rhinatrematidae, z.T. Caeciliidae), bei anderen entwickeln sich die Eier direkt ohne schwimmendes Larvenstadium (Caeciliidae, Uraeotyphlidae). Viele sind vivipar (Caeciliidae, Scolecomorphidae), so auch die im Wasser lebenden Typhlonectidae. Die Larven nehmen Sekrete und Zellen des Oviduktes (Uterus) auf.

Anura (Abb. 2.115F–H): Mit etwa 3.500 Arten die erfolgreichsten Lurche, die mit Ausnahme sehr kalter und sehr trockener Gebiete weltweit vorkommen. Die meisten Arten leben jedoch in den Tropen. Anuren sind schwanzlose 10 mm bis 40 cm große Amphibien. Als Anpassung an die oft springende Lebensweise sind die paarigen Knochen von Vorder- (Elle und Speiche) und Hinterextremität (Schienbein und Wadenbein) verschmolzen; die Wirbelsäule ist verkürzt (fünf bis neun präsacrale Wirbel; die Schwanzwirbel sind zu einem Knochenstab, **Urostyl**, verschmolzen); die Hinterbeine sind muskulös und verlängert. Der Schädel ist zur Spangenkonstruktion reduziert. Vor allem die Männchen sind stimmbegabt; die artspezifischen Lautäußerungen werden oft mit Hilfe von äußeren oder inneren Schallblasen verstärkt (s. Kap. 10). Anuren sind überwiegend ovipar und haben eine äußere **Befruchtung**. Innere Befruchtung ist von einigen *Nectophrynoides*-Arten (Bufonidae) bekannt und von *Ascaphus* sp. (Leiopelmatidae), einem Bewohner schnellfließender Bergbäche, der eine zum Kopulationsorgan umgestaltete Kloake besitzt. Die Männchen der Anuren sind häufig kleiner als die Weibchen. Sekundäre Geschlechtsmerkmale sind u.a. Daumenschwielen und andere Vorrichtungen, mit denen sich die Männchen auf dem Rücken des Weibchens oft tagelang festhalten. Eier werden ins Wasser oder außerhalb des Wassers, z.b. in Schaumnestern, Erdhöhlen oder auf Bäumen, abgelegt. Die **Entwicklung** kann direkt sein. In Einzelfällen (*Nectophrynoides*, Bufonidae) kommt auch **Viviparie** vor; die Jungen entwickeln sich in einem modifizierten Abschnitt (Uterus) des Oviduktes und ernähren sich von Sekreten des Uterusepithels. Eier werden auch um die Hinterbeine gewickelt (z.B. von Männchen der Geburtshelferkröte *Alytes obstetricans*, Discoglossidae) oder Kaulquappen auf dem Rücken getragen (viele Pfeilgiftfrösche, Dendrobatidae) und später ins Wasser entlassen. Bemerkenswert ist die Entwicklung der Jungen in Kammern außerhalb des weiblichen Genitaltraktes, z.B. in der Rückenhaut von Wabenkröten (Gatt. *Pipa*), in Rückentaschen der Beutelfrösche (Gattung *Gastrotheca*, Hylidae), in der Schallblase der Männchen von *Rhinoderma darwini* (Rhinodermatidae) oder sogar im Magen wie bei *Rheobatrachus silus* (Myobatrachidae).

Das derzeitige System der Anuren ist außerordentlich künstlich. Systematisch genutzte Merkmale sind u.a. Bau der Wirbelsäule, des Schultergürtels, der Larven, Besitz oder Fehlen von Zungen, Fortpflanzungsverhalten etc.

System: rezente Amphibia (Lurche)

Unterklasse: Lissamphibia
 Ord.: Urodela (Schwanzlurche, 8 Familien)
 Unterord.: Sirenoidea (Gatt. *Siren*)
 Unterord.: Cryptobranchoidea (Gatt. *Andrias, Cryptobranchus, Hynobius*)
 Unterord.: Salamandroidea (Gatt. *Ambystoma, Salamandra, Triturus* etc.)
 Ord.: Gymnophiona (Blindwühlen) (6 Familien)
   (Gatt. *Caecilia, Dermophis, Siphonops. Typhlonectes*)
 Ord.: Anura (Froschlurche) (21 Familien)
   (Gatt. *Alytes, Bombina, Bufo, Dendrobates, Discoglossus, Hyla, Rana, Xenopus*)

B) Amniota

Die restlichen drei Klassen (Reptilia, Aves, Mammalia) der Wirbeltiere sind – von sekundären Rückwanderungen ins Wasser (z.B. Pinguine, Wale) abgesehen – in ihrer ontogenetischen Entwicklung vom Wasser völlig unabhängig und haben daher alle Lebensräume besiedelt. Ihre Larvalentwicklung ist bei Bedarf verlängerbar und bietet somit mehr Möglichkeiten zur höheren Differenzierung von Organen, was allerdings entsprechende Schutzmechanismen (z.B. derbe Eischalen, lange Tragzeiten etc.) erfordert. In diesem Zusammenhang wird eine flüssigkeitsgefüllte (namengebende)

Höhle (**Amnion**) entwickelt, in der der Embryo u.a. durch eine weitere neuentwickelte Hülle (Serosa) vor Umwelteinflüssen geschützt wird. Die Amniota weisen im übrigen noch die folgenden gemeinsamen Merkmale auf:
1. Im Embryo wird eine eigene Harnblase (die **Allantois**) ausgebildet (s. Kap. 3).
2. Kiemen treten im Lebenszyklus niemals auf. Allerdings können in der Ontogenese noch Kiemenspalten erscheinen (**Lungenatmung**, s. Abb. 6.6, 6.7).
3. Der **Schädel**typ erweist sich allgemein als autostyl- und kielbasisch.
4. Das **Herz** ist im allgemeinen – von Foeten und den ursprünglichen Reptilien (außer Krokodile) abgesehen – vollständig in verschiedene Kammern (für Lungen- und Körperkreislauf) untergliedert (Abb. 13.3).
5. Die **Haut** ist im allg. trocken, d.h. Hautdrüsen sind limitiert.
6. Das **Nieren**system entwickelt sich aus einem Opisthonephros. Beim Männchen wird aus dessen cranialem Teil (Mesonephros) der Nebenhoden (s. Kap. 5), während sich der hintere Teil (Metanephros) zur funktionsfähigen Niere umwandelt. Dabei bildet sich ein sekundärer Harnleiter (Ureter) neu. Im Gegensatz zu den Elasmobranchiern und Amphibien, wo der primäre Harnleiter zum Wolffschen Gang (Samenleiter) bzw. Müllerschen Gang (Eileiter) wird, entstehen diese Gänge bei den Amnioten aus Peritonealfalten ebenfalls neu.
7. Vom **Gehirn** ziehen 12 Hirnnervenpaare zu ihren Erfolgsorganen (s. Kap. 8).

Klasse Reptilia (Kriechtiere)

Die wegen ihrer (an Land) kriechenden Fortbewegungsweise als Reptilien zusammengefaßten 4 rezenten Ordnungen (s.u.) enthalten weltweit etwa 6.000 Arten. Ihnen gegenübergestellt sind 9 ausgestorbene Ordnungen (s.u.), von denen die Saurischia und Ornithischia (zusammen: Dinosauria) die größten Lebewesen der Erde (z.B. *Brachiosaurus* spp. – 25 m × 12 m, 50 t) hervorgebracht haben. Gemeinsame Merkmale der Reptilien (s. S. 49):
1. Die **Haut** ist sehr drüsenarm und wirkt daher sehr trocken.
2. Die **Epidermis** (insbesondere Stratum corneum) bildet stets Hornschuppen bzw. Platten aus. Zusätzlich finden sich bei einigen Gruppen z.B. noch Knochenplatten in der Unterhaut (Cutis). Die äußeren Epidermisschichten werden durch Häutung regelmäßig abgeworfen (Abb. 2.116).
3. Der völlig verknöcherte **Schädel** weist einen unpaaren Hinterhauptshöcker (Condylus occipitalis) und das sog. Schläfenfenster auf.
4. Der **Unterkiefer** artikuliert am Quadratum, das beweglich (streptostyl) oder fest (monimostyl) mit dem Neurocranium (Hirnschädel) verbunden ist.
5. Die **Zähne** der Reptilien sind ursprünglich und meist gleichartig (homo-

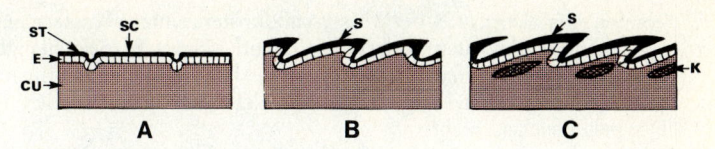

Abb. 2.116: Schem. Darstellung der Haut von Reptilien mit verschiedenen Schuppenbildungen. **A.** Schilder (z.B. bei Eidechsen). **B.** Schuppen (z.B. bei Schlangen); diese Strukturen können evtl. durch Muskel aufgestellt und/oder als querverlaufende Bauchschiene ausgebildet werden. **C.** Schuppen mit eingelagerten Hautknochenblättchen. Bei Schildkröten und Krokodilen können aus einer solchen Konstruktion massive «Knochenschilder» entstehen (nach Ziswiler, 1976). CU: Cutis (Unterhaut), E: Epidermis (exklusive ST), K: Knochenplättchen, S: Schuppe, SC: Schilder, ST: Stratum corneum der Epidermis (= Hornhaut).

dont, Ausnahmen: u.a. viele Schlangen). Schildkröten sind zahnlos (aber mit Hornscheiden versehen). Ein Zahnwechsel erfolgt in der Regel labial (in spezifischen Zeiträumen), bei Crocodylia jedoch vertikal. Bei Schlangen können Giftzähne (Glyphodontie) vorhanden sein oder nicht. Manche giftzahnlosen Schlangen können aber dennoch giftig sein, bei ihnen gelangt giftiger Speichel via Rinnen in die Nähe vergrößerter Maxillarzähne und so beim Biß in das Beutetier.

6. Die knöcherne **Wirbelsäule** enthält stets Hals-, Rumpf-, und Schwanzwirbel in artspezifischer Form und Anzahl. Meist handelt es sich um sog. procoele Wirbel (Ausnahmen: Geckos, Rhynchocephala: amphicoel; Chelonia z.T. opisthocoel; Crocodylia im Schwanz mit bikonvexen Wirbeln).
7. Die Schulter- und Becken**gürtel** können unterschiedlich stark reduziert werden (z.B. Schleichen, Schlangen).
8. Die ursprünglich dem Tetrapoden-Grundtyp entsprechenden **Extremitäten** sind funktionsspezifisch abgewandelt (z.B. zum Laufen, Fliegen, Schwimmen) oder gar völlig reduziert (z.B. bei Schlangen, Schleichen). Die Vorder- und Hinterextremitäten weisen (wenn vorhanden) 5 Zehen auf (= pentadaktyl).
9. Als **Sinnesorgane** finden sich generell Linsenaugen (s. Kap. 9), dazu ein Parietalauge bei Brückenechsen und Squamata, ein sog. Jacobsonsches Organ (Riechen, außer bei Crocodylia) sowie ein statisches als auch akustisches Organ (mit Columella, s. Kap. 10).
10. Der **Blut**kreislauf ist geschlossen, das Herz ist, außer bei den Crocodylia, nur unvollkommen in 2 Hauptkammern getrennt (= gemischtes Blut). Das Blut enthält kernhaltige Erythrocyten (s. Kap. 13). Die Tiere sind wechselwarm (**poikilotherm**), nur in einigen Gruppen liegen Ansätze zu einer Temperaturregulation vor (s. Abb. 13.3).
11. Der Gasaustausch erfolgt stets über **Lungen** (s. Kap. 6), zusätzlich

können Analblasen (z. B. bei Wasserschildkröten, einigen Wasserschlangen, Lederschildkröten) oder das Zahnfleisch (z. B. Seeschlangen) respiratorische Oberflächen aufweisen. Bei langgestreckten Formen ist oft einer der beiden Lungenflügel reduziert (Schlangen: meist links; Doppelschleichen: rechts).

12. Die aus dem Opisthonephros (s. Kap. 5) hervorgehenden **Nieren** sind bei langgestreckten Formen oft unterschiedlich groß und gegeneinander versetzt.
13. Die Reptilien sind getrenntgeschlechtlich (mit paarigen **Geschlechtsorganen**) und erscheinen äußerlich oft sexualdimorph, wobei Weibchen (Schildkröten, Chamäleon, Schlangen) u. a. größer oder kleiner (Echsen) als die Männchen sind. Die meisten Reptilien verhalten sich als Männchen zumindest während der Fortpflanzungsperiode territorial. Die Hoden münden in die Kloake, die Eier werden aus den Ovarien in das Ostium tubae des Müllerschen Gangs eingestrudelt und danach während eines inneren Befruchtungsvorgangs (mit Kopulationshilfsorganen) vom Sperma erreicht. Nach der Paarung werden meist Eier (polytelolecithal, s. Kap. 3) abgelegt (evtl. in Nestern, Brutkammern). Bei einigen Gruppen tritt echte Brutpflege (z. B. Crocodylia) auf. Auch gibt es bei einigen wenigen Arten Viviparie (z. B. *Anaconda*-Arten, einige Seeschlangen, Klapperschlangen, Kreuzotter, Skinke). Die Entwicklungsdauer der Embryonen (meist meroblastisch, s. Kap. 3) ist temperaturabhängig und kann bis 400 Tage (bei Brückenechsen) dauern.
14. Das **Gehirn** der Reptilia (s. Kap. 8), ist 5-gliedrig, wobei das Mittelhirndach das Koordinierungszentrum darstellt. Wie bei allen Amnioten sind 12 Hirnnervenpaare vorhanden.
15. Das **Darmsystem** ist je nach Körperform gestreckt bzw. gewunden und in Mund, Ösophagus, Magen, Dünn- und Enddarm (mit Kloake) gegliedert. Pankreas und die Gallengänge der Leber (oft mit Gallenblase) münden i. d. R. getrennt in den Dünndarm.

System: Reptilien

Ord.: Cotylosauria (Stammreptilien), ausgestorbene, meist kleine, selten bis 3 m große, plumpe Formen mit Grabkrallen.

Ord.: Chelonia (Testudines) – Schildkröten, etwa 250 Arten; Land-, Süß- und Salzwasserformen; charakteristisch ist ein oft starker Knochenpanzer, in den Kopf und Schwanz rückziehbar sein können. Der After stellt eine Längsspalte dar bzw. erscheint rund. Die zahnlosen Schildkröten fressen mit Hilfe von Hornscheiden Beute (z. B. Fische bei der bis 1,5 m großen und 100 kg schweren Geierschildkröte *Macroclemmys temmincki* bzw. bei der europ. Sumpfschildkröte – *Emys orbicularis*) oder Pflanzen (z. b. bei der Landschildkröte *Testudo gigantea* Galapagos; 1,2 m lang, 220 kg schwer bzw. bei der marinen Suppen-

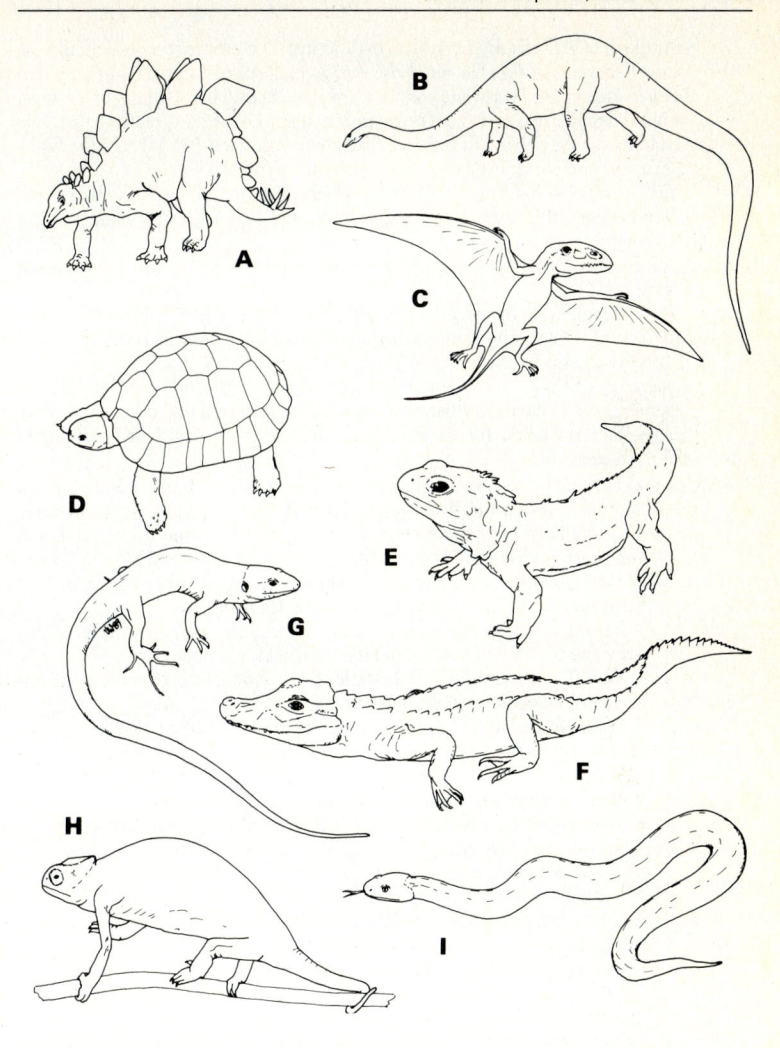

Abb. 2.117: Schem. Darstellung verschiedener Formen der Reptilien. **A.** *Stegosaurus* sp. (Ornithischia), Kreide; 10 m lang. **B.** *Diplodocus* sp. (Saurischia), Kreide; 26 m lang. **C.** *Dimorphodon* sp. (Pterosauria), Unterjura; 1 m lang. **D.** Schildkröte (*Gopherus polyphemus*), rezent; 30 cm lang. **E.** Brückenechse (*Sphenodon punctatus*), rezent; 75 cm lang. **F.** Stumpfkrokodil (*Osteolaemus tetraspis*), rezent; nur 1,6 m lang, verwandte Arten bis 8 m. **G.** Eidechse (*Lacerta* sp.), rezent; 18 cm lang. **H.** Chamäleon (*Chamaeleo* sp.), rezent; 25 cm lang. **I.** Viper (*Vipera* sp.) rezent; 50–60 cm lang.

schildkröte *Chelonia mydas* 1,4 m, bis 150 kg). Die größte rezente Schildkröte ist die Lederschildkröte *Dermochelys coriacea*, die über 2 m lang wird, mit den Beinen dann eine Spannweite von fast 3 m erreicht und bis 600 kg schwer wird, obwohl der Hornpanzer (zu Knochenplättchen in der Haut) reduziert ist. Die Schildkröten erreichen ein hohes Lebensalter von über 100 Jahren; die Eiablage erfolgt im Sand; Brutpflege tritt nicht auf (Abb. 2.117).

Ord.: Ichthyosauria – Fischsaurier: ausgestorbene Gruppe von sekundär aquatischen Formen, die etwa 3,3 m lang wurden und sich u.a. von Cephalopoden ernährten.

Ord.: Eosuchia: ausgestorbene Gruppe eidechsenartiger Formen von wenigen cm Länge.

Ord.: Rhynchocephalia – Brückenechsen; die einzige rezente Art *(Sphenodon punctatus)* wird 75 cm lang und erscheint eidechsenartig, lebt in Erdhöhlen und frißt vorwiegend Evertebraten.

Ord.: Squamata – Schuppenkriechtiere; mit etwa 5.700 Arten sind hier die meisten rezenten Reptilien eingeordnet, deren Kiefer bezahnt sind und deren After stets quergestellt erscheint. Im wesentlichen wird zwischen drei Unterordnungen unterschieden:

Unterord.: Lacertilia (= Sauria, Echsen); Vierbeiner bzw. beinlose Formen mit deutlichem Schwanz. Ihre Augenlider sind getrennt, die Zunge ist in kurze Terminalläppchen gespalten und ihr Bauch ist mit einer Längsreihe von Schuppen überzogen (Abb. 2.117).
– Fam. Iguanidae (Leguane); *Iguana iguana* (grüner Leguan, mit Schwanz bis zu 2,2 m), meist pflanzliche Nahrung.
– Fam. Lacertidae (Eidechsen); *Lacerta viridis* – Smaragdeidechse – mit Schwanz bis 45 cm, Insektenfresser, Würmer.
– Fam. Chamaelontidae (Chamäleons); *Chamaeleo chamaeleon* (Chamäleon), Insektenfresser, bis 30 cm.
– Fam. Gekkonidae (Geckos), Insektenfresser, bis 20 cm.
– Fam. Anguidae (Schleichen); *Anguis fragilis* – Blindschleiche, lebendgebärend, bis 50 cm, Nahrung: Würmer und Nacktschnecken.
– Fam. Varanidae (Varane); *Varanus comodoensis*, bis 3 m, 135 kg, größter Lacertilier. Nahrung: u.a. Schweine; Räuber und Aasfresser.

Unterord.: Amphisbaenia (Doppelschleichen), unterirdische, extremitätenlose Formen mit kurzem, aber dickem Schwanz (z.B. *Amphisbaena alba*, bis 50 cm).

Unterord.: Ophidia (Serpentes, Schlangen); etwa 2.700 extremitätenlose Arten mit kinetischem (Kiefer z.T. ausklappbar) Schädel. Die Augenlider sind zu einer durchsichtigen «Brille» verwachsen. Die Zunge ist stets in 2 lange, feine Spitzen ausgezogen. Auf der Bauchseite sind bei allen Schlangen querverlaufende Schuppenschienen ausgebildet, die zur Bewegung aufgerichtet werden können (= deutlicher Unterschied zu schlangenförmigen Echsen!). Viele Arten mit Giftzähnen im Oberkiefer (Glyphodontie) zur Betäubung der Beute. Bei den etwa 400 echten Giftschlangen werden drei Gruppen unterschieden (Abb. 2.117, s. auch Abb. 9.8):
1. Proteroglyph: Giftzähne (mit Rinnen) im vorderen Maxillare (Kobras).
2. Opisthoglyph: Giftzähne (mit Rinnen) im hinteren Maxillare (z.B. Trugnattern!).
3. Solenoglyph; Giftzahnrinne ist zu einem Kanal geschlossen, der vorn ausmündet (Vipern, Grubenottern, Klapperschlangen).

Die meisten **Schlangengifte** sind Peptide (60–70 Aminosäuren). Besonders giftige Arten: *Dendroaspis polylepis* (Schwarze Mamba), *Bitis*-Arten (Gabunvipern), *Ophiophagus*-Arten (u.a. Königskobra).
- Fam. Boidae (Riesenschlangen); die großen Formen (Gatt. *Boa, Eunectes, Python*) werden bis 10 m lang und würgen die Beute (Säuger) vor dem Verschlingen.
- Fam. Colubridae (Nattern); Pupille rund, Oberkiefer lang und mit zahlreichen Zähnen besetzt, meist aglyph, jedoch oft mit differenzierter Giftdrüse. Die nicht giftige *Natrix natrix* (Ringelnatter, bis 2 m lang) frißt Kleinsäuger, lebt amphibisch.
- Fam. Elapidae (Giftnattern); proteroglyph, aber nicht umklappbare Giftzähne; z.B. Königskobra *(Ophiophagus hannah)* bis 5 m (= größte Giftschlange) frißt Schlangen; *Dendroaspis polylepis* (Schwarze Mamba) bis 4 m.
- Fam. Hydrophiidae (Seeschlangen); marine Formen, z.T. extrem giftig; Eiablage an Land (z.B. *Laticauda*-Arten) oder vivipar (*Hydrophis* spp.).
- Fam. Viperidae (Vipern); Formen mit 2 solenoglyphen (= hohlen) Giftzähnen (Ersatzzahn im Oberkiefer), die nach hinten umlegbar sind (= Erweiterung der Mundöffnung). Pupille meist senkrecht, lebendgebärend, z.B. *Cerastes*-Arten (Hornvipern, bis 1 m; *Vipera berus* = Kreuzotter, bis 60 cm).
- Fam. Crotalidae (Grubenottern); Temperatursinnesorgan in einer Grube; z.B. Klapperschlangen (*Crotalus* spp.) – bis 2,2 m.

Ord.: Sauropterygia, Placodontia; ausgestorbene Gruppen von großen Formen (bis zu 5 m) aus dem mitteleurop. Bereich (marin und an Land).

Ord.: Thecodontia; ausgestorbene Formen; einige waren Baumkletterer, andere wurden bis 3 m und lebten als Fischfänger.

Ord.: Crocodylia – Krokodile; vierbeinige Formen, die sek. ins Wasser zurück gekehrt sind und die höchstentwickelten Reptilien darstellen. Nahrungserwerb als Beutejäger (Abb. 2.117).
- Fam. Alligatoridae (4–6 m), China, Amerika,
- Fam. Crocodylidae (bis 8 m), Afrika, Asien, Australien,
- Fam. Gavialidae (bis 7 m), Indien.

Ord.: Pterosauria; ausgestorbene Flugsaurier; lebten als fischfressende Segelflieger, unmittelbare Übergänge zu den Aves.

Ord.: Saurischia und Ornithischia (Dinosaurier); ausgestorbene, mesozoische Reptilien von 30 cm bis 30 m Länge, Fleisch- und Pflanzenfresser, die an Land oder im Wasser lebten (Abb. 2.117).

Klasse Aves (Vögel)

Die etwa 8.600 rezenten Arten der Vögel gehen auf Formen zurück, die nahe mit den Reptilien verwandt sind (z.B. ausgestorbene bezahnte Ordnungen Archaeornithes: *Archaeopteryx lithographica*). Zeichen einer derartigen Verwandtschaft mit den Reptilien finden sich auch noch bei den rezenten Arten (z.B. Hornschilder auf der Haut von Beinen, Krallen etc.) und bieten die Grundlage zur Zusammenfassung beider Klassen als **Sauropsida**. Die Aves weisen im übrigen folgende Hauptmerkmale auf:

2 Baupläne und Biologie der Tiere

1. Sie sind **homoiotherm**, d.h. sie können ihre Körpertemperatur konstant halten (Huhn etwa 41,5 °C). Zur Isolation dienen u.a. die aus der Epidermis hervorgehenden, gefetteten Federn nebst einem dazugehörigen Luftpolster.
2. Vögel sind (von 5 Ordnungen abgesehen) **flugfähig**. Dies wird ermöglicht:
   a) durch die Umwandlung der Vorderextremitäten zu Flügeln,
   b) durch die aerodynamische Körperform mit Federverkleidung (Kontur-, Schwing-, Steuer- und Daunenfedern; Abb. 2.118),
   c) durch die Pneumatisierung des Skeletts (d.h. Ausbildung von Röhrenknochen mit durchziehenden Luftsäcken = Gewichtsersparnis; s. Abb. 6.7),
   d) durch die Umbildung des Brustgürtels bei gleichzeitiger Entwicklung starker Brustmuskeln (Flügelheber und extrem starker -senker = Musculus pectoralis major),
   e) durch Versteifung des Beckengürtels und des Brustraums (via Knochenverschmelzung und Ausbildung sog. Processus uncinnati, die jeweils der nächsten Rippe aufliegen,
   f) durch ein leistungsfähiges Atmungssystem (s. Abb. 6.7),
   g) durch starke Herzvergrößerung mit Erweiterung von Pumpvermögen und -frequenz (s. Abb. 13.3).

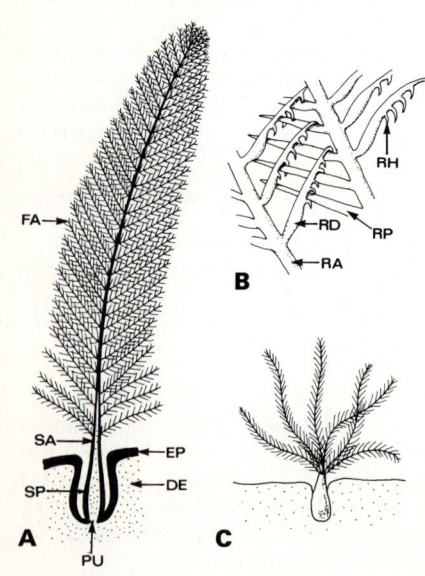

Abb. 2.118: Schem. Darstellung von Federn (nach Ziswiler und Hadorn, Wehner). **A.** Längsschnitt durch eine Konturfeder. **B.** Detail der Fahne zeigt die Verzahnung. **C.** Daunenfeder eines Nestlings. DE: Dermis, EP: Epidermis, FA: Fahne, PU: Pulpa, RA: Ramus (Ast), RD: Radius (distal), RH: Häkchen am RP, RP: Radius (proximal), SA: Schaftansatz, SP: Spule.

3. Rezente Vögel sind **zahnlos**, besitzen aber ausnahmslos einen Hornschnabel.
4. Die **Hinterextremitäten** sind zu unterschiedlich verwendbaren Beinen umgestaltet. Es werden 4 Zehen ausgebildet (häufig sind drei nach vorn, eine nach hinten gerichtet, bei Greifvögeln allerdings erscheint das Muster 2 und 2). Metatarsus 5 und 5. Zehe fehlen bis auf Rudimente. Die Zehen sind ihrerseits mit unterschiedlichen Krallen aus Horn bewehrt. Charakteristisch ist im weiteren stets das sog. **Intertarsalgelenk** der Hinterextremitäten (zwischen Tarsometatarsus und Tibiotarsus).
5. Der **Körper** ist in einen Kopf, einen unterschiedlich langen Hals, Rumpf und einen meist kurzen Schwanz gegliedert. Die Wirbel sind vom heterocoelen Typ. Es treten artspezifisch 10–26 Hals-, 3–10 Brust-, ein fester Knochen (Synsacrum) und 5–8 bewegliche Schwanzwirbel entlang der Wirbelsäule auf. Der Schultergürtel besteht aus drei Knochenpaaren, wobei die Claviculae zum typ. Gabelbein (= Furcula) verwachsen sind. Der Beckengürtel ist fest mit dem Synsacrum verwachsen.
6. Im 5-gliedrigen **Gehirn** sind Telencephalon und Cerebellum besonders stark entwickelt (s. Kap. 8); die für Amnioten charakteristischen Hirnnervenpaare sind zwar in der Anzahl vollständig, aber einige (z.B. Nervus olfactorius) nur schwach ausgebildet.
7. Als **Sinnesorgane** sind die paarigen Linsenaugen (s. Kap. 9), das Gehörorgan und die Flugsteuerungssysteme besonders gut ausgebildet, während der Geruchssinn meist nur schwach entwickelt ist.
8. Vögel sind zur **Lauterzeugung** durch eine spezifische Umbildung der unteren Trachea (zum Syrinx) befähigt, während der obere Teil des Kehlkopfs (Larynx) keine Stimmbänder o.ä. besitzt.
9. Die **Atmung** erfolgt stets durch Lungen, die durch 5 Luftsäcke erweitert werden (Abb. 6.7).
10. Das **Blut**kreislaufsystem, bei dem der linke Aortenbogen reduziert wurde (s. Abb. 13.3), ist überaus leistungsfähig; der Herzinnenraum ist vollständig in je 2 Vor- und Hauptkammern getrennt; es kann fast $\frac{1}{3}$ des Körpergewichts erreichen (z.B. bei Kolibris) bei einer auf 1.000 Schläge/min erhöhbaren Schlagfrequenz. Das Blut enthält kernhaltige Erythrocyten, Leukocyten und Thrombocyten.
11. Das **Darm**system besteht aus einem Mund (mit dehnbarem Mundboden als Nahrungsspeicher), Ösophagus (oft mit Kropfbildung), Magen (Drüsen-, Muskelbereich), Dünn- und Dickdarm. Letzterer endet in einer Kloake, in die auch die Gonaden und Exkretionsorgane einmünden. Zum Dünndarm ziehen die jeweils doppelten Gänge des Pankreas und der Leber (Gallengänge: häufig ohne Gallenblase, z.B. Taube, Papagei).
12. Das **Exkretionssystem** besteht aus einer dreilappigen Niere (s. Kap. 5), die das Exkret über den Harnleiter direkt in die Kloake ausleitet. Eine Harnblase fehlt meist; Vögel sind uricotelisch = bilden Harnsäure.

13. Das **Immunsystem**- bzw. **Lymphsystem** ist um ein für Vögel charakteristisches lymphoides Organ bereichert (Bursa fabricii, s. Kap. 13); sie sitzt als dorsale Einstülpung an der Grenze des Enddarms zur Kloake.
14. Die **getrenntgeschlechtlichen** Vögel sind häufig deutlich sexualdimorph. Während stets zwei Hoden entwickelt werden, treten bei den Weibchen im allgemeinen nur das linke Ovar und der linke Ovidukt (mit 5 Teilabschnitten) in Funktion.

Die stets **innere Befruchtung** (gelegentlich mit Penisbildung, sonst nur Kloakenkontakt) findet im Ovidukt statt, nach der es zur Ablage von Eiern mit derber, kalkhaltiger Schale kommt. (Die Eiablage erfolgt z.B. bei Hühnern allerdings auch ohne Befruchtungsvorgang). Nach artspezifisch langer Bebrütungszeit schlüpfen die Jungen, die grob in Nesthocker und -flüchter unterschieden werden können (s. Kap. 3).

System: Vögel

Die systematische Gliederung der rezenten Vögel ist z.T. umstritten, daher sollen nur einige wichtige Ordnungen und dazugehörige Vertreter genannt werden.

Ord.: Sphenisciformes (Pinguine); flugunfähige Vögel vorwiegend der Antarktis (bis Galapagos) mit großem Schwimmvermögen (Fettpolster, Schwimmhäute, 4 Zehen nach vorn); z.B. *Aptenodytes forsteri* (= Kaiserpinguin) bis 1 m, 40 kg.

Ord.: Struthioniformes (Strauße); flugunfähige Laufvögel (2 Zehen); größte lebende Vögel, z.B. afrikanischer Strauß (*Struthio camelus*, 2,60 m, 160 kg).

Ord.: Apterygiformes (Kiwis); flugunfähige, hühnergroße Vögel mit Grabbeinen (4 Zehen), nachtaktiv, Neuseeland; *Apteryx australis*.

Ord.: Ciconiiformes (Schreitvögel); weltweit verbreitete Sumpfvögel, z.B. Störche, Marabus, Ibisse.

Ord.: Anseriformes (Gänse- und Entenvögel); weltweit verbreitete Wasservögel, z.T. tauchend; z.B. *Anser anser* (Graugans), *Cygnus olor* (Höckerschwan), *Anas platyrhynchos* (Stockente).

Ord.: Falconiformes (Tagesraubvögel); Hakenschnabel und Greifbeine (2 + 2 Zehen) dienen zum Beutefang, z.B. Bussard (*Pernis* spp.), Habicht (*Accipiter* spp.), Fischadler (*Pandion* spp.), Falken (*Falco* spp.), Sekretäre (*Sagittarius* spp.) etc..

Ord.: Galliformes (Hühnervögel); schwerfällige, wenig flugfähige Vögel, ernähren sich vorwiegend von Körnern bzw. Pflanzen: z.B. Hühner (*Gallus* spp.), Fasane, Auerhähne etc..

Ord.: Columbiformis (Tauben); frucht- und samenfressende, flugfähige Vögel, häufige Haustiere, weltweite Verbreitung.

Ord.: Psittaciformes (Papageien); Klettervögel mit lebhafter Färbung, Verbreitung in den Tropen und Subtropen; u.a. Papageien, Wellensittiche.

Ord.: Strigiformes (Eulen); nachtaktive Raubvögel, z.B. Eulen, Käuze.

Ord.: Piciformes (Spechte); Klettervögel mit starkem Schnabel, weltweit, in Höhlen brütend, z.B. *Picus viridis* (Grünspecht).

Ord.: Passeriformes (Sperlingsvögel); größte Vogelordnung (u.a. Singvögel) mit etwa

5.100 kleinen bis mittelgroßen Arten, die in 69 Familien untergliedert werden; z.B. Fam. Hirundinidae (Schwalben), Paridae (Meisen), Corvidae (Raben), Passerinae (Sperlinge), Sittidae (Kleiber), Turididae (Drosseln), Sturnidae (Stare), Alaudidae (Lerchen) etc..

Klasse Mammalia (Säugetiere)

Die nach der Ausbildung von definierten **Brustdrüsen** benannte Gruppe gliedert sich in drei Unterklassen (mit etwa 4.250 Arten), von denen die erste (Monotremata = Kloakentiere, Protheria) ihre Nachkommen in Eiern (ovipar) absetzt, während die Marsupialia (= Didelphia, Beuteltiere, Metatheria) wie auch die Placentalia (= Monodelphia, Placentatiere, Eutheria) lebendgebärend sind (vivipar). Folgende Merkmale treten jedoch bei allen Vertretern dieser Klasse auf:

1. Mammalia sind **Haartiere**; derartige Hornbildungen der Epidermis finden sich zumindest während der Embryonalentwicklung. Das Haarkleid bietet (zusammen mit Fettschichten der Unterhaut) eine Isolationsmöglichkeit zur Umgebung, so daß eine gleichmäßige Körpertemperatur (**Warmblüter**, Homoiothermie) ermöglicht wird (z.B. Mensch, Wal, 36,7 °C; Fledermaus 31 °C; Ratte 38 °C; Hund, Rind, 38,5 °C; Schaf 39,5 °C; Ziege, Spitzmaus 42 °C). Generell ist die Haut sehr drüsenreich und nur selten mit Hornschuppen bedeckt (Abb. 2.121).
2. Der ebenfalls bei der Temperaturregulation aktive **Blut**kreislauf ist geschlossen. Die Vor- und Hauptkammern des Herzens sind bei Adulten vollständig getrennt (bei Foeten noch nicht, s. Abb. 13.3J). Im Gegensatz zu den Aves bleibt bei den Mammalia nur der linke Aortenbogen erhalten. Die roten Blutkörperchen sind stets kernlos (s. Abb. 13.4c), ihr Hämoglobingehalt ist stets höher als bei den vorher behandelten Gruppen.
3. Der **Schädel** und das Skelett sind verknöchert. Am Kopf ist stets ein **sek.**

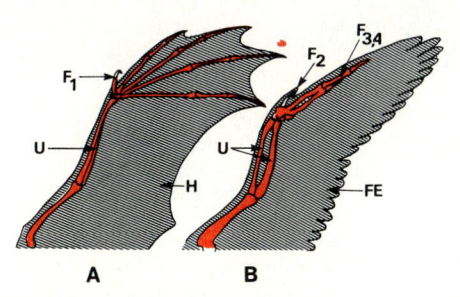

Abb. 2.119: Schem. Darstellung von Flügelbildungen. **A.** Fledermaus (Mammalia) mit ausgespannter Haut. **B.** Vogelschwinge wird durch Federn gebildet (nach Geiler 1974). F: Finger, FE: Federn, H: Haut, U: Unterarm.

Kiefergelenk ausgebildet, wobei als Unterkiefer das Dentale mit dem Squamosum (Deckknochen) des Neurocraniums artikuliert.
4. Der Schädel ist mit zwei Condylen (wie bei Amphibien) mit dem 1. Halswirbel (Atlas) der Wirbelsäule verbunden.
5. Die **Zähne** gehen aus Epidermiseinsenkungen unter Beteiligung einer Cutispapille hervor. Sie bestehen stets aus Dentin, Schmelz und Zement, sind aber in Anzahl, Form und Anordnung überaus unterschiedlich. Ursprünglich liegt Heterodontie vor, Homodontie (z.B. Zahnwale) ist sekundär. Prinzipiell können bei Heterodontie 3 Zahntypen auftreten: a) Schneide- (Incisivi), Eck- (Canini) oder als vordere bzw. hintere Backenzähne (Prämolares, Molares). Ursprünglich ist Diphyodontie (Milch- und Dauergebiß) ausgebildet. Ein Zahnwechsel kann einmalig (z.B. Mensch), konstant (z.B. Elefanten, Nager durch Nachwachsen) erfolgen oder sekundär völlig unterbleiben (Abb. 2.120).
6. Das relative **Gehirn**volumen ist deutlich gegenüber den Sauropsiden vergrößert (s. Kap. 8). Ein besonders hochentwickelter Riechsinn kommt hinzu.
7. Die **Sinnesorgane** (s. Kap. 9–11) erreichen eine hohe Spezialisierung. Stets werden drei Gehörknöchelchen ausgerichtet (Hammer, Amboß, Steigbügel).
8. Die **Wirbelsäule** und die Extremitäten sind verknöchert und weisen

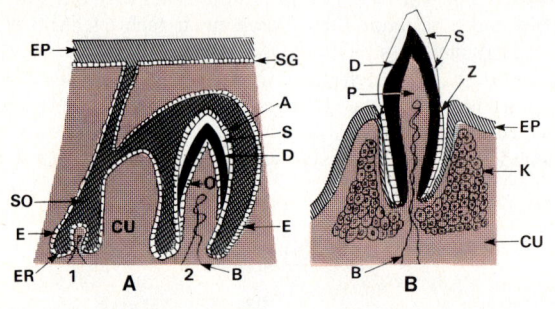

Abb. 2.120: Schem. Darstellung der Entwicklung der Säugetierzähne am Beispiel des Menschen. **A.** Entwicklung: Aus einer epidermalen Anlage geht das Schmelzorgan hervor, dessen Ameloblasten (A) für den Schmelz (S) sorgen. Die aus der Cutis (Unterhaut) hervorgehenden Odontoblasten bilden das Dentin (Zahnbein), während der Zement später durch aufgelagerte Zellen des Zahnsäckchens entsteht (nach Kühn). **1.** Folgezahnanlage, **2.** Milchzahnanlage. **B.** Längsschnitt durch einen in die Mundhöhle ragenden Zahn (grobschematisch, nach Leonhardt). A: Ameloblasten (= Schmelzbildner), B: Blutgefäße, CU: Cutis, D: Dentin, E: Äußeres Epithel des SO, EP: Epidermis, ER: Ersatzzahnanlage, K: Alveolenknochen, O: Odontoblasten (Dentinbildner), P: Pulpahöhle (dermaler Herkunft), S: Schmelz, SG: Stratum germinativum der EP, SO: Schmelzorgan (epidermaler Herkunft), Z: Zement.

knorpelige Ansätze bzw. Ausläufer auf. Die Reste der ursprünglichen Chorda sind als Nucleus pulposus in den Zwischenwirbelscheiden erhalten. Die Wirbel sind im Regelfall biplan (im Halsbereich jedoch sek. pro- bzw. opisthocoel). Die Formvariabilität der Extremitäten ist sehr groß und hängt von der jeweiligen Lebensweise ab. Es sind stets 7 Halswirbel (Ausnahmen: Faultiere mit 6 bzw. 9) vorhanden (also auch bei der Giraffe!). Die Anzahl der Brustwirbel variiert artspezifisch von 9–25 (meist 13), die der Lendenwirbel von 3–9 (Wal bis 36!) und die der Schwanzwirbel von 1–47, wobei allerdings der Schwanz bei den Menschen und einigen Affen zurückgebildet ist bzw. die Wirbel zu einem Steißbein (Os coccygis) verschmolzen sind.

9. Mammalia sind im Grundprinzip Landtiere und atmen daher mit **Lungen** (s. Abb. 6–6). Sek. Rückwanderung ins Wasser mit Anpassung der äußeren Form (z.B. Wale) ist gelegentlich erfolgt, aber auch diese Formen haben Lungenatmung. Auch hat sich eine Flugfähigkeit parallel zu der der Aves entwickelt (z.B. Fledermäuse).

10. Das **Darm**system umfaßt stets Mund, Rachen, Ösophagus, Magen (evtl. mehrkammerig), Dünndarm- (Duodenum, Jejunum, Ileum), Blind- (Caecum), Dick- (Colon), Enddarm (Rektum) und Anus. In den Dünndarm münden dabei stets die Ausführgänge der Leber und des Pankreas.

11. Das **Exkretions**system besteht aus einer typischen Niere (s. Abb. 5.3, 5.4) und hat Verbindung zu den Geschlechtsorganen aufgenommen (Urogenitalsystem). Eine eigene Harnblase ist meist vorhanden.

12. Die **Geschlechtsorgane** sind stets paarig ausgebildet und in zwei Geschlechter aufgeteilt. Funktionsfähiger **Hermaphroditismus** tritt nicht auf. Im männlichen Geschlecht finden sich Hoden, Nebenhoden, Samenleiter, akzessorische Drüsen, Penis, bei Weibchen Ovarien, Ovidukt mit Ostium tubae, Uterus, Vagina (Abb. 2.122). Bei Marsupialiern werden zwei Vaginen (Didelphia) ausgebildet, die getrennt in den Sinus urogenitalis ausmünden. Bei den Placentaliern (Abb. 2.122) sind sie zu einem unpaaren, gattungspezifisch unterschiedlich langen Gang vereinigt (Monodelphia), so daß dann ein Uterus duplex (z.B. viele Nagetiere), U. bicornis (z.B. Insectivora, Raubtiere, Halbaffen) bzw. U. simplex (z.B. Mensch, Fledermäuse, Affen) entsteht. Die Befruchtung erfolgt stets innen im Eileiter nach Kopulationsvorgängen, die durch Hormone stimuliert bzw. ausgelöst werden. Die Ovulation wird dabei hormonell gesteuert oder tritt spontan ein (s. Abb. 12.17). Die hormonellen bzw. embryonalen Prozesse sind im Kap. 3 dargestellt.

13. Die **Leibeshöhle** der Säugetiere wird durch eine muskulöse Wand (Diaphragma, Zwerchfell) in eine Brust- (Herz, Lunge) und eine Bauchhöhle (Eingeweide, Gonaden) untergliedert (s. Atmung Kap. 6, Abb. 6.6).

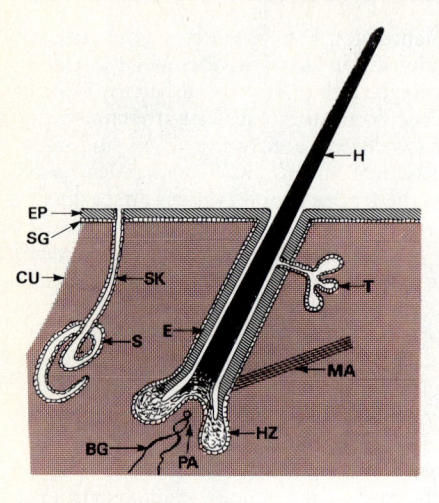

Abb. 2.121: Schem. Darstellung eines Säugerhaares, das von der Epidermis gebildet und dessen Wurzel von den Blutgefäßen der Cutis versorgt wird. Das Haar (H) selbst besteht im Querschnitt aus mehreren Schichten (u. a. Mark, Rinde, verschiedene Oberhäutchen, Scheiden). BG: Blutgefäße, CU: Cutis (Dermis, Corium, Unterhaut), E: Epidermale Wurzelscheide, EP: Epidermis, H: Haar, HZ: Haarzwiebel, MA: Musculus arrector pili (Haaraufrichter), PA: Haarpapille, S: Schweißdrüse, Knäueldrüse, SG: Stratum germinativum der EP, SK: Schweißdrüsenkanal, T: Talgdrüse.

System: Säugetiere

Aus heutiger Sicht entstanden die Mammalia bereits in der Trias-Periode aus synapsiden Reptilien (Beginn vor ca. 200 Mill. Jahren), erfuhren ihre Ausbreitung dann etwa vor 65 Mill. Jahren. Im wesentlichen werden heute 3 Unterklassen unterschieden:

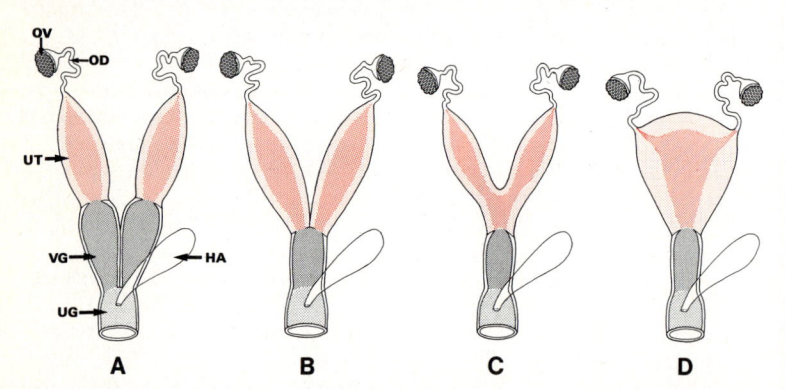

Abb. 2.122: Schem. Darstellung des weiblichen Genitalsystems einiger Säugetiere. **A.** Marsupialia, Didelphia; mit weitgehend paarigen Anlagen; bei den Känguruhs führt zwischen den Vaginen noch ein unpaarer Sinus vaginalis von den paarigen Uteri zum Sinus urogenitalis (UG). **B.** Uterus duplex (bei vielen Nagetieren). **C.** Uterus bicornis (u.a. bei Halbaffen, Walen, Huftieren, Insektenfressern, Carnivoren). **D.** Uterus simplex (bei Primaten und Insektenfressern). HA: Harnblase, OD: Ovidukt (Eileiter) mit terminalem Ostium tubae, OV: Ovarium, UG: Sinus urogenitalis, UT: Uterus (Lumen dunkelrot hervorgehoben), VG: Vagina.

2.4.26 Baupläne, Chordata

1. Unterklasse: Protheria (Prototheria, von *griech.* therion = das Tier)
   1. Ordnung: Monotremata (Kloakentiere); die 6 Arten dieser Ordnungen besitzen sowohl Reptil- (z.B. Kloake, Oviparie, nur linkes Ovar in Funktion, langgestreckte Cochlea etc.) als auch Säugermerkmale (sek. Kiefergelenk, Milchdrüsenfeld, 3 Gehörknöchelchen etc.). Besondere Merkmale sind: unvollkommene Homoiothermie: ~30 °C, Schenkeldrüsen (mit Giftbildung bei Männchen), Zähne fehlen sekundär. Wichtige Arten: Kurzschnabeligel *(Tachyglossus aculeatus)* in Australien 40–50 cm lang, frißt Ameisen; Schnabeltier *(Ornithorhynchus anatinus)* in Australien, 60 cm, frißt Weichtiere, lebt in selbstgebauten Süßwasserhöhlen.
2. Unterklasse: Metatheria (Marsupialia)
   Hierbei handelt es sich um etwa 250 Arten von lebendgebärenden Tieren, bei denen die Weibchen (meist) einen Beutel ausbilden, in den das noch wenig entwickelte Junge einwandert, sich an einer Brustdrüse evtl. verankert und dann heranwächst. Das Milchgebiß bleibt zeitlebens erhalten (der 4. Prämolar wird evtl. gewechselt). Weibchen haben meist zwei Vaginen (didelph), auch ist der Penis oft zweigeteilt. Wichtige Arten: Ord. Polyprotodonta: *Didelphis virginiana* (Nordoppossum), bis 50 cm lang in Amerika, lebt als Allesfresser; *Sarcophilus harrisi* (Beutelteufel), bis 50 cm, lebt als Räuber und Aasfresser in Australien; *Perameles gunnii* (Beuteldachs), bis 40 cm, lebt als Wurmfresser in Tasmanien. Ord. Diprotodonta: *Macropus rufus* (rotes Riesenkänguruh, bis 2 m, lebt als Pflanzenfresser in Australien.
3. Unterklasse: Eutheria (= Placentalia)
   Die etwa 4.000 Arten dieser «höheren» Säugetiere haben als wesentliches Merkmal eine Placenta entwickelt, durch die das Jungtier im Mutterleib geschützt und versorgt wird. Stets wird nur eine Vagina ausgebildet. Insgesamt werden 28 Ordnungen unterschieden, von denen die rezenten hier aufgelistet sind:

Ord.: Insectivora (Insektenfresser); diese Arten weisen zahlreiche, nicht sehr formverschiedene Zähne auf (nur 1. Schneidezähne oft vergrößert) und fressen Wirbellose bzw. kleine Wirbeltiere. *Erinaceus europaeus* (Westigel), bis 30 cm, *Sorex araneus* (Waldspitzmaus) bis 8 cm, *Talpa europaea* (Maulwurf) bis 17 cm (Augen sehr klein).

Ord.: Chiroptera (Fledertiere); Merkmale ähnlich wie Insectivora; die charakteristische Ausbildung von Flughäuten (2.–5. Finger) erlaubt Flatterflüge, evtl. Orientierung durch Ultraschall bei Flug im Dunkeln; z.B. *Pteropus vampyrus* (Kalong) bis 150 cm Spannweite, lebt als Pflanzenfresser; *Desmodus rotundus* (Vampir), Körper bis 9 cm, Blutlecker.

Ord.: Dermoptera; die als Pelzflatterer bekannten Tiere sind durch eine Flughaut an den Extremitäten ausgezeichnet, die passive Gleitflüge um die 50 m ermöglicht (*Cynocephalus volans*, Riesengleitflieger der Philippinen).

Ord.: Xenarthra; die nur in Amerika auftretenden rezenten Vertreter dieser Ordnung werden wie die ausgestorbenen wegen zusätzlicher Gelenke zwischen dem Processus transversus der Wirbelsäule auch als Nebengelenktiere bezeichnet. Ihr Vordergebiß ist meistens völlig reduziert. Verbreitete Arten sind z.B. die Faultiere (*Bradypus tridactylus* und *Cholepus hoffmanni*, bis 70 cm lang, sowie die Ameisenbären (u.a. *Myrmecophaga tridactyla*, bis 1,4 m).

Ord.: Pholidota; diese ebenfalls zahnlose Gruppe der Altwelt-Tropen weist als Charakteristika ein Nickhautrudiment, Hornschuppen und eine lange klebrige Zunge auf (z.B. *Manis gigantea*, bis 80 cm, frißt nachts Erdtermiten).

Ord.: Tubulidentata; in dieser Gruppe werden urtümliche Huftiere eingeordnet.

Rezent sind nur die schweinegroßen Erdferkel (*Orycteropus afer*, Afrika), die sich von Insekten ernähren.

Ord.: Hyracoidea; diese etwa hasengroßen Tiere (Schliefer) weisen ebenfalls Nagezähne auf, haben aber in Konvergenz das Wiederkäuen zum Nahrungsaufschluß entwickelt (z.B. *Procavia capens*, südl. Afrika, bis 50 cm, lebt in der Savanne als Gras- und Rindenfresser).

Ord.: Carnivora; ihr Gebiß ist zum Beutefang (Fleischfresser) ausgebildet (Incisivi = Fangzähne, oberer Prämolar 4, unterer M 1 als Reißzähne, dolchartige Zakken). Wichtige Gattungen: Hunde *(Canis)*, Katzen *(Felis)*, Dachs *(Meles)*, Fuchs *(Vulpes)*, Otter *(Lutra)*, Bären *(Ursus)*, Waschbär *(Procyon)*, Hyänen *(Hyaena)*.

Ord.: Pinnipedia (Robben); sie werden als Wasserraubtiere den anderen Carnivora (= Landraubtiere) gegenübergestellt. Wichtige Arten: Seelöwe (*Zalophus* spp.), Walroß (*Odobenus* spp.), Robbe (*Pusa* spp.).

Ord.: Cetacea (Wale); hier werden Odontoceti (Zahnwale, z.B. *Physeter catadon* – Pottwal – 18 m, *Tursiops truncatus* – Tümmler – 3,5 m) und Mystacoceti (Bartenwale, z.B. *Balaenoptera musculus* = Blauwal – 30 m) unterschieden. Erstere ernähren sich von Fischen etc., letztere als Filtrierer von Meeresplankton. Bei den Walen sind die Vordergliedmaßen zu Flossen umgestaltet, die hinteren fehlen (rückgebildet).

Ord.: Lagomorpha (Hasenartige); hierhin gehören Hasen (Gatt. *Lepus*) und Kaninchen (Gatt. *Oryctolagus*) mit den typischen vorragenden zweifachen Nagezähnen im Ober- und Unterkiefer, dahinter im Gegensatz zu den Nagern je ein kleiner Stiftzahn.

Ord.: Rodentia (Nager); typische Nagerzähne (oben und unten) ohne Stiftzähne. Pflanzen-, Körner- und Allesfresser, z.B. Muridae (Mäuse), Cricetidae (Hamster), Castoridae (Biber), Sciuridae (Hörnchen).

Ord.: Ungulata (Huftiere); in diesem heute nicht mehr validen Taxon wurde eine Reihe von Ordnungen zusammengefaßt, so z.B. Proboscidea (Rüsseltiere = Elefanten), Perissodactyla (Mesaxonia, Unpaarzeher = Tapire, Nashörner, Pferde) und Artiodactyla (Paraxonia, Paarzeher = Schweine und Flußpferde, Wiederkäuer = Rinder, Hirsche, Antilopen, Giraffen), Tylopoda (Kamele), u.a..

Ord.: Primates (Herrentiere); bei diesen Formen handelt es sich um die höchstentwickelte Tiergruppe mit etwa 178 Arten inklusive des Menschen. Es wird in die nachtaktiven Prosimiae (Halbaffen) und in die tagaktiven Simiae (Affen) unterschieden; sie alle werden von Vorläufern der Insectivora abgeleitet. Die wichtigsten Familien sind:
A) Prosimiae (Tupaiidae – Spitzhörnchen, Lemuriformes – Lemuren):
B) Simiae (Platyrrhina – Breitnasen, Neuweltaffen; Catarrhina – Schmalnasen, Altweltaffen). Letztere gliedern sich in die Cercopithecidae (Pavian, Mandrill), Hylobatidae (Gibbon), Anthropoidae (= Pongidae, z.B. *Ponger pygmaeus* = Orang Utan – Borneo; *Pan troglodytes* = Schimpanse – Zentralafrika; *Gorilla gorilla* = Gorilla – Zentralafrika) und Hominidae (rezente Menschenrassen und ihre verschiedenen Vorformen).

2.5 Literatur

Systematische Grundlagen

Arndt, W.: Die Anzahl der bisher in Deutschland (Altreich) nachgewiesenen rezenten Tierarten. Zoogeogr. 4, 28–92, 1941.
Ax, P.: Das Phylogenetische System. G. Fischer, Stuttgart, 1984.
Ax, P.: Systematik in der Biologie. G. Fischer, Stuttgart, 1988.
Darwin, C.: On the origin of species by means of natural selection, or the preservation of favoured races in the struggle for life. Murray, London. Faksimileausgabe (Hrsg.): Harvard Univ. Press, Cambridge, Mass. USA, 1859.
Haeckel, E.: Generelle Morphologie der Organismen. Reiner, Berlin, 1866.
Hennig, W.: Grundzüge einer Theorie der Phylogenetischen Systematik. Deutscher Zentralverlag, Berlin, 1950.
Hennig, W.: Phylogenetische Systematik. Parey, Hamburg, 1982.
Linnaeus, C.: Systema naturae per regna tria naturae, secundum classes, ordines, genera, species cum characteribus, differentiis, synonymis, locis. 10. Aufl. Laurentii Salvii, Holmiae, 1758.
Mayr, E.: Grundlagen der Zoologischen Systematik. Parey, Hamburg, 1975.
Remane, A.: Die Grundlagen des natürlichen Systems, der vergleichenden Anatomie und der Phylogenetik. Akademische Verlagsgesellschaft Geest und Portig, Leipzig, 1952.
Sneath, P.H.A., Sokal, R.R.: Numerical taxonomy. The principles and practice of numerical classification. Freeman, San Francisco, 1973.
Sokal, R.R., Sneath, P.H.A.: Principles of Numerical Taxonomy. Freeman, San Francisco, 1963.

Allgemeine Lehrbücher

Barnes, R.S.K., Calow, P., Olive, P.J.W.: The Invertebrates: a new synthesis. Blackwell, Oxford, 1988.
Czihak, G., Langer, H., Ziegler, H.: Biologie. Springer, Heidelberg, 1984.
Fioroni, P.: Allgemeine und vergleichende Embryologie. Springer, Heidelberg, 1987.
Hadorn, E., Wehner, R.: Allgemeine Zoologie. Thieme, Stuttgart, 1986.
Hentschel, E., Wagner, G.: Zoologisches Wörterbuch, G. Fischer, Stuttgart, 1986.
Hyman, L.H.: The Invertebrates. McGraw-Hill, New York, 1940.
Kaestner, A., Gruner, H.E.: Lehrbuch der Speziellen Zoologie. G. Fischer, Stuttgart, 1980–1984.
Mehlhorn, H. (Hrsg.): Parasitology in Focus. Springer, Heidelberg, 1988.
Mehlhorn, H., Piekarski, G.: Grundriß der Parasitologie, 4. Aufl., G. Fischer, Stuttgart, 1994.
Storch, V., Welsch, M.: Kükenthals Leitfaden für das Zoologische Praktikum. G. Fischer, Stuttgart, 1993.
Storch, V., Welsch, U.: Kurzes Lehrbuch der Zoologie. G. Fischer, 1994.
Wurmbach, H., Siewing, R.: Lehrbuch der Zoologie, Bd. 1 u. 2. G. Fischer, Stuttgart, 1980, 1985.

Einzelne Gruppen

Protozoa

Canning, E., Lom, J.: The microsporidia of vertebrates. Acad. Press, London, 1986.
Corliss, J.O.: An interim classification of protists. Acta Protozool. 33, 1–51, 1994
Grell, K.G.: Protozoologie. Springer, Heidelberg, 1973.
Hausmann, K.: Protozoologie. Thieme, Stuttgart, 1985.
Lom, J.: Myxosporea. Parasitology Today 3, 327–333, 1987.
Mehlhorn, H., Rüthmann, A.: Allgemeine Protozoologie. G. Fischer, Jena, 1992.
Puytorac de, P., Grain, J., Mignot, J.P.: Précis de Protistologie. Boubée, Paris, 1987.

Mesozoa

Lapan, E.A., Morowitz, H.: The Mesozoa. Scientific American 227, 94–100, 1972.
Stunkard, H.W.: Taxonomy of Mesozoa. Syst. Zool. 21, 210–215, 1972.

Placozoa

Grell, K.G., Benwitz, G.: Die Ultrastructur von *Trichoplax adhaerens* F.E. Schulze. Cytologie 4, 216–240, 1971.

Porifera

Bergquist, P.R.: Sponges. University of California Press, Berkeley, Los Angeles, 1978.
Hartmann, W.D., Wendt, J.W., Wiedenmayer, F.: Living and fossil sponges. Sedimenta VIII, 1–274, 1980.
Simpson, T.L.: The Cell Biology of Sponges. Springer, Heidelberg, 1984.
Weissenfels, N.: Biologie und mikroskopische Anatomie der Süßwasserschwämme (Spongillidae). G. Fischer, Stuttgart, 1989.

Cnidaria und Ctenophora

Giese, A.C., Pearse, J.S.: Reproduction of Marine Invertebrates. Academic Press, New York, 1974.
Mackie, G.U.: Coelenterate Ecology and Behaviour. Plenum Press, New York, 1976.
Schumacher, H.: Korallenriffe. BLV Verlagsgesellschaft, München, 1976.
Tardent, P.: Coelenterata, Cnidaria. In: Seidel, F. (Hrsg.): Morphogenese der Tiere, G. Fischer, Stuttgart, 1978.

Plathelminthes

Ax, P.: Mikrofauna Marina. Bde. 1–5. G. Fischer, Stuttgart, 1984–1989.
Ax, P., Ehlers, U., Sopott-Ehlers: Free-living and symbiotic plathelminthes. Fortschritte der Zoologie 36, 1989.
Bychowsky, B.E.: Morphogenetic Trematodes. Akad. Nauk. SSSR, Leningrad, 1957.
Dawes, B.: The Trematoda. University Press, Cambridge, 1968.

Ehlers, U.: Das Phylogenetische System der Plathelminthes. G. Fischer, Stuttgart, 1985.
Freeman, R. S: Ontogeny of Cestodes and its bearing on their phylogeny and systematics. Adv. Parasitol. 11, 401–557, 1973.
Lawson, J. R., Gemmell, M. A.: Hydatidosis and cysticercosis. Adv. Parasitol. 22, 261–308, 1983.
Schockaert, E. R., Ball, I. R.: The Biology of the Turbellaria, W. Jung, Den Haag, 1981.
Smyth, J. D., Halton, D. W.: The Physiology of Trematodes. University Press, Cambridge, 1983.
Yamaguti, S.: Systema Helminthum. Vol. II. Interscience Publish., New York, 1959.

Gnathostomulida

Riedl, R. J.: Gnathostomulida from America. Science 163; 445–452, 1969.
Sterrer, W.: Systematics and Evolution within the Gnathostomulida. Syst. Zool. 21, 151–173, 1972.

Nemertini

Bürger, O.: Nemertini. In: Bronns Klassen und Ordnungen des Tierreichs 4, Suppl. 1–542, Verlagsgesell., Leipzig, 1907.
Friedrich, H.: Nemertini. In, Seidel (Hrsg.): Morphogenese der Tiere. Reihe I, 3: 1–136, G. Fischer, Stuttgart, 1979.
Willmer, E. N.: Nemertini als Vorfahren der Wirbeltiere. Biol. Rev. 49, 321–363.

Nemathelminthes

Anderson, R. C., Chabaud, A. G., Willmott, S.: CIH – Keys to the Nematode Parasites of Vertebrates. Commonwealth Agricultural Bureaux. Farnham Royal, 1978.
Beauchamp. P. de: Classe des Rotifères. In: Grassé, P.P. (Hrsg.): Traité de Zoologie, Masson, Paris, 1965.
Bird, A. F.: The Structure of Nematodes. Academic Press, London, 1972.
Chitwood, B. G., Chitwood, M. B.: Introduction to Nematology. University Park Press, Baltimore, 1974.
Heinze, K.: Saitenwürmer oder Gordioidea. In: Tierwelt Deutschlands, 39. Teil. G. Fischer, Jena, 1941.
D'Hondt, J. L.: Gastrotricha. In: Barnes, H. (Hrsg.): Oceanography and Marine Biology. Ann. Rev. 9, 141–191, 1971.
Long, K.: Kinorhyncha. In: Dougherty, E. C. (Hrsg.): The Lower Metazoa. Univ. Calif. Press, Berkeley, 1963.
Maggenti, A.: General Nematology. Springer, Heidelberg, 1981.
Rieger, G. E., Rieger, R. M.: Comparative Fine Structure of the Gastrotrich Cuticle and Aspects of Cuticle Evolution within Aschelminthes. Z. Zool. Syst. Evolutionsforsch. 15, 81–124, 1977.
Ruppert, E. E.: The Reproductive System of Gastrotrichs. Zool. Scripta 7: 93–114, 1978.
Voigt, M.: Rotatoria. Die Rädertiere Mitteleuropas. Bornetræger, Stuttgart, 1978.
Zelinka, C.: Monographie der Echinodera. W. Engelmann, Leipzig, 1928.

Acanthocephala

Crompton, D.W.T., Nickol, B.B.: Biology of the Acanthocephala. Cambridge University Press, Cambridge, 1985.
Taraschewski, H.: Acanthocephala. In: Mehlhorn, H. (Hrsg.): Parasitology in Focus. Springer, Heidelberg, 1988.

Priapulida

Dawydoff, C.: Classe des Priapuliens. In: Grassé, P.P. (Hrsg.): Traité de Zoologie. Masson, Paris, 1959.
Por, F.d., Bronley, H.J.: Anatomy and Development of *Macabeus* sp.. J. Zool. London 173, 173–194, 1974.

Kamptozoa (Entoprocta)

Cori, C.J.: Kamptozoa. In: Bronns Klassen und Ordnungen des Tierreichs 4, 1–119, 1936.
Nielsen, C.: Biology of Entoprocta. Ophelia, Helsingör 1, 1–76, 1964.

Mollusca

Götting, K.-J.: Malakozoologie. G. Fischer, Stuttgart, 1974.
Morton, J.E.: Molluscs. Hutchinson University Library, London, 1967.
Runnegar, P., Pojeta, J:: Molluscan Phylogeny. Science 186, 311–317, 1974.
Wilbur, K.M., Yonge, C.M.: Physiology of Mollusca. Academic Press, New York, 1964.
Wilbur, K.M. (Hrsg.): The Mollusca. Academic Press, New York, 1983.

Sipunculida and Echiurida

Cutter, E.B.: Sipuncula of the Western North Atlantic. Bull. Am. Mus. Nat. Hist. 152, 103–204, 1973.
Dawydoff, C.: Classes des Echiuriens et Priapuliens. In: Grassé, P.P. (Hrsg.): Traité de Zoologie, Masson, Paris, 1959.
Stephen, A.C., Edmonds, S.J.: The Phyla Sipunculida and Echiura. British Museum, London, 1972.

Annelida

Anderson, D.T.: Embryology and Phylogeny in Annelids and Arthropods. Pergamon Press, Oxford, 1973.
Dales, R.P.: Annelids. Hutchinson Univ. Library, London, 1963.
Peters, W., Walldorf, V.: Der Regenwurm. Quelle, Meyer, Heidelberg, 1986.
Schroeder, P.C., Hermans, C.O.,: Annelida: Polychaeta. In: Giese, A.C., Pearse, I.S. (Hrsg.): Reproduction of Marine Invertebrates. Academic Press, New York, 1975.
Westheide, W., Hermans, C.O.: The Ultrastructure of Polychaeta. (Ax. P. (Hrsg.): Mikrofauna Marina, Bd. 4). G. Fischer, Stuttgart, 1988.

Pogonophora

Ivanov, A. V.: Pogonophora. Academic Press, London, 1963.
Noerrevang, A. (Hrsg.): The Phylogeny and Systematic Position of Pogonophora. Z. Zool. Syst. Evolutionsforsch. **24** (Sonderheft), 1975.
Siewing, R.: Thoughts about the phylogenetic – systematic position of Pogonophora. Z. Zool. Syst. Evolutionsforsch. **24**, 127–138, 1975.

Onychophora

Cuénot, L.: Les Onychophores. In: Grassé, P.P. (Hrsg.): Traité de Zoologie. Masson, Paris, 1949.
Manton, S.M.: The Evolution of Arthropodan Locomotory Systems. Zool. J. Linn. **53**, 257–375, 1973.

Tardigrada

Cuénot, L.: Les Tardigrades. In: Grassé, P.P. (Hrsg.): Traité de Zoologie. Masson Cie, Paris, 1949.
Greven, H.: Die Bärtierchen. Brehm Bücherei Bd. **537**, Wittenberg.
Marcus, E.: Tardigrada. In: Edmondson, W.T., Ward, H.B., Whipple, G.C. (Hrsg.): Fresh Water Biology. John Wiley, New York, 1959.

Pentastomida

Riley, J.: The Biology of Pentastomids. Adv. Parasitol **25**, 45–128, 1986.
Storch, V.: Pentastomida. In: Microscopic anatomy of invertebrates. Vol. 12. Onychophora, chilopoda and lesser groups. Wiley-Liss, London, p. 115–142, 1993.
Walldorf, V.: Pentastomida. In: Mehlhorn, H. (Hrsg.), Parasitology in Focus. Springer, Heidelberg, 1988.

Arthropoda

Babos, S.: Die Zeckenfauna Mitteleuropas. Akademiai Kiado, Budapest, 1964.
Balashov, Y.S.: Blood sucking ticks. Vectors of Diseases of Man and Animals. Miscellaneous Publ. Entomol. Soc. Am. **8**, 161–376, 1967.
Bollow, H.: Vorrats- und Gesundheitsschädlinge. Franksche Verlagsbuchhandlung, Stuttgart, 1975.
Chapmann, R.F.: The Insects. Elsevier, New York, 1969.
Chinery, M.: Insekten Mitteleuropas. Parey, Hamburg, 1973.
Jacobs, W., Renner, M.C.: Biologie und Ökologie der Insekten. G. Fischer, Stuttgart, 1988.
Kettle, D.S.: Medical and Veterinary Entomology. J. Wiley, New York, 1984.
Scheller, F.: Soil animals. University of Michigan Press, Chicago, 1968.
Smith, K.G.V. (Ed): Insects and other Arthropods of Medical Importance. Trustees of the British Museum, London, 1973.
Weber, H., Weidner, H.: Grundriß der Insektenkunde. G. Fischer, Stuttgart, 1974.
Weidner, H.: Bestimmungstabellen der Vorratsschädlinge und des Hausungeziefers Mitteleuropas. G. Fischer, Stuttgart, 1982.
Wilson, E.O.: The Insect Societies. Harvard University Press, Cambridge, 1971.

Tentaculata

Emig, C.C.: British and other Phoronids. Synopses of the British Fauna 13, 1979.
Woollacott, R.M., Zimmer, R.L.: Biology of the Bryozoans. Academic Press, New York, 1977.

Chaetognatha

Ghiradelli, E.: Some Aspects of the Biology of the Chaetognaths. Adv. mar. Biol. 6, 271–375, 1968.
John, C.C.: Habits, Structure and Development of *Spadella cephaloptera*. Quart. J. micr. Sci. 75, 625–696, 1933.

Echinodermata

Blinyon, J.: Physiology of Echinoderms. Pergamon Press, Oxford, 1972.
Lawrence, J.: A functional Biology of Echinoderms. John Hopkins, Baltimore, 1987.
Nichols, D.: Echinoderms. 4th ed., Hutchinson University Library, London, 1969.

Branchiotremata (Hemichordata)

Barrington, E.J.W.: The Biology of the Hemichordata. University of Edinburgh, Edinburgh, 1965.
Stiasny, G.: Über die Entwicklung von *Balanoglossus*. Z. wiss. Zool. 110 (Sonderband), 1914.

Chordata

Adam, H.: Die Haut der Acrania. Studium generale 5, 323–334, 1964.
Ankel, F.: Einführung in die Primatenkunde. G. Fischer, Stuttgart, 1953.
Bezzel, E.: Ornithologie. Ulmer, Stuttgart, 1977.
Bone, Q., Marshall, N.B.: Biologie der Fische. G. Fischer, Stuttgart, 1985.
Bracegirdle, B., Miles, P.H.: An Atlas of Chordata Structure. Heinemann, London, 1978.
Corbert, G., Ovenden, D.: Pareys Buch der Säugetiere. Parey, Hamburg, 1982.
Grzimek, B.: Grzimeks Tierleben. Kindler, Zürich, 1970.
Herre, W., Röhrs, M.: Haustiere – Zoologisch gesehen. G. Fischer, Stuttgart, 1989.
Kämpfe, L., Kittel, R., Klapperstück, J.: Leitfaden der Anatomie der Wirbeltiere. G. Fischer, Stuttgart, 1987.
Muus, B.J., Dahlstrom, P.: Süßwasserfische. Verlagsgesellschaft, München, 1974.
Niethammer, J.: Säugetiere. Ulmer, Stuttgart, 1979.
Portmann, A.: Einführung in die vergleichende Morphologie der Wirbeltiere. Schwabe, Basel, 1909.
Romer, A.S.: Vergleichende Anatomie der Wirbeltiere. Parey, Hamburg, 1971.
Starck, D.: Vergleichende Anatomie der Wirbeltiere. Springer, Heidelberg, 1988.
Thenius, E.: Die Evolution der Säugetiere. G. Fischer, Stuttgart, 1979.
Ziswiler, V.: Wirbeltiere, Bd. 1 Anamnia, Bd. 2 Amniota. G. Thieme, Stuttgart, 1976.

3 Entwicklungsprozesse[1] 279

3.1	Definitionen	280
3.2	**Fortpflanzung**	280
3.2.1	Ungeschlechtliche Fortpflanzung	280
3.2.2	Geschlechtliche Fortpflanzung	281
3.2.3	Fortpflanzungs- und Generationswechsel	282
3.3	**Gametogenese**	283
3.3.1	Grundlagen der Geschlechtszellbildung	283
3.3.2	Spermatogenese	283
3.3.3	Oogenese	286
3.4	**Besamung, Befruchtung, Entwicklungsbeginn**	289
3.5	**Ontogenese**	292
3.5.1	Phasen der Ontogenese	292
3.5.2	Embryogenese	292
3.5.2.1	Furchung	292
3.5.2.2	Gastrulation bei wirbellosen Tieren	300
3.5.2.3	Gastrulation und Neurulation bei Wirbeltieren	307
3.5.2.4	Zellwanderung, Anordnung von Organanlagen und Bildung extraembryonaler Strukturen bei Wirbeltieren	313
3.6	**Postembryonalentwicklung**	320
3.6.1	Direkte und indirekte Jugendentwicklung	320
3.6.2	Larvenbildung und Larvenmetamorphose bei indirekter Entwicklung	321
3.6.2.1	Larvenformen	321
3.6.2.2	Metamorphose	323
3.6.2.3	Metamorphosesteuerung	328
3.7	**Determination**	329
3.7.1	Determinationsvorgänge	329
3.7.1.1	Determination von Keim- und Körperachsen	329
3.7.1.2	Determination von Blastemen	330
3.7.1.3	Determination von Keimteilen	330
3.7.2	Stabilität von Determinations- und Differenzierungszuständen	331
3.8	**Wechselwirkungen von Blastemen in der Morphogenese**	332
3.8.1	Primäre embryonale Induktion	332
3.8.2	Nachgeordnete Induktionswirkungen	334
3.8.3	Natur der Induktoren	334
3.8.4	Wechselwirkungen bei der Bildung von Hautstrukturen bei Vogelkeimen	335
3.8.5	Wechselwirkungen zwischen Blastemen bei anderen Wirbeltieren	337
3.8.6	Wechselwirkungen bei der Bildung der Vogelextremitäten	338
3.8.7	Vergleich der verschiedenen Wechselwirkungen	341
3.9	**Regeneration**	342
3.10	**Entwicklungsanomalien**	346
3.11	**Literatur**	347

---

[1] D.K. Hofmann (Bochum)

3.1 Definitionen

Im Mittelpunkt des Interesses der Entwicklungsbiologie steht die Frage, welche Leistungen zur Entstehung eines vielzelligen Organismus führen. Die Individualentwicklung (**Ontogenese**) umfaßt die Früh- und Jugendentwicklung, das Heranwachsen zu einem fortpflanzungsfähigen Adultus sowie Alterung und Tod. Besondere Entwicklungsleistungen sind physiologische Regeneration (durch laufenden Zellersatz), Wundheilung und posttraumatische Regeneration nach Verletzung bzw. dem Verlust von Körperteilen. In den Bereich pathologischer Entwicklungsformen gehören körperliche Mißbildungen, Teratom- und Tumorbildung (Krebs). Wesentliche Gemeinsamkeiten aller Entwicklungsvorgänge sind **Wachstum** als Teilungs-, Zell-, Organ- und Körperwachstum, **Differenzierung** durch Erwerb spezialisierter Funktionsstrukturen sowie **Morphogenese** als koordinierter Formbildungsprozeß.

Ausgangspunkt jeder Individualentwicklung ist entweder die ungeschlechtliche (asexuelle, vegetative) oder die geschlechtliche (sexuelle) **Fortpflanzung**. Manche Arten entwickeln sich direkt zur Adultform, andere dagegen indirekt über ein oder mehrere Larven- oder Zwischenformen. Entwicklungsforschung wird hauptsächlich unter zwei Zielsetzungen betrieben: die erste, grundlegende, ist die exakte Beschreibung der Vorgänge, die in der Ontogenese eines Organismus ablaufen bzw. die innerhalb eines komplexeren Entwicklungszyklus erfolgen (**Entwicklungsgeschichte**). Die zweite Zielsetzung ist die Erforschung der **Kausalität** des Entwicklungsgeschehens (**Entwicklungsphysiologie**). Die experimentelle Entwicklungsforschung hat ganz eigenständige wissenschaftstheoretische und methodische Ansätze geschaffen, jedoch bedienen sich beide Forschungsrichtungen, die sich notwendigerweise stets durchdringen, derselben morphologisch-histogenetischen, lichtmikroskopischen, ultrastrukturellen, biophysikalischen, biochemischen, molekularbiologischen und molekulargenetischen Analysenverfahren.

3.2 Fortpflanzung

3.2.1 Ungeschlechtliche Fortpflanzung

Ungeschlechtliche Fortpflanzung bei Metazoen ist dadurch gekennzeichnet, daß das asexuelle Fortpflanzungsprodukt immer aus vielen Zellen besteht (polycytogene Fortpflanzung). Dieser Modus ist innerhalb mehrerer Wirbellosen-Stämme weit verbreitet und tritt in verschiedenen Erscheinungsformen auf. Häufig ist **Querteilung** (bei Plathelminthes, Cnidaria, Polychaeta, Oligochaeta und Tunicata), **Längsteilung** (bei Cnidaria), **Knospung** oder Sprossung (bei Cnidaria, Polychaeta, Oligochaeta, Tunicata), **Knospung mit Bildung von Tierstöcken** (bei Cnidaria, Kamptozoa, Bryozoa, Tunicata).

Weitere Formen sind **Gewebeabtrennung** durch Laceration oder Frustelbildung bei Cnidaria, ferner die Bildung **vegetativer Überdauerungsstadien** durch Ausgliederung von Zellgruppen oder von Gewebestücken, die sich durch Abscheiden meist chitinähnlicher Substanzen mit einer derben Hüllschicht umgeben (Gemmulae bei den Porifera, Podocysten bei den Cnidaria, Statoblasten bei den Bryozoa). Die Polypengeneration der Ohrenqualle *Aurelia aurita* kann als Paradebeispiel für asexuelle Fortpflanzung gelten, da sie, mit Ausnahme der Stockbildung, alle genannten Fortpflanzungswege einzuschlagen vermag. Wesentlich ist, daß bei asexueller Fortpflanzung von Eumetazoa kein Genaustausch stattfindet.

3.2.2 Geschlechtliche Fortpflanzung

Geschlechtliche Fortpflanzung beruht darauf, daß die Individualentwicklung von einer Zelle, im typischen Fall der **diploiden Zygote**, ausgeht (monocytogene Fortpflanzung). Diese entsteht durch Zellverschmelzung (**Cytogamie**) der männlichen Geschlechtszelle (Spermium) mit der weiblichen Geschlechtszelle (Ovum) und nachfolgende Kernverschmelzung (**Karyogamie**) der beiden, aus jeweils 2 Reifungsteilungen hervorgegangenen, haploiden Geschlechtszellkerne. Geschlechtliche Fortpflanzung beinhaltet immer die Möglichkeit zur **Gen-Neukombination**.

Besamung (Insemination) und Befruchtung sind getrennte Ereignisse. Sehr häufig werden aber alle Vorgänge von der Kontaktaufnahme von Ei und Spermium bis zur vollzogenen Kernverschmelzung als Befruchtung oder **Fertilisation** zusammengefaßt. Die Wege zur Sicherung der Besamung sind im Tierreich außerordentlich vielfältig.

Von **äußerer Besamung** spricht man, wenn die Vereinigung der Geschlechtszellen außerhalb des Körpers stattfindet. Zahlreiche marine Wirbellose entlassen große Mengen von Gameten ins freie Wasser, wo sie zufällig aufeinandertreffen oder sich chemotaktisch anlocken (Beispiele unter den Hydrozoa, Bivalvia, Polychaeta, Echinodermata, Tunicata). Auch höhere Knochenfische sowie viele Amphibien geben den Laich ins Wasser ab. Die Synchronisation der Bildung und der Abgabe der Geschlechtszellen erfolgt durch äußere Zeitgeber (z.B. Photoperiode, Temperatur). Zusätzlich kann der Laichakt bei beiden Geschlechtern durch ein Balzverhalten und auch durch Pheromone koordiniert werden. **Innere Besamung** kann durch Übertragung von Spermatophoren (Samenkapseln) erfolgen (bei einigen Polychaeta, Mollusca, den meisten Arthropoda und den Urodela) oder im Zuge eines Begattungsvorganges wie er bei den Reptilia, Aves und Mammalia die Regel ist.

Eine Sonderform der geschlechtlichen Fortpflanzung stellt die **Merospermie** dar. Die Spermien haben nur noch die Aufgabe, die Entwicklung des Eies anzuregen. Karyogamie findet nicht statt, allein der Eikern nimmt an der einsetzenden Entwicklung teil.

Zu den Formen geschlechtlicher Fortpflanzung gehört auch die **Parthenogenese** (Jungfernzeugung) bei der sich Eier ohne Besamung entwickeln. Sie ist weit verbreitet und spielt bei Arthropoden eine bedeutende Rolle. Sie kommt bei Vögeln und Säugern in der Natur nicht vor, gelegentlich aber bei Fischen, Amphibien und Reptilien. Sie kann als obligatorische oder fakultative Parthenogenese auftreten, gegebenenfalls also mit bisexueller Fortpflanzung abwechseln.

Bei Hymenopteren können die begatteten Weibchen sogar gesteuert besamte oder unbesamte Eier ablegen, wodurch gleichzeitig das Geschlecht der Nachkommen bestimmt wird. Stark vereinfachend gilt, daß aus besamten und befruchteten, also diploiden Eiern genetische ♀♀ entstehen, aus unbesamten, zunächst haploiden Eiern dagegen ♂♂ (haploide Arrhenotokie).

Bei sozialen Hymenopteren wird dadurch der Koloniezyklus mitbestimmt. Die begatteten Königinnen legen zunächst besamte (= weiblich bestimmte) Eier, aus denen Arbeiterinnen oder Königinnen entstehen können. Zu einem späteren Zeitpunkt legen sie unbesamte, also sich zu Männchen entwickelnde Eier.

Da bei der normalen, bisexuellen Fortpflanzung erst durch die Karyogamie der diploide Chromosomensatz wiederhergestellt wird, müssen bei Merospermie und Parthenogenese andere Mechanismen die (Wieder-)Herstellung des diploiden Status gewährleisten.

3.2.3 Fortpflanzungs- und Generationswechsel

Manche Tierarten verfügen nicht über eine, sondern über verschiedene Fortpflanzungsweisen. So kann sich bei einigen Hydrozoa die Polypform sowohl durch Knospung vegetativ fortpflanzen, als auch Geschlechtszellen bilden und sich geschlechtlich fortpflanzen. Man bezeichnet dies als **Fortpflanzungswechsel**. Wechselt jedoch wie bei der Ohrenqualle *Aurelia aurita* eine sich nur asexuell fortpflanzende Polypengeneration mit einer sich geschlechtlich fortpflanzenden Medusengeneration ab, so handelt es sich um einen Generationswechsel, der **Metagenese** genannt wird.

Bei den Cnidaria werden Generationswechsel zwischen Polyp- und Medusengeneration häufig dadurch kompliziert, daß die Polypenform nacheinander oder gleichzeitig verschiedene vegetative Fortpflanzungsweisen zeigen kann. Ebenso kann sich die Medusengeneration nicht nur geschlechtlich fortpflanzen, sondern auch asexuell durch Knospung.

Generationswechsel kann auch durch Alternieren von Generationen mit bisexueller und parthenogenetischer Fortpflanzung erfolgen. Dieser Wechsel kommt vor bei Rotatoria, Cladocera, Sternorrhyncha (Pflanzenläusen) und Cynipidae (Gallwespen) und wird als **Heterogonie** bezeichnet. Metagenese und Heterogonie bei den Eumetazoa ist gemeinsam, daß sich beide Generationen in der Diplophase befinden. Nur die aus der Meiose hervorgegangenen Geschlechtszellen sind haploid (sekundärer, diplo-homophasischer Generationswechsel). Bei den hier nicht berücksichtigten Protozoen und auch im Pflanzenbereich liegen andere, zum Teil erheblich kompliziertere Generationswechsel vor.

3.3 Gametogenese

3.3.1 Grundlagen der Geschlechtszellbildung

Eier und Spermien (Abb. 3.1) werden entweder von getrenntgeschlechtlich als Weibchen oder Männchen ausgeprägten Individuen (Gonochoristen) oder aber von zwittrigen Tieren (Hermaphroditen) gebildet. Letztere können als Simultanzwitter Eier und Spermien gleichzeitig ausbilden (Ascidia, Pulmonata) oder als Sukzedanzwitter die männliche und weibliche Reproduktionsphase nacheinander durchlaufen. Meist wird erst der männliche Geschlechtsapparat funktionell (Protandrie), seltener der weibliche (Protogynie) (einige Teleostei).

Die Geschlechtszellen werden in der Regel in besonderen Organen, den **Gonaden**, gebildet und durch besondere, oft in Kopulationsorgane mündende Gangsysteme ausgeleitet. Bei manchen Organismen wie Polychaeten aus der Familie Nereidae lösen sich Keimzellen jedoch auf frühen Stadien von ihren Bildungsorten ab und durchlaufen die weitere Entwicklung frei in der Leibeshöhle flottierend (Abb. 3.2).

Geschlechtszellen leiten sich von **Urgeschlechtszellen** her, die auf frühen Ontogenesestadien in die somatischen Gonadenanlagen einwandern (vergl. Abschnitt Zellwanderung) und oft aufgrund besonderer cytoplasmatischer Einflüsse als sog. Keimbahn-Zellen auf ihrem Weg verfolgt werden können. Bei den Gonochoristen und bei vielen Hermaphroditen werden die Eier in Eierstöcken (**Ovarien**) und davon getrennt die Spermien in Hoden (**Testes**) gebildet.

Beim protandrisch-zwittrigen Polychaeten *Ophryotrocha puerilis* werden jedoch von denselben Gonaden nacheinander Eier und Spermien produziert. Besonders komplizierte Verhältnisse liegen bei zwittrigen Gastropoda vor, in deren Zwittergonaden (sog. Zwitterdrüsen) entweder in getrennten Abschnitten oder allen Bezirken zugleich Eier und Spermien gebildet werden.

3.3.2 Spermatogenese

Grundlegende Vorgänge der Spermatogenese sind in Abb. 3.1 zusammengefaßt. Im Hodengewebe entstehen aus sich mitotisch teilenden Urgeschlechtszellen **Spermatogonien**, die sich wiederum mitotisch vermehren (Vermehrungsphase). Die diploiden Spermatogonien verlassen schließlich den Mitosenzyklus und treten in die Phase der Reduktionsteilungen ein (s. Meiose), wobei sie in die noch diploiden **Spermatocyten** I. Ord. überführt werden. Die nachfolgende I. meiotische Teilung wird häufig als Reduktionsteilung bezeichnet. Sie bringt 2 Spermatocyten II. Ord. hervor, aus denen nach der

Spermatogenese

Vermehrungsphase

Spermatogonien

Wachstumsphase

Spermatocyte I. Ordn.

Reduktionsphase

Reifeteilung I.

Spermatocyten II. Ordn.

II.

Spermatiden

Spermiohistogenese

4 Spermatozoen

Oogenese

Oogonien

Oocyte I. Ordn.

Oocyte II. Ordn.

1. RK

Reifeteilung I.

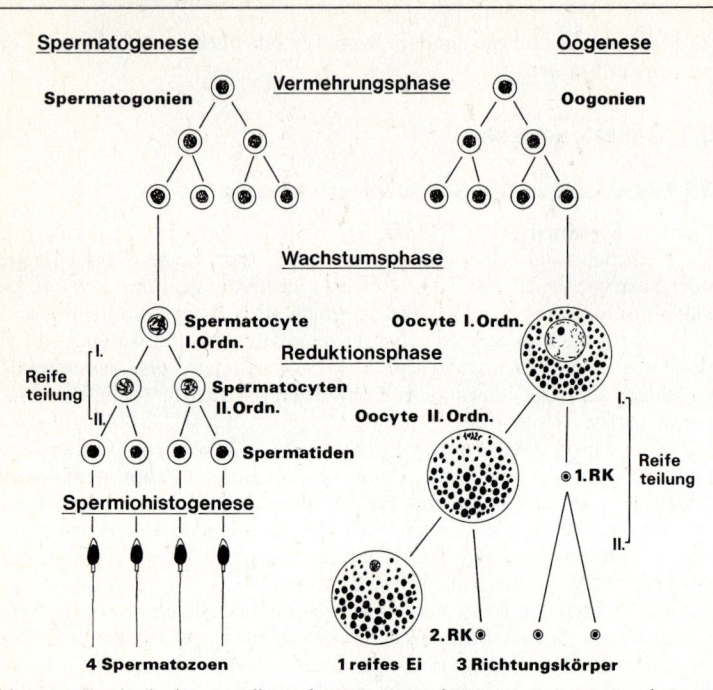

II.

2. RK

1 reifes Ei 3 Richtungskörper

Abb. 3.1: Vergleich der grundlegenden Vorgänge der Spermatogenese und Oogenese. Zu beachten: im männlichen Geschlecht entstehen nach nur geringem Wachstum nach der Meiose 4 funktionelle Geschlechtszellen. Dagegen findet im weiblichen Geschlecht während der ersten meiotischen Prophase starkes Wachstum statt; aus den Reifeteilungen gehen jedoch nur ein reifes Ei sowie 2 bzw. 3 abortive Richtungskörper hervor (nach Balinsky 1981, verändert).

II. Reifeteilung (Äquationsteilung) ohne vorherige Chromosomenverdoppelung 4 gleichwertige, haploide **Spermatiden** entstehen. Die Ausdifferenzierung der Spermatiden zu funktionsfähigen **Spermien** erfolgt während der Spermiohistogenese und findet z. B. bei Säugern unter allmählicher Ortsverlagerung in den Samenkanälchen, den Nebenhodenabschnitten und dem Vas deferens (Samenleiter) statt. (Abb. 3.3). Die Gestalt ausdifferenzierter tierischer Spermien ist äußerst vielfältig. Besonders häufig ist der Typ des beweglichen Flagellospermiums mit einer Untergliederung in Kopf mit Zellkern und gegebenenfalls mit Akrosom (S. 289). Mittelstück mit Mitochondrien und Schwanzfaden (Flagellum) (Abb. 3.2, 3.6).

Bei Entomostraca, Acari und Nematoda kommen flagellenlose, amöboid bewegliche Spermien vor, bei Vertretern decapoder Crustacea sind die eigentlichen Spermien in Chitinkapseln eingeschlossen und werden durch einen «Sprungfedermechanismus» bei der Besamung ausgeschleudert. Verglichen mit den Eiern werden Spermien in einem ungeheuren Überschuß produziert. Bei Arten, die sich nur einmal im Verlaufe ihres Lebenszyklus fortpflanzen, erfolgt dies in einer Produktionsphase. Bei sich mehrfach fortpflanzenden Arten kann die Spermienbildung wiederholt saisonal (Echinodermata) oder aber kontinuierlich erfolgen (Mensch).

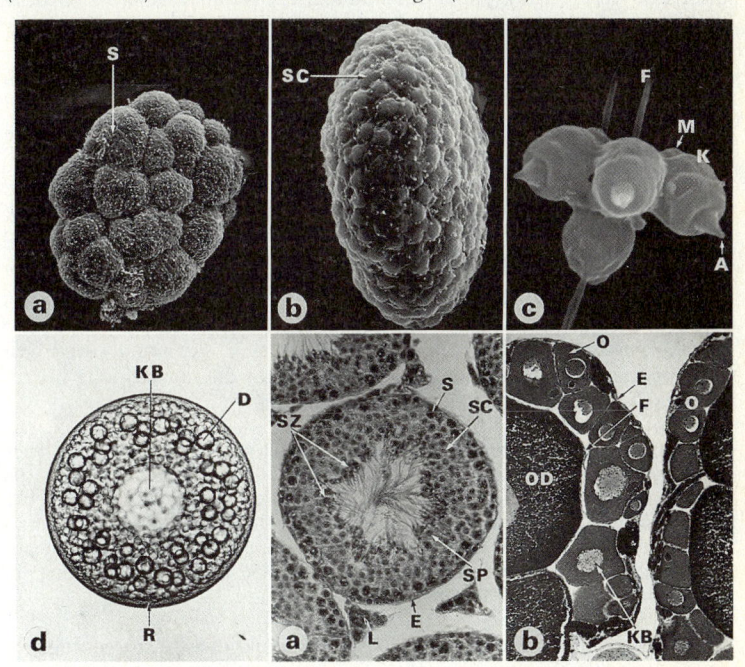

Abb. 3.2: Solitäre Spermatogenese und Oogenese bei *Platynereis dumerilii* (Polychaeta).
a) Spermatogonienballen (Vermehrungsphase), b) Spermatocytenballen (beg. Reduktionsphase) c) Spermien, durch Zellbrücken noch zu Tetraden verbunden; d) ablagebereite Oocyte (Meiose noch nicht erfolgt). (a–c, REM – Originale J. Meisel, d) Original Hofmann).
A: Acrosom, D: Dotterkugeln, F: Flagellum, K: Kopfstück, KB: Kernbläschen, M: Mittelstück, R: Eirinde, S: Spermatogonien, SC: Spermatocyten.

Abb. 3.3: Spermatogenese und follikuläre Oogenese bei Wirbeltieren.
a) Querschnitt durch ein Hodenkanälchen der Maus, b) Ausschnitte eines Ovarschnittes des Krallenfrosches (untere Reihe: Mitte und rechts) (Originale Hofmann).
E: epitheliale Wand, F: Follikelepithel, jede Oocyte einschließend, KB: Kernbläschen, mit zahlreichen Nucleoli, L: Leydigsche Zwischenzellen, O: Oocyten, vor der Dotterbildung, OD: dottereinlagernde Oocyten, S: Spermatogonien in Mitose, SC: Spermatocyten I. und II. Ordn., SP: Spermatiden, SZ: Spermatozoen, eingebettet in Fortsätze von Sertoli-Zellen.

3.3.3 Oogenese

In den weiblichen keimzellbildenden Bereichen (Ovarien) entstehen aus Urgeschlechtszellen durch Mitosen diploide **Oogonien**, die eine weitere mitotische Vermehrungsphase durchlaufen, ehe sie als **Oocyten** I. Ord. in die Meiose und in die eigentliche Eibildungsphase eintreten. Im Gegensatz zur Spermatogenese werden die Reifeteilungen nun nicht rasch hintereinander vollzogen, vielmehr verharren die Oocyten bis zur Ovulationsreife im Abschnitt der Prophase der I. Reifeteilung und machen unter Reservestoffeinlagerung in vielen Fällen ein geradezu dramatisches Größenwachstum durch (Wachstumsphase). Bei Vögeln können Eizellen Durchmesser bis zu 85 mm erreichen und gehören zu den größten tierischen Zellen überhaupt. Die Meiose wird häufig erst im Zuge der Ovulation (Eiausstoß) fortgesetzt und sogar erst nach Besamung zuende geführt. Durch die extrem inäqual verlaufenden meiotischen Teilungen entstehen, anders als in der Spermatogenese, nicht 4 äquivalente Teilungsprodukte, sondern nur eine große, haploide **Eizelle** sowie 3 (zuweilen nur 2) sehr kleine, sog. Pol- oder **Richtungskörperchen** (Abb. 3.1). Bei letzteren handelt es sich um abortive Teilungsprodukte, die häufig noch der Eizelle als für die Entwicklung bedeutungslose «Minizellen» am animalen Pol anhaften.

Die mitotische Proliferation von Oogonien endet bei Säugern und auch beim Menschen bereits vor der Geburt. Während zum Geburtszeitpunkt etwa 2×10^6 Oogonien vorhanden sind, verbleiben bis zur Pubertät nur noch etwa 3×10^5, von denen während der gebärfähigen Zeit allenfalls wenige Hundert den Ovulationszyklus durchlaufen. Bei niederen Wirbeltieren mit vieljähriger, gegebenenfalls saisonaler Fortpflanzung mit großen Eianzahlen setzt jedoch die Oogonienvermehrung vor jedem Fortpflanzungszyklus neu ein.

Während der Oogenese werden spezielle Funktionsstrukturen angelegt und neben Dottersubstanzen eine Vielzahl verschiedener Verbindungen gespeichert. Dies beruht entweder auf autonomen Leistungen der Oocyten oder auf der Übernahme aus Hilfszellen («Nährzellen» i.w.S.). Wichtig im Zusammenhang mit Befruchtungsvorgängen kann die Ausbildung von Vesikeln sein, die als **Corticalgranula** in die besonders ausgeprägte Schicht des Rindenplasmas eingelagert werden (s. 3.4). Chemisch und strukturell heterogene, makromolekulare «**Dotter**substanzen» sollen in einigen Fällen durch Eigensynthese gebildet werden, entstehen vielfach aber auch durch Phagocytose abortiver Geschwisterzellen oder durch direkte Aufnahme aus besonderen Dotterstöcken (bei Rotatoria). Vielfach stellt sich aber heraus, daß spezifische, dotterpflichtige Proteine (Vitellogenine) an anderer Stelle produziert, zum Ovar transportiert und durch Pinocytose aufgenommen werden. Vitellogenine bei Wirbeltieren sind Phospholipoproteine (ca. 450.000 Dalton, *Xenopus* spp.) und werden in der Leber gebildet. Bei Insekten ist der Syntheseort für Dotterproteine der Fettkörper; bei Polychaeten der Familie Nereidae produzieren und exportieren die Elaeocyten (freie somatische Coelomzellen) Dottervorstufen.

Bei Polychaeten der Familie Eunicidae (z.B. *Ophryotrocha puerilis*) und bei Insekten mit meroistischen Ovarien (Abb. 3.4) ist die Eizelle mit 1 bis zahlreichen «Nährzellen» assoziert; sie sind aus Oogonienteilungen hervorgegangene Geschwisterzellen und bleiben infolge unvollständiger Zellteilungen durch Zellbrücken verbunden. Die hoch polyploid werdenden Nährzellen liefern an die Eizelle dotterfremde Proteine, vor allem aber verschiedene RNA-Spezies und in großer Zahl Ribosomen und Mitochondrien.

Eine um ein Vielfaches über den Bedarf der wachsenden Oocyten hinausgehende Synthese von poly (A) RNA, von amplifizierten ribosomalen Genen, Ribosomen,

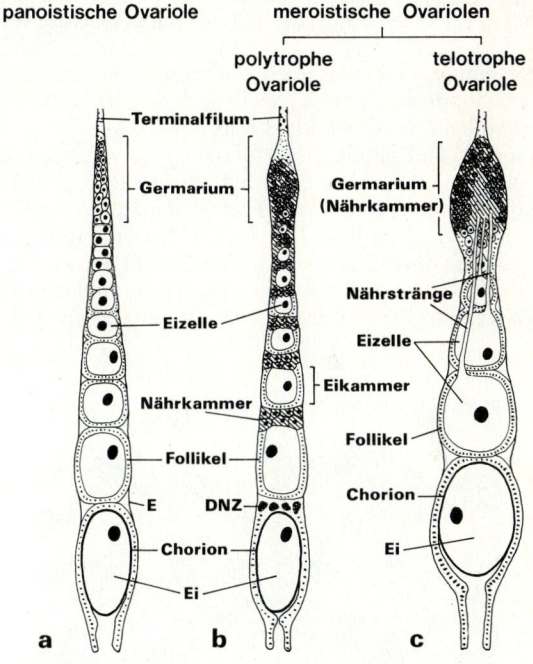

Abb. 3.4: Oogenese bei Insekten: die drei hauptsächlichen Ovariolentypen.
a) Panoistischer Typ: alle Keimzellen entwickeln sich zu Oocyten. b, c) Meroistischer Typ: Nur eine von mehreren Geschwisterzellen einer Teilungsfolge entwickelt sich zur Oocyte, die übrigen werden zu Nährzellen. b) Meroistisch-polytropher Typ: durch Zellbrücken verbundene Nährzellen bilden eine der Oocyte unmittelbar ansitzende Nährkammer. c) Meroistisch-telotropher Typ: die Oocyten rücken aus der Keimzone heraus und werden von ihren Nährzellen über einen Nährstrang versorgt (nach Weber u. Weidner, 1974). DNZ: degenerierende Nährzellen, E: Epithel des Ovariolenschlauches.

Mitochondrien und verschiedenen Proteinen wird auch während der Amphibienoogenese vollzogen. Die hohe Transkriptionsaktivität setzt hier in den Oocyten selbst ein, wenn im Diplotänstadium der I. meiotischen Prophase die Chromosomen die sog. Lampenbürstenstruktur (S. 31) ausbilden.

Eine Bedeutung dieser maternalen Leistungen kann vordergründig darin gesehen werden, daß der Embryo in der sehr schnell verlaufenden Furchungsphase auf diese Weise von Eigensynthesen unabhängig gemacht wird. Allerdings werden während der Oogenese auch plasmatische Faktoren synthetisiert, deren Funktion in der Regulation von Morphogenese und Differenzierung liegt (vergl. Abschnitt Determination).

Oocyten in meroistischen Insektenovarien sind nicht nur polytroph oder telotroph mit Nährzellen assoziiert, sondern außerdem in einen epithelialen Follikel eingeschlossen. Beim panoistischen Ovartyp der Insekten und z.B. auch bei den Wirbeltieren liegt eine rein **follikuläre Oogenese** vor (Abb. 3.3, 3.4).

Oogenese und Ovulation werden ebenso wie die Spermatogenese bei Wirbeltieren hormonell gesteuert. Dies ist auch für eine Vielzahl von Wirbellosen (u.a. Insekten) nachgewiesen (s. Kap. 12).

Ovulierte Eier sind häufig von Hüllstrukturen umgeben, die auf das Oolemma aufgelagert werden. Man bezeichnet sie als primäre Eihüllen, wenn sie von den Oocyten selbst erzeugt werden, als sekundäre, wenn sie Produkt von Follikelzellen sind. Tertiäre Eihüllen sind solche, die während der Ausleitung z.B. durch Drüsen im Eileiter aufgelagert werden. Klebesubstanzen zur Anheftung von Eiern oder Material zur Bildung von Eikapseln u.ä. können außerdem von akzessorischen Drüsen sezerniert werden.

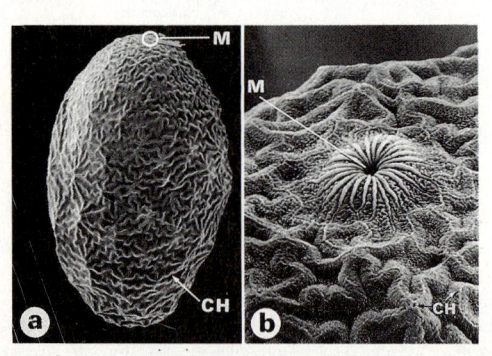

Abb. 3.5: Das Ei von *Ephestia kühniella* (Mehlmotte) mit der als Besamungsöffnung dienenden Mikropyle.
a) Schrägansicht des Eies, b) Ausschnittvergrößerung des Vorderpoles mit Mikropyle (REM – Originale Hofmann).
CH: leistenartige Chorionerhebungen, entsprechen den Zellgrenzen der Follikelepithelzellen, die das Chorion des Eies abscheiden. M: Mikropyle.

3.4 Besamung, Befruchtung, Entwicklungsbeginn

Am Ende der Oogenese liegen ausgewachsene, weitgehend stoffwechselinaktive und meist in der späten Prophase der I. Reifungsteilung blockierte Eizellen vor. Der erste Schritt zur Aktivierung ist die als **Ovulation** bezeichnete Freisetzung aus den Follikeln und weiteren Ovarstrukturen, verbunden mit der Fortsetzung der Meiose. Der zweite Schritt, die **Entwicklungsanregung**, findet entweder innerhalb oder außerhalb der weiblichen Fortpflanzungsorgane statt (s. 3.3.1). Bei parthenogenetischer Entwicklung kann etwa bei Insekten die Aktivierung durch mechanische Verformung bei der Eiablage bei der Schlupfwespe *Pimpla* sp. oder einfach durch Luftkontakt bei der Gewächshausschrecke *Carausius morosus* erfolgen. Bei zweigeschlechtlicher Fortpflanzung geschieht sie beim Eindringen des Spermiums in die Eizelle (Cytogamie).

Als Beispiel für die Reaktionsfolgen, die von der Besamung bis zum Beginn der Furchungsteilungen ablaufen, seien die Vorgänge beim Seeigel geschildert. Wenn Eier und Spermien aufeinandertreffen, erfolgt zuerst eine Reaktion an der stark gequollenen äußeren Gallertschicht der Eier. Ein darin enthaltenes Fucose-4-Sulfat-reiches Glykoprotein reagiert mit einem Rezeptorglykoprotein der Spermienzellmembran, wodurch die Akrosomreaktion ausgelöst wird. Sie umfaßt die Polymerisation von G-

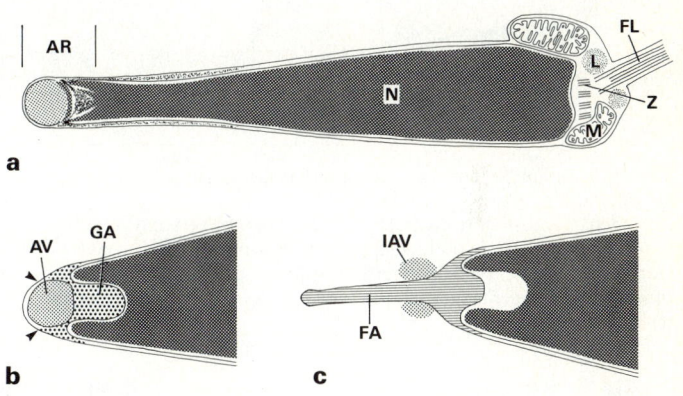

Abb. 3.6: Feinstruktur und Akrosomreaktion des Seeigelspermiums.
a) schematischer Längsschnitt durch ein Spermium von *Echinarachnius parma*, b), c) Akrosomreaktion beim Spermium von *Lytechinus pictus*: Das G-Actin der subacrosomalen Masse polymerisiert zum stabförmigen F-Actin, dadurch wird nach Membranverschmelzung an der Spitze (Pfeile) der Inhalt des Akrosomvesikels nach außen verlagert (umgezeichnet nach Summers et al. 1975 und Epel 1979).
AR: Akrosomregion, AV: Akrosomvesikel, FA: polymerisiertes F-Actin des Akrosomfortsatzes, FL: Flagellum, GA: G-Actin der subakrosomalen Masse, IAV: Inhalt des Akrosomvesikels, L: Lipidkörper, M: Mitochondrion, N: Spermienkern, Z: Centriole.

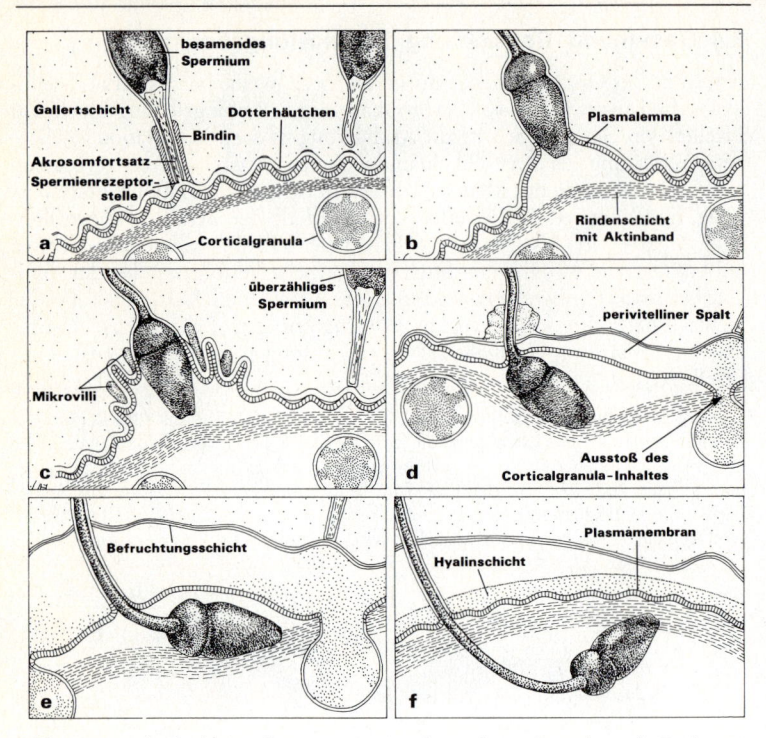

Abb. 3.7: Verlaufsschema der Besamungsreaktion beim Seeigel (nach Epel 1977, abgeändert).
a) Binden des Spermiums nach Akrosomreaktion, b) Verschmelzen der Plasmamembranen von Spermium und Ei, c) Beginn der Spermienaufnahme ins Ei, d) Beginn der Corticalreaktion, e) Abheben der Befruchtungsschicht, f) Ausbildung der Befruchtungsschicht und der Hyalinschicht, Drehung des aufgenommenen Spermiums. Weitere Einzelheiten im Text.

Actin zu einem stabförmigen Komplex von F-Actin, bei der nach Membranfusion des Akrosomvesikels mit der Plasmamembran der Inhalt des Vesikels auf die Außenseite des Akrosomfortsatzes gelangt (Abb. 3.6, 3.7). Beim anschließenden Auftreffen des Spermiums auf das Dotterhäutchen reagiert das auf dem Akrosomfortsatz befindliche Bindungsprotein Bindin artspezifisch mit Rezeptorglykoproteinen der Eizelle. Bei anderen Organismen können im Akrosomvesikel lytische Enzyme enthalten sein, die für die anschließende Durchdringung weiterer Eihüllen wesentlich sind. Der Bindung an das Dotterhäutchen folgt die Fusion der Spermienplasmamembran im Akrosombereich mit der Plasmamembran des Eies (Oolemma) und die Aufnahme des Spermiums ins Eiplasma. Unter Auflockerung des Chromatins und Umbau der Kernmembran wandert der Spermienkern als sog. männlicher Vorkern auf den Eikern zu und verschmilzt nach Fusion der beiden Kernmembranen mit diesem. Ein vom Spermium mit eingeführtes Centriol teilt sich und nimmt an der Organisation der Teilungsspindel für die erste Furchungsmitose teil, die bei Seeigeleiern häufig 40–50 Minuten nach der Besamung einsetzt.

Das **Eindringen des Spermiums** löst eine Vielzahl zum Teil miteinander verknüpfte frühe und späte Ereignisse aus. Frühe Ereignisse (nach 0–60 Sekunden): Änderung des Membranpotentials («Befruchtungspotential»), freisetzen von Ca^{2+}-Ionen aus intrazellulären Depots, Beginn der Calcium-abhängigen Corticalreaktion im Spermieneintrittsbereich, Protonen-Ausstrom, Na^+-Einstrom, Anstieg des O_2-Verbrauches. Bei der Corticalreaktion verschmelzen im Eicortex (Rindenplasma) gelegene Corticalgranula (Durchmesser 0,5–1 µm) mit dem Oolemma, öffnen sich dabei und entlassen den Inhalt in den perivitellinen Spalt. Folge der sich über den ganzen Eiumfang ausdehnenden Reaktion ist die Bildung einer sich deutlich vom Ei abhebenden Befruchtungsschicht aus dem Dotterhäutchen und aus Anteilen des Corticalgranulainhalts, außerdem der Entstehung einer sich der Eioberfläche direkt anlegenden hyalinen Schicht. Corticalgranula entlassen neben diesen strukturbildenden Komponenten außerdem Enzyme, die u.a. durch Lösen von Kontaktpunkten das Abheben der Befruchtungsschicht fördern (Vitellindelaminase), die Rezeptorstellen inaktivieren (Rezeptorhydrolase) und durch Vernetzung von Tyrosinresten die Befruchtungsschicht aushärten (Ovoperoxidase). Dem folgt eine Erhöhung des intrazellulären pH-Wertes, die für die nach etwa 5 Minuten einsetzenden späten Ereignisse ausschlaggebend ist. Hierzu gehören die Intensivierung zahlreicher Stoffwechselvorgänge, wie der Proteinsynthese, der DNA-Synthese, sowie die Aktivierung von Transportsystemen. Sie schließen sämtliche zur Karyogamie und zur ersten Furchungsteilung führenden Vorgänge ein. Während bei Seeigeleiern erfolgreiche Besamung offensichtlich auf der gesamten Eioberfläche möglich ist, kann die Besamung bei anderen Arten nur in bestimmten Eibezirken erfolgen. *Xenopus*-Eier können nur in der animalen Hälfte besamt werden, *Rana pipiens*-Eier zeigen einen vom animalen zum vegetativen Pol hin drastisch abfallenden Gradienten der Spermienbindungsfähigkeit, was vermutlich auf eine spezifische Verteilung von Spermienrezeptorstellen zurückzuführen ist. In vielen Fällen ist der Zutritt der Spermien zur Eizelle durch derbe Eihüllen hindurch nur durch besondere, als Mikropylen bezeichnete Öffnungen möglich. Solche finden sich u.a. bei Eiern von Insecta, Cephalopoda und Teleostei (Abb. 3.5).

Bei der Mehrzahl der Tierarten ist dafür gesorgt, daß nur ein einziges Spermium zur Befruchtung in die Eizelle gelangt (**Monospermie**). Das kann auf unterschiedliche Weise geschehen. Bei einigen Echinodermata und Amphibia löst die Besamung eine vorübergehende Änderung des Membranpotentials aus, wodurch zeitweilig ein weiteres Eindringen von Spermien verhindert wird. Später bildet dann das Ei dauerhafte Befruchtungshüllen, die für Spermien undurchdringlich sind. Allerdings gibt es einige Beispiele für physiologische **Polyspermie**, etwa bei den Urodela, bei denen bis zu 15 Spermien in ein Ei eindringen. Letztlich kommt aber auch hier nur der Kern eines Spermiums zur Karyogamie; die übrigen werden inaktiviert.

Die sehr weitgehend analysierten, zur Befruchtung führenden Vorgänge bei Echinodermen liefern eine wichtige Vergleichsbasis, können aber keinesfalls als zu verallgemeinerndes Modell dienen. Viele Organismen weisen ganz andere Eistrukturen auf, besitzen Spermien mit modifiziertem oder fehlendem Akrosomkomplex oder zeigen zusätzliche Reaktionsschritte (z.B. langfristige Spermienspeicherung bei Insekten; Spermienkapazitation bei der inneren Besamung der Säuger) und müssen darum gesondert betrachtet werden.

3.5 Ontogenese

3.5.1 Phasen der Ontogenese

Die Vorgänge der Besamung und Befruchtung der Eizelle oder die parthenogenetische Entwicklungsanregung leiten die Ontogenese oder Individualentwicklung ein, die in die folgenden Phasen gegliedert werden kann:

> **Phasen der Ontogenese**
>
> **1) Embryogenese:**
> Furchung (Blastogenese), Keimblätterbildung (Gastrulation); Sonderung der Organanlagen und Organbildung (Morphogenese und Organogenese); histologische Differenzierung (Histogenese); Wachstum; Bildung besonderer Embryonalorgane; Schlüpf- oder Geburtsphase.
>
> **2) Postembryonal- oder Jugendentwicklung:**
> Entwicklung der Adultstruktur in einem direkten oder indirekten Entwicklungsgang
>
> **3) Adoleszenz:**
> Adulte Phase, Erreichen der Geschlechtsreife, Fortpflanzung
>
> **4) Seneszenz:**
> Alterungsphase, die mit dem Tod des Individuums endet.

Die folgenden Abschnitte befassen sich vorwiegend mit der Embryonal- und Postembryonalentwicklung.

3.5.2 Embryogenese

3.5.2.1 Furchung

Nach der Entwicklungsanregung durchläuft die Zygote bzw. die Eizelle eine regelhafte, oft geometrische Folge rasch aufeinanderfolgender, zeitweilig synchroner, mitotischer Furchungsteilungen. Durch diese wird das Eiplasma auf immer kleinere, kein Zellwachstum zeigende Furchungszellen (**Blastomeren**) aufgeteilt. Der Ablauf der Furchung richtet sich in starkem Maße nach der Menge der Reservestoffe (Dotter) und ihrer Lage bezogen auf das eigentliche Bildungsplasma. Beim **holoblastischen** Entwicklungstyp wird im Zuge einer totalen Furchung der gesamte Eiinhalt auf die Blastomeren aufgeteilt, während beim **meroblastischen** Typ partielle Furchung erfolgt, das Ei also nicht in seiner Gesamtheit von den Teilungen erfaßt wird, was zur Entstehung extraembryonaler Bezirke führt. Bei Cnidaria, Arthropoda und Vertebrata gibt es einige Arten, bei denen die Furchung zunächst total verläuft, nach wenigen Schritten aber in den partiellen Typus abgewandelt wird.

Holoblastische Entwicklungstypen mit totaler Furchung.
A. Radiärfurchung. Die Anordnung der Blastomeren wird primär durch die Ausrichtung der Furchungsmitosespindeln festgelegt. Erst sekundär kommt es zu Lageanpassungen innerhalb der kugeligen oder ellipsoiden Eihüllen. Beim Seeigelkeim sowie bei einer Vielzahl der übrigen holoblastischen Keime zerlegt die erste, meridional vom animalen zum vegetativen Pol verlaufende Zellteilung die Zygote in zwei etwa gleichgroße Blastomeren. Nach 15–20 Minuten teilt die zweite Furchung den Keim wiederum in animal-vegetativer Richtung, jedoch im 90°-Winkel zur ersten Furchungsebene und läßt so ein Quartett gleichgroßer Blastomeren entstehen (**äquale**

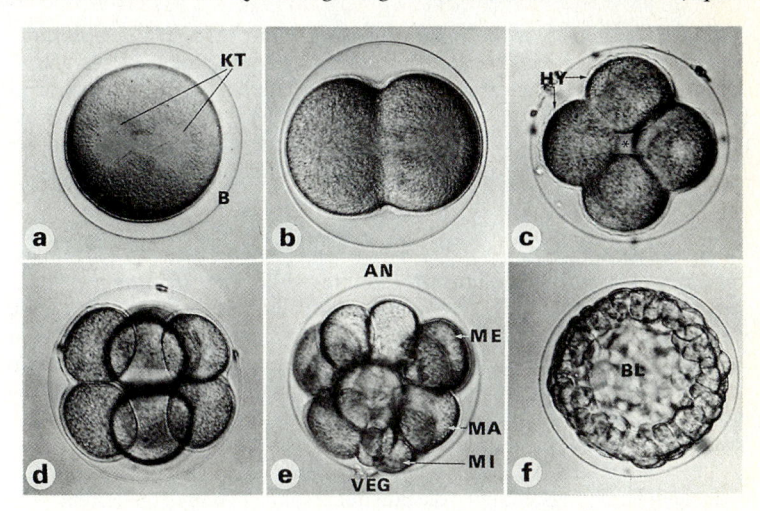

Abb. 3.8: Holoblastische Entwicklung mit Radiärfurchung beim Seeigel *Paracentrotus lividus*:
a) erste Teilung des Zygotenkernes, b) nachfolgende Zellteilung zum 2-Zellstadium, c) 4-Zellstadium, d) 8-Zellstadium, e) 16-Zellstadium nach inäqualer 4. Furchungsteilung, f) frühe Blastula, vor Ausbildung der Cilien (Lebendaufnahmen, Originale Hofmann et al.).
AN: animaler Pol, B: Befruchtungsschicht, BL,*: Furchungshöhle (Blastocoel), HY: Hyalinschicht, KT: Kernteilungsfigur, MA: Makromeren, ME: Mesomeren, MI: Mikromeren, VEG: vegetativer Pol.

Teilung). Die Ebene der dritten Furchungteilung verläuft senkrecht zu der der beiden ersten und gliedert den Keim in ein animales und ein vegetatives Blastomerenquartett (Abb. 3.8). Bei ganz dotterarmen Keimen können die Blastomeren eines solchen 8-Zellstadiums gleichgroß sein. Mit steigendem Dottergehalt in der vegetativen Hälfte verlagert sich jedoch die 3. Furchungsebene in den animalen Bereich, wodurch 2 Quartette mit ungleich großen Blastomeren entstehen (**inäquale Teilung**).

In einem durch das Cytoplasma bestimmten Teilungsrhythmus furchen sich die Keime weiter, beim Seeigel entsteht durch das Alternieren von meridionalen und äquatorialen Teilungen (Alternanzregel), deren Ebenen senkrecht aufeinander stehen (Perpendikularitätsregel), ein aus radiärsymmetrisch angeordneten Zellkränzen bestehender Embryo. In dem nach 6 weitgehend synchronen Teilungsschritten erreichten 64-Zellstadium lassen sich nach der relativen Blastomerengröße zwei Kränze mit je 16 animalen Mesomeren (an 1, an 2) gefolgt von zwei Kränzen mit je 8 vegetativen Makromeren (veg 1, veg 2) und im vegetativen Polbereich 16 Mikromeren unterscheiden. Die Mikromeren spielen eine gewisse Sonderrolle, indem sie durch stark inäquale Teilung bei schräggestellter Teilungsspindel zeitlich verzögert aus den Makromeren hervorgehen (Abb. 3.8e).

Definitionsgemäß wird die Furchungsphase mit Erreichen des **Blastulastadiums** beendet; beim Seeigel erfolgt dies auf dem 512- oder 1.024-Zellstadium, also nach 9 oder 10 Teilungsschritten. Hierbei wird ein arttypisches Verhältnis von Kern- und Plasmavolumen erreicht (sog. Kern/Plasmarelation). Die Ausdehnung der Furchungshöhle ist maximal und die Wand der rotationssymmetrisch erscheinenden Seeigelblastula weist eine einzige Zellschicht auf (Abb. 3.8f).

B. Spiralfurchung. Dieser Typ ist ein weiterer, weit verbreiteter Furchungsmodus (z.T. mit Abwandlungen vorkommend bei Nemathelminthes, Plathelminthes, Mollusca (außer Cephalopoda), Annelida, Sipunculida). Auch bei diesem wird die Zygote zunächst durch zwei meridionale Teilungen in 4 Blastomeren aufgeteilt, die gleich groß oder verschieden groß sein können. Nach einer Übereinkunft werden diese Blastomeren mit den Großbuchstaben A, B, C, D bezeichnet, wobei die größte Blastomere die Zuordnung D erhält. Sie werden Makromeren genannt.

Das Charakteristikum der Spiralfurchung ist, daß bei der 3. und den folgenden Furchungsteilungen die Furchungsspindeln **schräg** eingestellt werden und die Makromeren jeweils ein Quartett von Mikromeren in Richtung Animalpol so abschnüren, daß sie «auf Lücke» zu den Makromeren stehen. Die meist kleineren Zellen des ersten Mikromerenquartettes erhalten gemäß ihrer Abkunft die Bezeichnung 1a, 1b, 1c, 1d, die des zweiten Quartetts 2a, 2b, 2c, 2d. Die sich in der Zwischenzeit gleichfalls teilenden Abkömmlinge des ersten Quartetts werden mit Exponenten gekennzeichnet $1a^1$, $1a^2$, $1b^1$, $1b^2$ etc. Eine Ziffer vor der Makromerenbezeichnung gibt die jeweils schon abgegliederte Anzahl von Mikromerenkränzen an, in diesem Beispiel also

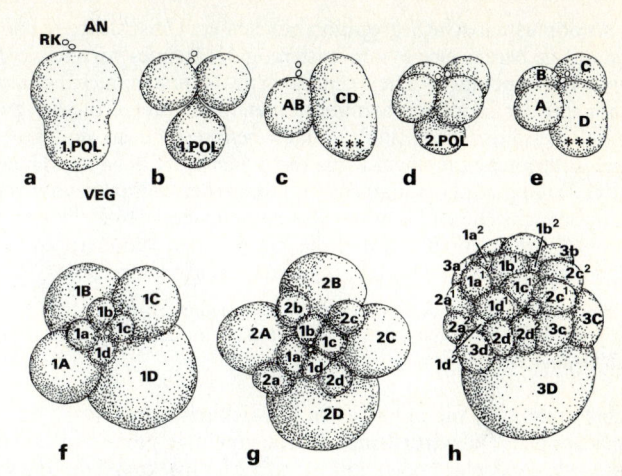

Abb. 3.9: Holoblastische Entwicklung nach dem Spiralfurchungstypus bei der Schnecke *Ilyanassa obsoleta*.
a) Bildung des 1. Pollappens am veg. Pol, b, c) 1. Furchungsteilung und Zuordnung des 1. Pollappens zur Blastomere CD, d, e) Bildung des 2. Pollappens und Zuordnung des Pollappens zur Blastomere D während der 2. Furchung, f, g, h) Bildung der ersten drei Mikromerenquartette während der 3., 4. und 5. Furchungsteilung. Seitliche Ansichten in a–e und h, Aufsicht auf den animalen Pol in f, g. Bezifferung der Blastomeren siehe Text. (Umgezeichnet nach verschiedenen Autoren). AN: Animalpol, POL, xxx: Pollappen, RK: Richtungskörper, VEG: vegetativer Pol.

2A, 2B, 2C, 2D. Ist, bei Aufsicht auf den animalen Pol, die Abgliederung des ersten Mikromerenquartetts nach rechts erfolgt (**dexiotrop**), so wird das folgende gemäß Alternanz- und Perpendikularitätsregel nach links (**laeotrop**) abgegeben. Auf diese Weise entstehen bis zu 5 Mikromerenquartette (Abb. 3.9).

Der Furchungsverlauf ist bei Keimen mit besonders großer Makromere D wegen der abweichenden Geometrie schwierig zu beobachten. Diese Asymmetrie kommt durch die stark **inäquale** 1. und 2. Furchungsteilung zustande oder dadurch, daß vor diesen Teilungen am vegetativen Pol eine große Plasmavorwölbung gebildet wird, die als Pollappen bezeichnet wird. Dies hat zur Folge, daß der D genannten Makromere die Hauptmenge eines bestimmten Cytoplasmaanteiles zugeleitet wird (Abb. 3.9a–e; s. 3.7). Nach Abschluß der Furchung entstehen bei dotterarmen Keimen Blastulae mit großem Blastocoel; bei dotterreichen Keimen kann das Blastocoel weitgehend oder ganz verdrängt sein (Sterroblastulae) (Abb. 3.17, 3.18).

C. **Bilateralsymmetrische Furchung** zeigen Keime der Ascidia und Acrania. Nach Eintritt des Spermiums ins Ei findet beim Ascidienkeim eine tiefgreifende, als **ooplasmatische Segregation** bezeichnete Umschichtung von Eianteilen statt, die bereits eine Symmetrisierung des Keimes vorzeichnet (vergl. Abschnitt Determination). Die Teilungsebene der ersten, meridionalen Teilung fällt mit der künftigen Symmetrieebene zusammen, die der zweiten, gleichfalls meridionalen Teilung verläuft senkrecht dazu und grenzt ein größeres anteriores von einem kleineren posterioren Blastomerenpaar ab. Die dritte Teilung erfolgt äquatorial und trennt den animalen vom vegetativen Keimbereich. Die Aufsicht auf das anschließende 16-Zellstadium läßt besonders deutlich erkennen, daß die Blastomeren symmetrisch zu einer Achse, der künftigen Längsachse, angeordnet sind (Abb. 3.10).

Die sehr rasch aufeinanderfolgenden Furchungsteilungen führen etwa bei *Ascidiella aspersa* bei 20°C bereits nach etwa 3 Stunden zu einem Blastulastadium mit ziemlich kleinem Blastocoel.

Partielle Furchung in meroblastischen Entwicklungsgängen
A. Arthropoden. Die **partiell-superfizielle** Furchung gibt es bei den dotterreichen Eiern der Arthropoden, insbesondere der Insekten. Die Dottermasse liegt zentral (**centrolecithales Ei**), sie ist von einer dünnen Periplasmaschicht umgeben und wird von einem periplasmatischen Reticulum durchzogen. Die Eier werden nicht als ganzes durchgefurcht, sondern nur deren eigentlicher formativer Anteil. Entstehung der Embryonalanlage, extraembryonaler Strukturen und Bewältigung der Dottermasse erfolgen in zeitlich und räumlich deutlich auseinanderliegenden Vorgängen. Zunächst finden im vorderen Drittel der meist länglich-ovalen Eizellen nur synchrone Kernteilungen statt.

Die Kerne umgeben sich mit einem Plasmahof und werden als **Furchungsenergiden** bezeichnet. Sie beginnen sich bei *Ephestia kühniella* (Mehlmotte)

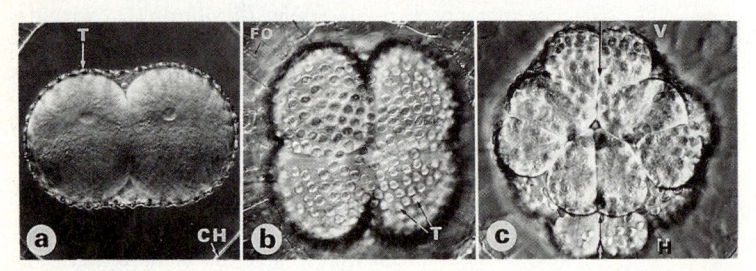

Abb. 3.10: Totale, bilaterale Furchung bei *Ascidiella aspersa* (Tunicata) innerhalb der dreischichtigen, zellulären Keimhülle.
a) 2-Zellstadium, von der Seite, b) 4-Zellstadium, Polansicht, c) 16-Zellstadium, Aufsicht auf den vegetativen Pol mit deutlich erkennbarer Symmetrieachse (Pfeile). (Lebendaufnahmen, Originale E. Niermann-Kerkenberg).
CH: Chorion, FO: Follikelzellschicht, H: künftiges Hinterende, T: Testazellschicht, V: künftiges Vorderende.

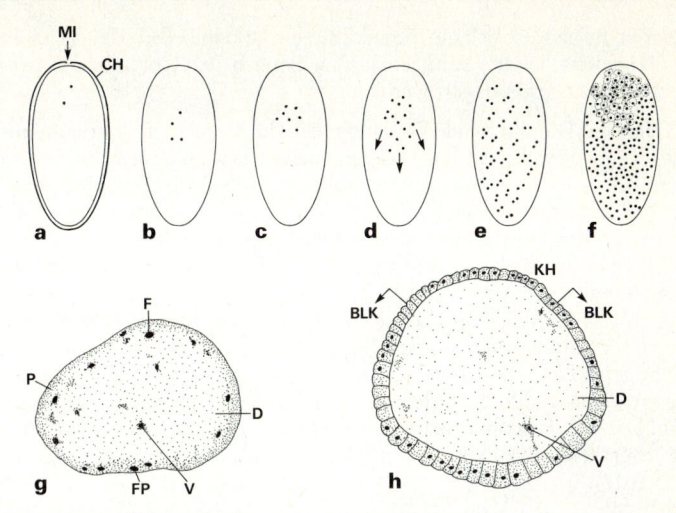

Abb. 3.11: Partiell-superficielle Furchung beim Schmetterling *Ephestia kühniella*.
a–e) Optische Längsschnitte durch das 2- bis 64-Kernstadium, Pfeile in d) kennzeichnen die einsetzende Besiedlung des Dotterraumes durch die Furchungskerne, f) Aufsicht und g) Querschnitt des 512-Kernstadiums, die meisten Furchungskerne sind in das Periplasma eingewandert, h) Querschnitt durch ein Blastodermstadium, nach Ausbildung von Zellgrenzen (nach Sehl 1930, verändert).
BLK: Blastoderm, das die Keimanlage bildet, CH: Chorion, D: Dotter, F: Furchungskern, FP: Furchungskern, ins Periplasma eingewandert, KH: Blastodermanteil, der die Keimhüllen liefert, MI: Mikropyle (am künftigen Keimvorderende), P: Periplasma, V: Vitellophagen (= Dotterkerne).

nach dem 32-Kernstadium in Richtung Eimitte zu bewegen, sich über den ganzen Dotterraum zu verteilen und unter fortgesetzter Teilung schließlich zur Eioberfläche in die Periplasmaschicht einzuwandern. Im 512-Kernstadium setzt die Bildung von Zellgrenzen ein und im Zuge des asynchron verlaufenden 10. und 11. Teilungsschrittes wird die Ausbildung des einschichtigen, zellulären Blastoderms (einer Blastula vergleichbar) abgeschlossen (Abb. 3.11).

Einige Energiden nehmen nicht an der Wanderung zur Peripherie teil, sondern bleiben als **Vitellophagen** im Dotter zurück, wo sie sich gleichfalls weiter teilen. Auf dem Blastodermstadium liegen bei *E. kühniella* etwa 150 Vitellophagen vor, die sich erst später, während der Bildung der Keimanlage, durch eine sog. Dotterfurchung als Dotterzellen organisieren.

Bei *Drosophila* spp. (Taufliege) wie auch bei einigen anderen Insektenarten werden noch vor der Ausbildung des zellulären Blastoderms einige Energiden am hinteren Eipol ausgesondert, die sich zu sog. **Polzellen** differenzieren. Es handelt sich um die zukünftigen Urkeimzellen, welche im Zuge morphogenetischer Bewegungen in den Bereich der Gonadenanlagen ins Keiminnere zurückverlagert werden.

B. Teleostei. Die **discoidale Furchung** stellt hier einen Fall extrem **telolecithaler** Keimentwicklung dar. Das von einem Chorion umgebene Knochenfischei bildet nach der Besamung eine zunächst scheibenförmige Keimanlage, die sich unter weiterem Zustrom von Periplasma hoch aufwölbt. Sie liegt der großen Dotterkugel auf und bildet den Animalpol. Nur das Material dieser Keimscheibe wird zunächst durch 5 nahezu vertikale, rechtwinklig zueinander verlaufende Furchungsteilungen zu einer sich der Dotterwölbung anschmiegenden einschichtigen Platte von 32 Blastomeren aufgeteilt. Erst die 6. Furchungsteilung erfolgt horizontal und führt zu einem zweischichtigen Keim. Die Furchung verläuft zuweilen bis zur 11. oder 12. Teilung synchron und findet ihren Abschluß in einem kleinzelligen Blastulastadium. Die sog. Discoblastula weist eine epitheliale, äußere Zellage auf, die eine eher lose gepackte Ansammlung kleiner Blastomeren einschließt (Abb. 3.12).

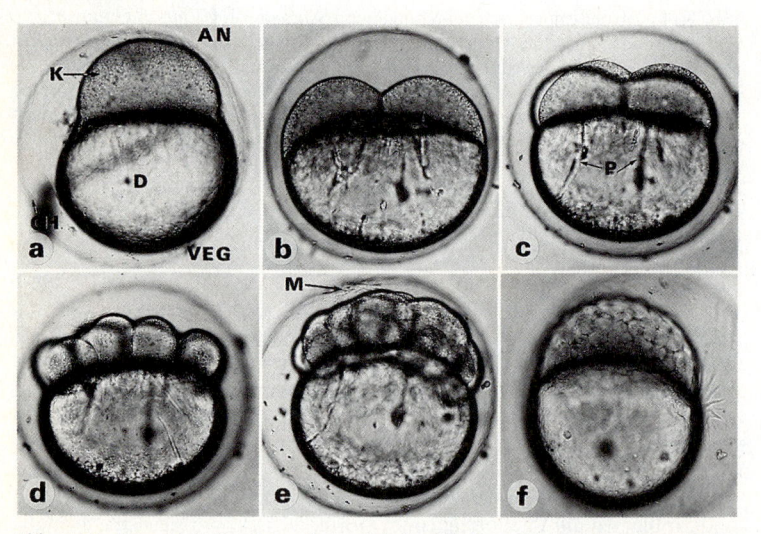

Abb. 3.12: Discoidale Furchung beim Salmler *Hyphessobrycon flammeus* (Teleostei).
a) Entstehung der Keimscheibe nach Ablage und Besamung des Eies, b–d) 2-, 4-, 8-Zellstadium, e) äquatoriale Teilung zum 64-Zellstadium, f) frühe, hohe Blastula. Seitenansichten. (Lebendaufnahmen, Originale Hofmann u. Immig).
AN: animaler Pol, CH: Chorion, D: Dotter, K: Keimscheibe, M: Mikropyle, P: Periplasmaströmung zur Keimanlage, VEG: vegetativer Pol.

Die Blastomeren, die aus den ersten, die Keimscheibe unvollständig durchtrennenden Furchungsteilungen hervorgegangen sind, stehen noch mit dem Dotter in Verbindung. Nach dem 32-Zellstadium lösen bei *Brachydanio rerio* (Zebrabärbling) die zentralen, nicht aber die randständigen Blastomeren die Verbindung, wodurch es zur Bildung eines Spaltraumes kommt, der als Blastocoel aufgefaßt wird. Randständige Blastomeren und ihre Abkömmlinge liefern den marginalen **Periblasten**, aus dem das spätere Dottersyncytium entsteht, das bei der nachfolgenden Dotterumwachsung erhebliche Bedeutung hat.

In mancher Hinsicht nicht unähnlich beginnt die partiell-discoidale Furchung der Cephalopoda, die sich damit von den übrigen Mollusca, die dem Spiralfurchungstypus folgen, grundlegend unterscheiden.

C. Aves und Reptilia. Die **partiell-discoidale** Furchung setzt hier nach Besamung des Eies im Oviduct bereits während der Passage durch den Eileiter ein. Die flache, der riesigen Dotterkugel aufliegende Keimscheibe wird durch **unregelmäßig** und **asynchron** verlaufende meridionale Teilungen nur unvollständig gefurcht. Die Furchen verlaufen bis zum Keimscheibenrand und schneiden im Zentrum nicht bis zum Dotter ein. Erst horizontale Teilungen schaffen geschlossene, zentrale Blastomeren, die an nach den Seiten bzw. zum Dotter hin offene Furchungszellen angrenzen (Abb. 3.13). Mit fortschreitender Furchung des Keimscheibenmaterials und dem Verschluß der zum Dotter offenen Blastomeren entsteht die Subgerminalhöhe als Spaltraum zwischen Keimscheibe und Dotterkugel. Am Ende der Furchungsphase steht beim Hühnerkeim nach etwa 10-stündigem Aufenthalt im Eileiter das **Blastodermstadium**. Bis zur Ablage des Hühnereies nach ca. 20 Stunden verändert sich der Keim noch deutlich. Das Zentrum des Blastoderms wird nach Ablösung von Zellen, die dem Dotter zugewandt sind, zur einschichtigen, durchsichtigen Area pellucida, von der die periphere, mehrschichtige und undurchsichtige Area opaca abgegrenzt ist (Abb. 3.23).

D. Mammalia. Ihre zunächst **holoblastische** Entwicklung zeigt sehr bald Ähnlichkeiten mit der **meroblastischen** Entwicklung der Aves und Reptilia (Abb. 3.14, 3.26).

Im Gegensatz zu den dotterreichen Eiern der Prototheria sind die Eizellen der höheren Säugetiere (Eutheria) einschließlich des Menschen sekundär dotterarm. Die Furchung des im Oviduct besamten Eies erfolgt während der Wanderung im Eileiter. Sie verläuft **total-äqual**, allerdings häufig **asynchron** und führt bei der Maus erst etwa 3 Tage nach der Begattung zu einem 16zelligen **Morulastadium**. Wenn die meisten Morulazellen den 5. Furchungsschritt durchgeführt haben, erfolgt die Entwicklung zur **Blastocyste**. Hierbei entsteht im Inneren der Morula eine flüssigkeitserfüllte Höhle. Während sich diese ausdehnt, wird eine Gruppe innerer Zellen ausgesondert und an einem Pol zusammengelagert. Diese innere Zellmasse stellt den

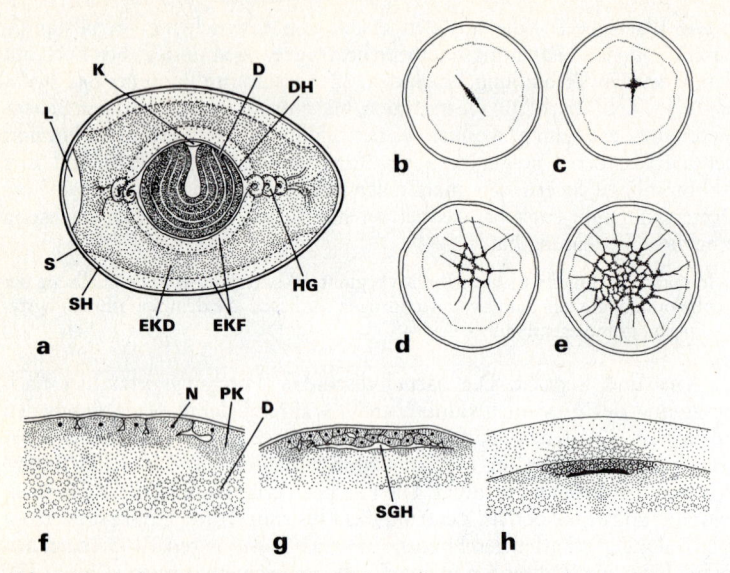

Abb. 3.13: Aufbau des Eies und discoidale Furchung beim Haushuhn, *Gallus domesticus*.
a) Längsschnitt eines abgelegten Eies, b–e) Aufsichten und f–h) Schnitte durch furchende Keimscheibe, stark schematisiert. Bei den ersten Furchungsteilungen und am Rand der Keimscheibe entstehen Blastomeren, die zum Dotter hin noch offen sind. Die Furchungsphase ist bereits vor der Eiablage beendet (siehe Text). (a und f–h nach Wurmbach/Siewing 1981, b–e nach Patterson aus Balinsky 1981, umgezeichnet).
D: Dotter (= Eigelb) geschichtet, DH: Dotterhäutchen, EKD: dichtes Eiklar, EKF: flüssiges Eiklar, HG: Hagelschnur (= Chalaza), K: Keimscheibe, L: Luftkammer, N: Kern einer Blastomere, PK: Plasma der Keimscheibe, S: Kalkschale, SGH: Subgerminalhöhle, SH: Schalenhäute.

eigentlichen **Embryoblasten** dar, aus dem später der Embryo und Teile der Embryonalhüllen hervorgehen. Die Blastocystenwand entwickelt sich in der Phase der Einnistung (Implantation) der späten Blastocyste in die Gebärmutterschleimhaut zum invasiven **Trophoblasten**, also zu der Komponente der Placenta, die vom Embryo gebildet wird (s. 3.5.2.4).

3.5.2.2 Gastrulation bei wirbellosen Tieren

A. Zur Bedeutung der Gastrulation. Auf dem Wege zur Larval- bzw. Adultgestalt muß das Anlagenmaterial, das in der Blastula enthalten ist, für die künftigen Körperschichten und Organanlagen ausgesondert und später in einer Körpergrundgestalt angeordnet werden. Diese morphogenetischen Bewegungen bezeichnet man als **Keimblattbildung** (Gastrulation). Sonde-

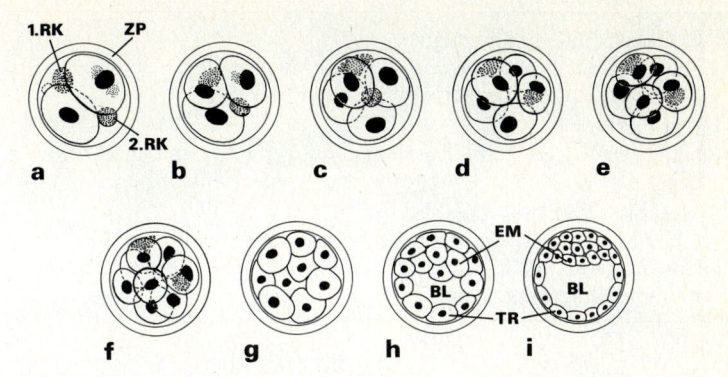

Abb. 3.14: Furchung und Bildung der Blastocyste bei Säugern.
a–f) asynchrone, totale Furchung zum 2-, 3-, 4-, 5-, 6-, 8-Zellstadium beim Rhesusaffen *(Macaca mulatta)*, g) Morula, h, i) frühe und mittlere Blastocyste bei der Maus *(Mus musculus)*. (a–f vereinfacht nach Starck 1965, g, h, i nach Billett und Wild 1975, umgezeichnet).
BL: Blastocoel, EM: Embryoblast, RK: Richtungskörper, TR: Trophoblast, ZP: Zona pellucida.

rungsbewegungen können von epithelialen Verbänden, Zellgruppen und auch von Einzelzellen vollzogen werden. Während bei den diblastischen Tieren bis zur Organisationsstufe der Coelenterata lediglich zwei epitheliale Körperschichten angelegt werden, der Ektoblast und der Entoblast, wird bei allen höher organisierten Eumetazoen (also bei allen Bilateria) außerdem ein Mesoblast als dritter epithelialer oder enchymatischer Anteil gebildet. Die Sonderung der Blasteme, die herkömmlich als **Keimblätter** bezeichnet werden, erfolgt vielfach in zeitlich und räumlich auseinanderliegenden Schritten. Außerdem ergeben sich zwischen den verschiedenen holoblastischen und meroblastischen Keimtypen sehr charakteristische Unterschiede in der Keimblattablösung. Zunächst hergestellte Lagebeziehungen können überdies bei der Weiterentwicklung abgeändert werden. Den drei Keimblättern kann ein Grundmuster von Entwicklungsleistungen zugeordnet werden, zahlreiche Ausnahmen zeigen jedoch, daß keinesfalls eine absolute Keimblattspezifität bestimmter Leistungen vorliegt.

In der Regel ist bei der Entstehung von Organen aber nicht nur ein Keimblatt beteiligt, sondern es liegt eine Gemeinschaftsleistung verschiedener Keimblätter vor, die in Wechselwirkung besonderer Art treten können (s. 3.8.4).
Als Grundlage kann folgende vereinfachende Zuordnung dienen:

> **Ektoblast** (äußeres Keimblatt):
> bildet Epidermis und Epidermisderivate, Sinneszellen, Sinnesorgane, Nervensystem, Anteile von Vorder- und Enddarm.
>
> **Entoblast** (inneres Keimblatt):
> bildet den Magen-Darm-Trakt mit damit verbundenen Organen wie Leber, Pankreas oder Hepatopankreas, Lunge, Schilddrüse.
>
> **Mesoblast** (mittleres Keimblatt):
> bildet Muskulatur, Bindegewebe, Stützgewebe einschl. Endoskelett, Coelomepithelien, Exkretionsorgane, somatische Gonadenanteile, Blut und Blutgefäßsystem.

B. Gastrulation bei diblastischen Organismen. Bei Diblastiern entsteht der Entoblast häufig durch Einstülpung (**Invagination**) der Blastulawandung (Blastoderm) durch den Urmund (Blastoporus) in die Furchungshöhle (Blastocoel). Bei den Cnidaria entsteht so eine Gastrula mit Urdarmhöhle (Abb. 3.15). Der Entoblast kann aber auch durch **unipolare** oder **multipolare Einwanderung** von Blastulazellen ins Blastocoel bzw. durch tangentiale Teilungen und nachfolgende Abgliederung einer Zellschicht (**Delamination**) gebildet werden. Steht am Ende der Furchung nicht eine Coeloblastula, sondern eine Sterroblastula ohne Furchungshöhle, so kann die Sonderung des Entoblasten durch Umwachsung (**Epibolie**) oder durch Umordnung des Materials erfolgen (**Moruladelamination**). Die Gastrula weist in diesen Fällen einen soliden Entoblasten auf (Sterrogastrula), der sich in einem weiteren Schritt, zuweilen erst während der Larvenmetamorphose, epithelial anordnet und eine **Urdarmhöhle** entstehen läßt.

C. Gastrulation bei triblastischen Organismen. Wie bei den Diblastiern findet auch bei Triblastiern die Keimblattsonderung durch Invagination, Epibolie, Delamination oder Zelleinwanderung statt. Die folgenden Beispiele zeigen, daß die Gastrulation meist nicht auf einer einzigen Form der Blastemsonderung beruht, sondern daß mehrere Modalitäten zusammenwirken.

1. Echinodermata
Übersichtlich und durchweg am lebenden Keim zu verfolgen ist die mehrphasige Keimblattablösung bei holoblastischen Seeigelkeimen (Abb. 3.16). Die aus der Befruchtungshülle geschlüpfte, bewimperte Blastula bildet am animalen Pol einen Bereich mit starren Cilien aus. Am gegenüberliegenden, vegetativen Pol plattet sich die einschichtige Blastulawandung unter Verdickung ab; dort setzt die Einwanderung primärer Mesenchymzellen in das Blastocoel ein, die durch Filopodien beweglich sind. Sie lagern sich in 2 Zellgruppen und bilden die beiden dreistrahligen Kalkskelettelemente der Larve. Das Blastoderm senkt sich am vegetativen Pol ein und bildet durch Invagination einen Urdarm. An der Urdarmspitze wandern sodann sekundäre

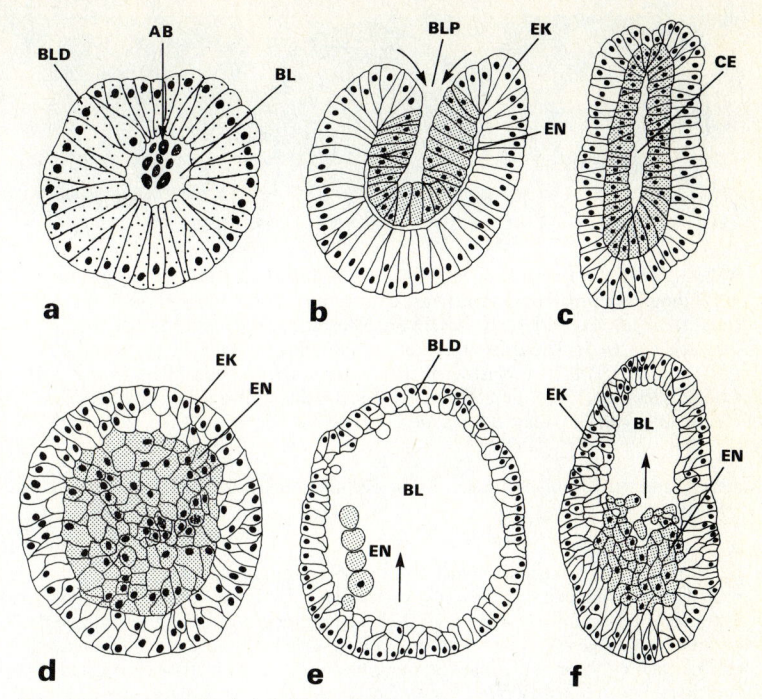

Abb. 3.15: Gastrulation bei Cnidaria (Diblastier).
a–c) Gastrulation durch Invagination, nach Abstoßung abortiver Blastomeren bei *Aurelia aurita*, d) Keimblattsonderung durch Moruladelamination bei *Clava squamata*, e, f) Gastrulation durch unipolare Einwanderung bei *Phialidium hemisphaericum*. (a–c nach Mergner 1971, d nach van de Vyver 1967, e, f nach Bodo und Bouillon 1968, umgezeichnet).
AB: abortive Blastomeren, BL: Blastocoel, BLD: Blastoderm, BLP: Blastoporus (= Urmund), CE: Coelenteron, EK: Ektoblast, EN: Entoblast, Pfeile: Bewegungsrichtung.

Mesenchymzellen aus, die das Bindegewebe der Larve bilden. Noch ehe der invaginierende Urdarm die innere Blastodermwand im animalen Gebiet erreicht hat, faltet sich an der Spitze ein dritter Mesoblastanteil ab: die paarige Coelomanlage. Unter Einsenkung des Blastoderms zur Mundbucht und starker Gestaltveränderung findet die Verwachsung mit der Urdarmspitze statt. Die hierbei entstehende neue Körperöffnung differenziert sich zur Mundöffnung, während der Blastoporus zur Afteröffnung wird. Formen mit dieser Entwicklungsweise werden als **Deuterostomier** klassifiziert; außer den Echinodermata gehören hierzu die Hemichordata, Pogonophora, Chaetognatha und Chordata.

Im vorliegenden Fall enthält der Urdarm demnach nicht nur das Anlagenmaterial für die entoblastischen Magen-Darm-Abschnitte, sondern auch für die sukzessive

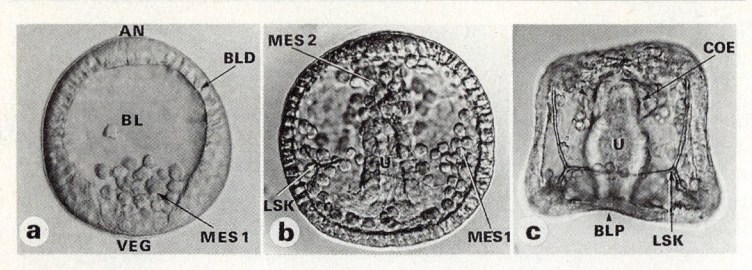

Abb. 3.16: Mehrphasige Keimblattablösung beim Seeigel *Paracentrotus lividus*.
a) Bildung des primären Mesenchyms, b) Invagination des Urdarms und Auswanderung des sekundären Mesenchyms, c) Prismenstadium, Ablösung der paarigen Coelomsäckchen an der Urdarmspitze. (Lebendaufnahmen, Originale Hofmann et al.).
AN: animaler Pol, BL: Blastocoel, BLD: Blastoderm, BLP: Blastoporus, COE: Coelomsäckchen, LSK: Larvalskelett, MES1: primäres Mesenchym, MES2: sekundäres Mesenchym, U: Urdarm, VEG: vegetativer Pol.

ausgegliederten Mesoblastanteile. Er ist deshalb zunächst als **Mesentoblast** zu bezeichnen.

2. Spiralia

Bei Mollusca und Annelida, die sich nach dem Spiralfurchungstyp entwickeln, führt je nach Umfang des Dottermaterials Invagination oder Epibolie zur Sonderung von Ektoblast und Entoblast (Abb. 3.17, 3.18). Der streng regelhafte Furchungsverlauf und die frühzeitige Festlegung des Entwicklungsschicksals einzelner Furchungszellen ermöglichen es schon auf frühen Stadien, bestimmte Keimblattzugehörigkeiten zuzuordnen. Dies gilt insbesondere für die Entstehung des Mesoblasten. Dessen Hauptanteile leiten sich von der Blastomere 4d (Blastomere des D-Quadranten des 4. Mikromerenquartetts) her, die deshalb die Bezeichnung **Urmesodermzelle** erhalten hat. Da aus 4d nicht nur Mesoblasten und 2 Mesoteloblasten, sondern auch entoblastische Zellen hervorgehen, handelt es sich um eine mesentoblastische Keimblatt-Zelle. Aufgabe der beiden in Urmundnähe befindlichen Mesoteloblasten ist die Bildung der paarigen Mesoblaststreifen, aus welchen die larvalen mesoblastischen Organe hervorgehen. (Muskulatur und Bindegewebe). Bei den polychaeten Anneliden liefern sie die segmental angelegten Coelomsäckchen der Deutometameren («Larvalsegmente») (Abb. 3.18).

Erst während der Entwicklung zur **Veliger**larve (Mollusca) oder **Trochophora**larve (Polychaeta) wird der Urmundbereich der Gastrula in Richtung Vorderende verlagert. Er senkt sich zum Stomodaeum ein und bildet die definitive Mundöffnung, während die Analöffnung am Hinterende als Neubildung entsteht. Tiere dieses Entwicklungstypus werden als **Protostomier** bezeichnet (vergl. S. 52). Die neue Protostomier-Definition Fioronis (1987) besagt allerdings, daß bei ihnen aus der Blastoporus-Region sowohl Mund als auch After hervorgehen können.

3. Insecta

Bei der Mehrzahl der Insecta wird nach Abschluß der superfiziellen Furchung nicht das ganze, den zentralen Dotter nebst Vitellophagen umgebende Blastoderm in die Bildung der eigentlichen Keimanlage einbezogen. Es tritt vielmehr parallel zur weite-

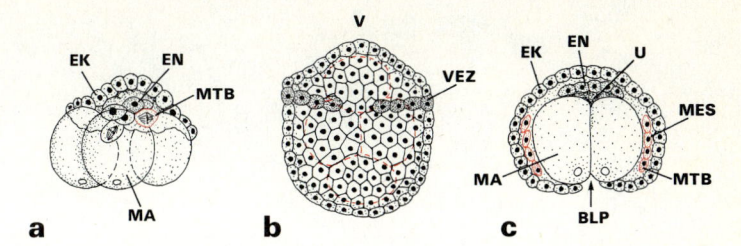

Abb. 3.17: Epibolische Gastrulation bei der Schnecke *Theodoxus fluviatilis*.
a) frühe Gastrula, Seitenansicht; umwachsender Ektoblast im optischen Schnitt gezeichnet, b) Gastrula, Aufsicht; Makromerenumrisse eingezeichnet, c) vollendete Gastrula, Vertikalschnitt durch den Urmund (umgezeichnet nach Blochmann aus Fretter und Graham 1962).
BLP: Blastoporus, EK: Ektoblast, EN: Entoblast, MA: Makromeren (Megameren), MES: Mesoblasten, MTB: Mesoteloblasten, U: Urdarm, V: künftiges Vorderende, VEZ: Velumzellen.

ren Embryogenese eine Sonderung von Keimanlage und extraembryonalen Hüllen ein (Abb. 3.19a–d).

Bezogen auf den Blastodermquerschnitt in der Eimitte werden bei *Ephestia kühniella* zunächst etwa 75% des Blastodermumfanges von der Keimanlage eingenommen, deren Zellen an der künftigen Ventralseite größer sind als die übrigen. Die Blastodermzellen des restlichen Teiles flachen sich extrem ab und bilden eine nach allen Richtungen ausgreifende Falte, die den Embryo umwächst und deren Ränder unter der Mittellinie verwachsen. Damit ist der etwa schiffchenförmige Keim von einer inneren dünnen Amnionschicht und einem äußeren Serosaepithel umkleidet.

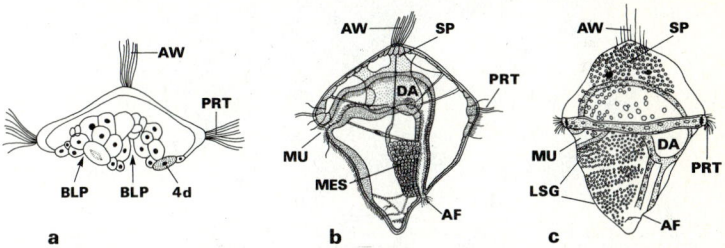

Abb. 3.18: Mesoblastbildung nach Spiralfurchung bei Polychaeten.
a) Gastrula von *Polygordius*, Vertikalschnitt durch den Urmund, Urmesoblastzelle 4d hervorgehoben, b) Bildung der paarigen Mesoblaststreifen aus den Mesoteloblasten in der frühen Trochophora von *Pomatoceros triqueter*, c) Bildung der Coelomsäckchen der Larvalsegmente aus den Mesodermstreifen in der Trochophoralarve von *Hydroides* spec. (a) aus Wurmbach/Siewing 1980, b) nach von Drasche aus Pflugfelder 1970, c) nach Ivanoff aus Kaestner 1982).
AF: Analöffnung, AW: apikaler Wimperschopf, BLP: Blastoporus, DA: Darmtrakt, LSG: Larvalsegmente mit Coelomsäckchen, MES: Mesoblaststreifen, MU: Mundöffnung, PRT: Prototroch (Wimpernkranz), SP: Scheitelplatte, 4d: Urmesoblastzelle.

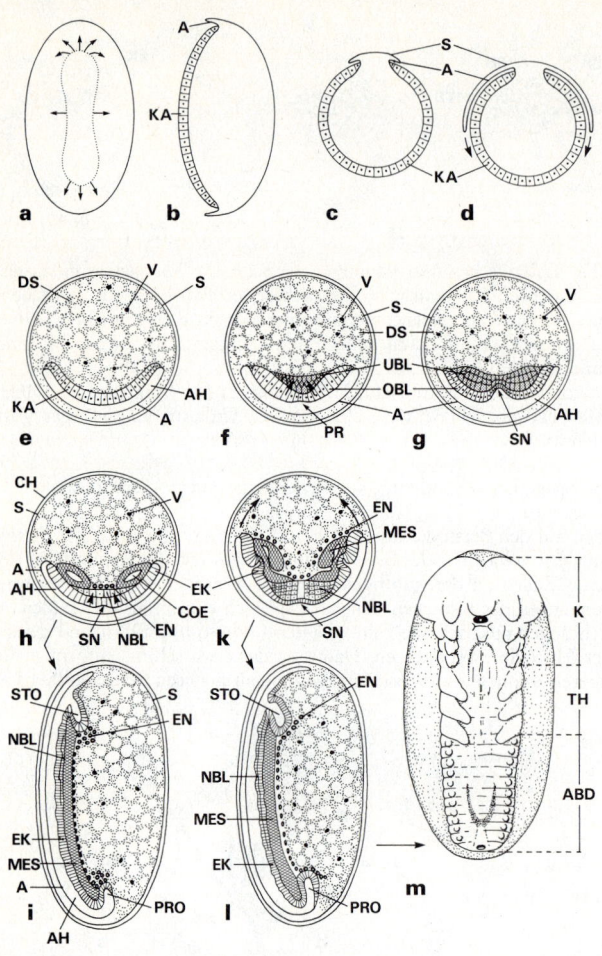

Abb. 3.19: Ablösung der Keimblätter und Bildung der extraembryonalen Hüllen beim Schmetterling *Ephestia kühniella*.

a–d) Umwachsung der künftigen Keimanlage durch den sich zum inneren Amnion und äußeren Serosa differenzierenden Anteil des Blastoderms, schematisiert. **a)** Aufsicht, **b)** Längsschnitt, **c)** Querschnitt zu Beginn der Umwachsung, **d)** Querschnitt eines fortgeschrittenen Stadiums. **e–m)** Bildung der Keimanlage (Keimstreif) an der künftigen Ventralseite des Embryo. **e)** Keimstreif, Querschnitt, **f, g)** Ablösung des oberen und unteren Blattes, Querschnitte, **h, i)** Sonderung in Ekto-, Meso- und Entoblast, Bildung der Neuroblasten, Quer- und Längsschnitt, **k, l, m)** Entstehung organbildender Bereiche und Segmentierung, Quer- und Längsschnitt sowie Ansicht

Der vom Blastoderm eingeschlossene Dotter dringt teilweise in den Spaltraum zwischen Amnion und Serosa ein und bewirkt dadurch das Einsinken (Immersion) der Keimanlage. In dieser Phase setzt auch die als Dotterfurchung bezeichnete Zellularisierung des Dotters ein (Abb. 3.19e).

Am vollendeten einschichtigen, nunmehr rinnenförmigen Keimstreif tritt eine vorübergehende mediane Einsenkung (**Primitivrinne**) und danach eine Einfaltung bzw. Einwanderung von Blastodermzellen auf, wonach sich das Blastoderm sofort wieder zusammenschließt. Der dabei abgegliederte, der Längsachse folgende mehrschichtige Zellstreifen wird als unteres Blatt bezeichnet, das eigentliche Blastoderm als oberes Blatt.

Während eines weiteren medianen Einsenkungsvorganges entsteht die **Subneuralrinne**, die das untere Blatt in zwei seitliche, durch eine schmale mediane Brücke verbundene Stränge teilt. Aus diesem Material werden Mesoblast und Entoblast ausgegliedert; letzterer allerdings nur in einem engumgrenzten Bereich an der Basis der Stomodaeum- und Proctodaeumanlage, von wo die künftigen entoblastischen Mitteldarmzellen als medianer Streifen aufeinanderzuwachsen. Das obere Blatt stellt den Ektoblasten dar. Entlang der Subneuralrinne gliedern sich aus dem oberen Blatt Zellen nach innen ab, die sich jederseits der Mediane in 4 einreihigen Zellstreifen anordnen. Dies sind die Neuroblasten, aus denen sich das künftige an der Ventralseite gelegene Nervensystem entwickelt.

Bereits während der Keimblattsonderung setzt die **Segmentierung** des rinnenförmigen, nach dorsal offenen Keimes ein. Sie beginnt im künftigen Thoraxbereich und setzt sich zur Kopf- und zur Abdominalregion hin fort. Ein entscheidender Punkt in der sich anschließenden Differenzierungsphase wird mit dem Rückenschluß des Keimes erreicht, ein Stadium, in dem auch die Trennung des Embryo vom extraembryonalen Amnion-Serosa-Komplex erfolgt. Der Embryo von *Ephestia kühniella* gehört dem **Langkeim**-Typus an, der sich über die ganze Eilänge erstreckt und in welchem schon alle künftigen Körperabschnitte angelegt sind. Demgegenüber bildet z.B. die Gewächshausschrecke *Tachycines* sp. einen **Kurzkeim** aus, der nur aus einer Kopfanlage und einer Segmentproliferationszone besteht, welche anschließend die Anlagen der übrigen Segmente bildet. Soweit sie nicht zu den sog. superficiellen Keimen zu rechnen sind, entwickeln sich die Keimanlagen nach Immersion oder Invagination eingesenkt im Dotter. Wachstumsbedingte Einrollung und spätere Ausrollung sind Phasen der **Blastokinese** von Insektenembryonen.

3.5.2.3 Gastrulation und Neurulation bei Wirbeltieren

1. **Amphibien.**

Bei den mäßig dotterreichen holoblastischen Keimen der Amphibien erfolgt die Gastrulation der mehrschichtigen Blastula unter morphogenetischen

---

der Ventralseite. Einzelheiten siehe Text (a–g nach Sehl 1930, h–m nach Weber u. Weidner 1974, vereinfacht).
A: Amnion, AH: Amnionhöhle, ABD: Abdominalsegmente, CH: Chorion, COE: Coelomsäckchen, DS: Dotterschollen, EK: Ektoblast, EN: Entoblast, K: Kopfsegmente, KA: Keimanlage, MES: Mesoblast, NBL: Neuroblasten, OBL: oberes Blatt, PR: Primitivrinne, PRO: Proctodaeum, S: Serosa, SN: Subneuralrinne, STO: Stomodaeum, TH: Thoraxsegmente, UBL: unteres Blatt, V: Vitellophagen (Dotterkerne).

308   3 Entwicklungsprozesse

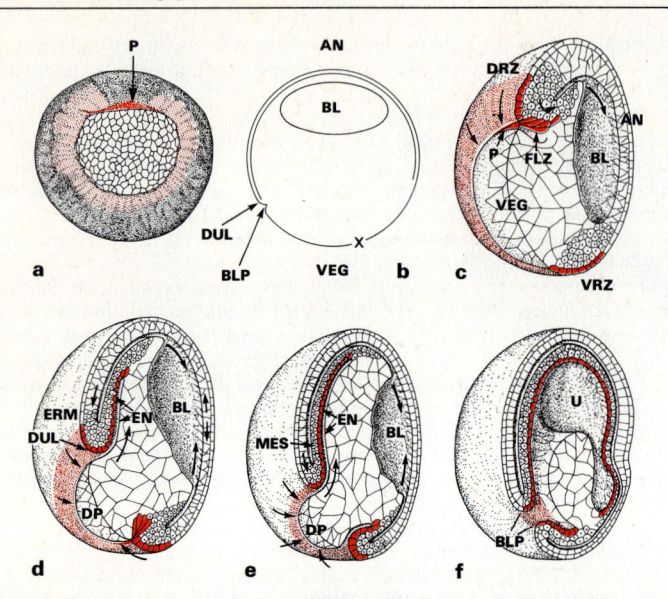

Abb. 3.20: Gastrulation und Neurulation beim Krallenfrosch *Xenopus laevis*.
a–f) Gastrulation. **a)** St. 10, Pigmentansammlung kennzeichnet Lage der dorsalen Urmundlippe, Ansicht des Vegetativpols, **b)** St. 10+, Sagittalschnitt einer frühen Gastrula, **c–f)** frühe, mittlere und späte Gastrulationsphase in räumlicher Darstellung der St. 10+, 10,5, 11,5 und 12,5, Pfeile kennzeichnen die Richtung der Umwachsung und Einrollung. **g–l)** Neurulation, Verlauf der Neurulation an Dorsalansichten und Querschnitten der St. 15, 16, 17, 19 und 21. Einfaltungsvorgang durch Pfeile, Wanderungsverhalten der Neuralleistenzellen durch Pfeilköpfe hervorgehoben (Stadien a, g–l) nach Nieuwkoop u. Faber, b) nach Keller 1975, c–f nach Lundmark et al. 1984, g–l) nach Sadaghiani u. Thiébaud 1987, umgezeichnet). Einzelheiten siehe Text.
AN: Animalpol, BL: Blastocoel, BLP: Blastoporus (Urmund), CD: Chorda, D:

Bewegungen, die Invagination, Epibolie und Einrollung umfassen. Als Fallbeispiel wird der **Krallenfroschembryo** (*Xenopus* spp.) gewählt, allerdings mit dem Hinweis, daß sich deutliche Unterschiede insbesondere zu der häufig dargestellten Gastrulation bei Molchkeimen ergeben.

Die Einsenkung des dorsalen Teiles der **Urmundgrube** beginnt in einem Bezirk, der etwa 45° über dem vegetativen Pol und unterhalb der Region des früheren «grauen Halbmondes» liegt. Er ist an einer zunächst kleinen streifenförmigen Pigmentansammlung erkennbar (Abb. 3.20a). Sie grenzt sich dann als sichelförmige, später hufeisenförmige Urmundgrube weiter nach lateral ab und schließt sich ventral zum Ring. Innerhalb dieser Begrenzung wird ein Feld dotterreicher Zellen als «**Dotterpfropf**» eingeschlossen, der während des Gastrulationsvorganges kleiner wird.

Nach der Einsenkung der Urmundgrube (Invagination), die durch Gestaltsänderung von Urmundzellen zu «Flaschenzellen» bewirkt wird (Abb. 3.20c), setzt die

3.5 Ontogenese

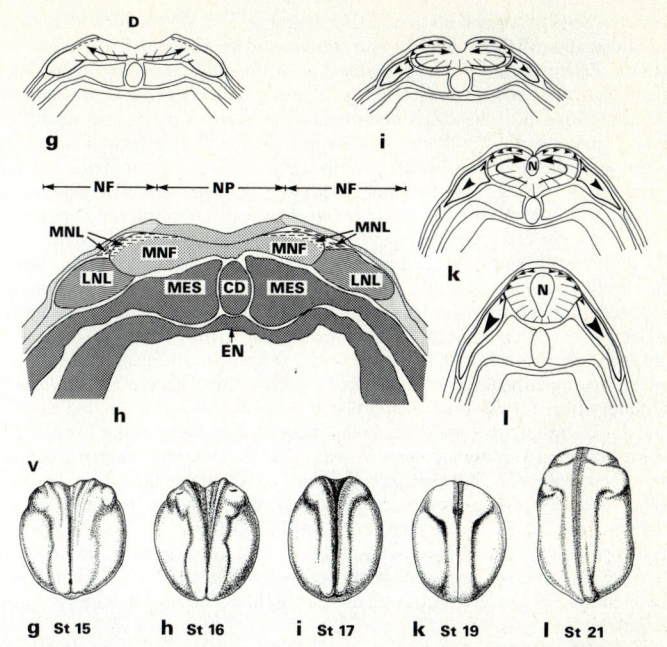

Dorsalseite, DP: Dotterpfropf, DUL: dorsale Urmundlippe, DRZ: einrollende dorsale Randzone, rot hervorgehoben, EK: Ektoblast, EN: Entoblast, eingerollter Anteil rot hervorgehoben, ERM: einrollender Mesoblast, FLZ: Flaschenzellen, MES: Mesoblast der Somiten und Seitenplatten, MNF: künftiger medianer Neuralfaltenbereich, MNL, LNL: mediane und laterale Neuralleistenzellen, N: Neuralkanal im Neuralrohr, NF: Neuralfalten, NP: Neuralplatte, P: Urmundpigmentansammlung, U: Urdarm, V: Vorderende, VEG: vegetativer Pol, VRZ: ventrale Randzone, X: Stelle des späteren Urmundschlusses.

Verlagerung eines als Randzone bezeichneten Bereiches der oberflächlichen und tiefen Zellschichten ins Innere des Keimes ein. Diese Verlagerung wird am treffendsten als Einrollung um die Lippen des Urmundes beschrieben. Hierbei werden größere Blastemanteile im dorsalen und im lateralen als im künftigen ventralen Bereich eingerollt. Das durch Zellteilungen ständig vermehrte Zellmaterial wird unter Zusammenschieben und Strecken auf den Urmund bewegt (Epibolie). Es ändert nach Einrollen um die Urmundlippe die Bewegungsrichtung um 180° und schiebt sich unter zunehmender Verdrängung des Blastocoels an der inneren Gastrulawand animalwärts. Die Mechanismen der genannten Zellbewegungen sind erst teilweise aufgeklärt. Das zuerst einbezogene Material wird am weitesten in animaler Richtung transportiert und bildet Strukturen des künftigen Vorderendes (Abb. 3.20f, 3.32d). Dementsprechend liefern die zuletzt eingerollten Zellen Anlagenmaterial des Hinterendes einschließlich des Schwanzbereiches (**Deuterostomier!**).

Mit der Einrollung vollzieht sich die Sonderung der Keimblätter. Die Zellen der äußersten Schicht werden als geschlossener epithelialer Verband ins Innere verlagert und bilden ausschließlich den hier rein entoblastischen **Urdarm**, in den nach und nach auch die Zellen des Dotterpfropfes eingefügt werden. Die tieferliegenden Zellschichten der Randzone bewegen sich unter Ausdünnen der Zellagen und Ausbreitung nach ihrer Einrollung aktiv als «**Mesodermmantel**» zwischen Urdarm und innerer Gastrulawand animalwärts. Aus diesem mantelartigen Mesoblasten entstehen im künftigen Dorsomedianbereich die **Chorda dorsalis**, seitlich davon je eine Reihe von **Somiten** (Ursegmente), gefolgt von den ungegliederten Seitenplatten. Die Keimoberfläche enthält nach Ende der Einrollung nur noch ektoblastisches Anlagenmaterial.

Noch ehe der Gastrulationsvorgang abgeschlossen ist, beginnt der für alle Chordata typische, wenn auch in den einzelnen Klassen in unterschiedlicher Form ablaufende Prozeß der **Neurulation**. Ein etwa halbmondförmiger, an die Randzone angrenzender Bezirk folgt zunächst den morphogenetischen Ausbreitungsbewegungen, konvergiert aber dann während der allmählichen Längsstreckung beiderseits der künftigen dorsalen Mittellinie. Er bildet die etwa «schuhsohlenförmige» Medullarplatte (**Neuralplatte**), deren Ränder sich durch weitere Konvergenzbewegungen zu Medullarwülsten (Neuralwülsten) erheben, aufeinander zu rücken und nach Einsenkung der Neuralplatte unter Bildung des **Neuralrohres** verwachsen (Abb. 3.20g–l).

Noch vor dem Verschwinden der Verwachsungsnaht hat sich der Keim weiter in der Längsachse gestreckt. Der anteriore Teil der Neuralanlage hat sich in den **archencephalen** und den **deuterencephalen** Abschnitt untergliedert, wobei seitlich schon **Augenanlagen** erkennbar werden (vergl. Abb. 3.20l, 3.33c). Aus dem posterioren Abschnitt entsteht die **Rückenmarkanlage**. Daraus wird deutlich, daß die während der Gastrulation gesonderten Blasteme bereits im Zuge der Neurulation in organbildende Bezirke gegliedert und in einer spezifischen Körpergrundgestalt angeordnet werden.

Bei *Xenopus* spp. entsteht die Neuralanlage durch Form- und Lageveränderung aus zwei ektoblastischen Zellschichten. Die Zellen der oberen Schicht beiderseits der dorsalen Mittellinie sind wesentlich an der Einsenkung der Neuralplatte und an deren Schluß zum Neuralrohr beteiligt, in dem sie eine Folge von Formveränderungen durchlaufen (Abb. 3.20g–l). Aus weiter seitlich gelegenen Zellen der tiefen Schicht entsteht median zwischen Epidermis und Neuralrohr eine Ansammlung sog. Neuralleistenzellen. Diese wandern aus dieser Lage bald aktiv an teilweise weit entfernte Stellen des Embryo, wo sie an vielfältigen Differenzierungen beteiligt sind (vergl. Abschnitt Zellwanderung).

2. Teleostei.

Die extrem teleolecithalen Keime der Knochenfische zeigen eine vom Amphibientypus völlig abweichende Gastrulation. Das der Dottermasse aufliegende Blastoderm (**Discoblastula**) beginnt die Dotterkugel gleichförmig zu umwachsen (Epibolie) und schließt sie zuletzt ganz ein. Bald nach Umwachsungsbeginn verdichten sich tiefer liegende Zellen in einem engen Sektor des Umwachsungsrandes zum Terminalknoten. Dieser ist der Ausgangspunkt der Bildung des Keim- oder **Embryonalschildes**, der sich dem Anschein nach in meridionaler Richtung zum Animalpol hin verlängert, während die Umwachsung weiter fortschreitet (Abb. 3.21, 3.22). Der Keimschild stellt die eigentliche Embryonalanlage dar, sein Spitzenbereich entspricht dem künftigen Vorderende. Gemäß den am Keim von Forelle und Zebrabärbling entwickelten neueren Anschauungen rekrutiert sich das Material des Keimschildes aus den lockeren, sehr beweglichen Zellen der inneren Zellmasse des Blastoderms. Diese machen die Epibolie zunächst mit, sammeln sich dann aber nach Konvergenzbewegungen entlang des Umwachsungsrandes beiderseits der präsumptiven Körperlängsachse zur Bildung des sich kielartig aufwölbenden Embryonalschildes (Abb. 3.22). Sie liefern das gesamte ektoblastische, neuroektoblastische, mesoblastische und entoblastische Anlagenmaterial. Die epitheliale Deckschicht des die Dotterkugel umwachsenden Blastoderms hat ausschließlich die Fähigkeit, Epidermis zu bilden; zu keiner Zeit werden aus dieser Schicht Zellen durch Invagination oder Einwanderung in die Tiefe verlagert. Deckschicht und tiefere Zellen außerhalb des Keimschildes bilden den Dottersack, der später zur Körperwand wird.

Im Keimschild setzt die weitere Keimblattsonderung und die Gliederung des Anlagenmaterials ein; meist sind die ersten Segmente ausgebildet, noch ehe die Epibolie beendet ist (Abb. 3.21, 3.22). Während sich bei Amphibien die Neuralplatte einfaltet und unter Ablösung vom Epithel zum Neuralrohr schließt, wird die **Neuralanlage** der Teleostei unterhalb der Deckschicht als solider Zellstrang ausgebildet, aus dem erst später durch Auseinanderweichen (Dehiszenz) ein Rohr entsteht. Auch die übrigen Teile der Keimanlage werden aus der konvergierenden Masse der tieferen Zellen herausmodelliert.

Durch Epibolie, Konvergenz und Involution tiefer Blastodermzellen und durch

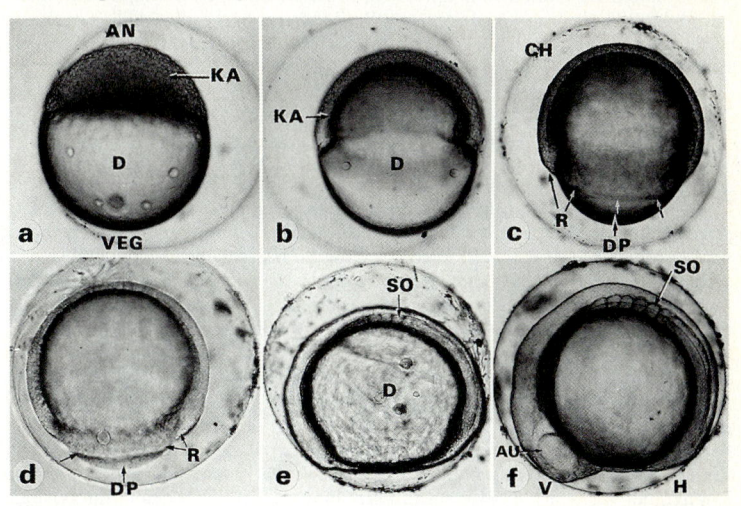

Abb. 3.21: Gastrulation mit Dotterumwachsung beim Knochenfisch *Hyphessobrycon flammeus*.
a) Kleinzellige Discoblastula, Beginn der Dotterumwachsung, b–d) drei Stadien zunehmender Dotterumwachsung, Pfeile: Umwachsungsrand, e) Dotterumwachsung abgeschlossen, Keimschild angelegt, Beginn der Somitenbildung, f) Kopfbereich des Keimes mit Augenblase und 6 Somiten erkennbar. (Lebendaufnahmen, Originale Hofmann u. Immig).
AN: Animalpol, AU: Augenanlage, CH: Chorion, D: Dotter, DP: Dotterpfropf, H: Hinterende (Schwanzknospe), KA: Keimanlage, R: Randring, SO: Somit, V: Vorderende, VEG: vegetativer Pol.

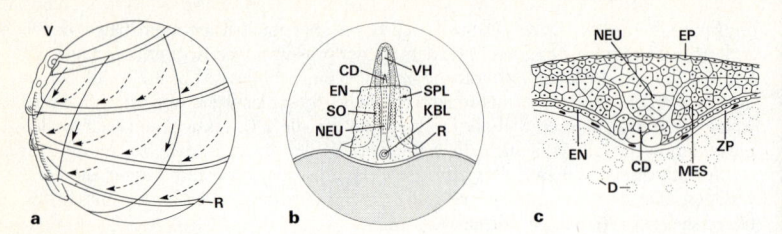

Abb. 3.22: Schema der Dotterumwachsung, Keimblattsonderung und Bildung erster Organanlagen beim Forellenembryo.
a) bei der Dotterumwachsung zurückgelegter Weg des Randringes (Pfeile) und Konvergenzbewegungen der tiefen Zellen der Keimscheibe zum Keimschild, (gestrichelte Pfeile), b) Teil des Randringes mit Keimschild im 7-Somitenstadium, von der Unterseite gesehen, c) Querschnitt durch den Keimschild mit früher Neuralanlage in Form eines soliden Zellstranges. (a kombiniert nach Kopsch 1904 und Ballard 1973, b nach Ballard 1973, c nach Wurmbach/Siewing 1980, umgezeichnet).
CD: Chorda, D: Dotter, EN: Entoblast, EP: Epidermis, KBL: Kupffersche Blase, MES: Mesoblast, NEU: Neuralanlage, R: Randring, SO: Somit, SPL: Grenze des Seitenplattenmesoblastes, V: Vorderende, VH: Vorderhirn- und Augenanlagen, ZP: zentraler Periblast.

anschließende Anlagensonderung entsteht also zunächst ein kielartig die Dotterkugel umgreifendes, ventral zum Dotter hin offenes Embryonalstadium (Abb. 3.22c).

3. Aves.
Der eigentlichen, sich in mehreren Schritten vollziehenden Keimblattsonderung beim extrem teloblastischen Vogelkeim geht eine Zellauswanderung aus der **Area pellucida** des Blastoderms in vegetativer Richtung voraus. Sie beginnt noch vor der Eiablage am Hinterrand der Zona pellucida, schreitet nach anterior fort und führt zu einer transitorischen unteren Keimschicht, die entsprechend ihrer Lage als **Hypoblast** bezeichnet wird, der darüberliegende Zellverband folgerichtig als **Epiblast**. Danach entsteht wiederum am Hinterrand eine brückenförmige Zellansammlung zwischen der Area opaca des Blastoderms und dem Hypoblasten. Von dieser Zellbrücke ausgehend setzt als Zellverdichtung im Epiblasten die Bildung des sog. **Primitivstreifens** ein, der sich stetig zum Vorderrand hin verlängert und sich schließlich über $3/5$ der Area pellucida erstreckt (Abb. 3.23c). Der Primitivstreif, der die künftige Längsachse kennzeichnet, verdickt sich am anterioren Ende zum Primitivknoten (Hensenscher Knoten) und senkt sich median zur Primitivrinne ein, die hinter dem Primitivknoten zur Primitivgrube vertieft ist.

Die Entstehung des Primitivstreifs ist der Beginn der eigentlichen, zur Keimblattbildung führenden morphogenetischen Bewegungen im Epiblasten. Die in Richtung auf den Hypoblasten erfolgte Zellverdichtung ist Folge der Konvergenz von Epiblastzellen von lateral nach median. Nicht durch Einrollen wie beim Amphibienkeim, sondern durch Einwanderung an vielen Stellen (Immigration, Polyingression) gelangen Epiblastzellen im Bereich des Primitivstreifens einzeln zwischen Epiblast und Hypoblast. Durch die Verlängerung des Primitivstreifens verstärkt sich die Immigrationsaktivität, was zur Tiefenverlagerung immer größerer Epiblastanteile führt. Zuerst immigriert entoblastisches Material, fügt sich median in den Hypoblasten ein und ersetzt und verdrängt diesen durch Wachstumsbewegungen nach anterior und lateral (Abb. 3.23i). Danach immigriert mesoblastisches Zellmaterial, das die Anlagen von Chorda, Somiten und Seitenplattenmaterial liefert, und schiebt sich nach lateral und anterior wandernd zwischen Epi- und Hypoblast ein (Abb. 3.23k). Am Ende der Einwanderungsphase enthält der verbleibende Epiblast nur noch ektoblastisches Material.

Die anschließende Rückwärtswanderung des Hensenschen Knotens unter gleichzeitiger Verkürzung des Primitivstreifens fällt zum Teil noch mit der Endphase der Gastrulation zusammen. Ihr folgt unmittelbar die **Neurulation**, die im Gebiet vor dem Hensenschen Knoten bereits früher eingesetzt hat und nun reißverschlußartig durch seitliches Aufwölben und medianes Schließen der Neuralwülste dem von anterior nach posterior zurückweichenden Primitivknoten folgt. Ebenfalls nach caudal fortschreitend vollzieht sich die Gliederung des Mesoblasten in Chorda, Somiten und Seitenplatten. Legt man eine Serie von Querschnitten durch einen etwa 30 Stunden bebrüteten Embryo, so ist es möglich, die Folge der frühen Entwicklungsereignisse an ein und demselben Individuum zu verfolgen: posterior kann noch der Primitivstreif und ein Teil der Keimblattimmigration festgestellt werden, während in Schnitten, die immer mehr dem Vorderende genähert sind, zunehmend fortgeschrittenere Entwicklungszustände erfaßt werden (Abb. 3.23f, g).

Ursprünglicher Sitz des Materials aller Keimblätter ist demnach der **Epiblast**; ihre Ausgliederung führt zu einer flach aufliegenden, zum Dotter hin offenen Embryoanlage, die wie der Knochenfischembryo keinen zum Rohr geschlossenen Urdarm besitzt (Abb. 3.22c). Während der weiteren Entwicklung gehen nur die zentralen Anteile der Area pellucida, die sich während der Primitivstreifbildung birnenförmig gestreckt hat, in die eigentliche Embryobildung ein. Peripher gelegenes Material aller Keimblätter und des verdrängten Hypoblasten beteiligt sich nachfolgend am Aufbau extraembryonaler Strukturen wie der Area vasculosa, Dottersack, Amnion, Serosa sowie der Allantois (s. 3.5.2.5).

3.5.2.4 Zellwanderung, Anordnung von Organanlagen und Bildung extraembryonaler Strukturen bei Wirbeltieren

Abgesehen von **Zellwanderungsvorgängen** während der Keimblattsonderung sind Zellwanderungen von Urgeschlechtszellen und von Neuralleistenzellen von besonderer Bedeutung.

Bereits während der Furchungsphase sind in Froschkeimen einzelne Blastomeren als Vorläufer der **Urkeimzellen** erkennbar, weil sie wie diese ein histologisch besonders anfärbbares sog. **Keimplasma** besitzen. Sie gelangen bei *Xenopus* spp. in den vegetativen Keimbereich und verharren dort während der Gastrulation, Neurulation und bis zur frühen Schwanzknospenbildung in den tiefen Entoblastschichten. Erst im späten Schwanzknospenstadium werden sie in den peripheren Anteil der Darmanlage verlagert. Während der frühen Differenzierungsphase, in der auch die paarigen somatischen Gonadenanlagen entstehen, wandern sie aktiv mittels Filopodien durch den dorsalen Abschnitt der Darmwand über das dorsale Mesenterium retroperitoneal in die **Genitalleisten** ein. Die Wanderung ist etwa dann abgeschlossen, wenn die Larven beginnen, Nahrung aufzunehmen; die

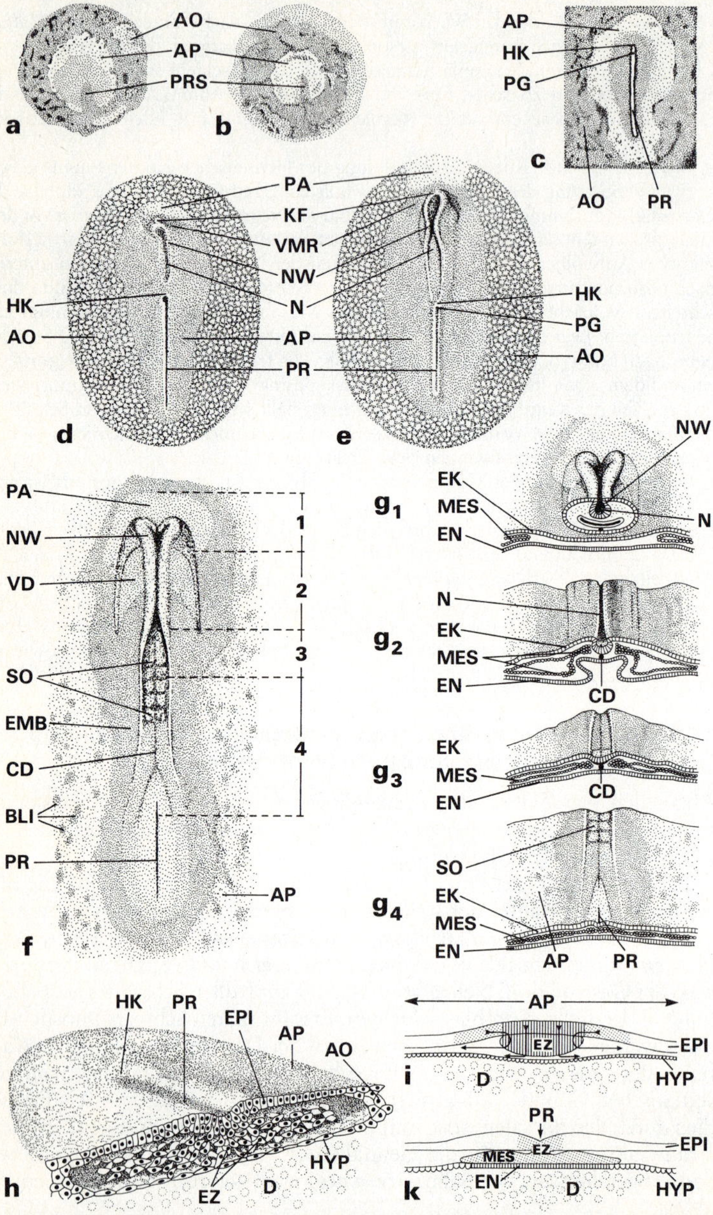
AO
AP
PRS
a
b
AP
HK
PG
c
AO
PR
PA
KF
VMR
NW
N
HK
AO
AP
PR
d
e
HK
PG
AO
PA
NW
VD
SO
EMB
CD
BLI
PR
AP
f
1
2
3
4
g1
NW
EK
MES
EN
N
g2
N
EK
MES
EN
CD
g3
EK
MES
EN
CD
g4
SO
EK
MES
EN
AP
PR
HK
PR
EPI
AP
AO
HYP
EZ
D
h
AP
EZ
EPI
i
D
HYP
PR
EZ
EPI
MES
EN
D
HYP
k

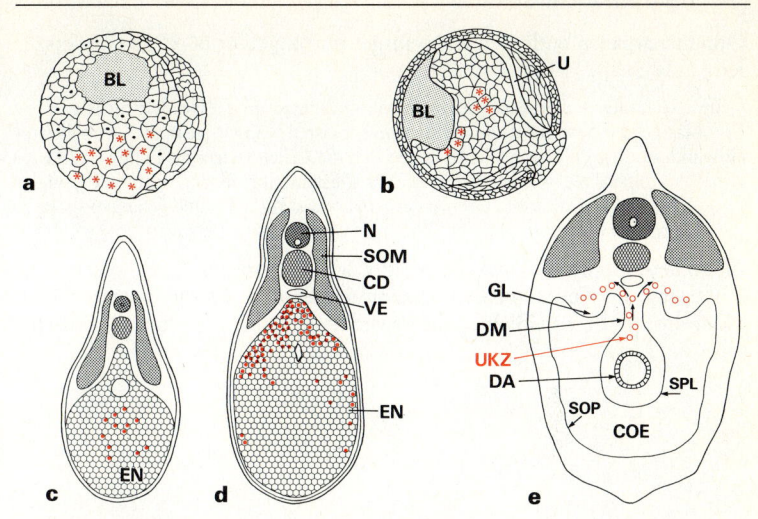

Abb. 3.24: Wanderung der Urkeimzellen beim Krallenfrosch *Xenopus laevis*.
Lage und Weg der künftigen Urkeimzellen in der Blastula (**a**), Gastrula (**b**) Schwanzknospe (**c**), späten Schwanzknospe (**d**), Larve bei Beginn der Nahrungsaufnahme (**e**). (a, c–e Querschnitte, b Sagittalschnitt, kombiniert nach verschiedenen Autoren).
BL: Blastocoel, CD: Chorda, COE: Coelom, DA: Darm, DM: dorsales Mesenterium, EN: Entoblast, GL: Genitalleiste, N: Neuralrohr, SOM: somitisches Zellmaterial, SOP: Somatopleura, SPL: Splanchnopleura, U: Urdarm, UKZ: Urkeimzellen, VE: Vene, *: Zellen mit anfärbbarem Keimplasma.

Abb. 3.23: Gastrulation und Neurulation beim Haushuhn, *Gallus domesticus*.
Aufsichten auf die Keimscheibe, **a–c**) Bildung des Primitivstreifens und der Primitivrinne, **d, e**) Beginn der Neurulation im Kopfbereich, **f**) Somitenbildung und Neurulation im Rumpfbereich, **g1–g4**) Querschnitte durch das in **f**) abgebildete 5-Somitenstadium, **h–k**) Verlauf der Keimblattbildung durch multipolare Einwanderung von Epiblastzellen und Verdrängung des Hypoblasten, Querschnitte durch die dem Dotter aufliegende Keimscheibe. (a–g nach Wurmbach/Siewing 1980, h nach Balinsky 1981, i, k nach Vakaet 1985, umgezeichnet).
AO: Area opaca, AP: Area pellucida, BLI: Blutinseln, CD: Chorda, D: Dotter, EK: Ektoblast, EN: Entoblast, EMB: Embryobereich der Area pellucida, EPI: Epiblast, EZ: einwandernde Epiblastzellen, HK: Hensenscher Knoten, HYP: Hypoblast, KF: Kopffalte, MES: Mesoblast, N: Neuralrohr, NW: Neuralwulst, PA: mesoblastfreier Proamnionbereich, PG: Primitivgrube, PR: Primitivrinne, PRS: Primitivstreif, SO: Somiten, VD: Vorderdarm, VMR: vorderer Mesoblastrand.

Gonadenanlagen enthalten dann insgesamt ungefähr 60 Urgeschlechtszellen (Abb. 3.24).

Im Gegensatz zu den Anura stammen die Urkeimzellen der Urodela nicht aus dem Entoblasten, sondern aus dem lateralen Mesoblasten, von wo sie in die Genitalleisten einwandern. Beim Hühnchenkeim lassen sich die Urkeimzellen bis in den Epiblasten zurückverfolgen. Sie werden während der Gastrulation in den extraembryonalen Endoblasten an die anteriore Grenze der Area opaca verlagert und gelangen später in das Blutgefäßsystem und über den Blutstrom in die Gonadenanlagen.

Neuralleistenzellen bilden eine relativ lose Zellansammlung, die bei der Abfaltung der Neuralanlage kurzzeitig leistenartig auf die Dorsalseite des Neuralrohres bzw. seitlich an dieses verlagert wird. Sie stammen bei *Xeno-*

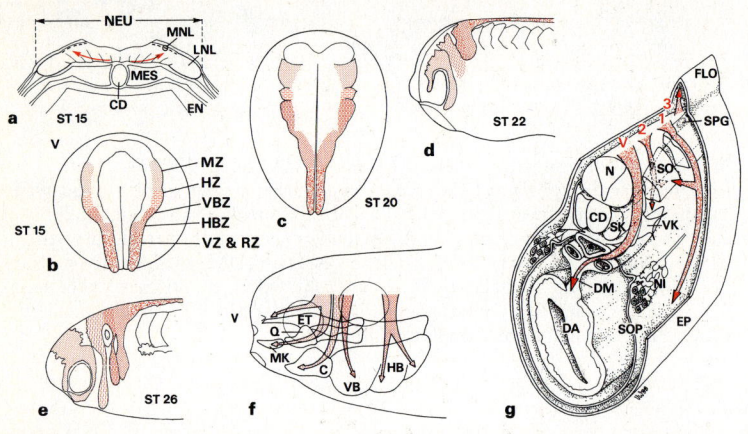

Abb. 3.25: Anordnung und Wanderung der Neuralleistenzellen beim Krallenfrosch *Xenopus laevis*.
Lage der Neuralleistenzellen a) im Querschnitt, b, c) in Dorsalansichten bei Neurulationsbeginn und nach Schluß des Neuralrohrs. d–f) Wanderung der Zellen der verschiedenen Neuralleistenzonen im Kopfbereich, Seitenansicht, g) im Rumpfbereich, räumliche Ansicht (nach Sadaghiani u. Thiébaut 1987).
Neuralleistenzonen: HB: hintere Branchialbogenzone, HZ: Hyoidbogenzone, LNL: laterale Neuralleistenzellen, MLN: mediane Neuralleistenzellen, MZ: Mandibularbogenzone, RZ: Rumpfzone, VB: vordere Branchialbogenzone, VZ: Vaguszone.
Einwanderung von Neuralleistenzellen in Kopfskelettanlagen: ET: Ethmoid, C: Ceratohyale, HB: hintere Branchialbogen, MK: Meckelscher Knorpel, Q: Quadratum, VB: vordere Branchialbogen. 1, 2, 3: Wege der Neuralleistenzellen der Rumpfzone, CD: Chorda, DA: Darm, DM: dorsales Mesenterium, EN: Entoblast, EP: Epidermis, FLO: Flossensaum, MES: Mesoblast, N: Neuralrohr, NEU: Neuralanlage, NI: Nierentubuli, SK: Skleroton, SO: Somit, SOP: Somatopleura, SPG: Spinalganglion, V: Vorderende, VK: Vagus-Komplex, ST: Stadienbezeichnungen nach Nieuwkoop u. Faber, x: Blutgefäße.

pus spp. hauptsächlich aus der seitlichen unteren Schicht des Neuroektoblasten, ein Teil leitet sich aber auch von Zellen her, die sich aus der oberen Schicht des Neuralfaltenabschnittes ablösen (Abb. 3.25). Entsprechend dem künftigen Zielgebiet können 6 Neuralleistenzonen unterschieden werden: Mandibular-, Hyoid-, vordere Branchial-, hintere Branchial-, Vagus- und Rumpfleistenzone (Abb. 3.25).

Die hauptsächliche, nach lateral und ventral gerichtete **Wanderung** der Neuralleistenzellen beginnt bei Schluß der Neuralfalten (St. 19) in der Mandibularzone und setzt sich caudal bis St. 25 zur Vaguszone fort. Zellen der Rumpfleistenzone wandern erst im Schwanzknospenstadium aus (Abb. 3.25g). Im präsumptiven Kopf- und Nackenbereich bilden sie geradezu Zellströme, im Rumpfabschnitt ist die Dichte geringer. Sie bewegen sich aktiv zwischen embryonaler Epidermis und unterlagerndem Mesenchym entlang den Außenseiten und Innenseiten der Somiten und folgen den mesenchymgefüllten Räumen zwischen den Organanlagen, wobei sich die Wanderungswege bei verschiedenen Wirbeltieren durchaus unterscheiden können.

Die **Entwicklungsleistungen** der über weite Distanzen auswandernden Neuralleistenzellen sind außerordentlich: ihre Abkömmlinge liefern die gesamten Pigmentzellen, bilden wesentliche Anteile des Visceralskelettes (Kiefer, Hypoidbogen, Kiemenbogen), die Dentinkeime der Zähne und chromaffine Zellen des Nebennierenmarkes. Sie bilden Teile der Ganglien sensorischer Hirnnerven, die Spinalganglien der dorsalen Rückenmarkswurzeln und die Ganglien des autonomen Nervensystems (Parasympathicus). Auch die Zellen, die Teile der Hirnhäute bilden, gelten als Neuralleistenderivate. Bei den meisten genauer untersuchten Zellwanderungsvorgängen ist inzwischen gezeigt worden, daß bestimmte hochmolekulare, in der extrazellulären Matrix vorkommende Glykoproteine, insbesondere das Fibronectin an der Kontrolle der Wanderung beteiligt sind.

Die **Anordnung von Organanlagen** nach Abschluß der Neurulation ist beim holoblastischen **Froschkeim** besonders übersichtlich (Abb. 3.33c). Unter der bewimperten embryonalen Epidermis ist im sagittalen Schnitt die Anlage des dorsal gelegenen, bereits in Gehirn und Rückenmarkabschnitt gegliederten Nervensystems erkennbar, darunter die Chorda und die nur vorübergehend vorhandene Subchorda. Ausgehend vom Gehirnbereich sind Augen, Ohrblase und Hypophyse angelegt. Hinter dem Bezirk der (noch verschlossenen) Mundöffnung liegt der Vorderarm mit den Aussackungen der Visceraltaschen, der in einen Mitteldarmabschnitt übergeht, dessen ventraler Anteil aus großen, dotterreichen Darmzellen besteht. Eine kurze Enddarmanlage verläuft unter dem Anlagenmaterial der Schwanzknospe zur Analöffnung. Ventral vom Darm gelegen finden sich im vorderen Körperdrittel Herz- und Leberanlage und Material der mesoblastischen Seitenplatten. Unter der Visceralregion befindet sich die epidermale Vorwölbung der Haftdrüse; zwischen Visceral- und Mitteldarmbereich tritt die Pronephrosanlage hervor.

318   3 Entwicklungsprozesse

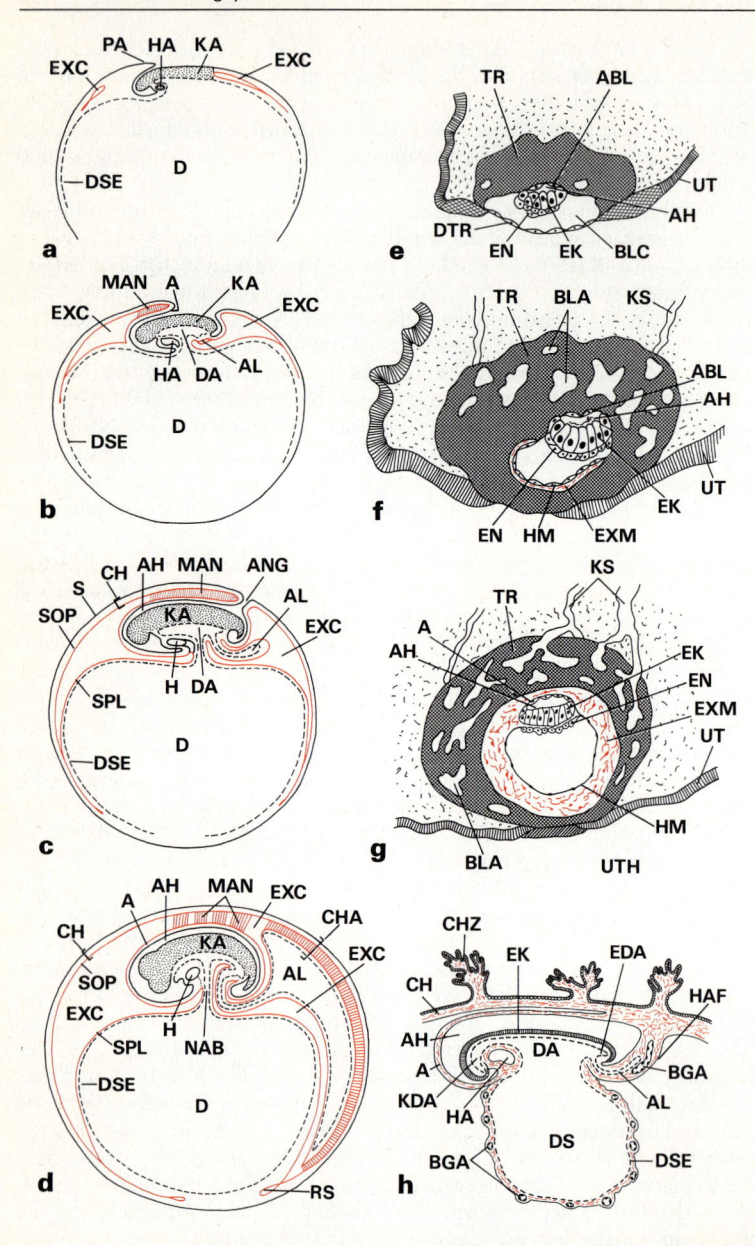

Die Entwicklung meroblastischer und sekundäre holoblastischer Wirbeltierkeime zeigt als Besonderheit die **Abgliederung des Embryo** von extraembryonalen Teilen unterschiedlicher Funktion. Als Beispiel dienen der Vogelkeim und der menschliche Keim (Keimhüllen der Insecta; s. Abb. 3.19).

Den peripheren Teil der **Vogelkeimscheibe** bildet die Area opaca, die sich in 3 Anteile spaltet, welche mit den drei in der Area pellucida gebildeten Keimblättern in Verbindung stehen; dabei liegt die entoblastische Zellschicht direkt dem Dotter an. Der Keimscheibenrand beginnt einerseits in vegetativer Richtung den Dotter, andererseits in animaler Richtung den Keim zu umwachsen. Der Dotter wird durch das sog. Dottersackentoderm mit aufgelagerter Splanchnopleura eingeschlossen, wobei der innere Bereich als Gefäßhof (Area vasculosa) durch den Randsinus vom peripheren Teil (Area vitellina) abgegrenzt wird. Der extraembryonale ektoblastische Anteil, gefolgt von der Somatopleura, wölbt sich von anterior, posterior und lateral als **Amnion** und **Serosa** über den Keim, umwächst aber gleichzeitig auch die Dotterkugel (Abb. 3.26). Der Schluß der Amnionfalten erfolgt nahe dem Hinterende. Zwischen den Somatopleuraschichten von Amnion und Serosa bildet sich die mediane mesodermale Amnionnaht aus. Zur gleichen Zeit wächst ventrocaudal als dritte extraembryonale Struktur die **Allantois** in die extraembryonale Leibeshöhle vor und verbindet sich später mit dem **Chorion** (Chorion = Serosa + Somatopleura) zur **Chorio-Allantois**. Die gefäßreiche, aus ento- und mesoblastischen Anteilen aufgebaute Allantois

---

Abb. 3.26: Entstehung der extraembryonalen Hüllen beim Embryo des Vogels und des Menschen.
Keimhüllenbildung beim Haushuhn, a) Aufwölbung der Proamnionfalte im Kopfbereich, b) Einwachsen extraembryonalen Coelomepithels, das median zur Amnionnaht verlötet; Aufwölben der caudalen Amnionfalte, c) Amnion fast geschlossen, Allantoisbläschen wölbt sich in Exocöl vor, d) Allantois verlötet mit dem Chorion zur Chorio-Allantois, Hüllenbildung und Dotterumwachsung abgeschlossen.
Schematische Sagittalschnitte, etwa den Stadien 13, 15, 18 und 33 nach Hamburger-Hamilton entsprechend. e–h) Keimentwicklung und Embryonalhüllenbildung beim etwa 7, 5, 9, 12 und 21 Tage alten, im Uterus eingenisteten Embryo des Menschen. Einzelheiten siehe Text (a–d nach Starck 1965, e–h aus Wurmbach/Siewing 1981, nach Starck).
A: Amnion, ABL: Amnioblasten, AH: Amnionhöhle, ANG: Amnionnabelgang, AL: Allantois, BL: Blastocoel, BLA: Blutlakunen, BGA: Blutgefäßanlagen, CH: Chorion, CHA: Chorio-Allantois, CHZ: Chorionzotten, D: Dotter, DA: Darm, DS: Dottersack, DSE: Dottersackentoblast, DTR: dünner Trophoblast, EDA: Enddarm, EK: Ektoblast, EN: Entoblast, EXC: extraembryonales Coelom, EXM: primäres, extraembryonales Mesenchym, H: Herz, HAF: Haftstiel, HM: Heussersche Membran (vom dünnen Trophoblasten gebildet), KA: Keimanlage (punktiert), KDA: Kopfdarm, KS: kapillärer Blutsinus, MAN: mesodermale Amnionnaht, NAB: Nabelstrang, PA: Proamnionfalte, RS: Randsinus, S: Serosa, SOP: Somatopleura, SPL: Splanchnopleura, TR: Trophoblast, UT: Uterusepithel, UTH: Uterushöhle.

dient nicht nur als embryonale Harnblase, sondern zugleich als Organ des Gasaustausches. Die offensichtliche Funktion des Dottersackkomplexes ist der Aufschluß der im Dotter gespeicherten Reservestoffe und deren Transport zum rasch heranwachsenden Vogelembryo über den Nabelstrang-Komplex.

Der **menschliche Keim** und der der anderen höheren Säuger ist bereits zum Zeitpunkt der Einnistung in die Gebärmutter in den inneren **Embryoblasten** und den blasenförmigen, äußeren **Trophoblasten** gesondert, letzterer entwickelt sich zu einer entscheidenden Hüll- u. Transferstruktur. Der am Anheftungspol liegende Embryoblast weist primäre Ektoblast- und Entoblastzellen auf; **Amnion** und Amnionhöhle entstehen als Spaltamnion aus dem Ektoblasten. Der plattenförmige Entoblast geht an den Rändern über in das extraembryonale, hier mesoblastische Epithel des primären Dottersackes, der aber keinen Dotter einschließt. Aus dem inzwischen stark verdickten Trophoblasten wandern mesenchymale Zellen aus und schieben sich allseitig zwischen den Trophoblasten und die aus zwei bläschenförmigen Anteilen bestehende **Keimanlage** (Abb. 3.26). Nach einer Entwicklungsdauer von gut 3 Wochen faltet sich der Embryo von den extraembryonalen Strukturen ab. In die als Haftstiel bezeichnete Verbindung von Amnion und Chorion wächst ein Allantoisdivertikel ein, das allerdings später bei der Nabelstrangbildung bedeutungslos wird. Das sich aus dem Trophoblasten und Mesenchymanteilen nebst Blutgefäßen entwickelnde **Chorion** mit Chorionzotten stellt den foetalen Anteil der haemochorialen **Placenta** dar. Er übernimmt zusammen mit dem mütterlichen Anteil die Funktionen, die beim Vogelkeim der Dottersackkomplex und die Allantois bzw. Chorio-Allantois erfüllen: Nährstoffversorgung, Abtransport von Stoffwechselprodukten und Gasaustausch.

3.6 Postembryonalentwicklung

3.6.1 Direkte und indirekte Jugendentwicklung

Die Periode der Postembryonal- oder **Jugendentwicklung** schließt alle Vorgänge des Wachstums und der fortschreitenden Organausbildung ein, die zur Ausprägung der Adultform führen. Bei sich direkt entwickelnden holoblastischen Formen und auch bei den meroblastischen Reptilien, Vögeln und Säugern gleichen die Jungtiere den jeweiligen Adulten in wesentlichen Merkmalen. Der Differenzierungsgrad bei Schlupf oder Geburt kann jedoch sehr unterschiedlich sein, ebenso der Zeitbedarf für das Heranwachsen eines von der Elternfürsorge im Prinzip unabhängigen Jungtieres («Nestflüchter», «Nesthocker»).

Bei vielen Tierarten, vor allem aus Stämmen wirbelloser Tiere, ist das aus dem Ei schlüpfende oder, bei lebendgebärenden Arten, aus dem mütterlichen Körper entlassene Individuum der erwachsenen Form in Gestalt und Organisation jedoch ganz unähnlich. Letztere wird entweder in mehreren, allmählich angleichenden Schritten oder unter tiefgreifenden Änderungen der Erscheinungsform erreicht.

3.6.2 Larvenbildung und Metamorphose bei indirekter Entwicklung

3.6.2.1 Larvenformen

Von der Adultausprägung abweichende Jugendformen werden allgemein als **Larven** bezeichnet, wobei in vielen Entwicklungsgängen zwei oder mehrere Larvenstadien aufeinanderfolgen, die sich in Gestalt und Größe unterscheiden können. Eine besondere, vor dem Adultstadium holometaboler Insekten auftretende Zwischenform ist die **Puppe**. Die Umwandlung in die Adultform wird häufig pauschal als **Metamorphose** (vollständige Verwandlung) bezeichnet. Zuweilen ist die Bedeutung von Larvenstadien offensichtlich, etwa bei Arten mit festsitzenden oder wenig beweglichen Adultformen, bei denen bewegliche Larvenstadien die Ausbreitung der Arten besorgen. In anderen Fällen erscheint die Larvalphase ausschlaggebend für die Ansammlung von Reservestoffen, die für die Fortpflanzungstätigkeit mancher kurzlebiger und nicht zur Nahrungsaufnahme fähiger Tiere z.B. mancher Insektenimagines benötigt werden.

Auffällig ist, daß Larven meist andere Lebensräume besiedeln als Adultformen und auch andere Ernährungsweisen haben. So besitzen die meisten Seeigel planktontische Pluteuslarven, die sich von Organismen des Nanoplanktons ernähren, während die adulten Seeigel den Meeresboden besiedeln und den Bodenaufwuchs abweiden. Grundlegende Änderung der Lebensweise beobachtet man unter den Insekten etwa bei den Stechmücken (Culicidae), deren Larven sich unter der Wasseroberfläche

Tab. 3.1: Larvenformen einiger ausgewählter Tiergruppen (ohne parasitische Formen)

Tierstamm	Tiergruppe	Bezeichnung der Larvenformen	Abbildung Nr.
Porifera		Amphiblastula; Parenchymula	2.21
Cnidaria	Hydrozoa	Planula; Actinula; Siphonula	
	Scyphozoa	Planula	3.27
	Anthozoa	Planula, (▶) Arachnactis; Ceriantula; Zoanthella	
Plathelminthes	Turbellaria	Müllersche Larve, Goettesche Larve	
Nemertini	Heteronemertini	Pilidium (= Desorsche Larve)	
Mollusca	Gastropoda	Trochophora, (▶) Veliger	
	Bivalvia	polytroche Larve; Rotiger; Glochidium	

Tierstamm	Tiergruppe	Bezeichnung der Larvenformen	Abbildung Nr.
Annelida	Polychaeta z.B. Nereidae	Trochophora ▶ Metatrochophora ▶ Nectochaeta	2.66 3.18
Arthropoda	Crustacea Entomostraca z.B. Copepoda	Nauplius ▶ Metanauplius ▶ Copepodit – Stadien	2.81
	Malacostraca z.B. Brachyura	Protozoea ▶ Zoea ▶ Metazoea ▶ Megalopa	2.81
	Insecta Hemimetabola	mehrere zunehmend adultähnliche Larvenstadien	3.29
	Holometabola	mehrere dem Adultus unähnliche Larvenformen ▶ Puppe	3.30
Tentaculata	Phoronida Bryozoa	Actinotrocha Cyphonautes	
Echinodermata	Crinoidea Holothuroidea Echinoidea Asteroidea Ophiuroidea	Doliolaria Auricularia, (▶) Doliolaria Pluteus (= Echinopluteus) Bipinnaria; Brachiolaria Ophiopluteus	3.28
Chordata	Tunicata z.B. Ascidia	geschwänzte, kaulquappenähnliche Larve	2.105
	Vertebrata z.B. Cyclostomata z.B. Osteichthyes z.B. Amphibia	Querder (= Neunaugenlarve), Leptocephalus (= Aallarve) geschwänzte Molchlarve; Kaulquappe (= Anurenlarve)	3.31

▶ Weiterentwicklung zum folgenden Larvenstadium
(▶) Weiterentwicklung kann bei manchen Arten über ein weiteres Larvenstadium erfolgen

stehender Gewässer entwickeln und sich von herbeigestrudelten Detritusteilen und Algen ernähren. Die adulten Weibchen dagegen sind Blutsauger (Krankheitsüberträger, s. Abb. 2.90), die Männchen ernähren sich als Blütenbesucher. Eine Übersicht über Larvenformen wird in Tabelle 3.1 gegeben.

3.6.2.2 Metamorphose

Umfang und Geschwindigkeit der Umwandlung und die Formen der Histogenese bei der Überführung der Larval- in die Adultstruktur sind sehr vielfältig. Bei **Planula**larven der Scyphozoenart *Cassiopea andromeda* ist beispielsweise der Abbau spezifisch larvaler Merkmale geringfügig und

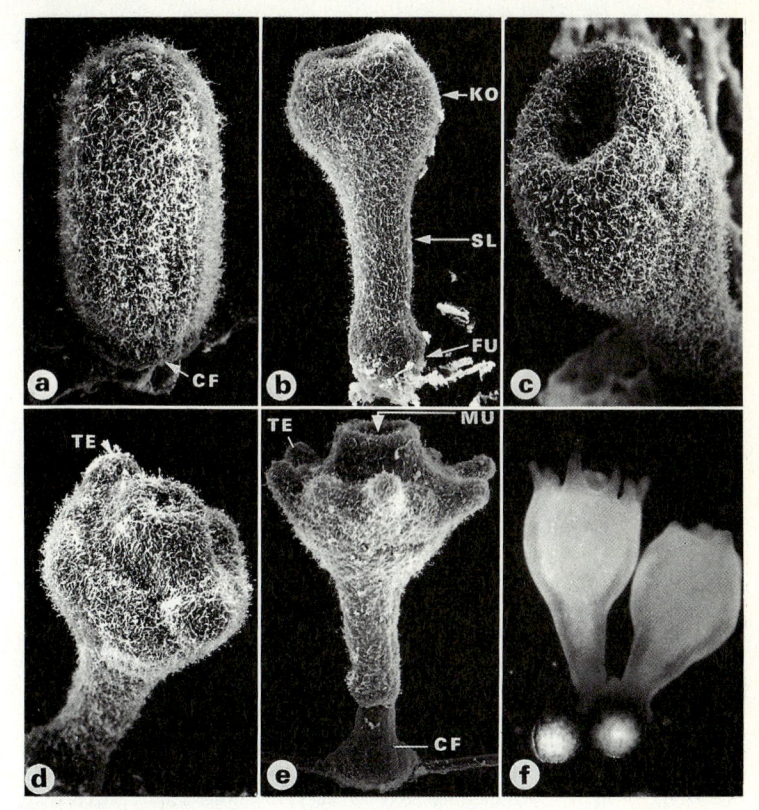

Abb. 3.27: Metamorphose zum Scyphopolypen bei *Cassiopea andromeda*.
a–e) Metamorphose der Planulalarve, f) der vegetativ gebildeten Schwimmknospe. a) Festsetzung auf Substratpartikeln, b, c) Seitenansicht und Aufsicht nach Streckung und Gliederung in Fuß-, Stiel- und Kopfregion, d) Anlage der Tentakeln und des Hypostoms mit Mundöffnung, Aufsicht, e) junger Polyp, auf einer Faser festgeheftet, f) metamorphosierende Schwimmknospen, auf einer *Artemia*-Cyste festgeheftet (aus Hofmann u. Brand 1987).
CF: cilienfreier Bereich, FU: Fuß, KO: Kopf, MU: Mundöffnung, SL: Stiel, TE: Tentakelanlagen.

betrifft nur den Wegfall des Cilienbesatzes im präsumptiven Fuß- und basalen Stielbereich. Die Formbildung der Polypen erfolgt in erster Linie durch Umdifferenzierung (Morphallaxis) des vorhandenen Zellmaterials. Allerdings ändert sich die Lebensform grundlegend: Aus der freischwimmenden Planula entwickelt sich der zeitlebens auf dem Substrat festsitzende Scyphopolyp (Abb. 3.27). Bei den **Trochophora**larven und **Veliger**larven und den sich davon ableitenden Formen mariner Annelida und Mollusca ist der Umfang rein larvaler Sinnesorgane, Schwebefortsätze und bewimperter Fortbewegungsorgane größer, die bei der Umwandlung zu meist bodenlebenden Adultformen abgebaut werden. Wesentlich ist hier, daß zahlreiche Strukturen zu den aus der Larvalphase übernommenen neu hinzutreten.

Eindrücklich ist bei den **Crustacea** die Entwicklung zum Adultus über mehrere, jeweils mit einem **Häutungsschritt** verbundene Larvalstadien.

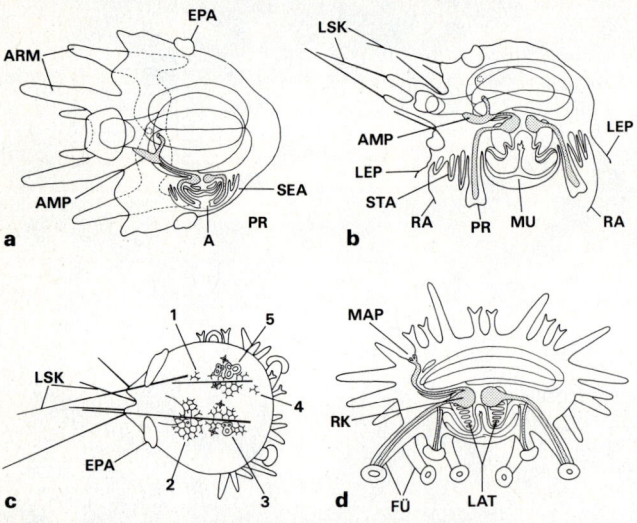

Abb. 3.28: Metamorphose der Pluteuslarve des Seeigels *Psammechinus miliaris*.
a) Pluteus mit Seeigelanlage unter der Epidermis der linken Körperseite, b) Metamorphorestadium nach Ausfaltung der Seeigelanlage, Abbau des Larvengewebes weit fortgeschritten, c) Metamorphosestadium, Aufsicht auf die künftige Aboralseite mit Skelettanlagen, d) junger Seeigel. a, b, d) optische Schnitte, Oralseite nach unten weisend (nach Herrmann 1983).
A: Amnion, AMP: Ampulle, ARM: Armfortsätze (Skelett weggelassen), EPA: Wimperepauletten, FÜ: Füßchen, LAT: Anlage des Kieferapparates (Laterne), LEP: mit dem Amnion aufgerissene Larvenepidermis, LSK: Larvenskelettstäbe, MAP: Madreporenplatte, MU: Mundanlage, PR: Primärtentakel, RA: Rand des aufgerissenen Amnions, RK: Ringkanal des Wassergefäßsystems, SEA: Seeigelanlage, STA: Stachel, 1, 2, 3, 4, 5: Zentren der Skelettplattenanlagen der Aboralseite.

Es gibt Formen, bei denen der Zuerwerb weiterer Körpersegmente und Funktionsstrukturen im Vordergrund steht, der bei jeder Häutung erfolgt (z.B. bei manchen Copepoda). In anderen Fällen findet sowohl eine schrittweise Vermehrung der Körpersegmente und Extremitätenpaare (Anamerie), als auch ein erheblicher Gestaltwechsel der Larvenstadien statt, der zudem mit einem Lebensraumwechsel einhergeht (z.B. bei Decapoda).

Radikale Änderung der Körpergestalt unter Abwerfen oder Resorbieren großer Anteile des Larvenkörpers erfolgt bei marinen Organismen u.a. bei den Larven der **Phoronida** («katastrophale Metamorphose»), der **Ascidia** und der **Echinodermata**. Bei den Pluteuslarven der Seeigel liegt eine in mehrfacher Hinsicht bemerkenswerte Umwandlung vor. Obwohl das Zellmaterial der Larven fast vollständig in den jungen Seeigel übernommen wird, bleibt von seiner Gestalt nichts erhalten (Abb. 3.28). Vielmehr wird die bilateralsymmetrische Organisation des Pluteus über ein Zwischenstadium und Drehung der Oral-Aboral-Achse um 90°C in die fünfstrahligradiärsymmetrische des Seeigels überführt (s. 2.4.25).

Das geschieht zum einen dadurch, daß eingesenkt unter der linken Körperseite über dem linken Hydrocoelabschnitt des Coeloms eine «Imaginalscheibe» (auch Seeigelscheibe genannt) entsteht, aus der sich nach Aufreißen der Larvenepidermis die Anlage der definitiven Oralseite des Seeigels ausfaltet. Zum anderen werden unabhängig davon auf der rechten Larvenseite nacheinander 5 Basalplatten in der Form netzartiger Kalkablagerungen angelegt, die sich um das Zentrum der Aboralseite anordnen. Zwischen ihnen entsteht neu die Analöffnung, während die Mundöffnung ebenfalls neu im Zentrum der Oralseite gebildet wird.

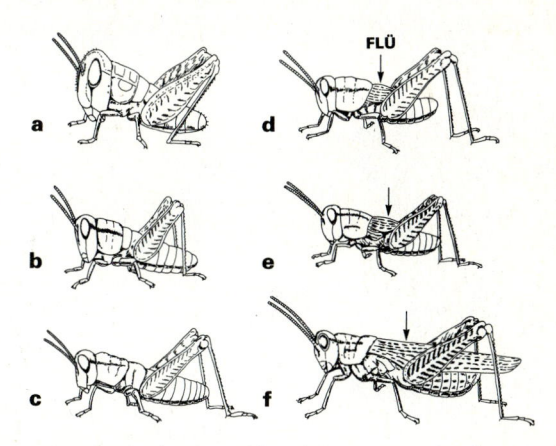

Abb. 3.29: Hemimetamorphe Entwicklung bei einer Heuschrecke.
a–e) Larvenstadien, teilweise stark vergrößert gezeichnet, f) Adultstadium (aus Waddington nach Hegner).
FLÜ: Flügelanlage.

Unter den **Insecta** gibt es neben Formen mit direkter Entwicklung (**Ametamorpha**) und solchen mit nur unauffälligem Abbau einzelner larvaler Merkmale (**Paurometamorpha**) eine Gruppe von Ordnungen, deren Vertreter Abbau verschiedener, auch äußerlich auffallender larvaler Strukturen zeigen (**Hemimetamorpha**), und schließlich Arten mehrerer Ordnungen, die außer umfangreichem Abbau larvaler Gewebe und Organe ein präimaginales Puppenstadium aufweisen, das durch einen eigenen Häutungsschritt abgetrennt ist (**Holometamorpha**) (Abb. 3.29, 3.30).

Übersicht über histogenetische Prinzipien im holometabolen Entwicklungsgang.
1. Ersatzloser Wegfall von Larvalorganen durch Zelltod, Autolyse und Phagocytose (z.B. Wegfall von Afterfüßen).
2. Direkte Übernahme von Larvalstrukturen (z.B. Teile der Abdominalmuskulatur, Epidermis, Tracheen, Enddarm).
3. Übernahme von Zellmaterial nach vorheriger Dedifferenzierung (z.B. Muskulatur).
4. Neubildung ausgehend von lokalen Imaginalanlagen, die als lokale Zellinseln oder Zellringe im Larvengewebe liegen (z.B. im Darmepithel, in den Speicheldrüsen).
5. Neubildung ausgehend von speziellen Imaginalscheiben (z.B. Augen-, Antennen-, Flügel-, Bein-, Genitalimaginalscheiben).

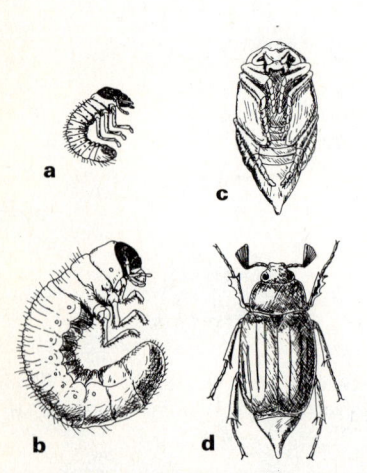

Abb. 3.30: Holometamorphe Entwicklung eines Käfers.
a) junge Larve, b) letztes Larvenstadium (eruciforme Larve), c) Puppenstadium (Pupa libera) d) adulter Käfer (nach verschiedenen Autoren umgezeichnet).

Die Umwandlung der larvalen über die pupalen in die imaginalen Strukturen ist keineswegs so abrupt, wie es zuweilen den Anschein hat. Insbesondere die Entwicklung der Imaginalscheiben setzt bereits in den Larvenstadien ein; sie werden während der Ablösung (**Apolysis**) der Larvalcuticula, die die Häutung (**Ecdysis**) zur Puppe einleitet, schon entfaltet und die so angelegten Adultorgane sind unter der stark sklerotisierten Cuticula der Mumienpuppe bei den Schmetterlingen deutlich zu erkennen. Das Puppenstadium wird oft unzutreffend vereinfacht als «Ruhestadium» betrachtet. Eine ganz wesentliche Aufgabe der Puppenphase ist jedoch die Synchronisierung der verschiedenartigen, auf Organebene ablaufenden Umbau- und Histogeneseprozesse, deren letzter, zur Enddifferenzierung führender Schritt mit der Häutung zur Imago eingeleitet wird.

Das eindrücklichste Beispiel für die Metamorphose von Wirbeltierlarven liefert die Entwicklung der **Anura** (Froschlurche) (Abb. 3.31). Bemerkenswert an diesem Ontogenesetyp ist, daß eine Reihe von Rekapitulationen stammesgeschichtlicher Entwicklungen zu erkennen ist.

Aus der wasserlebenden, kiemenatmenden und sich mittels eines Ruderschwanzes fortbewegenden Larve, der sog. **Kaulquappe**, wird ein bei vielen Arten landbewohnender, lungenatmender und sich mit zwei Beinpaaren fortbewegender schwanzloser **Frosch**. Eine Reihe rein larvaler Organe werden abgebaut (z.B. Schwanz, Kiemen, Lippentaster, Hornkiefer), andere Organe werden nur teilweise abgebaut und angleichend in die Adultstruktur überführt (z.B. Haut, Darm, Hyoidbogen), weitere treten als spezifisch imaginale Bildungen neu hinzu (z.B. Extremitäten, Lungen, Mittelohr, Augenlider). Hinzu kommen radikale Umstellungen im **Stoffwechsel** (z.B. Änderung der O_2-Affinität des Hämoglobins, Umstellung der Exkretion, Modifikation des Sehfarbstoffes). Auch bei der Anurenmetamorphose findet der Übergang zum Adultzustand nicht abrupt statt. Der Auf- bzw. Abbau der einzelnen Organe wird während der längerdauernden (Wochen bis Monate) Prämetamorphose- und Prometamorpho-

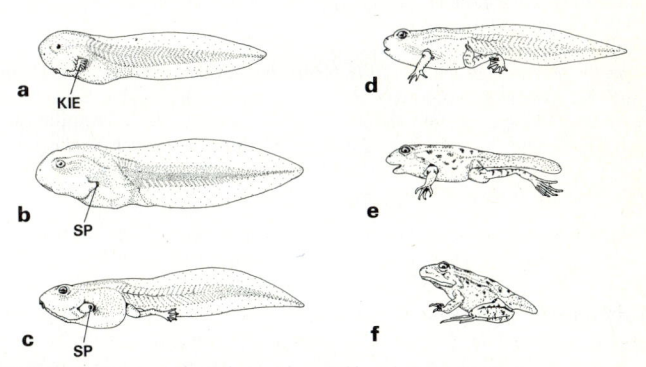

Abb. 3.31: Larvenmetamorphose beim Leopardfrosch *Rana pipiens*.
a, b) Praemetamorphose-Stadien (stark vergrößert), c) Prometamorphose Stadium, d–f) Climax-Stadien (aus Ziswiler 1976, nach Witschi).
KIE: äußere Kiemen, SP: Spiraculum (Kiemenöffnung der inneren Kiemen).

sephase eingeleitet und während einer nur etwa 2 Wochen in Anspruch nehmenden Climaxphase zu Ende geführt.

3.6.2.3 Metamorphosesteuerung

Entsprechend der Eingliederung jeder Spezies nebst ihren Entwicklungsstadien in ein Gefüge von biologischen und physikalisch-chemischen Umweltfactoren ist zu klären, unter welchen **Außenbedingungen** ein bestimmter Umwandlungsschritt eingeleitet wird, welche **organismuseigenen Steuerungsfaktoren** den Ablauf dieses Schrittes kontrollieren und auf welchem Wege die Aufnahme und Umwandlung der äußeren Reize in organismuseigene Signale erfolgt. Bei planktonischen Larven benthischer bzw. festsitzender Arten sind zusätzlich Mechanismen erforderlich, die die metamorphosebereiten Larven zum zukünftigen Habitat leiten. Zu den letzteren gehört die Entwicklung von **Taxien** (z.B. Chemotaxis) oder die Umkehrung von Taxien (z.B. von Geotaxis und Phototaxis).

Ansiedlungsreiz für Larven und eigentliche äußere Metamorphoseauslösefaktoren sind experimentell meist nur schwer voneinander zu trennen. Es kann sich um physikalische Größen handeln wie Benetzungsspannung, Oberflächentexturen oder Korngröße von Sandböden oder um biologisch-chemische Eigenschaften wie Oberflächensubstanzen bzw. Inhaltsstoffe von Algen, Stoffwechselprodukte der jeweiligen Adulttiere, Metabolite und Substratabbauprodukte von Bakterien. Auch eine heterogene Primärbesiedlung eines Substrates durch Mikroorganismen kann Voraussetzung für Larvenansiedlung sein.

Bei Metamorphoseinduktion durch exogene chemische Faktoren ist die Substanzgruppe oder gar die Struktur des Induktormoleküls nur in Einzelfällen bekannt. Auch die Signalübertragung und die organismuseigenen Steuerungsfaktoren sind, mit Ausnahme der Arthropoden und Wirbeltiere, kaum erforscht. Als wesentliches experimentelles Hilfsmittel haben sich Substanzen erwiesen, die die Wirkung natürlicher Induktoren nachahmen. Beispielsweise einwertige Kationen (Cs^+, Li^+, Rb^+) bei *Hydractinia echinata* (Hydrozoa), Oligopeptide (Gly-Pro-Gly-Gly-Pro-Ala) bei *Cassiopea andromeda* (Scyphozoa), der Neurotransmitter GABA (gamma-Aminobuttersäure) bei *Haliotis rufescens* (Gastropoda). Zu den äußeren abiotischen Factoren, die den Entwicklungsgang und damit auch die Metamorphose beeinflussen, gehören Temperatur und Photoperiode. Auch die Metamorphose des marinen Polychaeten *Platynereis dumerilii* zur pelagischen Geschlechtsform wird durch die Photoperiode kontrolliert; sie erfolgt mondphasenabhängig.

Hormone sind die organismuseigenen Faktoren, die die über eine Reihe von Häutungsschritten verlaufende Postembryonalentwicklung der Crustacea und Insecta sowie Chelicerata und Myriapoda steuern, dabei wirken **Ecdysteroide** als die eigentlichen Häutungshormone. Bei den Insecta legt das Zusammenspiel der Ecdysteroide mit den **Juvenilhormonen** (Sesquiterpene) den jeweiligen Charakter des Häutungsschrittes fest (larvale, pupale oder imaginale Häutung); die übergeordnete Kontrolle üben neurosekretorische Zellen des Oberschlundganglions aus. Endogene hormonelle Steuerung liegt auch bei der **Amphibienmetamorphose** vor.

Hormone der Schilddrüse (Thyroxine: Tri- und Tetrajodthyronin) bewirken die Umwandlung. Ihre Synthese und Ausschüttung wird durch das thyreotrope Hormon der Hypophyse (TSH) und den neurosekretorischen Thyrotropin Releasing Factor (TRF) des Hypothalamus kontrolliert. Antagonistisch zu den Thyroxinen wirken hypophysäre Wachstumshormone (s. 12.5).

3.7 Determination

3.7.1 Determinationsvorgänge

Verfolgt man die **Abstammung** einer Zelle eines späten Embryos durch ihren Zellstammbaum zurück, so ergibt sich, daß sie sich von einer Blastomere einer bestimmten Keimregion herleitet, später einem bestimmten Keimblatt angehört, danach in eine bestimmte Organanlage dieses Keimblattes gelangt und schließlich einem bestimmten Zelltyp in dieser Anlage zugeordnet ist. Die Frage, zu welchem Zeitpunkt und auf welchem Wege diese scheinbar in hierarchischer Folge ablaufende Festlegung des künftigen Entwicklungsschicksals von Zellen und Zellverbänden getroffen wird, ist das zentrale Problem der Entwicklungsbiologie.

Art und Zeit dieser als **Determination** bezeichneten Festlegung kann nur durch Experimente ermittelt werden. Man prüft z.B. in einem Isolationsversuch, zu welcher Entwicklungsleistung ein auf einem bestimmten Embryonalstadium entnommener Keimteil fähig ist, wenn man ihn in Gewebekultur hält oder ektopisch (an einen fremden Ort) in einen Wirtsembryo transplantiert. Entwickelt sich das Transplantat wie ein Mosaikstück so weiter, wie es das am ursprünglichen Orte im nicht operierten Embryo auch getan hätte, kann man folgern, daß der fragliche Determinationsschritt zum Operationszeitpunkt bereits erfolgt war. Durch eine Vielzahl zeitlich gestaffelter Versuche lassen sich Abfolgen von Determinationsereignissen während der Keimesentwicklung erschließen. Die Eigenart (und auch der Nachteil) dieser Methode ist, daß der Determinationszustand im Augenblick des Versuches allein anhand der Stunden oder Tage später beobachteten Differenzierungsleistungen der betreffenden Zellen **rückschließend** beurteilt werden kann. Es ist ein bislang nicht erreichtes Ziel, biochemische und molekulargenetische Parameter zu erarbeiten, die es ermöglichen, den Determinationszustand embryonaler Zellen unmittelbar festzustellen.

3.7.1.1 Determination der Keim- und Körperachsen

Während bei einigen Insektenarten bereits zur Zeit der Eiablage die Position des Vorder- und Hinterendes sowie die Lage der Dorsal- und Ventralseite festgelegt sind, die Achsendetermination also völlig maternal erfolgt, ist beim Krallenfrosch und anderen Amphibien im Laufe der Oogenese nur die primäre, animal-vegetative Eiachse determiniert worden, die näherungsweise in die anterior-posterior-Achse überführt wird. Erst als Folge der

Besamung wird eine plasmatische Umschichtung eingeleitet (erkennbar an der Entstehung des «grauen Halbmondes»), durch die noch vor den Furchungsteilungen die künftige Dorsoventralachse bestimmt wird. Demgegenüber läßt sich bei ungefurchten Eiern der Ctenophora (Acnidaria) und der Säugetiere noch keinerlei Beziehung zu den künftigen Körperachsen feststellen; diese werden erst im Verlaufe der Furchungsteilungen, also relativ spät festgelegt.

3.7.1.2 Determination von Blastemen

Bei Seeigelkeimen ist die Fähigkeit, durch Invagination einen mesentoblastischen Urdarm zu bilden und Mikromeren als Vorläufer des primären Mesenchyms abzugliedern, auf die vegetative Keimhälfte beschränkt; die Determination ist auf dem Stadium des reifen, ungefurchten Eies bereits vollzogen. Anders beim Krallenfroschkeim, wo bei Furchungsbeginn außer den Achsen nur eine animale und vegetative Hälfte zu unterscheiden ist. Erst zwischen dem 64- und 512-Zellstadium erfolgt, aufbauend auf der Achsenfestlegung, die Determination von Mesoblast bzw. Ektoblast und Entoblast bildenden Arealen.

3.7.1.3 Determination von Keimteilen

Wegnahme einer Blastomere im 2-Zellstadium führt bei Ascidien zur Bildung einer longitudinalen Halblarve; Entfernung des D-Quadranten bei einigen Spiralierkeimen hat den Ausfall der Entwicklung einer Dorsalseite und der mesoblastischen Strukturen zur Folge. Es findet also eine sehr frühe und sehr weitgehende Determination statt, die in Verbindung mit dem streng festgelegten Furchungsmuster zu einer mosaikartigen Entwicklung der Keimteile (bzw. deren Ausfall) führt. Vereinfachende Bezeichnung: **Mosaikkeime.**

Demgegenüber sind isolierte Blastomeren des 4-Zellstadiums bei Seeigeln und bis zum 16-Zellstadium einiger Hydrozoa noch zur Bildung zwar verkleinerter, aber vollständiger Keime in der Lage; erst nach Isolierung in noch späteren Stadien entstehen unvollständige Keime. Diese $1/4$ bis $1/16$-Blastomeren zeigen also eine größere Entwicklungsleistung als innerhalb des normalen Keimes. Sie sind zur Regulation der Defektsetzung in der Lage, die Determination erfolgt demgemäß spät. Vereinfachende Bezeichnung: **Regulationskeime.**

Die Beispiele zeigen, daß Determinationsvorgänge weit in die Oogenese vorverlegt und früh beendet sein können oder erst schrittweise erfolgen und relativ spät abgeschlossen werden. Die Festlegung von Entwicklungsleistungen kann auf zwei Wegen erfolgen: 1. durch die Anordnung und spätere spezifische Verteilung von cytoplasmagebundenen Komponenten, die während der Oogenese, also unter maternaler Kontrolle gebildet werden, 2. durch Wechselwirkungen zwischen benachbarten Furchungszellen. Beim *Xenopus*-Keim lassen sich beide Mechanismen nachweisen, sie sind nacheinander an verschiedenen Determinationsschritten beteiligt: die Achsendetermination erfolgt vor der Furchung durch bestimmte Schichtung bzw. spätere Umlagerung von Dotter- und anderen Plasmaanteilen, während die Determination des Mesoblasten erst während der Furchungsperiode durch induktive Wechselwirkungen zwischen vegetativen und animalen Blastomeren erfolgt.

Obwohl Determination letztlich zu spezifischen Mustern der Genaktivität führt, ist sie zuallererst eine cytoplasmatische Erscheinung, die meist in Abwesenheit genomischer Transkription erfolgt und sich erst nach einer unterschiedlichen Zahl von Teilungsschritten manifestiert. Die großen Mengen der von Oocyten gespeicherter RNA, darunter sog. maskierte m-RNA, ließ vermuten, daß z.B. die Anordnung und regelhafte Verteilung von RNA und den durch sie codierten, möglicherweise regulatorischen Proteinen Grundlage der beobachteten Entwicklungsabläufe sein könnte. Bislang gab es keinen experimentellen Beweis für die Richtigkeit solcher Hypothesen. Erst in allerjüngster Zeit wurden ausschließlich im vegetativen Bereich von *Xenopus*-Keimen maternale m-RNA-Spezies gefunden, die für Proteine mit großer Ähnlichkeit mit bekannten Regulator-Proteinen codieren und zumindest Teilfunktionen bei der oben beschriebenen Induktion des Mesoblasten in der animalen Keimhälfte ausüben. Dennoch gilt, daß Determination, obwohl durch unzählige Beobachtungen und Versuche hervorragend belegt, ein molekular noch nicht faßbarer, komplexer Vorgang ist.

3.7.2 Stabilität von Determinations- und Differenzierungszuständen

Eine besondere Eigenschaft determinierter Zellen ist, daß sie die Information über den Determinationszustand auch über Mitosen hinweg an ihre Tochterzellen weitergeben können, es sich sozusagen um eine stabile, vererbbare Eigenschaft handelt (**Zellheredität**). Determinationen können sich aber auch als labil erweisen und sich experimentell abändern lassen.

So können Teile der Genitalimaginalscheiben von *Drosophila*-Larven, die Populationen embryonaler, zu Genitalstrukturen determinierter Zellen darstellen, über viele Generationen weg immer wieder in neue adulte Wirtstiere implantiert werden, wo sie durch rasche Zellproliferation die abgetrennten Teile ergänzen, zunächst aber ihre Determination behalten und weitergeben. Es kommt aber im Verlaufe vieler Passagen vor, daß solche Imaginalscheibenteile beim Test in metamorphosebereiten Larven sich nicht zu Genital- sondern zu Bein- oder Antennenstrukturen differenzieren. Es muß demnach eine als **Transdetermination** bezeichnete Änderung des Determinationszustandes stattgefunden haben. Selbst Zellen, die ihre endgültige Differenzierungsstufe erreicht haben, müssen nicht unwiderruflich in diesem Zustand verharren. Unter bestimmten Umständen wie Wundsetzung und Regeneration können Zellen ihre spezifischen Differenzierungsmerkmale aufgeben (Dedifferenzierung), wieder teilungsfähig werden und sich erneut differenzieren. Entsteht hierbei ein anderer als der ursprüngliche Zelltyp, so wird dieser Weg **Transdifferenzierung** genannt (vgl. Linsenregeneration beim Molch). Es ist offensichtlich, daß bei Dedifferenzierung und Transdifferenzierung das Muster der Genaktivität verändert wird. Durch Transplantation isolierter Zellkerne aus spezialisierten *Xenopus*-Zellen (Gehirn, Darm) mit gewebetypischen Transkriptions- und Replikationsmustern in zuvor entkernte *Xenopus*-Oocyten oder aktivierte Eier können die Eigenschaften dieser Kerne entscheidend verändert werden. Unter dem Einfluß des Eiplasmas beginnen sie die für eine Zygote typische Aktivität zu entfalten, was im Idealfall zur Entwicklung metamorphosierter Krallenfrösche führt. Dies läßt den Schluß zu, daß während der Differenzierung von Zellen kein Genverlust sondern nur eine teilweise Inaktivierung des Kerngenoms eingetreten ist, die, z.B. nach Verlust eines Körperteils, durch cytoplasmatische Wechselwirkungen rückgängig gemacht und neu programmiert werden kann.

3.8 Wechselwirkungen zwischen Blastemen in der Morphogenese

3.8.1 Primäre embryonale Induktion

Ein besonderer Teilaspekt der bahnbrechenden Ergebnisse von Transplantationsversuchen an Molchkeimen (Organisatorexperimente von Spemann u. Mitarb. ab 1924) ist, daß die Bildung der Neuralanlage bei Amphibien nicht als autonome Leistung des Neuroektoblastems erfolgt, sondern nur unter dem induktiven Einfluß des prächordalen und chordalen Mesoblasten (dem Urdarmdach der Urodelen) zustandekommt, das während der Gastrulation unter den Ektoblasten verlagert wird. Bei diesem kurz als **Neuralinduktion** (oder primäre embryonale Induktion) bezeichneten Prozeß stellt das präsumptive Neuroektoblastem das kompetente **Reaktionssystem**, der

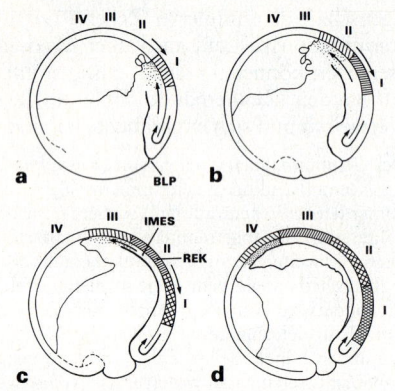

Abb. 3.32: Primäre embryonale Induktion bei Amphibien.
a–d) Fortschreitende neurale Induktion während der Gastrulation gemäß der Aktivations-Transformationshypothese. a) Einfluß des praechordalen Mesoblasten (punktiert) auf den hintersten Bereich des künftigen Neuralbereichs (I), b, c, d) durch die fortschreitende Einrollung werden zunehmend anteriore Bereiche induziert (II, III, IV), gleichzeitig werden die hinteren Abschnitte allmählich vom posterioren Chordamesoblasten unterlagert, was zunehmend Transformation bewirkt (dichtere Schraffur). Pfeile: Richtung der Epibolie- und Einrollungsbewegung.
BLP: Blastoporus, IMES: induzierender Mesoblast, REK: reagierender Ektoblast. Durch den Urmund verlaufende Sagittalschnitte (nach Nieuwkoop 1985).

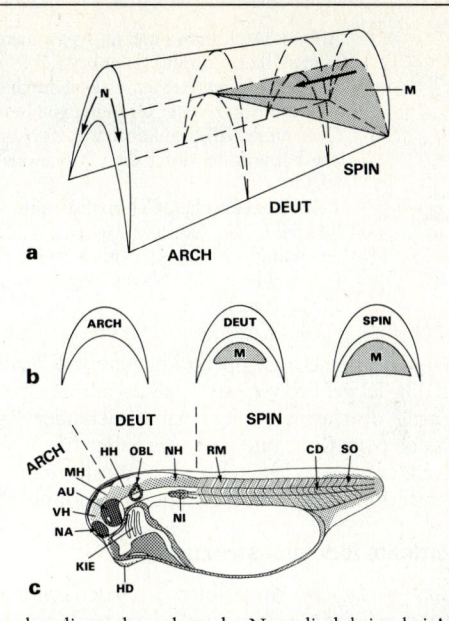

Abb. 3.33: Doppelgradientenhypothese der Neuralinduktion bei Amphibien.
Der einrollende Chordamesoblast überträgt einen neuralisierenden Faktor (N) mit dorsoventralem Gradienten und einen mesodermalisierenden Faktor (M) mit einem von posterior nach anterior abfallenden Gradienten. Alleine auf den Ektoblasten wirkender neuralisierender Faktor ruft nur archencephale Strukturen (Vorderkopfbereich) hervor, tritt mesodermalisierender Faktor hinzu, entstehen außerdem deuterencephale (Hinterkopfbereich) und spinocaudale (Rumpfschwanzbereich) Strukturen (nach Saxen und Toivonen 1955).
Schema des Gradientenverlaufes, **a)** in Seitenansicht, **b)** in Querschnitten, **c)** Froschembryo im späten Schwanzknospenstadium.
ARCH, DEUT, SPIN: archencephale, deuterencephale und spinocaudale Strukturen, AU: Augenanlage, CD: Chorda, HD: Haftdrüse, KIE: Kiemenregion, SO: Somiten. Übrige Abkürzungen wie in Abb. 3.34.

Mesoblast das **Aktionssystem** dar. Die regionale Gliederung der Neuralanlage kommt in in einem zweiphasigen Ablauf dadurch zustande, daß der zuerst und bis zur Urdarmspitze vorwandernde prächordale Mesoblast in der ersten Phase eine allgemeine neuralisierende Wirkung ausübt und im anterioren Keimbereich die Gehirnanlage induziert (Abb. 3.32). Der später einrollende Chordamesoblast übt in der zweiten Phase in den zu Neuralzellen determinierten Ektoblastzellen eine transformierende bzw. caudalisierende Wirkung aus, die die Bildung des Rumpf-Schwanz-Abschnittes nach sich zieht. Vorstellungen über die Grundlagen der Neuralinduktion sind von

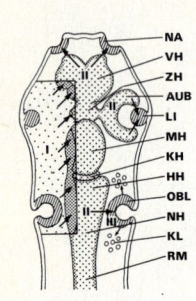

Abb. 3.34: Primäre und nachgeordnete Induktionswirkungen beim Amphibienembryo. I) Primäre Induktion des gegliederten Nervensystems durch den Mesoblasten, II) Induktion zweiter Ordnung von Sinnesorganen durch Gehirnteile, III) Induktion dritter Ordnung des knöchernen Labyrinthes durch die Ohrplakode (nach Hadorn 1970).
AUB: Augenbecher, Gehirnabschnitte VH, ZH, MH, KH, HH, NH: Vorder-, Zwischen-, Mittel-, Klein-, Hinter- und Nachhirn, KL: knöchernes Labyrinth, LI: Linsenanlage, NA: Nasenanlage, OBL: Ohrblase, RM: Rückenmark.

Saxen und Toivonen in einem Doppelgradientenmodell zusammengefaßt worden (Abb. 3.33). Es geht davon aus, daß 2 Faktoren beteiligt sind, die sich gradientenartig durchdringen: ein neuralisierender Faktor, der sich entlang der dorsalen Mittellinie und nach den Seiten hin ausbreitet, und ein mesodermalisierender Faktor, dessen für die «Transformation» verantwortliche Wirkung posterior maximal ist und nach anterior abfällt.

3.8.2 Nachgeordnete Induktionswirkungen

Nachdem die Gehirnanlage bei Amphibien durch den primären Induktionsvorgang determiniert ist und sich abzugliedern beginnt, übernehmen bestimmte Gehirnbereiche die Rolle nachgeordneter Induktoren und veranlassen als Induktoren 2. Ordnung in der embryonalen Epidermis die Bildung von **Sinnesorganen** (Riechplakoden, Augenlinsenanlagen, Anlagen der Hörblasen, s. Kap. 10 und 11), wobei z.B. die Hörblasen selbst als Induktoren 3. Ordnung die Entwicklung des knöchernen **Labyrinths** auslösen (Abb. 3.34). Die Analyse der Augenentwicklung hat gezeigt, daß die präsumptive Linsenepidermis vor ihrer Induktion bereits durch den Kopfdarm und anschließend durch die mesoblastische Herzanlage beeinflußt wird. Sie zeigt ferner, daß von der entstehenden bläschenförmigen Linsenanlage eine Rückwirkung auf die primäre Augenblase (einer Ausfaltung des Zwischenhirnabschnittes) ausgeht und jene zur Einfaltung zum sekundären, zweischichtigen Augenbecher veranlaßt. Aus diesen Beispielen wird klar, daß die Entstehung von Organen des Kopfbereiches von Amphibienkeimen auf einer **hierarchischen Folge** von Induktionsvorgängen und auf Wechselwirkungen zwischen den organbildenden Blastembezirken beruht.

3.8.3 Natur der Induktoren

Die seit rund 60 Jahren andauernden Versuche zur biochemischen Aufklärung der Struktur des primären embryonalen Induktors stießen bereits früh auf die grundlegende Schwierigkeit, daß nicht nur «Urdarmdachmaterial», sondern auch unzählige andere, auch artfremde lebende und abgetötete

Gewebe, deren Extrakte sowie eine Fülle chemischer Verbindungen im kompetenten Ektoblasten Kopf- oder Rumpf-Schwanz-Bildungen zu induzieren vermochte. Das Konzept einer einzigen, hochspezifischen, hormonähnlich wirkenden Induktorsubstanz war nicht zu halten.

Heterogene Induktorsubstanzen sind aus Meerschweinchengewebe (Knochenmark, Leber) und insbesondere aus Hühnerembryonen isoliert worden und haben entscheidend weitergeführt. Neben teilweise gereinigten neuralisierenden Faktoren aus Hühnchen- und Krallenfroschkeimen ist ein **mesodermalisierendes Protein** von 13.000 Dalton aus Hühnerembryonen gewonnen und hochgereinigt worden. Ein arteigener Induktionsfaktor mit mesodermalisierender Wirkung kann seit kurzem aus Kulturflüssigkeit einer mesoblastischen *Xenopus*-Zellinie isoliert werden.

3.8.4 Wechselwirkungen bei der Anlage von Hautstrukturen bei Vogelkeimen

Die Körperbedeckung der Vögel besteht hauptsächlich aus Federn, nur in Bereichen der Hinterextremitäten werden Hornschuppen angelegt. In den federbildenden Arealen 6 Tage bebrüteter Vogelkeime zeigen sich **Federanlagen** in einem strengen Muster zunächst als örtliche Verdickungen der Epidermis, unter denen sich dermale Mesenchymzellen ansammeln. Später heben sich die Federanlagen als aufgewölbte Federpapillen deutlich ab (Abb. 3.35). Auch die flächigen Schuppenanlagen erscheinen histologisch zunächst als epidermale Verdickungen mit unterlagernden Ansammlungen von Mesenchymzellen; sie werden nach dem 11. Bebrütungstag erkennbar. Daß Feder- bzw. Schuppenentwicklung auf lokalen Wechselwirkungen zwischen dem ektoblastischen Epithel (Epidermis) und dem mesoblastischen

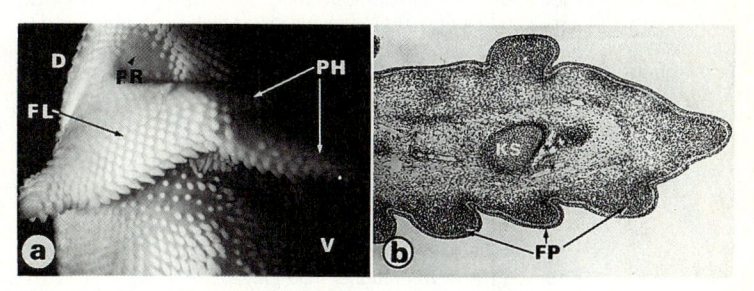

Abb. 3.35: Entwicklung von Federanlagen beim Vogelkeim.
a) Federanlagen eines etwa 10 Tage bebrüteten Hühnerembryos auf Flügel und Rumpf, b) Längsschnitt durch den Phalangenbereich eines Hühnchenflügels mit Federanlagen. (Originale B. Brand-Saberi).
D: Dorsalseite, FL: Federflur auf der Flügeloberseite, FP: Federpapillen mit Mesenchymkondensationen unter embryonaler Epidermis, FR: Federrain (ohne Federanlagen), KS: Skelettknorpelanlage, PH: Phalangenbereich, V: Ventralseite, *: Blutgefäße.

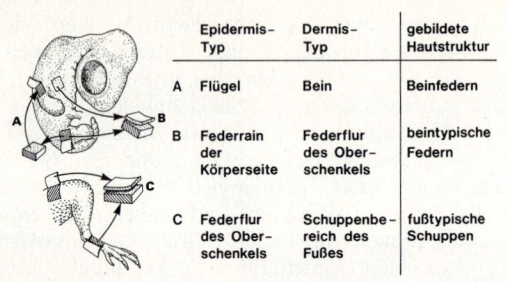

	Epidermis-Typ	Dermis-Typ	gebildete Hautstruktur
A	Flügel	Bein	Beinfedern
B	Federrain der Körperseite	Federflur des Oberschenkels	beintypische Federn
C	Federflur des Oberschenkels	Schuppenbereich des Fußes	fußtypische Schuppen

Abb. 3.36: Nachweis instruktiver Wechselwirkungen bei der Bildung von Hautstrukturen des Vogelkeimes.
Nach Neukombination von Epidermis und Dermis unterschiedlicher Körperbereiche entscheidet der Dermistyp über die zu bildende Struktur (nach Wessels 1977, umgezeichnet).

Mesenchym (Dermis) beruht, konnte in Rekombinationsexperimenten ermittelt werden.

Dazu wurden am Embryo selbst kleine Epidermisstücke entnommen und durch ortsfremde Stücke ersetzt, oder es wurden Epidermis- und Dermisstücke entnommen, nach enzymatischer Trennung neu kombiniert und auf die extraembryonale Chorio-Allantois (Abb. 3.26, 3.36) zur Weiterentwicklung transplantiert. Aus den Ergebnissen läßt sich ersehen, daß die Epidermis zwar immer Keratinstrukturen bildet, daß aber die Herkunft der mesoblastischen Dermis deren Ausprägung als Federn oder Schuppen festlegt. Deshalb wird diese Form der epithelio-mesenchymalen Wechselwirkung als **instruktive Wechselwirkung** bezeichnet. Bemerkenswert ist, daß solche Interaktionen zwischen Epidermis und Dermis auch bei gattungsübergreifenden, ja sogar bei klassenübergreifenden Blastemkombinationen stattfinden. Wechselseitiger Austausch von Epidermis und Dermis aus federbildenden Arealen von Hühner- und Entenembryonen führt zu Federbildungen, die sich sowohl wegen der unterschiedlichen Grundstruktur, als auch wegen verschieden geformter Häkchen an den Radioli gut unterscheiden lassen. Es zeigt sich, daß vom Entenkeim stammende Dermis

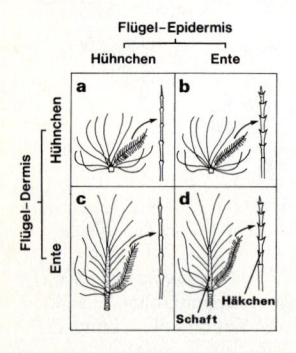

Abb. 3.37: Artübergreifende, instruktive Wechselwirkungen bei der Federbildung nach reziprokem Austausch von Flügelepidermis und Dermis von Hühner- und Entenembryonen.
a, d) Kontrollen: Dunenfedern von a) Hühnchen und d) Ente, **b, c)** bei reziproker Kombination entscheidet der Dermisspender über die Federform, nur die Endhäkchen entsprechen dem Epidermisspender-Typ. Versuchstechnik wie in Abb. 3.36, B, C (aus Wessels 1977 nach Sengel, umgezeichnet).

Hühnchenepidermis instruktiv zur Bildung ententypischer Dunenfedern veranlaßt, an denen als einziges die genannten Häkchen dem Typus des Epidermisspenders entsprechen. Auch in der reziproken Kombination werden Dunenfedern mit dem Grundmuster des Dermisspenders (Hühnchen) ausgebildet, die aber chimärisch die Endhäkchen der Entenfeder besitzen (Abb. 3.37).

3.8.5 Wechselwirkungen zwischen Blastemen anderer Wirbeltiere

Auch andere Organe entstehen aufgrund instruktiver Wechselwirkung zwischen embryonalem Epithel und Mesenchym. **Brustdrüsenepithel** der Maus entwickelt in Gewebekultur nur dann typisch geformte und verzweigte Drüsenstrukturen, wenn es mit präsumptivem Brustdrüsenmesenchym kombiniert wird. Kombination mit Mesenchym von Speicheldrüsenanlagen führt hingegen zu Bildungen, die sich entsprechend dem Mesenchymtypus, also speicheldrüsenähnlich entwickeln.

Im Gegensatz dazu gibt es Organe, deren Entwicklung nicht von spezifischen Einflüssen des zugehörigen Mesenchyms abhängig ist. Die **Pankreasdrüse** der Maus entsteht am Übergang von Magen- und Darmanlage. Nach Ablauf einer bestimmten Anfangsphase zeigt es sich, daß für die Entstehung pankreastypischer Drüsenstrukturen zwar Mesenchym erforderlich ist, daß es im Kombinationsexperiment aber durch organfremdes Mesenchym, z.B. von Speicheldrüsen, ersetzt werden kann. Da der Einfluß offensichtlich unspezifisch ist und nur darin besteht, die pankreastypische Entwicklung des Drüsenepithels zu ermöglichen, spricht man hier von **permissiver Wechselwirkung** (Abb. 3.38).

Die Existenz **inhibitorischer Wechselwirkungen** läßt sich an folgendem Beispiel aufzeigen:

Abb. 3.38: Entwicklung des Pankreas bei der Maus aus Epithel und Mesenchym, die in permissive Wechselwirkung treten.
a) Lage der Pankreasanlage am Magenausgang, b, c, d) Stadien der Pankreasdrüsenentwicklung (nach Wessels 1977, umgezeichnet).
AU: Auge, DA: Darm, H: Herz, LA: Leberanlage, MA: Magen, MD: Magen-Darmtrakt, PA: Pankreasanlage, PAC: Pankreasacinus (Drüsenendstück), PDG: Pankreasdrüsengang, PEN: entoblastisches Pankreasepithel, PMES: Pankreasmesenchym.

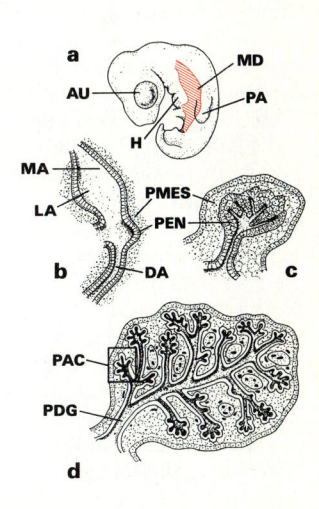

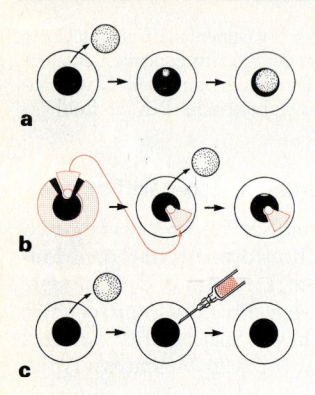

Abb. 3.39: Inhibitorische Wechselwirkung bei der Linsenregeneration des Molches.
a) Linsenregeneration nach Entfernung der Augenlinse, b, c) Hemmung der Linsenregeneration durch Einpflanzen einer regenerierenden Linse oder nach wiederholter Injektion von Linsenextrakten (nach Wessels, 1977 (siehe auch Abb. 3.43).

Adulte Molche sind in der Lage, nach Entfernen der **Augenlinse** aus Zellen des dorsalen Irisepithels eine neue Linse zu regenerieren. Transplantiert man einen dorsalen Irisabschnitt, der schon mit der Linsenregeneration begonnen hat, in den ventralen Teil der Augenkammer eines Wirtsauges, aus der soeben die Linse entfernt wurde, so unterbleibt dort die Linsenregeneration am dorsalen Irisrand. Eine bereits vorhandene, wenn auch regenerierende Linse verhindert also die nochmalige Ausbildung dieser Struktur. Nach Linsenentfernung kann Linsenregeneration auch durch tägliche Injektion von Augenkammerflüssigkeit aus intakten Augen verhindert werden (Abb. 3.39, 3.43).

3.8.6 Wechselwirkungen bei der Entwicklung der Vogelextremitäten

Flügel- und Beinanlagen der Embryonen entwickeln sich in übereinstimmender Weise als lokale, seitliche Ausfaltungen der Körperwand, die aus einer zweischichtigen embryonalen Epidermis und einer Ansammlung aus der Somatopleura stammender mesenchymatischer Zellen besteht (Abb. 3.40). Am äußeren Rand der Anlage ist die Epidermis kielartig erhöht und bildet infolge der örtlich hochprismatischen inneren Zellschicht die auffällige apikale, epidermale Randleiste (AER) Abb. 3.40b, c). Das proximo-distale Längenwachstum der Extremitätenknospen kommt durch ein mehr flächiges Teilungswachstum der umkleidenden Epidermis und durch das Anlagerungswachstum (appositionelles W.) des Mesenchyms zustande, das unterhalb der Randleiste eine besonders teilungsaktive Zone aufweist. Markierungsversuche durch Einbringen von Farbmarken in Extremitätenanlagen sowie verschiedenartige Defekt- und Transplantationsexperimente haben es ermöglicht, die Wachstumsabfolge zu ermitteln und **Anlagenpläne** für die verschiedenen Stadien aufzustellen (Abb. 3.40h). Daraus ergibt sich, daß die Proliferationszone des Mesenchyms durch ihre eigene Mitoseaktivität immer weiter vom Körper wegverlagert wird und hierbei das Anlagenmaterial für Skelettelemente, Sehnen und Bindegewebe in proximo-distaler

Folge «hinter sich zurückläßt». Auch die Ausdifferenzierung beginnt im körpernahen Bereich und schreitet nach außen fort, d.h. in der Beinanlage werden nach Becken und Hüfte erst der Femur, dann Tibia und Fibula, schließlich der Tarsometatarsus und zuletzt die Digiti angelegt und ausdifferenziert.

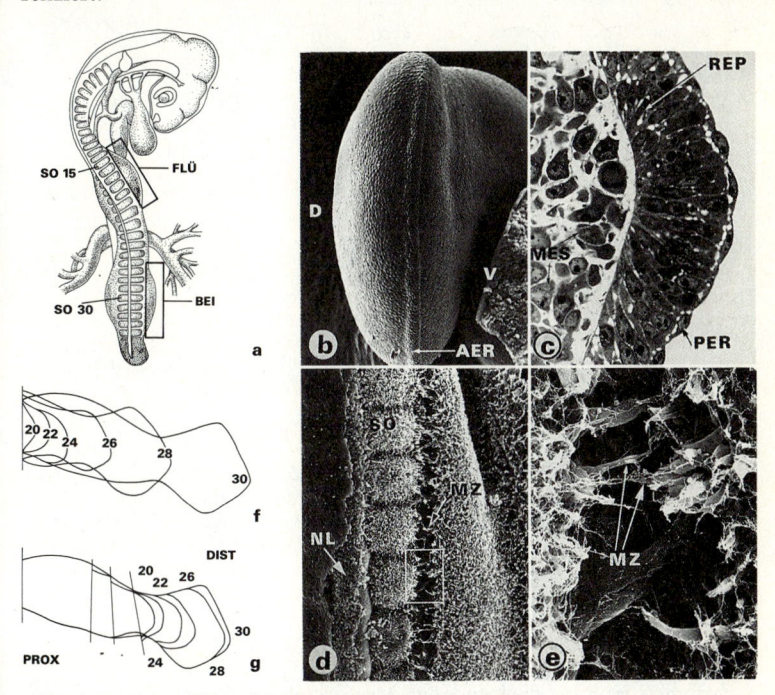

Abb. 3.40: Entwicklung der Gliedmaßen beim Vogelembryo.
a) Lage der Flügel- und Beinanlagen beim 72 Stunden bebrüteten Hühnerembryo, b–e) histogenetisch entscheidende Strukturen der Extremitätenanlagen, b) Aufsicht auf die Randleiste (Flügelanlage), c) dorsoventraler Schnitt durch die Randleiste mit unterlagerndem Mesenchym (Beinanlage), d) Übersicht und e) Ausschnittsvergrößerung muskelbildender Zellen bei der Auswanderung aus dem Somitenmyotom zur Flügelanlage; Dorsalansicht, Somiten freipräpariert, f) Wachstum der Beinanlage, bezogen auf die selbe Grundlinie, g) Wachstum der Beinanlage, unter Berücksichtigung der starken Streckung des proximalen Abschnittes, h) Entstehung des Anlagenmaterials für das Beinskelett in den Stadien 18–22, danach folgen nur noch die Phalangen-Anlagen, i) Beinskelett beim Embryo im St. 36, k) Zelltod in nekrotischen Zonen der Beinanlage, l) nekrotische Zonen der Flügelanlage. (a nach Hamburger 1969, b–e Originale B. Christ, H. J. Jacob, M. Jacob, f, g nach Hinchliffe u. Johnson 1980, h, i kombiniert nach Hampé 1959 und Brand 1983, k nach Patton's 1981, l nach Ede 1981).

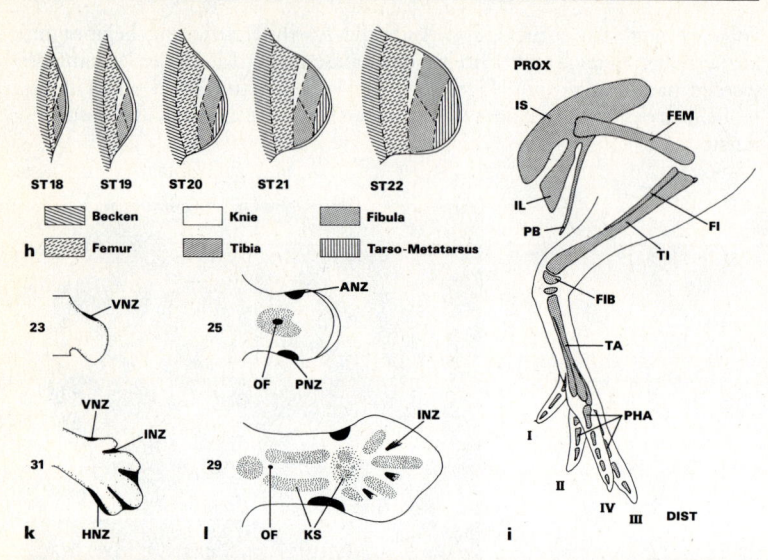

AER: apikale epidermale Randleiste, BEI: Beinanlage, D: Dorsalseite, DIST: distal, FEM: Femur, FI: Fibula, FIB: Fibulare, Flü: Flügelanlage, IL: Ileum, IS: Ischium, KS: Skelettknorpelanlagen, MES: Mesenchymzellen, MZ: muskelbildende Zellen, NL: Neuralleiste, HNZ, INZ, VNZ: hintere, interdigitale und vordere nekrotische Zone, OF: nekrotischer opaker Fleck, PB: Pubis, PER: Peridermschicht, PHA: Phalangen, PROX: proximal, REP: hochprismatische Randleistenepidermis, SO: Somit, TA: Tarso-Metatarsus, V: Ventralseite, I, II, III, IV: Digiti (Zehen). Stadien nach Hamilton-Hamburger.

Zwischen der Randleiste und dem Mesenchym besteht eine für die Extremitätenentwicklung ausschlaggebende Wechselwirkung: Wegnahme der AER führt zum sofortigen **Proliferationsstillstand**, Implantation einer zusätzlichen AER verursacht die Bildung **überzähliger Extremitätenstrukturen**. Andererseits bewirkt das Bein- bzw. Flügelanlagenmesenchym die Aufrechterhaltung der Randleiste, die nach Transplantation in einen organfremden Epidermisbereich sonst degeneriert. Die Differenzierung von Skelettelementen ist dagegen auch ohne AER möglich. Trennt man die Randleiste auf einem bestimmten Entwicklungsstadium ab, so differenzieren sich die mesenchymatischen Zellen zu denjenigen Skeletteilen aus (und nur zu diesen), die gemäß Anlageplan zu diesem Zeitpunkt bereits angelegt und determiniert waren.

Nicht alles für die Extremitätenentwicklung notwendige Zellmaterial stammt vom Epithel und Mesenchym der beschriebenen Anlage ab; diese

Blasteme liefern lediglich Epidermis, Epidermisderivate, mesoblastisches Material für die zunächst knorpeligen Skelettelemente, Sehnen und Bindegewebe. Wesentliche Anteile wandern oder wachsen aus dem Rumpfbereich ein: Zellen der quergestreiften Muskulatur (myogene Zellen aus den Somiten), das Endothel der Blutgefäße, sensorische Nerven, motorische Nervenfasern mit Schwannschen Scheidenzellen und die Melanoblasten (Pigmentbildungszellen; Abb. 3.40d, e).

Auch **programmierter Zelltod** tritt als formbildender Faktor auf. Zelldegeneration in örtlichen nekrotischen Zonen des Hand- und Fußabschnittes bewirkt das Zurückweichen des Gewebes in den interdigitalen Räumen und damit das Herausmodellieren von Fingern und Zehen (Abb. 3.40k, l).

Die charakteristische Abgliederungsweise während der Extremitätenbildung entlang der proximo-distalen und der anterior-posterioren Achse und die komplexen Wechselwirkungen zwischen Epithel und Mesenchym haben dazu geführt, daß die Anlagen der Vogelextremitäten zu bevorzugten Objekten bei der Entwicklung von Modellen zur Entstehung biologischer Muster und zur Kontrolle von Musterbildungen wurden.

3.8.7 Vergleich der verschiedenen Wechselwirkungen

Die vereinfachend nur unter dem Gesichtspunkt der Organ- bzw. Strukturentstehung betrachteten Formen der Wechselwirkung zwischen **epithelialen** und **enchymalen Blastemen** haben verschiedene Wertigkeiten und treten teilweise in unterschiedlichen Entwicklungsphasen auf. Während der späteren histologischen und funktionellen Differenzierung werden u.U. durch Hormone oder Faktoren des Nervensystems weitere wesentliche Einflüsse ausgeübt, die zur Integration des jeweiligen Organes führen.

Instruktive Wechselwirkungen greifen in Determinationsvorgänge ein und sind meist frühe Ereignisse (s. 3.7). Demgegenüber beeinflussen **permissive Interaktionen** Determinationszustände nicht; sie können dort einsetzen, wo das reagierende Blastem bereits so weitgehend determiniert ist, daß ein verhältnismäßig unspezifischer Einfluß dazu ausreicht, die abschließende Differenzierungsfolge auszulösen. Das Beispiel der Hemmung der Linsenregeneration zeigt, daß das Irisepithel durch lösliche, diffusible Stoffe beeinflußt werden kann. Dies gilt auch für einige induktive Interaktionen, z.B. für die frühe neuralisierende Phase der Neuralinduktion. In zahlreichen Fällen vor allem permissiver Wechselwirkung ist aber für das Zustandekommen der Morphogenese direkter Zellkontakt oder wenigstens Kontakt über die extrazelluläre Matrix unverzichtbar. Die Natur der für die Wirkung ausschlaggebenden Substanzen und ihre Reaktionsfolge ist weitgehend unbekannt.

3.9 Regeneration

Regenerationsvermögen ist die Fähigkeit, abgestorbene, verletzte, verbrauchte oder entfernte Körperzellen, Organteile oder Organe vollständig oder wenigstens teilweise zu ersetzen.

Unter **physiologischer Regeneration** faßt man periodisch oder ständig erfolgende Erneuerungsvorgänge zusammen wie etwa den Ersatz abgestoßener, verhornter Epidermiszellen der menschlichen Haut durch das mitotisch aktive Stratum germinativum, von Darmzellen durch Reservezellen in den Krypten des Epithels, laufende Neubildung von Blutzellen durch haemopoetische Stammzellen, periodische Abstoßung und Neubildung der Uterusschleimhaut (Menstruation), Federwechsel in der Mauser der Vögel oder saisonaler Wechsel des Haarkleides bei Säugern. Bei den Cnidaria ist der stetige Ersatz der vor allem beim Beutefang verbrauchten Nesselzellen durch die als I-Zellen bezeichneten, pluripotenten interstitiellen Reservezellen wichtig. Überdies erfolgt bei Süßwasserpolypen *Hydra* spp. ein stetiger Verbrauch und Ersatz von Zellen zur Erhaltung der in einem Fließgleichgewicht befindlichen Körperorganisation.

Reparative oder **posttraumatische Regeneration** umfaßt diejenigen Vorgänge, bei denen Verletzungen des Integumentes, Bruchverletzungen des Endoskelettes, Muskel-, Nerven- und Gefäßbeschädigungen und Verlust von Körper- oder Organteilen behoben werden. Es ist ein offensichtlicher Überlebensvorteil für eine Art, wenn sie auf larvalem und mehr noch auf imaginalem Stadium etwa durch Freßfeinde oder durch Autotomie (Selbstverstümmelung) verursachte Beschädigungen regenerierend ausgleichen kann. Die Potenz zur Regeneration ist jedoch keineswegs bei allen Tierspezies vorhanden und ist in einer eigenartigen, keinem durchgängigen Prinzip strikt gehorchenden Weise im Tierreich verteilt.

In den Stämmen niederer Wirbelloser sind zwar oft besonders umfangreiche Regenerationsleistungen zu beobachten (Coelenterata, Plathelminthes, Annelida, einige Echinodermata, Ascidia), die bei Wirbeltieren nicht vorkommen, können aber auch weitgehend fehlen (Nematoda, Rotatoria). Bei Nemathelminthen wird dies auf die weitverbreitete Konstanz der Anzahl der sie aufbauenden Körperzellen zurückgeführt.

Häufig ist die Fähigkeit zur vegetativen Fortpflanzung mit hohem Regenerationsvermögen gekoppelt. Dabei können sich aber sogar nahe verwandte Arten grundlegend unterscheiden.

Regenerationsfähigkeit kann zuweilen bei Jugendstadien vorhanden sein, mit der Metamorphose jedoch weitgehend oder ganz verschwinden (Insekten, Froschlurche). Dies gilt z.B. für die Extremitätenregeneration, die dagegen bei Schwanzlurchen vielfach auch im Adultstadium noch möglich ist. Auch der umgekehrte Fall kommt vor, daß Larvalstadien **nicht** regenerieren können, die erwachsenen Formen hingegen doch (Ascidien, Seesterngattung *Linckia*). Die Fähigkeit zur Regeneration von Gehirnzellen ist unter den

Wirbeltieren nur bei Fischen und Amphibien, nicht aber bei Vögeln und Säugetieren vorhanden.

Während bei zahlreichen Cnidaria, Plathelminthes und Annelida aus zum Teil sehr kleinen Körperfragmenten (bei *Hydra* spp. aus ca. $1/200$ der Körpermasse) ein vollständiges Individuum entstehen kann, sind bei allen Arthropoda und Vertebrata nie derart umfangreiche Leistungen zu beobachten. Mit steigender Organisationsstufe reduziert sich bei den Vertebrata das Neubildungsspektrum: bei den Mammalia werden lediglich Heilung von Wunden und Bruchverletzungen sowie eine Anzahl von physiologischen Ersatzleistungen beobachtet.

Im günstigsten Falle erfolgt Regeneration eines Körperteiles, z.B. einer Amphibienextremität, organrichtig, niveaurichtig, achsenrichtig und führt zu einem proportionsrichtigen, vollwertigen Ersatz.

Dies tritt nicht immer ein. Zuweilen bleibt die regenerierte Struktur kleiner. Sie weist bei Anneliden eine geringere Segmentzahl auf, hat nicht die typische Zahl von Digiti bei Amphibien oder Tarsalgliedern bei Insekten oder zeigt eine abweichende Skelettbildung, z.B. beim Schwanzregenerat von Eidechsen. Bei Extremitäten kommt es auch zu **Hyperregenerationen** (z.B. Bruchdreifachbildung), in dem aus einem Beinstumpf nicht nur ein Regenerat auswächst, sondern zusätzlich 2 weitere, zueinander spiegelsymmetrische Bildungen entstehen. Bei Arthropoden können auch segmentfremde Anhänge regenerieren, etwa beinähnliche Strukturen anstelle einer Antenne (z.B. bei einer Gespenstheuschrecke) oder eine Antenne anstelle eines Augenstieles (z.B. bei der Garnelengattung *Palinurus*), was als **Heteromorphose** bezeichnet wird.

Regenerate können durch **Morphallaxis** entstehen, d.h. durch Umordnen und Umdifferenzieren vorhandenen Zellmaterials (Abb. 3.41). Bei der Regeneration des Vorderendes von Polychaeten der Familien Sabellidae und Serpulidae können so Abdominalsegmente direkt zu Thoraxsegmenten umgewandelt werden.

Ein anderer, häufiger Modus der Regeneratbildung ist die **Epimorphose**. Hier entsteht im Wundbereich zunächst ein Regenerationsblastem (Bildungsgewebe), das mitotisch wächst und sich schließlich z.B. zu Körpersegmenten oder zu einer Extremität differenziert. Dabei kann die Histogenese

Abb. 3.41: Morphallaktische Regeneration von *Hydra viridissima* aus einem mittleren Rumpfstück (aus Wurmbach/Siewing 1980, nach Morgan).
1–9: aufeinanderfolgende Regenerationsstadien.

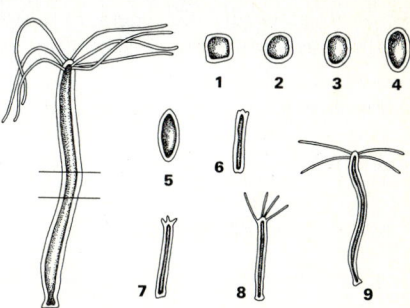

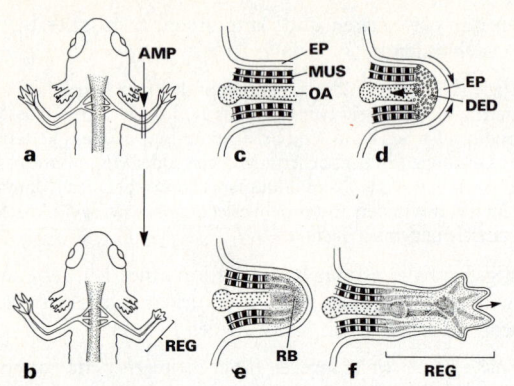

Abb. 3.42: Vorderbeinregeneration durch Epimorphose bei Schwanzlurchen.
a) Amputation vor dem Ellbogengelenk, b) regeneriertes Vorderbein, c) Oberarmstumpf nach Amputation, d) Wundverschluß und Einschmelzen von Wundgewebe, e) Bildung des Regenerationsblastems, f) Auswachsen des Regenerates (nach Hadorn 1970, verändert).
AMP: Amputation, EP: Epidermis, DED: dedifferenzierende Stumpfzellen, MUS: Muskulatur u. Bindegewebe, OA: Oberarmknochen bzw. Knorpel, RB: Regenerationsblastem, REG: regenerierendes Vorderbein.

im Regenerat durchaus anders verlaufen als zuvor in der Ontogenese des betreffenden Organes (Abb. 3.42).

Die Herkunft der Zellen des **Regenerationsblastems** ist oftmals schwierig zu ermitteln. Bei einigen Strudelwürmern und Anneliden hat man die ausschlaggebende Rolle bei der Regeneratbildung omnipotenten oder wenigstens pluripotenten **Neoblasten** zugeschrieben, einem wanderungsfähigen Zelltyp, der wegen seiner Basophilie histologisch hervortritt. Auch bei den Hydrozoa vermutete man in den **interstitiellen Zellen** (I-Zellen) einen solchen vielseitigen Reservezelltyp. Inzwischen ist geklärt, daß I-Zellen bei *Hydra* spp. zur Bildung von Nervenzellen, Nesselzellen und Geschlechtszellen benötigt werden, Regeneration der ektodermalen und entodermalen Körperschicht jedoch von I-Zellen unabhängig verläuft.

Bei Molchextremitäten hat Transplantation von genetisch oder radioaktiv markierten Blastemen auf röntgenbestrahlte, dann nicht regenerationsfähige Beinstümpfe ergeben, daß sich Regenerationsblasteme nicht aus herbeiwandernden besonderen Regenerationszellen, sondern aus dedifferenzierenden Zellen der Stumpfgewebe zusammensetzen. In der auf das Wachstum folgenden Differenzierungsphase zeigt sich, daß Epidermiszellen herkunftsgetreu nur aus früheren Epidermiszellen entstehen. Dagegen ist bei den Mesoblastderivaten (Knorpel-, Muskel-, Bindegewebszellen) keine absolute Zellinientreue gegeben, es tritt vielmehr in gewissem Maße der als Transdifferenzierung (s. 3.7.2) bezeichnete Wechsel des Differenzierungstypus auf (Abb. 3.42, 3.43).

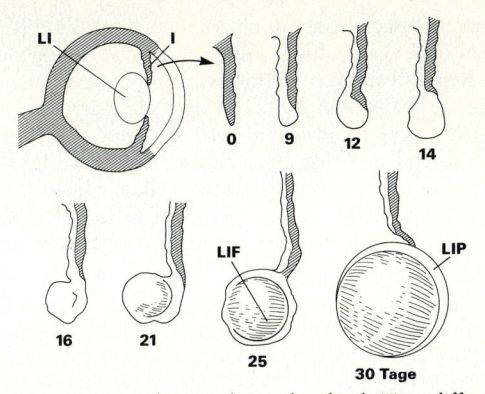

Abb. 3.43: Linsenregeneration beim Salamander durch Transdifferenzierung von Zellen des dorsalen Irisrandes.
a) Entfernung der Augenlinse, 0) pigmentierter dorsaler Irisrand nach Linsenwegnahme, 9–30) Entpigmentierung und Teilungswachstum der Iriszellen sowie nachfolgende Linsenregeneration im Verlaufe von 30 Tagen (aus Wessels 1977, nach Reyer).
I: dorsaler Irisrand, LI: Augenlinse, LIF: Faserschichten der Linsenanlage, LIP: Linsenepithel.

Die Besonderheit der **Extremitätenregeneration bei Arthropoden** besteht darin, daß sie, meist schrittweise, nur in Verbindung mit Häutungen erfolgen kann, wobei das Blastem innerhalb des Exoskelettes des letzten verblie-

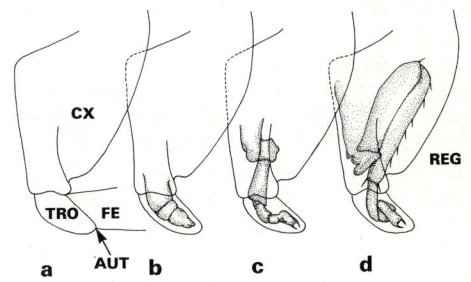

Abb. 3.44: Regeneration eines Metathoraxbeines bei der Schabe *Periplaneta americana*.
a) Nach Autotomie zwischen Trochanter und Femur setzt die Regeneration innerhalb der Coxa und des Trochanters ein (b, c) und ist nach 2 Wochen weitgehend abgeschlossen (d), das eingefaltete Regenerat wird während der folgenden Häutung ausgestreckt (aus Goss 1974, nach Penzlin).
AUT: Autotomie-Stelle, CX: Coxa, FEM: Femur, REG: Regenerat, TRO: Trochanter.

benen Elementes (Insecta) oder in einer cuticulären Blase (Crustacea) verborgen heranwächst und während einer späteren Häutung ausgefaltet wird (Abb. 3.44). **Reparative Regeneration** wird durch verletzungsbedingte, lokale Faktoren ausgelöst, wie Aufheben der Nachbarschaftsbeziehung von Zellen, Entstehen freier Geweberänder, Austreten wachstumsfördernder Substanzen während der Histolyse, Zuwandern von Makrophagen oder ähnlicher Zelltrümmer phagocytierender Zellen. Hinzu kommen jedoch durch die Verletzung humoral oder neuronal verursachte Reaktionen des übrigen Körpers wie Sekretion von Hormonen oder Freisetzung von Wachstumsfaktoren, die in den Regenerationsverlauf eingreifen.

Abgesehen von hormonalen bzw. neurosekretorischen Funktionen des ZNS wird vielfach eine stofflich noch nicht aufgeklärte, trophische oder in anderer Weise stimulierende Wirkung der Nerven im Wundbereich beobachtet. So entwickeln sich nicht korrekt innervierte Beinregenerate bei *Xenopus*-Larven zwar mit der vollständigen proximo-distalen Gliederung, haben aber eine völlig atrophierte Muskulatur. Regeneration des Hinterendes beim Polychaeten *Platynereis* spp. ist einerseits abhängig von einem Gehirnhormon, andererseits von der Gegenwart eines intakten Bauchmarkabschnittes im unmittelbaren Wundbereich. Bei Arthropoden tritt, nervös oder stofflich verursacht, eine Wechselwirkung zwischen Regeneration und endokrin gesteuertem Häutungsrhythmus auf. Eine zu einem frühen Zeitpunkt im Häutungszyklus vorgenommene Antennenamputation bei der Küchenschabe oder die Exstirpation von Flügelimaginalanlagen der Motte *Ephestia kühniella* kann regenerationsbedingt zur Verzögerung von Häutungen führen.

3.10 Entwicklungsanomalien

Fehlbildungen insbesondere bei Wirbeltieren und beim Menschen haben seit jeher Interesse, aber auch Abscheu erweckt. Es werden **Mehrfachbildungen** wie überzählige Extremitäten, zwei Köpfe oder noch weitergehende Verdoppelungen bei sog. Siamesischen Zwillingen beobachtet oder **Minderleistungen** wie fehlende Gliedmaßen oder Cyclopie (Einäugigkeit). Bei Geburt oder Schlupf vorhandene Defekte können **epigenetisch**, also im Entwicklungsverlauf durch sekundäre Einflüsse verursacht sein; im Falle der Phocomelie (extrem verkürzte und verkrüppelte Extremitäten) herbeigeführt durch Medikamente. Phocomelie und Cyclopie können aber auch **genetisch** bedingt sein.

Gen- bzw. **Chromosomenmutationen** und die durch sie verursachten Fehlbildungen wie «flügellos» und «vielfingrig» beim Haushuhn, «paddelförmig» bzw. «nackt» bei der Maus, «bicoid» (ohne Kopf und Thorax), «nanos» (ohne Abdomen), «fushi tarazu» (wenig Segmente) und «antennapedia» (Beine statt Antennen) bei der Taufliege *Drosophila* sind wichtige Instrumente der Entwicklungsanalyse. Die zuletzt genannten und weitere *Drosophila*-Mutanten haben eine Schlüsselrolle bei der Aufklärung von Segmentierungsvorgängen erhalten.

Genommutationen (überzählige Chromosomen, Fehlen von Chromosomen) können schwerwiegende Fehlentwicklungen bedingen. Beim Menschen führt ein dreifach statt zweifach vorhandenes Chromosom Nr. 21 zum **Mongolismus** (Down-Syndrom); überzählige oder fehlende Geschlechtschromosomen führen zu Störungen der geschlechtsspezifischen Körperausbildung und zu **Sterilität** (XXY: Klinefelter Syndrom, XO: Turner Syndrom).

Meist aus atypisch verlagerten Geschlechtszellen können bei Wirbeltieren abgekapselte Gebilde entstehen, die mit nur geringem Ordnungsgrad Strukturen enthalten, die sich von allen 3 Keimblättern herleiten; z.B. Haut mit Drüsen und Haaren, Gewebe des Darmkanals, amorphes Knorpel- und Knochenmaterial, zuweilen Zähne. Sie werden als **Teratome** bezeichnet. Ovarialteratome bei Menschen und Tieren gelten als meist gutartige Geschwülste, während Hodenteratome malignes (bösartiges) Wachstum zeigen. Die sogenannten Hodenteratocarcinome der Maus sind bei der Erforschung der Bildung **maligner Tumore** (Krebsgeschwülste) experimentell bedeutsam. Daß Tumorbildung durch Veränderung des genetischen Materials bzw. Verlust der Kontrolle über die die Genexpression bedingt wird, ist in einigen Fällen virusinduzierter Tumore experimentell belegt worden. Dabei haben sich Virusgene als tumorinduzierende Gene (Oncogene) erwiesen.

Dem Studium von Entwicklungsanomalien im weitesten Sinne und der Erforschung ihrer genetischen und molekularbiologischen Ursachen verdankt die Entwicklungsbiologie richtungsweisende Anstöße für ihr zentrales Anliegen, nämlich Zugang zum Verständnis der Prinzipien zu finden, die die Entstehung eines Individuums kontrollieren.

3.11 Literatur

Balinsky, B.I.: An Introduction to Embryology, 5. Aufl. Holt-Saunders International Editions, Philadelphia, 1981

Davidson, E.H.: Gene Activity in Early Development, 3. Aufl. Academic Press, Orlando, Florida, 1986

Ede, D.A.: Einführung in die Entwicklungsbiologie. Georg Thieme, Stuttgart, 1981

Fioroni, P.: Allgemeine und vergleichende Embryologie der Tiere. Springer, Heidelberg, 1987

Gilbert, Scott F.: Developmental Biology. 3. Aufl. Sinauer Associates, Sunderland, 1991

Grant, Ph.: Biology of Developing Systems, Holt-Saunders, International Editions, New York, 1978

Goss, R.J.: Regeneration (Übers. v. K. Berghoff). Georg Thieme, Stuttgart, 1974

Kämpfe, L., Kittel, R., Klapperstück, J.: Leitfaden der Anatomie der Wirbeltiere. G. Fischer, Stuttgart, 1987

Kühn, A.: Vorlesungen über Entwicklungsphysiologie, 2. Aufl. Springer, Heidelberg, 1965

Michel, G.: Kompendium der Embryologie der Haustiere, 4. Aufl. G. Fischer, Stuttgart, 1986
Pflugfelder, O.: Lehrbuch der Entwicklungsgeschichte und Entwicklungsphysiologie der Tiere, 2. Aufl. VEB Gustav Fischer Verlag, Jena, 1970
Seidel, F.: Morphogenese der Tiere. 5 Bände. G. Fischer, Stuttgart, 1978–1982.
Slack, J.M.W.: From Egg to Embryo. Cambridge University Press, New York, 1983
Starck, D.: Embryologie, 2. Aufl. Georg Thieme Verlag, Stuttgart, 1965
Weber, H., Weidner, H.: Grundriß der Insektenkunde, 5. Aufl. G. Fischer, Stuttgart, 1974
Wessells, N.K.: Tissue Interactions and Development. Benjamin/Cummings, Menlo Park, 1977
Wurmbach, H. und Siewing, R.: Lehrbuch der Zoologie, Band I, Allgemeine Zoologie, 3. Aufl. G. Fischer, Stuttgart, 1980

4 Stoffwechselphysiologie[1] 349

4.1	Einleitung	349
4.2	**Abbau der Nährstoffe**	351
4.2.1	Die biologische Energietransformation tierischer Zellen	353
4.2.2	Glykolyse und Abbau von Kohlenhydraten	354
4.2.3	Citrat-Zyklus	356
4.2.4	Abbau der Lipide	359
4.2.5	Mitochondrialer Elektronentransport und oxidative Phosphorylierung	360
4.2.6	Energiebildung unter Anaerobiose	363
4.2.7	Protein- und Aminosäureabbau	364
4.2.8	Abbau der Nucleinsäuren	367
4.3	**Besonderheiten in den Strategien des Energiestoffwechsels bei Tieren**	368
4.3.1	Protozoen	369
4.3.2	Wirbellose außer Insekten	370
4.3.3	Insekten	375
4.3.4	Wirbeltiere	379
4.4	**Die Biosyntheseleistungen tierischer Zellen**	381
4.4.1	Aufbau von Kohlenhydraten	381
4.4.2	Biosynthese der Lipide	382
4.4.3	Biosynthese der Nucleinsäuren	384
4.4.4	Aminosäure- und Proteinbiosynthese	388
4.5	**Stoffwechselregulation**	391
4.6	**Literatur**	393

4.1 Einleitung

Die kleinste Einheit, in der sich sämtliche Grundfunktionen des Lebendigen nachweisen lassen, ist die **Zelle** (s. Kap. 1). Diese sowie alle sich daraus aufbauenden Organismen stellen **offene Systeme** dar, die sich in einem **Fließgleichgewicht** befinden. Darunter verstehen wir Zustände, bei denen andauernd Materie und Energie mit der Umgebung ausgetauscht werden, die Stoffkonzentrationen aber innerhalb bestimmter Zeiträume relativ konstant bleiben. Durch diese irreversibel und ständig auf den chemischen Gleichgewichtszustand hin ablaufenden Prozesse, bei denen Nährstoffe aufgenommen und Ausscheidungsprodukte abgegeben werden, bezieht der

---

[1] P. Köhler (Zürich)

Organismus die Energie, die für die Lebensvorgänge notwendig ist. Jede einzelne Stoffwechselreaktion läuft nach den allgemeinen Gesetzen der Chemie und physikalischen Chemie ab. Dabei werden ihre Triebkraft und die damit verbundene Energieumwandlung durch die Thermodynamik, die Geschwindigkeit der Gleichgewichtseinstellung und der Reaktionsmechanismus durch die Kinetik beschrieben. Hochgradig koordinierte Kontroll- und Regelmechanismen sorgen dafür, daß die Richtungen und Geschwindigkeiten der zahllosen gleichzeitig in einer Zelle ablaufenden Reaktionen und der Stoffaustausch mit der Umgebung ständig dem Gesamtinteresse der Zellökonomie angepaßt sind.

Das ganze Netzwerk zusammenhängender chemischer Reaktionen und deren Wechselbeziehungen in der Zelle wird als **Intermediärstoffwechsel** bezeichnet. Funktionell läßt sich dieser Gesamtstoffwechsel (Abb. 4.1) in eine abbauende Phase (**Katabolismus**), bei der Energie freigesetzt wird (exergonische Prozesse) und in eine Biosynthese-Phase (**Anabolismus** oder

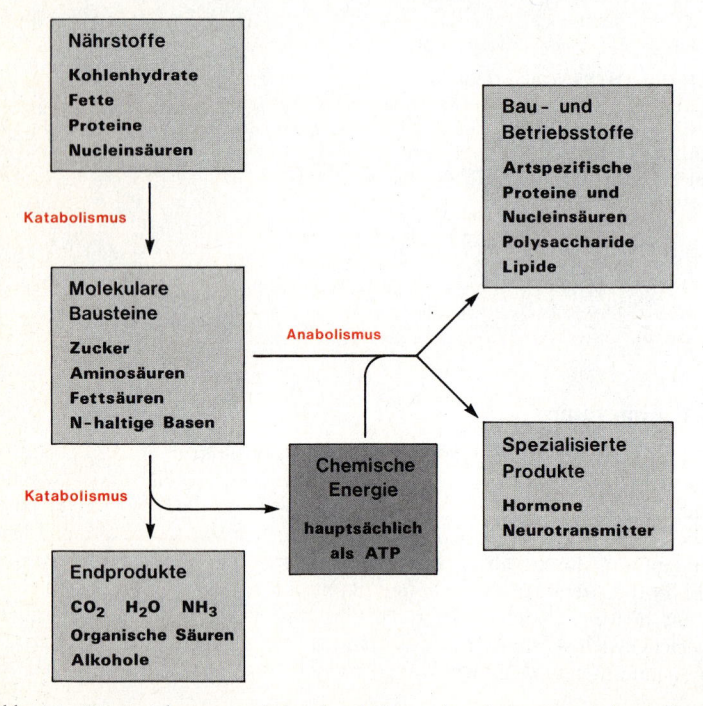

Abb. 4.1: Die Beziehungen zwischen katabolen und anabolen Wegen des Zellstoffwechsels und ihre Kopplung über das ATP-System.

Leistungsstoffwechsel), die die Zufuhr von Energie benötigt (endergonische Prozesse), aufgliedern. Beim Abbau werden organische Nährstoffe, besonders Kohlenhydrate, Fette und Proteine, stufenweise zu niedermolekularen Endprodukten zerlegt. Auf bestimmten Stufen wird dabei ein erheblicher Teil derjenigen Energie, die als nutzbringende Arbeit gewonnen werden kann (freie Energie), mit Hilfe enzymatischer Reaktionen als chemische Energie gespeichert.

Der wichtigste in allen Zellen vorkommende molekulare Träger der biologisch verwertbaren Energie ist das **Adenosintriphosphat (ATP)** (Abb. 4.1). In der energieverbrauchenden Synthesephase des Stoffwechsels werden aus den beim Stoffabbau entstandenen kleinmolekularen Bausteinen makromolekulare Zellkomponenten (Proteine, Polysaccharide, Lipide, Nucleinsäuren) und spezialisierte Produkte (Hormone, Neurotransmitter, Botensubstanzen) aufgebaut. Der endergone Leistungsstoffwechsel, der neben chemischen auch osmotische und mechanische Arbeitsleistungen (s. Kap. 5 und 7) umfaßt, kann erst nach Kopplung mit dem energieliefernden Stoffabbau ablaufen, wobei ATP als hauptsächliches Kopplungsglied fungiert. Der Warmblüter benötigt darüber hinaus Energie zur Aufrechterhaltung seiner Körpertemperatur. Diese wird in Form von **Wärme**, die aus allen Umsetzungen des Zellstoffwechsels frei wird, bereitgestellt.

Im vorliegenden Kapitel werden die wichtigsten grundlegenden Prinzipien des tierischen Zellstoffwechsels dargelegt. Darüber hinaus werden in einigen Abschnitten Eigenheiten in der Stoffwechselkonzeption behandelt, die von einzelnen Tiergruppen im Zusammenhang mit biochemischen Anpassungen herausgebildet worden sind. Diese stellen ein reizvolles Gebiet der vergleichenden Biochemie dar und betreffen ganz besonders die Wege des Energiestoffwechsels und der Stickstoffausscheidung. Andere Stoffwechselwege, beispielsweise die Nuclein- und Protein-Biosynthese, sind mit einem weitgehend einheitlichen Verlauf im gesamten Tierreich verwirklicht. Die große Zahl quantitativer Unterschiede im Stoffwechselgeschehen zwischen den einzelnen Stämmen und sogar Arten des Tierreichs sowie die vielen besonderen, aber weniger grundlegenden metabolischen Leistungen einzelner Tiergruppen können an dieser Stelle nicht berücksichtigt werden.

4.2 Abbau der Nährstoffe

Der Abbau der Nährstoffe besteht aus einer Folge von **enzymkatalysierten Reaktionen**, durch die zunächst die polymeren Nährstoffe in ihre monomeren Bestandteile zerlegt werden (Abb. 4.2). Polysaccharide werden in Hexosen und Pentosen, Lipide in Fettsäuren, Glycerin und andere Komponenten überführt. Die große Zahl verschiedener Protein- und Nucleinsäurestrukturen wird zu den etwa 20 Aminosäuren bzw. zu Nucleotiden abgebaut. Die bei diesen Hydrolysevorgängen erzeugte freie Energie kann nicht mit der

4 Stoffwechselphysiologie

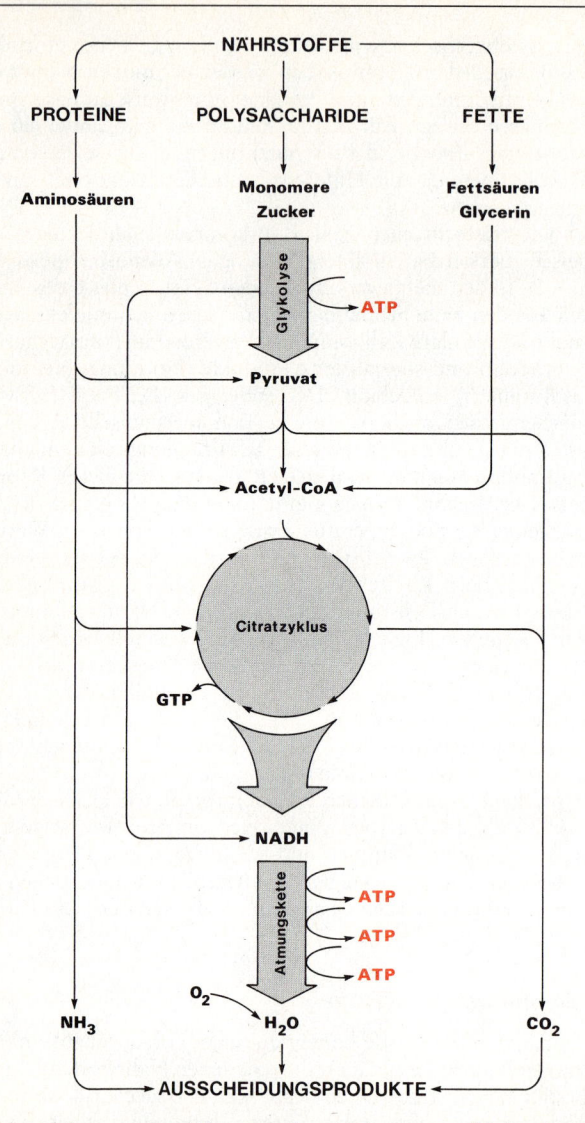

Abb. 4.2: Schema der zentralen Abbauwege der wichtigsten energieliefernden Nährstoffe. Bildungsstellen für ATP sind rot dargestellt. Das im Citrat-Zyklus gebildete «energiereiche» Guanosin-5'-triphosphat (GTP) kann durch eine enzymkatalysierte Reaktion in ein zusätzliches ATP umgewandelt werden.

Bildung von chemischer Energie gekoppelt werden, sondern geht vollständig als Wärme verloren. In einem nächsten Schritt werden die Abbauprodukte zu einer noch kleineren Anzahl einfacher Zwischenprodukte verstoffwechselt. Die Zucker und das Glycerin zu Pyruvat, einige Aminosäuren zu Acetylgruppen des **Acetyl-CoA** (aktivierte Essigsäure). Da Pyruvat, durch oxidative Decarboxylierung, ebenfalls in Acetyl-CoA überführt werden kann, stellt diese Verbindung das gemeinsame vorläufige Endprodukt des Katabolismus der Hauptstoffklassen organischer Verbindungen dar. Dieses wird beim aeroben Substratabbau zusammen mit verschiedenen Carbonsäuren in den **Citrat-Zyklus** eingeschleust. In diesem wird der Kohlenstoff der eintretenden Verbindungen zu CO_2 oxidiert und in dieser Form ausgeschieden. Der Wasserstoff der Substrate wird in Dehydrogenierungsreaktionen auf Coenzyme übertragen, wodurch sich sämtliche Makromoleküle an der Lieferung von Reduktionsäquivalenten beteiligen. Die Reoxidation der reduzierten Coenzyme erfolgt hauptsächlich durch die mitochondriale Atmungskette, wobei die dabei freiwerdende Energie in nutzbare chemische Energie des ATP umgesetzt wird. Der beim Abbau der Aminosäuren freiwerdende Stickstoff fällt weitgehend als Ammoniak an. Ein Teil davon wird zur Biosynthese stickstoffhaltiger Verbindungen verwendet. Überschüssiges Ammoniak wird von terrestrischen Wirbeltieren hauptsächlich in Harnstoff oder Harnsäure umgewandelt und in dieser Form ausgeschieden (s. 5.3).

4.2.1 Die biologische Energietransformation tierischer Zellen

Das allgemeine Prinzip biologischer Energiegewinnung besteht aus einem System Elektronen abgebender und aufnehmender Reaktionen oder Reaktionsketten, die durch Elektronenträger gekoppelt sind. Der für den Stoffwechsel der Zelle nutzbare Anteil der Gesamtenergie, welcher bei den zwischen den Substraten ablaufenden Redoxprozessen frei wird, liegt dabei zunächst in Form von «**energiereichen**» **physikalischen Zuständen** vor (Abb. 4.3).

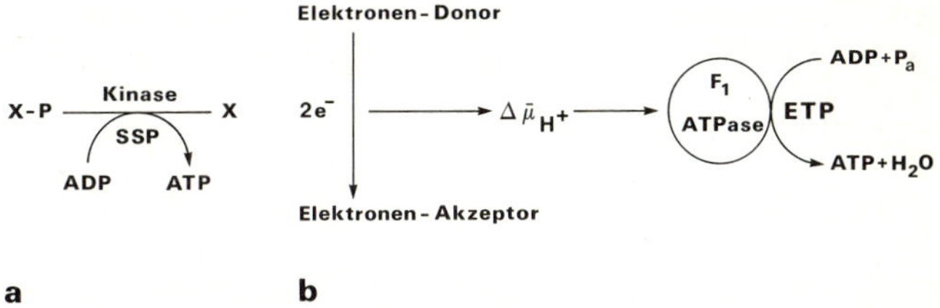

Abb. 4.3: Schematische Darstellung einer mit (a) Substratstufen-Phosphorylierung (SSP) und (b) Elektronentransport-Phosphorylierung (ETP) gekoppelten enzymatischen Reaktion. X-P = «energiereiche» Phosphatbindung; $\Delta\bar{\mu}_{H+}$ = transmembraner elektrochemischer Protonengradient (protonenmotorische Kraft).

Der Ausdruck «energiereich» deutet auf die Möglichkeit einer Energieabgabe hin, die zu einer enzymgesteuerten Synthese des universellen Energieträgers ATP aus ADP und Phosphat führen kann. Da die Spaltung von ATP zu ADP und Phosphat unter biologischen Standardbedingungen (ein-molare Konzentrationen, pH 7) etwa 32 kJ liefert, muß die **Standard Freie Energie** (Hydrolyse-Energie oder Gruppenübertragungspotential) eines «energiereichen» Stoffwechselproduktes mindestens in dieser Größenordnung liegen, damit eine ATP-Synthese betrieben werden kann.

Die Energiekonservierung über das ATP-System kann in tierischen Zellen durch eine **Substratstufen-Phosphorylierung** erfolgen (Abb. 4.3a). Hierbei wird die Bildung von ATP auf der Stufe der Kohlenstoffsubstrate durch Umsetzung der freien Energie einer «energiereichen» chemischen Bindung in eine Pyrophosphatbindung von ATP erreicht. Diese Art der Phosphorylierung stellt immer einen durch lösliche Enzyme katalysierten Prozeß dar. Die andere, ökonomisch effizienter verlaufende Möglichkeit zur ATP-Bildung führt über eine **Elektronentransport-Phosphorylierung** (Abb. 4.3b), die bei tierischen Organismen in der inneren Membran des Mitochondrions (bei einigen Protozoen, wie bei Pflanzen, auch in der Thylakoidmembran der Chloroplasten, vgl. 4.3.1) lokalisiert ist. Dabei wird ein großer Teil des bei der Übertragung der Elektronen von einem zum anderen Redoxsystem resultierenden Abfalls des elektrochemischen Potentials (äquivalent zur freien Energie) in Form der «energiereichen» Pyrophosphatbindung des ATP konserviert. Dieses Prinzip der ATP-Gewinnung ist wesentlich mit physikalischen Prozessen an partikulären Zellelementen verbunden. Als «energiereicher» Zustand tritt dabei an der Mitochondrienmembran eine Kraft auf, die aus einem pH-Gradienten und einer elektrochemischen Potentialdifferenz (protonenmotorische Kraft) durch die Redoxreaktionen gebildet wird, wodurch die ATP-Synthese angetrieben wird.

4.2.2 Glykolyse und Abbau von Kohlenhydraten

Die **Glykolyse** ist das zentrale, in der belebten Natur allgemein verbreitete Stoffwechselprinzip, durch das Glucose in einer Folge von zehn enzymkatalysierten Reaktionen zu Pyruvat abgebaut wird (Abb. 4.4). Bei diesem Vorgang lassen sich zwei Phasen unterscheiden, die je fünf Reaktionsschritte umfassen.

Im ersten Teil wird **Glucose** mit Hilfe von ATP phosphoryliert und damit für die nachfolgenden Reaktionen vorbereitet. Das sich durch eine weitere Phosphorylierung bildende Fructose-1,6-bisphosphat wird in zwei Moleküle Glycerinaldehyd-3-phosphat gespalten, das 3 Kohlenstoffatome enthält. In diesen ersten Abschnitt der Glykolyse können, durch die Wirkung weiterer Enzyme, neben Glucose auch andere Hexosen, wie Fructose, Galactose und Mannose, eingeschleust werden.

In ebenso naher Beziehung zur Glykolyse steht der Stoffwechsel des **Glykogens**, das bei vielen Tieren in großen Mengen als Reservekohlenhydrat auftritt (im Fettkörper der Insekten, in der Muskulatur der meisten Tiere, in der Leber der Wirbeltiere, s. 4.3). Beim Abbau dieses Polysaccharids wird die glykosidische Bindung durch anorganisches Phosphat zu Glu-

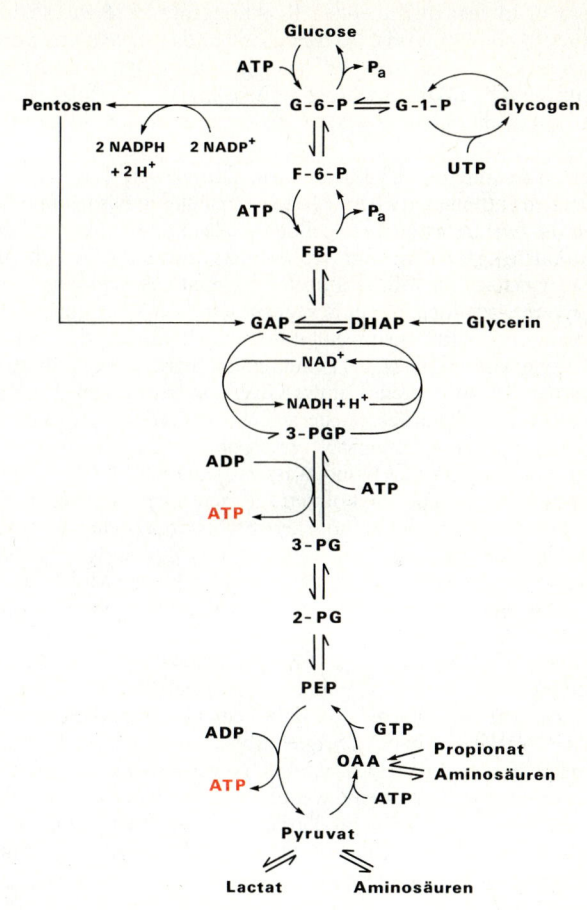

Abb. 4.4: Die Glykolyse und ihre Beziehungen zu anderen Bereichen des Intermediärstoffwechsels. Die Bildungsschritte für ATP sind rot dargestellt. Abkürzungen: DHAP = Dihydroxyacetonphosphat; FBP = Fructose-1,6-bisphosphat; F-6-P = Fructose-6-phosphat; GAP = Glycerinaldehyd-3-phosphat; G-1-P = Glucose-1-phosphat; G-6-P = Glucose-6-phosphat; OAA = Oxalacetat; P_a = anorganisches Phosphat; PEP = Phosphoenolpyruvat; 2-PG = 2-Phosphoglycerat; 3-PG = 3-Phosphoglycerat; 3-PGP = 3-Phosphoglyceroylphosphat.

cose-1-phosphat gespalten, das wegen seiner reversiblen Überführung in Glucose-6-phosphat Anschluß an die Glykolyse erhält (Abb. 4.4).

Glucose-6-phosphat ist auch die Ausgangsverbindung für die Bildung der **Pentosen**, die bei der Synthese der Nucleotid-Coenzyme und Nucleinsäuren benötigt werden. In den oxidierenden Reaktionsanteilen dieses **Pentosephosphatweges** (Abb. 4.4) wird NADPH gebildet, das zu reduktiv verlaufenden Biosynthesen (Fettsäuren, Steroide) gebraucht wird. Durch eine Reihe nichtoxidativer Reaktionen dieses Stoffwechselweges erfolgt auch die gegenseitige Umwandlung von Zuckern mit verschiedener Kohlenstoffkettenlänge.

Der zweite Abschnitt der Glykolyse dient dazu, einen Teil der in den Zuckermolekülen enthaltenen Energie freizusetzen und in Form von ATP zu konservieren. In zwei aufeinanderfolgenden Reaktionsschritten wird dabei zunächst die Aldehydgruppe des Triosephosphats mittels NAD^+ dehydriert und unter Mitwirkung von anorganischem Phosphat das Acylphosphat des 3-Phosphoglycerats gebildet. Dieses besitzt ein sehr hohes Gruppenübertragungspotential für Phosphatgruppen, das in der Folgereaktion für eine Phosphorylierung von ADP zu ATP ausgenutzt wird. In einer weiteren Reaktion werden die im oberen Teil der Glykolyse investierten Phosphatgruppen wieder auf ADP zurücktransferiert, wobei **ATP** und freies **Pyruvat** entstehen. Bei ausreichender Sauerstoffversorgung können die freilebenden Tiere Pyruvat vollständig zu CO_2 und Wasser abbauen (s. 4.2.3 und 4.2.5).

Unter **Anaerobiose** wird die Glykolyse zum wichtigsten energieliefernden Prozeß, der dabei mit der Bildung charakteristischer organischer Verbindungen beendet wird (s. 4.2.6).

Da in der vorbereitenden Phase der Glykolyse zwei Moleküle ATP verbraucht, im zweiten Abschnitt aber vier Moleküle ATP durch Phosphattransfer gebildet werden, ergibt sich für den glykolytischen Abbau von Glucose zu Pyruvat ein Nettogewinn von **zwei Molekülen ATP** (Abb. 4.4). Die Verwendung von Glykogen zur Energiegewinnung ist gegenüber dem Einsatz von Glucose von Vorteil, da dabei ein Phosphorylierungsschritt gespart und eine Erhöhung in der Energieausbeute um 1 Mol ATP pro Mol Glykosyl-Einheit erzielt wird (vgl. Abb. 4.4). Neben der Bildung von biologisch nutzbarer Energie besteht eine weitere wichtige Funktion der Glykolyse in der Bereitstellung von Metaboliten, die zu anderen Sequenzen des Intermediärstoffwechsels, z.B. der Biosynthese von Pentosen (s.o.), Aminosäuren und Fetten, in Beziehung stehen (Abb. 4.4).

4.2.3 Citrat-Zyklus

Der **Citrat-Zyklus** (Abb. 4.5) – nach seinem Entdecker auch Krebs-Zyklus genannt – stellt den gemeinsamen Endweg für die Oxidation aller großen Gruppen von Nährstoffen (Kohlenhydrate, Fette, Proteine) dar. Die meisten Nährstoffe treten in diesen zyklischen Stoffwechselweg in Form der Acetyl-

4.2 Abbau der Nährstoffe

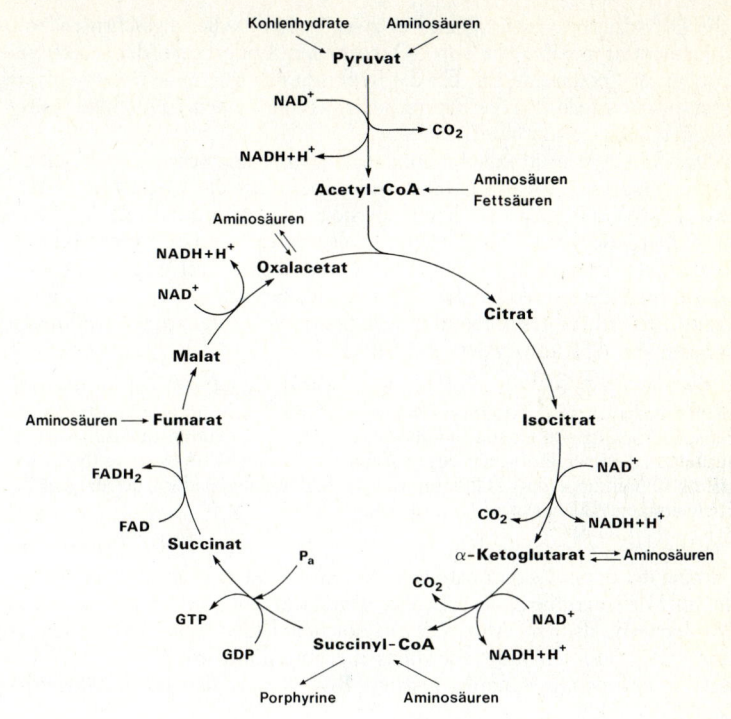

Abb. 4.5: Der Citrat-Zyklus.

gruppe des **Acetyl-CoA** ein, die in diese durch abbauende Stoffwechselsequenzen überführt werden. Für das **Pyruvat**, das Endprodukt der Glykolyse, wird dies durch eine komplizierte Reaktion erreicht, an der drei zu einem Multienzymsystem zusammengeschlossene Enzyme beteiligt sind. Die durch diesen Pyruvat-Dehydrogenase-Komplex katalysierten Reaktionen (Abb. 4.5) führen nacheinander zu einer Dehydrierung und Decarboxylierung des Pyruvats, wobei ein Kohlenstoffatom in Form von CO_2 entfernt wird. Der dem Substrat entzogene Wasserstoff wird auf NAD^+ und der zurückbleibende Acetylrest auf Coenzym A übertragen. Für den weiteren Abbau des Kohlenstoffskeletts wird der coenzymgebundene Acetylrest in den Citrat-Zyklus eingeschleust, wo er in einem ersten Reaktionsschritt an **Oxalacetat** addiert wird. Das dabei entstehende Produkt, **Citrat**, ist Dehydrierungs- und Decarboxylierungsreaktionen leicht zugänglich. Über eine zyklische Folge von sieben weiteren Reaktionen werden von vier Zwischenprodukten des Citratabbaus je ein Paar Wasserstoffatome durch enzymatische Dehydrierung entfernt und in zwei Decarboxylierungsschritten zwei Kohlenstoffatome in Form von CO_2 eliminiert. Endprodukt der Reaktionssequenz ist **Oxalacetat**, das für die Reaktion mit einem weiteren Molekül Acetyl-CoA wieder zur Verfügung steht, womit ein neuer Durchlauf durch den Zyklus eingeleitet wird.

Die dem Kohlenstoffgerüst in den Dehydrierungsschritten des Citrat-Zyklus entzogenen Wasserstoffatome werden auf die **Coenzyme NAD$^+$** bzw. **FAD** übertragen, von denen aus sie an die mitochondriale Atmungskette abgegeben und schließlich auf molekularen Sauerstoff unter Bildung von Wasser übertragen werden (s. u.). Diese Abgabe von Wasserstoff kann als die wichtigste Funktion des Citrat-Zyklus betrachtet werden, da mit ihr ein großer Teil der gesamten in den Nährstoffen verfügbaren freien Energie in Form von ATP konserviert werden kann.

Auf einer Stufe des Citrat-Zyklus wird auch eine direkte Kopplung mit einer energiekonservierenden Reaktion erreicht. Es handelt sich um eine Substratstufen-Phosphorylierung von Guanosindiphosphat (GDP) zu **Guanosintriphosphat (GTP)** auf Kosten der Energie, die bei der Hydrolyse von Succinyl-CoA frei wird (Abb. 4.5). Die Phosphatgruppe des GTP kann leicht auf ADP unter Bildung des universellen Energieträgers ATP enzymatisch übertragen werden.

Eine weitere zentrale Funktion des Citrat-Zyklus ergibt sich aus der Bildung der in der Reaktionsfolge auftretenden verschiedenen Metaboliten, die als Vorstufen für Synthesen von Biomolekülen, wie **Aminosäuren** und **Porphyrinen**, dienen (Abb. 4.5). In solchen Fällen einer Entleerung an Zwischenprodukten muß allerdings die Funktionstüchtigkeit des Zyklus durch auffüllende (anaplerotische) Reaktionen sichergestellt werden (s. 4.2.7).

Bei einigen Protozoen (*Euglena* spp.) und wenigen niederen Metazoen (Larven von *Ascaris* spp.) ist eine Variante des Citrat-Zyklus verwirklicht, die bei Prokaryonten und im Pflanzenreich weit verbreitet ist. Dieser als **Glyoxylat-Zyklus** bekannte Weg ist in besonderen Zellorganellen, den **Glyoxysomen** (bei manchen Arten auch in den Mitochondrien) lokalisiert und ermöglicht eine Netto-Synthese von Kohlenhydrat aus Fettsäuren. Ausgangspunkt für diesen Stoffwechselweg ist die **aktivierte Essigsäure** (Acetyl-CoA), die in großen Mengen beim Abbau von Fettsäuren anfällt (s. 4.2.4). Diese wird durch Kondensation mit **Glyoxylat**, das seinerseits zusammen mit Succinat in einer spezifischen Reaktion aus Isocitrat gebildet wird, durch einen weiteren spezifischen enzymatischen Schritt in den Krebs-Zyklus Metaboliten Malat überführt, womit der Anschluß des Fettabbaus an die Syntheseroute für Kohlenhydrat hergestellt ist (s. 4.4.1). Die Netto-Synthese von Malat und somit Kohlenhydrat aus Acetat-Einheiten ergibt sich daraus, daß das im Glyoxylat-Zyklus ebenfalls gebildete Succinat (s.o.) zur Resynthese von Isocitrat via die Reaktionen des Citrat-Zyklus verwendet werden kann.

4.2.4 Abbau der Lipide

Die Fette oder **Lipide** stellen eine chemisch sehr heterogene Familie von Biomolekülen dar, die im Tierreich ubiquitär verbreitet sind. Neben ihrer hervorragenden Bedeutung als Energielieferanten wirken die Lipide als integrierende Bestandteile jeder tierischen Zellmembran (s. 1.3.1) und dienen einer Reihe von Wirkstoffen (Hormone, Vitamine, Gallensäuren) als Strukturprinzip. Die häufigste Fettart sind die Neutralfette oder **Triacylglycerine**, die für die meisten Tiere den Hauptbrennstoff und gleichzeitig die wichtigste Speicherform für chemische Energie darstellen. Für manche Tierarten sind in bestimmten Lebensphasen die Neutralfette sogar die einzige Energiequelle (Winterschläfer, Zugvögel während ihrer Wanderung).

Ausgangspunkt für die Verwertung der Neutralfette ist ihre durch Lipasen katalysierte Hydrolyse zu **Glycerin** und **freien Fettsäuren**. Das Glycerin steht in naher Beziehung zu den Kohlehydraten und kann daher nach seiner Überführung in **Glycerinaldehyd-3-phosphat** Anschluß an den glykolytischen Abbau finden oder zum Glucoseaufbau verwendet werden (vgl. Abb. 4.4). Für den eigentlichen oxidativen Abbau der Fettsäuren werden diese zunächst unter Verbrauch von ATP und Bildung der **Fettsäure-CoA-Verbindungen** enzymatisch aktiviert. Der anschließende Abbau erfolgt in den Mitochondrien. Da CoA-Verbindungen biologische Membranen nicht durchdringen können, werden sie vorübergehend in die entsprechenden **Fettsäure-Carnitylester** überführt und in Form dieses Übertragersystems in das Mitochondrion eingeschleust. Auf der Matrixseite werden die Fettsäuren wieder enzymatisch auf Coenzym A übertragen und dann einem schrittweisen Abbau zugeführt (Abb. 4.6). Dieser wird auch als **β-Oxidation** bezeichnet, da er mit dem Auftreten von β-Hydroxy- und β-Ketoacyl-CoA-Zwischenstufen verbunden ist. Im Prinzip werden bei diesem Abbau aufeinanderfolgende C_2-Fragmente in Form von Acetyl-CoA vom Carboxylende der Fettsäure aus oxidativ entfernt. Dabei wird eine Folge enzymatischer Reaktionen wiederholt solange durchlaufen, bis die Fettsäure vollständig zu Acetyl-Gruppen abgebaut ist. Für die aus sechzehn Kohlenstoffatomen bestehende **Palmitinsäure** muß diese Reaktionssequenz siebenmal durchlaufen werden, wobei acht an Coenzym A gebundene Acetyl-Gruppen anfallen. Für die Abspaltung einer C_2-Einheit werden zwei Dehydrierungen notwendig, bei denen je zwei Wasserstoffpaare auf **FAD** bzw. **NAD$^+$** übertragen werden. Diese Wasserstoffatome münden in den Fluß der Reduktionsäquivalente durch die mitochondriale Atmungskette ein, der durch Kopplung mit der **Elektronentransport-Phosphorylierung** zur Bildung von ATP führt (s. u.). Dabei entstehen aus jedem NADH drei Moleküle ATP, dagegen nur zwei Moleküle ATP aus jedem $FADH_2$. Da die Oxidation jedes Acetyl-CoA über den Citrat-Zyklus und die Atmungskette zusätzliche 12 Moleküle ATP liefert, wird bei der biologischen Oxidation von einem Molekül Palmitat, unter Berücksichtigung des Verbrauchs von zwei energie-

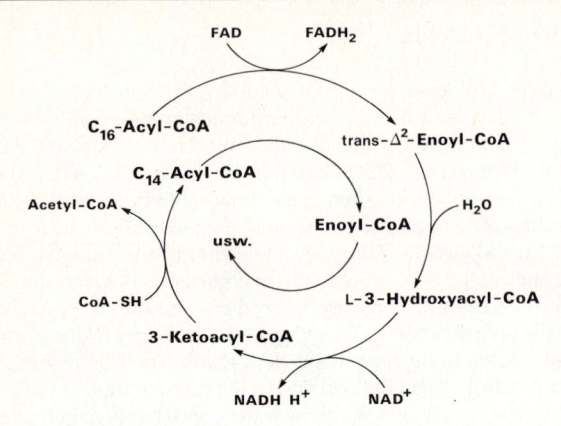

Abb. 4.6: Die Reaktionsfolge beim Abbau der Fettsäuren zu Acetyl-CoA. Für die Verkürzung einer Fettsäure um zwei Kohlenstoffatome sind zwei Dehydrierungsschritte notwendig, wobei Wasserstoff auf die Coenzyme FAD und NAD^+ übertragen wird.

reichen Phosphatbindungen, die für die Aktivierung der Fettsäure investiert werden müssen, eine Nettoausbeute von **129 Molekülen ATP** erzielt. Der Betrag an biologisch nutzbarer Energie, der bei vollständiger Oxidation von einem Gramm Palmitinsäure konserviert werden kann, ist damit mehr als doppelt so groß wie der von einem Gramm Glucose.

4.2.5 Mitochondrialer Elektronentransport und oxidative Phosphorylierung

In den Mitochondrien **aerober** tierischer Zellen wird der beim Abbau der Nährstoffe schrittweise auf Coenzyme übertragene Wasserstoff durch Sauerstoff zu Wasser oxidiert, wobei Energie in Form von ATP konserviert werden kann (Abb. 4.7). Das biologische System, das diesen Vorgang katalysiert, ist eine **Elektronentransportkette**, in die die Wasserstoffatome an bestimmten Stellen eingespeist werden. Die Reduktionsäquivalente werden darauf, größtenteils als Elektronen, entlang einer Sequenz von elektronenübertragenden Wirkgruppen (**Redoxsysteme**) transportiert und schließlich auf den terminalen Akzeptor Sauerstoff übertragen, weshalb das System auch als **Atmungskette** bezeichnet wird.

Die meisten am Elektronentransport teilnehmenden Komponenten sind an große, kompliziert aufgebaute **Lipoproteinkomplexe** gebunden, die asymmetrisch in die innere Mitochondrienmembran eingebettet sind und als Oxidoreduktasen wirken. Zu den neben der großen Zahl von Proteinen und

Lipiden vorkommenden Elektronenträgern gehören **Eisenschwefel-Komplexe** und **Kupferatome** sowie die eisenhaltigen **Cytochrome**, bei denen der Redoxvorgang im Valenzwechsel des gebundenen Metallatoms besteht. Die typischen Wasserstoffüberträger sind an Protein gebundene **Flavinnucleotide** und das **Ubichinon** (Coenzym Q). Für den Elektronentransport zwischen den einzelnen Komplexen sind die in der Lipidphase der Mitochondrienmembran gelösten Elektronenträger Ubichinon und Cytochrom c verantwortlich.

Die meisten in die Atmungskette einmündenden Reduktionsäquivalente stammen aus den Dehydrierungsreaktionen der zentralen Stoffwechselwege (Glykolyse, Citrat-Zyklus, Fettabbau), wobei dem Coenzym NAD^+ als

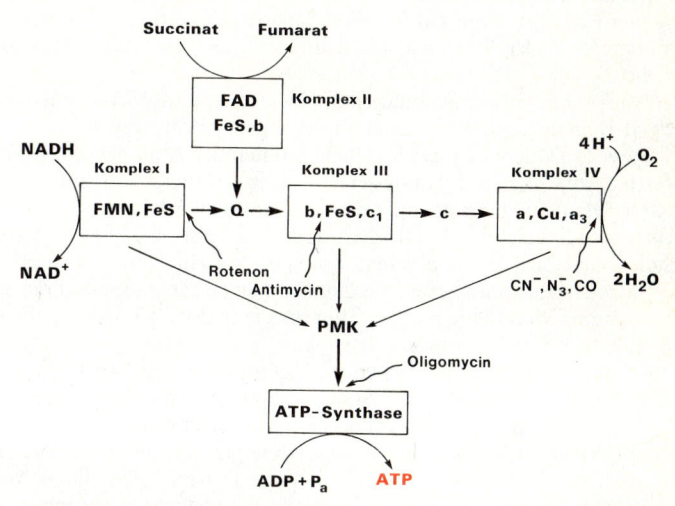

Abb. 4.7: Schematische Darstellung der mitochondrialen Atmungskette und der daran gekoppelten ATP-Synthese. Die Atmungs- oder Elektronentransportkette besteht aus einer Serie von Elektronenträgern, die zu vier funktionellen Einheiten (Komplexen) zusammengeschlossen sind. NAD^+ sammelt die bei NAD^+-abhängigen Dehydrierungen freiwerdenden Reduktionsäquivalente (vgl. Abb. 4.5) und gibt sie an die Elektronentransportkette ab, an deren Ende die Wasserbildung steht. Substrate, die von flavinabhängigen Enzymen dehydriert werden, speisen die Reduktionsäquivalente auf der Stufe des Coenzym Q in die Kette ein (z.B. Succinat über den Komplex II). An drei Stellen ist der Elektronenfluß mit der Synthese von ATP gekoppelt. Verschiedene Verbindungen können den Elektronentransport und die ATP-Bildung an spezifischen Stellen hemmen (durch geschlängelte Pfeile dargestellt). Entkoppler (z.B. Dinitrophenol) trennen den Elektronentransport von der ATP-Synthese. Die kleinen Buchstaben bezeichnen die verschiedenen Cytochrome. FMN und FAD bezeichnen flavinhaltige Enzyme, FeS Eisen-Schwefel-Proteine, Q Coenzym Q (Ubichinon). PMK = Protonenmotorische Kraft.

Wasserstoffakzeptor eine wichtige Sammelfunktion zukommt. In der einleitenden Reaktion werden zwei Wasserstoffatome auf das erste Glied der Atmungskette (Komplex I) übertragen, das als primären Redoxträger an Protein kovalent gebundenes **Flavinmononucleotid** (FMN) enthält. Von dort aus werden die Elektronen schrittweise über an Protein gebundene **Eisenschwefel-Zentren** und **Ubichinon** (Coenzym Q) zu den eisenhaltigen **Cytochromen** b und c_1 und weiteren Eisenschwefel-Zentren transportiert (Komplex III). Unter Vermittlung von Cytochrom c treten die Elektronen dann in den Komplex IV ein, in dem als letzte Glieder des Elektronentransports die **Cytochrome** a und a_3 sowie zwei **Kupferatome** wirken. Dieses, auch als Cytochrom-Oxidase bezeichnete Segment, katalysiert den Elektronenfluß auf molekularen Sauerstoff. Dabei werden praktisch gleichzeitig vier Elektronen auf ein Molekül Sauerstoff übertragen, wobei unter Aufnahme von vier Protonen aus dem Medium zwei Moleküle Wasser entstehen.

Ein weiterer integraler Bestandteil des Elektronentransportsystems ist die **Succinat-Dehydrogenase**, die auch zu den Enzymen des Citrat-Zyklus gerechnet wird. Diese ist ein wichtiger Bestandteil des Atmungsketten-Komplexes II (Abb. 4.7) und katalysiert die Dehydrierung von Succinat zu Fumarat. Der dem Succinat entzogene Wasserstoff wird dabei zunächst auf **Flavinadenindinucleotid** (FAD) übertragen und dann über Eisenschwefel-Komplexe an Ubichinon abgegeben, womit der Anschluß an die Hauptkette des Elektronentransports erreicht ist. Außer dem Succinat werden noch eine Reihe weiterer Metabolite auf der Chinonstufe in den Elektronentransport eingeschleust.

Innerhalb der Redoxkette fließen die Elektronen in der Richtung, in der die freie Energie des reagierenden Systems abnimmt. Vom Redoxniveau des ersten Elektronenspenders NADH bis zum Sauerstoff verlieren die Elektronen dabei einen großen Betrag an freier Energie, der pro transportiertes Elektronenpaar 220 kJ oder 1,14 Volt beträgt. Der Hauptanteil der Änderung an freier Energie tritt bei drei Schritten des Elektronentransports auf, wobei jeder dieser Teilschritte einen größeren Energiebetrag freisetzt, als für die Synthese von ATP benötigt wird. In der inneren Mitochondrienmembran wirken an diesen drei Stellen zahlreiche Proteine zusammen, um die während des Elektronentransports freigesetzte Energie mit der Synthese von ADP zu ATP zu koppeln. Diese Elektronentransport-Phosphorylierung oder **oxidative Phosphorylierung** (vgl. auch Abb. 4.3) ist ein außerordentlich komplexer Prozeß, der durch das Enzymsystem ATP-Synthase (Kopplungsfaktor) katalysiert wird.

Von den vorgeschlagenen Hypothesen zur Erklärung des Energietransfers kommt die **chemiosmotische Theorie** den tatsächlichen Verhältnissen wohl am nächsten. Sie geht davon aus, daß durch die beim Elektronenfluß freigesetzte Energie an bestimmten Stellen der Atmungskette Wasserstoffionen entgegen einem Konzentrationsgradienten von der inneren zur äußeren Seite der Membran transloziert werden. Dieser

Vorgang wird durch Proteine ermöglicht, die als **Protonenpumpen** wirken und die als Gesamtergebnis des Redoxprozesses an der inneren Mitochondrienmembran eine Kraft erzeugen, die als elektrochemischer Protonengradient oder **protonenmotorische Kraft** bezeichnet wird. Diese setzt sich aus einer elektrischen Potentialdifferenz und einem pH-Gradienten zusammen. Zur ATP-Synthese kommt es dadurch, daß die auf die Außenseite der Membran transportierten überschüssigen Protonen auf die Matrixseite zurückfließen, wobei unter der katalytischen Wirkung der ATP-Synthase ATP aus ADP und anorganischem Phosphat gebildet wird (Abb. 4.7). Da die vom NADH herstammenden Elektronen alle drei **Kopplungsbezirke** passieren, werden pro transportiertes Elektronenpaar drei Moleküle ATP gebildet. Die meisten Flavinnucleotid-abhängigen Dehydrogenasen, wie Succinat-Dehydrogenase, geben ihre Reduktionsäquivalente erst auf der Stufe des Chinons ab und führen daher nur zur Bildung von zwei Molekülen ATP pro Elektronenpaar.

Der Elektronenfluß durch die Atmungskette und die Phosphorylierung können durch **Inhibitoren** in spezifischer Weise gehemmt werden (Abb. 4.7). Rotenon und Barbiturate hemmen den Elektronentransfer vom NADH auf Ubichinon, Antimycin denjenigen durch den Komplex III und der Elektronenfluß zwischen Cytochrom aa_3 und Sauerstoff kann durch Cyanid, Azid und Kohlenmonoxid gehemmt werden. Die Elektronentransport-Phosphorylierung kann durch Oligomycin gehemmt werden, und Entkoppler (z.B. Dinitrophenol) trennen den Elektronentransport von der ATP-Synthese.

4.2.6 Energiebildung unter Anaerobiose

Ein großer Teil der heute lebenden Tiere ist von einem **aeroben Stoffwechsel** total abhängig, d.h. diese Organismen gewinnen die zur Aufrechterhaltung der Lebensvorgänge notwendige Energie hauptsächlich durch eine sauerstoffvermittelte vollständige Oxidation von Kohlenhydraten, Fetten und Proteinen, wobei in erster Linie CO_2 und Wasser als Endprodukte auftreten (s.o.). Nicht alle Tierarten und nicht alle Gewebe einer Spezies sind jedoch in gleichem Maße auf Sauerstoff angewiesen. Viele einzellige aber auch höhere tierische Organismen können ihren Energiebedarf entweder zeitweise oder anhaltend durch **anaerobe Stoffwechselwege** (Fermentationen oder Gärungen, anaerober Elektronentransport) decken (vgl. 4.3). Bei diesen nehmen organische Verbindungen den Substratwasserstoff auf, deren reduzierte Strukturen dann als Stoffwechselprodukte auftreten. Die vielfältigen, in der belebten Natur vorkommenden Prozesse der anaeroben Energiegewinnung sind häufig relativ einfach organisiert und mit einer ökonomisch wenig wirkungsvollen ATP-Synthese verbunden. Eine weitere Einschränkung der Gewinnung von biologischer Energie ohne Beteiligung von Sauerstoff ergibt sich daraus, daß Fettsäuren als Substrate nicht geeignet sind, da ihre Dehydrierungen so stark endergon sind, daß eine Kopplung mit organischen Akzeptorprozessen bei gleichzeitiger ATP-Synthese kaum möglich erscheint.

Die beiden fundamentalen, im Tierreich vorkommenden anaeroben Strategien zur Bildung von biologischer Energie sind die **Milchsäure-** und die **Alkohol-Fermentation,** die nach demselben Schema wie die Glykolyse ver-

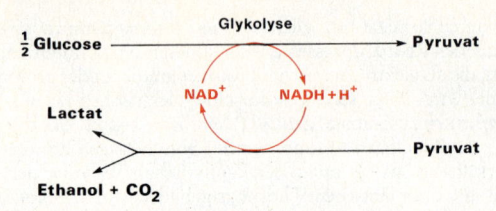

Abb. 4.8: Das Prinzip der anaeroben Glykolyse. Das während der Substrat-Dehydrierung reduzierte Coenzym NAD^+ wird durch Reduktion des Endproduktes Pyruvat zu Lactat (meisten Tiere) bzw. Ethanol (einige Protozoen, wenige Wirbellose und höhere Tiere unter Anoxibiose) reoxidiert. Dieser Redoxkreislauf des Pyridinnucleotid-Coenzyms ist rot dargestellt.

laufen (Abb. 4.8). Der Unterschied zur aeroben Kohlenhydratverwertung liegt aber darin, daß das Glykolyse-Endprodukt Pyruvat dazu benutzt wird, das im Dehydrierungsschritt der Glykolyse gebildete NADH unter der katalytischen Wirkung von Lactat- bzw. Alkohol-Dehydrogenase zu reoxidieren. Dabei entstehen entweder **Lactat** oder **Ethanol** via Acetaldehyd. Am Ende dieser Gärungen hat der Organismus pro Molekül Glucose, wie in der auch unter aeroben Bedingungen verlaufenden Glykolyse, **zwei Moleküle ATP** gewonnen.

Der Wirkungsgrad dieser Gärungen gegenüber dem sauerstoffabhängigen vollständigen Nährstoffabbau ist jedoch etwa um das 40fache geringer. Während die alkoholische Gärung im Tierreich nur vereinzelt auftritt (Protozoen, einige Wirbellose, manche Fische), sind die meisten tierischen Lebewesen zur Lactat-Fermentation befähigt. Diese und andere Wege der Energiebildung, die bei verschiedenen Tierarten im Zusammenhang mit Umweltanpassungen eine herausragende Rolle spielen, sollen in einem separaten Kapitel näher betrachtet werden (s. 4.3).

4.2.7 Protein- und Aminosäureabbau

Neben dem Abbau von Kohlenhydraten und Fetten, aus dem der überwiegende Teil der in tierischen Zellen erzeugten Stoffwechselenergie stammt, können auch **Proteine** und ihre Bausteine in bestimmten Stoffwechselsituationen zur Energiegewinnung herangezogen werden. Dies geschieht immer dann, wenn das intrazelluläre Angebot an Aminosäuren das für den Aufbau neuer Proteine notwendige Maß übersteigt oder wenn die üblichen Brennstoffe nicht in ausreichenden Mengen zur Verfügung stehen.

Der Katabolismus von Proteinen zu den etwa 20 verschiedenen **Aminosäurebausteinen** erfolgt hydrolytisch mit Hilfe einer größeren Zahl von zum Teil spezifisch wirkenden Proteinasen, die im Verdauungstrakt und intrazellulär vorkommen. Der weitere Abbau der Aminosäuren besteht in der Eliminierung des Stickstoffs und im Abbau des Kohlenstoffskeletts. Im Gegensatz zum Kohlenstoff gelangt bei diesem Trennprozeß der **Stickstoff** der Aminosäuren nicht in die letzte Phase des oxidativen Stoffwechsels, sondern wird in mehr oder weniger reduziertem Zustand ausgeschieden, wofür Transaminierungen und verschiedene Desaminierungen zur Verfügung stehen. Zwei weit verbreitete Reaktionen sind die folgenden:

Aminosäure I + α-Ketosäure II ⇌ Aminosäure II + α-Ketosäure I (1)
Glutamat + $NADP^+$ + H_2O ⇌ α-Ketosäure + NH_4^+ +
NADPH + H^+ (2)

Bei der Transaminierung (1) werden die Aminogruppen von Aminosäuren auf das Kohlenstoffatom von Ketosäuren übertragen. Da hierfür häufig α-Ketoglutarat dient, kommt dem dabei entstehenden Glutamat eine Sammelfunktion im Abbau des Aminostickstoffs zu. Die endgültige Eliminierung des Aminosäurestickstoffs erfolgt als Ammoniak über verschiedene Formen von Desaminierungen, wobei der dehydrierenden Desaminierung von Glutamat (2) eine besondere Bedeutung zukommt.

Für viele im Wasser lebende Tiere ist **Ammoniak** das Hauptendprodukt des Aminostickstoffs (Abb. 4.9), das nach Abgabe in die Umgebung rasch verdünnt wird (**ammonotelische Tiere**, s. 5.3). Für die Landbewohner dagegen ist die Beseitigung dieses cytotoxischen Abfallproduktes eine wesentlich schwierigere Aufgabe. Zwar werden bei Wirbeltieren geringere Mengen Ammoniak zur Neutralisation auszuscheidender Säuren in der Niere gebildet und in den Harn abgegeben. Der überwiegende Teil des in den Geweben freigesetzten Ammoniaks muß jedoch in ungefährlichere Verbindungen

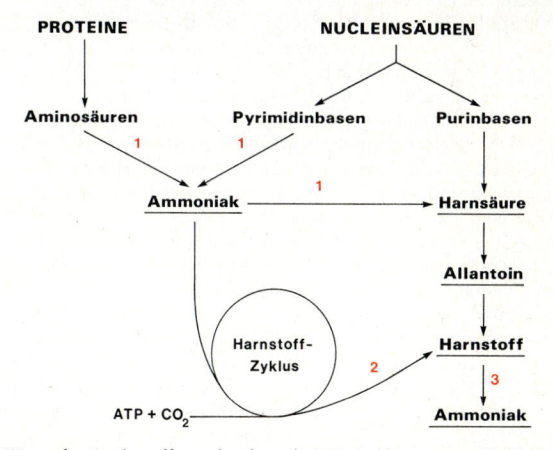

Abb. 4.9: Wege der Stickstoffausscheidung bei Tieren. Die roten Zahlen weisen auf die Reaktionswege hin, die für bestimmte Tiergruppen typisch sind und mit der Bildung charakteristischer stickstoffhaltiger Exkretionsprodukte (unterstrichen) enden (1, uricotelische; 2, ureotelische; 3, ammonotelische Tiere).

überführt werden, wobei **Harnstoff, Harnsäure** und **Allantoin** eine herausragende Rolle spielen (Abb. 4.9). Ein Nachteil ergibt sich hierbei aber daraus, daß diese Entgiftung nur über energetisch aufwendige Reaktionssequenzen erreicht werden kann, die bei den verschiedenen Tiergruppen eine breite Variation zeigen.

Von den peripheren Geweben der Wirbeltiere wird der Aminostickstoff zunächst vor allem in Form von **Alanin** und **Glutamin** abgegeben und über die Blutbahn zur Leber und Niere transportiert. Aus der Hauptmenge des Glutamins wird in der Niere Ammoniak freigesetzt und in den Urin ausgeschieden. Knochenfische fixieren den Aminostickstoff hauptsächlich in Form von Glutamin, das im Blut zu den Kiemen transportiert wird. Dort wird durch enzymatische Hydrolyse Ammoniak freigesetzt und an das umgebende Wasser abgegeben. Viele Landwirbeltiere (Amphibien, Schildkröten, Säuger) wandeln den überwiegenden Teil des Aminostickstoffs zu **Harnstoff** um und scheiden ihn in dieser Form im Urin aus (**ureotelische Tiere,** s. 5.3). Die Synthese von Harnstoff erfolgt hier ausschließlich in der Leber in einem energieaufwendigen Reaktionszyklus (**Harnstoff-Zyklus**), der in Abb. 4.9 angedeutet, aber hier in Einzelheiten nicht näher erläutert werden soll. Einige Plattwürmer, terrestrische Anneliden und Landmollusken zeigen ebenfalls eine ureotelische Lebensweise, welches wie bei den Wirbeltieren eine Anpassung an die verminderte Wasserversorgung darstellen könnte. Eine Sonderstellung hierzu nehmen die Crustaceen ein, die als Endprodukt des Stickstoffmetabolismus hauptsächlich Ammoniak bilden und ausscheiden. Terrestrische Crustaceen geben den Stickstoff direkt gasförmig durch das Exoskelett nach außen ab. Da Harnstoff gut wasserlöslich ist, entstehen bei seiner Anreicherung im Harn beträchtliche osmotische Drucke. Extrem hohe Harnstoffkonzentrationen werden daher bei solchen Tieren erreicht, denen nicht genügend Wasser zur Harnverdünnung zur Verfügung steht (Wüstensäuger).

Die überwiegende Mehrzahl der terrestrischen Wirbellosen (Insekten, Tausendfüßler, Mollusken) sowie Eidechsen, Schlangen und Vögel entgiften den aus Aminostickstoff entstehenden Ammoniak durch Einbau in Purinkörper (Abb. 4.9), wobei die **Harnsäure** eine herausragende Rolle spielt (**uricotelische Tiere,** s. 5.3). Ein mit Harnsäure eng verwandter Purinkörper, das **Guanin**, tritt als hauptsächliches Stickstoff-Exkretionsprodukt der Spinnen und mancher terrestrischer Mollusken auf. Der Umweg in der Stickstoff-Eliminierung durch Purinbildung dient der Wasserersparnis, denn als schwer wasserlösliche Verbindungen können Purine bzw. ihre Salze (z.B. **Urate**) kristallisiert in Form einer trockenen Paste ausgeschieden werden. Die Synthese dieser Purine ist, wie die des Harnstoffs, ein komplizierter Vorgang, der eine beträchtliche Menge Stoffwechselenergie erfordert. Unter einigen Gruppen der niederen Tiere (Nematoden, Plathelminthen, Crustaceen, Mollusken, Echinodermen) wird ein Teil des Aminostickstoffs in Form von bestimmten Aminosäuren ausgeschieden.

Insgesamt gesehen herrschen bei vielen Wirbellosen, aber auch bei manchen Vertebraten, komplexe Stoffwechselmuster im Bereich der **Stickstoffexkretion** vor, wobei das bevorzugte Exkretionsprodukt stark von der Gesamtökologie (Verfügbarkeit von Wasser und Nahrung) der Art abhängt. Eindrückliche Beispiele für solche biochemische Anpassungen an die Bedingungen des Lebensraumes eines Organismus liefern die Lungenfische sowie bestimmte Amphibien, die in ihrem Leben sowohl aquatische als auch terrestrische Lebensphasen durchlaufen. Vertreter beider Gruppen wechseln beim Übergang vom Wasser auf das Land («Sommerschlaf» afrikanischer Lungenfische, terrestrische Amphibien) von der ammonotelischen auf die ureotelische Stickstoffausscheidung um. Manche marinen Formen von Amphibien *(Bufo viridis, Rana cancrivora)*, die salzhaltige Gewässer besiedeln, akkumulieren Harnstoff im Blut und in den Geweben, wo er eine Bedeutung bei der **Osmoregulation** (s. 5.3) besitzt.

Die Abbauwege des Kohlenstoffs der 20 in den Proteinen vorkommenden Aminosäuren sind zum Teil sehr komplex, konvergieren aber in wenigen zentralen Zwischenprodukten (Acetyl-CoA, Ketosäuren, Succinyl-CoA, Fumarat), die alle an den Stoffendabbau Anschluß finden. Eine größere Zahl von Aminosäuren wird zu Pyruvat und Krebs-Zyklusmetaboliten (**anaplerotische Reaktionen**, s. 4.2.3) abgebaut, die entweder dem Endabbau zugeführt oder über die **Gluconeogenese** zu Kohlenhydrat aufgebaut werden können (**glucogene Aminosäuren**). Einige wenige Aminosäuren sind **ketogen**, da sie zu Acetyl-CoA abgebaut werden, das in der Leber zu Ketonkörpern (Acetacetat, 3-Hydroxybutyrat, Aceton) umgesetzt oder zu seiner vollständigen Oxidation zu CO_2 in den Citrat-Zyklus eingeschleust werden kann. Welcher der beiden Wege gewählt wird, hängt von der Verfügbarkeit des Oxalacetats ab, das für die Eintrittsreaktion des Acetyl-CoA in den Citrat-Zyklus als Cosubstrat benötigt wird. Die aus Acetyl-CoA gebildeten Ketonkörper können in der Niere und im Muskel vollständig zu CO_2 abgebaut werden.

4.2.8 Abbau der Nucleinsäuren

Im Gegensatz zu **Desoxyribonucleinsäure** (DNA), die unter physiologischen Bedingungen in lebenden Zellen nicht abgebaut wird, unterliegen die verschiedenen **Ribonucleinsäuretypen** (RNA) entsprechend ihrer Neubildung einem andauernden intrazellulären Abbau. Dieser wird durch Ribonucleasen eingeleitet, wobei **Mononucleotide** als Hydrolyseprodukte freigesetzt werden. DNA wird unter bestimmten Bedingungen, z. B. nach dem Zelltod, durch die Wirkung von Desoxyribonucleasen nach demselben Prinzip in ihre Nucleotidbausteine zerlegt. Die Mononucleotide werden durch Abspaltung ihrer Phosphatgruppe in die entsprechenden **Nucleoside** überführt, die entweder durch Nucleosidasen oder Phosphorylasen in **freie Basen** und **Zucker** bzw. **Zuckerphosphate** gespalten werden.

Der Endabbau der **Purin-** und **Pyrimidinbasen** folgt danach getrennten Wegen, wobei der Purinkatabolismus größere tierartliche Unterschiede aufweist. In allen Tieren wird das Puringerüst in **Harnsäure** überführt, in dieser Form jedoch nur von den Primaten ausgeschieden.

Die meisten anderen Tiere setzen den Abbau der Purine in unterschiedlichem Ausmaß fort. So scheiden alle Landwirbeltiere, mit Ausnahme der Primaten, **Allantoin** aus, das durch Oxidation aus Harnsäure gewonnen wird. Einige Fische können Alantoin zu **Allantoat** umbauen, und die Mehrzahl der Fische und die Amphibien gehen noch einen Schritt weiter und zerlegen Allantoat in **Harnstoff** und **Glyoxylat**. Im Wasser lebende Invertebraten sind ebenfalls zur Harnstoffbildung aus Harnsäure befähigt, sie können diesen jedoch noch enzymatisch hydrolysieren und in Form von

CO_2 und **Ammoniak** an die Umgebung abgeben. Der Abbau der Pyrimidinbasen erfolgt über eine Öffnung des heterozyklischen Ringsystems, wobei neben CO_2 und Ammoniak Verbindungen entstehen, die in den Endabbau zu CO_2 und Wasser einmünden können.

4.3 Besonderheiten in den Strategien des Energiestoffwechsels bei Tieren

Im vorliegenden Kapitel sollen verschiedene Stoffwechselleistungen betrachtet werden, die von Tieren in Anpassung an besondere Lebensräume entwickelt worden sind. Solche biochemischen Adaptationen betreffen ganz besonders den Energiestoffwechsel und kommen bei Organismen vor, die Lebensräume mit **wechselndem Sauerstoffdruck** besiedeln, die unter **Anoxibiose** oder in den Organen und Geweben anderer Tiere (Endoparasitismus) leben. Auch Tiere, die kurzfristig oder anhaltend **extrem hohe Stoffwechselleistungen** vollbringen können, zeigen häufig weitreichende biochemische Veränderungen gegenüber den klassischen Stoffwechselmustern.

Die verschiedenen Arten des Tierreichs sind in recht unterschiedlichem Maße auf einen aeroben Energiestoffwechsel angewiesen und zeigen daher auch größere Unterschiede in den Wegen, mit denen sie ihre biologische Energie gewinnen.

Zu den strengen Aerobiern (**obligate Aerobier**) gehören viele Protozoen und Insekten sowie die meisten Wirbeltiere. Um eine aerobe Energieversorgung dauerhaft aufrechterhalten zu können, müssen zwei Grundanforderungen erfüllt sein. In den Lebensräumen solcher Tiere muß Sauerstoff in ausreichender Menge vorhanden sein, und außerdem müssen geeignete Mechanismen für den Transport dieses Gases wirksam sein, um die Versorgung der Zellen damit sicherzustellen. Unter normalen atmosphärischen Bedingungen (pO_2 = 160 Torr) darf der Radius eines aeroben Tieres nicht dicker sein als etwa 1 mm, wenn der Sauerstoff durch die Körperoberfläche aufgenommen und ausschließlich durch Diffusion verteilt wird (Protozoen, Larven vieler Meerestiere, Plathelminthen). Günstiger liegen die Verhältnisse, wenn der Sauerstofftransport durch Strömung von Körperflüssigkeiten bewirkt wird (Nemathelminthen, Anneliden, viele Crustaceen, Milben), wobei häufig noch **sauerstofftransportierende Pigmente** die Effizienz der Sauerstoffversorgung erhöhen. Bei großen Tieren (Mollusken, Wirbeltiere) oder solchen mit lebhaftem Stoffwechsel (Insekten) sind für den Gasaustausch spezifische **Atmungsorgane** (s. 6.2) mit vergrößerter Austauschoberfläche (Röhrentracheen, Kiemen, Lungen) in Zusammenhang mit strömenden Körperflüssigkeiten (**Blutkreislauf**) wirksam. Diese Körperflüssigkeiten enthalten **respiratorische Pigmente**, die zur reversiblen Sauerstoffbindung befähigt sind (Hämocyanin vieler Arthropoden und Mollusken, Hämoglobin der Wirbeltiere) und daher Sauerstoff an respiratorischen Oberflächen binden und ihn an atmungsaktiven Geweben wieder abgeben können.

Viele Tierarten können aber auch längere oder unbegrenzte Zeit ohne Sauerstoff überleben, diesen jedoch verwerten, wenn er zur Verfügung steht (**fakultative Anaerobier**). Zu dieser Gruppe gehören manche Protozoen, insbesondere aber viele Wirbellose, die in der Gezeitenzone des Meeresstrandes, in tiefen Schichten stehender

Gewässer, in Sümpfen oder parasitisch in höheren Tieren leben. Aber auch Fische und andere Wirbeltiere können sich an extrem anoxische Bedingungen anpassen. Tierarten, die nur unter Bedingungen niedrigen Sauerstoffdruckes (**mikroaerophile Tiere**) oder gar in vollständig sauerstofffreien Regionen (**obligate Anaerobier**) leben können, sind selten und kommen nur unter den Protozoen und endoparasitisch lebenden Metazoen vor.

4.3.1 Protozoen

Viele Protozoen können Stoffwechselleistungen vollbringen, zu denen vielzellige tierische Lebewesen nicht befähigt sind. Der Stoffwechsel der Protozoen zeichnet sich außerdem durch extreme artspezifische Unterschiede aus. Manche Vertreter besitzen wie grüne Pflanzen und viele Prokaryonten ein großes metabolisches Potential, indem sie Licht für die Synthese von chemischer Energie nutzbar machen und ihre Kohlenstoffverbindungen aus einfachen anorganischen Molekülen aufbauen können (**Photosynthese, Nitrat-Reduktion**). Andere wiederum sind in ihren Stoffabbau- und Biosynthesemöglichkeiten stark eingeschränkt und von der exogenen Zufuhr vieler wichtiger Metabolite vollständig abhängig (parasitische Protozoen).

Unter den freilebenden Protozoen sind die meisten Vertreter aerob und können mit Hilfe des Krebs-Zyklus und einer cytochromabhängigen mitochondrialen Atmungskette ihre Nährstoffe vollständig zu CO_2 und Wasser oxidieren (s. 4.2.3, 4.2.5). Die Bedeutung der einzelnen Nährstoffklassen weist jedoch artspezifische Unterschiede auf.

Für den Ciliaten *Tetrahymena* spp. sind beispielsweise Lipide und Proteine die wichtigsten Energiequellen, und anderen Protozoen (viele Euglenoidinen, einige Volvociden) kann **Essigsäure** als einzige Kohlenstoffquelle für die Aufrechterhaltung der Lebensvorgänge dienen (Acetat-Flagellaten). Die Vertreter der letzteren Gruppe können mit Hilfe des Glyoxylat-Zyklus (s. 4.2.3) aus Acetat Kohlenhydrat aufbauen, das in Form von Glykogen oder anderen Polysacchariden gespeichert werden kann. Die Energiegewinnung wieder anderer Arten ist vorwiegend von Kohlenhydraten abhängig. Manche Vertreter dieser Gruppe sind nicht zu einem vollständigen Nährstoffabbau in der Lage und scheiden daher organische Verbindungen (niedere Fettsäuren, Alkohole) als metabolische Endprodukte aus.

Eine bemerkenswerte Stoffwechselbesonderheit, die bei Tieren nur unter den Protozoen vorkommt, liegt in der Fähigkeit einiger Vertreter (Phytoflagellaten), ihre biologische Energie lichtabhängig im Prozeß der Photosynthese gewinnen zu können (**Photoautotrophie**).

Für manche Arten ist diese Autotrophie obligat *(Euglena pisciformis)*. Andere Phytoflagellaten *(E. gracilis)* verhalten sich **fakultativ heterotroph**, indem sie eine photosynthetisierende Lebensweise mit der sauerstoffabhängigen Energiegewinnung aus organischen Verbindungen (**Heterotrophie**) in vielfältiger Weise verbinden oder im Dunkeln auf die Verwertung geeigneter organischer Verbindungen (z.B. niedere Säuren und Alkohole) umstellen.

Unter den Einzellern gibt es eine begrenzte Zahl taxonomischer Gruppen, von denen bestimmte Vertreter **obligat anaerob** zu sein scheinen, da sie bei Zufuhr von Sauerstoff absterben. Zu ihnen gehören die Termitenflagellaten sowie verschiedene Ciliaten der sauerstoffarmen marinen Sedimente (Gatt. *Metopus, Plagiopyla, Caenomorpha*) und im Pansen von Wiederkäuern lebende holotriche und oligotriche Ciliaten. Diesen Protozoen fehlen die für aerobe Lebewesen typischen Mitochondrien und die darin enthaltenen Stoffwechselwege für den oxidativen Nährstoffendabbau (Citrat-Zyklus, cytochromhaltige Atmungskette, oxidative Phosphorylierung). Ihre Energieversorgung muß daher ausschließlich durch anaerobe Gärungen sichergestellt werden. Ein wichtiger terminaler Stoffwechselteil läuft dabei in großen cytoplasmatischen Organellen ab, die wegen der Fähigkeit des darin enthaltenen enzymatischen Weges, **Wasserstoff** zu bilden, als **Hydrogenosomen** bezeichnet werden.

Einen den Pansen-Ciliaten sehr ähnlichen Stoffwechseltyp besitzen auch parasitische Protozoen der Gattungen *Trichomonas* und *Tritrichomonas*. Letztere können jedoch niedrige Sauerstoffkonzentrationen tolerieren und werden deshalb auch als **aerotolerante Anaerobier** bezeichnet.

Während freilebende Amöben einen typisch aeroben Stoffwechsel besitzen, zeigen ihre parasitisch lebenden Verwandten größere Einschränkungen in ihren metabolischen Möglichkeiten. Wie eingehende Untersuchungen an der humanpathogenen Amöbe *Entamoeba histolytica* zeigen, kann dieser Einzeller ebenfalls Sauerstoff in geringer Konzentration tolerieren, ist für die Energiegewinnung jedoch strikt von Kohlenhydrat abhängig, wobei dieses wegen des Fehlens von Mitochondrien und der darin vorkommenden oxidativen Stoffwechselwege nicht vollständig abgebaut werden kann.

Außerordentlich bemerkenswerte biochemische Adaptationen haben auch die afrikanischen Trypanosomen entwickelt. Charakteristisch für diese aeroben Protozoen ist, daß der Hauptteil der an der Glykolyse beteiligten enzymatischen Reaktionen in hochspezialisierten Organellen, den **Glykosomen** abläuft. Die in Wirbeltieren parasitierenden Formen besitzen ein Zellatmungssystem, das unempfindlich gegenüber Cyanid und auch in seiner Zusammensetzung von dem anderer Organismen verschieden ist.

4.3.2 Wirbellose außer Insekten

Unter den Wirbellosen gibt es viele Vertreter, die im Zusammenhang mit der Anpassung an spezifische Lebensräume interessante Besonderheiten im katabolen Stoffwechselgeschehen entwickelt haben. Dies gilt insbesondere für Organismen, denen eine zeitweise oder sogar dauerhafte Ausnutzung sauerstofffreier Regionen gelungen ist oder die in Organen und Geweben von höheren Tieren unter zum Teil außergewöhnlichen Bedingungen (geringer Sauerstoffgehalt, hohe CO_2-Konzentration) leben (Trematoden, Cestoden, parasitische Nematoden).

Unter aeroben Bedingungen verlaufen die Hauptwege des Nährstoffabbaus in den

4.3 Energiestoffwechsel

Geweben freilebender Wirbelloser prinzipiell wie in Wirbeltieren. Häufig dienen dabei Kohlenhydrate, vor allem die Glykogenspeicher, als bevorzugte Energiequellen, die vollständig zu CO_2 und Wasser abgebaut werden können (s. 4.2). Aber auch Aminosäuren und Fette werden von vielen Arten als Nährstoffe verwendet. Diese Fähigkeit zum aeroben Nährstoffabbau haben parasitisch lebende Wirbellose (Gatt. *Fasciola, Ascaris*) weitgehend verloren. Die Ursache hierfür ist nicht allein in den zum Teil sehr niedrigen Sauerstoffgehalten der Lebensräume dieser Organismen, sondern auch im Fehlen von Blutkreisläufen und Atmungsorganen zu suchen.

Bei vielen freilebenden Wirbellosen führt der Eintritt von **Sauerstoffmangel** anfänglich zu einer Ausnutzung der rasch mobilisierbaren Energiereserven, die in Form von Phosphagenen auch diesen Tieren zur Verfügung stehen. Im Gegensatz zu den Wirbeltieren verwenden einige niedere Tiere (Anneliden, Crustaceen und Mollusken) hierfür jedoch nicht Creatinphosphat, sondern Argininphosphat (Abb. 4.10) oder gelegentlich auch Taurocyaminphosphat. Diese Phosphagene werden auch bei **funktionsbedingter Anaerobiose** eingesetzt, z.B. wenn für kurzfristige hohe Leistungen ATP-Energie rasch mobilisiert werden muß. Beim Rückstoßschwimmen von Cephalopoden (Gatt. *Loligo, Octopus*) oder Fluchtschwimmen einiger Muscheln (Pectiniden) dient Argininphosphat dazu, den für rasche Kontraktionen der Mantelmuskulatur notwendigen hohen Energiebedarf zu decken.

Eine weitere Besonderheit im Energiestoffwechsel vieler Wirbelloser (Schnecken, Muscheln, Tintenfische, einige Schwämme und Sipunculiden) liegt darin, daß das beim Verbrauch von Argininphosphat freiwerdende Arginin in einer Kopplungsreaktion mit der Glykolyse durch Kondensation mit Pyruvat in eine sekundäre Aminosäure, das **Octopin**, überführt wird (Abb. 4.10). Octopin und nicht Lactat ist somit ein Endprodukt des anaeroben Energiestoffwechsels vieler niederer Tiere, die innerhalb kurzer Zeit zu hohen Leistungen fähig sind. Ein solcher koordinierter Ablauf von Glykolyse und Phosphagenspaltung könnte wesentliche Vorteile in bezug auf die Effizienz und regulatorischen Möglichkeiten gegenüber der im Tierreich weit verbreiteten Lactat-Fermentation bieten. Als physiologisch günstig

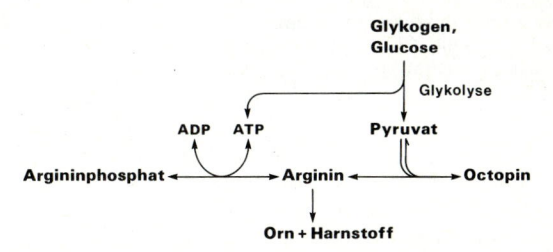

Abb. 4.10: Die Beziehung der Glykolyse zur Bildung von Octopin und Argininphosphat in wirbellosen Tieren (besonders Mollusken). Überschüssiges Arginin kann zu Ornithin (Orn) und Harnstoff zerlegt werden.

dürften sich dabei auch noch der nahezu neutrale Charakter des Octopins auswirken und daß seine Bildung zu keiner Änderung in der Osmolarität des intrazellulären Milieus führt. In vielen Anneliden, Muscheln und Schnecken bilden neben dem Arginin auch andere Aminosäuren mit glykolytisch gebildetem Pyruvat Konjugate (sog. **Opine**). Bei Verwendung von Alanin und Glycin entstehen so Alanopin bzw. Strombin, die bei vielen marinen Anneliden (Gatt. *Nephtys, Arenicola, Skoloplos, Pectinaria*) als hauptsächliche Endprodukte der anaeroben Glykolyse auftreten. Analog zum Lactat können Octopin und die anderen Opine außerhalb des Muskelgewebes wiederverwertet werden. Das nach hydrolytischer Spaltung freiwerdende Pyruvat kann dabei während der aeroben Erholungsphase unter hohem Energiegewinn einem vollständigen Abbau zugeführt oder für die Resynthese von Glykogen verwendet werden. In Analogie zum Skelettmuskel der Wirbeltiere kann Arginin im Invertebratenmuskel durch glykolytisch gebildetes ATP rephosphoryliert werden (Abb. 4.10).

Die Fähigkeit wirbelloser Tiere, auch länger anhaltenden Sauerstoffmangel (**umweltbedingte Hypoxie** und **Anaerobiose**) zu überleben, wird in den meisten Fällen durch andere als die für kürzere hypoxische Phasen (bis einige Stunden) zur Verfügung stehenden Stoffwechselprozesse erreicht. Als Energiequellen dienen entweder ausschließlich Kohlenhydrate, oder es werden Kohlenhydrate kombiniert mit Aminosäuren abgebaut. Systematische Untersuchungen an einer größeren Zahl von Wirbellosen-Arten haben gezeigt, daß die Anpassung an sauerstoffarme oder parasitische Lebensräume im Tierreich zur Ausbildung relativ einheitlicher Stoffwechselmuster geführt hat (Abb. 4.11). Im Detail können jedoch artspezifische Unterschiede bestehen. Charakteristisch für den anaeroben Kohlenhydratabbau vieler Plathelminthen (Gatt. *Fasciola*, Bandwürmer), parasitischer Nematoden (Gatt. *Ascaris, Trichuris*), Anneliden (marine Polychaeten, z.B. *Arenicola*, andere Anneliden, z.B. Gatt. *Hirudo* und *Eisenia*) und Muscheln (Gatt. *Mytilus, Ensis*) ist, daß im unteren Bereich der Glykolyse auf der Stufe des Phosphoenolpyruvats (**PEP**) ein metabolischer Verzweigungspunkt auftritt (Abb. 4.11). Von hier aus kann entweder eine Lactat- bzw. Opinbildung erfolgen, oder die Glykolyse mit dem **C_4-Dicarbonsäurestoffwechsel** verknüpft werden, wobei über relativ komplexe enzymatische Reaktionen hauptsächlich Succinat und flüchtige Fettsäuren als Endprodukte entstehen.

Eine weitere Möglichkeit zur **Succinatbildung** bei Wirbellosen (manche Helminthen, Polychaeten, marine Muscheln) ergibt sich aus einer kombinierten Verstoffwechselung von Kohlenhydraten und Aminosäuren (Abb. 4.12, 4.13). Hierbei besitzen Glutaminsäure und Asparaginsäure besondere Bedeutung, deren Abbau über relativ komplexe Reaktionsmuster mit dem Kohlenhydratstoffwechsel verknüpft werden kann. Der Stickstoff der Aminosäuren wird dabei häufig in Form von Alanin ausgeschieden. Bei verschiedenen Wirbellosen (Plathelminthen, Nematoden, Anneliden, Mollusken) kann der anaerobe Nährstoffabbau noch über die Stufe des Succi-

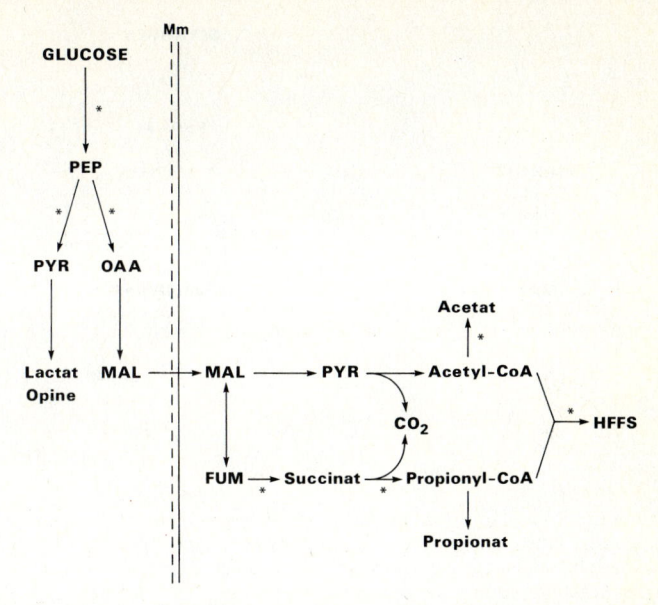

Abb. 4.11: Hauptwege des Kohlenhydratabbaus in Plathelminthen, Nematoden und Anneliden (vgl. auch Abb. 4.16). Es existieren größere artspezifische Unterschiede bezüglich der Präsenz der einzelnen Teilreaktionen. Das vollständige Muster ist nur von wenigen Arten (z.B. *Ascaris*) herausgebildet. Sternchen symbolisieren Reaktionsschritte, die mit der Bildung von ATP gekoppelt sind. Die mit der Bildung höherer flüchtiger Fettsäuren (HFFS) mögliche ATP-Synthese ist experimentell noch nicht bestätigt worden. FUM = Fumarat; MAL = Malat; Mm = Mitochondrienmembranen; PYR = Pyruvat. Weitere Abkürzungen s. Abb. 4.4.

nats hinausgehen, wobei nach Eliminierung von CO_2 Propionat als Endprodukt entsteht (Abb. 4.11).

Häufig durchläuft der Energiestoffwechsel bei **biotopbedingter Anaerobiose** (marine Polychaeten, Süßwasseranneliden, Muscheln) beim Eintreten des Sauerstoffmangels zunächst eine Übergangsphase, in der Phosphagenreserven und nicht-kohlenhydratartige Substrate (Aminosäuren, Malat) für die ATP-Produktion herangezogen werden (s.o.). Bei langfristigem Sauerstoffmangel wird die Energiebildung jedoch ausschließlich durch den Abbau von Glykogen sichergestellt, wobei über die beschriebenen Reaktionswege Succinat und flüchtige Fettsäuren als hauptsächliche Endprodukte auftreten.

Zusammenfassend läßt sich festhalten, daß den erwähnten wirbellosen Tiergruppen **metabolische Strategien** zur Verfügung stehen, über die unter

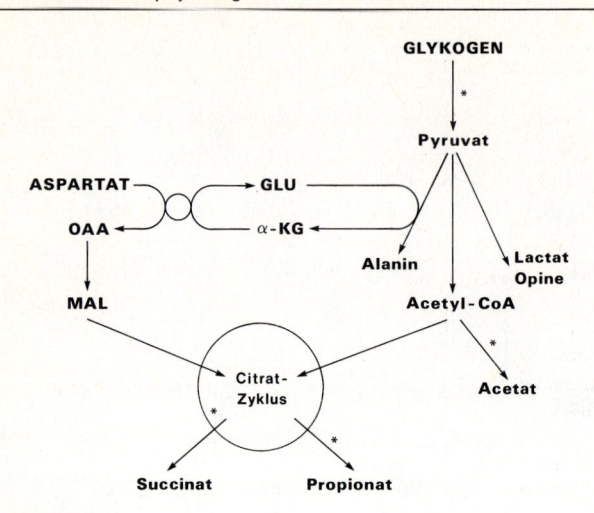

Abb. 4.12: Komplexes Reaktionsmuster des Energiestoffwechsels von marinen Invertebraten unter Anoxybiose. Als energiereiche Substrate dienen hauptsächlich Glykogen bzw. Glucose und Aminosäuren (besonders Aspartat). Sternchen symbolisieren Reaktionsschritte, die mit der Bildung von ATP gekoppelt sind. GLU = Glutamat, α-KG = α-Ketoglutarat. Weitere Abkürzungen s. Abb. 4.4 und 4.11.

anoxischen Lebensbedingungen eine ausreichende Energieversorgung sichergestellt wird. Obwohl die Grundprozesse bei den einzelnen Arten größere Übereinstimmungen zeigen, weisen die quantitativen Anteile der einzelnen Wege artspezifisch größere Unterschiede auf. Außerdem ist die Art der Strategie, die von einer wirbellosen Spezies zur Energiegewinnung herangezogen wird, in der Regel von der Art (biotop- oder funktionsbedingt) und Dauer des Sauerstoffmangelzustandes abhängig.

Es gibt aber auch Wirbellose, die die beschriebenen komplexen Prozesse zur Energiegewinnung wieder verloren oder niemals entwickelt haben. Verschiedene Annelidenarten der Gattung *Nereis* bilden beispielsweise die bei höheren Tieren nicht vorkommende D-Form des Lactats als wichtigstes Endprodukt des anaeroben Glycogenabbaus. Auch Crustaceen können stärkere Einschränkungen der Sauerstoffversorgung überleben. Decapode Krebse (z.B. Thalassiniden) gewinnen die ATP-Energie dabei zum Teil aus Phosphagenreserven, längerfristig aber hauptsächlich durch Vergärung von Kohlenhydrat zu L-Lactat.

Eine weitere Besonderheit im Energiestoffwechsel von Wirbellosen steht im Zusammenhang mit dem anhaltenden raschen **Rückstoßschwimmen** von Cephalopoden (z.B. Gatt. *Loligo*). Diese außergewöhnliche Arbeitsleistung wird durch einen in der Mantelmuskulatur vorhandenen aeroben Stoffwechseltyp gewährleistet, der auch im Flugmuskel vieler Insekten eine herausragende Rolle spielt (s.u.). Die hohe Effizienz, mit der in diesen Organen Nährstoffe oxidativ abgebaut werden, erklärt sich aus der Mitwirkung einer sehr aktiven Glycerinphosphat-Schleuse (s. Abb. 4.14) und der Kopplung des Kohlenhydratabbaus (hauptsächlich Glykogenspeicher) mit dem Abbau von Prolin (Abb. 4.13). Für Hypoxiezustände, die bei kurzfristigen kräftigen Schwimmbewegungen auftreten, stehen diesen Cephalopoden zur Deckung des Energiebedarfs Phosphagenreserven in Form von Argininphosphat zur Verfügung, deren Hydrolyse mit dem anaeroben Abbau von Glykogen unter Octopinbildung gekoppelt werden kann (Abb. 4.10). Trägere Vertreter unter den Tintenfischen (Gatt. *Nautilus, Octopus*) scheinen für ihre gelegentlichen kürzeren Schwimmbewegungen ausschließlich diese anaerobe Art der Energieversorgung einzusetzen.

4.3.3 Insekten

Die im Verlaufe der Evolution von Insekten entwickelten physiologischen Leistungen und Anpassungen an besondere Lebensräume haben in vielen Fällen zu einer beträchtlichen Spezialisierung des Stoffwechsels geführt. Die herausragende metabolische Spezialisierung umfaßt hierbei Prozesse, die den **Flugmuskeln** dieser Organismen die großen, anhaltenden Arbeitslei-

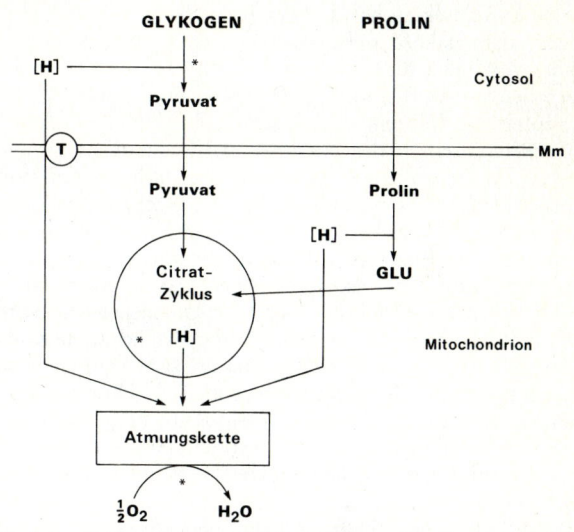

Abb. 4.13: Funktionelle Kopplung von Kohlenhydrat- und Prolinabbau in der Muskulatur von Insekten und Cephalopoden bei intensiven Arbeitsleistungen (Flug bzw. Rückstoßschwimmen). Diese Strategie erlaubt einen vollständigen Abbau von Glucose und Aminosäuren (besonders Prolin und Glutaminsäure), wobei ein hoher Gewinn an chemischer Energie (Bildungsstellen für ATP durch Sternchen symbolisiert) gewonnen wird. GLU = Glutamat, Mm = Mitochondrienmembranen, T = Glycerinphosphat-Schleuse.

stungen ermöglichen, worauf in diesem Kapitel näher eingegangen werden soll. Auch die **Ernährung** der Insekten zeichnet sich durch vielfältige Besonderheiten aus. Einige Nahrungsspezialisten vermögen beispielsweise Stoffe zu verwerten, die für andere Tiere unverdaulich sind, wie Holz (Termiten), das Wachs der Bienenwaben (Larven der Wachsmotte *Galleria mellonella*) oder die Skleroproteine von Federn, Haaren und Wolle (Larven der Kleidermotte *Tineola* spp. und einige Mallophagen). Einige Vertreter ursprünglicher Insektenformen (Silberfische, Springschwänze, Schaben, Termiten) verdauen und verwerten auch das pflanzliche Struktur-Polysaccharid Cellulose. Wegen des Fehlens von Cellulasen können höhere Tiere diese am häufigsten in der Biosphäre auftretende Kohlenstoffverbindung nicht verwerten. Als Nährstoffspeicher spielen bei Insekten häufig Verbindungen, die im übrigen Tierreich wenig verbreitet sind (**Chitin, Trehalose**), eine gleichwertige Rolle wie das ubiquitär vorkommende Glykogen. Ein weiteres Beispiel für die biochemische Spezialisierung der Insekten sind die während der Häutung und Metamorphose stattfindenden **Umstrukturierungen** von Geweben, die durch einen hohen Stoffabbau und große Resyntheseleistungen gekennzeichnet sind.

Bei den Landinsekten hat das Tracheensystem (s. 6.2.3), das die Zellen direkt mit dem nahezu unbegrenzten Sauerstoffvorrat der äußeren Atmosphäre verbindet, die notwendige Voraussetzung für die Entwicklung eines **aeroben Stoffwechsels** geliefert, dessen Leistungsfähigkeit in der Natur unübertroffen ist. Während des Fluges von Insekten kann die Aktivität des Energiestoffwechsels in der Flugmuskulatur um mehr als das 100fache gegenüber dem Ruhezustand ansteigen. Um solche extrem hohen, in den Geweben anderer Tiere niemals beobachteten Stoffwechselintensitäten zu erzielen, müssen die Speichergewebe mit entsprechend hohen Raten energiereiche Substrate freisetzen (Induktion durch adipokinetisches Hormon des Corpus cardiacum). Das rasche Ansteigen und die Aufrechterhaltung der hohen Flußraten der Metabolite durch die energieliefernden Stoffwechselwege wird durch empfindliche, noch nicht genau bekannte Kontrollmechanismen reguliert. Als energiereiche Substrate setzt die Flugmuskulatur der Insekten hauptsächlich Kohlenhydrate, zum Teil in Kombination mit anderen Nährstoffen (z.B. Aminosäuren), ein (Dipteren, Hymenopteren). Orthopteren und Lepidopteren dienen während langanhaltender Flüge überwiegend Fette als Energiequellen, und bei Heuschrecken (*Locusta* spp.) sind sowohl Kohlenhydrate als auch Fette als Energielieferanten von Bedeutung.

Die wichtigsten **kohlenhydratartigen Energieresourcen** der Insekten sind das Glykogen und die Trehalose, die im Flugmuskel und Fettkörper dieser Organismen gespeichert vorliegen. **Trehalose**, ein aus Glucose aufgebautes Disaccharid, ist der Blutzucker der Insekten, der in der Hämolymphe mancher Arten (adulte Aphide *Megoura viciae*) extrem hohe Konzentrationen von bis zu 70 mg/ml (etwa 300 mM) enthalten kann. Die Verwendung dieses Zuckers als Energiespeicher besitzt im Vergleich zur Glucose den

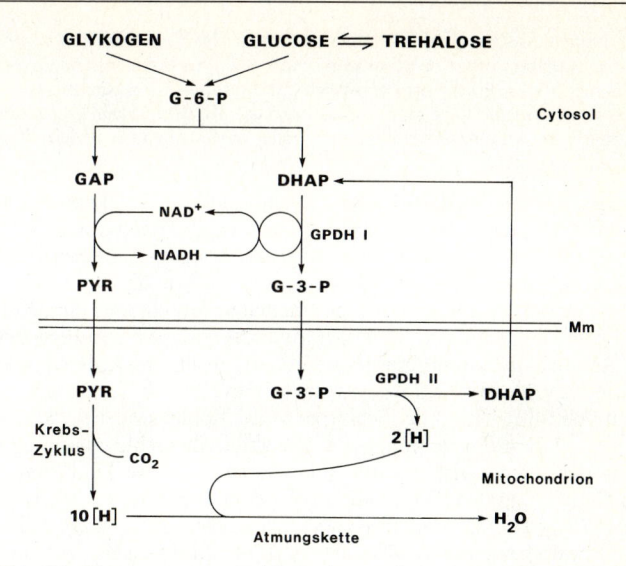

Abb. 4.14: Die Verwertung von Kohlenhydrat und die Bedeutung der Glycerinphosphat-Schleuse in der Flugmuskulatur der Insekten.. GPDH I und II = cytosolische und mitochondriale Glycerinphosphat-Dehydrogenase, G-3-P = Glycerin-3-phosphat. Andere Abkürzungen s. Abb. 4.4. und 4.11

Vorteil, daß pro osmotisch aktives Molekül die doppelte Menge an biologischer Energie gewonnen werden kann. Wie das im Fettkörper gespeicherte Glykogen wird die Trehalose, deren enzymatische Spaltung Glucose ergibt, über die klassischen katabolen Stoffwechselwege zu CO_2 und Wasser oxidiert (Abb. 4.14). Dabei sind die Abbauwege der beiden Reservekohlenhydrate eng miteinander verknüpft, laufen aber unter der Kontrolle enzymatischer Mechanismen zeitlich voneinander getrennt ab.

Eine weitere Besonderheit des Flugmuskels der Insekten betrifft die Abwesenheit von **Lactat-Dehydrogenase**, deren Aufgabe im Vertebratenmuskel darin besteht, bei Anaerobiose das zur Aufrechterhaltung der Glykolyse notwendige NAD^+ zu regenerieren. Das Fehlen dieser enzymatischen Reaktion macht den Flugmuskel streng von einem aeroben Stoffwechsel abhängig und daher unter Anoxie arbeitsunfähig. Für die Kopplung des anaeroben Glucoseabbaus mit dem sauerstoffabhängigen Reaktionssystem steht der Insektenmuskulatur ein hochwirksamer katalytischer Zyklus (Glycerinphosphat-Schleuse; Abb. 4.14) zur Verfügung, der den Wasserstoff, der in der Glykolyse fortlaufend auf NAD^+ übertragen wird, in das mitochondriale Kompartiment einschleust und mit der Atmungskette verbindet.

Mit Hilfe desselben Reaktionsschemas erfolgt der Glucoseabbau auch in der Mantelmuskulatur von Cephalopoden (Abb. 4.13) beim anhaltenden, schnellen Schwimmen, und auch die afrikanischen *Trypanosoma*-Arten besitzen eine aerobe Glykolyse, in der eine Glycerinphosphat-Schleuse als Wasserstoff-Transportsystem wirksam ist; das Atmungssystem dieser Einzeller ist jedoch von dem vielzelliger Tiere vollständig verschieden.

In der Anfangsphase des Fluges decken viele Insekten (Dipteren, Orthopteren, Lepidopteren, Hymenopteren) den Energiebedarf durch den Abbau von Glykogen und Trehalose. Bei anhaltend hohem Energieanspruch wird dabei jedoch mehr Pyruvat gebildet, als der Citrat-Zyklus wegen seiner unzureichenden Versorgung mit Intermediaten aufnehmen kann. Zur Behebung dieses Mangels wird die Kohlenhydrat-Oxidation vorübergehend mit dem Abbau von Aminosäuren (besonders Prolin) funktionell gekoppelt (Abb. 4.12, 4.13), wobei überschüssiges Pyruvat durch Transaminierung in Alanin überführt wird. Gleichzeitig wird das Kohlenstoffskelett des Prolins bzw. der Glutaminsäure in den Citrat-Zyklus eingeschleust und damit der Zyklus mit Intermediaten «aufgefüllt» (**anaplerotische Funktion**). Durch diese Aktivierung des Zyklus kann das gesamte über die Glykolyse anfallende Pyruvat der Endoxidation zugeführt werden (Abb. 4.13), welches mit einem Energiegewinn von 38 Molen ATP pro Mol Glucose verbunden ist. Durch Einschalten weiterer Enzymaktivitäten kann Prolin in manchen Insekten auch vollständig zu CO_2 und Wasser oxidiert werden, woraus ebenfalls ein hoher Energiegewinn resultiert. Den Flugmuskeln wieder anderer Insekten (Tsetse-Fliegen, Colorado-Kartoffelkäfer) dient Prolin als hauptsächliches Energiesubstrat, das in der Hämolymphe dieser Organismen in extrem hoher Konzentration (50 mM) vorkommt. Der Abbau der Aminosäure erfolgt hier jedoch nur partiell und führt, unter Beteiligung der terminalen Teilsequenz des Krebs-Zyklus, zur Bildung von Alanin, CO_2 und

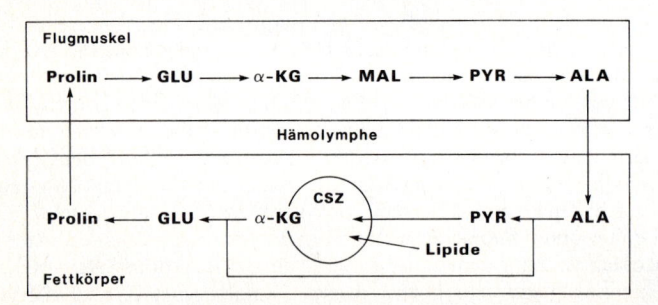

Abb. 4.15: Abbau und Resynthese von Prolin in Insekten, die während des Fluges hauptsächlich Prolin als Energiequelle einsetzen. ALA = Alanin, CSZ = Citrat-Zyklus. Weitere Abkürzungen s. Abb. 4.11, 4.12 und 4.13.

Wasser (Abb. 4.15). Insekten, die große Flugdistanzen zurücklegen *(Locusta)* stellen ihre ATP-Energie hauptsächlich durch den Abbau von Fett zur Verfügung (s. 4.2.4).

Im Gegensatz zu den terrestrischen Insekten können Larven von Insekten, die sich an spezielle aquatische Habitate angepaßt haben (Chironomiden), ihren Energiebedarf durch anaerobe Prozesse decken. Bei langfristiger Anoxie kann dabei Glykogen hauptsächlich zu **Ethanol** fermentiert werden (s. 4.2.6).

4.3.4 Wirbeltiere

Auch bei Wirbeltieren ist die Fähigkeit zu einem sauerstofffreien Energiestoffwechsel weit verbreitet. Dies gilt zumindest für bestimmte Gewebe, z. B. die weißen Muskelfasern, in denen eine **anaerobe Glykolyse** bei den meisten Arten in Situationen intensiver Muskelarbeit vorkommt (s. 4.2.4, 4.2.6). Die Notwendigkeit zur Umschaltung von der Aerobiose auf anaerobe Prozesse ergibt sich daraus, daß der Sauerstoff für die Substratoxidation nicht schnell genug zum Muskel transportiert werden kann. Bei rascher, starker Muskelbelastung (intensive Aktivitätsausbrüche von Krokodilen, kurze Flüge des Truthahns, Kurzstreckenlauf des Menschen) wird daher die Energie in den ersten Sekunden durch Creatinphosphat und dann durch anaerobe Glykolyse von Muskel-Glykogen und Blut-Glucose zu Lactat bereitgestellt. Wegen der geringen ökonomischen Effizienz des anaeroben Substratabbaus können solche Muskeln nur für kurze Zeit (Sekunden bis wenige Minuten) mit maximaler Geschwindigkeit arbeiten.

In der Erholungsphase nach extremer Muskelarbeit ist der Sauerstoffverbrauch zunächst erhöht (**Sauerstoffschuld**), da durch vollständige Substrat-Oxidation (hauptsächlich Fettsäuren) rasch große Energiemengen bereitgestellt werden müssen (s. 4.2.4, 4.2.5), um überschüssiges Lactat via Gluconeogenese in Glucose zurückzuverwandeln und die während der Anaerobiose verbrauchten Energiespeicher (Creatinphosphat, Glykogen) wieder aufzubauen. Bei anhaltender Muskelbelastung wird nach Erhöhung des Blutflusses die Energie zum großen Teil in den roten Muskelfasern durch Oxidation von Fettsäuren bereitgestellt. Eine extrem hohe Fähigkeit des Muskelstoffwechsels, Fettsäuren als Energiequelle heranzuziehen, besitzen Vögel, die besonders anstrengende und lange Flüge ohne Gelegenheit zur Nahrungsaufnahme unternehmen (Zugvögel). Die Voraussetzung für diese erstaunliche Dauerleistung liegt in der Feinstruktur und im Stoffwechsel des Flugmuskels begründet (s. 7.1). Insbesondere sind hierfür die große Dichte der Mitochondrien mit ihren hohen Aktivitätsgehalten des fettsäureoxidierenden Enzym-Apparates, der hohe Gehalt an **Myoglobin** (O_2-Speicher) und die Präsenz großer Brennstoffreserven (Fetttröpfchen) verantwortlich.

Echte **fakultativ-anaerobe** Wirbeltiere gibt es unter den Fischen. So können Karpfen, die den Winter unter der Eisdecke kleiner Teiche verbringen, monatelang Zustände extremer Anoxie überleben. Dabei dient Glykogen als hauptsächliche Energiequelle, das zu Lactat abgebaut wird. Der übermäßigen Lactat-Anhäufung wird durch teilweise Weiterverwertung dieses Produktes zu Acetat und Ethanol entgegengewirkt (Goldfisch). Von Vorteil ist dabei, daß mit der Bildung von Acetat eine höhere Energieausbeute erzielt wird (Abb. 4.11) und diese Säure in ihrer undissoziierten Form leicht durch Diffusion aus den Geweben ausgeschieden werden kann.

Größere metabolische und physiologische Anpassung macht auch das Tauchen von marinen Vertebraten (Meeresschildkröten, Robben, Delphine) erforderlich, da sich diese Tiere dabei einer Sauerstoffunterversorgung aussetzen. Während des langanhaltenden Tauchens wird die Blutglucose zur wichtigsten Kohlenstoff- und Energiequelle. Das hohe Glykolysepotential und die Toleranz hoher Lactatkonzentrationen gleichen dabei den zeitlich begrenzten Mangel an Sauerstoff aus, indem sie eine enorme Steigerung der ATP-Bildungsraten über die anaerobe Glykolyse ermöglichen. Diese **Lactatgärung** läuft nicht nur im Skelettmuskel, sondern zum Teil auch in «aeroben» Organen wie dem Herzmuskel und Gehirn ab. Robben halten den Verbrauch von Sauerstoff aus seinen Speichern (Myoglobin-O_2) zusätzlich durch Drosselung der Blutzirkulation und Körpertemperatur gering. Zu einem späteren Zeitpunkt werden bei diesen Tieren, besonders im Herz und in der Lunge, die mit zunehmender Tauchdauer stark ansteigenden Lactatmengen mit Hilfe der noch zur Verfügung stehenden Sauerstoffreserven unter hohem Energiegewinn vollständig oxidiert. Dies führt zu einer Verminderung der Gewebskonzentration von Lactat, aber auch zu einer Einschränkung im Verbrauch von Glucose, dem wichtigsten Energiesubstrat des Zentralnervensystems. In einer weiteren Phase wird in den Nieren und in der Leber Glucose aus Lactat resynthetisiert (Gluconeogenese) und damit der Blutglucose-Spiegel wieder erhöht. Meeresschildkröten brauchen ihren Sauerstoffvorrat ungefähr innerhalb der ersten Stunde ihres Aufenthaltes unter Wasser vollständig auf. Im weiteren Tauchverlauf, der unter bestimmten Bedingungen über einen Zeitraum von mehreren Tagen aufrechterhalten werden kann, erzeugt die anaerobe Glykolyse ausreichend Energie, um den Wasserschildkröten ein Überleben im Zustand völliger Anoxie zu ermöglichen. In der Erholungsphase nach dem Auftauchen ist der Sauerstoffverbrauch vieler tauchender Wirbeltiere zunächst stark erhöht (Sauerstoffschuld, s.o.). Die Sauerstoffspeicher müssen wieder aufgefüllt werden, das im Blut zirkulierende überschüssige Lactat muß verstoffwechselt und Energiespeicher (Glykogen, Phosphagen) müssen regeneriert werden. Die für die Resynthesevorgänge benötigte Energie wird dabei zum Teil durch Oxidation von Fettsäuren bereitgestellt (s. 4.2.4).

Eine vom beschriebenen Verlauf etwas abweichende Tauchstrategie scheint bei See-Elefanten vorzukommen. Sie verbringen selbst nach längeren und sehr tiefen Tauchgängen (Tauchtiefe bis zu über 800 m) nur kurze Zeit (einige Minuten) an der Oberfläche. Offenbar «planen» diese Robben ihre Tauchgänge in einer Weise, daß sie nur selten ihren gesamten Sauerstoffvorrat aufbrauchen und somit ein größeres Sauerstoffdefizit eingehen. Landlebende Säuger können anoxische Zustände weit weniger gut kompensieren als ihre marinen Artgenossen. Bei Anoxie tritt fast augenblicklich ein Funktionsverlust des Zentralnervensystems und innerhalb weniger Minuten eine irreversible Schädigung dieses Gewebes ein.

4.4 Die Biosyntheseleistungen tierischer Zellen

Der aufbauende Stoffwechsel oder **Anabolismus** umfaßt die Biosynthese einer großen Palette von einfachen und komplexen Biomolekülen. Dazu müssen in einer einleitenden Phase zunächst die wenigen einfachen Vorstufen, von denen sich die große Zahl der verschiedenen Zellkomponenten ableitet, bereitgestellt werden. In einem zweiten Schritt werden aus diesen die spezifischen Bausteine (Aminosäuren, Zucker, Nucleotide, Fettsäuren) hergestellt, die dann in der Endphase der Biosynthesevorgänge entweder unter Bildung vieler verschiedener Makromoleküle in hochspezifischer Weise miteinander verknüpft oder in kleinere, spezialisierten Funktionen dienende Biomoleküle überführt werden. Da Größe und Komplexität der Strukturen während der Biosynthesevorgänge zunehmen, ist der Anabolismus auf die **Zufuhr von Energie** angewiesen. Diese wird meistens durch die Hydrolyse von ATP bereitgestellt, wodurch der abbauende, energieliefernde Stoffwechsel mit dem ihm entsprechenden aber entgegengesetzt gerichteten Stoffaufbau auf das engste verknüpft ist. Beide Wege laufen häufig gleichzeitig ab und befinden sich in einem dynamischen Gleichgewicht. Die Wege der Biosyntheseprozesse sind jedoch niemals völlig identisch mit den Vorgängen des Stoffabbaus, obwohl sie mehrere reversible Reaktionen gemeinsam, jedoch entgegengesetzt verlaufend haben können. Für eine größere Zahl der Biosynthesen sind die entsprechenden katabolen Wege aus energetischen oder mechanistischen Gründen sogar völlig unbrauchbar. Erst durch diese Trennung von ab- und aufbauenden Wegen wird eine getrennte, wirksame Kontrolle beider Stoffwechselvorgänge und damit die Bildung stabiler Strukturen möglich.

4.4.1 Aufbau von Kohlenhydraten

Tierische Zellen verfügen über Biosynthesewege, die zum Aufbau einer großen Vielfalt von Kohlenhydraten (einfache Zucker, Oligosaccharide, komplexe Polysaccharide) führen. Von besonderer Bedeutung ist dabei die Bildung von Glucose, die verschiedenen tierischen Geweben (Gehirn, Erythrocyten, Embryonalgewebe) als einzige oder hauptsächliche Energiequelle dient. Dieser als **Gluconeogenese** bezeichnete Vorgang erfolgt über eine Serie sorgfältig regulierter Reaktionen aus einfachen Kohlenstoff-Bausteinen, wie Glycerin, Pyruvat, Lactat, verschiedenen Aminosäuren und Krebs-Zyklus-Intermediaten. Im Verlauf dieses Prozesses wird die Glykolyse über weite Strecken in umgekehrter Richtung beschritten, mit Ausnahme ihrer drei unter physiologischen Bedingungen irreversibel verlaufenden Schritte

(Abb. 4.4). Diese werden durch alternative, nur der Gluconeogenese dienende Enzyme katalysiert. Unter physiologischen Bedingungen arbeiten diese Umgehungsenzyme wie die entsprechenden Glykolyse-Enzyme irreversibel in Richtung der Synthese. Da an diesen Stellen die wichtigsten regulatorischen Mechanismen wirksam sind, können Glykolyse und Gluconeogenese unabhängig voneinander kontrolliert werden, so daß bei hoher Aktivität des einen Weges der andere relativ inaktiv ist. Der Aufbau von Glucose aus Pyruvat oder Lactat ist energetisch sehr aufwendig, wenn man bedenkt, daß für jedes Molekül Glucose, das aus Pyruvat oder Lactat aufgebaut wird, sechs Nucleosidtriphosphate (4 ATP, 2 GTP) verbraucht werden.

Eine besonders aktive Gluconeogenese besitzen die Wiederkäuer, die diesen Weg für die Bildung von Glucose aus den kleinen Kohlenstoffverbindungen (Lactat, Acetat, Propionat, Butyrat) einsetzen, die durch **mikrobielle Gärungsprozesse** im Vormagen dieser Tiere entstehen. Eines der wichtigsten Gärungsprodukte, die Propionsäure, wird dabei nach Carboxylierung und Umlagerung zu Succinyl-CoA in den Citrat-Zyklus eingeschleust, von wo aus nach Überführung in Oxalacetat der Anschluß an den Kohlenhydrataufbau erreicht wird.

Der Aufbau des im Tierreich weit verbreiteten Reservekohlenhydrats **Glykogen** erfolgt aus Glucose oder anderen niedermolekularen Metaboliten (Abb. 4.4). Als primäres Substrat für die schrittweise Synthese der Glykogenkette wirkt dabei eine mit Hilfe des «energiereichen» Phosphats UTP hergestellte Form der «aktivierten» Glucose (**UDP-Glucose**) (Abb. 4.4). Der Aufbau des verzweigten, hochpolymeren Glykogenmoleküls unterliegt wie sein Abbau einer präzisen enzym- und hormongesteuerten Kontrolle (s. 4.5).

4.4.2 Biosynthese der Lipide

Eine herausragende Bedeutung unter den Synthesevorgängen für Lipide besitzt derjenige für Fettsäuren, da diese die wesentlichen Bestandteile einer Vielfalt von Lipiden sind und in Form der Neutralfette von den meisten Tieren in großen Mengen als Energiereserven gespeichert werden können. Die Biosynthese der Fettsäuren wird sowohl räumlich als auch in bezug auf die Art der beteiligten Enzyme und Coenzyme völlig getrennt von ihrem Abbauweg durchgeführt. Sie vollzieht sich an einem im Cytosol lokalisierten Enzymkomplex, dem **Fettsäure-Synthase-System**, an dem mindestens sieben Teilreaktionen ablaufen (Abb. 4.16). Universelles Ausgangssubstrat ist das **Acetyl-CoA**, das intramitochondrial beim Nährstoff-Endabbau anfällt. Dieses muß zunächst für die im Cytosol ablaufende Lipidsynthese durch die Mitochondrienmembran transportiert werden, welches in Form von Citrat erfolgt. Die unmittelbare Vorstufe für die Kettenverlängerung der Fettsäuren ist der C_3-Körper Malonyl-CoA, der durch Anlagerung von CO_2 an Acetyl-CoA gebildet wird. Im Zentrum des Fettsäure-Synthase-Komplexes befindet sich ein SH-gruppenhaltiges Protein, das Acyl-Carrier-Protein (ACP), an das

4.4 Biosyntheseleistungen

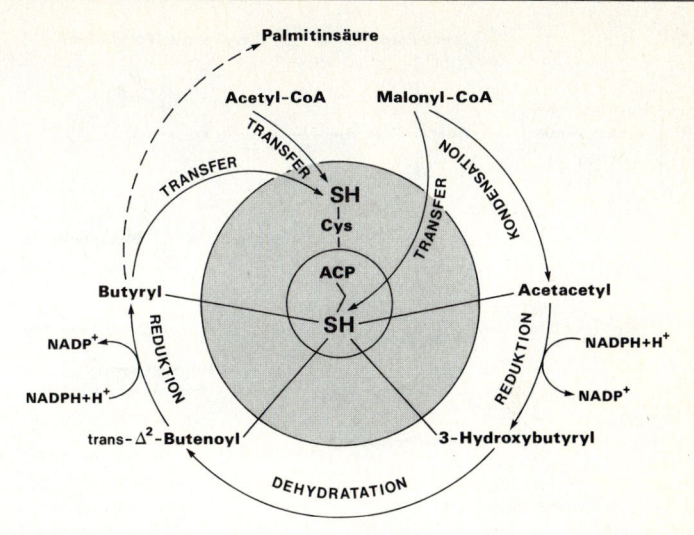

Abb. 4.16: Schematische Darstellung des Ablaufs der Synthese von Fettsäuren am Enzymkomplex der Fettsäure-Synthase. In einem Umlauf wird die Kohlenstoffkette durch Anlagerung von Malonyl-CoA und nachfolgender CO_2-Abspaltung um zwei C-Glieder verlängert. Die wachsende Fettsäurekette bleibt bis zu ihrer Fertigstellung an die zentrale SH-Gruppe des Acyl-Carrier-Proteins (ACP) gebunden. In tierischen Geweben sind die an der Synthese beteiligten Einzelenzyme um das ACP herum zu einem Komplex angeordnet.

alle Acyl-Zwischenprodukte der Fettsäure-Synthese kovalent gebunden werden. Vor Beginn des eigentlichen Kettenaufbaus wird der Enzymkomplex mit einer Acetyl- und einer Malonylgruppe beladen, was durch Bindung an eine periphere Cystein-SH-Gruppe bzw. an das ACP erfolgt. In einem ersten Reaktionsschritt werden diese beiden Kohlenstoffkörper unter Freisetzung von CO_2 zu einer Acetacetylgruppe vereinigt. In einer Serie von Folgereaktionen, die eine Kondensation, eine Wasserabspaltung und zwei Reduktionen umfassen, wird die Fettsäurekette nach jedem Umlauf durch den Synthesezyklus um eine C_2-Einheit erweitert. Dabei verläßt das anfänglich in die Bildung des Malonyl-CoA investierte CO_2 den Reaktionsweg wieder. Nach Erreichen einer bestimmten Kettenlänge, vorzugsweise C_{16}, wird der Zyklus abgebrochen und die gebildete Fettsäure durch Übertragung auf Coenzym A freigesetzt.

Palmitinsäure, die vorzugsweise als Endprodukt der Fettsäuresynthese entsteht, kann durch Kettenverlängerung in höhere oder durch die Wirkung sauerstoffabhängiger Enzyme in ungesättigte Säuren umgewandelt werden

4 Stoffwechselphysiologie

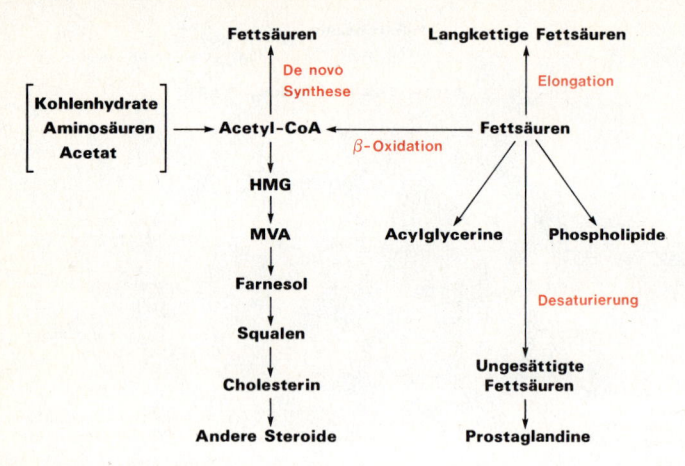

```
                    Fettsäuren          Langkettige Fettsäuren
                        ↑                        ↑
                     De novo                 Elongation
  ┌Kohlenhydrate┐    Synthese
  │Aminosäuren  │ → Acetyl-CoA ←──────── Fettsäuren
  └Acetat       ┘         β-Oxidation      ↓      ↓
                        ↓
                       HMG
                        ↓
                       MVA          Acylglycerine  Phospholipide
                        ↓
                     Farnesol
                        ↓                     Desaturierung
                     Squalen                       ↓
                        ↓                    Ungesättigte
                   Cholesterin                Fettsäuren
                        ↓                          ↓
                  Andere Steroide            Prostaglandine
```

Abb. 4.17: Zentrale Wege des Fettstoffwechsels. HMG = Hydroxymethylglutaryl-CoA, MVA = Mevalonat.

(Abb. 4.17). Neutralfette werden aus Fettsäure-CoA-Verbindungen und Glycerin-3-phosphat aufgebaut und die dabei als Zwischenstufen auftretenden Diacylglycerine dienen als Vorstufen für die Bildung von Phospholipiden und anderen Fettsubstanzen (Abb. 4.17).

Die meisten Tiere unterscheiden sich von den Pflanzen auch dadurch, daß sie wichtige ungesättigte Fettsäuren wie **Linol-** und **Linolensäure** nicht synthetisieren können. Die Insekten bilden hierbei, zusammen mit einigen freilebenden Protozoen (*Tetrahymena* spp., *Acanthamoeba* spp.). eine Ausnahme, da sie über die Fähigkeit verfügen, weitere Doppelbindungen in die Kohlenstoffkette der Ölsäure in Richtung ihrer Methylgruppe einzuführen. Im Gegensatz zu den meisten anderen Tieren dürften diese Arten somit von der Aufnahme dieser Fettsäuren (**essentielle Fettsäuren**) mit der Nahrung unabhängig sein. Eine extreme Limitierung im Bereich des Lipid-Stoffwechsels zeigen die meisten parasitisch lebenden Tiere (Protozoen, Helminthen), von denen viele Arten zur de-novo-Synthese langkettiger Fettsäuren und Sterolen nicht befähigt sind und diese Verbindungen daher mit der Nahrung aufnehmen müssen.

4.4.3 Biosynthese der Nucleinsäuren

Die Bausteine der Nucleinsäuren sind die **Nucleotide**, die ihrerseits aus Purin- bzw. Pyrimidinbasen, Ribose- bzw. Desoxyribose und anorganischem Phosphat zusammengesetzt sind. Die meisten Tiere können diese Nucleotide in relativ komplexen Reaktionswegen aus niedermolekularen

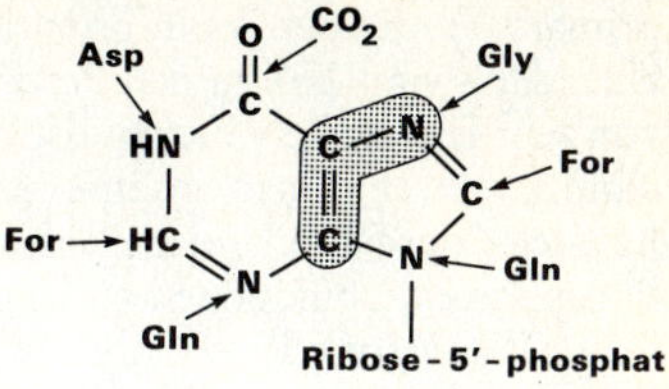

Abb. 4.18: Die Herkunft der Atome des Purinrings. Die Synthese endet mit der Bildung von Inosin-5'-phosphat (IMP), das als Vorstufe für alle anderen, für den Aufbau von Nucleinsäuren benötigten Purinnucleotid-Bausteinen dient. Abkürzungen: Asp = Aspartat; For = Formylrest; Gln = Glutamin; Gly = Glycin.

Bausteinen aufbauen (de-novo-Synthese), wobei bestimmten Aminosäuren eine besondere Rolle zukommt (Abb. 4.18, 4.19). Aus den primären Syntheseprodukten **Inosin-** bzw. **Uridinmonophosphat** werden dann alle weiteren Ribo- und Desoxyribonucleotide über spezifische enzymatische Wege hergestellt. Als Alternative zum de-novo-Aufbau können Nucleotide auch aus den Purin- und Pyrimidinbasen, die beim hydrolytischen Abbau von Nucleinsäuren und Nucleotiden anfallen, durch **Wiederverwertungsverfahren** («salvage» Wege) erhalten werden. Komplizierte Netzwerke solcher Wiederverwertungswege kommen bei parasitisch lebenden Tieren vor (Protozoen, Helminthen), die in Anpassung an die Lebensweise in einem Wirtsorganismus die Fähigkeit zur de-novo-Synthese von Nucleotiden teilweise (Synthese auf Pyrimidinring beschränkt) oder ganz verloren haben.

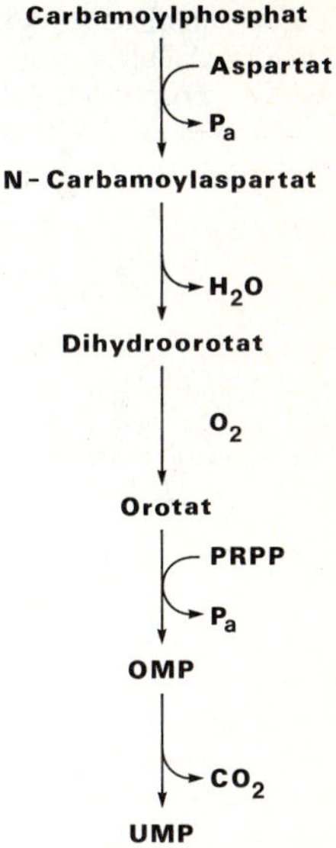

Abb. 4.19: Der Biosyntheseweg der Pyrimidinnucleotide. Das als Ausgangsprodukt dienende Carbamoylphosphat wird aus Glutamat, ATP und HCO_3^- hergestellt. Endprodukt der Synthese ist Uridin-5'-phosphat (UMP), aus dem sich alle anderen, für den Aufbau der Nucleinsäuren benötigten Pyrimidinnucleotide synthetisieren lassen. OMP = Orotidin-5'-phosphat, P_a = anorganisches Phosphat, PRPP = 5-phosphoribosyl-1-pyrophosphat.

4 Stoffwechselphysiologie

In allen tierischen Lebewesen ist die **Desoxyribonucleinsäure** (DNA) der primäre Träger der Erbinformation. Der genetische Informationsfluß verläuft dann via RNA zu den Proteinen. Die DNA liegt im Zellkern in Form von sehr langen Polynucleotidsträngen vor, von denen jeweils zwei rechtshändig um eine gemeinsame Achse gewunden sind (Doppelhelix). Die Bausteine der DNA sind die **Desoxyribonucleotide**, die untereinander durch Phosphodiesterbindungen zu einem Polynucleotid verbunden sind. Hierin bilden die Desoxyriboseeinheiten zusammen mit den Phosphatgruppen das konstante Rückgrat, während der variable Teil, der in der exakten Folge der vier verschiedenen Basen (Adenin, Thymin, Guanin, Cytosin) besteht, als Träger der genetischen Information wirkt.

Eine notwendige Voraussetzung für die Neubildung von Zellen ist die identische Verdoppelung der DNA, die als **DNA-Replikation** bezeichnet wird (Abb. 4.20).

Bei diesem Vorgang werden nach Öffnung des Eltern-DNA-Stranges durch fortlaufende Synthese zwei komplementäre Gegenstränge synthetisiert. Es entstehen so zwei mit der Eltern-Doppelhelix identische Tochter-Doppelketten, von denen jede einen Strang der Eltern-DNA enthält (**semikonservative Replikation**). Die hochorganisierte Anordnung in Nucleosomen und Chromatinfäden (s. 1.3.9.3) macht die Replikation eukaryotischer DNA zu einem besonders komplexen Prozeß. Sobald durch eine Reihe mechanischer Veränderungen die Basensequenz für die Replikation zugänglich gemacht worden ist, verläuft diese jedoch ähnlich wie bei Prokaryonten.

Das **Replikationssystem**, das die Synthese von DNA katalysiert, besteht aus zahlreichen Enzymen und weiteren Proteinfaktoren, die am Gesamtprozeß der Verdoppelung in komplizierter Weise zusammenwirken. Die eigentliche Synthesearbeit wird durch DNA-Polymerasen geleistet, die die kovalente Verbindung der vier verschiedenen Desoxyribonucleotid-Bausteine unter Ausbildung von Phosphodiesterbrücken katalysieren. Die Energie für die Bildung jeder neuen Nucleotid-Bindung wird aus der Spaltung der Nucleotidtriphosphate unter Freisetzung von Pyrophosphat gewonnen.

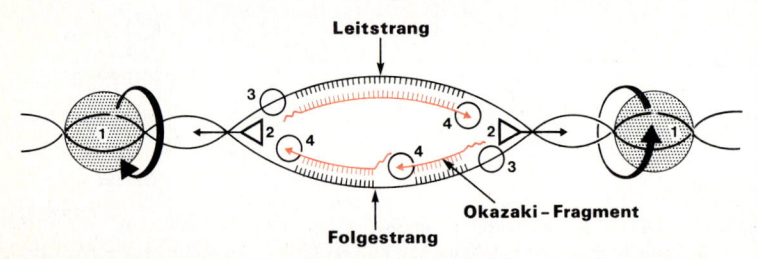

Abb. 4.20: Schematische Darstellung der DNA-Replikation. Die neugebildeten, komplementären DNA-Teilstränge sind rot dargestellt. Die numerierten Symbole stellen Angriffspunkte für Enzyme dar. 1, DNA-Topoisomerase (entwindet und entspannt die DNA-Helix); 2, DNA-Helikase (treibt die Replikationsgabel in beiden Richtungen vorwärts); 3, Exonuclease (entfernt RNA-Starterstücke); 4, DNA-Polymerase.

4.4 Biosyntheseleistungen

Neben dem als Matrize wirksamen Eltern-DNA-Strang benötigen die DNA-synthetisierenden Polymerasen noch einen vorfabrizierten Starterstrang (**Primer** oder Initiator) zur Initiation der DNA-Synthese. Dieser besteht aus einem kurzen, zur DNA komplementären RNA-Stück, an das die Desoxyribonucleosidphosphate schrittweise in 5'–3'-Richtung addiert werden. Die Replikation erfolgt bidirektional, das heißt die Synthese der beiden Tochterhelices beginnt zwar am selben Startpunkt (**Replikationsgabel**), verläuft aber in der zur Bewegung der Replikationsgabel umgekehrten Richtung. Ein weiterer Unterschied im Syntheseverlauf der beiden Stränge ist, daß eine Kette kontinuierlich gebildet wird (**Hauptstrang** oder Leitstrang), die andere (**Folgestrang** oder Verzögerungsstrang) jedoch durch Zusammenschluß einzelner kürzerer DNA-Fragmente (Okazaki-Stücke), die in einem diskontinuierlichen Vorgang repliziert werden.

Für den Gesamtprozeß der DNA-Verdoppelung ist ein großer enzymatischer Aufwand (**Replisom**) notwendig, an dem neben den Polymerasen noch eine Reihe anderer Enzyme beteiligt sind. Hierzu gehören beispielsweise solche, die DNA entwinden und entspannen (Topoisomerase), die Replikationsgabel vorantreiben (Helikase), kurze DNA-Stücke miteinander verknüpfen (Ligase), Starter-RNA synthetisieren (RNA-Polymerase oder Primase) und Starterstrang-RNA eliminieren (Exonuclease). Nach Abschluß der Synthese wird die DNA durch Korrekturenzyme (Endonucleasen) auf nicht korrekt basengepaarte Stellen abgetastet. Fehlerhafte Positionen werden durch diese Enzyme eingeschnitten und anschließend durch das Zusammenwirken von Exonucleasen, DNA-Polymerase und Ligase korrigiert. Wegen der Größe eukaryontischer DNA beginnt die Replikation gleichzeitig an zahlreichen Stellen (ungefähr 25.000 beim Menschen) und verläuft mit hoher Geschwindigkeit (bei Säugern 60 Nucleotideinheiten/sec.). Der fertige Tochter-DNA-Doppelstrang vereinigt sich mit neu gebildetem Histon zu **Nucleosomen**.

Der nächste Schritt im Fluß der genetischen Information ist die Umschreibung (**Transkription**) der DNA in die Basenfolge der RNA. Wie bei der Synthese der DNA erfolgt die Bildung der RNA nach dem Prinzip der **Basenkomplementarität**.

Das Enzymsystem (RNA-Polymerasen), von dem die gesamte zelluläre RNA synthetisiert wird, benötigt für seine Aktivität vorgeformte DNA, von der es die Instruktionen für die Synthese erhält. Dabei bestimmen die Guanin- und Cytosinreste in der DNA die Cytosin- bzw. Guaninreste in der neuen RNA. In gleicher Weise werden in die RNA Uracil- und Adeninreste eingebaut, an denen sich in der DNA-Matrize Adenin- bzw. Thyminreste befinden. In der Zelle dient nur ein Strang der DNA als Matrize für die Transkription, deren Richtung der DNA-Synthese (5'–3') entspricht.

Die Synthese von RNA beginnt an spezifischen Stellen der DNA-Matrize, den sogenannten **Promotoren**. Dies sind kurze DNA-Sequenzen, die den Strukturgenen vorgelagert sind und für RNA-Polymerase als Erkennungssignal und Bindungsstelle dienen. Das Kettenwachstum der RNA vollzieht sich im Prinzip in ähnlicher Weise wie das der DNA, nämlich durch Knüpfung von Phosphodiesterbindungen zwischen den vier verschiedenen Ribonucleosid-5'-triphosphaten, jedoch benötigt die RNA-Polymerase keine Startersequenz. Das Ende der transkribierbaren DNA-Matrize wird durch spezifische Sequenzen (**Terminationssequenzen**) angezeigt, deren Struktureigenschaften einen Stillstand der RNA-Polymerase-Aktivität bewirken, sobald das

Enzym auf ein solches Signal trifft. An der Termination der Transkription können zusätzlich noch Proteinfactoren beteiligt sein.

Als Produkte der Transkription besitzen hauptsächlich drei Klassen von RNAs Bedeutung. Die **messenger-RNA** (mRNA) trägt die Information von der DNA zu den Ribosomen, um dort im Rahmen der **Translation** für die Aminosäuresequenz der Polypeptidketten zu kodieren. Diese RNA-Form ist einsträngig und zeigt wenig Sekundärstruktur. Entsprechend der Vielzahl der Proteinstrukturen ist die Klasse der mRNAs sehr heterogen bezüglich Sequenz und Größe, die mehr als 5.000 Nucleotide erreichen kann. **Transfer RNAs** (tRNA) enthalten zwischen 73 und 93 Nucleotid-Einheiten und sind damit die kleinsten RNA-Formen. Sie sind ebenfalls einsträngig, enthalten jedoch Regionen mit Doppelhelixstruktur. Die Funktion der tRNA besteht darin, am Ribosom den genetischen Code aus der Sequenz der Nucleinsäure in die Proteinsequenz zu übersetzen. Die tRNA hat die Form eines L, dessen Schenkelenden als Träger der Aminosäuren (Aminosäureakzeptorarm) bzw. als Anticodonarm wirken. Die **ribosomale RNA** (rRNA) ist der Hauptbestandteil der Ribosomen.

Bei Eukaryonten entstehen alle RNAs zunächst in Form großer Vorstufen (**Primärtranskripte**), die erst noch enzymatischen Veränderungen unterzogen werden, bevor sie ihre typischen biologischen Funktionen annehmen (**posttranskriptionale Molekularreifung**). Die enzymatischen Vorgänge, die hierfür zum Einsatz kommen, bewirken beispielsweise Verkürzungen der RNA, das Anhängen von Nucleotiden an die Enden von RNA-Ketten (Poly-A-Schwanz am 3′- und 7-Methylguanosinrest am 5′-Ende von mRNA) und die Modifizierung von Standardnucleotiden (z.B. Methylierungen) der tRNAs und rRNAs. Eine weitere Art der Molekularreifung von mRNA und tRNA besteht in dem enzymatischen Herausschneiden (Splicing) von nicht kodierenden, intervenierenden Sequenzen (Introns). Die verbleibenden kodierenden Ketten werden anschließend in der richtigen Nucleotidfolge wieder zusammengesetzt und ergeben die reife RNA.

4.4.4 Aminosäure- und Proteinbiosynthese

Die meisten tierischen Organismen können lediglich etwa die Hälfte der zwanzig verschiedenen Hauptaminosäuren selbst herstellen (**nichtessentielle Aminosäuren**). Alle Aminosäuren, die nicht durch Eigensynthese gebildet werden können (**essentielle Aminosäuren**), müssen mit der Nahrung zugeführt werden. Pflanzenfressende Säuger werden durch die mikrobiellen Symbionten des Intestinaltraktes (Pansen, Dickdarm) in ausreichender Menge mit essentiellen Aminosäuren versorgt. Die Syntheserouten der nichtessentiellen Aminosäuren sind ziemlich einfach und gehen in vielen Fällen von Zwischenprodukten des Citrat-Zyklus und der Glykolyse aus (Glutamat, Glutamin, Aspartat, Asparagin, Alanin, Serin). Bei dieser Eigensynthese spielen **Transaminierungs-** und **Aminierungsreaktionen** eine wichtige Rolle (s. 4.2.7). Wie Pflanzen und Bakterien besitzen viele Phytoflagellaten die Fähigkeit, die meisten oder sogar alle Aminosäuren aus anorganischen Verbindungen, wie Nitrat, Ammoniak, CO_2 und Sulfat, herzustellen.

Der Prozeß der **Proteinsynthese** (**Translation**), in dem die Basensequenz der Nucleinsäuren in die Aminosäuresequenz der Proteine übersetzt wird, ist der komplexeste aller biochemischen Mechanismen (Abb. 4.21). Er erfordert das koordinierte Zusammenwirken von einer großen Zahl verschiedener Makromoleküle, zu denen viele Enzyme, Proteinfaktoren, ribosomale Proteine, Transfer-RNAs und ribosomale RNAs gehören. Viele dieser Makromoleküle sind in hochspezialisierten und komplexen Organellen, den Ribosomen, angeordnet, die eine schrittweise erfolgende Verschiebung der mRNA (**Translokation**) mit zunehmender Länge der zu synthetisierenden Peptidkette ermöglichen.

Die Synthese eines Proteins kann in mehrere Schritte unterteilt werden. Zu Beginn wird jede der 20 verschiedenen Aminosäuren unter Verbrauch von ATP-Energie mit der ihr zugehörigen tRNA kovalent verbunden. Die Aminoacyl-tRNA-Synthetasen, die diese Reaktionen katalysieren, sind sehr spezifisch für die jeweilige Aminosäure und die zugehörige tRNA. Die unter der Wirkung dieser Enzyme gebildeten Esterbindungen zwischen der Carboxylgruppe der Aminosäure und einer Hydroxylgruppe des terminalen Adenosinrests der tRNA besitzen ein hohes Gruppenübertragungspotential, das die Knüpfung der Peptidbindung ermöglicht. Im nächsten Schritt wird die mRNA, deren Basensequenz die Reihenfolge der Aminosäuren im herzustellenden

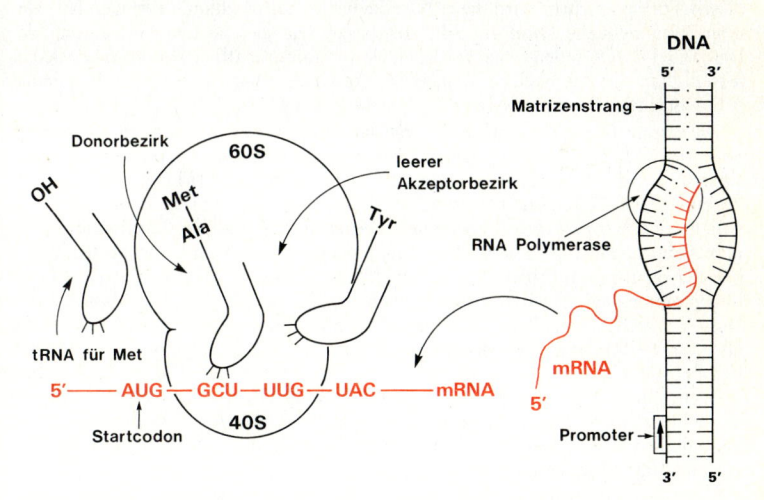

Abb. 4.21: Schematische Darstellung der Synthese der mRNA an der DNA-Matrize (Transkription) und der Phasen der Protein-Synthese (Translation) am Ribosom. Ala = Alanin, Met = Methionin, Tyr = Tyrosin. AUG, GCU und UUG symbolisieren die Tripletts der mRNA (Codons), die für den Einbau von Methionin (Start), Alanin und Tyrosin in die Polypeptidkette kodieren.

Polypeptid determiniert, an die kleine Untereinheit eines Ribosoms gebunden. Anschließend wird unter Beteiligung der 40S-Ribosomenuntereinheit, der mRNA und Initiator-tRNA ein **Initiationskomplex** ausgebildet, der die Mitwirkung bestimmter Proteine (Initiationsfaktoren) und energiereichen Phosphats in Form von GTP erfordert. Bei Eukaryonten ist die zum ersten Codon gehörige tRNA immer mit Methionin beladen. Der Beginn der Translation erfolgt nicht unmittelbar am Ende der mRNA, sondern das erste übersetzte Codon liegt immer einige Nucleotide vom 5′-Ende entfernt. An dieses spezifische Nucleotid-Triplett, das den Anfang der Polypeptidkette aus der mRNA signalisiert (AUG), lagert sich die Methionyl-tRNA an. Anschließend erfolgt die Anheftung der 60S-Ribosomenunterheit, wodurch der fertige 80S-Initiationskomplex entsteht.

Der Aufbau der Polypeptidkette erfolgt vom Amino- zum Carboxylende und wird durch kovalentes Verknüpfen der aufeinanderfolgenden Aminosäure-Einheiten erreicht (Abb. 4.21). Diese **Kettenverlängerung** (Elongation) beginnt damit, daß jede neu eintretende Aminoacyl-tRNA an einer spezifischen Stelle, dem Akzeptorbezirk der 60S-Ribosomenuntereinheit gebunden wird, wobei die tRNA mit dem ihr entsprechenden Codon der mRNA eine Basenpaarung eingeht. Die Knüpfung der Peptidbindung zwischen der Carboxylgruppe der Methionyl-tRNA und der Aminogruppe der neu eingetretenen Aminoacyl-tRNA wird von dem Enzym Peptidyltransferase, das ein integraler Bestandteil des Ribosoms ist, katalysiert, womit am Akzeptorbezirk eine Dipeptidyl-tRNA entsteht.

In der nächsten Phase des Synthesezyklus kommt es zu einer **Verschiebung** (Translokation) des Ribosoms um ein Codon in Richtung auf das 3′-Ende der mRNA. Durch diesen Transportschritt wird die tRNA, die bisher das Methionin getragen hat, von ihrer Bindungsstelle (Donorbezirk) freigesetzt. Die gleichzeitige Verlagerung der Dipeptidyl-tRNA in den freigewordenen Donorbezirk schafft eine unbesetzte Akzeptorstelle, an der das nächste Triplett für die Anlagerung einer neuankommenden Aminoacyl-tRNA liegt.

Die verschiedenen Teilschritte des Translationszyklus wiederholen sich solange, bis eines der drei Terminationscodons, die für keine Aminosäure codieren, auf dem Akzeptorbezirk des Ribosoms exponiert wird. Unter Mitwirkung verschiedener Terminationsfaktoren und GTP wird die Peptidkette am Donorbezirk des Ribosoms von der tRNA enzymatisch abgespalten. Die aus dem **Zerfall** des **Terminationskomplexes** entstehenden beiden Ribosomenuntereinheiten sowie mRNA und tRNA stehen für einen neuen Protein-Synthesezyklus zur Verfügung. Die Bindung jeder neu hinzukommenden Aminoacyl-tRNA sowie der Weitertransport des Ribosoms entlang der mRNA wird durch bestimmte Proteine (Elongationsfaktoren) katalysiert. Die für diese Vorgänge notwendige Energie wird aus der Hydrolyse von GTP zu GDP und Phosphat bezogen. Der Energieaufwand von vier «energiereichen» Phosphatbindungen, der für die Bildung jeder Peptidbindung aufgewendet werden muß, ist beträchtlich. Er erscheint jedoch notwendig, um die fehlerfreie Wiedergabe bei der biologischen Übersetzung der genetischen Information der mRNA in die Aminosäuresequenz der Proteine sicherzustellen.

Viele aus dem Translationsprozeß freigesetzte Proteine erhalten ihre biologische Aktivität erst durch eine irreversible chemische Modifikation. Diese **Molekularreifung** (Processing) kann auf vielfältige Weise erreicht werden, beispielsweise durch proteolytische Abspaltung von Aminosäuresequenzen, Quervernetzung mittels Disulfidbrücken, Einführung von Kohlenhydratseitenketten oder Derivatisierung (Methylierung, Carboxylierung, Hydroxylierung) bestimmter Aminosäurebestandteile.

4.5 Stoffwechselregulation

In allen Organismen werden Ordnung und Ökonomie im komplexen Netzwerk enzymatischer Reaktionen durch ein kompliziertes System von regulatorischen Mechanismen aufrechterhalten. Unter einer gegebenen Bedingung laufen dabei die einzelnen Reaktionen der Stoffwechselwege in definierten und ungefähr konstanten Raten ab (**Koordination**). Darüber hinaus sind die einzelnen Stoffwechselwege sinnvoll in den Gesamtstoffwechsel des Organismus **integriert**. Da sich die Umweltbedingungen für eine Zelle ändern können, muß die Kontrolle des Stoffwechsels auch **Flexibilität** zeigen. Deshalb besteht eine weitere Aufgabe der Regulation darin, Stoffwechselwege zu steigern oder zu drosseln bzw. an- oder abzuschalten. Als Kontrollelemente für den Stoffwechsel wirken intrazellulär die **Enzyme** (Abb. 4.22), übergeordnet bei vielzelligen Organismen zudem **hormonproduzierende Drüsen**. Den Enzymen dienen hauptsächlich Metabolite als **Signalsubstanzen** (Effektoren), während die Drüsen Signale in Form von **Hormonen** (s. Kap. 12) aussenden. Die Mechanismen der Regulation bestehen vor allem in der Veränderung der Geschwindigkeit enzymatischer Reaktionen, welches durch Änderungen der Substratkonzentration, Enzymaffinität, Enzymaktivität und Enzymkonzentration erreicht werden kann. Die meisten Enzyme können auch unter physiologischen Bedingungen bei Veränderungen der Substratkonzentration selbstregulierend wirken (**Autoregulation**). So kann beispielsweise eine Erhöhung der Substratkonzentration zu einer Beschleunigung (**positive Rückkopplung**) und eine Produktanhäufung zu einer Verminderung der Reaktionsgeschwindigkeit führen (**negative Rück-**

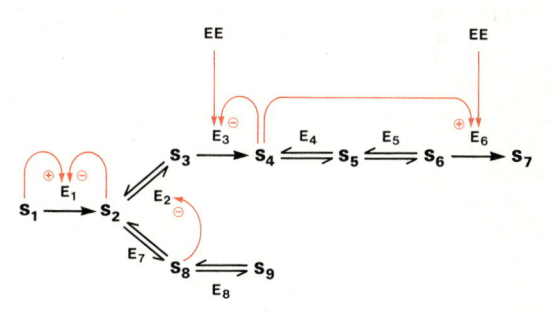

Abb. 4.22: Kontrolle eines verzweigten Stoffwechselweges durch Enzyme. Plus- bzw. Minuszeichen zeigen eine beschleunigende bzw. hemmende Wirkung der Signalsubstanzen (S = Metabolite) auf Enzymaktivitäten an. Die externen Effektoren (EE) sind Intermediate oder Coenzyme (besonders die Adeninnucleotide AMP, ADP und ATP), die in anderen Bereichen des Intermediärstoffwechsels gebildet werden und mit dem zu regulierenden Weg in Beziehung stehen. Die EE können sowohl einen aktivierenden als auch hemmenden Einfluß auf Enzymaktivitäten ausüben. E = Enzym.

kopplung) (Abb. 4.22). In manchen Fällen kann das Produkt einer enzymatischen Reaktion im Sinne einer Rückkopplung auch aktivierend auf diese wirken (z.B. Phosphofructokinase). Komplizierter sind die Verhältnisse bei denjenigen Enzymen, die außer Substrat- und Produktbindungsstellen auch noch Bindungsstellen für andere Effektoren besitzen (**externe Effektoren**) (Abb. 4.22). Diese greifen in einem Bereich des Enzyms an, der nicht mit der Substratbindungsstelle identisch ist, welches zu einer Veränderung der Tertiärstruktur des Enzyms und damit der Paßform seines aktiven Zentrums führt, wodurch sich wiederum drastische Veränderungen der Affinität oder auch Aktivität des Enzyms ergeben (**allosterische Regulation**). Unter den externen Signalsubstanzen kommt hierbei den **Adeninnucleotiden** (AMP, ADP, ATP) eine ganz besondere Bedeutung zu, da dadurch Stoffwechselwege unmittelbar mit dem Energiezustand der Zelle verknüpft werden können. Typisch hierfür ist die Rolle des Glykolyse-Enzyms Phosphofructokinase, deren Aktivität durch AMP und ADP gesteigert, durch ATP jedoch gehemmt wird, welches zu einer Steigerung bzw. Drosselung des Kohlenhydratabbaus führt. Ähnliche Regulationsmechanismen sind auch an **kompetitiven Verzweigungsstellen** des Stoffwechsels wirksam, wo ein Metabolit des einen Verzweigungsastes ein Enzym des alternativen Weges hemmen kann.

Einer der wichtigsten Prozesse zur Steuerung der Aktivität oder auch Affinität von Enzymen besteht in der enzymkatalysierten chemischen **Modifikation** von **Enzymproteinen** (z.B. durch Phosphorylierung oder Adenylierung). Hierbei ist häufig eine ganze Kaskade von Signalen unter Beteiligung mehrerer modifizierender Enzyme wirksam, wodurch eine Verstärkung des Signals und damit eine Verbesserung der Steuerung des Gesamtprozesses erreicht wird. Häufig tritt bei solchen Reaktionskaskaden **zyklisches AMP** als primärer Effektor auf. Diese Art der Stoffwechselsteuerung zeigt große Flexibilität und ist besonders für das An- und Abschalten von Stoffwechselprozessen verantwortlich (z.B. Glykogenabbau, Glykogensynthese). Die Enzymkonzentration wird hauptsächlich durch eine kontrollierte Proteinbiosynthese bzw. limitierte Proteolyse reguliert. Generell ist festzustellen, daß kurzfristige Kontrollmaßnahmen in der Regel durch enzymgesteuerte chemische Aktivierung und Inaktivierung, die Selbstregulation und die allosterischen Effektormechanismen erfolgen. Langfristige Veränderungen, etwa bei der Anpassung an wechselnde Ernährungsbedingungen oder beim Übergang von aerober zu anoxischer Lebensweise, werden in erster Linie durch Änderungen der Enyzmkonzentrationen erreicht, wobei die kontrollierte Neubildung und die Proteolyse von Enzymen eine herausragende Rolle spielen.

Ein weiteres wichtiges Prinzip der Stoffwechselkontrolle besteht in der Trennung von häufig antagonistischen Metabolismen durch ihre Lokalisation in verschiedenen Zellkompartimenten (z.B. Synthese und Abbau von Fettsäuren), welches zu einer Vereinfachung der Regulation führt.

Die Vielfalt der enzymatischen Mechanismen zur Stoffwechselregulation ist in jeder lebenden Zelle wirksam. Enzyme als Kontrollelemente beziehen sich jedoch im wesentlichen auf begrenzte Stoffwechselwege, während – zumindest höheren Metazoen – als übergeordneter Steuerapparat das **Hormonsystem** (s. Kap. 12) zur Verfügung steht. Einige Hormone beeinflussen dabei auch intrazelluläre Enzymsysteme (z.B. bei der Regulation der Energieversorgung), wobei häufig **sekundäre Botenstoffe** (z.B. zyklisches AMP) als Bindeglieder zwischen der Wirkung des Hormons und Enzyms fungieren.

In Wirbeltieren besitzen die Hormone Insulin, Glucagon, Adrenalin, die Glucocorticoide und Thyroxin große Bedeutung als Signalsubstanzen bei der Stoffwechselregulation. Bei den Coelenteraten, Plathelminthen, Nemathelminthen und Anneliden werden ausschließlich **Neurotransmitter** als übergeordnete regulatorische Signale eingesetzt. Echte Drüsenhormone kommen unter den Wirbellosen bei Insekten (z.B. den Blutzucker und den Fettabbau regulierende Hormone der Corpora cardiaca) und bei Cephalopoden vor.

4.6 Literatur

Anderson, O.R.: Comparative Protozoology. Springer, Heidelberg, 1988
Barrett, J.: Biochemistry of Parasitic Helminths. MacMillan, London, 1981
Buddecke, E.: Grundriß der Biochemie, 7. Auflage. Walter de Gruyter, Berlin, 1985
Grieshaber, M.K. (Hrsg.): Stoffwechsel unter Extrembedingungen. Zoologische Beiträge 30, 1986
Gutteridge, W.E., Coombs, G.H.: Biochemistry of Parasitic Protozoa. MacMillan, London, 1977
Hochachka, P.W., Somero, G.N.: Strategien biochemischer Anpassung. Thieme, Stuttgart, 1980
Jungermann, K., Möhler, H.: Biochemie. Springer, Heidelberg, 1980
Karlson, P.: Biochemie, 12. Auflage. Thieme, Stuttgart, 1984
Kerkut, G.A., Gilbert, L.I. (Hrsg.): Comprehensive Insect Physiology Biochemistry and Pharmacology. Vol. 10, Biochemistry. Pergamon Press, Oxford, 1985
Köhler, P.: Nutrition and Metabolism. Parasitology in Focus. Aus Mehlhorn (Hrsg.): Springer, Heidelberg, 1988
Kolb, E.: Lehrbuch der Physiologie der Haustiere. G. Fischer, Stuttgart, 1989
Lehninger, A.: Prinzipien der Biochemie. Walter de Gruyter, Berlin, 1987
Penzlin, H.: Lehrbuch der Tierphysiologie. G. Fischer, Stuttgart, 1989
Rockstein, M.: Biochemistry of Insects. Academic Press, New York, 1978
Stryer, L.: Biochemie, 2. Auflage. Vieweg, Braunschweig, 1983
Suelter, C.H.: Experimentelle Enzymologie. G. Fischer, Stuttgart, 1990
Urich, K.: Vergleichende Biochemie der Tiere. G. Fischer, Stuttgart, 1989
von Brand, Th.: Parasitenphysiologie, G. Fischer, Stuttgart, 1972
Wilbow, K.M.: The Mollusca. Bd. 1, Metabolic biochemistry and molecular biomechanics. Academic Press, New York, 1983

5 Exkretion und Osmoregulation[1] 395

5.1	Allgemeines	395
5.2	Exkretorische und osmoregulatorische Systeme	396
5.2.1	Transportvorgänge und zelluläre Strukturen	396
5.2.2	Beispiele von Exkretionsorganen	399
5.2.2.1	Wirbeltier- (Säuger-)Niere	399
5.2.2.2	Exkretionsorgane von Invertebraten	404
5.2.3	Extrarenale Organe	411
5.3	Exkretstoffe	413
5.4	Exkretspeicherung	414
5.5	Osmoregulation	415
5.5.1	Marine Tiere	416
5.5.2	Süßwasser-Tiere	418
5.5.3	Terrestrische Tiere	421
5.6	Literatur	423

5.1 Allgemeines

Eine wichtige Voraussetzung für das normale Funktionieren von Zellen ist, daß in ihrem Inneren bestimmte wasserlösliche Stoffe, anorganische Ionen und organische Verbindungen, in geeigneten Konzentrationen vorliegen: **intrazelluläres Milieu**. Die Zellen im Inneren eines Vielzellers benötigen außerdem ein angemessenes **extrazelluläres Milieu** (identisch mit dem inneren Milieu eines Tieres bzw. mit den Körperflüssigkeiten).

Zwischen dem intra- und dem extrazellulären Milieu bestehen wohl immer deutliche Unterschiede in der Konzentration einzelner Ionen. Intrazelluläre und extrazelluläre Flüssigkeiten haben etwa die gleiche **osmotische Konzentration** oder Osmolarität. Dagegen können die Unterschiede in der Osmolarität zwischen Körperflüssigkeiten und Außenmedium (= Umwelt) bei manchen Tieren beträchtlich sein, bei anderen dagegen sehr gering oder gar fehlen. Ist die Osmolarität der Körperflüssigkeit mit der des Außenmediums gleich, können die Konzentrationen an einzelnen Ionen innen und außen dennoch durchaus divergieren.

---

[1] G. Kümmel, (Karlsruhe)

Aufgrund der Diffusionsgesetze besteht die allgemeine Tendenz, solche Unterschiede auszugleichen. Dabei können je nach Richtung des Konzentrationsgradienten Stoffe in das Tier gelangen oder es verlassen; ebenso kann Wasser je nach dem osmotischen Gradienten bewegt werden. Bei der Aufrechterhaltung der Unterschiede zwischen den Körperflüssigkeiten und der Umwelt sind verschiedene Mechanismen beteiligt. Diese Mechanismen bezeichnet man oft allgemein als osmoregulatorische Mechanismen. **Osmoregulation** umfaßt danach sowohl die Regulierung der osmotischen Konzentration, als auch die der Ionenkonzentrationen. Die letztere kann allerdings als **Ionenregulation** von der eigentlichen Osmoregulation unterschieden werden.

Die im Stoffwechsel der Tiere (s. 4.2) anfallenden Stoffwechselendprodukte können ebenfalls das innere Milieu stören. Diese Stoffe müssen u. a. deshalb in der Regel aus dem Körper entfernt oder wenigstens unschädlich gemacht werden. Dies gilt auch für nutzlose oder gar giftige Fremdstoffe, die mit der Nahrung aufgenommen werden. Die daran beteiligten Vorgänge werden als **Exkretion** bezeichnet. Offenbar sind auch die Beziehungen zwischen Exkretion und Osmoregulation sehr eng. Das wird auch dadurch deutlich, daß die Organe oder Systeme, die der Beseitigung der Stoffwechselendprodukte dienen, regelmäßig ebenfalls osmoregulatorische Aufgaben erfüllen.

5.2 Exkretorische und osmoregulatorische Systeme

Eine große Zahl von Systemen steht im Dienst von Exkretion und Osmoregulation. Darunter fallen einmal die eigentlichen Exkretionsorgane, die man oft allgemein als **Nieren** bezeichnet. Daneben sind noch viele weitere Systeme, die häufig auch andere Aufgaben erfüllen, an Exkretion und Osmoregulation beteiligt: Extrarenale Exkretion und Osmoregulation.

5.2.1 Transportvorgänge und zelluläre Strukturen

In allen diesen Systemen finden Transporte von gelösten Stoffen (Solute) statt, nicht selten gekoppelt mit einem Wasser- bzw. Flüssigkeitstransport. Die Transportvorgänge laufen wohl stets an Epithelschichten ab. Die Epithelzellen sind im Zusammenhang mit diesen Aufgaben regelmäßig hochspezialisiert. Allgemein sind sie, wie ja die meisten Epithelzellen, polarisiert: Ihre Basis, i. a. unterlagert von einer Basallamina, ist den Körperflüssigkeiten zugekehrt, der gegenüberliegende apikale Pol direkt oder indirekt (über Organlumina) dem Außenmedium.

Der wohl häufigste Epitheltyp in diesen Systemen kann als typisches **Transportepithel** bezeichnet werden. Die Zellen (Abb. 5.1) besitzen einen mehr oder weniger ausgeprägten apikalen Saum aus Mikrovilli oder Falten, außerdem ein sog. Labyrinthsystem, das sind Einfaltungen der basalen und/

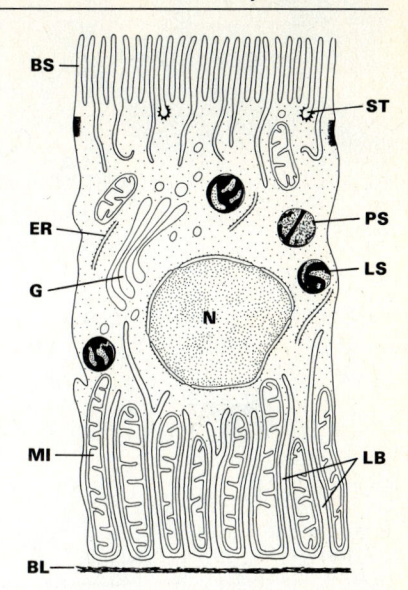

Abb. 5.1: Transportaktive Zelle am Beispiel einer Zelle aus dem proximalen Tubulus der Säugerniere. BL = Basallamina. BS = Bürstensaum. ER = Endoplasmat. Reticulum. G = Golgiapparat. LB = Basales Labyrinth. LS = Lysosom. N = Kern. MI = Mitochondrion. PS = Peroxysom. ST = Stachelsaumbläschen (aus Remane et al. 1985).

oder lateralen Zellmembranen, die häufig einhergehen mit intensiven Zellverzahnungen. Die Zellen enthalten viele Mitochondrien, meist in enger Nachbarschaft zu den Faltungen der Zellmembran. Als Zellkontakte finden sich regelmäßig **tight junctions** oder septierte Desmosomen (s. 1.3.2).

Die Oberflächenvergrößerungen, liegen sie nun apikal oder basal bzw. lateral, erscheinen für transportaktive Zellen sinnvoll, ebenso der Reichtum an Mitochondrien: Die Oberflächen für einen passiven oder auch aktiven Durchtritt (mehr Transportproteine in den Membranen) werden erhöht; die Mitochondrien liefern die Energie für die aktiven Prozesse. Die tight junctions bzw. septierten Desmosomen können einen parazellulären Stoffaustausch (Stoffaustausch an den Zellen vorbei) be- oder verhindern.

Eine solche Deutung der Strukturen kann aber kaum etwas über die eigentlichen Mechanismen des Transports aussagen. Darüber hinausgehende Überlegungen haben nun zu verschiedenen Modellvorstellungen über den Vorgang eines Flüssigkeitstransportes durch Epithelien geführt. Ein Modell, bei dem osmotische Gradienten entlang inter- oder extrazellulärer Räume die Hauptrolle spielen, wird besonders häufig herangezogen und soll hier erläutert werden. In diesem Modell (Abb. 5.2) erfolgt ein **aktiver Transport** eines Soluts (hier von Na^+) in das geschlossene Ende eines inter- oder extrazellulären Raums und erhöht dadurch den osmotischen Wert in diesem Raum (Abb. 5.2A). Wasser fließt osmotisch nach (Abb. 5.2B). Dadurch erhöht sich hier der hydrostatische Druck, der eine Dehnung des

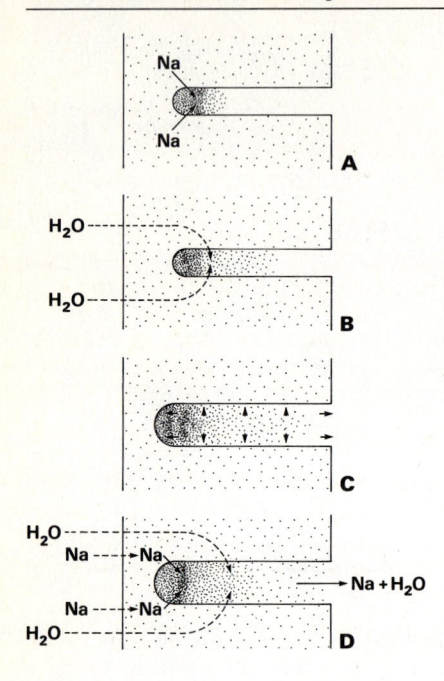

Abb. 5.2: Modell zur Deutung eines Flüssigkeitstransportes. Näheres s. Text (nach Wall u. Oschman aus Wessing 1975).

Raumes bewirken kann, schließlich aber zu einem Austritt von Flüssigkeit aus dem offenen Ende des Raumes führt (Abb. 5.2C). Auf dem Wege vom geschlossenen bis zum offenen Ende des Raumes wird die Flüssigkeit fortschreitend verdünnt. Im **steady state** (Fließgleichgewicht) wird so bei dauerndem Soluttransport ein lokaler osmotischer Gradient erhalten und damit erreicht, daß Flüssigkeit durch das Epithel transportiert wird, wobei Wassertransport an Soluttransport gekoppelt ist (Abb. 5.2D). Die in dem Schema gezeichneten inter- oder extrazellulären Räume können apikal (zwischen Mikrovilli oder Falten) oder basal bzw. lateral (Räume des Labyrinthsystems) liegen. Der Flüssigkeitsstrom kann je nach Bedingungen auswärts (zum Außenmedium) oder einwärts (in die Körperflüssigkeiten) gerichtet sein.

In den Wandschichten vieler Exkretionsorgane, und zwar in deren Anfangsabschnitten, finden sich noch andere Zellformen, deren Organisation mit einem anderen Typ von Flüssigkeitstransport zu sehen ist. Diese Zellen bilden allein oder zusammen mit benachbarten Zellen «Gitter»- oder «Reusen»-Strukturen (Abb. 5.4b; 5.6b, c; Abb. 5.9). Die Maschen der «Gitter» oder «Reusen» sind regelmäßig von membranartigen Strukturen (nicht Zellmembranen!) abgedeckt (Abb. 5.4b; Abb. 5.9). Durch physiologische

Untersuchungen ist nachgewiesen oder wenigstens wahrscheinlich gemacht, daß an solchen «Filtrationsstrukturen» ein Filtrationsvorgang abläuft. Dabei strömt Flüssigkeit, bevor sie das Organlumen erreicht, extrazellulär durch die Gittermaschen, wobei sie durch die membranartigen Strukturen treten muß. Diese wirken offenbar als eigentliche Filtrationsbarrieren, deren «Poren»größe die Zusammensetzung der gebildeten Flüssigkeit bestimmt. Alle Objekte, die das Filter nicht passieren können, werden zurückgehalten. Sind die Filter so fein, daß größere Proteine nicht (oder nur sehr beschränkt) hindurchtreten können, liegt eine **Ultrafiltration** vor. Meist spricht man bei Exkretionsorganen nur dann von einer **Filtration**, wenn die für die Erzeugung dieser Flüssigkeitsströmung erforderliche Kraft auf einem hydrostatischen Druckgradienten beruht (z.B. durch den Blutdruck, s. unten). Ein Filtrationsvorgang, angetrieben durch einen Sekretionsprozeß, ist aber auch möglich.

5.2.2 Beispiele von Exkretionsorganen (Nieren)

Bei den meisten Gruppen der Bilateria sind Exkretionsorgane beschrieben worden. Diesen Organen ist gemeinsam, daß sie prinzipiell auf röhrenförmige Strukturen – Kanäle bzw. Tubuli – zurückgehen, die direkt oder indirekt (z.B. über den Darm) nach außen münden, und daß sie Harn produzieren.

Trotz dieser Gemeinsamkeiten ist die Mannigfaltigkeit an Nierenformen recht groß. Nach Aufbau und Entstehung unterscheidet man 3 Haupttypen: **Protonephridien, Metanephridien, Malpighische Gefäße**. Dabei gibt es aber auch zwischen den Vertretern des gleichen Typs deutliche Unterschiede. Das Problem der phylogenetischen Beziehungen zwischen den verschiedenen Exkretionsorganen ist bis heute nur unbefriedigend geklärt. Dagegen hat sich die Kenntnis über Bau, Feinbau und Funktionsweise von Exkretionsorganen in den letzten 3–4 Jahrzehnten mit Hilfe der elektronenmikroskopischen Technik und moderner physiologischer Methoden ganz entscheidend verbessert. Das gilt in besonderem Maße für die Nieren der Wirbeltiere.

5.2.2.1 Die Wirbeltierniere am Beispiel der Säugerniere

Die Nieren der Wirbeltiere können prinzipiell auf segmentale Metanephridien (s. unten) zurückgeführt werden. Diese Herkunft ist aber durch Abwandlungen meist nicht mehr deutlich erkennbar. Überhaupt sind die Nieren bei den verschiedenen Wirbeltiergruppen recht unterschiedlich gebaut (s. 2.4.26). Als Beispiel soll hier alleine eine Säugerniere (und zwar die Niere des Menschen) in Bau und Funktion in den für unseren Zusammenhang wesentlichen Details beschrieben werden. Die Grundbausteine des Organs sind die **Nephrone**. Diese Nephrone sind zusammen mit anderen Systemen (etwa Blutgefäßen) und Geweben zu den kompakten paarigen Nieren vereinigt, die von einer derben Nierenkapsel umhüllt sind (Abb.5.3).

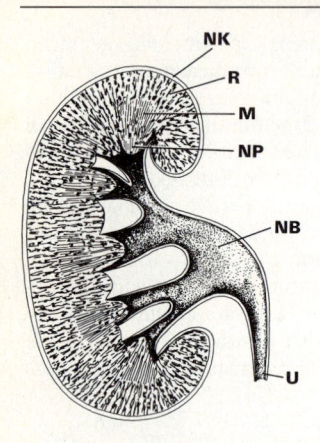

Abb. 5.3: Längsschnitt durch die Niere des Menschen, vereinfacht. Das umhüllende Fett ist weggelassen. M = Mark. NB = Nierenbecken. NK = Nierenkapsel. NP = Nierenpapille. R = Rinde. U = Ureter (aus Siewing nach Wurmbach 1980).

Im Schnitt zeigt die Niere eine Gliederung in Rinde und Mark; diese Bereiche sind miteinander eng verzahnt. Die Gesamtzahl der Nephrone beträgt beim Menschen etwa 2 Millionen.

Das einzelne Nephron ist ein blindgeschlossenes Rohr, in dessen Anfang ein Knäuel von Blutkapillaren (das Glomerulum) eingesenkt ist. Dadurch entsteht ein doppelwandiger Becher, die **Bowmansche Kapsel** (Abb. 5.4a). Kapsel und Glomerulum zusammen werden als **Malpighisches Körperchen** bezeichnet. Das Lumen der Kapsel geht über in das enge Lumen des **Nierentubulus**, ein aus einem einschichtigen Epithel gebildetes Röhrchen. Der Tubulus ist in mehrere Abschnitte untergliedert (Abb. 5.4, I–III). Er mündet mit anderen gemeinsam in Sammelrohre (Abb. 5.4, IV), die an der Oberfläche der Nierenpapillen (Abb. 5.3) ausmünden. Der Harn wird dann über **Nierenbecken** und **Harnleiter** (Ureter) in die **Harnblase** geführt und dort bis zur Entleerung gespeichert.

Die Harnbildung beginnt im Malpighischen Körperchen mit einer **Ultrafiltration**. Aus den Glomerulumkapillaren wird in das Lumen der Bowmanschen Kapsel ein Ultrafiltrat (= **Primärharn**) abgepreßt. Der Primärharn enthält praktisch alle Bestandteile des Blutes, ausgenommen die Blutzellen und die hochmolekularen Proteine. Somit entspricht der Primärharn in der Gesamtkonzentration und der Konzentration an kleinmolekularen Stoffen

Abb. 5.4: Nephron eines Säugers mit Differenzierungen des Epithels, schematisch. MK = Malpighisches Körperchen. (a) Gesamtansicht, aufgeschnitten, um die die Glomerulumkapillaren überziehenden Podocyten zu zeigen. (b) Podocyte auf einer Glomerulumkapillare, stärker vergrößert. AA = Arteriola afferens. AE = Arteriola efferens. B = Bowmansche Kapsel. BL = Basallamina. H = Hauptstück. JG = Juxtaglomeruläre Zellen. KE = gefenstertes Kapillarendothel. M = Mittelstück mit

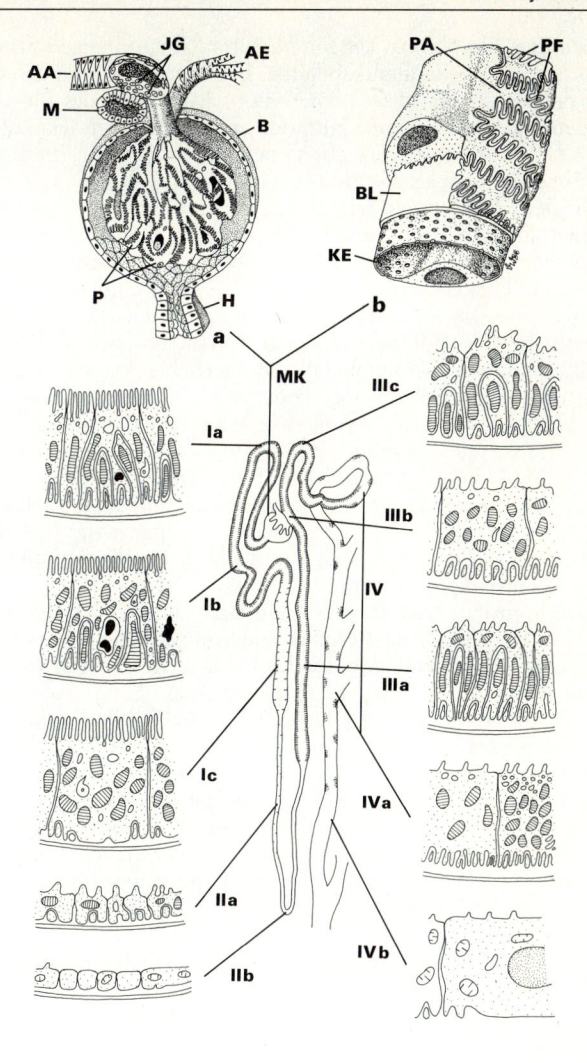

Macula densa. P = Podocyten. PA = Ausläufer der Podocyten. PF = Podocytenfortsätze. **I**: Proximaler Tubulus (Hauptstück) mit drei Segmenten a, b, c; **II**: Dünner Teil der Henleschen Schleife (Überleitungsstück). **III**: Distaler Tubulus (= Mittelstück) mit pars rekta (a), Macula densa-Segment (b) und pars convoluta (c); **IV**: Sammelrohr. Ic, II u. IIIa bilden zusammen die Henlesche Schleife (nach mehreren Autoren aus Siewing 1980, verändert).

weitgehend dem Blutplasma. Die für die Filtration zuständige Kraft ist der Blutdruck in den Glomerulumkapillaren. Der Blutdruck muß den Gegendruck in der Kapsel und den kolloidosmotischen Druck des Blutplasmas überwinden, um eine wirksame Filtration zu gewährleisten (ein kolloidosmotischer Druck wirkt der Filtration entgegen, da ja das Ultrafiltrat viel weniger Eiweiß enthält als das Blutplasma).

Der Ort des Filtrationsgeschehens muß in der Wandung, die die Lumina der Glomerulumkapillaren von dem Lumen der Bowmanschen Kapsel trennt, zu lokalisieren sein (Abb. 5.4a, b). Die Wandung besteht aus 2 Zellschichten, Kapillarendothel und Zellen der inneren Wandung der Bowmanschen Kapsel, zwischen denen eine kräftige Basallamina liegt. Das dünne Kapillarendothel besitzt Poren von ca. 80 nm Durchmesser. Die Zellen der 2. Schicht, die die Glomerulumkapillaren überziehen, weisen typische Filtrationsstrukturen auf. Diese sog. **Podocyten** (= Füßchenzellen) bilden nämlich durch Ausläufer und davon ausgehende feinere Fortsätze (= Füßchen), die miteinander verzahnt sind, ein regelrechtes Gitter. Die Gitterschlitze von ca. 30 nm werden jeweils von feinen membranartigen Strukturen, den **Diaphragmen**, überbrückt. Die zu filtrierende Flüssigkeit kann so extrazellulär durch die Endothelporen und die Schlitze in das Kapsellumen gelangen, wobei als Filtrationsbarrieren sowohl die Basallamina als auch die Diaphragmen diskutiert werden.

Aus dem so produzierten Primärharn bildet sich unter starken Veränderungen beim Durchfließen des Tubulus- und Sammelrohrsystems schließlich der definitive Harn (= **Endharn**). Da das Volumen des Primärharns um ein Vielfaches höher ist als das Endharn-Volumen (beim Menschen ca. 170 Liter/Tag Primärharn gegenüber ca. 1–2 Liter/Tag Endharn), muß der ganz überwiegende Teil des Wassers bei der Passage von Tubuli und Sammelrohren wieder zurückgeholt und dem Blut zugeführt werden. Der Primärharn enthält aber (neben Wasser) noch viele andere für den Organismus wertvolle Substanzen, z.B. Glucose, Aminosäuren, bestimmte Ionen. Diese Stoffe werden in großem Maße dem Harn wieder entzogen und in das Körperinnere zurückgeführt: **Reabsorption**. Regelmäßig werden aber dem Harn auch verschiedene Stoffe, etwa Fremdsubstanzen oder auch Ionen, zugesetzt: **Sekretion**.

Während die Filtration wie beschrieben im **Malpighischen Körperchen** abläuft, sind die beiden anderen an der Harnbildung beteiligten Prozesse – Reabsorption und Sekretion – Aufgaben des Tubulus- und Sammelrohrsystems. Diese Prozesse können auf aktivem oder auf passivem Transport (Diffusion) beruhen. Die Leistungen, die die einzelnen Abschnitte der Systeme erbringen, sind unterschiedlich (Abb. 5.5).

Im proximalen Tubulus wird ein großer Teil der Na-Ionen aus dem Lumen aktiv entfernt. Bei der hohen Wasserpermeabilität der Tubuluswandung folgt eine entsprechende Wassermenge passiv nach: gekoppelter Wasser-Solut-Transport. Auch andere im Primärharn vorhandene Solute werden

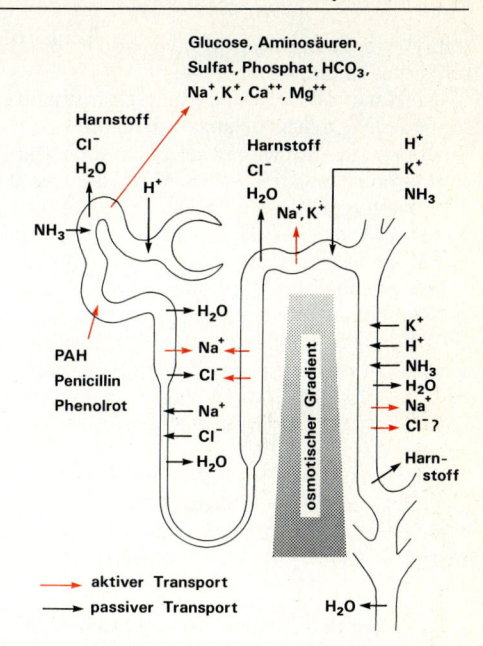

Abb. 5.5: Die Orte der wesentlichen Transportprozesse im Nephron eines Säugers (aus Cleffmann 1987, nach Schmidt u. Thews, ergänzt).

reabsorbiert, so Glucose und Aminosäuren zu 100%, außerdem noch weitere Ionen. Im distalen Tubulus wird dem Harn ebenfalls Wasser entzogen. Na^+ wird hier im Austausch gegen K^+ und Wasserstoffionen reabsorbiert. In diesen beiden Tubulusabschnitten können weitere Stoffe in die Lumina sezerniert werden.

Die Region der zwischen den gewundenen Teilen von proximalen und distalen Tubulus eingeschalteten **Henleschen Schleife** (Abb. 5.4 und 5.5) fungiert als **Gegenstrom-Multiplikator**. Dadurch wird ein osmotischer Gradient aufgebaut, der innerhalb des Nierenmarks ansteigt (Abb. 5.5). Die hohe osmotische Konzentration im Schleifensystem wirkt auf die parallel zu den Henleschen Schleifen ziehenden Sammelrohre und entzieht diesen, abhängig von der Wasserpermeabilität der Wandung, osmotisch Wasser. Die Wasserpermeabilität der Wandung der Sammelrohre wird durch das Hypophysenhinterlappen-Hormon **Vasopressin** (= Adiuretin, ADH) stark erhöht. Das kann zu einer auf $1/10$ verringerten Harnmenge unter Erhöhung der Harnkonzentration führen. Vasopressin reguliert auch die Permeabilität für Wasser in den Endabschnitten des distalen Tubulus. Noch ein zweites Hormon hat Einfluß auf die Harnbildung, das Nebennierenrindenhormon **Aldosteron**: es fördert die Reabsorption von Na^+ im distalen Tubulus und im Sammelrohr. Die Menge des auszuscheidenden Harns und seine Konzentration wird demnach am «Ende», also im distalen Tubulus und im Sammelrohrsystem, bestimmt.

Der **Harnstoff**, der wichtigste stickstoffhaltige Exkretstoff der Säuger und somit des Menschen, gelangt durch Filtration in den Primärharn. Durch die Reabsorption von Wasser steigt dann die Harnstoffkonzentration; Harnstoff strömt deshalb in vielen Abschnitten des Systems aus. Der Abfluß im System erfolgt jedoch so schnell, daß wegen der geringeren Permeabilität für Harnstoff kein Konzentrationsausgleich erfolgt. So kann die Harnstoffkonzentration im Endharn gegenüber dem Blut stark erhöht sein.

Die geschilderten Harnbildungsprozesse haben grundsätzlich die Aufgabe, unbrauchbare oder im Überschuß vorhandene Stoffe aus dem Tier zu entfernen, die brauchbaren dagegen möglichst zurückzuhalten. Der Organismus kann auf manche Vorgänge regulierend eingreifen. So erfüllt die Niere als Exkretionsorgan neben der Ausscheidung von Exkreten auch Funktionen der Osmo- und Ionenregulation einschließlich der Regulation des pH-Wertes.

Die meisten der in der Niere ablaufenden Transportprozesse sind von aktiven Zelleistungen abhängig. Daher weisen viele Zellen der Tubuli und auch des Sammelrohrsystems die typischen Kennzeichen transportaktiver Zellen auf (Abb. 5.4).

5.2.2.2 Exkretionsorgane von Invertebraten

Protonephridien

Protonephridien haben im Tierreich eine sehr weite Verbreitung. Sie kommen bei Plathelminthen, Nemertinen, Entoprocten und manchen Nemathelminthengruppen vor, außerdem bei einigen Polychaetenfamilien (s. 2.4.16). Die Exkretionsorgane der Acrania werden ebenfalls meist zu den Protonephridien gerechnet. Häufig fungieren Protonephridien auch als larvale Exkretionsorgane, so bei Mollusken, Anneliden und Phoroniden (s. 2.4.13; 2.4.22).

Protonephridien sind im Körper blind endende Kanäle, die, meist nach Aufnahme anderer Kanäle, schließlich direkt oder indirekt nach außen münden (Abb. 5.6). Die blinden Enden werden von Terminalstrukturen eingenommen, von denen Geißeln (häufig auch Wimpern genannt) in das Kanallumen reichen. Sind es mehrere bis viele Geißeln (= «Wimper»-flamme), dann werden die Terminalstrukturen vielfach Flammenzellen genannt, ist es nur eine einzelne besonders lange, ist der Ausdruck **Solenocyten** gebräuchlich, als zusammenfassender Ausdruck auch der Begriff Terminalzellen oder **Cyrtocyten**.

Die meisten Autoren sind heute der Meinung, daß auch in den Protonephridien der Primärharn durch Filtration aus den die Terminalregion umgebenden Flüssigkeitskompartimenten gebildet wird. Die Erzeugung des dafür notwendigen hydrostatischen Druckgradienten wird besonders dem Schlag

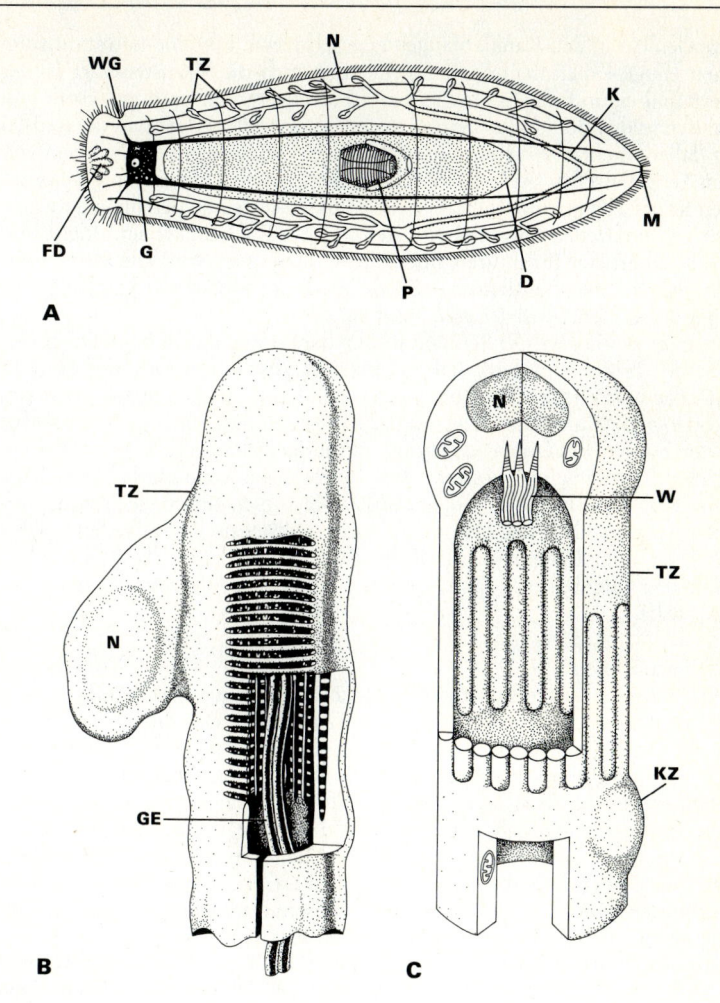

Abb. 5.6: Protonephridium. **A)** Bauplan eines Turbellars mit Darm, Nervensystem und Protonephridien. D = Darm. FD = Frontaldrüse. G = Gehirn. K = Protonephridialkanal. M = Mündung. N = Nerv. P = Pharynx. TZ = Terminalzellen. WG = Wimpergrube (aus Remane et al. 1986). **B)** Terminalzelle, Reusenregion teilweise aufgeschnitten. GE = Geißeln. N = Kern. TZ = Terminalzelle (aus Ehlers 1985, nach Kümmel) **C)** Terminalzelle, teilweise aufgeschnitten und Wimperflamme (W) großenteils abgeschnitten. Reusen gemeinsam von Terminalzelle (TZ) und einer Kanalzelle (KZ) gebildet (aus Remane et al. 1986, nach Dingle u. Ehlers).

der Geißeln in den Kanalanfängen zugeschrieben. Für eine Filtration sprechen einige experimentelle Befunde, aber auch die Ultrastruktur: In der Terminalregion finden sich wiederum Filtrationsstrukturen in Gestalt von Reusen (daher der Name **Cyrtocyten** = Reusenzellen). Der Bau der Reusen ist dabei im einzelnen recht unterschiedlich. Die Reusen können allein von den Terminalzellen (Abb. 5.6B) oder auch zusammen mit einer anschließenden Kanalzelle geformt werden (Abb. 5.6C). Auch eine Beteiligung mehrerer Terminalzellen an der Reuse ist möglich. Die Schlitze sind meist von membranartigen Strukturen überbrückt; außerdem wird die Reuse sehr häufig von einer Basallamina abgedeckt. Diese Strukturen kann man als eigentliche Filtrationsbarrieren ansehen.

Einige physiologische Befunde weisen darauf hin, daß es beim Durchfließen der Protonephridialkanäle zu einer Reabsorption von Stoffen (z.B. Glucose und verschiedene Ionen) kommen kann. Auch eine Sekretion von Stoffen in die Kanallumina ist möglich. Diese Befunde lassen sich mit der bei vielen Formen beschriebenen Ultrastruktur der Kanalwandung vereinbaren. Länge der Kanäle und genauer Aufbau der Kanalwandung haben sich als sehr unterschiedlich erwiesen. Bei Süßwasserformen dienen die Protonephridien hauptsächlich der Osmoregulation, exkretorische Aufgaben spielen höchstens eine untergeordnete Rolle. Bei Parasiten haben die Protonephridien aber offenbar eine Funktion bei der Ausscheidung verschiedener Exkretstoffe.

Metanephridien

Dieser zweite weitverbreitete Typ von Exkretionsorganen (häufig einfach **Nephridien** genannt) findet sich z.B. bei Anneliden, Onychophoren, Tentaculaten und Mollusken (2.4.13; 2.4.16). Die Metanephridien beginnen in einem Coelomraum mit einem Wimpertrichter (= **Nephrostom**), der sich in einen mehr oder weniger langen Kanal fortsetzt. Dieser mündet, zuweilen über eine manchmal sehr umfangreiche Harnblase, nach außen.

Als Beispiel seien die segmental angeordneten Metanephridien der Regenwürmer (2.4.16) gewählt, die in Ultrastruktur und Physiologie gut untersucht sind (Abb. 5.7). Der Schlag der Wimpern des Trichters treibt Coelomflüssigkeit in den Kanal des Organs; daher kann man hier die Coelomflüssigkeit auch als Primärharn betrachten. Es hat sich die Auffassung durchgesetzt, daß Coelomflüssigkeit aus der Blutflüssigkeit durch einen Filtrationsvorgang an Blutgefäßwänden entsteht, obgleich wirkliche Beweise hierfür nicht vorliegen. Die Coelomflüssigkeit weicht auch in einigen Komponenten deutlich von einem Blutfiltrat ab. Man hat aber bei vielen Anneliden in der Gefäßwandung Filtrationsstrukturen gefunden. Beim Durchströmen des in mehrere Abschnitte gegliederten Kanals wird der Primärharn durch Reabsorption von Stoffen (insbesondere von Ionen) ohne ein entsprechendes Quantum Wasser so verändert, daß ein gegenüber dem Blut stark verdünnter (hypoosmotischer) Endharn abgegeben wird. Die

| T | TH | SK | ZK | AM | BK | STK |
| | | | | | | BL |

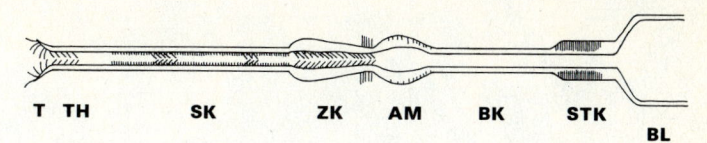

Abb. 5.7: Metanephridium eines Regenwurmes *(Lumbricus)*; Schema, auseinandergelegt. In den einzelnen Kanalabschnitten ist die Verteilung folgender Strukturen angegeben: Kurze, gerade Striche im Kanallumen = Mikrovilli; schräge, längere Striche im Kanallumen = Cilien. Gerade Striche in der Wandung = basale Einfaltungen. AM = Ampulle. BK = Bläschenkanal. BL = Blase. SK = Schleifenkanal. STK = Stäbchenkanal. T = Wimpertrichter. TH = Trichterhals. ZK = Cilienkanal (aus Wessing 1975, nach Graszynski).

Metanephridien sind so sicherlich für die Osmoregulation von Bedeutung. Auch die Ausscheidung von **Harnstoff** soll in erster Linie durch die Metanephridien erfolgen (**Ammoniak** als zweiter Exkretstoff soll dagegen über den Darm abgegeben werden). Die Feinstruktur der Zellen einiger Abschnitte des Nephridialkanals (Abb. 5.7) läßt aktive Transportprozesse erwarten, was auch im Einklang mit den physiologischen Befunden steht.

Unter den Mollusken gibt es für Schnecken, Muscheln und Kopffüßer (Tintenfische) gute physiologische Hinweise, daß der Primärharn aus der Haemolymphe durch Filtration bzw. Ultrafiltration entsteht. Meist erfolgt diese in einen Coelomraum, das Pericard, hinein. Und hier sind wieder regelmäßig Filtrationsstrukturen zu finden. Aus dem Pericard kann der Primärharn durch ein Nephrostom in das Nephridium abfließen. Diesem Primärharn können auf dem Weg durch das Nephridium verschiedene Stoffe wieder entzogen werden, so Ionen, Glucose, Wasser. Vielfach werden dem Harn aber in Sekretionsprozessen auch Stoffe zugesetzt. Süßwassertiere geben allgemein einen gegenüber der Haemolymphe verdünnten (**hypoosmotischen**) Endharn ab. Neben osmoregulatorischen Aufgaben können die Nephridien der Mollusken auch der Ausscheidung von Exkretstoffen dienen.

Die segmental angeordneten Exkretionsorgane bei Arthropoden werden von Nephridien der Anneliden abgeleitet: **Antennen-** und **Maxillarnephridien** bei Krebsen, **Coxaldrüsen** (bzw. **-nephridien**) bei Spinnentieren, **Maxillarnephridien** und **Labialdrüsen** (bzw. **-nephridien**) bei Antennaten. Sie sind stets auf wenige Segmente beschränkt. Der Grundaufbau eines solchen **Nephridialorgans** sei am Beispiel des Antennennephridiums vom Flußkrebs dargestellt (Abb. 5.8). Der erste Abschnitt (= **Sacculus**) entspricht nach der Auffassung der meisten Autoren einem Coelomrest. An den Sacculus schließt sich ein in mehrere Abschnitte gegliederter Kanal an, der über eine große Harnblase nach außen mündet.

Für das Antennennephridium des Flußkrebses (und für manche anderen malakostraken Krebse) gibt es gute Hinweise für die Bildung des Primärharns durch Filtra-

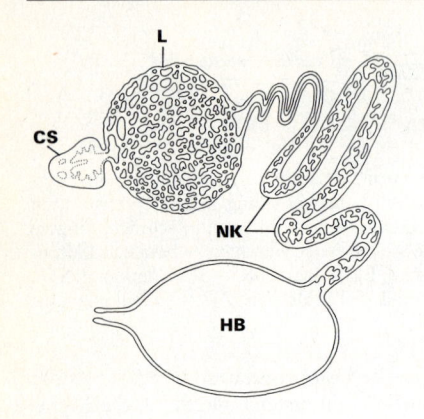

Abb. 5.8: Antennennephridium eines Flußkrebses, auseinandergelegt. Flächenschnitt, schematisch. CS = Coelomsäckchen, Sacculus. HB = Harnblase. L = Labyrinth. NK = Nephridialkanal (aus Siewing 1980, nach Peters).

tion, und zwar aus den den Sacculus umgebenden Blutlakunen in das Sacculuslumen. Die Sacculuswandung weist dementsprechend auch Zellen mit typischen Filtrationsstrukturen in Gestalt von Podocyten auf (Abb. 5.9a–c). Der durch Filtration gebildete Primärharn unterliegt beim Durchströmen des ausführenden Kanals und offenbar auch noch in der Harnblase durch Reabsorption und Sekretion mannigfachen Veränderungen. Beim Flußkrebs als Süßwasserbewohner wird dabei ein deutlich hypoosmotischer Endharn abgegeben. Dieses Antennennephridium dient insbesondere der Osmoregulation, ist aber auch an der Exkretion beteiligt.

Malpighische Gefäße

Bei den meisten terrestrischen Arthropodengruppen finden sich als spezifische Exkretionsorgane (vielfach neben Nephridialorganen) die sog. Malpighischen Gefäße. Es sind blindgeschlossene, von Haemolymphe umgebene Schläuche, die an der Grenze Mitteldarm–Enddarm in den Darm münden. Bei den Arachniden sind sie entodermaler, bei den Tracheaten ektodermaler Herkunft.

Am eingehendsten sind die Malpighischen Gefäße bei Insekten (2.4.21) untersucht; sie bilden hier gemeinsam mit Anteilen des Enddarms das exkretorische System. Die Malpighischen Gefäße produzieren einen Primärharn, der in vielem einem Filtrat der Haemolymphe ähnelt. Eine Bildung des Primärharns durch Ultrafiltration in einem hydrostatischen Druckgradienten kann man bei dem niedrigen Druck in der Insektenhaemolymphe ausschließen. Der Primärharn der meisten Insekten hat einen gegenüber der Haemolymphe stark erhöhten K^+ Gehalt. Es wird angenommen, daß eine aktive Sekretion von K-Ionen (Abb. 5.10) einen passiven Einstrom von Wasser nach sich zieht. Weitere Stoffe können passiv oder aktiv in das Organlumen gelangen (darunter der wichtigste Exkretstoff der meisten terrestrischen Insekten, die Harnsäure). Mit welcher Rate Stoffe passiv in das Organlumen gelangen, ist abhängig von den Permeabilitätseigenschaf-

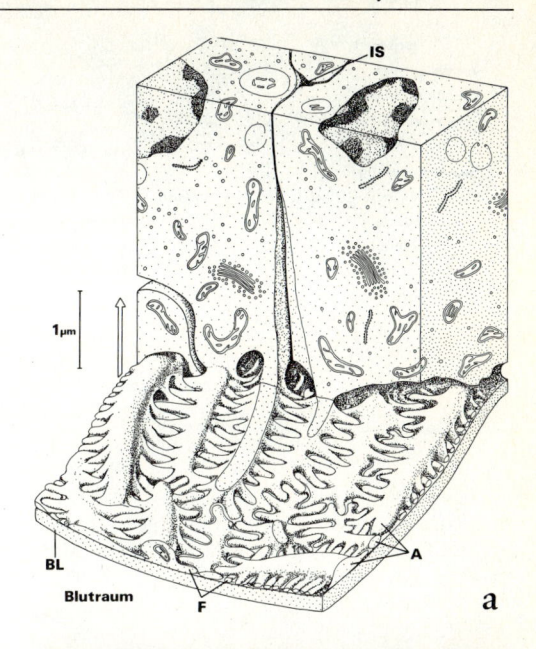

Abb. 5.9: Sacculuswandung von Krebsen. **a)** Blockdiagramm von Podocyten; Pfeil deutet die Richtung der Filtration aus dem Blutraum in das Sacculuslumen an; A = Ausläufer der Podocyten. BL = Basallamina. F = Fortsätze, Füßchen. IS = Interzellularspalt; **b)** Flachschnitt mit Verzahnungen der Fortsätze (= Füßchen). Unten Basallamina. TEM-Aufnahme, x 22.000; **c)** Querschnitte durch Füßchen bei stärkerer Vergrößerung, mit Diaphragmen (Pfeile); TEM-Aufnahme, x 68.000 (aus Kümmel 1977).

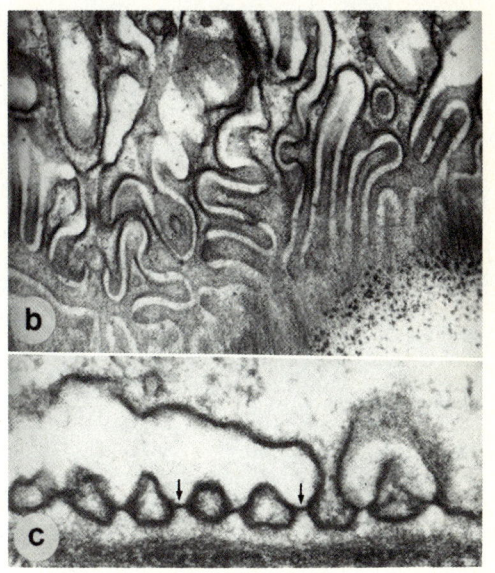

5 Exkretion und Osmoregulation

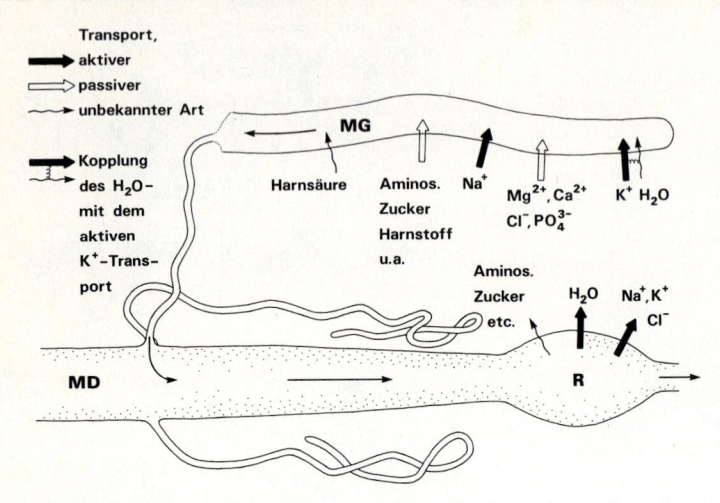

Abb. 5.10: Vorgänge in Malpighischen Gefäßen und Rektum bei Insekten am Beispiel von *Carausius* sp. (Stabheuschrecke). MD = Mitteldarm. MG = Malpighisches Gefäß. R = Rektum (aus Penzlin 1980, vereinfacht).

ten der Wandung: Filtereffekt! Man kann bei diesen Exkretionsorganen von einer Bildung des Primärharns durch Sekretion oder genauer, durch Filtration, getrieben durch einen Sekretionsprozeß, sprechen. In manchen Malpighischen Gefäßen kommt es schon zu einer Reabsorption von Stoffen, z.B. von Glucose.

Die in den Malpighischen Gefäßen gebildete Flüssigkeit mischt sich dann mit den aus dem Mitteldarm kommenden Inhaltsstoffen und fließt den Enddarm entlang bis in das **Rektum**. Im Enddarm, und hier ganz besonders im Rektum, kommt es zu umfangreichen **Reabsorptionsprozessen**. Bei der relativ wenig selektiven Bildung des Primärharns enthält dieser ja neben Wasser in größeren Mengen noch andere wertvolle Substanzen, die wieder in das Tierinnere zurückgeholt und z.T. (z.B. K^+, Wasser) bei der Primärharnbildung wieder eingesetzt werden. Orte der Reabsorption von Wasser und Soluten sind besonders die Rektalorgane (**Rektalpapillen** bzw. **Rektalpolster**), die als Verdickungen der Rektalwandung bei vielen Insekten auftreten. Bei manchen Insekten kann, je nach Bedarf, eine zur Haemolymphe hypo- oder hyperosmotische (konzentrierte) Rektalflüssigkeit gebildet werden. Durch Hormone kann die sekretorische Aktivität der Malpighischen Gefäße und die Reabsorptionstätigkeit reguliert werden. Das exkretorische System dient auch bei Insekten sowohl der Osmoregulation als auch der Exkretion.

5.2.3 Extrarenale Organe

Bei Tieren ohne eigentliche Exkretionsorgane müssen die Vorgänge der Osmoregulation und Exkretion natürlich an anderen Körperregionen ablaufen, etwa an der Körperoberfläche oder am Darm. Wie erwähnt, trifft ähnliches auch für viele Tiere zu, die eigentliche Exkretionsorgane besitzen. Diese extrarenalen Organe dienen vielfach wiederum sowohl der Exkretion als auch der Osmoregulation. So wird ein großer Teil des im Stoffwechsel als Exkretstoff anfallenden **Ammoniaks** bei Teleosteern und Krebsen nicht über die Nieren, sondern über die Kiemen ausgeschieden. Und in beiden Gruppen dienen Kiemenflächen auch der Osmoregulation. Im folgenden sollen an einigen Beispielen solche extrarenalen Organe, insbesondere im Zusammenhang mit einer Osmoregulation, beschrieben werden.

Marine Teleosteer unterliegen ständig einem Einstrom von Ionen und einem osmotischen Wasserverlust (2.4.26); bei im Süßwasser lebenden Formen ist es gerade umgekehrt (s. 5.5.2). Die marinen Teleosteer geben den Überschuß an einwertigen Ionen (besonders Na^+, Cl^-) an ihren Kiemen ab. Die Kiemenoberfläche enthält neben dem flachen respiratorischen Epithel Schleimzellen und außerdem hohe mitochondrienreiche **Chloridzellen** (Abb. 5.11). Es wird angenommen, daß die letzteren für den Ionentransport verantwortlich sind: Dabei wird Cl^- offenbar aktiv transportiert, Na^+ folgt

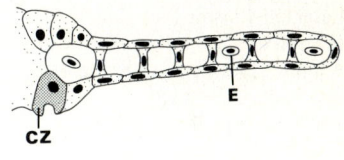

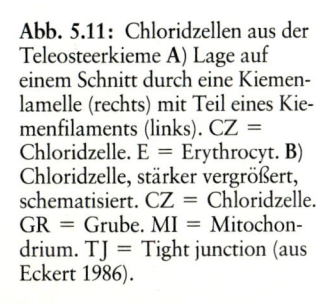

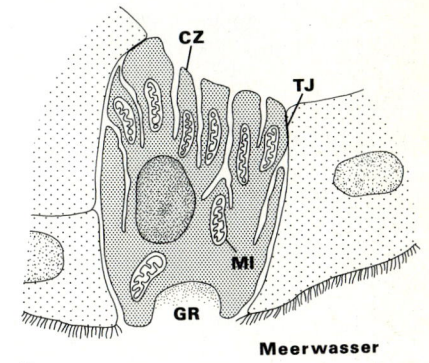

Abb. 5.11: Chloridzellen aus der Teleosteerkieme **A)** Lage auf einem Schnitt durch eine Kiemenlamelle (rechts) mit Teil eines Kiemenfilaments (links). CZ = Chloridzelle. E = Erythrocyt. **B)** Chloridzelle, stärker vergrößert, schematisiert. CZ = Chloridzelle. GR = Grube. MI = Mitochondrium. TJ = Tight junction (aus Eckert 1986).

parazellulär passiv nach. Die Süßwasserformen nehmen dagegen NaCl an den Kiemen auf, wobei der beteiligte Zelltyp nicht genau bekannt ist. Wahrscheinlich wird dabei Na^+ gegen NH_4^+ und Cl^- gegen HCO_3^- ausgetauscht.

Kiemen können auch bei Crustaceen, ähnlich wie bei Teleosteern, eine wesentliche Rolle bei der Osmoregulation spielen. Manche Brachyuren scheiden, wenn sie in ein hyperosmotisches Medium gelangen, über die Kiemen Ionen aus. Umgekehrt können bei Süßwasserformen an den Kiemen Na^+ und Cl^- aktiv in das Tier aufgenommen werden. Zellen des Kiemenepithels zeigen dann regelmäßig die typischen «Transportstrukturen».

Viele Süßwasserinsekten haben ebenfalls extrarenale Einrichtungen zur osmoregulatorischen Ionenaufnahme erworben: In Gestalt von Analpapillen (d.s. Anhänge am Körperende), von engbegrenzten (ein-wenigzelligen) Chloridzellen und schließlich von flächigen Chloridepithelien. Chloridzellen liegen auf der Körperoberfläche, ebenso manche Chloridepithelien; diese können aber auch dem Enddarm angehören. Die Feinstruktur der Zellen (Abb. 5.12) weist klar auf Transportvorgänge, für die es auch gute histochemische und physiologische Hinweise gibt.

Meeresvögel und Meeresreptilien müssen den Überschuß an Salzen, die sie mit dem Wasser und mit der Nahrung aufnehmen, loswerden (s. 5.5.1). Diese Aufgabe erfüllen verschiedenartige **Salzdrüsen** im Kopfbereich, die ein gegenüber dem Blut hyperosmotisches NaCl-reiches Sekret abgeben. Auch die marinen Elasmobranchier (Haie und Rochen) werden mit einem Einstrom gewisser Ionen konfrontiert (s. 5.5.1). Diese werden hier nicht über die Kiemen, sondern durch eine im Rektum liegende sog. **Rektaldrüse** ausgeschieden. Die Epithelien von Salz- und Rektaldrüsen haben Merkmale von Transportepithelien.

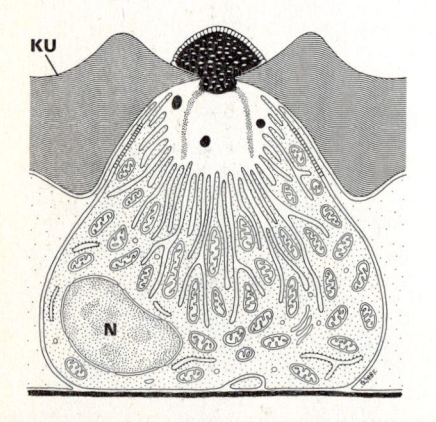

Abb. 5.12: Chloridzelle eines Insekts. KU = Cuticula. N = Kern (nach Komnick 1983).

5.3 Exkretstoffe

Die Zahl der Exkretstoffe, d. s. die schädlichen oder unnützen Stoffe, die aus dem Tierkörper in irgendeiner Weise ausgeschieden werden müssen, ist sehr groß. Beträchtlich ist schon die Zahl der im Stoffwechsel produzierten Exkrete. Das besonders bei der vollständigen Verbrennung der Kohlenhydrate und Fette entstehende Kohlendioxid und Wasser, die im strengen Sinne auch Exkrete darstellen, und die bei manchen Parasiten anfallenden sonstigen N-freien Substanzen sollen hier außer Betracht bleiben. Genauer behandelt werden sollen allein die N-haltigen Exkretstoffe, die besonders aus dem Abbau von Proteinen und Nucleinsäuren entstehen. Auch die Liste dieser N-haltigen Exkretstoffe ist ziemlich lang, z. B. **Ammoniak, Harnstoff**, verschiedene **Purinderivate** (wie Allantoin, Guanin und Harnsäure), **Trimethylaminoxid**. Gewöhnlich wird von den Tieren ein Gemisch verschiedener N-haltiger Exkretstoffe abgegeben, wobei regelmäßig einer klar überwiegt (s. u.).

Von den aufgeführten N-haltigen Exkretstoffen sind Ammoniak, Harnstoff und Harnsäure die wichtigsten. Diese drei Verbindungen unterscheiden sich deutlich in ihren Eigenschaften. Die weiter unten diskutierte «Eignung» der drei Verbindungen für Tiere in verschiedenen Lebensräumen hängt von diesen Eigenschaften ab. **Ammoniak** ist sehr gut löslich. Es kann biologische Grenzflächen leicht passieren. Ammoniak ist giftig, wobei die Empfindlichkeit gegenüber diesem Gift unterschiedlich ist. Wirbeltiere können wesentlich geringere Konzentrationen vertragen als viele Wirbellose. Wegen der Giftigkeit des Ammoniaks muß bei vielen Tieren der zu eliminierende Stickstoff in weniger giftige Substanzen eingebaut werden. **Harnstoff** ist noch etwas besser löslich als Ammoniak, diffundiert aber nicht so leicht. Eine Synthese von Harnstoff erfordert einen hohen Energieaufwand. Er ist viel weniger giftig als Ammoniak. Der Vorteil eines wenig toxischen Exkrets kann also viel Energie kosten. Im Gegensatz zu Ammoniak und Harnstoff weist **Harnsäure** (und andere Purinderivate) eine sehr geringe Wasserlöslichkeit auf (Kalium- und Natriumurate haben eine etwas größere Wasserlöslichkeit). Die Giftwirkung von Harnsäure ist gering, ihre Synthese erfordert Stoffwechselenergie.

Die Mehrzahl der primären, aber auch manche der sekundären Wasserbewohner scheiden als N-haltiges Exkret bevorzugt **Ammoniak** (oder **Ammonium**) aus. Solche Tiere werden **ammoniotelisch** genannt.

Die gute Korrelation zwischen Ammoniotelismus und aquatischer Lebensweise wird aus den Eigenschaften des Ammoniaks verständlich. Da Ammoniak giftig ist, muß es am besten schnell nach der Bildung (die deshalb regelmäßig erst in der «Peripherie» des Tieres abläuft) eliminiert werden. Die Entfernung mit dem Harn, bei den Landtieren meist der einzige Weg, würde beträchtliche Wassermengen erfordern. Bei Wassertieren kann aber das Ammoniak einfach durch verschiedene Oberflächen in den umgebenden Wasserraum abdiffundieren.

Die meisten **terrestrischen Tiere** scheiden bevorzugt Harnstoff bzw. Harnsäure aus, sie sind **ureotelisch** bzw. **uricotelisch** (Ausnahmen z. B. die Landasseln, die ammoniotelisch sind).

Harnstoff kann wegen seiner geringen Giftigkeit in Körperflüssigkeiten (bzw. im Harn) viel stärker angereichert werden als Ammoniak. Für seine Entfernung werden aber wegen seiner guten Löslichkeit nicht unbeträchtliche Wassermengen benötigt. Hier liegt der Vorteil des Uricotelismus für terrestrische Tiere, besonders für solche, die Wasser sehr sparen müssen: Wegen der geringen Löslichkeit der Harnsäure kann sie als eine Art Paste mit nur sehr wenig Wasser abgegeben werden. Ihre Giftwirkung ist gering. Bei manchen Tieren, die **zeitweise aquatisch**, zeitweise aber auch (mehr oder weniger) terrestrisch leben, kommt es zu einem Wechsel im dominierenden N-haltigen Exkretstoff. So sind die aquatischen Kaulquappen der Anuren ammoniotelisch, die adulten Frösche und Kröten dagegen ureotelisch. Einem gleichen Wechsel unterliegen afrikanische Lungenfische *(Protopterus aethiopicus)* jeweils beim Übergang vom Wasserleben zur Trockenperiode, bei der sie sich zum «Sommerschlaf» bei Lungenatmung im Schlamm einkapseln. Entsprechendes gilt für manche im Süßwasser lebenden Insektenlarven, die ammoniotelisch sind, die terrestrischen Adultformen dagegen uricotelisch.

5.4 Exkretspeicherung

Nicht immer werden die Exkrete bald nach der Bildung wirklich aus dem Körper ausgeschieden. Sie können auch auf Dauer oder für gewisse Zeit in besonderen Zellen (oder Geweben) gespeichert und dadurch ebenfalls aus dem Stoffwechsel ausgeschaltet werden. Vielfach werden in diesen Zellen aber die Exkrete nicht nur einfach abgelagert, sondern auch gebildet.

Die Natur der gespeicherten Exkrete ist keineswegs immer geklärt. Häufig sind es aber offenbar Exkrete von Purinnatur, die wegen ihrer geringen Löslichkeit sich besonders gut zur **Speicherung** eignen. Sehr weit verbreitet ist die Ablagerung in Einzelzellen, die, wenn sie beweglich sind, beladen mit Exkretstoffen auswandern können. Solche Zellen vermögen dann nicht selten durch die Körperoberflächen zu treten und nach Zerfall die Exkrete abzugeben. Viele Tiere haben aber in Geweben festgelegte Zellen, die Exkrete stapeln.

Eine Anzahl von Insekten und Tausendfüßlern lagert im Fettkörper **Harnsäure** und **Urate** ab.

Bei einigen Insekten dienen diese Stoffe auch als Reservestoffe, die, wieder mobilisiert, z.B. zum Aufbau von Aminosäuren Verwendung finden. Manche Landpulmonaten können während der Winterruhe, in der sie keinen flüssigen Harn produzieren, in Zellen des Nierensackes große Mengen Harnsäure (und etwas Guanin) anhäufen; nach Ende der Ruhephase werden die Exkrete ausgeschieden. Bei Spinnen können bestimmte Darmzellen mit **Guanin** angefüllt werden; das Guanin wird von Zeit zu Zeit in das Darmlumen abgegeben. Bei den Ascidien, denen eigentliche harnbildende Exkretionsorgane fehlen, werden ebenfalls Exkrete (offenbar von Purinnatur) gestapelt, entweder in Einzelzellen bzw. Zellaggregaten oder im Innern von mit einer epithelialen Wand versehenen Säcken. Für diese Gebilde ist der Begriff **Speichernieren** geprägt worden.

Gespeicherte Exkrete können auch manchmal für den Träger Funktionen erfüllen. So tragen sie gar nicht selten zur Färbung der Tiere bei: Guanin bei Spinnen (z.B. Kreuz der Kreuzspinne), Pterine bei Insekten (z.B. Weiß in den Schuppen der Weißlinge), Guanin in den Iridocyten, die am Farbwechsel bei Wirbeltieren beteiligt sind. Die Wirkung des Tapetums, das bei vielen nachtaktiven Wirbeltieren ausgebildet ist und durch Reflexion am Augenhintergrund eine bessere Ausnutzung des schwachen Lichtes ermöglicht, beruht häufig auf der Einlagerung von Guaninkristallen.

5.5 Osmoregulation

Das Leben ist im Meer entstanden; und auch die Evolution der Tierformen blieb über lange Zeit auf diesen Lebensraum beschränkt. Es ist anzunehmen, daß ihre Körperflüssigkeiten sowohl in der ionalen Zusammensetzung als auch in der Osmolarität sehr dem Außenmedium Meerwasser ähnlich waren, was das auch heute noch für viele marine Wirbellose gilt. Effektive osmoregulatorische Mechanismen waren nicht notwendig. Das Vordringen in Süßgewässer und auf das feste Land erfordert den Erwerb wirksamer osmoregulatorischer Mechanismen. Viele Tiere sind an ein Außenmedium mit weitgehend gleichbleibendem Salzgehalt gebunden; andere Tiere überleben große Änderungen in der Salzkonzentration ihrer Umwelt. Die ersteren nennt man **stenohalin**, die letzteren **euryhalin** (Abb. 5.13).

Es gibt prinzipiell zwei Wege, wie Tiere Schwankungen in der **Osmolarität** ihrer Umwelt bewältigen (Abb. 5.13). Sie können entweder als **Osmoconformer** reagieren. Das sind Tiere, die die Osmolarität ihrer Körperflüssigkeiten nicht regulieren; hier verändert sich die Osmolarität des Innenmediums mit der des Außenmediums. Oder sie können sich als **Osmoregulierer** verhalten. Solche Tiere halten die osmotische Konzentration im Innenmedium trotz unterschiedlicher oder schwankender Konzentrationen des Außenmediums weitgehend konstant. Die so gekennzeichneten Begriffe

Abb. 5.13: Schema zur Erklärung der Begriffe: Beziehungen zwischen den osmotischen Konzentrationen Innenmedium (IM.) – Außenmedium (AM.). 1 u. 5 = strenge Osmoconformer, stets isoosmotisch mit dem Außenmedium; 2–4: strenge Osmoregulierer; 2 = hyperosmotische Regulation; 3 = hypoosmotische Regulation; 4 = hyper-hypoosmotische Regulation; 1 u. 4 = ziemlich euryhaline Tiere; 2, 3 u. 5 = ziemlich stenohaline Tiere (nach Kümmel aus Siewing 1980).

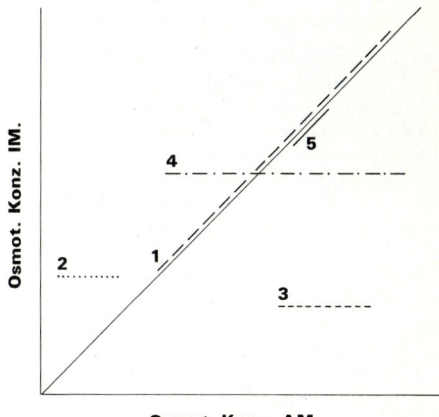

Osmoconformer und Osmoregulierer beschreiben Extremfälle (strenge Osmoconformer bzw. Osmoregulierer), zwischen denen es Übergänge gibt. Osmoconformer sind gewöhnlich (aber nicht immer) stenohalin; wegen des engen tolerierten Salinitätsbereichs unterliegt auch das Innenmedium nur geringen osmotischen Schwankungen. Anders ist es bei euryhalinen Osmoconformern. Hier ändern sich die osmotischen Konzentrationen der Körperflüssigkeiten in beträchtlichem Ausmaß. Die Körperzellen müssen gegenüber diesen osmotischen Änderungen wenig empfindlich sein. Die Zellen haben regelmäßig auch Anpassungen erworben, um dem «osmotischen Streß» zu entgehen: Bei Verdünnung der Körperflüssigkeiten nimmt der Gehalt an organischen Soluten, besonders an freien Aminosäuren, in den Zellen ab; im umgekehrten Fall steigt dagegen der Gehalt an solchen organischen Stoffen an. Diese Änderungen können einen wichtigen Anteil an der Wiederanpassung der osmotischen Konzentration in den Zellen an die der Körperflüssigkeiten haben.

Strenge Osmoconformer müßten in den Grenzen, die sie tolerieren, stets die gleiche Osmolarität besitzen wie das Außenmedium (= isoosmotisch gegenüber dem Außenmedium, Abb. 5.13). Osmoregulierer können dagegen je nach Toleranzbereich ihre osmotische Konzentration über dem Außenmedium (= **hyperosmotische Regulation**), unter dem Außenmedium (= **hypoosmotische Regulation**) oder sowohl über als auch unter dem Außenmedium (**hyper-hypoosmotische Regulation**) halten (Abb. 5.13).

5.5.1 Marine Tiere

Die meisten marinen Evertebraten verhalten sich wie Osmoconformer. Osmoconformer findet man z.B. bei Cnidariern, Anneliden, Arthropoden, Mollusken und Echinodermen. Viele dieser Formen sind extrem **stenohalin**. Es gibt aber auch nicht wenige **euryhaline** Osmoconformer.

Als Beispiele seien der Köderwurm *Arenicola marina* (Polychaeta), die Miesmuschel *Mytilus edulis* und der Seestern *Asterias rubens* genannt, die bei sehr unterschiedlichen Salzgehalten lebensfähig sind (Abb. 5.14a). Allerdings sind zumindest bei der Muschel und dem Seestern Vitalität bzw. Aktivität an der unteren Grenze des Toleranzbereichs (= niedriger Salzgehalt) eingeschränkt.

Einige wirbellose Tiere, wie der Polychaet *Nereis diversicolor* (Abb. 5.14b) oder die Strandkrabbe *Carcinus maenas* (Abb. 5.14c), regulieren in verdünntem Meerwasser (z.B. in Brackwassergebieten) hyperosmotisch. Steigt die Außenkonzentration an, so nähern sich die Tiere dem isoosmotischen Zustand, der im vollen Meerwasser erreicht wird. Unter den marinen Wirbeltieren verhalten sich die Myxinen (Cyclostomata, 2.4.26) wie Osmoconformer. Der überwiegende Anteil der osmotischen Konzentration des Blutes entfällt bei Myxine, ähnlich wie bei wirbellosen Osmoconformern des Meeres, auf anorganische Salze. Die Tiere halten allerdings zweiwertige Ionen wie Ca^{++}, Mg^{++} und SO_4^{--} gegenüber dem Meerwasser auf deutlich niedrigerem Niveau. Wie die Myxinen sind auch die Elasmobranchier (Haie und Rochen) etwa isoosmotisch (oder sogar schwach hyperosmotisch) gegenüber Meer-

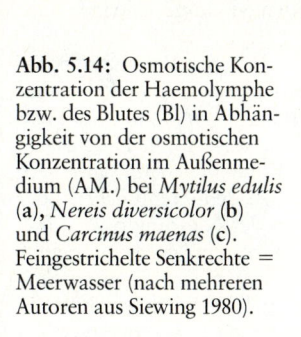

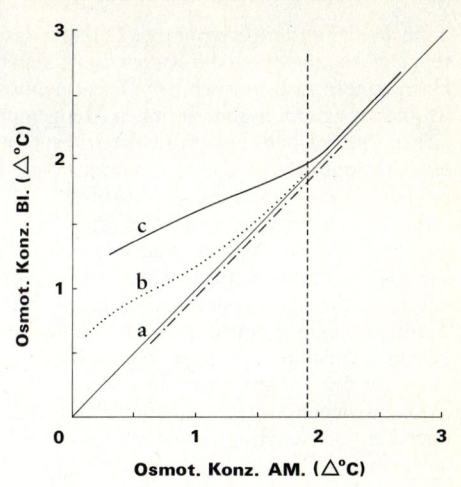

Abb. 5.14: Osmotische Konzentration der Haemolymphe bzw. des Blutes (Bl) in Abhängigkeit von der osmotischen Konzentration im Außenmedium (AM.) bei *Mytilus edulis* (a), *Nereis diversicolor* (b) und *Carcinus maenas* (c). Feingestrichelte Senkrechte = Meerwasser (nach mehreren Autoren aus Siewing 1980).

wasser. Die Salzkonzentration im Blut liegt aber bei diesen Formen weit unterhalb des Außenmediums. Der hohe osmotische Wert wird hier durch erstaunlich große Mengen an Harnstoff (und in geringerem Ausmaß an Trimethylaminoxid) erreicht. Die Elasmobranchier erleiden so zwar keinen osmotischen Wasserverlust und brauchen im Gegensatz zu den Teleosteern (s. u.) kein Meerwasser zu trinken. Mit der Nahrung und durch Diffusion, besonders an den Kiemen, gelangen aber ständig gewisse Salzmengen, vorzugsweise NaCl, in das Tier. Die Elasmobranchier haben einen besonderen extrarenalen Weg der Ausscheidung in den früher erwähnten **Rektaldrüsen** erworben. Diese Drüsen geben in das Rektum ein mit dem Blut isoosmotisches Sekret ab, das **Harnstoff** und **Trimethylaminoxid** nur in Spuren enthält, aber sehr reich an Natrium und Chlorid ist.

Der einzige rezente Crossopterygier *Latimeria chalumnae* hat das Problem der Osmoregulation offenbar in ähnlicher Weise gelöst wie die marinen Elasmobranchier. Die osmotische Konzentration seines Blutes ist angenähert so hoch wie die des Meerwassers und in beträchtlichem Maße durch Harnstoff verursacht. Wie *Latimeria* die Ionen in den Körperflüssigkeiten reguliert, ist noch nicht genau bekannt.

Die marinen Teleosteer (Abb. 5.15B) sind stark **hypoosmotisch** gegenüber dem Meerwasser, was vielfach als Hinweis auf Süßwasserahnen interpretiert wird. Die Tiere sind so einem osmotischen Wasserverlust und einem Netto-Einstrom von Ionen durch Diffusion ausgesetzt. Den Wasserverlust kompensieren die Tiere durch Trinken von Meerwasser. Im Darm werden aus dem Wasser aktiv einwertige Ionen absorbiert, was offenbar entscheidend für die Wasseraufnahme in das Körperinnere ist. Die wichtigsten zweiwertigen Ionen (Mg^{++}, SO_4^{--}) bleiben großenteils im Darm und werden mit dem Kot abgegeben. Die aufgenommene Salzlast (zuzüglich der Ionen, die entlang dem Konzentrationsgradienten eingedrungen sind) muß dann wieder entfernt werden, ohne dabei das gewonnene Wasser zu verlieren. Die Abgabe durch die Nieren bietet keine Lösung des Problems, da der Harn nahezu isoosmotisch bzw. leicht hypoosmotisch gegenüber dem Blut ist und außerdem in sehr geringen Mengen produziert wird. Mit ihm wird allerdings der Überschuß an zweiwertigen Ionen entfernt. Der Überschuß an einwertigen Ionen wird extrarenal (durch die Kiemen) ausgeschieden, während das Wasser im Körper zurückbleibt.

Jeweils einige Vertreter der typischerweise terrestrischen Vertebratenklassen, Reptilien und Säuger, sind sekundär in das Meer zurückgekehrt und dabei Lungenatmer geblieben; auch einige Vögel kann man als marine Tiere ansehen. Alle sind **hypoosmotisch** gegenüber Meerwasser. Die Haut dieser Tiere ist wenig permeabel (keine permeablen Kiemenflächen!). In einem gewissen Ausmaß geht aber Wasser (besonders an den Atemflächen oder auch mit den Ausscheidungen) verloren, das mit der Nahrung oder durch Trinken wieder ersetzt werden muß. Durch Trinken von Meerwasser und/oder bei der Nahrungsaufnahme können aber in das Tierinnere größere Salzmengen gelangen. Ein derartiger Salzüberschuß kann bei marinen Reptilien und Vögeln, die einen nicht oder einen nur gering hyperosmotischen Harn bilden können, extrarenal durch die **Salzdrüsen** entfernt werden.

Marine Säuger trinken kaum oder gar kein Meerwasser. Sie nehmen nur das in der Nahrung enthaltene Wasser auf. Besonders wenn die Nahrung aus mit dem Meerwasser isoosmotischen Wirbellosen besteht, wird die aufgenommene Salzlast beträchtlich sein. Die marinen Säuger besitzen aber keine extrarenalen Organe nach Art der Salzdrüsen mariner Reptilien und Vögel. Überschüssiges Salz kann hier durch den klar hyperosmotischen Harn eliminiert werden.

Eine Umwelt mit (manchmal sehr) hohem Salzgehalt stellen auch die salzhaltigen Binnengewässer und die Salinen dar. Hier lebt z.B. der Salzkrebs *Artemia salina*. Er ist ein exzellenter Osmoregulierer mit einem erstaunlich weiten Toleranzbereich. *A. salina* ist in Gewässern mit geringem Salzgehalt ebenso lebensfähig wie in denen mit dem höchsten überhaupt bekannten Salzgehalt. Die Mechanismen der hypoosmotischen Regulation gleichen prinzipiell denen der marinen Teleosteer: Trinken von Salzwasser, Absorption von einwertigen Ionen und Wasser aus dem Darm, Abgabe einwertiger Ionen an spezialisierten Regionen der Brustextremitäten (diese Regionen werden meist Kiemen genannt, sind aber in Wirklichkeit die Exopodite).

5.5.2 Süßwasser-Tiere

Alle im Süßwasser lebenden Tiere, von den Protozoa bis zu den Wirbeltieren, sind **hyperosmotisch** gegenüber ihrer Umgebung. Sie sind prinzipiell Osmoregulierer, wobei ihr Toleranzbereich unterschiedlich ist. Viele stenohaline Süßwasserformen überleben einen längeren Aufenthalt bei einem

Salzgehalt, der über der normalen Innenkonzentration der Tiere liegt, nicht; sie können also nur im hyperosmotischen Bereich regulieren.

Tiere in **hypoosmotischer** Umgebung sind einem osmotischen Einstrom von Wasser und einem Netto-Verlust von Salzen an das Außenmedium ausgesetzt und müssen mit diesen beiden Problemen fertig werden. Es gibt eine Reihe verschiedener Möglichkeiten und Mechanismen, mit deren Hilfe die Tiere ihr Innenmedium hyperosmotisch halten können.

a) Der Einstrom von Wasser kann durch eine wenig dehnbare Körperhülle in Grenzen gehalten werden.

b) Der Stoffaustausch mit der Umgebung wird durch eine wenig durchlässige Körperoberfläche niedrig gehalten.

c) Die osmotische Konzentration der Innenmedien ist allgemein niedrig und im Vergleich zu marinen Verwandten deutlich herabgesetzt. Der osmotische Einstrom von Wasser und der Salzverlust kann so gesenkt werden.

d) Die Harnproduktion kann verstärkt sein. Insbesondere ist der Harn häufig gegenüber dem Blut deutlich hypoosmotisch, gegenüber dem Außenmedium aber hyperosmotisch. Dadurch können sich die Tiere vom Wasserüberschuß befreien, ohne daß der Salzverlust zu groß wird. Um aber diesen und den sonstigen Salzverlust (s. oben) zu kompensieren, werden regelmäßig

e) Salze, besonders an Kiemen, aber auch an anderen spezialisierten Stellen aktiv aus dem Außenmedium absorbiert. Allgemein wird es auch zu einer Salzaufnahme mit der Nahrung kommen.

Süßwasserprotozoen besitzen regelmäßig **kontraktile Vakuolen** (s. 2.3), die insbesondere für die Entfernung des Wasserüberschusses verantwortlich sind. Die allerdings nur an wenigen Arten erhobenen Analysen haben gezeigt, daß dementsprechend die Vakuolenflüssigkeit gegenüber dem Cytoplasma hypoosmotisch ist. Die abgegebene Vakuolenflüssigkeit enthält natürlich noch Salze. Der Salzverlust muß durch Aufnahme aus dem Medium oder mit der Nahrung wettgemacht werden. Kontraktile Vakuolen treten sonst nur noch in Zellen von Süßwasserschwämmen auf, denen eigentliche Exkretionsorgane fehlen (s. 2.4.3). Man nimmt an, daß diese auch hier der Osmoregulation dienen.

Die Süßwassercnidaria haben ebenfalls keine eigentlichen Exkretionsorgane. Da ihre Gewebe hyperosmotisch gegenüber Süßwasser regulieren und der osmotische Wassereinstrom groß ist, muß es Einrichtungen zur Eliminierung des Wasserüberschusses geben. Offenbar übernimmt hier der Gastralraum zusammen mit dem ihn auskleidenden Epithel (= Gastrodermis) diese Aufgabe. Die Flüssigkeit im **Gastralraum** ist (vergleichbar mit der Flüssigkeit in den kontraktilen Vakuolen bei Protozoen) **hypoosmotisch** gegenüber den Geweben, aber hyperosmotisch gegenüber dem Außenmedium. Sie wird von Zeit zu Zeit nach außen entleert. Der eintretende Salzverlust wird durch Absorption aus dem Außenmedium ersetzt.

Sehr gut untersucht sind die osmoregulatorischen Vorgänge beim Flußkrebs. Die Körperoberfläche, ausgenommen besonders die Kiemen, ist wenig durchlässig. An den permeablen Stellen kommt es aber zu einem osmotischen Wassereinstrom und einem Ionenverlust. Der Wasserüberschuß wird durch die Exkretionsorgane, die Antennennephridien, eliminiert. Da die Tiere einen gegenüber der Haemolymphe stark hypoosmotischen Harn abgeben, die Harnmengen auch nicht beträchtlich sind, ist der Salzverlust zwar gering, dennoch vorhanden. Hinzu kommt der allgemeine Ionenverlust an das Außenmedium. Der Salzverlust wird wieder (außer aus der Nahrung) durch Absorption aus dem Außenmedium kompensiert, und zwar an den Kiemen.

Die Süßwasserteleosteer verhalten sich in ihrer Osmoregulation prinzipiell ähnlich dem Flußkrebs (Abb. 5.15A). Ihre Körperoberfläche ist großenteils wenig permeabel, aber Kiemen (und auch die Mundschleimhaut) sind «Pforten» für einen Wassereinstrom und einen Salzverlust. Durch reichliche Mengen (viel größer als bei marinen Vertretern) eines stark verdünnten Harns wird der Wasserüberschuß eliminiert; und der Salzverlust wird durch Aufnahme von Salzen mit der Nahrung und an den Kiemen ausgeglichen.

Einige euryhaline Fische wandern in ihrem normalen Zyklus vom Meer in das Süßwasser bzw. umgekehrt. Hierzu gehören der Aal *Anguilla anguilla* und der Lachs *Salmo salar*. Diese Fische zeigen eine **hyper-hypoosmotische** Regulation und verhalten sich entsprechend dem jeweiligen Außenmedium

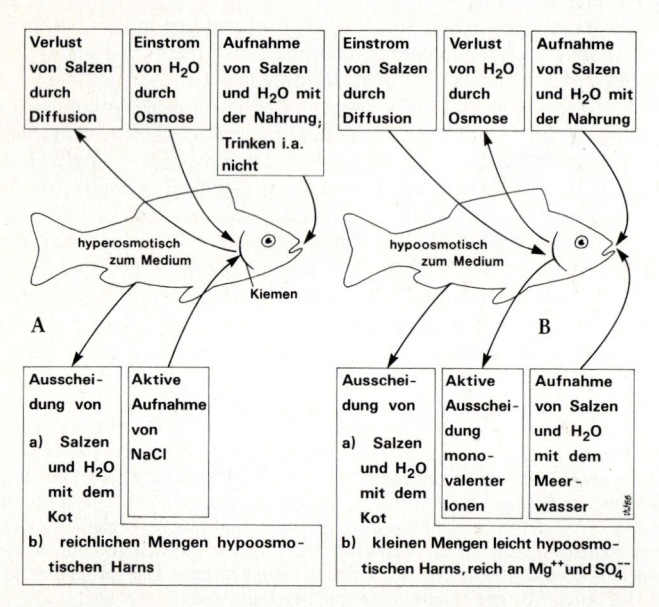

Abb. 5.15: Schematische Darstellung der Hauptwege für die Ionen- und Wasserbewegungen bei Süßwasser- (**A**) und Meeresteleosteern (**B**) (nach Hill aus Siewing 1980).

Abb. 5.16: Osmotische Konzentration der Haemolymphe bzw. des Blutes (Bl) in Abhängigkeit von der osmotischen Konzentration im Außenmedium (AM) bei *Pachygrapsus crassipes* (a), *Palaemonetes varians* (b) und *Conger vulgaris* (c) (nach mehreren Autoren aus Siewing 1980).

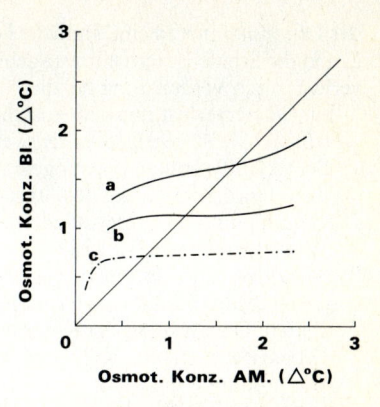

prinzipiell entweder wie ein Süßwasser- oder wie ein Meerwasserteleosteer. Unter Knochenfischen und Krebsen gibt es noch weitere Formen mit hyper-hypoosmotischer Regulation, die wie die Garnele *Palaemonetes varians* und der Meeraal *Conger conger* dem Extremfall eines strengen Osmoregulierers am nächsten kommen (Abb. 5.16).

5.5.3 Terrestrische Tiere

Einer großen Anzahl von Tiergruppen ist unabhängig voneinander die Eroberung des Landes gelungen. Viele dieser Tiere bleiben aber zeitweise oder zeitlebens auf hohe Feuchtegrade angewiesen, um zu überleben, so z.B. terricole Turbellarien, Regenwürmer, viele Frösche. Diese verhalten sich in mancher Hinsicht eher wie Süßwassertiere. Nur in wenigen Gruppen ist eine terrestrische Lebensweise weitgehend unabhängig von einer feuchten Umgebung erreicht worden (Spinnentiere, Insekten, Reptilien, Vögel, Säuger). Landtiere sind natürlich nicht von einem wäßrigen Außenmedium, sondern von Luft umgeben. So ist ein entscheidender Vorteil des Landlebens der leichte Zugang zum Sauerstoff; dem steht das große Risiko des Wasserverlustes durch Verdunstung mit allen seinen Konsequenzen gegenüber. Das Landleben kann so auf vielfältige Weise das innere Milieu stören, so daß auch hier osmoregulatorische Mechanismen notwendig werden. Landtiere sind grundsätzlich **Osmoregulierer**. Terrestrische Tiere haben viele Möglichkeiten und Mechanismen entwickelt, Wasserverluste gering zu halten, aber auch eine zeitweilige Austrocknung zu überleben. Die im Verhältnis zu aquatischen Tieren geringere Permeabilität der Haut setzt die Verdunstung herab. Die geringe Permeabilität der Haut höherer Vertebraten (ab Reptilien) ist ganz vorzugsweise auf die Hornschicht der Epidermis, bei Insekten und wohl auch Spinnentieren auf eine Ablagerung fett- bzw. wachsartiger Substanzen in der Epicuticula zurückzuführen. Ob der schleimige Überzug der Landpulmonaten eine ähnliche Funktion hat, ist ungewiß. Zurückgezogen in die Schale (sofern eine ausgebildet ist) und verdeckelt ist der Wasserverlust durch Verdunstung bei diesen Tieren allerdings sehr gering.

Ein **Wasserverlust** mit den Ausscheidungen (Harn, Kot) kann auf unterschiedliche Weise gering gehalten werden:

a) Bei vielen Reptilien, den Vögeln, Pulmonaten und vielen Tracheaten ist das Hauptendprodukt des Stickstoff-Stoffwechsels die Harnsäure, bei vielen Spinnentieren das Guanin. Diese Stoffe können fast ohne Wasser abgegeben werden (s. 4.2.7).

b) Säugetiere und (in einem geringeren Ausmaß) Vögel vermögen einen gegenüber dem Blut hyperosmotischen Harn zu bilden und so Wasser zu sparen. Das Ausmaß der Konzentrierungsfähigkeit ist abhängig von der Lebensweise. Beim Menschen kann das Verhältnis der osmotischen Konzentration des Harnes zu der des Blutes 4, beim Kamel 8 und bei der in der australischen Wüste lebenden Springmaus *(Notomys alexis)* sogar 22 erreichen.

c) In Darmabschnitten kann den Faezes oder dem in den Darm einfließenden Harn viel Wasser entzogen werden. Das geschieht z.B. bei Vögeln und wahrscheinlich auch bei Reptilien in der Kloake, bei Säugern im Dickdarm und bei Insekten besonders im Rektum.

Der Wasserverlust an respiratorischen Oberflächen wird dadurch in Grenzen gehalten, daß bei terrestrischen Tieren die Atmungsorgane ganz regelmäßig im Körperinneren liegen, zugänglich nur durch schmale Öffnungen (Lungen bei Pulmonaten und Vertebraten, Tracheen bei Antennaten und Spinnentieren, Fächerlungen bei Spinnentieren).

Bei Insekten können bei großer Trockenheit die Öffnungen in das Tracheensystem (Stigmen) für längere Zeit jeweils geschlossen bleiben; der respiratorische Wasserverlust wird so erniedrigt. Bei einigen Vertebraten wird der respiratorische Wasserverlust durch andere Mechanismen verringert: Die trockene eingeatmete Luft bewirkt eine Abkühlung des Nasenganges (durch ihre im Vergleich zur Körpertemperatur i.a. niedrigere Temperatur und besonders durch die Verdunstung an der feuchten inneren Nasenoberfläche); an diesen kühlen Stellen wird die in den Lungen mit Wasserdampf gesättigte und aufgewärmte Ausatmungsluft ihrerseits abgekühlt, wobei ein Teil des Wasserdampfes kondensiert und wieder genutzt werden kann. Einige Wüstensäuger verringern durch besondere Mechanismen den für eine Abkühlung notwendigen Wasserverlust. Das Kamel kann seine Körpertemperatur ändern, zwischen etwa 34° C in der Nacht und bis 41° C am Tage. Erst bei 41° C beginnt das Kamel zur Senkung der Körpertemperatur zu schwitzen. Alle übrige «gespeicherte» Wärme kann während der Nachtstunden ohne wesentlichen Wasserverlust abgegeben werden.

Als verbreitete Anpassungen an das Leben in heißen und trockenen Gebieten sind die Verhaltensweisen anzusehen, sich in der heißesten Zeit einzugraben bzw. in schützende Gänge oder Verstecke zurückzuziehen, die eigentliche Aktivität in die Dämmerung oder Nacht zu verlegen oder auch längere Trockenperioden im Ruhezustand zu verbringen.

Viele besonders in trockenen Biotopen lebende Tiere vertragen eine starke **Abnahme des Körperwassers**. Das ist z.B. von Landpulmonaten, einigen Insekten, manchen Anuren und Wüstensäugern bekannt. So kann das Kamel ohne ernsthafte Schädigungen 30% seines Körperwassers verlieren (der Mensch unter vergleichbaren Bedingungen nur etwa 10%). Und ein australischer Frosch überlebt den Verlust von 50% seines Körpergewichtes durch Verdunstung, der einheimische Laubfrosch stirbt schon bei Verlust von etwa 25%. Diese Eigenschaft kann mit der Fähigkeit, sehr große Wassermengen in relativ kurzer Frist wieder aufzunehmen, verbunden sein. So vermag das Kamel innerhalb weniger Minuten über 100 Liter Wasser zu trinken. Diese Wassermengen dienen hier als Ersatz vorangegangener Wasserverluste, nicht zur Speicherung von Wasser. Die meisten Landtiere sind darauf angewiesen, Wasser zu trinken oder wasserreiche Nahrung aufzunehmen. Einige Tiere können auch Wasser durch ihre Haut aufnehmen. Dazu gehören z.B. manche Anuren und der Regenwurm. Manche Arthropoden können sogar aus Luft, die nicht wasserdampfgesättigt ist, Wasserdampf direkt absorbieren, manche Formen aus Luft mit einer relativen Feuchtigkeit unter 50%. Aufnahmeorte sind entweder spezialisierte Darmbereiche oder die Mundregion. Manche terrestrischen Tiere, selbst einige Wüstenbewohner, brauchen aber offenbar weder Wasser zu trinken noch wasserreiche Nahrung aufzunehmen. Sie decken ihren Wasserbedarf allein aus Stoffwechselwasser und dem geringen Wassergehalt der trockenen Nahrung.

5.6 Literatur

Cleffmann, G.: Stoffwechselphysiologie der Tiere. Ulmer, Stuttgart, 1987

Hill, R.W.: Comparative Physiology of Animals. An Environmental Approach. Harper and Row, Publishers. New York, 1976

Kümmel, G.: Exkretion, Osmo- und Ionenregulation. Aus Wurmbach/Siewing (Hrsg.): Lehrbuch der Zoologie, Band I. G. Fischer, Stuttgart, 529–545, 1980

Kümmel, G.: Der gegenwärtige Stand zur Funktionsmorphologie exkretorischer Systeme. Versuch einer vergleichenden Darstellung. Verh. Dtsch. Zool. Ges. (Erlangen) **70**, 154–174, 1977

Penzlin, H.: Lehrbuch der Tierphysiologie, G. Fischer, Stuttgart, 1989

Prosser, C.L., (Hrsg.): Comparative Animal Physiology. W.B. Saunders Co., Philadelphia, 1973

Urich, K.: Vergleichende Physiologie der Tiere. Stoff- und Energiewechsel. 3. Auflage. Walter de Gruyter, Berlin, 1977

Urich, K.: Vergleichende Biochemie der Tiere. G. Fischer, Stuttgart, 1989

Wessing, A., (Hrsg.): Excretion. Fortschritte der Zoologie **23**, 1975

6 Atmungssysteme[1] 425

6.1   Phasen der Atmung 425

6.2   Atmungsorgane 426
6.2.1 Haut 426
6.2.2 Kiemen 427
6.2.3 Tracheen 429
6.2.4 Tracheenkiemen und Fächerlunge 429
6.2.5 Schwimmblasen 431
6.2.6 Lungen 431

6.3   Literatur 435

6.1 Phasen der Atmung

Die tierische Atmung (**Respiration**) dient der Aufnahme des für die Oxidationsprozesse notwendigen Sauerstoffs (Tab. 6.1) und der Abgabe der dabei entstandenen Gase (CO_2). Der Sauerstoff kann der Luft (21%) oder in gelöster Form dem Wasser (14,5 mg O_2 pro l H_2O bei 0° C) entnommen werden. Dieser physiologische Vorgang, der den physikalischen Diffusionsgesetzen (Gasspannungsdifferenz) unterliegt, wobei der **respiratorische Quotient** (RQ = CO_2-Abgabe / O_2-Aufnahme) als Meßgröße dient, kann im wesentlichen in vier Phasen untergliedert werden:

1. Die **äußere Atmung** dient dem Gasaustausch zwischen der Luft bzw. dem Wasser und den respiratorischen Körperoberflächen. Hierbei kann es sich um die äußerste Körperoberfläche (Haut, vorgestülpte Kiemen) oder aber auch um innen gelegene (eingestülpte) Oberflächen (Lunge, Schwimmblase etc.) handeln (s.u.).
2. Der **Transport** der aufgenommenen Gase durch die Körperflüssigkeiten (Blut, Hämolymphe, Leibeshöhlenflüssigkeiten) zu den jeweiligen Organen erfolgt durch lockere Bindung an gelöste bzw. an Blutkörperchen gebundene Farbstoffe (s. 13.2) oder aber direkt (über Luftkanäle = Tracheen).
3. Die **innere** bzw. **Zellatmung** stellt dann den nächsten Schritt dar und vollzieht den Übertritt von O_2 aus dem Blut bzw. aus den Leibeshöhlenflüssigkeiten in die zu versorgende Zelle.
4. In der Zelle läuft dann der oxidative **Energiestoffwechsel** ab, wobei die Umsetzung des aufgenommenen O_2 mit verschiedenen Substraten unter

---

[1] H. Mehlhorn (Düsseldorf)

Bildung von Energie und CO_2 erfolgt, und letzteres wieder in die jeweiligen Transportsysteme diffundiert.

6.2 Atmungsorgane

Im folgenden soll lediglich auf die im Tierreich ausgebildeten Systeme der **äußeren Atmung** näher eingegangen werden, während im Hinblick auf den Gastransport, die Zellatmung und den Energiestoffwechsel auf physiologische Spezialliteratur und Kapitel 4 verwiesen wird. Der äußeren Atmung dienen im wesentlichen folgende Organsysteme, die allein oder in Kombination in Funktion treten können (= **bi-** bzw. **trimodale Atmung**).

6.2.1 Haut

Bei vielen aerob lebenden Tieren, denen wie z.B. den Einzellern, Parazoa, Coelenterata, Plathelminthes, Nematodes, Clitellata oder aber auch dem lungen- und kiemenlosen Salamander *(Desmognathus fuscus)* spezielle Atmungssysteme fehlen, sind die Haut, der Darm bzw. die gesamte Oberfläche alleinige Aufnahmeorte für Sauerstoff, den sie – wegen meist relativ geringer Stoffwechselaktivität – auch nicht in großem Maße benötigen. Protozoen haben zudem eine in Relation zum Cytoplasma relativ große Oberfläche, was die genügende Aufnahme von O_2 stark erleichtert. Viele Arten haben außerdem O_2-produzierende Symbionten (Algen) in ihre Organe eingebaut. Hautatmung kommt zusätzlich auch bei solchen Tieren vor, die spezielle Atmungsorgane ausgebildet haben, und hat dort noch essentielle Bedeutung (z.B. Molche der Gattung *Triturus* bis 70%, Aale bis 60%

Tab. 6.1: Sauerstoffbedarf ausgewählter Tiere (nach Flindt 1988), vergl. auch Abb. 14.12.

Art	Körpergewicht (KGW)	Sauerstoffverbrauch cm^3/kg KGW/Stunde
Paramecium sp. (Ciliata)	0,001 mg	500
Mytilus sp. (Bivalvia)	25 g	25
Helix sp. (Gastropoda)	50 g	70
Lumbricus sp. (Annelida)	15 g	500
Vanessa sp. (Lepidoptera)	0,3 g	100.000 (im Flug)
Cyprinus sp. (Pisces)	200 g	250
Gallus sp. (Aves)	2.000 g	750
Mus sp. (Mammalia)	20 g	
Ruhe		2.500
Bewegung		20.000
Homo sapiens (Mammalia)	70 kg	
Ruhe		250
Bewegung		4.000

des Gesamtvolumens). Auch viele kleine Fische, die meisten Amphibien, Schlangen (nicht nur Wasserschlangen), Schildkröten und Fledermäuse kommen ohne Hautatmung nicht aus. Beim Menschen dagegen macht die Hautatmung zwar nur noch 1% des Gesamtvolumens aus, dennoch kann er bei völliger Schädigung wegen anderer fehlender Hautfunktionen nicht überleben.

6.2.2 Kiemen

Diese Systeme treten ausschließlich bei wasserlebenden Arten auf und stellen im wesentlichen lokale, dünnhäutige, gut durchblutete Ausstülpungen der Oberfläche dar, die allerdings auch eingesenkt in Körperhöhlen oder unter Deckgebilden liegen können (Abb. 6.1, 6.2). Derartige Kiemen finden sich u.a. bei Polychaeten, den meisten Mollusken, wasserlebenden Arthropoden und Echinodermaten. In allen Fällen ist garantiert, daß sauerstoffhaltiges Wasser in ausreichendem Maße an den Kiemen vorbeiströmen kann. Bei Aufenthalt auf dem Land können Kiemenhöhlen zeitweilig verschlossen werden. Die inneren Kiemen der Chordata entstehen als Derivate des Vorderdarms, des sog. Kiemendarms, der ursprünglich als Filtersystem für Nahrung angelegt wurde (Abb. 6.2A). Äußere Kiemen entstehen z.B. bei Amphibienlarven (Molchen) durch Ausbildung von dorsalen Kiemenblättchen, die gut durchblutet sind und nach außen vorragen.

Die Kiemenatmung der rezenten Fische (Abb. 6.2B) funktioniert nach dem **Gegenstromprinzip** (Abb. 6.2C, D). Das venöse Blut, das vom Herzen (Abb. 13.3) über die ventrale Aorta und die afferenten Kiemenarterien in die Sekundärlamellen der Kiemen gelangt, wird dort in Blutlakunen in Gegenrichtung zur Wasserströmung geführt (Abb. 6.2D). Im Grenzbereich

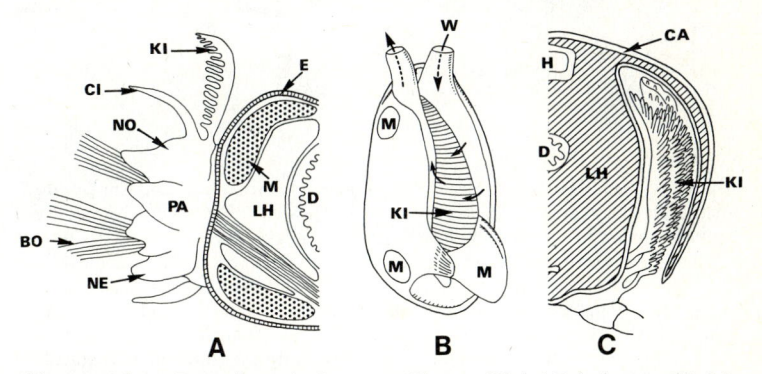

Abb. 6.1: Schem. Darstellung der Lage von Kiemen (KI) bei Polychaeten (**A**), Muscheln (**B**) und einem Krebs (*Astacus* sp., **C**). BO: Borsten, CA: Carapax, CI: Cirrus, D: Darm, E: Epidermis, H: Herz, KI: Kieme, LH: Leibeshöhle, M: Muskel, NE: Neuropodium, NO: Notopodium, PA: Parapodium, W: Wasserstrom.

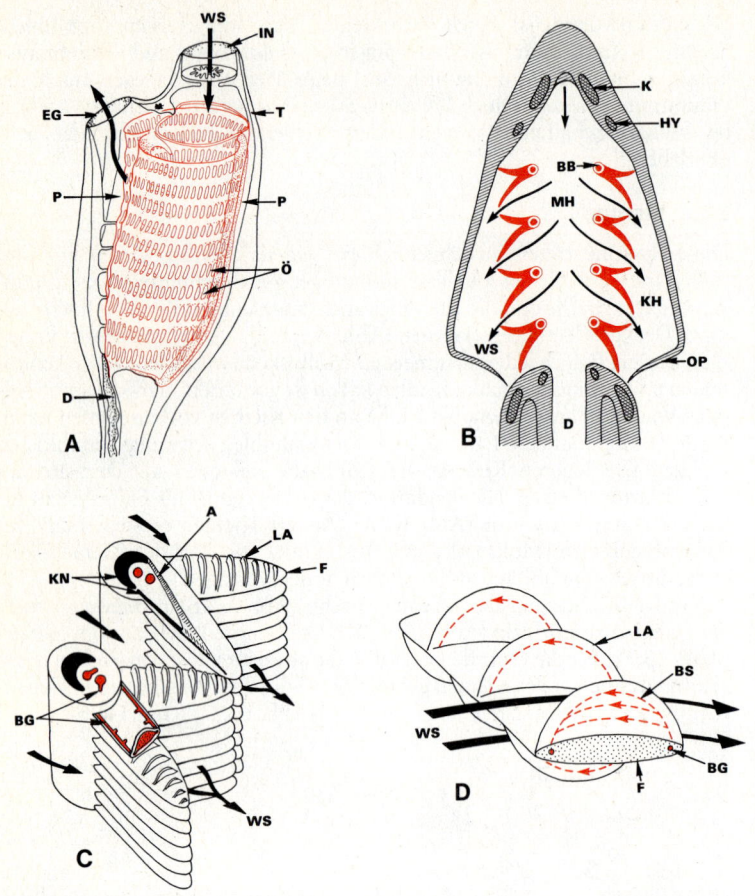

Abb. 6.2: Schem. Darstellung der Kiemen höherer Tiere. **A.** Kiemendarm bei einem festsitzenden Tunikaten. **B.** Kiemenapparat mit vier Kiemenbögen eines Fisches in der Sogphase, später (in der Auspreßphase) wird das Operculum geöffnet und das Wasser entlassen (nach Portmann). **C, D.** Wasserströmung (Pfeile) entlang der Kiemenbögen eines Fisches. In Abb. C sind zwei der Kiemenbögen getroffen, in D eine Detailvergrößerung eines Filaments. Es zeigt sich hier, daß der Blutstrom (BS) gegen den Wasserstrom verläuft (nach Eckert). A: Adduktormuskel, BB: Branchialbogen (Kiemenbögen), BG: Blutgefäße, BS: Blutstrom, EG: Egestionsöffnung, D: Darm, F: Kiemenfilamente, H: Herz, HY: Hyoidbogen, IN: Ingestionsöffnung, K: Kieferskelett, KH: Kiemenhöhle, KN: Knorpelspange, LA: Lamellen, MH: Mundhöhle, Ö: Öffnung (Spalt) im Kiemendarm, OP: Operculum (Kiemendeckel), P: Peribranchialraum, T: Tunicinmantel, VG: Venöse Gefäße, WS: Wasserstrom (Pfeile).

kommt es dann zum **Gasaustausch**. Der O_2-Gehalt des Wassers kann pro l je nach Temperatur und anderen Faktoren zwischen 0% und 8‰ (Meerwasser) bzw. 10,5‰ (Süßwasser) schwanken, so daß es bei extremem O_2-Mangel auch zum Ersticken der Fische kommen kann. Der Tod tritt ebenfalls ein, wenn die Kiemenplättchen (evtl. auch infolge von Parasiten- bzw. Pilzbesatz) verkleben.

6.2.3 Tracheen

Tracheen (Abb. 6.3) finden sich innerhalb der Arthropoda (2.4.21) und Onychophora (2.4.18) sowohl bei Land- als auch bei Wassertieren, allerdings wird durch sie stets nur atmosphärischer Sauerstoff aufgenommen. Bei den Tracheen handelt es sich um kanalförmige, feinverästelte Einstülpungen der Oberfläche; sie beginnen mit einer (oft) verschließbaren Öffnung (Ostium, **Stigma**), die durch reusenartige Cuticulastrukturen gegen Fremdkörper geschützt sein kann (Abb. 6.3B). Die chitinöse **Cuticula** zieht bis in die feinsten Kanäle (wobei die Endocuticula meist fehlt) und wird während der Häutungen des Tieres mitgehäutet. Die Tracheenöffnungen und Verzweigungen sind ursprünglich segmental angelegt und waren voneinander getrennt. Im Laufe der Entwicklung kommt es durch Einzug von Quer- und Längssträngen zur Bildung eines einheitlichen Systems (Abb. 6.3A), wobei zudem häufig durch Reduktion der Stigmen eine Polarisierung erfolgt. So finden sich bei den rezenten Tracheata, aber auch bei vielen Chelicerata unterschiedliche Verzweigungssysteme. In den meisten Fällen sind die an die Öffnungen anschließenden großen Röhren (Tracheen) noch durch spiralige Chitinleisten verstärkt, so daß ein Zusammendrücken verhindert wird (Abb. 6.3B). Bei guten Fliegern z.B. können zudem **Luftsäcke** als Erweiterungen der Tracheen ausgebildet sein. An den inneren Enden der Tracheen liegen die sternförmig verästelten **Tracheenendzellen**, die in die feinen **Tracheolen** auslaufen (Abb. 6.3C). Diese Tracheolen, die als zartes Netzwerk alle Organe und deren Zellen umspannen, sollen im Ruhezustand Flüssigkeiten enthalten, die während der Aktivitätsphase in die Zellen aufgenommen werden und dann dem O_2 freien Zugang zum jeweiligen Bedarfsort gewähren (Luft enthält mehr O_2 als Wasser, s.o.). Viele Insekten haben im weiteren Systeme ausgebildet, die für eine Ventilation in den Tracheen sorgen und somit einen erhöhten Sauerstoffbedarf befriedigen.

6.2.4 Tracheenkiemen und Fächerlunge

Bei wasserlebenden Insekten, die gelösten Sauerstoff aufnehmen können, sind als Modifikationen der Tracheen sog. Tracheenkiemen ausgebildet (Abb. 6.3E). Hierbei handelt es sich um unterschiedlich gestaltete, aber stets sehr dünnwandige Körperanhänge, die keine Öffnung nach außen haben. Der Sauerstoff diffundiert in das (in den Anhängen verzweigte) Tracheensystem ein und wird über ein Längsleitungssystem, in dem ein abnehmender O_2-Partialdruck herrscht, weitertransportiert.

Die als Fächertracheen bzw. -lungen bezeichneten Strukturen finden sich

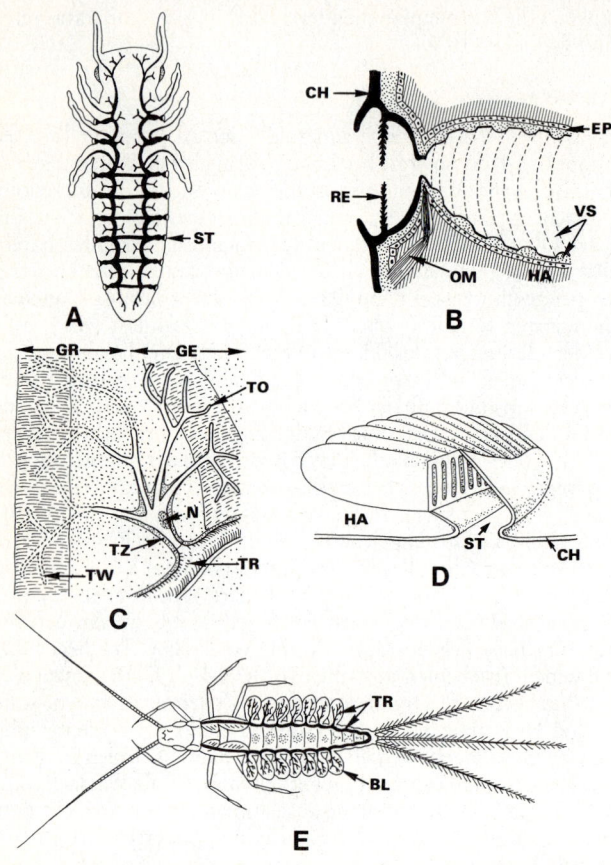

Abb. 6.3: Schem. Darstellung von Tracheen (A, B, C), Fächerlungen (D) und Tracheenkiemen (E). **A.** Tracheen bei einem Insekt (Typ mit Längs- und Querverbindungen des Tracheensystems). **B.** Stigma und Trachee im Längsschnitt. **C.** Tracheolenendbereiche in verschiedenen Funktionsphasen. **D.** Fächerlunge einer Spinne. **E.** Tracheenkiemen einer Eintagsfliegenlarve (Ord. Ephemeroptera). BL: Blättchenartige Vorstülpungen, CH: Chitincuticula, EP: Epithel, GE: Gewebe in Aktivität, GR: Gewebe in Ruhe, HA: Hämolymphe, N: Nucleus, Kern der TZ, OM: Öffnungsmuskel, RE: Reuse, ST: Stigma, TO: Tracheole (luftgefüllt), TR: Trachee, TW: Tracheole (wassergefüllt), TZ: Terminalzelle, VS: Versteifungsring.

bei einigen Chelicerata (Skorpionen, Webspinnen) und bei Asseln (Isopoda). Sie gehen aus reduzierten Extremitäten hervor und sind daher meist mehrfach und paarig vorhanden (Abb. 6.3D), wobei allerdings eine generelle Tendenz zur Reduktion und zum Ersatz durch echte Tracheen besteht, die z.B. bei Spinnen zusätzlich anzutreffen sind.

Die Fächerlungen bzw. -tracheen stellen innen mehr oder minder regelmäßig aufgefächerte Einstülpungen dar; auf der Innenseite strömt die Hämolymphe (s. 13.2), nimmt den durch die dünne Cuticula diffundierten Sauerstoff auf und leitet ihn weiter. Da das eigentliche Tracheensystem hier nicht eingeschaltet wird, ist der Name Fächertrachee irreführend. Diese Systeme sollten daher wegen der prinzipiell lungenartigen Funktion generell als Fächerlungen bezeichnet werden.

6.2.5 Schwimmblasen

Aus paarigen **Luftsäcken** (Kiementaschen) entwickelten sich in der Evolution offenbar sowohl die rezenten unpaaren Schwimmblasen als auch die paarigen Lungen (unpaar bei Schlangen) der übrigen Vertebratenklassen (Abb. 6.4). Die rezenten Schwimmblasen dienen freischwimmenden Knochenfischen (der oberen 200 m Wassertiefe) vorwiegend zur Regulation ihres spezifischen Gewichts. Da nur ein Teil der Fische (**Physostomen**) einen Verbindungsgang zum Darm bewahrt, während die anderen (**Physoklisten**) ihn reduzieren, muß insbesondere die letztere Gruppe Systeme nicht nur zur Gasaufnahme (Oval = faktische Lungenfunktion), sondern auch zur Gasabscheidung (Rete) entwickeln (Abb. 6.5). Mit Hilfe sog. Rete-Systeme (**Wundernetze**) sind die Fische in der Lage, unter hohem Druck O_2 in die Blase zu transportieren. Die Schwimmblase stellt somit für alle Fische ein **Sauerstoffspeichersystem** dar, das bei Bedarf aktiviert werden kann (Abb. 6.5). Die Form der Schwimmblase ist artspezifisch. Sie kann bei einigen Teleostei auch sekundär zurückgebildet werden (z.B. Grundfische, Makrelen). Die Schwimmblase hat bei einigen Arten auch noch eine Funktion bei der **Schallperzeption** übernommen und dient als Resonanzverstärker. Ihre Erschütterungen werden dann, z.B. bei Weißfischen, über die sog. **Weberschen Knöchelchen** auf den Schädelbereich übertragen.

6.2.6 Lungen

Bei Lungen handelt es sich um Hohlräume im Körperinneren von Tieren. Über mehr oder minder große Öffnungen kann der Luftsauerstoff in die Höhlung eindringen und wird von einem in der Höhlungswand befindlichen, verzweigten Blutgefäßsystem aufgenommen. Derartige Lungen treten sowohl bei Evertebraten als auch Vertebraten auf. Bei **Evertebraten**, z.B. bei Pulmonaten (Lungenschnecken), bildet das Mantelhöhlendach ein derartiges System. Vergleichbar wären auch Vorstülpungen des Darms (= sog.

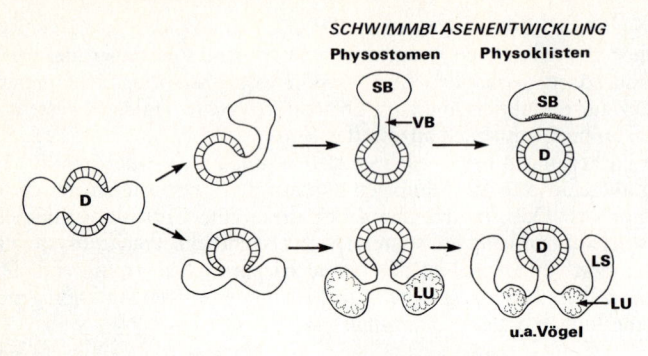

Abb. 6.4: Schem. Darstellung der Entwicklungsstufen der Schwimmblase und der Lungen aus Ausstülpungen des Vorderdarms bei verschiedenen Vertebratengruppen (nach Remane). D: Darmlumen, LS: Luftsäcke, LU: Lungen, SB: Schwimmblase, VB: Verbindungsgang.

Wasserlungen), wenn sie (wie bei Holothurien) mit dem Wasser der Umgebung in Kontakt stehen.

Die meist paarigen Lungen der **Vertebraten** (die linke ist bei Schlangen reduziert) entstehen wie in Abb. 6.4 dargestellt aus Aussackungen des Vorderdarms. Sie sind das wesentliche Atmungsorgan der rezenten Tetrapoden und dienen der Aufnahme von atmosphärischem O_2. Diese Lungensysteme beginnen im Rachenbereich mit einer ventralen, unpaaren, knorpelig versteiften Luftröhre (**Trachea**), die sich in die beiden Bronchienstämme gabelt (Abb. 6.6A). Während es bei Amphibien, Reptilien und Säugern zur

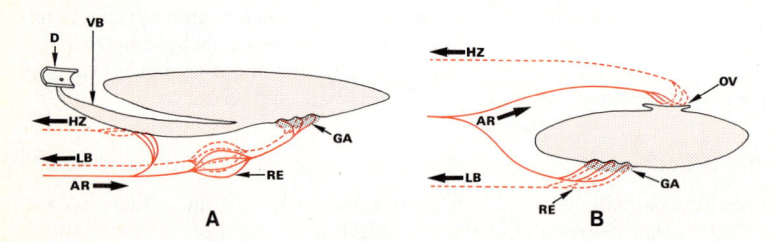

Abb. 6.5: Schem. Darstellung der Schwimmblase bei Physostomen (**A**) und Physoklisten (**B**) (nach Eckert). AR: Arterielle Gefäße, D: Darm (Oesophagus), GA: Gasdrüse (Gasabscheidung), HZ: Blutstrom zum Herz hin, LB: Blutstrom zur Leber hin, OV: Oval (Gasresorption), RE: Rete mirabile (Wundernetz), Kapillarbündel (arterielle, venöse), VB: Verbindungsgang (Ductus pneumaticus).

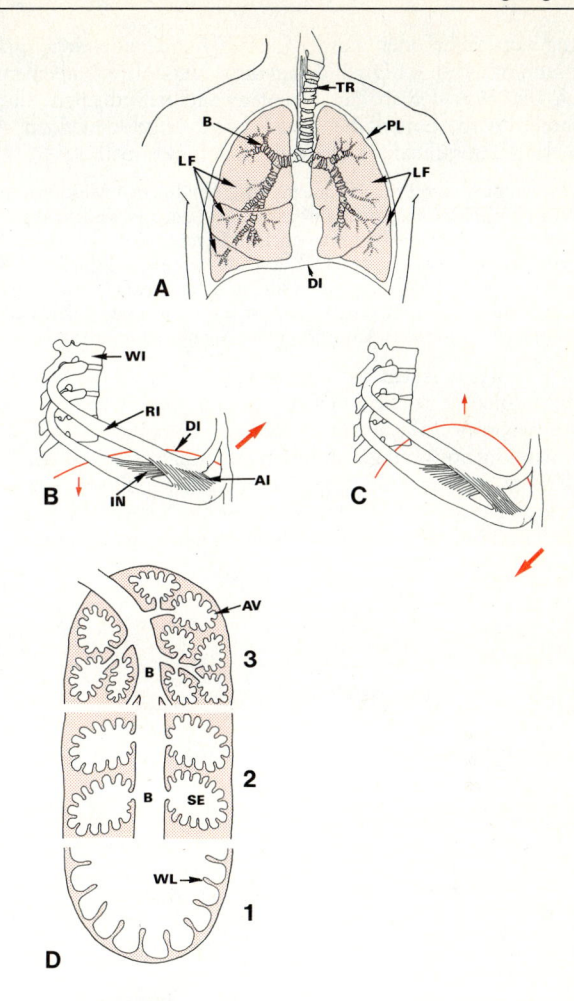

Abb. 6.6: Schem. Darstellungen der Lunge. **A.** Situs beim Menschen. **B, C.** Bewegungsabläufe bei der Einatmung (B) und Ausatmung (C) beim Menschen und dadurch bedingte Lageveränderungen des Zwerchfells (DI) und der Rippen (rote Pfeile; n. Eckert). **D.** Erweiterung der Lungeninnenfläche mit steigender Entwicklungshöhe bei Amphibien (1), Reptilien (2) und Säugern (3), wo schließlich ein typischer Bronchialbaum entsteht. AI: Äußere Intercostalmuskel, AV: Alveolen, B: Bronchien und deren Verzweigungen, DI: Diaphragma (Zwerchfell), IN: Innere Intercostalmuskel, LF: Lungenflügel, PL: Pleurahöhle, RI: Rippe (Costa), SE: Seitl. Erweiterung, TR: Trachea (Luftröhre), WI: Wirbelsäule, WL: Wandleisten.

Ausbildung von mehr oder minder großen blind endenden, sackartigen Alveolen kommt (Abb. 6.6D), in denen der Sauerstoff wie in einem «Pool» gesammelt und von den in der Alveolenwand befindlichen Blutgefäßen aufgenommen wird, haben die Vögel keine blind endenden Alveolen (Abb. 6.7) und unterscheiden sich somit auch funktionell.

Es werden nämlich vom Primärbronchus ausgehend neben Mesobronchien, Tertiär- (= **Para-**) **bronchien** auch noch **Luftsäcke** (evtl. auch in Knochen) gebildet, die ein Hin- und Herströmen der Luft ermöglichen. Der Ort des Gasaustauschs ist das periparabronchiale Gewebe der zweimal durchströmten Parabronchien (Abb. 6.7). Nach Piiper und Scheid (1977) erfolgt dabei der unmittelbare Gasaustausch nach dem **Kreuzstromprinzip** (Abb. 6.7B). Bei Vögeln ist somit auf andere Weise als bei den übrigen Gruppen eine optimale Ausnutzung der Atemluft garantiert.

Die Säugerlunge versucht dies ihrerseits durch enorme Oberflächenvergrößerung. Infolge der zahlreichen Alveolen werden z.B. beim Menschen 50–100 m² Resorptionsfläche ausgebildet.

Die zur Atmung notwendigen Thoraxbewegungen sind wie die Anatomie und die Zusatzstrukturen im allgemeinen bei Amphibien, Reptilien und Vögeln starken Modifikationen unterworfen. Bei Säugern kommen zusätzlich noch die Aktivitäten des **Zwerchfells** (Diaphragma) hinzu, das den

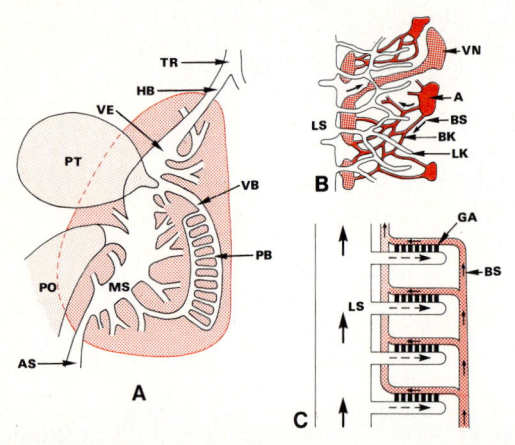

Abb. 6.7: Schem. Darstellung der Vogellunge. **A.** Rechter Lungenflügel (nach Geiler). **B, C.** Luftströmung in den Parabronchien der Lunge entlang der Blutgefäße (Gegenstromprinzip); B – halbschematisch, C – schematisch (nach Piiper und Scheid). A: Arteriole, AS: Abdominaler Luftsack, BK: Blutkapillare, BS: Blutstrom, GA: Gasaustauschzone, HB: Hauptbronchus, LK: Luftkapillare, LS: Luftstrom, MS: Mesobronchus, PB: Parabronchien, PO: Postthorakalsack, PT: Praethorakalsack, TR: Trachea, V: Vene, VB: Ventralbronchien, VE: Vestibulum, VN: Vene.

flüssigkeitsgefüllten, im Unterdruck befindlichen Thorakalraum von der Bauchhöhle trennt. Da die Flüssigkeiten des Interpleuralspalts inkompressibel sind, folgen die meist asymmetrischen (rechts stärkeren) Lungenflügel (Abb. 6.6A) jeder Dehnung bzw. Kontraktion der Intercostalmuskulatur und des Zwerchfells (Abb. 6.6B, C). Die Einatmung erfolgt durch Kontraktion des Zwerchfells (**Bauchatmung**) und/oder der äußeren Intercostalmuskel (**Brustatmung**). Die Anteile sind von Tierart zu Tierart verschieden (Mensch in Ruhe: Bauchatmer; Hund: Brustatmer; Pferd: Mischtyp). Die Ausatmung erfolgt passiv durch Erschlaffung des Diaphragmas und der inneren Intercostalmuskulatur (Abb. 6.7C).

Die Anzahl der vegetativ gesteuerten, aber auch aktiv beeinflußbaren Atemzüge und das benötigte Minutenvolumen von O_2 (s. Tab. 6.1) sind artspezifisch und hängen zudem von der jeweiligen Aktivitätsphase ab (Ruhe, Anstrengung). Die neurale Steuerung erfolgt über ein komplex geschaltetes Rezeptorensystem (s. 8.4.2.6).

6.3 Literatur

Czihak, G., Langer, H., Ziegler, H.: Biologie. Springer Verlag, Heidelberg, 1984.
Duncker, H.R.: Morphologische und funktionelle Aspekte von Atmung und Kreislauf. Verh. Dt. Zool. Gesell. Bd. 1978, 98–132, 1978.
Eckert, R.: Tierphysiologie. Thieme, Stuttgart, 1986.
Penzlin, H.: Lehrbuch der Tierphysiologie. G. Fischer, Stuttgart, 1991.
Piiper, J.: Vergleichende Physiologie des Gasaustauschs bei Wirbeltieren. Verh. Dt. Zool. Gesell. Bd. 1978, 133–150, 1978.
Piiper, J., Scheid, P.: Comparative physiology of respiration. Int. Rev. Physiol., Resp. Physiol. Vol. 14, 219–253, 1977.

7 Bau und Funktion der Muskeln[1] 437

7.1	Aufbau und Kontraktion quergestreifter Muskeln	438
7.2	**Molekularer Aufbau der Myofilamente**	441
7.2.1	Myosinfilamente	441
7.2.2	Actinfilamente	444
7.3	**Chemische und mechanische Grundlagen der Krafterzeugung**	445
7.3.1	Energiegewinnung im Muskel.	445
7.3.2	Muskelmechanik	446
7.3.3	Actin-Myosin Wechselwirkung beim Querbrückenzyklus	449
7.4	**Kontrolle der Muskelaktivität**	452
7.4.1	Kopplung von Erregung und Kontraktion	452
7.4.1.1	Neurale Kontrolle der Muskelaktivität	453
7.4.1.2	Sarkotubuläres und sarkoplasmatisches Membransystem	455
7.4.2	Regulation der Kontraktion und Erschlaffung	455
7.4.2.1	Actin-gekoppelte Regulation	457
7.4.2.2	Myosin-gekoppelte Regulation	459
7.4.2.3	Duale Regulation	460
7.5	**Organisationsformen der Bewegungssysteme**	460
7.5.1	Quergestreifte Muskulatur	461
7.5.2	Schräggestreifte Muskulatur	464
7.5.3	Glatte Muskulatur	465
7.5.4	Nicht-muskuläre Bewegungssysteme	466
7.6	Literatur	468

Die Möglichkeit sich selbst oder Teile seines Körpers zu bewegen, stellt eine Grundeigenschaft ein- und mehrzelliger Organismen dar. Eine **aktive Bewegung** erfordert chemische Energie, die letztlich aus der Nahrung gewonnen und bei Bewegungsvorgängen in mechanische Arbeit umgesetzt wird. Metazoen haben meist Zellen differenziert, die auf diese Art der Energieumwandlung spezialisiert und häufig zu Muskeln zusammengefaßt sind. Trotz der Vielgestaltigkeit der Muskelzellen und Muskeln im Tierreich sind die Bausteine dieser «Maschinen» sehr ähnlich. Die wichtigsten Bausteine sind die Proteine **Actin** und **Myosin**, die die wesentlichen Bestandteile der dünnen (Actin-) und der dicken (Myosin-) **Myofilamente** bilden. Differenzierte Muskelzellen enthalten sehr viele Myofilamente, die längs zur Zellängsachse ausgerichtet sind und etwa 50 % des Gesamtproteins darstellen. Der

---

[1] J. D'Haese (Düsseldorf)

zugrundeliegende Mechanismus der Kraftentwicklung scheint bei den Muskelzellen aller Metazoen identisch zu sein. Als Brennstoff für die biologischen Motoren wird Adenosintriphosphat (ATP) verwendet, das u. a. von den Mitochondrien, die in differenzierten Muskelzellen oft zahlreich vorhanden sind, bereitgestellt wird (s. 7.3.1).

7.1 Aufbau und Kontraktion quergestreifter Muskeln

Eine Muskulatur mit besonders hoch spezialisierten Zellen stellt die quergestreifte Muskulatur der Vertebraten dar. Die quergestreifte Muskulatur des Bewegungsapparates ist auch quantitativ an erster Stelle zu nennen, denn ihr Gewichtsanteil beträgt bei höheren Vertebraten, wie auch beim Menschen nahezu 50 % des Körpergewichts. Im Vergleich dazu macht die glatte Muskulatur (s. 7.5.3) nur etwa 1–2 % aus. Wegen der strukturellen Übersichtlichkeit sollen zunächst die wichtigsten Bestandteile des quergestreiften Muskels und die Veränderungen, die bei der Kontraktion auftreten, dargestellt werden.

Der hierarchische Aufbau eines **Vertebraten-Skelettmuskels** ist in Abb. 7.1 dargestellt, und die Hauptbestandteile des quergestreiften Muskels und der einzelnen Zellen sind in Tabelle 7.1 zusammengefaßt. Die Muskeln sind über Sehnen (Hauptbestandteil Kollagen) mit dem Knochen verbunden und von einer Bindegewebshülle (Faszie, Epimysium) umgeben. In der Bindegewebshülle befinden sich sog. **Primärbündel**, die wiederum von Bindegewebe umgeben sind und die etwa 20 bis 40 **Muskelfasern** (= Muskelzellen) enthalten. Eine Muskelzelle entsteht durch Verschmelzen einkerniger **Myoblasten** (Muskelzellvorstufen), sie stellt also ein Syncytium dar. Die Kerne, etwa 100, liegen in der Peripherie der langgestreckten Zellen. Die Länge der Zellen beträgt meist 1–40 mm (max. etwa 50 cm) bei einem Durchmesser von nur etwa 20–80 µm. Außer den Zellkernen und meist zahlreichen Mitochondrien enthält jede Muskelzelle 1.000, oft sogar 2.000 stabförmige ca. 1 µm dicke **Myofibrillen**, die parallel zur Zellängsachse verlaufen. Die Myofibrillen weisen eine lichtmikroskopisch sichtbare Querstreifung auf. Durch die weitgehend regelmäßige Zusammenlagerung der Myofibrillen «in Register», d. h. gleiche Strukturen liegen genau übereinander, erscheint auch die gesamte Zelle als quergestreift (Abb. 7.1C).

Die bis heute gebräuchliche Bezeichnung **A**- und **I-Bande** leitet sich von der Bezeichnung der Banden bei polarisationsmikroskopischer Betrachtung ab. Die A-Bande ist anisotrop (doppelbrechend) und erscheint im polarisierten Licht hell, während die I-Bande isotrope Eigenschaften besitzt und deshalb dunkel ist. Bei normaler Hellfeld-Mikroskopie ergeben sich dagegen umgekehrte Kontrastverhältnisse, so daß die A-Bande dunkel erscheint. Die Myofibrillen enthalten in Längsrichtung angeordnete, dichtgepackte Myofilamente. Es lassen sich dünne und dicke Filamente unterscheiden, die in wiederkehrenden funktionellen Einheiten – den **Sarkomeren** (griech. sarx – Fleisch; meros – Teil) – angeordnet sind. Die Sarkomere sind von scheibenförmigen Elementen – den **Z-Scheiben** (Zwischenscheiben) – begrenzt, von denen auf jeder Seite ein Satz von dünnen Filamenten ausgeht (Abb. 7.1F). Die Z-Scheiben gewährleisten u. a. die mechanische Kontinuität einer Myofibrille. Im Zentrum eines jeden Sarkomers befinden sich die dicken Filamente (die Gesamtmenge

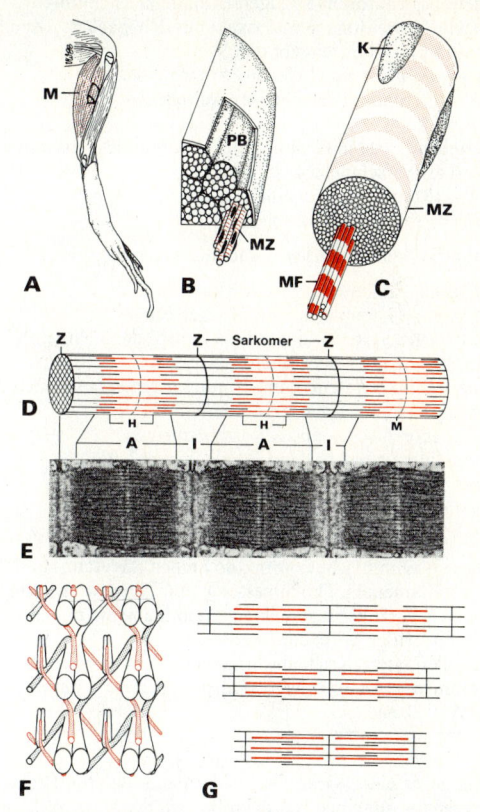

Abb. 7.1: Strukturelle Organisation und hierachischer Aufbau der quergestreiften Skelettmuskulatur von Wirbeltieren am Beispiel eines Frosch-Beinmuskels (M). (**A**) Übersicht. (**B**) Das in (A) markierte Teilstück des Muskels mit einigen Primärbündeln (PB, Durchmesseer ca. 200 µm) und Muskelzellen (MZ, Durchmesser etwa 20–80 µm). (**C**) Teil einer Muskelzelle mit Myofibrillen (MF, Durchmesser ca. 1–2 µm) und peripher liegenden Zellkernen (K). Teil einer Myofibrille schematisch (**D**) und im Längsschnitt (**E**, transmissionselektronenmikroskopische Aufnahme) mit den kontraktilen Einheiten (Sarkomere) und dem im Text beschriebenen Bandenmuster. (**F**) Vereinfachtes Strukturmodell einer Z-Scheibe in Schrägaufsicht, die Actinfilamente werden in diesem Bereich über das Protein α-Actinin vernetzt (punktiert, rot). (**G**) Sarkomerverkürzung bei der Kontraktion durch Hineinziehen der Actinfilamente in den Bereich der Myosinfilamente (nur die I-Bande und H-Zone werden kleiner).

Tabelle 7.1

Hauptbestandteile eines Vertebraten-Skelettmuskels
1. **Bindegewebsstrukturen** (Kollagen-enthaltende Strukturen)
   Sehne stellt Verbindung der Muskeln mit dem Skelettsystem her
   Faszie mit Epimysium umgibt den Muskel
   Perimysium umgibt als Hülle die Primärbündel
   Endomysium umhüllt einzelne Muskelzellen

2. **Muskelzellen**, meist in Gruppen zu Primärbündeln zusammengefaßt, entstehen als Verschmelzungsprodukt aus einer Vielzahl von einkernigen Vorstufen (Myoblasten) zu einem vielkernigen Syncytium; Muskelzelle = Muskelfaser

   Hauptbestandteile einer **Vertebraten-Muskelzelle** sind:

   Sarkolemma – Zellmembran der Muskelzelle
   Sarkoplasma – Cytoplasma der Muskelzelle
   Sarkotubuläres System – durch Einstülpung der Zellmembran entstandenes schlauchförmiges Membransystem
   Sarkoplasmatisches Reticulum – Endoplasmatisches Reticulum, dient als Calcium-Speicher
   Myofilamente – Actin- und Myosinfilamente
      Dünne Filamente – bilden I-Bande, Länge 1 μm, Durchmesser 7 nm, Actin u. akzessorische Proteine
      Dicke Filamente – bilden A-Bande, Länge 1,6 μm, Durchmesser 12 nm, Myosin u. akzessorische Proteine

   Sarkomer – zylindrische kontraktile Einheit aus Actin- und Myosinfilamenten, Durchmesser 1 μm, Länge $\approx$ 2,5 μm
   Z-Scheibe – Verankerungsstelle für Actinfilamente mit entgegengesetzter Polarität, in der Mitte der I-Bande
   Myofibrillen – setzen sich aus hintereinander geschalteten Sarkomeren zusammen, etwa 1000 Myofibrillen bilden den kontraktilen Apparat der Muskelzelle

der dicken Filamente eines Sarkomers bildet die A-Bande). Dicke und dünne Filamente überlappen bis auf einen zentralen Bereich der Myosinfilamente, der frei von Actin bleibt. Dadurch ist eine hellere Zone in der A-Bande (**H-Zone**) lichtmikroskopisch sichtbar.

In einem **Sarkomer** mit einer Länge von ca. 2,5 μm und einem Durchmesser von rund 1 μm sind etwa 70 dicke Filamente (Myosinfilamente) und rund 150 dünne Filamente (Actinfilamente) vorhanden. Die Actinfilamente sind etwa 1 μm lang und 7 nm dick, die Myosinfilamente haben eine Länge von ca. 1,6 μm und einen Durchmesser von etwa 12 nm.

Bereits vor mehr als hundert Jahren wurde beobachtet, daß sich bei der Kontraktion die Länge der Sarkomere verringert und bei Erschlaffung wieder vergrößert. Aber erst vor etwa 30 Jahren konnte gezeigt werden, daß (a) in einem Sarkomer die dicken und dünnen Filamente überlappen, daß sich (b) bei der Kontraktion die Länge der Filamente nicht ändert und daß (c) bei der Kontraktion die Überlappung der beiden Filamenttypen zunimmt (Abb. 7.1G). Daraus wurde die **Gleitfilamenthypothese** abgeleitet, die weiterhin besagt, daß die beiden Actinfilamentsätze eines Sarkomers durch die Kraft von **Myosin-Querbrücken** unter ATP-Verbrauch zum Zentrum des Sarkomers hin gezogen werden (s. 7.3.3).

7.2 Molekularer Aufbau der Myofilamente

7.2.1 Myosinfilamente

Die Myosinfilamente der quergestreiften Skelettmuskulatur setzen sich aus etwa 360 Einzelmolekülen zusammen (Abb. 7.2A). Jedes Einzelmolekül mit einer relativen Molekülmasse von ca. 500 Kilodalton (kDa) besteht im wesentlichen aus zwei sogenannten «schweren Ketten», wobei jede Untereinheit einen α-helicalen Schwanzteil und einen globulären Kopfteil aufweist. Die Schwanzabschnitte (ca. 150 nm lang) sind helixartig umeinander gewunden, so daß ein Molekül mit einem Schwanzabschnitt und zwei länglichen Köpfen (etwa 15 bis 20 nm lang) entsteht (Abb. 7.2D). Mit jedem Kopf sind zwei kleine stabförmige Polypeptidketten (16–25 kDa), die «leichten Ketten», verbunden, auf deren Bedeutung später noch eingegangen wird. Ein Myosinmolekül ist also ein **Dimer**, das sich aus 6 Polypeptidketten zusammensetzt. Das Myosin ist ein ATP spaltendes Enzym (ATPase), dessen Aktivität durch Actin wesentlich gesteigert wird. Diese aktivierenden Eigenschaften führten auch zur Namensgebung für das Actin.

Durch **proteolytische Spaltung** des Myosinmoleküls entstehen Spaltprodukte, die wesentlich zur funktionellen Charakterisierung einzelner Abschnitte des Myosinmoleküls beigetragen haben (Abb. 7.2C–F).

Als Proteinasen sind Trypsin und Papain gebräuchlich, die das Myosin an zwei flexiblen Regionen des Moleküls, die dadurch offensichtlich leichter für Proteinasen zugänglich sind, spalten. Dabei entstehen durch Trypsin ein schweres Spaltprodukt des Myosins, das «heavy meromyosin» (HMM; engl. heavy – schwer; griech. meros – Teil), und ein leichtes Spaltprodukt, das «light meromyosin» (LMM; engl. light – leicht). Durch Papain-Spaltung werden vom Myosin die beiden Köpfe vom Schwanzabschnitt abgetrennt, bei Spaltung von HMM entstehen die Subfragmente S1 und S2.

Die Myosinköpfe besitzen enzymatische Eigenschaften (ATPase) und enthalten die Bindungsstellen für das Substrat ATP und für Actin. Das LMM aggregiert zu Filamenten und bildet den Schaft der Myosinfilamente. Die Subfragmente 2 (S2) sind löslicher als das LMM, und es wird angenommen, daß sie an der Oberfläche der Myosinfilamente liegen und die Köpfe flexibel mit dem LMM Schwanzabschnitt verbinden. Myosinfilamente zerfallen bei hohen Salzkonzentrationen in einzelne Myosinmoleküle. Wenn der Ionengehalt des Mediums auf physiologische Salzkonzentrationen erniedrigt

442 7 Bau und Funktion der Muskeln

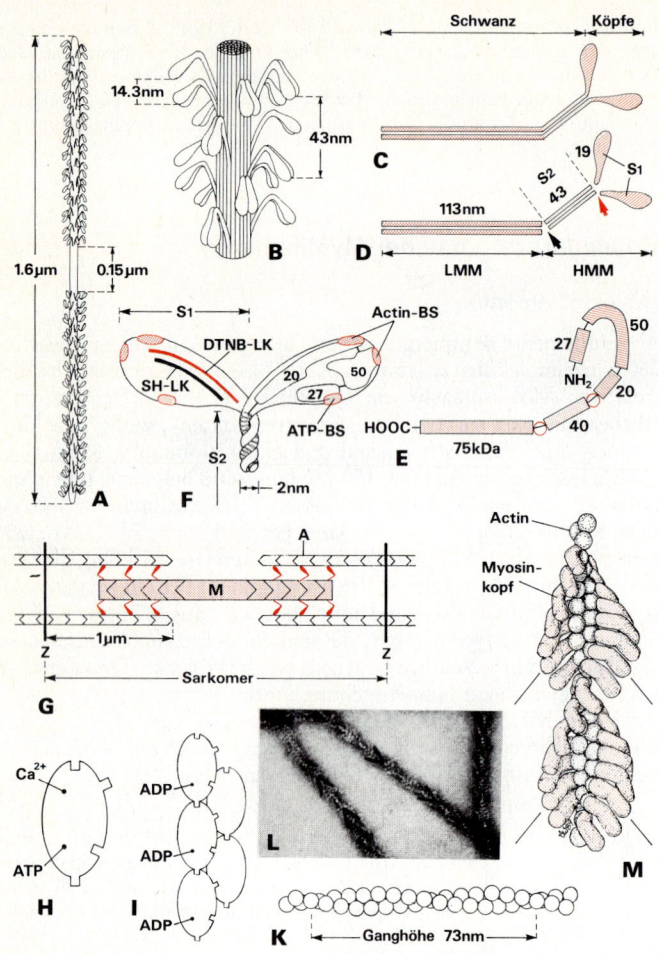

Abb. 7.2: Molekularer Aufbau der Myosinfilamente (A–E). (**A**) bipolares Myosinfilament mit «bare zone». (**B**) Filamentausschnitt mit helikaler Anordnung der Myosinmoleküle. (**C, D**) Myosinmolekül mit den Fragmenten nach proteolytischer Spaltung mit Trypsin (schwarzer Pfeil) und Papain (roter Pfeil) sowie den Längenangaben für LMM, S2 und den Köpfen (S1). **E**) Eine der beiden «schweren Ketten» des Myosinmoleküls mit den Molekularmassenangaben (kDa) der Fragmente des Schwanz- und Kopfteils. (**F**) Bereich der Myosinköpfe mit den Bindungsstellen (BS) für Actin und ATP und den zwei verschiedenen Typen der «leichten Ketten» des Myosinmoleküls, deren Bezeichnung auf ihre Extrahierbarkeit durch Dithionitrobenzoesäure (DTNB-LK) beziehungsweise auf ihren Gehalt an SH-Gruppen (SH-LK) zurückgeht.

wird, reaggregieren die Myosinmoleküle in vitro spontan, wobei die LMM-Abschnitte sich so zusammenlagern, daß sie antiparallel überlappen und die Köpfe in entgegengesetzte Richtung zeigen (Abb. 7.2A, G). Durch Addition weiterer Moleküle an den Enden entsteht ein bipolares Filament mit gleichem Aufbau wie die natürlichen Filamente.

Detaillierte strukturelle Untersuchungen der Myosinfilamente von quergestreifter Vertebratenmuskulatur haben ergeben, daß die Köpfchen auf einer dreisträngigen rechtsgewundenen **Helix** angeordnet sind. Zwar wurden Myosinfilamente mit modifizierter Anordnung der Myosinköpfe gefunden, grundlegende Aggregationseigenschaften sind aber eine helikale Anordnung der Myosinmoleküle und ein Abstand der Myosinköpfe in Längsrichtung des Myosinfilaments von etwa 14,5 nm (Abb. 7.2B). In der Filamentmitte befindet sich eine Köpfchen-freie Zone, die als «bare zone» bezeichnet wird. Im Sarkomer sind die Myosin-Filamente in diesem Bereich der sogenannten M-Bande miteinander vernetzt. In der M-Bande (Abb. 7.1D, E) findet sich neben Strukturproteinen auch das Enzym Kreatinphosphatkinase, das für einen schnellen Nachschub von ATP sorgt (s. 7.3.1).

Bei **Vertebraten** ist eine Vielzahl von Variationen des Myosinmoleküls bekannt. Diese Myosin-Isoenzyme bestehen aus verschiedenen molekularen Formen der schweren und leichten Ketten und unterscheiden sich hinsichtlich ihrer Aggregationseigenschaften und ihrer ATPase Aktivität. Durch sie werden deshalb auch die verschiedenen Kontraktionseigenschaften der Muskeln wesentlich mitbestimmt. Beim menschlichen Herzmuskel sind z.B. 5 Isoenzyme bekannt, die sich auf die beiden Atrien – und Ventrikelmuskeln verteilen.

Bei **Evertebraten** ist typischerweise mit den Myosinfilamenten ein weiteres Protein vergesellschaftet, das **Paramyosin**. Das Paramyosin ist dem LMM-Teil des Myosins sehr ähnlich, liegt im Zentrum der Myosinfilamente und bildet das Rückgrat der häufig sehr langen Myosinfilamente. Als Funktion wird eine Stabilisierung der Filamente angenommen; eine Beteiligung dieses Proteins am Sperrtonus bestimmter glatter Muskeln wird diskutiert (s. 7.5.3).

(G) Polaritätsverhältnisse der Myofilamente im Sarkomer mit entgegengesetzter Polarität der gegenüberliegenden Actinfilamente (A) und den bipolaren Myosinfilamenten (M), Z: Z-Scheibe. Molekularer Aufbau der Actinfilamente (H–M). (H) Actin-Monomer mit gebundenem Ca^{2+} und ATP und mit komplementären distalen und lateralen Actin-Bindungsstellen. (I) Actinpolymerisation über distale und laterale Verknüpfung von Actin-Monomeren, ATP wird dabei zu ADP hydrolysiert. (K) Actinfilament-Doppelhelix, 14 Monomer-Paare bilden eine vollständige Windung (73 nm). (L, M) Polarität der Actinfilamente deutlich gemacht durch Dekoration mit Myosinköpfen (L, transmissionselektronenmikroskopische Aufnahme; M, Modell).

7.2.2 Actinfilamente

Die dünnen Filamente der I-Bande eines Sarkomers bestehen im wesentlichen aus Actinfilamenten mit den aufgelagerten regulatorischen Proteinen **Tropomyosin** und **Troponin** (s. 7.4.2).

Das **Actinfilament** (F-Actin) besteht aus globulären Untereinheiten (G-Actin) mit einer kugeligen bis birnenförmigen Gestalt (Abb. 7.2H, I).

Die Röntgenstrukturanalyse von kristallisierten Actinmolekülen hat neuere Daten zur Tertiärstruktur erbracht. Danach ist das Molekül relativ flach (3,5 nm) und erscheint in Aufsicht auf die Hauptseite von 5,5 nm^2 wie ein vierblättriges Kleeblatt. Ziemlich genau in der Mitte des Kleeblatts befindet sich das Nukleotid (ATP oder ADP) und damit assoziiert ein Ca^{2+}-Ion.

Die globulären Untereinheiten mit einer relativen Molekülmasse von 42 Kilodalton (42 kDa) sind perlschnurartig aufgereiht, und zwei umeinander gewundene Perlschnüre ergeben die Doppelhelix eines Actinfilaments. Die Ganghöhe der Actinhelix beträgt 73 nm (Abb. 7.2K). Im Vertebraten-Skelettmuskel bilden etwa 400 Monomere (Einzelmoleküle) ein ca. 1 μm langes Actinfilament. Actin ist ein ubiquitär vorkommendes Protein.

Neben seinem Auftreten in den I-Banden von Muskelzellen wurde es im Cytoplasma vieler nichtmuskulärer tierischer und pflanzlicher Zellen nachgewiesen, sowohl bei Protozoen als auch bei höheren Vertebraten und sogar in Pilzen und Hefen. Weiterhin steht das Actin in den meisten eukaryotischen Zellen mengenmäßig an vorderster Stelle. Der Gehalt beträgt typischerweise etwa 5 bis 10% des Gesamtproteins.

Das Actin kommt sowohl in seiner monomeren Form, als G-Actin, wie auch als Actinfilament in den Zellen vor. Die globulären Untereinheiten bestehen aus einer einzigen Polypeptidkette von 375 Aminosäuren (im Kaninchen-Skelettmuskel) deren Sequenz auch bei unterschiedlichster Herkunft hoch konserviert ist. Die Actinfilamente besitzen eine strikte Polarität, so daß die beiden Enden der Filamente verschiedene Bindungs- und Polymerisationseigenschaften aufweisen. Die **Polarität** der Actinfilamente wird u. a. deutlich, wenn sie mit Myosinköpfen (S1) dekoriert werden. Dabei ergibt sich ein «Fischgräten»-Muster (arrow-head Muster), da das Myosin in einem Winkel von etwa 45° an das Actinfilament bindet (Abb. 7.2L, M). Durch dieses charakteristische Dekorationsmuster konnte erstmals gezeigt werden, daß die auf beiden Seiten der Z-Scheibe verankerten Actinfilamente eine entgegengesetzte Polarität aufweisen. An der Verankerung der Actinfilamente in der Z-Scheibe ist ein Actin-bindendes Protein, das α-Actinin, beteiligt (Abb. 7.1F). In jeder Zelle ist eine Vielzahl weiterer Actin-bindender Proteine vorhanden. Sie können als (a) Verbindungsproteine die Actinfilamente unter sich oder mit der Zellmembran verbinden, oder wie das Myosin als (b) Proteine zur Kraftentwicklung eine Bewegung durch Filamentgleiten hervorrufen. Als (c) Regulatorproteine beeinflussen sie den

Auf- und Abbau (Polymerisation und Depolymerisation) der Actinfilamente und die Interaktion zwischen Actin und Myosin.

Die Vielfältigkeit der genannten Interaktionen eines Actin-Moleküls und die dazu notwendigen Bindungsstellen machen deutlich, warum das Actin in seiner Aminosäure-Sequenz so geringe Variationen zeigt. Selbst kleine Änderungen in der Sequenz würden zu weitreichenden Veränderungen der Eigenschaften führen.

7.3 Chemische und mechanische Grundlagen der Krafterzeugung

7.3.1 Energiegewinnung im Muskel

Die Konzentration an **ATP** als unmittelbare Energiequelle (s. 4.1) für den Kontraktionsvorgang bzw. an energiereichen Phosphaten ist essentiell für die Arbeitsfähigkeit der Muskulatur und wird deshalb abgestimmt auf die Aktivitätsbedürfnisse durch verschiedene Mechanismen konstant gehalten.

Die Konzentration an ATP ist allerdings mit ca. 3 mmol/kg Frischgewicht gering und würde für nur etwa 8 Muskelzuckungen ausreichen (die Angaben beziehen sich auf einen Froschmuskel). Es muß deshalb eine schnell verfügbare Reserve vorhanden sein, die bei der Rephosphorylierung von ADP zu ATP als Phosphat-Donor (Phosphagen) dient. Im Wirbeltiermuskel und bei einigen Wirbellosen erfüllt das Kreatinphosphat diese Aufgabe, wobei das Enzym Kreatinphosphatkinase die Transphosphorylierung von Kreatinphosphat auf ADP katalysiert. Bei einer Kreatinphosphat-Konzentration von 25 mmol/kg könnten dadurch etwa 70 weitere Kontraktionen ablaufen. Anstelle des Kreatinphosphats dient bei den meisten Wirbellosen das Argininphosphat als Phosphagen. Ein Auffüllen der Phosphagenspeicher ist nur durch relativ langsame Erholungsprozesse möglich, bei denen Energie aus dem Stoffwechsel von Kohlehydraten und Fetten bezogen wird (s. 4.2).

Als wichtigste Energiereserve dient in vielen Muskeln das **Glykogen**. Die Hexose- (Glucose-) Bausteine gelangen über das stark verzweigte Kapillarsystem der Blutbahn in die Muskelzellen, wo sie zu Glykogen aufgebaut und in Form von Glykogen-Granula gespeichert werden.

Das Glykogen ist im Muskel häufig in hoher Konzentration (0,1 mol/kg Frischgewicht) vorhanden und könnte bei oxidativer Phosphorylierung (bei aerobem Stoffwechsel über den Zitronensäure-Zyklus s. 4.2.3) die Energie für etwa 10.000 bis 20.000 Kontraktionen liefern. Selbst bei Sauerstoffmangel und anaerober Glykolyse über Pyruvat zu Laktat (Milchsäure), wobei 2 mol ATP/mol Glucose gewonnen werden, würden die Glykogenreserven immerhin noch die Energie für etwa 600 Muskelzuckungen beinhalten.

Die Mobilisierung der Glykogenreserven erfolgt bei schnellen Fasern (s.u.) innerhalb weniger Sekunden nach Beginn der Muskeltätigkeit. Eine Kopplung beider Prozesse ist durch die Erhöhung des intrazellulären Ca^{2+}-Spiegels gegeben. Das Ca^{2+} spielt als «**second messenger**» nicht nur eine wesentliche Rolle beim Anschalten der Muskelmaschine, sondern auch bei der Aktivierung verschiedener Stoffwechselwege. So wird gleichzeitig über das Ca^{2+} auch die Phosphorylasekinase aktiviert, die durch die Umwandlung der Phosphorylase b in die phosphorylierte, aktive Phosphorylase a den Abbau des Glykogens in die Glukose-1-phosphat Untereinheiten herbeiführt. Auf diese Weise werden durch das aus dem sarkoplasmatischen Reticulum freigesetzte Ca^{2+} und seine Bindung an die Ca^{2+}-bindenden Proteine wie TNC, Myosin und Calmodulin (Calmodulin ist eine der Untereinheiten der Phosphorylasekinase) so verschiedene Prozesse wie der Stoffwechsel und die Kontraktion miteinander verknüpft.

Verschiedene Insekten (z.B. Wanderheuschrecken, Schmetterlinge – nicht aber Bienen und Fliegen) verbrennen bei langandauernden Flügen vorwiegend, z.T. sogar ausschließlich Fette. Fette liefern pro Gewichtseinheit etwa 8mal mehr Energie als Glykogen. Auch die Wirbeltier-Herzmuskelzellen sind reich an Enzymen des Fettstoffwechsels, und bei normaler Tätigkeit entfallen etwa 35% des Sauerstoffverbrauchs auf den Kohlehydratabbau und 65% auf die Fettverbrennung (s. 4.2).

7.3.2 Muskelmechanik

Die Kraft des aktiven Muskels kann auf vielfältige Weise genutzt werden, zwei Kontraktionsformen sind dabei von besonderer Bedeutung. Der aktive Muskel kann einmal dazu benutzt werden, um eine Last zu bewegen. Dabei verkürzt sich der Muskel, die Sarkomerlängen nehmen ab, während die Spannung, die vom Muskel entwickelte Kraft, nahezu konstant bleibt. In diesem Fall spricht man von einer **isotonischen Kontraktion** (Abb. 7.3A, C, D). Zum anderen kann durch den kontrahierenden Muskel bei unveränderter Länge eine Spannung entwickelt werden. Diese Kontraktionsform wird als **isometrische Kontraktion** bezeichnet. Auch in diesem Fall können sich die Sarkomere noch bis zu einem gewissen Grad verkürzen, denn bei gleicher Muskellänge werden dabei die elastischen Elemente des Muskels gedehnt, die sich in Serie mit dem kontraktilen Apparat befinden (dazu gehören die Sehnen, das Bindegewebe, das die Zellen mit den Sehnen verbindet, auch die Querbrücken, also die Myosinköpfe und S2 Elemente, und vielleicht die Z-Scheiben). Die parallel geschalteten elastischen Elemente (die äußeren Zellmembranen der Muskelzellen, Bindegewebe etc.) bewirken, daß sich der Muskel nach passiver Dehnung wieder auf seine Ausgangslänge einstellt.

Beim Vertebratenmuskel mit nahezu ausschließlich phasischen Muskelzellen reagiert der Muskel auf einen Einzelreiz mit einem Alles-oder-Nichts-Aktionspotential (s. 8.1) und über eine Erhöhung der intrazellulären Calcium-Ionen Konzentration (s. 7.4) mit einer kurzen Kontraktion (Zuckung). Die Aktivierung (obwohl maximal) führt allerdings nicht zu einer maximalen Kraftentwicklung, da die Dehnung und Verkürzung der serienelastischen Elemente eine vergleichsweise lange Zeit benötigt. Der aktive Zustand ist bereits beendet und die Ca^{2+}-Konzentration reduziert, bevor die maximale Spannung erreicht wird (Abb. 7.3E, F). Folgen jedoch mehrere Reize in kurzem Abstand, kommt es zur Summation der Spannung durch fortschreitende Dehnung der serienelastischen Komponenten (SEC) bis zu einem Punkt, wo die SEC nicht weiter gedehnt werden können und eine zusätzliche Verkürzung der Sarkomere verhindern. Damit ist die maximale Spannung erreicht. Wird dieser Zustand durch weitere Reizungen aufrecht erhalten, spricht man vom Tetanus des Muskels. Die Reizfrequenz, bei der sich keine Summation der Spannung mehr erkennen läßt, wird als **Fusionsfrequenz** bezeichnet. Sie beträgt bei Muskeln der Warmblüter 50 bis 100 Hz.

Die maximale Spannung, die ein Muskel im **Tetanus** entwickeln kann, hängt von der Länge des Muskels bzw. von der Sarkomerlänge ab. Messungen der Spannung an einzelnen Muskelfasern haben zur Aufstellung des Längen-Spannungs-Diagramms geführt (Abb. 7.3G). Bei einzelnen Fasern ließ sich die Länge der Sarkomere durch Veränderung der Faserlänge einstellen. Es zeigte sich, daß die maximale Spannung dann erreicht wird, wenn die Überlappung der Actin- und Myosinfilamente die Interaktion über möglichst viele Querbrücken erlaubt. Dieses Verhalten des Muskels ist ein deutlicher Hinweis dafür, daß die in Serie geschalteten Querbrücken unmittelbar zur Krafterzeugung des Muskels führen.

Der Einfluß geometrischer Konstruktionsprinzipien auf das Kontraktionsverhalten bei ansonsten völlig gleichem kontraktilen Material ist in Abb. 7.3H–L dargestellt. Bei **Parallelschaltung** von Sarkomeren ist die Gesamtkraft des Systems gleich der Summe der parallelen Sarkomere, woraus folgt, daß dicke Muskelzellen bzw. dicke Muskeln besonders große Kräfte entwickeln können (Abb. 7.3H). Beim trainierten Muskel nimmt die Anzahl der Myofibrillen in einer Muskelzelle zu, der Muskel wird dicker und kräftiger. Viele in Serie geschaltete Sarkomere erhöhen dagegen die Kontraktionsgeschwindigkeit. Lange Muskeln kontrahieren schneller, da sich die Längenänderungen der einzelnen Sarkomere bei der Kontraktion pro Zeiteinheit summieren (Abb. 7.3I).

Bei langen Sarkomeren mit langen Myosinfilamenten ist die Anzahl der in Serie geschalteten Querbrücken und damit die Kraft, die von einer Kontraktionseinheit Sarkomer erzeugt werden kann, größer (Abb. 7.3I). **Serienschaltung** der Sarkomere in einer Myofibrille bedingt, daß die maximale Kraft von der Kraftentwicklung der einzelnen Sarkomere abhängig ist. Durch längere Sarkomere wird also eine Steigerung der Kraftentwicklung erreicht. Kürzere Sarkomere können bei gleicher Länge des Muskels eine Steigerung der Kontraktionsgeschwindigkeit bewirken. Dabei wird vorausgesetzt, daß jeder Querbrückenzyklus mit maximaler Geschwindigkeit abläuft und die Anzahl der Querbrücken wie beim unbelasteten Muskel für das Gleiten der Filamente unwesentlich ist. Die größere Anzahl der Sarkomere ergibt dann eine größere Kontraktionsgeschwindigkeit. Zusätzlich wird auch die Kraftentwicklung eines Muskels durch die Anordnung der Muskelzellen innerhalb des Muskels mitbestimmt. Dies zeigt ein Vergleich von Kraft und Geschwindigkeit eines Muskels mit parallel zur Längsachse angeordneten Muskelzellen mit einem Muskel gleicher Größe, in dem die Fasern eine «gefiederte» Anordnung aufweisen (pinnate Muskeln), die Fasern also schräg verlaufen (Abb. 7.3K, L). Durch die schräge Anordnung der Zellen zur Verkürzungsrichtung des Muskels geht zwar ein Teil der Kontraktionskraft verloren. Dieser Verlust wird bei pinnaten Muskeln aber mehr als ausgeglichen durch die wesentlich höhere Anzahl von Zellen pro Muskelvolumen. Da die Zellen in Serie geschaltet sind, erhöht sich die Gesamtkraft, die der Muskel entwickeln kann. Bei

448 7 Bau und Funktion der Muskeln

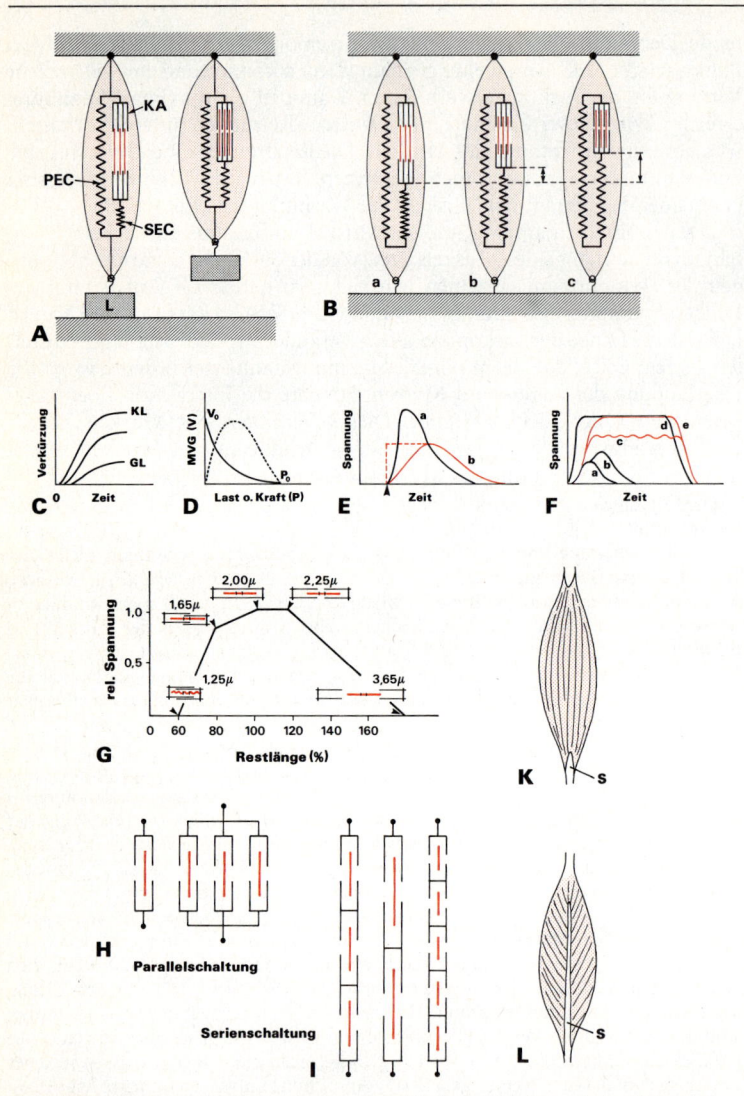

Abb. 7.3: Mechanische Eigenschaften von Muskeln. (**A**) Isotonische Kontraktion, Verkürzung des Muskels gegen eine Last durch Kontraktion der Sarkomere des kontraktilen Apparats (KA) führt zur Dehnung der serienelastischen Komponente (SEC) und Verkürzung der parallelelastischen Komponente (PEC). (**C**) Einfluß verschieden großer Lasten (KL: kleine Last; GL: große Last) auf das Ausmaß der

parallel angeordneten Muskelzellen ist dagegen die Kontrationsgeschwindigkeit vergleichsweise höher.

7.3.3 Actin-Myosin Wechselwirkung beim Querbrückenzyklus

Bei allen kontraktilen Systemen, die Actin und Myosin als Strukturelemente enthalten, wird angenommen, daß die **Kraftentfaltung** über Querbrücken erfolgt, die aus dem Myosinkopf und dem S2-Abschnitt des Myosinschwanzes bestehen und die Myosin- mit den benachbarten Actinfilamenten verknüpfen. Die heutigen Vorstellungen zur Funktionsweise der Querbrücken sollen anhand von Ergebnissen, die auf Arbeiten an der Vertebraten-Skelettmuskulatur beruhen, dargestellt werden.

Die für die Kraftentwicklung der Myosin-Querbrücken notwendige Energie wird durch die Hydrolyse von ATP durch den Myosin-Kopf bereitgestellt, wodurch sich eine **mechanochemische Kopplung** ergibt. Für die enzymatische Hydrolyse durch das Myosin spielt das Actin als Aktivator eine wesentliche Rolle. Unter den ionalen Bedingungen in der Muskelzelle wird die ATPase Aktivität durch das Actin mehr als tausendfach erhöht. Das **Gleiten** der Filamente setzt voraus, daß die Querbrücken während der Kontraktion nicht ständig am Actin angeheftet sind, sondern zyklisch mit

---

isotonischen Verkürzung und die Anfangsgeschwindigkeit bei voller Aktivierung des Muskels zum Zeitpunkt Null (nach Wilkie, 1983). Abhängig von der Last, beginnt die Verkürzung des Muskels erst nach einer Phase isometrischer Kontraktion (**B**) zeitverzögert (mit Latenzzeit). (**D**) Kraft-Geschwindigkeits-Beziehung (nach Hill, 1964). Je größer die Kraft (Last), desto kleiner wird die maximale Kontraktionsgeschwindigkeit (MVG). Je schneller das Gleiten der Filamente, desto kleiner wird die Zahl der mit voller Kraft ziehenden Myosin-Querbrücken. Gestrichelte Kurve gibt die Leistung = mechanische Arbeit (Kraft × Weg) pro Zeit des Muskels an. Bei zu großer Last kommt es zur isometrischen Kontraktion (**B**), wobei der Muskel sich nicht verkürzt, aber Spannung entwickelt. Sarkomerverkürzung ist noch durch Dehnung der SEC möglich (**B, b, c**). Bei einmaliger Aktivierung des Muskels (**E**) ist der aktive Zustand des kontraktilen Apparats (a) zu kurzfristig, um die maximal erreichbare Dehnung der SEC und Muskelspannung zu entwickeln (**E, b; F, a**); gestrichelte Linie: unverzögerte Antwort. (**F**) Summation der Muskelspannung bei ein- und mehrfacher Erregung. Wiederholte Aktionspotentiale kurz hintereinander führen zum unvollständigen (c) und vollständigen Tetanus (e und **B, c**). Bei vollständigem Tetanus verhindert die Streckung der SEC eine weitere Verkürzung des kontraktilen Apparats. Fa: Einzelzuckung, b: Summation bei Doppelreiz, d: aktiver Zustand des tetanisch aktivierten Muskels. (**G**) Längen-Spannungs-Beziehung (nach Gordon u. Mitarb., 1966). Die Spannung ist von der Anzahl der Myosin-Querbrücken als unabhängige Kraftgeneratoren abhängig. Wie nach der Gleitfilamenthypothese gefordert, wird bei isometrischer, tetanischer Kontraktion die maximale Spannung bei maximaler Interaktionsmöglichkeit von Myosin-Querbrücken mit den Actinfilamenten erreicht. Der Sarkomerzustand ist an einigen Punkten der Kurve dargestellt.
Einfluß der Sarkomeranordnung und -länge (**H, I**) sowie der Faseranordnung im Muskel (**K, L**) auf die Kontraktionseigenschaften. S: Sehne

dem Actin interagieren, so daß sie bei einer Kontraktion also nach dem Ablösen an einer anderen Stelle, die der Z-Scheibe näher liegt, wieder mit dem Actinfilament Kontakt aufnehmen. Für eine erfolgreiche Kontraktion ist dabei eine asynchrone Interaktion notwendig, um die kontinuierliche Spannung aufrechterhalten zu können, zu vergleichen mit einer Schiffscrew, die eine Ankerleine einholen muß. Auch hier ziehen nicht alle Arme gleichzeitig, die Leine wird vielmehr «Arm über Arm» gezogen, wobei jeweils ein Arm zwischenzeitlich losläßt. Abb. 7.4 zeigt eine stark vereinfachte, hypothetische Darstellung, wie es zur Kraftentwicklung im Muskel über die Kopplung einer schrittweisen ATP-Hydrolyse mit den mechanischen Vorgängen der Querbrücken kommen könnte.

Nach vollständiger **Hydrolyse** des zellulären ATP oder bei dessen Abwesenheit kommt es zu einer stabilen Vernetzung der Myosin- und Actinfilamente über die Querbrücken, die als **Totenstarre** (rigor mortis) bekannt ist. Die Querbrücken sind dabei in einem Winkel von etwa 45° an das Actinfilament gebunden (vgl. Fischgräten-Muster, Abb. 7.2L, M). Zugabe von ATP setzt die Affinität zwischen Actin und Myosin stark herab und hat eine erschlaffende Wirkung (Weichmacher-Wirkung) auf den Muskel. Für den ruhenden oder erschlafften Muskel, wo nur wenige Myosin-Querbrücken einen schwachen Kontakt zu den Actinfilamenten aufnehmen, wird deshalb angenommen, daß zunächst ATP am Myosinkopf gebunden ist. Unmittelbar danach wird das gebundene ATP hydrolysiert, wobei allerdings nur eine geringe Änderung der freien Energie der ATP-Spaltung stattfindet. Die Produkte, das ADP und Phosphat, verbleiben am Myosinkopf. Die Stellung der Myosinköpfe im erschlafften Muskel ist noch hypothetisch. Es dürften verschiedene nicht streng geordnete Konfigurationen auftreten, die im raschen Wechsel vorkommen und kurzfristig auch einen schwach ans Actin gebundenen Enzym-Produkt-Komplex beinhalten. Der Enzym-Produkt-Komplex ist durch eine höhere Affinität zum Actin gekennzeichnet, so daß der Myosinkopf an das Actin zunächst allerdings reversibel und schwach bindet. Dann folgt der Übergang von einer schwachen zu einer starken Actinbindung der Querbrücke, wobei der Myosinkopf eine etwa 90°-Stellung zum Actinfilament einnimmt. In zwei aufeinander folgenden Schritten werden die Produkte, zunächst das Phosphat und dann das ADP, freigesetzt. Die Abgabe des Phosphats ist mit der Freisetzung von etwa der Hälfte der gesamten verfügbaren freien Energie der ATP-Spaltung und mit der Rotation des am Actin gebundenen Myosinkopfes in eine angewinkelte Position (etwa 45°) verbunden. Diese Zustandsänderung des Myosinkopfes dürfte deshalb den krafterzeugenden Schritt innerhalb des Querbrückenzyklus darstellen. Die Abspaltung des Phosphats ist unmittelbar mit der Rotation des Myosinkopfes verknüpft, ohne Phosphat-Abspaltung erfolgt keine Rotation und wird die Rotation verhindert, wird auch die Phosphat-Abspaltung und damit der Fortgang des Querbrückenzyklus unterbunden. Die Einflußnahme der Actin- und Myosin-gekoppelten Regulation könnte auch an diesem Schritt ansetzen (vgl. 7.4.2). Nachdem auch das ADP freigesetzt wurde, beginnt mit der Bindung eines neuen ATP-Moleküls an den Myosinkopf und dem Auflösen des Actin-Myosin-Komplexes ein weiterer Zyklus.

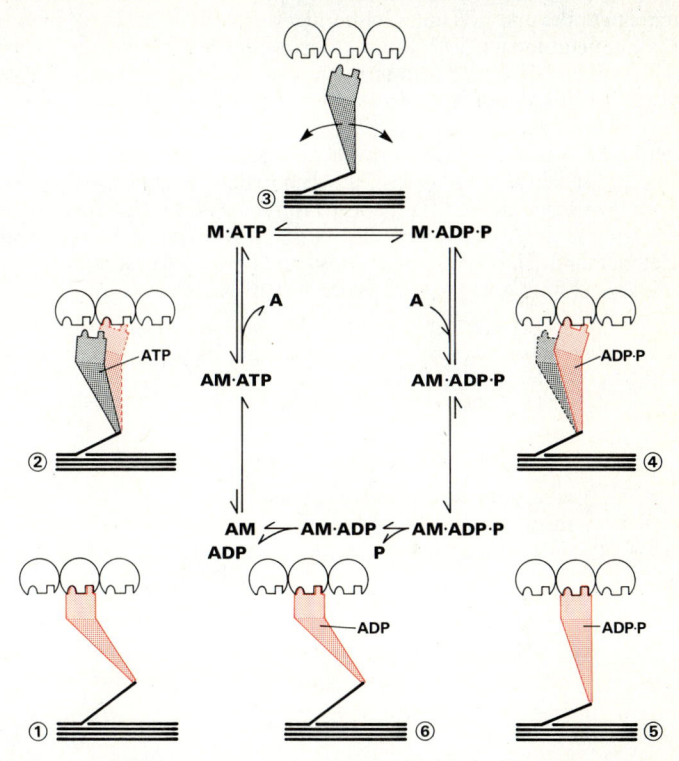

Abb. 7.4: Modell des Myosin-Querbrücken-Zyklus bei der Muskelkontraktion. Die Stadien kennzeichnen: (**1**) Rigorzustand mit fester Actin-Myosin Bindung, (**2**) Bindung von ATP und Ablösen des Myosinkopfes vom Actin (geringe, nur schwache Actin-Myosin Wechselwirkung), (**3**) dissoziierter Myosinkopf mit großer Beweglichkeit (ungeordnete Konfiguration), (**3**) und (**4**) Hydrolyse des ATP mit geringer Änderung der freien Energie, (**4**) schwache Actin-Myosin Bindung (leichte Dissoziation möglich), (**5**) starke Actin-Myosin Bindung, der Übergang von (**4**) nach (**5**) ist Ca^{2+}-reguliert; der Übergang von (**5**) nach (**6**) stellt den krafterzeugenden Schritt der Querbrücke dar mit Abspalten des Phosphats, großer Änderung der freien Energie und Rotation der distalen «Nackenregion» des Myosinkopfes. Nur einer der beiden Myosinköpfe ist dargestellt. Der mit Actin interagierende Kopf ist rot markiert. A: Actin; M: Myosin; AM: Verbindung von Actin und Myosin zu Actomyosin; P: Phosphat, das bei Hydrolyse von ATP zu ADP entsteht.

7.4 Kontrolle der Muskelaktivität

7.4.1 Kopplung von Erregung und Kontraktion

Die Bewegungsvorgänge aller höheren Organismen stehen mehr oder weniger unter **neuraler** und z. T. unter **humoraler** Kontrolle. Erreicht ein Nervenimpuls die neuromuskulären Kontaktstrukturen, bewirkt er den Austritt von Überträgerstoffen (Transmittern) aus den Nervenendigungen; bei Vertebraten entstehen dadurch wiederum fortgeleitete Aktionspotentiale an der Muskelzellmembran und erregen diese (s. 8.1). Die Erregung wird über das sarkotubuläre System in das Innere der Zelle geleitet und veranlaßt an den Verbindungsstellen zum sarkoplasmatischen Reticulum (SR) eine Ausschüttung der dort gespeicherten Ca^{2+}-Ionen. Auf diesen Ca^{2+}-Speicher können auch Hormone einwirken, indem sie als primäre Botenstoffe an Rezeptoren der Zellmembran binden und über sekundäre Botenstoffe (second messenger) die Ausschüttung von Ca^{2+} hervorrufen (Abb. 7.6).

Eine Erhöhung der intrazellulären Ca^{2+}-Konzentration von etwa 10^{-7} auf 10^{-5} mol/l führt zur Bindung von Ca^{2+} an Regulatorproteine, die mit dem kontraktilen Apparat der Zelle verknüpft sind und durch die Bindung von Ca^{2+} den Kontraktionsprozeß anschalten. Umgekehrt führt die Erniedrigung der intrazellulären Ca^{2+}-

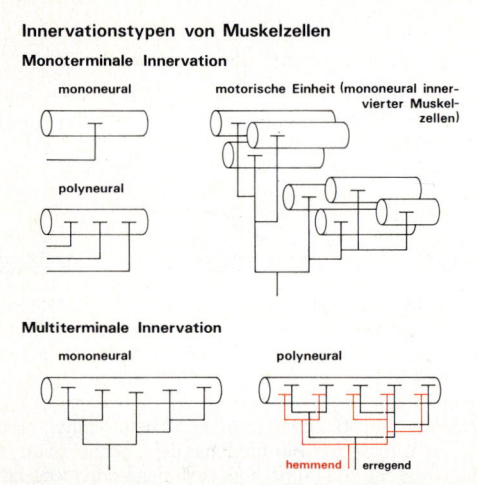

Abb. 7.5: Efferente Innervation von Muskelzellen. Bei schnellen Fasern der Vertebraten ist monoterminale, mononeurale Innervation typisch, tonische Skelettmuskelfasern werden dagegen meist multiterminal, mononeural innerviert. Bei vielen Wirbellosen tritt multiterminale, polyneurale Innervation mit aktivierenden und hemmenden Axonen auf.

Konzentration durch Ausschleusen von Ca^{2+} aus der Zelle heraus oder dadurch, daß das Ca^{2+} aktiv in das Lumen des SR gepumpt wird, zu einer Erschlaffung der Muskelzelle.

7.4.1.1 Neurale Kontrolle der Muskelaktivität

Die **Aktivierung** der Muskeln erfolgt im Normalfall durch Impulse, die von Nervenfasern (motorische Fasern, Motoneurone) den Muskeln zugeleitet werden. Die Kontaktstellen zwischen der Nervenfaser und der Muskelzelle werden als **neuromuskuläre Synapse** bezeichnet. Bei der Skelettmuskulatur der Wirbeltiere innerviert oft ein einziges Motoneuron durch Aufzweigungen im terminalen Bereich mehrere Muskelzellen. Auf diese Weise entstehen motorische Einheiten, die mehrere hundert Muskelzellen auch verschiedener Muskeln beinhalten können (Abb. 7.5).

Jede Muskelzelle wird dabei nur von einer einzigen Verzweigung der Nervenzelle (mononeural und monoterminal) innerviert, die sich terminal auf einem engbegrenzten Bereich auf der Faser zur motorischen Endplatte erweitert. Die Erregung des Axons führt zur Freisetzung von Transmittern (bei Vertebraten **Acetylcholin**), die im präsynaptischen Terminal in Vesikeln zu Einheiten von etwa 10.000 bis 40.000 Molekülen verpackt vorliegen (s. 8.1). Durch ein einlaufendes Aktionspotential werden die Transmitter einer bestimmten Anzahl von Einheiten in den synaptischen Spalt entlassen, verbinden sich mit den Rezeptoren des subsynaptischen (postsynaptischen) Membranbereichs des Sarkolemms und führen dort zu Potentialänderungen (Endplattenpotential, postsynaptisches Potential, **PSP**). Ein erregendes postsynaptisches Potential (**EPSP**) bewirkt ein fortgeleitetes Aktionspotential und damit eine Erregung der gesamten Muskelzellmembran nach dem Alles-oder-Nichts-Prinzip.

Die meisten Skelettmuskelfasern der Warmblüter reagieren auf einen Einzelreiz mit einer kurzen schnellen Einzelzuckung und werden deshalb als schnelle, phasische, twitch- oder Zuckungs-Fasern bezeichnet. Eine weitere Unterteilung der **phasischen Muskelzellen** kann bereits anhand ihrer Farbe vorgenommen werden. Einige phasische Muskeln sind durch das Protein **Myoglobin** (s. 13.2.6) rot gefärbt. In Muskeln, die langfristig Energie benötigen, enthalten die Muskelzellen mehr Myoglobin, da mit Hilfe des Myoglobins ausreichend Sauerstoff der oxidativen Phosphorylierung zur ATP-Gewinnung zugeführt werden kann. Diese Muskelzellen enthalten deshalb sehr viele Mitochondrien, ermüden langsam und werden als Typ I- oder «**slow twitch**»-Fasern bezeichnet. Nur bei besonders großem Energiebedarf findet auch eine anaerobe Glykolyse statt (s. 4.2.6). Die Einzelzuckungen der Fasern verlaufen langsamer als bei den unten genannten «**fast twitch**»-Fasern. Bei anderen Muskeln, die schnelle Kontraktionen ausführen, wird der Energiebedarf von vornherein durch anaerobe Glykolyse gedeckt. Die Muskelzellen sind daher myoglobinarm, enthalten wenig Mitochondrien und ermüden schnell. Sie erscheinen blaß. Man spricht daher auch von weißen Fasern (oder auch von schnellen bzw. Typ IIB- oder «fast twitch»-Fasern). Die Ermüdung eines Muskels wird z.T. auf einen Mangel an energiereichen Phosphaten zurückgeführt. Die primäre Ursache für eine Ermüdung ist noch nicht geklärt. Im hypoxischen Muskel ist sie mit einer Azidose verbunden, die durch einen Anstieg von Laktat und CO_2 hervorgerufen wird.

Zusätzlich zu den fast twitch-, glykolytischen Typ IIB-Fasern gibt es noch die oxidativen Typ IIA-Fasern, die, wie die Flugmuskulatur der Vögel, relativ schnelle Bewegungen über einen längeren Zeitraum ausführen müssen. Diese Muskelzellen ähneln metabolisch den slow twitch Fasern, sie enthalten viele Mitochondrien und sorgen durch oxidative Phosphorylierung für einen ausreichenden ATP-Nachschub. Sie ermüden daher auch nicht sehr schnell. Die meisten Muskeln enthalten ein Mosaik aus den genannten Fasertypen.

Ein weiterer Fasertyp läßt sich bei den Vertebraten abgrenzen: die langsame sich **tonisch kontrahierende Muskelzelle**. Unter Tonus versteht man beim Muskel allgemein seinen Spannungszustand. Im Gegensatz zu den Zuckmuskeln werden die langsamen oder tonischen Fasern multiterminal (Abb. 7.5) innerviert.

Dieser Muskeltyp tritt in der Skelettmuskulatur von Amphibien, Reptilien und Vögeln auf, bei Säugern nur in den Muskelspindeln (intrafusale Fasern, die durch einen sensorischen Bereich mit afferenten Nervenendigungen zur Sollwertlängeneinstellung der Muskeln dienen) und in den äußeren Augenmuskeln. An den Synapsen kommt es zu lokalen Depolarisationen, die sich elektrotonisch ausbreiten und wegen der Vielzahl der Synapsen letztlich die gesamte Fasermembran depolarisieren. Hier treten also keine Alles-oder-Nichts Aktionspotentiale auf. Im Gegensatz zu den Zuckungsfasern, die innerhalb von wenigen hundertstel Sekunden wieder erschlaffen können, dauert bei den tonischen Fasern die Repolarisation und Erschlaffung einige Minuten. Zuckungsfasern und tonische Fasern sind zwar quergestreift, sie unterscheiden sich aber hinsichtlich ihres Stoffwechsels, der Art der Energiegewinnung, der Ausgestaltung des sarkotubulären und sarkoplasmatischen Membransystems und der Myosin-Isoenzyme. Bezüglich der Erregungs-Kontraktions-Kopplung bestehen jedoch keine prinzipiellen Unterschiede.

Zuckungs- und tonische Fasern treten auch bei der quergestreiften Muskulatur der Arthropoden und den schräggestreiften Muskeln der Anneliden und Nematoden auf. Die meisten Muskeln der Arthropoden sind multiterminal innerviert, allerdings nicht von Ästen eines einzigen erregenden motorischen Axons, sondern multineural und multiterminal durch mehrere erregende und ein oder mehrere inhibitorische Axone (z.B. treten bei der Beinmuskulatur der Heuschrecken 9 Erreger- und 2 Hemmaxone auf einer Faser auf). Die Kontraktion wird erst durch mehrere Impulse der Motoneurone ausgelöst, die zu einer Ausschüttung von **Glutamat** als Transmitter und einer Serie von postsynaptischen Potentialen führen, die durch Summation eine graduierte Membrandepolarisation und abgestufte Calcium-Ionen Freisetzung bewirken.

7.4.1.2 Sarkotubuläres und sarkoplasmatisches Membransystem

Von besonderer Bedeutung für die Kopplung von Erregung und Kontraktion ist ein Membransystem, das sich bei der quergestreiften Muskelzelle aus einem sarkotubulären System und dem sarkoplasmatischen Reticulum (SR) zusammensetzt. Das **sarkotubuläre System** besteht aus transversalen schlauchförmigen Einstülpungen der äußeren Zellemembran (**T-System**). Die Membranschläuche umgeben die Myofibrillen, bei Vertebraten oft in Höhe der Z-Scheibe (Abb. 7.6). Eine von der Oberfläche der Zelle ausgehende Erregung kann über diese Membranschläuche direkt bis in das Zentrum der Zelle geleitet werden. Das intrazelluläre Membransystem des **sarkoplasmatischen Reticulums** verläuft longitudinal, parallel zu den Myofibrillen (**L-System**) und besteht aus membranumschlossenen Hohlräumen, die jedes Sarkomer manschettenartig umgeben. Die terminalen Bereiche sind zu Zisternen aufgeweitet, während der zentrale Bereich häufig unterbrochen ein fenestriertes Membransystem bildet. Das L-System ist als modifiziertes und spezialisiertes endoplasmatisches Reticulum aufzufassen, das insbesondere durch die Integration von Transport-ATPasen in die Membran und durch Ca^{2+}-bindende Proteine in der Lage ist, Ca^{2+} aus dem Sarkoplasma aktiv in die Hohlräume zu pumpen und dort zu speichern. Bei einer Aktivierung der Zelle sorgen Ca^{2+}-Abgabe-Kanäle für eine schnelle Ausschüttung des Ca^{2+}. An der Kopplung der Ca^{2+}-Ausschüttung des SR mit der Depolarisation der Membran des T-Systems sind wahrscheinlich regelmäßig angeordnete Brückenstrukturen, «Füßchen» beteiligt, die beide Membransysteme über einen Spalt von etwa 16 nm miteinander verbinden.

Eine Modellvorstellung ist, daß bei Erregung über spannungsgesteuerte Ca^{2+}-Kanäle des T-Systems intramembranäre Ladungsverschiebungen im Kontaktbereich des T- und L-Systems auftreten. Dies führt zur Öffnung der Ca^{2+}-Abgabe-Kanäle, die einen Teil dieser «Füßchen» bilden, und somit zur Freisetzung des Ca^{2+} aus dem SR. Es konnte außerdem gezeigt werden, daß im Bereich der terminalen Zisternen des SR geringe Ca^{2+}-Mengen eine Ca^{2+}-Abgabe induzieren (vgl. Abb. 7.6B).

Der Anteil des L-Systems am Zellvolumen ist starken Schwankungen in Abhängigkeit vom Typ der Muskelzelle unterworfen. Beim Sartorius-Muskel vom Frosch z.B. macht das L-System etwa 10% des Gesamtvolumens aus, das T-System dagegen nur etwa 0,3%. Muskelzellen, die schnell kontrahieren und erschlaffen können, haben in der Regel ein hoch entwickeltes L- und T-System, langsame Muskelzellen dagegen nur ein entsprechend wenig ausgeprägtes Membransystem.

7.4.2 Regulation der Kontraktion und Erschlaffung

Die **Regulation** der Aktivität der kontraktilen Proteine erfolgt über Ca^{2+}-bindende Proteine, die als Bestandteil eines regulatorischen Protein-Komplexes im Falle des Vertebraten-Skelettmuskels am Actinfilament gebunden sind. Da der «An-Aus-Schalter» des kontraktilen Apparats auf den Actinfilamenten liegt, handelt es sich in diesem Fall um eine Actin-gekoppelte Regulation. Daneben kann die Regulation auch über Ca^{2+}-abhängige Ver-

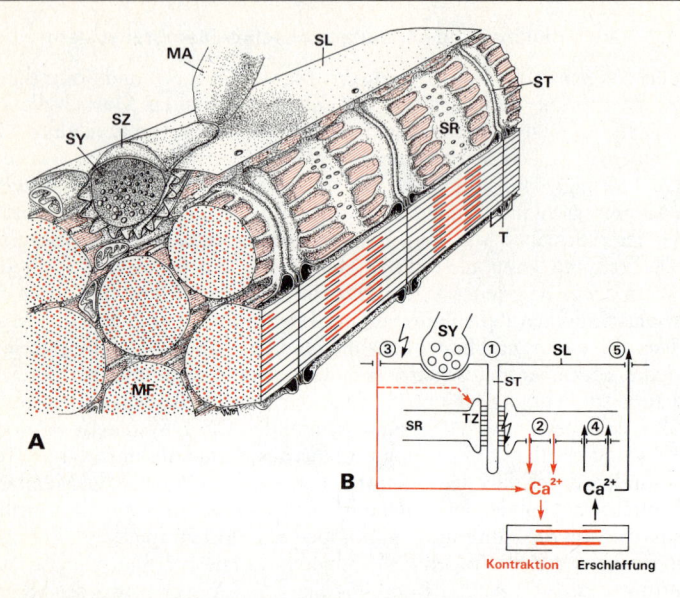

Abb. 7.6: Die Ca^{2+}-Mobilisierung im Muskel. (**A**) Teil einer quergestreiften Muskelzelle mit Motoaxon (MA) umgeben von Schwannscher Zelle (SZ), mit angeschnittener Synapse (SY) mit transmitterhaltigen Vesikeln, prä- und postsynaptischer Membran und dem synaptischen Spalt. Die Myofibrillen (MF) sind von dem sarkotubulären System (ST, Einstülpungen des Sarkolemm, SL) und von dem sarkoplasmatischen Reticulum (SR) umgeben. Ein T-Tubulus bildet mit den angrenzenden terminalen Zisternen des SR die sog. Triade (T).

(**B**) Vereinfachte Darstellung der elektromechanischen Kopplung im quergestreiften Vertebratenmuskel über Veränderungen der Ca^{2+}-Konzentration im Sarkoplasma. Ca^{2+}-Einstrom (rot markiert): Neurale Erregung über die Synapse (SY) bewirkt (1) Depolarisation der Membranen des sarkotubulären Systems (ST) und über die Verbindung zum sarkoplasmatischen Reticulum (SR) die Ausschüttung von Ca^{2+} aus terminalen Zisternen (TZ) (2). Einstrom von Ca^{2+} aus dem extrazellulären Raum erfolgt über spannungsgesteuerte Ca^{2+}-Kanäle (3). Gestrichelter Pfeil: Ca^{2+}-indu-

---

änderungen am Myosinmolekül erfolgen; es handelt sich dann um eine Myosin-gekoppelte Regulation. Die meisten kontraktilen Systeme dürften allerdings eine duale Regulation aufweisen, wo beide Regulationssysteme nebeneinander in einer Zelle auftreten.

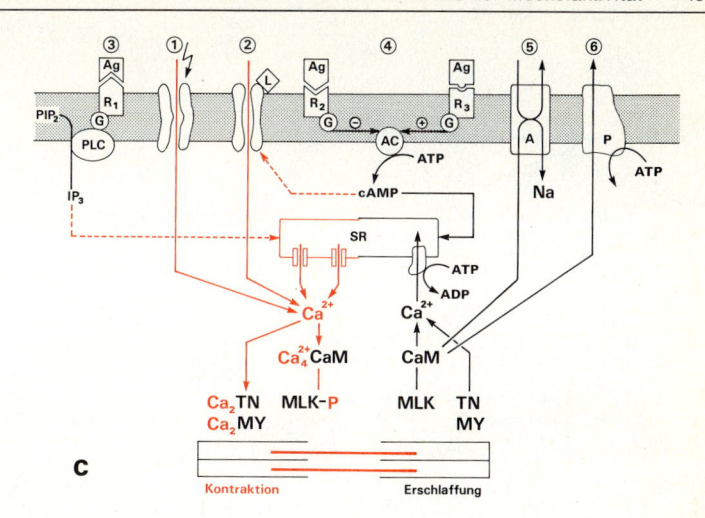

zierte Ca^{2+}-Ausschüttung aus dem SR. Wird das Ca^{2+} aus dem Sarkoplasma durch Rückpumpen in das Lumen des SR entfernt (4) oder über die Zellmembran ausgeschleust (5), erschlafft der Muskel.

(C) Allgemeines Schema zur Ca^{2+}-Mobilisierung (ohne Kopplung von ST und SR). Erhöhung der Ca^{2+}-Konzentration durch (1) spannungs- und (2) ligandengesteuerte Kanäle (L). Agonisten (Ag, z.B. Hormone) können über Rezeptoren (R$_{1-3}$) und sog. G-Proteine (G) auf Enzyme wie (3) Phospholipase C (PLC) und (4) Adenylatzyklase (AC) einwirken und die Konzentration an «second messenger» (Inositoltriphosphat (IP$_3$) aus Phosphatidylinositoldiphosphat (PIP$_2$) bzw. cAMP aus ATP) beeinflussen. Die «second messenger» bewirken Ausschüttung bzw. Akkumulation von Ca^{2+} durch das SR und beeinflussen ligandengesteuerte Ca^{2+}-Kanäle. Ca^{2+}, gebunden an das Troponin (TN, vgl. 7.4.2.1), an das Myosin (MY, vgl. 7.4.2.2) oder an das Calmodulin (CaM, notwendig zur Phosphorylierung (P) der leichten Ketten des Myosins, MLK, vgl. Abb. 7.8), führt zur Kontraktion des Muskels. Ca^{2+} wird aus dem Sarkoplasma entfernt durch (5) Natrium-Calcium Austauscher (A), durch aktiven Transport über (6) Ca^{2+}-Pumpen im Sarkolemm oder über Ca^{2+}-Transport-ATPasen des SR. Dissoziiert das Ca^{2+} von den regulatorischen Proteinen erschlafft der Muskel.

7.4.2.1 Actin-gekoppelte Regulation

Der am Actin gebundene Komplex regulatorischer Proteine umfaßt das **Tropomyosin** (TM) und das **Troponin** (TN). Das Tropomyosin (66 kDa) ist ein filamentöses Protein mit einer Länge von etwa 40 nm und besteht aus zwei nahezu identischen Polypeptidketten, die helixartig umeinander gewunden sind. Ein TM-Molekül ist über 14 periodisch auftretende polare Bereiche mit sieben Actinmonomeren eines Stranges der Doppelhelix des

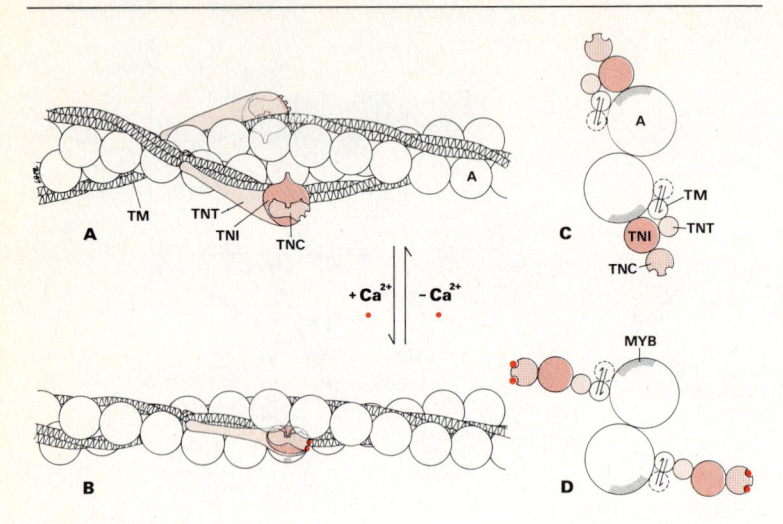

Abb. 7.7: Actin-gekoppelte Regulation über das Troponin-Tropomyosin System. Die Bindung von Ca^{2+} an die TNC Untereinheit des Troponins löst die TNI-Actin Bindung und beeinflußt über den TNT Ausläufer den Überlappungsbereich der Tropomyosin (TM) Moleküle und die TM-Actin Wechselwirkungen. Das TM rutscht in die Gräben der Actinhelix (**A, B**). Im Querschnitt (**C, D**) wird ersichtlich, daß dadurch die Myosin-Bindungsstelle (MYB) am Actin verändert wird, so daß der Querbrückenzyklus ablaufen kann.

Actinfilaments verbunden. Durch Kopf-Schwanz-Verknüpfung der TM-Moleküle werden sämtliche Actinmonomere von Tropomyosin überspannt (Abb. 7.7). Jedem TM-Molekül sitzt ein Troponin-Molekül auf. Das TN besteht aus drei Untereinheiten, die nach ihren spezifischen Funktionen benannt wurden (die TN-C Untereinheit bindet spezifisch Ca^{2+}; TN-I hemmt, inhibiert, die die Actin-Myosin-Interaktion; TN-T verbindet das Troponin mit dem Tropomyosin. Die Reaktionsfolge bei einer Erhöhung der sarkoplasmatischen Ca^{2+}-Konzentration stellt man sich so vor: Ca^{2+} bindet an die TN-C Untereinheit. Dadurch wird die Bindung der TN-I Untereinheit an das TN-C verstärkt, an das Actin aber geschwächt. Als Folge treten Änderungen in der TN-I/TN-T und der TN-T/TM Wechselwirkung auf. Das TN-T nimmt durch seine langgestreckte Form dabei auch Einfluß auf den Überlappungsbereich aufeinanderfolgender TM-Moleküle. Der TM-TN Komplex rückt daraufhin tiefer in die Gräben der Actinhelix. Die **Hemmung** der ATPase Aktivität bei Ca^{2+}-Konzentrationen < 0,1 µmol/l, an der die Lage des TM-TN Komplexes wesentlich beteiligt ist, wird bei dieser Lageveränderung aufgehoben und es kann eine effektive

Interaktion zwischen Actin und Myosin und somit eine Kontraktion stattfinden. Das Actinfilament wird also durch die Veränderungen der Ca^{2+}-Konzentration ab- bzw. angeschaltet.

7.4.2.2 Myosin-gekoppelte Regulation

In ähnlicher Weise wie das Actin kann auch das Myosin Ca^{2+}-abhängig an- und abgeschaltet werden. Dieser Modus der Regulation wurde bei einigen **Wirbellosen** und für die **glatte** Vertebraten-Muskulatur genauer beschrieben. Die Wirkung des Ca^{2+} erfolgt entweder direkt über eine Bindung des Ca^{2+} an die Myosinköpfe, wobei die leichten Ketten an der Bindung und durch ihre Lageveränderung an dem Ab- und Anschalten beteiligt sind (bei einigen Muskeln von Wirbellosen) – oder indirekt (Abb. 7.8), wobei durch Bindung von Ca^{2+} an das ubiquitär vorhandene **Calmodulin** über eine spezifische Kinase die regulatorischen leichten Ketten des Myosins phosphoryliert werden (beim glatten Vertebratenmuskel und vielen nichtmuskulären Bewegungssystemen). Nur das phosphorylierte Myosin wird durch Actin aktiviert, so daß erst die Phosphorylierung eine Kontraktion ermöglicht.

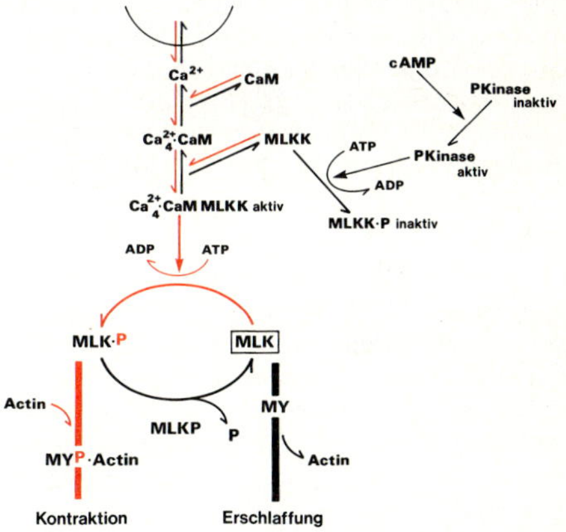

Abb. 7.8: Reaktionskette bei der Myosin-gekoppelte Regulation im glatten Wirbeltiermuskel. Ca^{2+}, freigesetzt durch das sarkoplasmatische Reticulum oder eingeschleust von außen in die Zelle, bindet an Calmodulin (CaM), wodurch eine Kinase (MLKK) aktiviert wird, die spezifisch die leichten Ketten (MLK) des Myosins (MY) phosphoryliert (P). Nur phosphoryliertes Myosin interagiert mit dem Actin und ermöglicht eine Kontraktion. Die Phosphorylierung der leichten Kette wird über eine spezifische Phosphatase (MLKP) rückgängig gemacht. Der «second messenger» cAMP bewirkt eine Erschlaffung des Muskels dadurch, daß über eine Proteinkinase (PKinase) die MLKK phosphoryliert und damit inaktiviert wird.

Durch eine ebenfalls vorhandene Phosphatase kann eine Dephosphorylierung des Myosin und damit eine Inaktivierung und Erschlaffung des Muskels erfolgen.

7.4.2.3 Duale Regulation

Bei den meisten bisher untersuchten Muskeln von **Wirbellosen** konnte eine sogenannte duale Regulation gezeigt werden, d.h. es ist sowohl ein Actin- als auch ein Myosin-gekoppelter Ca^{2+}-abhängiger «An-Aus-Schalter» vorhanden. Auch die glatte Vertebraten-Muskulatur ist sehr wahrscheinlich dual reguliert. Eine **Ausnahme** bildet wohl die quergestreifte Vertebraten-Skelettmuskulatur mit einer nur Actin-gekoppelten Regulation.

7.5 Organisationsformen der Bewegungssysteme

Die **Bauelemente** und die Konstruktionsmerkmale der biologischen Motoren sind bei hochdifferenzierten Muskelzellen und beweglichen Zellen meist sehr ähnlich. Trotz der Übereinstimmungen der Bauelemente hat sich der kontraktile Apparat als so variabel erwiesen, daß er an die unterschiedlichen funktionellen Erfordernisse angepaßt werden kann.

Die Organisationshöhe des Bewegungsapparats ist dabei nicht korrelierbar mit der Organisationshöhe des Gesamtorganismus, sondern mit den Anforderungen an seine Beweglichkeit. Nach der Organisationshöhe lassen sich die verschiedenen Muskelsysteme in drei Gruppen gliedern (Tabelle 7.2). Dabei spielt die Anordnung der Myofilamente, die bereits lichtmikroskopisch erkennbar ist, die Hauptrolle. Beachtenswert ist, daß zwischen den einzelnen Typen fließende Übergänge bestehen.

Tabelle 7.2

Muskelsysteme:
1. quergestreifte Muskulatur
    a. der Vertebraten-Skelettmuskulatur
    b. der Vertebraten-Herzmuskulatur
    c. bei Wirbellosen (z.B. Muskulatur der Arthropoden)
2. schräggestreifte Muskulatur
    bei Wirbellosen (z.B. Mollusken, Anneliden, Echinodermen)
3. glatte Muskulatur
    a. bei Wirbeltieren (z.B. Gefäß-, Darm- und Uterusmuskulatur)
    b. bei Wirbellosen (z.B. Plathelminthen, einigen Mollusken und Echinodermen)

Nicht-muskuläre Bewegungsformen:
1. Actin-Myosin Systeme
2. Mikrotubuli-Dynein/Kinesin Systeme
3. Auf- und Abbau von Actinfilamenten und Mikrotubuli

Von den Muskelsystemen werden die **nicht-muskulären** Bewegungssysteme abgetrennt. Dazu gehören alle Bewegungssysteme von Zellen, die nicht zu Muskelzellen differenziert sind; z.B. die Zellbewegung durch Cilien oder amöboide Bewegung und Plasmaströmung mit der Organellbewegung sowie die Teilungsvorgänge des Zellkerns und der Zelle (s. Kap.1).

7.5.1 Quergestreifte Muskulatur

Vertebraten-Herzmuskel

Der **Vertebraten-Herzmuskel** ist ein quergestreifter Hohlmuskel, der den beschriebenen Sarkomer-Aufbau aufweist (s. 7.1). Die Muskelzellen sind kurz, rechteckig und besitzen meist einen zentralen Kern. Die Zellgrenzen zwischen aufeinanderfolgenden Zellen (nicht die lateralen Zellgrenzen) sind sehr stark anfärbbar. Die Zellen sind in diesem Bereich stark miteinander verzahnt und es sind gut ausgebildete Haftstrukturen vorhanden, die als Disci intercalares oder **Glanzstreifen** bezeichnet werden. Die Glanzstreifen können als umgewandelte Z-Elemente aufgefaßt werden, da von ihnen direkt die Actinfilamente des letzten bzw. ersten Sarkomers einer Fibrille ausgehen. Eine weitere Eigenart der Herzmuskelzelle ist, daß häufig verzweigte Myofibrillen auftreten. Die verzweigten Myofibrillen sind allseitig von einer dichten Lage von Mitochondrien umgeben. Von besonderer funktioneller Bedeutung sind spezielle Kontaktstrukturen zwischen den einzelnen Zellen, sog. «gap junctions» (vgl. Abb. 1.5).

Durch Tunnelproteine (Connexone) besitzen die gap junctions spezielle Eigenschaften, u.a. einen niedrigen elektrischen Widerstand zur direkten Weiterleitung elektrischer Signale von Zelle zu Zelle. Das sarkoplasmatische Reticulum ist meist nur spärlich ausgebildet, da das für die Kontraktion notwendige Ca^{2+} zum Teil über das Sarcolemma von außen in die Zellen eingeschleust wird (Abb. 7.7).

Viele Wirbellose, insbesondere die Arthropoden, haben einen durchaus vergleichbaren Typ der Herzmuskelzellen entwickelt. Wie die Herzmuskelzellen der Vertebraten sind auch die solcher Evertebraten quergestreift, besitzen Disci intercalares, verzweigte Myofibrillen und Kontaktstellen mit niedrigem elektrischen Widerstand.

Quergestreifter Arthropoden-Muskel

Ebenfalls quergestreift ist die Muskulatur vieler Wirbelloser. Besonders gut untersucht sind die mit dem Exoskelett verbundenen Muskeln der **Arthropoden**. Trotz gleicher Anordnung der Myofilamente in Sarkomeren und der daraus resultierenden Querstreifung, ergibt sich für die Arthropodenmuskeln eine enorme Variation bei den strukturellen Details. Es treten Unterschiede im Myofibrillen-Durchmesser, in der Sarkomer-Länge, in der Filament-Anzahl und -Geometrie, sowie im strukturellen Organisationsgrad auf. Bei Arthropoden ist weiterhin typisch, daß neben der Exoskelett- auch die Visceralmuskulatur quergestreift ist. Den höchsten Ordnungsgrad der Myofilamente im gesamten Tierreich besitzt die Flugmuskulatur der **Insek-**

462   7 Bau und Funktion der Muskeln

ten, bei der eine sehr regelmäßige fast kristallin anmutende Anordnung der Myofilamente auftreten kann. Je nach Ansatz der Muskulatur am Flügel lassen sich die **direkte** und die **indirekte** Flugmuskulatur unterscheiden.

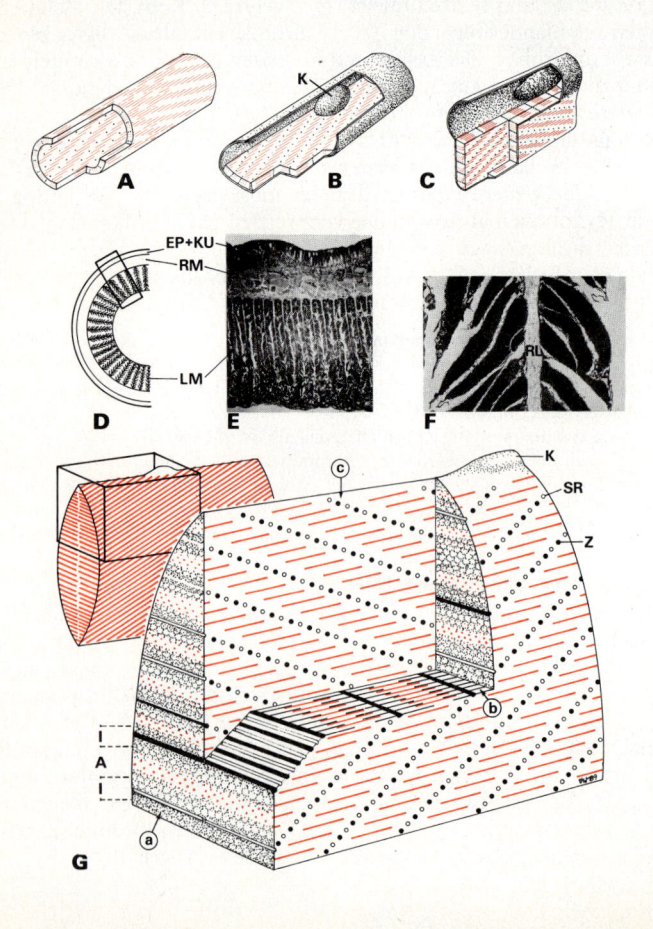

Eine funktionelle Besonderheit zeigen einige indirekte Flugmuskeln, wie die der Diptera, Hymenoptera und Coleoptera. Diese Flugmuskulatur ist in der Lage, mehrere hundert Male in der Sekunde **oszillatorische Kontraktionen** auszuführen. Dabei wird durch Kompression und Dekompression des elastischen Insekten-Thorax indirekt der Flügelschlag bewirkt. Die Frequenz der Kontraktionen ist dabei nicht mit der Frequenz der Nervenimpulse korreliert. Ein Aktionspotential löst eine Vielzahl von Kontraktionen aus. Da die Aktionspotentiale des Muskels nicht mit der Anzahl der Flügelschläge synchronisiert sind, werden diese Muskeln als **asynchron** bezeichnet. Durch die Hebelwirkung des Thorax braucht die oszillatorische Kontraktion der indirekten Flugmuskulatur nur einige wenige Prozent der Muskellänge zu betragen. In Anpassung an diese Verhältnisse überlappen in den etwa 2 bis 3 μm langen Sarkomeren die dünnen und dicken Filamente nahezu vollständig, die I-Bande ist also sehr klein (nur etwa 16–18% der Sarkomerlänge). Weiterhin ist das sarkoplasmatische Retikulum (SR) dieser Muskeln nur spärlich ausgeprägt, da die oszillatorischen Kontraktionen nicht von der Abgabe von Calcium-Ionen über das SR abhängig sind. Wegen ihrer vergleichsweise großen Myofibrillen werden sie auch als **fibrilläre** Flugmuskeln bezeichnet. Alle direkten und einige indirekte Flugmuskeln, z.B. bei Orthoptera, Odonata und Lepidoptera, besitzen nicht solche großen Myofibrillen und werden deshalb als **nicht-fibrilläre** Flugmuskulatur bezeichnet. Sie sind dadurch gekennzeichnet, daß jede einzelne Kontraktion durch einen Nervenimpuls, der ein Aktionspotential bewirkt, ausgelöst wird. Das 1:1-Verhältnis von elektrischer und mechanischer Aktivität hat zu ihrer Typisierung als **synchrone** Flugmuskeln geführt.

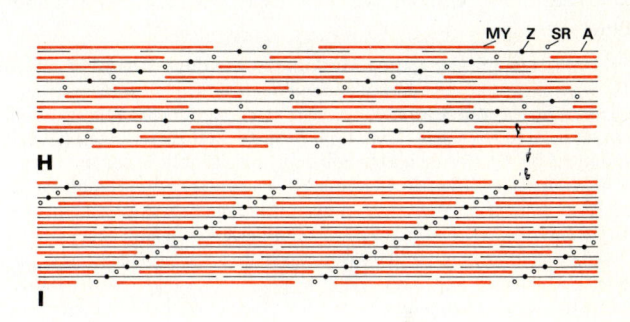

Abb. 7.9: Aufbau und Kontraktion der schräggestreiften Muskulatur. (A–C) Typen schräggestreifter Muskelzellen: Von der wahrscheinlich ursprünglichen Form des platymyarischen Typs (B, bei einfachen Nematoden) lassen sich der circomyarische Typ (A, bei Hirudineen) mit helikaler Myofilamentanordnung und der coelomyarische Typ (C, bei höheren Nematoden und Anneliden) ableiten. (D–G) Lage und Organisation der Muskelzellen beim Regenwurm. Teil eines Querschnitts durch den Hautmuskelschlauch mit Cuticula und Epidermis (EP+KU), mit der Ring- und Längsmuskelschicht (RM und LM) schematisch (D) und im Semidünnschnitt (E, LM-Aufnahme). (F) Ausschnitt aus der Längsmuskelschicht, die Muskelzellen sind seitlich an radiären Bindegewebslamellen (RL) angeheftet (Querschnitt, TEM-Aufnahme). (G) Blockdiagramm einer Muskelzelle, der Ausschnitt ist links markiert, (a–c) die Hauptschnittebenen (weitere Erläuterungen siehe Text). K: Kern, SR: Membranschläuche des sarkoplasmatischen Reticulums, Z: stabförmige Z-Elemente als Anheftungsstelle der Actinfilamente, A: A-Bande, Bereich quergeschnittener Myosinfilamente, I: I-Bande, Bereich quergeschnittener Actinfilamente. (H, I) Strukturelle Veränderungen bei der Kontraktion (Schnittebene, c). Bei der Kontraktion nimmt wie beim quergestreiften Muskel der Überlappungsgrad der Actin-(A) und Myosifilamente (MY) zu. Weiterhin vergrößert sich der Winkel der Schrägstreifung (nach Heumann und Zebe, 1967).

Sie verfügen über ein ausgeprägtes sarkoplasmatisches Retikulum, so daß eine schnelle Aufnahme und Abgabe des zur Aktivierung notwendigen Calciums gewährleistet ist.

7.5.2 Schräggestreifte Muskulatur

Die schräggestreifte Muskulatur findet sich nur bei **Wirbellosen**. Sie ist typisch für Tiere mit einem Hydroskelett und kommt vor bei Anneliden, Nemathelminthen und Sipunculiden, sowie bei einigen Mollusken und Echinodermen (Kap. 2). In einigen strukturellen und funktionellen Merkmalen ähnelt die schräggestreifte Muskulatur dem quergestreiften Muskeltyp, andere Merkmale dagegen zeigen deutliche Ähnlichkeiten mit der glatten Muskulatur, so daß diesem Muskeltyp eine Zwischenstellung eingeräumt wird. Die äußere Form der schräggestreiften Muskelzellen ist äußerst vielgestaltig.

In Übereinstimmung mit der glatten Muskulatur sind die Zellen meist einkernig, dünn und langgestreckt mit spitz auslaufenden Enden.

Die Organisation ist am Beispiel eines sehr hoch geordneten schräggestreiften Muskels, wie er beim Regenwurm *(Lumbricus terrestris)* auftritt, erläutert (Abb. 7.9). Die Zellen sind 2,5 bis 3 mm lang und bandförmig mit einer Dicke von nur etwa 2 bis 5 µm. Die Flachseiten der Zellen sind dagegen 20 µm breit. Die drei Hauptschnittebenen sind im Blockschema der Abb. 7.9G gezeigt. Bei einer Schnittführung b, also bei einem Längsschnitt quer zu den Flachseiten der Zellen, erkennt man einen Sarkomer-ähnlichen Aufbau. Die **Sarkomere** sind allerdings nicht von Z-Scheiben, sondern von stabförmigen Z-Elementen begrenzt, wie sich aus einem Längsschnitt parallel zur Flachseite der Zellen (c) erkennen läßt, wo diese Elemente als Punkte zu erkennen sind. Dieser Längsschnitt zeigt auch, daß die dicken und dünnen Filamente versetzt angeordnet sind. Die lichtmikroskopisch sichtbare Schrägstreifung wird durch **A**- und **I-Banden** hervorgerufen, die schräg zur Zellängsachse verlaufen. Lichtmikroskopisch wird ebenfalls deutlich, daß die Schrägstreifung auf gegenüberliegenden Flachseiten in entgegengesetzte Richtung verläuft und somit zu einer doppelten Schrägstreifung führt.

Bei der **Kontraktion** schräggestreifter Muskeln verkleinert sich die I-Bande, wie auch beim quergestreiften Muskel. Zusätzlich vergrößert sich aber auch der Winkel der Schrägstreifung von 5° auf ca. 25°, so daß die Überlappung der Myosinfilamente größer wird (Abb. 7.9H, I). Die zusätzliche Winkeländerung befähigt den schräggestreiften Muskel offensichtlich zu einer sehr starken Kontraktion. Während bei der quergestreiften Muskulatur eine Kontraktion um etwa 30 % typisch ist, kontrahiert der schräggestreifte Muskel um 70 % und somit in ähnlicher Größenordnung, wie sie für die glatte Muskulatur beschrieben wird. Die Winkeländerung wird wahrscheinlich nicht durch einen zusätzlichen Mechanismus bewirkt, sondern wie die Verkürzung der I-Bande durch die Aktion von Myosin-Querbrücken hervorgerufen.

7.5.3 Glatte Muskulatur

Die glatte Muskulatur der **Vertebraten** enthält meist langgestreckte (20–300 µm), spindelförmige Zellen mit einem Durchmesser von etwa 3 bis 10 µm und einem zentralen Kern. Diese Muskulatur wurde als glatt bezeichnet, da polarisationsmikroskopisch diese Zellen durchgehend anisotrop erschienen. Bei Vertebraten bildet die glatte Muskulatur den größten Teil der Wand von Eingeweideschläuchen und anderen Hohlorganen (z.B. beim Darm mit dem muskulösen Magen; bei Blutgefäßen; bei harnableitenden Wegen; bei Geschlechtsorganen vor allem beim Uterus und Vas deferens). Zusätzlich lassen Bündel glatter Muskelzellen die Haare «zu Berge» stehen und sind in verschiedenen Drüsen für den Transport des Sekrets verantwortlich. Trotz einer Vielzahl von Untersuchungen ist der Aufbau der glatten Muskulatur noch nicht vollständig geklärt.

Es wird angenommen, daß helikal verlaufende Myofibrillen den Kontraktionsapparat bilden. Die Myofibrillen setzen sich wahrscheinlich aus Sarkomer-ähnlichen Konstruktionen zusammen. Diese enthalten Actin- und Myosinfilamenten sowie kugeligen Strukturen, sog. «dense bodies», die die Funktion einer Z-Scheibe haben. Bemerkenswert ist, daß nur ein Teil der Actinfilamente in das kontraktile System integriert ist. Ein anderer Teil der Actinfilamente, quervernetzt durch das Actin-

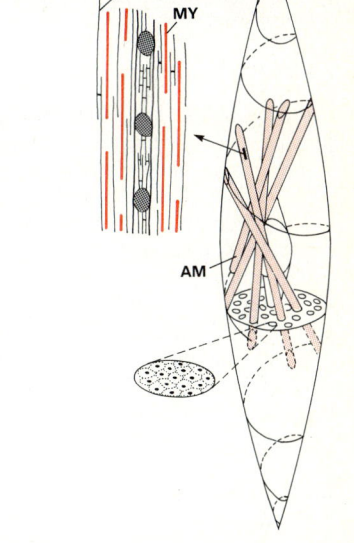

Abb. 7.10: Modell zur strukturellen Organisation einer Zelle der glatten Wirbeltiermuskulatur. In den helikal verlaufenden Myofibrillen sind kontraktile Bereiche bestehend aus Actin-(A) und Myosinfilamenten (MY) vorhanden. Zusätzlich bilden intermediäre Filamente, Actinfilamente und «dense bodies» ein Zellskelett (nach Small, 1987).

bindende Protein Filamin, bildet offensichtlich zusammen mit anderen Cytoskelett-Elementen wie den intermediären Filamenten ein Zell-Skelett (Abb. 7.10).

Die Kenntnisse über den Aufbau der glatten Muskulatur von **Wirbellosen** sind vergleichsweise gering. Detaillierte strukturelle Untersuchungen wurden vor allem an Schalenadduktormuskeln von verschiedenen Mollusken und am Byssus-Retractormuskel der Miesmuschel *(Mytilus edulis)* durchgeführt, da diese Muskeln über eine interessante Eigenschaft verfügen: die entwickelte Spannung, z.B. um die Schale geschlossen zu halten, kann vom Muskel über längere Zeit ohne nennenswerten Sauerstoff- und ATP-, also Energie-Verbrauch, aufrecht gehalten werden. Dieses Verhalten wird als «Sperrtonus» oder «Catch» beschrieben. Der Mechanismus, der diesem Verhalten zugrunde liegt, ist weitgehend unbekannt. Der kontraktile Apparat dieser Muskeln ist dem der glatten Muskeln von Vertebraten strukturell sehr ähnlich. Er besteht aus Mini-Sarkomeren, die sich aus dense bodies mit angehefteten Actinfilamenten überlappend mit bipolaren Myosinfilamenten zusammensetzen. Die Muskelzellen und insbesondere die zum Sperrtonus fähigen Muskeln sind durch meist sehr dicke Myosinfilamente (> 100 nm) mit außergewöhnlicher Länge (bis 100 µm) charakterisiert. Etwa 10 bis 20 Actinfilamente umgeben ein Myosinfilament (6 Actinfilamente umgeben ein Myosinfilament im quergestreiften Muskel). Catch-Muskeln werden manchmal auch als Paramyosin-Muskeln bezeichnet, da sie große Mengen des Proteins Paramyosin enthalten. Das Paramyosin bildet das Rückgrat der mächtigen Myosinfilamente in den Catch-Muskeln, während die Myosinmoleküle nur als einschichtige Lage dem Paramyosin-Kern aufgelagert sind.

7.5.4 Nicht-muskuläre Bewegungssysteme

Zu den nicht-muskulären Bewegungsformen gehören die Lokomotion (Fortbewegung) einzelner Zellen, die Bewegung von Zellausläufern und die Vielzahl intrazellulärer Bewegungsvorgänge. Die Lokomotion der Protozoen und einzelner Zellen kann durch **amöboide Bewegung** (z.B. bei Amöben und verschiedenen Zellen der Gewebsflüssigkeiten und des Blutes) und durch die Aktion von **Cilien** und **Flagellen** (z.B. bei Ciliaten und Flagellaten, bei Spermien, Larven und Ausbreitungsstadien vieler Metazoen) erfolgen. Bei sessilen Protozoen und Zellen im Gewebeverband dient die Bewegung von Zellausläufern (u.a. Cilien) nicht zur eigenen Fortbewegung, sondern führt zu einer Bewegung des äußeren Milieus. Sie dient zum Heranstrudeln der Nahrung (bei sessilen Ciliaten) und zum Partikel- und Flüssigkeitstransport durch Flimmerepithelien in Exkretions- und Respirationsorganen sowie im Darmtrakt vieler Wirbelloser. In diesem Zusammenhang sind ferner die beweglichen **Mikrovilli** von Darmzellen und die starren «**Stereocilien**» der Mechanorezeptoren zu nennen, die Bündel von Actinfilamenten enthalten. Auch die intrazellulären Bewegungsformen wie die Cytoplasmaströmung, der Transport von Mitochondrien, Plastiden und Vesikeln sowie die dynamischen Vorgänge bei der Kern- und Zellteilung werden durch nicht-muskuläre Bewegungssysteme bewirkt. Eine große Bedeutung haben sicherlich auch durch kontraktile Systeme hervorgerufene Bewegungen von Komponenten der Zellmembran (z. B. von Rezeptoren für den Signaltransfer in die Zelle).

An all diesen Bewegungserscheinungen sind Elemente des **Cytoskeletts** beteiligt, wobei das stabile Ciliengerüst eine Sonderstellung einnimmt (s. 1.3.7 und 1.3.8). Je nach Spezialisierungsgrad der Zelle und den Anforderungen an die Beweglichkeit der Zelle und ihrer Bestandteile sind die einzelnen Komponenten des Cytoskeletts in unterschiedlicher Organisation vorhanden. Trotz der relativ stabilen intermediären Filamente unterliegt das Cytoskelett einer ständigen Umorganisation, an der ganz wesentlich die mit den Actinfilamenten, den Mikrotubuli und den intermediären Filamenten assoziierten Proteine beteiligt sind. Sie verknüpfen die Komponenten zu einem funktionsgerechten Gerüst, stellen die Verbindung zur Zellmembran her und greifen regulierend in den Auf- und Abbau des Gerüsts ein. Bemerkenswert ist, daß die Actinfilamente und Mikrotubuli in einer Zelle sowohl «Zellskelett»-Funktion (Stütz- und Haltefunktion) besitzen können, als auch als integrale Bestandteile der «Zellmuskeln» aktiv an der Bewegung beteiligt sind.

Es lassen sich drei Möglichkeiten zur Erzeugung nicht-muskulärer Bewegung abgrenzen. (**a**) Die durch ein System aus Actin- und Myosinfilamenten bedingten Bewegungen (u. a. die Veränderungen der Zellform, das Ausstrecken und Einziehen von Zellausläufern, die Zelldurchschnürung bei der Teilung). (**b**) Die Bewegungen, an denen Mikrotubuli zusammen mit den «Motoren» Dynein oder Kinesin (ATPasen, ähnlich einem Myosinkopf) beteiligt sind (u. a. der Transport von Transmitter-haltigen Vesikeln in den Axonen der Nervenzellen, saltatorische Organellbewegungen, Bewegungsvorgänge in der Teilungsspindel). Die Mikrotubuli dienen wahrscheinlich als «Schienen», auf denen sich die «Motor»-Moleküle zusammen mit Vesikeln, Organellen etc. bewegen. (**c**) Weiterhin dürfte auch der über assoziierte Proteine regulierte polarisierte Auf- und Abbau der Actinfilamente und Mikrotubuli an einigen Bewegungsphänomen mitwirken (z. B. bei der Bewegung der an Mikrotubuli angehefteten Chromosomen zum Centrosom und bei dem Ausstrecken und Einziehen von Zellausläufern). Da einzelne Bewegungsaktivitäten komplizierte Wechselwirkungen zwischen den Bestandteilen des Cytoskeletts beinhalten, sind die genauen Mechanismen der meisten Bewegungsvorgänge weitgehend ungeklärt.

7.6 Literatur

Alberts, B., Bray, D., Lewis, J., Raff, M., Roberts, K., Watson, J.D.: Molekulare Biologie der Zelle. VCH, Weinheim, 1986

Cooke, R.: The Mechanism of Muscle Contraction. CRC Critical Reviews in Biochemistry, **21**, 53–118, 1986

Ebashi, S., Maruyama, K. und Endo, M. (Hrsg.): Muscle Contraction and its Regulatory Mechanisms. Springer, Heidelberg, 1980

Eckert, R.: Tierphysiologie. Thieme, Stuttgart, 1993

Hoyle, G.: Muscles and their Neural Control. John Wiley & Sons, New York, 1983

Knight, P. und Trinick, J.: The Myosin Molecule. Aus Squire, J.M. und Vibert, P.J. (Hrsg.): Fibrous Protein Structure. Academic Press, London, 1987

Lanzavecchia, G.: Morphological Modulations in Helical Muscles (Aschelminthes and Annelida). Int. Rev. Cytol., **51**, 133–186, 1977

McMahon, Th.A.: Muscles, Reflexes, and Locomotion. Princeton University Press, Princeton, 1984

Penzlin, H.: Lehrbuch der Tierphysiologie. G. Fischer, Stuttgart, 1991

Rüegg, J.C.: Calcium in Muscle Contraction. Springer, Heidelberg, 1992

Schliwa, M.: The Cytoskeleton. Cell Biology Monographs, Vol. **13**, 1986

Squire, J.M.: Muscle: Design, Diversity, and Disease. Benjamin/Cummings, Menlo Park, 1986

Wilkie, D.R.: Muskel: Struktur und Funktion. Teubner, Stuttgart, 1983

Zot, A.S. und Potter, D.: Structural Aspects of Troponin-Tropomyosin Regulation of Skeletal Muscle Contraction. Ann. Rev. Biophys. Chem., **16**, 535–559, 1987

8 Neurone, Nervensysteme und Cerebralganglien (Gehirne)[1] ... 469

8.1	Das Neuron	469
8.2	Einfache Nervensysteme (Nervennetze, Markstränge)	477
8.3	**Nervensysteme mit Ganglien**	479
8.3.1	Allgemeines	479
8.3.2	Charakteristika der Stämme	480
8.4	**Cerebralganglien (Gehirne)**	485
8.4.1	Allgemeines	485
8.4.2	Charakteristika der Stämme	486
8.4.2.1	Plathelminthes	486
8.4.2.2	Nemathelminthes	487
8.4.2.3	Annelida	488
8.4.2.4	Arthropoda	488
8.4.2.5	Mollusca	491
8.4.2.6	Chordata	492
8.5	Literatur	500

8.1 Das Neuron

Die funktionelle und strukturelle Einheit in Nervensystemen ist die Nervenzelle, das Neuron (s. Neuronentheorie). Während die Aufgabe von Sinneszellen darin liegt, Informationen aus der Umwelt aufzunehmen und in ein physiko-chemisches Signal (**Erregung**) umzusetzen, kommt es den Neuronen zu, derartige Erregungen innerhalb des tierischen Körpers weiterzuleiten, und schließlich die Funktion von Erfolgsorganen (Muskulatur, Drüsen) zu steuern. Daneben können auch einzelne Neurone selbst rezeptive Strukturen ausbilden (freie Nervenendigungen); sie sind dann Sinneszelle und Neuron in einem. Aus ihrer Aufgabe, Informationen über u.U. lange Strecken zu vermitteln, erklärt sich die Form eines Neurons: es ist langgestreckt oder bildet ein bis viele dünne Fortsätze, die Ausstülpungen des Zelleibs (**Perikaryon**) sind (Abb. 8.1). Das Perikaryon enthält oft einen kontrastreichen Kern mit einem meist deutlich erkennbaren und großen Nucleolus. Von den Zellorganellen ist besonders das rauhe endoplasmatische Reticu-

---

[1] G. Rehkämper (Düsseldorf)

lum gut entwickelt. Es liegt bei Wirbeltieren in Stapeln konzentrisch um den Kern angeordnet und bildet als **Nissl-Schollen** lichtmikroskopisch ein markantes Bild. Das endoplasmatische Reticulum läßt sich bis in die perikaryonnahen Abschnitte der Fortsätze verfolgen; nur die Abgangsstelle des Axon bleibt frei (Axonhügel). Strukturell und funktionell sind die Fortsätze verschieden.

Der **Dendrit**, oft reich verzweigt, leitet die Erregung auf das Perikaryon hin (afferente Erregungsleitung), ist nur in Ausnahmefällen von besonderen Hüllstrukturen umgeben und arm an Strukturen wie z.B. tubulären oder filamentösen Elementen (Abb. 8.1).

Das **Axon** leitet die Erregung vom Perikaryon weg (efferente Erregungsleitung, Abb. 8.1). Es gibt oft Kollateralen ab, kann von Hüllstrukturen umgeben sein (siehe unten) und enthält regelmäßig tubuläre und filamentöse Strukturen (Neurotubuli: ca. 24 nm $\varnothing$, Neurofilamente: ca. 10 nm $\varnothing$, s. S. 22). Die Neurotubuli sind die strukturelle Grundlage das axonalen Transports, über den z.B. im Perikaryon synthetisierte Substanzen in die axonalen Endigungen gebracht werden (Strukturproteine, Transmitter).

Nach der Anzahl der Fortsätze unterscheidet man **bipolare** und **multipolare** Neurone, wobei eine Zelle immer nur ein Axon ausbildet. Es kann aber auch der Dendrit fehlen (**unipolares** Neuron). Eine Besonderheit ist das pseudounipolare Neuron bei dem ein Fortsatz vom Perikaryon abgeht, um sich dann in einiger Entfernung vom Zelleib in Dendrit und Axon zu trennen (Abb. 8.1). Bei den pseudounipolaren Neuronen im Spinalganglion der Säuger kann man beobachten, wie in der Ontogenese Axon und Dendrit sekundär miteinander verschmelzen (Abb. 8.1a).

Alle Neuronentypen kommen bei den Eumetazoa vor. In einem sehr viel stärkeren Maße als bei Wirbeltieren sind aber **pseudounipolare Neurone** bei Wirbellosen vertreten (Abb. 8.1). Häufig ist dann auch das Perikaryon nicht, wie in allen anderen Fällen, in die Erregungsleitung (siehe unten) eingebunden, sondern erfüllt ausschließlich nutritive Aufgaben. Diese Situation macht die Bildung sehr dichter, konzentrierter Fasergeflechte möglich, aus denen die Perikarya ausgelagert sind. Als Bezeichnung für die Wegstrecke vom Perikaryon bis zur Aufzweigung in Dendrit und Axon hat sich bei diesen pseudounipolaren Neuronen die Bezeichnung **Neurit** durchgesetzt,

---

Abb. 8.1: Neuronentypen bei Wirbellosen und Wirbeltieren: a) pseudounipolares Neuron aus dem Metathorakalganglion von *Locusta* (Präparat von Privatdozent Dr. H. Römer, Bochum); b) Pyramidenzelle aus dem Neocortex von *Rattus norvegicus* f.d. (Präparat von Dr. L. Werner, Leipzig)
Strukturelle Möglichkeiten zur Erhöhung der Leitungsgeschwindigkeiten bei Wirbellosen und Wirbeltieren: c) Riesenaxone im Querschnitt durch ein segmentales Ganglion bei einem Anneliden *(Lumbricus)*, die Axone sind umgeben von einer Gliazell-

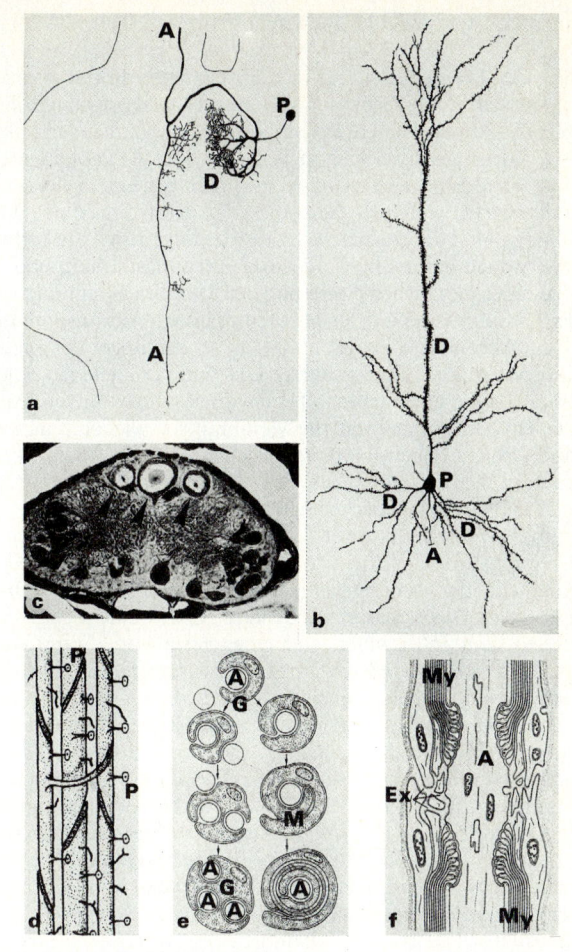

hülle, die dunkel angefärbt ist; d) Schema eines Riesenaxonbündels bei *Lumbricus*, beachtenswert ist der syncytiale Charakter, die ausgelagerten Perikaryen und die Kontaktstellen, die als elektrische Synapsen ausgebildet sind; e) Entstehung und Bau von Gliazellumhüllungen eines Wirbeltieraxons, links: Einsenkung eines oder mehrerer Axone in eine Gliazelle, rechts: Umwicklung eines Axons durch eine Gliazelle mit Bildung einer cytoplasmafreien Myelinscheide; f) Feinbau eines Ranvierschen Schnürrings.

A = Axon (bei b gekappt); D: Dendrit; Ex: Extracellularraum im Bereich des Schnürrings; G: Gliazelle; M: Mesaxon; My: Myelinscheide; P: Perikaryon (c nach Bullock und Horridge 1965; d aus Bullock 1945; e, f nach Leonhardt 1987).

die allerdings bei Wirbeltieren auch synonym zum Terminus Axon gebraucht wird.

Grundlage der Erregungsleitung ist die **Zellmembran** des Axon. Sie ist elektrisch polarisiert (innen negativ, außen positiv) und zeigt ein Ruhepotential von -60 bis -90 mV. Diesem Potential steht eine Ungleichverteilung von Na^+- und K^+-Ionen gegenüber (Abb. 8.2), die über ATPabhängige Ionenpumpen aktiv aufrechterhalten wird. Man spricht von einem **elektro-chemischen Gleichgewicht**, weil sich die osmotische Kraft – bedingt durch die Ionenverteilung – und die elektrische Kraft – bedingt durch die Ladungsverteilung – die Waage halten. Im Falle einer Erregungsbildung und -leitung kommt es zu einer plötzlichen Änderung der Membranspannung mit einer Umkehr der Ladungsverteilung an der Membran: ein **Aktionspotential** (AP) wird gebildet (Abb. 8.2). Der Axonhügel ist in der Regel der Bildungsort eines Aktionspotentials, das eine aktive Leistung der Zelle ist. Solche Aktionspotentiale haben die Eigenschaft, sich allseitig fortzusetzen. Allerdings muß nach einem Aktionspotential die Membran erst wieder annähernd den Ruhezustand erreicht haben, bevor an gleicher Stelle ein neues Aktionspotential aufgebaut werden kann. Diese **Refraktärzeit** und die unter normalen Bedingungen von der dendritischen Seite her ablaufende Erregung führt zu einer Erregungsleitung in nur einer Richtung (Abb. 8.2). Die Geschwindigkeit der Erregungsleitung ist bei verschiedenen Tieren unterschiedlich. Sie hängt einmal von der Temperatur ab, aber auch davon, wie stark der neuronale Fortsatz (Nervenfaser) ist, denn es besteht eine regelhafte Beziehung zwischen dem Innenwiderstand einer Faser und ihrer Leitungsgeschwindigkeit. Je größer der Querschnitt einer Faser ist, desto kleiner ist der Innenwiderstand und um so schneller ist die Erregungsleitung. In diesem Zusammenhang ist auch die Bildung sogenannter **Riesenfasern** (giant fibres) zu verstehen; sie sind eine Möglichkeit, die Leitungsgeschwindigkeit im Nervensystem zu erhöhen. Man findet sie in fast allen Gruppen der Wirbellosen. Sie bestehen oft aus mehreren Zellen, deren Axone zu einer, dann großkalibrigen Einheit verschmolzen sind (damit ist hier eine Ausnahme von der Neuronentheorie gegeben, denn das einzelne Neuron gibt seine Individualität auf, Abb. 8.1). Sind mehrere solche Syncytien hintereinander gelegen und erfolgt die Übertragung durch elektrische Synapsen, die ohne Zeitverlust arbeiten (siehe unten), dann ist eine sehr schnelle Erregungsleitung gegeben.

In fast allen Tiergruppen werden die Neurone oder deren Fortsätze gegen das umgebende Milieu durch **Gliazellen** isoliert. Die Fortsätze sind in Gliazellen eingesenkt und über ihnen nähern sich die beiden Gliazellmembranen sehr eng; den doppelten Gliazellmembranstreifen, an dem das Axon quasi in der Gliazelle aufgehängt ist, nennt man **Mesaxon** (Abb. 8.1). Bei Wirbeltieren (Ausnahme Cyclostomata) treten sehr spezifische Bildungen (Myelinscheiden) dadurch auf, daß ein sehr langes Mesaxon gebildet wird, das sich eng um das Axon wickelt und dabei das Plasma weitgehend aus der

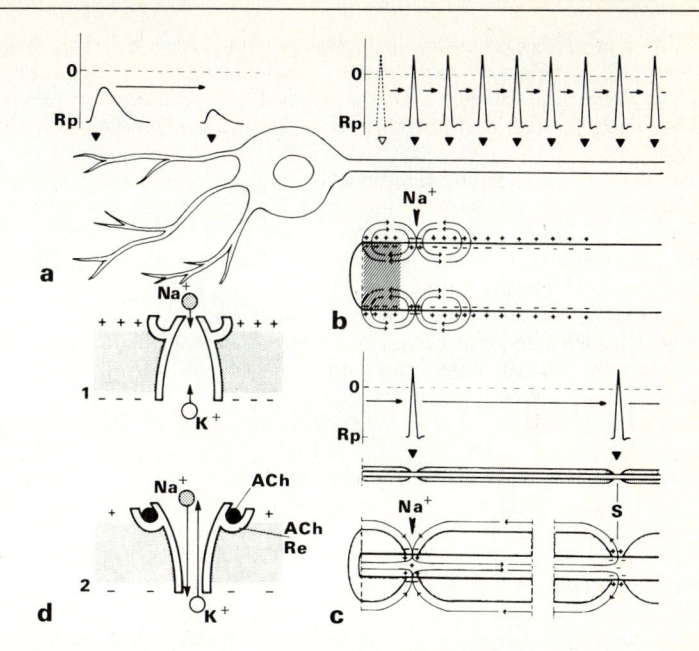

Abb. 8.2: Erregungsleitung. a) postsynaptisches Potential wird mit Dekrement über den Dendriten in Richtung auf das Perikaryon geleitet; b) am Axonhügel entsteht ein Aktionspotential, das wegen der Refraktärzeit (schraffiertes Potential) nur in einer Richtung (vom Perikaryon weg) geleitet wird, unter dem Axon ist die Veränderung der Na^+-Permeabilität veranschaulicht; c) Prinzip der saltatorischen Erregungsleitung bei myelinisierten Wirbeltieraxonen (nach Hanke in Wurmbach u. Siewing 1980); d) Schematische Darstellung des möglichen Wirkmechanismus eines Transmitters auf einen Ionenkanal über den Rezeptor, bei 1 ist der Kanal geschlossen, bei 2 geöffnet (nach Kandel und Schwartz 1985)
ACh: Acetylcholin; ACh Re: Acetylcholin-Rezeptor; Rp: Ruhepotential, S: Schnürring.

Umwicklung verdrängt (Abb. 8.1). Im peripheren Nervensystem werden Myelinscheiden von **Schwannschen Zellen** gebildet, im Zentralnervensystem von Oligodendrocyten. Auf der Länge eines Axon, in einigen Fällen auch eines Dendriten (pseudounipolare Spinalganglienzellen), grenzen mehrere Schwannsche Zellen aneinander. An den Grenzstellen (**Ranviersche Schnürringe**) lockern sich die Membranpackungen etwas auf und legen das Neurolemm (Zellmembran des Neuron) frei (Abb. 8.1). Bei derartig umwickelten Neuronen läuft die Erregung nicht über die ganze Länge der Membran, sondern greift immer nur von Schnürring zu Schnürring (Abstand 1–2 mm) über (**saltatorische Erregungsleitung**, Abb. 8.2). Das ist mit einem gewaltigen Zeitgewinn verbunden, weshalb die Erregungsleitung hier um ein Vielfaches schneller ist als in unmyelinisierten Axonen gleicher Stärke; auch Riesenfasern erreichen derartige Leitungsgeschwindigkeiten nicht.

Aus der strukturellen und funktionellen Einheit des Neurons ergibt sich die Notwendigkeit, die Erregung von einem Neuron auf das andere weiterzuleiten. Eine Lösung dieses Problems besteht darin, die Zellmembranen zweier aneinandergrenzender Nervenzellen über «gap junction» (Nexus, s. 1.3.2) miteinander zu verknüpfen. Hier wird der Interzellularraum sehr schmal und Tunnelproteine stellen eine plasmatische Verbindung zwischen den beiden Zellen her. Eine Erregung kann über einen solchen Kontakt, der als **elektrische Synapse** bezeichnet wird, direkt auf die angrenzende Zelle übergehen und dort weitergeleitet werden (Abb. 8.3a). Elektrische Synapsen ermöglichen eine sehr schnelle Erregungsleitung und kennzeichnen z.B. Riesenfasersysteme (siehe oben).

Der andere Weg ist der über **chemische Synapsen** (Abb. 8.3b, c). Das Axon des einen Neuron bildet an seinen Endverzweigungen kolbige Auftreibungen (Boutons), die zahlreiche Mitochondrien (Energielieferanten!) und bläschenförmige Gebilde (Vesikel) enthalten (Abb. 8.3). Diese Vesikel bergen Botenstoffe (**Transmitter**). Als Transmitter finden im Tierreich verschiedene Substanzen Verwendung (z.B. Adrenalin, Noradrenalin, Acetylcholin, Serotonin [5-Hydroxytryptamin], γ-Amino-Buttersäure [GABA], Glycin, Glutamat), die in der Regel im Perikaryon gebildet werden (Ausnahme vielleicht GABA und Noradrenalin, das auch in Vesikeln gebildet werden kann). Das Erscheinungsbild der Vesikel ist unterschiedlich und erlaubt Rückschlüsse auf den Inhalt und die Funktion. Ovale bis polymorphe Vesikel treten in inhibitorischen, runde Vesikel in exzitatorischen Synapsen auf. Acetylcholin ist oft an leer erscheinende Vesikel gebunden. Vesikel mit einem dunklen Zentrum (dense core Vesikel) enthalten oft Katecholamine (Noradrenalin, Adrenalin, Dopamin) oder Indolamine (Serotonin).

Im Falle einer Erregung verschmelzen die Vesikel mit der spaltnahen Membran (praesynaptische Membran) und schleusen dabei ihren Inhalt in den synaptischen Spalt zwischen den beiden Neuronen aus; der synaptische Spalt hat eine Breite von 20 nm. An der postsynaptischen Membran, die oft verdickt ist, wird der Transmitter an Rezeptoren gebunden. Diese Übernahme führt zur Öffnung oder dem Verschluß von Liganden- (= Transmitter) gesteuerten **Ionenkanälen** an der postsynaptischen Membran und damit zu einer Veränderung der Membranspannung (postsynaptische Potentiale [PSP], entweder im Sinne einer Depolarisation exzitatorisch [EPSP] oder einer Hyperpolarisation inhibitorisch [IPSP]) (Abb. 8.2).

Diese Art der Erregungsleitung, nicht die über eine elektrische Synapse, zwischen zwei Neuronen ist als der Normalfall anzusehen, obwohl damit ein erheblicher Zeitverlust verbunden ist (ca. 1 ms). Sie ist allerdings die

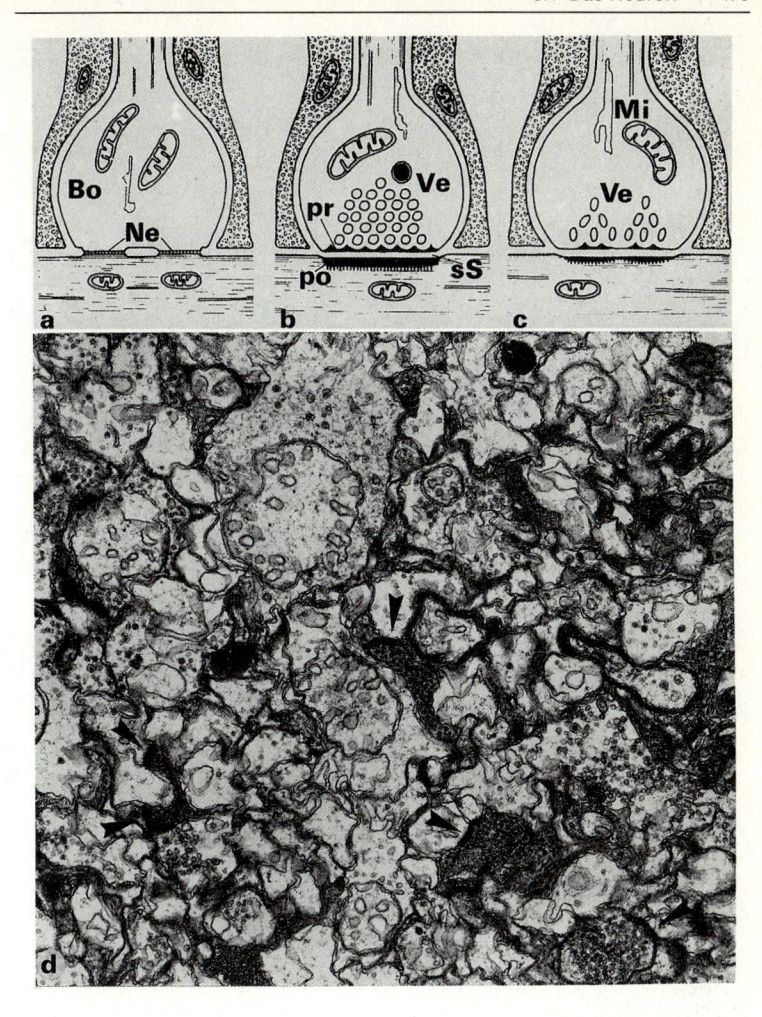

Abb. 8.3: **a–c,** Synapsentypen in schematischer Darstellung: **a)** elektrische Synapse; **b)** exzitatorische Synapse; **c)** inhibitorische Synapse (nach Leonhardt 1987);
d) Ausschnitt aus dem Neuropil des Cerebralganglion von *Sagitta*, beachte die zahlreichen synaptischen Kontakte (Pfeilköpfe) (Vergrößerung 36.100fach) (nach Rehkämper und Welsch 1985)
Bo: Bouton; Mi: Mitochondrion; Ne: Nexus [gap junction]; po: postsynaptische Membran; pr: praesynaptische Membran; sS: synaptischer Spalt; Ve: Vesikel.

Grundlage der zweiten und vielleicht letztlich bedeutsamsten Leistung des Nervensystems, nämlich der Informationsverarbeitung bzw. **Integration**. Während APs immer die gleiche Höhe erreichen (Alles-oder-Nichts-Prinzip), werden EPSPs und IPSPs von ihrer Bildungsstelle z.B. an Dendriten, sich beständig abschwächend, d.h. mit Dekrement, weitergeleitet (Abb. 8.2a). Ob nun am Axonhügel oder der entsprechenden Stelle (pseudounipolare Neurone) ein AP gebildet wird oder nicht, hängt davon ab, in welcher Stärke und raum-zeitlichen Ordnung die EPSPs eintreffen. In der Regel reicht ein EPSP nicht aus, ein AP zu evozieren; es müssen mehrere EPSPs gleichzeitig am Bildungsort eintreffen, um dann durch eine **Summation** die notwendige Veränderung der Membranspannung zu bewirken. Hier ist ein sehr variabler Mechanismus der Informationsverarbeitung gegeben. Bei EPSPs nahe am Bildungsort des AP ist das Dekrement geringer und die Chance größer, ein AP auszulösen. Weit entfernt entstehende EPSPs können dann zu einem Erfolg führen, wenn sie zwar schwach sind, aber nahezu gleichzeitig am Bildungsort der APs eintreffen. Schließlich spielt auch das Zusammenspiel von IPSPs und EPSPs eine große Rolle. Es ergeben sich daraus unzählige Möglichkeiten der Modifikation und man muß sich dabei sehr deutlich klar machen, daß die Oberfläche z.B. eines Dendriten im Gewebsverband mit einer sehr großen Zahl von Synapsen verschiedener Provenienz besetzt ist. Während die Bildung von EPSPs und IPSPs durch die transmitterabhängige Aktivierung von Kanälen erfolgt, liegen der Entstehung und Weiterleitung von APs spannungsabhängige Kanäle zugrunde.

Das Phänomen der Summation, das oben beschrieben wurde, darf nicht mit dem Phänomen der Bahnung gleichgesetzt werden. **Bahnung** wird realisiert, wenn eine Reihe von gleichartigen präsynaptischen Impulsen nacheinander auftreten. Für die Bahnung ist eine Amplitudenerhöhung der postsynaptischen Reaktion charakteristisch.

In zunehmendem Maße werden neben den klassischen Transmittern immer mehr **Neuropeptide** erkannt, die die Erregungsübertragung beeinflussen. Die Zahl der bekannt werdenden Neuropeptide wächst beständig. Zur Zeit sind mehr als 60 Substanzen erkannt (z.B. Substanz P, VIP). Diese Neuropeptide müssen offensichtlich auch nicht unbedingt an der Synapse aktiv werden. Als Neuromodulatoren verhalten sie sich im Zusammenspiel mit den Transmittern ganz unterschiedlich und sind eine weitere Möglichkeit der Informationsverarbeitung. Peptiderge Vesikel haben ebenfalls oft ein dunkles Zentrum, sind aber zwei- bis dreimal so groß (60–150 nm) wie die bisher erwähnten Vesikel-Typen.

In vielen Fällen bildet das postsynaptische Neuron an seinen Dendriten zum praesynaptischen Bouton hin gerichtete Vorsprünge, die als Dorne (spines) bereits im Lichtmikroskop bei geeigneten Färbungen (Imprägnation nach Golgi) gesehen werden können. Kontakte können aber auch ohne derartige Protuberanzen ausgebildet sein und lassen sich darüber hinaus nach den Zielarealen klassifizieren: axo-dendritisch, axo-somatisch. Daneben kommen seltener auch dendro-dendritische, soma-somatische und axo-axonale Kontakte vor, die u.U. nicht nur der einfachen Erregungsweiterleitung dienen, sondern z.B. (axo-axonale S.) die Freigabe von Transmittern am terminalen Bouton beeinflussen.

Neurone liegen in der Regel in einem systemhaften Verband und sind dann unterschiedlichen Aufgaben zuzuordnen. **Afferente** (sensorische) **Neurone** stehen mit Rezeptorzellen in Verbindung oder bilden selbst rezeptive Strukturen aus (z.B. freie Nervenendigungen in der Haut von Wirbeltieren) und leiten die Erregung zum Zentralnervensystem. **Efferente** (motorische) **Neurone** treten in zumeist synaptischen Kontakt mit Erfolgsorganen (Muskeln, Drüsen). Nur in besonderen Fällen sind afferente und efferente Neurone direkt miteinander verknüpft und bilden so einen einfachen Reflexbogen. Zumeist ist ein drittes Neuron zwischengeschaltet. Der Etablierung solcher **Interneurone** kommt eine besondere Bedeutung zu. Sie sind die eigentliche Informationsverarbeitungs- und damit Entscheidungsinstanz in Nervensystemen. Im Interneuron kumuliert Information ganz verschiedener Modalität und je nach Art der zusammenkommenden Informationen fällt die Reaktion, oft eine Hemmung des nachfolgenden Neuron, aus. In einem gewissen Sinn sind Nervensysteme, besonders solche mit Gehirnen und Ganglien, nichts anderes als gewaltige Ansammlungen von Interneuronen.

Für die **Wirbeltiere** wird der Begriff des Interneuron in einem sehr viel eingeschränkteren Sinn gebraucht. Hier sind solche Neurone gemeint, die z.B. im Cortex der Säuger lokal begrenzte Schaltkreise aufbauen (local circuit neurons). Strukturell unterscheiden sich diese Interneurone von anderen Nervenzellen. Weil ihre Aufgabe nicht unbedingt darin liegt, Erregung über lange Strecken möglichst schnell weiterzuleiten, sind ihre Fortsätze zumeist weder besonders lang noch zeigen sie Anpassungen an eine schnelle Erregungsleitung (großer Querschnitt, Myelinscheiden, siehe oben). Da eine Relation zwischen der Perikaryongröße und der Länge der Fortsätze besteht, können die Zellkörper von Interneuronen auch sehr klein bleiben. Insgesamt ergibt sich das Bild eines kleinen Perikaryon mit einem schmalen Plasmasaum und kurzen, aber reich verzweigten, dünnen Fortsätzen.

8.2 Einfache Nervensysteme (Nervennetze, Markstränge)

Aus der Darstellung des Neurons und seiner strukturellen und funktionellen Eigenschaften ergibt sich, daß diese Elemente erst im Verband optimal zu nutzen sind. Einfachste neuronale Verbände finden sich vielleicht bei Schwämmen (**Porifera**, 2.4.3). Hier sind Zellen beschrieben, die sich in Perikaryon und Fortsätze differenzieren lassen und sowohl untereinander als auch mit Gastral- und Dermallager in Verbindung stehen. Gleichzeitig lassen sich im Schwammkörper Substanzen nachweisen, die anderenorts als Transmitter bekannt sind (5-Hydroxytryptamin). Der Nachweis von Aktionspotentialen in diesen Zellen steht allerdings noch aus.

Viele **Cnidaria** (2.4.4) sind durch Nervennetze charakterisiert, die den gesamten Körper durchziehen (Abb. 8.4). Sowohl im Ektoderm als auch im Entoderm liegen Neurone, deren Fortsätze in der Epithelbasis verlaufen und untereinander in Verbindung stehen, wobei allerdings ektodermales und entodermales Netz untereinander nicht verbunden sein sollen. Solche Nervennetze ermöglichen eine Erregungsleitung in allen Richtungen. Dabei ist eine Unterscheidung zwischen Axon und Dendrit (siehe oben) unter Umständen schwer, weil innerhalb eines Nervenzellfortsatzes Erregungen offensichtlich in beiden Richtungen geleitet werden können. Damit entfällt die Möglichkeit, zwischen prae- und postsynaptischer Struktur zu unterscheiden. Je nach Leitungsrichtung kann dieselbe Struktur sowohl das eine als auch das andere sein und man hat es hier mit unpolarisierten Synapsen zu tun, die auf beiden Seiten vesikuläre Strukturen zeigen (z.B. im Nervennetz des Süßwasserpolyps *Hydra* sp.)

Das homogene Erscheinungsbild eines Nervennetzes wird bei einigen Cnidariern dadurch etwas differenzierter, daß neben kleinen, multipolaren Neuronen auch größere, bipolare auftreten. Sie bauen eigenständige Netze auf, wobei die Leitungsgeschwindigkeit der großen bipolaren höher ist als die der kleinen multipolaren Zellen.

Außerhalb der Cnidarier treten durchgängig netzartig gebildete Nervensysteme bei größeren Organismen nicht auf. Bleiben die Tiere aber klein (z.B. einige Plathelminthen, Polychaeten), dann reichen offensichtlich die Möglichkeiten eines solchen Nervennetzes auch bei frei beweglichen Tieren noch aus.

Durch eine Kanalisierung der diffusen Informationsausbreitung, wie in Nervennetzen, könnte eine Steigerung der Leistungsfähigkeit insofern erzielt

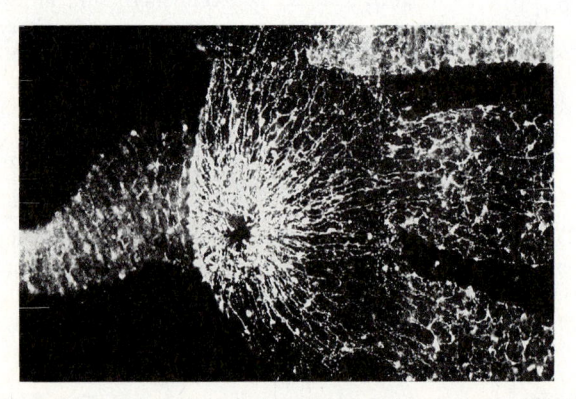

Abb. 8.4: Das Nervensystem von *Hydra* sp. dargestellt mit einem RFamid Antiserum; beachtenswert ist sowohl der netzartige Charakter als auch die radiäre Konzentration um die Mundöffnung (nach Grimmlikhuijzen 1985).

werden, als Umwege ausgespart blieben. Das strukturelle Substrat ist die Ausbildung von Marksträngen. Vornehmlich bipolare Neurone lagern sich parallel zusammen und bilden zum Teil starke Bündel; dabei bleiben die Perikarya über die ganze Länge eines solchen **Markstrangs** verteilt. Solche Markstränge liegen bei großen Anthozoenpolypen an «neuralgischen» Punkten wie der Mund- oder Fußscheibe und durchziehen bei den frei beweglichen Medusen der Hydro- und Cubozoa den Schirmrand. In vielen bilateralsymmetrischen Organismen sichern Markstränge eine schnelle Erregungsleitung in der Längsrichtung des Körpers (Plathelminthen, Nemathelminthen, Archaeogastropoden).

8.3 Nervensysteme mit Ganglien

8.3.1 Allgemeines

Stellten Markstränge bereits eine deutliche Konzentration von Nervengewebe dar, so ist die Bildung von Ganglien eine weitere, konzentrierende Differenzierung. Unter Ganglien ist zunächst nur eine Konzentration der neuronalen Perikarya zu verstehen. Als Ergebnis treten Nervenbahnen auf, die nahezu frei von Perikaryen nur noch Bündel von Axonen und Dendriten sind. Ein Vorteil derartiger Bildungen ist offensichtlich. Während Markstränge durch die Perikaryen doch immer relativ voluminös bleiben müssen, führt die Bildung von Ganglien zu Nervenfaserbündeln, die wenig Raum beanspruchen und auch z.B. dünne Körperwände nicht auftreiben. Für Plathelminthen, Nematoden, Mollusken und Artikulaten sind derartige Verhältnisse kennzeichnend.

Studiert man den Feinbau z.B. eines Anneliden-Ganglion, dann wird eine weitere Besonderheit deutlich, die vielleicht von größerer Bedeutung ist als der Gesichtspunkt einer Raumeinsparung. An der Oberfläche zu einer Rinde zusammengeschlossen, umgeben die Perikarya in einem Ganglion ein dichtes Geflecht von neuronalen Fortsätzen, die hier ein **Neuropil** bilden, d.h. in intensivem synaptischen Kontakt miteinander stehen. Dabei stellen Interneurone eine Verbindung her zwischen afferenten Neuronen, die Rezeptorstrukturen auf den Segmentanhängen versorgen, und efferenten Neuronen, die z.B. den Bewegungsapparat in Form der Parapodien steuern. Ganglien stellen so eine besondere Ebene der integrativen Informationsverarbeitung dar. Die Konzentration auf engem Raum sorgt dabei für kurze Wege und damit für eine schnelle Aufarbeitung. In der Schnelligkeit ist ein Selektionsvorteil zu sehen, der bei den kleinen Interneuronen mit ihren dünnen Fortsätzen in Frage gestellt wäre, müßten lange Strecken überwunden werden. Hier zeigt sich dann auch sehr deutlich der Vorteil pseudounipolarer Neurone, die vorherrschend sind. Durch die Auslagerung der Perikaryen zu einer oberflächlichen Rinde kann das Neuropil noch dichter und die Wege damit noch kürzer werden.

Innerhalb eines ganglionären Neuropils ist eine Arbeitsteilung erkennbar. Bestimmte Abschnitte integrieren vornehmlich bestimmte Qualitäten. So sind etwa sensorische und motorische Neuropile ausgebildet. Bei Arthropoden wie der Wanderheuschrecke *Locusta migratoria* ist im Metathorakalganglion ein akustisches Neuropil differenziert, das mit den entsprechenden Sinnesorganen des Segments gekoppelt ist.

8.3.2 Charakteristika der Stämme

Bei den **Plathelminthes** fehlen ganglionäre Bildungen manchmal. Meist ist aber ein Cerebralganglion ausgebildet und davon ausgehend durchziehen Markstränge in unterschiedlicher Zahl den Körper. Sie werden untereinander durch Kommissuren verbunden, manchmal so regelmäßig, daß ein Orthogon entsteht.

Nemertini bilden ebenfalls nur ein Cerebralganglion aus, von dem Markstränge den Körper durchziehen, die als Lateralstränge eine dominierende Stärke erreichen. Hier sind auch Riesenfasern ausgebildet. **Nemathelminthes**, eine heterogene Gruppe, zeigen kein einheitliches Bild. Nahezu überall sind Cerebralganglien ausgebildet. Das Nervensystem der **Nematoden** ist am Beispiel der parasitären *Ascaris* spp. und des freilebenden *Caenorhabditis elegans* gut untersucht. Neben einer Commissura cephalica, auf deren Besonderheit noch zurückzukommen sein wird, sind bereits am vorderen Körperpol zahlreiche kleinere Ganglien ausgebildet, die Nerven abgeben.

Diese Nerven versorgen zahlreiche Rezeptorstrukturen (Amphiden) und die Muskulatur im Mundbereich. Von der Commissura cephalica aus geht dann auf der Ventralseite des Körpers ein Nervenstrang, in dessen Verlauf ein Ganglion ausgebildet wird. Zu diesem mächtigen Ventralstrang kommen Lateral- und Dorsalstränge, die untereinander durch Kommissuren verbunden sind, wobei eine Asymmetrie bemerkenswert ist. All diese Stränge kommen am caudalen Körperende zusammen und hier finden sich paarige Caudalganglien und ein Praeanalganglion. Auch hier ist die reichhaltige Ausstattung mit rezeptiven Strukturen (Phasmiden), sicher eine Erklärung für die ausgedehnte Ganglienbildung.

Eine sehr regelmäßige Ausbildung von Ganglien zeigen die Artikulaten. Bei den **Anneliden** ist das sehr klar zu erkennen (Abb. 8.5). Neben einem Cerebralganglion (s. u.) sind die Tiere durch eine Bauchganglienkette charakterisiert. Jedes Metamer enthält ein Ganglienpaar (Neuromere), deren Einzelelemente über die Mittellinie durch eine Kommissur verbunden sind. In der Längsausdehnung des Körpers verbinden Konnektive die Neuromeren über die Segmentgrenzen hinweg. Es entsteht so das Bild des **Strickleiternervensystems**.

Aus dem Ganglion eines Metamer gehen eine unterschiedliche Zahl von Nerven ab. Sie versorgen unter anderem die Segmentanhänge (Parapodien), die reichlich mit Rezeptorstrukturen und Muskulatur ausgestattet sind. In einigen Gruppen tritt an der Basis der Parapodien noch ein gesondertes Parapodialganglion auf und diese Parapodialganglien können ebenfalls durch Konnektive miteinander verbunden sein. Riesen-

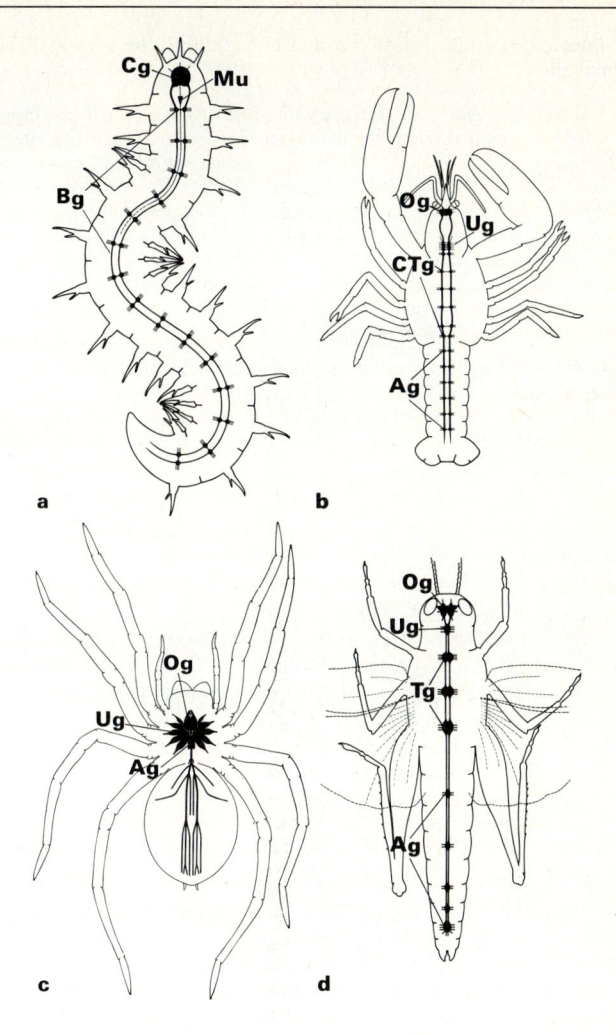

Abb. 8.5: Schematische Darstellung des Nervensystems bei **a)** Anneliden, **b)** Crustaceen, **c)** Arachniden und **d)** Insekten; beachtenswert ist, daß bei Arachniden im Unterschlundganglion auch die Neuromere der Laufbeinsegmente und der Segmente des Opisthosomas zusammengefaßt sind.

Ag: Abdominalganglien; Bg: Bauchganglienkette («Strickleiter»); Cg: Cerebralganglion; CTg: Cephalothorakale Ganglien; Mu: Mundöffnung; Og: Oberschlundganglion; Ug: Unterschlundganglion; Tg: Pro-, Meso- und Metathorakalganglion.

fasern durchziehen die Ganglienkette und ermöglichen sehr schnelle Reaktionen (Fluchtverhalten).

Die **Arthropoden** zeigen ein modifiziertes Bild (Abb. 8.5) Die Auflösung von segmentalen Grenzen und Bildung von Tagmata prägen auch das Strickleiternervensystem. Bei den **Insekten** (2.4.21) verschmelzen einige rostrale Neuromere mit dem Cerebralganglion (s. u.) und die drei Ganglien des Thorax (Pro-, Meso- und Metathorakalganglion) rücken enger zusammen. Weil im Bereich des Thorax die Segmentanhänge stark ausgebaut und ergänzt werden (Laufbeine, Flügel, Hörorgane usw.) ist eine z.T. mächtige Ausbildung der Ganglienmasse verständlich.

Auch die Neuromere des Abdomen verschmelzen gegebenenfalls miteinander und bilden eine einheitliche Ganglienmasse, die auch ganz aus dem Abdomen in den Thorax verlagert werden kann.

Derartige Konzentrationsprozesse sind vielleicht wieder unter dem Gesichtspunkt der kurzen Wegstrecken zu sehen, die die Integrationsschnelligkeit auf interneuronalem Niveau erhöhen. Dabei wird in Kauf genommen, daß die efferenten Neurone eine längere Strecke zu überwinden haben, denn gleichgültig wie stark die Neuromere konzentriert sind, die Verbindung zu «ihrer» spezifischen Peripherie wird regelmäßig beibehalten.

Wie bei den Insekten zeigt sich bei den **Chelicerata** (2.4.21) der Umbau des Körpers in heteronome Segmente auch im Nervensystem (Abb. 8.5). Bei den **Arachniden** sind im Prosoma dessen Neuromere zusammen mit denen des gesamten Opisthosomas verschmolzen.

Auch bei **Crustaceen** (2.4.21) können starke Konzentrationen aller Ganglienpaare auftreten, z.B. bei der Strandkrabbe *Carcinus maenas*. Daneben findet man aber häufig eine geringe Verschmelzung, die fast an die Verhältnisse bei Polychaeten erinnert, so bei Astacuren (Abb. 8.5). In allen Fällen sind allerdings rostrale Ganglien in etwas unterschiedlichem Maße mit dem Cerebralganglion verschmolzen.

Im Zusammenhang mit der völlig anderen Körpergliederung in Kopf, Eingeweidesack und Fuß zeigen die **Mollusken** auch ein ganz anderes Schema der Verteilung von Ganglien, Kommissuren und Konnektiven (Abb. 8.6). Kopfständig ist ein paariges Cerebralganglion mit einer Kommissur ausgebildet. Hinzu kommt ein Buccalganglion, das den Anfang des Darm-Kanals mit seinen zahlreichen Muskeln und Verdauungsdrüsen versorgt (stomatogastrisches Ganglion). Über Konnektive ist es mit dem Cerebralganglion verbunden. Im Fuß liegt ein paariges Pedalganglion. Mit Konnektiven ist es an das Cerebralganglion angeschlossen, mit Kommissuren über die Mittellinie verbunden. Dem Eingeweidesack sind drei Ganglien zuzuordnen: Pleural-, Intestinal- und Visceralganglion. Das paarige Pleuralganglion ist über Konnektive sowohl mit dem Cerebralganglion als auch mit dem Pedalganglion verbunden; eine Kommissur besteht nicht. Das Pleuralganglion ist im wesentlichen für den sehr sensiblen Mantelrand zuständig. Das Intestinalganglion ist ebenfalls paarig und ohne Kommissur. Ein Konnektiv schließt es an das Pleuralganglion an und ein weiteres zieht zum

Visceralganglion. Das Visceralganglion kann unpaar sein, paarig, oder aus mehreren Einzelganglien bestehen. Während das Intestinalganglion Kiemen, Osphradium und Teile des Mantels versorgt, umfaßt der Einzugsbereich des Visceralganglion Herz, Niere, Mittel- und Enddarm sowie den Genitalapparat.

Das skizzierte Bild stellt ein generalisiertes Schema dar, von dem sich die besonderen Verhältnisse der einzelnen Molluskengruppen ableiten lassen. Eine Torsion ihres Eingeweidesacks führt bei den **Gastropoda** zu einer gravierenden Veränderung in der Lage der Ganglien und ihrer Konnektive. Diese Veränderung ist mit dem Stichwort **Chiastoneurie** gekennzeichnet (Abb. 8.6). Durch die Drehung des Eingeweidesacks um 180° – die Kiemen weisen dann nach vorne – gelangt das rechte Intestinalganglion auf die linke Seite und wird zum Supraintestinalganglion, während das linke Intestinalganglion auf der rechten Seite als Subintestinalganglion erscheint. Die Pleuro-Intestinalganglien-Konnektive sind jetzt gekreuzt (Chiastoneurie). Viele Prosobranchier zeigen diese Situation sehr deutlich. Bei einigen Prosobranchiern, Opisthobranchiern und Pulmonaten ist eine Chiastoneurie nicht

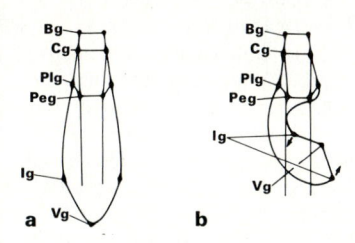

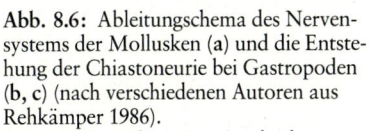

Abb. 8.6: Ableitungschema des Nervensystems der Mollusken (**a**) und die Entstehung der Chiastoneurie bei Gastropoden (**b, c**) (nach verschiedenen Autoren aus Rehkämper 1986).
Bg: Buccalganglion; Cg: Cerebralganglion; Ch: Chiasma; Ig: Intestinalganglion; Peg: Pedalganglion; Plg: Pleuralganglion; Sbi: Subintestinalganglion; Spi: Supraintestinalganglion; Vg: Visceralganglion.

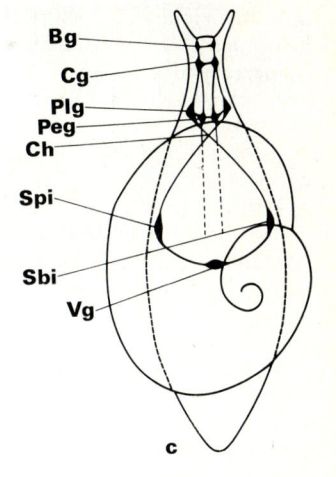

ausgebildet. Man hält dies für einen sekundären Zustand, der bei den entsprechenden Prosobranchiern durch eine Rückverlagerung der Ganglien, verursacht durch eine entsprechende Verkürzung der Konnektive, zu erklären ist, während bei den Opisthobranchiern eine Detorsion die Situation erklären soll. Als **Zygosis-Theorie** (Krull 1934) wird eine Vorstellung angeboten, die bei den Pulmonaten das veränderte Bild erklären kann. Dabei wird die Bildung eines zusätzlichen Konnektivs – Zygose – zwischen Pleural- und Subintestinalganglion angenommen und gleichzeitig eine völlige Reduktion des Supraintestinalganglion und seiner Konnektive zusammen mit einer kopfwärtigen Verlagerung aller verbleibenden Ganglien, so daß auch hier keine Chiastoneurie mehr zu erkennen ist.

Bei den **Cephalopoda**, insbesondere der sehr differenzierten Gattung *Octopus*, ist das entworfene Schema der Ganglien und Konnektive kaum zu erkennen (Abb. 8.11). Die weitgehende Verschmelzung aller Ganglien mit dem Cerebralganglion führt zu einem sehr komplexen Gebilde, das unter dem Stichwort Cerebralganglien zu besprechen ist. Zusätzliche Ganglien etablieren sich mit dem Ausbau des Armapparates (Brachialganglion) und der zunehmenden Bedeutung des Mantels, dessen Kontraktionen der u. U. sehr schnellen Bewegung dienen (Stellarganglion als Teil eines schnell leitenden Riesenfasersystems).

Die **Chordata** haben ein Zentralnervensystem, das als ein Derivat des dorsalen ektodermalen Epithels zu verstehen ist. Es senkt sich als Rohr in der Ontogenese in die Tiefe ab und behält auch beim Adultus regelmäßig den zentralen Hohlraum (Ventrikelsystem, Zentralkanal) und die intraepitheliale Lage (Membrana limitans gliae = Basallamina). Bei den sessilen **Tunicata** ist das langgestreckte Neuralrohr im larvalen Stadium zu erkennen; beim Adultus konzentriert sich ein sogenanntes Cerebralganglion als kompakte Verdichtung heraus. Auch die freibeweglichen **Appendicularia** (z.B. Gatt. *Oikopleura*) bilden ein Cerebralganglion, von dem aus Nerven zur Mundöffnung, den Kiemen und in den zeitlebens erhaltenen Schwanz ziehen. Bei den **Acrania** (Gatt. *Branchiostoma*) zeigt sich das Neuralrohr cytologisch vor allem am rostralen Ende gut differenziert. Es bildet hier z.B. lichtempfindliche Lamellenzellen, glykogenreiche Neurone mit verschiedenen Vesikeltypen und neurosekretorische Zellen (Abb. 8.7).

Bei den **Vertebrata** ist das Zentralnervensystem deutlich in ein rostral gelegenes Gehirn und einen Rückenmarkstrang differenziert, der den Körper durchzieht. Über segmentale Rückenmarksnerven (Spinalnerven) wird die Peripherie versorgt; im Kopf übernehmen Hirnnerven diese Aufgabe (s.u.). Die Faserbahnen des peripheren Nervensystems sind perikaryafrei. Jedoch liegen außerhalb des Zentralnervensystems Ganglien im Kopf und nahe des Rückenmarks (Kopfganglien, segmentale Spinalganglien) sowie im Körper (Ganglien des vegetativen Systems).

Das Nervensystem der **Echinodermen**, z.B. von *Asterias*, besteht aus zwei Unter-

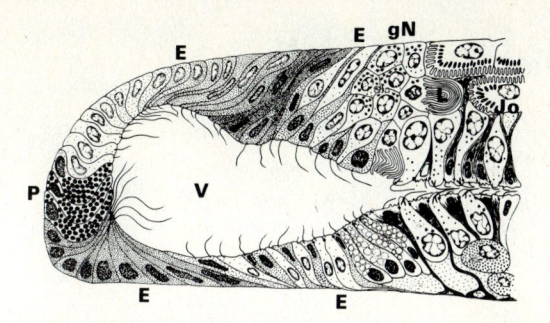

Abb. 8.7: Feinbau der rostralen Spitze des Neuralrohrs von *Branchiostoma* mit verschiedenen Zelltypen (nach Meves 1973)
E: verschiedene Epithelzellabschnitte; gN: glykogenhaltige Neurone; Jo: Josephsche Zellen; L: Lamellenzellen; P: Pigmentzellen; V: Ventrikel bzw. Zentralkanal.

einheiten. In der gesamten Oberflächenhaut bildet das (1) **ektoneurale (basiepitheliale) System** mit sehr kleinen, multipolaren Zellen einen intraepithelialen, netzförmigen Verband. Etwas tiefer im Epithel, immer noch oberhalb der Basallamina, bauen bipolare Neurone mit u. U. sehr langen Fortsätzen ein durchleitendes System auf. Das ektoneurale System ist kontinuierlich mit einem Plexus verbunden, der die inneren Organe umgibt. An der Oralseite des Arms verdichtet sich das ektoneurale System zu einem radiären Strang, der in Ganglien und interganglionäre Anteile gegliedert ist. Das Epithel ist mit zahlreichen, bipolaren Rezeptorzellen durchsetzt und das ektoneurale System ist weitgehend sensorisch, versorgt allerdings u. a. auch die Muskulatur der Ambulakralfüßchen (Abb. 8.8). Die Radiärstränge des ektoneuralen Systems kommen an der Oralfläche in einer ringförmigen Bildung zusammen. Dieser Ring ist, neben den radiären Nerven, das Hauptstück des Zentralnervensystems. Er koordiniert sicher die zumeist fünf Achsen des Körpers, entspricht vielleicht funktionell einem Zentralganglion und steuert auch das (2) **hyponeurale System**. Das hyponeurale System liegt bei *Asterias* oberhalb des radiären, ektoneuralen Strangs und jenseits der ektodermalen Basallamina nahe der Wandung des Somatocoels. Es hat motorische Funktion. Bei den sehr beweglichen Schlangen- und Haarsternen ist es gut entwickelt, metamer gegliedert und wird z. T. dem Mesoderm zugeordnet (vgl. Cobb 1987).

8.4 Cerebralganglien (Gehirne)

8.4.1 Allgemeines

Bei allen Stämmen, die im vergangenen Kapitel erwähnt wurden, tritt ein Cerebralganglion auf, und zwar auch dann, wenn sonst keine Ganglien ausgebildet sind. Sicher ist es kein Zufall, daß alle diese Stämme auch bilateralsymmetrisch gebaut sind. Die **Bilateralsymmetrie** schließt eine Polarisierung des Körpers ein. Immer liegt dann ein Pol bei der Lokomotion

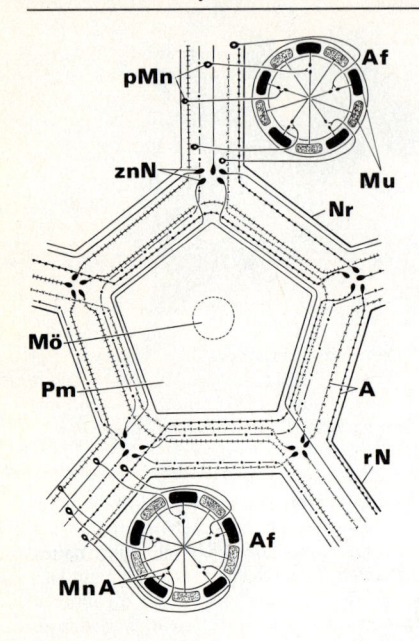

Abb. 8.8: Die motorische Innervation der Ambulakralfüßchen von *Asterias* sp. mit der Anbindung an den oralen Nervenring (nach Smith aus Bullock und Horridge 1965)
A: Axone; Af: Ambulakralfüßchen; MnA: Motoneurone in den Ambulakralfüßchen; Mö: Mundöffnung; Mu: Muskeln; Nr: Nervenring; Pm: Peristomealmembran; pMn: primäre Motoneurone; rN: radiärer Nervenstrang; znN: zentralnervöse Neurone.

vorn. Hier ist zumeist auch die Mundöffnung des Darm-Kanals (Ausnahme Turbellarien) und eine Massierung von Sinnesorganen. Um die Information der Sinnesorgane integrativ über Interneurone schnell auswerten zu können, sind kurze Wegstrecken unerläßlich und so erklärt sich die Bildung von Cerebralganglien, die mit den übrigen Besonderheiten zusammen den Kopf definieren. Cerebralganglien übernehmen die Kontrolle über den gesamten Körper. Nur in wenigen Fällen sind sie relativ klein (Lamellibranchiata), zumeist handelt es sich um große und differenzierte neuronale Konzentrationen.

8.4.2 Charakteristika der Stämme

8.4.2.1 Plathelminthes

Bis auf einige, z.T. sehr kleine Formen zeigen die Turbellarien als größte Gruppe der Plathelminthen die Bildung eines **Cerebralganglion**, das zumeist innerhalb des submuskulären, seltener des subepidermalen **Nervenplexus** etabliert ist. Besonders bei den Polycladida kann es beträchtliche Ausmaße und ein hohes Differenzierungsniveau erreichen (Abb. 8.9).

Dies zeigt sich in der Ausbildung zahlreicher verschiedener Neuronentypen, darunter auch solchen Elementen, die neurosekretorisch tätig sind. Besondere Aufmerksamkeit ziehen dabei extrem kleine Neurone auf sich (Globuli-Zellen), deren Perikaryen rostrolateral im Cerebralganglion konzentriert sind. Diese Neurone bilden wahrscheinlich im Zentrum des Ganglions mit ihren Fortsätzen ein extrem dichtes Neuropilgeflecht, für das besondere Integrationsleistungen anzunehmen sind, wie z.B. nachgewiesene Lernkapazitäten.

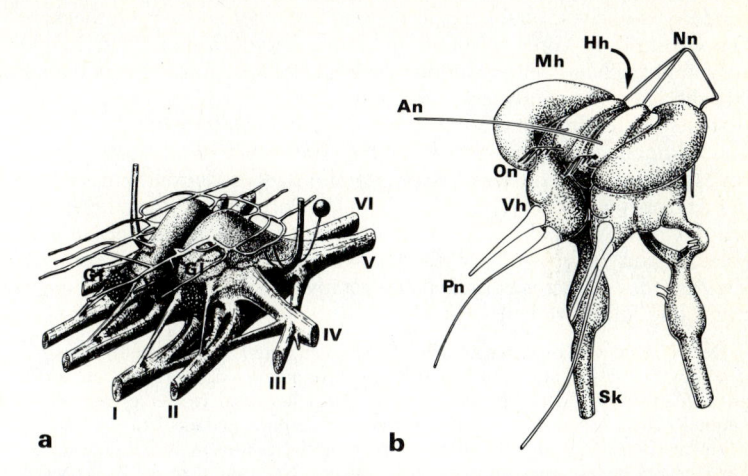

Abb. 8.9: Cerebralganglien bei a) Plathelminthen (*Notoplana* sp.), b) Polychaeten (*Hermione* spp.) (a), nach Keenan et al. 1981, b), nach Bernert aus Hanström 1928 und Bullock und Horridge 1965, verändert)
An: Antennennerv; Gl: Globulizellen; Hh: Hinterhirn; Mh: Mittelhirn; Nn: Nuchalnerven; On: Ommatophoren(Augen)nerven; Pn: Palpennerven; Sk: Schlundkonnektive; Vh: Vorderhirn; I-VI: Nervenabgänge.

8.4.2.2 Nemathelminthes

Die Struktur der kopfständigen Ansammlung neuronalen Gewebes bei den **Nematoda** ist vielleicht etwas anderes als das Cerebralganglion in anderen Gruppen. Es handelt sich dabei nicht um ein großes Ganglion mit einer Rinde aus Perikaryen und einem Neuropil mit definierten Bezirken und Trakten, sondern nur um einen Ring aus Nervenfasern, bei dem die Perikaryen außen angelagert sind. Zwar gibt es hier auch synaptische Kontakte, aber keine Bereiche, die auf eine besonders intensive Aufarbeitung schließen lassen, z.B. Globuli-Zellen mit ihren Neuropilen. Es ist deshalb fraglich ob hier höherrangige Assoziationszentren, wie sie als typisches Merkmal von Ganglien angeführt werden können, ausgebildet sind und in diesem Sinn ist es besser statt Cerebralganglion den Begriff der **Commissura cephalica** zu verwenden, um auf die Besonderheit aufmerksam zu machen.

8.4.2.3 Annelida

Im Prostomium oberhalb bzw. rostral vor der oralen Öffnung des Darm-Kanals liegt bei den Anneliden ein großes Ganglion, das **Cerebralganglion** oder Gehirn (Abb. 8.9). Es ist kein besonders differenziertes Neuromer, sondern eine davon unabhängige Bildung mit einer anderen Ontogenese. Das Gehirn ist in Vorder-, Mittel- und Hinterhirn gegliedert. Diese Gliederung ergibt sich aus der Anbindung an definierte Rezeptorfelder und unterstreicht dadurch auch die enge Verbindung des Gehirns mit den Sinnesfeldern des Kopfes. Im Hinterhirn werden zunächst die Informationen aus dem Nuchalorgan, einem wahrscheinlich chemosensiblen Areal, aufgearbeitet. Im Mittelhirn liegen die ersten Repräsentationsgebiete für die Sinnesorgane der Antennen und der Augen, die bei einigen Polychaeten sehr differenziert sein können (Alciopidae). Das Vorderhirn ist den Palpen zuzuordnen, die ebenfalls mit rezeptiven Strukturen ausgestattet sind. Es birgt auch das Zentrum des stomatogastrischen («vegetativen») Systems mit einer engen Beziehung zum Darmkanal.

Der Feinbau des Polychaeten-Gehirns zeigt definierte Faserbahnen, die verschiedene Hirnteile als Kommissuren oder Konnektive miteinander verbinden, und eine große Zahl verschiedener Neuronentypen. Auch hier sind wieder extrem kleine Globuli-Zellen hervorzuheben. Sie bauen die **Corpora pedunculata** auf, die im Mittelhirn liegen und mit vielen Bereichen des übrigen Hirns in Verbindung stehen. Die Corpora pedunculata sind ein extrem dichtes **Neuropil**, dem die Perikarya als pilzhutartige Kappen aufliegen. Die Funktion der Corpora pedunculata ist noch nicht völlig geklärt. Sicher sind sie hochentwickelte Integrationszentren. Sie erhalten Afferenzen von den wichtigsten Sinneszentren und haben auch Zugriff auf Steuerzentren der Motorik. Die hohe Dichte dürfte auf intensivere Verschaltungsmöglichkeiten schließen lassen als in anderen Neuropilen.

Über lange Konnektive, die den Vorderdarm umgreifen, ist das Gehirn an die Bauchganglien-Kette angeschlossen. Durch diese Konnektive ziehen auch Riesenfasern, deren Anfang im Gehirn zu suchen ist. Wenn auch Riesenfasern nicht direkt Muskulatur innervieren (es sind Interneurone), so kann man doch davon ausgehen, daß extrem schnelle Reaktionen, wie z.B. das blitzschnelle Einziehen der Tentakelkrone sedentärer Polychaeten (z.B. Gatt. *Sabella*), über solche Riesenfasern integriert werden.

8.4.2.4 Arthropoda

Das Gehirn der **Insekten** ist komplexer als das der Anneliden (Abb. 8.10). Wenn man aber davon ausgeht, daß die sechs Segmente, die zusammen mit dem ihnen noch vorangehenden Acron den Kopf eines Insekts bilden, den ersten sechs Segmenten eines Anneliden entsprechen, dann läßt sich das Insektengehirn als ein erweitertes Annelidengehirn verstehen.

Die Neuronenmasse des Acron bildet im Insektengehirn das **Archicerebrum** und nur dieser Teil entspricht direkt dem Gehirn der Anneliden. Das erste «richtige» Segment ist das praeantennale Segment, das keine Anhänge trägt. Sein Ganglienpaar bildet das Prosocerebrum. Archi- und Prosocerebrum bilden beim Adultus als Einheit das **Protocerebrum**. Das Segment mit der ersten Antenne ist mit dem Deutocerebrum an der Bildung des Gehirns beteiligt. Das nächste Segment trägt bei Crustaceen die zweite Antenne; bei Insekten ist es ohne Segmentanhang und bringt das **Tritocerebrum** in das Gehirn ein. Der bisher genannte Komplex stellt das **Oberschlundganglion** dar, das vor und über dem Darmkanal liegt. Über lange Konnektive, die um den Darm herumreichen, ist es mit dem Unterschlundganglion verbunden, das ein Zusammenschluß der Ganglien aus den Segmenten mit der Mandibel, der 1. und der 2. Maxille darstellt.

Das Acron trägt mit den Augen Sinnesorgane, die bei den Insekten als Facettenaugen (s. 9.4) sehr differenziert und leistungsfähig sind. Sie stellen vielleicht das dominierende Sinnesorgan dar. In diesem Zusammenhang ist das Archicerebrum recht groß und weite Teile sind mit der Aufarbeitung der visuellen Information befaßt.

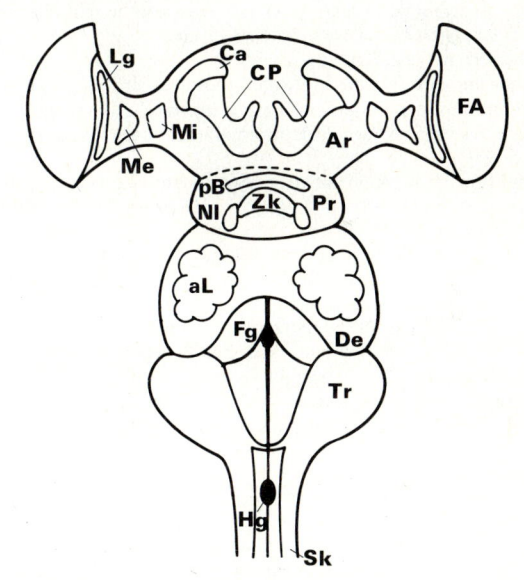

Abb. 8.10: Aufbau des Oberschlundganglions von Insekten; Archicerebrum und Prosocerebrum bilden zusammen das Protocerebrum (nach Rehkämper 1986)
aL: antennaler Lobus; Ar: Archicerebrum; Ca: Calyx, CP: Corpus pedunculatum; De: Deutocerebrum; FA: Facettenauge; Fg: Frontalganglion; Hg: Hypocerebralganglion des peripheren Nervensystems; Lg: Lamina ganglionaris; Me: Medulla externa; Mi: Medulla interna; Nl: Nebenlappen; pB: protocerebrale Brücke; Pr: Prosocerebrum; Sk: Schlundkonnektiv; Tr: Tritocerebrum; Zk: Zentralkörper.

In den Neuropilen der Lamina ganglionaris, Medulla externa und interna wird mehrfach umgeschaltet und dabei bereits die Information aus der Gesamtheit der Facettenaugen aufgearbeitet. Zu diesen Neuropilkonzentrationen kommt eine weitere, die Corpora pedunculata. Wie bei den Anneliden handelt es sich dabei um pilzförmige, extrem dichte Neuropilgeflechte aus den Fortsätzen kleiner Perikarya, die als Pilzhut in den kelchartigen Calyx-Abschnitten liegen. Neben dem Kelch sind ein medianer Betalobus und ein nach frontal weisender Alphalobus als «makroskopische» Differenzierung erkennbar.

Sicher sind die Corpora pedunculata bedeutsame Assoziations- und Integrationszentren, aber auch hier ist es nicht möglich, ein scharf definiertes Bild ihrer Aufgaben zu entwerfen. Läsionsexperimente (Zerstörung einzelner Abschnitte) zeigen, daß die Corpora pedunculata hemmend auf zahlreiche Aktivitäten einwirken, und sowohl instinktives Verhalten als auch Lernvorgänge beeinflussen (Huber 1963).

Mit dem **Prosocerebrum** kommen weitere, dichte Neuropile hinzu: Zentralkörper, Nebenlappen, protocerebrale Brücke. Über ihre Funktion besteht ebensowenig ein klares Bild, auch sie gelten aber als assoziative Gebiete.

Das **Deutocerebrum** beherbergt als charakteristische Neuropilverdichtung den antennalen Lobus und läßt sich den Antennen zuordnen, die reichhaltig mit chemo- und mechanorezeptiven Sinnesorganen ausgestattet sind. Verbindungen zu den Corpora pedunculata sichern, daß auch diese Informationen zu dem Assoziationszentrum gelangen.

Das **Tritocerebrum** der Insekten hat keinen Segmentanhang zu versorgen. Es bildet das Zentrum des stomatogastrischen Systems, das die Kontrolle über weite Teile des Darm-Kanals ausübt.

In allen Hirnabschnitten sind Kommissuren ausgebildet, die über die Mittellinie hinweg die beiden Hälften miteinander verbinden. Die tritocerebrale Kommissur zieht nun unter und hinter dem Darm, obwohl das Tritocerebrum selbst vor und über dem Darm liegt. Diese Situation unterstützt die Vorstellung, das Oberschlundganglion sei durch Einbau von Neuromeren aus der Bauchganglienkette erweitert. Im Fall von Proso- und Deutocerebrum – ebenfalls Derivate der Bauchganglienkette – machen die Kommissuren aber keine Schleife unter dem Darm durch. Ihre Kommissuren bilden sich erst nachdem in der Ontogenese die Mundöffnung nach caudal verlagert wurde.

Im Unterschlundganglion sind die Neuromere derjenigen Segmente zusammengefaßt, die die Mundwerkzeuge tragen (Mandibel, 1. und 2. Maxille). In deren Versorgung und Steuerung ist deshalb die Hauptaufgabe zu sehen. Darüber hinaus besteht aber auch eine Anbindung an das Oberschlundganglion und die thorakalen Ganglien, die eine nicht nur lokale Bedeutung deutlich macht.

Die beiden übrigen Gruppen der Arthropoden (**Crustacea, Chelicerata**) haben keinen Kopf ausgebildet wie die Insekten und weichen dementsprechend auch im Bau des Gehirns etwas ab. Bei den Crustaceen ist auch ein **Oberschlundganglion** ausgebildet, allerdings mit einem Tritocerebrum, das weniger eng an die übrigen Teile angebunden ist. Dazu kommt ein **Unterschlundganglion**, das im Unterschied zu Insekten mehr als drei Neuromere einschließen kann. Der Grund ist darin zu suchen, daß die Anhänge nicht nur von Mandibular- und Maxillarsegmenten, sondern auch von den folgenden Abschnitten in den Dienst der Nahrungsaufnahme treten und so eine größere, auch zentralnervös zu versorgende, funktionelle Einheit entsteht.

Die Cheliceraten besitzen ebenfalls ein Oberschlund- und ein Unterschlundganglion. Das Oberschlundganglion enthält ein Proto- und ein Tritocerebrum, ein Deutocerebrum soll fehlen. Auch hier spielt die Versorgung der Augen, die z.B. bei Springspinnen von besonderer biologischer Bedeutung sind, eine wesentliche Rolle. Hinzu treten dann auch hier Corpora pedunculata und Zentralkörper, für die gleichermaßen assoziative Aufgaben vermutet werden. Das Tritocerebrum schließlich übernimmt die nervöse Kontrolle der Cheliceren. Im Unterschlundganglion sind alle übrigen Neuromere des Körpers zusammengefaßt.

8.4.2.5 Mollusca

Gut entwickelte Gehirne besitzen innerhalb der Mollusken zunächst die Schnecken (**Gastropoda**) und hier vor allem die Pulmonaten, bei denen durch eine Zusammenlagerung fast aller Ganglien eine beträchtliche Konzentration neuronalen Gewebes im Kopfbereich auftritt. Dieses hohe Differenzierungsniveau bleibt aber weit hinter dem zurück, was die **Cephalopoda** bieten.

Vor allem das Gehirn der Octopoden erreicht ein hohes Differenzierungsniveau (Abb. 8.11). Das ist funktionell in einen Zusammenhang zu bringen mit der Biologie von Tieren, die oft als aktive Jäger sehr beweglich sind, sich vornehmlich optisch orientieren, Lernfähigkeit und rasche Auffassungsgabe sowie ein differenziertes Sozial- und Kommunikationsverhalten besitzen.

Im Gehirn von *Octopus* konzentrieren sich zunächst fast alle Ganglien des Molluskenkörpers. Dazu lagert sich ventrorostral das mächtige Brachialganglion für die Versorgung des Armapparats an. Schließlich ist ein gewaltiger Lobus opticus, der größer ist als der gesamte übrige Hirnkomplex, mit einem kurzen Tractus opticus an das Gehirn angeschlossen.

Die Funktion dieses Gehirns ist zu komplex, als daß sie hier auch nur annähernd hinreichend zu beschreiben wäre. Einige Aspekte sollen aber hervorgehoben werden. Die im ganzen Tierreich einzigartige Möglichkeit eines sehr schnellen Farb-, Muster- und Strukturwechsels der gesamten Körperoberfläche, die eine zentrale Rolle bei der Tarnung und der Kommunikation der Tiere miteinander spielt, wird über das Pedalganglion gesteuert, das gleichzeitig aber auch an der Kontrolle von Augenbewegungen, Flossen-, Trichter- und Armaktivität Anteil hat. Der Lobus opticus mit einem sehr differenzierten Feinbau, der an die Retina bei Säugern erinnert, spiegelt in seiner Größe die Bedeutung des Sinnesorgans wieder, das mit dem Licht die schnellste Informationsübertragungsmöglichkeit ausnutzt, die in der Natur möglich ist.

Eine Schlüsselstellung im Rahmen der differenzierteren Verhaltensleistungen dürfte dem Vertikallobus als Teil des Cerebralganglion zukommen (Abb. 8.11). Er ist gefurcht, was zu einer Vergrößerung der Oberfläche und mehr Raum für Perikarya führt. Die extrem kleinen Perikarya (4 µm ⌀) pseudounipolarer Neurone bilden eine äußere Rindenschicht. Ihre feinen Fortsätze bauen innen ein dichtes Neuropil auf. Das Bild ähnelt den Corpora pedunculata der Articulaten und wie diese ist der Vertikallo-

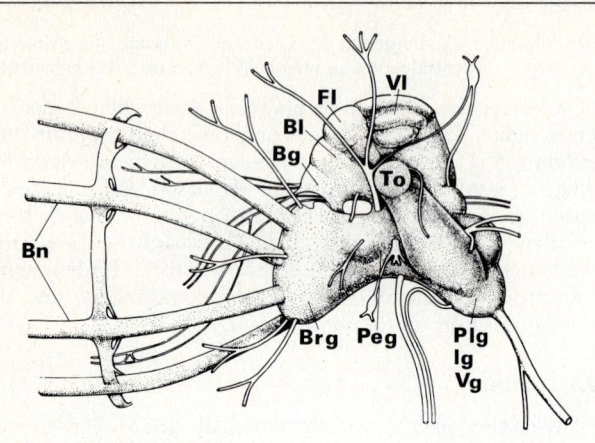

Abb. 8.11: Gehirn von *Octopus vulgaris*. Basal-, Frontal- und Vertikallobus entsprechen dem Cerebralganglion anderer Mollusken (nach Young 1971).
Bg: Buccalganglion; Bl: Basallobus; Bn: Brachialnerven; Brg: Brachialganglion; Fl: Frontallobus; Ig: Intestinalganglion; Peg: Pedalganglion; Plg: Pleuralganglion; To: Tractus opticus; Vg: Visceralganglion; Vl: Vertikallobus.

bus nur indirekt an sensorische oder motorische Zentren angeschlossen. Abtragungen des Vertikallobus führen nicht zu sofort erkennbaren, dramatischen Ausfällen im Verhalten. Es zeigen sich aber Defizite im Bereich von Diskrimination und Lernen, insbesondere bei der Gedächtnisleistung. Dies deutet darauf hin, den Vertikallobus als ein übergeordnetes assoziatives Zentrum anzusehen, und seine beträchtliche Größe korrespondiert mit der Bedeutung dieser «höheren» Fähigkeiten in der Biologie von *Octopus*.

8.4.2.6 Chordata

Innerhalb der Chordata besitzen die **Vertebraten** das am besten differenzierte Gehirn. Es ist ohne scharfe Grenze mit dem Rückenmark verbunden, dessen Bauprinzipien sich in das Gehirn fortsetzen.

Ein Querschnitt durch das **Rückenmark** macht zunächst eine Untergliederung in eine zentralständige Ansammlung von Perikaryen (graue Substanz) und eine randständige Konzentration von Fasern deutlich, die durch ihre Myelinscheiden im Frischpräparat weiß glänzen (weiße Substanz). Bei Säugern, Vögeln u. a. bildet die graue Substanz um den Zentralkanal herum eine typische, H-förmige Konfiguration. Nach dorsal ragen die Hinterhörner, nach ventral die Vorderhörner; in bestimmten Abschnitten des Rückenmarks (thorakale Segmente) treten an der Wurzel der beiden Hörner noch Seitenhörner nach außen hervor. Die dorsalen Hörner (oder Säulen, wenn man das aus dem Querschnitt auf die Längsausdehnung überträgt) sind weitgehend sensorisch; hier werden über die Radix dorsalis der Spinalnerven hereinkommende Afferenzen auf Neurone zweiter Ordnung umgeschaltet; das Perikaryon des ersten Neuron liegt im Spinalganglion (s.o.). Die ventralen Hörner beherbergen die großen Perikarya von Motoneuronen, sind also motorisch, und entsenden Axone als Radix ventralis der Spinalnerven.

Neben diesen Wurzelzellen kommen als Binnenzellen verschiedene Typen von Strangzellen und Interneuronen vor, die entsprechende Segmente des Rückenmarks über die Mittellinie verbinden oder nach oben und unten Erregungen weiterleiten. Ein Teil dieser Zellen ist allerdings als Eigenapparat Baustein von kleineren Schaltkreisen, die auf einer Rückenmarksebene durchlaufen werden, ohne daß höhere Ebenen oder das Gehirn beteiligt werden. Hierzu gehören etwa die Renshaw-Zellen. Neben der Unterteilung in sensorische Hinterhörner und motorische Vorderhörner ist noch eine feinere Differenzierung möglich. In beiden Hörnern sind jeweils die in der Hornspitze gelegenen Anteile der somatischen Peripherie zugeordnet, während die mehr zentralen Teile Zielgebiete im Viscerum erreichen. Entsprechend folgen in den beiden Hörnern einer Seite von dorsal nach ventral folgende Abschnitte aufeinander: somatosensibel, viscerosensibel, visceromotorisch, somatomotorisch (His-Herricksche Längszonen, Abb. 8.12).

Durch die Hörner der grauen Substanz wird die weiße Substanz in Sektoren (Funiculi) unterteilt: Funiculus dorsalis, lateralis und ventralis. Hier laufen auf- und absteigende Bahnen, die die Rückenmarksebenen miteinander und mit dem Gehirn verbinden. Während im Funiculus dorsalis vornehmlich aufsteigende Bahnen ziehen, enthält der Funiculus ventralis zumeist absteigende Bahnen. In den lateralen Funiculi ziehen sowohl auf- als auch absteigende Fasern.

Das **Gehirn** der Vertebraten läßt sich zunächst in zwei, dann weiter in letztlich fünf Abschnitte untergliedern. Zuerst ist zwischen einem Prosencephalon und einem Rhombencephalon zu unterscheiden. Das Prosencephalon gliedert sich weiter in Telencephalon und Diencephalon. Das Rhombencephalon umfaßt das ventral liegende Tegmentum, das dorsocaudal liegende Cerebellum und das dorsorostral liegende Tectum.

Im Tegmentum setzen sich die His-Herrickschen Längszonen des Rückenmarks ohne scharfe Grenze in das Gehirn hinein fort (Abb. 8.12). Allerdings weichen die dorsalen Hörner dabei stark auseinander, so daß der Zentralkanal des Rückenmarks – ein Derivat der Höhlung des abgefalteten und abgeschnürten Neuralrohrs – den breit ausladenden 4. Ventrikel bildet. Je weiter man im Tegmentum nach rostral kommt, desto mehr zergliedern sich die His-Herrickschen Längszonen in einzelne Kerngebiete. Bei adulten Vertebraten kommt es dann auch zu Verschiebungen der einzelnen Kerne gegeneinander, so daß eine klare Gliederung nicht mehr deutlich hervortritt.

Das Gehirn der Säuger entsendet 12 **Hirnnerven**, von denen die ersten beiden, **Nervus olfactorius** und **N. opticus** (N. I, N. II) als Derivate des

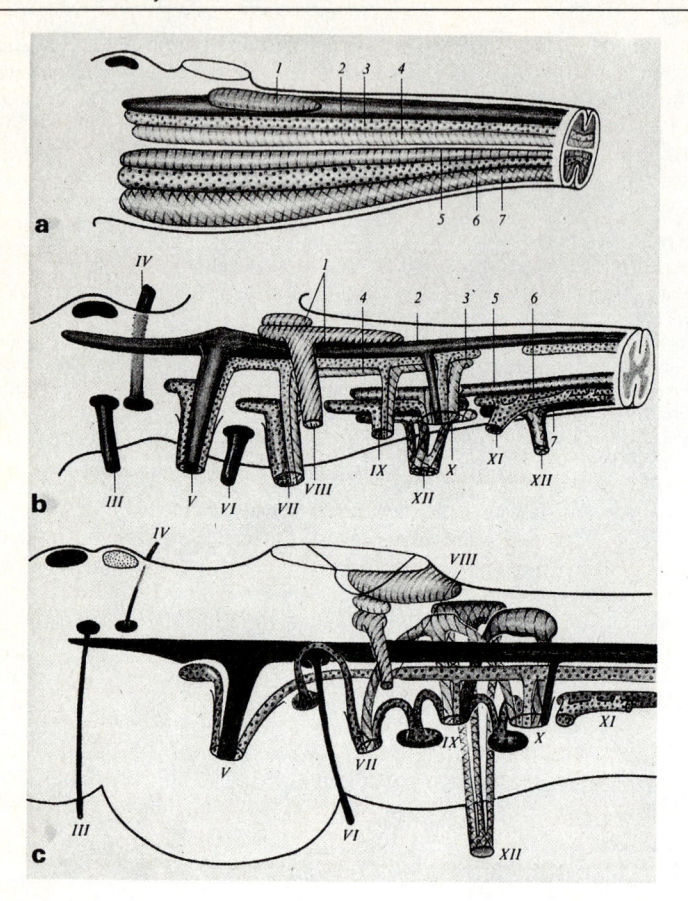

Abb. 8.12: Die funktionellen Längszonen (His-Herrick) in Rückenmark und Hirnstamm der Vertebraten. a) nicht realisiertes Ableitungsschema, b) wenig differenzierter Vertebrat, c) hoch differenzierter Vertebrat (nach Starck 1982).
1 Spezielle Somatosensibilität (Innenohr, Seitenliniensystem); 2 Allgemeine Hautsensibilität; 3 Allgemeine Viscerosensibilität; 4 Spezielle Viscerosensibilität (Geschmack); 5 Allgemeine Visceromotorik; 6 Spezielle Visceromotorik (quergestreifte, viscerale Muskulatur); 7 Somatomotorik (Zungenmuskulatur); III- XII Hirnnerven. Die Kerne der Augenmuskelnerven (III, IV und VI) haben eine Sonderstellung und sind in das Schema nicht eingeordnet; sie werden manchmal der somatomotorischen Komponente zugerechnet.

8.4 Cerebralganglien

Prosencephalon eine Sonderstellung einnehmen. Die übrigen 10 Hirnnerven (N. III–N. XII) nehmen ihren Ursprung vom **Tegmentum** und die Einzelkerne der His-Herrickschen-Längszonen müssen in enger Beziehung zu den Hirnnerven gesehen werden (Abb. 8.12). Entsprechend ihrer Funktion sind drei Gruppen von Hirnnerven zu unterscheiden: rein sensorische, rein motorische und gemischte Nerven.

Rein sensorisch ist nur der **N. stato-acusticus**, vestibulo-cochlearis oder octavus (N. VIII). Seine Fasern bilden nur bei Säugern und Vögeln einen definierten Nerv, in den anderen Klassen lagern sie sich den anderen Hirnnerven an. Wie bei dem sensorischen Anteil der Spinalnerven ist auch hier außerhalb des ZNS ein Ganglion gelegen, in dem die Perikaryen liegen (Ganglion cochleare, Ganglion vestibulare). Im Gehirn werden die afferenten Fasern dann auf das zweite Neuron umgeschaltet, dessen Perikaryon in den Nuclei cochleares und vestibulares lokalisiert ist.

Rein motorisch sind die Nerven, die die Augenmuskulatur versorgen: **N. occulomotorius** (N. III), **N. trochlearis** (N. IV), der als einziger das Gehirn nicht lateral sondern dorsal verläßt, und **N. abducens** (N. VI). Rein motorisch ist ebenfalls noch der **N. hypoglossus** (N. XII) der Amniota. Er innerviert die Zungenmuskulatur und wird als ein Spinalnerv interpretiert, dessen sensorische Komponente reduziert ist und der sekundär in das Tegmentum incorporiert wurde.

Alle übrigen Hirnnerven (**N. trigeminus**, N. V; **N. facialis**, N. VII; **N. glossopharyngeus**, N. IX; **N. vagus/accessorius**, N. X/XI sind sowohl sensorisch als auch motorisch und werden ontogenetisch sowie phylogenetisch als Kiemenbogennerven (Branchialnerven) interpretiert. Jeder dieser Branchialnerven hat somatosensorische, viscerosensorische und visceromotorische Komponenten (Abb. 8.12). Eine somatomotorische Komponente fehlt, weil im Kopfbereich der Vertebraten keine(?) somatische Muskulatur vorliegt (mit Ausnahme der sekundär eingewanderten Zungenmuskulatur, die über den N. XII versorgt wird). Die Perikaryen mit korrespondierender Funktion sind jeweils zu einem Kerngebiet zusammengefaßt, ungeachtet zu welchem Hirnnerven ihre Fasern gehören (Abb. 8.12). Man wird also im Tegmentum keinen Kern des xten Hirnnerven finden, sondern vielmehr einen z.B. somatosensiblen Kern, dessen Fasern sich den Hirnnerven x, y oder z anlagern. Diese Kerne sind dann wiederum den entsprechenden Zonen zuzuordnen (Tab. 8.1 gibt eine Übersicht über die Situation bei Säugern).

Neben den Kernen, die mit den Hirnnerven assoziiert sind, dehnt sich im Tegmentum ein weitreichender Eigenapparat aus, der unter dem Begriff **Formatio reticularis** erfaßt wird. Es handelt sich dabei um eine über das Tegmentum verstreute Gruppe von Neuronen, die untereinander verknüpft sind und mit allen anderen Systemen mindestens indirekt in Verbindung stehen.

Diese Verschaltungssituation ist bereits mehrfach aufgetreten (siehe Corpora pedunculata, Vertikallobus) und kennzeichnet ein Assoziationszentrum. So wird die Formatio reticularis als ein solches auf niederster Hirnebene interpretiert. Es kann sehr ausgedehnt sein und bildet dann bei Säugern auch umschriebene Kerngebiete, die zumeist im Rahmen der unwillkürlichen Motorik (extrapyramidale Motorik) eine Rolle spielen (Nucleus ruber, Substantia nigra).

Tabelle 8.1: Kerngebiete der Hirnnerven im Hirnstamm; nach funktionellen Gesichtspunkten geordnet mit Angabe der Hirnnerven, die ihre Fasern auf dem Weg von oder zur Peripherie benutzen

Somatoafferente Kerngebiete
  speziell
    – Nuclei cochleares   VIII
    – Nuclei vestibulares   VIII

  allgemein
    – Nuclei sensorii nervi trigemini   V, VII, IX, X

Visceroafferente Kerngebiete (speziell, allgemein)
    – Nucleus solitarius   VII, IX, X

Visceroefferente Kerngebiete (speziell, allgemein)
    – Nucleus dorsalis nervi vagi   X
    – Nuclei salivatorii   VII, IX
    – Nucleus ambiguus   IX, X, XI
    – Nucleus nervi facialis   VII
    – Nucleus motorius nervi trigemini   V
    – Nucleus nervi accessorius   XI

Somatoefferente Kerngebiete (speziell, allgemein)
    – Nucleus nervi hypoglossi   XII

    (– Nucleus nervi abducentis*   VI)
    (– Nucleus nervi trochlearis*   IV)
    (– Nucleus nervi oculomotorii*   III)

* Wegen der unklaren ontogenetischen Herkunft der Augenmuskulatur (somatische Muskulatur oder nicht) ist die Einordnung der Kerngebiete Gegenstand der Diskussion (siehe auch Abb. 8.12).

Als dritte Komponente lagert sich bei Säugern ventral an das Tegmentum eine Reihe von Bahnen an, die mit der Entwicklung des Telencephalon in Verbindung stehen.

Hier ist der **Tractus corticospinalis** zu nennen, der bis zum Rückenmark durchzieht, aber auch der Tractus corticopontinus, der in den Kernen der Pons umgeschaltet wird, um von dort aus das Cerebellum zu erreichen.

Cerebellum und **Tectum** sind dorsal gelegene, übergeordnete Systeme, die zu weiteren assoziativen Leistungen fähig sind. Beide weisen meist eine Rindenbildung auf. Mit einer Rinde (**Cortex**) ist bei Vertebraten etwas anderes gemeint als bei den Wirbellosen. Hier handelt es sich um eine oberflächenparallele, schichtenförmige Anordnung von unterschiedlichen Nervenzelltypen.

Im Cerebellum, das neben der assoziativen Leistung vor allem der Bewegungskoordination dient, ist eine Dreischichtung ausgebildet mit einem Stratum moleculare, einem Stratum ganglionare, in dem mit den **Purkinje-Zellen** die einzigen efferenten Elemente der cerebellären Rinde liegen, und einem Stratum granulosum. Das Tectum der nicht-säugenden Wirbeltiere weist eine unterschiedliche Zahl von Schichten auf; mindestens die oberen Schichten stehen in enger Beziehung zum optischen System (Tectum opticum), während die tieferen Schichten vielfältige Verknüpfungen haben. An das Tectum opticum lagern sich ursprünglich tegmentale Kerne an, die Umschaltstationen der Hörbahn sind (Torus semicircularis bei Anamniern und Reptilien, Nucleus mesencephalicus lateralis, pars dorsalis bei Vögeln). Bei Säugern werden diese Gebiete auch an der Oberfläche prominent und führen als Colliculi caudales dann zusammen mit den Colliculi craniales (= Tectum opticum) zur Bildung der Vierhügelplatte (Lamina quadrigemina).

An der Grenze zum **Diencephalon** enden die His-Herrickschen Längszonen und sowohl Di- als auch Telencephalon sind nach anderen Gesichtspunkten aufgebaut. Das Diencephalon stülpt in der Ontogenese die Anlage der Augen aus und insbesondere die Retina muß als ein nach peripher verlagerter Teil des Gehirns angesehen werden.

Weil bereits in der **Retina** (s. 9.5) eine Verschaltung und Aufarbeitung der visuellen Information stattfindet, ist der Nervus opticus (N. II), der Gehirn und Retina verbindet, eigentlich ein nach außen verlagerter Trakt des Gehirns und kein peripherer Hirnnerv. Weitere Ausstülpungen des Diencephalon sind dorsal die Epiphyse und ventral die Hypophyse. Die Hypophyse ist inkretorisch tätig und verknüpft hormonale und neuronale Steuerung (Kap. 12). Auch für die Epiphyse wird inkretorische Aktivität diskutiert, vor allem in Zusammenhang mit einer Anpassung des Organismus an jahreszyklisch wechselnde Umweltverhältnisse.

Die stark verdickten Wände des Diencephalon, die den 3. Ventrikel umgeben, sind in vier Abschnitte zu gliedern: **Epithalamus, Metathalamus, Thalamus** (dorsalis) und **Hypothalamus**.

Der Epithalamus mit den Nuclei habenulares ist eng mit Epiphyse und limbischem System (s.u.) verknüpft. Der Metathalamus birgt die Corpora geniculata laterale und mediale, Umschaltkerne der Seh- und Hörbahn auf dem Wege zum Telencephalon. Im Thalamus liegen weitere spezifische Kerngebiete, die z.B. der aufsteigenden somatosensorischen Bahn oder vom Telencephalon absteigenden motorischen Bahnen angehören. Daneben sind als intralaminäre Kerne unspezifische Areale mit assoziativen Leistungen ausgebildet. Der Hypothalamus ist ebenfalls eng mit dem limbischen System verbunden und kontrolliert über die Hypophyse die hormonale Aktivität des Körpers.

Das **Telencephalon** stülpt nach rostral den paarigen Bulbus olfactorius aus und bildet dadurch einen Tractus olfactorius. In den Bulbus olfactorius, der immer nahe an der Rezeptorperipherie liegt, projiziert der erste Hirnnerv, Nervus olfactorius, durch seine Fila olfactoria. Der übrige Teil des Telencephalon zeigt zwischen den Klassen der Vertebraten erhebliche Unterschiede im Aufbau.

Ein einfaches Schema kann aber helfen, das Gemeinsame zu erkennen. In allen

Fällen besteht das Telencephalon aus einem Hemisphärenpaar. Im Querschnitt stellt sich eine **Hemisphäre** als ein Rohr dar, dessen Inneres von einem Seitenventrikel gebildet wird. Die Wandung des Rohres birgt die Neurone, deren Perikarya bei anamnioten Vertebraten wie im Rückenmark ventrikelnah untergebracht sein können, bei Amnioten aber teilweise oder ganz die gesamte Breite der Wandung einnehmen. Die Rohrwandung kann in einen ventralen und einen dorsalen Abschnitt untergliedert werden. Besonders mit Blick auf die Amnioten wird der ventrale Abschnitt als Subpallium, der dorsale als Pallium bezeichnet.

Das **Subpallium** bildet die Basalganglien (Nucleus caudatus, Putamen zusammen mit dem Globus pallidus, der dem Diencephalon entstammt), zu denen manchmal auch die Corpora amygdaloidea gerechnet werden.

Hinzu kommt an der medioventralen Hemisphärenwandung das Septum. Die Basalganglien stehen in enger Wechselbeziehung mit dem Pallium und haben z.B. bei Säugern eine wichtige Funktion als telencephale Kontrollstation der extrapyramidalen Motorik. Corpora amygdaloidea und Septum sind Teile des limbischen Systems, dessen Zentrum der Hippocampus (s.u.) ist und das mit affektivem Verhalten und Lernvorgängen zu tun hat.

Das **Pallium** wiederum zeigt in fast allen Klassen regionale Unterschiede in seinem Bau (Abb. 8.13), die eine Differenzierung in ein lateral liegendes Palaeopallium und ein medial liegendes Archipallium möglich macht.

Im Grenzbereich zwischen Archi- und Palaeopallium etabliert sich in einigen Klassen (Reptilien, Vögel?, Säuger) ein weiterer Abschnitt, das Neopallium (Abb. 8.13). Bei Reptilien und Vögeln sind die Perikarya im Pallium in oberflächenparallelen Schichten organisiert. Sie bilden so einen **Cortex**, der je nach pallialem Abschnitt Palaeo- oder Archicortex genannt wird; bei Säugern kommt ein ausgedehnter Neocortex hinzu. Während Palaeocortex und Archicortex (**Hippocampus**) meist dreischichtig sind (Stratum moleculare, Stratum densocellulare bzw. pyramidale, Stratum multiforme) hat der **Neocortex** immer eine höhere Schichtenzahl (meist 6 Schichten), die Grundlage einer weiteren arealen Gliederung sein kann. Die Rolle des Archicortex oder Hippocampus als Zentrum des limbischen Systems wurde bereits erwähnt. Der Palaeocortex ist das Projektionsgebiet der olfactorischen Afferenzen und steht deshalb vornehmlich im Dienst der Aufarbeitung olfactorischer Informationen. Bei Arten, deren Bulbus olfactorius nur sehr klein ist (z.B. Primaten), ist auch der Palaeocortex wenig ausgeprägt.

Der Neocortex dehnt sich bei den Säugetieren sehr aus und nimmt beim Menschen etwa 95% des gesamten Telencephalonvolumen ein.

Er ist in Felder (**Areae**) gegliedert und die Areale sind unterschiedlichen Funktionen zuzuordnen. Primärgebiete erhalten Afferenzen der großen Sinnesbahnen oder entsenden lange, absteigende motorische Bahnen. Sekundärgebiete umgeben Primärareale, sind diesen direkt nachgeschaltet bzw. vorgeschaltet, erhalten aber auch Afferenzen aus anderen Quellen, z.B. verschiedenen thalamischen Kernen. Tertiärgebiete nehmen den Rest des Neocortex ein und verfügen über intensive intratelencephale Kontakte. Sie haben weder direkten Zugriff auf motorische Primärgebiete, noch sind sie direkt an die Sinnesbahnen angekoppelt. Damit sind sie ähnlich organisiert

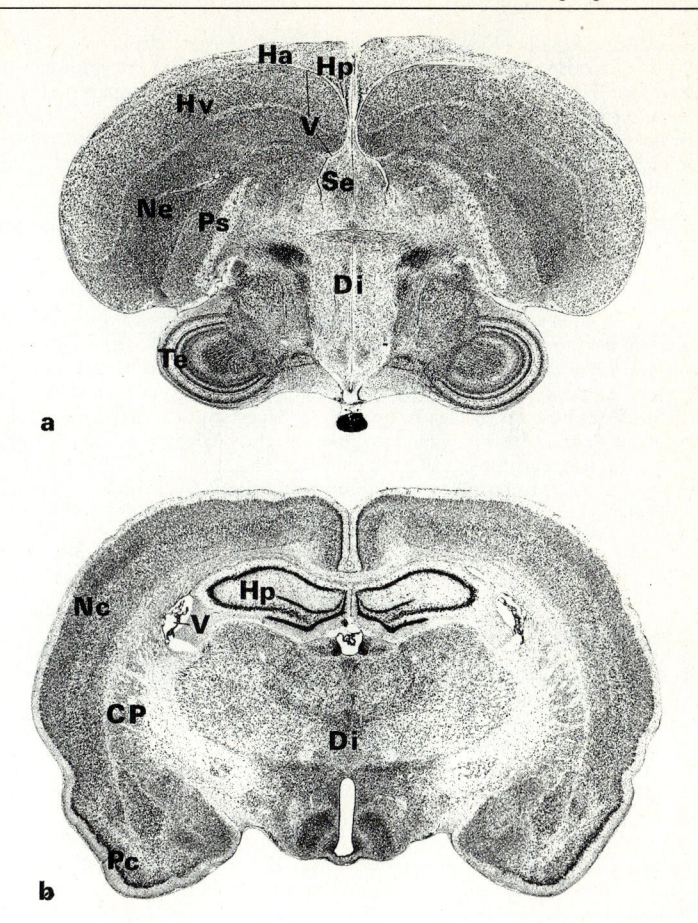

Abb. 8.13: Schnitte durch Telencephalon bei einem Vogel (**a**, *Passer domesticus*) und einem Säuger (**b**, *Rattus norvegicus* f.d.) (Präparate von Prof. Dr. K. Zilles, Köln). Das Pallium umfaßt in a den Hippocampus, das Hyperstriatum accessorium und wahrscheinlich das Hyperstriatum ventrale sowie das Neostriatum; in b entspricht dem der Hippocampus, der Neocortex und der Palaeocortex. Das Subpallium wird in a durch das Palaeostriatum und das Septum repräsentiert; in b entspricht dem der Nucleus caudatus/Putamen-Komplex, das Septum kommt auf dieser Ebene nicht mehr zur Darstellung. Beachte die voluminöse Ausbildung von Hyperstriatum ventrale und Neostriatum in a und des Neocortex in b. CP: Nucleus caudatus/Putamen-Komplex; Di: Diencephalon; Ha: Hyperstriatum accessorium; Hp: Hippocampus; Hv: Hyperstriatum ventrale; Nc: Neocortex; Ne: Neostriatum; Pc: Palaeocortex; Ps: Palaeostriatum; Se: Septum; Te: Tectum opticum; V: Ventrikel.

wie die Corpora pedunculata bei Anneliden und Arthropoden oder der Vertikallobus der Cephalopoden. Wie dort werden sie als Assoziations- und Integrationsgebiete verstanden. Wenn man sich klarmacht, daß im Neocortex des Menschen die Tertiärgebiete, zusammen mit den Sekundärgebieten, bei weitem den Anteil der Primärgebiete übertreffen, dann wird deutlich, daß die wesentliche Aufgabe des Neocortex in der Integration liegt und damit die enorme Größe des Telencephalon aus dieser Aufgabe erklärt werden muß.

Neben den Säugern sind vor allem die Vögel durch ein großes **Telencephalon** charakterisiert, gleichzeitig fehlt aber eine Cortexbildung wie sie bei Säugern als Neocortex vorliegt (Abb. 8.13).

Ältere Arbeiten stellten dieses Telencephalon als eine stark vergrößerte Struktur dar, die in der Gesamtheit dem Basalganglion der Säuger entsprechen solle. Neuere Untersuchungen machen deutlich, daß die fraglichen Strukturen im Telencephalon der Vögel (Hyperstriatum ventrale, Neostriatum) Primär-, Sekundär- und Tertiärgebiete ausbilden, wie das für den Neocortex der Säuger typisch ist. Wie bei Säugern nehmen die Tertiärgebiete in besonders großen Telencephala, wie sie z.B. die Singvögel kennzeichnen, einen sehr großen Raum ein. Man kann deshalb diese Abschnitte des Vogel-Telencephalon als dem Neocortex entsprechend ansehen, so daß das Telencephalon der Vögel als eine etwas anders gebaute aber grundsätzlich dem Säugertelencephalon ähnliche Bildung angesehen werden muß.

8.5 Literatur

Alkon, D.L.: Cellular Analysis of a Gastropod *(Hermissenda crassicornis)* Model of Associative Learning. Biol. Bull. 159, 505–560, 1980

Bullock, Th.H., Horridge, G.A.: Structure and Function in the Nervous Systems of Invertebrates. 2 Bde. Freeman, San Francisco, 1965

Bullock, Th.H., Orkand, R., Grinell, A.: Introduction to Nervous Systems. Freeman, San Francisco, 1977

Cobb, J.L.S.: The Neurobiology of the Echinodermata, In: Ali, M.A. (Hrsg.) Nervous Systems in Invertebrates, NATO-ASI, Plenum Press, New York, 1987

Horridge, G.A.: Interneurones. Freeman, New York, 1968

Huber, F.: Vergleichende Physiologie der Nervensysteme von Evertebraten. Fortschritte der Zoologie 15, 165–213, 1963

Kandel, E.R., Schwartz, J.H.: Principles of Neural Sciences. Elsevier, Amsterdam, 1985

Keenan, C.L., Coss, R., Koopowitz, H.: Cytoarchitecture of Primitive Brains: Golgi Studies in Flatworms. J. Comp. Neurol. 195, 697–716, 1981

Kuhlenbeck, H.: The Central Nervous System of Vertebrates. 5 Bde., Karger, Basel, 1967–1978

Lentz, Th.L.: Primitive Nervous Systems. Yale University Press, New Haven, 1968

Meves, A.: Elektronenmikroskopische Untersuchungen über die Cytoarchitektur des Gehirns von *Branchiostoma lanceolatum*. Z. Zellforsch. 139, 511–532, 1973

Olsson, R. (1986) Basic Design of the Chordate Brain. In: Uyeno, T.; Arai, R.; Taniuchi, T.; Matsuura, K. (Hrsg.) Proceedings of the Second International Conference on Indo-Pacific Fishes. Tokyo: Ichthyological Society of Japan, pp. 86–93

Rehkämper, G.: Nervensysteme im Tierreich. Bau, Funktion und Entwicklung. Quelle und Meyer, Wiesbaden, 1986

Rehkämper, G., Welsch, U., Dilly, P.N.: Fine Structure of the Ganglion of *Cephalodiscus gracilis* (Pterobranchia, Hemichordata). J. Comp. Neurol. **259**, 308–315, 1987

Römer, H.: Tonotopic Organization of the Auditory Neuropile in the Bushcricket *Tettigonia viridissima*. Nature **306**, 60–62, 1983

Starck, D.: Vergleichende Anatomie der Wirbeltiere. 3 Bde. Springer, Heidelberg, 1978–1982

Straußfeld, N.J.: Atlas of an Insect Brain. Springer, Heidelberg, 1976

Wells, M J.: *Octopus*. Physiology and Behaviour of an Advanced Invertebrate. Chapman and Hall, London, 1978

Young, J.Z.: The Anatomy of the Nervous System of *Octopus vulgaris*. Clarendon, Oxford, 1971

Zilles, K.: The Cortex of the Rat. Springer, Heidelberg, 1985

Zilles, K.; Rehkämper, G.: Funktionelle Neuroanatomie. Lehrbuch und Atlas. 2. Aufl. Springer, Heidelberg, 1994

9 Augensysteme[1] 503

9.1   Einleitung 503

9.2   Der adäquate Reiz 504

9.3   **Struktur der Lichtrezeptoren** 505
9.3.1   Lichtrezeptoren vom tubulären Typ (Rhabdomertyp) 506
9.3.2   Lichtrezeptoren vom ciliären Typ 509
9.3.3   Infrarotrezeptoren 515

9.4   **Bautypen von Augen** 515
9.4.1   Diffuse Lichtempfindlichkeit 515
9.4.2   Hautlichtsinn 517
9.4.3   Flachaugen 518
9.4.4   Gruben- und Urnenaugen 518
9.4.5   Blasenaugen 518
9.4.6   Lochaugen 520
9.4.7   Linsenaugen 520
9.4.8   Komplexaugen (Facettenaugen) 527

9.5   **Bau der Retina** 531
9.5.1   Cephalopoda 531
9.5.2   Vertebrata 532

9.6   **Physiologie von Lichtrezeptoren** 532
9.6.1   Diffusions-, Membran- und Ruhepotential 532
9.6.2   Das Rezeptorpotential 533
9.6.3   Die Lichtsinneszellen der Vertebratennetzhaut 536
9.6.4   Die Lichtsinneszellen der Invertebratennetzhaut 536

9.7   **Primärprozesse der Lichtwahrnehmung** 537
9.7.1   Rhodopsin und Quantenabsorption 537
9.7.2   Transduktion und elektrische Erregung 537

9.8   Literatur 538

9.1 Einleitung

Von allen Sinnesorganen, die die Orientierung von Tieren im Raum ermöglichen, hat sich bei tagaktiven Tieren das visuelle System mit Präferenz gegenüber den anderen Sinnessystemen entwickelt. Dies ist leicht verständ-

---

[1]H. Eckert, Herdecke

lich, da das visuelle System aufgrund physikalischer Gegebenheiten dem Tier nicht nur die schnellste, sondern auch die detaillierteste Information über seine Umwelt vermittelt.

9.2 Der adäquate Reiz

Der adäquate Reiz für Lichtsinnesorgane sind elektromagnetische Wellen, die von den sehr kurzen γ-Strahlen bis zu den langwelligen Radiowellen und Wechselströmen reichen. Der Anteil «sichtbaren» Lichts, der von den Lichtsinnesorganen wahrgenommen werden kann, stellt nur einen sehr kleinen Bruchteil des gesamten Spektrums dar (Abb. 9.1).

> Mit adäquatem Reiz bezeichnet man die **physikalische Reizmodalität**, für die eine Rezeptorzelle die höchste Empfindlichkeit besitzt.

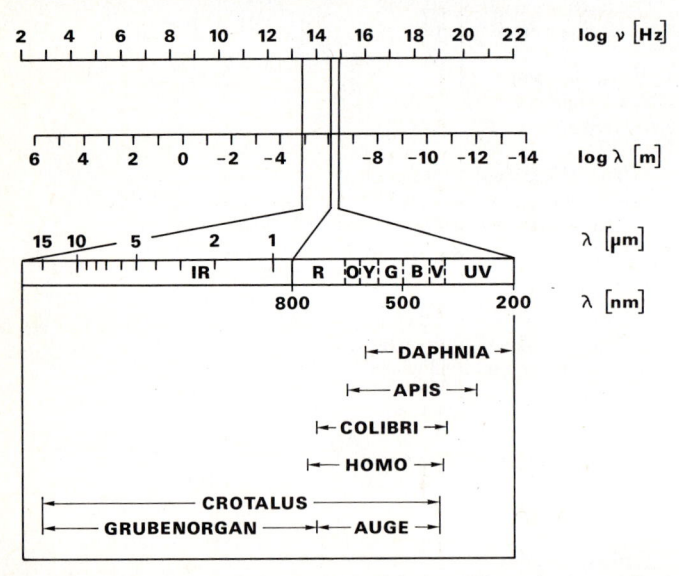

Abb. 9.1: Das elektromagnetische Spektrum, das von den sehr kurzwelligen γ-Strahlen, über Röntgen-, Ultraviolett-, für den Menschen sichtbarer Strahlung, die Rundfunkwellen bis zu den extrem langwelligen Wechselströmen reicht. Der im Tierreich wahrgenommene Bereich ist zusammen mit den wahrgenommenen Spektralbereichen einiger Tierarten vergrößert dargestellt. ν bezeichnet die Frequenz und λ die Wellenlänge der Strahlung. B: blau, G: grün, IR: infrarot, O: orange, R: rot, UV: ultraviolett, V: violett, Y: gelb.

Obgleich man also bei einem Schlag auf das Auge «die Sterne funkeln sieht», weil der **mechanische Reiz** «Druck» ebenfalls eine elektrische Erregung in den Rezeptorzellen des Auges auslöst, bezeichnet man die Lichtrezeptoren des Auges nicht als Mechanorezeptoren. In diesem Beispiel müssen um viele Zehnerpotenzen höhere Reizintensitäten aufgewendet werden, um die gleiche elektrische Erregung wie wenige Lichtquanten auszulösen. Diese elektrische Erregung wird an das Gehirn weitergeleitet, wo der Eindruck «Lichtblitz» entsteht unabhängig von der die Erregung auslösenden Reizmodalität, da das Gehirn «weiß», daß die Meldung von einer **Licht**sinneszelle kam.

Auf der Ebene der Rezeptorzellen sprechen wir entsprechend der adäquaten Reizmodalität von Licht-, Schall-, Druck-, Geruchs-, Geschmacks-, Temperatur-, Elektro-, Magneto-, Osmo-, und Schmerzreizen. Sinnvoller erscheint es, sich auf die physikalische Energieform zu beziehen, wonach wir Licht-, Mechano-, Chemo-, Thermo-, Elektro- und Magnetorezeptoren unterscheiden können.

> Die **Rezeptoren** entsprechen physikalisch gesehen Wandlern, die bei Eintreffen des adäquaten Reizes ein in den Zellen gespeichertes Energiepotential in Form elektrischer Signale freisetzen.

9.3 Struktur der Lichtrezeptoren

Die Licht absorbierenden Teile der Lichtrezeptoren bestehen aus Membraneinfaltungen in Form geschichteter Scheibchen (discs) oder röhrenförmiger Membranausstülpungen (Tubuli, Mikrovilli). Hierdurch wird die Membranoberfläche der Strukturen, die das einfallende Licht absorbieren, stark vergrößert und die Empfindlichkeit der Lichtrezeptoren gesteigert. Diese meist dicht gepackten Membranstrukturen enthalten das **Rhodopsin** (Sehpurpur, Sehpigment, Sehfarbstoff), welches durch Lichtabsorption seine sterische Konfiguration ändert und in einer Kaskade von Prozessen das elektrische Energiepotential der Zellen freisetzt (s. 9.7). Durch die dichte Packung der Rhodopsin enthaltenden Membranen (Rhabdomere bei den Wirbellosen, Außenglieder der Stäbchen und Zapfen bei den Wirbeltieren) erhöht sich auch der Brechungsindex n der lichtabsorbierenden Zellbereiche gegenüber dem umgebenden Gewebe. Dies hat zur Folge, daß mehr Licht entlang der Strukturen mit hohem Brechungsindex geleitet wird und nicht im umgebenden Gewebe verloren geht, sondern von den Lichtrezeptoren absorbiert werden kann.

Von Eakin (1965) wurden die bisher untersuchten Lichtrezeptoren nach anatomischen Gesichtspunkten in 2 Typen eingeteilt: die **ciliären Lichtrezeptoren** auf der einen Seite enthalten einen Cilienapparat (Echinoderma, Coelenterata, Ctenophora, Chaetognatha, Gastropoda, Bivalvia, *Branchiostoma lanceolatum*, Vertebrata), der entweder selbst in modifizierter Form lichtempfindlich ist oder die lichtempfindlichen tubulären oder scheibchenförmigen Membranstrukturen mit dem Zellkörper der Sinneszellen verbindet (z.B. Rotatoria, Prosobranchia, Vertebrata). Auf der anderen Seite finden sich beim **tubulären Typ** (Rhabdomertypus) keine Cilienstrukturen, die in Zusammenhang mit dem lichtperzipierenden Bereich stehen (Rotatoria, Plathelminthes, Nemathelminthes, Annelida mit Hirudinea, Polychaeta, Arthropoda, Cephalopoda, Onychophora).

Die Rezeptoren im Grubenorgan der Grubenottern (z.B. Klapperschlangen, Crotalidae) bzw. der Lippengruben mancher Riesenschlangen (Boidae) sprechen auf elektromagnetische Strahlung im roten und infraroten Wellenlängenbereich (0.7–15 µm) an. Bei ihnen ist kein spezifisches Sehpigment nachgewiesen. Ihre Rezeptoren enthalten keine Cilien. Aufgrund ihrer Empfindlichkeit für langwellige Rotstrahlung des elektromagnetischen Spektrums (Infrarot- oder «Wärmestrahlung») werden sie i.a. als **Wärmerezeptoren** (Thermorezeptoren) bezeichnet.

Sind die lichtperzipierenden Strukturen der Rezeptorzellen dem einfallenden Licht zugewandt, sprechen wir von **eversen Augen** (z.B. Retina der Kraken); sind sie vom Licht abgewandt, das somit den Zellkörper und/oder andere Zellschichten (Retina der Wirbeltiere) durchsetzen muß, so spricht man von **inversen Augen**. Beide Orientierungstypen können auch in einem Auge gemeinsam (Kammuschel *Pecten* spp. Abb. 9.4b) bzw. bei einem Tier aber in verschiedenen Augen auftreten (Spinnen: *Epeira diadema*, Abb. 9.11b).

9.3.1 Lichtrezeptoren vom tubulären Typ (Rhabdomertyp)

Lichtrezeptoren mit tubulären Membranausstülpungen finden sich bereits bei den Turbellaria. Das Licht muß durch die Zellkörper und Axone treten, bevor es die lichtabsorbierenden Tubuli erreicht (inverser Augentyp). Die in den **Pigmentbecher** eintretenden distalen Enden der Sehzellen sind mit einem dichten Saum von Tubuli besetzt, die diesen Zellteil flaschenbürstenartig umgeben («**Sehkolben**»). Die einzelnen Tubuli besitzen einen Durchmesser von ca. 20–100 nm und können mehrere µm lang sein. Im zentralen Teil des Sehkolbens finden sich vorwiegend längs orientierte Mitochondrien und Vesikeln (Abb. 9.2a–c).

Arthropoda besitzen **Komplexaugen** (Facettenaugen), die aus vielen identischen Untereinheiten, den **Ommatidien** (Retinula, Ommen) aufgebaut sind (s. 9.4.8). Jedes Ommatidium wiederum enthält 8–9 langgestreckte Sehzellen (Rezeptor-, Retinulazellen), die einen der Ommatidienachse zugewandten Saum von röhrenförmigen Mikrovilli tragen, in denen das Sehpigment enthalten ist (Abb. 9.2d–f). Die Gesamtheit der Mikrovilli einer Zelle bezeichnet man als das **Rhabdomer**. Bilden die Rhabdomere mehrerer Retinulazellen eine Einheit, so spricht man von einem fusionierten **Rhabdom** (Abb. 9.2h: z.B. Bienen, Ameisen, Schmetterlinge, Heuschrecken, de-

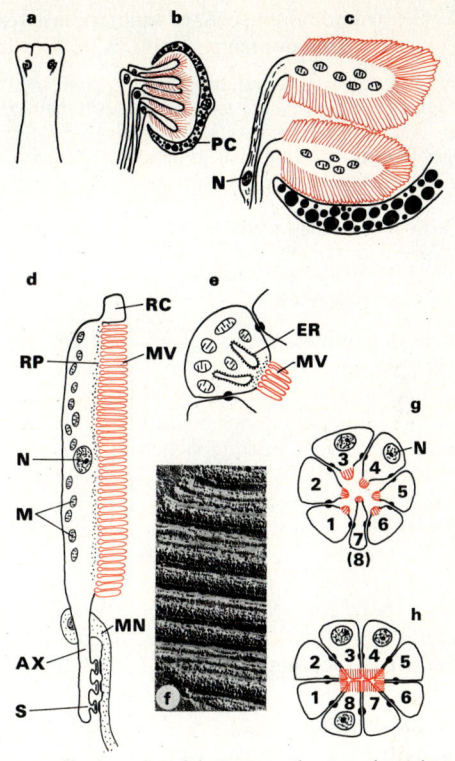

Abb. 9.2: Lichtsinneszellen von Strudelwürmern (b, c) und Insekten (d–h). **a)** Das Vorderende eines Strudelwurms zeigt die Lage der Lichtsinneszellen am Vorderende des Körpers. Durch eine halbmondförmige Pigmentzelle, die die Photorezeptoren umgibt, kann Licht nur aus einer bestimmten Richtung auf die Photorezeptoren fallen. **b)** Pigmentbecherocellus mit «Sehkolben» eines Strudelwurms (nach Hesse 1908). **c)** Halbschematischer Längsschnitt durch die Photorezeptoren von Strudelwürmern rekonstruiert aus elektronenmikroskopischen Schnitten (nach Röhlich und Török 1961). **d)** Halbschematischer Längs- und **e)** Querschnitt durch die Lichtrezeptorzelle eines Insekts (Fliege *Calliphora*) rekonstruiert nach elektronenmikroskopischen Schnitten (Originale Boschek). **f)** Rasterelektronenmikroskopische Darstellung von Gefrierbruchschnitten mit längsgetroffenen Mikrovilli. Die granulären Strukturen entsprechen den einzelnen Rhodopsinmolekülen (Original Meller). **g)** Offenes Rhabdom mit getrennten Rhabdomeren. **h)** Fusioniertes Rhabdom. AX: Axon, RC: Rhabdomerkappen. ER: Endoplasmatisches Reticulum. M: Mitochondrien. MN: Monopolares Neuron (Interneuron 1. Ordnung). MV: Mikrovilli. N: Zellkern. PC: Pigmentzelle. RP: Retinulazellpigment. S: Synapse. Lichteinfallsrichtung von links (b, c) bzw. von oben (d). Rote Strukturen kennzeichnen die rhodopsinhaltigen Membranstrukturen.

capode Krebse, Cephalopoda), bleiben sie separiert, liegen Augen mit offenen (nicht fusionierten) Rhabdomen vor (Abb. 9.2g: Hemiptera, Diptera).

Der Saum aus Mikrovilli befindet sich meist an einer (viele Insekten, Krebse) oder beiden Seiten (Cephalopoda) der meist langgestreckten Retinulazellen, gelegentlich auch an 3 Seiten (Wolfsspinnen: Lycosidae). Es finden sich auch Sehzellen, deren ganzer Zellkörper allseitig mit Mikrovilli bedeckt ist (Turbellaria, Abb. 9.2b, c). Innerhalb eines Rhabdomers stehen die Achsen der Mikrovilli parallel zueinander und bilden im Querschnitt eine kompakte hexagonale Anordnung von Tubuli (Insekten, Krebse, Cephalopoda). Aufgrund dieser dichten Packung von Membranen besitzen die Rhabdomere einen höheren Brechungsindex n als das umgebende Gewebe und wirken daher als **Lichtleiter**. Die einzelnen Mikrovilli sind mit ihrer Längsachse quer zur Lichteinfallsrichtung orientiert.

Ebenfalls evers angeordnete Sinneszellen finden sich bei den decapoden Krebsen. Jeweils 7 Retinulazellen beteiligen sich an der Bildung eines geschlossenen Rhabdoms (Abb. 9.3a–c). Die Mikrovilli sind in alternierenden Schichten angeordnet. Innerhalb einer Schicht liegen die Achsen der Mikrovilli parallel; in benachbarten Schichten stehen sie senkrecht zueinander. Die einzelnen Sehzellen sind 100–500 µm lang. Bei den **Naupliusaugen** mancher Krebse finden sich im Zellkörper **Phaosome**, die aus bis zu 15 µm dicken Schichten endoplasmatischen Reticulums bestehen. Diese dichten Membranpackungen wirken ebenfalls stark lichtbrechend und üben eine Linsenfunktion aus.

Bei den höchstentwickelten Mollusken, den Cephalopoda (Gatt. *Octopus, Eledone, Loligo*) finden sich evers angeordnete Lichtsinneszellen, die aneinander gegenüberliegenden Seiten Rhabdomersäume bilden (Abb. 9.3d).

Jeweils 4 Sehzellen bilden mit ihren Rhabdomeren ein geschlossenes Rhabdom (Abb. 9.3e). Der Durchmesser der Mikrovilli beträgt 30–80 nm. Beim Durchtritt durch die Basalmembran findet sich eine Einschnürung der Zellen, die damit in ein Tubuli tragendes Außenglied und ein Innenglied gegliedert wird. Der von myelinartigen Membranen umgebene Innenteil enthält eine große Anzahl von Mitochondrien, endoplasmatischem Reticulum, den Zellkern und einen dicht neben dem Zellkern liegenden Golgi-Apparat. Das Außenglied enthält viele Pigmentgranula und Mitochondrien. Im Übergangsbereich zwischen Innen- und Außenglied fallen eine besonders dichte Pigmentansammlung auf und bewirken eine optische Isolierung zwischen Innen- und Außenglied. Der ganze Aufbau der Sehzellen ähnelt somit sehr stark den Wirbeltierlichtrezeptoren.

Obgleich bei den Cephalopoden nie Cilienstrukturen beschrieben wurden, ist die Einordnung unter den tubulären Lichtrezeptortyp nicht sicher. Sie dürften die Cilien sekundär verloren haben, da sie als einzige Klasse der Mollusken keine Cilien aufweisen.

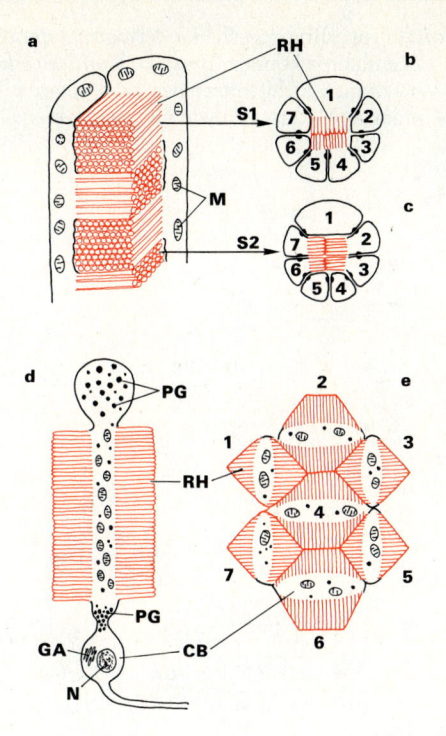

Abb. 9.3: Photorezeptoren von Krebsen (a–c) und Tintenfischen (d, e). a) Schematischer Längsschnitt durch das Rhabdom eines Krebsomatidiums. Die Mikrovilli verschiedener Sehzellen sind so angeordnet, daß ihre Längsachsen in alternierenden Schichten senkrecht zueinander ausgerichtet sind. b) und c) zeigen schematische Querschnitte in den Ebenen S1 und S2 durch alternierende Lagen von Mikrovilli (nach Waterman 1981) d) Schematischer Längs- und e) Querschnitt durch Lichtsinneszellen von Tintenfischen, die einen doppelten Saum von Mikrovilli aufweisen. Jeweils 4 benachbarte Zellen bilden mit ihren Rhabdomersäumen ein gemeinsames Rhabdom (nach Wells Langer 1976). CB: Zellkörper. GA: Golgi Apparat. N: Zellkern. PG: Pigmentgranula. RH: Rhabdom. Lichteinfallsrichtung von oben. Rote Strukturen kennzeichnen die rhodopsinhaltigen Membranstrukturen der Zellen.

9.3.2 Lichtrezeptoren vom ciliären Typ

Auch bei diesen Rezeptoren ist die Längsachse der Zellen i.a. parallel zum einfallenden Licht ausgerichtet. Charakteristische Merkmale sind Cilienstrukturen, die in der typischen $9 \times 2 + 2$ Konfiguration (s. 1.3.8) erscheinen (Medusen: *Polyorchis* spp., Bryozoa, Echinodermata: *Asterias* sp.) oder $9 \times 2 + 0$ Mikrotubuli enthalten können (Bivalvia: *Cardium edule*, *Pecten* sp., Chaetognatha, Vertebrata). Lichtsinneszellen vom ciliären Typ findet man bereits bei den **Cnidaria** (Meduse: *Polyorchis penicillatus*).

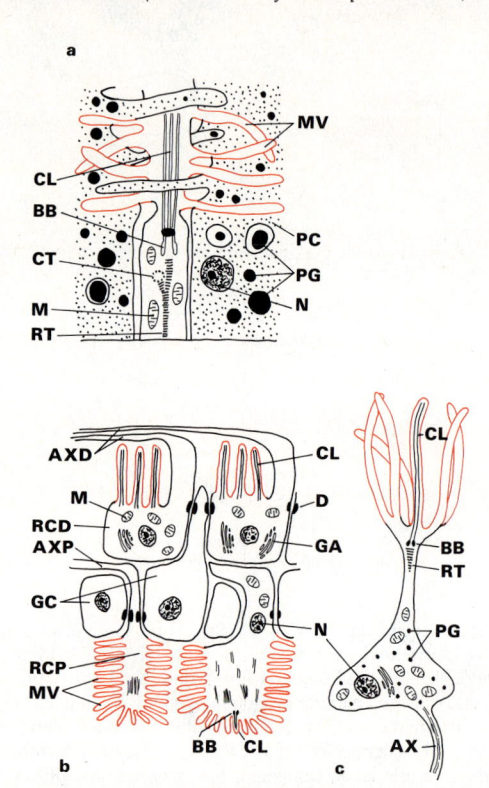

Abb. 9.4: Ciliäre Lichtsinneszellen. **a)** Lichtsinneszelle einer Meduse (*Polyorchis* sp.), deren tubuläre Strukturen eng mit Pigmentzellausstülpungen verflochten sind (nach Eakin und Westfall 1962). **b)** Lichtsinneszellen aus dem Auge einer Kammuschel (*Pecten* sp.) mit einer distalen und einer proximalen Lage von Sinneszellen, die durch eine Gliaschicht voneinander getrennt sind (nach Barber, Evans and Land 1967). **c)** Lichtsinneszelle eines Seesterns (*Asterias* sp.) (nach Vaupel und von Harnack 1963). AX: Axon. AXD: Axon der distalen und AXP der proximalen Lichtsinneszelle. BB: Basalkörper. CL: Cilienapparat. CT: Centriol. D: Desmosomen. ER: Endoplasmatisches Reticulum. GA: Golgi-Apparat. GC: Gliazelle. M: Mitochondrion. MV: Mikrovilli. N: Zellkern. PC: Pigmentzelle. PG: Pigmentgranula. RCD: Zellkörper der distalen und RCP der proximalen Sinneszelle. RT: Cilienwurzel. Lichteinfallsrichtung von oben. Rote Strukturen kennzeichnen die rhodopsinhaltigen Membranstrukturen.

Am apikalen (distalen) Pol des Zellkörpers findet man eine vollständige Cilie, die mit einem Basalkörper in der Zelle verankert ist. Von der Cilienstruktur gehen lange Tubuli von ca. 200 nm Durchmesser aus, die eng mit den entsprechenden Fortsätzen der benachbarten Pigmentzellen verflochten sind. Unterhalb der Basalkörper findet sich ein senkrecht zum Zellkörper ausgerichtetes Centriol. Von diesen beiden Strukturen geht eine Cilienwurzel aus, die sich in der Längsachse des Zellkörpers erstreckt (Abb. 9.4a). Einen prinzipiell ähnlichen Aufbau findet man bei den keulenförmigen Lichtsinneszellen der Larven des Bryozoons *Bugula* sp. Ebenfalls vom (9 x 2 + 2)-Cilientyp sind die Lichtrezeptoren des Seesterns *Asterias* sp. (Abb. 9.4c) aufgebaut. Wenige Cilienstrukturen und eine große Anzahl von 60–80 nm dicken Tubuli treten in das Lumen des Pigmentbechers ein.

Bei den Sehzellen im Pigmentbecherocellus der **Herzmuschel** *Cardium edule* hingegen findet sich eine $9 \times 2 + 0$-Organisation der Cilien ohne Cilienwurzel. Eine solche Organisation des Cilienapparates tritt auch in der hochdifferenzierten Retina der Muschel *Pecten maximus* auf (Abb. 9.4b).

Die Augen dieser Muschel enthalten zwei Retinae, eine distal orientierte Retina mit evers orientierten Rezeptoren und eine proximale mit invers orientierten Rezeptoren. Die distalen Rezeptoren enthalten als lichtperzipierende Strukturen zahlreiche Cilienstrukturen vom $9 \times 2 + 0$-Typus mit Basalkörper aber ohne Cilienwurzel, die distal in abgeflachte, scheibenförmige, filamentfreie Lamellen ausdifferenzieren. Die proximalen Sehzellen hingegen enthalten nur 1 oder 2 Cilienapparate vom gleichen Grundbau wie die distalen Cilienapparate. Beide anatomisch unterscheidbaren Rezeptortypen unterscheiden sich auch in der Art ihrer lichtinduzierten elektrischen Signale: die proximalen Sehzellen antworten auf eine Erhöhung der Lichtintensität (on-Antwort), die distalen auf eine Erniedrigung der Lichtintensität (off-Antwort).

Bei den **Wirbeltieren** findet man eine Gliederung der Sehzellen in zwei Bereiche: ein mit Membranscheibchen versehenes Außenglied, das über einen Cilienkörper der $9 \times 2 + 0$-Organisation mit dem Innenglied verbunden ist. Aufgrund unterschiedlicher Organisation der Außen- und Innenglieder unterscheidet man 2 Typen. Die lichtempfindlicheren **Stäbchen** besitzen Membranscheibchen («discs»), während die kürzeren **Zapfen** scheibenförmige Membraneinstülpungen aufweisen (Abb. 9.5, 9.6b).

In den Stäbchen haben alle Membranscheibchen den gleichen Durchmesser, in Zapfen nehmen sie wegen der conusartigen Form des Außengliedes kontinuierlich ab. Stäbchen besitzen wesentlich längere Außenglieder als Zapfen. Hiermit einher geht ein wesentlich höherer Gehalt an Rhodopsin, so daß Stäbchen wesentlich lichtempfindlicher sind als Zapfen. Das Innenglied ist bei niederen Wirbeltieren (Teleostei) kontraktil und kann hierdurch die Stellung des Außengliedes relativ zum dioptrischen Apparat des Auges verändern. Im Innenglied finden sich sehr viele Mitochondrien, die sich eng zu einem **Ellipsoid** zusammenlagern können. Neben Dictyosomen, endoplasmatischem Reticulum und Vesikeln findet sich sowohl in Stäbchen als auch in Zapfen ein sehr prominenter Golgi-Apparat in der Nähe der äußeren Grenzmembran. In den Innengliedern der Zapfen von Sauropsida, Amphibia und manchen Teleostei finden sich große Ölkugeln. Diese wirken wie vorgeschaltete Farbfilter, da sie sich im Strahlengang zwischen Licht und lichtabsorbierenden Strukturen (Zapfen) befinden.

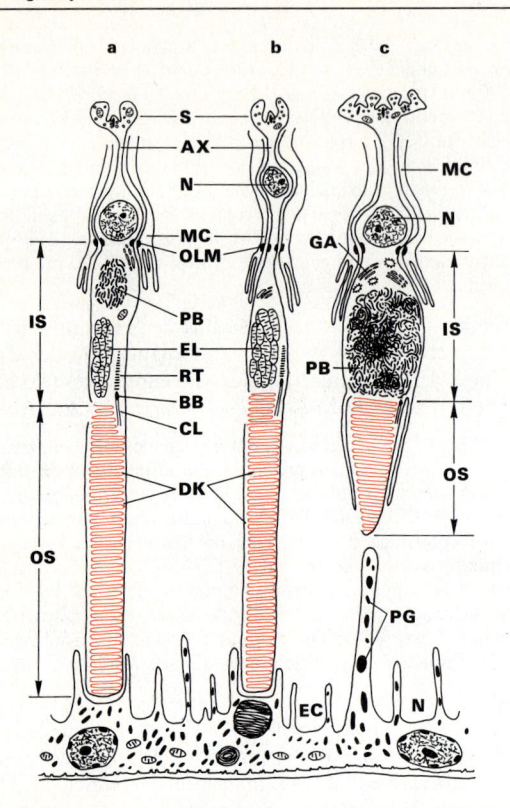

Abb. 9.5: Lichtrezeptoren der Wirbeltiernetzhaut (Klapperschlange *Crotalus*). a) Stäbchen, das in seinem Innenglied einen Paraboloidkörper aufweist, der sonst nur bei Zapfen vorkommt. b) «Normales» Stäbchen. c) Zapfen. AX: Axon. BB: Basalkörper. CL: Cilienapparat. DK: Disks (Membranscheibchen). EC: Epithelialzellen. EL: Ellipsoid. GA: Golgi-Apparat. IS: Innenglied. MC: Müllersche Stützzellen. N: Zellkern. OLM: Äußere Grenzmembran. OS: Außenglied. PB: Paraboloidkörper. PG: Pigmentgranula. RT: Cilienwurzel. S: Synapse. Lichteinfallsrichtung von oben. Rote Strukturen kennzeichnen die rhodopsinhaltigen Membranstrukturen (Original von Eckert und Anton-Erxleben).

So hat man mikrospektrophotometrisch **Rhodopsine** mit 3 verschiedenen Absorptionsmaxima in den Sehzellen der Retina von Pinguinen bestimmt. Durch die Filterwirkung der vorgeschalteten Ölkugeln finden sich aber insgesamt 5 Zapfen mit unterschiedlicher spektraler Absorption.

Die «geldrollenartig» geschichteten Membranscheibchen stellen eine starke Vergrößerung der lichtabsorbierenden Membranoberfläche dar. Die Stäbchen der Diamant-

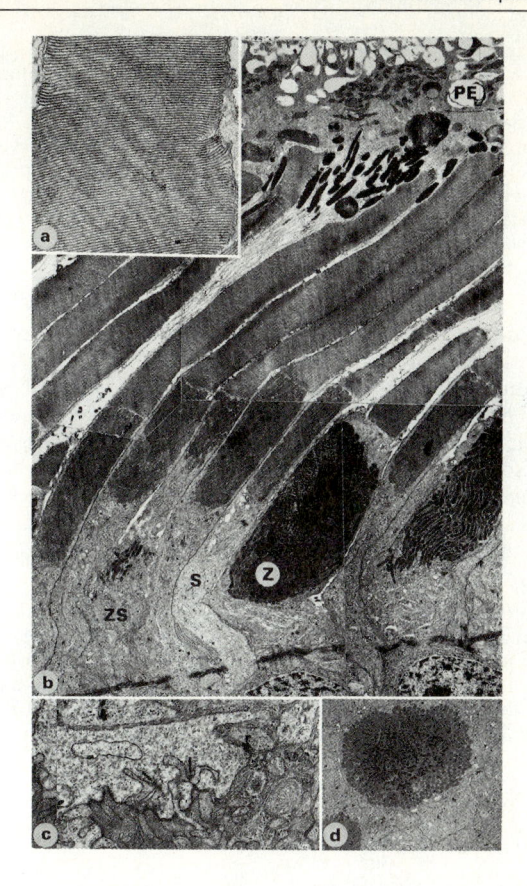

Abb. 9.6: Längsschnitt durch die Rezeptorschicht der Retina der Klapperschlange *Crotalus atrox*. **a)** Längsschnitt durch das Außenglied eines Zapfens, auf dem die dichte Packung von (quergetroffenen) Membranscheibchen zu erkennen ist. **b)** Längsgetroffene Zapfen (Z) mit kurzen Außengliedern und einem prominenten Paraboloidkörper und Stäbchen (S) sowie Zapfenstäbchen (ZS) mit langen, schlanken Außengliedern, die in der Pigmentepithelschicht (PE) verankert sind. Die äußere Grenzmembran ist als schwärzliches Band im unteren Bildteil erkennbar. **c)** Synaptische Endigung eines Zapfens, in der sich eine große Zahl von synaptischen Vesikeln und Lamellen befinden. **d)** Querschnitt durch den Paraboloidkörper eines Zapfens, der von quergetroffenen Stäbcheninnengliedern umgeben ist. Lichteinfallsrichtung von unten (Vgl. Abb. 9.5).

klapperschlange *(Crotalus atrox)* z.B. sind 20–25 µm lang bei einem Durchmesser von ca. 2 µm. Sie enthalten ca. 40 Discs/µm Länge mit einer Gesamtoberfläche von 5.000–6.300 µm^2 (Abb. 9.6a). Im Vergleich zu einem Zylinder gleicher Dimension ist die Oberfläche um den Faktor 40 größer.

Sowohl bei Stäbchen als auch bei Zapfen finden sich morphologische Unterklassen, so z.B. rote und grüne Stäbchen bei *Rana pipiens*, einfache, Doppel- und auch Triplezapfen bei sehr vielen Vertebraten. Bei Klapperschlangen finden sich neben den bekannten Stäbchen und Zapfen noch ein **weiterer Rezeptortyp** mit dem Außenglied eines Stäbchens und den anatomischen Charakteristika eines Zapfeninnengliedes, dessen physiologische Bedeutung nicht bekannt ist (Abb. 9.5a, 9.6b).

Auch bei den **Polychaeta** finden sich Lichtzellen, deren Zuordnung nicht sicher ist. Morphologisch ähneln die Lichtrezeptoren denen der Turbellaria, indem distale, kolbenförmige Auftreibungen der Rezeptoren einen flaschenbürstenförmigen tubulären Besatz tragen. Andere Polychaeta besitzen Lichtrezeptoren mit scheibenförmigen, lichtperzipierenden Membranspezialisierungen, wie in den Augen von *Branchiomma* sp. Diese hochspezialisierten Lichtsinnesorgane bestehen aus einer Linsen- und einer Sehzelle.

Die zweite augentragende Gruppe der Annelida, die **Blutegel** (Hirudinea) besitzen Rezeptorzellen mit einem rundlich-ovalen Zellkörper, der eine große «Vakuole» umschließt *(Hirudo medicinalis)*.

Diese steht durch membranbegrenzte Spalten mit dem Extrazellularraum (Binnen-, Glaskörper) in Verbindung. Die lichtabsorbierenden, tubulären Strukturen ragen in diese Vakuole. Sie sind ca. 100 nm dick und 2.4 µm lang. Bei einem anderen Egel (*Helobdella stagnalis*, Abb. 9.7b) ist der lichtabsorbierende Teil durch eine Einschnürung deutlich vom Kern enthaltenden Teil der Zelle abgegliedert. In diesem Halsteil finden sich zwei Centrosomen ohne ciliäre Strukturen, die aber als Cilienrudimente gedeutet werden.

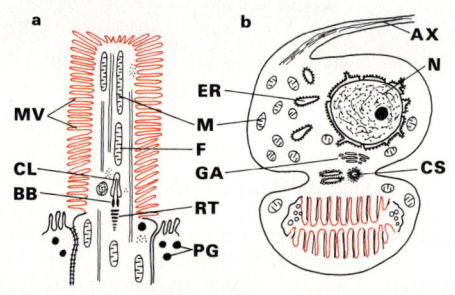

Abb. 9.7: a) Lichtsinneszelle von Onychophora (*Peripatonder* sp.; nach Eakin und Westfall 1962). b) Lichtsinneszelle von Annelida (Hirudinea, *Helobdella* sp.) (nach Clark 1967). AX: Axon. BB: Basalkörper. CL: Cilienapparat. CS: Centrosom. ER: Endoplasmatisches Reticulum. F: Filamente. GA: Golgi-Apparat. M: Mitochondria. MV: Mikrovilli. N: Zellkern. PG: Pigmentgranula. RT: Cilienwurzel. Lichteinfallsrichtung von oben. Rhodopsinhaltige Membranstrukturen sind rot gekennzeichnet.

9.3.3 Infrarotrezeptoren

In den Grubenorganen der Crotalidae und den Lippengruben mancher Boidae (Gatt. *Boa, Morelia, Chondropython*) finden sich Rezeptoren, die auf Rot- und Infrarotstrahlung (0.7–15 µm) des elektromagnetischen Wellenbereiches ansprechen. Sie werden i. a. nicht als Licht-, sondern als Infrarot- oder Wärmerezeptoren (**Thermorezeptoren**) bezeichnet, da sie auf Temperaturunterschiede («Wärmestrahlung») einer Beute oder eines Feindes gegenüber der Umwelt reagieren.

Die Rezeptoren sitzen in einer 10–15 µm dicken Membran, die über einer Grube gespannt ist (Crotalidae) bzw. sind in die Lippenschuppen mancher Boidae eingebettet. Sie sind charakterisiert durch kolbige Auftreibungen, die mit Mitochondrien vollgepackt sind und hiermit den hohen Energieverbrauch der Zellen andeuten. Der Mechanismus der Reizaufnahme ist nicht geklärt. Ein spezifisches Sehpigment konnte bisher nicht nachgewiesen werden (Abb. 9.8).

9.4 Bautypen von Augen

9.4.1 Diffuse Lichtempfindlichkeit

Auf der einfachsten Stufe der Lichtwahrnehmung findet man eine diffuse Lichtempfindlichkeit, ohne daß man sie bestimmten Strukturen zuordnen kann. Belichtet man z. B. die Pseudopodien von Amoeben, werden an den belichteten Stellen keine neuen Pseudopodien ausgebildet. Außerhalb der belichteten Stellen bilden sich neue Pseudopodien und führen auf diese Weise die Amoebe vom Licht weg. Auf dieser einfachsten Stufe der Lichtwahrnehmung findet man eine reine Intensitätsmessung (**Hell-Dunkel-Sehen**), ohne daß der Organismus Information über die Richtung der Lichtquelle erhält.

Auf der nächsten Stufe der Entwicklung findet man Zusatzstrukturen (Hilfsstrukturen), die dem Organismus eine Bestimmung der Richtung ermöglichen, aus der das Licht kommt. Dieses **Richtungssehen** wird vor allem durch Pigment ermöglicht, das den Lichteinfall aus bestimmten Richtungen blockiert oder abschwächt. Bereits auf der Stufe der Einzeller, so bei autotrophen Flagellaten (Abb. 9.9a), findet man einen rötlichen «**Augenfleck**».

Dieses Zellorganell weist eine erhöhte Anreicherung von Carotinoiden auf und umgibt eine Anschwellung an der Basis der Geißel, die den Flagellaten vorwärts treibt. Jedesmal, wenn der Lichteinfall auf eine photorezeptive Struktur auf der Geißel abgeblockt wird, ändert sie die Aktivität des Geißelschlages mit dem Resultat, daß der Flagellat in Richtung des Lichteinfalls getrieben wird. Dieser Mechanismus sorgt also dafür, daß das Geißeltierchen sich in Richtung auf die Lichtquelle bewegt. Da die auf den Lichtrezeptor einfallende Lichtintensität umgekehrt proportional zum Quadrat der Entfernung von der Lichtquelle ist, wächst die zur Verfügung stehende Energie für Stoffwechselvorgänge entsprechend. Bereits auf der Stufe der Flagellata, insbesondere

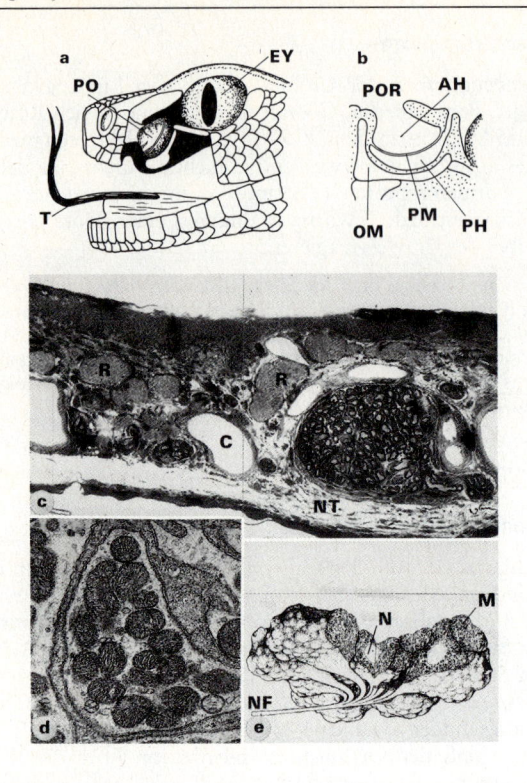

Abb. 9.8: Infrarotrezeptoren der Grubenottern (Crotalidae) und Boas (Boidae). **a)** Kopf einer Klapperschlange mit Schnitt durch das Grubenorgan. **b)** Halbschematischer Schnitt durch das Grubenorgan, das die in der Grube aufgespannte Membran mit vorderer und hinterer Kammer zeigt. Die hintere Kammer steht über einen am Auge mündenden Gang mit der Außenwelt in Verbindung (nach Bullock und Diecke 1956). **c)** Semidünnschnitt durch die Grubenmembran, in der die einzelnen Rezeptoren erkennbar sind (Original von Eckert). **d)** Elektronenmikroskopischer Schnitt durch Infrarotrezeptoren aus den Lippengruben von Boidae *(Boa constrictor)*, der den dichtgepackten Besatz mit Mitochondrien zeigt (Original von Andres und v. Düring). **e)** Schema eines Infrarotrezeptors der Klapperschlange, in der die mit Mitochondrien vollgepackten, lappigen Rezeptorkolben dargestellt sind (nach Hartline 1974). AH: Vordere Kammer des Grubenorgans. AX: Axon. C: Blutkapillare CP: Kapillare. EH: Epitheliale Hornschicht. EY: Auge. M: Mitochondria. MS: Myelinscheide. N: Zellkern einer Schwannschen Zelle. NF: Nervenfaser. NT: Quergetroffene Verzweigung des Nervus trigeminus in der Grubenmembran. OM: Os maxillare. PH: Hintere Kammer des Grubenorgans. PM: Grubenmembran. PO: Grubenorgan. POR: Grubenöffnung. R: Rezeptorkolben. T: Zunge. TN: Nervus trigeminus.

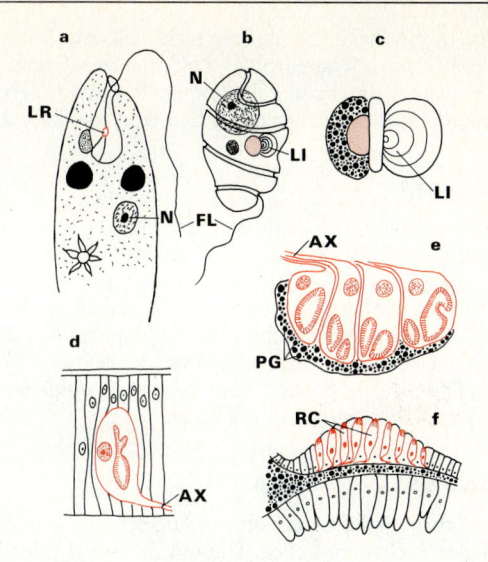

Abb. 9.9: **a)** Vorderende eines Geißeltierchens (*Euglena* sp.). Der Photorezeptor befindet sich an einer Anschwellung des Geißelapparates. Abhängig von der Beschattung des Photorezeptors ändert sich die Schlagrichtung der Geißel (nach Hollande 1963). **b)** Dinoflagellat (*Pouchetia* sp.) mit linsenartiger Zellorganelle. **c)** Erythropsis mit linsensartigem Zellorganell und Pigmentabschirmung (b und c nach Kofold und Swezy 1963). **d)** Lichtsinneszelle in der Epidermis des Regenwurms (nach Kühn 1961). **e)** Flachauge des Fischegels (Hirudinea: *Piscicola geometra*; nach Maier 1963). **f)** Flachauge einer Qualle (*Catablema* sp. nach Stempel 1963). AX: Axon. FL: Flagellum (Geißel). LI: Linsenähnliches Zellorganell. LR: Photoreceptive Struktur. N: Zellkern. PG: Pigmentgranula. RC: Lichtsinneszellen. Photoreceptive Zellorganellen und Lichtsinneszellen sind rot gekennzeichnet.

bei den Phytomonadina (*Volvox* spp.) findet man auch Hilfsstrukturen in Form von linsenähnlichen Organellen, die das Licht auf die photorezeptiven Strukturen bündeln und damit die Lichtausbeute erhöhen (Abb. 9.9b, c).

9.4.2 Hautlichtsinn

Auch bei manchen festsitzenden Tieren wie den Nesseltieren (Cnidaria) und den Moostierchen (Bryozoa) findet sich eine Lichtempfindlichkeit, die die Wachstumsrichtung der Tiere bestimmt. In der Epidermis dieser Tiere finden sich Sinneszellen, für die eine Funktion als Lichtsinneszellen aber bisher nicht nachgewiesen werden konnte. Ein derartiger Hautlichtsinn findet sich auch bei vielen Tieren mit Augen und wird als **extraocularer Lichtsinn** bezeichnet (Gastropoda, Crustacea, niedere Vertebrata). Vielfach sind die lichtempfindlichen Strukturen nicht bekannt. So finden sich lichtempfindliche Bezirke in Ganglien des ZNS mancher Crustacea, im Gehirn und in der Schwanzwurzel von Teleostei. Bei Regenwürmern (Oligochaeta) wurden lichtempfindliche Zellen in der Epidermis beschrieben (Abb. 9.9d).

9.4.3 Flachaugen

Hilfsstrukturen in Form von Pigmentansammlungen oder sogar Pigmentzellen, die die lichtempfindlichen Zellen abschirmen und damit dem Licht nur Zutritt aus einer bestimmten Richtung ermöglichen, finden sich an vielen Stellen im Tierreich. Hiermit ist eine optische Isolierung der Sehzellen bzw. der Schicht der Sehzellen durchführbar. Ein **primitives Richtungssehen**, insbesondere bei einer Vielzahl von über den ganzen Körper verteilten Flachaugen, findet sich z.B. bei Anthomedusen (*Catablema* spp.) und beim Fischegel *Piscicola geometra* (Abb. 9.9e, f).

9.4.4 Gruben- und Urnenaugen

Als nächsten Schritt in der Evolution von Augen findet man eine Einsenkung von epithelialen Lichtsinneszellen. Die um die Schicht der Sehzellen bzw. zwischen den Sehzellen liegenden Pigmentzellen schirmen diese optisch ab, wie beim Grubenauge der auf brandungsüberschäumten Felsen fest aufsitzenden Napfschnecken (*Patella* spp. Abb. 9.10e) bzw. dem Urnenauge des Seeohrs *Haliotis* sp. (Abalone, Abb. 9.10f). Mit diesem Schritt wird erstmals ein **deutliches Richtungssehen** ermöglicht, da Licht aus verschiedenen Richtungen verschiedene Lichtrezeptoren bzw. Gruppen von Lichtrezeptoren trifft. Dieser Augentyp tritt häufig in großer Zahl bei einem Tier auf und kann wegen seiner Richtungsempfindlichkeit dem Tier eine grobe Bestimmung der Richtung des einfallenden Lichts ermöglichen, wenn die Achsen der einzelnen Augen unterschiedlich sind. Das diese Augen schützende Sekret kann bei unterschiedlichem Brechungsindex gegenüber dem umgebenden Wasser auch bereits eine linsenähnliche Funktion übernehmen. Mit der Fähigkeit des Richtungssehens, also der Fähigkeit zur Lokalisation einer Lichtquelle, gekoppelt ist auch die Möglichkeit zum **Bewegungssehen** gegeben, da bei der Bewegung eines Objektes unterschiedliche Gruppen von Lichtrezeptoren gereizt werden. Das Grubenauge findet sich weitverbreitet bei Mollusca und Echinodermata.

9.4.5 Blasenaugen

In einem weiteren Schritt der Evolution schließt sich die epidermale Einengung über dem Grubenauge und schützt somit das Sekret vor Austrocknung. Die Blase kann mit Sekret oder sogar linsenähnlichen Strukturen ausgefüllt sein wie beim Blasenauge vieler Gastropoda (*Helix pomatia*, *Lioburnum rotundum*, Abb.9.10g), das somit ein Linsenauge ist (s. 9.4.7).

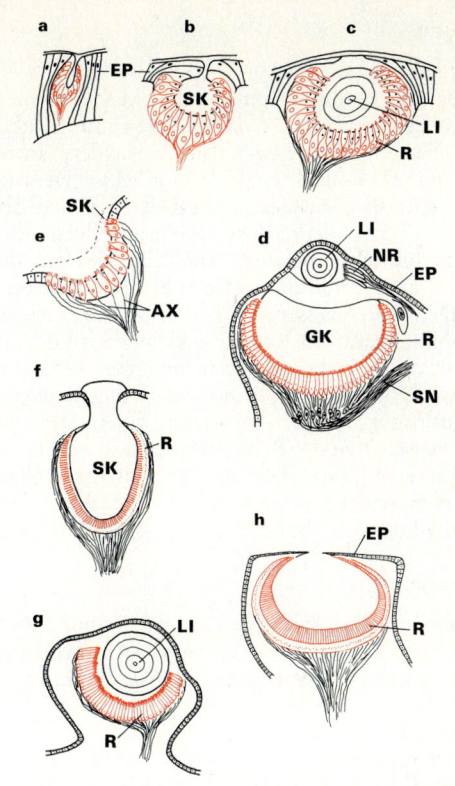

Abb. 9.10: Entwicklungsreihe der Augen von Anneliden (Polychaeta: **a–d**) und Mollusken (Gastropoda: **e–g**, Cephalopoda: Abb. 9.10h und Abb. 9.12a; nach Hesse). In beiden Gruppen entsteht aus einfachen Grubenaugen, die mit Sekret gefüllt sind, schließlich Linsenaugen. Durch gleichzeitige Vermehrung der Dichte von Lichtsinneszellen wird auch die Auflösung der Augen verbessert. **a)** *Ranzania*. spp. **b)** *Syllis*. spp. **c)** *Nereis*. spp. **d)** *Alciopa*. spp. **e)** *Patella*. spp. **f)** *Haliotis*. spp. **g)** *Lioburnum*. spp. **h)** *Nautilus* spp. AX: Axon. EP: Epidermis. GK: Glaskörper. LI: Linse. NR: Nebenretina. R: Lichtsinneszellen. SK: Sekret. SN: Sehnerv. Die Lichtsinneszellen sind rot gekennzeichnet.

Blasenaugen finden sich weitverbreitet im Tierreich bei Medusen, Anneliden und Mollusken (Abb. 9.10c, g).

9.4.6 Lochaugen

Das Lochauge kann man als eine Weiterentwicklung der Grubenaugen auffassen, indem die Grubenöffnung immer kleiner wird. Je kleiner die Öffnung wird, um so schärfer wird das Bild der Umwelt auf der Schicht der Rezeptoren. Lochaugen arbeiten nach dem Prinzip der **Camera obscura**, die von Robert Bacon (1214–1294) entdeckt worden ist. Derartige Lochaugen sind also nicht mehr nur für ein einfaches Richtungs- und Bewegungssehen geeignet, sondern sind auf der nächsten evolutiven Entwicklungsstufe prinzipiell zu einem **Bildsehen** befähigt. Die Güte des auf der Schicht der Lichtsinneszellen, der **Retina**, entworfenen Bildes hängt von verschiedenen Factoren ab. Der Durchmesser des Loches dieses Auges bestimmt die Schärfe der Abbildung auf der Retina: je kleiner das Loch, um so schärfer das Bild. Die Anzahl der Lichtrezeptoren, auf die ein bestimmter Raumwinkel abgebildet wird, bestimmt die Auflösung: je dichter die Rezeptoren, um so höher die Auflösung. Für die Auswertung durch das Gehirn spielen die Übertragungseigenschaften der Rezeptorzellen und der ihnen nachgeschalteten Interneurone eine zusätzliche Rolle. Ein typisches Lochauge findet man z.B. bei der Cephalopodengattung *Nautilus* (Abb. 9.10h). Derartige Lochaugen haben allerdings den Nachteil, daß sie sehr lichtschwach sind.

9.4.7 Linsenaugen

Der Nachteil geringer Lichtstärke des auf der Retina entworfenen Bildes beim Lochauge wird auf der höchsten Stufe der Entwicklung von Augen durch einen **dioptrischen Apparat** beseitigt. Vor den Lichtrezeptoren wird ein bildentwerfendes optisches System eingesetzt, das das Licht sammelt und somit die Lichtstärke des auf der Netzhaut (Retina) entstehenden Bildes erhöht. Es werden somit viele von einem Gegenstandspunkt ausgehende Lichtstrahlen auf einen Lichtrezeptor gebündelt. Das Prinzip der Bündelung der Lichtstrahlen zur Erhöhung der Lichtausbeute findet sich im Tierreich bereits auf der Stufe der Einzeller (vgl. Abb. 9.9b, c). Treffen die von solchen Linsensystemen entworfenen lichtstarken Bilder auf ein Sinnesepithel mit vielen Lichtsinneszellen, so sind derartige Augen zum **Formen-** und **Bildsehen** geeignet. Die Güte des von den Lichtrezeptoren übertragenen Bildes hängt aber auch von der Anzahl der Lichtrezeptoren pro Flächeneinheit, also der **Dichte der Photorezeptoren**, ab. Je dichter die Photorezeptoren angeordnet sind, um so besser ist zwar das Auflösungsvermögen, um so weniger Licht erhält wiederum der einzelne Rezeptor. Es ist offensichtlich, daß bei der Entwicklung von Augen ein Kompromiß zwischen der Lichtstärke des retinalen Bildes auf der einen Seite und dem Auflösungsvermögen auf der anderen Seite gesucht werden mußte.

Derartige Linsenaugen hoher Leistungsfähigkeit finden sich an vielen Stellen im Tierreich auf jeder Entwicklungsstufe, z.B. bei räuberisch lebenden marinen Polychaeta (Abb. 9.10c, d), bei Spinnen (Salticidae,

Abb. 9.11b; Solifugae), Käferlarven (Dytiscidae, Abb. 9.11a) und vielen Mollusca (Abb. 9.10g; 9.12a, b). Durch zusätzliche Strukturen wie veränderliche Blenden (**Pupille, Iris**), die die Lichtstärke des retinalen Bildes regeln, und **Akkomodationseinrichtungen**, mit denen die Schärfe des retinalen Bildes geregelt werden kann, werden auf der höchsten Stufe der Entwicklung **Kameraaugen** entwickelt. Diese finden sich bei den Wirbellosen in höchster Vollendung bei Tintenfischen und als analoge Entwicklung bei den Vertebrata (Abb. 9.12a, b). Durch Vermehrung der Anzahl einzelner einfacher Linsenaugen zu sogenannten Komplexaugen, die man weitverbreitet bei Arthropoda, aber auch in anderen Tiergruppen findet (Polychaeta), konnte ebenfalls eine Leistungssteigerung erzielt werden (s. 9.4.8).

Die paarigen Augen der Cephalopoda und der Vertebrata ähneln sich sehr stark in ihrem Aufbau und Funktion, obgleich ihre ontogenetische Entwicklung vollkommen verschieden verläuft (Abb. 9.13). Bei den **Cephalopoden** bildet sich das Auge aus einer becherförmigen Einstülpung der Epidermis, aus der sich durch Abschnürung das Auge bildet. Durch eine erneute ringförmige Einfaltung der Epidermis wird die Iris gebildet. Die sich auf die Augenblase legende Epidermis scheidet die beiden Anteile der Cuticularlinse ab. Durch eine weitere Auffaltung der Epidermis werden die Cornea und durch nochmalige Einfaltung die Augenlider gebildet. Die Einstülpung der epidermalen Zellen erklärt bei diesen Augen die **everse** Lage der Sinneszellen. Ganz anders verläuft die Entwicklung der **Wirbeltieraugen**. Hier bilden sich die Augenbläschen aus becherförmigen Ausstülpungen des Zwischenhirns (Diencephalon). Die **inverse** Lage der retinalen Sinneszellen erklärt sich aus der dem Lumen der Gehirnanlage zugewendeten Sinneszellen. Das Licht muß bei diesen Augen erst die gesamte Schicht der Retina durchdringen, bevor es die Sinneszellen erreicht (s. 9.5). Die Retina stellt somit einen in die Peripherie verlagerten Teil des Gehirns dar. Die Linse bildet sich aus einer Abschnürung der Epidermis, die Iris stellt den vorderen, rezeptorlosen Rand des Augenbechers dar.

Bei den Cephalopoden und auch den Wirbeltieren, kann der Durchmesser der **Iris** (Regenbogenhaut) durch muskuläre Kontrolle verändert und damit der Lichtfluß geregelt werden. Bei hoher Intensität des einfallenden Lichts

Abb. 9.11: Linsenaugen von Käfern und Spinnen (nach Hesse 1908). a) Larve eines Wasserkäfers (Dytiscidae: *Acilius* spp. b) Everses Hauptauge (Medianauge) und inverses Nebenauge einer Spinne *(Epeira diadema)*. EP: Epidermis. L: Linse. RH: Rhabdom. Die Lichtsinneszellen sind rot gekennzeichnet.

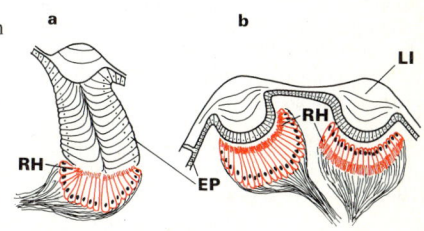

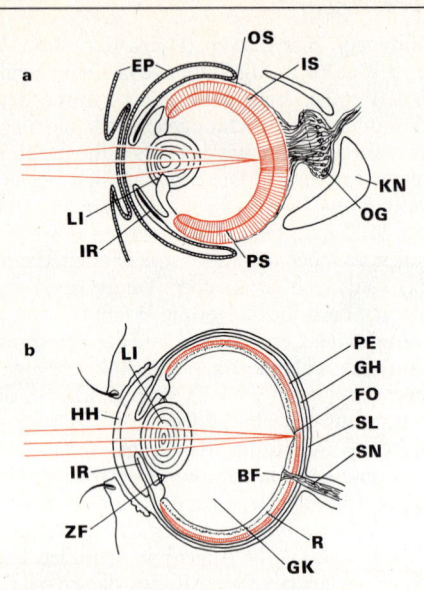

Abb. 9.12: Kameraaugen von Tintenfischen (**a**, nach Hesse und Gegenbaur) und Wirbeltieren (**b**). Ein dioptrischer Apparat bestehend aus Cornea und Linse entwirft ein Bild der Umwelt auf der Schicht der Lichtsinneszellen. Der Lichtfluß kann durch eine Pupille (Muskelversorgung der Regenbogenhaut oder Iris) geregelt werden. **a)** Im Tintenfischauge sind die Lichtsinneszellen evers angeordnet. Ihre Axone werden im optischen Ganglion auf Interneurone umgeschaltet. In Ruhe werden Gegenstände aus einer mittleren Entfernung scharf auf der Retina abgebildet. Dies ist durch den konvergenten Strahlengang außerhalb des Auges dargestellt. Tintenfische müssen aktiv auf die Nähe und die Ferne akkomodieren. **b)** Das menschliche Auge ist prinzipiell ähnlich aufgebaut. Allerdings müssen hier die Lichtstrahlen die gesamte Retina durchdringen, bevor sie auf die Lichtsinneszellen auftreffen (inverses Auge). Die Lichtsinneszellen sind auf bipolare Zellen und diese wiederum auf Ganglienzellen verschaltet, deren Axone im Sehnerven zum Gehirn ziehen. In der Schicht der Bipolarzellen finden sich noch Horizontal- und amakrine Zellen, die mit den anderen Zellen in synaptischen Kontakt treten und eine Querverschaltung innerhalb der Retina durchführen. Das menschliche Auge ist in Ruhe auf die Ferne akkomodiert symbolisiert durch den parallelen Strahlengang außerhalb des Auges. Säugetiere müssen aktiv auf die Nähe akkomodieren. Der Strahlengang ist rot gekennzeichnet. Im Bereich des schärfsten Sehens ist die Schicht der den Lichtsinneszellen nachgeschalteten Interneurone zur Seite verlagert, so daß eine Grube (Fovea centralis) in der Retina entsteht. Die Retina ist durch eine Pigmentepithelschicht begrenzt (vgl. Abb. 9.5). Ein dichtes Netz von Blutgefäßen (Aderhaut) versorgt die Retina und den Augapfel, der von einer Lederhaut (Sklera) begrenzt wird. BF: Blinder Fleck. EP: Epidermis. FO: Fovea centralis. GH: Aderhaut (Choriodea). GK: Glaskörper. HH: Hornhaut. IR: Iris (Regenbogenhaut). IS: Innenglied der Lichtsinneszellen. KN:

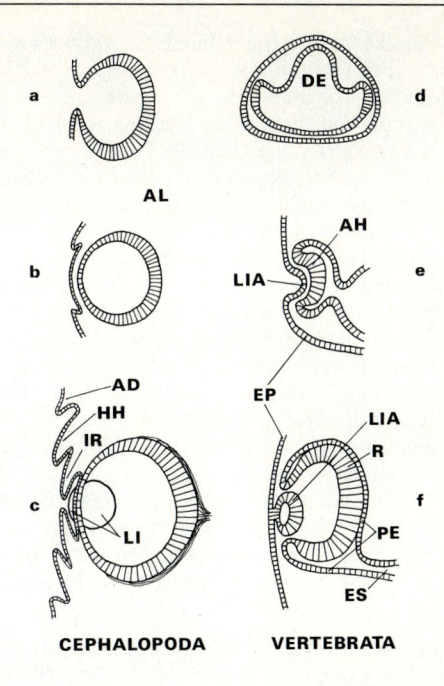

Abb. 9.13: Entwicklung des Linsenauges bei Tintenfischen (a–c) und Wirbeltieren (d–f). a) Entstehung der Augenblase durch eine Einstülpung der Epidermis. Durch weitere Einfaltungen der Epidermis werden die Iris, die Hornhaut und die Lider gebildet (b, c). Die Linse entsteht durch cuticulare Abscheidungen der Epidermis nach beiden Seiten hin. d) Ausstülpung der paarigen Augenblasen im Zwischenhirn (Diencephalon). e) Durch Einstülpung der Augenblase entsteht der Augenbecher, in den sich die Linsenanlage als eine Einstülpung der Epidermis hineinschmiegt. f) Die Linse bildet sich durch eine Abschnürung von der Epidermis. AD: Augenlid. AH: Augenbecher. AL: Augenblase. DE: Diencephalon. EP: Epidermis. ES: Augenstiel. HH: Hornhaut (Cornea). IR: Iris. LI: Linse. LIA: Linsenanlage. R: Retina. PE: Pigmentepithel.

Knorpel. LI: Linse. OG: Optisches Ganglion. OS: Außenglied der Lichtsinneszellen. PE: Pigmentepithelschicht. PS: Pigmentschicht an der Trennlinie zwischen Innen- und Außenglied. R: Retina. SL: Sklera. SN: Sehnerv. ZF: Zonulafasern, an denen die Linse aufgehängt ist. Die Lichtsinneszellen sind rot gekennzeichnet.

verengt sich die **Pupille**, bei niedriger Intensität vergrößert sie sich. Die Pupillenweite wird über einen Regelkreis mit negativer Rückkoppelung durch die pupillomotorische Bahn im ZNS geregelt. Sie unterliegt bei Vertebrata der Kontrolle des autonomen Nervensystems: bei Überwiegen des sympathischen Anteils erweitert sich die Pupille, bei Überwiegen des parasympathischen Anteils verengt sie sich. Außer der direkten Steuerung durch die eintreffende Lichtintensität unterliegt die Pupillenweite aber zusätzlich anderen Einflüssen des autonomen Nervensystems. Fixieren wir auf einen Punkt in der Nähe («**Nahakkomodation**»), so wird über die parasympathische Kontrolle der Linsenwölbung die Muskulatur der Iris mitinnerviert und es kommt bei Naheinstellung zu einer Verengung der Pupille. Bei starker Aktivität des sympathischen Nervensystems (Angst, Fluchtreaktionen, Angriff, Orgasmus) erweitert sich die Pupille durch direkte Mitreaktion des die Pupille erweiternden Muskels (Musculus dilatator pupillae).

Die **Iris** arbeitet wie die Blende einer Kamera und erfüllt somit zwei Funktionen: zum einen werden bei Verkleinerung der Pupille die Randstrahlen ausgeblendet und somit die Tiefenschärfe vergrößert. Zum anderen wird der durch die Pupille durchtretende Lichtfluß proportional zur Pupillenfläche verändert. Dieser Regelmechanismus sorgt dafür, daß Lichtintensitätsschwankungen in einem gewissen Rahmen kompensiert werden können und die Lichtrezeptorzellen stets in einem optimalen Arbeitsbereich gehalten werden.

Dies sei an einem Beispiel erläutert. Da die Lichtrezeptoren einen begrenzten Arbeitsbereich haben, können z.B. Arthropodenlichtrezeptoren auf Lichtreize nur mit elektrischen Potentialen zwischen Null und ca. 80 mV antworten. Der Intensitätsbereich, in dem Rezeptorzellen antworten können, umfaßt aber ca. 10 Zehnerpotenzen (schwaches Mondlicht im Vergleich zu Sonnenlicht an einem weißen Meeresstrand). Würden diese Lichtintensitätsunterschiede durch den Arbeitsbereich der Rezeptoren kodiert werden müssen, so wäre eine Unterscheidung von Lichtintensitätsstufen nicht möglich, zu denen Lichtrezeptoren nachgewiesenermaßen befähigt sind. Die Antwort auf dieses Problem war die Entwicklung der **Adaptation**, d.h. Rezeptoren sind auf die mittlere Intensität ihrer Umgebung mit einem Potentialwert in der Mitte ihres Arbeitsbereiches angeglichen. Sinkt oder steigt die mittlere Intensität, so erreicht das Rezeptorpotential nach einer gewissen Anpassungszeit stets diesen Mittelwert (Hell- bzw. Dunkeladaptation). Durch diesen Anpassungsmechanismus, bei dem der konstante Antwortbereich des Rezeptors (Rezeptorpotential) der jeweiligen Umwelthelligkeit angeglichen wird, kann der Rezeptor bei schnellen Schwankungen um diesen Mittelwert diese Intensitätsveränderungen kodieren. Die Veränderung der Pupillenweite unterstützt diesen Mechanismus und vergrößert den Arbeitsbereich der Rezeptoren. Wenn wir uns in hellem Sonnenschein befinden, sind unsere Lichtrezeptoren helladaptiert. Sehen wir in diesem Zustand in den Schatten eines Baumes, wären die Intensitätsunterschiede im Schattenbereich zu gering, um mit Potentialdifferenzen von unseren Rezeptoren beantwortet zu werden. Durch die momentane **Pupillenvergrößerung** fällt mehr Licht auf die Retina und somit auf die Lichtrezeptoren und sorgt dafür, daß wir Kontrastunterschiede im Schatten besser wahrnehmen können. Die Pupillenfunktion ermöglicht es somit, die mittlere Helligkeit des retinalen Bildes über einen begrenzten Bereich von Schwankungen der Lichtintensität in der Umwelt konstant zu halten. Der Intensitätsbereich, der durch Pupillenveränderungen geregelt werden kann, entspricht beim Menschen einem Faktor von 60–80 entsprechend einem maximalen bzw. minimalen Pupillendurchmesser von 9 mm bzw. 1 mm.

Funktionell analog findet man weiterhin bei den Linsenaugen der Cephalopoda und der Vertebrata, daß in beiden Gruppen die Schärfe des retinalen Bildes geregelt werden kann (**Akkomodation**). Eine Scharfstellung erfolgt entweder durch **Veränderung der Brennweite** des abbildenden Apparates, d.h. die Linsenkrümmung wird verändert (Reptilia, Aves und Mammalia) oder durch **Veränderung des Abstandes zwischen Linse und Retina** (Cephalopoda, Gastropoda, Polychaeta, Teleostei, Amphibia) (Abb. 9.14).

Die Beziehung zwischen Entfernung eines Objektes (Gegenstandsweite a) von der Linse und Entfernung des durch die Linse entworfenen Bildes (Bildweite b) ist bei vorgegebener Brennweite f) nach den Gesetzen der geometrischen Optik durch die Formel $1/a + 1/b = 1/f$ gegeben. Es gibt somit nur eine Entfernung, in der ein Gegenstand auf der Retina scharf abgebildet wird. Um bei einer Veränderung der Gegenstandsweite ein scharfes Bild auf der Retina zu erhalten, muß daher entweder die **Bildweite a** oder die **Brennweite f** der Linse geändert werden.

Die Änderung der **Linsenkrümmung** erfolgt durch Muskeleinwirkung auf die Linse. In der Ruhestellung ist das Auge bei den Kriechtieren (Reptilia) und Vögeln (Aves) auf die Ferne eingestellt und somit relativ flach. Bei Naheinstellung muß die Brennweite der Linse verkürzt werden. Dies geschieht durch einen Ringmuskel der Iris (Regenbogenhaut), der den vorderen Anteil der Linse vorwölbt und hierdurch die Brennweite verkürzt (Abb. 9.14e, f). Bei den Säugern hingegen ist die elastische Linse an straff gespannten Aufhängebändern (Zonulae zinnii) befestigt und dadurch in ihrer Form abgeflacht. Diese Aufhängebänder werden bei der **Nahakkomodation** durch die Kontraktion des Ciliarmuskels entspannt, so daß sich die Linse aufgrund der Eigenelastizität stärker krümmt (Abb. 9.14g, h). Dieser auf indirekter Einwirkung des Ciliarmuskels beruhende Mechanismus findet sich als zusätzliche Einrichtung auch bei den Kriechtieren und Vögeln. Bei Fischen (Teleostei) und Lurchen (Amphibien) findet sich eine sehr stark gewölbte Linse, da bei im Wasser lebenden Tieren die Hauptbrechkraft des dioptrischen Apparates durch die Linse aufgebracht werden muß. Die Fische sind in Ruhestellung des Auges auf die Nähe akkomodiert und müssen bei **Fernakkomodation** dementsprechend die Linse der Retina nähern. Dies wird durch einen Muskel, den Musculus retractor lentis, erreicht (Abb. 9.14a, b). Bei Erschlaffung dieses Muskels wird die Linse durch Aufhängefasern wieder in die Ruhelage zurückgezogen. Bei den Lurchen hingegen ist das Auge in Ruhe auf die Ferne akkomodiert und die Linse wird durch Muskelwirkung (Musculus protractor lentis) nach vorne (von der Retina weg) gezogen (Abb. 9.14c, d). Funktionell stehen die Augen der Cephalopoda zwischen Fisch- und Lurchaugen. Bei ihnen ist die Linse in

Ruhe auf eine mittlere Entfernung akkomodiert. Zur Fernakkomodation wird die Linse durch Muskelzug am Aufhängeapparat der Linse, den Epithelialkörpern, der Retina angenähert. Zur Nahakkomodation wird die Linse durch Muskeleinwirkung nach vorne gedrückt: hierbei üben Muskeln in

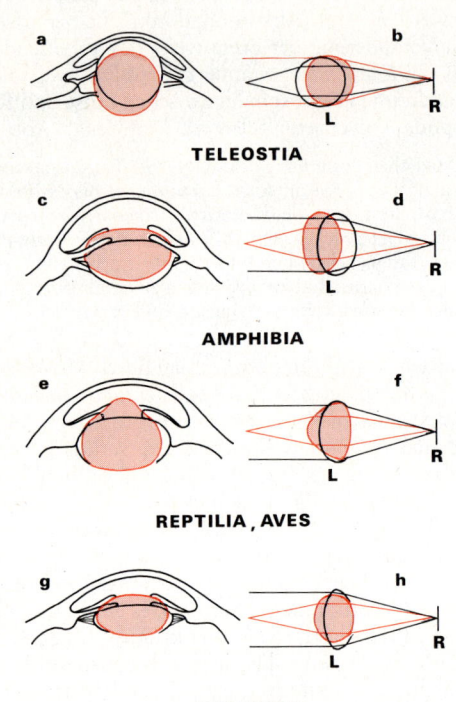

TELEOSTIA

AMPHIBIA

REPTILIA, AVES

MAMMALIA

Abb. 9.14: Akkomodationsvorgang in verschiedenen Wirbeltieraugen. **a)** Knochenfisch mit aktiver Fernakkomodation. **c)** Lurche mit aktiver Nahakkomodation. Bei Fischen und Lurchen wird die Akkomodation durch Änderung der Entfernung zwischen Linse und Retina erreicht (Musculus protractor bzw. retractor lentis). **e)** Kriechtiere und Vögel. **g)** Säugetiere. Bei Kriechtieren, Vögeln und Säugern ist das Auge in Ruhe auf die Ferne akkomodiert. In dieser Gruppe wird die Nahakkomodation durch Veränderung der Linsenbrennweite erreicht. Kriechtiere und Vögel verändern die Linsenkrümmung und damit die Brennweite durch direkte Muskeleinwirkung. Säugetiere hingegen entspannen durch Muskelzug den Aufhängeapparat der Linse (Zonulafasern) und diese verändert ihre Form auf Grund ihrer Eigenelastizität. **b, d, f, h)** Strahlengang in Ruhe (schwarz) und bei aktiver Akkomodation (rot) (**a, c, e, g** nach Hesse).

den Hüllschichten des Augapfels Druck auf den Glaskörper aus, der sich verschmälert und hierdurch die Linse nach vorne drückt.

Bei landlebenden Tieren beruht die Hauptbrechkraft des Auges nicht auf der Linse sondern auf der Hornhaut (**Cornea**), da der Unterschied im Lichtbrechungsvermögen zwischen Luft und Hornhaut sehr groß ist. Hier kann die Akkomodation durch Veränderung der Linsenkrümmung erfolgen. Bei wasserlebenden Tieren wird die Brechkraft des Auges aber weitgehend von der Linse bestimmt, da sowohl Hornhaut als auch Wasser eine hohe Brechkraft aufweisen und ein Lichtstrahl gemäß den Gesetzen der geometrischen Optik an dieser Grenzfläche nur geringfügig gebrochen wird. Hier muß die Linse eine wesentlich höhere Brechkraft besitzen, was durch eine starke Wölbung (kugelige Form) und einen hohen Brechungsindex erreicht wird (womit sie aufgrund der geringen Eigenelastizität weniger verformbar wird). Hier muß die Akkomodation durch eine Veränderung des Abstandes zwischen Retina und Linse erfolgen.

9.4.8 Komplexaugen (Facettenaugen)

Ein ganz anderes Prinzip, die Leistungsfähigkeit des Auges zu erhöhen, findet man bei den im Tierreich weitverbreiteten Komplexaugen der Insekten und Krebse. Hier wird durch eine große Anzahl von einzelnen Linsenaugen, den Ommatidien (Ommen, Facetten, Sehkeilen), ein zusammengesetztes Auge aufgebaut (Abb. 9.15). So findet man bei räuberisch lebenden Insekten eine sehr große Zahl von Ommatidien pro Auge (Großlibellen bis 28.000, Gelbrandkäfer 9.000), wohingegen die flügellosen Weibchen der Leuchtkäfer, die am Boden bzw. in Sträuchern sitzen, nur ca. 300 Ommatidien pro Auge besitzen.

Jedes **Ommatidium** besteht aus einer cuticulären Linse und darunter liegenden Kristallzellen (Semperzellen), die den dioptrischen (bildgebenden) Apparat darstellen (Abb. 9.15). An die Semperzellen schließen sich die meist acht Lichtsinneszellen (Retinulazellen) an, die an ihren einander zugewandten Seiten einen Saum aus Mikrovilli, das **Rhabdomer**, besitzen (vgl. Abb. 9.2). Die Rhabdomere sind mit Kappen in den Semperzellen mechanisch verankert. Bei manchen Insekten bleiben die Rhabdomere der Sehzellen eines Ommatidiums voneinander getrennt (z.B. Fliegen, Wanzen), bei anderen bilden sie ein gemeinsames **Rhabdom** (z.B. Bienen, Heuschrekken, Krebse; s. 9.3.1). Der dioptrische Apparat bildet die Umwelt in der Ebene (der Kappen) der Rhabdomere bzw. der Rhabdome ab. Durch Pigmentzellen werden die einzelnen Ommatidien optisch gegen ihre Nachbarommatidien isoliert (Abb. 9.15d).

Anatomisch unterscheiden wir zwei Typen von Komplexaugen, die Appositionsaugen und die Superpositionsaugen (Exner 1891).

Appositionsaugen sind dadurch gekennzeichnet, daß die einzelnen Ommatidien durch Pigmentzellen optisch voneinander isoliert sind, so daß das von jeder einzelnen Cornealinse entworfene Bild auf die Rezeptorzellen desselben Ommatidiums fällt (Abb. 9.16a, b). Im **Superpositionsauge** hingegen werden die von den Cornealinsen verschiedener Ommatidien entworfenen Bildpunkte auf einem Rezeptor (Rhabdom) superponiert (Abb. 9.16c–f). Dementsprechend liegen die Rhabdome beim Apposi-

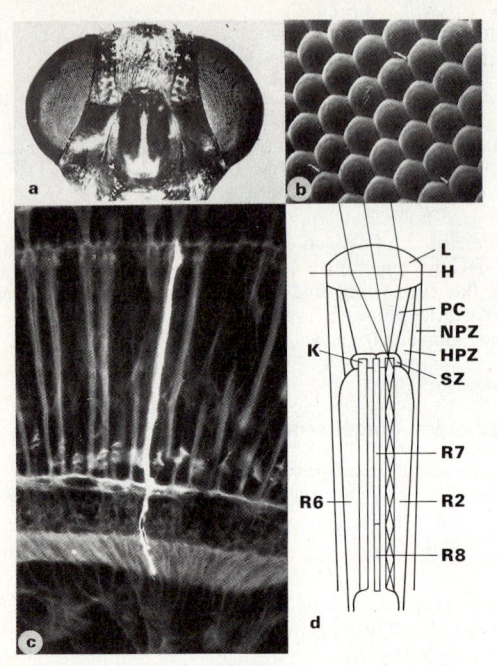

Abb. 9.15: a) Komplexauge einer weiblichen Schmeißfliege *(Phaenicia sericata)*. b) Rasterelektronenmikroskopische Aufnahme der Oberfläche eines Fliegenauges mit den einzelnen Corneafacetten, zwischen denen einzelne cuticulare Haare erkennbar sind. c) Horizontaler Querschnitt durch ein Fliegenauge. Eine einzelne Retinulazelle ist durch intrazelluläre Farbstoffinjektion (Procion Yellow) in ihrem gesamten Verlauf dargestellt. d) Schematischer Längsschnitt durch ein Ommatidium des Fliegenauges (Originale Eckert). H: Hauptebene der Linse. HPZ: Hauptpigmentzelle. K: Rhabdomerkappe. L: Cornealinse. NPZ: Nebenpigmentzelle. PC: Kristallkegel. R2, R6–R8: Rezeptorzellen. SZ: Semperzelle.

Abb. 9.16: Appositions- (a, b, d) und Superpositionsaugen (c–f) von Insekten und Krebsen. a) «klassisches» Appositionsauge, in der die einzelnen Ommatidien durch Schirmpigment voneinander isoliert sind und paralleles Licht auf nur ein Rhabdom fällt. Der Lichteinzugsbereich eines Ommatidiums ist durch die Halbwertsbreite $\Delta\varrho$ einer Gaußschen Verteilungsfunktion dargestellt. $\Delta\varphi$ charakterisiert den Winkel zwischen benachbarten Ommatidien. $\Delta\varrho$ und $\Delta\varphi$ bestimmen die Übertragungseigenschaften des dioptrischen Apparates. b1) Neurales Superpositionsauge, das anatomisch wie ein Appositionsauge gebaut ist, bei dem aber paralleles Licht auf Rhabdomere verschiedener Ommatidien fällt. Die Axone der zu den beleuchteten Rhabdomeren zugehörigen Sinneszellen konvergieren in der ersten synaptischen Region auf das gleiche Neuroommatidium. **b2)** Aufsicht auf ein Facettenraster eines neuralen Superpositionsauges, in dem die Anordnung der Rhabdomere gezeigt ist. Rhabdomere, die vom gleichen Umweltpunkt Licht empfangen, sind rot dargestellt. (nach Kirschfeld 1967) **c)** «Klassisches» optisches Superpositionsauge, bei dem parallele Strahlenbündel auf ein Rhabdom konvergieren. Der dioptrische Apparat besteht aus Linsenzylindern (nach Exner 1891). Der linke Teil zeigt den dunkeladaptierten Zustand, der rechte den helladaptierten Zustand, in dem das Auge als Appositionsauge funktioniert. **d:** Verteilung der Axone eines Ommatidiums auf die zugehörigen Neuroommatidien (nach Braitenberg 1967). **e:** Optisches Superpositionsauge mit flachen Facetten, bei dem die Bündelung paralleler Strahlen durch Spiegelung an den Wänden der Corneakegel erreicht wird (nach Vogt 1980). **f:** Optisches Superpositionsauge, bei dem die Linsenwirkung der Corneafacetten (divergierender Strahlengang) durch Spiegelung an den Linsenkegeln überwunden wird und parallele Strahlen auf einem Rhabdom vereinigt werden (nach Nielsson 1988). NO: Neuroommatidium. Beleuchtete Rhabdome(re) sind rot gekennzeichnet.

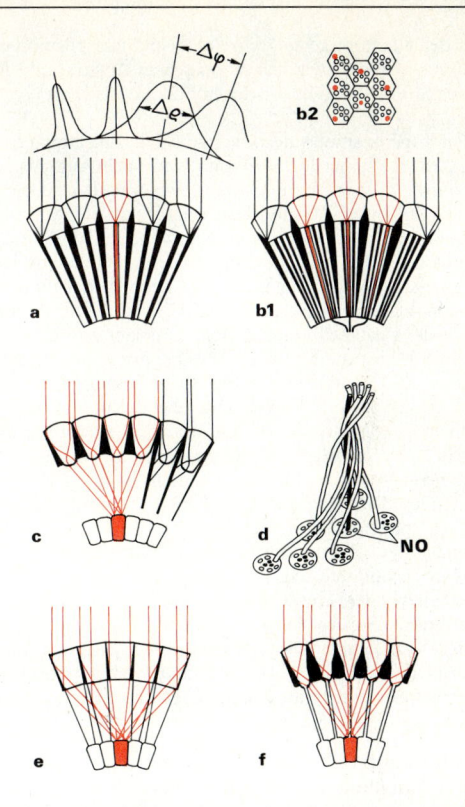

tionsauge an den Kristallkegel angrenzend, beim Superpositionsauge dagegen findet sich ein größerer Abstand zwischen dioptrischem Apparat und Rhabdomen, so daß die von benachbarten Linsen entworfenen Bilder optisch superponiert werden können.

In manchen Superpositionsaugen wandert das Schirmpigment abhängig von der Umwelthelligkeit. Bei hoher Lichtintensität verschiebt sich das Schirmpigment nach proximal und isoliert benachbarte Ommatidien optisch gegeneinander (Abb. 9.16c). In diesem helladaptierten Zustand liegt funktionell ein Appositionsauge vor (z.B. viele Krebse). Bei niedriger Umwelthelligkeit wandert das Schirmpigment nach distal und hebt damit in diesem dunkeladaptierten Zustand die optische Isolierung benachbarter Ommatidien auf, so daß Licht von vielen benachbarten Cornealinsen auf einem Rhabdom gesammelt werden kann. Dies ist allerdings nur möglich, weil die Linsensysteme der einzelnen Ommatidien derartiger optischer Superpositionsaugen aufrechtstehende Bilder auf der Ebene der Rhabdome entwerfen.

Die Cornealinsen der Appositionsaugen entsprechen i.a. Sammellinsen und entwerfen daher ähnlich wie eine Kamera ein auf dem Kopf stehendes (invertiertes) Bild, da Lichtstrahlen an der Grenzfläche zwischen einem optisch dünneren (Luft) und einem optisch dichteren Medium (Cornealinse) im dichteren Medium nach den Gesetzen der geometrischen Optik zum Einfallslot hin gebrochen werden. Um ein aufrecht stehendes Bild zu erhalten, muß man zwei Sammellinsen hintereinander schalten. In Superpositionsaugen werden aufrecht stehende Bilder z.B. durch Linsen erzeugt, die nach dem Prinzip eines Linsenzylinders arbeiten. Durch konzentrische Lagen von Material mit unterschiedlichem Brechungsindex werden abhängig von Länge des Linsenzylinders abwechselnd invertierte und aufrechte Bilder erzeugt. Die abbildende Optik in Superpositionsaugen kann allerdings auch aus einem System reflektierender Oberflächen (Spiegel) bestehen, wie es in den Augen mancher Krebse verwirklicht ist (Abb. 9.16d). Bei einem dritten Typ von optischen Superpositionsaugen werden invertierte Bilder durch nochmalige Reflektion erneut auf einem zentralen Rhabdom gebündelt (Abb. 9.16f).

Bei beiden anatomisch unterscheidbaren Typen von Komplexaugen finden sich funktionell unterschiedliche Typen.

Das klassische Appositionsauge mit seinen optisch isolierten Ommatidien ist bei Tieren mit **fusioniertem Rhabdom** (z.B. Saltatoria, Hymenoptera, Crustacea) verwirklicht. Bei Insekten mit **nicht fusioniertem Rhabdom** (z.B. Diptera) findet man anatomisch ebenfalls ein Appositionsauge mit optischer Isolierung der einzelnen Ommatidien gegeneinander. Jede Cornealinse entwirft ein Bild, das aber von einem Raster von 7 Rhabdomeren abgetastet wird. Die optischen Achsen der Rhabdomere eines Ommatidiums divergieren in der Weise, daß 7 Rhabdomere aus sieben benachbarten Ommatidien parallele optische Achsen besitzen, also den gleichen Umweltpunkt abtasten (Abb. 9.16b2). Die sechs peripheren Retinulazellen (R1–R6) dieser Gruppe aus 7 Rhabdomeren konvergieren mit ihren Axonen in der Lamina ganglionaris auf Interneurone 1. Ordnung (monopolare Neurone), so daß als funktionelle Einheit nicht das Ommatidium dieser Augen sondern das Neuroommatidium in der ersten synaptischen Umschaltstelle fungiert (Abb. 9.16d). Diese Augen werden daher als **neurale Superpositionsaugen** bezeichnet. Die Axone der zentralen Retinulazellen (R7, R8) laufen mit den Axonen der zugehörigen monopolaren Interneurone bis zur zweiten synaptischen Region (Medulla), wo sie in verschiedenen Ebenen erneut umgeschaltet werden. Diese topographische Beziehung benachbarter Umweltpunkte bleibt bis zum 3. visuellen Neuropil (Lobulakomplex) erhalten. Die Superposition lichtinduzierter Signale der einzelnen Lichtrezeptorzellen bewirkt eine Verbesserung des Signal-zu-Rauschverhältnisses.

9.5 Bau der Retina

9.5.1 Cephalopoda

Obgleich sich die Linsenaugen von Cephalopoda und Vertebrata funktionell außerordentlich ähnlich sind (vgl. Abb. 9.12), ist der Aufbau der **Retina** prinzipiell unterschiedlich organisiert (Abb. 9.17b). Die Lichtrezeptoren sind evers orientiert. Es findet sich wie auch bei den Wirbeltieren eine funktionelle Gliederung der Lichtsinneszellen in ein Außenglied, das die photorezeptiven Membranspezialisierungen enthält (Rhabdom), und ein Innenglied, das durch eine pigmentreiche Zone und eine Basalmembran deutlich vom Außenglied abgesetzt ist.

Zwischen den Außengliedern finden sich Stützzellen ähnlich den in der Wirbeltierretina vorhandenen Müllerschen Zellen. Das Innenglied enthält den Zellkern und andere Zellorganellen und ist in Epithelzellen und Fortsätze von efferenten Nervenzellen eingebettet. Wie auch bei anderen Wirbellosen führen die Fortsätze der Sinneszel-

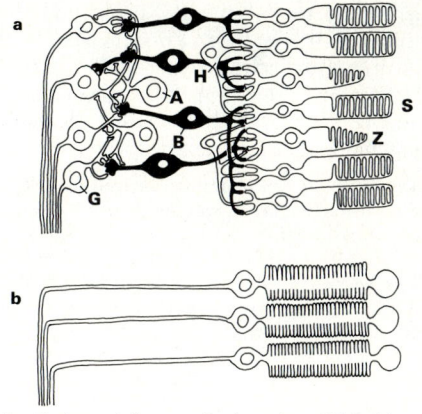

Abb. 9.17: Aufbau der Retina. a) Inverse Retina eines Wirbeltieres, bei dem die Stäbchen und Zapfen über Bipolarzellen mit den Ganglienzellen verknüpft sind, deren Axone im Nervus opticus ins Gehirn ziehen. Horizontal- und Amakrine Zellen stellen Querverbindungen innerhalb der Retina dar. b) Retina eines Tintenfisches. Die Axone der Lichtsinneszellen ziehen zum optischen Ganglion, von wo sie in das Gehirn ziehen (vgl. Abb. 9.12a). A: amakrine Zelle. B: bipolare Zelle. G: Ganglienzelle. H: Horizontalzelle. S: Stäbchen. Z: Zapfen.

len (Axone) zum Zentralnervensystem, beim Tintenfisch zum optischen Ganglion, wo die Umschaltung auf Interneurone vermittels Synapsen erfolgt.

9.5.2 Vertebrata

Bei Wirbeltieren (Vertebrata) entsteht die **Retina** aus einer Vorstülpung des Zwischenhirns (s. 9.4.7). Die Retina umfaßt bei Wirbeltieren nicht nur die Schicht der Lichtsinneszellen sondern auch die nachgeschalteten Interneurone, mit denen eine Vorverarbeitung der visuellen Information durchgeführt wird. Das Licht muß nach Eintritt in den Augapfel die gesamte Schicht von Interneuronen und Sehzellen durchdringen, bevor es die Außenglieder der Lichtsinneszellen erreicht, wo es absorbiert wird. Es handelt sich somit um ein inverses Auge (Abb. 9.17a).

Die Lichtsinneszellen (**Stäbchen, Zapfen**) sind über Bipolarzellen (Interneuron 1. Ordnung) mit den Ganglienzellen (Interneuron 2. Ordnung), deren Axone im Nervus opticus zum Gehirn führen, synaptisch verknüpft. Zusätzlich finden sich Zellen, die Querverbindungen in der Retina herstellen (Horizontal- und Amakrinzellen).

9.6 Physiologie von Lichtrezeptoren

9.6.1 Diffusions-, Membran- und Ruhepotential

Die Membranen erregbarer Zellen (z.B. Nerven- und Muskelzellen, Thrombocyten u.a.) sind dadurch gekennzeichnet, daß sie unterschiedlich durchlässig für die Ionen sind, die sich zum einen im Inneren der Zellen (intrazellulär, Intrazellularraum IZR) und zum anderen in der die Zellen umgebenden Flüssigkeit (extrazellulär, Extrazellularraum EZR) befinden. Membranen mit dieser Eigenschaft nennt man semipermeabel.

So befindet sich eine hohe Konzentration von positiven K^+-Ionen und negativen Eiweiß- und Phosphat-Ionen im IZR, wohingegen im EZR eine hohe Konzentration von positiven Na^+- und negativen Cl^--Ionen vorhanden ist. Treten jetzt z.B. K^+-Ionen entsprechend dem Konzentrationsgradienten aus dem IZR durch die Zellmembran in den EZR, so werden durch diesen Transport von Ionen Ladungen bewegt und es kommt zum Aufbau eines **Diffusionspotentials**, da der IZR negativ wird gegenüber dem EZR. Hierdurch findet sich zum einen ein Konzentrations- oder chemischer Gradient der Ionenarten, zum anderen auch ein elektrischer Gradient. Der elektrische Gradient bewirkt nun, daß K^+-Ionen wieder in die Zelle zurückgetrieben werden. Der elektrische Gradient ist somit für K^+-Ionen entgegengesetzt gerichtet wie der Konzentrationsgradient. Das Gleichgewicht ist erreicht, wenn beide Gradienten gleich groß sind, der elektrochemische Gradient also Null ist.

Tritt ein Ion gleicher Ladung, z.B. positive Na^+-Ionen in der Gegenrichtung in den IZR ein, so kann das durch K^+-Ionen aufgebaute Diffusionspotential vermindert werden. Im Ruhezustand (s.u.) treten nur sehr wenige Na^+-Ionen durch die Zellmembran, die gleichzeitig durch einen aktiven Transportmechanismus wieder aus dem IZR herausgeschafft werden. Da zum einen die Na^+-Konzentration im EZR viel größer als im IZR ist, zum anderen auch der EZR positiv gegenüber dem IZR ist, müssen die Na^+-Ionen sowohl gegen den Konzentrationsgradienten als auch gegen den elektrischen Gradienten aus dem Zellinnern herausgeschafft werden (aktiver Transport). Entsprechend gilt für ein Ion entgegengesetzter Ladung wie z.B. Cl^--Ionen, daß bei einem Durchtritt einer gleichen Anzahl von K^+- und Cl^--Ionen zwar die Konzentrationsgradienten für beide Ionenarten verändert werden, der elektrische Gradient wegen der Elektroneutralität aber unverändert bleibt.

Durch unterschiedliche **Permeabilität** der Zellmembran gegenüber den beteiligten Ionenarten wird eine Potentialdifferenz über der Zellmembran aufgebaut.

Dieses Potential wird als **Gleichgewichtspotential** oder **Ruhepotential** bezeichnet, in der der elektrochemische Gradient gleich Null ist. Die einzelnen Ionenarten liegen dabei in einem bestimmten Konzentrationsverhältnis auf beiden Seiten der Zellmembran vor. Dies Konzentrationsverhältnis der einzelnen Ionenarten bewirkt ein Gleichgewichtspotential E_{Ion}, das durch die Nernstsche Gleichung beschrieben wird. Für das Gleichgewichtspotential von K^+ gilt:

$$E_{K^+} = RT(Fz)^{-1} \ln([K^+]_a/[K^+]_i) \; [mV]$$

Mit R wird die allgemeine Gaskonstante, mit T die absolute Temperatur, mit F die Faradaykonstante, mit z die Ladungszahl des Ions, mit ln der natürliche Logarithmus, mit a der EZR und mit i der IZR bezeichnet. Bei Körpertemperatur (T = 310° K) und Einsetzen der Konstanten gilt nach Umwandlung in den dekadischen Logarithmus ($_{10}$log):

$$E_{K^+} = -61 \log([K^+]_i/[K^+]_a) \; [mV]$$

Die Konzentration von K^+ im IZR beträgt 150 mmol/l, die im EZR 5 mmol/l, so daß sich für K^+ ein Gleichgewichtspotential von $E_{K^+} = -90$ mV errechnet. Bei diesem Gleichgewichtspotential bewegen sich genausoviel Ionen entlang dem Konzentrationsgradienten in den EZR wie sich Ionen entlang dem elektrischen Gradienten in den IZR bewegen. Das Gleichgewichtspotential von Na^+ liegt bei +70 mV. Das Ruhepotential von vielen Rezeptorzellen, das von den Gleichgewichtspotentialen aller beteiligten Ionenarten bestimmt wird, beträgt ungefähr −70 mV. Die Zellmembran ist allerdings nicht vollkommen semipermeabel, so daß fortlaufend Ionen (insbesondere Na^+- und K^+-Ionen) entsprechend den Konzentrations- und elektrischen Gradienten durch die Membran ein- und ausströmen. Diese kleinen Ströme werden kompensiert durch eine sogenannte Na^+/K^+-Pumpe, die die Ionen entgegen den genannten Gradienten in die Zelle hinein bzw. hinausschafft (**aktiver Transportmechanismus**) und somit das Gleichgewichtspotential aufrechterhält. Dieser Prozeß hängt von der Aktivität einer Na^+/K^+-ATPase ab. (Abb. 9.18).

9.6.2 Das Rezeptorpotential

Wird eine elektrisch erregbare Zelle gereizt, so ändern sich die Leitfähigkeiten der Zellmembran und das **Membranpotential** verändert sich.

In Rezeptorzellen wird die Reizintensität i.a. analog in Form eines graduierten Membranpotentials kodiert, d.h. die Höhe des Membranpotentials kodiert die Reizintensität. Eine Verdoppelung der Reizintensität ruft aber nicht eine Verdoppelung des Membranpotentials hervor, so daß die Übertragungsfunktion nicht linear ist, sondern

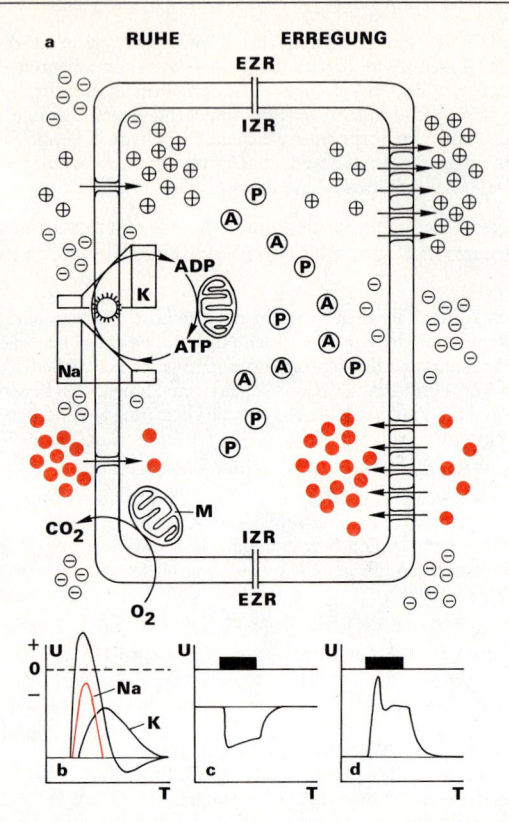

Abb. 9.18: Schema einer elektrisch erregbaren Zelle mit Verteilung der Ionen im Extra- und Intrazellularraum. **a)** Die linke Seite zeigt eine Zelle im Ruhezustand, in dem sich intrazellulär eine hohe Kaliumkonzentration ($\oplus$) und eine niedrige Natriumkonzentration (●) finden wie sie durch die Balkendarstellung symbolisiert sind. Die Leckströme dieser beiden Ionenarten werden durch einen aktiven Transportmechanismus (symbolisiert durch ein Schaufelrad) unter Verbrauch von ATP wieder ausgeglichen (NA^+/K^+-Pumpe). Von den Anionen finden sich Chlorid ($\ominus$) bevorzugt im Extrazellularraum, wohingegen die negativen Ladungen im Intrazellularraum durch Eiweiße (A) und Phosphate (P) gestellt werden. Das Ruhepotential einer Arthropodenlichtsinneszelle wird weitgehend vom K^+-Gleichgewichtspotential bestimmt und liegt bei ungefähr -70 mV. Die rechte Seite der Abbildung zeigt den Zustand bei Erregung, in der zunächst Na^+-Ionen (rote Symbole) in den Intrazellularraum einströmen und hierdurch das Membranpotential weniger negativ wird. Der zeitlich verzögert einsetzende K^+-Ausstrom führt zu einem Wiederaufbau des Ruhepotentials. Die ursprüngliche Ionenverteilung wird durch die Aktivität der Na^+/K^+-Pumpe wiederhergestellt. **b)** Zeitliche Änderung des Membranpotentials (Aktionspo-

die Beziehung zwischen Reizstärke und Höhe des Membranpotentials folgt einer logarithmischen Beziehung. Die Weiterleitung dieser Signale an das Gehirn erfolgt i. a. in digitaler Form durch Aktionspotentiale, bei denen die Höhe des Membranpotentials nicht von der Reizstärke abhängt. Die Reizstärke wird durch die Frequenz der **Aktionspotentiale** kodiert. Die Beziehung zwischen dem analogen **Rezeptorpotential** und dem digitalen Signal der nachgeschalteten Nervenzelle folgt i. a. einem linearen Zusammenhang, d. h. eine Verdoppelung des Rezeptorpotentials führt zu einer Verdoppelung der **Aktionspotentialfrequenz**.

Die an den Membranen erregbarer Zellen ablaufenden Veränderungen der Ionenströme wurden sehr genau beim Riesenaxon der Tintenfischgattung *Loligo* untersucht. Es finden sich sehr ähnliche Änderungen der Ionenströme auch bei anderen erregbaren Zellen.

Unterschiede im Potentialverhalten beruhen auf unterschiedlichen zeitlichen Abläufen der beteiligten Ionenarten bzw. Unterschieden der Leitfähigkeit im Gleichgewichtszustand (**Ruhepotential**). So besitzen die Lichtrezeptoren der Wirbeltiere ein Ruhepotential von ca. −30 mV und antworten bei Belichtung mit einer Verschiebung des Membranpotentials zu negativeren Werten (Ruhepotential innen gegen außen gemessen, **Hyperpolarisation**). Das Ruhepotential der Wirbellosen (z. B. Retinulazellen der Fliegen oder Krebse) hingegen liegt bei ca. −80 mV und verschiebt sich bei Belichtung zu positiveren Werten (**Depolarisation**). Diese Unterschiede im Antwortverhalten bei Belichtung beruhen darauf, daß in der Wirbeltiersehzelle die Ionenkanäle für Na^+ geschlossen werden, wohingegen bei Wirbellosen die Ionenkanäle für Na^+ geöffnet werden. Im Lichtrezeptor der Wirbeltiere verringert sich daher der Na^+-Einstrom und führt zu einer Hyperpolarisation, in den Lichtrezeptoren der Wirbellosen dagegen erhöht er sich und führt zu einer Depolarisation.

Fällt auf den Lichtrezeptor der Wirbellosen Licht, so führt die Absorption dieser Lichtquanten in der Folge zu einer Depolarisation der Zellmembran.

Die Zellmembran wird durchlässig für Na^+-Ionen und es strömen zunächst positiv geladene Na^+-Ionen in die Zelle. Hierdurch wird das Membranpotential (gemessen innen gegen außen der Zelle) weniger negativ (Depolarisation), erreicht einen Schwellenwert, nach dessen Überschreiten die Membran immer durchlässiger für Na^+-Ionen wird, so daß immer mehr Na^+-Ionen in die Zelle einströmen. Hierdurch wird die Potentialdifferenz über der Membran immer kleiner, was zu einer weiteren Durchlässigkeit für Na^+-Ionen führt und in einem explosionsartig eskalierenden Prozeß erreicht das Membranpotential den Nullwert und kehrt schließlich sogar seine Polarität um. Wegen der kurzzeitig hohen Durchlässigkeit für Na^+-Ionen wird das Membranpotential weitgehend vom Na^+-Strom bestimmt, d. h. das Membranpotential strebt dem Gleichgewichtspotential von Na^+ zu (s. o.) und kann vorübergehend sogar

---

tential) und beteiligte Ionenströme. c) Rezeptorpotential einer Wirbeltierlichtsinneszelle auf einen Lichtreiz (schwarzer Balken). Die Zelle hyperpolarisiert. d) Rezeptorpotential einer Wirbellosenlichtsinneszelle auf einen Lichtreiz. Die Zelle depolarisiert. EZR: Extrazellularraum. IZR: Intrazellularraum. M: Mitochondrion. T: Zeit. U: Membranpotential. Einzelheiten siehe Text.

positiv werden («Overshoot»). Die Membran läßt allerdings nur für sehr kurze Zeit Na$^+$-Ionen durchtreten und wird dann wieder impermeabel. Dies wird als Inaktivierung des Na$^+$-Stromes bezeichnet. Anschließend werden durch einen verzögert einsetzenden K$^+$ Ausstrom aus der Zelle positive Ladungsträger aus der Nervenzelle entfernt und das Membranpotential wieder auf den Ruhewert zurückgeholt (Repolarisation). Hierbei kann das Membranpotential vorübergehend sogar negativer als das Ruhepotential werden (Hyperpolarisation). Die Ionenverschiebungen nach einer Erregung (graduiertes Rezeptorpotential, Aktionspotential) werden durch die Aktivität der Na$^+$-K$^+$-Pumpe wieder ausgeglichen und der vorherige Zustand wieder hergestellt. Einzelheiten können in Lehrbüchern der Physiologie nachgelesen werden.

Die **Durchlässigkeit** der Zellmembran für bestimmte Ionenarten läßt sich physikalisch durch die Leitfähigkeit der Zellmembran charakterisieren.

Die Leitfähigkeit g ist der Kehrwert des elektrischen Widerstandes r der Membran (g = 1/r). Beim Gleichgewichts- oder Ruhepotential E_x ist der Ionenstrom I_x aller beteiligten Ionen gleich Null, so daß entsprechend dem Ohmschen Gesetz für den Ionenstrom gilt: $g_x = I_x/E_x$. Entfernt sich aber das Membranpotential E_m vom Gleichgewichtspotential E_x, so ist der Ionenstrom von Null verschieden und das ihn treibende Potential durch die Beziehung $g_x = I_x/(E_m - E_x)$ gegeben. g_x wird in Siemens pro Membranfläche [S m^{-2}], I_x in Ampère pro Membranfläche [A m^{-2}] und das Membranpotential E_m in Volt [V] angegeben.

9.6.3 Die Lichtsinneszellen der Vertebratennetzhaut

Die Stäbchen der Wirbeltiernetzhaut besitzen im Dunkeln ein Ruhepotential von ca. $E_x = -30$ mV. Das Ruhepotential wird durch einen relativ hohen Na$^+$-Dunkelstrom (Generatorstrom) getragen, wobei der Strom über das Außenglied in die Zelle hineinfließt und diese über das Innenglied wieder verläßt. Der Strom über die Längsachse der Zelle wird durch unterschiedliche Leitfähigkeiten der Zellmembran ermöglicht. Bei Belichtung wird der Membranstrom reduziert, die Leitfähigkeit für Na$_+$-Ionen also verringert oder sogar unterdrückt und das Membranpotential wird negativer: die Zelle hyperpolarisiert. Die Änderung des Dunkelstromes bei Belichtung wird als Photostrom bezeichnet. Das Membranpotential kann dabei Werte bis zu $E_m = -70$ mV annehmen. Der Photostrom beruht auf der Veränderung von lichtabhängigen Ionenkanälen des Außengliedes (s. 9.7; Abb. 9.18c).

9.6.4 Andere Rezeptorzellen

Im Gegensatz zu den Lichtrezeptoren der Wirbeltiernetzhaut beträgt das Ruhepotential anderer Rezeptoren (z.B. Chemo- und Mechanorezeptoren, Lichtrezeptoren der Wirbellosen) ca. $E_x = -60$ bis -80 mV.

Besonders gut untersucht sind die Lichtsinneszellen der Arthropoden. Die Zellmembran ist weitgehend undurchlässig für Na$_+$-Ionen und das Ruhepotential wird vom K$_+$-Gleichgewichtspotential dominiert. Bei Belichtung erhöht sich die Leitfähigkeit für Na$_+$-Ionen durch Öffnung von Ionenkanälen der Mikrovillusmembran und führt zu einer Depolarisation des Rezeptorpotentials. Das Membranpotential kann dabei sogar positive Werte annehmen (Abb. 9.18b).

9.7 Primärprozesse der Lichtwahrnehmung

9.7.1 Rhodopsin und Quantenabsorption

Wird ein Lichtquant von einem Rhodopsinmolekül absorbiert, so wird hierdurch eine Serie von Konformationsänderungen ausgelöst. Ein Rhodopsinmolekül besteht aus zwei Komponenten, dem Eiweiß **Opsin** und einer prosthetischen Gruppe, dem Aldehyd des Vitamin A, dem **Retinal**. Durch Absorption eines Lichtquants ändert sich die sterische Konfiguration des Retinal von der 11-cis- in die alltrans-Form, das Rhodopsin durchläuft mehrere Zwischenprodukte und schließlich wird das Retinal abgespalten (Abb. 10.15). Diese ganze Kette von Ereignissen läuft in wenigen Millisekunden ab. Ein Zwischenprodukt, das Metarhodopsin II spielt eine wichtige Rolle beim Transduktionsprozeß.

9.7.2 Transduktion und elektrische Erregung

Der Mechanismus der Transduktion, also der Umsetzung eines absorbierten Lichtquants in ein elektrisches Signal, ist für Wirbeltiersehzellen weitgehend aufgeklärt. Intrazelluläres zyklisches GMP (c-GMP, **Guanosinmonophosphat**) dient als Botenstoff, der direkt die Ionenkanäle der Zellmembran steuert. Die Konzentration von c-GMP wird durch zwei Enzyme reguliert. Eine Guanylatzyklase synthetisiert c-GMP aus GTP (Guanosintriphosphat) und eine Phosphodiesterase (PDE) hydrolysiert c-GMP zu GMP.

Die Konzentration von c-GMP wird durch eine lichtabhängige Enzymkaskade gesteuert. Wird ein Rhodopsinmolekül durch Lichtquantenabsorption in einen angeregten Zustand überführt (lichtaktiviertes Rhod*), so bindet das Folgeprodukt Metarhodopsin II an ein G-Protein (GTP-Bindungsprotein, GTPase, Transducin) der Zellmembran an und katalysiert den Austausch von GTP (Guanosintriphosphat) gegen membrangebundenes GDP (Guanosindiphosphat). Ein Rhod* kann mehrere hundert G-Proteine aktivieren. Eine Untereinheit des GTP dissoziiert ab und aktiviert ein Molekül des Enzyms Phosphodiesterase (PDE), die c-GMP zu GMP hydrolysiert. c-GMP bindet direkt an Bindungsstellen eines Ionenkanals an, der die Leitfähigkeit für Na^+-Ionen steuert.

Die Abschaltung der Enzymkaskade erfolgt durch Weiterreaktion von Metarhodopsin II, durch Desaktivierung von Rhod*, so daß kein G-Protein mehr aktiviert wird.

Die c-GMP-Konzentration ist im Dunkeln, dem Ruhezustand der Membran, hoch, da c-GMP an den lichtabhängigen Ionenkanal anbindet und ihn offenhält. Im Dunkeln können hierbei Na^+- und Ca^{2+}-Ionen die Zellmembran passieren. Der Dunkelstrom wird dabei zu ca. 95% von Na^+-Ionen und nur zu ca. 5% von Ca^{2+}-Ionen getragen. Durch Licht wird die Hydrolyse von c-GMP eingeleitet und gebundenes c-GMP dissoziiert von den Bindungsstellen der Ionenkanäle ab. Hierdurch schließen sich die Ionenkanäle und vermindern den Dunkelstrom. Als Folge hyperpolarisiert die Zelle.

Der Mechanismus der Transduktion ist in anderen Lichtrezeptorzellen, die auf Belichtung mit Depolarisation antworten, nicht geklärt. Sie besitzen ebenfalls c-GMP, in höherer Konzentration aber c-AMP (Adenosinmonophosphat) und G-Protein. Bei Belichtung erhöhen sich die Konzentrationen von c-GMP und Ca^{2+}-Ionen (bei Vertebraten sinken sie bei Belichtung).

9.8 Literatur

Bowmaker, J.K.; Martin, G.R.: Visual Pigments and Oil Droplets in the Penguin, *Spheniscus humboldti*. J. Comp. Physiol., **156**, 71–77, 1985

Eakin, R.M.: Cold Spring Harbor Sympos. Quant. Biol., **30**, 1965

Enoch, J.M.; Tobei, F.L. jr.: Vertebrate Photoreceptor Optics. In: Springer Series in Optical Sciences, **23**, Springer, Heidelberg, 1981

Exner, S.: Die Physiologie der facettierten Augen von Krebsen und Insekten. Franz Deuticke Verlag, Leipzig – Wien, 1891

Kaupp, U.B.: Rezeptorphysiologie und Orientierung. Mechanismus der Photorezeption im Wirbeltierauge. Verh. Dtsch. Zool. Ges. **79**, 51–68, 1986

Kirschfeld, K.: Linsen und Komplexaugen: Grenzen ihrer Leistung. Naturwissenschaftliche Rundschau, **37** (8), 352–362, 1984

Land, M.F.: Optics and Vision in Invertebrates. Aus Autrum (Hrsg.): Vision in Invertebrates. Hb. Sens. Physiol., **VII/6B**, 471–593, 1981

Merkel, F.-W.: Orientierung im Tierreich. G. Fischer, Stuttgart, 1980

Penzlin, H.: Lehrbuch der Tierphysiologie. G. Fischer, Stuttgart, 1989

Schmidt, R.F.; Thews, G.: Physiologie des Menschen. Springer, Heidelberg, 1976

Silbernagel, S.; Despopoulos, A.: Taschenbuch der Physiologie. Thieme, Stuttgart, 1983

Walls, G.L.: The Vertebrate Eye and its Adaptive Radiation. Hafner Publishing Company: New York – London (1963)

10 Mechanorezeption[1] 539

10.1 Tastsinn 539
10.1.1 Wirbellose 539
10.1.2 Wirbeltiere 544

10.2 Strömungssinn 547

10.3 Schweresinn, Drehsinn 550
10.3.1 Wirbellose 550
10.3.2 Wirbeltiere 557

10.4 Gehörsinn 564
10.4.1 Wirbeltiere 565
10.4.2 Wirbellose 581

10.5 Propriorezeption 592

10.6 Literatur 595

Mechanische Reize haben ihren Ursprung in der Umwelt der Organismen, aber auch in diesen selbst. Entsprechend sind die Sinnesorgane, die auf diese Reize ansprechen, **extero-** oder **propriorezeptiv**. Viele mechanische Reize wirken in Form von Druck oder Zug. Gelangen feste Körper in Kontakt mit der Oberfläche eines Organismus, entstehen Berührungsreize, die von Tastorganen wahrgenommen werden. Eine Reizquelle kann ferner Wasserströme, -wellen oder Luftströmungen auslösen, die auf spezialisierte Sinnesorgane wirken. Zahlreiche Tierarten besitzen Sinnesorgane zur Perzeption von Bewegungen, der Schwerkraft und von Schallwellen.

10.1 Tastsinn

10.1.1 Wirbellose

Bereits **einzellige Tiere** ohne spezifische Organellen reagieren auf mechanische Reize. Rhizopoda ziehen bei Berührung häufig ihre Pseudopodien ein, festsitzende Ciliata kontrahieren den Stiel, mit dem sie am Untergrund befestigt sind. Die Mechanismen der Reizaufnahme und -beantwortung, die den vielfältigen Reaktionen zugrunde liegen, sind bislang kaum bekannt. Bei

---

[1] H. Schneider, (Bonn)

Paramecium spp. löst ein Berührungsreiz am Vorderende eine Depolarisation aus, am Hinterende gleichzeitig eine Hyperpolarisation.

Coelenterata besitzen auf den Tentakeln mechanosensitive Sinneszellen mit je einem Cilium. Die Nesselzellen reagieren auf Berührung des Cnidocils innerhalb von Millisekunden mit der Ausstülpung der Nesselkapseln.

Die Mechanorezeptoren der **Arthropoda** sind sehr verschiedenartig, entsprechend vielseitig sind die Funktionen, mitunter üben sie mehrere aus. Ein typischer Mechanorezeptor ist das **Sinneshaar**, das aus einem cuticularen Schaft, einer Gelenkmembran, meist einer Sinneszelle und Hüllzellen besteht. Diese Haarsensillen kommen auf den Antennen, Mundwerkzeugen, Beinen und Cerci sehr zahlreich vor.

Bei Bienen und Ameisen sind sie an mehreren Gelenken, darunter denen zwischen Kopf und Thorax sowie Thorax und Abdomen zu Borstenfeldern gruppiert. Auf den Cerci der Grillen sind Faden-, Borsten- und Keulenhaare ausgebildet (Abb. 10.1). Fadenhaare (Abb. 10.2) erreichen eine Länge von 3 mm und haben eine bevorzugte Schwingungsrichtung, längs, quer oder diagonal zur Längsrichtung des Cercus, Keulenhaare werden nur bis 200 μm lang. Jedes Faden- und Keulenhaar hat nur eine Sinneszelle, während es bei den Borstenhaaren 2–3 sind, von denen vermutlich aber nur eine als Mechanorezeptor wirkt. Die leicht beweglichen Fadenhaare reagieren auch auf Luftschall, und zwar ist die Schallschnelle reizwirksam.

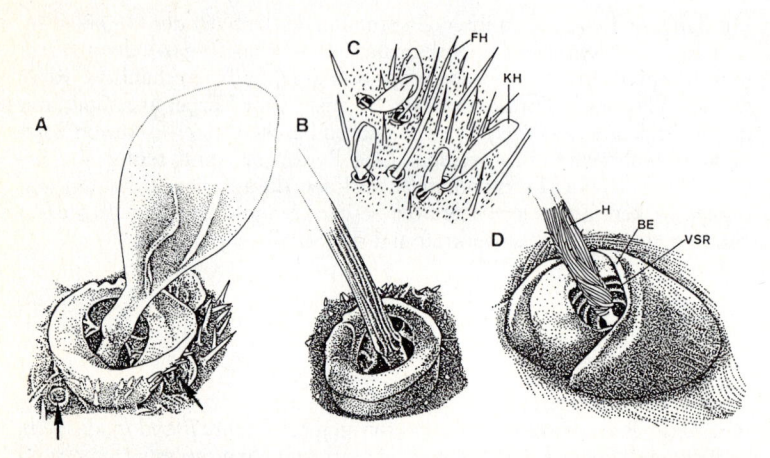

Abb. 10.1: (a) Keulen-, (b) Fadenhaar auf dem Cercus der Feldgrille; (c) zeigt die Verteilung der Haartypen auf dem Cercus. (d) Trichobothrium. Die Auslenkung der Haare wird durch die cuticularen Becher an der Basis begrenzt. BE: Becher; FH: Fadenhaar; H: Haarschaft; KH: Keulenhaar; VSR: Verstärkungsrippen. Die Pfeile in (a) markieren Kuppelorgane (a–c: nach Gnatzy und Schmidt 1971, d: nach Reissland und Görner 1985).

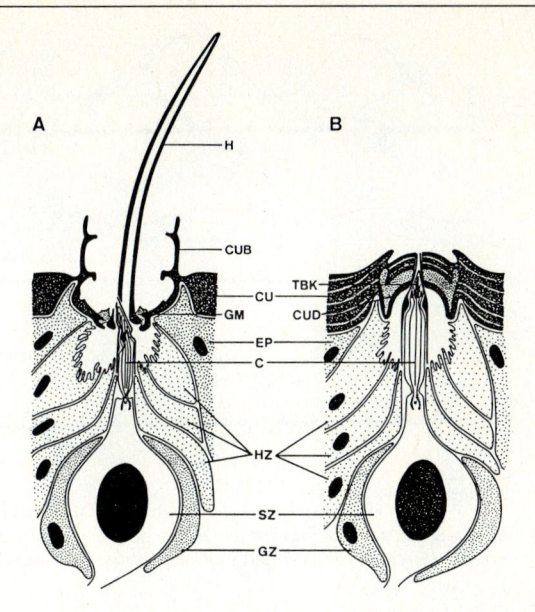

Abb. 10.2: Schematischer Bau eines Fadenhaares (**a**) und eines Kuppelorgans (**b**). C: Cilium; CU: Cuticula; CUB: cuticulärer Becher; CUD: cuticulärer Dom; Ep: Epidermis; GM: Gelenkmembran; GZ: Gliazelle; H: Haarschaft; HZ: Hüllzelle; SZ: Sinneszelle; TBK: Tubularkörper (nach Gnatzy und Schmidt 1971).

Ein anderer, typischer Mechanorezeptor der Insekten ist das **Kuppelorgan**, Sensillum campaniforme (Abb. 10.2). Es ist mit einer Sinneszelle ausgestattet, deren Cilium unter der gewölbten Cuticula endet. Heuschrecken haben auf jedem Bein ca. 120 Kuppelorgane.

Auf den Cerci der Grillen sind jedem Faden- und Keulenhaar bis zu fünf Kuppelorgane zugeordnet (Abb. 10.1, Pfeile), die möglicherweise bei der Bestimmung der Schwingungsrichtung der Haare eine Rolle spielen. Bei den Florfliegen sind im zweiten Antennenglied, Pedicellus, Kuppelorgane zu einem Ring ausgerichtet. Campaniforme Sensillen in den Tibien der Schaben reagieren auf vibratorische Reize. Bis zu einer Frequenz von 70 Hz sind die Antworten mit den Reizen synchronisiert, darüber nicht mehr. Hochempfindliche Vibrationsrezeptoren sind auch die Kuppelorgane, die bei den Blattschneiderameisen an den Gelenken zwischen Trochanter und Femur ausgebildet sind.

Becherhaare, **Trichobothrien**, sind vor allem bei Spinnen verbreitet. An ihrer Basis bildet die Cuticula einen Wall, der die Auslenkung begrenzt (Abb. 10.1). Am proximalen Ende stehen die Haare mit einer helmartigen Struktur in Verbindung, die dendritische Fortsätze von vier Sinneszellen

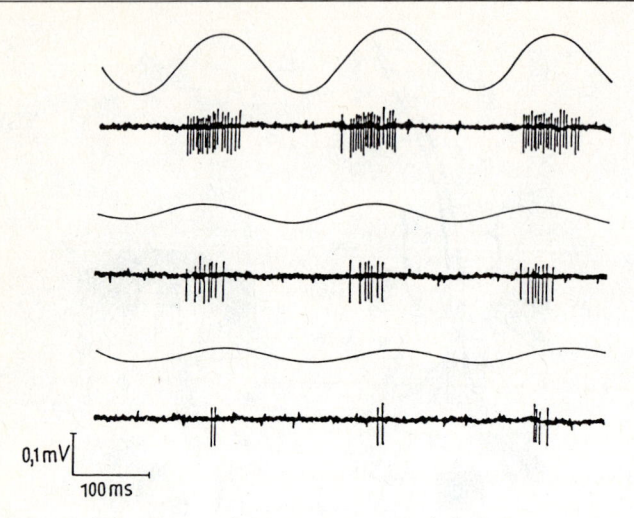

Abb. 10.3: Entladungsmuster bei Reizung eines Trichobothriums von *Euscorpius carpathicus* mit Sinusreizen von 4,7 Hz und unterschiedlicher Amplitude (aus Hoffmann 1967).

überdeckt. Bei der Auslenkung bewegt sich der Helm entgegengesetzt und wirkt auf die Fortsätze der Sinneszellen. Die Haare sind für Luftströmungen sehr empfindlich. Spinnen lokalisieren mit Hilfe der Trichobothrien schwirrende Fliegen aus einem Abstand von mehreren Zentimetern. Nach unilateraler Entfernung der Trichobothrien sind die Spinnen desorientiert. Bei Reizung von vorn wenden sie nach der intakten Seite. Trichobothrien sind phasische Rezeptoren, die nur während des Abbiegens aktiv sind. Beim Skorpion *(Euscorpius carpathicus)* lösen Auslenkungen der Haare von 2–3° bei einer Winkelgeschwindigkeit von 6–8° pro Sekunde Serien von Aktionspotentialen aus (Abb. 10.3).

Spaltsinnesorgane sind für die Arachnida, besonders die Webspinnen kennzeichnend. Zwei bis zu 200 µm lange Cuticula-Wülste schließen einen 2 µm breiten Spalt ein, der sich in der Mitte vertieft und dort durch eine äußere und innere Membran begrenzt ist. An jeder dieser Membranen endet der Dendrit einer Sinneszelle. Adulte Wolfspinnen *(Cupiennius salei)* haben mehr als 3.000 Spaltsinnesorgane, 86% davon auf den Extremitäten. Die Spaltsinnesorgane reagieren auf Verformungen der Cuticula, am wirksamsten ist Kompression senkrecht zur Längsrichtung des Spaltes. Große Einzelspaltorgane auf den Tarsen werden durch Luftschall erregt. Spinnen besitzen ferner **lyraförmige Organe**, bei denen 2–30 Spaltsinnesorgane in Serie angeordnet sind. Sie befinden sich fast alle auf den Laufbeinen in nächster Nähe der Gelenke. Das große Lyraorgan auf dem Metatarsus ist für Vibrationen hochempfindlich.

Skolopidien stellen subcuticuläre Mechanorezeptoren dar, die sich auf Haarsensillen zurückführen lassen. 1–3 Sinneszellen, je eine Stift- und Hüllzelle bilden eine funktionelle Einheit. Bei den mononematischen Skolopidien stellt die Hüllzelle die Verbindung zur Körperdecke her, bei den amphinematischen Skolopidien ist noch ein Endfaden ausgebildet (Abb. 10.4). Im Pedicellus der Insekten mit Geißelantennen bauen Skolopidien das **Johnstonsche Organ** auf. Es perzipiert die Bewegungen der Geißel – Eigenbewegungen oder solche, die auf äußere Einflüsse, etwa Wind, zurückgehen.

Bei der Schmeißfliege steuert das Johnstonsche Organ die Fluggeschwindigkeit, bei männlichen Stechmücken dient es der Wahrnehmung des Flugtones arteigener Weibchen. Die zirkuläre Anordnung der Skolopidien im Johnstonschen Organ ermöglicht sogar die Lokalisation der Schallrichtung. Das Johnstonsche Organ der Florfliegen ist aus 130–150 amphinematischen Skolopidien mit jeweils drei Sinneszellen aufgebaut, außerdem ist ein Zentralorgan mit sechs mononematischen Skolopidien vorhanden.

Weitere Sinnesorgane, die aus Skolopidien bestehen, sind die **Chordotonal-** und **Subgenualorgane**. Chordotonalorgane sind zwischen Skelettelementen oder anderen Organen ausgespannt und reagieren auf Positionsänderungen dieser Teile. Subgenualorgane in den Tibien der Insekten sind hochempfindliche Vibrationsrezeptoren im Bereich von 30–5.000 Hz, die größte Empfindlichkeit liegt zwischen 1.000 und 2.000 Hz.

Skolopidien in den Tarsen der Vorder- und Hinterbeine dienen beim Rückenschwimmer *(Notonecta glauca)* der Perzeption von Oberflächenwellen des Wassers,

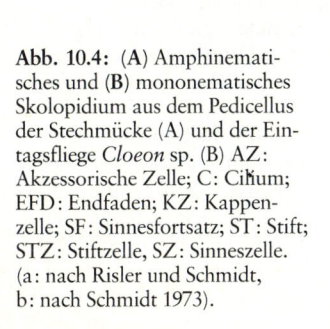

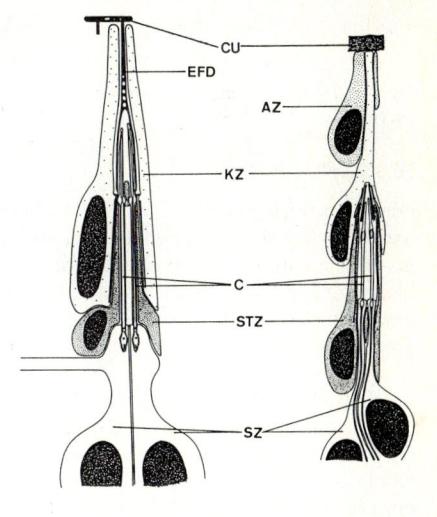

Abb. 10.4: (**A**) Amphinematisches und (**B**) mononematisches Skolopidium aus dem Pedicellus der Stechmücke (A) und der Eintagsfliege *Cloeon* sp. (B) AZ: Akzessorische Zelle; C: Cilium; EFD: Endfaden; KZ: Kappenzelle; SF: Sinnesfortsatz; ST: Stift; STZ: Stiftzelle, SZ: Sinneszelle. (a: nach Risler und Schmidt, b: nach Schmidt 1973).

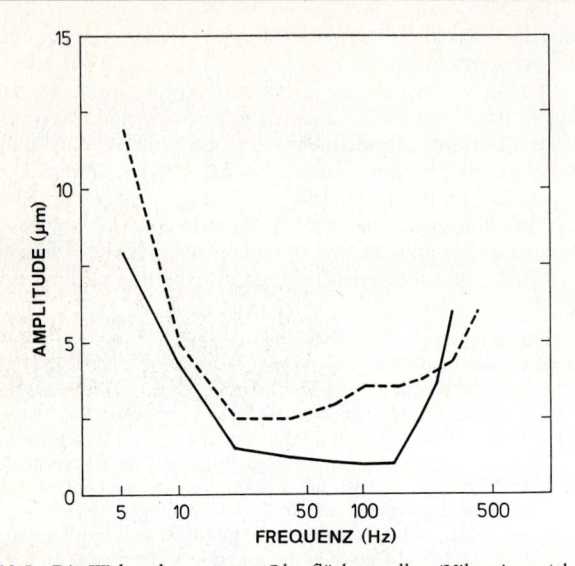

Abb. 10.5: Die Wahrnehmung von Oberflächenwellen (Vibrationen) beim Wasserläufer (——) und Rückenschwimmer (-----). Die Wellenamplitude wurde von Spitze zu Spitze gemessen. Beim Wasserläufer beträgt die Schwelle 2,5 µm, beim Rückenschwimmer 1 µm. Der Reaktionsbereich ist bei beiden Arten gleich (nach Wiese 1969).

ebenso ist der Wasserläufer *(Gerris lacustris)* zur Wahrnehmung von Oberflächenwellen befähigt (Abb. 10.5).

10.1.2 Wirbeltiere

Die Tastsinnesorgane der Wirbeltiere haben sehr verschiedenartigen Aufbau. Die freien Nervenendigungen stellen unverzweigte oder verzweigte Ausläufer von Sinnesnervenzellen dar, die im Bindegewebe der Haut, an Haarwurzeln oder zwischen Epidermiszellen liegen und von Schwannzellen umgeben sind (Abb. 10.6). Die Perikarien dieser Neuronen befinden sich in den Spinalganglien.

In der Haut, an Haaren, aber auch in den Tasthaaren kommen die **Merkelschen Tastsinnesapparate** vor. Die Endigungen der sensorischen Fasern sind verbreitert und bilden die Tastscheiben der Tastmenisken, über oder unter denen Tastzellen angeordnet sind, die mit den Nervenfasern in Kontakt stehen. Hauteindrückungen von 10 µm sind für diese Organe bereits überschwellig.

Die **Meissnerschen Körperchen** befinden sich im Corium unmittelbar

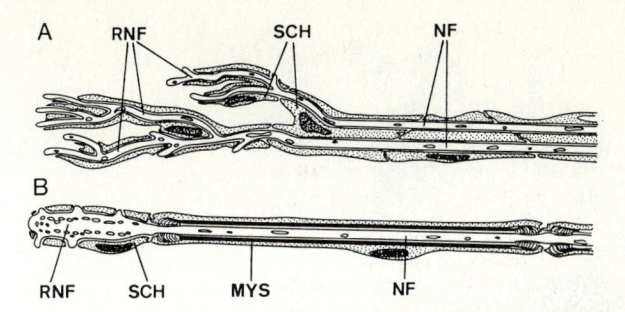

Abb. 10.6: (a) Verzweigte, (b) unverzweigte freie Nervenendigung, MYS: Myelinscheide; NF: sensorische Nervenfaser, RNF: Rezeptorischer Teil der Nervenfaser; SCH: Schwannzelle (nach Andres und v. Düring 1973).

unter der Epidermis. Die rezeptorischen Fasern sind in ihnen zu einem lockeren Knäuel mit dazwischen liegenden Schwannzellen aufgerollt (Abb. 10.7). Von den Körperchen und ihren Hüllzellen gehen Kollagenfasern aus, die Verbindung mit den Tonofibrillen der Epidermiszellen haben. Meissnersche Körperchen adaptieren rasch. Bei Affen wurde ihre Schwellenkurve elektrophysiologisch bestimmt. Sie hat das Minimum bei 60 Hz, die kleinste Schwingungsamplitude beträgt 20 µm.

Die **Vater-Pacinischen Körperchen** oder Lamellenkörperchen liegen, oft zu mehreren, vornehmlich im Unterhautbindegewebe, außerdem im Mesenterium in der Nähe der Blutgefäße, an Muskeln, Sehnen und am Periost. Sie

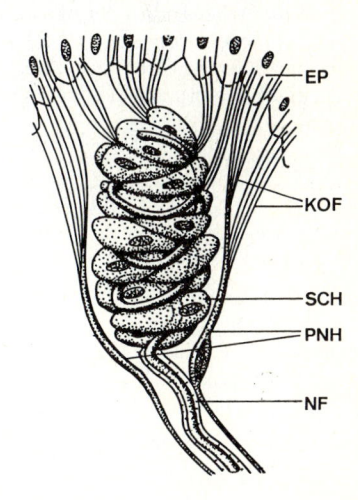

Abb. 10.7: Aufbau eines Meissnerschen Tastkörperchens. EP: Epidermis; KOF: Kollagenfasern; NF: Nervenfaser; PNH: perineurale Hülle; SCH: Schwannzelle (nach Andres und v. Düring 1973 und Wurmbach und Siewing 1980).

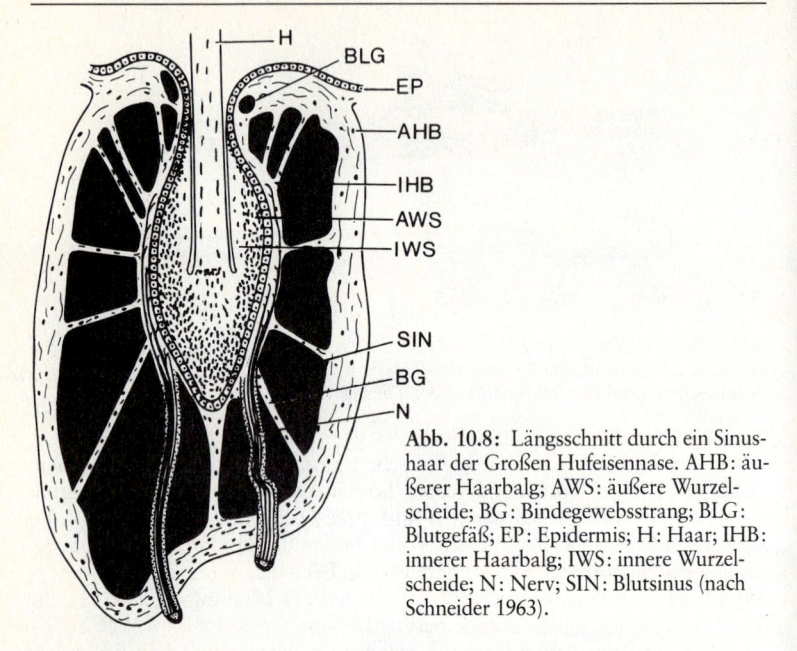

Abb. 10.8: Längsschnitt durch ein Sinushaar der Großen Hufeisennase. AHB: äußerer Haarbalg; AWS: äußere Wurzelscheide; BG: Bindegewebsstrang; BLG: Blutgefäß; EP: Epidermis; H: Haar; IHB: innerer Haarbalg; IWS: innere Wurzelscheide; N: Nerv; SIN: Blutsinus (nach Schneider 1963).

perzipieren demnach nicht nur externe Reize, sondern wirken auch als Propriorezeptoren (s. S. 592). Mit 4 mm Länge und 1–2 mm Durchmesser erreichen sie eine für Tastorgane bemerkenswerte Größe. Den zentralen Teil des Körperchens bildet der Innenkolben, der von etwa 30 Lamellen umhüllt wird. In jedes Körperchen tritt eine sensorische Faser ein, die in Längsrichtung des Kolbens verläuft und dort ohne Markscheide ist. Die Vater-Pacinischen Körperchen adaptieren extrem schnell und zeigen keine Ermüdung.

Den Beginn eines überschwelligen Reizes beantworten sie lediglich mit ein bis zwei Aktionspotentialen, bei lang dauernden Reizen löst auch das Reizende ein Aktionspotential aus. Sie sind daher zur Perzeption von Vibrationen besonders geeignet. Das Schwellenminimum liegt bei 200 Hz, die Empfindlichkeit nimmt bei höheren und niedrigeren Reizfrequenzen schnell ab.

Erheblich differenziertere Struktur haben die **Tasthaare** oder **Sinushaare**. Es sind dicke und meist sehr lange Haare, die über das Haarkleid hinausragen und das Ertasten der nahen Umgebung ermöglichen, außerdem haben sie Schutzfunktion. Sie sind an bestimmten Stellen des Körpers, vornehmlich auf dem Kopf, bei Fledermäusen auch auf den Nasenaufsätzen angeordnet.

Bei der Felsenmaus *(Apodemus mystacinus)*, die in Felsspalten lebt und eine Körperlänge von 13 cm hat, erreichen die Tasthaare eine Länge von 47 mm. Die

Sinushaare sind von einem Blutsinus umgeben und in diesem nur leicht befestigt (Abb. 10.8). Sie wirken daher als lange Hebel. Die sensorischen Fasern treten in den Haarbalg ein, verteilen sich gleichmäßig um das Haar und enden an der Zylinderschicht der äußeren Haarbalglamelle, meist als Merkelsche Tastsinnesapparate.

10.2 Strömungssinn

Das **Seitenliniensystem** ist bei Fischen und einigen Lurchen ausgebildet und dient der Wahrnehmung von Wasserströmungen und -wellen. Das Grundelement des Sinnessystems ist der freie Sinneshügel, Neuromast, der aus sekundären Sinneszellen, Stützzellen, vielfach Mantelzellen und einer im Querschnitt runden oder elliptischen Cupula besteht (Abb. 10.9). Die Auslenkung der Cupula durch Wasserströme bewirkt die Erregung der Sinneszellen. Die **Neuromasten** sind sehr zahlreich und ursprünglich auf der Körperoberfläche ausgebildet. Bei den Knochenfischen (Teleostei) ist das Seitenliniensystem hoch entwickelt. Neuromasten sind in Kanäle verlagert, die unter den Schuppen verlaufen. Neben den Kanalorganen sind aber stets noch freie Sinneshügel vorhanden (Abb. 10.10). Die Kanäle haben einen Durchmesser von ca. 200 µm und enthalten Flüssigkeit. In ihnen sind die Neuromasten in regelmäßigen Abständen angeordnet, ihre Cupulae haben die Form des Kanalquerschnitts. Von den Kanälen führen Seitenkanäle, je einer zwischen zwei Neuromasten, zur Körperoberfläche und durchbohren dabei die Schuppen. Anhand dieser durchbohrten Schuppen ist der Rumpfkanal oder die Rumpfseitenlinie, die auf den Körperseiten bis zur Schwanz-

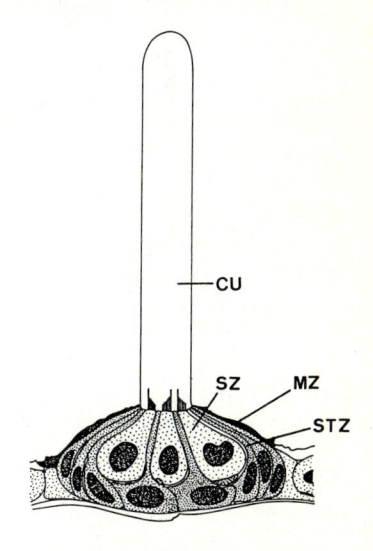

Abb. 10.9: Freier Neuromast einer Knochenfisch-Larve. CU: Cupula; MZ: Mantelzelle; SZ: Sinneszelle; STZ: Stützzelle (nach Iwai 1967).

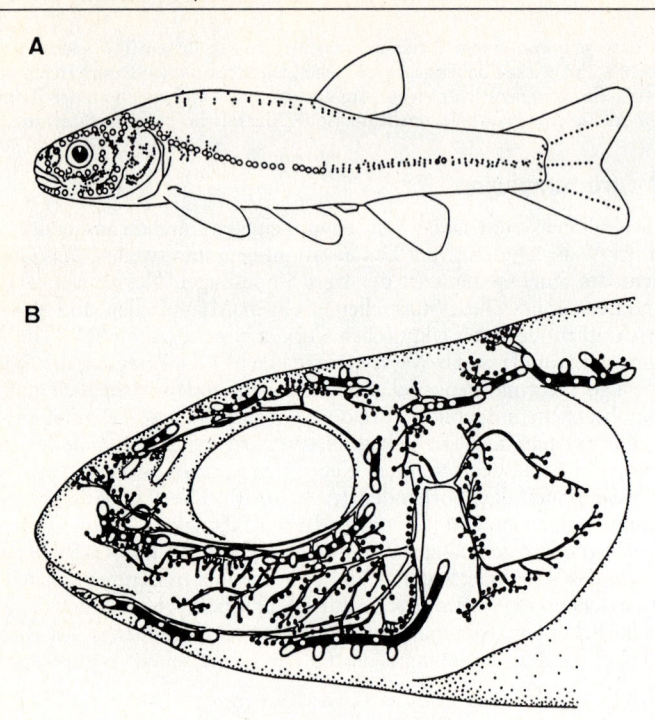

Abb. 10.10: (A) Seitenliniensystem der Elritze. (●) freie Neuromasten, (o) Kanalneuromasten. (B) Anordnung der freien Neuromasten (●) und der Kanalorgane. Die weißen Punkte geben die Kanalneuromasten, die weißen Ovale die Öffnungen der Kanäle an (A: nach Dijkgraaf 1934, B: nach Lekander 1949).

wurzel verläuft, leicht zu erkennen. Über die Seitenkanäle erreichen die Reize aus dem Außenmedium die Kanalneuromasten. Jede Sinneszelle trägt 30–50 Stereocilien und ein seitliches Kinocilium (s. auch Abb. 10.22). Die Sinneszellen bilden zwei, etwa gleichgroße Gruppen mit entgegengesetzt angeordneten Kinocilien, beide Gruppen sind parallel zur Längsachse des Kanals ausgerichtet.

Oberflächenfische, wie der Streifenhechtling *(Aplocheilus lineatus)*, Schmetterlingsfisch *(Pantodon buchholzi)* und der Sechsbandhechtling *(Epiplatys sexfasciatus)* nehmen mit den Seitenlinienorganen Oberflächenwellen wahr. Der Kopf der Fische ist abgeplattet, so daß die auf ihm befindlichen Sinnesorgane mit der Oberfläche des Wassers Verbindung haben. Der Streifenhechtling hat beiderseits drei Gruppen mit je drei, unterschiedlich ausgerichteten Neuromasten. Die Cupula der Sinnesorgane ist

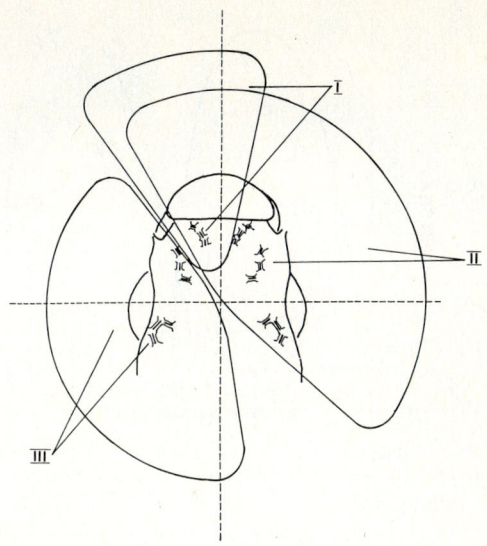

Abb. 10.11: Die Anordnung der Neuromasten beim Streifenhechtling. I nasale, II supraorbitale, III postorbitale Gruppe von Neuromasten mit den zugehörigen Perzeptionsbereichen (nach Schwartz 1967).

fahnenartig, entlang der Breitseiten sind kräftige Hautwülste ausgebildet. Am wirksamsten sind die Reize, die auf die Schmalseite der Cupula auftreffen. Die Fische reagieren auf eine Oberflächenwelle mit einer Latenz von 40 ms. Für die Lokalisation der Richtung und Entfernung einer Reizquelle ist der Krümmungsradius der Welle entscheidend. Die Bestimmung der Richtung erfolgt durch das Zusammenwirken symmetrischer Organgruppen beider Körperseiten, die der Entfernung durch hintereinander angeordnete Gruppen. Auf einen einmaligen Wellenreiz bestimmen die

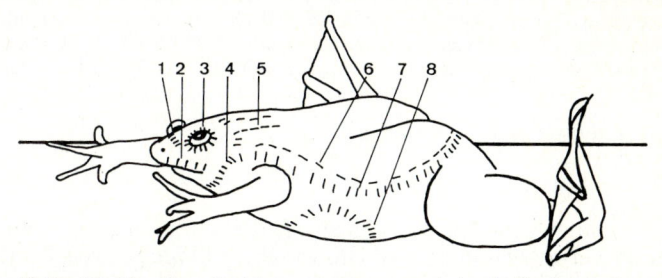

Abb. 10.12: Die Verteilung der Neuromastengruppen beim Krallenfrosch. 1 nasale, 2 maxillare, 3 circumorbitale, 4 hyomandibulare, 5 occipitale, 6, 7, 8 obere, mittlere und untere seitliche Neuromastenreihe (nach Kramer 1933).

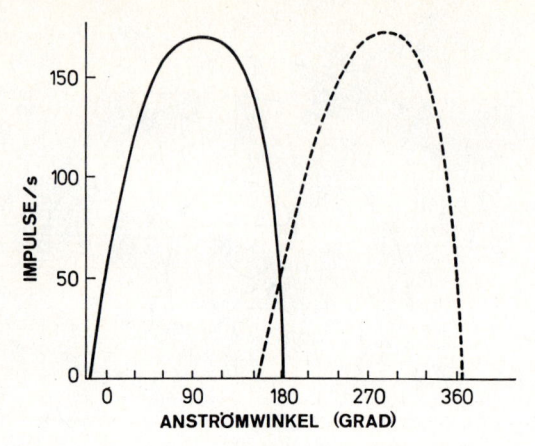

Abb. 10.13: Die Abhängigkeit der Entladungsfrequenz der beiden Sinneszelltypen eines Neuromasten von der Einfallsrichtung der Reize. (—) Zelltyp 1, (- - - -) Zelltyp 2. 0° und 180° sind senkrecht zur Breitseite der Cupula (nach Görner 1963).

Fische das Reizzentrum bis zu einer Entfernung der 3–3,5fachen eigenen Körperlänge mit einer Genauigkeit von 0,5 cm. Die Organgruppen haben spezifische Perzeptionsfelder (Abb. 10.11), der Verlust von Neuromasten mindert die Orientierungsleistung.

Unter den Amphibien hat der Krallenfrosch *(Xenopus laevis)* ein gut ausgebildetes Seitenliniensystem (Abb. 10.12). Die Neuromasten stehen in Gruppen zu vier bis sechs, sowohl auf der Ober- als auch auf der Unterseite des Körpers sind diese Gruppen sehr zahlreich. Jeder Neuromast hat bis zu 12 Sinneszellen, die zwei funktionelle Einheiten mit einem Reaktionsbereich von je 180° bilden. Jede Einheit wird von einer afferenten Nervenfaser innerviert, außerdem sind efferente Fasern vorhanden. Die Sinneszellen einer Einheit beantworten einen Wasserstrom auf eine der beiden Schmalseiten der fahnenartigen Cupula mit maximaler Erregung, den auf die jeweils entgegengesetzte Schmalseite mit Hemmung, andere Anströmwinkel innerhalb des Reaktionsbereiches führen zu abgestuften Antworten (Abb. 10.13). Reize, die senkrecht auf die Breitseiten der Cupula treffen, lösen keine oder nur geringe Erregung aus.

10.3 Schweresinn, Drehsinn

10.3.1 Wirbellose

Viele Tierarten benützen die **Schwerkraft** (Erdbeschleunigung) zur Kontrolle der Gleichgewichtslage und Einstellung der Körperposition. Als Referenzgröße ist die Schwerkraft vorzüglich geeignet, da sie ständig und immer in der gleichen Richtung wirkt. Schweresinnesorgane sind im Verlauf der Evolution öfter entstanden und arbeiten bei der Mehrzahl der Arten nach dem gleichen Prinzip. Über Sinneszellen ist ein spezifisch schwerer Körper angeordnet, dessen Verlagerung bei Stellungsänderungen einen Reiz ausübt.

Die **Ciliaten** der Gattung *Loxodes* besitzen in den **Müllerschen Körperchen** Organellen, die den Statocysten der Vielzeller ähneln. Flüssigkeitsgefüllte Vakuolen enthalten einen festen Körper, der an der Wand der Vakuole fixiert ist. Zwei Basalkörper, davon einer mit einem Cilium, sind in unmittelbarer Nähe. Die Funktion der Müllerschen Körperchen als Schwereorgan ist aber noch nicht sicher.

Typische Schweresinnesorgane kommen bei den **Coelenterata** vor. Für die Leptomedusae der Hydrozoa sind diese Organe sogar ein kennzeichnendes Merkmal, das den verwandten Anthomedusae fehlt.

Laomedea geniculata hat am Schirmrand acht bläschenartige **Statocysten**, je zwei in den von den Radiärkanälen gebildeten Quadranten. Die Trachymedusae besitzen **Statoorgane** von sehr unterschiedlicher Ausprägung. Sie sind frei an der Körperoberfläche, in offenen Gruben oder in geschlossenen Statocysten (Abb. 10.14). Die Schwerekörper entstehen im Entoderm und sind von Zellen des Ektoderms umgeben. Von diesen ist ein Teil mit Cilien ausgestattet, die die Statocystenwand berühren. Positionsänderungen des Tieres wirken über die Cilien auf die Sinneszellen. Bei den Schirmquallen, Scyphomedusae, sind die Statocysten meist Teil der Randorgane, Rhopalien. Ein von einer Deckschuppe überlagerter kolbenförmiger Fortsatz enthält am Ende eine Ansammlung von Entodermzellen mit kristallinen Einschlüssen, die den Statolithen bilden (Abb. 10.15). An der Basis des Kolbens unter der Deckschuppe eine Tastplatte mit Stützzellen und cilientragenden Sinneszellen, die beim Abbiegen des Kolbens gereizt werden. *Cotylorhiza tuberculata* besitzt ebenfalls acht Rhopalien. Geraten diese Medusen aus ihrer normalen Schwimmlage, bei der die Körperachse vertikal ist, erfolgen Kompensationsbewegungen. Werden bei einer Meduse sieben Rhopalien entfernt, das Versuchstier in Horizontallage gebracht und in dieser Position

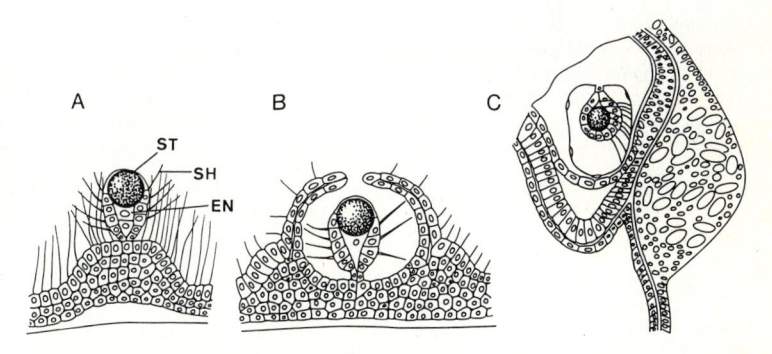

Abb. 10.14: Statoorgane einiger Trachymedusae. Der Lithostyl ist frei bei *Aeginopsis* sp. (**A**), in einer offenen Grube bei *Rhopalonema* sp. (**B**), und in einer geschlossenen Cyste bei *Geryonia* sp. (**C**). EN: Entoderm; SH: Sinneshaar; ST: Statolith (nach Hertwig und Hertwig 1878 und Plate 1923).

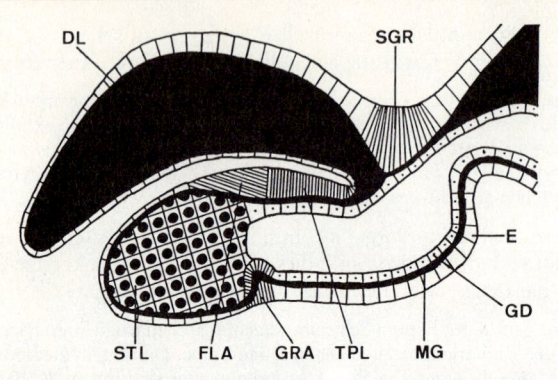

Abb. 10.15: Längsschnitt durch ein Rhopalium der Ohrenqualle. DL: Decklappen, E: Epidermis, FLA: Flachauge, GD: Gastrodermis, GRA: Grubenauge, MG: Mesogloea, SGR: äußere Sinnesgrube, ST: Statolith, TPL: Tastplatte (nach Pollmanns und Hündgen 1981).

um die Längsachse gedreht, erfolgen Ausgleichsbewegungen nur noch, wenn der Schirmteil mit dem intakten Rhopalium oben ist. Die Rippenquallen (**Ctenophora**), die sich durch elegante Schwimmweisen und geschicktes Manövrieren auszeichnen, besitzen am apikalen Pol ein differenziertes, unpaares **Statoorgan**. Das überrascht, da die Kontrolle der Gleichgewichtslage fast immer auf der Zusammenarbeit von paarweise ausgebildeten Statocysten beruht.

Unter den **Würmern** kommen bei einer Reihe von Arten **Gleichgewichtsorgane** vor.

Bei dem Vielborster *Arenicola marina* bestehen sie aus paarigen, am Ende blasenartig erweiterten Einstülpungen der Epidermis. Sie liegen im ersten Segment und werden vom Bauchmark innerviert. *Arenicola* spp. graben U-förmige Wohnröhren mit zwei senkrechten Schenkeln in den Untergrund. Nach Ausschalten einer Statocyste verhalten sich die Würmer noch in der üblichen Weise, ist auch die zweite Statocyste zerstört, ist die Grabrichtung willkürlich.

Die **Mollusca** haben paarige **Statocysten** in unmittelbarer Nähe der Pedalganglien, die bei den primitiven Formen **Statoconien**, bei den höher entwickelten einen **Statolithen** enthalten.

Bei *Aplysia limacina* beträgt der Durchmesser der Statocysten 200–250 µm mit stets 13 Sinneszellen in der Cystenwand und etwa 1.000 2 µm großen Statoconien im Zentrum (Abb. 10.16). Werden die Nerven der beiden Statoorgane durchtrennt, können die Tiere nicht mehr normal schwimmen. Die pelagische Schnecke *Pterotrachea coronata* hat große Statocysten. Die Sinneszellen sind auf der morphologischen Ventralseite, da die Schnecken in Rückenlage schwimmen, aber oben. In der Wand der Statocysten sind außerdem Zellen mit langen Cilien, deren Schlag die Endolymphe treibt und die Statolithen im Zentrum hält (Abb. 10.17a). Von Zeit zu Zeit verharren

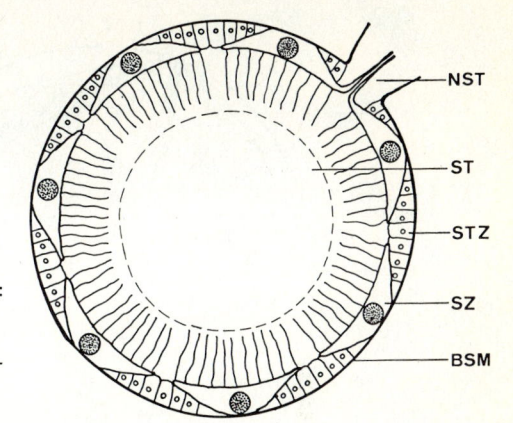

Abb. 10.16: Schematischer Schnitt durch die Statocyste von *Aplysia limacina*. BSM: Basalmembran; NST: Nervus staticus; ST: Statolith; STZ: Stützzelle; SZ: Sinneszelle (nach Dijkgraaf und Hessels 1969).

die Cilien in gestreckter Position und bringen dabei die Statolithen in Kontakt mit den Sinneszellen (Abb. 10.17b). Beidseitige Entfernung der Statocysten vermindert den Tonus der Muskulatur, die Schnecken können die Rückenlage nicht mehr einnehmen und schwimmen ungerichtet.

Eine hohe Entwicklungsstufe haben die Statocysten bei den **Cephalopoda**. Sie befinden sich unmittelbar unter dem Gehirn in einer mit Perilymphe gefüllten Höhle (Abb. 10.18). Die Schweresinnesorgane werden von den Maculae mit den Sinneszellen und den Statolithen gebildet. Die Maculae sind in den Cysten, bezogen auf die Symmetrieebene des Tieres, vertikal angeordnet, beide bilden mit der Längsachse des Tieres einen nach vorn

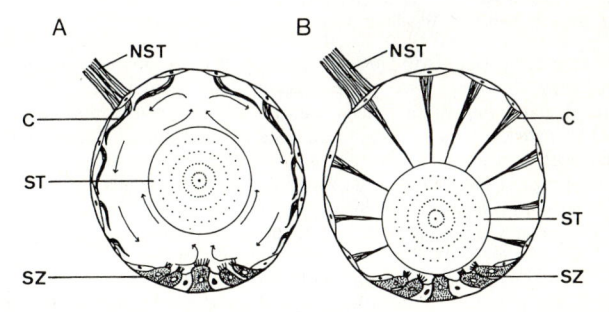

Abb. 10.17: Statocyste von *Pterotrachea coronata*. (**A**) Cilien in Bewegung: Der Statolith befindet sich im Zentrum der Statocyste. (**B**) Cilien in Ruhe: Der Statolith hat Kontakt mit den Sinneszellen. C: Cilien; NST: Nervus staticus; ST: Statolith; SZ: Sinneszelle; Die Pfeile geben die Strömung der Endolymphe an (nach Tschachotin 1908).

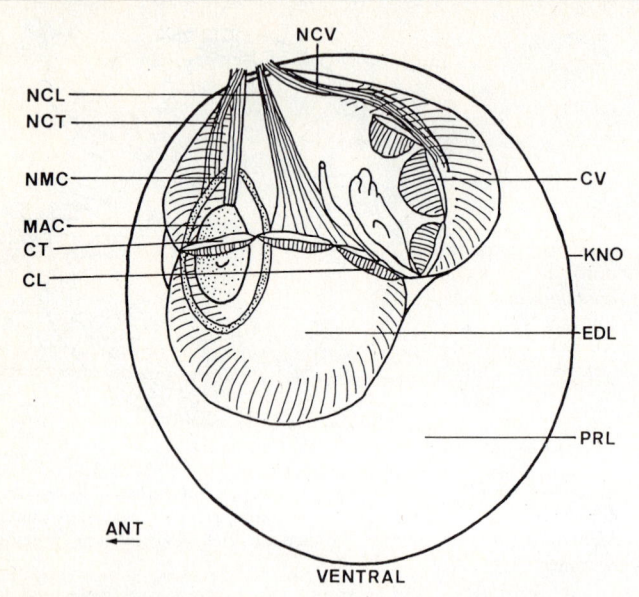

Abb. 10.18: Linke Statocyste von *Octopus vulgaris*. ANT: Anterior; CL, CT, CV: laterale, transversale und vertikale Crista; EDL: Endolymphe; KNO: Wand der Knorpelhöhle; MAC: Macula; NCL, NCT, NCV: Nerven der lateralen, transversalen und vertikalen Crista; NMC: Nerv der Macula; PRL: Perilymphe (nach Young 1960 und Budelmann 1976).

offenen Winkel von 90°. Jede Sinneszelle hat bis zu 200 Kinocilien von 10 µm Länge.

Octopus vulgaris reagiert auf Drehung um die Querachse mit kompensatorischen Rollbewegungen der Augen, die die länglichen Pupillen in horizontaler Position halten, auf Drehung um die Längsachse mit entsprechenden Gegenbewegungen der Augen beider Seiten. Nach Exstirpation einer Statocyste treten die Kompensationsbewegungen noch auf, doch ist die Reaktionsstärke auf die Hälfte reduziert. Nach beidseitiger Exstirpation entfallen die kompensatorischen Augenbewegungen, und gerichtetes Schwimmen ist nicht mehr möglich. Außer dem Schweresinnesorgan sind in jeder Statocyste Sinneszellen mit Sinneshaaren bis 200 µm Länge in Form einer Crista in drei Richtungen des Raumes angeordnet. Sie dienen der Wahrnehmung von Winkelbeschleunigungen. Der Beginn von Drehungen löst starke Kompensationsbewegungen von Augen, Kopf und Körper aus, die verzögerte Drehbewegung entgegengesetzte, schwächere Nacheffekte.

Unter den **Crustacea** sind **Statocysten** auf die höheren Krebse beschränkt. Die paarigen Organe befinden sich im Basalglied der ersten Antenne (Decapoda), im Kopf (Amphipoda), an der Basis des Telson (Isopoda) oder im

10.3 Schweresinn, Drehsinn

Endopoditen der Uropoden (Mysidacea). Als ektodermale Bildung besitzen sie eine cuticulare Auskleidung, die bei jeder Häutung erneuert wird. Auch die Statolithen werden nach jeder Häutung neu gebildet, entweder als Sekretionsprodukt (Mysidacea), oder durch Einbringen kleinster Sandpartikel, die durch Drüsensekret verfestigt werden (Decapoda).

Das aktive Einbringen von Fremdkörpern in die Statocysten veranlaßte A. Kreidl 1893 zu einem genialen Versuch. Er hielt Garneelen auf Eisenfeilspänen, von denen sie nach der Häutung welche in die Statocysten aufnahmen. Wurde ein Magnet in die Nähe der Tiere gebracht, stellten sie sich schräg; die Körperhaltung entsprach der Resultierenden aus Schwerkraft und magnetischer Kraft.

Wird ein Krebs an einem Stab befestigt und in Gleichgewichtslage frei im Wasser gehalten, nimmt er eine typische Körperhaltung ein (Abb. 10.19). Neigung um die Längsachse führt zu Kompensationsbewegungen: die Schreitbeine der höheren Seite stehen ruhig, die der tieferen Seite führen Ruderbewegungen aus, die Augenstiele sind entgegengesetzt zur Neigungsrichtung ausgelenkt, die zweite Antenne ist auf der hochstehenden Seite nach vorn, auf der tiefen Seite seitwärts und hoch gerichtet. Beidseitige Zerstörung der Statocysten hat den Ausfall aller kompensatorischen Bewegungen zur Folge. Nach Exstirpation nur einer Statocyste führen die Krebse bei vertikaler Körperhaltung Ausgleichsbewegungen aus, als wären sie nach der Seite der intakten Statocyste geneigt (Abb. 10.19). Jede Statocyste löst auf beiden Körperseiten kompensatorische Bewegungen aus. Das geht auch aus dem folgenden Versuch hervor. Nach Absaugen der Statolithen lassen sich die Fortsätze der Sinneszellen durch einen feinen Wasserstrom aus einer Pipette auslenken. Abbiegen der Haare nach lateral führt zu Kompensationsbewegungen auf beiden Körperseiten, entsprechend einer Neigung der behandelten Seite nach unten, Abbiegen der Haare nach medial bewirkt entgegengesetzte Bewegungen.

Die Statocysten der Krabben sind außer zur Wahrnehmung der Schwerkraft auch zur Perzeption von **Winkelbeschleunigungen** befähigt.

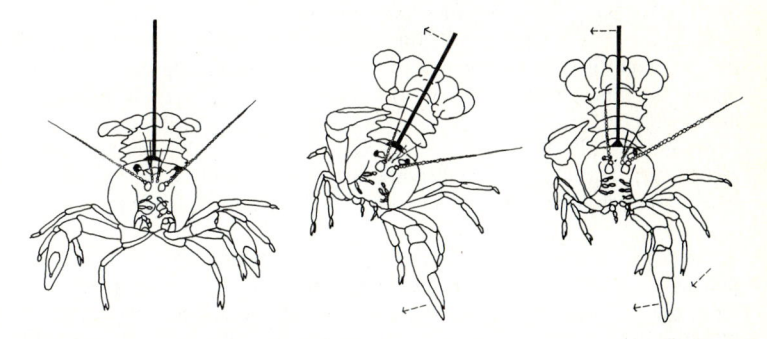

Abb. 10.19: Körperhaltung eines an einem Stab befestigten Krebses im Wasser. Links: Gleichgewichtslage. Die Schreitbeine sind abgespreizt, der Hinterleib ist angehoben. Mitte: normales Tier nach links geneigt. Rechts: Statocyste auf der rechten Körperseite zerstört. (nach Kühn 1914).

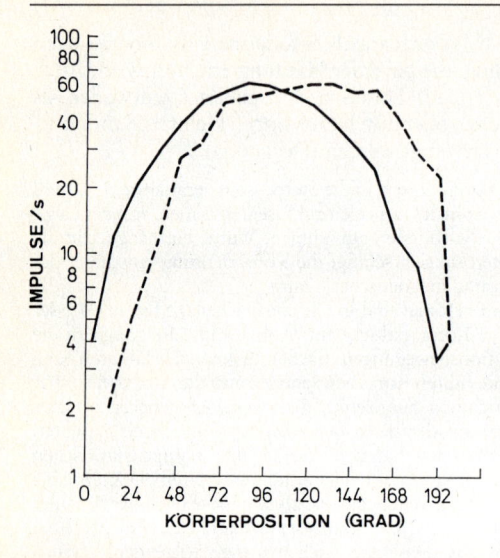

Abb. 10.20: Änderung der Entladungsfrequenz eines Positionsrezeptors bei Drehung eines Hummers, *Homarus americanus*, um die Querachse aus der Normallage (0°) bis in die Rückenlage (—) und wieder zurück (- - -) (nach Cohen 1955).

Bei der Seespinne *(Maja verrucosa)* sind dafür in jeder Statocyste ca. 14, bei der Strandkrabbe *(Carcinus maenas)* 40–50 Sinneszellen mit 300 μm langen Sinneshaaren ausgebildet. Sie stehen in Reihe, ragen frei in das Innere und werden von der geringsten Flüssigkeitsströmung wie in einem Kugelgelenk abgebogen. Drehungen um die drei Körperachsen führen zu kompensatorischen Bewegungen der Augenstiele, an deren Auslösung die Rotationsrezeptoren, aber auch die des Gleichgewichtsorgans beteiligt sind.

Die Positionsrezeptoren arbeiten überwiegend tonisch, sprechen entweder auf Drehung um die Quer- oder Längsachse an, und zwar in einem Bereich von 180° (Abb. 10.20). Ihre Arbeitsbereiche überlappen sich. Die Rotationsrezeptoren reagieren nur bei Winkelbeschleunigungen. Ist kein Beschleunigungseffekt mehr vorhanden, stellt sich binnen 500 ms die Ruheaktivität ein.

Spinnen und **Insekten** verfügen ebenfalls über einen Schweresinn, jedoch nicht über Statocysten. Die Perzeption der Schwerkraft erfolgt bei den Insekten durch **Mechanosensillen**, die an Gelenken mitunter in großer Zahl vorkommen und Borstenfelder bilden. Die Sensillen haben eine ausgeprägte Richtcharakteristik, die zum Teil in ihrem Bau begründet ist. In Ruhe liegen die Haare auf einer Seite der Cuticula an. Auf dieser Seite befindet sich auch das Ende des Ciliums. Nach der entgegengesetzten Seite lassen sich die Haare leicht abbiegen. Das Abbiegen in diese Richtung führt zu maximaler Erregung.

Für die Erregungsbildung ist die mechanische Deformation des Tubularkörpers im Endteil des Ciliums entscheidend. Die Gelenkmembran besteht wahrscheinlich aus

Resilin, das vorzügliche elastische Eigenschaften besitzt. Primär arbeiten die Haare als Propriorezeptoren, indem sie Information über die gegenseitige Position der Körper- und Extremitätenabschnitte vermitteln, zusätzlich auch als Schwerkraftrezeptoren, wenn die Verlagerung der Körperabschnitte unter dem Einfluß der Schwerkraft erfolgt.

10.3.2 Wirbeltiere

10.3.2.1 Labyrinth

Bei den Wirbeltieren enthält das im Schädel befindliche Labyrinth das **Vestibularorgan** mit Sinnesstrukturen zur Perzeption von Dreh- und Linearbeschleunigungen, ferner das **Gehörorgan**. Das häutige Labyrinth entwickelt sich aus einer einschichtigen Otocyste, die sich zu einem System von Gängen und Hohlräumen differenziert. Der Binnenraum ist mit Endolymphe gefüllt. Das häutige Labyrinth ist bei den Elasmobranchii in ein knorpeliges, bei den höheren Vertebraten in ein knöchernes Labyrinth eingeschlossen. Der Raum zwischen dem häutigen und dem knorpeligen beziehungsweise knöchernen Labyrinth ist der Perilymphraum, der ebenfalls mit Flüssigkeit, der Perilymphe, angefüllt ist.

Cyclostomata haben ein einfaches Labyrinth. Bei den **Fischen** gliedert es sich in die Pars superior und in die Pars inferior (Abb. 10.21), die bei der Mehrzahl der Arten in offener Verbindung miteinander stehen. Zur Pars superior gehören drei Bogengänge, die Canales semicirculares, und der Utriculus, zur Pars inferior der Sacculus und die Lagena. Bei den Elasmobranchii führt der Ductus endolymphaticus vom Labyrinth zur Schädeldecke und hat dort eine kleine Öffnung nach außen, bei anderen Fischen fixiert er das Labyrinth am Schädel oder endet blind. **Utriculus, Sacculus** und **Lagena** heißen auch Otolithenorgane, da sich über ihren Sinnesepithelien entweder ein einheitlicher, großer **Otolith** oder zahlreiche, mikroskopisch kleine **Otoconien** befinden. Knorpelfische haben Otoconien, Knochenfische Otolithen. Der Otolith im Utriculus ist der Lapillus, im Sacculus die Sagitta und in der Lagena der Asteriscus. In der aufsteigenden Reihe der Vertebraten bleibt die Pars superior im wesentlichen unverändert, während die Pars inferior durch beträchtliche Strukturveränderungen und Weiterentwicklungen zu hoch differenzierten Hörorganen umgebildet wird.

Die Sinnesepithelien sind aus Sinneszellen und Stützzellen aufgebaut. Es sind sekundäre Sinneszellen ohne eigene ableitende Fasern, daher mit synaptischen Verbindungen zu afferenten Neuronen, außerdem sind die Zellen efferent innerviert. Ursprünglich wurde zwischen zwei Typen von Sinneszellen unterschieden (Abb. 10.22). Solche vom Typ II haben zylindrische Gestalt, ihre Synapsen mit den afferenten Fasern sind klein. Zellen dieses Typs kommen in allen Sinnesepithelien der Labyrinthe aller Vertebraten vor. Sinneszellen vom Typ I haben amphorenartige Gestalt und werden von den afferenten Fasern weitgehend umfaßt. Sie sind auf die Vestibularorgane der Vögel und Säugetiere beschränkt. Ein weiterer Sinneszelltyp findet sich bei Reptilien und Vögeln. Die Zellen sind sehr flach, die Oberfläche ist groß, rechteckig.

10 Mechanorezeption

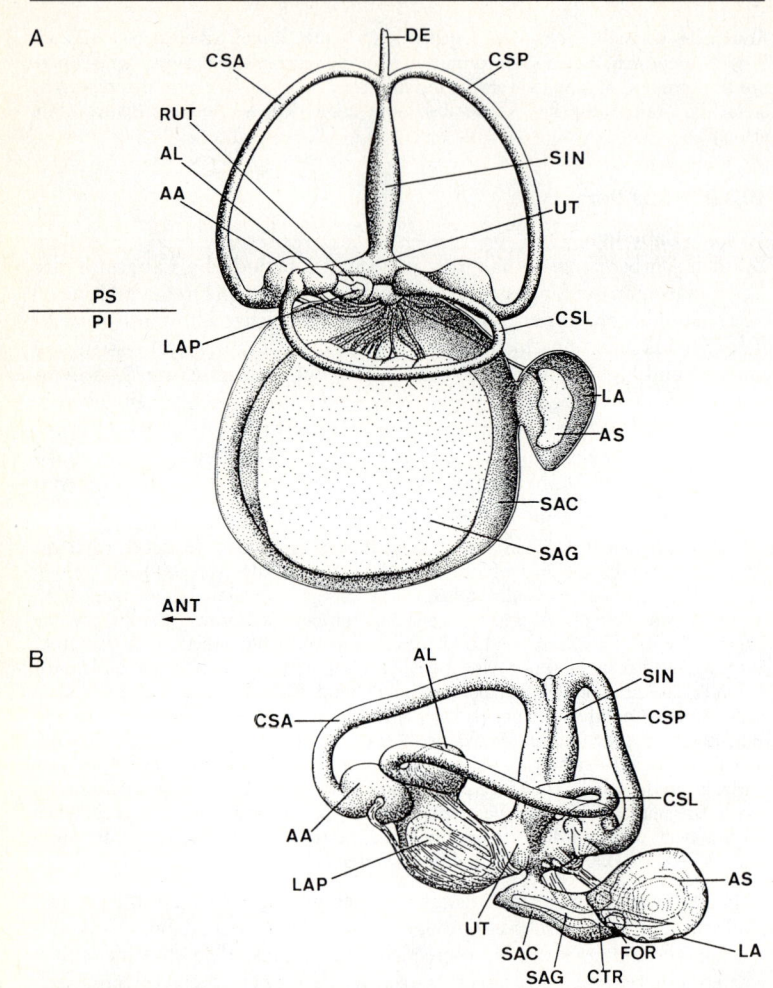

Abb. 10.21: (**A**) Linkes Labyrinth des Süßwassertrommlers *(Aplodinotus grunniens)* und (**B**) der Elritze *(Phoxinus laevis)* von lateral. Bei *A. grunniens* besteht keine offene Verbindung zwischen der PS Pars superior und der PI Pars inferior. AA: Ampulla anterior; AL: Ampulla lateralis; AP: Ampulla posterior; AS: Asteriscus; ANT: Anterior; CSA: Canalis semicircularis anterior; CSL: Canalis semicircularis lateralis; CSP: Canalis semicircularis posterior; CTR: Canalis transversus; DE: Ductus endolymphaticus; FOR: Foramen sacculo-lagenare; LA: Lagena; LAP: Lapillus; RUT: Recessus utriculi; SAC: Sacculus; SAG: Sagitta; SIN: Sinus superior; UT: Utriculus (A: nach Schneider 1962, B: nach Wohlfahrt 1932).

Jede Sinneszelle trägt zahlreiche **Stereocilien** und ein **Kinocilium**. Bei der Mehrzahl der Zellen sind es 30–60 Stereocilien, bei Panzerechsen, Crocodylia, können es mehr als 100 sein. Sie sind stets unterschiedlich lang und auf jeder Zelle nach Größe gestaffelt. Besonders lange Stereocilien mit 20 µm haben die Sinneszellen in den Bogengängen, sonst messen sie 2–10 µm. Im Innern enthalten die Stereocilien axial angeordnete Actin-Filamente, die den Binnenraum nahezu ausfüllen. Durch ca. 12 nm lange Strukturelemente sind die Actin-Filamente mit der Membran verbunden. An der Basis der Stereocilien treten die Filamente in die dicke sog. Cuticulaplatte der Sinneszelle ein. Das Kinocilium, das jeder Sinneszelle zukommt, ist nach dem üblichen $9 \times 2 + 2$ Muster (s. 1.3.8) gestaltet. Sein Durchmesser erreicht 0,2–0,4 µm. Es befindet sich exzentrisch zwischen den längsten Stereocilien und ist fast immer länger als diese. Lediglich im Hörorgan der Säugetiere unterliegt das Kinocilium der Rückbildung. Die Mikrotubuli des Kinociliums gehen von einem Basalkörper aus, der in einer Aussparung der Cuticulaplatte liegt. Das Kinocilium ist mit den benachbarten Stereocilien durch parallele, 60–80 nm lange Filamente, Konnektoren, verbunden (Abb. 10.23). Auch die Stereocilien stehen an der Basis und am distalen Ende durch horizontale Konnektoren miteinander in Verbindung, außerdem zieht von der Spitze jeder Stereocilie ein einzelner Konnektor schräg nach oben und inseriert am Schaft der benachbarten Stereocilie. Die Konnektoren stabilisieren das Haarbündel mechanisch, wahrscheinlich sind sie für die mechano-elektrische Koppelung von Bedeutung. Wegen der zahlreichen Fortsätze heißen die Sinneszellen auch Haarzellen.

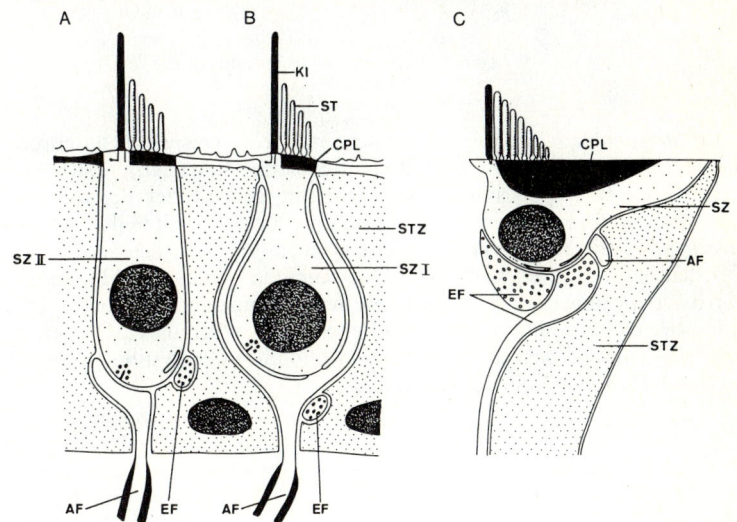

Abb. 10.22: Sinneszellen im Labyrinth der Wirbeltiere. (**A**) Sinneszelle vom Typ II (SZ II) und (**B**) vom Typ I (SZ I). Der Zelltyp II kommt bei allen Wirbeltieren, der Zelltyp I nur bei Vögeln und Säugern vor. (**C**) SZ weiterer Sinneszelltyp im Hörorgan der Taube. AF: afferente Nervenfaser, CPL: Cuticularplatte, EF: efferente Nervenfaser, KI: Kinocilium, ST: Stereocilien, STZ: Stützzelle (A: nach Flock 1971, B: nach Saito 1980).

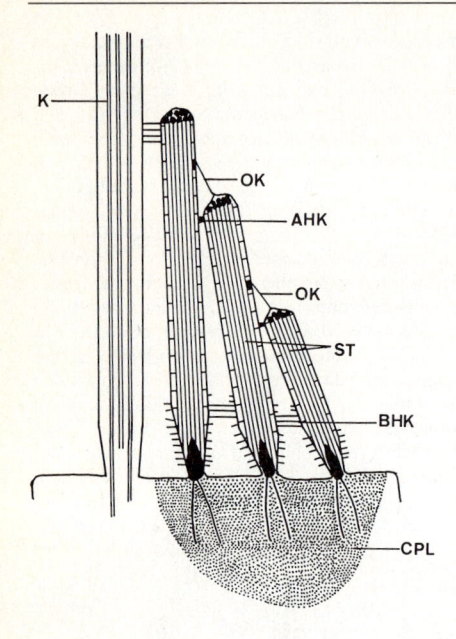

Abb. 10.23: Schematische Darstellung der Konnektoren zwischen Stereocilien und Kinocilium bei Fischen. AHK, BHK: apikaler, basaler Horizontalkonnektor; CPL: Cuticulaplatte; K: Kinocilium; OK: Obliquekonnektor; ST: Stereocilien. (nach Neugebauer und Thurm 1987).

Der morphologischen Polarisation der Sinneszellen entspricht eine ausgeprägte **Richtungsempfindlichkeit**. Reize in Richtung Stereocilien → Kinocilium führen zu Depolarisation, solche in entgegengesetzter Richtung zu Hyperpolarisation. Die Sinneszellen sind umrahmt von Stützzellen, die im Gegensatz zu den Sinneszellen von der Basalmembran ausgehen und bis zur Oberfläche des Epithels reichen. Ihr Querschnitt ist penta- oder hexagonal, durch Desmosomen (s. S. 11) sind sie fest miteinander verbunden. Die Sinneszellen sind somit in dem Netz der Stützzellen verankert. Die Stützzellen bilden außerdem die **Cupulae** und **Otolithen** des Vestibularorgans, ferner die **Deckmembran** des Hörorgans.

Beim Grasfrosch beginnt die Bildung der Otolithen mit dem Austritt zahlreicher Vesikel aus dem apikalen Ende der Stützzellen, von denen jeweils mehrere miteinander verschmelzen. Danach findet eine Einlagerung von anorganischem Material in die organischen Präotoconien statt. Die fertigen Otoconien sind ca. 5 µm lang und stellen Mischkristalle hauptsächlich aus Calcit und Aragonit dar. Bei Kaulquappen, die in die Metamorphose eintreten, sind sie noch nicht sehr zahlreich (Abb. 10.24a). Erwachsene Frösche haben Otolithen, da sich die Otoconien miteinander verbinden (Abb. 10.24b). Bei der Ratte werden die Otolithen des Utriculus und Sacculus 16–18 Tage nach der Befruchtung angelegt. Adulte Fische können nach experimenteller Exstirpation der Otolithen diese neu bilden, vorausgesetzt das Sinnesepithel ist unverletzt.

10.3.2.2 Drehsinn

Die Bogengänge dienen der Wahrnehmung von **Drehbeschleunigung** (Winkel-, Rotationsbeschleunigung). Sie stehen in drei Ebenen des Raumes und bilden rechte Winkel miteinander (Abb. 10.21). Der vordere und der hintere Gang sind die vertikalen Bogengänge, der dritte, horizontale Bogengang ist nach der Seite und senkrecht zu den beiden anderen angeordnet. Die vertikalen Bogengänge sind bei den Elasmobranchii noch getrennt, bei den übrigen Fischen und anderen Vertebraten sind sie über den Sinus superior oder das Crus commune miteinander verbunden. Jeder Bogengang hat eine Ampulle, die sich beim Utriculus befindet; die Ampullen des vorderen und des horizontalen Bogenganges liegen unmittelbar nebeneinander. Vom Boden jeder Ampulle erhebt sich die Crista ampullaris, der eine Cupula aufsitzt, die bis zur gegenüber liegenden Wand reichen kann. In der Crista befinden sich die Sinneszellen, deren Sinneshaare in die Cupula ragen. Die Sinneszellen sind systematisch angeordnet. In der Crista des vorderen und hinteren Bogenganges sind die Kinocilien auf der den Bogengängen zugewandten Seite, im horizontalen Gang auf der zum Utriculus gerichteten Seite. Sie erreichen die außerordentliche Länge von 40–50 µm.

Bei Beginn einer Drehbewegung bleibt die Endolymphe infolge Trägheit und Reibung an der Bogengangswand gegenüber dem Kopf zurück und führt zur Auslenkung der Cupula. Bei Verlangsamung der Drehbewegung wird die Cupula in der entgegengesetzten Richtung ausgelenkt, da die Endolymphe zunächst noch in der Drehrichtung weiterströmt. Durch die Anordnung der Bogengänge in drei Ebenen können Bewegungen in allen

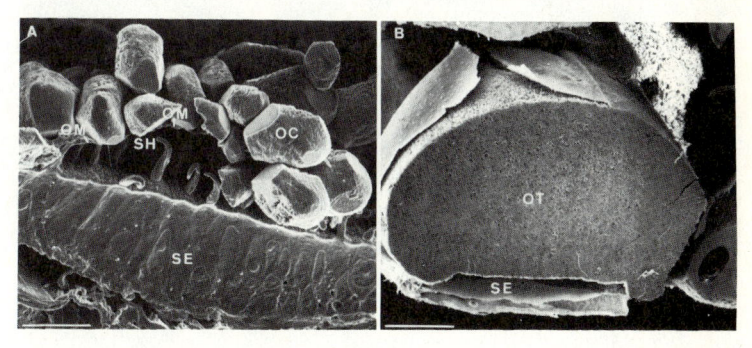

Abb. 10.24: (A) Rasterelektronenmikroskopische Aufnahme der Macula sacculi einer Kaulquappe des Krallenfrosches unmittelbar vor der Metamorphose. Die Otoconien sind noch getrennt. (B) Sacculus mit Otolith bei einem erwachsenen Grasfrosch. OC: Otoconien; OM: Otolithenmembran; OT: Otolith; SE: Sinnesepithel; SH: Sinneshaare. Strichmarke bei (A) 10 µm, (B) 300 µm (I. Hertwig und J. Hentschel, Original).

Richtungen des Raumes perzipiert werden. Die durchsichtige Cupula und ihre Bewegung machte Steinhausen 1933 sichtbar, indem er Tusche in die Bogengänge einbrachte. Die Partikel lagerten sich der Cupula an und markierten die beiden Grenzflächen. Die Auslenkung der Cupula unter Einwir-

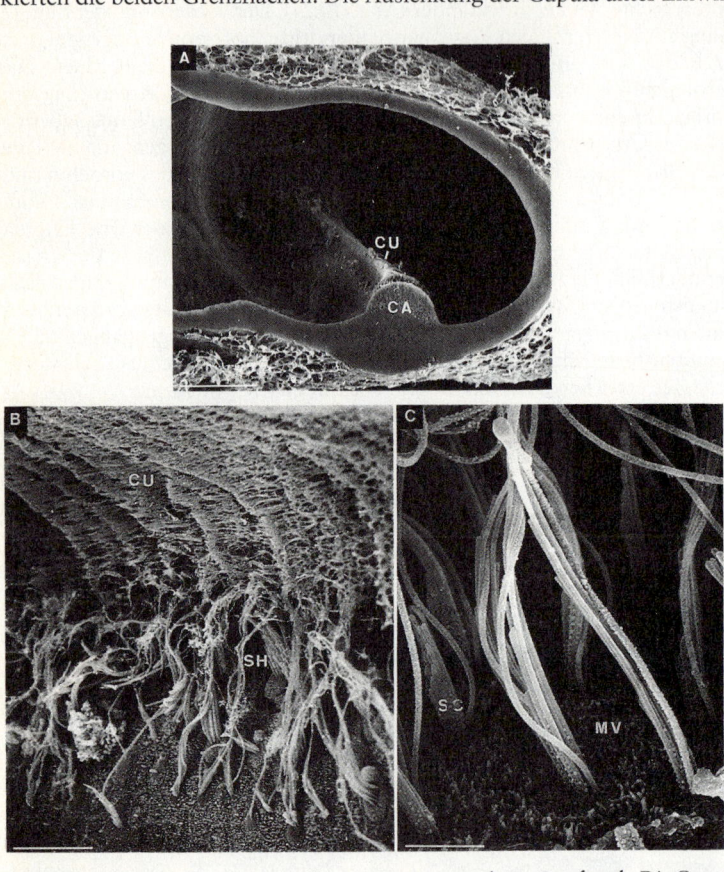

Abb. 10.25: (**A**) Blick in die Ampulle eines Bogengangs beim Grasfrosch. Die Cupula (CU), die der wulstförmigen Crista ampullaris (CA) auflagert, ist nicht sehr hoch. (**B**) Cupula in Aufsicht. Sie ist aus mehreren Schichten aufgebaut, die von zahlreichen Lücken und Spalten durchsetzt sind, in die die Stereocilien und Kinocilien der Sinneszellen hineinragen. CU: Cupula, SH: Sinneshaare. (**C**) Ausschnitt aus dem Sinnesepithel der Crista ampullaris. Die Sinneszellen bilden Reihen; in benachbarten Reihen stehen die Sinneszellen auf Lücke. Die Stereocilien (SC) und Kinocilien sind sehr lang. Die Kinocilien sind am verdickten Endknopf kenntlich. MV: Mikrovilli: Strichmarke (A) 300 µm, (B) 10 µm, (C) 3 µm (I. Hertwig und J. Hentschel, Original).

kung der Endolymphe schien beträchtlich. Nach neuen Ergebnissen ist die Cupula bei manchen Arten rings mit der Wand der Ampulle verbunden und stellt somit ein Diaphragma dar. Bei **Drehbeschleunigungen** wirkt die Endolymphe vornehmlich auf das Zentrum der Cupula ein und verursacht dort lediglich geringe Auslenkungen. Beim Grasfrosch erhebt sich die locker strukturierte Cupula nur wenig über die Crista ampullaris (Abb. 10.25).

Reizung der Bogengänge löst reflektorische Kontraktionen von Augen- und Körpermuskeln aus. Passive Drehbewegungen des Körpers führen zum Nystagmus, Bewegungen der Augen, die aus einer langsamen und schnellen Komponente bestehen, die sich wiederholen. Die langsame Bewegung erfolgt entgegengesetzt zur Drehbewegung und mit der gleichen Geschwindigkeit wie diese, bis die maximale seitliche Stellung der Augen erreicht ist. Die anschließende schnelle Komponente führt die Augen äußerst rasch zurück, danach folgt der nächste Bewegungszyklus. Endet die Drehung des Körpers plötzlich, treten als Nachreaktion nystagmische Bewegungen entgegengesetzt zu den vorhergehenden auf. Sie schwächen sich schnell ab und kommen bald zum Stillstand.

Das System der Bogengänge zur Wahrnehmung von Drehbeschleunigungen hat bereits bei den Fischen höchste Leistungsfähigkeit erreicht. In der Reihe der Wirbeltiere und auch innerhalb der Wirbeltiergruppen sind zwar Unterschiede in der Größe und Form der Bogengänge gegeben, der grundsätzliche Aufbau und die Arbeitsweise sind jedoch bei allen Wirbeltieren und auch beim Menschen gleich.

10.3.2.3 Schweresinn

Der **Utriculus** ist das Gleichgewichtsorgan, das die Perzeption der Schwerkraft (Erdbeschleunigung) und anderer Linearbeschleunigungen ermöglicht. Er bildet den ventralen Teil der Pars superior (Abb. 10.21) und stellt die Verbindung zu den drei Bogengängen her. Er ist somit Teil des Ringsystems. Eine Ausbuchtung an seinem Vorderende, der Recessus utriculi, enthält das Sinnesorgan. Häufig wird unter Utriculus nur dieses Sinnesorgan verstanden. Das Sinnesepithel, die Macula utriculi, bildet eine flache Grube.

Bei ausgewachsenen Quappen *(Lota lota)* mißt sie 2,5 × 1,5 mm, der Lapillus (Otolith im Utriculus) hat eine Größe von 1 × 1 mm. Zwischen dem Otolithen und der Macula befindet sich die Otolithenmembran, die von zahlreichen Kanälen durchsetzt ist, in die die Stereocilien und Kinocilien der Sinneszellen hineinragen. Der Utriculus ist bei Fischen so angeordnet, daß er bei normaler Schwimmlage horizontal ausgerichtet ist.

Beim Nagelrochen sind die Sinneszellen in der Macula utriculi ungeordnet, bei der Quappe und anderen Knochenfischen dagegen morphologisch polarisiert. Von der Mittellinie ausgehend strahlen sie in zwei Richtungen aus. In einer 0,15 μm breiten Zone am Außenrand der Macula, die vom Lapillus nicht überdeckt wird, haben sie dazu entgegengesetzte Ausrichtung. Auch in der Macula utriculi des Laubfrosches sind zwei Gruppen von Sinneszellen mit entgegengesetzter Polarisierung vorhanden.

Die Scherung der Statolithen bewirkt die Erregung der Sinneszellen. Bei der Orientierung im Raum arbeiten die Utriculi beider Körperseiten gleichsinnig, ihre Wirkung addiert sich. Die Gleichgewichtsorgane adaptieren nicht. Reizung des Otolithenorgans löst tonische **Stellreflexe** aus. Sie wirken auf Muskeln der Augen, des Halses und anderer Körperabschnitte und bewirken, daß nach passiver Veränderung der Körperlage Kopf und Augen die normale Position beibehalten. Die kontrahierten Halsmuskeln lösen ihrerseits tonische Halsreflexe aus, die weitere Muskeln zur Kontraktion bringen und dadurch den Körper in die Normallage zurückführen. Die Ruheaktivität der Sinneszellen des Utriculus und der Bogengänge bewirkt den Muskeltonus, die Grundspannung der Körpermuskulatur. Nach Entfernen eines Utriculus oder eines ganzen Labyrinths geht der Tonus auf der operierten Seite zurück, anormale Körperhaltung und Bewegungen sind die Folge. Nach Exstirpation beider Gleichgewichtsorgane entfällt nicht nur die Orientierung auf die Schwerkraft, auch der Tonus.

Fische rotieren beim Schwimmen um ihre Längsachse, Vögel drehen den Kopf und den Hals ein, bei solchen mit langem Hals kann die Drehung mehr als 360° betragen. Das Entfernen lediglich eines Otolithen verändert die Gleichgewichtseinstellung nicht, die Reaktionen verlaufen aber langsamer.

Außer den Utriculi sind an der Orientierung im Raum auch die Augen (Kap. 9) beteiligt. Unter experimentellen Bedingungen treten Schwerkraft und Licht in Konkurrenz. Bei Belichtung von der Seite nehmen Fische eine Schrägstellung ein. Die Neigung zur Lichtquelle hängt von der Lichtintensität ab. Nach Ausschaltung eines Utriculus verstärkt sich die Neigung zur Lichtquelle, nach Ausschaltung beider Utriculi erfolgt die Einstellung des Körpers nur mit Hilfe der Augen. Die Fische wenden der Lichtquelle den Rücken zu, unabhängig von der Einfallsrichtung des Lichtes.

10.4 Gehörsinn

Hörorgane sind auf die Wahrnehmung von Schall spezialisiert und reagieren entweder auf die **Schallschnelle** oder den **Schallwechseldruck** der sich als Längswellen ausbreitenden Schallwellen. Entsprechend sind die Hörorgane **Bewegungs-** oder **Druckempfänger**. Als Druckempfänger arbeiten die Gehörorgane der landlebenden Wirbeltiere, als Bewegungsempfänger die langen und leicht beweglichen Haare, die bei Insekten z.B. auf den Cerci vorkommen. Ein weiterer Empfängertyp ist der **Druckgradientempfänger**, der bei den Tympanalorganen der Insekten verwirklicht ist. Auf die Rezeptoren wirkt die Differenz der an den beiden Trommelfellen anliegenden Schalldrücke ein.

10.4.1 Wirbeltiere

Fische

Bei den Fischen ist die Pars inferior des Labyrinths (Abb. 10.21) Sitz des Gehörsinns.

Elritzen *(Phoxinus laevis)* sind nach Exstirpation des Sacculus und der Lagena taub. Der Sacculus ist meist umfangreich und enthält einen großen, je nach Art unterschiedlich geformten Otolithen. Bei 30–40 cm langen Süßwassertrommlern *(Aplodinotus grunniens)*, beträgt der Durchmesser des Sacculus ca. 17 mm. Die Macula ist medial, die Sagitta daher aufrecht angeordnet. Die Längsachse durch den Sacculus bildet mit der Längsachse des Fisches nach rostral einen Winkel von 45°.

Bei der Elritze und anderen Fischarten sind Sacculus und Sagitta langgestreckt (Abb. 10.21b). Die Lagena ist vielfach merklich kleiner als der Sacculus und schließt caudal an diesen an. Der Otolith der Lagena, der Asteriscus, ist unregelmäßiger gestaltet als der des Sacculus, die die Sagitta. Die Elritze hat eine seitlich versetzte und vergleichsweise große Lagena. Die Sinneszellen im Sacculus und in der Lagena sind ebenfalls polarisiert. Die Macula sacculi der Ostariophysi hat zwei, die der Nicht-Ostariophysi vier Felder mit polarisierten Sinneszellen (Abb. 10.26), in der Macula lagenae kommen zumeist nur zwei Felder vor.

Die Art des **Schallempfangs** ist nicht einheitlich. Beim Zwergwels *(Ictalurus nebulosus)* und Dorsch *(Gadus morrhua)* arbeitet das Gehörorgan als Druckempfänger, bei Plattfischen, Scholle *(Pleuronectes platessa)* und Scharbe *(Limanda limanda)* sowie Haien als Bewegungsempfänger, bei Grunzern *(Haemulon sciurus, H. parrai)* ist die Arbeitsweise frequenzabhängig. Bei niedrigen Frequenzen ist das Gehör ein Druck-, bei hohen ein Bewegungsempfänger.

Zahlreiche Fischarten verfügen über zusätzliche Strukturen, die der

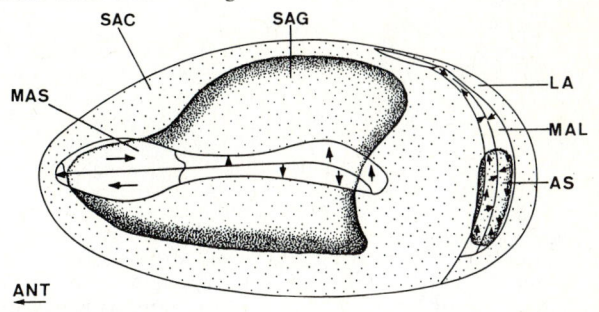

Abb. 10.26: Größe und Lage der Sinnesepithelien und Otolithen in der Pars inferior des Weißfisches *Coregonus clupeaformis*. Die Pfeile geben die Orientierung der Sinneszellen an; Kinocilien auf der Seite der Pfeilspitzen. ANT: Anterior; AS: Asteriscus; LA: Lagena; MAL: Macula lagenae; MAS: Macula sacculi SAC: Sacculus; SAG: Sagitta (nach Popper 1976).

Schalleitung dienen. Die Ostariophysi (u.a. Karpfenartige, Welse) besitzen den **Weberschen** schalleitenden **Apparat** (Abb. 10.27). Dazu gehören vier Paar Knöchelchen, deren Größe von vorn nach hinten zunimmt. Sie stammen von der Wirbelsäule ab und sind mit ihr und auch untereinander beweglich verbunden. In rostro-caudaler Richtung folgen das Claustrum, Scaphium, Intercalare und der Tripus aufeinander. Das vorderste Paar steht mit dem Sinus impar in Verbindung, der Perilymphe enthält. Er endet am Canalis transversus, der die beiden Labyrinthe verbindet und wie diese Endolymphe führt. Über den Weberschen Apparat ist eine unmittelbare Verbindung zwischen Labyrinth und Schwimmblase gegeben.

Bei Heringen, Clupeidae, liegt jedem Labyrinth eine Bulla an, deren Binnenraum durch eine Membran unterteilt ist. Ein Teil enthält Perilymphe und hat über ein Fenster Verbindung mit dem Perilymphsystem des Labyrinths. Der andere Teil ist mit Gas gefüllt und durch einen 7 µm dünnen Gang mit der Schwimmblase verbunden (Abb. 10.28). Isolierte Luftkammern grenzen bei den Nilhechten, Mormyridae, an die Sacculi an, und bei den Labyrinthfischen, Anabantidae, besteht über eine dünne Membran eine Verbindung zwischen dem Labyrinth und der mit atmosphärischer Luft gefüllten Atemhöhle.

Bei zahlreichen Fischarten wurden die **Hörschwellen** mit Hilfe der Dressurmethode ermittelt (Abb. 10.29). Alle Fische mit zusätzlichen schalleitenden Mechanismen, gleich welcher Ausprägung, haben gegenüber den Arten, die nur das Labyrinth besitzen, ein empfindlicheres Gehör und einen größeren Hörbereich.

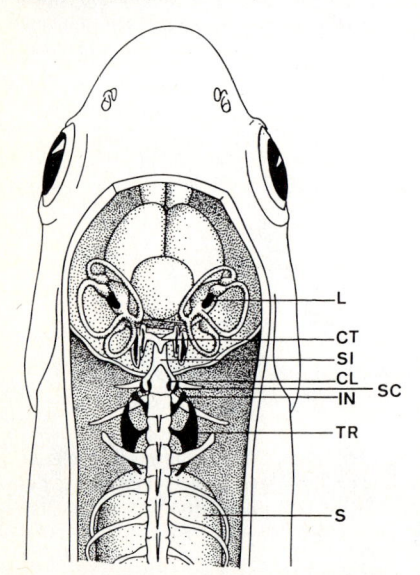

Abb. 10.27: Labyrinth der Elritze mit schalleitendem Weberschem Apparat. Webersche Knöchelchen (von rostral nach caudal): CL: Claustrum; SC: Scaphium; IN: Intercalare; TR: Tripus; CT: Canalis transversus; L: Labyrinth; S: Schwimmblase; SI: Sinus impar (nach von Frisch 1938).

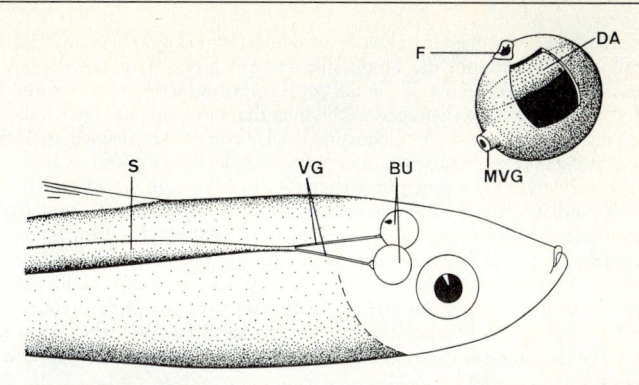

Abb. 10.28: Schalleitender Mechanismus der Clupeidae. Die Bulla ist durch ein Diaphragma in zwei Hälften unterteilt, von denen die mit der Schwimmblase in Verbindung stehende mit Gas (auf dem Einschaltbild schwarz dargestellt), die andere mit Perilymphe gefüllt ist. BU: Bulla; DA: Diaphragma; F: Fenestra auditoris; MVG: Mündung des Verbindungsganges mit der Schwimmblase; S: Schwimmblase; VG: Verbindungsgang (nach Blaxter et al. 1981).

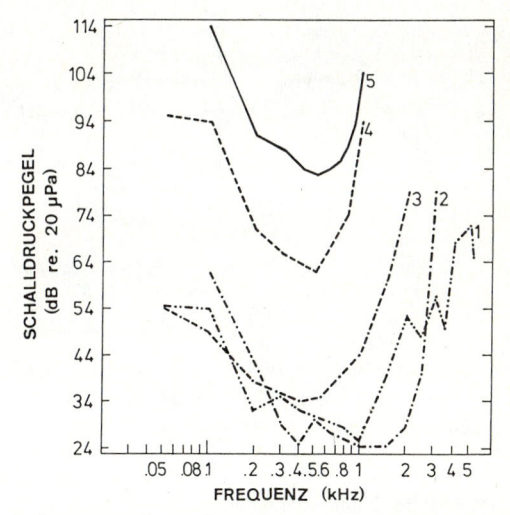

Abb. 10.29: Audiogramme der Fischarten (1) *Astyanax jordani*, (2) *Myripristis kuntee*, (3) *Carassius auratus*, (4) *Thunnus albacares*, (5) *Euthunnus affinis*. Hörbereich und absolute Empfindlichkeit des Gehörs sind artlich sehr verschieden. (1, 3) mit Weberschen Knöchelchen, (2) mit Ausstülpungen der Schwimmblase zum Labyrinth, (4) Thunfischart mit und (5) ohne Schwimmblase (nach Fay und Popper 1980).

Beim Zwergwels ist die Hörschwelle zwischen 150 und 1.600 Hz am niedrigsten, oberhalb 1.600 Hz nimmt die Empfindlichkeit rasch ab. Wird aus der Kette der Weberschen Knöchelchen der Tripus auf beiden Seiten experimentell entfernt, ändert sich der Verlauf der Schwellenkurve nicht, aber die Schwelle steigt um ca. 35–40 dB an. Gut entwickelt ist auch der Gehörsinn der Elritze; der Hörbereich erstreckt sich sogar über 8.000 Hz. Fischarten ohne schalleitende Hilfsstrukturen haben – bei erheblich geringerer Gesamtempfindlichkeit – das Minimum der Hörschwelle zwischen 300 und 500 Hz, der Hörbereich endet bereits zwischen 1.000 und 1.200 Hz, ausnahmsweise *(Holocentrus ascensionis)* erst bei 2.800 Hz. Die Elritze nimmt Frequenzunterschiede von 5% wahr, der Goldfisch sogar noch kleinere. *Sarga annularis* und *Gobius niger*, die nicht zu den Ostariophysi gehören, erkennen Differenzen von 9%. Nach Beobachtungen im Freiland schwimmen Haie aus mehreren Hundert Meter Entfernung gerichtet auf eine Schallquelle zu. Dieses Verhalten weist auf die Fähigkeit des Richtungshörens hin. Für mehrere Arten der Teleostei ist sie inzwischen nachgewiesen.

Amphibien

Der **Sacculus** ist bei allen Wirbeltieren einschließlich des Menschen vorhanden. Bei Froschlurchen reagiert er vermutlich auch auf Schallreize, bei höheren Vertebraten und dem Menschen ist seine Beteiligung an der Wahrnehmung von Linearbeschleunigungen wahrscheinlich. Die **Lagena** verliert

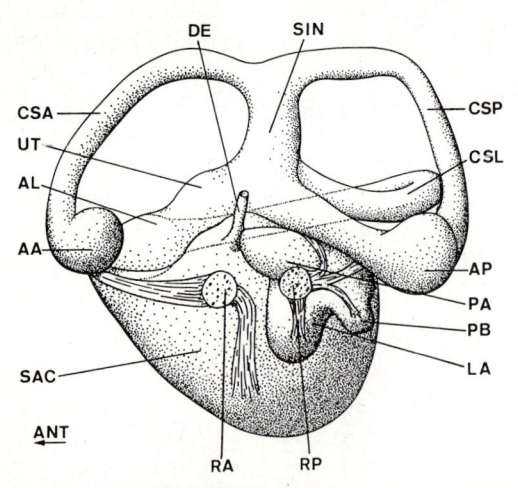

Abb. 10.30: Labyrinth des Laubfrosches von medial. AA: Ampulla anterior; AP: Ampulla posterior; AL: Ampulla lateralis; ANT: Anterior; CSA: Canalis semicircularis anterior; CSL: Canalis semicircularis lateralis; CSP: Canalis semicircularis posterior; DE: Ductus endolymphaticus; LA: Lagena; PA: Papilla amphibiorum; PB: Papilla basilaris; RA: Ramus anterior; RP: Ramus posterior des Nervus statoacusticus; SIN: Sinus superior; UT: Utriculus (nach Alfs und Schneider 1973).

10.4 Gehörsinn

in der aufsteigenden Reihe der Wirbeltiere an Bedeutung und ist bei den Säugetieren ganz zurückgebildet. Die schallperzipierenden Sinnesstrukturen im Labyrinth der Amphibien sind die **Papilla amphibiorum** und die **Papilla basilaris**, die wie Sacculus und Lagena zur Pars inferior gehören (Abb. 10.30). Die P. amphibiorum bleibt auf die Amphibien beschränkt, dagegen entwickelt sich die Papilla basilaris bei den höheren Vertebraten stetig weiter und differenziert sich schließlich zum vollendeten **Cortischen Organ** der Säugetiere und des Menschen. Ein der P. basilaris vergleichbares Organ kommt bereits beim Quastenflosser *Latimeria chalumnae* vor.

Die Weiterentwicklung des Gehörorgans der Amphibien im Vergleich zu dem der Fische ist ferner durch die Ausbildung des **Mittelohres** oder **Paukenhöhle** gekennzeichnet, das Schallenergie zum Innenohr leitet. Bei Froschlurchen ist der äußere Teil des Mittelohres, das Trommelfell, **Membrana tympani**, hinter dem Auge angeordnet. Es ist rund – bei erwachsenen Seefröschen beträgt der Durchmesser ca. 4 mm – und in einen knorpeligen Ring eingespannt. Von der Innenseite des Trommelfells erstreckt sich die knöcherne **Columella auris** zum ovalen Fenster, Fenestra ovalis, einer Membran, die an das perilymphatische System angrenzt. Ein weiteres Skelettelement im Mittelohr ist das Operculum. Es liegt ebenfalls dem ovalen Fenster an und ist durch den Musculus opercularis mit dem Schultergürtel verbunden. Über die Tuba eustachii steht das Mittelohr in offener Verbindung mit dem Mundraum. Bei Schwanzlurchen, Urodela, und einigen Froschlurchen, Unken und Knoblauchkröte, fehlen Trommelfelle, bei den Unken auch die Columella auris.

Die Mittelohrknöchelchen übertragen die durch die Schallwellen hervorgerufenen Vibrationen über das ovale Fenster auf die Perilymphe. Die Energie der Schallwellen bis ca. 1.000 Hz wird durch das Operculum, die der Schallwellen höherer Frequenzen durch das Trommelfell und die Columella dem Innenohr zugeführt.

Die **Papilla amphibiorum** und **P. basilaris** haben bei allen Froschlurchen einen sehr übereinstimmenden Aufbau (Abb. 10.30). Die P. amphibiorum befindet sich auf der medialen Seite des Sacculus und ist mit diesem durch eine weite Öffnung verbunden. Caudal schließt sie durch eine Membran an das perilymphatische System an. Das Sinnesepithel ist dorso-lateral in charakteristischer Weise angeordnet. Die Kinocilien der Sinneszellen der P. amphibiorum und der P. basilaris, wie auch des Utriculus, Sacculus und der Lagena, sind am Ende zu einem Bulbus aufgetrieben. Die Sinneszellen der P. amphibiorum sind sowohl afferent als auch efferent innerviert.

Über dem Sinnesepithel der P. amphibiorum wie auch der P. basilaris befindet sich eine Deckmembran, **Membrana tectoria**, eine Bildung der Stützzellen. Sie weist zahlreiche vertikale Kanäle auf, in die die Haarfortsätze der Sinneszellen hineinragen. Zusätzlich sondern die Sinneszellen Plasmamaterial ab, das ebenfalls in die Kanäle eindringt und für eine stabile Verbindung zwischen Sinneshaaren und Deckmembran sorgt. Die P. basilaris ist klein und röhrenförmig, eine Membran am caudalen Ende grenzt den endolymphatischen Binnenraum gegen den perilymphatischen Teil ab. Die Deckmembran unterteilt die Röhre in der Mitte und wölbt sich zum Sinnesepithel vor. In ihre trichterförmigen Vertiefungen ragen die Sinneshaare. Die Sinneszellen der P. basilaris sind nur afferent innerviert, ihre Kinocilien befinden sich alle auf der der Grenzmembran zugewandten Seite der Zellen.

Die P. amphibiorum enthält mehr Sinneszellen als die P. basilaris, in beiden Papillen ist die Anzahl der Sinneszellen von der Tiergröße abhängig. Bei Rotbauchunken *(Bombina bombina)* kommen in der P. amphibiorum durchschnittlich 62, in der P. basilaris 13 Sinneszellen vor, bei Seefröschen *(Rana ridibunda)* sind es 200 beziehungsweise 29 Zellen. Die P. amphibiorum perzipiert nieder- und mittelfrequente Töne bis ca. 1.000 Hz, die P. basilaris die hochfrequenten darüber. Die Bestimmung von Hörschwellen mit Hilfe der Dressurmethode gelang bei Froschlurchen bislang nicht, da sich diese nur sehr schwer auf akustische Signale konditionieren lassen. Vielfältige Ergebnisse brachte die Ableitung elektrischer Potentiale vornehmlich aus dem Torus semicircularis des Mittelhirns, einer wichtigen Station der Hörbahn der Anura. Die neuronale **Hörschwellenkurve** oder das Audiogramm der Erdkröte *(Bufo bufo)* hat zwei ausgeprägte Empfindlichkeitsmaxima bei 400 Hz und 1.000 Hz und ein drittes, weniger deutliches Maximum bei 700–800 Hz (Abb. 10.31). Die Hörschwellenkurve ist somit trimodal. Die Audiogramme anderer Froschlurcharten sind ebenfalls durch zwei bis drei Empfindlichkeitsmaxima ausgezeichnet. Das Maximum im hohen Frequenzbereich ist bei der Mehrzahl der Arten bei ca. 2.000 Hz, oberhalb dieser Frequenz nimmt die Empfindlichkeit außerordentlich schnell ab; der Hörbereich endet bei 4.500 Hz (Seefrosch) beziehungsweise 6.500 Hz (Laubfrosch). Abweichend ist das Audiogramm der Unken, da das Empfindlichkeitsmaximum im

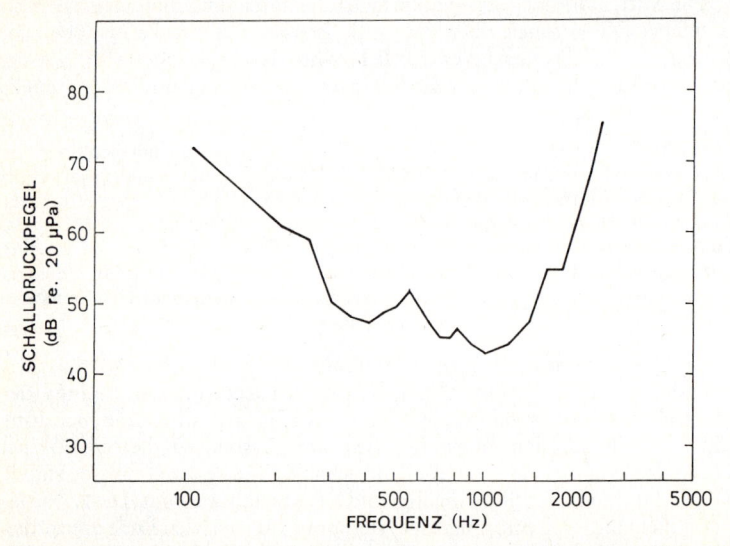

Abb. 10.31: Trimodale, neuronale Hörschwellenkurve der Erdkröte bei 21 °C (nach Walkowiak et al. 1981).

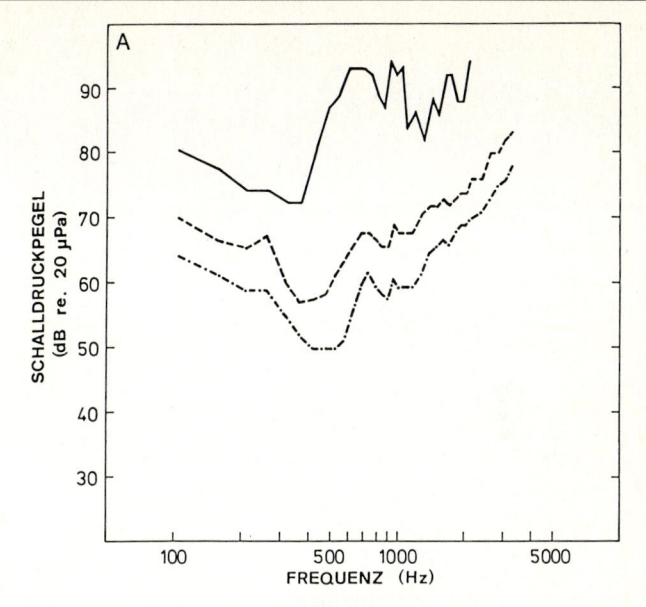

Abb. 10.32: Neuronale Hörschwellenkurven der Gelbbauchunke bei 5 °C (—), 12 °C (----) und 20 °C (-·-·-) (nach Mohneke und Schneider 1979).

hohen Frequenzbereich fehlt. Die Ursache liegt in der Rückbildung des Trommelfells und der Columella, die die Energie dieser Frequenzen übertragen.

Die **Empfindlichkeit des Gehörs** der Froschlurche ist in starkem Maße von der Temperatur abhängig. Die Gehörorgane perzipieren bereits bei 5° C Schall, das Maximum der Empfindlichkeit ist bei 20° C erreicht (Abb. 10.32). Der weitere Anstieg der Temperatur auf 28° C bringt keine Verbesserung mehr. Das ist biologisch sinnvoll, denn während der Fortpflanzungsperiode vieler einheimischer Froschlurcharten überschreitet die Temperatur des Wassers nur selten 20° C.

Die typischen Schwellen- oder Abstimmkurven der Hörnervenfasern und der Neuronen des Torus semicircularis sind V-förmig (Abb. 10.33). Die Tonhöhe, für die die Schwelle am niedrigsten ist, ist die charakteristische Frequenz, Bestfrequenz oder beste exzitatorische Frequenz. Die Abstimmung auf die charakteristische Frequenz ist um so genauer, je steiler die Schwellenkurve verläuft. Die Reaktionsbreite eines Neurons läßt sich durch den $Q_{10\ dB}$ angeben, das ist der Quotient aus charakteristischer Frequenz und Breite der Abstimmkurve 10 dB über der Schwelle. Je höher der Wert, um so präziser ist die Abstimmung. Die $Q_{10\ dB}$-Werte der Neuronen im Torus semicircularis der Rotbauchunke liegen zwischen 0,29–4,5. Die höchsten Werte haben die Neuronen mit Bestfrequenzen von 300–600 Hz, das sind Frequenzen des Paa-

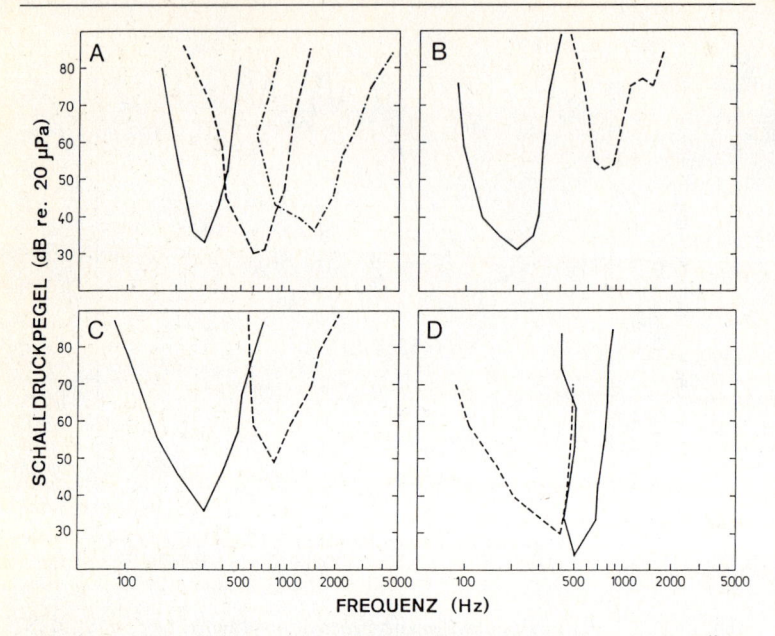

Abb. 10.33: Abstimmkurven von Neuronen im Torus semicircularis des Mittelhirns beim Grasfrosch. (a) nieder-, mittel- und hochfrequentes Neuron. (b) Neuron mit unterschiedlichem Antwortverhalten: (—) on-Aktivierung, tonische Aktivierung, off-Hemmung; (- - - -) tonische Hemmung und off-Aktivierung. c, d Abstimmkurven von Neuronen mit (c) Hochton- und (d) Tieftonhemmung. (—) Exzitatorische Schwelle, (- - - -) Schwelle für den inhibitorischen, zweiten Ton bei Reizung mit der charakteristischen Frequenz 10 dB über der Schwelle (nach Walkowiak 1980).

rungsrufs. Ein kleiner Teil der akustischen Neuronen im Torus semicircularis hat zwei Reaktionsbereiche mit entgegengesetzten Antwortmustern, Aktivierung in dem einen, Hemmung in dem anderen Bereich (Abb. 10.33).

Die Neuronen des Torus semicircularis zeichnen sich durch **Zweiton-Interaktion** aus. Die Antwort der Neuronen auf Reizung mit der charakteristischen Frequenz wird durch die gleichzeitige Reizung mit einem zweiten Ton gehemmt. Die Mehrzahl der Neuronen zeigt Hochtonhemmung, eine geringe Zahl Tieftonhemmung – ein Ton oberhalb beziehungsweise unterhalb der charakteristischen Frequenz wirkt inhibitorisch. Bei der Rotbauchunke liegen die besten inhibitorischen Frequenzen 120–800 Hz über den besten exzitatorischen Frequenzen der Neuronen. Bereits in der Peripherie lassen sich die Antworten der Tiefton-Neuronen, nicht aber die der Mittel- und Hochton-Neuronen, durch einen zweiten Ton höherer Frequenz unterdrücken. Diese Interaktion hat ihre Ursache in mechanischen Einwirkungen im Hörorgan, während der Interaktion im Torus semicircularis nervöse Mechanismen zugrunde liegen.

Trotz der guten Kenntnis der Arbeitsweise der Hörpapillen und der akustischen Neuronen im Zentralnervensystem ist noch keineswegs geklärt, wie bei den Froschlurchen das Erkennen der artspezifischen Rufe erfolgt. Seefrösche unterscheiden exakt zwischen dem arteigenen Paarungsruf und dem verwandter Wasserfrösche. Im Mittelhirn wurden aber bislang nur wenige Neuronen gefunden, deren Frequenz- und Zeitverhalten auf den Paarungsruf abgestimmt sind. Das Erkennen der Rufe gründet sich eher auf kombinierte Mechanismen, denn auf die Selektivität einzelner Neuronen.

Sauropsida

Das Gehörorgan der Sauropsida (2.4.26) ist durch die Ausbildung des Ductus cochlearis gekennzeichnet, ferner ist ein äußerer Gehörgang (**Meatus**) angelegt. Er stellt einen Teil des äußeren Ohres dar, des dritten und jüngsten Abschnittes des Hörorgans neben dem Mittel- und Innenohr. Sein Eingang ist bei den Kriechtieren äußerlich sichtbar, bei den Vögeln durch Federn verdeckt. Vögel haben im Vergleich zu den Kriechtieren einen tiefen Gehörgang, sein Durchmesser beträgt beim Haushuhn 4–5 mm. Im Mittelohr ist die knöcherne **Columella** ausgebildet, deren Fußplatte das ovale Fenster ausfüllt. Außerdem ist eine knorpelige **Extracolumella** vorhanden, die von der Innenseite des Trommelfelles ausgeht und die Verbindung zur Columella herstellt. Bei den Schlangen sind der äußere Gehörgang und das Mittelohr rückgebildet.

Der **Ductus cochlearis** stellt eine blind geschlossene, mit Endolymphe gefüllte Röhre dar, die postero-ventral an den **Sacculus** anschließt und mit ihm über den Ductus sacco-cochlearis in offener Verbindung bleibt (Abb. 10.34). Die Basilarmembran (**Membrana basilaris**) grenzt den Ductus cochlearis gegen die Paukentreppe, Scala tympani, die Reissnersche Membran gegen die Vorhoftreppe, Scala vestibuli, ab. Es sind zwei Kanäle, die

Abb. 10.34: Bau des Vogellabyrinths. AA, AL, AP: Ampulla anterior; lateralis und posterior; CSA, CSL, CSP: Canalis semicircularis anterior, lateralis und posterior; DUC: Ductus cochlearis; LA: Lagena; LAP: Lapillus; SAC: Sacculus; SAG: Sagitta; SIN: Sinus superior; UT: Utriculus (nach Schwartzkopff 1973).

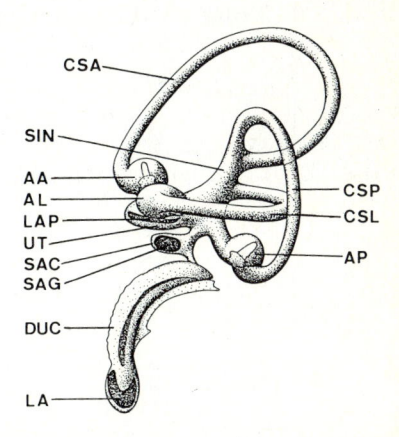

10 Mechanorezeption

Perilymphe enthalten und am apikalen Ende des Ductus cochlearis im Helicotrema miteinander kommunizieren. Der Ductus cochlearis heißt auch Scala media.

Am Ende des Ductus cochlearis befindet sich die **Lagena**, die sowohl bei den Kriechtieren als auch bei den Vögeln ein gut entwickeltes Sinnesepithel mit Otolithenmembran und Otoconien enthält, allerdings besteht über ihre Funktion noch keine Klarheit. Im Ductus cochlearis ist außerdem die Papilla basilaris angeordnet, die als langgestreckter Wulst der Basilarmembran aufgelagert ist und Sinnes- und Stützzellen enthält.

Bei der 17 cm langen Panzerschleiche *(Gerrhonotus multicarinatus)* ist sie 400 μm lang, 50 μm breit und weist ca. 120 Sinneszellen auf. Die Crocodylia haben eine sehr gut entwickelte Papilla basilaris mit 9.000–13.000 Sinneszellen. Ihre Länge beträgt beim Krokodilkaiman *(Caiman crocodilus)* mit 60–80 cm Körperlänge 6 mm, die Breite nimmt von basal nach apikal kontinuierlich zu.

Aufgrund der Anordnung und der Form lassen sich innere und äußere Haarzellen unterscheiden. Die inneren Haarzellen sind weniger zahlreich als die äußeren und haben birnenförmige Gestalt. Die äußeren Haarzellen sind dagegen flach, die Anzahl der Stereocilien ist sehr hoch und liegt zwischen 100–150. Die Größe der längsten Stereocilien auf den Zellen steigt von 5 μm im basalen Bereich auf 30 μm im apikalen Bereich nahe der Lagena an. Die Gruppe der Stereocilien ist zusammen mit dem Kinocilium, das die Stereocilien nicht überragt, seitlich auf der Zelloberfläche angeordnet. Bei manchen Kriechtieren ist das Ende der Kinocilien zu einem Knopf aufgetrieben, der mit den benachbarten Stereocilien verbunden ist. Eine Membrana tectoria überdeckt entweder ganz oder nur zum Teil das Sinnesepithel und hat, mitunter in sehr besonderer Weise, Kontakt mit den Sinneshaaren. Die Papilla basilaris ist tonotop organisiert: Die Zellen der basalen Region sind bei *G. multicarinatus* (s.o.) auf 1,3–2,3 kHz, in der apikalen Region auf 380–580 Hz abgestimmt. Bei Vögeln erreicht die Basilarmembran eine

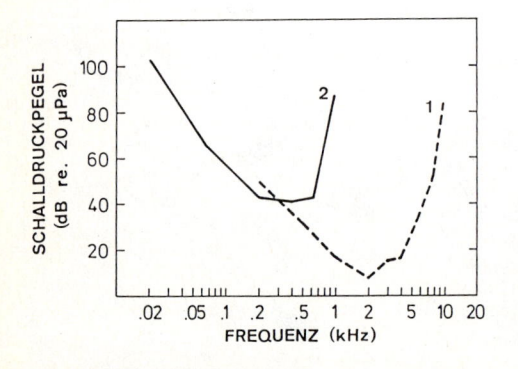

Abb. 10.35: (1) gemittelte Hörschwellenkurve mehrerer Vogelarten und (2) einer Schildkröte (nach Dooling 1980).

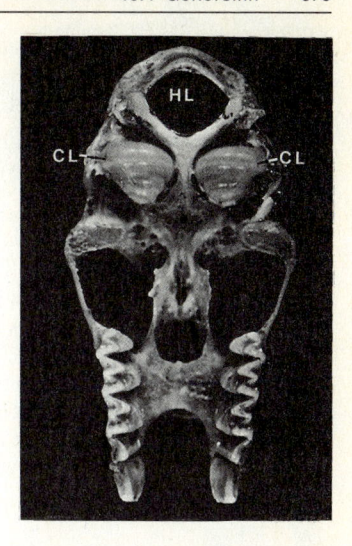

Abb. 10.36: Schädel einer Großen Hufeisennase von ventral. CO: Cochlea; HL: Hinterhauptsloch (Schneider, Original).

beachtliche Länge – Amsel 2,35 mm, Taube, 4,45 mm, Schleiereule 10,75 mm.

Der **Hörbereich** der Schildkröte reicht nur bis 1.000 Hz, zwischen 200 und 600 Hz ist die Schwelle am niedrigsten (Abb. 10.35). Die Empfindlichkeit des Gehörs der Vögel ist deutlich höher, der Verlauf der Hörschwellenkurven bei allen Arten sehr einheitlich. Der Hörbereich erstreckt sich bis ca. 10 kHz mit dem Schwellenminimum bei ca. 2.000 Hz. Singvögel sind für hohe Frequenzen empfindlicher als andere Vögel. Bei 5 kHz beträgt der Schwellenunterschied ca. 22 dB. Auch die Hörschwellenkurve des zur Echoortung befähigten Fettschwalms *(Steatornis caripensis)* entspricht der der anderen Vogelarten, dagegen zeichnet sich das Gehör der nächtlich jagenden Schleiereule *(Tyto alba)* durch sehr große Empfindlichkeit und präzise Richtungslokalisation aus. Vögel erkennen über den gesamten Hörbereich Frequenzunterschiede von 1–2%.

Mammalia

Das System aus den drei Kanälen, **Scala vestibuli, S. media** und **S. tympani**, nimmt bei den Mammalia beträchtlich an Länge zu und dreht sich zur Schnecke (**Cochlea**) ein. Bei den Ursäugern (Prototheria) erreicht die Cochlea noch keinen vollständigen Umgang, bei den höheren Säugern (Eutheria) sind stets mehrere Umgänge vorhanden. Fledermäuse haben eine extrem große Cochlea (Abb. 10.36).

Das äußere Ohr ist durch die Ohrmuscheln (**Pinnae**) gekennzeichnet, die als Trichter wirken und den Luftschall in die Gehörgänge leiten. Unterschiede in der Intensität und in der Laufzeit der Schalls zwischen dem rechten und linken Ohr ermöglichen die sehr genaue Richtungslokalisation einer Schallquelle, wenn sich diese seitlich von der Medianebene befindet. An den Ohrmuscheln setzt eine differenzierte Muskulatur zu präzisen Einstellbewegungen an.

Die Ohrmuskulatur der Fledermäuse besteht aus vielen Muskeln. Die Bewegungen der Ohrmuscheln sind für die Ultraschallorientierung der großen Hufeisennase *(Rhinolophus ferrumequinum)* wichtig, ihr Ausfall nach Muskel- oder Nervendurchtrennung mindert die Orientierungsleistung. Bei den Walen (Cetacea), Seekühen (Sirenia) und Seehunden (Pinnipedia) – Ausnahme Ohrenrobben (Otariidae) – und unterirdisch lebenden Säugetieren sind die Ohrmuscheln rückgebildet.

Der **äußere Gehörgang** ist bei den **Säugetieren** tief und endet am Trommelfell (Abb. 10.37). Von diesem ausgehend erstrecken sich die drei Gehörknöchelchen, Hammer, Amboß und Steigbügel (**Malleus, Incus, Stapes**) durch das Mittelohr zum **ovalen Fenster**. Die Gehörknöchelchen wirken bei der Übertragung der Schallenergie vom Trommelfell auf die Perilymphe des Innenohres als Interface, das Schwingungen von geringem Druck, aber großer Amplitude in Schwingungen von hohem Druck und kleiner Amplitude überführt.

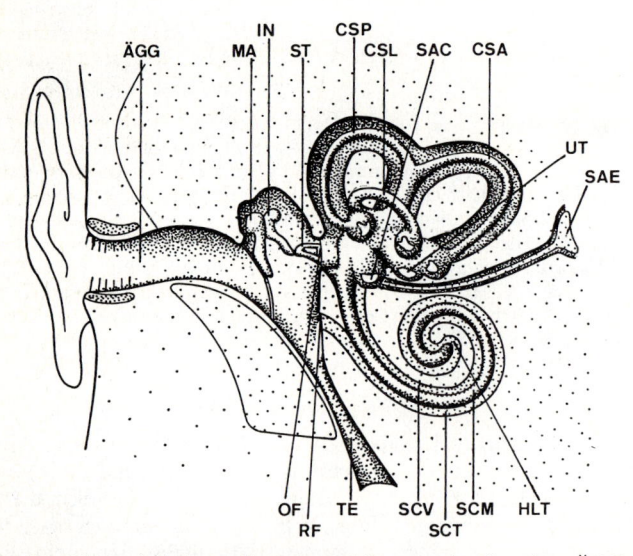

Abb. 10.37: Schematische Darstellung des Gehörorgans der Säugetiere. ÄGG: äußerer Gehörgang; CSA, CSL, CSP: Canalis semicircularis anterior, lateralis und posterior; HLT: Helicotrema; IN: Incus; MA: Malleus; OF: Ovales Fenster; RF: Rundes Fenster; SAC: Sacculus; SAE: Saccus endolymphaticus; SCM: Scala media; SCT: Scala tympani; SCV: Scala vestibuli; ST: Stapes; TE: Tuba eustachii; UT: Utriculus (nach mehreren Autoren zusammengestellt).

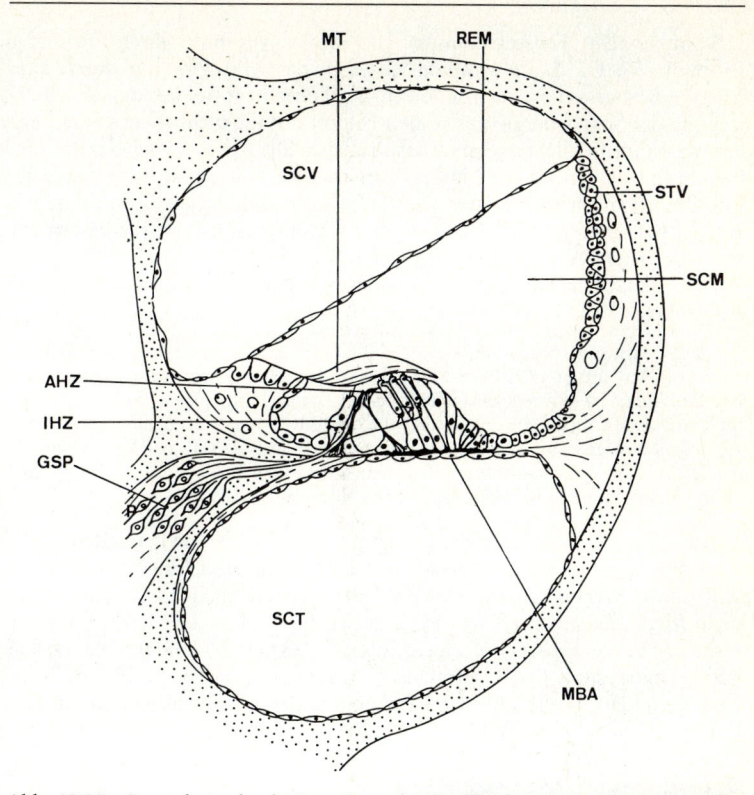

Abb. 10.38: Querschnitt durch einen Gang der Cochlea bei einem Säugetier. AHZ, IHZ: Äußere, Innere Haarzellen; GSP: Ganglion spirale; MBA: Membrana basilaris; MT: Membrana tectoria; REM: Reissnersche Membran; SCM, SCT, SCV: Scala media, tympani und vestibuli, STV: Stria vascularis (nach mehreren Autoren zusammengestellt).

Dafür entscheidend sind die Konzentrierung der von dem großen Trommelfell aufgenommenen Schallenergie auf das kleine ovale Fenster, ferner die Gehörknöchelchen, deren kürzere Hebelarme auf der Seite des ovalen Fensters sind, und die Resonanzeigenschaften des Gehörganges. Zwei Muskeln gehören zum Mittelohr. Am Malleus setzt der Musculus tensor tympani, am Stapes der Musculus stapedius an. Die reflektorische Kontraktion dieser Muskeln vermag das Ohr vor starken Schallreizen zu schützen. Ihre Funktion ist aber noch nicht in allen Einzelheiten klar. Bis 2 kHz soll die Übertragung der Schallenergie über das Mittelohr, bei höheren Frequenzen durch Knochenleitung erfolgen. Im Hinblick auf die hohe Entwicklungsstufe des Gehörorgans wäre das eine sehr geringe Leistung des Mittelohres und ist deshalb unwahrscheinlich.

Vom ovalen Fenster nimmt die **Scala vestibuli** ihren Ausgang (Abb. 10.37). Die **Scala tympani** ist gegen das Mittelohr nur durch eine Membran abgegrenzt, das runde Fenster (**Fenestra rotunda**). Bei der Übertragung der Schallenergie am ovalen Fenster auf die nicht komprimierbare Perilymphe ermöglicht es den Druckausgleich. Die Ansatzstellen der Basilarmembran sind zentral der Limbus spiralis, außen das Ligamentum spirale. Ihre Breite nimmt vom ovalen Fenster bis zum Helicotrema kontinuierlich zu, gleichzeitig nimmt die Dicke ab. Beim Menschen messen die Fasern am ovalen Fenster 100 µm, am Helicotrema 500 µm.

Der Basilarmembran ist die Papilla basilaris oder das **Cortische Organ** aufgelagert (Abb. 10.38).

Diesen Ausdruck prägte 1854 A. v. Kölliker, nachdem der italienische Anatom Marchese A. Corti es 1851 beim Menschen entdeckt hatte. Sein Aufbau aus Sinnes- und Stützzellen ist sehr regelmäßig und über die ganze Länge gleich. Die Sinneszellen im Cortischen Organ der Säugetiere und des Menschen tragen nur **Stereocilien**. Kinocilien werden zwar angelegt, nachfolgend ganz oder bis auf einen Rest rückgebildet. Die Stereocilien sind auf den Zellen in mehreren Reihen, bogenförmig angeordnet (Abb. 10.39). Darüber befindet sich die Membrana tectoria.

Aufgrund der Lage wird zwischen inneren und äußeren **Haarzellen** unterschieden, sie weisen auch hinsichtlich ihrer Form und Innervation unterschiedliche Merkmale auf. Die Zahl der inneren Haarzellen beläuft sich beim Menschen auf ca. 3.500. Sie sind bauchig und in einer Reihe nahe der zentralen Schneckenspindel angeordnet. Die Anzahl der äußeren Haarzellen beträgt mindestens 13.000, großzügige Schätzungen gehen bis 19.000. Diese Zellen sind langgestreckt, zylindrisch und bilden im Cortischen Organ drei Reihen.

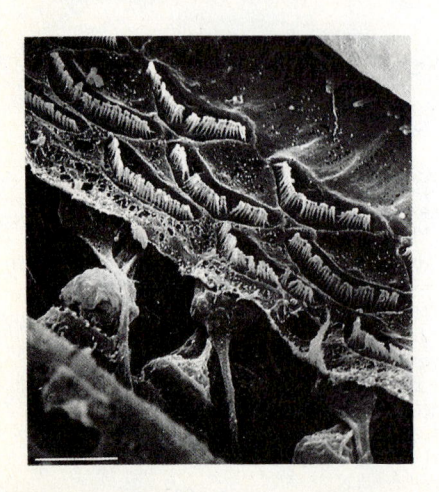

Abb. 10.39: Rasterelektronenmikroskopische Aufnahme von äußeren Haarzellen der Maus. Die Stereocilien befinden sich in Gruben der Sinneszellen. Strichmarke 3,85 µm (I. Hertwig und J. Hentschel, Original).

Alle Sinneszellen sind nicht nur afferent, sondern auch efferent innerviert. Jede innere Haarzelle hat synaptischen Kontakt mit einigen afferenten Fasern, dagegen werden stets mehrere bis viele äußere Haarzellen von nur einer Faser versorgt. Bei den inneren Haarzellen sind die afferenten Synapsen in verschiedenen Bereichen des Zellkörpers, die efferenten Fasern bilden Synapsen an den afferenten Fasern. Die äußeren Haarzellen haben nur im basalen Teil Synapsen, auch die efferenten Fasern stehen mit den Sinneszellen selbst in synaptischem Kontakt.

Die **Erregung** der Sinneszellen erfolgt beim Abbiegen der Sinneshaare, ausgelöst durch die Bewegung der Basilarmembran gegen die Deckmembran. Die Frequenzanalyse beginnt bereits im Cortischen Organ. Die Abbildung der tiefen Frequenzen erfolgt am apikalen Ende der Cochlea, mit anstgeigender Tonhöhe mehr und mehr an der Basis, die höchsten Frequenzen werden am ovalen Fenster wahrgenommen. Bei der Ortsabbildung der Tonhöhen spielen Wanderwellen eine wichtige Rolle, die Mechanismen sind sehr verwickelt. Die Wellen im Innenohr beobachtete bereits 1928 v. Békésy nach äußerst geschickten operativen Eingriffen. Lange vorher hatte Helmholtz die **Resonanztheorie** entwickelt, um die Frequenzanalyse zu erklären. Da die quer angeordneten Fasern der Basilarmembran unterschiedliche Länge haben, könnte die Analyse der Tonhöhe durch Resonanz der Fasern mit der entsprechenden Länge erfolgen. Die Ortsabbildung der Tonhöhen ist zwar gegeben, erfolgt aber nicht durch Resonanz. Weiteren **Hörtheorien** liegen andere Mechanismen zugrunde.

Der **Hörbereich** des Menschen erstreckt sich von 16 Hz bis 20 kHz, die obere Hörgrenze sinkt allerdings mit zunehmendem Alter. Zwischen 2 und 4 kHz ist die Schwelle am niedrigsten. Tonhöhen über 20 kHz werden üblicherweise als Ultraschall bezeichnet. Diese Einteilung gründet sich auf die obere Hörgrenze des Menschen und ist willkürlich. Viele Säugetierarten bilden Ultraschallaute und können sie hören.

Zahlreiche Nagetierarten (Rodentia) bilden Laute mit **Ultraschall**anteilen oder reine Ultraschallaute, die im Sozialverhalten eine Rolle spielen oder der Orientierung dienen. Das Gehör der Nager weist keine anatomischen Besonderheiten auf, trotzdem ist es für Ultraschall sehr empfindlich. Auf die aktive Aussendung und Wahrnehmung von Ultraschallauten gründet sich die Orientierung der Fledertiere (Chiroptera), die bei den Fledermäusen (Microchiroptera) in vollendeter Weise ausgebildet ist. Die durch Ableitung von Potentialen im Colliculus inferior des Mittelhirns ermittelte neuronale Hörschwellenkurve der großen Hufeisennase (Abb. 10.40) hat eine sehr niedrige Schwelle bis 35 kHz und ein zweites, äußerst eng begrenztes Schwellenminimum bei 82–84 kHz, das für die Ultraschallorientierung höchst bedeutsam ist. Die Orientierungslaute der Hufeisennase bestehen aus einem langen, frequenzkonstanten Teil und einem kurzen, frequenzmodulierten Schlußteil. Peilen große Hufeisennasen während sie stationär sind, beträgt die Tonhöhe des konstantfrequenten Teiles je nach Tier 82,7–83,3 kHz. Fliegende Hufeisennasen senken die Frequenz ihrer Ortungslaute auf 81–81,5 kHz ab. Dadurch gleichen sie die durch den Flug entstehenden Dopplereffekte aus, und die Echos der Ortungslaute erreichen die Fledermäuse mit der Tonhöhe stationär peilender Tiere. Die sehr genaue Abstimmung des Gehörs auf diese Frequenz, die äußerst starke und steile Änderung der Empfindlichkeit für die benachbarten Frequenzen begünstigen die Wahrnehmung der Echos der Ortungs-

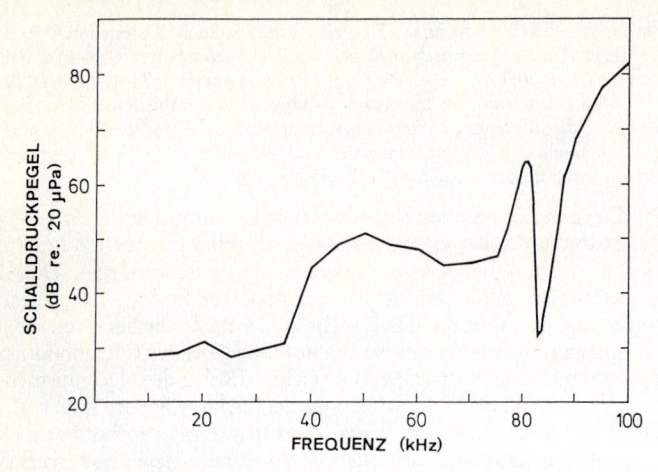

Abb. 10.40: Neuronale Hörschwellenkurve der Großen Hufeisennase (nach Neuweiler 1970).

laute. Die Neuronen des Colliculus inferior, die auf den konstantfrequenten Teil der Ortungslaute abgestimmt sind, haben $Q_{10\,dB}$-Werte von 200, manche von 400. Diese Werte sind extrem hoch, denn bei anderen Säugetieren, wie Ratte, Meerschweinchen und Katze erreichen sie allenfalls 20. Die Abbildung der Frequenzen von 82–86 kHz erfolgt auf der Basilarmembran am ovalen Fenster über eine erweiterte Strecke von 3,7 mm, auf der bei anderen Säugetieren eine ganze Oktave abgebildet wird.

Zahnwale (Odontoceti) haben ebenfalls eine **Echoortung**. Das Leben im Wasser bedingte zahlreiche Anpassungen des Gehörorgans. Die äußere Öffnung des langen Gehörganges der Zahnwale ist nur 0,5 mm weit, erst kurz vor dem Trommelfell erweitert er sich auf 5 mm. Das Trommelfell ist verdickt, ebenso sind die Gehörknöchelchen massiv. Der Malleus hat außer mit dem Trommelfell auch mit der knöchernen Wand des Mittelohres Verbindung. Dies ist für die Schallübertragung bedeutsam. Mittel- und Innenohr sind in eine dickwandige Ohrkapsel aus äußerst hartem Knochen eingeschlossen, die von den übrigen Schädelknochen abgesetzt ist. Lediglich ein Ligament stellt eine lockere Verbindung mit ihnen her. Der Raum zwischen Ohrkapsel und Schädelknochen enthält einen lufthaltigen Schaum, der eine vollkommene Barriere für Schallwellen darstellt. Sie verhindert die Übertragung der Schallwellen aus dem Wasser über das Körpergewebe auf das Innenohr. Das wäre möglich, da die Dichte des Wassers und des Körpergewebes wenig verschieden sind. Nach der gegenwärtigen Auffassung gelangt die Schallenergie über den Unterkiefer und das anschließende Fettgewebe auf die Mittelohrkapsel, von dort über den Fortsatz des Malleus auf die Kette der Gehörknöchelchen und weiter auf das Innenohr.

10.4.2 Wirbellose (Insecta)

Tympanalorgane sind die hoch entwickelten Hörorgane der Insekten, die aus Skolopidien und meist aus Trommelfellen bestehen. Tympanalorgane kommen bei Lang- und Kurzfühlerschrecken, Zikaden, Wasserwanzen, Netzflüglern und Schmetterlingen vor. Der Grundaufbau ist ähnlich, Unterschiede bestehen vornehmlich in der Lage im Körper und in der Anzahl der **Skolopidien**.

Ensifera (Langfühlerschrecken)

Bei den **Grillen und Laubheuschrecken** befinden sich die Tympanalorgane im proximalen Teil der Tibien der Vorderbeine (Abb. 10.41). Unmittelbar vorgelagert ist ein Subgenualorgan (Grillen) beziehungsweise ein Subgenualorgan und ein Zwischenorgan (Laubheuschrecken). In den Tibien der mittleren und hinteren Extremitäten sind an der Stelle, an der sich in der vorderen Tibia das Tympanalorgan befindet, ebenfalls Sinnesorgane ausgebildet, denen aber ein Trommelfell fehlt. Es sind die Trachealorgane mit nur etwa 10 Skolopidien. Bei den Langfühlerschrecken ist jedes Tympanalorgan mit einem vorderen und einem hinteren Tympanum ausgestattet.

Eine Ausnahme macht die Maulwurfsgrille *(Gryllotalpa gryllotalpa)* mit nur einem Trommelfell. Die Tympana sind entweder oberflächlich angeordnet (Abb. 10.42) oder in tiefen Trommelfellhöhlen oder -taschen versenkt und durch Trommelfelldeckel geschützt (Abb. 10.43). In Längsrichtung der Tibien verlaufende, schmale Tympanalspalten bilden den Zugang. Bei *Tettigonia viridissima* ist der Spalt 1,5 mm lang. Bei der Mehrzahl der Laubheuschrecken (z.B. *T. viridissima, Ephippiger ephippiger, Pholidoptera griseoaptera*) befinden sich die Trommelfelle in Trommelfellhöhlen. Oberflächlich sind sie bei *Phaneroptera falcata, Leptophyes punctatissima, Meconema thalassinum* und den Grillen, allerdings bildet die unterirdische Gryllotalpa eine Ausnahme – das Trommelfell ist in einer Tympanalhöhle, der Tympanalspalt hat eine Länge von 1,75 mm. *Tachycines* spp. und *Myrmecophila* spp. haben keine Tympana.

Bei den Feldgrillen ist ein markanter Größenunterschied zwischen den beiden Tympana eines Tympanalorgans gegeben (Abb. 10.41). Das hintere Trommelfell ist 1 mm lang, das vordere dagegen nur 0,38 mm. Die Laubheuschrecken haben ebenfalls verschieden große Tympana, wenngleich die Unterschiede gering sind.

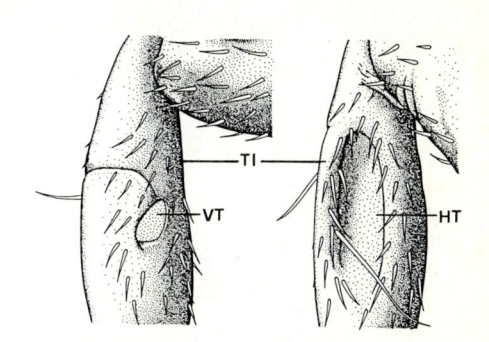

Abb. 10.41: (VT) Vorderes, kleines und (HT) hinteres, großes Tympanum in der Tibia (TI) der Feldgrille (nach Huber 1976).

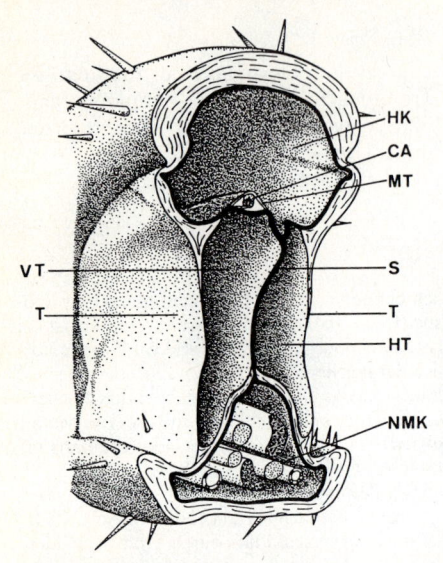

Abb. 10.42: Das Tympanalorgan der Sichel-Laubheuschrecke *(Phaneroptera falcata)* als Blockbild. Die Tympana liegen frei in der Oberfläche der Tibia. CA: Crista acustica; HK: Hämolymphkanal; HT: Hintere Trachee; MT: Membrana tectoria; NMK: Nerv-Muskel-Kanal; S: Steg; T: Tympanum; VT: Vordere Trachee (nach Schumacher 1978).

Ein Tympanum besteht aus einer sehr dünnen Exocuticula und einer Tracheenintima, die von der Epidermis und der Tracheenmatrix gebildet werden. Diese beiden Gewebe verschwinden im Laufe von zwei Tagen nach der Imaginalhäutung vollständig. Bei *P. falcata* sind die Tympana nur 1–1,5 µm dick, bei *Gryllus bimaculatus* hat das hintere Tympanum eine Stärke von 2–3 µm, das vordere aber von 30–33 µm, da sich hier das Epithel nicht zurückbildet.

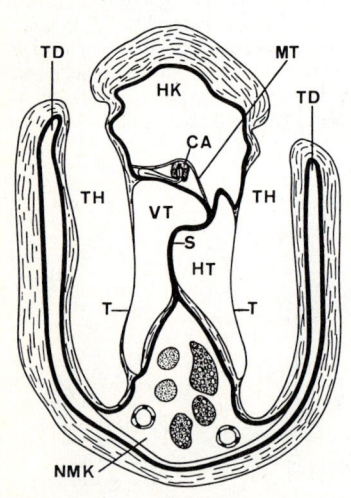

Abb. 10.43: Querschnitt durch die Tibia der Sattel-Laubheuschrecke *(Ephippiger ephippiger)* auf der Höhe des Tympanalorgans. Die Tympana befinden sich in tiefen Tympanalgruben. CA: Crista acustica; HK: Hämolymphkanal; HT: Hintere Trachee; MT: Membrana tectoria; NMK: Nerv-Muskel-Kanal; S: Steg; TD: Tympanaldeckel; TH: Tympanalhöhle; T: Tympanum; VT: Vordere Trachee (nach Schumacher 1973).

10.4 Gehörsinn

Die in die Tibia eintretende Beintrachee ist im Querschnitt rund. Auf der Höhe des Tympanalorgans wird sie durch einen S-förmig verlaufenden Steg in eine vordere und hintere Trachee geteilt, deren Außenwände an der Bildung der Tympana beteiligt sind (Abb. 10.42, 10.43). Die Längsteilung der Trachee endet unmittelbar nach dem Tympanalorgan. Die Beintrachee unterteilt die Tibia in den Muskelkanal mit mehreren Muskeln und zwei Nerven und in den Hämolymphkanal mit den Sinnesorganen. Die **Skolopidien** sind auf der vorderen Trachee in einer Längsreihe angeordnet und bilden die Crista acustica oder Hörleiste. Die Anzahl der Skolopidien ist artspezifisch: *T. viridissima* 37, *Bicolorana bicolor* 23, *Ph. griseoaptera* 24, *Gryllus bimaculatus* ca. 60. Die Größe der Skolopidien nimmt von proximal nach distal kontinuierlich ab, indem die Größe aller am Aufbau eines Skolopidiums beteiligten Zellen abnimmt. Bei den Laubheuschrecken bilden vier Zellen ein Skolopidium: Sinneszelle, Hüllzelle, Stiftzelle, Kappenzelle (Abb. 10.44a). Bei den Grillen sind außer diesen Zellen noch akzessorische Zellen vorhanden (Abb. 10.44b).

Die **Hörsinneszellen** sind bipolar. Die Dendriten oder Sinnesfortsätze der Sinneszellen verlaufen auf der vorderen Trachee nach median und wenden sich dort in einem nahezu rechten Winkel nach außen. Vom Endabschnitt des Dendriten nimmt ein langes Sinnescilium seinen Ausgang, das einen extrazellulären Raum durchzieht und im Stiftkopf endet (Abb. 10.44). Im Cilium befinden sich neun, zu einem Ring

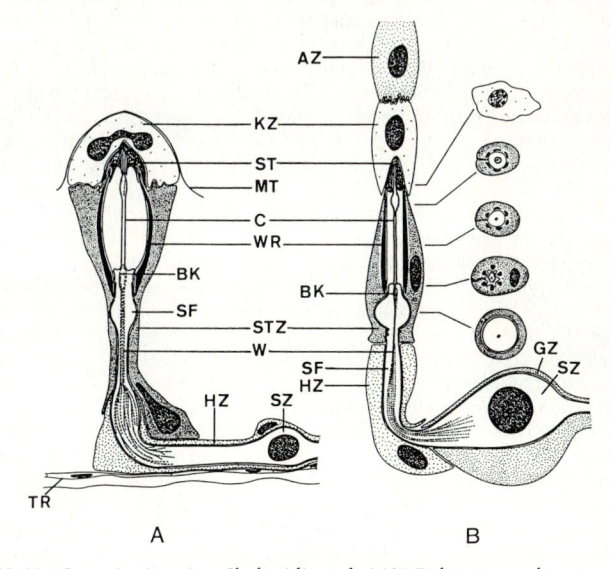

Abb. 10.44: Organisation eines Skolopidiums bei (**A**) *Ephippiger ephippiger* und (**B**) *Gryllus campestris*. Die Lage der Querschnitte in (b) ist durch die Striche angegeben. AZ: Akzessorische Zelle; BK: Basalkörper; C: Cilium; HZ: Hüllzelle; GZ: Gliazelle; KZ: Kappenzelle; SF: Sinnesfortsatz; ST: Stiftkopf; STZ: Stiftzelle; TR: Trachee; W: Wurzelfaden; WR: Wandrippen (A: nach Schumacher 1979, B: nach Michel 1974).

angeordnete Doppeltubuli. Die Hüllzelle umgibt bei den Laubheuschrecken den Großteil der Sinneszelle, bei den Grillen ist außerdem eine Gliazelle daran beteiligt. Die Stiftzelle oder Skolopalzelle umschließt den distalen Teil des Dendriten, legt sich ferner an den Stiftkopf an und bildet so den extrazellulären Raum, in dessen Zentrum sich das Sinnescilium befindet. Intrazellulär sind an der Innenwand der Stiftzelle 5–7 (Grille) oder 8–9 (Laubheuschrecken) Wandrippen konzentrisch angeordnet, die in Rinnen des Stiftkopfes enden. Sie bestehen aus einem Gerüsteiweiß und dienen der Stabilisierung des Extrazellularraumes. Nach distal folgt die voluminöse Kappenzelle, die den äußeren Teil der Stiftzelle und auch den Stiftkopf umschließt. Er ist locker strukturiert und stellt eine extrazelluläre Bildung der Kappenzelle dar. Stiftkopf und Wandrippen wurden früher als Einheit angesehen und als **Skolops** bezeichnet. Bei Feldgrillen folgen distal noch akzessorische Zellen, die eine Verbindung mit der seitlichen Wand des Beines herstellen. Der gesamte Tympanalbereich ist überdeckt von der Membrana tectoria, die auf die Tracheenmatrix zurückgeht.

Die **Schallwellen** wirken sowohl von außen als auch von innen auf die Tympana ein. Auf die Innenseite gelangen sie durch das Stigma am Hinterrand des Pronotum und die Beintrachee. Das Stigma ist bei den Laubheuschrecken ständig offen, bei den Grillen verschließbar. Durch eine Tracheenkommissur ist eine Interaktion mit dem Hörsystem der anderen Körperseite gegeben. Bei Frequenzen von 1–3 kHz ist der Schalldruckpegel auf beiden Seiten des Trommelfells gleich, das Tympanalorgan ist somit ein idealer Druckgradientempfänger. Bei höheren Frequenzen bis 40 kHz steigt der Schalldruckpegel auf der Innenseite auf das zwei- bis dreifache gegenüber der Außenseite an. Für die Erregung der Hörsinneszellen sind die Schwingungen der großen hinteren Tympana Voraussetzung. Bei experimenteller Unterdrückung der Schwingungen nimmt der innen an den Trommelfellen anliegende Schalldruck zu, doch unterbleibt die Erregung der Sinneszellen.

Bei der australischen Laubheuschrecke *(Mygalopsis marki)* reagieren die Sinneszellen der Crista acustica auf Frequenzen von 3–40 kHz und sind auf bestimmte Tonhöhen abgestimmt (Abb. 10.45). Die charakteristische Frequenz steigt von proximal nach distal in variablen Schritten von 3–7 kHz oder in regelmäßigen Schritten von etwa 1 kHz an. In der Hörleiste können 2–5 Rezeptoren auf die gleiche Tonhöhe abgestimmt sein. Die Sinneszellen haben unterschiedliche Schwellen. Am höchsten sind sie bei den proximalen Skolopidien, am niedrigsten bei denen, die auf 14–20 kHz abgestimmt sind. Die Schwellen steigen beiderseits der charakteristischen Frequenz um 20–30 dB pro Oktave an. Rezeptoren mit der gleichen charakteristischen Frequenz haben bei verschiedenen Tieren unterschiedliche Schwellen.

Die Verarbeitung der **Schallreize** ist besonders gut von den Feldgrillen, *Gryllus campestris* und *G. bimaculatus*, bekannt. Paarungsbereite Männchen geben den Lockgesang ab. Dieser besteht aus rhythmisch wiederholten Versen, jeder Vers aus vier Silben. Die Wiederholungsrate der Silben beträgt etwa 30 pro Sekunde, die Trägerfrequenz des Lockgesanges ist bei 4–5 kHz. Durch diesen Gesang werden paarungsbereite Weibchen angelockt und wandern aus einigen Metern gerichtet auf ein singendes Männchen zu. Die **Hörschwellenkurve** hat zwei Empfindlichkeitsmaxima, die sehr genau auf die Trägerfrequenz und die zweite Harmonische des Lockgesanges abgestimmt sind. Die Fasern der Hörsinneszellen ziehen als Hörnerv in das Prothorakalganglion und enden mit zahlreichen Verzweigungen im ipsilateralen Neuropil (Abb. 10.46a). Sie haben synaptische Verbindungen mit zwei Paar intraganglionären Neuronen, den Omega-Neuronen 1 und 2, so bezeichnet wegen ihres Erscheinungsbildes im Ganglion nach selektiver Anfärbung. Die beiden spiegelbild-

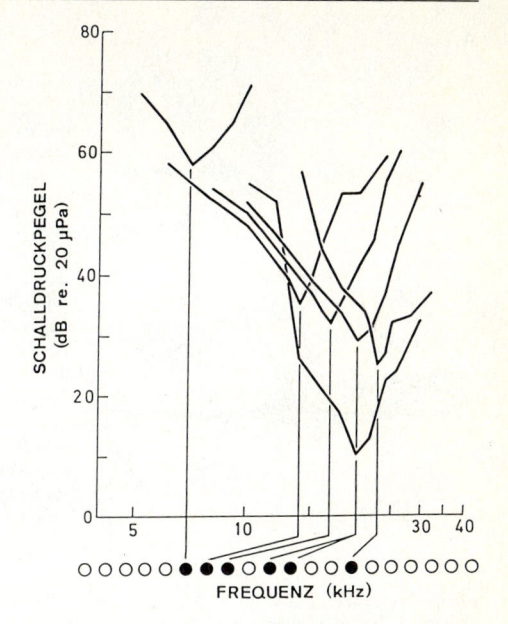

Abb. 10.45: Abstimmkurven und Schwellen von sechs Neuronen in der Crista acustica der australischen Laubheuschrecke *Mygalopsis marki*. Die Crista acustica ist schematisch durch Kreise angegeben. Die ausgefüllten Kreise markieren die identifizierten Neuronen (nach Oldfield 1984).

lich angeordneten Omega-Neuronen 1 erhalten exzitatorische Erregungen von dem Tympanalorgan, das ipsilateral zum Soma ihrer Zellen gelegen ist. Erregungen eines Omega-Neurons 1 hemmen das contralaterale Omega-Neuron 1. Die Omega-Neuronen des Typs 2 erhalten exzitatorische Erregungen sowohl vom ipsi- als auch vom contralateralen Tympanalorgan. Die Omega-Neuronen 1 sind besonders gut auf die Trägerfrequenz des Lockgesanges der Grillen abgestimmt, während die Omega-Neuronen 2 in dem weiten Frequenzbereich von 2–20 kHz annähernd gleiche Empfindlichkeit haben.

Zum Hörsystem gehören ferner zwei Paar aszendierende Neuronen, deren Dendritennetze sich in dem zu ihren Zellkörpern contralateralen Neuropil des Prothorakalganglions befinden und die dort Kontakt mit einem Omega-Neuron 1 haben (Abb. 10.46b). Die aszendierenden Neuronen 1 und 2 erhalten exzitatorische Erregungen vom contralateralen Tympanalorgan, doch sind die Antworten der Neuronen 2 variabler als die der Neuronen 1. Das Reaktionsspektrum der aszendierenden Neuronen 1 reicht von 2–10 kHz und hat ein Empfindlichkeitsmaximum bei der Trägerfrequenz des Lockgesanges, die aszendierenden Neuronen 2 beantworten Frequenzen von 2–20 kHz. Die Axone der beiden aszendierenden Neuronen ziehen auf der contralateralen Seite ihrer Zellkörper in das Protocerebrum des Gehirns, wo sie mit auditiven Interneuronen der Klasse 1 und diese mit den übergeordneten Interneuronen der Klasse 2 in Verbindung stehen.

Die **Entladungsmuster** der Omega- und der aszendierenden Neuronen bilden die zeitliche Struktur des Grillengesanges und anderer Schallereignisse exakt ab. Sie sind an der Erkennung des artspezifischen Gesangsmusters nicht beteiligt, dagegen zeigen

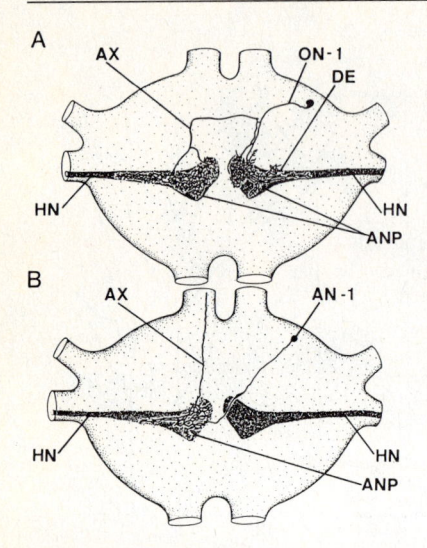

Abb. 10.46: Prothorakalganglion der Feldgrille mit Anteilen der Hörbahn. Die Fasern der beiden Hörnerven, HN (schematisch; dicht punktiert), enden ipsilateral im auditorischen Neuropil, ANP. (**A**) Organisation eines Omega-Neurons ON-1. Der Dendrit, DE, ist ipsilateral zum Zellkörper, das Axon, AX, zieht in das Neuropil der gegenüber liegenden Seite des Ganglions. (**B**). Aufsteigendes Neuron AN-1. Das Axon verläuft in dem zum Zellkörper contralateralen Konnektiv in das Gehirn. Die korrespondierenden Neuronen ON-1 und AN-1 der anderen Seite des Ganglions sind zu den dargestellten Neuronen spiegelbildlich angeordnet (nach Huber und Thorson 1985).

die Interneuronen des Gehirns differenziertes Antwortverhalten. Sie sind sehr wahrscheinlich für die Erkennung des Lockgesanges bedeutsam, da sie Bandpaß-Eigenschaften haben. Interneuronen der Klasse 1 beantworten arttypische und niedrigere Silbenraten, solche der Klasse 2 ebenfalls die artspezifische Silbenrate des Lockgesanges, außerdem höhere Wiederholungsraten der Silben.

Grillen anderer systematischer Gruppen haben Tympanalorgane mit anderen Baumerkmalen. Bei der nur 5–7 mm großen Kanarischen Grille *(Cycloptiloides canariensis)* hat ein Tympanalorgan nur ein Trommelfell, das schräg zur Außenseite des Beines angeordnet ist. Die Beintrachee ist zweigeteilt und verläuft im Zentrum der Tibia. Sie hat keine Verbindung mit dem Tympanum. 30–40 tympanale Zellen verbinden die Trachee mit dem zentralen Teil des Trommelfells. Zu jedem Typanalorgan gehören 4 Skolopidien. Die distalen Abschnitte der Dendriten mit ihren Cilien sind zwischen den tympanalen Zellen und dem Rand des Tympanums frei ausgespannt.

Caelifera (Kurzfühlerschrecken)

Die **Feldheuschrecken** haben größtenteils Tympanalorgane, die sich im ersten Abdominalsegment befinden (Abb. 10.47). Das Tympanum ist oval und erreicht bei den großen Wanderheuschrecken *Locusta migratoria* und *Schistocerca gregaria* die Größe von 2,5 x 1,5 mm. Es ist 2–3 μm dick bis auf den vorderen, ventralen Bereich, in dem die Stärke 8–10 μm beträgt. Das Tympanum ist von der Hypodermis unterlagert, der eine Trachee anliegt. Von der Innenseite des Trommelfells erheben sich vier chitinöse Strukturen, an denen die Kappenzellen der Skolopidien ansetzen. Die 90–100 Skolopidien eines Tympanalorgans bilden vier Gruppen mit den Sinneszellen a–d. Davon entfallen 60 Skolopidien auf die Gruppen a und b, deren Dendriten parallel zum Tympanum verlaufen und an zwei Stellen inserieren. Die Dendriten der 20 c-Zellen

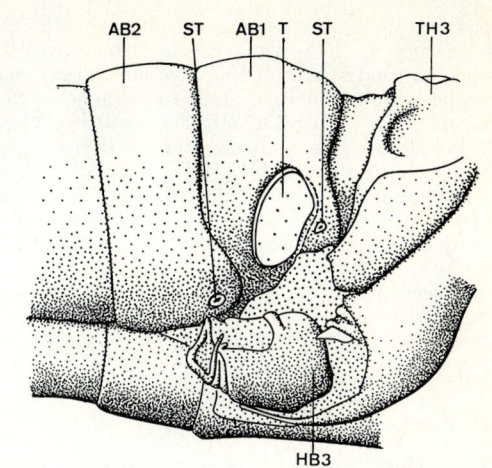

Abb. 10.47: Die Lage des Tympanalorgans bei einer Feldheuschrecke (nach Huber 1958).
AB1, AB2: 1. und 2. Abdominalsegment; HB 3: 3. Hinterbein; ST: Stigmen; T: Tympanum; TH3: 3. Thoraxsegment

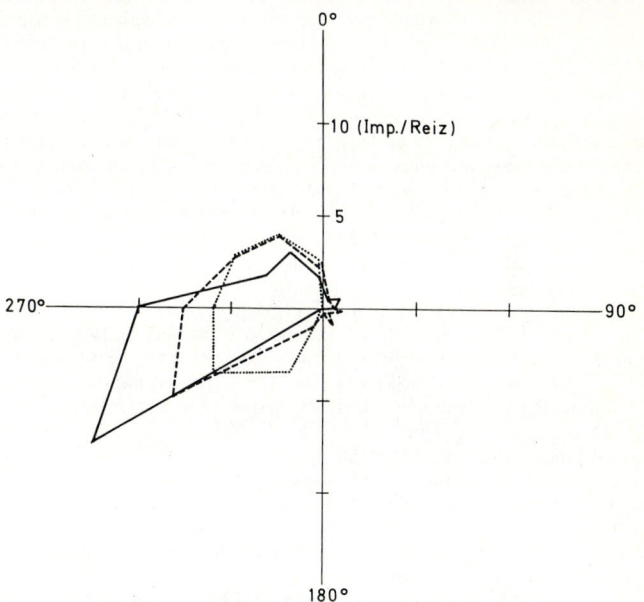

Abb. 10.48: Antwortmuster eines Neurons im Unterschlundganglion der Wanderheuschrecke *(Locusta migratoria)* bei Reizung mit Schall aus unterschiedlichen Richtungen. Richtung der Schallquelle 270°; Position des Kopfes bei 0°; Ableitung ipsilateral; Reizfrequenz 10 kHZ. (—) 73 dB; (– – –) 63 dB; (·····) 53 dB (nach Kalmring et al. 1972).

sind senkrecht zum Trommelfell und zu den a- und b-Zellen gerichtet. Die Anzahl der d-Zellen ist mit 10 gering. Bereits im ersten Larvenstadium sind alle Sinneszellen vorhanden und in der typischen Weise angeordnet, dagegen entsteht das Tympanum erst im Laufe der Entwicklung. Die a-Zellen haben die größte Empfindlichkeit bei 3,7 kHz, die b-Zellen bei 3,5 kHz, die c-Zellen bei 12 kHz, die d-Zellen bei 1,5, 3 und 8 kHz. Die vier Typen von Sinneszellen haben fast gleiche Kennlinien. Sie steigen steil an und erreichen bereits 20–30 dB über der Schwelle den Sättigungswert. Die Antwortstärke der Rezeptoren ändert sich mit der Einfallsrichtung des Schalls. Die Entladungsrate ist am höchsten bei senkrechtem Einfallswinkel auf das Trommelfell, das ist bei Locusta migratoria 120–150° bezogen auf die Längsachse, da die Tympana schräg angeordnet sind. Wie bei den Grillen erfolgt auch bei *Locusta* noch keine Erkennung des artspezifischen Gesangs auf der Ebene der Rezeptoren. Aufgrund ihrer Antwortmuster werden 14 Typen von aszendierenden Neuronen unterschieden, darunter sind solche, deren Antworten von der Einfallsrichtung des Schalls abhängen (Abb. 10.48).

Heteropteroidea (Schnabelkerfen)

Tympanalorgane kommen bei den **Singzikaden** (Cicadidae), und **Wasserwanzen** (Hydrocorisae) vor. Die Tympanalorgane der Singzikaden haben einen sehr einheitlichen Aufbau. Die Tympana der paarigen Hörorgane befinden sich im Anfangsteil des Abdomens auf der Ventralseite in den Trommelfellhöhlen. Sie stehen schräg und sind in einen cuticulären Ring eingespannt. Die Tympanalhöhlen werden bei der Mehrzahl der Arten außen von zwei kräftigen, runden bis ovalen Cuticulaplatten, den Opercula, überdeckt. Sie gehen vom Metathorax aus und ragen starr nach hinten. Bei der 36 mm langen *Liristes plebeja* ist ein Tympanum 4,3 × 3 mm groß, Weibchen haben bei vielen Arten kleinere Tympana als Männchen. An die Trommelfelle legt sich innen die Wand einer ungewöhnlich großen, ungeteilten Tracheenblase an, die von den Stigmen des Metathorax belüftet wird und bei den Männchen fast das ganze Abdomen ausfüllt. Im Zentrum ist das Trommelfell nur 2 μm dick.

Die Skolopidien sind in einer Gehörkapsel, die sich lateral zwischen dem Sternum und dem Tergum befindet und von außen als kugelige Vorwölbung erkennbar ist. Bei der Eschenzikade *(Cicada orni)* ist die Gehörkapsel 650 μm hoch und 900 μm lang. In der Kapsel sind zwei cuticuläre Gebilde, distal das Anheftungshorn und proximal der Anheftungsspatel, zwischen denen die Skolopidien dicht und parallel ausgespannt sind. In unmittelbarer Nähe des Anheftungsspatels ist eine weitere, stabförmige Struktur aus Cuticula, die Trommelfellgräte, die auf die Mitte des Tympanums gerichtet ist. Ihre Funktion ist bislang unbekannt. Die Anzahl der Skolopidien ist bei den Singzikaden um ein Vielfaches höher als bei anderen Insekten. Bei *C. orni* hat ein Hörorgan ca. 1.300 Skolopidien. Zu jedem Skolopidium gehören außer einer Sinnes-, Stift- und Kappenzelle zwei Anheftungszellen. Die distale verbindet die Kappenzelle mit dem Anheftungshorn, die proximale die Sinneszelle mit dem Anheftungsspatel. Alle Zellen sind sehr langgestreckt.

Die Fasern der Sinneszellen sind mit weniger als 1 μm Durchmesser ausnehmend dünn. Sie bilden den Tympanalnerven, der in den Ganglienkomplex aus Metathorakal- und Adominalganglien zieht und im ausgedehnten akustischen Neuropil endet. Es hat auf jeder Körperseite neun Projektionsfelder, drei davon im metathorakalen Ganglion.

Bei der nordamerikanischen 17 Jahr-Zikade (*Magicicada septendecim*) ist die

Antwort des Hörnerven bei Reizung der Hörorgane mit dem arteigenen Gesang am stärksten, während die Gesänge der beiden anderen, sympatrischen Arten (*M. cassinii* und *M. septendecula*) keine oder nur schwache Antworten auslösen.

Die Ruderwanzen (Corixidae) haben Tympanalorgane im Meso- und Metathorax und im ersten Abdominalsegment. Die Untersuchungen konzentrierten sich auf die Hörorgane im Mesothorax. Die Tympana befinden sich auf der Seite in einer mit Luft gefüllten Rinne unterhalb der Insertion des Hinterflügels (Abb. 10.49). Das Tympanum ist leicht oval mit einem Durchmesser von 0,5 mm. Es hat radiäre Falten, die durch cuticuläre Rippen verstärkt sind, außerdem erhebt sich vom Zentrum ein nach hinten gerichteter, kolbenförmiger Fortsatz. Jedes Tympanalorgan hat nur zwei Skolopidien, die die üblichen Strukturmerkmale aufweisen. Die Sinnesfortsätze ziehen in Längsrichtung des Körpers, die Kappenzellen sind an der Basis des kolbenartigen Fortsatzes angeheftet.

Die Tympanalorgane reagieren auf Luftschall. Die Schwellenkurven der Sinneszellen eines Hörorgans sind verschieden (Abb. 10.50). Bei *Corixa punctata* hat der eine Rezeptor die größte Empfindlichkeit bei 1,8 kHz, der zweite läßt kein ausgeprägtes Empfindlichkeitsmaximum erkennen. Unterschiede bestehen auch zwischen den Schwellenkurven der Sinneszellen des rechten und linken Tympanalorgans. Nach Entfernen des kolbenförmigen Fortsatzes steigt die Schwelle um 10–20 dB an, außerdem rückt das Maximum der Empfindlichkeit in den Bereich von 3–10 kHz. Bei *Nepa cinerea* hat das mesothorakale Hörorgan die größte Empfindlichkeit bei 1,6 kHz, das metathorakale bei 0,9 kHz.

Neuroptera (Netzflügler)

Florfliegen (Chrysopidae) haben vielfach Tympanalorgane. Ihre Lage ist sehr ungewöhnlich, denn sie befinden sich auf der Ventralseite der Vorderflügel, 0,5 mm von

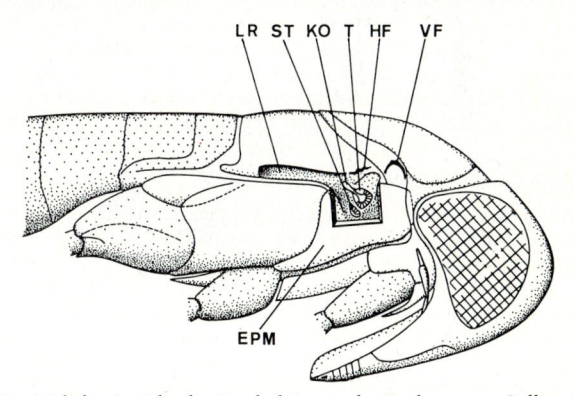

Abb. 10.49: Seitliche Ansicht des Vorderkörpers der Ruderwanze *Callicorixa praeusta*. Das Tympanalorgan ist nach Abtragen der beiden Flügel und eines Teils vom Epimerum freigelegt. EPM: Epimerum des Mesothorax; HF: Ansatz des Hinterflügels; KO: Kolben; LR: Luftraum; ST: Stigma; T: Tympanum; VF: Ansatz des Vorderflügels (nach Michel 1977).

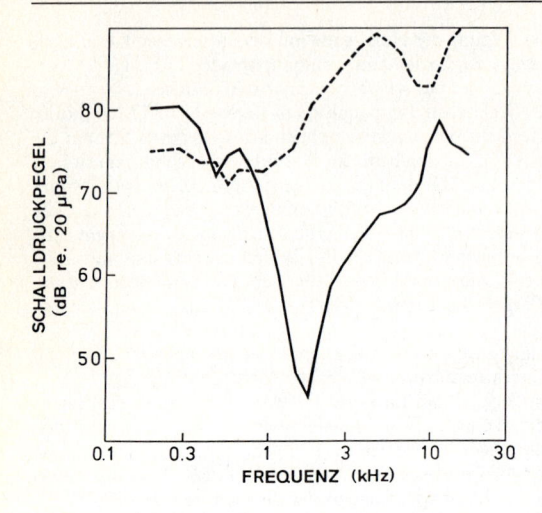

Abb. 10.50: Hörschwellenkurve der beiden Sinneszellen im Tympanalorgan der Ruderwanze *Corixa punctata* (nach Prager 1973).

der Flügelbasis entfernt im Bereich der Radial- und Medialader, die in diesem Abschnitt miteinander verschmolzen sind. Äußerlich sind sie als Verdickung der Ader erkennbar. Das Tympanum grenzt an einen mit Hämolymphe gefüllten Raum, nicht an eine Trachee. Die 25 Skolopidien eines Organs sind in zwei Gruppen gesondert und inserieren am Tympanum an zwei verschiedenen Stellen. Die Tympanalorgane reagieren auf Tonhöhen des Hör- sowie des Ultraschallbereiches bis mindestens 100 kHz, ferner beantworten sie Impulsraten bis 150 Impulse/s. Orientierungslaute von Fledermäusen lösen bei den Florfliegen Fluchtreaktionen aus. Sie falten die Flügel und stürzen ab. Auf die Impulssalve, die Fledermäuse unmittelbar vor dem Fang eines Insektes ausstoßen, reagieren sie mit kurzem Abspreizen der Flügel während des Falls oder mit einem Flügelschlag. Der dadurch plötzlich verzögerte Sturz ist ein letzter Versuch, dem Fang durch eine Fledermaus zu entgehen.

Lepidoptera (Schmetterlinge)

Bei Schmetterlingen zahlreicher, darunter sehr artenreicher Familien kommen Tympanalorgane vor, die entweder im Abdomen oder im Thorax angeordnet sind. Bei den Geometridae, Pyralidae, Thyatiridae, Drepanidae befinden sie sich im ersten adominalen Segment (Abb. 10.51), die Trommelfelle sind auf der Ventralseite am Grund tiefer Tympanalhöhlen und nach vorn gerichtet. Innen sind sie mit einer großen unpaaren Tracheenblase verbunden. Auf der Innenseite erhebt sich vom Rahmen des Trommelfells eine cuticuläre Spange, die das Tympanum längs überspannt. Es endet unmittelbar vor dem Rahmen der anderen Seite und ist mit diesem durch einen Muskel verbunden. Die Skolopidien sind zwischen dem Zentrum des Trommelfelles und dem Bügel ausgespannt und allseits von der Trachee umgeben. Bei den meisten Arten hat jedes Hörorgan vier, bei einer geringen Zahl nur zwei Skolopidien. Die Zellkörper der Sinneszellen befinden sich unmittelbar am Trommelfell, ihre Dendriten sind auf den Bügel zu gerichtet, weshalb sie als invertierte Skolopidien bezeichnet

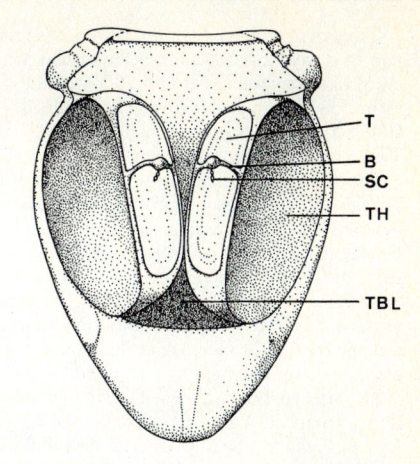

Abb. 10.51: Die Tympanalorgane im Abdomen des Schlehdornspanners *(Lygris prunata)*. Ansicht von ventral; B: Bügel über dem Tympanum; SC: Skolopidien; T: Tympanum; TBL: Tracheenblase; TH: Tympanalhöhle (nach v. Kennel und Eggers 1933).

werden. Die Fasern der Sinneszellen ziehen an den Dendriten entlang auf die cuticuläre Spange und in das metathorakale Ganglion.

Noctuidae, Notodontidae, Lymantriidae, Arctiidae, Thaumetopoeidae, Thyrididae u.a. haben die Tympanalorgane im dritten Segment des Thorax (Abb. 10.52). Jedes Hörorgan hat ein äußeres Trommelfell an der Seite des Körpers und ein Gegentrommelfell in einer Tympanalgrube, beide sind mit einer Tracheenblase verbunden. Die Tympanalorgane vom Typ der Noctuidae haben lediglich zwei Skolopidien, die durch die Tracheenblase hindurchziehen und von ihrer Wand umhüllt sind (Abb. 10.52). Ein Ligament fixiert die Skolopidien. Die beiden Hörzellen sind die A-Zellen. Ihre Dendriten stehen mit dem Tympanum in Verbindung. Unmittelbar an der äußeren cuticulären Stütze des Tympanums befindet sich das Soma einer dritten Sinneszelle, der B-Zelle, deren Faser mit den Axonen der Hörsinneszellen in das Thorakalganglion zieht – die Brustganglien bilden bei diesen Insekten einen einheitlichen Komplex. Die B-Zelle ist ein tonischer Propriorezeptor, der auf mechanische Veränderungen am Tympanalorgan reagiert.

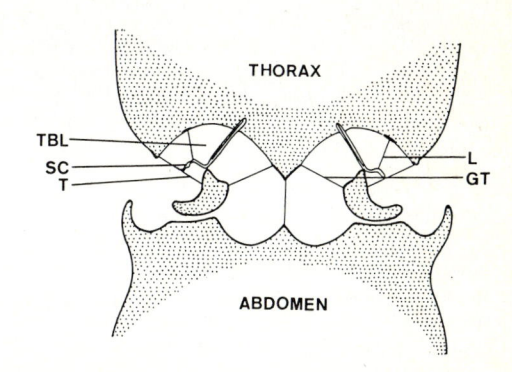

Abb. 10.52: Schematischer Horizontalschnitt durch den Metathorax eines Eulenschmetterlings (Noctuidae), mit den Tympanalorganen.

Trotz der geringen Zahl von Sinneszellen reicht der Hörbereich bei diesen Insekten von 3 bis weit über 100 kHz, bei manchen Arten bis 175 kHz. Die Empfindlichkeit ist am größten zwischen 40 und 70 kHz, eine Codierung der Tonhöhe erfolgt jedoch nicht. Die beiden A-Zellen sind unterschiedlich empfindlich. Bei 40 kHz beträgt der Unterschied der Schwellenschalldrücke 23 dB. Bei vielen anderen Arten sind die Tympanalorgane maximal empfindlich zwischen 20 und 40 kHz.

Die Hörorgane versetzen die nachtaktiven Schmetterlinge in die Lage, den Fledermäusen zu entgehen. Aufgrund der hohen Empfindlichkeit der Tympanalorgane nehmen die Schmetterlinge Fledermäuse, die intensive Ultraschallaute aussenden, bereits aus 30–40 m wahr, lange bevor die Fledermäuse mit ihrem Orientierungssystem die Schmetterlinge erkennen. Fledermäuse, deren Orientierungslaute geringe Intensität und eine Frequenz von mehr als 65 kHz haben, erkennen die Schmetterlinge erst aus 1,5–3 m. Auf die Orientierungslaute der Fledermäuse reagieren die Schmetterlinge mit Flucht. Wenn eine Fledermaus noch mehr als 10 m entfernt ist, fliegen sie gerichtet weg, ist eine Fledermaus in unmittelbarer Nähe, schlagen sie Haken und lassen sich zu Boden fallen. Die Tympanalorgane dienen außerdem der Wahrnehmung arteigener Laute, denn Schmetterlinge zahlreicher Arten sind zur Abgabe von Lauten befähigt, die mit den Mikrotymbalorganen im Metathorax gebildet werden und beim Paarungsverhalten eine Rolle spielen. Die Laute sind aus Frequenzen des Ultraschallbereiches aufgebaut und haben eine Reichweite bis 1,3 m.

10.5 Propriorezeption

Propriorezeptoren registrieren sowohl die Position als auch die gegenseitigen Bewegungen von Körperanhängen, Gliedmaßen und deren Teilabschnitte. Bei **Arthropoda** geschieht dies durch Sensillen, Borstenfelder an Gelenken, internen Chordotonalorganen oder Streckrezeptoren, bei **Wirbeltieren** vor allem durch Muskel- und Sehnenspindeln. Die afferenten Meldungen dieser Sinnesorgane führen zu genauer Information über Lage und Bewegungen im Bereich des Bewegungsapparates.

Die Vogelspinne *Dugesiella hentzi* hat an jedem Gelenk mindestens zwei Gruppen von Propriorezeptoren, deren Dendriten zwischen den Zellen der Gelenkmembran enden. Die beiden Gruppen zwischen Femur und Patella bestehen aus maximal 15 Rezeptoren. Darunter sind phasische, die nur während der Bewegung – entweder beim Strecken oder Beugen – aktiv sind. Ferner sind phasisch-tonische Rezeptoren vorhanden, die ebenfalls während der Bewegung antworten, im besonderen den Grad der Streckung von Femur und Patella durch die unterschiedlichen Erregungsstufen anzeigen (Abb. 10.53).

Typische Propriorezeptoren sind die **Streckrezeptoren** der Decapoda und Stomatopoda, die über die Stellung der Segmente des Hinterleibes relativ zueinander informieren (Abb. 10.54). Sie sind paarig in jedem Segment ausgebildet und erstrecken sich von der Unterseite eines Tergits zur Gelenkhaut des nächsten Segmentes. Jeder Streckrezeptor besteht aus dem Rezeptormuskel 1 und 2 mit je einer großen, sensiblen Nervenzelle, außerdem Fasern von einem inhibitorischen Neuron und motorischen Neuronen

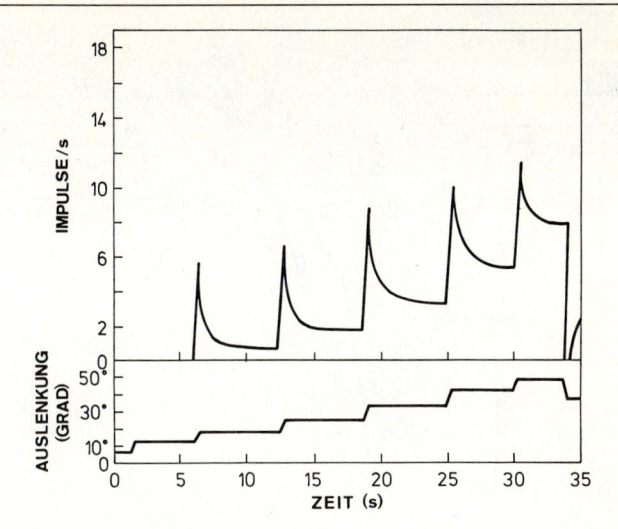

Abb. 10.53: Die Reaktion eines phasisch-tonischen Rezeptors am Femur-Patella-Gelenk der Spinne *Dugesiella hentzi* bei schrittweisem Strecken des Beines (nach Rathmayer 1967).

(Abb. 10.55). Die Sinneszelle des Rezeptormuskels 1 arbeitet tonisch, hat eine niedrige Schwelle und gibt den Dehnungszustand an, die Sinneszelle des Rezeptormuskels 2 ist ein phasischer Rezeptor mit hoher Schwelle, der nur während der Dehnung reagiert.

Die **Muskelspindeln** kommen in den Muskeln der Wirbeltiere vor, außer denen der Fische. Ihre Anzahl hängt von der Funktion eines Muskels ab. In

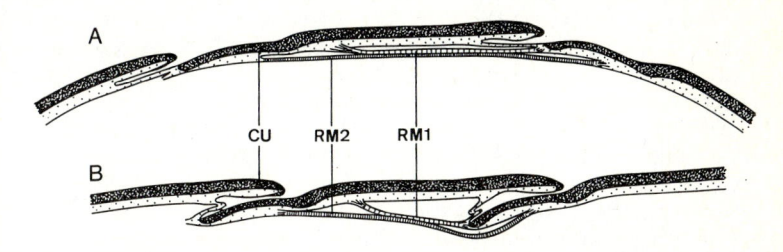

Abb. 10.54: Längsschnitt durch drei Hinterleibssegmente mit den beiden Muskeln eines Streckrezeptororgans beim Hummer *Homarus vulgaris*. (a) Hinterleib gekrümmt, (b) gestreckt. CU: Cuticula; RM1, RM2: Rezeptormuskel 1 und 2 (nach Alexandrowicz 1951).

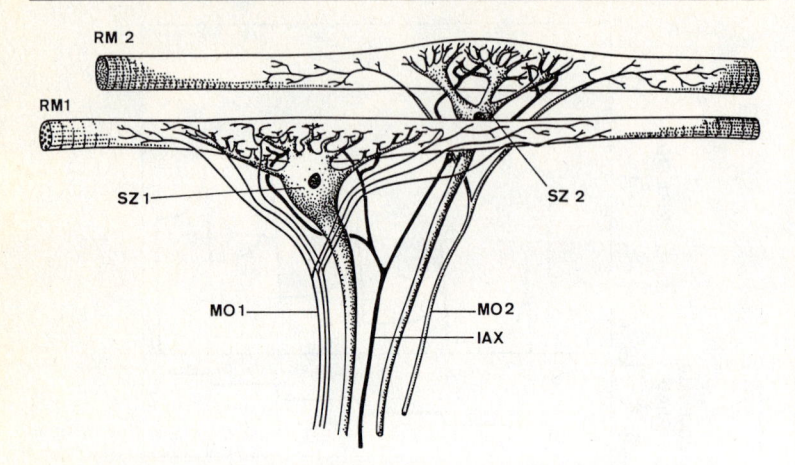

Abb. 10.55: Streckrezeptor bei *Homarus vulgaris*. IAX: Inhibitorisches Axon; MO1: motorische Nervenfasern; MO2: dicke motorische Nervenfaser; RM1, RM2: Rezeptormuskel 1 und 2; SZ1 und SZ2: Sinneszelle 1 und 2 (nach Alexandrowicz 1951 und Burkhardt 1958).

den Fingermuskeln des Menschen treffen durchschnittlich 20, im großen Rückenmuskel nur 1,4 Spindeln auf 1 g Muskelgewebe. In den Beugern sind sie weniger zahlreich als in den Streckern. Die Muskelspindeln bestehen aus mehreren Muskelfasern – Kaninchen 4, Katze 6, Mensch 10 –, die parallel zu den übrigen Fasern verlaufen und wie diese, abgesehen vom Mittelteil, quergestreift sind. Die Muskelfasern in den Spindeln sind die intrafusalen Fasern, da sie durch eine Bindegewebshülle von den Fasern der Arbeitsmuskulatur, den extrafusalen Fasern, abgegrenzt sind. Die intrafusalen Fasern verkörpern zwei Typen: Die Kern-Sack-Fasern sind lang und dick, ihre Zellkerne ungeordnet im Mittelabschnitt angehäuft. Im Gegensatz dazu sind die Kern-Ketten-Fasern kurz, ihr Durchmesser ist klein, die Kerne sind in der Mittelzone in Reihe hintereinander angeordnet.

Afferente Ia Nervenfasern (10–20 µm Durchmesser) innervieren die Mittelabschnitte der Kern-Sack- und der Kern-Ketten-Fasern, afferente Fasern vom Typ II (5–6 µm Durchmesser) nur die Kern-Ketten-Fasern. Die peripheren, quergestreiften Teile der intrafusalen Fasern sind motorisch durch γ-Fasern innerviert (Durchmesser 2–8 µm). Die Ia-Fasern haben im Vergleich zu den Typ-II-Fasern eine niedrige Schwelle und hohe Dynamik.

Die Muskelspindeln reagieren auf Dehnung der Muskeln; zunehmende Dehnung führt zu einem annähernd linearen Anstieg der Entladungsfrequenz. Die Arbeitsbereiche der Muskelspindeln können verändert werden, die Grundeinstellung geschieht über die motorischen γ-Fasern der intrafusalen Muskelfasern.

10.6 Literatur

Barth, F.G.: Neurobiology of Arachnids. Springer, Heidelberg, 1985
Gauer, O.H., Kramer, K., Jung, R.: Physiologie des Menschen, Band 12, Hören, Stimme, Gleichgewicht. Urban & Schwarzenberg, München, 1972
Horn, E.: Vergleichende Sinnesphysiologie. G. Fischer, Stuttgart, 1982
Huber, F.: Lautäußerungen und Lauterkennen bei Insekten (Grillen). Rheinisch-Westf. Akademie der Wissenschaften, Vorträge N 265, 1977
Huber, F., Thorson, J.: Cricket Auditory Communication. Scientific American **253**, 60–68, 1985
Kalmring, R., Elsner, N.: Acoustic and vibrational communication in insects. Paul Parey, Berlin, 1985
Keidel, W.D.: Physiologie des Gehörs. Georg Thieme, Stuttgart, 1975
Markl, H.: Leistungen des Vibrationssinnes bei wirbellosen Tieren. Fortschr. d. Zoologie **21**, 100–120, 1973
Markl, H.: The Perception of Gravity and of Angular Acceleration in Invertebrates. In Kornhuber, H.H. (Hrsg.) Handbook of Sensory Physiology. **VI**/1, 17–74, 1974
Penzlin, H.: Lehrbuch der Tierphysiologie. G. Fischer, Stuttgart, 1989
Popper, A.N., Fay, R.R.: Comparative Studies of Hearing in Vertebrates. Springer, Heidelberg, 1980

11 Chemorezeption[1] 597

11.1	Abgrenzung der chemischen Sinne	597
11.2	Geschmack	598
11.2.1	Morphologie	598
11.2.2	Funktion der Geschmacksorgane	600
11.3	Olfaktorische Sinne	601
11.3.1	Morphologie	601
11.3.2	Primärprozesse und Codierung	606
11.3.3	Leistungsvermögen der olfaktorischen Sinne	607
11.4	Literatur	608

11.1 Abgrenzung der chemischen Sinne

Reaktionen auf chemische Reize lassen sich in irgendeiner Form bei allen lebenden Organismen nachweisen. Da wir Menschen uns unserer chemischen Sinne nur selten bewußt werden, unterschätzen wir oft deren Bedeutung. Bei vielen Tierarten ist die Chemorezeption nicht nur der wichtigste Orientierungssinn (z.B. Auffinden und Identifizierung der Nahrung; Unterstützung des Heimfindevermögens), sondern sie greift auch in vielfältiger Weise in das Sozialverhalten ein. Sowohl bei Evertebraten als auch bei vielen Wirbeltieren werden Signalstoffe gebildet, die intraspezifische Information übermitteln (**Pheromone**) (s.Kap. 12). Sie können in Form von Alarmsubstanzen vor Feinden warnen (z.B. Schreckstoffe mancher Fischarten) oder Angriffsverhalten auslösen (z.B. Ameisen); als Sexuallockstoffe dienen sie dem Zusammenfinden der Geschlechter (bei allen Lepidopteren, vielen Käfern und einigen Schlangen). Pheromone können aber auch das endokrine System beeinflussen und z.B. die Reproduktionsfähigkeit induzieren oder hemmen («primer»-Effekte bei Mäusen).

Die chemischen Sinne werden häufig in eine **gustatorische Modalität** (Geschmack, Nahsinn) und eine **olfaktorische Modalität** (Geruch, Fernsinn) unterteilt. Eine eindeutige Differenzierung ist jedoch nur bei Insekten und Vertebraten möglich; in beiden Tiergruppen lassen sich zwei Typen chemischer Sinnesorgane unterscheiden, die zum einen weitgehend auf unterschiedliche Stoffgruppen ansprechen, und außerdem in verschiedene Regionen des ZNS projizieren. Die Geschmacksrezeptoren reagieren auf wasser-

---

[1] U. Schmidt (Bonn)

lösliche Substanzen (bzw. Säuren) und besitzen eine relativ hohe Schwelle, olfaktorische Rezeptoren auf Moleküle in der Gasphase in oft extrem niedriger Konzentration. Bei den aquatischen Spezies ist eine Einteilung in gustatorischen und olfaktorischen Sinn oft schwierig, da die adäquaten chemischen Stimuli stets in Wasser gelöst vorliegen.

Die Chordata haben schon früh zwei getrennte chemische Sinnesorgane entwickelt. Das Lanzettfischchen *(Branchiostoma lanceolatum)* besitzt an Kopf, Oralcirren und Velartentakeln Sinneszellen, die als Geschmacksrezeptoren gedeutet werden; in der Köllikerschen Grube sind cilientragende Rezeptoren lokalisiert, die den Riechrezeptoren der Fische gleichen (Riechgrube). Bei den Fischen ist eine Unterscheidung zwischen dem auf der Schnauze befindlichen Geruchsorgan und dem über weite Bereiche der Körperoberfläche verstreuten Geschmacksknospen leicht zu treffen, obwohl sich das Reaktionsspektrum auf chemische Stimuli z. T. überschneidet. So spricht bei ihnen auf manche Substanzen (z.B. Zucker, Salz, Aminosäuren), auf die bei terrestrischen Vertebraten ausschließlich Geschmacksrezeptoren reagieren, auch der olfaktorische Sinn an. Die getrennte zentralnervöse Verarbeitung läßt jedoch erwarten, daß beide Sinnesmodalitäten zu unterschiedlichen Wahrnehmungen führen.

11.2 Geschmack

11.2.1 Morphologie

Kontaktchemorezeptoren finden sich sowohl bei den meisten Vertebraten, als auch bei Insekten. Letztere besitzen an den Mundwerkzeugen, einige Spezies an den Tarsen (Dipteren z.T. auch am Flügel), Cuticularsensillen, die durch einen apikalen Porus (∅ 0,1–1µm) charakterisiert sind (Abb. 11.1a). In der Nähe dieser Öffnung enden die Dendriten von normalerweise vier Geschmacksrezeptoren; häufig ist außerdem eine große mechanosensitive Sinneszelle vorhanden, deren Tubularkörper an der Basis des Sinneshaares inseriert. Die Rezeptoren werden von drei **Hüllzellen** umgeben (thecogene –, trichogene –, tormogene Zelle), die das Lumen des Sensillums frei lassen, so daß die distalen Dendriten von Lymphe umgeben sind. Typischerweise verlaufen die Dendriten in einem von der thecogenen Zelle gebildeten Kanal, der einen inneren von einem äußeren Lymphraum abtrennt.

Die **Geschmacksrezeptoren** der Vertebraten sind in ovalen Geschmacksknospen konzentriert, die von einem vielschichtigen Plattenepithel umgeben werden. Sie bestehen aus einer variablen Anzahl sekundärer Sinneszellen (bis zu 80), die mit einem Büschel feiner Mikrovilli in den Geschmacksporus ragen, sowie aus Basalzellen. Manchmal werden auch Stützzellen beschrieben, die von den meisten Autoren jedoch als Vorstufen der recht kurzlebigen Rezeptoren angesehen werden (Lebensdauer bei Säugern ca. 10 Tage). Die Sinneszellen werden von markhaltigen Nerven innerviert, die an der Basis in die Geschmacksknospen eintreten und dort ihre Myelinscheide verlieren. Ein Teil der Fasern endet an basalen Rezeptorsynapsen; sehr dünne Nerven-

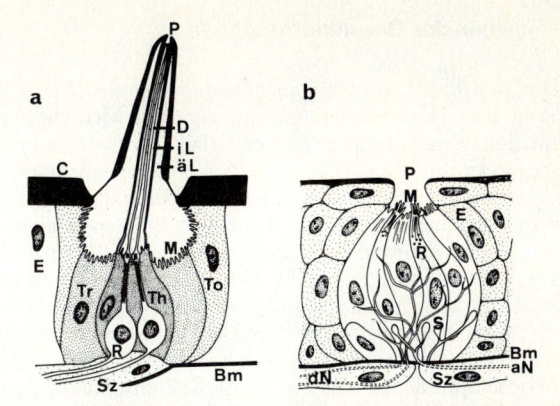

Abb. 11.1a: Schema des gustatorischen Sensillums eines Insekts. **b:** Geschmacksknospe eines Säugetieres. Bei der Cuticularsensille wurden nur zwei Geschmacksrezeptoren gezeichnet. Bm: Basalmembran; C: Cuticula; D: Dendrit des Rezeptors; E: Epithelzelle; äL bzw. iL: äußerer bzw. innerer Sensillenlymphraum; M: Mikrovilli; aN: afferente Nervenfaser; dN: dünne Nervenfaser; P: Geschmacksporus; R: Rezeptor; S: Synapse; Sz: Schwannsche Zelle; Th: thecogene Zelle; To: tormogene Zelle; Tr: trichogene Zelle.

fasern durchziehen die gesamte Knospe und dringen, umgeben von einer Membranduplikatur, in die Rezeptoren ein (Abb. 11.1b).

Im Gegensatz zu manchen Teleosteern, bei denen die Geschmacksknospen über die gesamte Körperoberfläche verstreut sind, befinden sie sich bei den terrestrischen Vertebraten ausschließlich im Mund- und Rachenraum. Ihre Anzahl ist von Art zu Art sehr unterschiedlich. Während bei Vögeln stets nur sehr wenige Geschmacksknospen vorhanden sind (Huhn: 24, Ente: 200), kann ihre Zahl bei Säugetieren beträchtlich sein (Mensch: 9.000, Kaninchen: 17.000, Rind: 25.000); übertroffen werden die Säuger nur von manchen Fischspezies (Wels: > 100.000). Bei einigen Vertebraten (z.B. Schlangen, Wale) konnte kein Geschmackssinn nachgewiesen werden. Die Geschmacksknospen liegen bei den Tetrapoden im Epithel von Schmeckpapillen (Wall-, Blätter-, Pilzpapillen). Das dünnflüssige Sekret der an der Papillenbasis mündenden serösen Drüsen sorgt für den Abtransport der Geschmacksmoleküle.

Die **Innervation** der Rezeptoren erfolgt bei den Säugern durch Äste der Nervi lingualis (V), glossopharyngeus (IX) und vagus (X). Die Chorda tympani (V) innerviert die Papillae fungiformes der vorderen Zungenregion, der IX. Hirnnerv die Papillae vallatae und foliatae des hinteren Zungendrittels, der Vagus versorgt die Geschmacksknospen an Pharynx und Larynx. Die meisten Afferenzen enden an einem gemeinsamen Geschmackskern, dem Nucleus solitarius, in der Medulla oblongata.

11.2.2 Funktion der Geschmacksorgane

Den adäquaten Reiz für die Geschmacksrezeptoren stellen in Wasser lösliche Substanzen dar. Nach den Empfindungen des **Menschen** werden vier Grundqualitäten unterschieden: sauer, salzig, süß und bitter. Die Zuordnung eines Stoffes aufgrund des chemischen Baues zu einer Geschmacksqualität ist nur bedingt möglich. So besitzen Moleküle mit ähnlicher Struktur oft einen sehr unterschiedlichen Geschmack (z.B. D-Phenylalanin: süß, L-Phenylalanin: bitter), während verschieden aufgebaute Substanzen andererseits gleich schmecken können (z.B. Glucose, Saccharin, Berylliumchlorid: süß). Einige Verbindungen verändern ihre geschmacklichen Eigenschaften in Abhängigkeit von der Konzentration. So schmeckt Kochsalz bis zu einer Konzentration von 0,03 M süßlich, stärker konzentriert salzig. Viele Moleküle rufen **Mischempfindungen** hervor (z.B. Kaliumsulfat: sauer-bitter, Natriumbicarbonat: süß-salzig). Allgemein kann man feststellen, daß sauer schmeckende Substanzen stets dissoziierbare H^+-Ionen besitzen, wobei die Intensität des sauren Geschmacks meist mit dem Grad der Dissoziation zunimmt. Kristallisierbare Salze, die in Lösung Anionen und Kationen abdissoziieren, haben häufig eine salzige Geschmackskomponente; organische Hydroxylverbindungen (z.B. Zucker, Glycerin, Glykol) schmecken meist süß. Zu den bitteren Geschmacksstoffen gehört eine Reihe von anorganischen Salzen (z.B. Magnesiumsulfat), Nitroverbindungen (z.B. Pikrinsäure) und pflanzliche Alkaloide, die oft stark toxisch wirken (z.B. Nicotin, Strychnin).

Die Geschmackswelt der **Tiere** unterscheidet sich oft deutlich von der des Menschen. Hunde z.B. reagieren positiv auf Saccharose, lehnen aber eine für den Menschen gleich süße Saccharinlösung ab, Katzen dagegen verhalten sich gegenüber beiden Süßstoffen indifferent. Chinin, ein für Säuger extremer Bitterstoff, scheint für viele Fische und Amphibien geschmacklos zu sein. Bei einigen Tierarten konnte auch Wasser als spezifische Geschmacksqualität nachgewiesen werden (z.B. Frosch, Katze, Hund, Totenkopfaffe), während für Mensch, Rind, Ziege und Ratte Wasser geschmacklos ist.

Bisher gibt es nur hypothetische Vorstellungen über die **Primärprozesse** beim Schmecken. Es wird angenommen, daß die Geschmacksmoleküle locker an Zellrezeptoren der Mikrovilli adsorbieren und dabei eine Depolarisation der Zellmembran hervorrufen. Die Codierung der Geschmacksqualität ist bei Vertebraten weitgehend unbekannt. Elektrophysiologische Untersuchungen an Chorda tympani- und N. glossopharyngeus-Fasern haben bei verschiedenen Säugerspezies gezeigt, daß die meisten afferenten Neurone auf ein größeres Spektrum von Geschmacksstimuli antworten. Auch bei den Insekten reagieren die Geschmacksrezeptoren stets auf verschiedene Moleküle, ihre Spezifität ist jedoch im Vergleich zu den Vertebraten stark erhöht. Von den vier gustatorischen Sinneszellen eines Sensillums fungiert eine als Wasserrezeptor, eine spricht auf Zucker und eine oder zwei auf Salze an. Die Zucker- und Salzrezeptoren besitzen ein eingeschränktes Reaktionsspektrum und beantworten nur bestimmte

Moleküle ihrer Stoffklasse, so daß sich insgesamt ca. 12 Rezeptortypen unterscheiden lassen.

Die **Sensitivität** des gustatorischen Systems ist relativ gering. Je nach Spezie und Geschmacksstoff werden zwischen 10^{15} und 10^{21} Moleküle/ml einer Substanz benötigt, um eine Geschmacksempfindung hervorzurufen. Besonders empfindlich sind lediglich einige Vertebraten gegenüber Bitterstoffen. Beispiele für einige Schwellenwerte sind in Tab. 11.1 zusammengefaßt.

Tabelle 11.1: Geschmacksschwellen verschiedener Vertebraten (in Mol/l).

Arten	Kochsalz (salzig)	Saccharose (süß)	Essigsäure (sauer)	Chininhydrochlorid (bitter)
Mensch	1×10^{-2}	$1{,}1 \times 10^{-2}$	8×10^{-4}	$9{,}7 \times 10^{-7}$
Kaninchen	1×10^{-1}	1×10^{-1}	–	2×10^{-3}
Ratte	$7{,}4 \times 10^{-4}$	1×10^{-2}	–	$1{,}2 \times 10^{-5}$
Ellritze	$4{,}9 \times 10^{-5}$	$1{,}2 \times 10^{-5}$	$4{,}9 \times 10^{-6}$	$4{,}1 \times 10^{-8}$

11.3 Olfaktorische Sinne

11.3.1 Morphologie

Duftreize werden bei den **Insekten** mit Hilfe von **Cuticularsensillen** rezipiert, die in großer Zahl auf den Antennen lokalisiert sind. Die Morphologie der Antennen und der Sensillen variiert von Art zu Art beträchtlich.

So besitzen z.B. manche Nachtfalter (Abb. 11.2a) riesige Fächerantennen (Fläche bis 1 cm²), an deren Seitenästen lange, fadenförmige Sensilla trichodea ein dichtes Gitter bilden. Bienen, die ebenfalls mit einem sensitiven Geruchssinn ausgestattet sind, haben dünne Geißelantennen; bei ihnen stellen die Sensilla placodea, deren Porenplatten in der Ebene der Antennencuticula liegen, den häufigsten Sensillentyp dar.

Als wichtigste Aufgabe des Geruchssinnes ist bei vielen Arten die Detektion der **weiblichen Pheromone** anzusehen. Sehr häufig sind daher bei den Männchen die Antennen größer und die olfaktorischen Sensillen zahlreicher als bei den Weibchen.

Die Fläche der Antenne des asiatischen Riesenseidenspinners *(Antheraea polyphemus)* beträgt beim Männchen ca. 85 mm², beim Weibchen nur 18 mm²; Männchen besitzen pro Antenne ca. 55.000 pheromonsensitive Sensillen, bei den Weibchen fehlen diese völlig. Die Antenne der Drohnen von *Apis mellifera* hat eine Länge von 3,9 mm

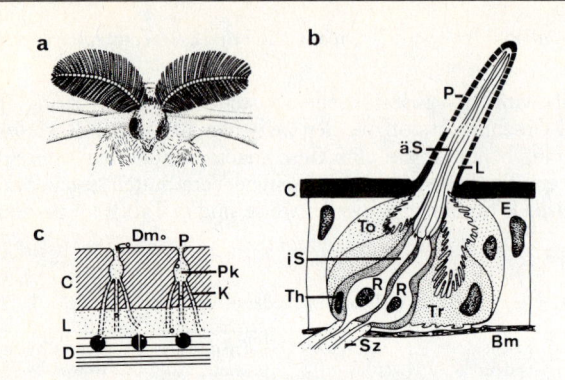

Abb. 11.2a: Kopf eines ♂ Nachtpfauenauges. **b:** Sensillum trichodeum des Seidenspinners, *Bombyx mori*. **c:** schematischer Bau der Wand eines olfaktorischen Sensillums. Bm: Basalmembran; C: Cuticula; D: Dendritenmembran mit Zellrezeptoren für Duftmoleküle; Dm: Duftmolekül; E: Epithelzelle; K: Porenkanal; L: Lymphraum des Sensillums; P: Pore; Pk: Porenkanal; R: Riechrezeptoren; äS bzw. iS: äußeres bzw. inneres Dendritensegment; Sz: Schwannsche Zelle; Th: thecogene Zelle; To: tormogene Zelle; Tr: trichogene Zelle (b: nach Lee und Steinbrecht 1988; c: nach Kaissling 1987).

und trägt ca. 18.000 Sensilla placodea, die der Bienenarbeiterinnen ist nur 2,4 mm lang und mit ca. 2.600 Porenplatten besetzt.

Im Vergleich mit den gustatorischen Sensillen, die nur eine apikale Öffnung besitzen, zeichnen sich die olfaktorischen durch eine Vielzahl feiner Poren (∅ ca. 10 nm) aus *(Antheraea* sp. ♂: ca. 18.000, *Bombyx mori* ♂: 2.500 Poren pro Sensillum trichodeum; *Apis mellifera:* ca. 5.000 Poren pro Platte).

Im Innern der Sensillenwand erweitert sich der Porenkanal zu einem Kessel, von dem aus 4–8 Kanälchen mehrere 100 nm weit in das Sensillenlumen ragen (Abb. 11.2c); einige treten in Kontakt mit der Dendritenmembran. Die Zahl der Rezeptoren pro Sensillum schwankt zwischen 1–3 (S. trichodeum) und ca. 20 (S. placodeum). Bei den sehr gründlich untersuchten S. trichodea des Seidenspinners *(B. mori)* sind stets zwei Rezeptoren vorhanden (Abb. 11.2b). Die Perikaryen und die inneren Dendritensegmente werden von einer kleinen thecogenen Zelle umgeben, um die sich eine große trichogene Zelle legt; die tormogene Zelle wiederum umschließt deren distalen Bereich. Die apikalen Membranen der beiden äußeren Hüllzellen sind zu Mikrovilli ausgezogen, die eine Kaverne an der Sensillenbasis säumen.

Die Axone der Riechrezeptoren ziehen im Antennennerv in das Deutocerebrum und enden dort in Glomerula (knäuelartigen Synapsenregionen) des antennalen Lobus. Auch in der Ausbildung der zentralnervösen Strukturen ist oft ein Sexualdimorphismus feststellbar (bei den ♂♂ werden die phero-

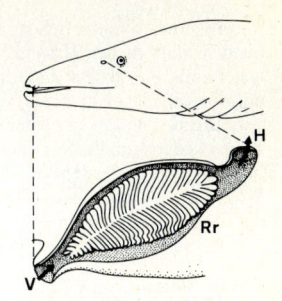

Abb. 11.3: Nase des Aal, *Anguilla anguilla*. Die Pfeile zeigen die Strömungsrichtung des Wassers an. Rr: Riechrosette; V bzw. H: vordere bzw. hintere Nasenöffnung (nach Teichmann 1955).

monrezipierenden Sinneszellen in einem makroglomerulären Komplex umgeschaltet).

Die meisten **Wirbeltiere** besitzen im vorderen Kopfbereich ein paarig angelegtes **Riechorgan** (Ausnahme Cyclostomata: nur eine mediale Nase). Bei den Fischen besteht es aus zwei lateral in die Ethmoidalregion eingesenkten Gruben, bei denen oft durch eine Querfalte oder die Ausbildung von zwei Nasenöffnungen ein gerichteter Wasserstrom über das sensorische Epithel erreicht wird (Abb. 11.3). In der Nasenhöhle der Tetrapoden gelangen die Duftmoleküle mit der Atemluft zu den auf den Nasenmuscheln (Ethmoturbinalia) gelegenen Rezeptoren. Sowohl bei Fischen als auch bei Tetrapoden besteht die Tendenz, die Riechfläche durch Faltenbildung zu vergrößern und damit ein großflächiges sensorisches Epithel in einer kleinen Kavität unterzubringen (Abb. 11.3, 11.4, Tab. 11.2).

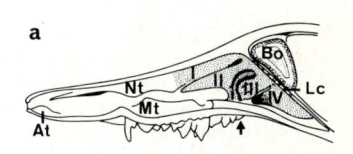

Abb. 11.4a: Paraseptaler Sagittalschnitt durch die Nasenhöhle der Hausspitzmaus, *Crocidura russula*. **b:** Querschnitt durch eine Nasenhälfte. Das olfaktorische Epithel wird durch punktierte Bereiche angegeben; der Pfeil entspricht der Schnittebene des Querschnitts. Bo: Bulbus olfactorius; Ch: Choane; Lc: Lamina cribrosa; At: Atrioturbinale; Mt: Maxilloturbinale; Nt: Nasoturbinale; Se: Nasenseptum; 1 bzw. 2: Ektoturbinalia 1 bzw. 2; I–IV: Endoturbinalia I–IV.

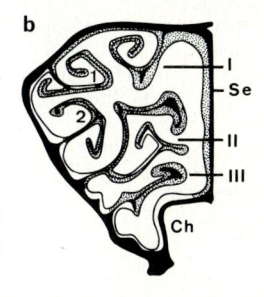

Außer dem olfaktorischen Hauptsystem reagieren bei vielen Landwirbeltieren auch oberflächlich in der Nasenschleimhaut verlaufende Äste der Nervi terminalis und trigeminus. Als akzessorisches Riechorgan fungiert bei manchen Arten das Vomeronasalorgan (**Jacobsonsches Organ**), zwei lateral in der Basis des Nasenseptums verlaufende, hinten blind endende Kanäle, die medial mit olfaktorischem Epithel ausgekleidet sind. Bei Reptilien münden sie in die Mundhöhle, bei den Säugern in die Nasenhöhle oder in den Mund- und Nasenraum verbindenden Ductus nasopalatinus. Während die Duftmoleküle bei den Schlangen mit Hilfe der beiden Zungenspitzen in das Lumen des Vomeronasalorgans gelangen, sorgt bei den Säugetieren ein vaskulärer Pumpmechanismus für Füllung und Entleerung der flüssigkeitsgefüllten Kanäle.

Die Schleimhaut der **Nasenhöhle** besteht im vorderen Bereich aus Flimmerepithel (Regio respiratoria), die Turbinalia und das posteriore Septum nasi sind größtenteils mit olfaktorischem Epithel bedeckt (Regio olfactoria; Abb. 11.4, 11.5).

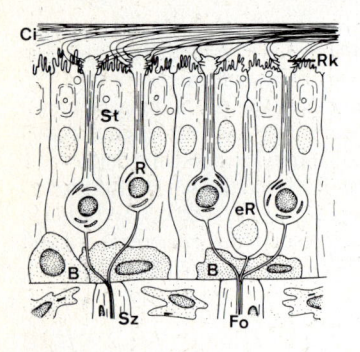

Abb. 11.5: Schema des Riechepithels bei Säugetieren. B: Basalzellen; Ci: Cilien; Fo: Fila olfactoria; R: olfaktorischer Rezeptor; eR: sich entwickelnder Rezeptor; Rk: Riechkopf; St: Stützzelle; Sz: Schwannsche Zelle (nach Seifert 1970).

Diese Riechschleimhaut wird von Stützzellen, olfaktorischen Rezeptoren und Basalzellen gebildet. Sie wird von einer Schleimschicht bedeckt, die größtenteils von den subepithelialen Bowmanschen Drüsen sezerniert wird; aber auch die mit einem apikalen Mikrovillisaum versehenen Stützzellen tragen zur Bildung des Riechschleims bei. In der basalen Hälfte des Epithels liegen die Perikaryen der Rezeptoren; ein Dendrit ($\varnothing$ 0,6–1,2 µm), der in einen kolbenförmigen Riechkopf ($\varnothing$ 1,2–2,4 µm) ausläuft, zieht zur Epitheloberfläche. An ihm inserieren die im Riechschleim flottierenden Cilien (Länge 50–200 µm). Sie besitzen an der Basis die normale (9+2)-Struktur, in den dünnen Endstücken ($\varnothing$ 60 nm) bleiben nur die beiden Zentraltubuli erhalten. Je nach Art variiert die Anzahl der Cilien pro Rezeptor zwischen < 6 (Maulwurf) und 150 (Hund). Durch die Ausbildung der Cilien vergrößert sich die sensorische Oberfläche beträchtlich. Für das Kaninchen (Regio olfactoria beider Nasenseiten 9 cm^2, ca. 1 × 10^8 Rezeptoren, ca. 12 Cilien/Rezeptor) wurde kalkuliert, daß sich die rezeptive Fläche auf 270 cm^2 erhöht. Die extrem dünnen Axone der Riechrezeptoren ($\varnothing$ 0,1–0,5 µm) werden noch innerhalb des Epithels von Basalzellen umgeben und zu Bündeln zusammengefaßt. Nach Durchtritt durch die Basalmembran umschließen Schwannsche Zellen mesaxonartig die Faserbündel; als Fila olfacto-

Tabelle 11.2: Fläche des olfaktorischen Epithels und Anzahl der Riechrezeptoren pro Nasenseite bei einigen Vertebraten (bei den Fischen sind die Werte abhängig vom Alter und damit der Größe der Tiere.)

Arten	Riechepithel (mm²)	Rezeptoren
Stichling	1,7–2,8	$9,2 \times 10^4 – 1,5 \times 10^5$
Ellritze	8–35	$7,6 \times 10^5 – 3,3 \times 10^6$
Aal	220–340	$1,7 \times 10^7 – 2,6 \times 10^7$
Hausspitzmaus	90	$1,4 \times 10^7$
Hund	6000–8000	$1 \times 10^8 – 1 \times 10^9$
Mensch	250	1×10^7

ria (I. Hirnnerv) ziehen sie durch das Siebbein (Lamina cribrosa) und enden in den Glomerula des Bulbus olfactorius. Aus einem zweiten Basalzelltyp können sowohl Stützzellen als auch Rezeptoren neu gebildet werden. Es ist noch strittig, ob es sich dabei um einen Reparaturmechanismus oder um eine ständige Erneuerung des Riechepithels handelt.

Die erste Station der **Riechbahn**, der Bulbus olfactorius, weist einen charakteristischen Schichtenbau auf. In den peripheren Glomerula werden die Rezeptorafferenzen auf Sekundärneurone (Mitral- und Büschelzellen) verschaltet, deren myelinisierte Axone im lateralen olfaktorischen Trakt zu den kortikalen Riechzentren (z.B. Piriformer Cortex) ziehen.

Während bei den Fischen die Somata der Mitralzellen in unmittelbarer Nähe der Glomerula liegen, bilden sie bei den Landwirbeltieren eine nach innen gerückte

Abb. 11.6: Schematischer Bau des Bulbus olfactorius (Efferenzen gestrichelt; +: exzitatorische Synapse; −: inhibitorische Synapse). Bz: Büschelzelle; CA: Efferenzen aus der Commissura anterior (Verbindung zum contralateralen Bulbus); pD: primärer Dendrit der Mitralzelle; sD: sekundärer Dendrit; Gl: Glomerulus; äKA bzw. iKA: äußere bzw. innere Kurzaxonzelle; Ko: Kollaterale der Mitralzelle; Kz: Körnerzelle; Mi: Mitralzelle; No: Schicht der Nervi olfactorii; NOA: Efferenzen aus dem Nucleus olfactorius anterior; äpS bzw. ipS: äußere bzw. innere plexiforme Schicht; gS: granuläre Schicht; TOL: zum bzw. vom Tractus olfactorius laterale.

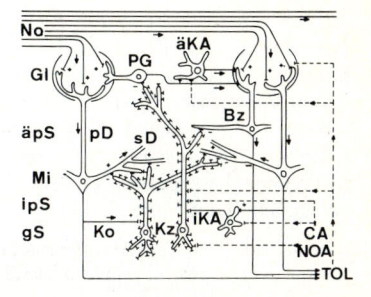

Schicht (Abb. 11.6). An ihren sekundären Dendriten tragen sie reziproke Synapsen mit den Körnerzellen. Diese axonlosen Interneurone besitzen eine Vielzahl knöpfchenartiger Zellkontakte (spines), bei denen auf unmittelbar benachbarten Membranbezirken inhibitorische (von Körner- zu Mitralzelle) und exzitatorische Synapsen (von Mitral- zu Körnerzelle) ausgebildet sind. Auch auf den Ebenen des Bulbus beeinflussen div. Interneurone die Verarbeitung der olfaktorischen Information. Außerdem unterliegt das System einer prominenten zentrifugalen Kontrolle aus höheren Zentren (es besteht auch Verbindung zum kontralateralen Bulbus).

11.3.2 Primärprozesse und Codierung

Den ersten Schritt beim Riechen stellt die **Adsorption** der Duftmoleküle am Riechorgan dar. Entscheidend für die Sensitivität des Systems ist dabei die Effektivität, mit der dem durchströmenden Medium die Duftmoleküle entzogen werden.

Bei manchen Lepidopteren stellen die Antennen ein extrem effizientes Fangsieb für Pheromonmoleküle dar. So filtert z.B. beim ♂ Seidenspinner der Antennenfächer ca. 27% des in der Luft enthaltenen **Bombykols** (Weibchen-Pheromon) aus, etwa 80% davon sind an den Sensilla trichodea adsorbiert. Die Duftmoleküle diffundieren durch die Porenkanäle in die Sensillenlymphe und treten in Kontakt mit Zellrezeptoren auf der Dendritenmembran. Durch diese Anheftung wird ein Ionenkanal geöffnet, was zu einer 10–40 ms dauernden Depolarisation (0,2–0,5 mV) führt. Bei den Pheromonrezeptoren von *Bombyx mori* ist bereits ein Bombykolmolekül in der Lage, ein Aktionspotential zu evozieren.

Die Vorstellungen über die Transduktionsvorgänge in der Nase der Vertebraten sind noch äußerst unklar. In der Nasenhöhle treten die Duftmoleküle aus der Atemluft in den Riechschleim und diffundieren zu den Cilien der Rezeptoren. Es herrscht weitgehend Übereinstimmung darüber, daß sich auf ihnen Rezeptormoleküle befinden, mit denen die Duftmoleküle in Wechselwirkung treten, und daß cAMP (wahrscheinlich auch cGMP) als «second messenger» fungiert.

Es existieren verschiedene Theorien zur Frage, wovon die **Spezifität** dieser Akzeptoren abhängt. Keine Theorie kann bisher alle Phänomene erklären, z.B. warum ähnliche Moleküle sehr unterschiedlich riechen können, bzw. ein gleicher Dufteindruck von sehr verschieden gebauten Molekülen hervorgerufen werden kann (selbst Enantiomere, optische Isomere, besitzen teils die gleiche, teils verschiedene Duftqualitäten). Es ist unbekannt, welche Moleküleigenschaften für die Duftcodierung zuständig sind.

Eine **Klassifizierung** der Rezeptoren ist bisher nur bei **Insekten** gelungen. Elektrophysiologische Untersuchungen haben ergeben, daß manche Sinneszellen sehr spezialisiert sind, andere wiederum auf ein breites Duftspektrum ansprechen. Die Spezialisten reagieren nur auf chemische Komponenten der arteigenen Pheromone.

Beim Seidenspinner z.B. antwortet der Rezeptor A im Sensillum trichodeum auf Bombykol (10-trans, 12-cis Hexadekadien-1-ol), der Rezeptor B auf Bombykal. Geringste Abweichungen im Molekül (z.B. cis-trans-Isomerisierung) bewirken eine starke Minderung der Effektivität. Sogenannte spezialisierte Spezialisten, die ausschließlich einen einzigen chemischen Stimulus codieren, stellen die CO_2-Rezeptoren der Bienen, Mücken und Nachtfalter dar. Die Generalisten sind für das «normale» Riechen verantwortlich. Es lassen sich bei ihnen keine bevorzugten Molekülklassen finden: jedes Neuron besitzt ein weitgestreutes individuelles Duftspektrum (bei Insekten wurden auch spezialisierte Generalisten gefunden, die nur auf Moleküle einer Stoffklasse ansprechen; alle diese Neurone scheinen für die Nahrungsdiskrimination zuständig zu sein).

Die Riechrezeptoren der **Vertebraten** gehören alle zur Gruppe der Generalisten; jede Zelle antwortet auf eine Vielzahl von Duftstoffen. Auch auf der Ebene des Bulbus olfactorius ist die Spezialisierung nicht weiter fortgeschritten. Auf jeden Duftreiz reagieren 20–35% der Bulbusneurone, je nach Duft mit Exzitation, Inhibition oder einer komplexen Reaktion.

Die **Codierung** der Geruchsinformation, die es dem Menschen z.B. ermöglicht, Zehntausende verschiedener Duftqualitäten zu unterscheiden, stellt einen zentralen Verrechnungsprozeß dar. Die höheren Zentren müssen in der Lage sein, aus den unterschiedlichen Erregungsmuster der Afferenzen die Duftqualitäten und -intensitäten zu ermitteln («across-fibre pattern»-Analyse). Wenn man die enorme Vielfalt der Düfte und die Tatsache in Betracht zieht, daß die Riechrezeptoren lebenslang erneuert werden (das olfaktorische System damit laufend dynamischen Veränderungen unterworfen ist), wird die Problematik dieses Codierungsmodus deutlich. Bei den Insekten wird für die Generalisten ebenfalls eine «across-fibre pattern»-Analyse postuliert. Zusätzlich wird über spezialisierte Neuronenbahnen (Pheromonrezeptoren, makroglomerulärer Komplex im Deutocerebrum) die Information über die Pheromone auf diskretem Weg den höheren Zentren zugeleitet («labelled line»). Es gibt Hinweise, daß bei neugeborenen Nagern die für das Auffinden der Zitzen verantwortlichen Pheromone ebenfalls über einen Makroglomerulärkomplex im Bulbus, getrennt von der übrigen Geruchsinformation, verarbeitet werden.

11.3.3 Leistungsvermögen der olfaktorischen Sinne

Manche Tierarten zeigen erstaunliche Geruchsleistungen.

So kann z.B. der Seidenspinner die mit der Luftströmung herbeigetragenen Pheromonmoleküle eines 1 Kilometer entfernten Weibchens perzipieren und anemotaktisch den Geschlechtspartner aufsuchen; Jagdhunde verfolgen die stundenalte Fährte eines Menschen, und Lachse finden den Duft ihres Heimatstroms wieder.

Diese Fähigkeiten lassen ein äußerst **sensitives Riechsystem** vermuten, bei dem wenige Duftmoleküle ausreichen, um die Riechschwelle zu erreichen.

Die olfaktorischen Schwellenwerte der Insekten für artspezifische Pheromone gehören zu den niedrigsten, die im Tierreich gefunden wurden.

Beim Seidenspinner genügen ca. 1.000 Moleküle Bombykol/cm^3 Luft, um eine Verhaltensreaktion (Flügelschwirren) auszulösen. In der gleichen Größenordnung liegt die Riechschärfe des Aals (ca. 1.800 Moleküle β-Phenyläthanol/ml Wasser) und des Hundes (ca. 10^4 Moleküle Buttersäure/cm^3). Die Riechleistung anderer bisher untersuchter Säugetiere ist zumeist um den Faktor 10^5 bis 10^8 geringer.

Generelle Aussagen über die Riechfähigkeit eines Tieres sind allerdings nur bedingt möglich, da das **Riechspektrum** der Arten differiert. Die frühere Einteilung in Mikrosmaten und Makrosmaten, die sich auf die Morphologie der Riechorgane stützt, ist nur wenig aussagekräftig. Auch der Mensch, der aufgrund seiner unstrukturierten Riechmuscheln zu den Mikrosmaten gezählt wurde, besitzt für viele Düfte Riechschwellen, die denen von «Nasentieren» vergleichbar sind (Buttersäure: Ratte 10^{13}, Vampirfledermaus 10^{11}, Mensch 10^{10}, Igel 10^9 Moleküle/cm^3 Luft).

Die **olfaktorische Sensitivität** ist keine konstante physiologische Größe, sondern sie ändert sich mit Temperatur und Luftfeuchte, sie hängt von der olfaktorischen Vorerfahrung ab, und sie wird durch Hormone beeinflußt.

Mäuseweibchen z.B. besitzen ihre größte Riechschärfe im Proöstrus; im Metöstrus erhöht sich die Schwelle um den Faktor 10^6. Auch beim Menchen sind Schwankungen in der Riechfähigkeit im Verlauf des Sexualzyklus feststellbar.

11.4 Literatur

Boeck, J.: Die chemischen Sinne Geruch und Geschmack. Aus Gauer, O.H., Kramer, K. und Jung, R. (Hrsg.): Physiologie des Menschen. Bd. 11. Urban & Schwarzenberg, München, 169–231, 1972

Breipohl, W. (Hrsg.). Ontogeny of Olfaction. Springer, Heidelberg, 1982

Brown, R.E., Macdonald, D.W. (Hrsg.): Social Odours in Mammals. Vol. 1 und 2. Clarendon Press, Oxford, 1985

Doty, R.L. (Hrsg.): Mammalian Olfaction, Reproductive Processes and Behavior. Academic Press, New York, 1976

Kaissling, K.-E., R.H. Wright Lectures in Insect Olfaction. Colbow, K. (Hrsg.), Simon Fraser University, Burnaby, Canada, 1987.

Penzlin, H.: Lehrbuch der Tierphysiologie. G. Fischer, Stuttgart, 1989

Schneider, D.: Insect Olfaction: our Research Endeavour. Aus Dawson, W.W., Enoch, J.M. (Hrsg.): Foundations of Sensory Science. Springer, Heidelberg, 381–418, 1984

Steinbrecht, R.A.: Arthropoda: Chemo–, Thermo–, and Hygroreceptors. Aus Bereiter-Hahn, J., Matoltsy, A., und Richards, K.S.: Biology of the Integument. Vol. 1. Springer, Heidelberg, 523–553, 1984

Stoddart, D.M.: The Ecology of Vertebrate Olfaction. Chapman & Hall, London, 1980

Wright, R.H.: The Sense of Smell. CRC Press, Boca Raton, 1982

12 Hormonale Regulation[1] 609

12.1	Definition eines Hormons	610
12.2	Die chemische Natur der Hormone	612
12.3	Prohormone	614
12.4	Hormonsekretion und ihre Kontrolle	616
12.5	**Hormonwirkung**	616
12.5.1	Rezeptoren	617
12.5.2	Intrazelluläre Rezeptoren und Hormonwirkung durch Genaktivierung	617
12.5.3	Membranrezeptoren	618
12.5.4	G-Proteine und «second messengers»	619
12.5.5	Proteinkinasen	621
12.6	**Beispiele zu hormonalen Mechanismen**	622
12.6.1	«Einfache» neuroendokrine Systeme	622
12.6.2	Hypothalamus und Neurohypophyse bei Wirbeltieren	622
12.6.3	Adipokinetisches Hormon	623
12.6.4	Farbwechsel bei Crustaceen	625
12.6.5	Eiablage bei *Aplysia* spp.	626
12.6.6	Hypothalamus und «releasing hormone»	628
12.6.7	Zusammengesetzte Hormonsysteme	629
12.6.7.1	Wachstumshormon	629
12.6.7.2	Thyroidea	630
12.6.7.3	Nebennierenrinde	633
12.6.8	Häutung und Metamorphose von Arthropoden	635
12.6.9	Hormonale Regulation der sexuellen Fortpflanzung bei Wirbeltieren	638
12.6.9.1	Die Gonaden als endokrine Drüsen	639
12.6.9.2	Hormonale Regulation der Gonadenaktivität	641
12.6.9.3	Ovarialzyklen	643
12.6.10	Selbstregulierende hormonale Systeme	646
12.6.10.1	Insulin und die Regulation der Blutglucose	646
12.6.10.2	Parathormon und die Regulation der Ca^{++}-Konzentration im Blut	647
12.6.11	Wachstumsfaktoren, Arachidonsäurederivate und Lymphokine . . .	649
12.7	Literatur	650

---

[1] R. Keller (Bonn)

12.1 Definition eines Hormons

Der Organismus bedient sich bei der funktionellen Integration der Organfunktionen zweier Systeme, des Nervensystems und des Hormonsystems. Diese beiden ergänzen sich, indem das Nervensystem Signale äußerst schnell überträgt, während Hormone mit mehr oder weniger großer Verzögerung wirken. Nervöse Signale wirken überdies im allgemeinen über wenige spezialisierte Prozesse, nämlich Änderung von Membranpotentialen und Aktionspotentiale, während Hormone eine große Zahl sehr verschiedener zellulärer Aktivitäten induzieren können. Diese sind häufig langdauernd bzw. können sogar irreversibel sein. Beide Systeme dürfen jedoch nicht als voneinander getrennt angesehen werden, sie sind vielmehr funktionell und morphologisch integriert. Funktionell ist das Nervensystem dabei zumeist als die übergeordnete Instanz anzusehen; die Freisetzung von Hormonen läßt sich in vielen Fällen direkt oder indirekt auf nervöse Signale zurückführen. Die morphologische Integration kommt dadurch zum Ausdruck, daß Neurone gleichzeitig Hormone produzieren können. Diese «Neurosekretion» (Neuroendokrinie) ist offensichtlich eine phylogenetisch alte Eigenschaft des Nervensystems. Bei «primitiven» Tiergruppen (z.B. Polychäten, einigen Mollusken und Arthropoden) ist das Hormonsystem überwiegend ein neuroendokrines. Bei «höheren» Tiergruppen beobachten wir zunehmend die Entwicklung von hormonproduzierenden Drüsen, die morphologisch unabhängig vom Nervensystem sind. Die Aktivität auch dieser Drüsen ist aber zumeist direkt oder indirekt von nervösen oder neuroendokrinen Signalen abhängig.

Die ursprüngliche **Definition** eines Hormons wurde 1905 von Bayliss und Starling formuliert. Diese Definition hat bis in die jüngste Zeit die Endokrinologie, d.h. die Wissenschaft von der «inneren Sekretion», geprägt.

> **Hormone** (von *griech.* hormao, ich rege an) sind danach Substanzen, die:
> 1) in spezifischen Zellkomplexen bzw. Geweben (Drüsen ohne Ausführgang) gebildet werden,
> 2) direkt ins Blut sezerniert und vom Blut transportiert werden,
> 3) in spezifischen Geweben (Zielorganen oder -geweben), die meist vom Ursprungsort weit entfernt sind, spezifische Effekte hervorrufen.

Im Laufe der Zeit wurde eine zunehmende Zahl von Mechanismen der Regulation durch chemische Botenstoffe bekannt, die mit dieser klassischen Definition nicht zu vereinbaren sind. Zu nennen ist hier zunächst die **Neurosekretion**, die Produktion von Hormonen durch Nervenzellen. Diese Neurohormone können durch sog. Neurohämalorgane ins Blut abgegeben werden und genügen in dieser Hinsicht den Punkten 2) und 3) der Defini-

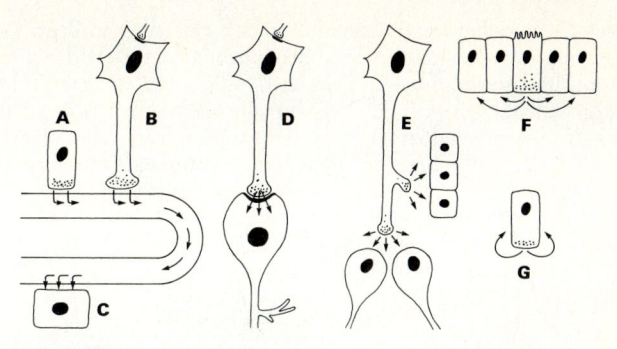

Abb. 12.1: Möglichkeiten der Übertragung von hormonalen Signalen. A) endokrin, B) neuroendokrin, in beiden Fällen Sekretion ins Blut C) Zielzelle, D) synaptische Übertragung, E) nicht-synaptische (parakrine) Übertragung aus Neuronen auf Neurone oder andere Zellen, F) parakrin, G) autokrin.

tion. Möglich ist jedoch auch eine nichtsynaptische Freisetzung aus Nervenendigungen und Diffusion in die unmittelbare Umgebung. Die Wirkung der abgegebenen Hormone ist auf diese Umgebung beschränkt. Nur wenig oder gar kein Hormon gelangt in die Zirkulation. Dieser Mechanismus ist nicht auf Neurone beschränkt, auch viele andere Zelltypen geben chemische Botenstoffe ab, die im wesentlichen nur auf benachbarte Zellen wirken. Man bezeichnet dies als **Parakrinie** (Abb. 12.1)

Eine seltenere Variante ist die Selbststimulation einer Zelle über ihre eigene Membran durch einen von ihr abgegebenen Faktor. Dies wird als **Autokrinie** bezeichnet.

Genaugenommen handelt es sich auch beim Prozeß der nervösen Erregungsübertragung um eine chemische Botschaft, da in den Synapsen Botenstoffe als Transmitter übertragen werden. Synapsen sind jedoch hochgradig spezialisierte Strukturen, die eine sehr schnelle und äußerst lokalisierte Übertragung erlauben. Weitere spezialisierte Eigenschaften, wie z.B. Mechanismen zur schnellen Wiederaufnahme des freigesetzten Transmitters, lassen die synaptische Übertragung als einen Spezialfall erscheinen, der berechtigterweise in die Domäne der Neurobiologie gehört. Zu beachten ist jedoch, daß, im chemischen Sinne, eine saubere Unterscheidung zwischen Transmitter und Hormon oft nicht möglich ist, da dieselben Substanzen beide Funktionen haben können (z.B. Noradrenalin, Serotonin, möglicherweise einige Peptide).

Neuroendokrine (= sekretorische), parakrine und autokrine Mechanismen gesellen sich somit zu dem klassischen Mechanismus der «endokrinen Regulation» (Abb. 12.1). Dieser letztere reicht zur Erfassung aller Prozesse der chemischen Regulation und Integration im Organismus bei weitem nicht mehr aus. Es ist daher angebracht, anstatt den eingeführten Begriff «endokrine Regulation» zu überdehnen, den allgemeinen Begriff «chemische Regulation und Integration» zu benutzen. Sollte man, in Erweiterung der Definition von Bayliss und Starling, für alle chemischen Botenstoffe den Begriff Hormon beibehalten? Dies erscheint aufgrund der wörtlichen Bedeutung des Begriffes gerechtfertigt. Eine neue, allgemeine Definition könnte also lauten:

> «**Hormone** sind Substanzen, die von Zellen sezerniert werden, um in anderen Zellen (gelegentlich auch in der Ursprungszelle) spezifische zelluläre Aktivitäten zu induzieren. Ausgenommen sind hierbei die synaptisch übertragenen Transmitter-Substanzen».

Ein zusätzliches wichtiges Merkmal der Rolle einer Substanz als Hormon ist die Bindung an spezifische **Rezeptoren** der Zielzelle als erster Schritt in einem Signalübertragungsmechanismus, der eine Verstärkerfunktion hat (s.u.). Ein neuerdings als lokal wirkender physiologischer Modulator erkannter Stoff ist das Stickstoffmonoxid (NO), das einen hormonartigen Effekt hat, aber nicht über Rezeptoren wirkt.

12.2 Die chemische Natur der Hormone

Nach ihrer chemischen Natur lassen sich die Hormone in 4 Gruppen einteilen: 1. Peptide, 2. Steroide, 3. Aminosäurederivate, 4. Fettsäurederivate. Die Juvenilhormone der Insekten, die Isoprenoidhomologe sind, stellen nach heutiger Kenntnis einen isoliert dastehenden Sonderfall im Tierreich dar.

1. Die meisten Hormone sind **Peptide**. Ihre Kettenlänge variiert innerhalb eines weiten Bereiches, d.h. von 3 Aminosäureresten bis zu über 200 (entsprechend einem Molekulargewichtsbereich zwischen 419 und 34.000 Dalton). Die höhermolekularen Hormone werden besser als Polypeptide, Proteohormone oder Proteine bezeichnet. Einige haben einen Kohlenhydratanteil und bestehen aus 2 nicht-kovalent verbundenen Untereinheiten (z.B. Gonadotropine und thyroidstimulierendes Hormon der Hypophyse). Hormone unterschiedlicher Funktion zeigen oft Aminosäuresequenz-Homologien, was auf einen gemeinsamen stammesgeschichtlichen Ursprung hindeutet. Sie werden in «Familien» zusammengefaßt (z.B. Secretin-Glucagon-Familie). Ferner sind artspezifische Unterschiede in der Aminosäuresequenz ein- und desselben Hormons die Regel (z.B. Insulin von Mensch und Schwein).
2. Der Gruppe der **Steroide** gehört eine kleinere Zahl von Hormonen an. Sie lassen sich klassifizieren als Mineralcorticosteroide, Glucocorticosteroide, Androgene, Östrogene, Gestagene und Ecdysteroide (Häutungshormone der Arthropoden). Sie werden von einer relativ kleinen Zahl von Drüsen produziert, und zwar von Nebennierenrinde, Gonaden und Plazenta bei Wirbeltieren und von den Prothoraxdrüsen der Insekten bzw. den homologen Häutungsdrüsen der Krebse und anderer Arthropoden.
3. Die Gruppe der Hormone, die **Aminosäurederivate** sind, umfaßt nur wenige Vertreter. Sie entstehen aus Tyrosin (Thyroxin, Trijodthyronin, Octopamin, Dopa-

min, Adrenalin, Noradrenalin), Tryptophan (Serotonin, Melatonin) und Histidin (Histamin).

4. Eine mehrfach ungesättigte **Fettsäure**, Arachidonsäure, ist die wichtigste Ausgangssubstanz für die Biosynthese der Substanzgruppen der Prostaglandine, Thromboxane, Prostacycline und Leukotriene.

Aus dem Tierreich sind zur Zeit mehr als 100 Hormone bekannt, womit zweifellos noch längst nicht alle existierenden erfaßt sind. Einige wichtige Vertreter der einzelnen chemischen Klassen sind in der tabellarischen Übersicht aufgeführt (Tab. 12.1).

Tabelle 12.1: Übersicht über Hormone

Gruppe	Beispiel(e)	wichtigste Quelle(n)
A. Peptide und Proteine		
1) Hypothalamische Hormone	TRH (TSH-releasing Hormon), GnRH (Gonadotropin-releasing Hormon), CRH (Corticotropin-releasing Hormon), Somatostatin, Vasopressin, Oxytocin	Hypothalamus und Neurohypophyse
2) Andere Neuropeptide und Neurohormone	Enkephaline, Substanz P, Cholecystokinin (CCK), Neurotensin, Secretin, Gastrin, Adipokinetisches Hormon (AKH), red pigment concentrating hormone (RPCH), pigment dispersing hormone (PDH); Eiablage-Hormon (ELH, Aplysia)	Nervensystem (einige auch Darm)
3) Hormone des Hypophysenvorder- und Zwischenlappens	POMC-Hormone: α, β, γ-MSH, ACTH. Glykoproteinmone: TSH, FSH, LH (Thyroid- und Follikel-stimulierendes Hormon, luteinisierendes Hormon). Wachstumshormon (Somatotropin) und Prolactin	Adenohypophyse und pars intermedia
4) Hormone des endokrinen Pancreas	Insulin und Glucagon	B- und A-Zellen der Langerhansschen Inseln
5) Calcium-regulierende Hormone	Parathormon und Calcitonin	Parathyroidea und C-Zellen der Thyroidea bzw. Ultimobranchialkörper
6) Natriuretische Peptide	ANF (atrial natriuretic factor)	Myocyten des Atriums
7) Wachstumsfactoren	Somatomedine 1,2 (= IGF I u. II, insulin-like growth factors); EGF, NGF (epidermal, nerve growth factors)	verschiedene Gewebe

Gruppe	Beispiel(e)	wichtigste Quelle(n)
8) Blutzellen-Reifungs- und -Differenzierungsfaktoren	Interleukin 2 (= T-Zellen-Wachstumsfactor); G-CSF (Granulocytenkolonien-stimulierender Faktor)	T-Zellen

B. Steroide und Juvenilhormon

1) Östrogene	Östradiol	Ovar, Placenta
2) Androgene	Testosteron	Hoden
3) Gestagene	Progesteron	Ovar (corpus luteum) Plazenta
4) Glucocorticoide	Cortisol	Nebennierenrinde
5) Mineralcorticoide	Aldosteron	Nebennierenrinde
6) Ecdysteroide	Ecdyson	Häutungsdrüsen der Arthropoden
7) Juvenilhormone	Juvenilhormon III	corpora allata der Insekten

C. Aminosäurederivate

1) Substanzen mit Transmitter- und/ oder Hormonfunktion	Adrenalin	Nebennierenmark und ZNS
	Noradrenalin	Nebennierenmark und ZNS
	Dopamin	ZNS
	Serotonin	ZNS, Darm
	Melatonin	Pinealorgan (Zirbeldrüse)
2) Schilddrüsenhormone	Thyroxin (T_4)	Schilddrüse
	Trijodthyronin (T_3)	Schilddrüse

D. Arachidonsäurederivate

	Prostaglandin E_2 (PGE_2)	verschiedene Gewebe
	Leukotrien B_4 (LTB_4)	Mastzellen (Lunge)

12.3 Prohormone

Für Peptidhormone ist charakteristisch, daß sie primär als höhermolekulare Vorstufen synthetisiert werden. Den Anfang der Polypeptidkette bildet eine «**Signalsequenz**», die für den Transport des Moleküls von den Ribosomen durch die Membran des endoplasmatischen Reticulums (ER) essentiell ist. Die Signalsequenz wird im ER abgespalten, was in einigen Fällen bereits das fertige Hormon ergibt (z.B. Wachstumshormon).

Man bezeichnet die Signalsequenz als **Prä-Sequenz**. In vielen Fällen liegt jedoch nach Abspaltung noch eine längere Prohormon-Sequenz vor, aus der das eigentliche Hormon auf dem Wege vom ER über den Golgiapparat zu den Exocytose-Vesikeln proteolytisch herausgespalten wird. Die Spaltstellen sind zumeist durch eine Zweiersequenz basischer Aminosäuren markiert, z.B. Lys-Arg. Als Endprodukt entstehen neben dem fertigen Hormon ein bis mehrere inaktive Bruchstücke. Prohormone können auch Polyproteine sein, aus denen mehrere biologisch wirksame Hormone entstehen, oder es kann eine Hormonsequenz vervielfacht vorliegen, so daß durch einen Translationsschritt mehrere Moleküle des gleichen Hormons entstehen (s. Abb. 12.2).

Pro-opiomelanocortin (POMC)

N-terminale Region | ACTH | β-LPH
Signalpeptid
γ-MSH | α-MSH CLIP | γ-LPH | β-endorphin
β-MSH

Proenkephalin

1 1 | 1 | 2 | 1 | 3 | 4

1 = Met-Enkephalin, Tyr-Gly-Gly-Phe-Met   2 = Met-Enkephalin-Arg^6-Gly^7-Leu^8
3 = Leu-Enkephalin, Tyr-Gly-Gly-Phe-Leu   4 = Met-Enkephalin-Arg^6-Phe^7

Pro-Vasopressin

Neurophysin | Glykoprotein

Vasopressin

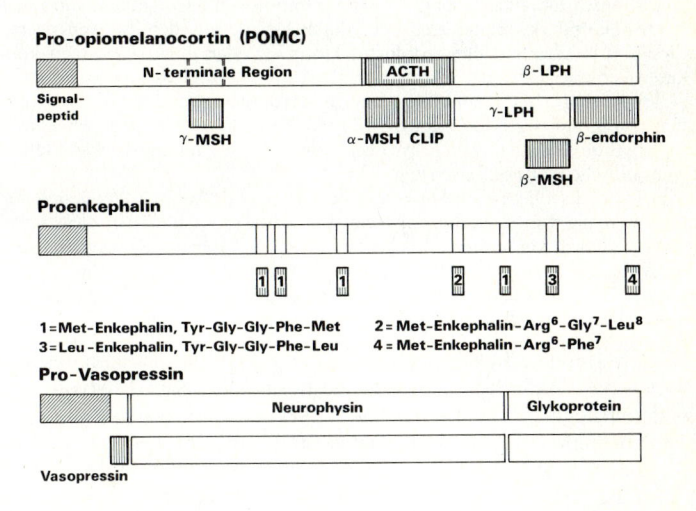

Abb. 12.2: Beispiele für Prohormone. POMC liefert nach proteolytischer Spaltung mehrere verschiedene Hormone: die MSH's: Melanocyten-stimulierende Hormone; LPH: β, γ lipotropes Hormon; ACTH: Adrenocorticotropes Hormon (Corticotropin); Clip: «Corticotropin-like intermediate lobe peptide». Aus dem Proenkephalin entstehen 4 Moleküle Met-Enkephalin, 1 Leu-Enkephalin und die angegebenen C-terminal verlängerten Analoga. Aus dem Pro-Vasopressin entsteht ein Vasopressin-Molekül. Aus allen Prohormonen werden durch die Spaltung das Signalpeptid und biologisch inaktive Bruchstücke freigesetzt (z.B. beim Pro-Vasopressin das Neurophysin und das C-terminale Glykoprotein). Alle Prohormone sind hier auf gleiche Länge gebracht, sie sind in Wirklichkeit verschieden lang.

12.4 Hormonsekretion und ihre Kontrolle

Peptidhormone sowie die von Aminosäuren abgeleiteten Hormone liegen in der Zelle in Form von membrangebundenen Vesikeln vor, die durch **Exocytose** freigesetzt werden. Diese Hormone können in «Vesikel-pools» in großen Mengen intrazellulär gespeichert werden. Thyroxin ist ein Spezialfall. Steroide, Fettsäurederivate und Juvenilhormone werden nicht in Vesikeln gespeichert und liegen in der Zelle nur in relativ niedriger Konzentration vor. Sie werden nach Synthese meist sofort sezerniert.

Steroidbildende Zellen stellen, zumindest bei Wirbeltieren, einen relativ einheitlichen Zelltyp mit ausgeprägtem glatten ER und tubulären Mitochondrien dar.

Die übrigen Hormone können von verschiedenen Zelltypen produziert werden, Peptidhormone z.B. von so unterschiedlichen wie Neuronen, Nieren-, Leber- und Endothelzellen und sogar Muskelfasern des Herzvorhofes (natriuretisches Hormon). Die Sekretion von Hormonen wird durch adäquate Reize stimuliert oder gehemmt, wie z.B. durch die Veränderung der Konzentration von Metaboliten, von Calcium, der Osmolarität des Blutes etc., oder durch Signale aus dem Nervensystem, die indirekt, d.h. über ein übergeordnetes Hormon, oder direkt einwirken können. Akuten Veränderungen der Sekretion als Reaktion auf Außenreize oder Veränderungen des inneren Milieus sind längerfristige Rhythmen unterlagert, die von biologischen Uhren abhängen. So zeigt die Konzentration vieler Hormone im Blut einen **Tagesrhythmus**. Auch Gezeitenrhythmen kommen vor. Zu unterscheiden ist hiervon die **episodische Hormonfreisetzung**.

Ein eindrucksvolles Beispiel hierfür ist der sog. hypothalamische Pulsgenerator, der die Freisetzung von Gonadotropin-releasing hormone (GnRH) in gleichförmigen Pulsen mit einem konstanten zeitlichen Intervall (ca. 1 h beim Rhesusaffen) bewirkt. Die Hypophyse als nachgeordnete Drüse reagiert darauf mit einer synchronen Freisetzung von Gonadotropinpulsen. Zwischen den Episoden der GnRH-Freisetzung kann die Sekretionsaktivität der Gonadotropinzellen auf Null absinken.

Das hormonale Regelsystem dient der Erhaltung der Homöostase im Organismus. Veränderungen rufen ein hormonales Signal hervor, das zur Wiedereinstellung des Sollwertes führt. Dies erfordert zwangsläufig, daß das Signal begrenzt wird. Es ist daher verständlich, daß negative feed-back-Mechanismen in hormonalen Regelsystemen eine äußerst wichtige Rolle spielen. Beispiele hierfür werden weiter unten angegeben.

12.5 Hormonwirkung

Der großen Zahl von Hormonen steht, soweit wir dies heute beurteilen können, nur eine relativ überschaubare Zahl von Wirkmechanismen gegenüber, d.h. mehrere Hormone haben den gleichen Wirkmechanismus.

12.5.1 Rezeptoren

Der erste, sehr wesentliche Schritt im Wirkmechanismus eines Hormons ist die Bindung an einen **Rezeptor**. Man könnte Hormone auch als Stoffe definieren, die nur über Rezeptoren wirken können.

Die Rezeptoren sind Proteine und im allgemeinen sehr spezifisch, d.h. sie haben eine hohe Bindungsaffinität (Bindungskonstanten zwischen $1 \times 10^{-11} - 1 \times 10^{-8}$ Mol/l) nur zu einem bestimmten Hormon bzw. strukturell verwandten Analogen. Durch Vorhandensein oder Fehlen von Rezeptoren ist festgelegt, ob ein Gewebe Zielgewebe für ein bestimmtes Hormon ist oder nicht. Auf diese Weise ergibt sich die **Gewebespezifität** der Hormonwirkung. Unter den vielen gleichzeitig im Blut vorhandenen Hormonen, mit denen eine Zelle ständig in Kontakt kommt, werden nur diejenigen gebunden, für die Rezeptoren vorhanden sind. Die übrigen sind für die Zelle ohne Bedeutung.

Hormonrezeptoren lassen sich in zwei Gruppen einteilen, die intrazellulären und die Membranrezeptoren. Steroidhormone, Thyroxin und (wahrscheinlich) Juvenilhormone werden von intrazellulären Rezeptoren gebunden, während alle übrigen Hormone über membranständige Rezeptoren wirken.

12.5.2 Intrazelluläre Rezeptoren und Hormonwirkung durch Genaktivierung

Diese Rezeptoren sind in Geweben nur in sehr niedrigen Konzentrationen vorhanden, und ihre Isolierung und Strukturaufklärung erwies sich über lange Zeit hinweg als sehr schwierig. Erst mit den modernen Methoden der Molekularbiologie konnte durch Klonierung von Rezeptorgenen und DNA-Sequenzierung die Primärstruktur des Thyroxinrezeptors und einer größeren Zahl von Steroidrezeptoren erschlossen werden. Die Befunde zeigen äußerst interessante **gemeinsame** Merkmale der verschiedenen **Rezeptoren** auf, so daß ein allgemeines Grundprinzip erkennbar wird (Abb. 12.3)

Obwohl Unterschiede in der Molekülgröße vorhanden sind, haben alle Rezeptoren den Aufbau aus drei Abschnitten gemeinsam: 1) eine N-terminale sog. variable Sequenz; 2) eine mittlere DNA-bindende Sequenz; 3) die C-terminale hormonbindende Sequenz. Die DNA-bindende Aminosäuresequenz zeigt beim Vergleich der verschiedenen Rezeptoren einen hohen Grad von struktureller Ähnlichkeit (Sequenzhomologie), ein Indiz dafür, daß die Nucleotid-Sequenzen, an die die Rezeptoren binden, ähnlich sein müssen. Derartige rezeptorbindende Nucleotid-Sequenzen sind bereits nachgewiesen worden. Sie sind den **Promotorsequenzen** der hormoninduzierbaren Gene benachbart; anders ausgedrückt, das Vorhandensein derartiger Sequenzen macht ein Gen zu einem hormoninduzierbaren Gen. Die Rezeptoren können in der Regel nur dann an die DNA binden, wenn sie mit Hormon beladen sind (**Hormon-Rezeptorkomplex**). Die Bindung führt auf eine bisher noch unbekannte Weise zu einer Erhöhung der Transkriptionsrate des betreffenden Gens. Bei Abwesenheit des Hormon-Rezeptorkomplexes können Gene manchmal völlig inaktiv sein, d.h. sie werden nicht transkribiert. Sie werden erst durch Bindung des Hormon-

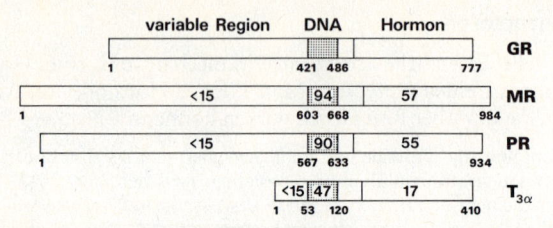

```
        variable Region    DNA      Hormon
      |─────────────────|▓▓▓▓▓|──────────────|        GR
      1                421   486           777

           |────<15────|░94░|──57──|                   MR
           1          603  668       984

           |────<15────|░90░|──55──|                   PR
           1          567  633       934

                      |<15|░47░|──17──|                T₃α
                      1  53   120     410
```

Abb. 12.3: Schematische Darstellung intrazellulärer Rezeptoren für die Steroidhormone Cortisol (GR), Aldosteron (MR), Progesteron (PR) und für das Schilddrüsenhormon T_3. Das gemeinsame Strukturprinzip und die Verwandtschaft werden deutlich durch die Homologien in den Aminosäuresequenzen. Die Zahlen in den Balken geben an, wieviel % der Aminosäurereste identische Positionen haben, bezogen auf die Sequenz von GR. Die Homologie ist gering in der variablen Region (< 15%), sehr hoch in der DNA-bindenden Region (47–94%) und relativ hoch in der hormonbindenden Region. Die Zahlen unter den Balken markieren die Gesamtlänge der Peptidkette sowie die Aminosäurereste bei Beginn und Ende der DNA-bindenden Region.

Rezeptorkomplexes «angeschaltet». Die hormonfreien Rezeptoren finden sich, jedenfalls gilt dies für Steroidhormonrezeptoren, offensichtlich überwiegend im Cytoplasma der Zelle. Steroidhormone können wegen ihrer hydrophoben Natur leicht durch die Zellmembranen ins Cytoplasma diffundieren. Nach Bindung an die Rezeptoren erfolgt Transport des Hormon-Rezeptorkomplexes in den Kern. Es gibt jedoch Befunde, die auf eine permanente nucleäre Lokalisation von unbeladenen Rezeptoren hinweisen. Mit Sicherheit gilt dies für den Thyroxinrezeptor.

Der Wirkungsmechanismus von Steroidhormonen und Thyroxin ist von fundamentaler Bedeutung. Er zeigt, wie Außenreize und Veränderungen des inneren Milieus die Genexpression beeinflussen und damit den Stoffwechsel der Zielzelle, Differenzierungsprozesse etc. verändern können. Nachdem die Molekularbiologie die Prozesse der Transkription und Translation etc. aufgeklärt hatte, gewann die Frage, wie die Expression von Genen reguliert wird, besondere Bedeutung. Die **Steroidhormonrezeptoren** gehören zu den ersten Genregulatoren, die bekannt wurden.

Die zwischen Bindung des Hormons und Auftreten des fertigen Genproduktes ablaufenden Prozesse bedingen eine zeitliche Verzögerung des **Hormoneffektes**, die 1 Stunde bis mehr als 2 Tage betragen kann. Außerdem dauert der Hormoneffekt im allgemeinen länger an. Darin unterscheidet sich dieser Mechanismus von der Hormonwirkung über Membranrezeptoren, für die in der Regel eine schnelle Signalübermittlung nach Hormonbindung und ein schnelles Manifestwerden des Effektes charakteristisch sind.

12.5.3 Membranrezeptoren

Wie bereits angedeutet, wirken die meisten Hormone über **membranständige Rezeptoren** (Abb. 12.4). Die Rezeptorbindung ist der erste Schritt in einer Reaktionskette, die im allgemeinen in der Bildung von «zweiten

Botenstoffen» («**second messengers**») resultiert, die als intrazelluläre Vermittler für den Hormoneffekt verantwortlich sind.

Die Erforschung der Membranrezeptoren ist noch stark im Fluß. Es ist wahrscheinlich, daß sich die vielen verschiedenen hormonspezifischen Rezeptoren aufgrund gewisser Strukturmerkmale letzten Endes auf eine begrenzte Zahl von Klassen reduzieren lassen. Die bisher vorliegenden Befunde geben erste Hinweise darauf.

Die Rezeptoren für Insulin und viele Wachstumsfaktoren haben interessante Gemeinsamkeiten. Charakteristisch ist der Aufbau aus drei Sequenzdomänen: 1) dem N-terminalen, extrazellulären Kettenabschnitt, der die Hormonbindungsstelle trägt; 2) einer mittleren Transmembransequenz, die den Rezeptor in der Membran verankert, und 3) der intrazellulär gelegenen C-terminalen Sequenz, die Sitz einer Tyrosinkinase-Aktivität ist. Diese enzymatische Aktivität wird in einer noch wenig bekannten Weise durch die Bindung des Hormons induziert und führt zunächst zur Autophosphorylierung, d.h. einer Phosphorylierung von Tyrosinresten in der eigenen Polypeptidkette. In der Folge werden wahrscheinlich andere zelluläre Proteine phosphoryliert.

Eine weitere, durch Gemeinsamkeiten in der Struktur gekennzeichnete Klasse wurde bekannt durch den Vergleich von Membranrezeptoren für Adrenalin (der sog. adrenerge β_2-Rezeptor), Acetylcholin (der sog. muscarinische Ach.-Rezeptor), Substanz K (ein Peptid) und dem Sehfarbstoff Rhodopsin. Letzterer kann als ein Membranrezeptor für Licht aufgefaßt werden. Die Rezeptoren dieses Typs, von denen inzwischen viele bekannt sind, bestehen aus einer Polypeptidkette mit extra- und intrazellulären Sequenzabschnitten und 7 zentralen hydrophoben Helixabschnitten, die der Verankerung in der Membran dienen. Die Tatsache, daß Rezeptoren für Photonen, Hormonmoleküle und, wie neuerdings gefunden wurde, auch für Geruchsstoffe so ähnlich sind, ist höchst bemerkenswert und zeigt die grundlegende Bedeutung dieser Struktur für die Transduktion extrazellulärer Signale. Homologien in der Aminosäuresequenz beweisen, daß die Ähnlichkeit auf Verwandtschaft beruht, und daß die Strukturen in der Evolution konserviert wurden. Ein weiteres gemeinsames Merkmal der Rezeptoren dieses Typs ist, daß sie an sog. G-Proteine koppeln, die für die Signaltransduktion essentiell sind. Man bezeichnet sie daher allgemein als G-Protein-gekoppelte Rezeptoren.

Es gibt Membranrezeptoren, die sich keinem der beiden näher erläuterten Typen zuordnen lassen. Hierzu zählen z.B. die Rezeptoren für das Wachstumshormon und das Prolactin.

12.5.4 G-Proteine und «second messengers»

Der Prozeß, der mit der Bindung eines Hormons an einen Rezeptor beginnt und in der Bildung von intrazellulären «second messengers» resultiert, führt zunächst zu einer Kopplung des Hormon-Rezeptorkomplexes an ein Transduktionsmolekül vom Typ der sog. Guaninnucleotid-bindenden Proteine (G-Proteine, Abb. 12.4).

Die Assoziation führt zu einer Bindung von GTP (Guanosintriphosphat) an das G-Protein, das dadurch eine Konformationsänderung erfährt («on»-Reaktion). In diesem Zustand kann es ein membrangebundenes Enzym aktivieren, z.B. die Adenylatcyclase (AC). Diese bildet den second messenger cAMP (zyklisches Adenosinmono-

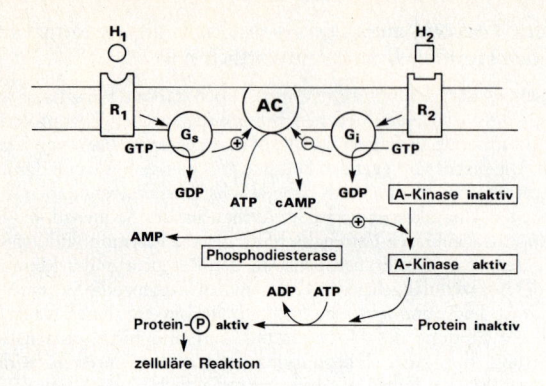

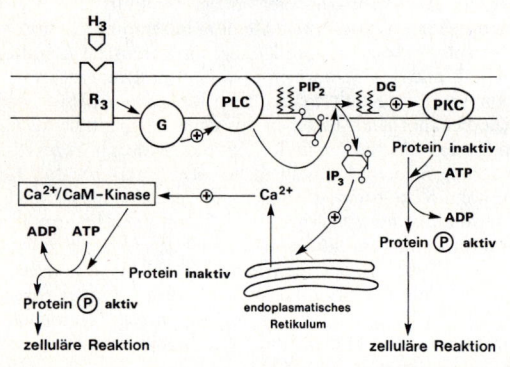

Abb. 12.4: Hormonwirkung über Membranrezeptoren und «second messenger».

phosphat) aus ATP (Adenosintriphosphat). Die enzymaktivierende Wirkung des G-Proteins wird aufgehoben durch die Hydrolyse des GTP zu GDP (Guanosintriphosphat) durch eine Guanosintriphosphatase, die im G-Protein selbst lokalisiert ist («off»-Reaktion).

Neben **stimulierenden G-Proteinen** (G_s) gibt es **inhibierende** (G_i), die im Prinzip genauso funktionieren, nur daß sie nach Bindung von GTP hemmend statt aktivierend auf die Adenylatcyclase oder andere Effektoren wirken.

So führt z.B. die Bindung von Adrenalin an β-Rezeptoren über ein G_s zu einer Erhöhung von cAMP, während das gleiche Hormon nach Bindung an α_2-Rezeptoren über ein G_i eine Erniedrigung von cAMP bewirken kann.

Den G-Proteinen kommt eine zentrale Rolle zu, sie können als universelle **signaltransduzierende Proteine** angesehen werden. Die Tatsache, daß auch bei der Perzeption von Licht und Geruchsstoffen G-Proteine beteiligt sind, unterstreicht abermals in eindrucksvoller Weise die erstaunliche Homologie der bei der Übermittlung sehr verschiedener extrazellulärer Signale beteiligten Strukturen.

Neben **cAMP** sind zyklisches **Guanosinmonophosphat (cGMP)**, **Inosit-1,4,5-trisphosphat (IP_3)**, **Diglycerid** und **Calcium** als second messenger bekannt.

Das cGMP wird analog zu cAMP durch eine Guanylatcyclase gebildet, die wahrscheinlich durch ein spezifisches G-Protein aktiviert wird. Jedoch hat cGMP als second messenger offensichtlich eine geringere Bedeutung als das ubiquitäre cAMP. Die Signalübertragung, die zur Bildung von IP_3 und Diglycerid und zur Erhöhung der intrazellulären Calciumkonzentration führt, beginnt wie der cAMP-Mechanismus mit der Bindung eines Hormons an seinen Rezeptor und der Aktivierung eines G-Proteins. Dieses stimuliert in analoger Weise ein Enzym, in diesem Fall eine Phospholipase (Phospholipase C, PLC), die das Membranlipid Phosphatidyl-inosit-4,5-bisphosphat (PIP_2) in die second messenger IP_3 und Diglycerid (DG) spaltet. Das Diglycerid verbleibt in der Membran und aktiviert zusammen mit Calcium eine spezifische Proteinkinase (Proteinkinase C), während das IP_3 als cytoplasmatischer Messenger zur Freisetzung von Calcium aus dem endoplasmatischen Reticulum führt. Die Calciumionen stimulieren eine oder mehrere weitere Proteinkinasen. IP_3 wird durch Phosphatasen inaktiviert. Bei diesem Mechanismus ist offenbar die Erhöhung der Konzentration von Calcium der wichtigste Effekt. Calcium reguliert eine Vielzahl zellulärer Prozesse, es ist als ein universeller, vielleicht als der wichtigste second messenger anzusehen. Es wirkt allerdings zumeist nicht direkt, sondern muß zunächst an das ubiquitäre Calmodulin oder andere spezifisch Ca^{++} bindende Proteine gebunden werden, die nach Beladung mit Calcium an Proteine binden und so als Übermittler der Ca^{++}-Wirkung fungieren (Abb. 12.4).

12.5.5 Proteinkinasen

Eine universelle und sehr bedeutsame Möglichkeit der Aktivitätsregulation zellulärer Proteine, insbesondere von Enzymen, ist die **reversible Phosphorylierung**. Viele Proteine können sowohl in einer phosphorylierten oder dephosphorylierten Form existieren.

Das quantitative Verhältnis beider Formen reflektiert die relativen Aktivitäten der phosphorylierenden und dephosphorylierenden Enzyme, d.h. der Proteinkinasen und -phosphatasen. Die Veränderung der Aktivitäten dieser Enzyme ist letzten Endes der Mechanismus, durch den Hormone, die an Membranrezeptoren binden, den Zellstoffwechsel beeinflussen. Die Bedeutung der «second messengers» besteht im wesentlichen darin, daß sie Proteinkinasen aktivieren.

Es gibt in jeder Zelle verschiedene dieser Enzyme, die nach ihrer Aktivierbarkeit durch bestimmte second messenger benannt werden: cAMP-abhängige (A-Kinasen), cGMP abhängige (G-Kinasen), Proteinkinase C und Ca^{++}-Calmodulin-abhängige Kinasen (CAM-Kinasen). Ein Spezialfall ist die bereits erwähnte Tyrosin-Kinase-Aktivität des Insulinrezeptors, die durch Hormonbindung an den Rezeptor aktiviert wird.

Die Substratspezifität dieser Enzyme ist unterschiedlich, zusammengenommen jedoch sehr breit. So können sehr viele Schlüsselproteine durch Phosphorylierung in ihrer Aktivität reguliert, d.h. aktiviert oder gehemmt werden. Die selektive Stimulierung einer Proteinkinase führt wahrscheinlich nur zur Modifikation einer bestimmten Gruppe von Proteinen. Durch differentielle Aktivierung der verschiedenen Kinasen gibt es eine große Zahl von abgestuften Endreaktionen der Zielzelle.

12.6 Beispiele zu hormonalen Mechanismen

Eine auch nur annähernd vollständige Darstellung hormonaler Mechanismen im Tierreich ist im vorliegenden Rahmen nicht möglich. Die folgende Auswahl beschränkt sich auf einige besonders wichtige Systeme und ist darüber hinaus so gewählt, daß alle wesentlichen Prinzipien hormonaler Regulation durch Beispiele verdeutlicht werden.

12.6.1 «Einfache» neuroendokrine Systeme

Hiermit sind Systeme gemeint, bei denen Hormone neurosekretorischer Zellen direkt auf Zielorgane einwirken. Die Regelkreise sind relativ einfach und übersichtlich, wenn auch nicht immer in allen ihren Gliedern bekannt. Die Hormonfreisetzung wird durch Erregung der neurosekretorischen Zellen durch übergeordnete Neurone induziert, die ihrerseits über Rezeptoren aktiviert werden. Man spricht in diesem Zusammenhang auch von **neuroendokrinen Reflexbögen**.

12.6.2 Hypothalamus und Neurohypophyse bei Wirbeltieren

Die Neurophypophyse ist ein Neurohämalorgan (Abb. 12.5), das sich aus Axonendigungen von neurosekretorischen Neuronen zusammensetzt, deren Zellkörper (Perikarya) sich im Hypothalamus befinden. Es finden sich im wesentlichen die Endigungen von 2 Zelltypen, die (bei Säugern) die Peptidhormone Vasopressin und Oxytocin synthetisieren.

Vasopressin wirkt blutdrucksteigernd und stimuliert die Wasserresorption in der Niere, wodurch ein Wasserverlust durch den Urin vermindert wird. Aufgrund dieser antidiuretischen Wirkung wird Vasopressin auch als antidiuretisches Hormon (Adiuretin, ADH) bezeichnet. Die Freisetzung des Hormons wird dementsprechend hauptsächlich durch Blutdruckabfall und Erhöhung der Osmolarität des Blutes stimuliert. Die Sensoren, deren Erregung zur Aktivierung der neurosekretischen Zellen führt, sind Druckrezeptoren in der Aorta und Osmorezeptoren im Hypothalamus.

Oxytocin wirkt bei Säugern vor allem auf glatte Muskulatur. Besonders wichtige Zielorgane sind die Milchdrüsen und der Uterus. So führt die Stimulation von

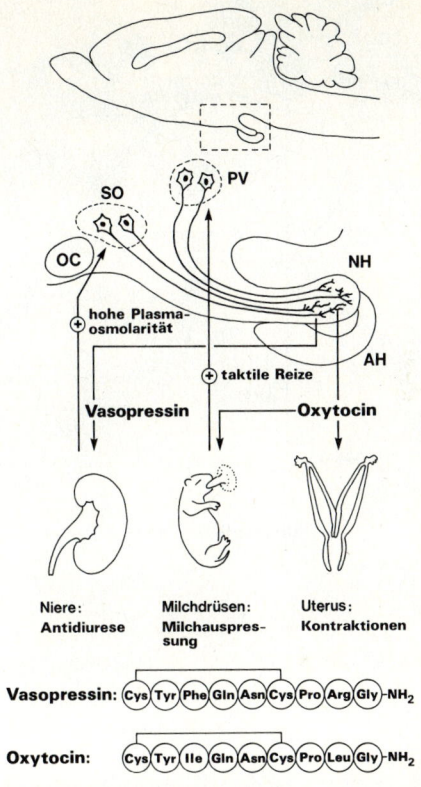

Abb. 12.5: Die Hormone der Neurohypophyse (NH) und ihre wichtigsten Zielorgane. Weitere Abkürzungen: SO, PV: supraoptische und paraventrikuläre Kerngebiete im Hypothalamus. In beiden Kerngebieten kommen sowohl Oxytocin – wie Vasopressin-Neurone vor. OC: optisches Chiasma, AH: Adenohypophyse (pars distalis).

Mechanorezeptoren der Milchdrüse durch Jungtiere zu einer Freisetzung von Oxytocin und Milchauspressung durch Kontraktion der glatten Muskulatur. Außerdem hat es eine wichtige Funktion bei der Geburt durch Einleitung von Uteruskontraktionen.

12.6.3 Adipokinetisches Hormon

Dieses Hormon, ein **Decapeptid**, wird von modifizierten neurosekretorischen Zellen im corpus cardiacum von Wanderheuschrecken synthetisiert. Es führt zu einer Mobilisierung von Lipidvorräten im Fettkörper durch Aktivierung einer Lipase, und seine physiologische Bedeutung liegt vor

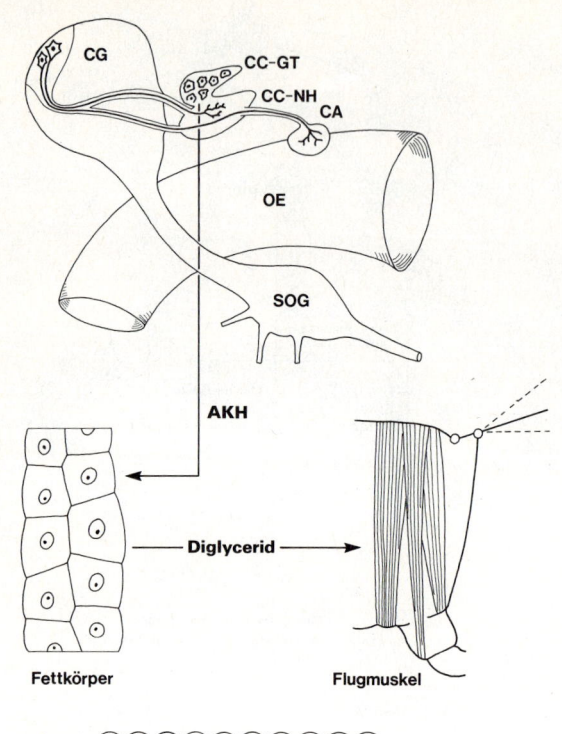

AKH: p(Glu)(Leu)(Asn)(Phe)(Thr)(Pro)(Asn)(Trp)(Gly)(Thr) NH$_2$

Abb. 12.6: Neuroendokrine Kontrolle der Lipidmobilisierung bei der Wanderheuschrecke. Oben die wichtigsten endokrinen Strukturen: Neurosekretorische Zellen im Cerebralganglion (CG) und sekretführende Nerven; corpus cardiacum (CC) mit glandulärem Teil (GT) und Neurohämal-Teil (NH), CA: corpus allatum, OE: Oesophagus, SOG: Suboesophagealganglion.

allem in der Erhöhung des Gehaltes an energiereichem Diglycerid in der Hämolymphe und der Stimulation der Fettsäureoxidation in den Flugmuskeln (Abb. 12.6).

Dieser hormonale Mechanismus befähigt die Heuschrecke zu ihren sehr energieaufwendigen, langdauernden Wanderflügen. Durch einen noch nicht genau bekannten Mechanismus erfolgt nach Beginn des Fluges eine Aktivierung der corpora cardiaca-Zellen, wahrscheinlich durch Erregung von übergeordneten Neuronen im Gehirn, die Axone in das corpus cardiacum entsenden («sekretomotorische Neurone»).

12.6.4 Farbwechsel bei Crustaceen

Viele Crustaceen, insbesondere Garnelen, sind in sehr ausgeprägter Weise dazu befähigt, ihre Farbe zu verändern (Abb. 12.7). Die Färbung wird bestimmt durch epidermale Farbzellen oder Farbzellkomplexe (**Chromatophoren**). Man klassifiziert die Chromatophoren nach der Farbe ihres Pigments und unterscheidet demgemäß zwischen Melano-, Erythro-, Leuko- und Xanthophoren.

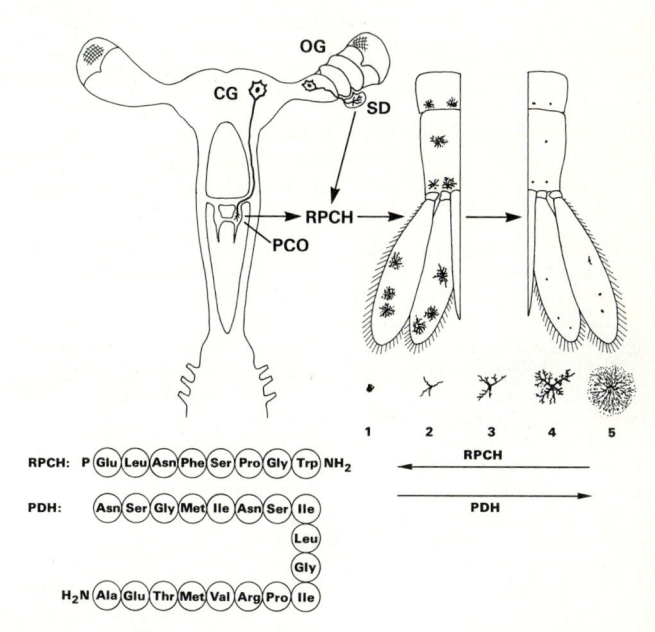

RPCH: P-Glu-Leu-Asn-Phe-Ser-Pro-Gly-Trp-NH$_2$

PDH: Asn-Ser-Gly-Met-Ile-Asn-Ser-Ile-Leu-Gly-Pro-Arg-Val-Met-Thr-Glu-Ala-NH$_2$

Abb. 12.7: Neuroendokrine Regulation des Farbwechsels bei Crustaceen. Links: Neurosekretorische Zellen im Cerebralganglion (CG) und in den optischen Ganglien (OG) der Augenstiele. Hormonfreisetzung erfolgt wahrscheinlich hauptsächlich in 2 Neurohämalorganen, der Sinusdrüse (SD) und den Postcommissuralorganen (PCO). Schwanzfächer einer Garnele mit dispergierten und kontrahierten Chromatophoren, linkes Tier dunkel, rechtes hell. Darunter die übliche Unterscheidung von 5 Stadien der Pigmentwanderung in Chromatophoren und die antagonistische Wirkung von RPCH («red pigment concentrating hormone») und PDH («pigment dispersing hormone»). Bei Garnelen beruht der Farbwechsel zumeist auf roten Chromatophoren (daher RPCH), jedoch wirkt RPCH auch auf andere Chromatophorentypen kontrahierend. Links unten: Die Struktur von 2 bekannten Farbwechselhormonen aus Garnelen. PDH wird wahrscheinlich ebenfalls aus SD und PCO freigesetzt, doch ist die Lage der PDH-Zellkörper nicht genau bekannt.

Die Farbveränderungen erfolgen durch Wanderung der Pigmentgranula in zentrifugaler (Dispersion) oder zentripetaler Richtung (Konzentration). So ist z.B. eine Winkerkrabbe mit dispergiertem Melanophorenpigment dunkel, mit konzentriertem hell. Diese Chromatophorenregulation ist, zum Unterschied von analogen Prozessen bei Fischen und Cephalopoden, ein rein hormonaler Prozeß.

Bisher sind 2 Neurohormone bekannt, die Pigmentwanderungen in Chromatophoren regulieren: Ein pigmentdispergierendes Hormon (PDH, ein Octadecapeptid) und das sog. erythrophorenkonzentrierende Hormon (ECH, ein Octapeptid), auch als red pigment-concentrating Hormon (RPCH) bekannt. Letzteres zeigt interessanterweise eine sehr weitgehende Aminosäuresequenz-Homologie mit dem adipokinetischen Hormon der Heuschrecken. Zumindest eines der beiden Peptide, das PDH, beeinflußt außer den epidermalen Effektoren noch andere Zielzellen, in denen Pigmentwanderungen vorkommen, z.B. die sog. distalen Pigmentzellen in den Komplexaugen von dekapoden Crustaceen. Die durch PDH ausgelöste Wanderung des Pigments in diesen Zellen führt zu einer Helladaptation der Augen.

Beide Peptide werden von unterschiedlichen Zelltypen produziert, die vor allem in den optischen Ganglien im Augenstiel lokalisiert sind. Ein wahrscheinlicher Ort der Freisetzung in die Hämolymphe ist die sog. Sinusdrüse, ein Neurohämalorgan, das sich aus Axonendigungen neurosekretorischer Zellen des Augenstiels zusammensetzt. Es ist nicht genau bekannt, wie die Freisetzung der Hormone reguliert wird, doch ist eine von Photorezeptoren ausgehende Signalübermittlung wahrscheinlich, da die Tiere auf Wechsel der Untergrundfärbung bzw. -helligkeit reagieren. Andere, z.B. semi-terrestrische, Arten, wie die Winkerkrabbe *(Uca)* schützen sich vor starkem UV-Licht während des Tages durch Dispersion der schwarzen Chromatophoren. In der Nacht werden sie hell. Dieser Tag–Nacht-Farbwechselrhythmus persistiert unter konstanten Lichtbedingungen, d.h. er wird durch eine innere Uhr gesteuert. Diesem circadianen Rhythmus ist ein ebenfalls endogener Gezeitenrhythmus überlagert. Der Farbwechsel bei Winkerkrabben ist somit ein sehr gutes Beispiel für die Steuerung hormonaler Systeme durch innere Uhren. Gleichzeitig demonstriert dieses System ein häufig verwirklichtes Prinzip hormonaler Regulation, nämlich die Steuerung von **Effektoren** (in diesem Fall Chromatophoren) durch antagonistisch wirkende Hormone.

12.6.5 Eiablage bei Aplysia sp.

Vor und während der Eiablage zeigt die marine Nacktschnecke *Aplysia* sp. (Opisthobranchia) ein ganz bestimmtes Repertoire von **Verhaltensweisen**.

Das Fressen wird eingestellt, die Lokomotion ist gehemmt, und es werden charakteristische Kopfbewegungen ausgeführt, durch die das Substrat für die Festheftung der Eischnur vorbereitet wird. Schließlich wird die Eischnur mit dem Mund erfaßt und auf dem Substrat unter Hin- und Herbewegen des Kopfes festgeheftet. Es gibt gute Hinweise darauf, daß der gesamte Prozeß durch Neurohormone in koordinierter Weise gesteuert wird.

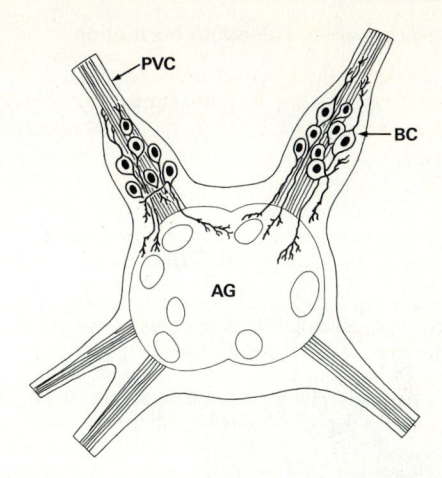

Abb. 12.8: Abdominalganglion (AG) von *Aplysia* mit den neurosekretorischen «bag cells» (BC) an der Basis der Pleurovisceralconnective (PVC). In Wirklichkeit gibt es ca. 400 «bag cells» auf jeder Seite. Die Hormone dieser Zellen, z. B. das Eiablagehormon, werden durch Endigungen sowohl ins Blut abgegeben als auch lokal ins Abdominalganglion, wo sie die Aktivität der Neuronen (offene Ovale) beeinflussen (parakriner Mechanismus).

Injektion eines Extraktes aus neurosekretorischen Zellen, den sog. «bag cells» des Abdominalganglions, kann das Verhalten und die Eiablage auslösen, sogar dann, wenn noch keine Kopulation stattgefunden hat und die Eier unbefruchtet sind. Die «bag cells» (Abb. 12.8) finden sich in 2 Gruppen im Abdominalganglion. Sie synthetisieren ein Prohormon, aus dem durch Proteolyse biologisch aktive Peptide freigesetzt werden. Eines davon ist das sog. **«egg laying hormone»** (ELH), ein Peptid aus 36 Aminosäuren. Bei der Kontrolle der Eiablage hat dieses Hormon offenbar eine multiple Funktion; es wirkt, nach Freisetzung in die Hämolymphe, durch einen endokrinen Mechanismus kontrahierend auf den Ovidukt und stimulierend auf Neurone des Cerebralganglions. Letztere aktivieren motorische Effektoren, die das Eiablageverhalten steuern. Andere Neuronen, besonders solche im Abdominalganglion selbst, werden durch die «bag cells» in einer mehr direkten Weise stimuliert. ELH und die anderen Peptide werden aus Axonen, die keine besonderen morphologischen Spezialisierungen zeigen, in den Interzellularraum des Ganglions sezerniert, wo sie diffundieren und lokal auf benachbarte Neuronen wirken. Es liegt hier also weder eine synaptische Übermittlung noch eine solche über die Hämolymphe vor, sondern es handelt sich um einen parakrinen Mechanismus. **Parakrine Neurosekretion** ist wahrscheinlich ein verbreitetes Phänomen, doch ist das *Aplysia*-System eines der wenigen, an denen sich dieser Mechanismus bisher detaillierter studieren ließ.

12.6.6 Hypothalamus und «releasing hormone»

In der Hierarchie der endokrinen Drüsen der Wirbeltiere ist die basale Region des Zwischenhirns, der **Hypothalamus**, die oberste Instanz. Hier befinden sich neurosekretorische Zellen, deren Sekrete zum Teil über ein Neurohämalorgan, die Neurohypophyse (die ein Teil des Gehirns ist), direkt in die periphere Zirkulation gelangen, um auf z. T. weit entfernte Zielorgane zu wirken. Es handelt sich hier um die schon erwähnten Hormone Vasopressin und Oxytocin. Eine größere Zahl von Hormonen gelangt jedoch nicht in nennenswerter Menge in die periphere Zirkulation.

Die Endigungen der betreffenden Zellen liegen in der sog. eminentia mediana am Boden des Hypothalamus, und die Hormone gelangen dort in Kapillaren, die sich zu größeren Gefäßen vereinigen (Portalgefäße). Diese spalten sich in der räumlich eng mit der eminentia mediana assoziierten Hypophyse wiederum in Kapillaren auf. Über diese Kapillaren gelangen die Hormone an die verschiedenen Hypophysenzellen, wo sie die Freisetzung der Hypophysenhormone stimulieren oder hemmen. Diese Hor-

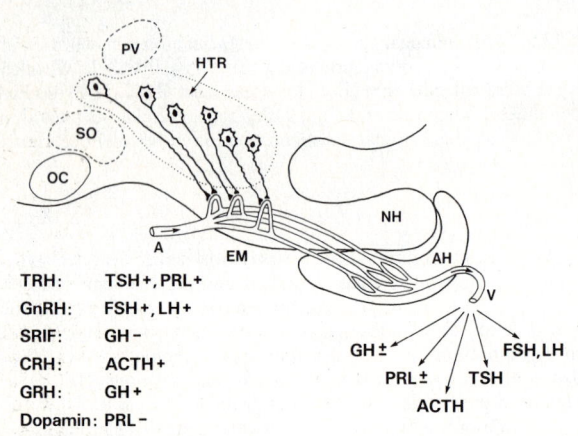

Abb. 12.9: Kontrolle der Adenohypophyse (AH) durch releasing-Hormone aus der hypophysiotropen Region (HTR) des Hypothalamus. Die sechs Perikaryen repräsentieren die sechs wichtigsten bekannten releasing-Hormone. Die Freisetzung erfolgt in der sog. Eminentia mediana (EM) in Portalkapillaren, in die sich die zuführende Arterie (A) aufspaltet. In der Adenohypophyse stimulieren bzw. hemmen die releasing Hormone die Freisetzung der entsprechenden Hypophysenhormone. TRH: TSH-releasing Hormon (TSH: Thyroidea-stimulierendes H.). TRH stimuliert auch die Freisetzung von Prolactin (PRL), GnRH: Gonadotropin-releasing H. (Gonadotropin: FSH, LH: Follikel-stimulierendes und luteinisierendes H.), SRIF: Somatotropin-(= Wachstums-H., GH) release inhibiting H., hemmt die Freisetzung von GH., CRH: Corticotropin-releasing H. (ACTH: Adrenocorticotropes H.) GRH: GH-releasing H.; Dopamin hemmt die Freisetzung von PRL, NH: Neurohypophyse, SO, PV: supraoptisches und paraventrikuläres Kerngebiet, OC: optisches Chiasma, V: Vene.

mone werden, soweit sie freisetzen, releasing-Hormone oder Liberine genannt. Für fast alle Hypophysenhormone sind **freisetzende** oder **hemmende Hypothalamus-Hormone** bekannt, z.Z. sechs. Ihren Namen haben sie nach dem entsprechenden Hypophysenhormon (Abb. 12.9). Die Freisetzung der releasing-Hormone unterliegt einer spezifischen negativen feed-back-Hemmung durch die jeweiligen Hypophysenhormone und vor allem durch die Hormone, die durch die letzteren in peripher gelegenen, nachgeordneten Drüsen freigesetzt werden. So wird z.B. die Sekretion von GnRH (Gonadotropin-releasing hormone) durch Einwirkung von Testosteron (aus den Hoden) oder Progesteron (aus dem Ovar) auf die GnRH-Neurone des Hypothalamus gehemmt.

Die besondere Bedeutung des Hypothalamus liegt in der **Integration** von nervösen und hormonalen Signalen. Die Aktivität der neurosekretorischen Zellen unterliegt in ausgeprägter Weise der Regulation durch übergeordnete neurale Zentren. Es ist dies die Schaltstelle, in der endogen oder exogen ausgelöste Neuronenaktivität auf das endokrine System übertragen wird. Wirksam werden können optische, akustische und olfaktorische Reize aus der Außenwelt sowie Signale von Chemo- und Mechanorezeptoren im Kreislaufsystem, psychische Faktoren, innere Uhren etc.

12.6.7 Zusammengesetzte Hormonsysteme

Die Funktion des Hypothalamus/Hypophysensystems bei der Regulation nachgeordneter Drüsen soll zunächst am Beispiel des Wachstumshormons sowie der Regulation von Schilddrüse und Nebennieren näher erläutert werden.

12.6.7.1 Wachstumshormon

Wachstumshormon (**Somatotropin, growth hormone**) ist ein Polypeptid aus (beim Menschen) 200 Aminosäuren, das in spezifischen Zellen des Hypophysenvorderlappens synthetisiert wird. Seine Sekretion wird stimuliert durch das releasing Hormon GRH und gehemmt durch Somatostatin (Abb. 12.10).

Wachstumshormon hat, und dies gilt für alle Wirbeltierklassen, eine generell wachstumsstimulierende Wirkung. Überproduktion in der Hypophyse oder eine Störung im hypothalamischen Kontrollmechanismus führen beim Menschen zum klinischen Bild der **Akromegalie** (Riesenwachstum unter besonderer Betonung der Extremitätenspitzen und vorstehenden Schädelknochen), eine Unterfunktion des Systems zum sog. hypophysären **Zwergwuchs**. Die wichtigsten der Wachstumswirkung zugrundeliegenden Effekte sind Stimulation der Aminosäureaufnahme und der Proteinsynthese in Zielgeweben, deren wichtigste Muskel- und Knorpel- bzw. Knochenzellen sind. Im Gegensatz zu allen übrigen Hypophysenhormonen wirkt das Wachstumshormon weder durch Stimulation peripherer Drüsen noch in vollem Umfang direkt auf die Zielgewebe. Eine begrenzte direkte Wirkung auf die Zielgewebe ist zwar gegeben, jedoch besteht die hauptsächliche Wirkung des Wachstumshormons darin, in der Leber die Synthese und Sekretion eines Wachstumsfaktors, das sog. **IGF I** (= **insulin-**

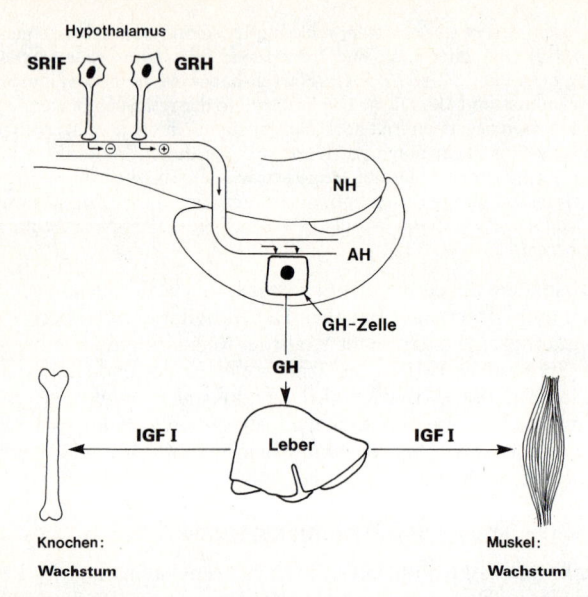

Abb. 12.10: Freisetzung und wichtigste Wirkung von Wachstumshormon. Die Freisetzung aus der Adenohypophyse (AH) wird durch einen inhibierenden und einen stimulierenden hypothalamischen Faktor reguliert. GH ist der eine der üblichen Abkürzungen für Wachstumshormon (Growth hormone, Somatotropin). SRIF: Somatotropin-release inhibiting factor, auch Somatostatin genannt; GRH: growth hormone releasing-Hormon, NH: Neurohypophyse, IGF I: insulin-like growth factor I.

like growth factor I) zu stimulieren. Wie der Name sagt, hat IGF I in seiner Aminosäuresequenz eine gewisse Ähnlichkeit mit Insulin. IGF I wirkt auf die Zielgewebe über einen Membranrezeptor, der dem Insulinrezeptor ähnelt. Die Bindung von IGF I an Muskel- und Knorpelzellen und andere Zielgewebe induziert die wachstumsstimulierenden Prozesse. Daß IGF I letzten Endes für diesen Effekt verantwortlich ist, geht z.B. daraus hervor, daß durch Wachstumshormonmangel bedingter Kleinwuchs bei Ratten durch IGF I-Infusionen korrigiert werden kann, und aus der Beobachtung, das bestimmte Pygmäen-Gruppen in Afrika zwar normale Mengen an Wachstumshormonen produzieren, jedoch subnormale IGF I-Konzentrationen im Serum zeigen.

12.6.7.2 Thyroidea

Die Hypophyse sezerniert ein Thyroidea-stimulierendes Hormon (**TSH, Thyrotropin**), ein kohlenhydrathaltiges Polypeptid der Molmasse 28.000 Dalton, das aus zwei Untereinheiten (α und β) besteht. Die β-Untereinheit ist Träger der biologischen Spezifität (d.h. TSH-Wirkung).

Die Sekretion von TSH wird reguliert durch das TSH-releasing Hormon (TRH) des Hypothalamus. Ein spezifisch hemmendes Hypothalamus-Hormon (analog dem Somatostatin) ist nicht bekannt. Die Bedeutung des TSH besteht, wie die der meisten anderen Hypophysenhormone, in der Regulation der Aktivität einer nachgeordneten peripheren Drüse, in diesem Fall der Thyroidea (Schilddrüse). TSH hat einen allgemein trophischen Effekt auf die Schilddrüse (diese degeneriert nach Hypophysenentfernung) und reguliert vor allem die Biosynthese der Schilddrüsenhormone **Trijodthyronin** (T_3) und **Thyroxin** (T_4), die aus der Aminosäure Tyrosin gebildet werden. Die Schilddrüse ist insofern einzigartig unter den Hormondrüsen, als sie über einen extrazellulären Speicher für eine Vorstufe der Hormone, das sog. Thyroglobulin verfügt. Sie setzt sich aus Follikeln mit einschichtiger Wandung zusammen, in denen sich das Thyroglobulin als sog. Kolloid befindet. Die Form der Schilddrüse ist unterschiedlich bei den verschiedenen Wirbeltierklassen; während sie bei Säugern ein einheitliches, kompaktes Organ darstellt, liegen z.B. bei Fischen Thyroidfollikel in

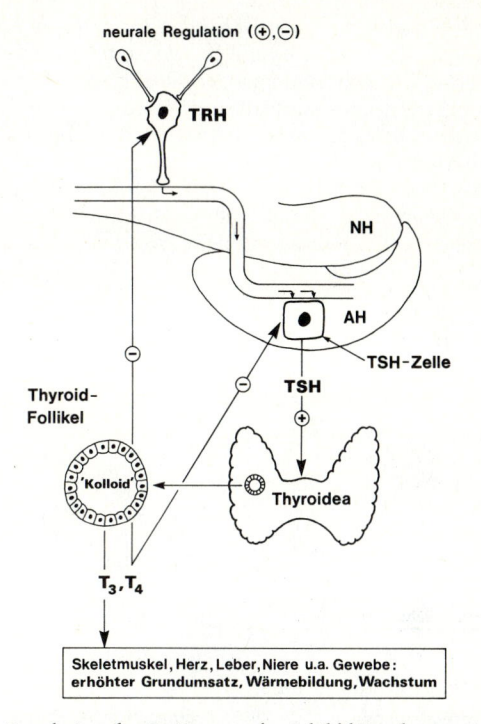

Abb. 12.11: Regulation der Freisetzung der Schilddrüsenhormone T_3 und T_4 und deren wichtigsten Effekte. T_3 und T_4 hemmen sowohl die TRH- wie die TSH-Freisetzung, TSH: Thyroid-stimulierendes Hormon, AH, NH: Adeno- und Neurohypophyse.

mehr diffuser Verteilung im Kopfbereich vor. Das System zeichnet sich durch eine ausgeprägte negative feed-back Regulation aus: peripher im Blut zirkulierendes T3 und T4 hemmen die Freisetzung von TSH in der Hypophyse und wahrscheinlich auch die von TRH im Hypothalamus (Abb. 12.11).

Die **Wirkungen der Schilddrüsenhormone** sind von genereller und komplexer Art und betreffen viele Zielgewebe. Folgende zwei Komplexe sind in erster Linie zu nennen:
1) **Stimulation des Energieumsatzes.** Schilddrüsenhormone erhöhen den Grundumsatz und haben, im Zusammenhang damit, eine besondere Bedeutung für die Thermoregulation endothermer Tiere (Vögel, Säuger; Selbsterwärmung von Winterschläfern). Generell sind sie, zusammen mit anderen Hormonen, von Bedeutung für die Anpassung des Organismus an veränderte Umweltbedingungen (z.B. bei der Wanderung von Fischen zwischen Meer und Süßwasser).
2) Schilddrüsenhormone sind essentiell für den regulären **Ablauf von Entwicklungsprozessen.** Es läßt sich verallgemeinernd feststellen, daß kein Wirbeltier bei Schilddrüsenhormonmangel die normale Adultform erreichen kann. Hypothyroidismus führt zu einer Retardierung der Entwicklung vieler Organsysteme. Beim Menschen bezeichnet man den Entwicklungsrückstand als Kretinismus.

Ein klassisches Beispiel für die Bedeutung der Schilddrüsenhormone als Entwicklungshormone ist die **Metamorphose** der Frösche (Abb. 12.12), die nach Inaktivierung der Schilddrüse ausbleibt, so daß Dauer-Kaulquappen resultieren.

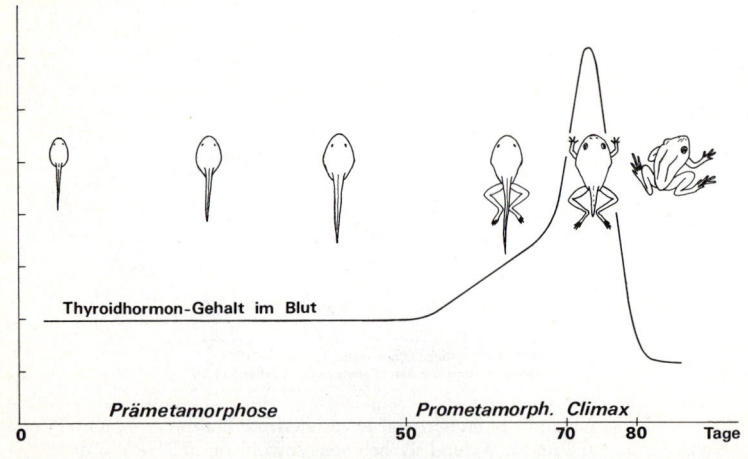

Abb. 12.12: Konzentration der Schilddrüsenhormone während der Metamorphose eines Frosches. Einzelheiten s. Text.

Während der Prometamorphose, die beim Grasfrosch ca. 20 Tage dauert und bis zur Entwicklung der Hinterbeine führt, verläuft die Entwicklung langsam unter der Wirkung allmählich ansteigender T3- und T4-Konzentrationen im Blut. Danach beschleunigt sich die Metamorphose sehr stark (Metamorphose-Climax); in kurzer Zeit wachsen die Vorderextremitäten, wird der Schwanz resorbiert und finden viele biochemische Umdifferenzierungen statt, wie Ersatz des Kaulquappen-Hämoglobins durch das Adult-Hämoglobin, Induktion der Enzyme der Harnstoffsynthese etc. Nach der Metamorphose ist das Wachstum des adulten Frosches hauptsächlich vom Wachstumshormon abhängig.

12.6.7.3 Nebennierenrinde

Die Hormone der Nebennierenrinde sind die **Glucocorticoide** und das Mineralcorticoid **Aldosteron**. Daneben werden in geringerer Menge männliche Sexualhormone, **Androgene**, synthetisiert.

Die Glucocorticoide sind Cortisol, Corticosteron und Cortison. Der relative Anteil der einzelnen am Gesamt-Glucocorticoid variiert artspezifisch. Die wichtigste Wirkung der Glucocorticoide, z.B. des Cortisols, besteht in der Stimulation der **Gluconeogenese**, d.h. der Synthese von Glucose aus Nicht-Kohlenhydraten. Das bedeutendste Zielorgan ist die Leber. Die Gluconeogenese führt teils zu einer Erhöhung des Glykogengehalts in der Leber, teils wird Glucose ins Blut abgegeben (**hyperglykämische Wirkung des Cortisols**). Die Gluconeogenese wird u.a. durch Aminosäuren gespeist, deren Aufnahme in Muskelzellen durch das Hormon gehemmt wird. In der Bilanz erfolgt also eine Stimulation der Kohlenhydratsynthese zu Lasten der Proteinsynthese im Muskel. Dies dient offensichtlich der Bereitstellung leicht metabolisierbarer Energie, in Form von Glucose, für Muskeln und Nervengewebe. Hinzu kommen noch freie Fettsäuren, die durch das Hormon aus Fettzellen freigesetzt werden. Die Glucocorticoidsekretion wird durch physiologischen Streß erhöht. Zusammen mit anderen Hormonen (z.B. Adrenalin) erhöhen die Glucocorticoide die Reaktionsbereitschaft des Organismus gegenüber Streß.

Die wichtigste Wirkung des Mineralcorticoids Aldosteron ist die Stimulierung der **Resorption von Natrium** durch die Nierentubuli (s. 5.2.2). Gekoppelt damit ist die Sekretion von Kalium. Das Hormon erniedrigt also den Na^+/K^+-Quotienten im Urin. Natriummangel führt zu einer vermehrten Ausschüttung von Aldosteron.

Die Regulation der Nebennierenfunktion durch das Hypothalamus/Hypophysensystem ist zunächst abhängig von hypothalamischen neurosekretorischen Zellen, die das sog. Corticotropin-releasing-Hormon (CRH) freisetzen. Dies stimuliert die Sekretion des adrenocorticotropen Hormons (ACTH) aus der Hypophyse, das seinerseits die Freisetzung der Nebennierenhormone stimuliert. Auch in diesem System finden wir wieder einen ausgeprägten negativen feed-back-Mechanismus. Cortisol hemmt sowohl die Sekretion von CRH im Hypothalamus, als auch die von ACTH in der Hypophyse. Die Beeinflussung der CRH-Zellen durch übergeordnete neuronale Zentren ist besonders ausgeprägt. Dies kommt z.B. in der Reaktion des Systems auf Streß zum Ausdruck. Ferner unterliegen die CRH-Zellen offensichtlich der Steuerung durch

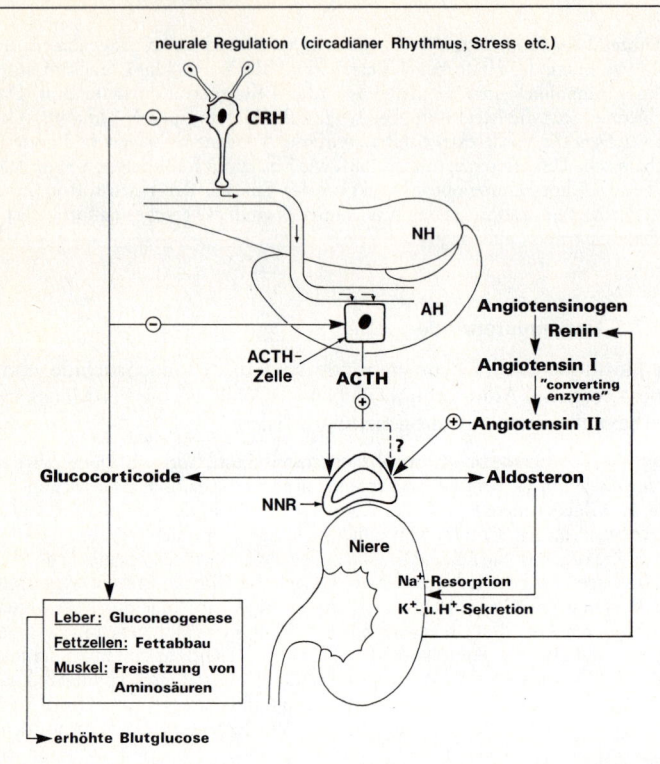

Abb. 12.13: Hypothalamus-Hypophysen-Nebennierenrindensystem und die wichtigsten Wirkungen der Nebennierenrinden-Hormone. Renin ist ein proteolytisches Enzym, das in der Niere freigesetzt wird, das «converting enzyme» findet sich in verschiedenen Geweben, vor allem aber in der Lunge. CRF: Corticotropin-releasing Hormon, ACTH: Adrenocorticotropes Hormon (= Corticotropin), AH und NH: Adeno- und Neurohypophyse.

eine innere Uhr, was z.B. beim Menschen zu erhöhten ACTH-und Cortisolkonzentrationen im Blut während des Schlafes in den frühen Morgenstunden führt.

Bei der Aldosteronsekretion scheint interessanterweise die hypothalamisch-hypophysäre Regulation keine große Rolle zu spielen. Während Ausschaltung der ACTH-Zellen durch Hypophysektomie die Glucocorticoidsynthese in der Nebenniere zum Erliegen bringt, ist die Aldosteronsekretion kaum beeinflußt. Letztere wird hauptsächlich durch Angiotensin II reguliert, ein Octapeptid, daß durch proteolytische Spaltung der in der Leber gebildeten Vorstufe Angiotensinogen gebildet wird (Abb. 12.13).

12.6.8 Häutung und Metamorphose von Arthropoden

Das feste **Exoskelett** der Arthropoden verhindert ein kontinuierliches Wachstum. Es muß daher periodisch abgeworfen und durch ein neues ersetzt werden. Dieses ist für eine gewisse Zeit weich und dehnungsfähig, so daß ein Wachstumsschub erfolgen kann. Die Häutungen können reine Wachstumshäutungen sein, wie z.B. bei adulten Krebsen. Aus jeder Häutung geht ein größeres, aber ansonsten morphologisch unverändertes Tier hervor. Bei Insekten sind dagegen die einzelnen Häutungsschritte, deren Zahl meist festgelegt ist, gleichzeitig Metamorphoseschritte.

Bei **Hemimetabolen** (z.B. Orthopteren) werden die Larven (Nymphen) mit jeder Häutung der Adultform (Imago) etwas ähnlicher, bis schließlich aus der letzten Häutung die Imago hervorgeht. Bei **Holometabolen** (z.B. Lepidopteren, Coleopteren, Dipteren) folgen zunächst mehrere Larvenstadien (meist 5) aufeinander, die sich relativ ähnlich sind. Die Larvenhäutungen haben demgemäß überwiegend den Charakter von Wachstumshäutungen. Am Ende des letzten Larvenstadiums erfolgt die Häutung zur Puppe, danach die zur Imago, die sich nicht mehr häutet. Bei den Holometabolen sind somit die beiden letzten Häutungen gleichzeitig drastische Metamorphoseschritte. Das Entwicklungsprogramm der Insekten besteht also in einer festen Zahl von Häutungen, durch die gleichzeitig Wachstum und Metamorphose realisiert werden. Bei anderen Arthropoden (z.B. Krebsen, Spinnentieren) ist die Zahl der Häutungen oft variabel; die Tiere können sich häuten, solange sie leben (und wachsen). So macht z.B. ein Hummer mit einer Lebensdauer von etwa 40 Jahren sehr viele Häutungen durch.

Um sich auf vereinfachte Weise klarzumachen, worin Metamorphose besteht und in welcher Weise Häutungen und Metamorphose durch Hormone reguliert werden, betrachtet man am besten die Vorgänge in der Epidermis, die die Cuticula synthetisiert (Abb. 12.14).

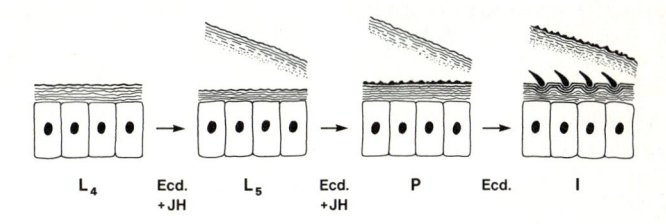

Abb. 12.14: Vorgänge bei der Insektenmetamorphose, dargestellt an der Cuticulasynthese durch die Epidermiszellen. Bei der Häutung vom Larvenstadium 4 (L_4) zum L.-stadium 5 (L_5) synthetisieren die Zellen erneut Larvencuticula (keine Umprogrammierung), bei der Häutung von L_5 zum Puppenstadium P wird Puppencuticula, bei der Häutung von P zur Imago (I) wird Imaginalcuticula synthetisiert. Bei den beiden letzten Häutungen findet eine Umprogrammierung der Epidermiszellen statt.

Die **Epidermis** ist unter den Zielgeweben der beteiligten Hormone das wichtigste. Die Schlüsselrolle kommt hier den **Ecdysteroiden** (Häutungshormonen) zu, und zwar hauptsächlich dem **Ecdyson** und dem **20-Hydroxyecdyson**. Deren Wirkung auf die Epidermiszelle besteht zunächst in der Induktion (Genaktivierung) und Sekretion von Enzymen (z.B. Chitinase), durch die die inneren Schichten der Cuticula abgebaut werden, so daß sich diese von der Epidermis löst (**Apolyse**). Danach beginnen die Zellen, eine neue Cuticula zu sezernieren. Die alte, größtenteils abgebaute Cuticula wird schließlich abgestreift (**Schlüpfen**), und die neue, die zu diesem Zeitpunkt noch nicht ihre volle Dicke erreicht hat, wird zu Ende sezerniert. Wie kommt es nun zur Metamorphose? Betrachten wir die Epidermiszelle eines holometabolen Insektes: Auf der Ebene dieser Zelle manifestiert sich Metamorphose dadurch, daß sie (oder ihre unmittelbaren Nachkommen), die z.B. bei der Häutung vom 4. zum 5. (letzten) Larvenstadium Larvencuticula sezerniert hat, bei der Häutung vom letzten Larvenstadium zur Puppe die völlig anders strukturierte, dickere Puppencuticula sezerniert, und bei der nächsten, letzten Häutung die wiederum verschiedene Imaginalcuticula. Diese trägt z.B. vorher nicht vorhandene Haare und Schuppen. Die Epidermiszellen werden also umprogrammiert. Dies bedeutet, daß Gene aktiviert werden, die bei den vorhergehenden Häutungen nicht oder weniger aktiv waren.

Zwischen den Larvenstadien findet keine oder nur eine vergleichsweise geringe **Umprogrammierung** der Epidermiszellen statt. Die Veränderung der Aktivität der Epidermis beruht auf der Mitwirkung eines zweiten Hormons, des **Juvenilhormons**. Es hängt vom Verhältnis der Konzentrationen von Ecdysteroid und Juvenilhormon ab, ob eine Zelle wieder larvale Cuticula sezerniert oder ob eine Umprogrammierung stattfindet. Juvenilhormon kann alleine keine Häutung auslösen, es kann lediglich die Ecdysteroid-induzierte Häutung beeinflussen. Ein hoher Juvenilhormon-Titer führt generell zu einer Beibehaltung larvaler Merkmale bei Häutungen, ein Abfallen des Titers bzw. das Verschwinden von Juvenilhormon aus dem Blut zur Puppe bzw. zur Imago.

Diesem Effekt verdankt das Juvenilhormon seinen Namen; gelegentlich ist es auch als Status-quo-Hormon bezeichnet worden. Im Einklang hiermit steht die Tatsache, daß reine Wachstumshäutungen, etwa bei adulten Krebsen, allein durch Ecdysteroid induziert werden. Jedenfalls ist bisher über eine Mitwirkung von Juvenilhormon bei den Häutungen der Krebse nichts bekannt.

Die folgende Übersicht faßt alle Hormone, die an der Regulation von Häutungen und Metamorphosen nach heutiger Kenntnis beteiligt sind, zusammen. Außer Ecdysteroid und Juvenilhormon sind noch einige Peptidhormone beteiligt.

1. Das **prothoracotrope Hormon** (PTTH), ein Neurohormon aus neurosekretorischen Zellen des Gehirns (Cerebralganglion), das die Ecdysteroidsynthese und -sekretion in den Prothoraxdrüsen durch einen cAMP-Mechanismus stimuliert. Die Axone der PTTH-Zellen haben ihre Endigungen im corpus allatum, wo die Freisetzung in die Hämolymphe erfolgt.

2. Allatotropin(e) und **Allatostatin**(e), zwei oder mehr Neurohormone aus dem Gehirn, die wahrscheinlich die Juvenilhormonsekretion in den corpora allata regulieren. Freisetzungsort ist u.a. wahrscheinlich das corpus cardiacum, ein Neurohämalorgan mit Axonendigungen verschiedener Typen neurosekretorischer Gehirnzellen. Eine Freisetzung aus Axonen direkt im corpus allatum und parakrine Wirkung auf die corpus allatum-Zellen ist auch denkbar.

3. Ecdyson. Der wichtigste Syntheseort sind die Prothoraxdrüsen, die entwicklungsgeschichtlich nichts mit dem Nervensystem zu tun haben, sondern epithelialer Herkunft sind. Die Häutungsdrüsen der Krebse (Y-Organe) sind wahrscheinlich den Prothoraxdrüsen homolog. Ein zweites Häutungshormon ist das 20-Hydroxyecdyson, das durch Hydroxylierung von Ecdyson in peripheren Zielgeweben entsteht. Dies ist offensichtlich die in den Zielzellen wirksame Form.

4. Juvenilhormon. Dieses wird in den corpora allata synthetisiert, die anatomisch eng mit den corpora cardiaca zusammenhängen und auch neurosekretorische Axonendigungen enthalten. Der Komplex der eigentlichen corpus allatum-Zellen ist jedoch nicht neuraler, sondern epithelialer Herkunft.

5. Eclosion-(Schlüpf-)Hormon. Dies ist ein Neurohormon, das in Neuronen im Gehirn und anderen Regionen des Zentralnervensystems produziert und u.a. in den corpora cardiaca freigesetzt wird. Seine Funktion ist auf den eigentlichen Häutungs-

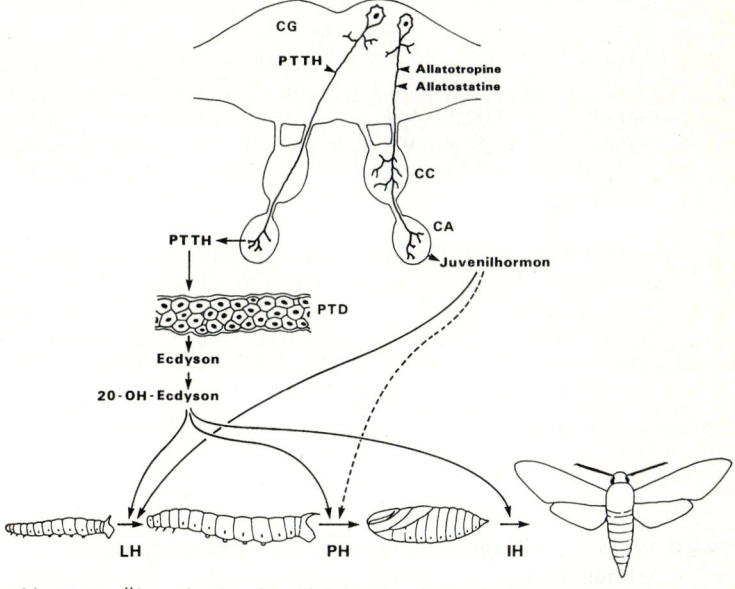

Abb. 12.15: Übersicht über die endokrine Regulation der Metamorphose eines holometabolen Insektes. CG: Cerebralganglion, CC: corpus cardiacum, CA: corpus allatum, PTTH: prothoracotropes Hormon, PTD: Prothoraxdrüse, LH, PH, IH: Larven-, Puppen- und Imaginalhäutung. Einzelheiten s. Text.

akt beschränkt. Durch seine Freisetzung ins Blut werden die motorischen Neurone stimuliert, die die Schlüpfbewegungen steuern.
6. Bursicon. Dieses Neurohormon, ein relativ hochmolekulares Polypeptid (ca. 40.000 Dalton), wird von Neuronen in verschiedenen Regionen des Zentralnervensystems synthetisiert. Die neue Cuticula bleibt während des Schlüpfens noch weich, was den Schlüpfakt erleichtert. Die Ausschüttung von Bursicon kurz nach dem Schlüpfen führt zu einer schnellen **Gerbung** und **Härtung** der neuen Cuticula.

Dem PTTH, früher auch **Gehirnhormon** genannt, kommt im gesamten Prozeß der Häutung und Metamorphose die Schlüsselrolle zu.

Zweifellos werden die PTTH-Zellen durch übergeordnete neurale Zentren aktiviert, die auf bestimmte Schlüsselreize reagieren. Diese sind noch wenig bekannt. Bei der blutsaugenden Wanze *Rhodnius prolixus*, bei der die Einleitung der Häutungen von einer Blutmahlzeit abhängig ist, bewirkt die Blutfüllung eine Stimulation von Propriorezeptoren in der Darmwand. Afferente Fasern dieser Rezeptoren führen zu einer Aktivierung der PTTH-Zellen.

Die Freisetzung von **Juvenilhormon** zeigt keine so deutliche Periodik wie des Ecdysons. Bei holometabolen Insekten (z.B. dem Tabakschwärmer *Manduca sexta*) ist seine Konzentration während der gesamten Häutungsintervalle der frühen Larvenstadien relativ hoch, sie sinkt im letzten (5.) Larvenstadium vor der Puppenhäutung ab, und während des Puppenstadiums ist kein Juvenilhormon im Blut nachweisbar.

Über die Art der Titereinstellung durch Allatropin(e) und Allatostatin(e) ist noch wenig bekannt. Wie die Freisetzung von Eclosion-Hormon und Bursicon kurz vor und um den Zeitpunkt des Schlüpfens zustandekommt, ist ebenfalls noch ungeklärt. Für das erstere ist jedoch nachgewiesen, daß seine Freisetzung unter der Kontrolle einer inneren (circadianen) Uhr steht. Dies ist die Ursache für die häufig beobachteten circadianen Schlüpfrhythmen.

Die **neurale Kontrolle** von neurosekretorischen Zellen, der Transport von Neurohormonen zu den Neurohämalorganen, den corpora cardiaca und corpora allata, ihre Ausschüttung und die Regulation nachgeordneter Drüsen (Prothoraxdrüsen und corpus allatum-Zellen, Abb. 12.15) erinnern an das Hypothalamus/Hypophysensystem und die Steuerung nachgeordneter Drüsen (z.B. Nebennieren) bei Wirbeltieren.

Es ist interessant, daß bei zwei phylogenetisch nicht verwandten Tiergruppen ähnliche Prinzipien hormonaler Regulation verwirklicht sind. Dies ist ein eindrückliches Beispiel konvergenter Evolution im Tierreich.

12.6.9 Hormonale Regulation der sexuellen Fortpflanzung bei Wirbeltieren

Die Regulation der sexuellen Fortpflanzung bei höheren Wirbeltieren ist ohne Zweifel das komplizierteste Beispiel hormonaler Integration. Es umfaßt verschiedene Phänomene:

1) **Sexuelle Differenzierung**, d.h. korrekte Ausbildung der primären Geschlechtsmerkmale (Gonaden und Genitaltrakt, z.B. Samenleiter, Ovidukt u. Uterus) entsprechend dem genetischen Geschlecht und geschlechtsspezifische Gehirndifferenzierung.
2) Die **Regulation der Aktivität** der reifen Gonaden (Produktion von Eizellen und Spermien, Hormonproduktion) und der Funktionen des Genitaltraktes.
3) **Zyklische Ausdifferenzierung** von sekundären Geschlechtsmerkmalen im Zusammenhang mit den Fortpflanzungsperioden (z.B. Ausbildung von Milchdrüsen, Hochzeitskleidern bei Vögeln und Fischen etc.). Hierzu gehört auch die Produktion von Sexualpheromonen.
4) **Mechanismen der Kopplung der Fortpflanzung an Umweltfaktoren**, z.B. Jahreszeiten, bei Tieren, die sich nicht kontinuierlich fortpflanzen. Diese Mechanismen haben eine hohe adaptive Bedeutung. Sie stellen sicher, daß die Nachkommen zu einem Zeitpunkt geboren werden, in dem optimale Überlebens- und Entwicklungschancen bestehen.
5) Die **Steuerung von Verhaltensweisen**, die der Findung der Geschlechter und der Optimierung des Fortpflanzungserfolges dienen. Hierzu gehören Balzkampf- und Territorialverhalten sowie die mannigfaltigen Formen von Brutpflegeverhalten.

Das hormonale System, das diese Prozesse reguliert und integriert, ist in besonders ausgeprägtem Maße umweltabhängig. Charakteristisch ist ferner, daß wir hier, mehr als in jedem anderen hormonalen System der Wirbeltiere, einen direkten Einfluß von Hormonen auf Verhaltensweisen, d.h. übergeordnete neurale Zentren beobachten können.

12.6.9.1 Die Gonaden als endokrine Drüsen

Ovar. Im Ovar der Säuger werden 2 Klassen von Steroidhormonen produziert, **Östrogene** (von Östrus = Brunft, dem Zeitpunkt der maximalen Fortpflanzungsbereitschaft) und **Gestagene** (Schwangerschaftshormone), daneben in geringeren Mengen männliche Sexualhormone, **Androgene**.

Als wichtigstes Östrogen gilt das **Östradiol-17β**. Es wird hauptsächlich in den Granulosazellen gebildet, die die Eizell-enthaltenden Follikel auskleiden. Diese Zellen produzieren noch ein chemisch völlig anderes Hormon, das Inhibin, ein kohlenhydrathaltiges Protein aus zwei verschiedenen Untereinheiten (α u. β, Molmasse des Dimers 32.000 Dalton). Seine Bedeutung wird im Zusammenhang mit der endokrinen Regulation des Ovars diskutiert werden. Das wichtigste Gestagen ist das **Progesteron**, dessen Hauptquelle der Gelbkörper (corpus luteum) ist, ein Gewebe, das sich nach Ausstoßen der reifen Eizelle (Ovulation) aus dem zurückgebliebenen Follikel entwickelt.

Die Effekte der **Östrogene** sind komplex. Sie wirken zunächst im Ovar selbst stimulierend auf Wachstum und Reifung der Follikel und der Eizelle. Offenbar wird die Wirkung des hypophysären follikelstimulierenden Hormons (FSH) auf die Follikel durch Östrogen potenziert. Ein weiterer sehr wichtiger Komplex sind trophische Wirkungen auf alle Abschnitte des weiblichen Genitaltraktes. Wachstum und Differenzierung von Ovidukt, Uterus und Vagina sind östrogenabhängig. Im Hühnerovidukt stimuliert Östradiol die Synthese von Eiproteinen (Ovalbumin). Unter den stimulierenden Wirkungen auf sekundäre Geschlechtsmerkmale ist z.B. die auf die Milchdrüsen besonders wichtig. Östradiol wirkt hier zusammen mit Progesteron und einer Reihe anderer Hormone synergistisch. Ein wichtiges Zielorgan ist die Leber, in der bei eierlegenden Wirbeltieren durch Östrogene eine massive Synthese von Dotterprotein-Vorstufen (Vitellogenine) induziert wird. Diese werden ins Blut sezerniert und von den heranreifenden Eizellen aufgenommen.

Das Vorhandensein von **Östrogenrezeptoren** und die selektive Aufnahme von Hormonen in spezifischen funktionellen Zentren des Gehirns markiert diese als Zielgewebe von Östrogen. Diese Hormonbindung in diskreten Arealen erklärt einerseits die am Gehirn ansetzenden feed-back-Mechanismen, andererseits die Auslösung weiblichen Sexualverhaltens.

Die wichtigsten Effekte des Gestagens **Progesteron** betreffen alle jene Prozesse, die der Vorbereitung und Aufrechterhaltung einer Schwangerschaft dienen. Hierzu gehört etwa die Vorbereitung des Endometriums des Uterus für die Einnistung und Weiterentwicklung eines befruchteten Eis (Sekretionsphase des Uterus, die sich an die östrogeninduzierte Proliferationsphase anschließt).

Ferner stimuliert Progesteron die Milchdrüsenentwicklung und hat Angriffsstellen im Gehirn. Bei vielen Prozessen läßt sich die Wirkung von Gestagenen nicht säuberlich von der der Östrogene trennen, häufig wirken beide zusammen.

Das hormonale Aktivitätsprofil des Ovars ändert sich ständig im Zusammenhang mit den physiologischen zyklischen Differenzierungsprozessen (Follikel- und Eireifung, Ovulation, Gelbkörperbildung und -degeneration), die weiter unten behandelt werden.

Hoden. Die typischen Hormone des Hodens sind die **Androgene**, von denen das **Testosteron** die größte Bedeutung hat. Es wird hauptsächlich von den Leydig-Zellen produziert, die zwischen den Hodentubuli liegen. Ein anderer Zelltyp, der für die hormonale Regulation wichtig ist, sind die Sertolizellen der inneren Wand der Hodentubuli. Diese können, anders als die Leydig-Zellen, wahrscheinlich nicht die vollständige Synthese des Testosterons aus Cholesterin durchführen, besitzen aber Enzymsysteme zur Synthese von Testosteron aus Vorstufen, die von den Leydig-Zellen abgegeben werden. Die Bedeutung der Sertolizellen besteht vor allem in der Synthese eines Androgen-bindenden Proteins (ABP) und der Synthese des auch im Ovar produzierten Proteohormons Inhibin.

Die Wirkungen der Androgene sind sehr vielfältig. Anders als Östrogene sind sie bereits im Embryo von essentieller Bedeutung für die frühe Differenzierung des Genitaltraktes. Aus der ursprünglich bisexuellen Anlage können sich die männlichen Strukturen (Nebenhoden, Samenleiter, akzessorische Geschlechtsdrüsen, äußere Genitalien) nur in Gegenwart von Androgenen (neben Testosteron auch Dihydrotestosteron) entwickeln, während die Frühdifferenzierung der weiblichen Strukturen weitgehend hormonunabhängig ist. Androgenmangel (z. B. nach **Kastration** von männlichen Embryonen) führt zur Degeneration der männlichen Strukturen und zur spontanen Ausbildung eines weiblichen Phänotyps. Beim geschlechtsreifen Tier ist dann die Funktion des Genitaltraktes androgenabhängig (z. B. Produktion von Samenflüssigkeit in Nebenhoden und Prostata etc.). Wie im Ovar, so wirken auch im Hoden die Hormone direkt auf die Keimzellreifung. Spermatogenese ist ohne Androgene nicht möglich.

Die Ausprägung von oft sehr auffälligen sekundären Geschlechtsmerkmalen durch Androgene ist die Regel in allen Wirbeltiergruppen. Hierunter fallen die Hochzeitskleider, Gebilde wie das «Schwert» bei Schwertträgern (Zahnkarpfen), das Geweih der Hirsche, der Hahnenkamm und vieles andere mehr. Die zu diesen Strukturen dazugehörenden Verhaltensweisen (Balz-, Kampf- und Territorialverhalten) werden ebenfalls durch Androgene ausgelöst.

Wie Östrogene werden auch Androgene in definierten Hirnarealen selektiv gebunden. Im männlichen Geschlecht überlappen Zonen mit Östrogenrezeptoren und solche mit Androgenrezeptoren. Testosteron kann im männlichen Gehirn, ebenso wie in peripheren Geweben, durch einen enzymatischen Schritt in Östradiol umgewandelt werden («Aromatisierung») und über Östrogenrezeptoren wirken. Somit haben wir das bemerkenswerte Faktum, daß das vermännlichende Androgen an manchen Zielgeweben letzten Endes als Östrogen wirkt. Die Hormonbindung im Gehirn ist wie bei Weibchen die Grundlage für die feed-back-Regulation der hypophysären Gonadotropinsekretion und für die Auslösung von Fortpflanzungsverhalten. Die bei Männchen durch Testosteron ausgelösten Verhaltenseffekte sind sehr vielfältig. Neben den schon erwähnten sei hier noch auf den Vogelgesang und auf das Rufen der Anuren in der Fortpflanzungszeit hingewiesen. Außerdem ist die allgemeine Libido-stimulierende Wirkung des Testosteron bekannt.

Testosteron wirkt schließlich auf die Gehirndifferenzierung ein. Seine Anwesenheit in einer zeitlich begrenzten sensiblen Phase der Gehirnentwicklung (z. B. perinatal bei Ratten) induziert irreversibel Strukturen, die Grundlage für männliches Verhalten sind. Die Effekte sind auch morphologisch faßbar.

Im Hoden gibt es, im Gegensatz zum Ovar, keine Periodik der Keimzellreifung und Hormonproduktion. Beide laufen kontinuierlich ab, können aber in ihrer Intensität extreme jahreszeitliche Schwankungen zeigen.

12.6.9.2 Hormonale Regulation der Gonadenaktivität

Hormonproduktion und Keimzellreifung in den Gonaden sind vollkommen abhängig von 2 Hypophysenhormonen, dem **follikelstimulierenden Hor-**

mon (FSH) und dem **luteinisierenden Hormon** (LH) (Abb. 12.16). Beide sind wie das TSH, mit dem zusammen sie eine Hormonfamilie bilden, kohlenhydrathaltige Glykoproteinhormone aus 2 Untereinheiten. Es gibt jedoch nur 1 hypothalamisches **Gonadotropin-releasing hormone** (GnRH),

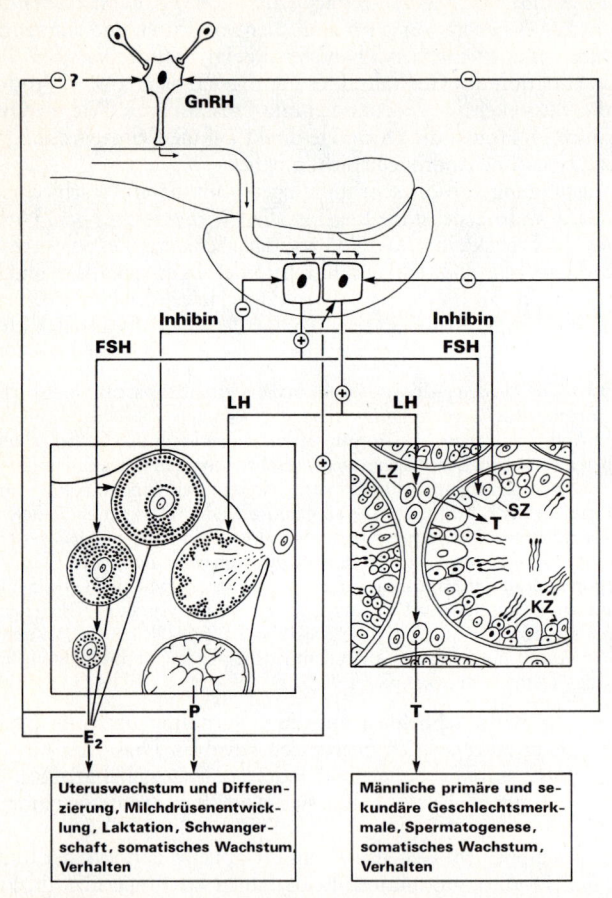

Abb. 12.16: Die endokrine Aktivität der Gonaden und ihre Regulation durch das Hypothalamus-Hypophysensystem bei Säugern, insbesondere beim Menschen. Einige der bis heute nachgewiesenen feed-back-Mechanismen sind eingezeichnet. Der Ausschnitt aus dem Ovar zeigt, im Uhrzeigersinn, 3 Follikel zunehmenden Reifegrads, Ovulation und Gelbkörper. E_2: Östradiol, P: Progesteron, T: Testosteron, FSH: Follikel-stimulierendes Hormon, LH: Luteinisierendes Hormon, LZ: Leydig-Zellen, SZ: Sertoli-Zellen, KZ: Keimzellen (Spermatogonien, Spermatiden, Spermien).

ein Decapeptid, das sowohl FSH wie LH freisetzt. Seine Sekretion wird in komplexer Weise durch höhere neutrale Zentren reguliert. Diese reagieren auf visuelle, olfactorische und akustische Reize, Streß, psychische Faktoren und sind einer hormonalen Regulation zugänglich.

Die LH-Freisetzung wird durch niedrige Östradiol-Konzentrationen gehemmt, jedoch führt die Überschreitung einer gewissen Schwelle zu einem positiven feed-back und damit zu einer massiven Freisetzung von LH. Dieser LH-peak löst die Ovulation aus. Progesteron wirkt im allgemeinen hemmend auf die LH-Sekretion. Die FSH-Sekretion wird durch Inhibin gehemmt, nicht dagegen oder nur wenig durch Östrogene und Gestagene.

Im männlichen Geschlecht stimuliert LH die Testosteronproduktion in den Leydig-Zellen des Hodens, während die Zielzellen des FSH die Sertolizellen sind, in denen es die Synthese des Androgen-bindenden Proteins induziert. Die feed-back-Regulation der Gonadotropinsekretion ist hier einfacher als im weiblichen Geschlecht. Es gibt nur negativen feed-back, und zwar wird die LH-Sekretion durch Androgen gehemmt, die FSH-Sekretion durch Inhibin.

12.6.9.3 Ovarialzyklen

Ein Zyklus beginnt mit der Initiation der Reifung eines oder mehrerer **Follikel**. Die Reifungsphase (Follikelphase) endet mit der **Ovulation**. Der oder die Follikel wandeln sich danach in Gelbkörper (corpora lutea) um, die, je nach Tierart, eine mehr oder weniger lange, aber artspezifisch konstante Lebensdauer haben (Lutealphase). Wenn keine Befruchtung der Eizelle stattgefunden hat, endet der Zyklus mit der Degeneration der Gelbkörper, und der nächste Zyklus beginnt mit der Entwicklung neuer Follikel. Diese Zyklen können unterschiedlich lang sein, beim Menschen und Rhesusaffen z.B. 28 Tage, beim Schaf 16 und bei der Ratte 4 oder 5 Tage. Tiere, bei denen die Zyklen (wenn keine Befruchtung erfolgt), ununterbrochen aufeinanderfolgen, heißen **polyöstrisch** oder **polyzyklisch** (z.B. Ratte, Primaten). Andererseits gibt es **mono-** bis **oligoöstrische** (-zyklische) Formen, die einen bis wenige Zyklen pro Jahr haben. Hunde haben z.B. 1-2 Zyklen pro Jahr mit einer durchschnittlichen Zyklusdauer von 63 Tagen. Bei Tieren mit saisongebundener Fortpflanzung finden wir eine Abfolge mehrerer Zyklen ausschließlich in der Fortpflanzungsperiode. Im übrigen Zeitraum findet keine Follikelreifung statt.

Die hormonalen Vorgänge während des Ovarialzyklus sind sehr komplex und noch bei keiner Säugetierart, auch nicht beim Menschen, in allen Einzelheiten bekannt. Abb. 12.17 zeigt die Veränderungen der Konzentrationen der wichtigsten Hormone im Blut im Zusammenhang mit den Vorgängen im Ovar beim Menschen. Bei diesem oder beim Rhesusaffen dauert die Follikelphase 14 Tage. Das Heranwachsen des Follikels bis zur Reife geschieht unter der Wirkung von FSH und LH, wobei FSH das

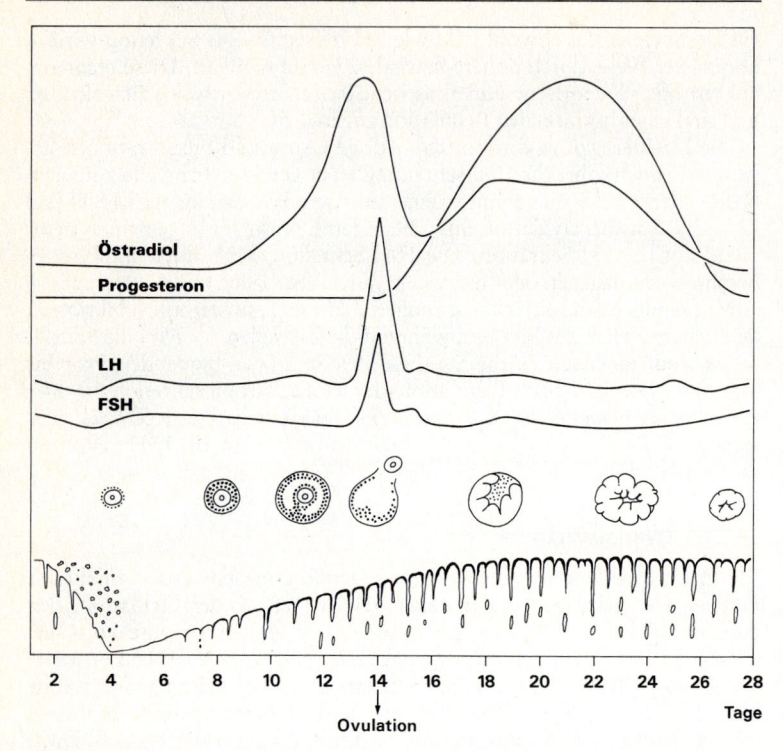

Abb. 12.17: Darstellung eines menschlichen Ovarialzyklus mit den Veränderungen der Blutkonzentrationen der wichtigsten Hormone und der Dickenänderungen des Endometriums des Uterus im Verlauf eines Zyklus. Am 28. Tag setzt die Abstoßung von proliferiertem Endometriumsgewebe ein (Menstruation).

wichtigere Hormon ist. Die Konzentrationen beider Hormone ändern sich während der Follikelphase nicht wesentlich, jedoch ist eine ganz bestimmte FSH-Konzentration, die durch feed-back-Mechanismen eingestellt wird, sehr wichtig. Zu niedrige Konzentrationen lassen die Follikel nicht reifen, zu hohe führen zu überzähligen reifen Follikeln (**Superovulation**). Der Follikel sezerniert Östradiol in zunehmender Menge, so daß zum Zeitpunkt der Follikelreife ein Östradiol-Maximum im Blut erreicht wird. Die Follikelphase ist hormonell durch eine zunehmende Östradiolkonzentration bei niedriger Progesteronkonzentration gekennzeichnet. Der Östradiol-peak am Ende der Follikelentwicklung führt durch positiven feed-back zu einer massiven Freisetzung von LH aus der Hypophyse, und dieser für die Ovarialzyklen aller Säuger charakteristische LH-peak induziert die **Ovulation**. Die Bedeutung des fast gleichzeitigen, aber kleineren FSH-peaks ist unbekannt. Daß es nicht zu einer explosionsartigen Verstärkung der LH-Freisetzung kommt, liegt offenbar daran, daß die im Ovar verbleibenden Follikelzellen sich unter LH-Wirkung schnell in corpus-luteum-Zellen umwandeln, die Progesteron zu sezernieren beginnen, während die Produktion von Östradiol stark abfällt. Das Progesteron steigt in der **Lutealphase** weiter stark an, daneben wird aber, wenn auch in geringerem Umfang, Östrogen weiterproduziert. Die Lutealphase ist demgemäß durch ein hohes Progesteron/Östrogen-Verhältnis gekennzeichnet. Diese Steroidhormonkombination reguliert durch negativen feed-back die **Gonadotropinsekretion** auf ein niedrigeres Niveau herunter, das dem der Follikelphase in etwa entspricht. Warum während der Lutealphase die Follikelreifung trotzdem gehemmt ist, ist nicht in allen Einzelheiten klar; einer der Mechanismen ist aber offensichtlich eine intraovarielle Hemmung durch das Progesteron aus dem Gelbkörper. Dieser hat eine inhärente, artspezifische Lebensdauer.

Eine wichtige Frage ist, inwieweit Veränderungen der hypothalamischen **GnRH-Freisetzung** an der Kontrolle des Zyklus beteiligt sind. Beim Rhesusaffen scheint sich die GnRH-Sekretion während des gesamten Zyklus überhaupt nicht zu ändern. Die GnRH-Zellen sezernieren konstant in Pulsen (1 Puls/h). Deshalb spricht man vom hypothalamischen Pulsgenerator. Der Ablauf des Zyklus wird also im wesentlichen durch das Ovar und die an der Hypophyse ansetzenden feed-back-Mechanismen gesteuert. Es ist erstaunlich, daß das Ovar eine solche präzis funktionierende Zeitgeberfunktion ausüben kann, die in diesem Fall den Zyklus auf genau 28 Tage einreguliert.

Dies ist jedoch nicht zu verallgemeinern. Bei Ratten z.B. wird eine Erhöhung der GnRH-Pulsfrequenz in der späteren Follikelphase beobachtet, d.h. hier dürften höhere Zentren stärker an der Kontrolle des Zyklus beteiligt sein. Überhaupt gilt, daß hinsichtlich der Regulation der Ovarialzyklen die Verhältnisse von Art zu Art offenbar sehr verschieden sein können.

Auch ein im Normalfall invarianter **GnRH-Pulsgenerator**, wie beim Rhesusaffen und möglicherweise beim Menschen, kann durch Außeneinflüsse über höhere neurale Zentren leicht beeinflußt werden. Dies führt zu Störungen des Zyklus (z.B. unter **Streß**).

Die Beeinflussung durch Außenfaktoren ist ferner deutlich bei Tieren mit saisongebundener Fortpflanzung. Ein besonders wichtiger Außenfaktor ist die Tageslänge. Während bei Vögeln zunehmende Tageslänge das hormonale System der Gonadenregulation aktiviert, ist es bei Säugern, die ihre Fortpflanzungsperiode im Herbst haben (z.B. Rotwild), genau umgekehrt. Der Faktor Tageslänge wird hauptsächlich durch das Pinealorgan (Zirbeldrüse) auf das System übertragen. Das verantwortliche Hormon ist das Melatonin.

12.6.10 Selbstregulierende hormonale Systeme

Die Bezeichnung «**selbstregulierend**» soll zur Kennzeichnung von Systemen dienen, die im Gegensatz zu den bisher diskutierten relativ einfache, geschlossene Regelkreise darstellen. Die Beeinflussung durch höhere neurale Zentren oder übergeordnete hormonale Signale aus Hypothalamus und Hypophyse spielt nicht die Rolle wie bei den im vorigen Abschnitt diskutierten Mechanismen.

Die hier anhand von 2 Beispielen vorzustellenden Systeme dienen der homöostatischen Kontrolle, indem Abweichungen vom Sollwert der Konzentration eines Stoffes im Blut direkt von den hormonproduzierenden Zellen wahrgenommen und mit einer Abgabe von Hormon beantwortet werden.

12.6.10.1 Insulin und die Regulation der Blutglucose

Die Konzentration von Glucose im Blut ist ein Parameter, der potentiell starken Schwankungen unterliegen kann, etwa durch Nahrungszufuhr einerseits und hohen Energieverbrauch andererseits (s. 4.2.2). Dennoch wird der Glucosespiegel innerhalb sehr enger Grenzen reguliert. Verantwortlich hierfür ist in erster Linie das **Insulin**, ein Peptidhormon aus 51 Aminosäuren, das aus 2 durch Disulfidbrücken verbundenen Untereinheiten (A- und B-Kette) besteht. Es wird in den Beta-Zellen der Langerhansschen Inseln des

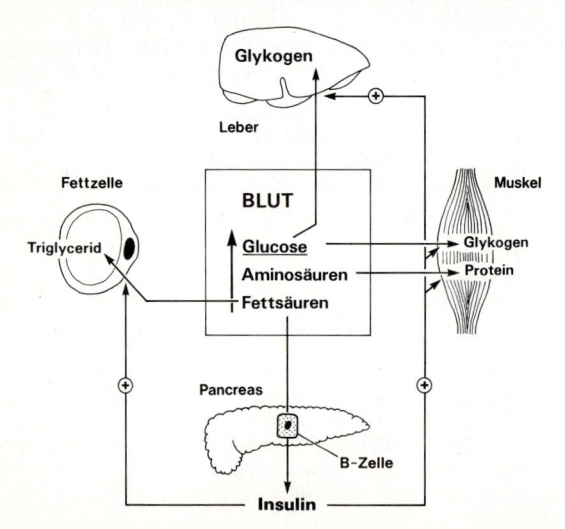

Abb. 12.18: Regulation der Überführung von Glucose, Fettsäuren und Aminosäuren in Speicherformen durch Insulin in verschiedenen Geweben nach Erhöhung der Metabolite im Blut, z.B. nach Nahrungsaufnahme.

Pankreas produziert. Diese reagieren direkt auf eine Erhöhung der Glucosekonzentration im Blut durch Abgabe von Insulin. Dies führt zu einer Wiedereinstellung des Normwertes. Neben erhöhter Glucose führt auch die Erhöhung der Konzentration freier Fettsäuren und Aminosäuren zur Stimulation der Insulinsekretion.

Zielorgane des Insulins sind im wesentlichen 3 Gewebe: Leber, Muskel und Fettzellen (Abb. 12.18). In Leber- und Muskelzellen wird die Aufnahme von Glucose aus dem Blut stimuliert. Diese wird als **Glykogen** gespeichert. Im Muskel kommt es außerdem zu einer erhöhten Aufnahme von Aminosäuren und der Synthese von Protein, in Fettzellen zur Aufnahme von Fettsäuren und ihrer Speicherung als Triglycerid. Fällt dagegen die Glucosekonzentration im Blut ab, etwa durch Hungern, so vermindert sich die Insulinsekretion, und es kommt umgekehrt zur Mobilisierung des Glykogens in Leber und Muskel und damit zur Auffüllung des Glucose-pools im Blut. Entsprechendes gilt für die Fette und Proteine.

Die Einstellung einer bestimmten Glucosekonzentration im Blut ist von großer Bedeutung für das Funktionieren einiger Gewebe, vor allem des Gehirns. Man kann sagen, daß Leber und Muskel Glucose für das Gehirn produzieren, wenn durch fehlende Nahrungszufuhr Mangel einzutreten droht. Bei reichem Nahrungsangebot sorgt dagegen das Insulin für eine Speicherung der überschüssigen Glucose in Form von Glykogen.

In den Langerhansschen Inseln des Pankreas wird in den sog. Alpha-Zellen ein antagonistisches Hormon gebildet, das **Glucagon**, ein einkettiges Peptid aus 29 Aminosäuren. Seine Freisetzung wird, im Gegensatz zu der des Insulins, durch Erniedrigung der Glucosekonzentration erhöht. Es ist, wie Adrenalin und Glucocorticoide, ein «**hyperglykämisches**» (blutzuckersteigerndes) Hormon, während Insulin das einzige «**hypoglykämische**» Hormon im Organismus ist.

12.6.10.2 Parathormon und die Regulation der Ca^{++}-Konzentration im Blut

Calcium ist ein für die Regulation vieler physiologischer Prozesse äußerst wichtiges Ion, und es ist daher nicht verwunderlich, daß seine Konzentration im Blut in sehr engen Grenzen reguliert wird. Ein großes Reservoir von Calcium im Wirbeltierkörper sind die Knochen, in denen es als ein Phosphat vorliegt. Das für die Regulation der **Calcium-Homöostase** wichtigste Hormon ist das **Parathormon** (PTH) aus der Parathyroidea (Epithelkörperchen) (Abb. 12.19), die beim Menschen mit der Thyroidea assoziiert ist, bei anderen Tieren aber als diskrete Drüse vorkommen kann. Es wird als einkettiges Peptid aus 84 Aminosäuren sezerniert. Weiterhin von Bedeutung sind das Vitamin D, das in diesem Zusammenhang als Hormon behandelt werden kann (sein Wirkmechanismus entspricht dem eines Steroidhormons), und das **Calcitonin**, ein zum PTH antagonistisch wirkendes Peptid-

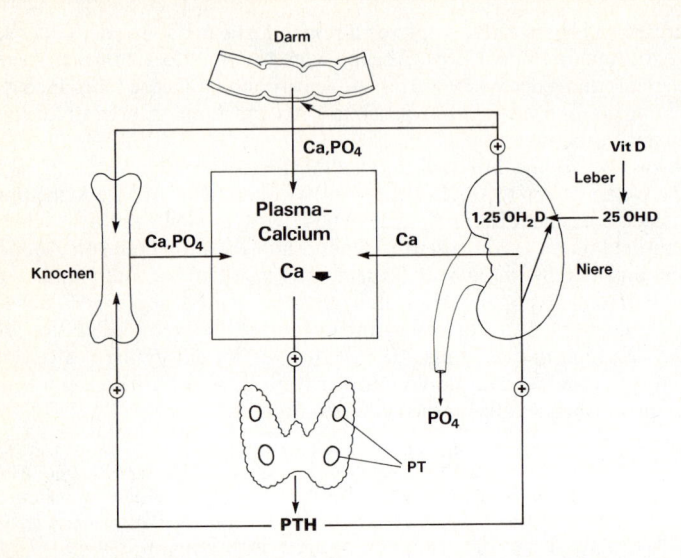

Abb. 12.19: Die Rolle von Parathyroidhormon (PTH) und 1,25-Dihydroxy-Vitamin D bei der Regulation der Calcium-Homöostase im Plasma.

hormon aus 32 Aminosäuren. Es wird bei Säugern in den parafollikulären C-Zellen der Thyroidea, bei anderen Wirbeltieren in den diskreten Ultimobranchialkörpern gebildet.

Eine Senkung des Blutcalciums unter den Sollwert stimuliert direkt die Freisetzung von PTH aus der Parathyroidea. Dies führt zu einer Mobilisierung von Calcium aus dem Knochen. Die gleichzeitig freiwerdenden Phosphationen werden durch die Niere ausgeschieden. Dieser Prozeß wird auch durch PTH stimuliert. Gleichzeitig bewirkt PTH in den Nierentubuli eine erhöhte Calcium-Resorption. Schließlich stimuliert es die Umwandlung eines Vitamin D-Metaboliten, 25-Hydroxy-Vitamin D in 1,25-Dihydroxy-Vitamin D (1,25-Dihydroxycholecalciferol) in der Niere. Das letztere stimuliert u.a. Calcium-Resorption im Darm. Diese Prozesse führen in ihrer Gesamtheit zu einer Erhöhung des Calciums im Blut und, wenn der Sollwert wieder erreicht ist, zu einer Reduktion der PTH-Sekretion.

Die Rolle des **Calcitonins** bei der Calcium-Regulation ist, vor allem bei Säugern, nicht ganz klar. Generell stimuliert es den Einbau des Calciums in Knochen und senkt dessen Konzentration in Blut. Es scheint bei marinen Fischen eine besondere Bedeutung zu haben. Fische besitzen dagegen kein PTH. Das PTH hat bei Vögeln während der Legezeit eine spezifische Bedeutung, indem es das zum Aufbau der Eischale erforderliche Calcium aus Knochen mobilisiert.

12.6.11 Wachstumsfaktoren, Arachidonsäurederivate und Lymphokine

Diese drei Klassen von Hormonen, die abschließend kurz behandelt werden sollen, haben gemeinsam, daß sie nicht, oder zumindest nicht hauptsächlich, in definierten Drüsen oder neurosekretischen Zellen produziert werden, sondern von sehr verschiedenen Zell- und Gewebstypen. Sie wirken im allgemeinen weniger als Hormon im klassischen Sinn, d.h. als Substanzen, die über das Blut ihre Zielorgane erreichen, sondern als lokale Signalsubstanzen. Wie bei «typischen» Hormonen erfolgt jedoch eine Signalübertragung über spezifische Rezeptoren. Sie sind nach heutigen Kenntnisstand am ehesten als Hormone (im Sinne der eingangs gegebenen breiten Definition) mit parakriner Wirkung zu klassifizieren.

Nervenwachstumsfaktor. Unter den bisher bekannten Wachstumsfaktoren (das Wachstumshormon ist hier ausgenommen) ist der Nervenwachstumsfactor («**Nerve growth factor**», NGF) am besten bekannt. Es handelt sich um ein Protein aus 2 nicht-kovalent verbundenen identischen Untereinheiten aus je 118 Aminosäuren.

NGF ist als trophischer Faktor von Bedeutung für die Lebensfähigkeit und Entwicklung von Neuronen des sympathischen Systems, und zwar in sehr spezifischer Weise. Nur sympathische Neuronen scheinen Rezeptoren für den NGF zu besitzen. Gewebe, die sympathisch innerviert werden, stimulieren offensichtlich durch Sekretion von NGF und lokale Wirkung das Auswachsen der Nervenfortsätze und damit ihre eigene Innervierung. Es besteht eine Korrelation zwischen der Dichte der sympathischen Innervation eines Zielgewebes und der in ihm enthaltenen Menge an NGF. In Gewebekulturen konnte gezeigt werden, daß lokale Konzentrationen von NGF den Grad der Verzweigung von sympathischen Nervenfasern bestimmen. Seine Synthese durch Zielgewebe in vitro konnte ebenfalls nachgewiesen werden. Sehr instruktiv sind Versuche an Hühnerembryonen, in denen gezeigt wurde, daß Implantation eines Tumors, der sehr viel NGF produziert, zu einer äußerst starken Entwicklung von Nervenfasern im Tumorbereich führt. Andererseits bewirkt Injektion eines NGF-bindenden Antiserums eine drastische Reduktion der Entwicklung des sympathischen Nervensystems.

Außer dem NGF sind bis heute etwa 6 verschiedene Wachstumsfaktoren (das oben beschriebene Wachstumshormon selbst wiederum ausgenommen) bekanntgeworden. Einige von ihnen wirken als **Mitogene** (zellteilungsstimulierende Substanzen) auf verschiedene Zelltypen. Die Rolle des Insulin-like growth factor I (IGF I) bei der Vermittlung der Wirkung des Wachstumshormons wurde weiter oben dargelegt.

Arachidonsäure-Derivate. Diese sind, wie anfangs erwähnt, die Prostaglandine, Prostacycline, Thromboxane und Leukotriene. Die **Prostaglandine** werden in verschiedenen Geweben produziert. Sie finden sich in besonders hoher Konzentration in der Prostata (daher der Name), in den Samenblasen und in der Samenflüssigkeit. Die wichtigsten Wirkungen sind Blutdrucksenkung (nach Injektion) und Kontraktion glatter Muskulatur, besonders der des Myometriums des Uterus. Sie sind neben Oxytocin an der Wehenauslösung zu Ende der Schwangerschaft beteiligt und finden entsprechende therapeutische Verwendung. Beim Hamster wurde eine Beteiligung bei der physiologischen Degeneration des Gelbkörpers nachgewiesen (**Luteolyse**). Man nimmt heute an, daß Prostaglandine im Ablauf des Ovarialzyklus eine physiologische Rolle spielen.

Thromboxan wird in Blutplättchen (Thrombocyten, s. 13.2.4) und in der Lunge synthetisiert. Es kontrahiert die glatte Muskulatur von Blutgefäßen, u.a. im Gehirn und im Bereich der Coronargefäße des Herzens. Ein weiter wichtiger Effekt ist die Stimulation der Thrombocytenaggregation.

Prostacyclin, das wohl hauptsächlich in Endothelzellen gebildet und lokal freigesetzt wird, hemmt dagegen die Thrombocytenaggregation; es wirkt also in dieser Hinsicht antagonistisch zu Thromboxan. **Leukotriene** werden von Leukocyten produziert. In der Lunge führen sie zur Konstriktion der Bronchien, wodurch sie offenbar wesentlich zur Entstehung von Asthma, besonders bei Allergien, beitragen.

Lymphokine. Es handelt sich hier um eine Gruppe von Factoren, die Wachstum, Reifung, Differenzierung und Funktion von Blutzellen regulieren. Die verschiedenen Blutzelltypen stammen alle von einer kleinen Population sog. pluripotenter Stammzellen ab. Das Entstehen der ausdifferenzierten Zelltypen (s. 13.2.4) in einem ganz bestimmten Mengenverhältnis setzt einen komplexen Regulationsmechanismus voraus. Der Regulation dienen eine ganze Reihe von Faktoren, meistens Glykoproteine, die nach den Zelltypen benannt sind, auf die sie wirken und deren Proliferation und Differenzierung sie stimulieren, wie **Interleukin** (stimuliert die Proliferation von T-Zellen) und die sog. «colony stimulating factors» (CSFs), die ihren Namen von der Fähigkeit haben, in vitro die Entstehung größerer Populationen (Kolonien) von bestimmten Zellen lokal zu stimulieren (z.B. M-CSF, Makrophagenkolonien-stimulierender Factor, er stimuliert die Entstehung von Makrophagen aus Vorläuferzellen). **Erythropoietin**, ein Glykoprotein aus 166 Aminosäuren (MW 37.000 Dalton), das in Niere und Leber gebildet wird und – anders als die meisten Lymphokine – als zirkulierendes Hormon auftritt, induziert selektiv die Proliferation und Differenzierung von Erythrocyten-Vorläuferzellen zu reifen Erythrocyten.

12.7 Literatur

Baulieu, E.-E., P.A. Kelly: Hormones. From Molecules to Disease. Hermann Publishers in Arts and Science, Paris, 1990

Bentley, P.J.: Comparative Vertebrate Endocrinology. 2. Auflage; Cambridge University Press, Cambridge, 1982

Chester-Jones, I., P.M. Ingleton, J.G. Phillips: Fundamentals of Comparative Vertebrate Endocrinology, Plenum Press, New York/London, 1987

Downer, R.G.N.; H. Laufer (Hrsg.): Invertebrate Endocrinology. Alan Liss, N.Y. Band 1 1983; Band 2 1988

Goldsworthy, G.J., J. Robinson, W. Mordue: Endocrinology. Blackie & Son Ltd., Glasgow/London, 1981

Gorbman, A., W.W. Dickhoff, S.R. Vigna, N.B. Clark, C.L. Ralph: Comparative Endocrinology, John Wiley & Sons, New York, 1983

Hadley, Mac E.: Endocrinology. 2. Auflage; Prentice-Hall, Englewood Cliffs, N.J., 1988

Highnam, K.C., L. Hill: The Comparative Endocrinology of the Invertebrates, 2. Auflage; Edward Arnold, London, 1977

Jentzsch, K.-D.: Regulation des Wachstums und der Zellvermehrung. G. Fischer, Stuttgart, 1983

Norman, A.W., G. Litwack: Hormones. Academic Press, New York/London, 1987.

Reinboth, R.: Vergleichende Endokrinologie. Thieme, Stuttgart, 1980

Turner, C.D., J.T. Bagnara: General Endocrinology, 6. Auflage; W.B. Saunders, Philadelphia, 1976

Von Faber, H., H. Haid: Endokrinologie, Ulmer, Stuttgart, 1976

13 Blut-, Lymph- und Immunsysteme[1] 653

13.1	Einleitung	653
13.2	**Hämolymphe und Blut**	654
13.2.1	Definition und Funktion	654
13.2.2	Kreislauftypen und Gefäße	654
13.2.3	Pumpsysteme	657
13.2.4	Blutkörperchen	660
13.2.5	Blutplasma	663
13.2.6	Blutfarbstoffe	665
13.2.7	Blutgruppen	666
13.3	**Lymphe**	668
13.3.1	Definition und Funktion	668
13.3.2	Gefäße und Kreislauf	668
13.3.3	Lymphatische Organe	669
13.4	**Immunsystem des Menschen**	671
13.4.1	Definition	671
13.4.2	Genese der immunogenen Zellen	671
13.4.3	Bau und Genese der Antikörper	671
13.4.4	Immunantwort	673
13.4.5	Immuninsuffizienz	675
13.4.6	Schutzimpfungen	676
13.5	Literatur	677

13.1 Einleitung

Die Körper der Metazoa enthalten extrazelluläre Flüssigkeiten, die alle Zellen des Körpers umfließen und insbesondere dem Stoffaustausch und -transport dienen. Da diese Flüssigkeiten z.T. in großer Quantität auftreten und so einen Turgordruck gegen die Körperwand aufbauen, haben sie außerdem noch eine große Bedeutung als Stützelemente. Dies und die Tatsache, daß sie verschiedenartige Zellen enthalten, sind wohl der Grund für ihre Zuordnung zum Bindegewebssystem. Mit zunehmender Größe und Höherentwicklung innerhalb der Tierstämme kommt es zu einer Ausbildung von Leitungssystemen mit starker Tendenz zu Zirkulationsvorgängen, wie auch zur Trennung der verschiedenen Funktionsbereiche (interstitieller Raum, Leibeshöhle, Blut, Lymphe, s.u.). Parallel hierzu erfolgt die quantitative Zunahme und qualitative Spezialisierung der verschiedenen Zellen, die sich in diesen Flüssigkeiten befinden.

---

[1] H. Mehlhorn (Düsseldorf)

13.2 Hämolymphe und Blut

13.2.1 Definition und Funktion

Bei vielen Evertebraten liegt ein **offenes Blutgefäßsystem** (s.u.) vor, so daß es zur partiellen Vermischung der Körperflüssigkeiten kommt. Dieses Gemisch wird als **Hämolymphe** bezeichnet und macht 30-40% des Körpergewichts der betroffenen Tiere aus. Bei **geschlossenen Leitungssystemen** erfolgt aber die weitgehende Trennung der **interstitiellen Flüssigkeit** und des **Lymphsystems**, das mit dem Interstitium kommuniziert, vom **Blutgefäßsystem**. Lymphe und Hämolymphe sind (sensu strictu) farblos, während das Blut, das jeweils nur 6-8% des Körpergewichts umfaßt, durch die unterschiedlichen, respiratorisch aktiven Blutfarbstoffe (s.u.) gefärbt erscheint. Somit hat das Blut eine zusätzliche Aufgabe übernommen: den **respiratorischen Gastransport**. Die übrigen Aufgaben
- Transport von Nährstoffen, Exkreten, Hormonen, Vitaminen, Enzymen, Elektrolyten, immunogenen Zellen etc.,
- Wasserregulation,
- Pufferung der Körperflüssigkeiten,
- Temperaturregulation,
- Wundverschluß (evtl. mit zusätzlicher Muskelkontraktion)

werden – zumindest teilweise – auch von der Hämolymphe bei den jeweiligen Tiergruppen erfüllt.

13.2.2 Kreislauftypen und Gefäße

Porifera, Coelenterata, Plathelminthes, Gnathostomulida, Sipunculida, Nemathelminthes, Acanthocephala, Bryozoa, Chaetognatha und Pentastomida haben **keine** Blutgefäße. Die übrigen Gruppen der Vielzeller weisen dagegen zumindest Ansätze davon auf. Im wesentlichen wird zwischen einem offenen und einem geschlossenen Blutgefäßsystem unterschieden, wobei es allerdings onto- und phylogenetisch zahlreiche Übergänge gibt. Nach phylogenetischer Analyse sollen sich zunächst die geschlossenen Gefäße gebildet haben, und zwar aus verengten Bereichen der primären Leibeshöhle (= nicht von Endothel ausgekleidet). Diese Systeme haben sich zu den heutigen geschlossenen Systemen mit typischer mesenchymaler Endothelauskleidung entwickelt (Abb. 13.2) oder haben sich durch Rückbildung bestimmter Bereiche sekundär wieder geöffnet (= heutige offene Systeme).

Offene Systeme finden sich ausschließlich bei Evertebraten. So weisen die Mollusken (mit Ausnahme der Cephalopoda), Onychophora, Tardigrada, Brachiopoda, Arthropoden und Tunikaten offene Systeme auf, die z.T. nur auf Pumpsysteme (s.u.) beschränkt sind.

Charakteristikum dieser Systeme ist, daß zwar das Pumpsystem (Herz) einen relativ starken Druck erzeugt (z.B. *Helix pomatia* 1,6 kPa = 12 mm/Hg), der aber nach Verlassen der meist recht kurzen Gefäße schnell wieder

13.2 Hämolymphe und Blut

abfällt, so daß ein relativ langsames Durchströmen der Körperlakunen erfolgt, wenn nicht durch schnelle Muskelkontraktionen (z.B. Insekten) die Schlagfrequenz stark erhöht und so ein schneller Durchfluß bewirkt wird.

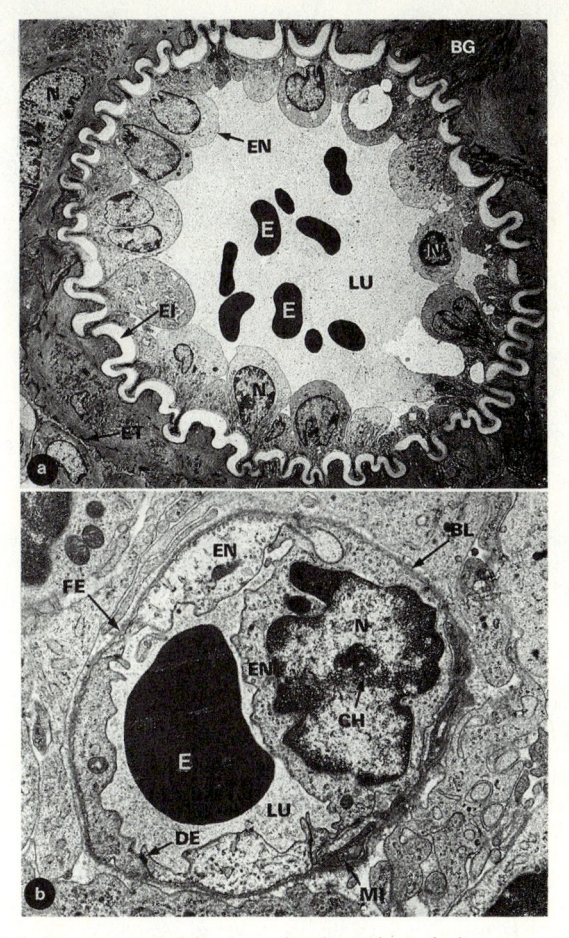

Abb. 13.1: Transmissionselektronenmikroskopische Aufnahmen von Querschnitten durch Blutgefäße von Mammalia (vergl. Abb. 13.2). a) Arteriole mit Endothelzellen (EN) × 1.200 b) Kapillare mit durchgehendem Endothel × 4.500. BG: Fasern + glatte Muskelzellen: Tunica media, BL: Basallamina, CH: Chromatin, DE: Desmosomen, E: Erythrocyt, EI: Elastica interna, EN: Endothelzelle, ET: Elastica externa, sie grenzt an die Tunica externa (= Kollagen + Fibrocyten), FE: Fensteransatz, Pore, LU: Lumen, MI: Mitochondrion, N: Nucleus, Kern.

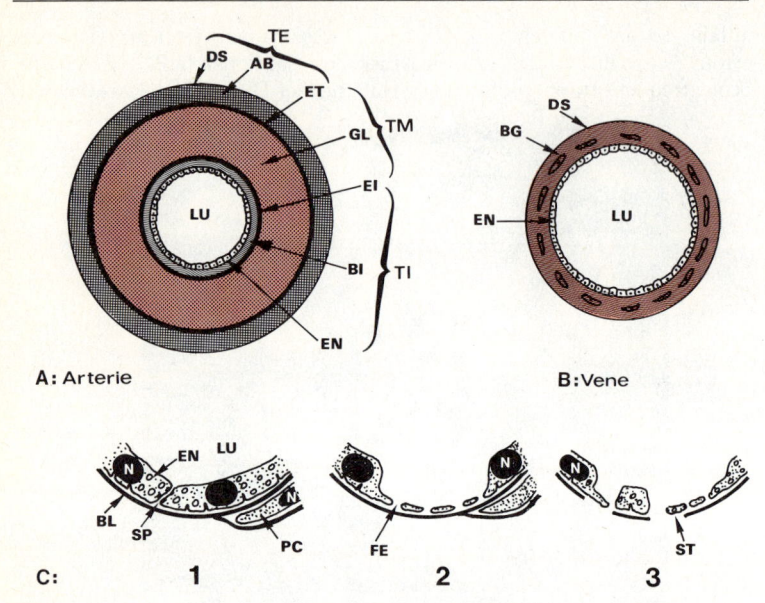

Abb. 13.2: Schematische Darstellung von Gefäßwänden. **A:** Arterie, **B:** Vene, **C:** Kapillaren mit unterschiedlicher Fensterung. C_1: Typ ohne Fenster, Basallamina läuft durch (z.B. im Skelettmuskel und Gehirn), C_2: Gefenstertes Endothel; die Basallamina ist nicht unterbrochen (z.B. im Nierenglomerulus), in den Darmzotten und in innersekretorischen Drüsen), C_3: Endothel mit interzellulären Lücken; die Basalmembran ist unterbrochen oder fehlt; Pericyten werden nie ausgebildet (z.B. in der Leber und in den Knochen). AB: Adventitielles Bindegewebe, BG: Bindegewebe mit glatten Muskelzellen, BI: Inneres Bindegewebe, BL: Basallamina (Fasern, Mucopolysaccharide), DS: Deckschicht, EI: Elastica interna, EN: Endothelzellen, ET: Elastica externa, FE: Fenster, Pore (durch Verschmelzung von endothelialen Vesikeln entstanden), GL: Glatte Muskelzellen, LU: Lumen, N: Nucleus, Kern, PC: Pericyte, SP: Spalt, ST: Stomata: interzelluläre Lücken: parazelluläre Spalten, TE: Tunica externa (Adventitia), TI: Tunica interna, TM: Tunica media.

Geschlossene Blutgefäßsysteme finden sich dagegen sowohl bei Evertebraten wie auch stets bei Vertebraten. So weisen die Anneliden, Cephalopoden (aus den Mollusken), Phoronida, Nemertini, Echiurida, Pogonophora, viele Echinodermata und die Hemichordaten weitgehend geschlossene Systeme auf, in denen die Tendenz zur Auskleidung durch Endothelien besteht, wie dies in den Gefäßen der Vertebraten stets der Fall ist (Abb. 13.1 und 13.2). Insbesondere bei Vertebraten kommt es noch zu einer extrem deutlichen morphologischen und funktionalen Unterscheidung zwischen **Vene**

(zum Pumpsystem hinführend = niedriger Druck) und **Arterie** (vom Pumpsystem wegführend = höherer Druck; Abb. 13.2). Charakteristikum der Arterien ist deren derbmuskuläre, dreischichtige Wand, während bei Venen eine deutliche Schichtung der Wand fehlt. Sie weisen aber stets **Taschenklappen** auf, die den Rückstrom des Blutes verhindern sollen, bei geringerer Herzaktivität aber zu Stauungen führen (s. Krampfadern). Der Stoffaustausch in den Organgen erfolgt in den lediglich aus einem Endothelrohr bestehenden Kapillaren, in denen der Übergang von den Arterien zu den Venen erfolgt.

Venen und Arterien können zusätzlich auch noch durch Anastomosen in Verbindung treten, so Kapillarbereiche (= Verknäuelung in Organen) umgehen und dadurch eine Minderdurchblutung und evtl. einen Funktionsverlust nachfolgender Systeme vermeiden.

13.2.3 Pumpsysteme

Der **Transport des Blutes** in den offenen bzw. geschlossenen Leitungssystemen kann auf vier verschiedenen Wegen erfolgen:
1. Peristaltische Bewegungen (in rhythmischen Abständen) der Körperwandmuskulatur (u. a. niedere Würmer, hinterer Bereich bei Oligochaeten) transportieren das Blut in eine Richtung.
2. Kontraktile Bereiche entlang der Innenseite der Gefäße führen zur Gefäßverengung und so zur Weiterleitung des Blutes. Dieses System ist mit der Ausbildung von muskulösem Coelomepithel bei Hemichordaten und Echinodermaten verwirklicht, wobei insbesondere im Falle einer starken Kapillarisierung (z.B. Axialorgan) die Strömungsrichtung wechseln kann.
3. Kontraktile, mehr oder minder zentralisierte Bereiche entlang der Außenseite der Gefäße bewirken den Transport. Dieses System findet z.B. im vorderen Bereich von Anneliden Verwendung (z.B. fünf Paar kontraktile, dorso-ventrale Gefäßschlingen bei *Lumbricus terrestris*). Auch das Pumpsystem von *Branchiostoma lanceolatum*, wo die Abzweigungen des ventralen Längsgefäßes (Endostylarterie) je eine kontraktile Anschwellung (= **Kiemenherz**) aufweisen, ist nach diesem Prinzip konstruiert. Derartige Elemente treten auch bei Mollusken zusätzlich zum zentralen Herz auf.
4. Ein Zentralorgan (**Herz**) bewirkt den Transport in eine oder – bei Schlagumkehr bzw. zwei Aorten – in zwei Richtungen. Im wesentlichen lassen sich zwei **Herztypen** unterscheiden (Abb. 13.3):

a) Herzen mit außen liegender Muskulatur (z.B. Arthropoden, Abb. 13.3D). Diese **röhrenförmigen Herzen** weisen Öffnungen (Ostien) auf, deren Anzahl artspezifisch ist. Bei Kontraktion der außen ansetzenden, wegen ihrer Fächerform als «Flügelmuskulatur» bezeichneten Muskelzüge kommt es zu einer Erweiterung des Herzlumens, wobei die Blutflüssigkeit angesogen wird. Erschlaffen die Flügelmuskeln, wird das Blut nach vorn (z.B. Insekten mit nur einer vorderen Ausströmöffnung) bzw. nach vorn und hinten (höhere Krebse mit zwei Ausströmöffnungen) durch Kontraktion der Ringmuskulatur des Herzens gepumpt (Abb. 13.3C).

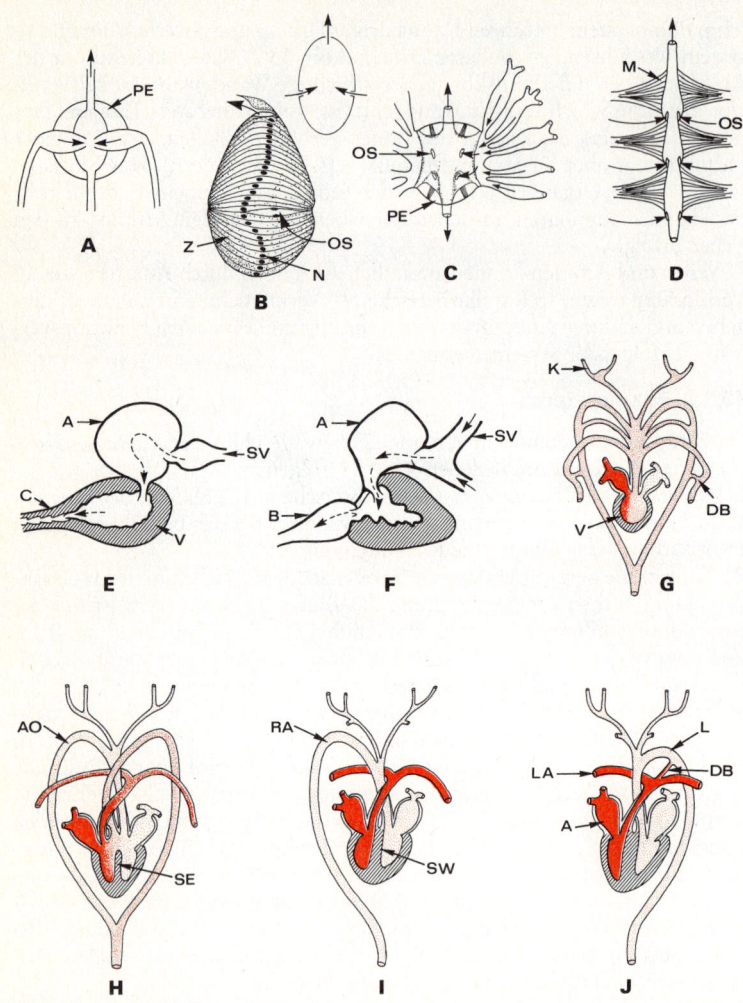

Abb. 13.3: Herztypen im Tierreich (nach mehreren Autoren kombiniert). (Pfeile in Blutflußrichtung) **A. Mollusken**-Grundtyp (Schnecke). Das Herz besteht aus einer Kammer, in die das sauerstoffreiche Blut (von den Kiemen kommend) fließt. **B.** *Daphnia* sp.: Herz ohne ab- und zuleitende Gefäße. **C.** *Cancer* sp. und andere Brachyura-Arten. Von den Kiemen kommend dringt das Blut via Perikard und Ostien in die Herzkammer und wird nach vorn und hinten gepumpt. **D. Insektenherz** (Röhrenherz). Durch Muskel wird das Herzvolumen erweitert, nimmt Blut via Ostien aus der Leibeshöhle auf und pumpt es in den Körper. **E, F. Fischherzen** in der

13.2 Hämolymphe und Blut

b) Das **Zentralherz** weist eine eigene Muskelschicht auf. Dieser Typ ist am einfachsten bei den niederen Krebsen (z.B. *Daphnia* spp.; Abb. 13.3B) verwirklicht, wo die einzelnen Zellen kontraktil sind. Das über zwei Ostien aufgenommene Blut wird dann durch die Lücken zwischen den Zellen in die Körperhöhlung gedrückt. Im Laufe der Evolution wurde eine Tendenz zur Mehrfachkammerung ausgebildet, die schließlich ihre höchste Entwicklungsstufe in der vollständigen **Trennung** des **Körper-** vom **Lungenkreislauf** (Abb. 13.3J) erreicht. Die Bildung von einer oder mehreren Vor- und Hauptkammern (Abb. 13.3E–J) hängt von der Anzahl der jeweiligen Atmungsorgane ab. Bei röhrenförmigen Herzen bewirken Dehnungen der Muskelzellen durch einströmendes Blut eine Depolarisation der Membran und nachfolgend eine Kontraktion, so daß peristaltische Wellen von hinten nach vorn entstehen.

Im Regelfall aber pumpen die Zentralherzen – durch eigene Automatiezentren gesteuert – das Blut in eine Richtung. Bei Tunikaten sind zwei derartige voneinander unabhängige Zentren vorhanden, so daß es in unregelmäßigen Abständen zur Schlagumkehr kommt. Bei der **Steuerung** lassen sich zwei Typen unterscheiden:

a) **Neurogene Steuerung** via herzeigene, rhythmisch aktive Neuronen (Schrittmacher) tritt z.B. bei Crustaceen und Spinnen auf.

b) **Myogene Herzrhythmik** findet sich bei Wirbeltieren. Kleine embryonal gebliebene Herzmuskelzellen depolarisieren rhythmisch und steuern so die übrigen. Diese embryonale Zellen finden sich in zwei Zonen (Sinusknoten und Atrioventrikularknoten) und fungieren so als Schrittmacher.

Die **Schlagfrequenz der Herzen** kann nicht nur bei den niederen Tieren von Umweltfaktoren bzw. Belastungen abhängen und daher auch stark variieren, sondern auch bei Vertebraten unterschiedlich hoch sein.

So hat der europäische Igel *(Erinaceus europaeus)* im Winterschlaf nur 15 Schläge/Minute bei 214 im Wachzustand. Auch beim erwachsenen Menschen kann der

---

Seitenansicht. Sauerstoffarmes Blut wird nach vorn zu den Kiemen gepumpt (E: Hai, Selachier; F: Forelle, Teleostei). **G-J**. Herzen mit **Mischblut** bzw. getrennten Kammern. Sauerstoffarmes Blut: dunkelrot, anderes: hellrot. **G**. Herz von **Urodelen** nach der Metamorphose; bei Anuren (Fröschen) wird der 3. Bogen reduziert. Hier tritt Mischblut auf. **H. Reptilien** (bei Crocodilia ist die Herzscheidewand geschlossen); Tendenz zur Trennung von sauerstoffarmen und -reichem Blut. **I. Vögel**. Bei dieser Gruppe ist der rechte Aortenbogen ausgebildet sowie der Körper- vom Lungenkreislauf völlig getrennt. **J. Mammalia**. Hier ist der linke Aortenbogen ausgebildet und ebenfalls der Lungen- vom Körperkreislauf getrennt. Der Ductus botalli schließt in der Embryonalzeit die funktionslose Lunge kurz (dann ist ein Foramen in der Herzscheidewand vorhanden), verkümmert aber nach der Geburt. A: Atrium (Vorhof, Vorkammer), AO: Aortenbogen, B: Bulbus, C: Conus arteriosus, DB: Ductus botalli, K: Kopfarterie (Carotide), L: Linker Aortenbogen, LA: Lungenarterie, M: Flügelmuskel, N: Nucleus, Kern, OS: Ostium, PE: Perikard, Herzbeutel, RA: Rechter Aortenbogen, SE: Septum in der Entwicklung, SV: Sinus venosus, SW: Herzscheidewand, V: Ventrikel (Hauptkammer), Z: Muskelzelle.

Herzschlag von 60–90 im Ruhezustand leicht auf 150–180 unter Belastung hochschnellen. Die höchsten Frequenzen weisen Spitzmäuse auf (mit fast 1.300/min), die niedrigsten finden sich bei Walen mit 5–10/min. Bei Evertebraten zeigen sich ebenfalls starke Variationen von 4–6 bei Teichmuscheln, 16 bei Hirschkäfern, 60 bei Libellen, 100 bei Wanderheuschrecken und bis zu 240 bei Taufliegen.

Je nach Lage im Körper kann das Herz **sauerstoffarmes Blut** (z.B. Fische, Abb. 13.3E, F), **sauerstoffreiches** (z.B. Mollusken, Abb. 13.3A) oder **gemischtes** (z.B. Amphibien, Abb. 13.3G) enthalten. Je nach Tierart können zudem unterschiedliche Hüllen (z.B. **Perikard**) das Herz umschließen und so vom Körperlumen abtrennen (Abb. 13.3A).

Im Falle der meisten adulten Arthropoden, wo die Atmung über Tracheensysteme erfolgt und der Sauerstoff somit direkt an die Zellen gelangt, hat das Blut-(Hämolymph-)system nichts mit der Atmung zu tun. Lediglich bei einigen wasserbewohnenden larvalen oder adulten Arthropoden sind Kiemen ausgebildet, die dann auf der Innenseite von der Hämolymphe umspült werden.

13.2.4 Blutkörperchen

Die Zellen der tierischen Transportflüssigkeit werden je nach Bewegungsart, Aufenthaltsort bzw. Differenzierungsgrad in vier Großgruppen unterteilt.

1. Amoebocyten. Diese amoeboid beweglichen Stadien (auch als einfache Leukocyten bezeichnet) enthalten einen Kern und finden sich in unterschiedlicher Anzahl und Ausprägung (z.B. bei Schwämmen, Lungenschnecken, Seegurken, Salpen).

2. Coelomocyten. Diese ebenfalls amoeboid beweglichen, kernhaltigen Stadien treten bei Anneliden, Sipunculiden, Echiuroiden und einigen Tentaculaten auf.

3. Hämocyten. Hierbei handelt es sich um Blutzellen im engeren Sinne. Schon bei Evertebraten treten eine Reihe unterschiedlicher Zelltypen mit verschiedenen Funktionen auf, von denen einige die Träger von Blutfarb-

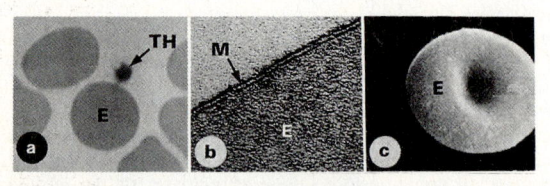

Abb. 13.4: Mikroskopische Aufnahmen von **Blutkörperchen** des Menschen. a) Lichtmikroskopische Aufnahme von Erythrocyten (E) und Thrombocyten (TH), Giemsa-Ausstrich. × 1.200. b) Transmissionselektronenmikroskopische Aufnahme der Begrenzungsmembran (M) und des peripheren Cytoplasmas eines Erythrocyten (E). × 70.000. c) Rasterelektronenmikroskopische Aufnahme eines Erythrocyten (E). × 2.500.

13.2 Hämolymphe und Blut

Tabelle 13.1: Normale Verteilung der Blutkörperchen beim Menschen

Blutkörperchen	Anzahl im Blut			Durchmesser (µm)
Erythrocyten				7,5
Frauen	4.8 +/− 0.6 Millionen/mm^3			
Männer	5.4 +/− 0.8 Millionen/mm^3			
Reticulocyten	4−15 % der Erythrocyten (20000−75000/mm^3)			8,5
Leukocyten − total				s. u.
Säuglinge	9000−19000/mm^3			
Kinder	8000−14000/mm^3			
Erwachsene	3000−10000/mm^3			
Im einzelnen:	Säuglinge	Kinder	Erwachsene	
Neutrophile Granulocyten				10−15
Stabkernige	0−10 %	0−10 %	3− 5 %	
Segmentkernige	20−65 %	28−65 %	50− 70 %	
Eosinophile Granulocyten	1− 7 %	1− 5 %	2− 4 %	10−15
Basophile Granulocyten	0,1− 2 %	0,1− 1 %	0,1−1,3 %	10−15
Monocyten	7−20 %	1− 6 %	0,7−9,3 %	12−20
Lymphocyten	20−70 %	25−50 %	25− 40 %	7−18
Thrombocyten	150000−300000 mm^3			2−4

stoffen sein können. Bei Wirbeltieren sind die Hämocyten in drei Untergruppen, **Erythrocyten** (rote), **Leukocyten** (weiße) und **Thrombocyten** (Blutplättchen) unterteilt. Diese Zellen (s. Tab. 13.1) sind von variabler Größe bei den einzelnen Ordnungen, erste und letztere gehen beim Menschen während der Bildung (**Hämatopoese**) aus kernhaltigen Vorläufern hervor (Abb. 13.4 und 13.5).

Die **Bildungsstätten** der Hämocyten sind bei den verschiedenen Tiergruppen in unterschiedlichen Organen lokalisiert. Während beim Menschen in postembryonaler Zeit die Erythrocyten und polymorphkernigen Leukocyten im roten Knochenmark gebildet werden und die Lymphocyten im reticulo-endothelialen System (u.a. Milz, Lymphknoten, Thymus, Tonsillen) entstehen bzw. geprägt werden, sind die Niere (Teleostei), die Gonaden (Selachii, Dipnoi) oder die Leber (adulte Teleostei, Amphibia, Schildkröten, Embryonen nahezu aller Vertebraten) die Bildungsorgane in anderen Gruppen bzw. Altersstufen.

Die **Erythrocyten** haben ihre Hauptaufgaben im **Gastransport**, die **Thrombocyten** bei der **Blutgerinnung** und die **Leukocyten** bei der **Abwehr** von Fremdkörpern (s.u.). Die Erythrocyten der Säuger (inklusive des Menschen) und die sehr kleinen Thrombocyten (0,3−4 µm) aller Vertebraten werden allerdings sekundär **kernlos** (Abb. 13.4a) und enthalten faktisch keine Zellorganellen mehr. Die **Anzahl der Erythrocyten** als Träger des atmungsaktiven, sauerstoffbindenden Hämoglobins (= 34% der Masse des Erythrocyten) variiert selbst bei verwandten Tiergruppen erheblich.

So enthält 1 ml Blut des Grasfroschs 400.000 Erythrocyten, der Krähe 1,4 Millionen, der Eidechse 2,5 Millionen. Bei Menschen treten 4–8 Millionen auf (je nach Beanspruchung, wobei Frauen jeweils etwa 500.000 weniger aufweisen als Männer); Ziegen erreichen sogar 18 Millionen/ml.

Größe und Form der **Erythrocyten** sind innerhalb der Wirbeltiere sehr unterschiedlich.

Kleine runde Erythrocyten (Durchmesser × Dicke) weisen z.B. die Ziege (3,5 × 1,5 μm), die Katze (6,5 × 1,9 μm), die Maus (6 × 2 μm), der Mensch (7,5 × 2 μm) und der Elefant (9 × 2 μm) auf, während die größten Oberflächen sich bei Molchen (30 × 22 μm), Salamandern (43 × 25 μm) bzw. beim Olm (58 × 34 μm) finden.

Auch die Relation roter zu weißen Blutkörperchen variiert bei den verschiedenen Gruppen der Wirbeltiere. So kommen bei gesunden Tieren auf

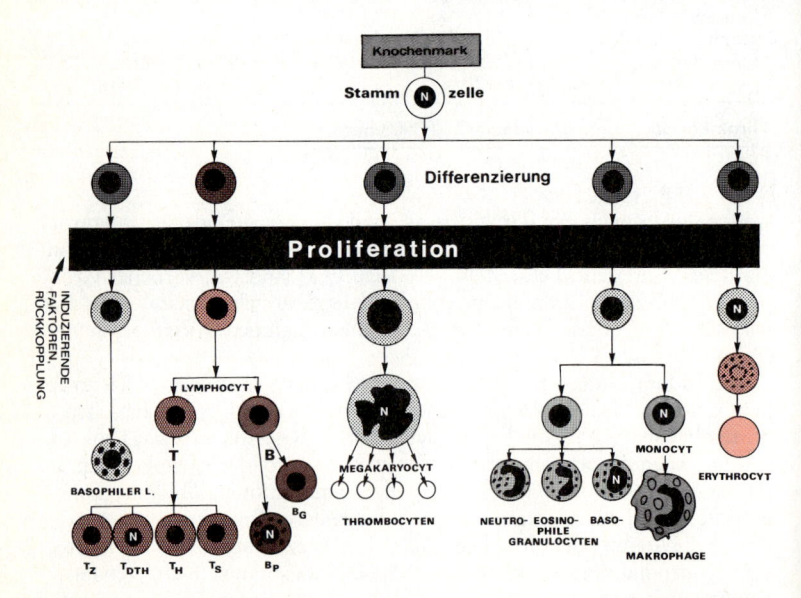

Abb. 13.5: Schematische Darstellung der Genese der Blut- und Lymphzellen des Menschen (nach verschiedenen Autoren kombiniert). B: B-Lymphocyten, B_G: Gedächtniszelle, B_P: Plasmazelle, L: Leukocyt, N: Nucleus, T: T-Lymphocyten, T_{DTH}: Mediator-T-Zellen (delayed-type-hypersensitivity), Effektor-Zellen, T_H: T-Helfer-Zellen, T_S: T-Suppressor-Zellen, T_Z: Cytotoxische T-Zellen.

ein weißes Blutkörperchen 5–12 Erythrocyten bei Fischen, 20–70 bei Amphibien, 100 bei Reptilien und 350–2.000 bei Säugern (2.000 beim Menschen).

Die **Lebensdauer** der einzelnen Blutkörperchen schwankt ebenfalls artspezifisch. Beim Menschen erreichen die hier scheibenförmigen Erythrocyten etwa 100–135 Tage, während Thrombocyten nur 5–14 Tage alt werden und manche Leukocyten entsprechend der jeweiligen Funktion sogar z. T. nur wenige Stunden leben (Granulocyten bis 40 Tage, Lymphocyten bis 1 Jahr). Der Abbau der Erythrocyten (**Hämolyse**) findet vor allem in der Leber und der Milz, aber auch im Knochenmark und in den Lymphknoten statt. Leukocyten werden in den anderen blutbildenden Organen nach Degeneration von Makrophagen aufgenommen. Diese relativ kurze Lebenszeit der Blutkörperchen erfordert in allen Fällen eine kontinuierlich starke Reproduktion. Treten dabei Störungen auf, sind die Schäden wegen der hohen Reproduktionsrate ebenso schnell manifestiert und extrem lebensbedrohend.

4. Lymphzellen. Hierunter werden alle in der Lymphe befindlichen Zellen eingeordnet. Es handelt sich beim Säuger im wesentlichen um die kernhaltigen, farblosen, amoeboid beweglichen **Leukocyten** (Abb.13.6), die zu mehr als 95% die Blutbahnen verlassen und auch in die Räume des Interstitiums vordringen, um dort ihren Aufgaben (s. u.) nachzukommen.

13.2.5 Blutplasma

Die Hämolymphe und das Blut bestehen außer den oben beschriebenen zellulären Elementen noch aus einer Flüssigkeit, in der viele essentielle Substanzen, wie auch evtl. vorhandene Farbstoffe, gelöst sind. Diese flüssigen Anteile (**Blutplasma**) machen beim gesunden Wirbeltier etwa 50–58% des Blutes aus.

Bei bestimmten Erkrankungen sinkt die Erythrocytenzahl deutlich ab (= **Hämatokrit** erniedrigt). Infektionen erhöhen dagegen die Leukocytenzahl. Das Blutplasma läßt sich in das durchsichtig-helle Serum (90% Wasser, 0,5–0,8% Lipide, Vitamine, 8% Proteine, 0,1% Glucose, 0,6% Salze etc.) und in die Vorstufen eines Strukturproteins (Fibrinogen, s. u.) unterteilen. Die Zusammensetzung des Blutplasmas ist unter konstanten Bedingungen innerhalb jeder Tierart konstant (Isohydrie, Isotonie, Isoionie). Wegen verschiedener Puffersysteme ist der pH ebenfalls bei der jeweiligen Art konstant; er liegt bei den Haustierarten zwischen 7,3 und 7,5. Beim erwachsenen Menschen hat arterielles Vollblut einen pH-Wert von 7,42, während es in der Nabelschnur nur einen Wert von 7,21 (7,05–7,38) erreicht.

Das Blutplasma enthält zudem alle Faktoren, die zur **Blutgerinnung** notwendig sind, nach der Reihenfolge ihrer Entdeckung von 1–13 numeriert wurden und zum größten Teil in der Leber, zum kleinsten im Knochenmark gebildet werden.

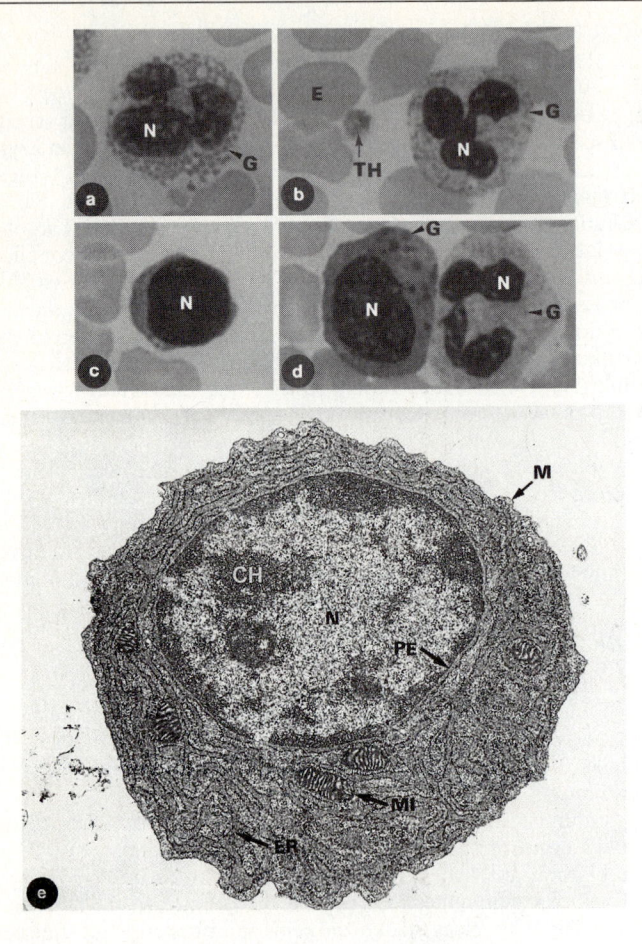

Abb. 13.6: Licht- (a–d, Giemsa-Ausstriche) und transmissionselektronenmikroskopische Aufnahmen von Blut- und Plasmazellen des Menschen. **a)** Eosinophiler Granulocyt. × 1.200, **b)** Neutrophiler Granulocyt. × 1.200, **c)** Undifferenzierter Lymphocyt. × 1.300, **d)** Baso- (l) und neutrophiler (r) Granulocyt. × 1000, **e)** Plasmazelle während der Produktion von Antikörpern (= Anschwellung des ER); diese Zellen liegen interstitiell, × 4.500. CH: Chromatin, E: Erythrocyt, ER: Endoplasmatisches Reticulum, G: Granatypen, M: Zellmembran, MI: Mitochondrion, N: Nucleus, Kern, PE: Perinucleärer Raum, R: Reticulocyt (junger Erythrocyt), TH: Thrombocyt.

Am Ende der Gerinnungsreaktion, die ihren Ausgang von äußeren Verletzungen nimmt und mit dem Zerfall von Thrombocyten beginnt, wird das im Blutplasma enthaltene wasserlösliche Fibrinogen zum filamentären, nicht wasserlöslichen Fibrin vernetzt. Dieses Strukturprotein bildet ein feines Maschenwerk, das die Blutkörperchen aufhält und den Austritt von Blutplasma erschwert. Dieser so entstandene gallertartige Pfropf (nach Trocknung: Schorf) wird dann durch Neubildung von Zellen ersetzt, so daß die Körperoberfläche wieder geschlossen wird. Bei der durch ein defektes X-Chromosom vererbten **Bluterkrankheit** (Hämophilie; Symptome nur bei Männern, die ja kein zweites, normales X-Chromosom besitzen, das den Defekt ausgleichen könnte) fehlt der Faktor 8 (antihämophiles Globulin), so daß die Gerinnung extrem langsam verläuft und schon relativ kleine Wunden zum Verbluten führen können.

Tritt eine krankheitsbedingte Gerinnung (**Thrombusbildung**) im größeren Maße im Inneren eines Blutgefäßes auf, so kommt es zu einem Gefäßverschluß mit oft entzündlicher Reaktion (Thrombose), wird dieser Pfropf auf dem Blutweg als sog. **Embolus** verdriftet, so kann es zu einer lebensgefährlichen oder gar tödlichen Verstopfung der Blutgefäße kommen (Embolie, z.B. der Lunge, des Herzens, des Hirns).

Eine lokale, minimale Gerinnung kann aber (gesteuert) entlang aller inneren Systeme stattfinden und so die innere Abdichtung aufrechterhalten. Das nach dem Wundverschluß nicht mehr benötigte Fibrin wird durch Granulocyten wieder abgebaut. Eine vergleichbare Gerinnungsreaktion findet sich auch bei Insekten, wo sog. **Koagulocyten** innerhalb der Hämolymphe durch Verschmelzung kleinere Abdichtungsvorgänge bewirken können. Dies reicht aber bei größeren Verletzungen des Körpers (Aufreißen des Abdomens beim Bienenstich) nicht aus, da der Hämolymphkreislauf offen ist und es somit zu einem größeren Verlust an Hämolymphe kommt.

Bei der **Defibrinierung** von Wirbeltierblut außerhalb des Körpers wird durch Rühren das Fibrin ausgefällt, so daß das Serum (= Blutplasma minus Fibrinogen) übrig bleibt. Auf der anderen Seite kann die Gerinnung von Blut durch **Antikoagulantia** (z.B. Hirudin, Heparin, EDTA, Citrate etc.) unterbunden werden, so daß Vollblut z.B. versandfähig wird.

13.2.6 Blutfarbstoffe

Blutfarbstoffe (Chromoproteide, Pigmente) dienen dem Gastransport bzw. -speicher im Körper, da sie sich relativ schnell und reversibel mit Sauerstoff verbinden können. Je nach Tiergruppe sind diese Farbstoffe an Blutzellen gebunden oder im Plasma gelöst.

Gebundene Farbstoffe:

a) **Hämoglobin** bei Wirbeltieren (an Erythrocyten), bei einigen Polychaeten, einigen Muscheln, Phoroniden, Nemertinen und Echinodermen (jeweils an Coelomo- bzw. Hämocyten).
b) **Myoglobin** bei vielen Wirbellosen (z.B. Chironomidenlarven) und Wirbeltieren (in Muskelzellen).
c) **Hämerythrin** bei Brachiopoden (z.B. *Ligula* sp.), einigen Polychaeten (z.B. *Magelonia* sp.), Priapuliden und Sipunculiden jeweils an Hämocyten.

d) **Vanadiumhaltiges Pigment** in Hämocyten von Ascidien (Gastransport ist allerdings fraglich).

Gelöste Farbstoffe

a) **Hämoglobin** bei einigen Polychaeten (z.B. *Terebella* sp.), einigen Oligochaeten, einigen Mollusken (z.B. *Planorbis* sp.), einigen niederen Krebsen und Chironomidenlarven.
b) **Hämocyanin** bei einigen Cheliceraten (z.B. Skorpione, *Limulus* sp.), Decapoda, Stomatopoda, Cephalopoden, fehlt aber in verwandten Tiergruppen.
c) **Chlorocruorin** bei vielen Polychaeten.

Die einzelnen Blutfarbstoffe haben folgende Merkmale, die sie z.T. schon mit bloßem Auge unterscheidbar machen:

Hämoglobin. Hierbei handelt es sich um einen roten Farbstoff, der aus einem Proteinanteil (Globin) und einer prosthetischen Gruppe (eisenhaltiges Porphyrin: Häm) besteht. Bei gleichbleibender Struktur des Häms variiert bei den verschiedenen Tiergruppen der Globinanteil, was sich in sehr unterschiedlichen Molekulargewichten niederschlägt (z.B. Neunauge 19.100, höhere Vertebraten etwa 68.000, Wasserfloh 400.000, Regenwurm 3 Millionen).

Der Aufbau aus vier Ketten ($2 \times \alpha, 2 \times \beta$) bleibt jedoch gleich, wobei diese je eine Häm-Gruppe einhüllen. Bei **Sichelzellenanämie** kommt es durch Vertauschung einer Aminosäure in den Polypeptidketten zur Kristallisierung des Hämoglobins (= Gestaltveränderung) und so zum Funktionsverlust. Der Sauerstofftransport erfolgt durch Bindung von jeweils einem Sauerstoffmolekül an ein Eisenatom. Dieses Blut (**Oxihämoglobin**) erscheint dann hellrot. Die Quantität des Hämoglobins im Blut der jeweiligen Tiere ist sehr variabel (abhängig u.a. von der Anzahl der Blutkörperchen bei gebundener Form, s.o.). So besitzen Posthornschnecken 1,5 g/100 cm³ Blut, Rochen 2,3, Regenwürmer 3,8, Aale 11, Frösche 13, Reptilien 7, Vögel 11–18, Säuger 10–18 g/100 cm³.

Myoglobin. Dieser rote Farbstoff besteht ähnlich wie das Hämoglobin aus einem Häm-Anteil und einer Polypeptidkette bei einem generellen Molekulargewicht von etwa 17.000.

Chlorocruorin. Dieser grün erscheinende Farbstoff ist dem Hämoglobin sehr ähnlich (ebenfalls ein Eisenatom im Zentrum eines etwas anders strukturierten Porphyrinrings). Pro Eisenatom wird jeweils ein O_2 gebunden.

Hämocyanin. Dieser Farbstoff, hier wird Kupfer an ein Protein gebunden, erscheint im oxydierten Zustand blau (sonst farblos) und erreicht hohe Molekulargewichte. Jedoch die Sauerstoffbindungskapazität beträgt nur 50% der des Hämoglobins.

Hämerythrin. Im oxygenierten Zustand erscheint dieser Farbstoff braun-rot-violett, sonst farblos. Er besteht aus einem eisenhaltigen Protein; beim Sauerstofftransport kommt es zur Verbindung von 2–3 Eisenatomen mit je einem O_2.

Der Abtransport des bei der Atmung entstehenden CO_2 erfolgt bei erythrocytenhaltigem Blut auch über die roten Blutkörperchen, in die das CO_2 eindringt (s. 4.2.5), jedoch ohne Beteiligung der Blutfarbstoffe.

13.2.7 Blutgruppen

Bei Bluttransfusionen, die schon früh in der Medizingeschichte versucht wurden, ergaben sich häufig Unverträglichkeiten (**Agglutinationen**) der

Blutkörperchen, die – wie man heute weiß – auf den vererblichen und auf Immunreaktionen beruhenden Blutgruppenunterschieden zurückgehen. Bei Tieren sind derartige Blutgruppen (z.B. Pferde: 6) ebenfalls bekannt, aber weniger gut als beim Menschen untersucht. Beim Menschen sind vier **Hauptgruppen** (seit Landsteiner 1901) A – B – AB – 0 bekannt, wobei die Merkmale A bzw. B entlang der Erythrocytenmembran ausgebildet sind oder nicht (Blutgruppe 0). Gleichzeitig finden sich von Geburt an (also nicht neugebildet wie bei «normalen» Antikörpern, s.u.) sog. **Agglutinine** im Serum oder nicht.

Somit ergibt sich folgendes Bild:
1) Blutgruppe AB enthält keine Agglutinine im Serum (= **Universalempfänger**),
2) Blutgruppe A enthält Agglutinin β (= Anti B) im Serum,
3) Blutgruppe B enthält Agglutinin α (= Anti A) im Serum,
4) Blutgruppe 0 enthält Agglutinin α und β (= Anti A und B) im Serum. Da bei Blutübertragungen von 0-Blut die α- und β-Faktoren verdünnt werden, eignet es sich als **Universalspender**.

Diesen vier **Phänotypen** liegen sechs **Genotypen** (00, AA/A0, BB/B0 und AB) zugrunde. Neben diesen Hauptgruppen, deren prozentuales Auftreten bei verschiedenen Völkern stark variieren kann (bei Deutschen z.B. 0 = 44%, A = 43%, B = 10%, AB = 3%), treten noch Untergruppen (A_1, A_2, A_1B, A_2B) auf.

Daneben finden sich noch **weitere Blutgruppen**, die von einigen Autoren auch als Blutfaktoren bezeichnet wurden. Sie unterscheiden sich von den o.a. Systemen durch fehlende präformierte **Isoagglutinine**, werden ebenfalls vererbt und sind daher bereits im Foetus vorhanden. Das **M, N, Ss**-System findet z.B. bei Vaterschaftsausschließungs-Tests Verwendung. Das $P/_p$-System (+ bei 75% der Menschen) hat seine Bedeutung bei langen Transfusionsreihen und führt evtl. zu Unverträglichkeit. Das **Q-System** findet sich ebenfalls bei 75% der Menschen entlang der Erythrocytenmembran (25% q = negativ) und wirkt als Antigen (das identisch mit P sein soll). Weitere 20 derartige Gruppen (u.a. **Lutheran, Duffy, Lewis** etc.) sind bekannt.

Als besonders wichtiges Blutgruppensystem tritt dabei das **Rhesus-Faktoren-System** in Erscheinung. Dieses System wurde erst 1940 im Serum von Kaninchen entdeckt, das mit Blut von Rhesusaffen (= Name) zur Antikörperbildung angeregt wurde. Die hierbei auftretenden Antigene C, D, E sind wie A, B ebenfalls an die Erythrocytenmembran gebunden. Menschen mit diesen drei Faktoren sind rhesuspositiv (= 80% der Mitteleuropäer), die anderen rh-negativ (insgesamt existieren hier 55 Genotypen). Ein Antikörper gegen diese Rhesusfaktoren bildet sich erst einige Zeit nach der Übertragung von rh-positivem Blut auf rh-negative Menschen. Daher ist eine einmalige Übertragung nicht schädlich, wie auch die rh-positive Erstgeburt einer rh-negativen Mutter ohne große Schäden davonkommt, während nachfolgende Kinder (ohne präventive Maßnahmen) an **Erythroblastose** sterben.

13.3 Lymphe

13.3.1 Definition und Funktion

Lymphe (*griech.* lympha = Wasser) ist eine im engeren Sinne nur bei Vertebraten auftretende, außerhalb des Körpers gerinnende Flüssigkeit, die nur z.T. in Gefäßen zirkuliert. Ihre Zusammensetzung entspricht der des Blutes (ohne die Erythrocyten und Thrombocyten, sowie ohne Makroproteine), da sie durch Filtration entlang der Blutkapillaren entsteht, und sie ist besonders durch das Auftreten der Leukocyten (vor allem Lymphocyten) in wechselnder Anzahl ausgezeichnet. Im wesentlichen wird zwischen **vier** verschiedenen **Formen** der Lymphe unterschieden:
a) **Primäre Lymphe** (Blutlymphe) unmittelbar nach Austritt aus den Blutkapillaren (Transudat ca. 20 l/Tag beim Menschen),
b) **Zwischenzellymphe**: Gewebeflüssigkeit,
c) **Lymphe der Gefäße**: Darmlymphe, Chylus,
d) **Liquor cerebrospinalis**. Diese schwach alkalische, wasserhelle Flüssigkeit (100–250 ml beim Menschen) füllt die Innenräume des Gehirns und Rückenmarks aus, steht nur indirekt (ohne Strömung) mit dem Lymphsystem des übrigen Körpers in Verbindung, ist anders als die «echte Lymphe» zusammengesetzt und weist andere physiologische Daten auf.

13.3.2 Gefäße und Kreislauf

Die **Lymphgefäße** dienen der Drainage des Interstitiums und lassen sich in drei Bereiche untergliedern:
a) **Lymphkapillaren** beginnen blind; Endothelien weisen Lücken zum Eintritt der Flüssigkeit auf.
b) **Leitgefäße.** Sie haben ein großes Lumen und sind netzartig verbunden. Die Lymphe wird durch Kompression (durch benachbarte Muskelstränge des Körpers) bewegt, der Rückfluß durch Taschenklappen verhindert.
c) **Transportgefäße.** Sie weisen Taschenklappen und eine eigene Muskelzellschicht auf, wodurch die Möglichkeit zu rhythmischen Kontraktionswellen (10–12/min) und somit zum Transport der Lymphe gegeben ist. (Zusätzlich finden sich noch bei einigen Tiergruppen ursprünglich segmentale Lymphherzen – bei Gymnophionen bis 200, bei Anuren 4, 2 bei Ente, Gans, keine bei Säugern!). Bei den Säugern vereinigen sich diese Gefäße zum **Brustlymphgang** (Ductus thoracicus), in den auch die milchige Darmlymphe (mit Fett nach Nahrungsaufnahme) einmündet. Der Inhalt des Lymphbrustgangs ergießt sich dann in die linke Schlüsselbeinvene und gelangt so wieder in den Blutkreislauf zurück. Bei verschiedenen Erkrankungen (u.a. Befall mit der Filarie *Wuchereria bancrofti*) wird der Abtransport der sich dauernd neubildenden Lymphe behindert, so daß Rückstauungen mit starken Schwellungen der betroffenen Organe (**Oedeme**) entstehen.

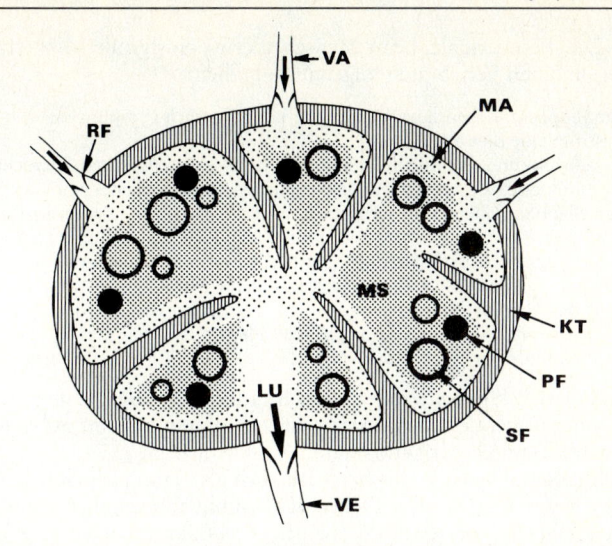

Abb. 13.7: Schematische Darstellung eines **Lymphknotens** des Menschen. Die zu- und abführenden Blutgefäße, die entlang des Vas efferens ziehen (Hilusbereich), wurden der Übersichtlichkeit wegen weggelassen; sie verzweigen sich jedoch im Inneren. KT: Kapsel mit Trabekeln (Radiärstränge), LU: Lumen (Hilusbereich: Eintritts- und Austrittsstelle der Blutgefäße, MA: Marginalsinus lymphatischen Gewebes, MS: Markstränge des lymphatischen Gewebes, PF: Primärer Lymphfollikel, RF: Rückflußklappen, SF: Sekundärer Lymphfollikel (mit zentralen Lymphocyten und Plasmazellen), VA: Vas afferens, VE: Vas efferens.

13.3.3 Lymphatische Organe

Mit dem Lymphsystem stehen eine Reihe von unterschiedlich strukturierten Organen in Verbindung. Im wesentlichen können Thymus, Milz, Lymphfollikel, Lymphknoten (Abb. 13.7) (nur bei höheren Vertebraten), Mandeln und (nur bei Vögeln) die Bursa fabricii unterschieden werden.

Thymus. Dieses beim Tier auch als Bries bezeichnete, in Rinde und Mark gegliederte Organ, das in der Ontogenese als erstes (vom Kiemendarm) ausgebildet wird, ist in der Kindheit besonders groß, wird ab dem 18. Lebensjahr zurückgebildet (Verfettung). Es stimuliert die Bildung der anderen lymphatischen Organe. Neben innersekretorischen Funktionen hat der Thymus eine große Bedeutung bei der **immunologischen Reifung**. So soll ein humoraler Thymus-Faktor hier produziert, über die Blutbahn verbreitet zu den immunologischen Stammzellen gelangen und diese in funktionsfähige Zellen umwandeln. Der zelluläre Thymus-Faktor bewirkt die Reifung (Prägung zu sog. T-Zellen) von Lymphocyten.

Milz. Die mesodermale, beim Menschen etwa faustgroße Milz erfüllt hier wie bei anderen Vertebraten folgende Aufgaben:

a) **Lymphopoese:** Lebenslang werden hier kontinuierlich Lymphocyten gebildet und ins strömende Blut abgegeben.
b) **Abwehrfunktion.** Bei Infektionen kommt es hier zur verstärkten Vermehrung der immunologisch aktiven Zellen (Makrophagen, Plasmazellen, Lymphocyten, s.u.).
c) **Blutzellabbau.** Überalterte Erythrocyten und Thrombocyten werden hier abgebaut. Der dabei freigesetzte Blutfarbstoff gelangt als Bilirubin in die Leber; Eisentransport via Transferrin zur Stätte der Erythrocytenbildung.
d) **Blutspeicher.** Bei vielen Tieren (weniger beim Menschen = Stoffwechselmilz) dient die Milz als Blutspeicher, aus dem bei Bedarf das Blut schnell freigesetzt werden kann. Dies ist bei Hund, Katze, Pferd durch den großen Anteil glatter Muskulatur in der Kapselwand möglich.

Lymphfollikel. Hierbei handelt es sich um kleine, kugelförmige Kolonien von Lymphocyten, die sich entlang des reticulären Systems anhäufen können (besonders in Lymphknoten und Mandeln; Abb. 13.7).

Lymphknoten. Diese fälschlicherweise auch als Lymphdrüsen bezeichneten Organe liegen an definierten Stellen der Lymphbahnen höherer Wirbeltiere, werden bohnen- bzw. haselnußgroß, sind von Blutgefäßen versorgt und von einer bindegewebigen Kapsel umschlossen (Abb. 13.7). Sie enthalten in ihrer Peripherie (Rinde) Lymphfollikel. Die Hauptaufgabe der Lymphknoten ist die postfetale **Lymphocytenproduktion.** Da sie am Ende regionaler Einzugsgebiete der Lymphe liegen, dienen sie gleichzeitig als **Filter** für Erreger. So ist ihr Anschwellen stets ein wichtiges diagnostisches Merkmal bei vielen Infektionen, gleichgültig welcher Erregertyp vorliegt.

Mandeln. Dieses auch als Tonsillen bezeichnete System umgibt in fünf Bereiche gegliedert beim Menschen die Ausgänge des Nasen- und Rachenraums (2 Gaumen-, 2 Zungen-, 1 Rachenmandeln). Die Tonsillen enthalten unmittelbar unter einem dünnen Deckepithel Lymphfollikel; sie kommen daher schnell mit oral bzw. nasal aufgenommenen Erregern in Kontakt und können somit die Immunabwehr stimulieren (Rachenmandeln = Polypen).

Darmassoziierte Systeme. Darunter werden Lymphfollikel entlang des Appendix bzw. Dünndarms verstanden und z.T. als **Peyersche Plaques** beschrieben. Im *engl.* Sprachgebrauch hat sich «gut-associated lymphoid tissue» (GALT) eingebürgert.

Bursa fabricii. Hierbei handelt es sich um ein lymphatisches System von Vögeln, das an der Kloakenwand liegt. Nach der hier stattfindenden Prägung wurde eine Gruppe von Lymphocyten als B-Lymphocyten bezeichnet, die anderen als T-Lymphocyten (von Thymus). Diese Determinierung wurde sodann ohne direkte Entsprechung auf die Verhältnisse beim Menschen (s.u.) übertragen, wo es keine Bursa fabricii gibt; die B-Lymphocyten sollen hier im Knochenmark (*engl.* **b**one marrow) und/oder in darmnahen lymphatischen Systemen (GALT) geprägt werden.

13.4 Immunsystem des Menschen

13.4.1 Definition

Prinzipiell muß zwischen unspezifischen und spezifischen Abwehrsystemen unterschieden werden. Zum **unspezifischen** gehören sowohl chemische bzw. **humorale** (*lat.* feucht, flüssig) Komponenten (z.B. Hormone, Enzyme, Proteine, u.a. Interferon; Komplementreaktion) als auch **zelluläre**, bei denen vor allem Freßzellen im Vordergrund stehen. Insbesondere die Phagocyten haben sowohl eine große Bedeutung bei Evertebraten als auch Vertebraten (s.u.). Eine **spezifische** Abwehr (s.u.) besteht ihrerseits wiederum aus **humoralen** und **zellulären** Elementen, weist aber als Charakteristikum die Fähigkeit zu spezieller Erkennung (durch **Rezeptoren**) von bestimmten Fremdkörpern (**Antigenen**) auf und antwortet letztlich mit der Bildung spezifischer **Antikörper** (s.u.). Hierbei sind zahlreiche komplexe Vorgänge aufeinander abgestimmt. Alle Bestandteile dieses Systems wiegen beim Menschen zusammen etwa 1 kg und bestehen im wesentlichen aus 10^{12} **Lymphocyten**, von denen in jeder Minute 5 Millionen neu gebildet werden, und etwa 10^{20} von ihnen gebildeten Antikörpern, die in den Körperflüssigkeiten vertriftet werden und so der Immunüberwachung dienen.

13.4.2 Genese der immunogenen Zellen

Aus den pluripotenten Stammzellen des Knochenmarks entstehen die **immunkompetenten Zellen** wie schematisch in den Abbildungen 13.5 und 13.8 dargestellt. Die Nachproduktion erfolgt dann in den oben erwähnten lymphatischen Organen.

13.4.3 Bau und Genese der Antikörper

Die **Antikörper**, die von B-Lymphocyten ins Blut bzw. in die Lymphe entlassen werden, sind eine relativ homogene Gruppe von Proteinen (**Gamma-Globuline, Immunglobuline**). Aufgrund ihres Molekulargewichts und ihres Aufbaus lassen sich fünf Klassen (IgM, IgG, IgA, IgE, IgD) unterscheiden, die bei verschiedenen Infektionen in unterschiedlichen Mengen auftreten. **IgG** umfaßt mit einem Molekulargewicht von 146.000 etwa 70–80% aller Antikörper und ist vor allem gegen einige Parasiten, Viren, Toxine und grampositive Bakterien gerichtet. **IgE** (MgW 190.000) findet sich verstärkt bei Parasitosen. Monomere der Antikörper bestehen aus 4 Polypeptidketten (je zwei Schwer- und Leichtketten, Abb. 13.9). Untereinander sind diese Ketten durch Disulfidbrücken verbunden. Auf jeder Kette sind je ein variabler (mit hypervariabler Zone) und ein konstanter Abschnitt zu unterscheiden. Im konstanten Bereich ist jeweils eine Region mit besonderer Flexibilität enthalten und wird daher als «**Gelenk**» bezeichnet. Wie bei allen Proteinen legt die Primärstruktur (= Aminosäuresequenz)

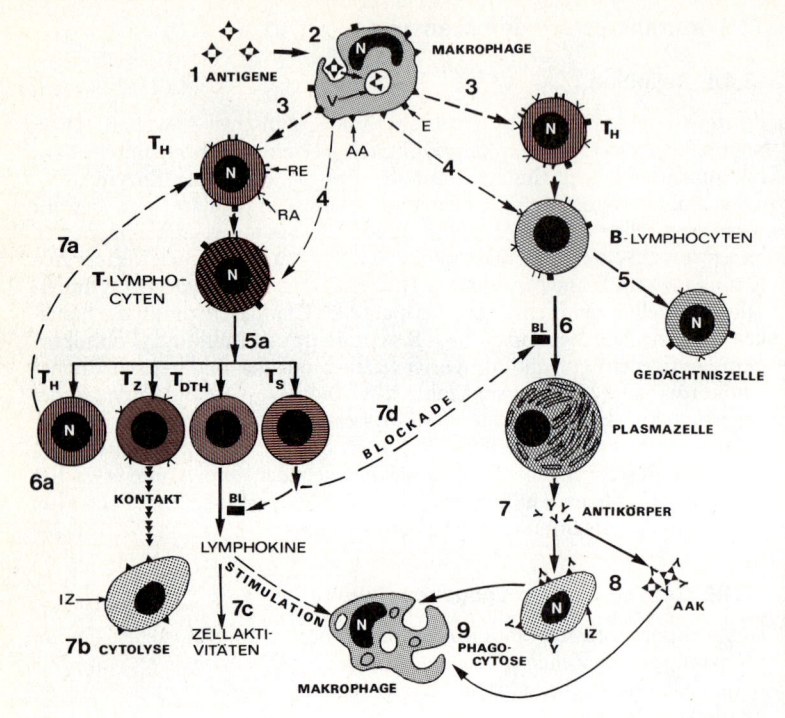

Abb. 13.8: Stark vereinfachte Darstellung der Zusammenhänge im Immunsystem des Menschen (nach verschiedenen Autoren kombiniert). **1.** Antigene (i.e. unterschiedliche Typen) gelangen in den Körper. **2.** Die Antigene werden von Makrophagen aufgenommen, aufbereitet und auf der Zelloberfläche abgelagert (AA). **3./4.** Diese aufbereiteten Antigene (**AA**) werden bei Kontakt von entsprechenden Rezeptoren (**RA**) auf der Oberfläche von Lymphocyten als fremd erkannt. Dies geschieht sowohl bei T-Helfer-Zellen (3) als auch bei B- und T-Lymphocyten (4). **5.** Der gleichzeitige Stimulus durch derartige Makrophagen wie auch der Kontakt mit stimulierten T-Helfer-Zellen initiiert via Lymphoblasten die Proliferation von noch undifferenzierten **B-Lymphocyten** (5) wie auch von **T-Lymphocyten** (5a). Letztere bilden dann verschiedene Untertypen (T_H, T_Z, T_{DTH}, T_S) aus. **6–8.** Als direkte Antwort werden von den **B-Lymphocyten** Plasmazellen gebildet, die verschiedene Antikörper (s. Abb. 13.9) ausschütten (7). Diese lagern sich an mit den entsprechenden Antigentypen (8) zu Komplexen zusammen (IZ, AAK). Für eine spätere Immunantwort werden **Gedächtniszellen** gebildet, die bei Zweitkontakt mit dem Antigen durch Umwandlung in Plasmazellen für eine schnelle Reaktion des Immunsystems sorgen. Bei den stimulierten T-Zellen sind vier Zelltypen zu unterscheiden. **T-Helfer-Zellen** (T_H); sie werden für die Stimulation (3,7a) benötigt; **cytotoxische Zellen** (T_Z) töten Fremd-Zellen (target cells) ab (7b); **Mediatoren-Zellen** (T_{DTH}) produzieren Lymphokine, die ihrerseits wieder Makrophagen und andere Zellen aktivieren (7c); **Suppressor-Zellen** (T_S)

die Sekundär- und Tertiärstruktur fest. Durch die hypervariablen Regionen der Leicht- und Schwerketten entstehen taschenartige Vertiefungen, in die das jeweilige Antigen hineinpaßt (Abb. 13.9). Dabei treten neben gutpassenden auch teilidentische (= geringe **Affinität**) Antikörper auf. Wie erwähnt, werden diese Antikörper in einem komplizierten Prozeß von B-Lymphocyten bzw. deren Derivatzellen (Abb. 13.6e, 13.8, 13.9) produziert, gegebenenfalls freigesetzt bzw. gespeichert.

13.4.4 Immunantwort

Gelangen Erreger bzw. Fremdsubstanzen (**Antigene**) in den Körper (Abb. 13.8), so werden sie zunächst von Freßzellen (**Makrophagen**) attakkiert, die zwischen «fremd» und «selbst» durch Oberflächenrezeptoren zu unterscheiden wissen. Die aufbereiteten Fremdstoffe liegen dann auf der Oberfläche (assoziiert mit sog. «**major histocompatibility complex (MHC)**»-Molekülen I und II); sie werden T-Helfer-Zellen mit entsprechenden Rezeptoren angeboten. Diese finden sich in unterschiedlichen Konzentrationen in den lymphatischen Organen (Tab. 13.2), nachdem sie aus allen Lymphocyten gemeinsamen Stammzellen hervorgegangen sind, aber in verschiedenen Organen (hier Thymus) geprägt wurden. Beim **MHC** handelt es sich um (beim Menschen) drei Klassen von Oberflächenproteinen, deren Gene auf dem kurzen Arm des Chromosoms 6 liegen. Durch sie besteht die Möglichkeit einer Unterscheidung zwischen fremd und eigen. Ein parasitäres Antigen wird z.B. vom **MHC II-Komplex** (= Heterodimer aus 2 Glykoproteinketten) eingeschlossen, auf der Makrophagenmembran präsentiert und vom T-Zellrezeptor (ebenfalls ein heterodimeres Glykoprotein) der T-Helfer-Zelle erkannt.

B-Lymphocyten (stimuliert durch Antigenkontakt und durch ein Signal von seiten der T-Helfer Zellen, Abb.13.8) beginnen mit der Teilung und werden zu Plasmazellen, die Antikörper (IgD, IgM, IgG, IgA oder IgE)

---

sind in der Lage, die Proliferation bestimmter immunaktiver Zellen wieder zu blockieren (BL), um so Überreaktionen zu verhindern (7d). 9. Alle Reste des Antigens nach der **Immunantwort** werden schließlich von herangeeilten Makrophagen aufgenommen und so eliminiert. Alle hier unter 1–9 dargestellten Vorgänge laufen nur ab, wenn die Wirtszellen sich anhand ihrer antigenen Eigenmerkmale (E) erkennen. Die Steuerung bzw. Regulation dieses Fließgleichgewichts der Immunantwort liegt offenbar bei den T-Helfer-Zellen. Der Verlust dieses Zelltyps (z.B. bei AIDS) trifft das Immunsystem sehr empfindlich (60–80% der T-Zellpopulation sind von diesem Typ) und macht es teilweise bzw. völlig wirkungslos. AA: Aufbereitetes Antigen in der Membran, AAK: Antigen-Antikörperkomplex, BL: Blockademöglichkeit, E: Eigenmerkmale, IZ: Infizierte Zelle (mit Antigen auf der Oberfläche, N: Nucleus, RA: Rezeptor für aufbereitete Antigene, RE: Rezeptor für Eigenmerkmale, T_{DTH}: Mediatoren-T-Zellen (delayed-type-hypersensivity), T_H: T-Helfer-Zellen, CD 4-Zellen, T_S: Suppressor-T-Zellen, T_Z: cytolytische-T-Zellen, CD 8-Zellen, V: Vakuole.

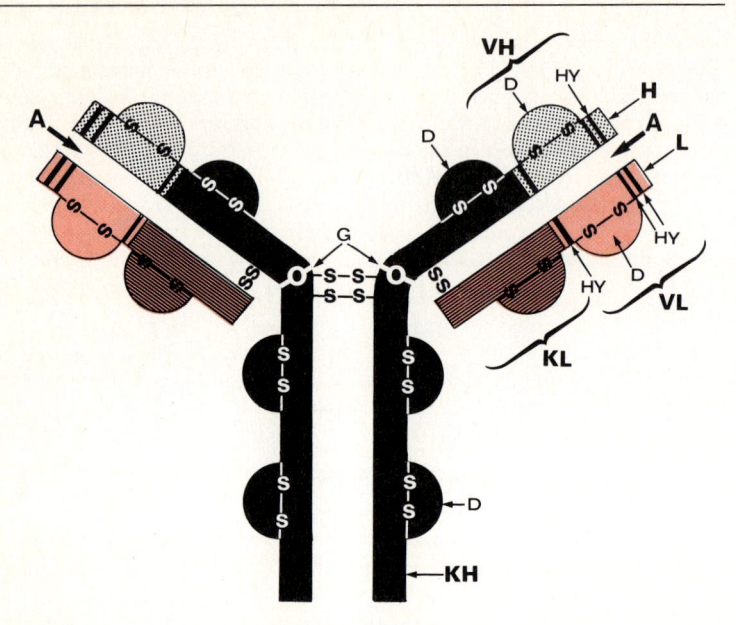

Abb. 13.9: Schematische Darstellung eines **Antikörpers** nach verschiedenen Modelltypen kombiniert (s. Hänsch 1986). Jeder Antikörper besteht aus vier Polypeptidketten, die durch Disulfidbrücken (SS) miteinander verbunden sind. Es treten jeweils 2 Leicht- (L, light)- und 2 Schwerketten (H, heavy) in Verbindung. Auf jeder Kette sind konstante (KL, KH) und variable (VL, VH) Abschnitte zu unterscheiden. In den variablen Bereichen (VH, VL) werden zudem noch drei Zonen von Hypervariabilität ausgebildet, wo sich die Aminosäuresequenz besonders stark bei den verschiedenen Antikörpertypen unterscheidet. Im konstanten Bereich der schweren Ketten finden sich zudem «Gelenke» (G), d.h. Bereiche mit besonderer Flexibilität im Hinblick auf die dreidimensionale Anordnung. Durch Ausbildung von Disulfidbrücken (SS) innerhalb jeder Kette entstehen sog. Domänen (D), vergl. übliche Domänenmodelle. Die variablen Regionen der Leicht (VL) und Schwerketten (VH) bilden zusammen eine «Tasche», in die je ein Antigen paßt und somit als Antigenbindungsstätte (A) fungiert (= 2 pro Antikörper). Derartige monomere Antikörper lagern sich auch zu Polymeren (z.B. IgA Dimer, IgM = ringförmiges Pentamer) zusammen. A: Antigenbindungsstätte, D: Domäne, H: Heavy chain (schwere Kette), HY: Hypervariable Zone, KH: Konstanter Bereich der schweren Kette, KL: Konstanter Bereich der leichten Kette, L: Light chain (leichte Kette), SS: Disulfid-Brücken, VH: Variable Zone der schweren Kette, VL: Variable Zone der leichten Kette.

ausschütten. Einige von ihnen entwickeln sich zu Gedächtniszellen, die bei Zweitkontakt mit dem Antigen direkt proliferieren und so die Immunantwort beschleunigen.

T-Lymphocyten differenzieren sich via Lymphoblasten ebenfalls bei Kontakt mit dem von den Makrophagen aufbereiteten Antigen (wiederum stimuliert von T-Helfer-Zellen). Es entstehen nach Teilungen sowohl cytotoxische **Effektor-T-Zellen** (killer cells, CD-8-cells) als auch sog. **CD-4-Zellen** (Helferzellen, inducer cells), die ihrerseits **Mediatoren** (Zytokine) ausschütten. Diese Mediatoren stimulieren dann wiederum Makrophagen, B- bzw. T-Lymphocyten. Die letztlich von den B-Lymphocyten gebildeten **Immunoglobuline** (Antikörper) binden dann an der Oberfläche der Antigene an, vernetzen und präzipieren diese. Die Agglutinate werden dann von Makrophagen und Granulocyten phagocytiert und so vernichtet. Über ebenfalls entstehende **T-Suppressor-Zellen** (Abb. 13.8), die auf die Antikörperbildung (durch Zytokine) bremsend einwirken, wird eine Überreaktion verhindert.

Tabelle 13.2: Verteilung der Lymphocyten in den Geweben in % (nach Hänsch 1986).

Gewebe	T-Zellen	B-Zellen
Blut	60–80	20–40
Lymphe	75	25
Lymphknoten	75	25
Milz	50	50
Thymus	80	20
Mandeln	50	50
Knochenmark	25	75

13.4.5 Immuninsuffizienz

Störungen im komplexen Zusammenspiel der Immunantwort führen zu schweren Krankheiten bis hin zum Tod. Diese Störungen können genetisch bedingt sein (z.B. Agammaglobulinanämie) oder durch **Immunsuppressiva** (z.B. Cortisone) hervorgerufen werden, aber auch auf Bestrahlungen, Thymektomie bzw. Wirkung von Viren (z.B. AIDS) zurückzuführen sein. Eine besonders verbreitete Störung des Immunsystems liegt bei den **Allergien** vor. In der Regel verhindern Suppressor-T-Lymphocyten (Abb. 13.8), daß zu viele IgE-Antikörper gebildet werden und eine Überreaktion erfolgt. Unterbleibt diese Kontrolle, werden gegen normalerweise harmlose Substanzen insbesondere IgE-Antikörper gebildet und bei jedem Kontakt verstärkt freigesetzt (= Sofortreaktionen in Minuten; Abb. 13.10). Die IgE-Antikörper bewirken dabei durch Kontakt mit **Mastzellen** (= basophile Leukocyten unbekannter Genese, aber nicht identisch mit basophilen Granulocyten), daß diese platzen und so plötzlich pharmakologisch aktive Substanzen wie **Histamin, Anaphylatoxin, Bradykinin und Serotonin** freisetzen

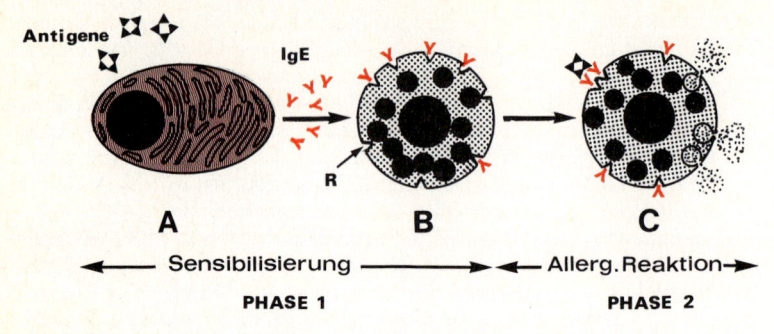

Abb. 13.10: Schematische Darstellung der **allergischen Reaktion** beim Menschen, die in zwei Stufen (A + B, C) abläuft (nach verschiedenen Autoren). A) Der erste Kontakt mit einem Antigen (Allergen) führt zur Bildung von Plasmazellen, die spezifische Antikörper vom IgE-Typ freisetzen. B) Diese Antikörper nehmen Verbindung auf mit spezifischen Rezeptoren (R) an der Oberfläche von Mastzellen. Der Stammzelltyp (Herkunft) dieser basophilen Zellen (s. Abb. 13.5) ist im übrigen noch nicht geklärt. Eine Ausschüttung von Mediatoren erfolgt aber noch nicht (= keine allergische Reaktion). C) Beim nächsten Kontakt können sich die Allergen-Epitope direkt an die Haftstellen der membranständigen Antikörper binden. Kommt es zur Überbrückung von zwei dicht nebeneinanderstehenden IgE-Molekülen, wird ein komplizierter, intrazellulärer Prozeß eingeleitet, der mit der Ausschüttung der Mediatoren aus den Granula (G) in die Zellumgebung endet und zur allergischen Reaktion führt. Bei diesen Mediatoren handelt es sich im wesentlichen um Histamin, Serotonin, Prostaglandine, Leukotriene und eine Reihe weiterer chemischer Faktoren, die alle eine Bedeutung im Verlauf der allergischen Reaktion erlangen. G: Granula, M: Mastzellen, N: Nucleus, R: Rezeptor.

(Abb. 13.10). Deren verstärktes Auftreten führt dann zu Symptomen wie Heuschnupfen, Ausschlag, Asthma oder Kopfweh und kann in extremen Fällen bis hin zum **anaphylaktischen Schock** gehen (mit lebensbedrohlichem Blutdruckabfall). Bei einer Reihe von Erkrankungen kann das Immunsystem nicht mehr zwischen «fremd» und «eigen» unterscheiden. Bei diesen sog. **Autoimmunreaktionen** werden dann Antikörper gegen eigene Gewebe gebildet, was zu größeren lokalen Entzündungen (z.B. bei der rheumatischen Arthritis) führt.

13.4.6 Schutzimpfungen

Im Verlauf der Forschung ist es gelungen, das Wissen um die Immunreaktionen auch praktisch zu nutzen und die Immunantwort zu beschleunigen und dem Körper so eine Chance gegen besonders aggressive (sich schnell entwickelnde) Erreger zu geben. Gegen eine Reihe von **Bakterien** (z.B. Tuberkulose) und einige **Viren** (u.a. Polio, Gelbfieber) wurden erfolgreiche Immunisierungsverfahren entwickelt. Die Versuche bei tier- und humanpathogenen **Parasiten** (z.B. Malaria-Erreger) sind bis heute wegen der Komplexität und Variabilität des antigenen Materials über Anfangserfolge nicht hinausgekommen. Im wesentlichen wird zwischen der aktiven und passiven Immunisierung unterschieden. Bei der **aktiven Immunisierung** wird es dem Körper ermöglicht, auf eine für ihn ungefährliche Weise (Injektion toter bzw. abgeschwächter Erreger) eine Immunreaktion einzuleiten. Bei einer echten Zweitinfektion können die Gedächtniszellen dann schnell die notwendigen Antikörper liefern. Bei der **passiven Immunisierung** findet die Antikörperbildung in einem anderen Lebewesen statt. Man injiziert dann nur die «fertigen» Antikörper und verschafft dem Körper so einen Vorsprung vor dem Erreger. Insbesondere die Hybridomtechnik erlaubt heute die Produktion großer Mengen reiner **monoklonaler Antikörper**, so daß die passive Immunisierungsmethodik von dieser Seite neuen Aufschwung erhält.

13.5 Literatur

Begemann, H., Rastetter, J.: Atlas der klinischen Hämatologie. Springer, Heidelberg, 1978
Emmerich, H.: Stoffwechselphysiologisches Praktikum. Thieme, Stuttgart, 1980
Flindt, R.: Biologie in Zahlen. G. Fischer, Stuttgart, 1988
Hänsch, G.M.: Einführung in die Immunbiologie. G. Fischer, Stuttgart, 1986
Keller, R.: Immunologie und Immunpathologie. Thieme, Stuttgart, 1987
Klein, J.: Immunologie. VHC Verlag, Weinheim, 1991
Koch, M.G.: AIDS. Spektrum der Wissenschaft, Heidelberg, 1987
Köhler, G., Eichmann, K. (Hrsg.): Immunsystem: Spektrum der Wissenschaft, Heidelberg, 1988
Kuby, J.: Immunology. Freeman, New York, 1994
Leonhardt, H.: Histologie und Cytologie des Menschen. Thieme, Stuttgart, 1983
Lloyd, S., Soulsby, E.J.L.: Immunological responses of the host. In: Mehlhorn (Hrsg.), Parasitology in Focus. Springer, Heidelberg, 1988
Mosimann, W., Kohler, T.: Zytologie, Histologie und mikroskopische Anatomie der Haussäugetiere. Parey Verlag, Hamburg, 1990.
Prokop, O., Göhler, W.: Die menschlichen Blutgruppen. G. Fischer, Stuttgart, 1986
Sinha, A.A., Lopez, M.T., McDevitt, H.O.: Autoimmune diseases: the failure of self tolerance. Science 248, 1380–1387, 1994
Sobotta, J., Hammersen, F.: Histologie. Urban und Schwarzenberg, München, 1985
Staines, N.A., Brostoff, J., und James, K.J.: Immunologisches Grundwissen, G. Fischer, Stuttgart, 1986
Wakelin, D.: Immunity to parasites. E. Arnold, London, 1984.
Zucker-Franklin, D., Greaves, M.F., Grossi, C.E., Marmont, A.E.: Atlas of blood cells. G. Fischer, Stuttgart, 1988

14 Ökologie[1] 679

14.1	**Beziehungen zwischen Tieren und ihrer Umwelt**	679
14.1.1	Grundbegriffe, ökologische Fragestellungen	679
14.1.2	Die Evolution ökologischer Beziehungen	683
14.1.3	Artenvielfalt, biozönotische Grundprinzipien	686
14.2	**Physiologische Ökologie (Autökologie)**	689
14.2.1	Ökologische Potenzen gegenüber abiotischen Umweltfaktoren . . .	689
14.2.2	Anpassungen an den Temperaturfaktor	690
14.2.3	Nahrungsansprüche, energetische Bilanzen	694
14.2.4	Zeitliche Programmierungen	700
14.2.5	Räumliche Orientierung	704
14.2.6	Soziale Kommunikation	707
14.3	**Populationsökologie**	708
14.3.1	Populationsdichten, Aktionsräume	708
14.3.2	Populationswachstum	711
14.3.3	Interspezifische Konkurrenz und Koexistenz	714
14.3.4	Räuber – Beute – Beziehungen	717
14.4	**Ausgewählte Ökosystemprobleme**	719
14.4.1	Charakterisierung von Ökosystemen	719
14.4.2	Die Dynamik einer Wattfauna	722
14.4.3	Trophie- und Saprobiegrad in Süßgewässern	724
14.4.4	Laubstreuzersetzung und Bodenbildung	730
14.4.5	Umweltbelastungen und Bioindikatoren	732
14.5	**Literatur**	735

14.1 Beziehungen zwischen Tieren und ihrer Umwelt

14.1.1 Grundbegriffe, ökologische Fragestellungen

Jede Tierart ist ebenso wie jede Pflanzenart auf eine bestimmte Umwelt angewiesen, um in einem Gebiet langfristig existieren zu können. Trotz weiter geographischer Verbreitung einer Tierart kann diese **artspezifische Umwelt** in Einzelfällen räumlich begrenzt und jahreszeitlich relativ invariant sein (z.B. bei den in Höhlen- und Quellgewässern lebenden Amphipoden der Gatt. *Niphargus*). In anderen Fällen kann die Umwelt räumlich und zeitlich kompliziert strukturiert sein, wie beispielsweise bei einem Zugvogel wie dem Fitislaubsänger, dessen Umwelt sich vom sommerlichen europäi-

---

[1] D. Neumann (Köln)

schen Brutgebiet über die nordafrikanischen Durchzugsgebiete bis in das südafrikanische Überwinterungsgebiet erstreckt (Abb. 14.17). So verschieden die Umwelten von Tierarten im einzelnen auch sein mögen, allgemein gilt: die Leistungen einer **Spezies** sind hinsichtlich Nahrungserwerb, Stoffwechsel, Wachstum, Verhalten und Fortpflanzung derart an einen Komplex von wirksamen Außenbedingungen angepaßt, daß in der Regel in einem Gebiet hinreichend viele Individuen bis zu ihrer Fortpflanzungsphase überleben und somit von Generation zu Generation den Fortbestand ihrer Fortpflanzungsgemeinschaft, der **Population**, ermöglichen.

Bei vielen Tierarten gewährleisten dabei besondere Ruhephasen (Dauerstadien, Dormanzen) oder Verhaltensstrategien (Dispersionen, Migrationen) die Existenz der Population auch dann, wenn sich die Lebensbedingungen an einem Standort jahreszeitlich so verschlechtern, daß ohne diese zusätzlichen Anpassungen ein Überleben nicht möglich wäre.

Die Umwelt einer Spezies kann als ihr Lebensraum oder **Habitat** in vielen Einzelheiten beschrieben werden. Hierbei sind zum einen **abiotische Faktoren** zu berücksichtigen. In einem Fließgewässer sind dieses beispielsweise die Temperatur, Strömung und Sauerstoffkonzentration, der pH-Wert, die Ammoniumkonzentration und weitere chemische Bedingungen, weiterhin Wasserstandsschwankungen und Substrateigenschaften. Zum anderen spielen **biotische Faktoren** eine Rolle. Dazu zählen die Nahrung, die Populationsdichte der Spezies, räuberische oder konkurrierende oder parasitierende Tierarten sowie Krankheitserreger.

Diese biotischen Bedingungen machen deutlich, daß eine Spezies zugleich Mitglied einer meist artenreichen Lebensgemeinschaft oder **Biozönose** ist, die aus den photoautotrophen Pflanzenarten sowie den herbivoren und carnivoren Tierarten besteht, und weiteren Organismenarten, die als Destruenten (Bakterien, Pilze, saprophage Tiere) abgestorbene Pflanzen und Tiere bis zu den anorganischen Ausgangsstoffen abbauen (Abb. 14.1).

Der Lebensraum einer **Biozönose** wird als **Biotop** bezeichnet. Für seine Beschreibung werden neben physikalischen, chemischen und klimatischen Bedingungen auch geographische Gegebenheiten, vielfach zusätzlich Vegetationseinheiten verwendet. Je nach den Örtlichkeiten und der räumlichen Weite von Wechselbeziehungen zwischen den autotrophen und heterotrophen Organismen kann eine Biozönose und ihr Biotop enger oder weiter gefaßt werden (z.B. die Biozönose eines Süßwassersees, die eines Tümpels, eines Eichenhainbuchenwaldes, eines regionalen Meeresgebietes oder einer hydrothermalen Tiefseequelle).

Biozönosen sind nicht nur durch ein bestimmtes Artenspektrum in einem Gebiet charakterisierbar, sondern ganz wesentlich auch durch stoffliche und energetische Prozesse. Das **Nahrungsnetz** der Biozönose, auch Nahrungskette genannt, beinhaltet den Stoff- und Energiefluß zwischen den die Strahlungsenergie der Sonne oder chemische Energie bindenden Produzen-

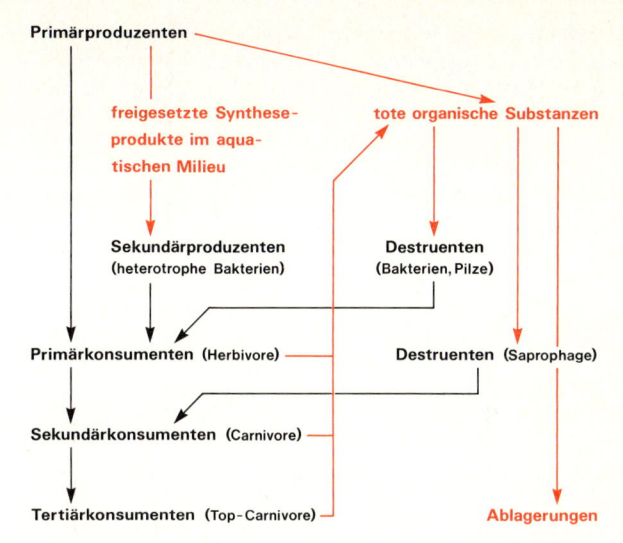

```
Primärproduzenten
         │          ╲
         │           ╲
  freigesetzte Synthese-    tote organische Substanzen
  produkte im aqua-
  tischen Milieu
         │                    │         │
         ▼                    ▼         ▼
  Sekundärproduzenten       Destruenten
  (heterotrophe Bakterien)  (Bakterien, Pilze)

Primärkonsumenten (Herbivore) ──   Destruenten (Saprophage)
         │
         ▼
Sekundärkonsumenten (Carnivore) ──
         │
         ▼
Tertiärkonsumenten (Top-Carnivore) ──   Ablagerungen
```

Abb. 14.1: Die Ernährungsstufen einer Biozönose. Die Weitergabe der organischen Substanzen über die Nahrungskette betrifft zum einen lebende Substanz (schwarze Pfeile) und zum anderen abgestorbene Substanz oder im Wasser gelöste Syntheseprodukte wie vor allem Zucker und Aminosäuren (rote Pfeile).

ten und den Konsumenten sowie den Destruenten (Abb. 14.1). Stoff- und Energieumsatz im Nahrungsnetz sind bilanzierbar. Die Synthese organischer Stoffe aus anorganischen Vorstufen durch die Produzenten, der Stofftransfer über die Konsumenten und Destruenten bis hin zur Remineralisation der anorganischen Ausgangsstoffe ist darüber hinaus in **Stoffkreisläufen** beschreibbar. Hierbei sind die in natürlichen Biotopen nur begrenzt zur Verfügung stehenden Phosphor- und Stickstoffverbindungen besonders wichtig für die Produktionsbiologie einer Biozönose. Schließlich können in einer Biozönose enge vorteilhafte **Wechselbeziehungen** zwischen verschiedenen Organismengruppen bestehen (z.B. Nektar- und Pollenangebot von Blütenpflanzen für Hummeln und Bienen, Fremdbestäubung dieser Pflanzen durch diese Hymenopteren) sowie **Symbiosen** (z.B. Zooxanthellen im Entoderm von riffbildenden Korallen, mit Hefezellen angefüllte Mycetocyten im Darm von Brotkäferlarven, zellulosespaltende Bakterien und Ciliaten im Pansen der Wiederkäuer). Die verschiedenen Ernährungsstufen einer Biozönose bilden daher aufgrund aller dieser Prozesse zusammen mit den Bedingungen des Biotops insgesamt ein natürliches Beziehungsgefüge höherer Ordnung, ein sog. **Ökosystem**.

Die allgemeine Zielsetzung der Ökologie ist, die Vielzahl der Beziehungen zwischen den Organismen und ihrer Umwelt zu analysieren und verstehen zu lernen. Je nach Fragestellung sind diese Beziehungen auf der Organisationsstufe von Individuen einer Spezies zu untersuchen, oder auf der einer Population, einer Biozönose oder eines Ökosystems, jeweils mit den entsprechend auszuwählenden Methoden. Man kann daher die Ökologie in drei Teildisziplinen unterteilen. Die **Physiologische Ökologie** oder Autökologie behandelt die Leistungsanpassungen der Individuen einer Spezies an die Umwelt und erfaßt die möglichen Existenzgrenzen einer Tier- oder Pflanzenart. Die **Populationsökologie** beschäftigt sich mit den Häufigkeitsschwankungen und Dichteregulationen von Tierarten. Die **Synökologie** oder Ökosystemforschung prüft die Abhängigkeit zwischen den verschiedenen Spezies einer Biozönose, und sie ermittelt die Zusammenhänge von Produktion und Stoffkreislauf in einem Ökosystem, einschließlich der möglichen Störungen durch den Menschen, z.B. bei der Eutrophierung von Süßgewässern, bei der land- und forstwissenschaftlichen oder fischereilichen Bewirtschaftung von Gebieten, bei der Anwendung von Bioziden.

So unterschiedlich die Untersuchungsmethoden dieser drei Teildisziplinen auch sein mögen, ihre Ergebnisse sind zusammenzuführen, um sowohl die Vielzahl von Anpassungsmodalitäten als auch das Zusammenwirken verschiedener Lebensformtypen in den Ökosystemen zu erkennen.

Aufgrund der unterschiedlichen Umweltbedingungen in marinen, limnischen und terrestrischen Lebensräumen oder in Wirtsorganismen werden ökologische Zusammenhänge auch getrennt nach **Meeresökologie, Limnologie, Terrestrischer Ökologie** und **Parasitologie** behandelt.

Aus historischer Sicht ist zu bemerken, daß ökologische Fragestellungen bereits frühzeitig in der biologischen Wissenschaftsgeschichte behandelt wurden. Dieses bezeugen die Schriften von Rösl von Rosenhof, Malthus, J.v. Liebig, Ch. Darwin und vielen anderen. Erste Definitionen über die Aufgaben einer Ökologie als herauszuhebender biologischer Disziplin gehen auf Ernst Haeckel zurück, der in den Jahren 1866–1869 mit diesem Begriff zunächst auf die Erforschung der Beziehungen zwischen Organismen und Umwelt aufmerksam machte, später zusätzlich auf die Wechselbeziehungen zwischen den Organismen im Haushalt der Natur. Heute wird der Begriff der Ökologie auch in der politisch orientierten Öffentlichkeit verwendet, und zwar in erster Linie für die Probleme der durch den Menschen entstandenen Umweltbelastungen in Atmosphäre, Boden, Meeresgebieten und Süßgewässern. Hierbei ergeben sich Verknüpfungen zwischen der biologisch definierten Ökologie und den volkswirtschaftlich orientierten, technischen Disziplinen. Es ist die Aufgabe von Biologen, auf der Grundlage allgemeiner ökologischer Erkenntnisse im Rahmen einer Angewandten Ökologie mitzuwirken, bei Raumplanungen, bei der ökologischen Bewertung oder der Renaturierung von Gebieten, bei der Verträglichkeitsprüfung von Umweltchemikalien, bei der Schädlingsbekämpfung sowie bei Problemen des Arten- und Biotopschutzes.

14.1.2 Die Evolution ökologischer Beziehungen

Jede Tierart ist mit ihrer morphologischen und physiologischen Organisation an eine bestimmte Umwelt angepaßt, die Bachforelle an den Bergbach, der Kohlweißling an eine Feldflur mit entsprechenden Futter- und Nektarpflanzen, der Steinkauz an ein Gebiet mit sicherem Tageseinstand und offenem Grünland für die nächtliche Jagd nach Mäusen, Regenwürmern und Laufkäfern.

Diese Einbindung in die Umwelt ist das Ergebnis der jeweiligen Evolutionsgeschichte einer Art, abgelaufen in einem bestimmten Lebensraum mit dessen abiotischen und biotischen Bedingungen. Sie betrifft die Ernährungsweise und die Abhängigkeit von bestimmten Nahrungsressourcen einschließlich des auf die betreffende Nahrungsqualität abgestimmten Stoffwechsels; sie betrifft Wachstum und Lebenszyklus und deren beider Abstimmung auf die jahreszeitlich schwankenden Umweltbedingungen; sie betrifft Verhaltens- und Orientierungsleistungen bei der Anpassung an Tag- und Nachtbedingungen; sie betrifft morphologische Merkmale wie die Körperfärbung (hinsichtlich Tarnung oder Wärmehaushalt oder intraspezifischer Erkennung), die Mundwerkzeuge, den Verdauungsapparat, den Bewegungsapparat, die Körpergröße und viele weitere.

Umweltfaktoren repräsentieren auch heute noch **Selektionsfaktoren**, die die genetische Zusammensetzung einer Population kontrollieren können. Das läßt sich dann erfassen, wenn sich in einer genetisch polymorphen Art die relative Häufigkeit der **Phänotypen** (Morphen, physiologische Typen) in Abhängigkeit von einer geänderten Umweltbedingung verschiebt (Abb. 14.2), oder wenn man Populationen einer Art von verschiedenen Standorten hinsichtlich umweltabhängiger Leistungen vergleicht (Abb. 14.3, 14.4).

Als **Industriemelanismus** wird bei Schmetterlingen die weitgehende Verdrängung von mehrfarbigen Individuen durch einheitlich dunkelgefärbte (melanistische) Individuen bezeichnet (Abb. 14.2). Dieses wurde erstmals im vorigen Jahrhundert in den in Mittelengland entstandenen Industriegebieten beobachtet. Infolge der Rauchgasemissionen (SO_2) ging bereits damals der Flechtenaufwuchs der Bäume zurück, so daß tagsüber nunmehr die melanistischen Varianten der Nachtschmetterlinge auf flechtenfreier dunkler Rinde besser gegenüber räuberischen Singvögeln getarnt waren als die mehrfarbigen, auf Flechten besser getarnten Varianten. Nach weit über 100 Jahren ist aber selbst in extremen Industriegebieten die Stammform nicht völlig verschwunden (Resthäufigkeit um 4%). Mögliche Ursachen für dieses Überleben können sein: eine anhaltende Immigration von nicht-melanistischen Genotypen aus weniger belasteten Nachbarpopulationen, ein zusätzlicher Selektionsvorteil für heterozygote Individuen oder eine geringere Gefährdung der seltenen Variante durch die Räuber, wenn diese die optisch gefährdete Beute nur bei hinreichender Häufigkeit in ihr Suchschema einbeziehen. Dieses Beispiel erläutert daher zugleich die mögliche Komplexität ökologischer Abhängigkeiten und Beziehungen.

Bei Insekten ist eine zur richtigen Jahreszeit ausgelöste **Diapause** eine wichtige Anpassung, um jahreszeitlich auftretende Trocken- oder Kälteperioden in einem Ruhestadium überdauern zu können. Photoperiode und Temperatur sind die Umweltfaktoren, welche die Auslösung und Dauer der Diapause kontrollieren. Die kritische Photoperiode, bei der 50% der Individuen einer Population die Diapausereaktion zeigen, kann in Zuchtexperimenten ermittelt werden; sie ist an die photoperiodischen Bedingungen auf der geographischen Breite einer Population angepaßt (Abb. 14.3): längere kritische Photoperioden bei nördlicheren Populationen entsprechen den von Süden nach Norden zunehmenden sommerlichen Tageslängen. Der adaptive Vorteil ist einsichtig: in nördlicheren Breiten wird der längere Sommertag und der frühere Winterbeginn durch eine längere kritische Photoperiode kompensiert. In südlicheren Breiten können die längere Vegetationszeit und der spätere Winterbeginn durch längere Wachstumsperioden (gegebenenfalls mit einer zusätzlichen Generation) genutzt werden, wenn die Diapausereaktion zu kürzeren Tageslängen verschoben ist. In Transfer-Experimenten kann der adaptive Wert der photoperiodischen Reaktion im Freiland geprüft werden: Individuen der südlicheren Population würden bei ihrer jahreszeitlich späteren Diapausereaktion im Norden durch die frühen Frostperioden gefährdet; Individuen der nördlichen Population würden im Süden mit kürzerer sommerlicher Tageslänge inmitten der günstigen Sommerzeit bereits vorzeitig in Diapause geraten.

Als Beispiel für die Selektion einer Orientierungsleistung kann die für viele limnische und marine Zooplankton-Arten typische **tageszeitliche Vertikalwanderung** genannt werden (Abb. 14.4). Es ist eine Wanderung, die offensichtlich bei Anwesenheit von räuberischen Fischarten auftritt. In Seen mit Fischbestand wandert die Hauptmasse der Zooplankton-Arten tagsüber ins dunklere Tiefenwasser und nur nachts in das für die Ernährung günstigere, phytoplanktonreiche Oberflächenwasser. In Hochgebirgsseen mit natürlichem oder künstlich geschaffenem Salmonidenbesatz war die Amplitude dieser Wanderung von der Dauer der Fischbesiedlung abhängig.

Neben der Evolution der ökologischen Anpassungen einzelner Arten haben sich mit der Evolution der verschiedenen Organismengruppen im Verlauf der Erdepochen auch die Ökosysteme gewandelt, und zwar nicht

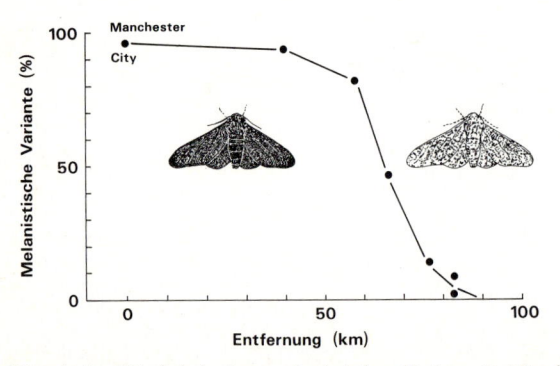

Abb. 14.2: Die relative Häufigkeit einer melanistischen Variante in Mittelengland-Populationen des Birkenspanners *(Biston betularia)*. Abszisse: Entfernung zwischen stark industrialisierten Regionen um die Stadt Manchester mit Häufigkeiten um 96% und naturnahen Standorten in Wales mit Häufigkeiten < 1% (nach Bishop 1978).

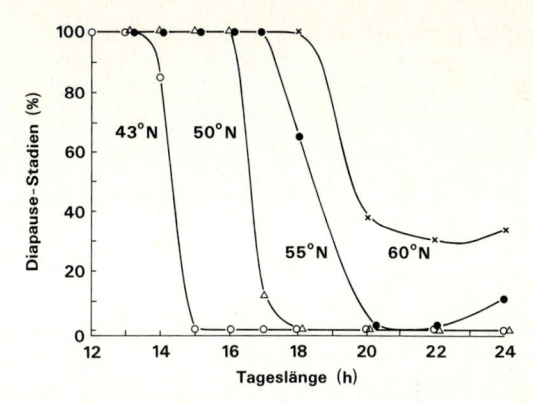

Abb. 14.3: Photoperiodische Response-Kurven zur Auslösung der Diapause bei vier Populationen eines Schmetterlings zwischen südlichen und nördlichen Breiten. Nach Zuchtversuchen an der Ampfereule *Acronycta rumicis*, einem Nachtschmetterling mit Puppendiapause (nach Danilevskii 1965).

nur hinsichtlich des Artenspektrums der Biozönosen, sondern auch hinsichtlich der abiotischen Bedingungen, die sich infolge der Stoffwechseldynamik einer Biozönose kurz- oder längerfristig dramatisch ändern können (s. 14.4.3). Eine durch Organismen bedingte wesentliche Änderung hat sich in der Geschichte der gesamten **Erdatmosphäre** abgespielt. Die Freisetzung des Sauerstoffs durch photoautrophe Organismen hat die Mengenverhältnisse zwischen den Gasen zunächst in den Ozeanen (dort entsprechend ihrer

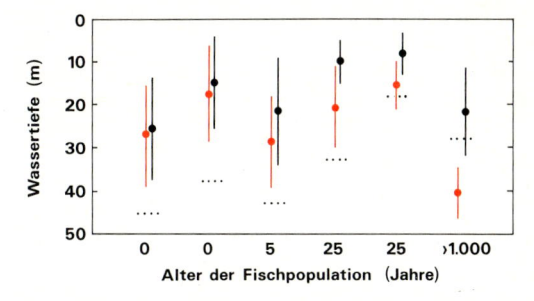

Abb. 14.4: Das Auftreten von tagesperiodischer Vertikalwanderung eines Zooplanktonkrebses *(Cyclops abyssorum)* in Seen der Hohen Tatra in Korrelation zur Dauer des Fischbesatzes. Abgebildet sind die Mittelwerte ($\bar{X} \pm SD$) der Tiefenverteilung der Krebse um die Mittagszeit (rot) und um Mitternacht (schwarz). Punktierte Linie: Wassertiefe mit 99%iger Lichtabsorption zur Mittagszeit (nach Gliwicz 1986).

Löslichkeiten), dann über den Kontinenten geändert, so daß die Atmosphäre (ursprüngliche Zusammensetzung: N_2, H_2O, CO_2, in Spuren H_2S, SO_2, H_2, CH_4, Ar und andere Gase) mit den zunehmenden Sauerstoffkonzentrationen ihre reduzierende Eigenschaft allmählich verlor. Geologen und Mineralogen haben dieses an 2 Milliarden Jahre alten Schottersedimenten, den von Sauerstoff zersetzt werdenden Pyrit-Uraninit-Seifen, aber auch an den bei Anwesenheit von Sauerstoff entstandenen Rotsandsteinen und anderen Mineralien ablesen können (Abb. 14.5).

Sauerstoff entstand und entsteht als Nebenprodukt der Photosynthese (vereinfacht: CO_2 + $2H_2O$ + Lichtenergie → CH_2O + H_2O + O_2), wobei die Menge an organisch gebundenem Kohlenstoff der Menge des freigesetzten Sauerstoffs äquivalent ist. Auf der Grundlage dieses Zusammenhangs kann man eine Bilanzierung des Sauerstoffs in der Geschichte der Atmosphäre vornehmen (Abb. 14.5). Ein Teil des assimilierten Kohlenstoffs verblieb unter Sauerstoffverbrauch bei Dissimilation und Remineralisation des organischen Materials im Kohlenstoffkreislauf – er kann hierbei unberücksichtigt bleiben. Ein beachtlicher Teil verblieb aber im Verlauf der Geschichte reduziert zurück, und damit blieb Sauerstoff verfügbar.

Etwa 5% organischer reduzierter Kohlenstoff findet sich bis heute feinverteilt in der Sedimenthülle der Erde und in den Kohleflözen, insgesamt etwa $1{,}2 \times 10^{22}$gC, so daß infolge der Photosynthese eine äquivalente Menge von $3{,}2 \times 10^{22}$gO_2 frei wurde. Da die heutige Atmosphäre etwa nur 5% dieser Menge enthält, ist der beträchtlich größere Differenzbetrag in Oxiden und Sulfaten sekundär gebunden worden.

Mit dem Einblick in die Geschichte der Erdatmosphäre wird deutlich, in wie entscheidender Weise die physikalischen und chemischen Bedingungen in der Biosphäre durch die Evolution der Organismen geprägt wurden. Ausgehend von einfachsten prokaryontischen Stoffwechseltypen entstand die Mannigfaltigkeit der ein- und vielzelligen Eukaryonten, jeweils als Biozönosen in den verschiedenen Regionen zusammenlebend, zunächst im marinen Bereich und erst nach O_2-Anreicherung in der Atmosphäre auch auf den Kontinenten und Inseln. Die letztlich durch organismische Stoffwechselaktivität entstandenen heutigen Sauerstoffkonzentrationen, einschließlich der die Biosphäre vor UV-Strahlung schützenden Ozonschicht der Stratosphäre, sind essentielle Umweltbedingungen für die Existenz der heute lebenden Organismen und ihrer Ökosysteme.

14.1.3 Artenvielfalt, biozönotische Grundprinzipien

Die im Verlauf der Evolutionsgeschichte der Biosphäre entstandene und heute noch existierende Artenzahl ist überwältigend groß. Bei den Eukaryonten hat man bisher erfassen können: 33.000 Algen, 90.000 Pilze, 240.000 Samenpflanzen und etwa 1,4 Millionen Tiere, darunter 27.000 Protozoa, etwa 1 Millionen Arthropoden und 46.500 Wirbeltiere.

Die taxonomische Bestandsaufnahme ist bis heute nicht abgeschlossen, besonders hinsichtlich der reichen Arthropodenfauna in den tropischen Regenwäldern. Die hohe

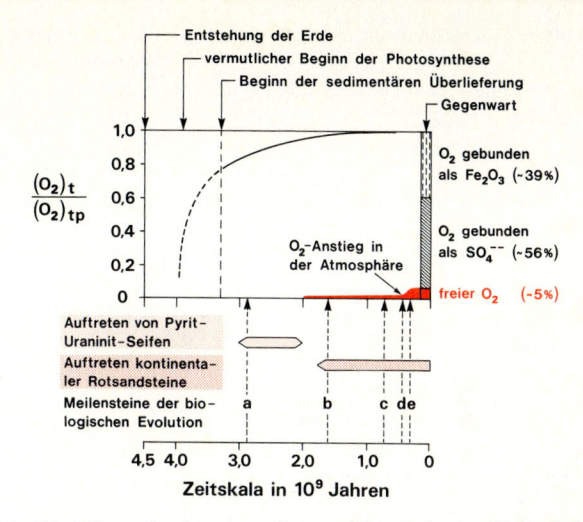

Abb. 14.5: Die Bilanz des biogenen Sauerstoffhaushalts im Verlauf der Erdgeschichte. Abszisse: mutmaßliche Zeitskala der Erdgeschichte bis zur Jetztzeit mit wichtigen Zeugnissen der sedimentären (Balken) und organismischen Überlieferungen (a: älteste Riffe von Blaualgen, b: älteste eukaryontische Einzeller, c: älteste Eumetazoen, d: beginnende Besiedlung der Kontinente im Obersilur, e: Auftreten von Sumpfwäldern im Obercarbon). Ordinate: das relative Verhältnis zwischen der bis zu einem Zeitpunkt t und der bis zur Gegenwart tp freigesetzten Sauerstoffmenge, wobei die heute vorliegende Menge $(O_2)tp$ gleich 1 gesetzt ist (nach Schidlowski 1974).

Artenzahl der Tiere ist bemerkenswert, obwohl in den Ökosystemen in der Regel die höchste Biomasse und höchste Produktivität bei den Pflanzen liegt. Dieses deutet auf die hohe ökologische Differenzierung der Tierarten und eine besonders hohe Mannigfaltigkeit ökologischer Spezialisation hin. Um Ökosysteme analysieren und bewerten zu können oder um wenigstens die Leistungsanpassungen ausgewählter dominanter Arten prüfen und beispielsweise zur Indikation von Umweltbelastungen nützen zu können, sind taxonomische Kenntnisse der betreffenden Arten unerläßlich. Ökologen sind daher immer wieder auf eine Zusammenarbeit mit Taxonomen und Systematikern angewiesen.

Wenn man bei verschiedenen Ökosystemen die Artenzahlen ihrer Biozönosen mit den vorherrschenden Umweltbedingungen vergleicht, so kann man einige auffallende Korrelationen leicht erkennen. Sie wurden von A. Thienemann als **biozönotische Grundprinzipien** ausformuliert. Vielseitige Lebensbedingungen in einem Biotop ermöglichen eine hohe Artenzahl in der zugehörigen Biozönose (hohe Artendichte pro Biotopfläche bei gleichzeitig relativ geringer Individuenzahl der beteiligten Arten). Einseitige oder extreme Lebensbedingungen in einem Biotop gewähren nur einer geringen Zahl an entsprechend spezialisierten Arten das Zusammenleben in der Biozönose (geringe Artendichte bei gegebenenfalls hoher Individuenzahl der beteiligten Arten).

Diese quantitativen Zusammenhänge lassen sich leicht ablesen, wenn man beispielsweise die Biozönosen eines naturnahen Mischwaldes (mit unterschiedlicher Alterszusammensetzung des Baumbestandes), eines Wattenmeeres oder eines kalkreichen und unbelasteten Fließgewässers mit den Biozönosen eines Fichtenforstes (mit einheitlichem Altersjahrgang) oder eines Brackwassergebiets in der Mündung eines Flusses vergleicht.

Ökosysteme und ihre Biozönosen lassen sich jedoch nicht allein durch Artenlisten und durch die Registrierung der Amplituden abiotischer Bedingungen kennzeichnen und in ihrer weiteren Entwicklung vorausschauend beurteilen. Die Kenntnis der trophischen Beziehungen zwischen den verschiedenen Lebensformtypen (Produzenten, Konsumenten, Destruenten, Abb. 14.1) sowie die generellen Produktions- und Stoffkreislaufprozesse mit positiven oder negativen Rückkoppelungen sind dabei zusätzlich wichtig. Es kommt weiterhin darauf an, bei den Tierarten die Lebensweise, Stoffwechselbilanz und Populationsdynamik ausgewählter Arten in ihren ökologischen Beziehungen zu Klima und Beute- sowie Räuber-Artenspektrum zu kennen.

Das lokale Artenspektrum in den verschiedenen geographischen Gebieten der Erde kann in vergleichbaren aquatischen oder terrestrischen Ökosystemen trotz ähnlicher Ernährungs- und Lebensformtypen recht verschieden sein, und zwar auch dann, wenn hinsichtlich der Biotopbedingungen recht ähnliche Verhältnisse vorliegen. Ökologische Forschung basiert daher grundsätzlich auf **Fallstudien** über die lokal angepaßten Arten und über lokale Ökosysteme. Die Verallgemeinbarkeit der ökologischen Fallstudien auf andere, ähnliche Lebensformtypen oder auf ähnliche Arten der gleichen systematischen Verwandtschaftsgruppe oder auf ähnliche Ökosysteme ist grundsätzlich begrenzt infolge des hohen und divergierenden Spezialisationsgrades von höheren Organismen und infolge der Komplexität und Vielfalt der klimatischen und biotischen Beziehungen. Allgemeine Prinzipien lassen sich nur qualitativ ausformulieren. Für ein detailliertes Verständnis von Populationsdynamik und Grenzbedingungen einer noch nicht untersuchten Tierart oder für die Prognosen über ein noch nicht geprüftes Ökosystem sind jeweils neue Fallstudien unumgänglich.

14.2 Physiologische Ökologie (Autökologie)

14.2.1 Ökologische Potenzen gegenüber abiotischen Umweltfaktoren

Temperatur, Salinität, Sauerstoffkonzentration, Lichtintensität und Photoperiode sind wichtige abiotische Umweltfaktoren in einem aquatischen Lebensraum. In terrestrischen Gebieten sind neben den Temperatur- und Lichtbedingungen die relative Luftfeuchte und die Wasserressourcen von Bedeutung. Diese Faktoren zeigen geographische, örtliche, jahres- und tageszeitliche Unterschiede.

Die Schwankungsbreite dieser Faktoren kann in den einzelnen Biotopen und geographischen Regionen in charakteristischer Weise verschieden sein. Tierarten können ihre Lebenstätigkeiten (lokomotorische Aktivität, Entwicklung) nur in einem bestimmten Schwankungsbereich dieser Faktoren entfalten. Die von einer Spezies tolerierte Existenzspanne gegenüber den einzelnen Faktoren läßt sich von den Stand-

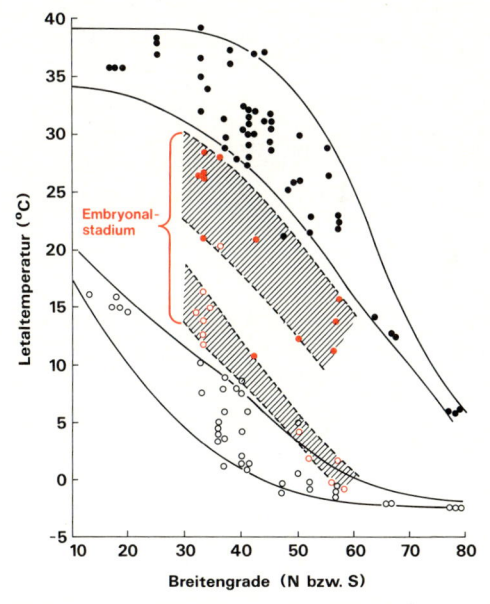

Abb. 14.6: Obere und untere Grenztemperaturen von Fischarten (geschlossene bzw. offene Kreise) in Korrelation zur geographischen Breite ihres Habitats. Für einige Arten mittlerer geographischer Breiten sind zusätzlich die Grenztemperaturen (farbig) für die Embryonalentwicklung angegeben, deren Stadien generell eine engere Temperaturpotenz aufweisen (nach Brett 1970).

ortbedingungen, an denen eine Spezies vorkommt, herleiten. Tierarten mit weiterem Toleranzbereich gegenüber einem Faktor werden als **eurypotente** Typen, solche mit engem Toleranzbereich als **stenopotente** Typen bezeichnet. Je nach Faktor unterscheidet man eury- und stenotherme Arten, eury- und stenohaline (Salinität im Brackwasser), eury- und stenoxybionte (O_2-Gehalt in Gewässern). Im Hinblick auf die Toleranz gegenüber mehreren Faktoren spricht man auch von **euryöken** bzw. **stenöken** Arten.

Die oberen und unteren Grenzwerte eines abiotischen Umweltfaktors lassen sich genauer im Laborexperiment erfassen, wenn hierbei auch die Vorbedingungen und das physiologische Alter der Tierart berücksichtigt werden (Abb. 14.6). Die tolerierten Grenzwerte können zusätzlich von einem zweiten Faktor abhängen (Abb. 14.7) oder von mehreren, so daß eine Tierart gegebenenfalls ihre **ökologische Potenz** gegenüber einem Umweltfaktor an einem Standort nur unvollständig nutzen kann. In Kombination von derartigen Toleranzexperimenten kann es gelingen, für eine Tierart die wichtigsten Faktoren seiner **Minimalumwelt** zu erfassen, wenn hierbei auch die Nahrungsbedingungen berücksichtigt werden. Für ein gründlicheres Verständnis der spezifischen Habitatansprüche und Produktionsleistungen sind jedoch genaue Messungen von Stoffwechsel-, Wachstums- oder Verhaltensleistungen in Abhängigkeit dieser Außenfaktoren erforderlich.

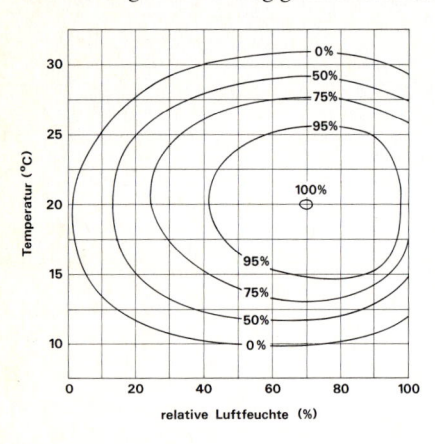

Abb. 14.7: Die Überlebensrate von Eiern des Kiefernspinners *Dendrolimus pini* in verschiedenen Temperatur-Luftfeuchtigkeits-Kombinationen (n. Schwerdtfeger 1936). Die Kurven (Isovitalen) verbinden Punkte gleicher Überlebensrate. Danach ist eine untere oder obere Grenztemperatur eine Funktion der rel. Luftfeuchte. Der Optimalbereich liegt zwischen 15 und 25° C und 40 bis 95% rel. Feuchte.

14.2.2 Anpassungen an den Temperaturfaktor

Die Temperatur eines Lebensraums kann jahres- und tagesperiodisch schwanken, an Meeresküsten zusätzlich gezeitenperiodisch.

Die Amplituden sind in terrestrischen Biotopen stärker ausgeprägt als in aquatischen; die tagesperiodischen Schwankungen fehlen in den Tiefen der Meere und Süßwasserseen und in Höhlenbiotopen. Mit zunehmender geographischer Breite und zunehmender Höhe treten jahreszeitlich Kälteperioden auf, die in terrestrischen

Biotopen mit Temperaturen unter 0° C viele Monate währen können. Die Toleranz gegenüber Extremtemperaturen kann man durch untere und obere Grenztemperaturen charakterisieren (vgl. Abb. 14.6). Innerhalb der hierdurch gegebenen Temperaturspanne haben viele Tierarten einen artspezifischen Vorzugsbereich (z.B. Feldgrille 37° C, Karausche 19° C, Regenbogenforelle 11° C, Frostspanner 6° C).

Ektotherme Tiere (**poikilotherm**) besitzen keine endogene Wärmeregulation; ihre Körpertemperatur ist von externen Wärmequellen abhängig. Einige Insektenarten (z.B. Tagesschmetterlinge) lassen sich durch die Wärmestrahlung der Sonne auf einen bestimmten Temperaturbereich oberhalb der Lufttemperatur erwärmen (ethologische Temperaturregulation durch «Sonnen» bei niedrigen und durch Flucht zu schattigen Plätzen bei zu hohen Körpertemperaturen). **Endotherme** Tiere haben dagegen eine endogene Wärmeregulation, bei der die Körpertemperatur **obligatorisch** (Vögel, Säugetiere; auch als homiotherm bezeichnet) oder **fakultativ** (z.B. Biene, Hummel, Großschmetterlinge) im Bereich zwischen 35 und 43° C liegt. **Heterotherm** werden endotherme Tiere genannt, die zeitweilig ihre Körpertemperatur absenken können, beim Winterschlaf oder während einer tageszeitlichen Hypothermie (Torpor, siehe unten). Aus der Vielzahl der Temperaturanpassungen sind einige besonders beachtenswert.

Die **Stoffwechselintensität von Ektothermen** (Ruheumsatz) ist temperaturabhängig.

Sie kann über den Sauerstoffverbrauch recht genau mit manometrischen Verfahren (Warburg-Methode) oder bei aquatischen Tieren auch mit Sauerstoffelektroden gemessen werden. Der quantitative Zusammenhang zwischen der Stoffwechselintensität und der Temperatur folgt innerhalb des Opitmalbereichs einer Tierart einer Exponentialfunktion der allgemeinen Formel $y = a \cdot b^x$, wobei y der Stoffwechselintensität, x der Temperatur, a einem Proportionalitätsfaktor und b der Steilheit der Kurve oder dem Temperaturkoeffizienten entspricht. Bei halblogarithmischer graphischer Darstellung der Funktion ergibt sich eine Gerade, da nach Logarithmierung ($\log y = \log a + x \cdot \log b$) der Logarithmus der Stoffwechselintensität eine lineare Funktion von der Temperatur ist (Abb. 14.8). Es ist üblich, den **Temperaturkoeffizienten** b als Q_{10} für Temperaturintervalle von 10° C zu berechnen, nach der Formel

$$\log R_2 = \log R_1 + \frac{T_2 - T_1}{10} \cdot \log Q_{10}$$

wobei R_2 und R_1 Stoffwechselraten bei zwei beliebigen Temperaturen T_2 und T_1 sein können. Bei nichtlogarithmierter Schreibweise gilt:

$$Q_{10} = \frac{R_2}{R_1} \frac{10}{T_2 - T_1}$$

Der Optimalbereich gegenüber der Temperatur ist bei vielen Ektothermen dadurch charakterisierbar, daß der Q_{10}-Wert 2–3 beträgt, wie er für Umsatzraten chemischer Reaktionen bekannt ist (**RGT-Regel**).

Bei der Karausche kann sich bei einer längerfristigen Temperaturumstellung die Stoffwechselintensität im Sinne einer Temperatur-Kompensation ändern: wird ein über Wochen bei 26° C gehaltener Fisch nach 16° C überführt, so sinkt der O_2-

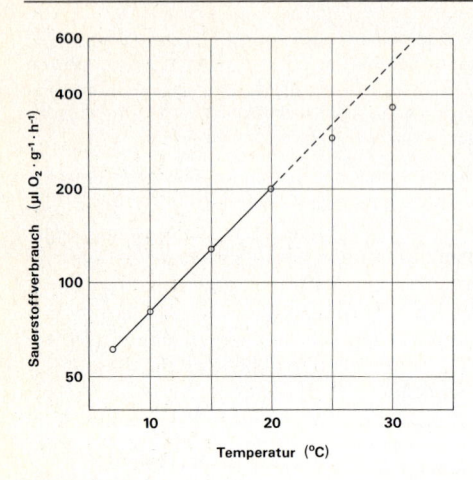

Abb. 14.8: Die Stoffwechselraten des Kartoffelkäfers in Abhängigkeit von der Temperatur. Der Q_{10} beträgt bis 20° C 2,5. Oberhalb 20° C liegen die O_2-Verbrauchswerte niedriger als nach der extrapolierten Exponentialfunktion erwartet, da endogene Bedingungen (z.B. O_2-Transport über den Kreislauf, Substrate, temperaturabhängige Enzymaktivitäten) die Stoffwechselrate begrenzen; die Q_{10}-Werte liegen dann niedriger (nach Schmidt-Nielsen 1975).

Verbrauch zunächst entsprechend der RGT-Regel; im Verlauf von 2 Wochen bei 16° C kann der Fisch das Stoffwechselniveau jedoch wieder soweit erhöhen, wie es vorher bei Temperaturen oberhalb 20° C war (Abb. 14.9). Prüft man die Temperaturabhängigkeit jetzt nach der Adaption an 16° C, so liegen alle Verbrauchswerte auf einer zu höheren Werten hin verschobenen Kurve.

Diese auf zellulären Regulationsprozessen beruhende **partielle Temperaturkompensation** der Stoffwechselrate ist außer bei Fischen auch bei Amphibien- und Insektenarten nachgewiesen worden; sie ist eine jahreszeitlich wichtige Anpassung an niedrige Temperaturen zwischen 0° C und 15° C.

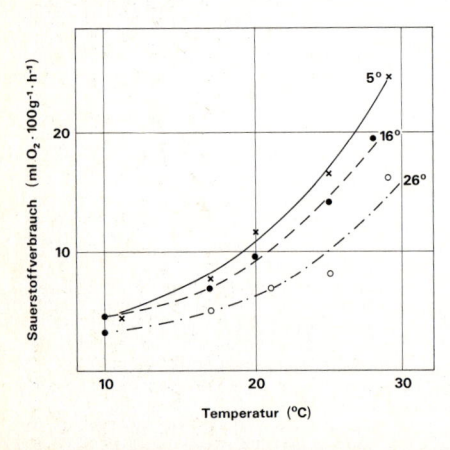

Abb. 14.9: Die Stoffwechselraten einer Karausche in Abhängigkeit von der Temperatur nach unterschiedlichen mehrwöchigen Adaptionstemperaturen von 26, 16 und 5° C (nach Suhrmann 1955).

In terrestrischen Biotopen können beachtliche tagesperiodische Temperaturschwankungen auftreten, von 10° C und mehr. Bei den **Wachstumsleistungen** von Insekten kann man einen einfachen linearen Zusammenhang zwischen der Entwicklungsgeschwindigkeit und der Temperatur finden (Abb. 14.10), und zwar oberhalb der artspezifischen Nullpunkttemperatur, bei der die Wachstumsvorgänge einsetzen (bei der Kohlweißlingraupe oberhalb 5,2° C).

Die Entwicklungsdauer entspricht dem Kehrwert der Entwicklungsgeschwindigkeit; ihre Temperaturabhängigkeit wird durch eine Hyperbelfunktion abgebildet. Durch Umformulierung dieser Funktion in $D = \frac{C}{x-K}$ und $D \cdot (x-K) = C$ ist die **Wärmesummenregel** von Wachstumsleistungen ablesbar: das Produkt aus Entwicklungsdauer und wirksamer Temperatur entspricht einer artspezifischen Thermalkonstanten C (Einheit: Gradtage). Beim Kohlweißling wurde experimentell überprüft, daß diese Regel auch für tagesperiodisch schwankende Temperaturen und damit auch für Freilandverhältnisse gilt (Abb. 14.10).

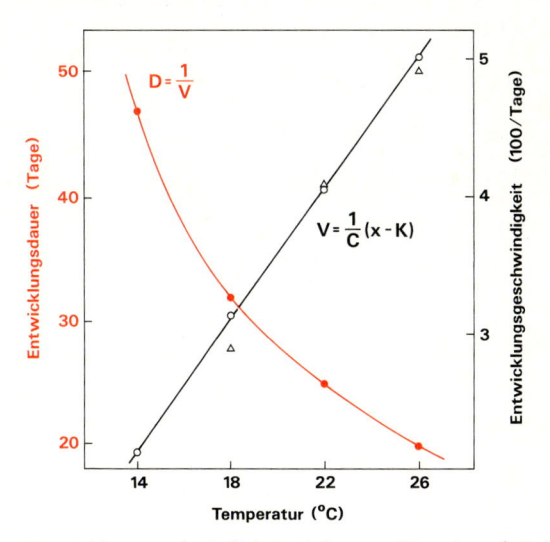

Abb. 14.10: Entwicklungsgeschwindigkeit (schwarze Kurve) und Entwicklungsdauer (farbige Kurve) der Kohlweißlingsraupe in Abhängigkeit von der Temperatur. Die mathematischen Formeln beschreiben den quantitativen Zusammenhang (V: Entwicklungsgeschwindigkeit und D: Entwicklungsdauer, beide als y-Werte; x: Temperatur; K: Schnittpunkt mit der x-Achse, er entspricht dem theoretischen Nullpunkt für Wachstumsprozesse; C: artspezifische Thermalkonstante). Die Kreise beziehen sich auf Versuche bei konstanten Temperaturen, die Dreiecke auf tagesperiodische Wechseltemperaturen (± 4° C um den Mittelwert, die obere Temperatur bei Tag, die untere bei Nacht) (nach Neumann und Heimbach 1975).

In der sommergrünen Laubwaldregion der Nordhalbkugel währt der Winter 3–4 Monate mit Temperaturen unter 0° C, in der Taigalandschaft sogar 6 Monate. Die bis in die Arktis verbreiteten terrestrischen Insekten und Spinnentiere tolerieren Extremtemperaturen bis teilweise – 25° C und darunter, ohne daß es in Hämolymphe und Geweben zur Eisbildung kommt. Bei tiefen Temperaturen bilden diese Tiere niedermolekulare **Frostschutzmittel** (Glycerin, Sorbit, Trehalose), welche den Gefrierpunkt der Hämolymphe beachtlich erniedrigen können.

Bei den diapausierenden Puppen des Schmetterlings *Hyalophora cecropia* geschieht die vermehrte Glycerinbildung bereits bei 4° C durch eine Aktivierung der Glykogenphosphorylase im Fettkörper. Bei antarktischen Fischen unterbinden **Frostschutzproteine** ein Gefrieren des Bluts bei Meerwassertemperaturen um – 1,8° C (Eisbildung im Meerwasser), da die natürliche Gefrierpunktserniedrigung des Bluts mit etwa – 0,8° C hierfür nicht ausreicht.

Endotherme Vögel und Säugetiere aus tropischen und polaren Regionen haben in ihrem Kernbereich gleiche Temperaturen in der Größenordnung 35–43° C. Durch eine Einregulierung niedrigerer Körpertemperaturen im Schalenbereich, durch Federkleid bzw. Winterfell und subkutane Fettbildung erreichen sie in kalten Gebieten oder während kalter Jahreszeiten eine verbesserte Wärmeisolierung. Sie erweitern damit ihren **thermischen Neutralbereich**, in dem der Ruheumsatz des Kernbereichs niedrig gehalten und trotz niedriger Außentemperaturen Energie gespart werden kann. Energieeinsparung wird auch durch geregelte **Hypothermiezustände** möglich.

Beim winterschlafenden Igel mißt man 6° C und Herzfrequenzen um 20 anstatt 190 min^{-1}. In Hungersituationen können kleine Vögel- und Säugetierarten (Kolibris, Mauersegler, Mehlschwalben, Hamster) eine tageszeitliche Hypothermie (Abkühlung auf etwa 20° C) während der Nacht einregeln, was als Kälteschlafzustand oder **Torpor** bezeichnet wird. Da diese kleineren Arten (1.) eine erheblich höhere Stoffwechselintensität in ihren Geweben haben als große Vögel und Säugetiere (S. 697) und da sie (2.) nur eine geringe Wärmemenge für die Wiedererwärmung ihrer kleinen Körpermasse benötigen, bringt Torpor nur ihnen und nicht großen Arten eine deutliche Energieersparnis während der Nachtstunden.

14.2.3 Nahrungsansprüche, energetische Bilanzen

Tiere leben heterotroph und nehmen organische Stoffe auf, als Energieträger und als Material für die Produktion der eigenen Körpersubstanzen. Die Vielfalt der Ernährungsweisen ist überwältigend groß.

Bei einigen Evertebraten und Protozoen bestehen **Symbiosen** mit photoautotrophen Algen, die einen Teil ihrer Photosyntheseprodukte an den heterotrophen Partner abgeben. Beispiele sind der Süßwasserschwamm *Spongilla lacustris*, der Süßwasserpolyp *Chlorohydra viridissima*, viele marine Coelenteraten (*Anemonia sulcata* in der Gezeitenzone, zahlreiche Riffkorallen), die Riesenmuschel *Tridacna gigas*. Die an den sulfidreichen hydrothermalen Tiefseequellen lebenden Muscheln und Pogonophoren sind Symbiosen mit Schwefelbakterien eingegangen.

Einige niedere Meerestiere können im Meerwasser gelöste Verbindungen (Aminosäuren, Zucker) durch **aktiven Transport** über die Epidermis aufnehmen (Pogonophora, Anthozoa).

Die Mehrzahl der Tiere nimmt größere Nahrungspartikel auf. Nach Art der Nahrung (N) werden **Herbivore, Carnivore** und **Saprophage** unterschieden; bei den letzteren gibt es **Detritophage** (N: pflanzliche oder tierische Zerfallsprodukte), **Koprophage** (N: tierische Exkremente) und **Nekrophage** (N: tierische Leichen). Der Bau der Mundwerkzeuge und das Verhalten zeigen die Art und Weise der Nahrungsaufnahme: Partikelfresser (Strudler, Filtrierer, Tentakelfänger, Weidegänger), Substratfresser, Säftesauger, Schlinger oder Zerkleinerer. Die Nahrungsspezialisation bezieht sich weiterhin auf die Art des Nahrungsspektrums, auf die Verdauungsleistungen des Darmsystems (Enzymmuster) sowie auf die möglichen Abwehreigenschaften gegenüber toxischen Metaboliten der Nahrung.

Die Verfügbarkeit der Nahrung im Lebensraum, der Zeit- und Energieaufwand für die Nahrungssuche, der Energiebedarf des ruhenden sowie des aktiven Tiers, der Nahrungsbedarf für den Betriebsstoffwechsel sowie für Wachstum und Fortpflanzungsprodukte, all diese Einzelheiten müßten letztlich bekannt sein, wenn man die Ernährungsökologie einer Tierart vollständig erfassen will. Eine Vielzahl von Methoden steht zur Verfügung, um entweder im Labor unter simulierten Freilandbedingungen oder direkt im Freiland quantitativ Nahrungsaufnahme und Produktionsleistung zu messen. Der Ansatzpunkt für diese energetischen Untersuchungen ergibt sich aus den Gleichungen und Quotienten in Tab. 14.1.

Tab. 14.1: Meßgrößen für die Ermittlung der Stoffwechsel- und Energiebilanz von Tieren. C: Konsumption oder Ingestion, also die ins Darmsystem aufgenommene Nahrungsmenge. A: Assimilation oder Absorption; die über resorbierende Epithelien aufgenommenen Nährstoffe. F: Faeces oder Egestion; die nicht resorbierte oder wieder abgegebene Nahrungsmenge. P: Produktion; die neugebildete Körpersubstanz (Zuwachs, Speicherstoffe, Fortpflanzungsprodukte, Sekrete). R: Respiration; die äußere Atmung, meßbar über den Gasaustausch mit dem umgebenden Medium. U: Exkretion von Stoffwechselprodukten.

$C = A + F, \quad A = P + R + U$

A/C Assimilationsquotient
P/C Bruttowirkungsgrad der Produktion
P/A Nettowirkungsgrad der Produktion
R/P Kosten der Produktion

Die **kumulative Energiebilanz** über einen bestimmten Zeitraum läßt sich relativ einfach bei einer filtrierenden marinen Muschellarve ermitteln, wenn eine optimale Futterkonzentration einzelliger Algen im Medium angeboten wird. Eine schwimmende Miesmuschellarve wächst beispielsweise bei 10° C innerhalb von 4 Wochen mit ihrer Schale von 120 auf 300 µm heran und erzielt dabei einen Körperzuwachs (P) von 14 mJ, wo zu etwa 70 mJ Algen konsumiert (C) und 6 mJ veratmet werden (R). Der Bruttowirkungsgrad der Produktion (P/C) beträgt damit rund 20%. Er liegt bei vielen Mollusken und Arthropoden in dieser Größenordnung. Bei Warmblütern ist er beachtlich geringer (Elefant 0,5%; Maus 1,6%), da trotz eines meist günstigeren Assimilationsquotienten (Verdauungseffizienz) die relativen Kosten des Betriebsstoffwechsels (R) beträchtlich höher liegen.

Wenn man sich mit den Kosten des **Betriebsstoffwechsels** eingehender beschäftigt, sei es um Leistungskosten bei verschiedenen Tierarten zu vergleichen oder um die Umsatzraten der Konsumenten in einem Ökosystem hochzurechnen, so gilt es eine wesentliche und im ganzen Tierreich gültige Regel zu beachten: Innerhalb der einzelnen physiologischen Organisationsgruppen (Protozoa, Ektotherme, Endotherme) haben kleine Tiere eine höhere relative Stoffwechselintensität als große Tiere.

Beispielsweise hat eine Maus von 25 g (G) einen Gesamt-O_2-Verbrauch (M) von 41 ml/h und eine relative Stoffwechselintensität (M:G) von 1,65 ml · g^{-1} · h^{-1}. Bei einem Pferd von 650 kg betragen die Werte 71.100 ml/h, aber nur 0,11 ml · g^{-1} · h^{-1}. Kleine Tiere haben dementsprechend auch einen relativ höheren Nahrungsmengenbedarf und Nahrungsumsatz.

Der Zusammenhang zwischen **Körpergewicht und O_2-Verbrauch** läßt sich quantitativ in Form einer Potenzfunktion beschreiben (Abb. 14.11, links), wobei der Massenexponent deutlich < 1 ist und in vielen Fällen zwischen 0,65 und 0,8 liegt. Durch Logarithmieren läßt sich eine Potenzfunktion in die Form einer Geraden transformieren, so daß sich die quantitativen Zusammenhänge leichter erfassen lassen. Die Daten werden daher am besten in einem doppelt-logarithmischen Koordinatensystem dargestellt (Abb. 14.11, rechts).

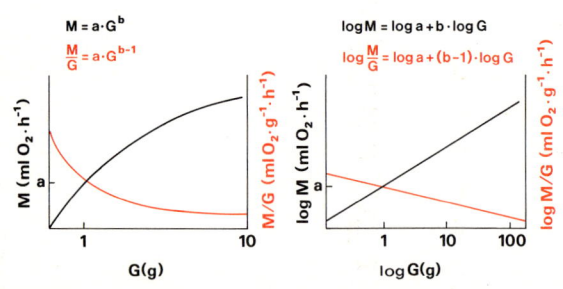

Abb. 14.11: Die Beziehungen zwischen der Stoffwechselintensität (M für Metabolismus, hier Ruheumsatz) und dem Körpergewicht (G) einer Tierart oder einer Verwandtschaftsgruppe von Arten (schwarze Kurve), sowie die entsprechende Beziehung für die relative Stoffwechselintensität (farbige Kurve). Die Formeln beschreiben die Beziehungen mathematisch, wobei b die Steilheit der Kurven bestimmt und a ein Proportionalitätsfactor ist. Rechts: Darstellung derselben Beziehungen im doppelt-logarithmischen Koordinatensystem. Die farbigen Kurven zeigen die körpergrößen-korrelierte Stoffwechselreduktion besonders anschaulich.

Zusammenhänge zwischen der Stoffwechselintensität und dem Körpergewicht mit einem Massenexponenten nahe 0,66 entdeckte man zuerst bei den endothermen Säugetieren und erklärte sie zunächst irrtümlich mit einer Oberflächenhypothese der Thermoregulation. Man dachte daran, daß der Energieaufwand für die Thermoregulation in erster Linie entsprechend den Wärmeverlusten über die Oberfläche eines Tierkörpers einreguliert würde, da auch die Oberfläche eines Körpers bei sich vergrößerndem Volumen mit einem Volumenexponenten < 1 (bei der Kugelform mit der $2/3$ Potenz bzw. 0,66) zunimmt. Ein Pferd mit der relativen Stoffwechselintensität einer Maus wäre tatsächlich nicht lebensfähig, da es die dabei auftretende hohe Stoffwechselwärme bei seiner relativ geringeren Körperoberfläche gar nicht schnell genug an die Umgebung abgeben könnte und einen Hitzeschock erfahren müßte. Eine Maus könnte ihre Thermoregulation mit der niedrigen relativen Stoffwechselintensität eines Pferdes vermutlich nicht betreiben, da ihr ständiger Wärmeverlust bei ihrer relativ größeren Körperoberfläche dafür relativ viel zu hoch wäre.

Trotz dieser wichtigen Zusammenhänge zwischen relativer Körperoberfläche, Stoffwechselintensität und Temperaturregulation der Endothermen muß es andere physiologische Gründe für die **Körpergrößenabhängigkeit der Stoffwechselraten** geben, da man die gleichen Abhängigkeiten auch bei Ektothermen und bei Protozoen findet, jeweils auf einem etwa um eine 10er Potenz erniedrigten Stoffwechselniveau (Abb. 14.12).

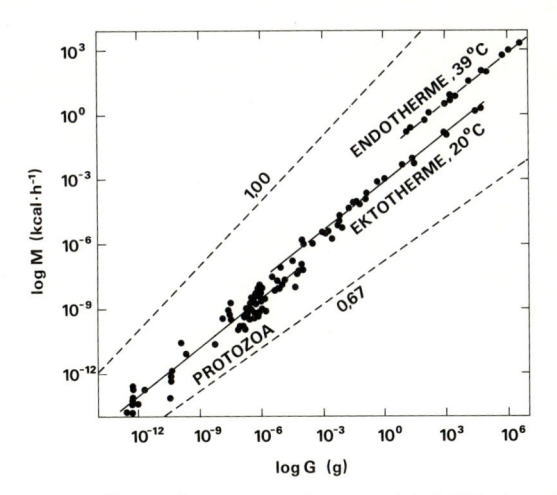

Abb. 14.12: Die Stoffwechselintensität (Ruheumsatz M als Kalorienverbrauch pro Tier und Stunde; 1 Kcal ≙ 4187 Joule) bei Protozoen, Ektothermen und Endothermen unterschiedlicher Körpergröße im doppelt-logarithmischen Koordinatensystem (vgl. Abb. 14.11 – rechts). Die Regressionsgeraden haben alle einen Exponenten b von 0.75. Die gestrichelten Vergleichsgeraden entsprechen Potenzfunktionen mit den Exponenten b: 0.67 bzw. 1. (Nach Hemmingsen 1960).

Eine der Ursachen für die körpergrößenkorrelierte Stoffwechselreduktion liegt in der Länge der Gastransportwege zwischen Körperoberfläche (Kieme, Lunge, Zell- oder Körperoberfläche) und Verbrauchsort. Je weiter die Wege bei größerem Körpergewicht sind, um so relativ weniger Sauerstoff kann angeliefert werden. Weiterhin sind eine Vielzahl von morphologischen und physiologischen Merkmalen einbezogen: z.B. die Substratlieferung in die Gewebe, das Kreislaufsystem mit Herzfrequenz, Herzminutenvolumen und Blutmenge sowie die Fläche und Dicke der Gasaustauschmembranen. Aus ernährungsökologischer Sicht ist es wichtig, sowohl bei intraspezifischen als auch bei interspezifischen Vergleichen (unter Berücksichtigung der jeweiligen Organisationshöhe) zu beachten, daß bei Nahrungsmangelsituationen die größeren Individuen mit Energiereserven relativ länger haushalten können als die kleineren.

Diese Ergebnisse wurden in erster Linie am Beispiel des Grundstoffwechsels nachgewiesen; sie lassen sich aber auch für bewegungsaktive Tiere belegen, wenn es gelingt, die Bewegungsaktivitäten der Untersuchungsgruppe zu standardisieren (bei Fischen beispielsweise beim Schwimmen gegen eine bestimmte Strömungsgeschwindigkeit, Abb. 14.13).

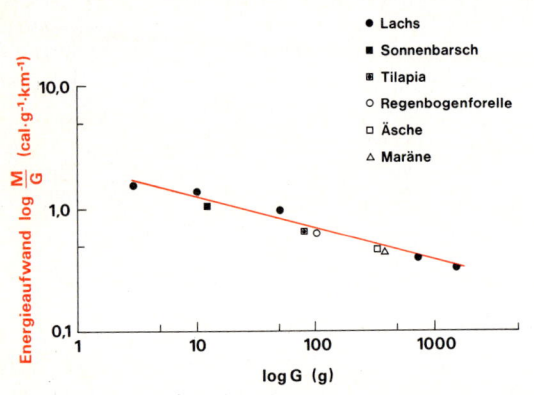

Abb. 14.13: Der Energieaufwand von bewegungsaktiven Fischen bei einer Strömung von $1 \text{ km} \cdot \text{h}^{-1}$. Darstellung als relative Stoffwechselintensität in Korrelation zum Körpergewicht im doppelt-logarithmischen Koordinaten-System. Der Exponent der Regression beträgt b − 1: − 0.25 (nach Beamish 1978).

Pflanzen können **sekundäre Pflanzenstoffe** synthetisieren, die für Tierarten unverträglich oder gar schädlich sind und als **Toxine** bezeichnet werden. Man unterscheidet Nonprotein-Aminosäuren, Steroidalkaloide, Saponine, Pyrrolizidin-Alkaloide (PA) und viele andere. Die einzelnen Metabolite sind charakteristisch für bestimmte Pflanzenarten. Die Juckbohne *Mucuna* sp. enthält L-Dopa (Abb. 14.14), welches anstelle von Tyrosin eingebaut bei Samenkäfern (Bruchus) die Phenoloxidaseaktivität beeinträchtigt, so daß Härtung und Melanisierung der Cuticula gestört werden.

Einzelne herbivore Arten haben sich im Verlauf ihrer Evolution auf wenige Futterpflanzenarten oder gar nur eine Art spezialisiert. Infolge einer

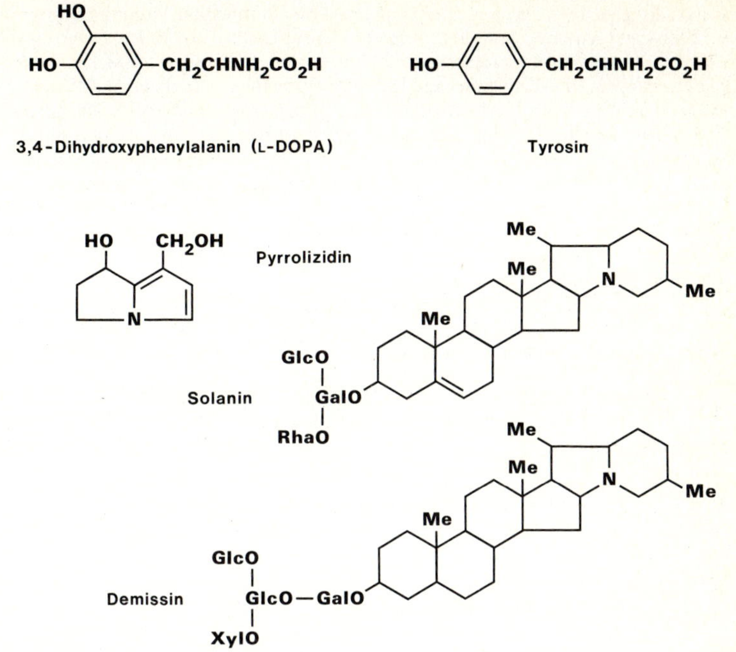

3,4-Dihydroxyphenylalanin (L-DOPA)

Tyrosin

Pyrrolizidin

Solanin — GlcO–GalO–RhaO

Demissin — GlcO–GalO(–GlcO)(–XylO)

Abb. 14.14: Strukturformeln einiger sekundärer Pflanzenstoffe (vgl. Text).

Koevolution mit den Futterpflanzen sind sie in der Lage, die Toxine der Futterpflanzen zu metabolisieren oder so zu verwenden, daß sie der Abwehr von Freßfeinden dienen.

Die im Greiskraut *(Senecio jacobaea)* auftretenden PA-Stoffe schädigen die Leber von Rindern; die Raupen des Schmetterlings *Hipocrita jacobaea* leben dagegen von dieser Pflanze, speichern das PA und werden von Singvögeln als Beute strikt gemieden. Der nordamerikanische Großschmetterling *Danaus plexippus*, der Monarch, nimmt PA-Verbindungen aus den Exudaten von bestimmten Boraginaceen auf und verwendet diesen Stoff als männliches **Sexualpheromon** bei der Begattung («Arretierduft»), abgegeben von abdominalen Haarpinseln. Larven und Falter haben zusätzlich ein Steroidalkaloid aus ihrer Futterpflanze (*Asclepias* spp.) angereichert, welches bei Blauhähern (einem potentiellen Räuber) als Herzglykosid toxisch wirkt und sofortiges Erbrechen auslöst. Die Vögel meiden den Monarch als Beute, wenn sie einmal diese Erfahrung gemacht haben (Abdressur). Auch Algen können toxische Metabolite erzeugen. Zum Beispiel beeinträchtigt ein von der blaugrünen Alge *Microcystis aeruginosus* gebildetes Peptid die Filtrationsleistung und Vitalität von Daphnien. Massenblüten von Dinoflagellaten (*Gonyaulax* sp.) in Küstengewässern («red tides») beeinträchtigen durch ein paralysierendes Toxin die Vitalität von Miesmuscheln – auf den Menschen wirkt der Stoff beim Verzehr dieser Muscheln als **Neurotoxin**.

Einige Tierarten können toxische sekundäre Pflanzenstoffe wahrnehmen und dann die betreffenden Pflanzen vermeiden. Die Stoffe werden als **Repellentien** oder **Deterrentien** bezeichnet, je nachdem, ob sie über den Geruchs- oder Geschmackssinn bemerkt werden. Ein derartiger Repellentstoff ist für den Kartoffelkäfer das in einer Wildkartoffelart auftretende Demissin (Abb. 14.14); das sehr ähnliche Steroidalkaloid Solanin, welches in unserer Speisekartoffel und ihrer Stammart vorkommt, hat keine Repellent-Wirkung und kann starken Käferbefall nicht verhindern. Als **Attraktantien** werden alle die Pflanzenstoffe bezeichnet, die eine anlockende Wirkung haben. Für die Honigbiene ist beispielsweise eine 3fach ungesättigte Fettsäure bei der Suche nach Kleepollen richtungsweisend.

14.2.4 Zeitliche Programmierungen

Der 12monatige Wechsel der Jahreszeiten und der 24stündige Tag–Nacht-Zyklus bedingen in vielen Lebensräumen beachtliche Schwankungen der Umweltbedingungen. An den Meeresküsten kommen dazu der 12,4stündige Zyklus der Gezeiten Ebbe und Flut sowie die halbmonatigen Zyklen von Spring- und Nipptiden (letztere verlaufen parallel zum Mondphasenzyklus: Springtiden mit hohem Tidenhub zur Zeit um Voll- und Neumond, Nipptiden mit geringem Tidenhub zur Zeit der Quadraturen des Monds). In Abstimmung auf diese Umweltperiodizitäten gibt es **biologische Rhythmen** in den Verhaltens- und Wachstumsleistungen von Tieren und Pflanzen (Jahres-, Tages-, Gezeiten- und Lunarrhythmen), oder anders ausgedrückt: viele Arten haben sich im Verlauf ihrer Evolution zeitlich genau auf bestimmte Situationen oder Phasen dieser Umweltzyklen spezialisiert.

Bei Tieren unterscheidet man dementsprechend tag- und nachtaktive Arten sowie dämmerungsaktive; es gibt Arten mit Frühjahrs-, Sommer-, Herbst- oder Winterfortpflanzung; in der Gezeitenzone leben Arten, die während der Überflutung aktiv sind (z.B. Seepocken, Schnecken, Muscheln, Fische), und andere, die es während der Trockenzeiten sind (z.B. Winkerkrabben, nachtaktive Strandamphipoden). Die gleichfalls in der Gezeitenzone lebende Mücke *Clunio marinus* schlüpft und reproduziert sich **lunarperiodisch** nur zur Springniedrigwasserzeit, einer für ihre Eiablage günstigen Umweltsituation (trockenliegende Algensubstrate); das passiert an einem Küstenort in der unteren Litoralzone, dem Lebensraum der Mückenlarven, nur alle 14–15 Tage um eine bestimmte Tageszeit (auf Helgoland 15–18 Uhr) an den Tagen nach Voll- und Neumondterminen.

Anpassungen an zyklisch wiederkehrende Umweltsituationen erfordern endogene Zeitmeßmechanismen, auch «**physiologische Uhren**» genannt, welche die jeweilige Leistung (Aktivitätsbeginn, Ruhebeginn, Fortpflanzungszeit, auch Farbwechsel, Wachstumsphasen, Dormanzen, Migrationen) zeitlich richtig programmieren, und zwar im Zusammenwirken mit bestimmten physikalischen Umweltfaktoren, die als zyklische **Zeitgeber** zuverlässig perzipiert werden können. Wichtigste Zeitgeber sind bei den Tagesrhythmen der 24tündige Licht–Dunkel-Zyklus (abgekürzt LD), seltener auch die tagesperiodischen Temperaturschwankungen; bei den Gezeitenrhythmen spielen meist mechanische, mit den Gezeiten korrelierte Reize eine Rolle; bei den Lunarrhythmen ist in südlicheren Breiten das Mondlicht wirksam, während in nördlicheren Breiten (hier ist Mondlicht in den kurzen und dämmerigen Sommernächten unwirksam) eine alle 15 Tage wiederkehrende Phasenbeziehung zwischen dem 24stündigen LD-Zyklus und dem 12,4stündigen Gezeitenrhythmus wahrgenommen werden kann.

Die physiologischen Uhren lassen sich im Labor unter konstanten, zeitgeberfreien Bedingungen anhand der **freilaufenden Rhythmen** nachweisen (Abb. 14.15). Diese Rhythmen haben in der Regel eine von der Umweltperiodik geringfügig abweichende Periodendauer, da die endogenen Programmierungen systematische Abweichungen und eine gewisse Variation haben (z.B. kann die Beleuchtungsstärke die Periodendauer von circadianen Rhythmen modifizieren). Erst die streng periodischen Zeitgeberfaktoren aus der Umwelt ermöglichen die optimale zeitliche Präzision, indem die endogene Programmierung von Zyklus zu Zyklus – je nach Ausgangslage – entweder verzögert oder beschleunigt wird. Biologische Rhythmen, die auf diese Weise durch einen endogenen Zeitmeßmechanismus in Kombination mit Zeitgeberfaktoren programmiert sind, werden entsprechend ihrer Periodendauer bezeichnet als **circatidale Rhythmen** (nachgewiesen bei Crustaceen, Gastropoden, Insekten und Fischen der Gezeitenzone), **circadiane Rhythmen** (nachgewiesen von Protozoen bis hin zu den Säugetieren und dem Menschen), **circalunare Rhythmen** (intertidale Evertebraten und Fische) und **circannuale Rhythmen** (nachgewiesen vor allem bei Vögeln und Säugetieren, vereinzelt auch bei niederen Tieren und Fischen).

Die tagesperiodischen Anpassungen sind bislang am genauesten untersucht worden. Generell darf angenommen werden, daß die tagesperiodische Organisation von zellulären Stoffwechselprozessen ein altes Eukaryontenerbe ist, welches in der Evolution vermutlich aufgrund energetischer Vorteile bereits bei Einzellern herausselektioniert wurde. Bei den höher organisierten Metazoen sind physiologische Uhren in neuronalen und endokrinen Zellverbänden lokalisiert. Der besondere adaptive Vorteil einer Vorprogrammierung mit einem Zeitmeßmechanismus wie beispielsweise der circadianen Uhr liegt darin, daß jede ökologisch erforderliche Phasenlage gegenüber einem zuverlässig perzipierbaren Umweltzyklus eingestellt werden kann.

Die circadianen Zeitrassen der Mücke *Clunio marinus* (Abb. 14.16), deren unterschiedliche Phasenlagen genkontrolliert sind, bilden hierfür einen überzeugenden Beleg: die verschiedenen Schlüpfzeiten der einzelnen Küstenpopulationen sind genau abgestimmt auf die für die Art günstige Springniedrigwasserzeit, die an den einzelnen Küstenorten auf ganz verschiedene Tageszeiten fällt.

Neben derartigen genkontrollierten tageszeitlichen Programmierungen gibt es weitere ökologisch wichtige Anpassungsmodalitäten der circadianen Uhr. Die **Tageslängenmessung** tritt bei jahresperiodischen Anpassungen auf (z.B. bei der Diapause von Insekten, s. Abb. 14.3). Sie beruht auf einer Lichtsensitivität, die nur während einer bestimmten kritischen Tageszeit besteht und bei Reizung bzw. Nichtreizung dann über Hormone jahresperiodische Anpassungen auslöst (bei Insekten die Diapause, die Geschlechtsreife, Migrationen und gelegentlich auch jahreszeitlich verschiedene Morphen, wie bei dem Schmetterling *Araschnia levana* mit «Frühjahrs»- und

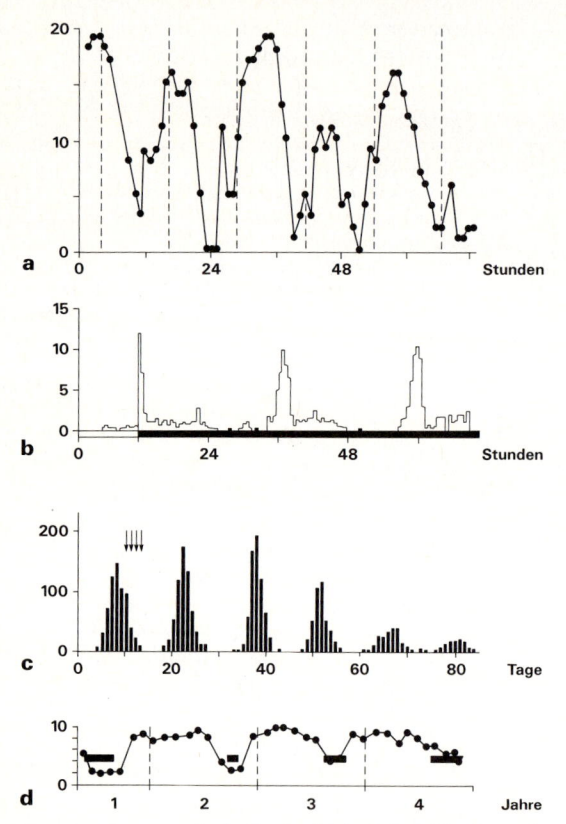

Abb. 14.15: Die vier Typen von freilaufenden biologischen Rhythmen im zeitgeberfreien Experiment. a: circatidale Rhythmik der Schwimmaktivität von Garnelen (Freilandfänge) in Dauerrotlicht; b: circadiane Rhythmik der Flugaktivität der Mücke *Anopheles* sp. im Dauerdunkel nach Vorbehandlung mit 24stündigen Licht-Dunkel-Zyklen (abgekürzt LD 12:12 bei 12 h Licht und 12 h Dunkel; hier: 0–12 hr letzte Lichtzeit). c: circasemilunare Rhythmik der täglichen Schlüpfzahlen in Laborpopulationen der Mücke *Clunio marinus* (letzte synchronisierende Mondlicht-Zeitgeberbehandlung zwischen dem 10. und 14. Tag, s. Pfeile, ansonsten LD 12:12); d: circannuale Rhythmik der Hodengröße (Kurve) und der Mauserzeiten (Balken) bei einem über 4 Jahre im LD 12:12 gehaltenen Star.

Abb. 14.16: Die Schlüpfzeiten von 10 circadianen Zeitrassen der Mücke *Clunio marinus* im LD 12:12 (die Querlinien zeigen die zweifache Standardabweichung entsprechend 95 % der geschlüpften Tiere). Herkunft der Rassen: a Normandie, b Mittelnorwegen, c Helgoland, d, e Französische Atlantikküste, f Nordspanien, g-h-i englische Kanalküste, k japanische Pazifikküste (nach Neumann 1976).

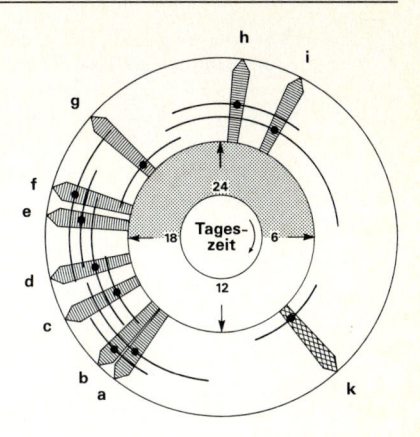

«Sommerlandkärtchen»). Eine andere Leistung ist der **tageszeitlich kompensierte Sonnenkompaß** (nachgewiesen bei Biene, Star und Taube), mit dessen Hilfe Tiere eine bestimmte Himmelsrichtung einschlagen können. Hierzu wählen die Tiere einen Horizontalwinkel zur Sonne (Azimut), wobei im Verlauf des Tages die tägliche Sonnenwanderung im ZNS mit Hilfe eines circadianen Zeitmechanismus so kompensiert wird, daß auch ohne Landmarkenkenntnis die Kompaßrichtung beibehalten wird.

Schließlich gibt es auch eine flexible tageszeitliche Programmierung durch **Lernvorgänge**, wie sie bei der tageszeitlichen Futtersuche der Biene erstmals nachgewiesen wurde. Dieses «Zeitgedächtnis» der Biene hält nach einer erfolgreichen Dressur auch ohne weitere Belohnungen einige Tage an; es ist mit der circadianen Organisation im ZNS verknüpft. Für soziale Insekten wie die Stockbiene ermöglicht diese Anpassungsmodalität eine energetisch äußerst erfolgreiche Verhaltensstrategie, indem eine zu bestimmter Tageszeit auftretende Futterquelle mit großer Individuenzahl an aufeinanderfolgenden Tagen effizient und schnell ausgeplündert werden kann. Solitäre Bienen und Hummeln werden an diesen Trachtquellen auskonkurriert. Das gleiche Prinzip des «Zeitgedächtnisses» spielt vermutlich auch im tageszeitlich geordneten Verhaltensmuster von einigen Wirbeltieren eine Rolle.

Durch **Kombination** von jahreszeitlicher, lunarperiodischer und tageszeitlicher Programmierung können intertidale Meerestiere ihre Fortpflanzungszeit recht zuverlässig auf wenige Stunden während eines Sommermonats oder sogar während eines ganzen Jahres konzentrieren. Das erhöht den Fortpflanzungserfolg, besonders wenn die Fortpflanzung mit einer für die Art günstigen, nur periodisch wiederkehrenden Gezeitensituation korreliert ist (Beispiele: Polychaet *Eunice viridis*, Fisch *Leuresthes tenuis*, Mücke *Clunio marinus*). Bei Zugvögeln wie dem Fitislaubsänger (Abb. 14.17) dürfte die endogene **circannuale Programmierung** für die zeitliche Folge von

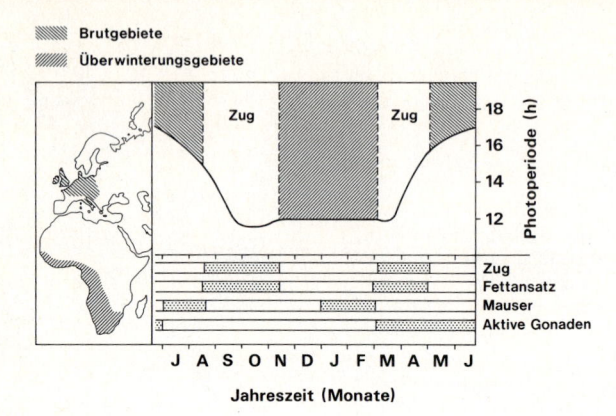

Abb. 14.17: Das Jahresprogramm eines Langstrecken-Zugvogels (Fitislaubsänger) in Bezug zu der jeweiligen örtlich bestehenden Photoperiode (nach Gwinner 1977).

Mauser und Zugzeiten besonders dann wichtig sein, wenn im Winterquartier die Photoperiode kein zuverlässiges Jahreszeitensignal bietet.

14.2.5 Räumliche Orientierung

Sessile (festsitzende) Tiere können sich nur während früher Entwicklungsstadien frei bewegen und dann an geeigneten Substraten aufgrund entsprechender Umweltreize festsetzen. Vagile (freibewegliche) Tiere besitzen dagegen einen **Aktionsraum**, der je nach Lebensweise enger oder weiter sein kann. Aktive Ortsveränderungen setzen ein räumliches Orientierungsvermögen gegenüber physikalischen oder chemischen Umweltreizen voraus. Unter vereinfachten Versuchsbedingungen sind eine Reihe von Orientierungsmechanismen erkannt worden.

Kinesen sind ungerichtete Bewegungen, die durch einen Umweltreiz ausgelöst werden. Turbellarien zeigen beispielsweise bei zunehmender Beleuchtungsstärke eine höhere Kriechgeschwindigkeit oder mehr Wendereaktionen, so daß sie sich während des Tages schließlich an dunklen Stellen ansammeln, z.B. unter Steinen in einem Bach.

Taxien sind von einem Reiz ausgerichtete Bewegungen. So fliegen Schmetterlingsmännchen bei Wahrnehmung des weiblichen Sexuallockstoffes gegen eine Windströmung und nähern sich mit Hilfe dieser positiven Anemotaxis gegebenenfalls über Kilometer hinweg dem «Sender». Je nach Reiz unterscheidet man Phototaxis, Thermotaxis, Geotaxis (Schwerkraft), Anemotaxis (Windströmung), Rheotaxis (Wasserströmung), Chemotaxis, Hygrotaxis (Feuchte). Es gibt komplexere Orientierungsmechanismen. So gibt es **Präferenzen** für bestimmte Reizkombinationen oder für bestimmte Bereiche innerhalb von Reizgradienten (z.B. Waldlaufkäferarten gemäßigter Breiten bevorzugen in einer Temperaturorgel Bereiche unterhalb von 20° C, Feldarten dagegen Bereiche oberhalb davon). Einige Arten können eine Kompaßrichtung als

Winkel gegenüber einer bestimmten Reizquelle einhalten (**Menotaxis**; z.B. der Sonnenkompaß von Biene und Star). Von Wirbeltieren ist eine genaue **Ortskenntnis** des Aktionsraums bekannt (z.B. bei der Territoriumsbildung).

Eine **positive Phototaxis** ist für das Uferfluchtverhalten von Planktoncrustaceen in einem Süßwassersee charakteristisch. Die während der Nacht in die Uferzone geratenen Tiere wandern auf diese Weise wieder auf die Seemitte zu. Das Helligkeitsumfeld der im flachen Wasser schwimmenden Tiere wird dabei maßgeblich durch die Helligkeitsverteilung außerhalb des Wassers festgelegt. Diese Helligkeitsverteilung können die Tiere bei ruhigem Wasserspiegel infolge der Brechungsverhältnisse an der Grenze Wasser – Luft durch ein kreisrundes «Fenster» der Wasseroberfläche wahrnehmen, ebenso wie es ein nach oben schauender Taucher sehen würde (der Umfang des «Fensters» ist durch den Grenzwinkel der Totalreflexion von 49° gegeben). In Ufernähe befindet sich innerhalb des «Fensters» ein durch den Uferhorizont gegebenes Dunkelfeld (es erscheint unter Wasser infolge der Brechung der Lichtstrahlen sogar überhöht und verstärkt). Durch eine reizsymmetrische Körpereinstellung zu diesem Dunkelfeld und eine positive Phototaxisreaktion schwimmen Arten wie *Daphnia longispina* und *Cyclops abyssorum* vom Ufer in Richtung See. Fernab vom Ufer schwindet das Dunkelfeld des Ufers und damit die horizontale Vorzugsrichtung der Tiere. Diese Orientierung ist für eine pelagische Zooplanktonpopulation vorteilhaft: Meidung tagaktiver Fischschwärme im Uferbereich (z.B. Elritzen); Auffinden der uferferneren Seebereiche für die tageszeitliche Vertikalwanderung in die größere Wassertiefe (Abb. 14.4).

Großräumige Tierwanderungen zwischen dem sommerlichen Brutgebiet und Überwinterungsgebiet im Süden kennzeichnet viele mitteleuropäische Zugvogelarten.

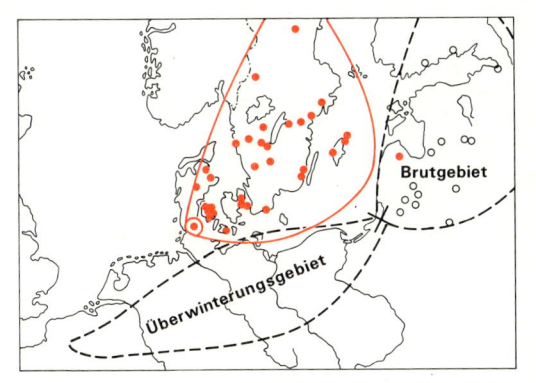

Abb. 14.18: Versetzungsexperiment mit Nebelkrähen während des Frühjahrszugs (Fangort: Kurische Nehrung). Rote Punkte: wiedergefundene Brutplätze der versetzten Krähen in Skandinavien (1 Ausnahme), Auflaßort: Flensburg. Offene Kreise: Wiederfunde von Kontrolltieren, die am Fangort (X) direkt freigelassen und nur im angestammten Brutgebiet gefunden wurden (nach Rüppell 1944).

Durch Wiederfunde beringter Tiere sind die Migrationsrichtungen und -strecken von den Arten meist gut bekannt. Verfrachtungsexperimente mit Gruppen durchziehender Vögel haben erste Hinweise auf die Orientierungsmechanismen gegeben. Das Nebelkrähen-Experiment (Abb. 14.18) läßt erkennen, daß die versetzten Vögel ebenso in Richtung NO und über etwa gleiche Entfernungen weiterflogen wie die nicht-versetzte Kontrollgruppe. Die Versetzung wurde nicht kompensiert. Eine derartige durch Kompaßrichtung und Entfernung festgelegte Orientierung wird als **Vektor-Orientierung** bezeichnet. Sie steht im Gegensatz zu einer **Navigationsorientierung**, bei der größere geografische Versetzungen kompensiert werden und der Vogel den ursprünglichen Zielort erreicht (z.B. erfahrene Altvögel beim Star, Brieftauben). Eine Vektororientierung liegt vermutlich den Migrationsleistungen vieler mitteleuropäischer Singvogelarten zugrunde, und zwar sowohl bei Kurzstreckenziehern (Überwinterung im Mittelmeergebiet und nördlichen Afrika) als auch bei Langstreckenziehern (mittleres und südliches Afrika, Abb. 14.17).

Da viele Singvögel in einem Breitfrontenzug wandern, und dieses getrennt nach erfahrenen Alt- und unerfahrenen Jungvögeln, müssen wichtige Eigenschaften des Orientierungsprogramms angeboren sein. Bei gekäfigten Versuchsvögeln kann man während der Zugzeit die **nächtliche Zugunruhe** messen (Abb. 14.19).

Die anhand der Kurven berechenbare Gesamt-Zugunruhe ist eindeutig mit den unterschiedlich weiten Migrationsstrecken der Populationen (Abb. 14.19) und verschiedenen Arten korreliert. Bei Mönchsgrasmücken hat man durch Kreuzungsversuche zwischen Tieren von Süddeutschland und den Kanarischen Inseln nachgewiesen, daß die unterschiedlichen Zugunruhebeträge genkontrolliert sind. Die Zugunruhe ist zugleich Teil des circannualen Jahresprogramms eines Zugvogels (Abb. 14.17). Da viele Singvögel Nachtzieher sind, kann man heute annehmen, daß die Kompaßrichtung mit Hilfe der **Sterne** und/oder des **Erdmagnetfeldes** bestimmt werden kann. Versuche mit Indigofinken und anderen Arten in Planetarien haben ergeben, daß Vögel aus der nächtlichen circumpolaren Verschiebung der Sterne die Nord–Süd-Himmelsachse erfassen und dieser gegenüber ihre genaue Wanderungsrichtung festlegen können (z.B. SW im Herbst und NO im Frühjahr). Versuche mit Rotkehlchen, bei

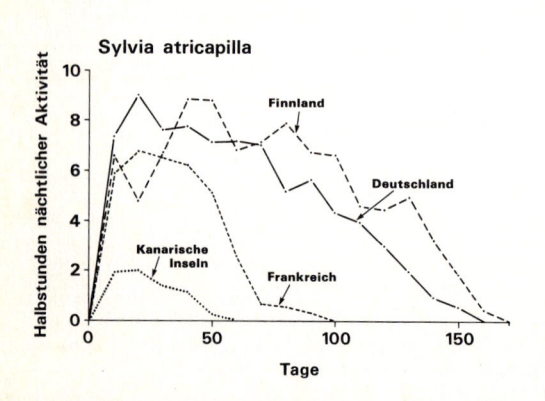

Abb. 14.19: Intensität und Dauer der in Käfigversuchen gemessenen Zugunruhe bei Mönchsgrasmücken aus verschiedenen geographischen Populationen (nach Berthold und Querner 1981).

denen in Rundkäfigen die nächtliche Vorzugsrichtung auch bei bedecktem Nachthimmel und unter dem Einfluß künstlicher Magnetfelder gemessen werden konnte, belegen signifikant, daß das Erdmagnetfeld ein wichtiger Faktor in der Umwelt des Rotkehlchens und vermutlich auch anderer Singvögel ist.

14.2.6 Soziale Kommunikation

Das Verhalten von artgleichen Individuen muß bei bisexueller Fortpflanzung so aufeinander abgestimmt sein, daß entweder Eier und Spermien zur gleichen Zeit abgegeben werden (äußere Befruchtung bei marinen Evertebraten, Süßwassermuscheln, Fischen, Froschlurchen) oder daß Spermien in ein Weibchen übertragen werden können (innere Befruchtung). Neben der zeitlichen Programmierung der Reifungsprozesse und des Fortpflanzungsverhaltens (s. 14.2.4) spielt hierbei eine **Verständigung durch artspezifische Signale** (Kommunikation) eine wichtige Rolle.

Es gibt aber weitere Anpassungen, in denen Verhaltensweisen von Artgenossen aufeinander ausgerichtet sind, sei es zwischen Paarungs- und Territoriumskonkurrenten, zwischen Eltern und Nachkommen (bei der Brutpflege: z.B. bei einigen Egeln-Glossiphoniiden, bei Amphibien, Flußkrebs, Stichling, maulbrütenden Fischen, Vögeln, Säugetieren), zwischen den Mitgliedern in einfach koordinierten Verbänden (z.B. Schwärme von Fischen, Vögeln) oder in Verbänden von höherer sozialer Organisation (z.B. Insektenstaaten, Sippenverbände bei Säugetieren). In diesen Verbänden geschehen auch Futtersuche, Feindabwehr, Migrationen, Schlafplatzwahl gemeinsam. Die sozialen Anpassungen sind für den Fortbestand der Populationen der betreffenden Arten lebenswichtig.

Soziale Verhaltensweisen erfordern eine Kommunikation, so daß mit Hilfe artspezifischer Signale angeborene und erlernte Handlungen ausgelöst werden. Die Kommunikation kann auf chemischen, optischen oder akustischen (s.Kap.9–11) Reizen beruhen. **Chemische Kommunikation** ist die ursprünglichste Form der Signalübertragung. So gibt es bei Flagellaten und Algen Sexattraktantien und Befruchtungsstoffe (Gamone). Bei der Aggregation von sozialen Amöben *(Dictyostelium)* zu Fruchtkörpern wirkt cAMP. Die artspezifischen Signalstoffe werden als **Pheromone** bezeichnet. Sie werden bei den Metazoen meistens in besonderen ektodermalen Hautdrüsen gebildet. Bei terrestrischen Tieren sind die Stoffe in der Regel stark flüchtig und von niedrigem Molekulargewicht zwischen 80 und 300; langkettige Alkohole, deren Aldehyde und Ester, sowie Terpenoide und Steroide spielen die Hauptrolle (Abb. 14.20). Bei aquatischen Tieren sind weniger flüchtige Stoffe wie Steroide und Proteinverbindungen nachgewiesen worden.

Von besonderer Vielfalt sind die **Pheromone der Insekten** (s. 11.3). Die artspezifischen Sexuallockstoffe weiblicher Schmetterlinge (z.B. Bombykol, Disparlure; Abb. 14.20a,b) werden in Drüsen der abdominalen Intersegmentalmembran in Nanogramm-Mengen produziert. Aufgrund sehr niedriger Reizschwellenkonzentration können die Männchen über weite Entfernungen in Zusammenwirken mit einer positiven Anemotaxis (s. 14.2.5) angelockt werden. Bei einer integrierten Schädlingsbekämpfung (Kombination von Pestizid-Einsatz mit natürlicher Bekämpfung durch Parasitoide und Räuberarten) versucht man heute auch eine Pheromontechnik einzusetzen. Mit Hilfe künstlich ausgebrachter Pheromonfallen kann man beispielsweise die Befallsdichte und die Flugzeiten der Schädlinge ermitteln (Monitortechnik), um so die günstigen Zeitpunkte für Pestizid-Maßnahmen zu ermitteln. Durch großflächigen Einsatz von Pheromonen kann man in Befallsgebieten die Männchen fehlleiten und die Populationsdichten absenken (Verwirrungstechnik).

Bei dem Schmetterling *Heliothis virescens*, dessen Larven in Nordamerika im Boden die Wurzeln von Baumwolle und Mais schädigen, hat man einen dem Sexuallockstoff nahezu identischen Stoff gefunden, der die Sinneszellen der Männchen erregt, das Paarungsverhalten aber nicht auslöst (mating-disruptant-Stoff, Abb. 14.20c).

Bei den sozialen Insekten sind zahlreiche Pheromone wirksam. Die in der Mandibeldrüse der Honigbiene produzierte Königinnensubstanz (Abb. 14.20d) enthält mehrere Stoffe; die Trans-9-keto-2-decensäure ist außerhalb des Stocks beim Hochzeitsflug der Königin Lockstoff für die Drohnen, die Trans-9-hydroxy-2-decensäure kontrolliert den Zusammenhalt mit den Arbeiterinnen in der Schwarmtraube. Das im Stock von Arbeiterinnen verteilte Pheromongemisch hemmt die Ovarienentwicklung bei Konkurrenzköniginnen. Es gibt Alarmpheromone (Abb. 14.20g, h) gegenüber Feinden. Bei den Ameisen werden die Wege zu ergiebigen Nahrungsquellen mit Spurpheromonen markiert (Abb. 14.20l), bei der Honigbiene stimulieren die Kundschafterbienen die Sammlerinnen mit Futteralarmpheromonen (i). Bei subsozialen Insekten wie Borkenkäfern, die in großer Zahl geschwächte Bäume befallen können, werden die Wirtsbäume mit einem geschlechtsunspezifischen Aggregationspheromon markiert, das in den Exkrementen enthalten ist (Abb. 14.20k).

Auch von Säugetieren sind Geruchsstoffe als Pheromone für die intraspezifische Markierung von Territorien oder für die Kontrolle des Sozialgefüges und der Fortpflanzungsbereitschaft bekannt geworden. Moschustiere geben hierfür ein großringiges Keton aus dem Drüsenbeutel der Nabelgegend ab, männliche Schweine haben im Harn ein die Kopulationsbereitschaft der Sauen stimulierendes Steroid (Abb. 14.20e, f).

14.3 Populationsökologie

14.3.1 Populationsdichten, Aktionsräume

Eine Tierart kann in einem Gebiet nur dann auf Dauer existieren, wenn (**1.**) die ökologischen Grenzbedingungen der Art nicht überschritten werden (vgl. 14.2.1) und wenn (**2.**) zweitens die Fortpflanzungsgemeinschaft oder Population so individuenreich ist, daß die gelegentlichen Verluste (infolge von natürlichem Tod, von Räubereinflüssen oder überschrittenen Grenzbedingungen) durch Geburten wieder ausgeglichen werden können. Für ein

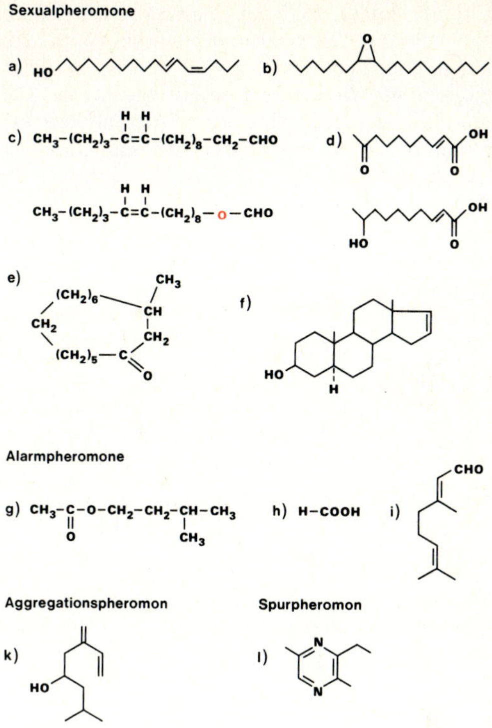

Abb. 14.20: Strukturformeln ausgewählter Pheromone. a) Seidenspinner *Bombyx mori*, b) Schwammspinner *Lymantria dispar*, c) *Heliothes virescens*, Nachtschmetterling (Noctuidae) – darunter das künstliche Inhibitorpheromon, d) Honigbiene *Apis mellifica*, Hauptkomponenten der Königinnensubstanz, e) Muscon von *Moschus moschiferus*, f) 5- a- Androst-16-en-3-on des Schweins, g) Isoamylacetat der Honigbiene, h) Ameisensäure, Formica rufa, i) Citral für Futteralarm bei der Honigbiene, k) Ipsenol des Tannenborkenkäfers *Ips curvidens*, l) 3-Äthyl-2,5-dimethyl-pyrazin der Waldameise *Myrmeca rubra*.

ökologisches Verständnis einer Art gilt es daher, diejenigen Populationsmerkmale und Umwelteinflüsse zu erfassen, die zusammen die lokale Häufigkeit der Individuen einer Art (**Populationsdichte**) kontrollieren. Dabei ist zu beachten, daß Populationsdichten von Arten recht verschieden sein können. Das kann zum einen energetische Gründe haben, die mit der Stellung der Art im Nahrungsnetz und mit der Körpergröße der Art zusammenhängen, zum anderen gibt es in artenreichen und vergleichbaren Tiergruppen numerische Dominanzunterschiede (stark vorherrschende oder **eudominante Arten** mit mehr als 10% relativer Häufigkeit; stark zurücktretende oder **subrezedente Arten** mit weniger als 1%). Weiterhin kann die Populationsdichte im Verlauf der Zeit deutlich zu- oder abnehmen, oder sie kann längerfristig relativ ausgeglichen sein. Die beiden folgenden Beispiele lassen erkennen, daß ganz unterschiedliche **Kontrollmechanismen im Spiel sind.**

In einem Süßwassersee ermittelt man die Populationsdichte der Zooplankton-Arten (Cladoceren, Copepoden, Rotatorien) mit Hilfe von Wasserschöpfer, Sieben und Zählkammern und berücksichtigt dabei Jahreszeit, Wassertiefe und Tageszeit. *Daphnia hyalina* ist im Bodensee eine dominante Art, die während der Frühjahrsblüte des Phytoplanktons Anfang Mai in oberflächennahem Wasser exponentiell zunimmt, von etwa 10^2 auf über 10^5 Ind/m^2 (Parthenogenese, max. Eirate pro ♀ 12). Anschließend kann sich diese Populationsdichte über Monate halten, wobei die Eirate sinkt und die mittlere Generationszeit infolge einer zunehmenden tagesperiodischen Vertikalwanderung (tagsüber mit bevorzugtem Aufenthalt im kalten Tiefenwasser bis 50 m) zunimmt. Während der Wintermonate vermindert sich die Populationsdichte wieder.

Die Populationsdichte des Steinkauzes kann man im Frühjahr mit Hilfe einer Klangattrappe des Steinkauzrufs nachts prüfen, da die revierverteidigenden und meist verpaarten Männchen hierauf antworten. Die Dichte betrug in einem für diese Art geeigneten Landschaftsgebiet am Niederrhein (Brutplätze in Kopfweiden und Scheunen, Grünland für Beutetiere) durchschnittlich 1,7 Männchen pro km^2; der Wert schwankte über 10 Jahre nur zwischen 1,5 und 2,1. Bei optimalem Brutplatz- und Grünlandangebot konnte die Populationsdichte jedoch auf kleineren Flächen mit 5 Brutpaaren pro km^2 deutlich höher liegen.

Wenn man die Ursachen für die Häufigkeit einer Tierart in einem ausgewählten Areal erkennen oder wenn man Prognosen über die Populationsentwicklung treffen möchte, so kann man zunächst die generellen autökologischen und energetischen Voraussetzungen für die Art prüfen. Wenn diese Voraussetzungen gegeben sind, wird man die räumliche Verteilung der Art und die Dynamik der Populationsdichte untersuchen.

Das räumliche Verteilungsmuster kann man quantitativ ermitteln, wenn es gelingt, die Tierzahlen in kleineren Teilflächen oder Volumina auszuzählen. Bei einer zufälligen Verteilung der Individuen würden die Teilflächenhäufigkeiten für 0, 1, 2, 3 usw. Tiere einer Poisson-Serie entsprechen.

In den meisten Fällen dürfte eine mehr oder weniger starke Tendenz zu einer geklumpten Verteilung vorliegen, da Lebensräume durch zahlreiche Faktorengradienten (Licht, Temperatur u.a.) und Substratbedingungen strukturiert sind und da die einzelnen Arten infolge ihrer Habitatansprüche dann lokale Stellen bevorzugen. Eine Tendenz zu einer regelmäßigen Verteilung kann sich einstellen, wenn intraspezifische Konkurrenz (z.B. Territorialverhalten) die Verteilung der Individuen in einem gleichmäßig strukturierten Lebensraum kontrolliert und wenn gleichzeitig eine optimale Populationsdichte vorliegt.

Wichtige Hinweise auf den Verteilungsmodus einer Population ergeben sich weiterhin aus einer **Registrierung des Aktionsraumes** einzelner, markierter Individuen. Standorttreue ist eine Ausnahme (Laichplätze von Amphibien, Territorien des Steinkauzes, Ruheplätze der Schüsselschnecken *Patella* spp. auf Felsengrund in der Gezeitenzone). Nahrungs- und Brutplatzterritorien werden meist nur jahreszeitlich begrenzt verteidigt (Singvögel).

Viele Arten verlagern ständig ihren Aktionsraum (Planktontiere, Fischschwärme, niedere Bodentiere, viele Kleinsäuger). Andere wandern während eines bestimmten physiologischen Altersstadiums aus einem Areal aus (Winddrift von Jungspinnen, Dispersionsflüge von Laufkäfern und Schmetterlingen). Es gibt jahreszeitliche Hin- und Rückwanderungen zwischen verschiedenen Gebieten (Zugvögel, afrikanische Huftierherden). Diese Mobilitäten können erhebliche Bedeutung für die Dichteregulation und für die genetische Stabilität der Populationen haben, indem lokale Überbevölkerungen vermieden und neu besiedelbare Standorte gefunden werden und indem Panmixie und Genaustausch in einem weiten geographischen Gebiet stattfinden.

14.3.2 Populationswachstum

Populationsdichten können im Laufe der Zeit zu- oder abnehmen. Diese Veränderungen lassen sich in einem ausgewählten Gebiet und für einen bestimmten Zeitraum mit Hilfe der folgenden Populationsmerkmale genauer ermitteln. Die **Geburtenrate** im Gebiet (syn. Natalitätsrate) und die **Immigrationsrate** der von außerhalb hereingekommenen Tiere belegen die Zunahmen, **Mortalitäts-** und **Emigrationsrate** die gleichzeitig aufgetretenen Verluste.

Beispielsweise würde man eine derartige Untersuchung bei einer Vogelart mindestens von einer Brutzeit an bis zum Beginn der nächsten durchführen. Man müßte hierzu in einem geeigneten Areal alle Altvögel mit schonenden Japannetzen kurz einfangen und mit Farbringen markieren. Zu beringen wären ihre Nachkommen, um Jahrgänge längerfristig voneinander unterscheiden sowie Zuzügler feststellen zu können. Es wären zu zählen: Brütende und Nichtbrütende, Gelegestärken, Anzahl der ausgeflogenen Jungvögel und jegliche Verluste während und außerhalb der Brutzeit. Auf diese Weise kann eine positive (oder negative) Nettozuwachsrate formuliert und quantitativ mit den obigen Populationsmerkmalen verknüpft werden. In einem nächsten Schritt kann man dann die ökologischen Ursachen für Zu- oder Abnahme weiteranalysieren.

Die **maximale Zuwachsrate** r_{max} einer Population kann von Tiergruppe zu Tiergruppe und von Art zu Art recht verschieden sein.

Bei Vögeln ist die maximale jährliche Zuwachsrate mit den durchschnittlichen Gelegegrößen und der Anzahl der Bruten korreliert (pro Brutpaar: Mäusebussard 2–3, Amsel 4 × 2, Kohlmeise 7–8). Bei Tierarten mit beträchtlich kürzeren Generationszeiten und zahlreichen Generationen im Jahr empfiehlt es sich unter Berücksichtigung der artspezifischen Nachkommenzahlen die maximale tägliche Zuwachsrate (r_{max} pro Tag) zu berechnen; sie beträgt bei Ciliaten 0,8–4,3, bei Rotatorien 0,2–1,4, bei Daphnien 0,2–0,6, bei Süßwasserinsekten 0,01–0,03, bei der Feldmaus 0,02. Oder man kalkuliert die **minimale Biomasseverdopplungszeit**, die im Freiland nur unter günstigen Bedingungen auftreten kann; die Werte betragen dann entsprechend 4–20 h bei Ciliaten, 0,5–3,5 d bei Rotatorien, 20–100 d bei Süßwasserinsekten und 35 d bei der Feldmaus. Die Nettozuwachsraten sind meistens beträchtlich geringer und sie können zeitlich schwanken, je nach Nahrungsressourcen, Konkurrenten- und Räuberzahl sowie ungünstigen Witterungsbedingungen.

Die grundsätzlichen Möglichkeiten des Populationswachstums lassen sich anhand von **Modellen** verstehen. Wenn die Zuwachsrate r einer Population über einen längeren Zeitraum einen gleichbleibenden Wert (> 0) hat, so werden die Populationsdichten nach und nach entsprechend einer geometrischen Zahlenreihe zunehmen und in gleichmäßigen Zeitabständen verdoppelt sein. Es ergibt sich eine **exponentielle Wachstumskurve** (Abb. 14.21).

Exponentielles Wachstum ereignet sich in Phytoplanktonpopulationen von Süßwasserseen während des Frühjahrs, wenn noch genügend Nährstoffe (ortho-Phosphat, Nitrat) im Wasser sind und der Filtrationseinfluß durch die Zooplankter gering ist. Bei günstigen Lichtbedingungen kann sich die Algenbiomasse dann während eines Tages mindestens verdoppeln. Anschließend setzt eine exponentielle Populationszunahme bei den Zooplanktonarten ein, bis infolge einer Überproduktion das Wasser klar filtriert ist (meßbar an der zunehmenden Sichttiefe im Wasser) und die Zooplanktonzahlen stagnieren oder wieder zurückgehen. Exponentielles Wachstum wird auch bei Pflanzenschädlingen in Monokulturen beobachtet (Schwarze Bohnenlaus *Aphis fabae*: im Sommer parthenogenetische Generationen auf Ackerbohne und Rübe). Exponentielle Zunahmen sind auch bei der Neubesiedlung von Flächen zu erwarten.

Die Begrenzung des Populationswachstums läßt sich durch die **logistische** oder **sigmoide Wachstumskurve** wiedergeben (Abb. 14.21), bei der die Zu-

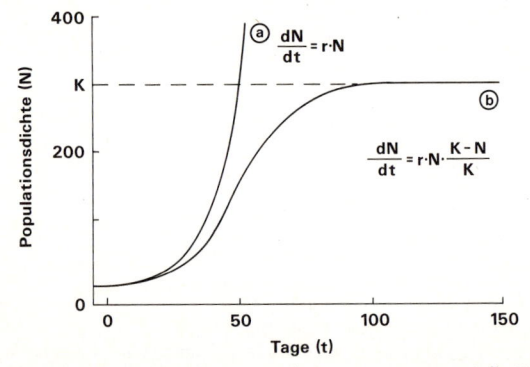

Abb. 14.21: Modelle für ein Populationswachstum: (a) exponentielle Wachstumskurve, (b) logistische Wachstumskurve (nach Verhulst und Pearl). N = Anzahl.

%
50

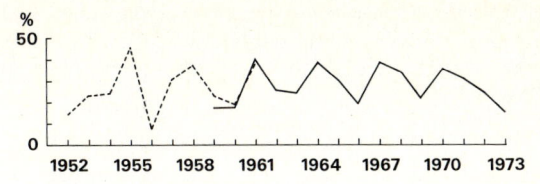

1952 1955 1958 1961 1964 1967 1970 1973

Abb. 14.22: Periodische Populationsdichte-Schwankungen der Gelbhalsmaus im Berliner Grunewald, gemessen anhand des prozentualen Anteils an der Gesamtbeute in Gewöllen von Waldohreulen (**gestrichelt**) und Waldkäuzen (**durchgezogene Linie**). (nach Wendland 1975).

nahme der Individualzahlen sich asymptotisch einer optimalen Individuendichte annähert. Diese optimale Individuenzahl wird als Kapazität K bezeichnet, was das optimale Fassungsvermögen eines Areals in bezug zu den Ernährungs- und Raumansprüchen einer Art ausdrücken soll. Wenn die Populationsdichte N_t gerade diesem K-Wert entspricht, dann wäre der Multiplikator $\frac{K-N}{K}$ in der logistischen Wachstumsformel gleich Null, und kein Populationswachstum fände mehr statt. Ein sigmoider Populationsverlauf wäre in Freilandpopulationen nur dann zu erwarten, wenn die Zuwachsrate einer Tierart in einem Areal rechtzeitig so gedrosselt wird, daß zu keiner Zeit eine für die Ernährungskapazität des Gebiets zu hohe Nachkommenzahl gebildet wird und keine Überbevölkerung, kein Nahrungsmangel und keine erhöhten Mortalitätsraten auftreten. Durch die Verteidigung von Nahrungsterritorien und die Verdrängung von Nahrungskonkurrenten in andere Areale, also durch **intraspezifische Konkurrenz**, kann eine solche Regulation zum Beispiel bei Vogelpopulationen annähernd erreicht werden.

Für eine Reihe von Kleinsäugern sind **zyklische Schwankungen** der Populationsdichte charakteristisch (Abb. 14.22). Die Periode betrug 3 Jahre bei der Gelbhalsmaus-Population des Berliner Grunewalds (über einen Beobachtungszeitraum von 20 Jahren), 4–5 Jahre bei der Waldwühlmaus in Finnisch-Lappland, 9–10 Jahre bei den Schneehasenpopulationen im nördlichen Kanada. Räuber-Arten können diese Schwankungen sekundär phasenversetzt mitmachen, wie zum Beispiel der kanadische Luchs als Haupträuberart des Schneehasen. Da die Populationszyklen des Schneehasen jedoch auch in vom Luchs nicht besiedelten Gegenden auftreten, können Räuber–Beute-Beziehungen nicht die primäre Ursache dieser Dichteschwankungen sein. Bei Spitzhörnchen *(Tupaja glis)* kann man in der Tierhaltung bei simulierter Überbevölkerung die Geschlechtsreife verzögern oder sogar ein Auffressen der Jungtiere bedingen, wenn deren Schutzmarkierung durch die Sternaldrüsen der überreizten Mütter unterbleibt. Diese Reaktionen werden als «**sozialer Streß**» bezeichnet und beruhen auf einer Reihe von gestörten hormonalen Regulationen. Man vermutet, daß vergleichbare Reaktionen auch beim Zusammenbruch von Nagetierpopulationen eine Rolle spielen können. Die eigentlichen Ursachen der Zyklen und ihre regelmäßige Periode sind jedoch noch unverstanden.

Populationsanalysen können zeitaufwendig werden, wenn man die **Alterszusammensetzung** zu berücksichtigen hat. Bei Arten mit mehrjährigem Lebensalter sind jeweils nebeneinander geschlechtsreife Individuen und Jungtiere vorhanden.

Bei Tierarten mit einjährigem oder kürzerem Entwicklungszyklus treten die einzelnen Größen- und Altersstadien meist nacheinander auf. Bei Insekten wird die Populationsentwicklung dann anhand partieller Populationskurven für die Zahlen von Eiern, Larvenstadien, Puppen und Imagines abgebildet. In Lebenstafeln wird die Lebenserwartung der einzelnen Altersstadien zusammengestellt und für die Prognose von Populationsentwicklungen verwendet.

Schließlich ist es interessant, die generelle **Lebenszyklusstrategie** zwischen Arten zu vergleichen und alle für das Populationswachstum wichtigen Anpassungen in ihrer adaptiven Bedeutung zu bewerten (Körpergröße, einmalige oder mehrmalige Reproduktionsphase, Zahl der Nachkommen, Brutpflege, Entwicklungsdauer bis zur ersten Geschlechtsreife, durchschnittliche Generations- bzw. Lebensdauer, bisexuelle oder parthenogenetische Fortpflanzung). Entsprechend den Kenngrößen der logistischen Wachstumsformel kann man zwei Typen einander gegenüberstellen: **r-Strategen** und **K-Strategen,** je nachdem, ob eine Tierart in erster Linie auf eine relativ hohe Zuwachsrate r oder aber auf eine ausgeglichene Populationsdichte K im Bereich der Kapazität der Umwelt setzt. Typische Merkmale eines r-Strategen sind: hohes r_{max}, rasche Entwicklung bis zur Geschlechtsreife, kleines Körpergewicht, mehrere Generationen pro Jahr. Die K-Strategie kennzeichnet entsprechend gegenteilige Merkmale.

Die Unterscheidung der beiden Typen ist relativ. Beispielsweise kann man von den beiden koexistierenden *Daphnia*-Arten des Bodensees *D. galeata* als r-Strategen und *D. hyalina* als K-Strategen bezeichnen. *D. galeata* bleibt tags und nachts im phytoplanktonreichen Epilimnion und nimmt einen stärkeren Fraßdruck durch Fische in Kauf; die relativ hohen Mortalitätsraten werden durch kürzere Generationsdauer (11–18 d) und höhere Nachkommenzahlen kompensiert. *D. hyalina* beginnt nach der Frühjahrsmassenentwicklung im Epilimnion mit der tagesperiodischen Vertikalwanderung ins kalte Hypolimnion, wobei die Generationszeiten auf 38–47 d verlängert und die Nachkommenzahlen reduziert werden, bei insgesamt geringeren Verlusten durch Fische. Im Vergleich zu ganz anderen Tiergruppen am See (z.B. Hecht, Haubentaucher) wären jedoch beide Arten gemeinsam als typische r-Strategen einzustufen.

14.3.3 Interspezifische Konkurrenz und Koexistenz

Wenn man den Artenbestand von Biozönosen betrachtet, so ist eine beachtliche Artendiversität auf allen Trophiestufen des Ökosystems die Regel. Diese Mannigfaltigkeit findet sich bis hin zu engen Verwandtschaftsgruppen, wie es Gattungen sind, bei denen die Arten meist recht ähnliche Lebensweisen und ähnliche Nahrungsressourcen haben.

Beispiele sind die zahlreichen *Daphnia*-Arten in Süßwasserseen, die Seepocken-

14.3 Populationsökologie

Arten im Littoral der Meeresküsten oder die Meisen-Arten in Eichenhainbuchenwäldern. Solche Arten sollten bei einer höheren Populationsdichte einer **interspezifischen Konkurrenz** um die gleichen Ressourcen ausgesetzt sein, so daß die Frage auftaucht, ob eine der näher verwandten Arten in einem Lebensraum letztlich besser angepaßt ist und die unterlegeneren Arten längerfristig verdrängen kann. Im Freiland sind Konkurrenzerscheinungen schwer nachzuweisen, da die Kenntnis der Habitatansprüche meist unzureichend ist, um zu entscheiden, ob die seltenere von zwei ähnlichen Arten durch Konkurrenz unterlegen ist oder ob sie durch eine andere ökologische Spezialisierung in dem betreffenden Areal nicht ihr Optimum findet. Ein Modell kann wiederum helfen, das Wachstum zweier Populationen zu verfolgen und die Auswirkungen der interspezifischen Konkurrenz im Hinblick auf **Koexistenz** beider Arten oder Ausschluß der unterlegenen Art (**Exklusion**) von einem quantitativen Ansatz her zu beschreiben und zu verstehen. Dieses Modell läßt sich aus der bereits bekannten logistischen Wachstumsformel herleiten.

Für zwei miteinander konkurrierende Arten mit den Populationsdichten N_1 und N_2 kann man die Formel folgendermaßen erweitern:

$$\frac{dN_1}{dt} = r_1 N_1 \frac{K_1 - \alpha N_2 - N_1}{K_1} \text{ und } \frac{dN_2}{dt} = r_2 N_2 \frac{K_2 - \beta N_1 - N_2}{K_2}$$

Neu eingeführt wurden die Terme αN_2 bei der Spezies 1 bzw. βN_1 bei der Spezies 2. Sie belegen die Annahme, daß die Umweltkapazitäten K_1 bzw. K_2 der beiden Arten jeweils durch die Mitglieder der anderen Art mitgenutzt werden. Sie beschreiben also mathematisch die interspezifische Konkurrenz. Die Koeffizienten α und β besagen dabei, daß die Individuen von Spezies 1 und 2 beispielsweise verschieden groß sein können und entsprechend einem Factor α bzw. β einen größeren bzw. kleineren Ressourcenbedarf haben. Die entscheidende Frage an das Modell lautet: bei welchen Anzahlen von N_1 und N_2 wäre die optimale Populationsdichte erreicht, so daß sich bei Überschreiten der K-Werte tatsächlich die Konkurrenz zu ungunsten der einen oder der anderen Art oder beider Arten auswirken könnte. Optimale Dichten, bei der die Umweltkapazität vollständig genutzt ist, liegen dann vor, wenn die obigen Differentialquotienten dN/dt gleich Null sind. Das ist der Fall, wenn

$N_1 = K_1 - \alpha N_2$ (1) , bzw. $N_2 = K_2 - \beta N_1$ (2).

Die Gleichungen (1) und (2) repräsentieren Nullwachstumsbedingungen für die Populationsdichte der beiden miteinander konkurrierenden Spezies. Man kann sie graphisch in einem Koordinatensystem darstellen (Abb. 14.23a, b), wobei in dem Feld zwischen N_1- und N_2-Achse jegliches Häufigkeitsverhältnis zwischen den beiden Arten durch einen Punkt abbildbar ist. Punkte innerhalb der Nullwachstumskurven würden andeuten, daß beispielsweise im Fall von (1) die K_1-Kapazität noch nicht erreicht ist, daß dN_1/dt also noch positiv ist und N_1 noch zunehmen kann. Oberhalb der Nullwachstumskurve (1) wäre der K-Wert überschritten und N müßte abnehmen. Für Gleichung (2) gilt Entsprechendes.

Wenn die Gleichungen (1) und (2) numerisch genau identisch wären (α und $\beta = 1$), dann würde zwischen beiden Arten gleichsam eine Patt-Situation herrschen und es bliebe dem Zufall überlassen, ob in einem Areal eine der beiden Arten durch interspezifische Konkurrenz einmal verdrängt würde. In der Regel darf man aber davon ausgehen, daß eine von zwei Arten die Ressourcen des Areals etwas besser im Hinblick auf ihre Reproduktionsrate nutzen kann, so daß K-Wert und Nullwachstumskurve dieser Art dann in der Graphik bei höheren N-Werten liegen würden. Wenn das, wie in Abb. 14.23c, für die Spezies 2 gilt, so bedeutet dieses, daß sich die Populationsdichten letzten Endes immer zugunsten von Spezies 2 verschieben, unabhängig davon, von welchem Anfangsverhältnis zwischen den beiden Arten die Populationsentwicklung starten würde. Mit Hilfe von Pfeilen läßt sich das für beliebige Ausgangspunkte grafisch schrittweise nachvollziehen, da die Pfeilrichtungen für jeden Punkt in der Fläche durch die Nullwachstumsgleichungen kalkulierbar sind. Bei vollständiger Ausnutzung der Ressourcen wird immer die Situation eintreten, daß N_1-N_2-Dichten auftreten, die oberhalb von (1) liegen (N_1 nimmt dann zukünftig ab), die aber noch unterhalb von (2) bleiben (N_2 kann noch weiter zunehmen). Die Konsequenz ist: die Art 2 wird von Generation zu Generation häufiger, bis schließlich 1 auskonkurriert ist. Abb. 14.23d zeigt den umgekehrten Fall.

Eine Exklusion der einen Art (z.B. Spezies 1) kann zugleich einen **Selektionsprozeß** einleiten, indem bei der unterlegenen Art diejenigen Genotypen bessere Überlebenschancen haben, die der interspezifischen Konkurrenz durch eine Anpassung an andere Ressourcen entgehen. Interspezifische Konkurrenz zwischen nahverwandten Arten dürfte daher in der Regel immer einen Selektionsdruck auf eine divergierende ökologische Spezialisierung ausüben. **Merkmalsverschiebung** und Nischendiversifikation infolge einer während der Evolution vorübergehend aufgetretenen interspezifischen Konkurrenz dürften ein wichtiges Prinzip in der Evolution von Tierarten gewesen sein.

So unterscheiden sich koexistierende *Daphnia*-Arten in Verhaltens- und Reproduktionsleistungen; die einheimischen Meisenarten bevorzugen unterschiedliche Nahrungssuchgebiete (Kohlmeisen im Bereich stärkerer Äste und in Bodennähe, Blaumeisen im peripheren dünnästigen Wipfelbereich der Bäume) und unterschiedliche Nisthöhlengrößen. Seepocken-Arten haben unterschiedliche Resistenzen gegenüber der Dauer der Trockenzeiten im Wechsel von Ebbe und Flut.

Eine interessante Variante des Modells präsentiert Abb. 14.23e, bei der sich die Nullwachstumskurven gerade so überschneiden, daß im Gegensatz zu den vorhergehenden $K2 < K1/\alpha$ und $K1 < K2/\beta$ ist oder, populationsökologisch ausgedrückt, daß sich beide Spezies im Areal auf eine niedrigere Umweltkapazität beschränken als in den vorhergehenden Beispielen. Bei Vögeln wäre dieses dann verwirklicht, wenn jede der beiden Arten infolge einer stärkeren intraspezifischen Konkurrenz Superterritorien in Anspruch nimmt und gegen Artgenossen verteidigt, nicht aber gegenüber der konkurrierenden Art. In dieser Situation bleibt beispielsweise auch bei hohem N_2

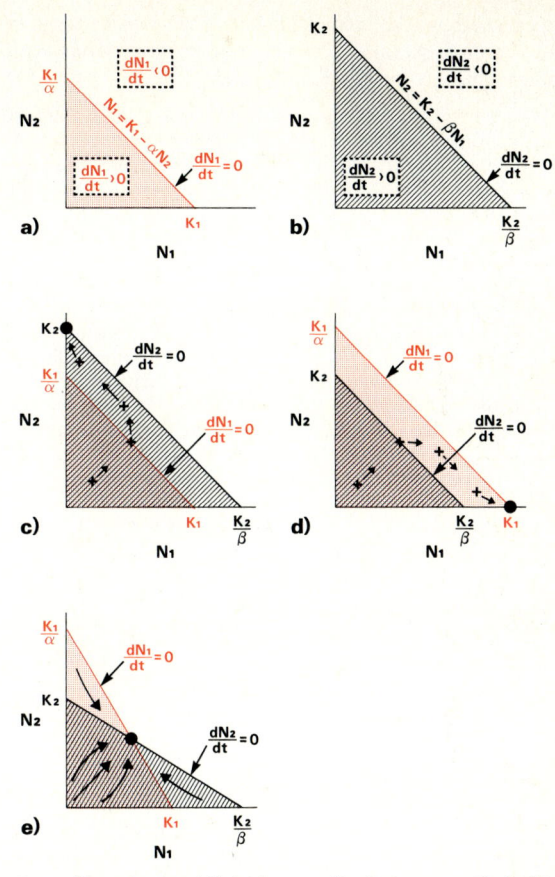

Abb. 14.23: Darstellung der Modellgleichungen für die interspezifische Konkurrenz von zwei Arten mit den Populationsdichten N_1 und N_2. Die Pfeile markieren Häufigkeitsverschiebungen der beiden Arten (nach Gause und Witt 1935).

immer noch Kapazität für ein N_1. Theoretisch würde dieses auf eine **stabile Koexistenz** beider Arten mit bestimmtem N_2/N_1-Verhältnis hinauslaufen.

14.3.4 Räuber–Beute-Beziehungen

Die Zuwachsrate einer Population kann auch durch Räuber oder Parasitoide (z.B. Schlupfwespen, die im Verlauf ihrer Larvalentwicklung ihre Wirtslarve töten und daher als Raubparasiten bezeichnet werden) beeinträchtigt werden. Die wechselseitige Abhängigkeit des Populationswachstums von Beute und Räuber kann wiederum an einem vereinfachten Modell mit Hilfe von Differentialgleichungen beschrieben werden.

Man geht dabei von der Grundgleichung für exponentielles Wachstum aus und setzt statt der Zuwachsrate r den Term (b−m) ein und schreibt $dN/dt = (b-m) \cdot N$ (b: Natalitätsrate, m: Mortalitätsrate). Es ist unmittelbar einsichtig, daß im Fall der Räuber−Beute-Beziehung die **Mortalitätsrate der Beuteart** m_B direkt von der Populationsdichte der Räuberart N_R abhängt ($m_B = f_B \cdot N_R$). Umgekehrt gilt, daß die **Geburtenraten der Räuberart** b_R eine lineare Funktion der Populationsdichte der Beuteart N_B ist ($b_R = f_R \cdot N_B$). Man kann daher formulieren:

für die Beuteart $dN_B/dt = (b_B - f_B N_R) \cdot N_B$
für die Räuberart $dN_R/dt = (f_R N_B - m_R) \cdot N_R$

Bei der Lösung der Gleichungen ergibt sich, daß bei zunehmender Beutedichte nachfolgend die Räuber-Geburtenrate und folglich die Räuberdichte zunimmt. Das hat die Konsequenz, daß nunmehr häufiger Räuber und Beutetiere aufeinander treffen. Damit steigt die Beute-Mortalitätsrate und es sinkt die Beutedichte mit der weiteren Konsequenz, daß schließlich auch die Räuber-Geburtenrate und die Räuberdichte abnimmt. Hiernach kann die Beutedichte sich wieder erholen usw. Die Populationsdichteänderungen von Beute und Räuber wiederholen sich periodisch und sind zeitlich gegeneinander versetzt. Diese zyklischen Änderungen lassen sich sowohl durch eine geschlossene Kurve in einem Koordinatensystem für Beute und Räuberpopulationsdichten (Abb. 14.24a) als auch in einem Zeitdiagramm (Abb. 14.24b) abbilden. Dieses Modell wird nach seinen Entdeckern **Lotka** und **Volterra** benannt und gilt für sehr vereinfachte ökologische Verhältnisse, wie sie sich am ehesten in einem Populationsexperiment mit 1 Beute- und 1 Räuber-Art verwirklichen lassen.

Im Freiland herrschen in der Regel kompliziertere Bedingungen, welche die Populationsdichten zusätzlich zu der modellhaft erläuterten Räuber-Beute-Abhängigkeit beeinflussen.

Folgende Möglichkeiten seien erwähnt: (a) für die meisten Räuberarten gibt es mehr als eine Beuteart, so daß ein Räuber auf Ersatzbeute-Arten ausweichen kann, wenn die eine Art zu selten wird oder wenn die zeitweilige Jagd auf nur eine Beuteart energetisch nicht mehr effektiv genug ist; (b) Beutearten können sich in einem räumlich strukturierten Lebensraum in Verstecken oder durch Flucht dem Zugriff der Räuber entziehen; (c) es gibt zyklische Schwankungen von Beutetier-Populationen, die unabhängig von einem Räubereinfluß sind. Dennoch zeigt das Modell Wechselbeziehungen zwischen Beute und Räuber auf, die auch im Freiland zeitweilig die Populationsdichten wechselseitig nachhaltig beeinflussen können. Aber es gibt im Freiland zusätzliche Anpassungen von Beute- und Räuberarten, welche die Populationsdichteschwankungen mitbeeinflussen. Auch hier läßt sich dann im konkreten Einzelfall nur durch eine Fallstudie klären, welche tatsächlichen ökologischen Ursachen für die Häufigkeitsschwankungen der zur Diskussion gestellten Arten bestehen.

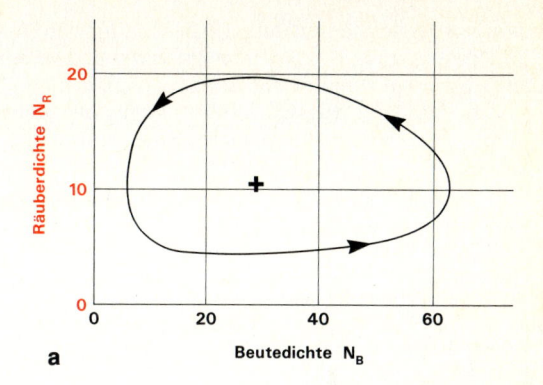

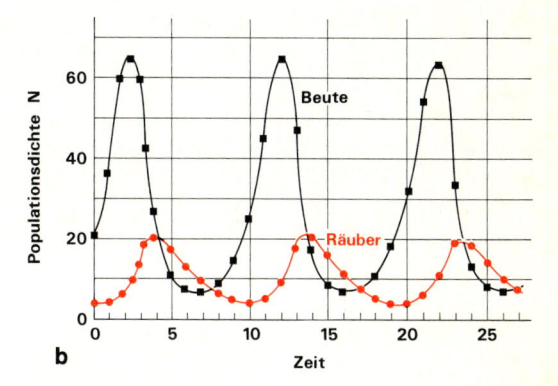

Abb. 14.24: Zwei Darstellungen des Lotka-Volterra-Modells für die Wechselbeziehungen zwischen einer Beute- und einer Räuber-Art.

14.4 Ausgewählte Ökosystemprobleme

14.4.1 Charakterisierung von Ökosystemen

Ökosysteme können gekennzeichnet werden anhand von **Artenlisten** und **Gebietsstrukturen** (einschließlich physikalischer und chemischer Bedingungen), oder anhand der trophischen Struktur des Nahrungsnetzes (Abb. 14.1, 14.30), oder anhand der Stoffwechseldynamik des Systems mit **Energiefluß** von Trophiestufe zu Trophiestufe oder schließlich anhand von **Stoffkreisläufen**. Die Artenbestandsaufnahmen liefern nur eine erste deskriptive Momentaufnahme (ohne funktionelle Beziehungen des Systems). Sie können im Einzelfall notwendig sein, wenn man verschiedene Gebiete eines Ökosystemtyps vergleichen will, um z. B. den Einfluß von Umweltbelastungen oder die Renaturierung von Abgrabungsflächen und verödeten Regionen ökologisch bewerten zu können. Systemeigenschaften und -leistungen wird man jedoch nur dann erfassen können, wenn die funktionellen Prozesse im Jahresgang oder sogar im Langzeitprogramm in interdisziplinärer Zusammenarbeit untersucht werden.

Für die mikrobiologisch und botanisch orientierten Ökologen sind dabei die Leistungen der Primär- und Sekundärproduzenten (Abb. 14.1), die Turnover-Rate von limitierenden Nährstoffen (P-, N-Verbindungen), oder die Wirkung von Exoenzymaktivitäten beim Abbau toter organischer Substanzen wichtig. Für den Zoologen sind die funktionellen Beziehungen der Konsumenten innerhalb des Nahrungsnetzes interessant, deren energetische Bilanzierung sowie Interaktionen zwischen Beute- und Räuber-Arten oder limitierende Grenzbedingungen oder Wirkungen der Konsumenten auf ihre Umgebung.

Die Einstrahlungsenergie der **Sonne** ist die bei weitem wichtigste Energiequelle der Ökosysteme, zum einen für die photochemische Reduktion von CO_2 und die Produktion energiereicher organischer Verbindungen, zum anderen für die Entstehung der lebensnotwendigen Temperaturbedingungen in den Biotopen. Die von den Primärproduzenten in Kohlehydraten, Lipiden und Proteinen festgelegte Energie wird teils im eigenen Stoffwechsel veratmet, teils gespeichert, teils an Konsumenten und Sekundärproduzenten sowie Destruenten verloren. Das Prinzip der Energiebilanz von Konsumenten wurde bereits im Abschnitt 14.2.3 behandelt. Nach dem Prinzip der **Nahrungspyramide** (Abb. 14.25) können die momentan vorliegenden Biomassen der trophischen Ebenen («stehende Ernte» oder standing crop), aber auch die jährlichen Konsumptions- und jährlichen Produktionsleistungen durch eine Vielzahl von Einzelmessungen festgestellt werden. Tab. 14.2 gibt einige konkrete Beispiele, wobei die Verhältnisse vereinfacht dargestellt sind,

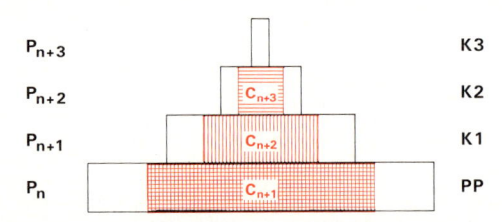

Abb. 14.25: Schematische Nahrungspyramide aus den trophischen Ebenen einer Nahrungskette (PP: Primärproduzenten, K_1–K_3: Konsumenten). Die Größe der einzelnen Ebenen soll ihren Produktionsbeträgen (P_n bis P_{n+3}) entsprechen, deren schraffierter Anteil dem von der nachfolgenden Ebene genutzten Konsumptionsanteil (C_{n+1} bis C_{n+3}). Hinsichtlich des Wirkungsgrades des Energieflusses von Trophieebene zu Trophieebene können Koeffizienten berechnet werden (nach Bick 1980).

Tab. 14.2: Produktionsraten (MJ · m^{-2} · Jahr^{-1}) der Trophiestufen von drei Ökosystemen, einem nährstoffarmen Moorgewässer, einem nährstoffreichen Quellgewässer und einer Spartina-Wiese an der Meeresküste (Zusammenstellung nach Schwerdtfeger 1978)

		Cedar Bog Lake	Silver Springs	Salzwiese
PP	Bruttoproduktion	4.7	87.2	152.4
	Respiration	0.9	50.2	118.0
	Nettoproduktion	3.7	37.0	34.4
K_1	Assimilation	0.6	14.1	3.2
	Respiration	0.2	7.9	2.5
	Produktion	0.4	6.2	0.7
K_2	Assimilation	0.13	1.6	0.25
	Respiration	0.08	1.3	0.20
	Produktion	0.05	0.3	0.05
K_3	Assimilation		0.09	
	Respiration		0.06	
	Produktion		0.03	

indem alle Energieverluste als ein Atmungswert zusammengefaßt wurden und die Destruenten außer Betracht blieben. Die Produktionswerte geben dann als Differenz von A- und R-Werten die Zunahme an Biomassen per Flächen- oder Raumeinheit in einer bestimmten Zeit an. Für die Biomasse können als Einheit Trockengewicht, Kohlenstoffgewicht oder Energieeinheiten gewählt werden. Durch Quotientenbildung der Produktionswerte aufeinander folgender Trophiestufen kann man weiterhin **Wirkungsgrade des Energieflusses** (ökologische Effizienz) berechnen.

In Süßwasserseen mit Phyto- und Zooplankton kann dieser Wirkungsgrad zwischen Produzenten und Phytophagen mit 12–16% höher als in terrestrischen Biotopen liegen (bei der zitierten Salzwiese 2%). Der hin und wieder als Faustregel genannte generelle Wirkungsgrad von 10% für den Energiefluß von Stufe zu Stufe gibt die tatsächlichen Verhältnisse grob vereinfacht wieder.

Bei einer derart deutlichen Begrenzung des Wirkungsgrads im Energiefluß ist das Ausmaß der Bruttoprimärproduktion in einem Biotop entscheidend wichtig für die Anzahl und Biomasse der Tiere sowie für die Anzahl der möglichen Stufen der Nahrungskette. Die Produktionsleistung der Algen und Pflanzen wird dabei maßgeblich durch die örtlichen klimatischen Bedingungen und die Nährstoffzufuhr im Ökosystem (s. 14.4.3) bestimmt. Abb. 14.26 gibt einen Überblick über die Lebensräume mit hoher und niedriger Produktion an.

Ökosysteme lassen sich in ihren detaillierten Strukturen, Produktivitäten, Stoffkreisläufen und längerfristigen Veränderungen nur zusammen mit den Algen und Pflanzen im Rahmen eines ausführlichen Ökologie-Lehrbuchs darstellen. Hier kön-

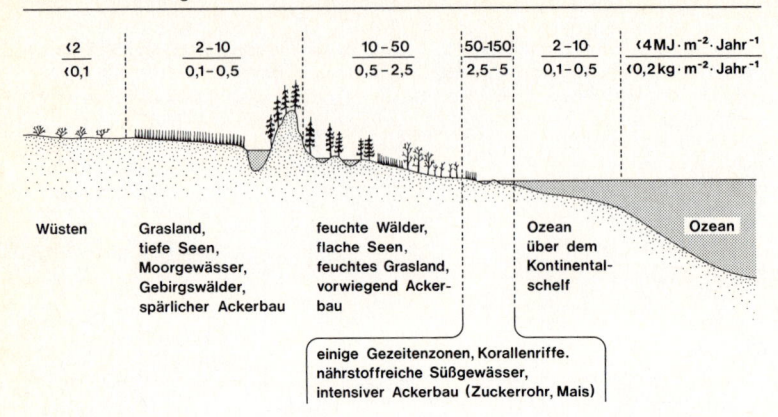

| <2 | 2–10 | 10–50 | 50-150 | 2–10 | <4 MJ·m⁻²·Jahr⁻¹ |
| <0,1 | 0,1–0,5 | 0,5–2,5 | 2,5–5 | 0,1–0,5 | <0,2 kg·m⁻²·Jahr⁻¹ |

| Wüsten | Grasland, tiefe Seen, Moorgewässer, Gebirgswälder, spärlicher Ackerbau | feuchte Wälder, flache Seen, feuchtes Grasland, vorwiegend Ackerbau | einige Gezeitenzonen, Korallenriffe. nährstoffreiche Süßgewässer, intensiver Ackerbau (Zuckerrohr, Mais) | Ozean über dem Kontinentalschelf | Ozean |

Abb. 14.26: Die Bruttoprimärproduktion von niederen und höheren Pflanzen in verschiedenen Lebensräumen. Die Zahlen nennen Jahresdurchschnittswerte, und zwar als Mega-Joule-Energiebeträge (oben) sowie als Biomassetrockengewicht (unten). (nach Odum 1959).

nen im folgenden nur einige vornehmlich auf die Konsumenten ausgerichtete Problemstellungen behandelt werden.

14.4.2 Die Dynamik einer Wattfauna

Die in der Gezeitenzone liegenden Wattenmeere gehören zu den hochproduktiven Biozönosen der Erde (Abb. 14.26). Die Wattfauna der Schlick- und Sandflächen (Zoobenthos) ist besonders artenreich und von hoher Biomasse, (1.) infolge eines günstigen Wirkungsgrads beim Energietransfer von den Primärproduzenten und (2.) infolge teilweise recht großer Arten mit geringer relativer Stoffwechselintensität (Sandpierwurm – *Arenicola marina* – bis 35 cm Länge, Miesmuschel – *Mytilus edulis* – bis 8 cm, Klaffmuschel – *Mya arenaria* – bis 12 cm). Das Makrozoobenthos (Arten größer als 2 mm) bietet ein reiches Nahrungsangebot für Bodenfische und Vögel. Das Artenspektrum hat sich jedoch im Verlauf eines halben Jahrhunderts auffällig geändert (Abb. 14.27). Von den seit dem Ende des vorigen Jahrhunderts nachgewiesenen gut 100 Makrozoobenthosarten des Wattgebiets der Insel Sylt fehlen heute etwa 30 und etwa 30 sind in dieser Zeit neu hinzugekommen. Wo einst Seegraswiesen *(Zostera* sp.), Austernbänke *(Ostrea edulis)* und Sandröhrenriffe des Polychaeten *Sabellaria alveolata* waren (letzterer lebt in Röhren aus verkitteten Sandkörnern), sind heute Miesmuschelbänke angesiedelt. Bei einigen Arten gab es auch kurzfristigere Bestandsveränderungen. Anthropogen bedingte Belastungen des Wattenmeeres waren nicht die Ursache für diese Faunenveränderungen.

14.4 Ökosystemprobleme

Die Herzmuschel *Cerastoderma edule*, die erst nach 2 Jahren erstmals geschlechtsreif wird, ist dort auf frühen Wachstumsstadien 0,5 bis 20 mm einem erheblichen Feinddruck durch Strandkrabben, Garnelen, Plattfische und Austernfischer ausgesetzt. In den 70er Jahren erreichte von 8 geprüften Jahrgängen des Königshafenwatts bei Sylt nur einer die Geschlechtsreife, so daß die vorher reichen Bestände stark geschwächt wurden. Unter Maschendraht-bespannten Schutzkäfigen, die Bodenfische fernhalten, wuchsen Jungmuscheln jedoch stets gut heran. Fraßfeinde können daher alle Jungmuscheln im Verlauf eines Sommers vernichten und das Artenspektrum nachhaltig verändern. Die jungen Herzmuscheln haben nur in Jahren mit geringen Fischbeständen oder bei anderen Nahrungspräferenzen der Fische eine Chance, die Feindbarriere zu durchbrechen.

Der Sandpierwurm *A. marina* erreicht auf geeigneten Sandflächen über viele Jahre hinweg gleichbleibend hohe Populationsdichten, wie an der Wattoberfläche an den Kotschnurhaufen der in U-förmigen Wohnröhren lebenden Altwürmer leicht festgestellt werden kann. Die Altwürmer leben vor Räubern weitgehend geschützt. Ihre dichte und regelmäßige Verteilung dürfte im wesentlichen durch intraspezifische Konkurrenz kontrolliert sein. Die Jugendstadien bevorzugen zunächst detritusreichere Substrate. Sie sind zwischen Miesmuschelbänken und im oberen Tidenbereich durch Fraßfeinde nur begrenzt gefährdet, so daß von diesen Refugien aus die herangereiften Jungwürmer in die Altwurmbestände einwandern und um Aktionsraum konkurrieren können.

Die Beispiele sollen darauf aufmerksam machen, daß sich das Artenspektrum der Konsumenten einer Biozönose bei einer insgesamt vorhandenen Artenmannigfaltigkeit in einem lokalen Gebiet nachhaltig verändern kann. Eine stabile, durch Konkurrenzeigenschaften festgelegte Artenzusammensetzung, die sich nach Populationsstörungen infolge strenger Winter (kurzzeitiges Ausfrieren des oberen Wattbodens bei Niedrigwasser) wieder einreguliert, ist in diesem Lebensraum nicht nachweisbar. Habitatansprüche,

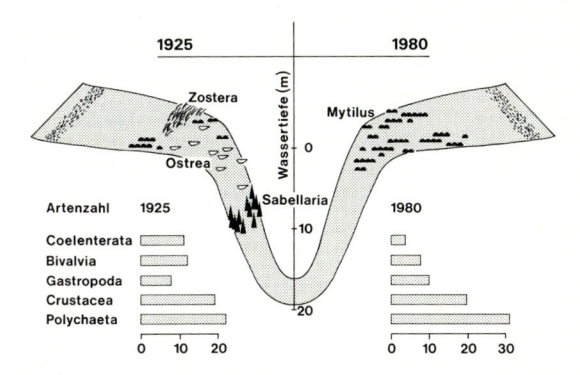

Abb. 14.27: Die im Verlauf der Zeit gewandelte Artenzusammensetzung einer Wattbiozönose (Standort: Lister Ley bei Sylt) (nach Reise 1981).

Feinddruck und die zufälligen Überlebenschancen von geschlechtsreifen Alttieren einzelner Arten in lokalen Refugien haben maßgeblichen Einfluß, welche Arten zu einem bestimmten Zeitpunkt höhere Populationsdichten aufbauen und dominant werden.

14.4.3 Trophie- und Saprobiegrad von Süßgewässern

Seen und Fließgewässer sind zwei verschiedene Typen von Süßgewässern, mit unterschiedlichen abiotischen Bedingungen und unterschiedlichen Biozönosen. **Seen** sind Stillwasser, deren Wasserkörper durch die an der Wasseroberfläche angreifenden Winde in Bewegung kommt. Bei einer Wassertiefe von mehr als etwa 10 m bildet sich in ihnen in mittleren geographischen Breiten während des Sommers eine stabile vertikale Temperaturschichtung aus (Abb. 14.28), und zwar infolge der physikalischen Eigenschaften des Wassers (Dichtemaximum bei 3,9° C, geringe Wärmeleitfähigkeit). Die Lebensgemeinschaft des **Planktons** (Phytoplankton, Bakterien, Zooplankton) besiedelt das Pelagial (Region des freien Wassers). Die substratgebundene Lebensgemeinschaft des **Benthos** lebt im lichtdurchfluteten Uferbereich (Litoral) sowie im nur schwach belichteten Tiefenbereich (Profundal), dessen Besiedelbarkeit durch Tierarten allerdings vom **Trophiegrad** des Sees abhängt. Fischarten finden sich vorwiegend im Pelagial und Litoral. **Fließgewässer** sind demgegenüber Gerinne, in denen sich ein ständig durchmischter Wasserkörper als fließende Welle von der Quelle bis zur Mündung in einen See oder ins Meer talwärts bewegt. Es gibt keine fließwasserspezifischen Plankton-Arten. Es existieren jedoch eine standorttypische und artenreiche Benthosflora und -fauna, deren Zusammensetzung mit dem **Saprobiegrad**, weiteren chemischen Faktoren (z.B. pH), den Temperatur- und den Substratbedingungen (Steine, Kies, Sand, Schlamm, Wasserpflanzen) sowie den Strömungsverhältnissen korreliert werden kann.

Wechselbeziehungen zwischen den Umweltbedingungen und der Produktivität von Biozönosen sind an Seen und Fließgewässern besonders gut zu verfolgen. Geeignete Meßparameter sind hierfür der **Sauerstoffgehalt** des Wassers sowie die Phosphat- und Stickstoffverbindungen. Die O_2-Konzentrationen des Wassers sind zum einen abhängig vom Gasaustausch mit der Atmosphäre an der Wasseroberfläche; die Löslichkeit im Wasser wird beeinflußt von Temperatur und Salinität (bei 0° C 14,5 mg/l, bei 20° C 8,9 mg/l in reinem Wasser bei 1 atm; sinkende Werte bei steigender Salinität). Zum anderen verändern die biogene O_2-Bildung durch Algen und Wasserpflanzen bei Tag sowie der O_2-Verbrauch derselben bei Nacht und von heterotrophen Bakterien sowie Tieren die aktuelle O_2-Konzentration im Wasser. Je nach Sonneneinstrahlung, Biozönosenzusammensetzung und Tageszeit kann es zu O_2-Übersättigungen oder zu O_2-Defiziten im Wasser kommen. Ein erhöhtes Angebot an P- und N-Verbindungen (= **Eutrophierung**, Nährstoffzufuhr aus Abwässern oder aus dem Oberflächenabfluß mineralisch gedüngter landwirtschaftlicher Flächen) verstärkt die Primärproduktion und damit die O_2-Bildung im hinreichend belichteten Wasserkörper. Im Gegensatz dazu: ein erhöhtes Angebot an abgestorbenen und durch Bakterien leicht abbaubaren organischen Substanzen sowie die mitlaufende Nitrifikation von

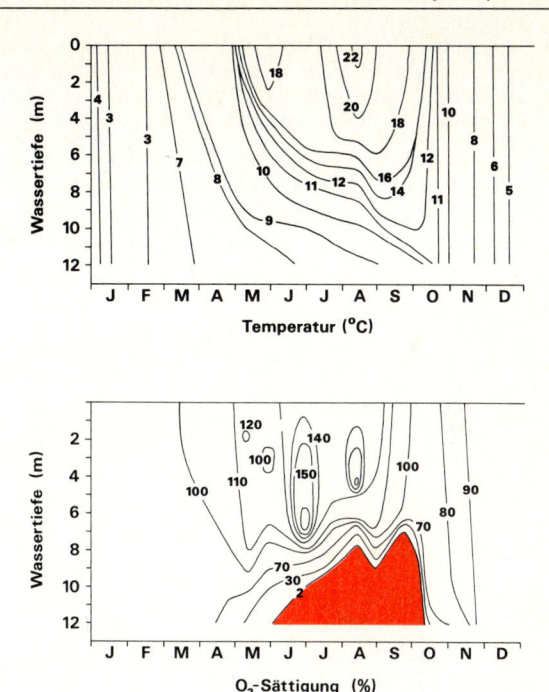

Abb. 14.28: Tiefen-Zeit-Diagramm der Temperatur und Sauerstoffbedingungen in einem niederrheinischen eutrophen Baggersee. (Vollzirkulation während des ganzen Winters; Temperaturschichtung im Sommer mit Sauerstoffmangel im Tiefenwasser) (nach Graef 1985).

hierbei freiwerdendem NH_4 durch Bakterien *(Nitrosomonas* sp., *Nitrobacter* spp.) verstärken die O_2-Zehrung, so daß im Extremfall anaerobe Bedingungen auftreten können. In Seen und Fließgewässern wirken sich diese Prozesse in unterschiedlicher Weise auf die Zusammensetzung des Artenspektrums und dessen Biomasse aus.

Abb. 14.28 zeigt den typischen Jahresgang der Temperatur- und O_2-Bedingungen in einem eutrophen (nährstoffreichen) See mit mehr als 10 m Wassertiefe. Die vertikale Temperaturschichtung mit einem wärmeren und dichtespezifisch leichteren Oberflächenwasser (Epilimnion), einer **Sprungschicht** mit steilem Temperaturgradienten (Metalimnion) und einem kalten stagnierenden Wasserkörper in der Tiefe (Hypolimnion) kennzeichen die Verhältnisse zwischen Frühjahr und Herbst. Die windabhängige Umwälzung des Wassers reicht daher im Sommer nur bis zur Sprungschicht (**Teilzirkulation**). Soweit die Wasseroberfläche im Winter nicht zufriert, fehlt während des ganzen Winterhalbjahres eine Temperaturschichtung. Es findet dann eine vom Wind in Gang gesetzte **Vollzirkulation** des Wasserkörpers statt. Die Biomasse und die vertikale Verteilung des Phytoplanktons sowie die Bedingungen im sommerlichen Hypolimnion kennzeichnen den **Trophiegrad** des Sees.

In **eutrophen** Seen entwickelt sich infolge eines reichen P- und N-Nährstoffangebots ein reiches Phytoplankton und darauf aufbauend ein reiches Zooplankton. Infolge der ins Tiefenwasser absinkenden organischen Substanzen (absterbendes Plankton, Exkremente des Zooplanktons) stellen sich dort zunächst Sauerstoffzehrung und schließlich anaerobe Bedingungen ein.

Typische Bewohner des Faulschlammsediments sind die Mückenlarven der Gattungen *Chironomus* und *Chaoborus* sowie Oligochaeten aus der Familie der Tubificiden. Die profundalen *Chironomus*- und *Tubifex*-Arten können bei den niedrigen Temperaturen mit Hilfe eines Anaerobiose-Stoffwechsels die monatelange Anoxie tolerieren. Wachstum und Metamorphose bzw. Reproduktion erfolgen während des Winterhalbjahres bis zum Frühsommer bei Temperaturen zwischen 2 und 10° C. *Chaoborus*-Larven (Zooplanktonräuber) können eine Erholungsatmung während ihrer nächtlichen Vertikalwanderung ins Epilimnion betreiben und so auch während der Sommermonate heranwachsen.

Bei geringerem Nährstoffangebot im Seewasser kommt es zu einer geringeren Produktivität des Phytoplanktons und im Tiefenwasser zu einer zwar deutlichen, aber nicht totalen Zehrung des Sauerstoffs (**mesotropher** See). Im **oligotrophen** See ist die Planktondichte aufgrund von Nährstoffarmut so gering, daß sich keine oder nur eine abgeschwächte Sauerstoffschichtung zwischen Epi- und Hypolimnion einstellt. Chironomidenlarven der Gattung *Tanytarsus*, zahlreiche weitere Insektenarten und Muscheln sind dann typische Bewohner der Tiefensedimente.

Die Beziehung zwischen **P-Konzentration** bzw. Phytoplankton-Biomasse (meßbar anhand der Chlorophyllkonzentration) und **Trophiegrad** sind quantifizierbar (Abb. 14.29). Die aus einer Vielzahl von Seenbeobachtungen ermittelten Gaußkurven besagen, daß anhand der P-Konzentration bzw. der durchschnittlichen Jahreschlorophyllkonzentration eine Wahrscheinlichkeitsaussage über den Trophiegrad und die sich einstellenden Bedingungen im Hypolimnion gemacht werden kann. Es gibt jedoch keine strikte P-Konzentrationsschwelle (etwa 10 mg/m^3 als P-Gesamtphosphat) zwischen oligotrophem und eutrophem Zustand, da weitere Faktoren die Produktivität im Epilimnion und die O_2-Verhältnisse im Hypolimnion mitbestimmen (geringere Primärproduktion bei Elektrolytarmut oder größerer Höhenlage; geringere relative Zehrung bei großem hypolimnischen Wasserkörper). Die Eutrophierung von tiefen Seen hat zunächst für das Hypolimnion, dann aber für den gesamten See nachteilige ökologische Konsequenzen: (**1.**) reduktive Zerstörung der Sedimentoberfläche und Remobilisierung von dort gebundenem Ortho-Phosphat mit der weiteren Erhöhung der Phosphat-Zufuhr im Oberflächenwasser nach der nächsten Vollzirkulation (= rasante Eutrophierung); (**2.**) H_2S-Bildung im Tiefenwasser; (**3.**) Verdrängung der Fische aus dem Tiefenwasser und Zerstörung von Laichplätzen (bei Coregonen-

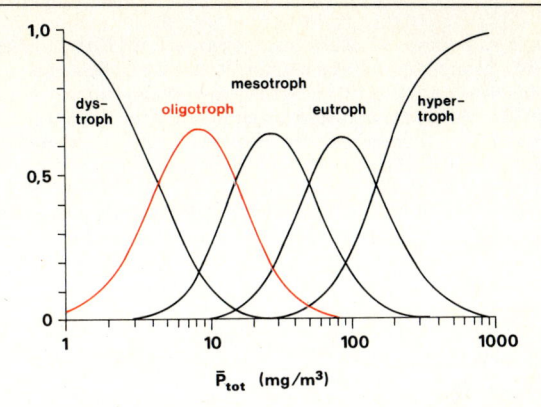

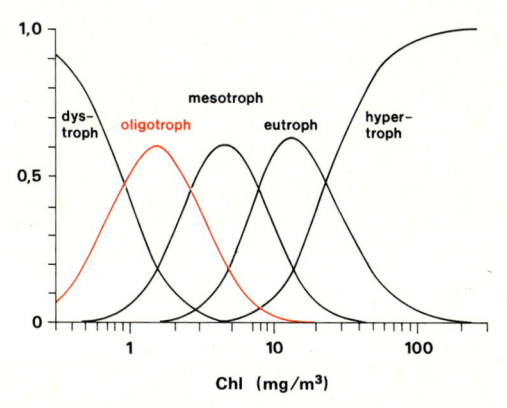

Abb. 14.29: Die Kennzeichnung des Trophiegrades von Süßwasserseen anhand der jährlichen mittleren Konzentrationen an Gesamt-Phosphor und Chlorophyll a. Die Ordinate gibt die Wahrscheinlichkeit für das Auftreten der einzelnen Trophiegrade an (nach Vollenweider und Kerekes 1980).

Arten); (**4.**) Verdrängung einer artenreichen Profundalfauna; (**5.**) Etablierung einer an monatelange Anoxie angepaßten Profundalfauna, an deren Artenzusammensetzung auch ohne langwierige Produktionsmessungen der Trophiegrad des Gewässers bewertet werden kann.

Neben diesen generellen Beziehungen zwischen Trophiegrad und P-Konzentration können auch die **Filtrationsaktivitäten** des Zooplanktons bzw. die Populationsdichten planktivorer Fische einen Einfluß auf den Trophiegrad eines Sees haben, was bei

See-Sanierungen zu beachten ist. Abb. 14.30 führt zwei Modellsituationen vor: ein See (oben) mit herbivorem Zooplankton (Cladoceren wie *Daphnia* spp., Copepoden) ohne Fische, und ein See (unten) mit einem Überbesatz an planktivoren Fischen. Im ersten Fall wird das filtrierende Zooplankton im Anschluß an die Frühjahrsalgenblüte zunehmen und die Algen drastisch dezimieren; nicht gefressen werden langfädige bzw. gallertige Cyanobakterien sowie Desmidiaceen (Zieralgen). Die Sichttiefe im Epilimnion nimmt dann zu («Klarwasserstadium»), im Hypolimnion bleiben infolge des geringeren Eintrags abgestorbener Algen (soweit die Cyanophyceen nicht überhandnehmen) oxische Bedingungen erhalten. Soweit eine ständige Nährstoffeinleitung in einen solchen See unterbleibt, kann eine allmähliche P-Elimination über die Biozönose mit abschließender Deposition von Phosphatverbindungen im oxischen Profundal erfolgen. Im zweiten Fall dezimieren die Fische die filtrationsstarken großen Cladoceren; es verbleiben kleine Arten *(Bosmina* spp., Rotatorien) und vor allem eine sich über den Sommer ständig weiter vermehrende Phytoplanktonpopulation mit den nachteiligen Folgen im Hypolimnion (s.o.). Der kontrollierte Fischbesatz spielt neben einer Unterbindung der Nährstoffeinleitung daher bei der **Biomanipulation** eines Sees eine wichtige Rolle.

In **Fließgewässern** stellt sich ein O_2-Defizit infolge von Abwassereinleitungen aus Städten und Gemeinden ein, wenn die O_2-Bilanz maßgeblich durch Fäulnisprozesse (Remineralisation von partikulären und gelösten organischen Substanzen) und durch die Oxydation des hierbei freiwerdenden Ammoniums beeinflußt wird. Bei starker Verunreinigung können infolgedessen Algen, Benthosfauna sowie Fische in einem Flußabschnitt absterben.

Der **Saprobiegrad** (das Ausmaß der Fäulnisprozesse) hängt von der Menge der abbaubaren Substanz und der heterotrophen Stoffwechselaktivität der Bakterien ab (meßbar anhand des **BSB** = Biochemischer Sauerstoff-Bedarf). Man unterscheidet vier Saprobiestufen anhand ausgewählter Leitorganismen, die das O_2-Defizit und die weiteren ökologischen Begleitumstände unterschiedlich tolerieren. In der **polysaproben** Stufe (stärkste Verunreinigung) überleben an Tieren nur Protozoen (vor allem Ciliaten) und wenige Evertebraten, wie Schlammröhrenwürmer (Tubificiden) und Schlammfliegenlarven *(Eristalis* spp.). Die α **und** β**mesosaprobe** Stufe (stark bzw. mäßig verunreinigt) kennzeichnet ein weites Spektrum von Evertebraten- und Fischarten, die 24stündige Schwankungen des O_2-Gehalts besser oder schlechter tolerieren.

Man kennt bis jetzt jedoch nur in wenigen Fällen die limitierenden unteren Grenzkonzentrationen für die Entwicklungsfähigkeit dieser Tierarten genauer. Bei der in Flüssen auftretenden Köcherfliege *Hydropsyche contubernalis* sind es bei 15° C 5 mg O_2/l, bei der naheverwandten *H. pellucidula* 8,5 mg/l (100% Sättigung bei 15° C: 9,8 mg/l). Aufgrund dieser unterschiedlichen Leistungsgrenzen konnte *H. contubernalis* den hinsichtlich der Abwasserbelastung verbesserten Mittel- und Niederrhein seit Ende der 70er Jahre wieder besiedeln, *H. pellucidula* dagegen bislang noch nicht (sie existiert in unbelasteteren Teilen des Oberrheins und einiger Nebenflüsse).

In der **oligosaproben** Stufe leben Arten, die unbelastetes, O_2-reiches Wasser benötigen (z.B. Bachforelle, viele Arten der Ephemeroptera und Plecoptera).

Fischsterben werden nicht nur durch O_2-Mangel bei erhöhtem Saprobiegrad des Wassers ausgelöst. Bei einer Algenblüte in eutrophen Gewässern

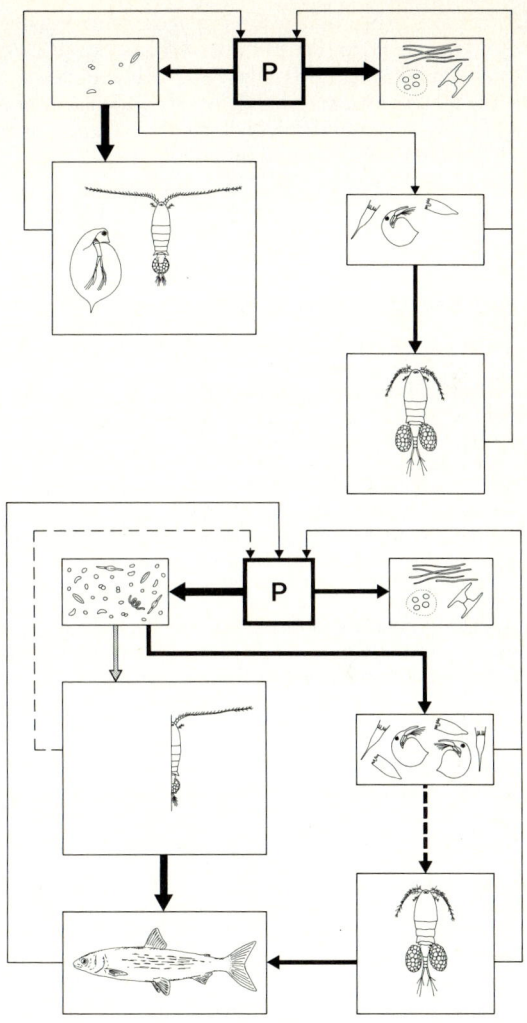

Abb. 14.30: Die Populationsdichte großer algivorer Zooplankter (Cladoceren, Copepoden) in einem Gewässer mit hohem Fischbesatz (vornehmlich planktonfressende Arten) und ohne Fischbesatz. Die carnivoren Zooplankter (Copepoden, Trivialnahme «Hüpferlinge») können den Fischen durch Fluchtsprünge besser entkommen als die algivoren Arten (*Daphnia* spp., *Eudiaptomus* spp.); ihre Nahrung sind kleine algivore Zooplankter wie *Bosmina* spp. und Rotatorien. P: Phosphatgehalt im Wasser. (nach Lampert 1983).

können selbst bei O_2-Übersättigung die geringen Ammoniumgehalte des Wassers kritisch werden, wenn der pH über 9,5 ansteigt (bei Verwendung des HCO_3^--Ions als C-Quelle durch Algen und Wasserpflanzen, bei gleichzeitiger OH^--Abgabe) und wenn das NH_4^+/NH_3-Gleichgewicht infolgedessen auf die Seite des giftigen NH_3 rückt (Lethalkonzentrationen für Fische 0,2–2 mg NH_3/l; Grenzwert für die Bachforelle 0,8 mg/l). In elektrolyt- und Ca-armen Gewässern werden für viele Fische auch niedrige pH-Werte unter 5,5 kritisch (z.B. in den durch sauren Regen beeinträchtigten Seen von Südnorwegen).

14.4.4 Laubstreuzersetzung und Bodenbildung

Ohne den Einfluß des Menschen würden in der atlantiknahen Hälfte Mitteleuropas vor allem weitflächige Laubwälder die natürliche Vegetation bilden, mit Rotbuche und Stieleiche als dominierenden Baumarten. Die ökologischen Prozesse der Produktivität, des Energieflusses, des Stoffkreislaufs und der Bodenentwicklung dieses terrestrischen Ökosystems lassen sich am besten am Beispiel von forstlich angelegten, aber naturnahen Buchen- und Buchenmischwäldern untersuchen. Im Gegensatz zu aquatischen Lebensräumen verläuft der Energiefluß im Nahrungsnetz dieser Wälder vor allem durch die **Destruenten**-Arten, weniger durch die Konsumenten-Arten. So wurden von der jährlichen Nettoprimärproduktion eines heranwachsenden Buchenwaldes im Solling 58 % im Holz deponiert, 39 % wurden als Laubstreu von den Destruenten und nur 2,5 % als Frischlaub von den Konsumenten abgebaut.

Die Laubstreuzersetzung ist in den gemäßigten geographischen Breiten ein über mehrere Jahre laufender Prozeß, an dem neben der Mikroflora (Pilze, Bakterien) die **Bodentierwelt** mit einer großen Artenfülle beteiligt ist. Man kann insgesamt zwei Nahrungsnetze unterscheiden, **Saprophagen-** und **Mineralisierer-Nahrungsnetz** (Abb. 14.31).

Auf Ca-reichem Boden (z.B. Muschelkalkgebiete) haben die Makrophytophagen-Tiere (Regenwürmer, Asseln, Diplopoden, Schnecken) neben der Mikroflora einen beachtlichen Anteil an der Einleitung des Laubabbaus. Auf Ca-armen Sauerhumusböden (z.B. Buntsandstein) sind es Mikroflora (Pilze) und Mikrophytophagen (Nematoden, Enchyträen-Würmer, Collembolen, Hornmilben = Oribatei). Die Makrophytophagen sind Primärdestruenten, die Fallaub und Holz zerkleinern und Zellulose mit eigenen Verdauungsenzymen und mit Hilfe symbiontischer Mikroorganismen spalten. Unverdaute Bestandteile in den N-haltigen Faeces bieten der Mikroflora ein günstiges Nahrungssubstrat. Koprophage leben als Sekundärdestruenten dann von dieser mikroflorahaltigen Faeces der Primärdestruenten, wobei z.B. Asseln Phytophagie und Koprophagie alternierend betreiben. Dipteren- und Käferlarven sowie räuberische Spinnen ergänzen das Artenspektrum.

Beim Zellulose-, Lignin- und Protein-Abbau freiwerdende niedermolekulare Stoffe (Monosaccharide, Aminosäuren, substituierte Phenole) polymerisieren teilweise zu **Huminstoffen**, die Bindungen mit Tonmineralien sowie Al- und Fe-Hydroxiden des Bodens eingehen (**Ton-Humuskomplexe** mit günstiger Wasserbindungskapazität). Diese organischen Verbindungen wer-

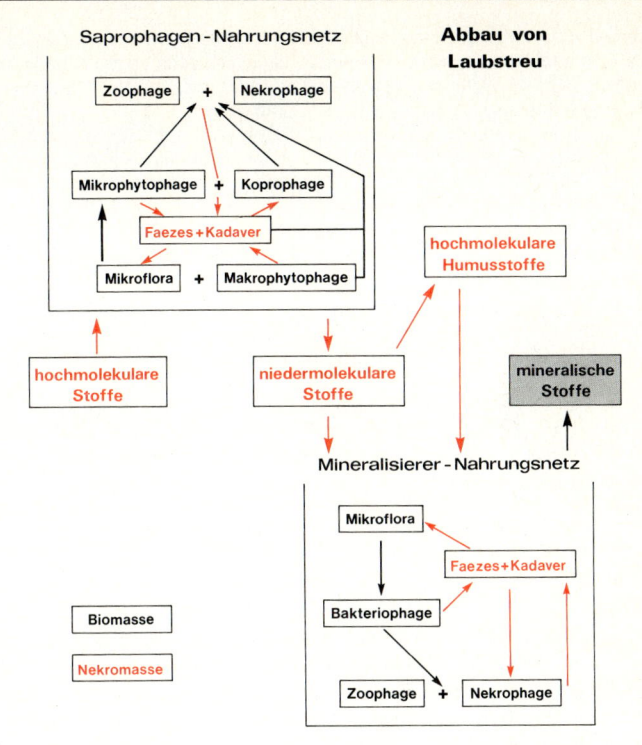

Abb. 14.31: Zweiteiliges Nahrungsnetz (Saprophagen-N., Mineralisierer-N.) beim Streuabbau am Boden eines mitteleuropäischen Laubwaldes. Die Weitergabe der abgestorbenen organischen Substanzen (Nekromassen) ist farbig markiert. (Nach Beck 1983). Bakteriophage: hier Bakterienfresser.

den insgesamt von dem Mineralisierer-Nahrungsnetz (Bakterien und bakterienfressende Bodentiere) langsam weiterverwertet und letztlich mineralisiert (Abb. 14.31). Die Laubstreuzersetzung mit Humusbildung und Grabtätigkeit der Bodentiere (Bioturbation) führt zusammen mit der physikalischen und chemischen Verwitterung des Mineralbodens zu einem in mehrere Horizonte gegliederten Boden.

Die Laubstreuzersetzung bis zur Humusbildung benötigt unterschiedlich lange Zeiten, auf Ca-armen Böden 5–7 Jahre (pH-Wert 3–5 im dabei entstehenden Moderhumus), auf Ca-reichen Böden etwa 2 Jahre (pH 5–7 im Mullhumus).

In **tropischen Regenwäldern** mit jahreszeitlich nicht synchronisiertem Laubfall verläuft der gesamte Abbau vor allem durch Bodenbakterien innerhalb von Wochen so rasch und vollständig, daß eine Humusschicht nicht zustande kommt. Die Abbauprozesse im **mitteleuropäischen Buchenwald** lassen sich anhand von summarischen Meßgrößen (Abb. 14.32) in den einzelnen Laubstreu-Jahrgangsschichten und den anschließenden humushaltigen verwitterten Bodenschichten verfolgen. Phosphate und Nitrate als Mineralisierungsendprodukte neben CO_2 und H_2O werden in einem derartigen Boden den Pflanzen mit geringen Auswaschverlusten wieder zur Verfügung gestellt, infolge der langsamen Laubstreuzersetzung, der vorübergehenden Anreicherung von P und N in den Tieren (C/N-Verhältnisse beim Laub 50:1, bei Tieren 7:1) sowie des verzögerten Humus-Abbaus. Die Bodentierwelt hat an dieser Stoffwechseldynamik des Bodens, aber auch an der Entstehung der für das Pflanzenwachstum wichtigen Bodenstruktur (Krümelstruktur, Poren- und Hohlraumvolumen) einen wesentlichen Anteil.

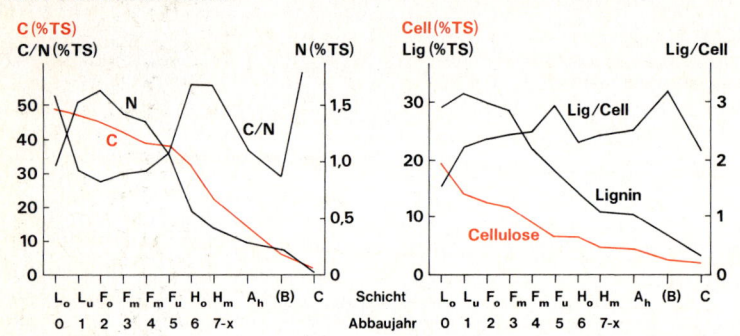

Abb. 14.32: Die Laubstreuzersetzung in einem Sauerhumus-Buchenwald des Schwarzwaldes, gemessen an Kohlenstoff- und Stickstoffgehalt sowie den Cellulose- und Lingnin-Anteilen über einen Zeitraum von mehr als 7 Jahren. Die Laubstreujahrgänge wurden hierfür von Jahr zu Jahr mit grobmaschigem Netzstoff abgedeckt. Ordinate: Mengenangaben in Prozent der Trockensubstanz. Abszisse mit vertikalem Bodenprofil, L: unzersetztes, nur von der Mikrofauna besiedeltes Laub; F: Fermentation durch Organismen, zunehmender Humusgehalt, H: humifizierter Bestandesabfall, A-Horizont: Oberboden; B-Horizont: Unterboden; C-Horizont: unverändertes Ausgangsgestein. (Nach Beck 1983).

14.4.5 Umweltbelastungen, Bioindikatoren

Die **Biozönosen** vieler mitteleuropäischer Biotope sind seit der Mitte dieses Jahrhunderts durch Umweltbelastungen oder intensive Nutzungen beeinträchtigt worden (Trockenlegung von Feuchtgebieten, Abwasserbelastung und Kanalisierung von Fließgewässern, Eutrophierung der Küstengewässer, Biozidbelastung von Landwirtschaftsflächen und ihren Randbiotopen, Flurbereinigungen, Auswirkung von Schadstoffemissionen auf Waldgebiete). Nur 1,7% der Fläche der Bundesrepublik sind als Naturschutzgebiete ausgewiesen. Ein deutlicher Artenrückgang (Artenzahl, Populationsdichten) ist in zahlreichen Tiergruppen zu verzeichnen.

14.4 Ökosystemprobleme

Ein gezielter Biotopschutz durch die Einschränkung oder Vermeidung der Belastungen bzw. durch Ausweisung von extensiv genutzten Flächen bietet allein die Gewähr, Schadstoffanreicherungen in der Umwelt zu vermeiden, Eutrophierungsschäden rückgängig zu machen und die Artenmannigfaltigkeit in den Lebensräumen zu erhalten.

Ausgewählte Pflanzen- und Tierarten können als Indikatoren verwendet werden, um Umweltverschlechterungen oder -verbesserungen ökologisch bewerten zu können. Im folgenden sei dieses durch zoologische Beispiele belegt. Drei Gruppen von Bioindikatoren können unterschieden werden.

Akkumulationsindikatoren (auch Monitor-Arten genannt) reichern Schadstoffe in Geweben (z.B. Leber und Fettkörper im Fall von chlorierten Kohlenwasserstoffen) oder in Hartstrukturen an (z.B. Haare bzw. Federn im Fall von Hg, Cd), ohne daß die Vitalität und Fekundität beeinträchtigt ist, obwohl andere Arten des Ökosystems bereits geschädigt werden können. Man kann auf diese Weise eine in der Umwelt kurzfristig aufgetretene Schadstoffbelastung erfassen oder eine sehr niedrige Umweltkonzentration analytisch leichter nachweisen. Ökologisch richtig bewerten kann man diese im Tier akkumulierten Schadstoffkonzentrationen jedoch nur dann, wenn Aufnahme- und Abgabekinetik des Stoffes bekannt sind (Abb. 14.33).

Testarten werden im Labor für die ökotoxikologische Bewertung von wirtschaftlich zu nutzenden Chemikalien verwendet, oder bei der Schadenserkennung von Chemikalien-Unfällen (z.B. in Fließgewässern). In den Meßstationen der Gewässerüberwachung wird z.B. mit dem Daphnien- und dem Fischtest das durch den Schadfaktor verminderte Schwimmverhalten ausgewertet. In anderen Fällen wird die letale Dosis für 50% der Versuchstiere ermittelt (LD_{50}). Günstiger ist es, wenn man toxische Langzeitwirkungen an pathologischen Gewebsveränderungen (z.B. in der Leber) oder verminderten Reproduktionsleistungen erkennen kann.

Zeiger-Arten (syn. Charakterarten) werden zur Bewertung komplexer Umweltbelastungen im Freiland herangezogen, wenn das Vorkommen der Art (oder Fehlen) mit diesen Belastungen einwandfrei korreliert werden kann (z.B. beim Saprobiegrad von Fließgewässern, s. 14.4.3). Zeiger-Arten können auch auf bestimmte Biotopbedingungen hinweisen, die für das Vorkommen bestimmter Biozönosen typisch sind.

Bekannte **Schadstoffe**, die aus der Umwelt von Tier und Mensch entweder direkt oder über die Nahrung aufgenommen und entsprechend den chemisch-physikalischen Eigenschaften der Stoffe in Geweben angereichert werden können, sind zum einen Schwermetallverbindungen (z.B. Hg, Cd, Pb) und zum anderen chlororganische Verbindungen (z.B. die beiden Insektizide **DDT** und **Lindan**, Kunststoffweichmacher wie polychloriertes Biphenyl = **PCB**). Die ökologischen Zusammenhänge und die Toxizitätswirkungen wären für jeden einzelnen Schadstoff isoliert zu betrachten. Zwei Beispiele seien erläutert.

Quecksilber ist in methylierter Form hochtoxisch. Wenn es in geringsten Spuren im Wasser gelöst ist (z.B. 0,3 µg $CH_3Hg^+ \cdot l^{-1}$), ergibt sich beim Bachsaibling eine 5.000fache Bioakkumulation auf 1,5 mg Hg pro kg F.G. Das Methylquecksilber verbindet sich zum einen mit SH-Gruppen von Aminosäuren und katalysiert zum anderen die Hydrolyse von Phospholipiden, so daß sich bei höheren Konzentrationen eine breitgefächerte Zelltoxizität einstellt. Der LD_{50}-Wert des Bachsaiblings liegt bei

3 µg $CH_3Hg^+ \cdot l^{-1}$ im Wasser. Der Mensch kann sich bei regelmäßigem Konsum CH_3Hg-belasteter Fische vergiften, da bei einer Halbwertzeit von 70 Tagen für die Hg-Ausscheidung gleichfalls eine Akkumulation im Körper einsetzt (Minamata-Krankheit mit neurologischen Schäden). Metallisches und anorganisch gebundenes Quecksilber aus Industrieabwässern findet sich in der Tonfraktion der Sedimente aller großen Flüsse Mitteleuropas (Mittelrhein 15–20 ppm); toxische Auswirkungen auf Tiere und Trinkwasser wären bei anhaltend anoxischen Bedingungen zu erwarten, wenn durch im Faulschlamm lebende Enterobacteriaceen das Hg als CH_3Hg^+ mobilisiert würde. Fische werden als Akkumulationsindikatoren für die ökologische Bewertung von Schwermetallbelastungen in Flüssen verwendet.

Chlororganische Pestizide können aufgrund ihrer lipophilen Eigenschaften in resistenten Organismen angereichert werden. Der Konzentrationsfaktor (CF) hängt unter anderem vom Lipidgehalt der Art ab. Bei einem Versuch mit 2 ppb Lindan (Hexachlorcyclohexan) im aquatischen Milieu ergaben sich folgende CF-Werte: Kieselalge *Nitzschia* sp. 2–5 × 10^3, die Kieselalgenfressende Schnecke *Ancylus* sp. 80–180, der räuberische Schneckenegel *Glossiphonia* sp. 70–80; bei Fütterung von *Ancylus* mit belasteter *Nitzschia* und von *Glossiphonia* mit belasteter *Ancylus* ergaben sich für die Konsumenten keine höheren Werte. Eine zunehmend höhere Anreicherung von den Primärproduzenten zu den Endkonsumenten, also ein «Nahrungsketteneffekt» als **Biomagnifikation**, war hier und bei anderen Pestiziden in aquatischen Tieren nicht nachweisbar; die direkte Aufnahme über die Körperoberfläche ist entscheidend (= **Bioakkumulation**). Bei der Bewertung von Schadstoffanreicherungen der aquatischen Organismen ist außerdem die Körpergröße (bzw. die relative Körperoberfläche für Aufnahme und Abgabe) sowie die Dauer einer Schadstoffexposition zu berücksichtigen (Abb. 14.33). Die Aufnahme- und Abgabekinetik verläuft bei kleineren Organismen schneller. Bei einer kurzfristigen Schadstoffeinwirkung haben größere Organismen anschließend infolge einer verzögerten Abgabekinetik noch längere Zeit höhere Schadstoffwerte als die kleineren, auch wenn keine Nahrungsketteneinwirkung vor-

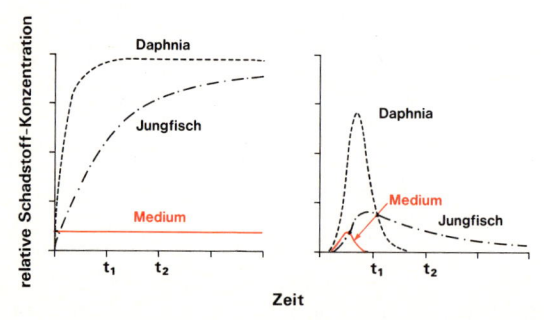

Abb. 14.33: Schematische Darstellung der Kinetik der Bioakkumulation von Schadstoffen, z.B. Pestiziden, in einem kleineren und einem größeren Süßwassertier, bei einer Dauerbelastung (links), bei einem kurzzeitigem Schadstoffstoß (rechts). Die Kinetik würde sich bei einer Ernährung der größeren Art mit der belasteten kleineren nicht wesentlich ändern (nach Streit 1980).

liegt. Ohne diese Kenntnisse und mit einer einmaligen Messung könnte man die Bioakkumulation bei Freilandpopulationen nicht richtig bewerten. Im Gegensatz zu aquatischen Evertebraten und Fischen (Schadstoffaufnahme über die Kiemen) haben Wasservögel über ihre Körperoberfläche keinen direkten Austausch mit dem umgebenden Wasser. Bei ihnen erfolgen Anreicherungen von Pestiziden über die kontaminierte Nahrung (z.B. bei DDT), die Eliminationskinetik ist stark verzögert. Hohe CF-Werte von DDT sind bei einzelnen Vogelarten mit verdünnten Eischalen und verringertem Bruterfolg korreliert.

14.5 Literatur

Bick, H.: Ökologie, G. Fischer, Stuttgart, 1993
Bick, H., Hansmeyer, K.H., Olschowy, G., Schmook, P.: Angewandte Ökologie – Mensch und Umwelt. 2 Bde. G. Fischer, Stuttgart, 1984
Bick, H., Neumann, D.: Bioindikatoren – Tiere als Indikatoren für Umweltbelastungen. Decheniana-Beihefte (Bonn) 26, 1–198, 1982
Cox, C.B., und Moore, P.D.: Einführung in die Biogeographie. G. Fischer, Stuttgart, 1987
Kaule, G.: Arten- und Biotopschutz. Eugen Ulmer, Stuttgart, 1986
Kinne, O.: Marine Ecology. Vol. 1: Environmental Factors, 2: Physiological Mechanisms, 3: Cultivation. John Wiley & Sons, London 1970–1977
Klötzli, F.: Ökosysteme. G. Fischer, Stuttgart, 1989
Krebs, J.R., Davies, N.B.: Öko-Ethologie. Paul Parey, Berlin und Hamburg, 1981
Kuttler, W. (Hg.): Handbuch zur Ökologie. Analytica, Berlin, 1993
Lampert, W., Sommer, U.: Limnoökologie. G. Thieme, Stuttgart, 1993
Odum, E.P.: Grundlagen der Ökologie. 2 Bd. Thieme, Stuttgart, 1980
Remmert, H.: Ökologie. 3. Auflage. Springer, Heidelberg, 1992
Schmidt-Nielsen, K.: Animal Physiology – Adaptation and Environment. 3. ed., Cambridge Univ. Press, Cambridge, 1983
Schlee, D.: Ökologische Biochemie. Springer, Heidelberg, 1992
Schwerdtfeger, F.: Ökologie der Tiere. 3 Bände: 1. Autökologie, 2. Demökologie, 3. Synökologie. Paul Parey, Hamburg, 1977, 1968, 1975
Schwoerbel, J.: Einführung in die Limnologie. G. Fischer, Stuttgart, 1993
Sperling, D.: Populationsgenetik. G. Fischer, Stuttgart, 1988
Streit, B.: Ökologie. Ein Kurzlehrbuch. G. Thieme, Stuttgart, 1980
Tischler, W.: Ökologie der Lebensräume. G. Fischer, Stuttgart, 1990
Tischler, W.: Synökologie der Landtiere. G. Fischer, Stuttgart, 1955
Uhlmann, D.: Hydrobiologie. G. Fischer, Stuttgart, 1988

Register

A

Abdomen 144, 165, 168, 190, 200, 202
Abdressur 699
Acanthamoeba 62, 384
Acantharea 63, 64
Acanthella-Larve 125
Acanthobdella 152
Acanthocephala 123
Acanthocystis 65
Acanthor-Larve 125
Accipiter 266
Acetylcholin 10, 473
Acetyl-CoA 353, 357, 382
Achsenskelett 230
Acilius 521
Acineta 75
Acipenser 248, 250
Acoelomata 52
Acrania **234**, 484
Acron s. Prostomium 145, 152, 172, 488
Acronycta 685
Actin **20**, 23, 24, 37, 80, 437, 440, 443, 450, 465, 467, 559
Actinfilament 444
Actinia 94
Actinopoda 63
Actinopterygii 247, 250
Actinosphaerium 64
Actinotrocha-Larve 209, 322
Actinula-Larve 91, 321
Actomyosin 451
Adaptation 524
Adduktor 140
Adelina 67
Adenin 29
Adenohypophyse 613, 623, 628
Adenophorea 120
Adenosindiphosphat (ADP) 392
Adenosinmonophosphat (AMP) 393
Adenosintriphosphat (ATP) 19, 21, 37, 350, 353, 354, 356, 360, 361, 364, 372, 375, 381, 392, 441, 445, 449, 450, 455, 466
Aderhaut 522
Adiuretin 622
Adoleszenz 292
Adrenalin 393, 633, 647
Aeginopsis 551
Aeolosoma 153, 158
Aerobier 368
Aestheten 142, 143
Affinität 673
Afterfuß 200
Agglutination 666
Agglutinin 667
Aglantha 95
AIDS 70, 71, **675**
Akkomodation 246, 253, 521, 524, **525**, 526
Akontie 92
Akromegalie 629
Akrosom 284, 285, 289
Aktionspotential 10, 452, 454, 472
Aktionsraum 704, 711
aktiver Transport 397
Alanin 366
Alantoin 367
Alarmpheromon 709
Alcyonidium 211
Alcyonium 94
Aldosteron 402, 633
Allantoat 367
Allantoin 365, 366
Allantois 258, 319, 320
Allatotropin 636
Allergie 675
allergische Reaktion 676
Alles-oder-Nichts-Prinzip 453
Alligatoridae 263
Alveole 433, 434
Alytes 257
Amandibulata 176
Ambulakralfüßchen 486
Ambulakralplatte 223, 227
Ambulakralsystem 485
Ambulakraltentakel 225

Ambystoma 255, 256, 257
Ameloblasten 268
Ametamorpha 325
Amia 250
Aminosäure 351, 358, 364, 388, 646
Aminosäurederivat 612, 614
Ammocoetes-Larve 239
Ammoniak 353, 365, 366, 368, 407, 411, **413**
ammoniotelische Tiere 413
Ammoniten 138
Ammonium 730
Ammonoidea 137
Amnion 239, 254, 258, 307, 313, 319, 320
Amniota 237, **257**, 260
Amöben 61, 62
Amoebocyt **650**
Amphibia 237, **251**, 307, 322, 433, 526, 568
Amphibienhaut 252
Amphiblastula 83, 84, 321
Amphiden 115, 117
Amphineura 143
Amphioxus 236
Ampholis 226
Amphipoda 188
Amphiporus 111
Amphisbaena 262
Amphiscolops 100
Amphiuma 253
Anabolismus 350, **381**
Anaconda 260
Anadonta 247
Anadromie 247
Anaerobier 368, 370
Anaerobiose 356, **363**, 377
–, biotopbedingte 373
–, funktionsbedingte 371
–, umweltbedingte 372
Analogie 48
Anamnia 237, 239, 240, 497
Anamorphose 176
Anaphase 37, 43
anaphylaktischer Schock 676
Anaphylatoxin 675
Anas 266

Register

Ancylodiscoides 101
Ancylostoma 117
Ancylus 734
Andrias 256, 257
Androgen 612, 614, 633, 639, 640, 641
Anemonia 94, 694
Anemotaxis 704
Anguilla 249, 420, 603
Anguis 262
Anhydrobiose 165
Anilocra 186
animaler Pol 298
Anisogamie 66
Annelida 147, 163, 322, 480, 488, 519
Annulus 165
Anodonta 141
Anopheles 70, 702
Anostraca 176, 184, 188
Anoxibiose 368
Anoxie 379
Anser 266
Anseriformes 266
Antedon 218
Antennata 176
Antenne 184, 193, 407
Antennendrüse 187
Antheraea **601**, 602
Anthozoa **91**, 93
Antigen 671, 672, 673, 676
Antikoagulans 197, 665
Antikörper 667, **671**, 674, 676
Antimycin 363
Antipathes 94
Anura 256, 316, 327
Aorta 234, 622
Aortenbogen 267, 659
Aphis 712
Apicomplexa 66
Apiosoma 77
Apis **601**, 602, 709
Aplacophora 143
Aplocheilus 548
Aplodinotus 558, 565
Aplysia 552, 553, 626, 627
Apocrita 206
Apodemus 546
Apolysis 327, 636
apomorph 163

Appendicularia **231**, 232, 484
Appositionsauge 527, 528
Aptenodytes 266
Apterygiformes 266
Apterygota 200
Apteryx 266
Äquatorialplatte 42
Arachidonsäurederivat 614, 649
Arachnida 176, 182, 482
Araneae 182
Araschnia 702
Archaeognatha 207
Archaeopteryx 263
Archäocyt 84, 86
Archiacanthocephala 125
Archicerebrum 488
Archicoelomata 52, 208, 213
Architeuthis 138
Architomie 99, 209
Acron 172
Arenicola 151, 152, 154, 155, 372, 416, 552, 722, 723
Argonauta 138
Argulus 172
Arion 135
Armadillidium 188
Arretierduft 699
Arrhenotokie 282
Artemia 184, 188, 323, 418
Artenliste 719
Artenvielfalt 686
Arterie 656
Arteriole 655
Arthropoda 163, **168**, 296, 322, 345, 461, 480, 482, 488, 540, 592
Arthrosebaia 180
Articulamentum 143
Articulata 52, 165
Ascaphus 257
Ascaris 116, 117, 120, 371, 372, 480
Ascetospora 72
Ascidia 232, 322
Ascidiacea 234
Ascidiella 296
Asclepias 699
Ascon-Typ 82
Ascothoracida 188

Asellus 188
Aspidobothrea 100
Aspidogaster 100
Aspidosiphon 144
Asplancha 113
Assimilation 721
Astacus 427
Asterias 221, 224, 416, 486, 510, 511
Asteriscus 565
Asteroidea 218, **221**
Astropecten 224
Athecata 95
Atlas 268
Atmung 269, **425**
Atmungskette **360**, 361, 375
Atmungsorgan 368, 425
ATPase 25, 457, 458
Atrioventrikularknoten 659
Atrium 245, 659
Attraktanz 699
Auflösungsvermögen 3
Auge 129, 213, 237, 242, 246, 253, **503**, **515**, 519, 564
–, everses 506
–, inverses 506
Augenfleck 217, 515
Augenlinse 338, 345
Aurelia 95, 281, 282
Auricularia-Larve 229, 322
Außenskelett 169
Autapomorphie 161, 163
Autogamie 63, 66, 72
Autoimmunreaktion 676
Autökologie 689
Autolysosom 17
Autoregulation 391
Autosom 30
Autotomie 342, 345
Autozoid 209
Aves 49, 237, 263, 299, 312, 526
Axialorgan 220, 657
Axialzelle 78
Axocoel 219, 224, 229
Axon 3, 453, 454, **470**, 473, 478, 493, 506, 507, 510, 514, 519, 522, 529, 531, 594, 624
Axopodium 6, 54, 63, 64, 65
Azygobranchia 133

B

Babesia 57, 67, 68, 70, 71
Babesiosen 70
Bahnung 476
Bakterien 676
–, endosymbiontische 81
Balaenoptera 272
Balanoglossus 215
Balantidium 77
Balanus 184, 188
Balbiani-Ringe 32
Balz 639
Bandwürmer **104**, 106
Basalkörper **24**, 25, 26, 510
Basallamina 396, 484, 655
Basalmembran 508, 553, 599
Basilarmembran 574, 578
Basommatophora 135
Bauchatmung 435
Bauchmark 151, 175, 197
Becken 251
Beckengürtel 259
Befruchtung 257, **289**
–, äußere 231
–, innere 242, 266
Begeißelungstyp 58
Beinanlage 340
Bellerophon 132, 142
Benthos 722, 724
Beroe 96, 97
Besamung 281, **289**, 290, 330
Betriebsstoffwechsel 695
Beulenkrankheit 74
Beute 717, 718
Beutedichte 719
Bewegung
–, amöboide 20
Bewegungssehen 518
Bicolorana 583
Bilateralsymmetrie 92, 228, 485
Bildweite 525
Bilirubin 670
Binpinnaria-Larve 223
Bioakkumulation 734
Bioindikator 732
Biomagnifikation 734
Biomanipulation 728
Biomasse 712, 722, 731
Biosynthesewege 381
Biotop **680**, 689

Bioturbation 731
Biozönose 680, 682, 688, 722, 723, 732
Bipalium 98
Bipinnaria-Larve 322
Biradialsymmetrie 95
Biston 684
Bitis 263
Bivalvia **139**
Bivium 228, 229
Blasenauge 162, 237, 518
Blastem 330, 337, 341
Blastocoel 150, 293, 296, 315
Blastocyste 299, 301
Blastoderm 299
Blastogenese 292
Blastokinese 307
Blastomer 292, 331
Blastoporus 148, 308
Blastozoid 233
Blastula 147, 293, 294, 297
Blattbein 187
Blattkieme 141
Blattläuse 197
Blattodea 208
Blattwespe 206
Blinder Fleck 522
Blindwühlen 251, 256
Blut 239, 241, 246, 265, 425, 428, 610, 654, 660, 663, 671
Bluterkrankheit 665
Blutfarbstoff 665
Blutgefäß 465
Blutgefäßsystem 173, 302
–, geschlossenes 654, 656
–, offenes 654
Blutgerinnung 661, 663
Blutglucose 646
Blutgruppe 666
Blutkörperchen 236, 425, 660, 662
Blutkreislauf 252, 368
Blutparasit 67
Blutplasma 131, 663
Blutsauger 322
B-Lymphocyt 672, 673
Boa 263, 515, 516
Bodenbildung 730
Bodentierwelt 730
Bogengang 561

Bolinopsis 96
Bombina 257, 570
Bombykol 606
Bombyx 602, 606, 709
Bonellia 144, 145, 146, 147
Borstenkiefer 212
Bosmina 729
Botryllus 234
Bouton 476
Bowmansche Kapsel 400
β-Oxidation 359
Brachiopoda 211
Brachiosaurus 258
Brachydanio 299
Bradykinin 675
Bradypus 271
Branchiomma 514
Branchioporus 235
Branchiostoma 234, 236, 239, 484, 505, 598, 657
Branchiotremata **215**
Branchipus 188
Branchiura 176, 188
Brechungsindex 508
Bronchie 433, 434
Brückenechsen 49, 262
Brugia 120
Brustatmung 435
Brustlymphgang 668
Brustmuskel 264
Brutfürsorge 247
Brutkammer 182
Brutpflege 172, 211, 247, 639
Brutraum 127
Bruttasche 91
Bruttoprimärproduktion 722
Bryozoa 209, **210**, 280, 517
Bufo 255, 257, 367, 570
Bugula 209, 511
Bulbus olfactorius 497, 498, 603
Bursa copulatrix 125
Bursa fabricii 670
Bursicon 638
Büscheltrachee 161, 175
Byssus 141
B-Zelle 675

C

Caecilia 257
Caelifera 208, 586
Caenomorpha 370
Caenorhabditis 480
Caiman 574
Calamoichthys 250
Calanus 188
Calcarea 83
Calcitonin 647, 648
Calcium 621, 647
Calciumcarbonat 169
Calciumpumpe 13, 23
Callicorixa 589
Calliphora 507
Calmodulin 446, 457, 459
Calveriosoma 228
Calymma 64
Camera obscura 520
cAMP → zyklisches AMP
Cancer 658
Canis 272
Capillare s. Kapillare
Capitulum 180
Caput 168, 190
Carapax 187
Carausius 289, 410
Carcharias 243
Carcinus 187, 416, 417, 482, 556
Cardia 201
Cardium 510, 511
Cardo 190, 194
Carinaria 134
Carnivora 272, 695
Carotide 659
Cassiopea 95, 323, 328
Catablema 517, 518
Catarrhina 272
CD 4-/CD 8-Zellen 673
CD-Zellen 675
Cellulose 230, 376
Centriol 5, 24, 35, 289, 510
Centroderes 123
Centromer 30
Centrosom 24, 35, 467
Cephaeocarida 176
Cephalocarida 188
Cephalodiscus 216, 217
Cephalon 184

Cephalopoda 135, 262, 484, 491, 521, 531, 553
Cephalothorax 165
Cerastes 263
Cerastoderma 723
Ceratomyxa 74
Cercarie 103, 104
Cercus 200
Cerebellum 265, 493, 496
Cerebralganglion 124, 197, 475, 485, 486, 488
Cerianthus 94
Cestis 96
Cestodaria 104
Cestodes 97, 104, 370
Cestus 97
Cetacea 272
Chaetognatha 212, 214
Chaetonotus 114
Chalaza 300
Chamaeleo 261, 262
Chaoborus 726
Charybdea 94
Chelicerata 176, 182, 482, 490
Chelicere 168, 178, 179
Chelonia 49, 260, 262
Chemorezeptor 91, 116, 597
Chiasma 41, 42, 623
Chiastoneurie 132, 483
Chilopoda 176, 188, 189
Chimaera 240, 243
Chinin 600
Chironex 94
Chironomus 726
Chiroptera (Fledertiere) 271
Chitin 126, 128, 138, 152, 169, 174, 210, 284, 376, 429
Chloragog 152
Chloridzelle 411
Chlorocruorin 152, 666
Chlorohydra 694
Chloromyxum 72
Choane 248, 252
Choanocyt 81, 83, 85, 220
Cholepus 271
Cholesterol 8, 18
Chondrichthyes 237, 240
Chondropython 515
Chondrostei 248, 250
Chorda 217, 230, 234, 235, 240, 243, 247, 248, 249, 269, 313, 315, 316

Chorda dorsalis 310
Chordata 215, 217, 230, 322, 484, 492
Chordotonal 543
Chorio-Allantois 319, 336
Chorioidea 242, 246
Chorion 13, 204, 288, 296, 298, 307, 311, 319, 320
Chromatid 31, 35, 40
Chromatin 27, 29, 664
Chromatophor 138, 241, 244, 251, 252, 625, 626
Chromomer 29, 41
Chromonema 29
Chromoproteid 665
Chromosom 27, 29, 32, 35, 673
–, polytänes 38
Cicada 588
Ciconiiformes 266
Cidaris 228
Ciliata 18, 56, 74, 370, 466, 551, 681
Ciliophora 74
Cilium 24, 26, 74, 141, 213, 407, 466, 505, 508, 541, 543, 551, 552, 553, 556, 583
Ciona 234
circadianer Rhythmus 626
Circomyaria-Typ 118
Cirripedia 176, 184, 188
Cirrus 103, 105, 155
Citrat 357
Citrat-Zyklus 352, 353, 356, 358, 361, 367, 370
Clathrin 15
Clathringerüst 16
Clavicula 265
Clitellata 152
Clitellum 152
Cloeon 543
Clonorchis 104
Clunio 699, 701, 702, 703
Cnidaria 88, 280, 303, 321, 478, 510, 517
Cnide 89
Cnidocil 89
coated pits 15, 16
coated vesicles 15, 16
Coccidia 66, 68
Coccidiose 70

Cochlea 271, 575, 577
Codon 389
Coelacanthini 251
Coelenterata 540, 551
Coeloblastula 83, 84, 218
Coelom 52, 126, 129, 143, 145, 148, 150, 157, 159, 204, 208, 211, 213, 215, 218, 219, 236, 307, 315, 325, 406
Coelomata 52
Coelomocyt 650
Coenurus 107
Coenzyme 353, 358, 391
Coleoptera 208
Collembola 194, 207
Collencyt 84
Colloblast 95
Collozoum 64
Colulus 181
Columbiformis 266
Columella 185, 256, 259, 573
Columella auris 569
Conchifera 131
Condylen 268
Conger 421
Conoid 66
Conus 135
Conus arteriosus 241
Copelata 231
Copepoda 176, 184, 188
Copepodit 322
Corallium 94
Coregonus 565
Corixa 589, 590
Cornea 523, 527
Coronata 93
Corpora allata 198, 624
Corpora cardiaca 198, 393, 638
Corpora pedunculata 488, 490, 495
Cortex 64, 74, 496, 498
Corticotropin 634
Cortisches Organ 569, 578
Cortisol 633
Coscinasterias 224
Cotylorhiza 551
Coxa 176, 345
Coxaldrüse 407
Craniota 236

Craspedacusta 93, 95
Creatinphosphat 379
Cribellum 181
Crinoidea 218
Criodrilus 152
Crisia 211
Cristae 18
Crocidura 603
Crocodylia 49, 263
Crocodylidae 263
crossing over 39, 40
Crossopterygii 251
Crotalus 263, 512, 513, 514
Crustacea 176, 184, 324, 482, 490, 554, 625
Cryptobranchus 257
Cryptosporidium 67, 70
Ctenidium 130, 133, 140, 142
Ctenodrilus 153
Ctenophora 95
Ctenoplana 96, 97
Cubozoa 91, **92**, 93
Cucumaria 229, 230
Culex 197
Cupiennius 542
Cupula 560, 561
Cuticula 112, 115, 123, 127, 159, 161, 162, 164, 165, 166, 169, 170, 171, 174, 193, 199, 201, 204, 209, 212, 213, 220, 412, 429, 431, 541, 560, 588, 593, 599, 635, 638, 698
Cuticularsensille 601
Cutis 236, 259, 268
Cyclocotylea 101
Cyclomyaria 233
Cyclopie 346
Cyclops 120, 184, 188, 685, 705
Cycloptiloides 586
Cyclostomata 237, **237**, 416, 557
Cydippe-Larven 96
Cygnus 266
Cylindroiulus 190
Cynocephalus 271
Cyphonautes-Larve 211, 322
Cyprinus 249, 426
Cyrtocyt 404, 406
Cystacanth 125

Cyste 54, 58, 60, 61, 66
Cysticercoid-Larve 107
Cysticercus-Larve 107
Cystid 209
Cystoisospora 67, 68, 70
Cytochrom 361, 362
Cytogamie 281, 289
Cytokinese s. Zellteilung
Cytologie 1
Cytomer 57
Cytopempsis 15
Cytoplasma 27
Cytoplasmaströmung 466
Cytopyge 17
Cytose 12
Cytosin 29
Cytoskelett 6, 9, **20**, 80, 467
Cytosol 382
Cytostom 75

D

Dactylogyrus 101
Danaus 699
Daphnia 182, 184, 188, 658, 659, 705, 710, 714, 716, 728, 729
Darmsystem 99, 101, 103, 110, 113, 114, 116, 121, 122, 129, 136, 139, 144, 145, 156, 162, 166, 170, 174, 178, 183, 185, 209, 210, 212, 214, 216, 223, 226, 229, 232, 235, 240, 260, 269
Darmparasit 67
Dauereier 188
DDT 733, 735
Decapoda 184, 188
Deckknochen 243
Deckmembran 560
Defibrinierung 665
Dekrement 476
Delamination 302
Demospongiae 83
Dendrit 470, 476, 478, 586, 602
Dendroaspis 263
Dendrobates 257
Dendrocometes 75

Dentin 268
Depolarisation 454, 535, 538
Dermaptera 208
Dermis 220, 228, 244, 251, 336
Dermochelys 262
Dermophis 257
Dermoptera 271
Desmodus 271
Desmognathus 426
Desmomyaria **233**
Desmosom 5, **11**, 12, 22, 397, 655
Desoxyribonucleinsäure (DNA) 3, 26, 28, 367, 386
–, ringförmige 19
Destruent 681, 720, 730
Determination **329**
Deterrenz 699
detritophage Tiere 695
Deuterostomia 52, 213, 217, 303, 309
Deutocerebrum 490, 602, 607
Deutomere 148
Deutomerit 68
Diakinese 41, 42
Diapause **683**, 684, 685, 702
Diaphragma 269, 402, 433, 563, 567
Dibranchiata 137
Dicrocoelium 103, 104
Dictyostelium 707
Dicyemida 78
Dictyosom s. Golgi-Apparat
Didelphia 267, 269, 270
Didelphis 271
Diencephalon 493, 497
Diffusionspotential 532
Digenea 102
Diglycerid 621
Dignatha 176
Dikondylia 194, 208
Dileptus 75
Dimer 441
Dimorphodon 261
Dinosauria 258, 263
Dioctophyma 120
Diodora 133
Dioecocestus 104
dioptrischer Apparat 520
Diotocardia 133

Dipetalonema 120
Diphyllobothrium 105, 107, 108
Diplodocus 261
Diploidie 30
Diplomonadida 60
Diplont 38
Diplopoda 151, 176, 188, 190
Diplosegment 190
Diplotän 41
Diplozoon 101
Diplura 194, 207
Dipnoi 243, 248
Diptera 208
Dipylidium 105
Discinisca 212
Discoblastula 298, 310
Discoglossus 257
Dissepiment 151, 160
Disymmetrie 95
DNA 28, 367, 386 ff.
Doliolaria-Larve 218, 322
Doliolum 233
Dolycoris 204
Domäne 674
Doppelhelix 40, 386, 457
Doppelschleichen 262
Dotter 204, 286, 297, 300, 308, 311, 312, 319
Dottersack 242, 313
Dotterstock 98, 103
Down-Syndrom 30, 347
Dracunculus 115, 120
Drehbeschleunigung 561, 563
Drehsinn 550, **561**
Drosophila 30, 31, 35, 297, 331, 346
Ductus botalli 659
Ductus cochlearis 573
Ductus pneumaticus 245
Dugesia 98
Dugesiella 592, 593
Dunenfeder 336
Dynein 25
Dysdercus 38

E

Ecdysis 327
Ecdyson 33, 636, 637
Ecdysteroid 328, 612, 614, 636
Echinarachnius 228, 289
Echiniscus 165
Echinocardium 228
Echinococcus 105, 107, 108
Echinocyamus 228
Echinoderes 122, 123
Echinodermata 217, **217**, 302, 322, 325
Echinoidea 218, **226**
Echinopluteus-Larve 228
Echinorhynchus 125
Echinus 227
Echiurida 144
Echiurus 145, 147
Echoortung 580
Echsen 262
Eclosionshormon 637, 638
Ectoprocta 209
Ecydsteroide 198
Effektor 391
Effektor-T-Zelle 675
Eiablage
–, parthenogenetische 112
Eichel 215
Eidechsen 49
Eihülle 288
Eimeria 57, 66, 67, 68, 70
Eingeweideleishmaniose 55
Eingeweidesack 137
Einsiedlerkrebse 184
Eisenia 372
Ektoblast 302
Ektoderm 88, 93, 150, 478
Ektognatha 194, 207
Ektoparasit 101, 119
ektotherme Tiere 691
Elaeocyt 287
Elasmobranchii 242, 243
Electrophorus 244
Eledone 508
Elektronentransportkette 360
Elektrorezeptor 246, 253
Eleutherozoa 218
Elytren 200
Embolus 665

Embryo 306, 319, 320
Embryoblast 300
Embryogenese 292
Embryonalhülle 254
Embryonalschild 310
Empodium 198
Emys 260
Encephalitozoon 71
Enchytraeus 152
Endharn 402
Endocuticula 169, 193
Endocytose 4, 5, 15, 16, 175
Endodyogenie 56, 71
Endokommensale 60
Endolymphe 552, 553, 554, 557, 563
Endometrium 640
Endomitose 37, 38
Endomysium 440
Endoparasit 102, 119, 368
endoplasmatisches Reticulum 4, 5, 13
Endopodit 173, 184
Endoskelett 236
Endosom 16
Endosternit 181
Endosymbiont 58
Endothel 654, 656
endotherme Tiere 691, 694
Endplatte 453
Energieaufwand 698
Energiebilanz 695
Energiefluß 719, 721
Energie-Stoffwechsel 368, 425
Energietransformation 353
Energieverlust 721
Ensifera 208
Entamoeba 57, 62, 370
Entenvögel 266
Enterobius 50, 51
Enterocoelie 218
Enterocytozoon 71
Enteropneusta 215
Entladungsmuster 585
Entoblast 302
Entoderm 88, 478
Entognatha 194, 207
Entomobrya 204
Entwicklung
–, holoblastische 295, 299
–, meroblastische 299

Entwicklungsanomalie 346
Entwicklungsbiologie 254
Entwicklungsgang
–, dixener 70
–, heteroxener 71
–, monoxener 70
Entwicklungsprozesse 279
Enzym 391
Eoacanthocephala 126
Epeira 506, 521
Ephelota 75
Ephemeroptera 208
Ephestia 288, 296, 297, 305, 306, 307, 346
Ephippiger 581, 582, 583
Ephippium 182
Ephydatia 86
Ephyra-Larve 93
Epiblast 312, 313
Epibolie 302, 308, 311
Epicuticula 169, 421
Epidermis 97, 98, 151, 220, 236, 241, 244, 251, 258, 259, 335
Epimorphose 176, 343
Epiplatys 548
Epithalamus 497
Erinaceus 271, 659
Eristalis 728
Erregbarkeit 2
Erregung 55, 469
Erregungsleitung 473
–, saltatorische 474
Ersatzknochen 243
Ersatzzahnanlage 268
Erschlaffung 455
Erythroblastose 667
Erythrocruorin 152
Erythrocyt 236, 241, 246, 253, 259, 265, 650, 661, **662**, 664
Erythropoietin 650
Essentialismus 46
Ethmoidalbereich 603
Eucestoda **104**, 108
Eucoccidium 67
Eudiaptomus 729
Euglena 358, 369, 517
Eukaryont 3, 54
Eulamellibranchia 141
Eulen 266
Eunapius 86

Eunectes 263
Eunice 152, 703
Eupagurus 184
Euphausiacea 188
euryhaline Tiere 415
Eurypterida 182
Euscorpius 542
Eustachische Röhre 253
Eutelie 111
Eutheria (=Placentalia) 271
Euthunnus 567
Euthyneura **135**
Eutrophierung 724
Evadne 188
Evertebraten 431, 443
Evolution 2, 683
–, molekulare 49
Exklusion 715
Exkret 265
Exkretion **395**, 396
Exkretspeicherung 414
Exocuticula 169, 193
Exocytose 4, 5, 14, 616
Exopodit 173, 184
Exoskelett 114, 635
Extremitäten 259, 265
Extrusionsapparat 71
Extrusom 75
Exuvie 169, 193

F

Facetten 527
Facettenauge 489
Fächerlunge 175, 179, 181, **429**, 430
Fadenkieme 141
Fadenwürmer 115
Falco 266
Falconiformes 266
Farbstoff
–, respiratorischer 131
Farbwechsel 138, 625
Fasciola 103, 104, 371, 372
Fasciolopsis 102, 104
Feder 22, 236, 264
Federanlage 335
Federbildung 336
Felis 272
Femur 181, 345

Fermentation 363
Fernakkomodation 525, 526
Fertilisation 281
Fett 413
Fettabbau 361
Fettkörper 203, 254
Fettsäurederivat 612
Fettsäuren 359, 382, 383, 646
–, essentielle 384
Fettstoffwechsel 384
Feuerwalzen 233
Fierasfer 230
Filament
–, intermediäres 22
Filarie 119
Filibranchia 140
Filopodium 62
Filtration 399
Filtrierer 81, 208
Fische 557, 565
–, anadrome 247
–, katadrome 247
Fischsaurier 262
Fischsterben 728
Flachauge 518
Flagellaten 515
Flagellaten-Theorie 78
Flagellum 26, 55, 289, 466
Flavin 361, 362
Flavinadenindinucleotid (FAD) 362
Fließgleichgewicht 349, 398
Flosse 240, 244
Fluid-Mosaik-Modell 9
Flügel 198, 482
Flügelbildungen 267
Flügelmuskulatur 462, 657
Flugsaurier 263
Fluid-Mosaik-Modell 8, 9
Follikel 643
Foraminifera 61, 63
Formatio recticularis 495
Formwechsel 2
Fortpflanzung
–, geschlechtliche 281
–, ungeschlechtliche 280
Fortpflanzungswechsel 282
Fovea centralis 522
Frequenz 570, 584
Frostschutzmittel 694
Funiculus 209, 493

Furca 187, 205
Furchung 22, 37, 98, 111, 112, 119, 209, **292**, 301
–, bilateralsymmetrische 295
–, discoidale 298
–, partiell-discoidale 299
–, partielle 296
–, superfizielle 204
–, totale 231, 293
–, totale bilaterale 234
Furcula 265
Fusionsfrequenz 447
Fusom 203
Fuß 137, 139

G

Gadus 249, 565
Galea 190, 194
Gallenblase 251, 260, 265
Galleria 376
Galliformes 266
Gallus 266, 300, 315, 426
Gamet 38
Gametogenese 283
Gammarus 186, 188
Gamogamie 66
Gamont 66
Ganglion 479, 480, 484, 487, 627
gap junction s. Nexus
Gärung 382
Gasaustausch 429
Gasterozoid 233
Gastralraum 93, 419
Gastransport
–, respiratorischer 654
Gastrodermis 419
Gastropoda 131, 134, 483, 491
Gastrotricha 114
Gastrovaskularsystem 88, 95, 97
Gastrula 91, 147, 302, 305
Gastrulation 292, 300, 302, 305, 307, 313, 332
Gavialidae 263
Geburtenrate 711
Gedächtniszelle 672
Gefäß 654

Gegenstromprinzip 427
Gehirn 161, 242, 246, 253, 260, 265, 491, **493**, 553
Gehirnnerv 236, 240
Gehörgang 576
Gehörknöchelchen 268, 576, 580
Gehörorgan 557
Gehörsinn 253, **564**
Geißel **24**, 26, 193, 404
Gelbkörper 639, 643, 650
Gelee royale 708
Gemmula 83, 281
Gen-Amplifikation 33
Generationswechsel 54, 88, 95, 98, 102, 120, 182, 188, 204, 231, 233, **282**
–, heterophasischer 38
–, primärer 66
Genitalleiste 313
Genitalsystem 270
Genotyp 683
Gerinnungsreaktion 665
Germarium 98, 105
Gerrhonotus 574
Gerris 544
Geruchsleistung 607
Geruchsorgan 253
Geruchssinn 601
Geryonia 551
Geschlechtschromosom 30
Geschlechtsdimorphismus 256
Geschlechtsmerkmale 639, 641
Geschmack 598
Geschmacksknospe 253, 598
Geschmacksrezeptor 598, 600
Geschmacksschwelle 601
Gestagen 612, 614, 639
Gewebecyste 70, 71
Gewebeparasit 67
Giardia 60
Gibbon 272
Gibbula 132, 133
Gift 92, 179, 197, 207, 230
Giftdrüse 178, 179, 189, 228, 244, 251
Giftnattern 263
Giftzähne 259, 262, 263
Glanzkugel 79, 80

Glanzstreifen 461
Glaskörper 514, 519, 522
Glaucoma 77
Gleichgewichtspotential 533
Gleitfilamenthypothese 441
Gliazelle 471, 472, 510, 541
Gliedertiere 168
Gliedmaßen 251
–, Vogelembryo 339
Globidium 57
Globigerina 63
Glochidium-Larve 321
Glomeris 190
Glomerulus 216, 217, 402
Glossa 194
Glossina 55
Glossiphonia 734
Glucagon 393, 647
Glucocorticoid 614, 633
Glucocorticoide 393, 647
Glucocorticosteroid 612
Gluconeogenese 380, 381, 382, 633
Glucose 354, 377, 407, 445
Glugea 71, 72
Glukagon 10
Glutamat 375, 454
Glutamin 366
Glycerin 359
Glycerolipide 9
Glycoglycerolipide 7
Glykogen 354, 369, 371, 375, 376, 379, 380, 382, 392, 445, 446, 647
Glykokalyx 8, **10**, 15
Glykolipide 9
Glykolyse **354**, 355, 361, 364, 371, 378, 380, 381, 382, 445, 453
–, anaerobe 379
Glykoprotein 650
Glykosom 370
Glykosylierung 14
Glyoxylat 358, 367, 369
Glyoxysom 358
Glyphodontie 262
Gnathostomula 108
Gnathostomulida 108
Gobius 568
Goettesche Larve 321
Golgi-Apparat 4, 5, 14
Gon 41, 43

Gonadotropinsekretion 645
Gonodukt 133
Gonyaulax 699
Gopherus 261
Gordius 121
Gorgonia 94
Gorgonocephalus 226
Gorilla 272
Granulocyt 222, 246, **661**, 664
Granuloreticulosea 61
Gräte 243
graue Substanz 492
Gregarina 67, 68
Grubenauge 518
Grubenorgan 516
Grubenottern 263
Gryllotalpa 581
Gryllus 582, 583, 584
Guanin 29, 242, 366, 414, 415, 422
Guanosinmonophosphat (GMP) 537, 621
Guanosintriphosphat (GTP) 23, 358, 619
Gymnamoebia 61
Gymnophiona 256
Gymnophionen (Blindwühlen) 251
Gyrinus 199
Gyrodactylus 101
G_1-Phase 34

H

Haare 22, 193, 236, 465
Haarsterne 218
Haarzelle 559, 578
Habitat 680, 689
Haematokrit 663
Haemulon 565
Hagelschnur 300
Haie 241, 242
Hakenwürmer 120
Halbaffen 272
Haliclona 85
Haliotis 328, 518, 519
Haltere 199, 200, 207
Hämalsystem 220

Hämerythrin 143, 152, 665, 666
Hammerschmidtiella 50
Hämocyanin 173, 666
Hämocyt 203, 650, 666
Hämoglobin 131, 146, 152, 236, 246, 267, 633, 662, **665**, 666
Hämolymphe 173, 203, 378, 407, 408, 417, 421, 425, 624, 654, 663
Hämolyse 663
Haplont 38
Haplosporidium 72
Harn 414, 419, 422
Harnblase 258, 265, 269, 400
Harnleiter 253, 400
Harnsäure 254, 365, 366, 408, 413, **414**, 422
Harnstoff 241, 254, 353, 365, 366, 367, 371, **404**, 407, 413, 417, 633
Haut 258, 259, **426**
Hautatmung 97
Hautleishmaniose 55
Hautlichtsinn 517
Hautmuskelschlauch 145, 152, 157, 169
Hautstrukturen 336
Häutung 127, 327, **635**
Häutungsrhythmus 346
heavy meromyosin (HMM) 441
Hektocotylus 138
Helfer-Zelle 672
Helicryptus 127
Heliopora 94
Heliothis 708
Heliozoea 64
Helix 135, 426, 518, 654
Helobdella 514
Hemichordata 217
Hemidesmosom 11
Hemimetabolie 207, 635
Hemimetamorpha 325
Hemiptera 208
Hemisphäre 498
Henlésche Schleife 402
Henneguya 73, 74
Hepatopankreas 187, 235
herbivore Tiere 695

Hermaphroditen 246, 283
Hermaphroditismus 269
Hermione 487
Herz 173, 187, 236, 241, 258, 654, **657**
Herzmuskel 461
Herzmuskelzelle 446
Herzrhythmik
–, myogene 659
Herztyp 658
Heterodera 119
Heterodontie 268
Heterogonie 113, 120, 188, 204, 282
Heteromorphose 343
Heteropteroidea 588
heterotherme Tiere 691
Heterotrophie 369
Heterotylenchus 119
Hexacorallia 92, 94
Hexactinellida 83
Hexapoda 176
Hexocontium 65
Hipocrita 699
Hippocampus 249, 498, 499
Hiritermes 205
Hirnnerv **493**, 494, 495, 496
Hirnnervenpaare 258, 260
Hirnstamm 496
Hirudin 155
Hirudo 155, 158, 372, 514
Histamin 675
Histogenese 292, 323
Histone 19
Hoden 125, 614, **640**
Holocentrus 568
Holocephali 243
Holometabolie 207, 635
Holometamorpha 325
Holonephros 237
Holostei 248, 250
Holothuria 229, 230
Holothuroidea 218, **228**
Holotypus 50
Homarus 556, 593, 594
Hominidae 272
Homo 426
Homodontie 268
Homoiothermie 264, 267, 271
Homologie 48
Homöostase 616

Honigbiene 196, 202, 206, 328, 699, 708
Hörbahn 497, 586
Hörbereich 575, 579, 592
Hormon 328, 351, 391, 393, 457, **610**, 702
–, adipokinetisches 623
–, follikelstimulierendes 641
–, follikelstimulierendes (FSH) 642
–, Gonadotropin-releasing 642
–, luteinisierendes (LH) 642
–, prothoracotropes (PTTH) 636
Hormonsystem 237
Hormonwirkung **616**, 620
Hornhaut 527
Hornmilbe 108
Hornschild 263
Hörorgan 172, 482
Hörschwellenkurve 570, 574, 579, 580, 584, 590
Hörsinneszelle 583
Hörtheorie 579
Hufe 22
Huftiere 271
Hühnervögel 266
Huminstoff 730
Humus 730, 732
Humusbildung 731
Hyaena 272
Hyalophora 694
Hydatide 107
Hydra 90, 93, 94, 95, 342, 343, 344, 478
Hydractinia 95, 328
Hydrocoel 219, 220, 325
Hydrogenosom 58, 370
Hydroida 95
Hydroides 305
Hydrolyse 733
Hydromeduse 94
Hydropsyche 728
Hydroskelett 150
Hydrozoa 91, 93, **93**, 282, 551
Hyla 257
Hymenolepis 105, 106, 107
Hymenoptera 206, 208, 282
Hynobius 257
Hyperpolarisation 474, 535

Hyphessobrycon 298, 311
Hypoblast 312
Hypodermis 115, 166
Hypolimnion 725, 728
Hypopharynx 194
Hypophyse 255, 497, 612, 629, 645, 646
Hypostom 180
Hypothalamus 497, 613, 622, 623, **628**, 646
Hypothermiezustand 694
Hypoxie 375
Hypsibius 165
Hyracoidea 272

I

Ichthyophthirius 75, 77
Ichthyostega 255
Ictalurus 249, 565
Igelwürmer 144
Iguana 262
Ilyanassa 295
Imago 206, 207, 635
Immersion 307
Immigration 312
Immigrationsrate 711
Immunabwehr 670
Immunantwort 673
Immuninsuffizienz 675
Immunisierung 677
Immunoglobulin 671, 675
Immunsystem 266, 671
Impfung 676
Induktion
–, embryonale 332
Induktor 334
Industriemelanismus 683
Infrarotrezeptor 515, 516
Innervation 452
Inosin 385
Inosit-1,4,5-trisphosphat 621
Insectivora 271
Insemination 281
Insekten 176, 190, 192, 199, 204, 206, 207, 304, 325, 408, 410, 414, 461, 601, 707
Insulin 393, 646, **646**, 649
Integument 171, 241, 244, 251

Interferon 671
Interkinese 41, 43
Interleukin 614, 650
Intermediärstoffwechsel 350
Interneuron 477
interstitielle Zelle 344
Intertarsalgelenk 265
Introvert 143
Invagination 302, 308
Ionenkanal 474
Ionenregulation 396
Ionocyt 245
Ips 709
Iris 338, 345, 521, 522, 524, 525
Isopoda 186, 188
Isoptera 208
Isospora 67, 68
Ixodes 180

J

Jacobsonsches Organ 253, 259, 604
Johnstonsche Organ 193, 543
Jugendentwicklung 292, 320
Juvenilhormon 198, 328, 614, 616, 636, 637, 638

K

Kalkskelett 217
Kälteschlaf 694
Kameraauge 521, 522
Kamm 181
Kamptozoa = Entoprocta 127, 280
Kaninchen 272
Kapillare 434, 655, 656
Karyogamie 281, 291
Karyoplasma 5
Kastration 641
Katabolismus 350, 351
Katadromie 247
Katalase 18
Kauapparat 227
Kaulquappen 254

Keim 320
Keimanlage 320
Keimblatt 301, 306, 309
Keimblattbildung 300, 315
Keimepithel 214
Keimscheibe 254, 299, 300, 312, 319
Keratin 22
Kerndualismus 60, 74
Kernhülle 5, 27
Kernpore 5, 27, 28
Kernteilung 34 ff.
Kettenbildung 100
Kiefergelenk 268, 271
Kiefermündchen 108
Kieme 135, 137, 140, 175, 179, 184, 215, 227, 230, 237, 241, 245, 254, 427, 428
Kiemenbögen 252, 428
Kiemendarm 231, 234, 235, 428
Kiemenherzen 235, 657
Kinase 459, 621
Kinesin 467
Kinetochor 35, 43
Kinetoplast 55, 59
Kinetoplastida 55
Kinocilium 559, 560, 561
Kinorhyncha 121
Kinorhynchus 123
Klammerbein 205
Kleiderlaus 199
Kloake 166, 229, 238, 253, 260, 265, 422
Kloakentiere 267
Klossina 67
Knochenfische 243, 250
Knochenschilder 259
Knorpel 344
Knorpelfische 240
Knospung 74, 93, 127, 211, 233, 280, 282
Koagulocyt 665
Koexistenz 714
Kohlenhydrat 381, 413
Kohlenhydratabbau 373, 446
Kokon 99, 152
Kollagen 440
Köllikersche Grube 598
Kolonie 64, 94, 128, 211, 232, 234

Kommissur 155, 161, 197, 480, 488
Kommunikation
–, chemische 707
–, soziale 707
Kompartiment 6
Komplement 671
Komplexauge 187, 192, 193, 506, 527, 528
Königinnensubstanz 708
Konjugation 74, 77
Konkurrenz 713, 714, 717
Konnektiv 155, 197, 488
Konsument 720
Konsumption 695
Kontaktchemorezeptor 598
kontraktile Vakuole 419
Kontraktion 447, 452, 455, 464
Kontraktionsgeschwindigkeit 449
Konvergenz 95
koprophage Tiere 695, 730
Kragengeißelkammer 81, 84
Kraken 138
Krankheitserreger 207
Kratzer 123
Krebs-Zyklus 358, 369, 378
Kreuzstromprinzip 434
Kriechtiere 258
Krill 188
Kristallstiel 141
Krohnborgia 99
Krokodile 49, 258, 263
Kudoa 72, 73, 74
Kuppelorgan 541
Kurzkeim 307

L

Labium 194, 197
Labrum 197
Labyrinth 238, 242, 246, 253, 334, 557, 558, 564, 566, 568, 573
Labyrinthomorpha 66
Lacerta 261, 262
Lacertilia 262
Lacinia 190, 194, 195
Lactat 445
Lactat-Dehydrogenase 377

Lactatgärung 380
Laelaps 180
Lagena 557, 565, 568, 574
Lagomorpha 272
Lampenbürstenchromosom 31, 32
Lampetra 237, 239
Langerhanssche Insel 613, 647
Langkeim 307
Längsteilung 280
Laomedea 551
Laomedusa 95
Larvacea 232
Larvenformen 321
Larviparie 204
Larynx 252, 265, 599
Laterne 226
Laterne des Aristoteles 227
Laticauda 263
Latimeria 250, 251, 417, 569
Laubstreuzersetzung 730, 732
Laufbein 482
Laurerscher Kanal 103
Lebenszyklus 714
Leber 241, 245, 260, 265, 269, 647
Lecithin 6
Lederhaut 522
Leibeshöhle 116
–, primäre 150
–, sekundäre 150
Leidynema 50
Leishmania 55, 58
Leitfossil 54
Lepidocyclina 63
Lepidoptera 208, 590
Lepidosiren 249, 250
Lepisosteus 248, 250
Leptodora 182
Leptophyes 581
Leptosynapta 230
Leptotän 40, 41
Lepus 272
Lernaea 47, 188
Lernaeocera 184
Lethalkonzentration 730
Leuchtorgan 244
Leucocytozoon 67
Leucon-Typ 82

Leukocyt 236, 241, 253, 265, **661**, 668
Leuresthes 703
Leydig-Zelle 640, 642
Libellen 204
Licht 505
Lichtrezeptor 505, 509, 524, 532
Lichtsinnesorgan 116
Lichtsinneszelle 507
–, ciliäre 510
Ligament 140
Ligamentsäcke 125
light meromyosin (LMM) 441
Limanda 565
Limax 135
Limnologie 682
Limulus 172, 176, 179
Linckia 342
Lindan 733
Lineus 108
Linguatula 165
Linguatulida **165**
Lingula 212
Linolensäure 384
Linse 522, 525, 526
Linsenauge 259, 265, 518, 520, 521, 523
Lioburnum 518, 519
Lipid 359, 382
Lipocystis 67
Liquor cerebrospinalis 668
Liristes 588
Lithobius 189
Litomosoides 118
Littorina 132, 134
Loa 120
Lobus opticus 491
Lochauge 520
Locusta 376, 379, 470, 480, 586, 587, 588
Loligo 138, 371, 374, 508
Lophocyt 86
Lophophor 208, 210, 211
Lorenzinische Ampulle 242
Lorica 112
Lota 563
Lotka-Volterra-Modell 718, 719
Loxodes 551
Loxosoma 127

L-System 455
Lucernaria 95
Luftsack 265, 429, 431, 432, 434
Lumbricus 151, 156, 170, 407, 426, 464, 471, 657
Luminiszenz 233
Lunarperiodizität 699
Lunge 135, 236, 247, 258, 259, 265, 269, 302, **431**
Lungenfische (Dipnoi) 248, 250
Lurche **251**, 256
Lutealphase 645
Luteolyse 650
Lutra 272
Lutzomyia 55
Lycophora-Larve 104
Lygris 591
Lymantria 709
Lymnaea 135
Lymphe **668**, 671
Lymphfollikel 669, 670
Lymphgefäßsystem 241, 253, 668
Lymphknoten 669, 670
Lymphkreislauf 659
Lymphocyt 246, **661**, 670, 675
Lymphokine 649, 650
Lymphopoese 670
Lymphsystem 266
lyraförmiges Organ 171, 542
Lysosom 4, 5, 14, **17**, 397
Lytechinus 289

M

Macaca 301
Machilis 204
Macracanthorhynchus 123, 125
Macrobiotus 165
Macroclemmys 260
Macrodasys 114
Macropus 271
Macula 246
macula adhaerens 11
Made 206, 207
Madreporit 217, 227

Magelonia 665
Magen s. Darmsystem
Magicicada 588
Maja 556
Makromere 148
Makronucleus 74, 75, 77
Makrophage 650, 664, 672, 673
Malacobdella 111
Malacostraca 176, 188
Malaria 70
Malaria-Erreger 677
Malpighische Gefäße 164, 175, 191, 201, 203, 399, **408**, 410
Malpighisches Körperchen 400, 402
Mammalia 49, **267**, 270, 299, 526, 575
Mandeln 670
Mandibel 184, 193, 195
Mandibulata 176, 184, 188, 190
Manduca 638
Manis 271
Manta 243
Mantel 130, 139
Mantelhöhle 137
Mantis 205
Mantodea 208
Maps 23
Markstrang 477, 479
Marsupialia 267, 271
Marsupium 186
Marthasterias 224
Mastigophora 55
Mastzelle 614, 675
Matrix 18
Mattesia 67
Maulwurf 271
Mauser 342, 702
Maxillarnephridium 407
Maxille 184, 194, 195
Maxillipedium 184
Meatus 573
Mechanorezeption 539
Mechanorezeptor 115, 466, 536, 540, 623
Mechanorezeptoren 623
Mechanosensille 556
Meckelscher Knorpel 316
Meconema 581

Mediatoren-Zelle 672
Medulla 64
Meduse 88, 89, 92, 93, 282
Mega-Joule-Energiebetrag 722
Megalopa-Larve 322
Megoura 376
Mehlisscher Komplex 98
Mehlmilbe 180
Meiose **38**, 41, 284, 286
Meissnersche Körperchen 544
Melatonin 645
Meles 272
Meloidogyne 119
Membran 6, 8, 10, 15
Membrana basilaris 573
Membrana tectoria 569
Membrana tympani 569
Membranfluidität 8
Membranfluß 4, 13
Membranipora 211
Membranlipide 7, 9
Membranpotential 10, 291, 533
Membranrezeptor 618
Mendelsche Gesetze 39
Menstruation 342
Merkelscher Tastsinnesapparat 544
Merogonie 71
Merospermie 281
Merostomata 176, 182
Mertensiella 256
Mesaxon 472
Mesentoblast 304
Mesidotea 188
Meso 589
Mesoblast **302**, 305, 307
Mesocoel 160
Mesoderm 147, 153, 218, 239, 305, 310
Mesogloea 88, 93, 95
Mesonephros 239, 258
Mesosoma 160
Mesostoma 98
Mesoteloblast 305
Mesozoa 78
messenger-RNA (mRNA) 27, **388**
Metabolismus 695
Metacercarie 104

Metacoelkanal 224
Metagenese 88, 92, 107, 231, 282
Metagonimus 102
Metakinese 37
Metamerie
–, coelomatische 147
Metamorphose 33, 91, 104, 105, 127, 144, 147, 166, 207, 211, 219, 223, 238, 247, 254, 321, **323**, 324, 328, 342, 560, 632, 635, 637, 638
Metanauplius-Larve 186
Metanephridium 109, 129, 150, 151, 153, 161, 168, 174, 211, 399, **406**
Metaphase 37, 42
Metasoma 160
Metatarsus 181, 265
Metathalamus 497
Metathorax 589, 591
Metazoa 78
Metopus 370
Metridium 94
Microcotyle 101
Microcystis 699
Micropteryx 196
Microspora 71
Mikrofauna 98
Mikrofilamente 20
Mikrofilarie 118
Mikromere 148
Mikroneme 66
Mikronucleus 74, 75, 77
Mikropyle 204, 288, 291, 298
mikrotubule associated proteins (MAP) 23
Mikrotubuli 6, 20, **23**, 26, 35, 193, 460, 467
Mikrovilli 5, 6, 396, 407, 466, 505, 508, 514, 562, 598, 599
Milben 180, 182
Milchdrüse 640
Milchgebiß 271
Milchsäure 363
Milchzahnanlage 268
Milz 670
Mineralisierer-Nahrungsnetz 730

Minimalumwelt 690
Miracidium 103, 104
Mischblut 252
Mitochondrion 4, 5, **18**, 19, 375, 397
Mitogene 649
Mitose **35**, 36, 43
Mitteldarmdrüse 187
Mittelohr 577
Mixocoel 161, 166, 173, 191, 204
Mollusca **128**, 321, 482, 491
Mongolismus 347
Moniezia 105, 108
Moniliformis 125
Monocystis 67
Monocyt 246
Monodonta 133
Monogenea 101
monoklonaler Antikörper 677
Monokondylia 194
Monoplacophora 141
Monospermie 291
Monothalamia 61
Monotocardia 133
Monotremata 267, 271
Moosmilbe 180
Moostierchen 210
Morelia 515
Mormyrus 249
Morphallaxis 324, 343
Morphogenese 280, 292
Mortalitätsrate 718
Morula 299
Mosaikevolution 49
Mosaikkeim 330
Moschus 709
Mucopolysaccharide 656
Mucuna 698
Müllerscher Gang 242, 254, 258, 260
Müllersche Körperchen 551
Müllersche Larve 321
Multiceps 105, 107
Mundwerkzeug 184, 195, 196
Murex 135
Mus 301, 426
Musca 50
Muscheln 139
Muskel 437, **438**

Muskelfaser 438
Muskelspindel 593
Muskeltonus 564
Muskelzelle
–, glatte 656
Muskulatur 244
–, glatte 459, 460, 465, 623
–, quergestreifte 460, **461**
–, schräggestreifte 460, **464**
Mutation 346
Mya 140, 141, 722
Mycoplasmen 3
Myelin 492
Myelinscheide 471, 472, 516, 545
Mygalopsis 584, 585
Myoblast 438, 440
Myocommata 241
Myofibrille 438, 440, 461
Myofilament 437, 440, **441**
Myoglobin 379, 380, 453, **665**, 666
Myomere 241
Myoneme 64
Myosin **20**, 21, 37, 437, 441, 442, 446, 450, 459, 465, 467
Myosinfilament 441
Myriapoda 176, 188
Myripristis 567
Myrmeca 709
Myrmecophaga 271
Myrmecophila 581
Mysidacea 188
Mystacocarida 188
Mytilus 141, 372, 416, 417, 426, 466, 722
Myxidium 74
Myxinoidea 237
Myxobolus 72, 73, 74
Myxosoma 73
Myxozoa 54, 72
Myzostomida 152
Myzus 204

N

Nacktschnecken 135
Naegleria 61
Nahakkomodation 525

Na-K-Pumpe 10, 363
Nährpolyp 94
Nahrungsnetz 680, 731
Nahrungspyramide 720
Nais 152, 153
Nanophyetus 104
Nasenhöhle 603 ff.
Natrix 263
Nattern 263
Naupliusauge 187, 508
Nauplius-Larve 186, 187, 322
Nausithoe 95
Nautiloidea 137
Nautilus 136, 375, 519, 520
Navigationsorientierung 706
Nebenhoden 258, 641
Nebennierenmark 614
Nebennierenrinde 614, **633**
Necator 117
Nectochaeta-Larve 154
Nekromasse 731
nekrophage Tiere 695
Nektonema 121
Nektophrynoides 257
Nemathelminthes **111**, 321, 480, 487
Nematocyste 92
Nematocyt 89
Nematoda **115**, 121, 370, 480
Nematoderma 100
Nematomorpha 120
Nemertini **108**, 110, 480
Neoblast 344
Neoceratodus 249, 250
Neocortex 498, 500
Neoechinorhynchus 126
Neopallium 498
Neopilina 141, 142, 147
Neotenie 104, 231, 256
Nepa 589
Nephrocyt 175
Nephron 399
Nephroporus 212
Nephrostom 153, 406
Nephtys 372
Nereis 152, 154, 374, 416, 417, 519
Nervenendigung 545
Nervenfaser 472
Nervennetz 477

Nervenplexus 216, 220, 486
Nervensystem 100, 481
Nervenwachstumsfaktor 649
Nesselkapsel 90
Nesseltiere 88
Nesselzelle 89, 90
Nestflüchter 320
Nesthocker 320
Nettoproduktionsrate 717
Netzhaut 512, 536
Neunaugen 237, 238
Neuralanlage 311
Neuralinduktion 332
Neuralleiste 316
Neuralplatte 310
Neuralrohr 217, 235, 310, 485
Neurit 470
Neurocranium 240, 258, 268
Neurohormon 626
Neurohypophyse 613, **622**, 623
Neuromast 547, 549
Neuromer 490
Neuron **469**, 491, 495, 507, 572, 585
–, afferentes 477
–, efferentes 477
Neuropeptid 476
Neuropil 479, 487, 488, 584
Neurosekretion 610, 627
Neurotoxin 699
Neurotransmitter 351, 393
Neurulation 307, 310, 313, 316
Nexus 12, 461
Nicotinamidadenindinucleotid (NADH) 363
Niere 236, 239, 242, 246, 253, 258, 260, **399**, 400, 634
Nierenbecken 400
Nierentubuli 648
Nierentubulus 400
Niphargus 679
Nische 716
Nissl-Scholle 470
Nitrat-Reduktion 369
Nitrosomonas 725
Nitzschia 734
Noradrenalin 611
Nosema 71, 72

Notomys 422
Notonecta 543
Notoplana 487
Nuchalorgan 143
Nucleinsäure 365, **367**, 384
Nucleolus 5, 27, **33**
Nucleolusorganisator 32
Nucleosid 367
Nucleosom 29, 387
Nucleotid 28, 351, 384
Nucleus 4, **26**
Nucleus pulposus 269
Nucula 140
Nuda 97
Nützling 207

O

Obelia 95
Oberschlundganglion 489, 490
Obturata 157
Ocellus 193
Octocorallia 92, 94
Octopin 371, 375
Octopoda 138
Octopus 138, 371, 375, 484, 491, 508, 554
Ödem 668
Odobenus 272
Odonata 208
Oenocyt 198
Oikopleura 231, 232, 484
Ökologie 679
Ökosystemproblem 719
Ommatidium 193, 506, 527
Ommatophore 487
Onchocerca 115, 120
Oncomiracidium 101
Oncosphaera-Larve 107
Oniscus 188
Ontogenese 78, 280, **292**, 497
Ontogenie 218
Onychodromus 77
Onychophora **161**, 163
Oocyste 68
Oocyte 286
Oogamie 66
Oogenese 284, **286**, 288, 329

Oogonium 286
Ooperipatus 164
Ootyp 103, 105
Oozoid 233
Opalina 56, 60
Opalinata 60
Operculum 133, 243, 245, 253, 256, 428
Ophidia 262
Ophiophagus 263
Ophiopluteus-Larve 224, 322
Ophiothrix 226
Ophiura 226
Ophiuroidea 218, **224**
Ophryotrocha 283
Opiliones 182
Opin 372
Opisthaptor 100, 101
Opisthobranchia 135
Opisthogoneata 188
Opisthonephros 242, 258, 260
Opisthosoma 179
Opsin 537
Orang Utan 272
Organanlage 317
Orgasmus 524
Orientierung 704
Ornithin 371
Ornithobilharzia 102
Ornithorhynchus 271
Orthonectida 78
Ortungslaut 579
Orycteropus 272
Oryctolagus 272
Os coccygis 269
Osmoconformer 415
–, euryhaline 416
–, stenohaline 416
Osmolarität 415
Osmoregulation 64, 367, 395, 396, 406, 411, **415**, 419
Osmoregulierer 415, 421
Osphradium 130, 483
Osteichthyes 237, **243**, 322
Osteoblast 17
Osteoglossum 249
Osteoklast 17
Osteolaemus 261
Ostien 173, 203, 658

752 Register

Ostracoda 176, 188
Östradiol 639, 644
Ostrea 141, 722
Östrogen 612, 614, 639, 641
Otoconien 574
Otolith 557, 560, 565
ovales Fenster 576
Ovar 98, 107, 166, 283, 614, 639
Ovarialzyklus 643, 644
Ovariole 203, 287
Oviparie 204, 271
Ovipositor 200
Ovulation 286, 288, 289, 643, 645
Ovum 281
Oxalacetat 357, 358
Oxidase 18
Oxihämoglobin 666
Oxytocin 622, 623
Oxyuris 50, 51

P

Pachygrapsus 421
Pachytän 41
Pädogamie 66
Palaeacanthocephala 125
Palaemonetes 421
Palinurus 343
Pallium 498
Palmitinsäure 383
Palpus 194
Pan 272
Pandion 266
Pankreas 251, 260, 265, 269, 302, 337, 613, 647
Pansporoblast 73
Pantodon 548
Pantopoda 176, 182
Papageien 266
Papain 442
Papula 224
Paracentrotus 228, 293, 304
Parachordodes 121
Paraglossa 194
Paragonimus 103
Parakrinie 611
Paramecium 15, 25, 75, 77, 426

Paramyosin 443
Paramyxa 72
Paranota 198
Paranyosin 466
Parapodium 150, 427
Parasit 104, 207, 677
–, opportunistischer 71
Parasitiformes 182
Parasitologie 682
parasitophore Vakuole 68
Parasympathicus 317
Paratenuisentis 124
Parathormon 647
Paratomie 99, 144
Paratypus 50
Parenchym 97
Parenchymula-Larve 83, 321
Parietalauge 259
pars intermedia 613
Parthenogenese 112, 117, 164, 182, 188, 204, **282**, 710
Passer 499
Passeriformes 266
Patella 133, 181, 518, 519, 711
Paukenhöhle 569
Paurometamorpha 325
Pauropoda 176, 188, 190
Pauropus 189
Pavian 272
Pecten 141, 506, 510, 511
Pectinaria 372
Pedicellarium 224, 228
Pedicellina 127, 128
Pedicellus 193
Pediculus 204
Pedipalpus 177, 178, 179, 182
Pelagia 95
Pelagothuria 230
Pellicula 54, 66, 74
Pelmatozoa 218
Pennatula 94
Pentastomida 165, 166
Pentosephosphatweg 356
Pepsinogen 251
Peptid 263, 612, 613
Peptidhormon 198, 636, 646
Peracon 184
Perameles 271
Pereiopoda 184, 185, 187

Periblast 299
Peribranchialraum 233, 236, 428
Periderm 88
Perikard 129, 659, 660
Perikaryon 469, 471, 493, 622
Perilymphe 557, 566, 576
Perimysium 440
Perinotum 143
Peripatonder 514
Peripatopsis 164
Peripatus 164
Periplaneta 345
Peristom 88
peritrophische Membran 174, 201, 202
Permeabilität 533
Pernis 266
Peroxisom 4, 5, **18**
Pestizid 708, 734
Petromyzon 237, 238
Petromyzonoidea 237
Peyersche Plaques 670
Pfeilgiftfrösche 257
Pfeilwürmer 212
Phaenicia 528
Phagocytose **15**, 61, 75
Phagolysosom 17
Phaneroptera 581, 582
Phänetik 47
Phänotyp 683
Phaosom 508
Pharynx 599
Phasmatodea 208
Phasmiden 120, 480
Pheromon 119, 281, 597, **601**, 606, 707, 708
Phialidium 303
Phlebotomus 55
Pholidoptera 581
Pholidota 271
Phorocyt 233
Phoronida **208**, 210, 325
Phoronis 209, 210
Phorozoid 233
Phosphagen 380
Phosphoenolpyruvat (PEP) 372
Phosphoglycerolipide 7
Phospholipide 9

Phosphorylierung 353, 354, 359, 362, 457, 459
–, oxidative 19, 360
–, reversible 621
Photoautotrophie 369
Photorezeptor 509, 520
Photosynthese 369, 687
Phototaxis 705
Phoxinus 558, 565
Phthiraptera 208
Phyllopoda 176, 188
Phylogenese 2
phylogenetisches System 47, 161
Physalia 95
Physeter 272
physiologische Uhr 699
Physoklisti 245, 431, 432
Physophora 95
Physostomen 431, 432
Phytoplankton 712
Piciformes 266
Pigment 308, 368, 505, 510, 512, 514, 517, 522, 523, 530, 625, 626, **665**, 666
Pigmentbecherocellus 98, 99, 123, 143, 234, 507, 511
Pigmentzelle 317, 518
Pilidium-Larve 111, 321
Pimpla 13, 28, 42, 289
Pinacocyt 82, 83
Pinealorgan 614, 645
Pinguine 266
Pinna 575
Pinnepedia 272
Pinocytose 15, 60, 75
Pipa 255, 257
Piscicola 517, 518
Placenta 242, 320, 614
Placentalia 267
Placentonema 115
Placoidschuppe 240
Placozoa 79
Placula-Hypothese 81
Plagiopyla 370
Planaria 99
Plankton 724, 728
Planula-Larve 91, 95, 321, 323
Plasmalemma 6, 9, 15
Plasmatomie 73
Plasmodien 61

Plasmodium 57, 67, 68, 70
Plathelminthes 97, 149, 321, 480, 486
Platynereis 285, 328, 346
Platyrrhina 272
Plazenta 612
Pleon 184, 185
Pleopod 185, 187
Plerocercoid-Larve 108
plesiomorph 163
Pleuralhöhle 433
Pleurit 171
Pleurobrachia 96
Pleuronectes 565
Plumatella 211
Pluteus-Larve 322, 325
Podocyste 281
Podocyt 175, 217, 220, 401, 402, 409
Podon 188
Pogonophora **157**, 160
poikilotherme Tiere 239
Poikilothermie 259
Polychaeta 148, **153**, 280, 514
polychloriertes Biphenyl (PCB) 733
Polycladida 99
Polygordius 305
Polyingression 312
Polymorphismus 55, 91
Polymorphus 125
Polyodon 250
Polyorchis 510
Polyp 88, 89, 92, 93, 282
Polypeptidkette 441
Polyphemus 182
Polypid 209, 211
Polyplacophora 142
Polyploidie 30, 37
Polypterus 248, 250
Polysaccharid 351, 369
Polysom 5
Polyspermie 291
Polystoma 101
Polystomella 63
Polystomum 101
Polytänie 32
Polythalamia 61
Polyxenus 190
Polzelle 297
Pomatias 134, 135

Pomatoceros 305
Ponger 272
Population 680
Populationsdichte 708, 709, 710, 713, 715, 729, 732
Populationsökologie 682, 708
Populationswachstum 711
Porifera **81**, 321, 477
Porphyrin 358
Portunus 184
Postembryonalentwicklung 320
Postmentum 194
Pouchetia 517
Priapulida 111, **126**
Priapulus 126, 127
primäre Harnleiter 239
Primärharn 400, 402, 406, 408
Primates 272
Primer 387
Primitivgrube 315
Primitivrinne 307, 312, 315
Primitivstreifen 312
Prioritätsregel 50
Proboscis 123, 144, 146
Procavia 272
Procercoid-Larve 107
Processus uncinnati 264
Proctodaeum 152, 174, 307
Procyon 272
Produktionsrate 721
Progenesis 104
Progesteron 629, 639, 640, 645
Proglottide 105, 107
Progoneata 190
Programmierung
–, circannuale 703
Prohaptor 101
Prohormon 614
Prokaryont 3
Prolin 375, 378
Promotor 387
Promotorsequenz 617
Pronephros 239, 246, 253, 317
Prophase 35
Propriorezeption 592
Propriorezeptor 557

Prosencephalon 493
Prosimiae 272
Prosobranchia 133
Prosocerebrum 490
Prosocoel 215
Prosoma 179
Prostacyclin 650
Prostaglandine 384, 649
Prostata 641
Prostomium 145, 152, 172
Protandrie 211, 213
Protein 364
Proteinbiosynthese 388
Proteine 365
Proteinkinase 621
Proteinsynthese 14, 389
Protheria 267, 271
Prothoraxdrüse 198
Protobranchia 140
Protocerebrum 489
Protofilament 23, 26
Protomerit 68
Protonenpumpe 363
Protonephridialsystem 97, 105
Protonephridium 108, 109, 114, 127, 159, 399, **404**
Protoplasma 2
Protopodit 184
Protopterus 249, 250, 414
Protostomia 52, 159, 304
Prototheria 299
Protozoa 53, 369
Protozoea-Larve 322
Protura 194
Proventriculus 201, 203
Psammechinus 324
Pseudochoane 248
Pseudocoel 116, 123, 125
Pseudocoelom 115, 118, 122
Pseudodactylogyrus 101
Pseudometamerie 147
Pseudoplacenta 247
Pseudopodium 61, 539
Pseudoskorpione 182
Psittaciformes 266
Pterobranchia 216
Pteropus 271
Pterosauria 263
Pterotrachea 134, 552, 553
Pterygota 208
puffs 32

Pulex 50
Pulmonata 135
pulsierende Vakuole 64
Pulvilli 198
Pupille 521, 522, 524
Pupillenvergrößerung 524
Puppe 321, 322, 635
Purin 367, 385
Purinderivat 413
Purkinye-Zelle 497
Pycnophyes 122
Pygidium 172
Pylorus 221, 245
Pyrimidinbase 367
Pyrosomida 232, **233**
Pyruvat 356, 357, 445
Python 263

Q

Quastenflosser 243, 246, 250, 251
Querbrückenzyklus 449, 451
Querder 239, 322
Querteilung 60, 74, 93, 280

R

Räderorgan 112
Rädertiere 112
Radiärfurchung 212, 213, **293**
Radiärgefäß 224
Radiolarien 64
Radius 217, 218, 228
Radula 130, 132, 137, 141, 143
Raja 243
Rana 255, 257, 291, 327, 367, 514, 570
Ranviersche Schnürringe 473
Ranzania 519
Rattus 470, 499
Räuber 683, 717, 718
Raubvögel 266
Receptaculum seminis 103, 166, 203, 214, 215, 256
Redie 104

Redoxsystem 360
Reflexbogen
–, neuroendokriner 622
Refraktärzeit 472
Regeneration 111, 221, **342**
Regenerationsblastem 344
Regulation
–, hyper-hypoosmotische 416, 420
–, hyperosmotische 416
–, hypoosmotische 416, 418, 419
Regulationskeim 330
Reighardia 166
Reiz
–, adäquater 504, 600
–, mechanischer 505
Reizmodalität 504
Rekombination 40
Rektaldrüse 412
Rektum 410, 422
Repellent 699
Replikation 386
Replisom 387
Reproduktionsrate 711
Reptilia 49, 237, **258**, 299, 433, 526
Reptilienordnungen 260
Respiration 695, 721
respiratorischer Quotient 425
Restriktionspunkt 35
Rete mirabile (Wundernetz) 432
Reticulocyt **661**, 664
Reticulopodium 63
Retina 26, 141, 497, 511, 513, 520, 521, 523, 525, 526, **531**
Retinal 537
Rezeptor 473, 480
Rezeptorpotential 524, 533
Rezeptorzelle 533, 536
Rhabdias 117, 120
Rhabditis 119
Rhabdom 506, 507, 508, 527, 529, 530
Rhabdomer 505, 506, 527, 529
Rhabdopleura 216
Rheobatrachus 257
Rhesus-Faktor 667

Register

Rhinobatos 243
Rhinoderma 257
Rhinolophus 576
Rhizopoda 61
Rhizostoma 95
Rhodeus 247
Rhodopsin 505, 507, 511, 512, 514, 537
Rhombencephalon 493
Rhopalium 91, 551, 552
Rhopalodina 230
Rhopalonema 551
Rhoptrie 66
Rhynchocephalia 49, 262
Rhynchodemus 98
Rhythmus 702
–, circadianer 701
–, circalunarer 701
–, circannualer 701
–, freilaufender 701
Ribonucleinsäure (RNA) 19, 27, 28, 33, 367, 387
Ribophorine 14
Ribosom 4, 19, 27
ribosomale RNA (rRNA) 388
Richtungskörper 284, 286, 295
Richtungssehen 518
Riechbahn 605
Riechepithel 604, 605
Riechorgan 603
Riechspektrum 608
Riesenaxon 470
Riesenchromosom 31, 32
Riesenfaser 472
Riesenneuron 138
Riesenschlangen 263
Riff 157
Ringelwürmer 147
Rippenquallen 95
RNA 28, 367, 386 ff.
Rochen 240, 242
Rodentia 272
Röhrentrachee 181
Rostrum 137, 240
Rotatoria 112
Rückenmark 230, 492, 496
Rückkopplung 391, 524
Ruhepotential 10, 473, 532, 535, 536
Ruheumsatz 695, 697

rundes Fenster 578
Rundwürmer 111

S

Sabella 488
Sabellaria 722
Sacculina 47
Sacculus 174, 246, 253, 407, 409, 557, 565, 568, 573
Sagitta 213, 214
Sagittarius 266
Salamandra 255, 256, 257
Salamandrina 252
Salmo 249, 420
Salpen 231, 428
Salzdrüse 412, 418
Saprobiegrad 724, 728
saprophage Tiere 695, 730
Sarcocystis 67, 68, 70
Sarcodina 61
Sarcomastigophora 55
Sarcophilus 271
Sarga 568
Sarkolemma 440, 456
Sarkomer 438, 439, 440, 447, 463, 464, 466
Sarkoplasma 440
sarkoplasmatisches Reticulum 13, 440, 455, 456, 461
Sarkosporidien 57
sarkotubuläres System (T-System) 440, 455
Sauerstoff 245, 429
Sauerstoffbedarf 426
Sauerstoffdefizit 380
Sauerstoffgehalt 724
Sauerstoffhaushalt 687
Sauerstoffmangel 371
Sauerstoffschuld 379, 380
Säugerniere 397, 399
Säugetiere 267, 270, 433, 576, 604
Säugetierordnungen 271
Saugnapf 102
Saugwürmer 100
Saurischia 263
Sauropsida 49, 573
Sauropterygia 263
Scala 575, 578

Scaphopoda 141
Scapus 88, 193
Schädellose 234
Schädling 207
Schale 130, 135, 137, 211
Schallperzeption 431
Schallwelle 584
Schilddrüse 302, 614
Schilddrüsenhormon 614, 631
Schildkröten 49, 260
Schildzecken 71
Schimpanse 272
Schistocerca 586
Schistosoma 102, 103
Schizogonie 66, 70
Schizont 57
Schlagfrequenz 659
Schlangen 259, 262
Schlangensterne 224
Schleimaale 237
Schleimpilze 54, 61
Schloß 139
Schlundkonnektiv 197
Schmetterlinge 197
Schnabeltier 271
Schnecken 131
Schnurwürmer 108
Schreitvögel 266
Schulp 138
Schultergürtel 251
Schuppe 171, 236, 239, 244, 259, 262
–, Cosmoid- 249
–, Ctenoid- 244, 248
–, Cycloid- 244
–, Elasmoid- 244, 248
–, Ganoid- 244, 248
Schwämme 81
Schwannsche Zelle 473, 599, 602
Schwannzelle 545
Schwanzflosse 244
Schwärmer 64, 81
Schwarze Mamba 263
Schweinelaus 202
Schwellenkurve 589
Schweresinn 550, **563**
Schwimmblase 241, 245, 248, **431**, 432, 566, 567
Schwimmglocke 94
Scutigerella 189

756 Register

Scutum 180
Scyliorhinus 240
Scyphomeduse 94
Scyphopolyp 92, 323
Scyphozoa 91, **92**, 93, 95
Secernentea 120
second messenger 619
Seegurke **228**, 229
Seeigel 226, 228
Seescheiden 234
Seeschlangen 263
Seesterne **221**, 223
Segment 151, 168
Segmentalnerv 152
Segmentbildung
–, teloblastische 148, 172
Segmentierung 165, 168, 230
–, homonome 155
Segregation 296
Sehne 440
Seitenliniensystem 242, 246, 253, **547**, 548
Sekretion 402, 616
Selbstbefruchtung 98
Selektion 716
Semipermeabilität 10
Senecio 699
Seneszenz 292
Sensilla campaniformia 199
Sensillum 602
Sepia 136, 138
Septata 71
Septum 173
Serosa 313, 319
Serotonin 611, 675
Serranellus 249
Sertoli-Zelle 642
Sertularia 95
Seten 115
Sexattraktanz 707
Sexualdimorphismus 266
Sexualduftstoff 172
Sexualhormon 699
Sexuallockstoff 708
Sexualpheromone 639, 709
Sichelzellenanämie 666
Signalsequenz 614
Simiae 272
Sinneshaar 171, 540, 579
Sinneszelle 559, 594
Sinus vaginalis 270
Sinus venosus 659

Sinushaar 546
Sinusknoten 659
Sipho 137, 138, 140, 141
Siphonaptera 208
Siphonophora 94, 95
Siphonophorella 190
Siphonops 255, 257
Siphonula-Larve 321
Sipunculida 143
Sipunculus 144
Siren 255, 256
Skaliden 122
Skelett 220, 222, 247, 264
Skelettbildung 222
Skelettmuskulatur 438, 439, 444, 454
Skelettplatte 226
Sklerit 229
Skleroblast 84
Sklerospongiae 83
Skolex 104
Skolopidium 171, 193, 543, 581, 583, 584, 586, 588
Skoloplos 372
Skolops 584
Skorpione 176, 182
Solaster 224
Solenocyt 404
Somatocoel 219
Somatoderm 78
Somatotropin 629, 630
Somit 310, 311, 313
Sommerschlaf 366
Sonnenkompaß 703
Sorex 271
Spadella 212
Spaltbein 172, 184
Spaltsinnesorgan 542
Spechte 266
Speicherniere 414
Spektralbereich 504
Sperlingsvögel 266, 267
Spermatide 284
Spermatocyte 283
Spermatogenese **283**, 284
Spermatogonium 283
Spermatophore 138, 213
Spermatozoen 284
Spermie 256, 642
Sperrtonus (Catch) 466
Spezies 680
Sphaeromyxa 74

Sphaerospora 72, 73, 74
Sphaerothuria 230
S-Phase 35
Sphenodon 261, 262
Sphingolipide 9
Spinalnerv 236, 484
Spindel 36
Spinndrüse 179, 181
Spinnentiere 176
Spinnspule 179
Spinnwarze 179, 181
Spiraculum 241, 243, 253
Spiralfalte 241
Spiralfurchung 127, 143, 146, 147, 159, **294**, 299, 305
Spiralia 52, 304
Spirographis 152
Spongilla 694
Spongin 84
Spongioblast 84
Sporocyste 67, 68, 103, 104
Sporogonie 66, 70
Sporoplasma 71, 72
Sporozoa 18, **66**
Sporozoit 67
Sprungschicht 725
Squalus 243
Squamata 262
Stabbein 187
Stäbchen 26, 511, 514, 531, 532, 536
Stachelhäuter 217
Statocyste 91, 95, 129, 131, 142, 212, 217, 231, 551, 552, 554
Statolith 246, 553
Statoorgan 551, 552
Steatornis 575
Stechborste 194
Stechrüssel 194
Stegosaurus 261
Steinkanal 217, 224
Steinkoralle 92
Steißbein 269
Stellreflex 564
Stemmata 193
Stenoglossa 134
stenohaline Tiere 415
Stephanoscyphus 95
Stereocilium 466, 559, 560, 578

Sterilität 347
Sternit 171
Sternwürmer 143
Steroid 384, 612, 614, 707
Steroidalkaloid 699
Steroidhormon 13, 617, 618, 639
Sterrogastrula 302
Stichopus 230
Stickstoff 135, 137, 353, 365
Stickstoffexkretion 366
Stigma 201, 422, 429, 430, 589
Stipes 190, 194
Stoffkreislauf 719
Stoffwechsel 2, **349**
Stoffwechselrate 692, 697
Stolo prolifer 233
Stolon 94
Stomatopoda 188
Stomodaeum 152, 174, 307
Strahlenflosser (Physostomi) 245, 250
Stratum germinativum 268
Strauße 266
Streckrezeptor 592
Streptoneurie 132, 135
Streß 713
Strickleiternervensystem 152, 165, 197, **480**
Stridulationsorgan 172
Strigiformes 266
Strobila 104, 107
Strobilation 93
Strobilocercus-Larve 107
Strömungssinn 547
Strömungssinnesorgane 213
Strongyloides 117, 120
Strontiumsulfat 64
Strudelwürmer 98
Strudler 234
Struthio 266
Struthioniformes 266
Stylaria 152, 158
Stylommatophora 135
Stylonychia 75, 77
Subcutis 236
Subgenualorgan 543
Subneuralrinne 307
Subpallium 498, 499
Succinatbildung 372
Superovulation 644

Superpositionsauge 527, 528
Suppressor-Zelle 672
surface coat 115
Sycon-Typ 82
Syllis 519
Symbiont 175, 426
Symbiontentheorie 19
Symbiose 81, 681, 694, 695
Symphyla 176, 188, 190
Symplesiomorphie 48
Symapomorphie 48
Synapse **453**, 456, 475, 507, 512, 611
–, chemische 474
–, elektrische 474
Synapta 230
Synaptinemkomplex 41, 42
synaptischer Spalt 475
Synascidien 234
Syncytium 125
Synökologie 682
Synonym 50
Synsacrum 265
Syrinx 265
Systematik 1, **46**
Systemübersicht 51
Syzygie 67

T

Tachycines 307, 581
Tachyglossus 271
Taenia 105, 107, 108
Tageslängenmessung 701
Tagesrhythmus 616
Tagmata 150, 155, 179, 184
Talpa 271
Tanytarsus 726
Tapetum 415
Tapetum lucidum 141
Tarentola 262
Tarsometatarsus 265
Taschenklappe 657
Tasthaar 546
Tastsinn **539**
Tastsinnesorgan 544
Tauben 266
Tauchstrategie 380
Taxie 55, 328
Taxonomie 1, 51

–, numerische 47
Tectum 493, 496
Tegmentum 143, 493, 495, 496
Tegument 97, 102, 103, 105, 107, 123
Teilungsspindel 35
Teilzirkulation 725
Telencephalon 265, 493, 496, 497, 499, 500
Teleostei 248, 249, 250, 298, 310, 411, 418, 526
Telophase 37
Telson 172, 185
Temperaturkoeffizient 691
Temperaturkompensation 692
Tempertturregulation 239
Tentaculata **208**, 322
Tentakel 95, 96, 137
Tentorium 197
Teratom 347
Terebella 155
Terebratula 212
Tergit 171
Terminalzelle 405, 430
Terminationssequenz 387
Termiten 205, 376
Territorialverhalten 639, 641
Testacealobosia 61
Testart 733
Testis 166, 283
Testosteron 629, 640
Testudo 260
Tetanus 447
Tetrabranchiata 137
Tetrade 39, 42
Tetrahymena 9, 29, 75, 77, 369, 384
Tetraonchus 101
Tetraploidie 30
Tetrapoden 599
Tettigonia 581
Thalamus 497
Thaliacea 231
Thallassicolla 64
Thecata 95
Thecodontia 263
Theileria 57, 67, 68, 70
Theileriosen 70
Thelohanellus 74
Theodoxus 305

Thermoregulation 697
Thorax 168, 190, 198
Thrombocyt 246, 253, 532, **661**, 664
Thromboxan 650
Thrombusbildung 665
Thunnus 567
Thymin 29
Thymus 669
Thyreoidea 255
Thyroidea 613, **630**, 631, 647
Thyrotropin 630
Thyroxin 17, 329, 393, 617, 631
Thysanoptera 208
Tibia 181, 582
Tibiotarsus 265
Tierwanderung 705
tight junction s. zonula occludens
Tineola 376
Tintenfische 135
T-Lymphocyt 672, 675
Tönnchen 165
Tonofilament 22
Tonsillen 670
Tonus 454
tormogene Zelle 193, 599, 602
Torpor 694
Torsion 132, 483
Totenstarre 450
Toxin 698
Toxoplasma 56, 67, 68, 71
Trachea 252, 432, 433, 434
Tracheata 176, 190
Trachee 201, 203, 204, 422, 425, **429**, 430, 582, 583
Tracheenendzelle 429
Tracheenkieme 429
Tracheleuglypha 62
Tracheole 201, 429, 430
Trachylina 95
Trachymedusa 551
Transaminierung 365
Transdetermination 331
Transdifferenzierung 331
Transferrin 670
transfer-RNA (tRNA) 388
Transkription 14, 32, 387, 388

Translation 389
–, vektorielle 14
Translokation 389
Transmitter 452, 453, 474, 477, 611
Transportepithel 396
Trehalose 376
Trematodes 97, **100**, 370
Trennwand 214
Triactinomyxon 74
Triatoma 55
Trichine 119
Trichinella 120
Trichobilharzia 102
Trichobothrium 540, 541
Trichocerca 113
Trichodina 77
Trichodones 119
trichogene Zelle 599, 602
Trichomonadida 58
Trichomonas 56, 58, 370
Trichoplax 16, 25, 79
Trichoptea 208
Trichuris 120, 372
Tridacna 694
Triglycerid 647
Trignatha 176
Trilobita 176
Trilobitomorpha 176
Trilospora 74
Trimethylaminoxid 413
Triplett 389
Trisomie 30
Tritocerebrum 489, 490
Tritomere 148
Tritrichomonas 58, 370
Triturus 31, 255, 257, 427
Trivium 228
Trochanter 345
Trochophora-Larve 127, 128, 147, 154, 304, 321, 324
Trogulus 177
Trombocyt 265
Trommelfell 577, 580, 588
Trophie 719, 724
Trophiegrad 724, 726
Trophoblast 300, 320
Trophonemata 242
Tropomyosin 444, 457
Troponin 444, 457, 458

Trypanosoma 55, 56, 58, 378
Trypanosomen 19, 370
T-Suppressor-Zelle 675
Tubifex 73, 146, 152
Tubularia 95
Tubulidentata 271
Tubulin 20, 23
Tubulus 402, 505
Tumor 347
Tunicata **230**, 232, 280, 322, 428, 484
Tunicin 230, 233
Tunnelprotein 10
Tupaja 713
Turbanella 114
Turbellaria 97, **98**, 99
Tursiops 272
Tympanalgruben 582
Tympanalorgan 581, 582, 587, 588, 589, 590
Tympanum 253, 589
Typhelonectes 257
Typhlosolis 157
Typologie 46
Typus 46, 50
Tyto 575
T-Zelle 650, 675
T-4-Zelle 675

U

Ubichinon 361, 362, 363
Uca 626
Ultrafiltration 161, 399, 400
Ultraschall 579
Umweltbelastung 732
Ungulata (Huftiere) 272
Unicapsula 72
Unterschlundganglion 197, 490
Uracil 29, 387
Urat 414
Urdarm 315
Urdarmhöhle 302
Urechis 146
ureotelische Tiere 366, 413
Urgeschlechtszellen 283, 316
uricotelische Tiere 366, 413
Uridin 385

Urkeimzelle 313, 315
Urkiemer 140
Urmesodermzelle 147, 149, 304
Urmollusk 129, 131
Urmund 159, 308
Urnatella 127
Urniere 239
Urnierengang 239
Urochordata 230
Urodela 255, 256, 316
Urogenitalsystem 236
Uropod 187
Urostyl 243, 256
Ursus 272
Uterus 270, 465
Uterusglocke 125
Utriculus 557, 563

V

Vagus 317
Vampir 271
Vampirolepis 106
Vanadium 666
Vanessa 426
Varanus 262
Vas deferens 160, 465
Vasopressin 615, 622
Vasopressin (= Adiuretin) 402
Vater-Pacinische Körperchen 545
vegetativer Pol 298
Vektor-Orientierung 706
Veliger-Larve 128, 304, 321, 324
Velum 140, 305
Vene 434, 656
Ventrikel 241, 659
Verdauung s. Darm, Gastralsystem, Phagolysosomen
Verständigung 707
Vertebrata 236, 322, 432, 443, 461, 465, 484, 492, 510, 532, 607
Vertikalwanderung 684
Vertrikel 245
Vestibularorgan 557
Vibracularium 209

Vielfachteilung 57
Vipera 261
Virus 676
Visceralskelett 317
Viscerocranium 240
Vitellarium 98, 103, 105, 107
Vitellogenin 203, 204, 640
Vitellophage 297, 307
Viviparie 204, 242, 247, 254, 256, 257
Viviparus 134
Vögel 263, 266
Vogelextremitäten 338
Vogelordnungen 266
Vogelzug 703, 705, 706
Vollzirkulation 725, 726
Volvox 517
Vorticella 75
Vulpes 272
Vulva 119

W

Wachstumsfaktor 649
Wachstumshormon 329, 629
Wachstumsleistung 693
Wanzen 197
Warmblüter 267
Wärmesummenregel 693
Wasserlunge 220, 229, 432
Wasserverlust 422
Wattfauna 722
Weberknecht 177
Webersche Knöchelchen 431, 566
Weberscher Apparat 566
Weberspinnen 178
Wehrpolyp 94
Weibchen
–, miktische 112
–, parthenogenetische 120
Weichtiere 128
Wimperlarve 212
Winkelbeschleunigung 555
Winterschlaf 694
Wirbel 243, 251, 259, 269
Wirbellose 464, 466, 470, 539, 550, 581
Wirbelsäule 243, 251, 256, 259, 268

Wirbeltiere 236, 379, 470, 477, 511, 544, 557, 565, 592, 603, 622
Wirt
–, paratänischer 70
–, obligater 70
Wirtswechsel 73, 102, 104, 107
Wolffscher Gang 239, 242, 254, 258
Wuchereria 120, 668
Wundernetz 431
Wundgewebe 344

X

Xenarthra 271
Xenopus 257, 286, 291, 308, 310, 313, 315, 316, 330, 331, 335, 346, 550
Xiphinema 119

Z

Zähne 236, 240, 258, 268
Zäpfchen 26
Zapfen 511, 514, 531, 532
Zecken 180
Zeiger-Art 733
Zeitgeber 699
Zellatmung 425
Zellgröße 3
Zellheredität 331
Zellkern 4, 5, 26
Zellkonstanz 111
Zellmembran 4, 6, 54, 472
Zellorganelle 3
Zellteilung 22, 37
Zelltod 341
Zellverbindungen 10
Zellvermehrung 34
Zellzyklus 34
Zentralnervensystem (ZNS) 346, 518, 524, 614
Zitronensäure-Zyklus 445
Zitteraal 244
Zoanthella-Larve 321

Zoëa-Larven 186, 187, 322
Zona pellucida 312
zonula adhaerens 11
zonula occludens 11, 397, 411
Zonulafaser 523, 526
Zoobenthos 722
Zoochlorelle 90
Zooid 210
Zooplankton 684
Zoospore 66
Zooxanthelle 90, 92

Zostera 722
Z-Scheibe 438, 440
Zugunruhe 706
Zugvögel 379, 704, 706
Zweiteilung 56, 61, 80
Zweiton-Interaktion 572
Zwerchfell (Diaphragma) 434
Zwergwuchs 629
Zwischenwirbelscheiden 269
Zwischenwirt 103, 107

Zwitter 97, 117, 152, 211, 213, 246
–, protandrischer 102
Zygentoma 208
Zygobranchia 133
Zygosis-Theorie 484
Zygotän 41
Zygote 38, 281
zyklisches AMP (cAMP) 392, 457, 459, 538, 619, 620, 621, 636
Zytokine 675

BUCHTIPS

Allgemeine Protozoologie
Von Prof. Dr. H. Mehlhorn, Bochum, und Prof. Dr. A. Ruthmann, Bochum.
1992. 335 S., 181 Abb., 5 Tab., kt. DM 98,–
Nach einer Übersicht des Systems werden in parallelen Kapiteln die funktionelle Morphologie, die Reproduktionsmechanismen, der Stoffwechsel und weitere Leistungen der freilebenden und parasitischen Protozoen abgehandelt. Auch auf diagnostische Methoden und erprobte Isolierungsverfahren wird eingegangen.

Diagnose und Therapie der Parasitosen von Haus-, Nutz- und Heimtieren
Von Prof. Dr. H. Mehlhorn, Bochum, Dr. D. Düwel, Hofheim, und Prof. Dr. W. Raether, Frankfurt/M.
2., erw. u. akt. Aufl. 1993. XIV, 529 S., 209 z. T. farb. Abb., 17 Tab., geb. DM 136,–
Dieser reich illustrierte Band ist als Nachschlagewerk über die wichtigsten europäischen Parasiten und die auf dem Markt befindlichen antiparasitären Therapeutika konzipiert, wobei die Parasiten nach Wirtstierarten und dem Ort ihrer Diagnose gegliedert wurden.

Diagnostik und Therapie der Parasitosen des Menschen
Von Prof. Dr. H. Mehlhorn, Prof. Dr. D. Eichenlaub, Prof. Dr. Th. Löscher, München, und Prof. Dr. W. Peters, Düsseldorf.
2., neubearb. u. erw. Aufl. 1995. Etwa 470 S., 165 Abb., 16 Tab., geb. etwa DM 138,–
Wesentlichste Neuerung der 2. Auflage sind die Therapieanweisungen, die von zwei erfahrenen Tropenmedizinern eingebracht werden. Für Humanmediziner und MTAs in der Allgemeinpraxis und in Diagnoseinstituten wird dieses Nachschlagewerk und Laborhandbuch unverzichtbar werden.

Grundriß der Parasitenkunde
Parasiten des Menschen und der Nutztiere
Von Prof. Dr. H. Mehlhorn, Düsseldorf, und G. Piekarski (†).
4. Aufl. 1994. XII, 452 S., 157 Abb., 19 Tab., kt. DM 39,80
(UTB 1075)

GUSTAV FISCHER
SEMPER BONIS ARTIBUS

Preisänderungen vorbehalten.

BUCHTIPS

Ude/Koch
Die Zelle
Atlas der Ultrastruktur
2. Aufl. 1994. 309 S. mit 238 elektronenmikroskop. Aufn., 43 Farbtaf., 52 zweifarb. Textabb., 4 Tab., kt. DM 78,–

Gewecke
Physiologie der Insekten
1995. Etwa 570 S., 270 Abb., 18 Tab., geb. etwa DM 120,–

Nicholls/Martin/Wallace
Vom Neuron zum Gehirn
Zum Verständnis der zellulären und molekularen Funktion des Nervensystems
1995. Etwa 475 S., 345 meist farb. Abb., geb. etwa DM 128,–

Fiedler/Lieder
Mikroskopische Anatomie der Wirbellosen
Ein Farbatlas
1994. X, 238 S., 246 farb. Abb., kt. DM 54,–

Preisänderungen vorbehalten.

GUSTAV FISCHER
SEMPER BONIS ARTIBUS

Cockburn
Evolutionsökologie
1995. XVI, 357 S., zahlr. Abb., kt. DM 68,–

Wichard/Arens/Eisenbeis
Atlas zur Biologie der Wasserinsekten
1995. XII, 338 S., 912 REM-Einzeldarst. auf 148 Taf., 156 Abb., 5 Tab., geb. DM 128,–

Müller
Entwicklungsbiologie
Einführung in die klassische und molekulare Entwicklungsbiologie von Mensch und Tier
1995. XIV, 279 S., 109 Abb., kt. DM 39,80 **UTB 1780**

Röttger
Praktikum der Protozoologie
1995. XIV, 227 S., 462 Abb., kt. DM 58,–

Penzlin
Geschichte der Zoologie in Jena nach HAECKEL (1909–1974)
1994. 196 S., 29 Abb., kt. DM 48,–

Röllinghoff/Rommel
Immunologische und molekulare Parasitologie
1994. 240 S., 23 Abb., 10 Tab., geb. DM 98,–